北京市高等教育精品教材立项项目

# 生物材料
## 制备与加工

SHENGWU CAILIAO
ZHIBEI YU JIAGONG

石淑先 主编

化学工业出版社

·北京·

本书是北京市高等教育精品教材立项项目。全书共分为7章，分别是：绪论、天然生物高分子材料的制备、合成生物高分子材料的制备、生物高分子材料的成型加工、生物无机材料的制备与加工、生物金属材料的制备与加工、生物材料表面改性。全书将材料科学和生物应用的相关知识紧密结合，突出了材料的设计、制备与加工的方法，并在文中穿插了一些实例以进一步加强理解。各章后分别附有思考题和参考文献，以方便读者学习自检和查阅。教师可以根据不同学科方向，对学生进行选择性和重点型教学。

本书可作为生物功能材料专业和材料科学领域其它专业、生物医学工程专业的高年级本科生和研究生教材，也可供相关科技人员阅读参考。

图书在版编目（CIP）数据

生物材料制备与加工/石淑先主编．—北京：化学工业出版社，2009.8（2025.2重印）
北京市高等教育精品教材立项项目
ISBN 978-7-122-06056-3

Ⅰ.生… Ⅱ.石… Ⅲ.①生物材料-制备-高等学校-教材②生物材料-加工-高等学校-教材　Ⅳ.Q81

中国版本图书馆 CIP 数据核字（2009）第 108678 号

责任编辑：杨　菁　　　　文字编辑：李　玥
责任校对：陶燕华　　　　装帧设计：史利平

出版发行：化学工业出版社（北京市东城区青年湖南街 13 号　邮政编码 100011）
印　　装：北京科印技术咨询服务公司海淀数码印刷分部
787mm×1092mm　1/16　印张 27¾　字数 732 千字　2025 年 2 月北京第 1 版第 4 次印刷

购书咨询：010-64518888　　售后服务：010-64518899
网　　址：http://www.cip.com.cn
凡购买本书，如有缺损质量问题，本社销售中心负责调换。

定　价：79.80 元　　　　　　　　　　　　　　　　　　　　　版权所有　违者必究

# 前 言

国家已将生命科学和新材料科学列为 21 世纪重点发展的领域，而生物材料学作为生命科学和材料科学的前沿性交叉学科，更是优先发展的重点。根据社会发展的需要，特别是生物医学工程、组织工程和药物释放等交叉学科技术的迅速发展形成对专业人才的迫切需求，北京化工大学依托"材料学"国家重点学科，于 2004 年在全国率先设置了生物功能材料本科专业。目前缺乏适合新专业的教材，编者针对生物功能材料工科专业的教学需求，结合近年来为"高分子材料科学与工程"和"生物功能材料"两个专业本科生开设"生物材料制备与加工"课程所整理的讲义文稿，收集并整理、归纳了相关专题的文献、书籍和网页报道信息，并基于多年国内外研究和教学工作经验编著此书。

生物材料的合成、制备与成型加工是决定生物材料成功应用的关键技术，因此本书力图结合材料科学和生物应用的相关知识，突出材料的设计、制备与加工的方法，并列举一些实例加强理解。在第 1 章中重点介绍了生物材料的一般要求、功能及选择要求、制备与加工要求及其灭菌；第 2 章中重点介绍了天然生物高分子材料中典型天然多糖——甲壳素和壳聚糖以及天然蛋白——胶原蛋白和明胶的提取和改性方法；第 3 章中除了介绍合成生物高分子材料的一般制备方法外，重点介绍了生物硅橡胶、聚氨酯弹性体、丙烯酸酯树脂、生物降解性聚酯、聚酸酐、聚膦腈、聚氨基酸等生物材料的制备及改性方法；第 4 章中除了介绍生物高分子材料一般的成型加工方法外，还重点介绍了典型生物橡胶、生物塑料、生物纤维的成型加工，以及聚合物载体药物制剂、高分子生物功能膜、组织工程支架的制备方法；第 5 章中介绍了生物无机材料制备与加工的一般路径及氧化物陶瓷、羟基磷灰石陶瓷、多孔生物陶瓷等制备与成型方法；第 6 章中重点介绍了镍钛合金的制备与加工方法；第 7 章中介绍了生物材料表面改性方法。本书可作为生物功能材料专业和材料科学领域其它专业、生物医学工程专业的高年级本科生和研究生教材，也可供相关科技人员阅读参考。书中各章后所附思考题可供学生练习，附有参考文献供进一步阅读。教师可以根据不同学科方向，对学生进行选择性和重点性教学。

本书共 7 章，其中第 1 章由石淑先编写，第 2 章由石淑先和黄雅钦编写，第 3 章由石淑先和蔡晴编写，第 4 章和第 5 章由石淑先编写，第 6 章由石淑先、夏宇正和刘永荣编写，第 7 章由陈晓农编写。全书由石淑先统稿。

在本书编写过程中，得到了"北京市高等教育精品教材立项项目"和"北京化工大学教材建设项目"基金的资助；也得到了北京化工大学周亨近教授的关怀、鼓励和指导，并对全书进行了审阅；同时还得到了北京化工大学各级领导和材料科学与工程学院生物材料系全体同仁的鼓励和帮助以及化学工业出版社的大力支持，在此一并向他们表示诚挚谢意。同时对书中所引用资料的作者表示感谢。

由于本书涉及多学科交叉，内容广泛，加之生物材料发展迅速，新成果不断涌现，以及作者学术水平所限，因此在编写本书过程中难免存在缺点与不当之处，敬请同行专家和使用本书的师生指正。

编者<br>2009 年 5 月　于北京化工大学

# 目 录

## 第1章 绪论 ............ 1
### 1.1 生物材料概述 ............ 1
#### 1.1.1 生物材料的概念 ............ 1
#### 1.1.2 生物材料的发展 ............ 1
#### 1.1.3 生物材料的分类 ............ 3
#### 1.1.4 生物材料的研究与实施 ............ 5
### 1.2 生物材料的要求 ............ 6
#### 1.2.1 生物材料的一般要求 ............ 6
#### 1.2.2 生物材料的功能要求及选择要求 ............ 6
#### 1.2.3 生物材料及制品的制备与加工要求 ............ 9
#### 1.2.4 生物材料的灭菌 ............ 10
### 1.3 常用生物材料及其应用 ............ 12
#### 1.3.1 生物金属材料 ............ 12
#### 1.3.2 生物高分子材料 ............ 13
#### 1.3.3 生物无机材料 ............ 13
#### 1.3.4 生物复合材料 ............ 14
#### 1.3.5 生物衍生及组织工程支架材料 ............ 15
### 思考题 ............ 16
### 参考文献 ............ 16

## 第2章 天然生物高分子材料的制备 ............ 17
### 2.1 概述 ............ 17
### 2.2 甲壳素和壳聚糖 ............ 20
#### 2.2.1 甲壳素和壳聚糖的性质 ............ 20
#### 2.2.2 甲壳素的制备 ............ 21
#### 2.2.3 壳聚糖的制备 ............ 23
#### 2.2.4 高黏度壳聚糖的制备 ............ 28
#### 2.2.5 高脱乙酰度壳聚糖的制备 ............ 29
#### 2.2.6 水溶性壳聚糖的制备 ............ 30
#### 2.2.7 低聚壳聚糖的制备 ............ 31
#### 2.2.8 磁性壳聚糖的制备 ............ 33
#### 2.2.9 甲壳素或壳聚糖的化学改性方法 ............ 33
#### 2.2.10 甲壳素或壳聚糖的酰化改性 ............ 34
#### 2.2.11 甲壳素或壳聚糖的醚化改性 ............ 36
#### 2.2.12 甲壳素或壳聚糖的酯化改性 ............ 38
#### 2.2.13 几种医用壳聚糖衍生物的分子设计 ............ 40
### 2.3 胶原蛋白和明胶 ............ 42
#### 2.3.1 胶原蛋白和明胶的结构与性质 ............ 43
#### 2.3.2 胶原蛋白的制备 ............ 47
#### 2.3.3 明胶的制备 ............ 50
#### 2.3.4 胶原蛋白和明胶的应用 ............ 57
### 思考题 ............ 62
### 参考文献 ............ 63

## 第3章 合成生物高分子材料的制备 ............ 64
### 3.1 概述 ............ 64
#### 3.1.1 合成生物高分子材料的分类 ............ 64
#### 3.1.2 合成生物高分子材料的制备与加工要求 ............ 66
### 3.2 合成生物高分子材料的一般制备方法 ............ 66
#### 3.2.1 自由基聚合 ............ 67
#### 3.2.2 离子聚合 ............ 69
#### 3.2.3 开环聚合 ............ 69
#### 3.2.4 缩合聚合 ............ 69
#### 3.2.5 生物合成 ............ 70
#### 3.2.6 高分子材料的功能化 ............ 71
### 3.3 乙烯基类高分子材料 ............ 71
#### 3.3.1 概述 ............ 71
#### 3.3.2 超高分子量聚乙烯的制备 ............ 72
#### 3.3.3 聚乙烯醇的制备 ............ 73
#### 3.3.4 聚 N-乙烯基吡咯烷酮的制备 ............ 74
#### 3.3.5 聚丙烯酰胺的制备 ............ 76
#### 3.3.6 聚丙烯腈及其碳纤维的制备 ............ 79
### 3.4 有机硅生物材料 ............ 83
#### 3.4.1 概述 ............ 83
#### 3.4.2 有机聚硅氧烷的一般制备方法 ............ 86
#### 3.4.3 高温硫化硅橡胶的制备 ............ 92
#### 3.4.4 室温硫化硅橡胶的制备 ............ 101
#### 3.4.5 医用硅橡胶的灭菌 ............ 107
### 3.5 聚氨酯弹性体 ............ 107
#### 3.5.1 聚氨酯弹性体合成的原材料 ............ 108
#### 3.5.2 聚氨酯弹性体的一般制备方法 ............ 110
#### 3.5.3 聚氨酯的改性 ............ 114
### 3.6 丙烯酸酯树脂 ............ 117
#### 3.6.1 单体及聚合 ............ 117
#### 3.6.2 聚甲基丙烯酸甲酯 ............ 119
#### 3.6.3 聚甲基丙烯酸羟乙酯 ............ 123
#### 3.6.4 聚 $\alpha$-氰基丙烯酸酯 ............ 124
### 3.7 生物降解性聚酯 ............ 127
#### 3.7.1 可降解生物材料 ............ 128

3.7.2 脂肪族聚酯的一般制备方法 …… 131
3.7.3 典型化学合成生物降解聚酯-聚乳酸的制备 …… 136
3.7.4 聚酯衍生物的分子设计及其制备 …… 151
3.7.5 微生物法聚羟基脂肪酸酯的制备 …… 158
3.8 聚酸酐 …… 166
　3.8.1 概述 …… 166
　3.8.2 聚酸酐的合成方法 …… 167
　3.8.3 聚酸酐的分类 …… 170
　3.8.4 聚酸酐的稳定性 …… 176
　3.8.5 聚酸酐的降解 …… 178
　3.8.6 药物释放体系的制备 …… 179
3.9 聚膦腈 …… 180
　3.9.1 概述 …… 180
　3.9.2 单体的制备 …… 185
　3.9.3 聚二氯磷腈的制备 …… 189
　3.9.4 聚膦腈的制备 …… 194
　3.9.5 聚膦腈侧基的功能化反应 …… 199
　3.9.6 聚膦腈的改性 …… 201
　3.9.7 生物可降解聚膦腈的降解机理 … 204
　3.9.8 展望 …… 205
3.10 聚氨基酸 …… 205
　3.10.1 概述 …… 205
　3.10.2 氨基酸聚合物的分类 …… 206
　3.10.3 氨基酸聚合物的合成方法 …… 207
　3.10.4 展望 …… 231
思考题 …… 231
参考文献 …… 232

## 第4章 生物高分子材料的成型加工 …… 248
4.1 概述 …… 248
4.2 普通高分子材料成型加工基础 …… 249
　4.2.1 混合与混炼 …… 250
　4.2.2 一般橡胶制品的成型加工 …… 253
　4.2.3 一般塑料制品的成型加工 …… 260
　4.2.4 一般纤维制品的成型加工 …… 264
　4.2.5 常用加工成型设备 …… 268
4.3 几种典型生物高分子材料的成型加工 …… 275
　4.3.1 生物橡胶-硅橡胶的成型加工 …… 276
　4.3.2 生物塑料-聚乳酸的成型加工 …… 281
　4.3.3 生物纤维-聚乳酸的纺丝 …… 295
　4.3.4 超高分子量聚乙烯髋臼的模压成型 …… 301
4.4 聚合物载体药物制剂的制备 …… 305

4.4.1 微粒或微囊的制备 …… 306
4.4.2 植入剂的制备 …… 311
4.4.3 聚合物胶束制剂的制备 …… 312
4.4.4 水凝胶的制备 …… 317
4.4.5 可降解聚合物药物膜 …… 321
4.4.6 纤维给药制剂 …… 322
4.5 高分子生物功能膜的制备 …… 324
　4.5.1 膜及膜构型 …… 324
　4.5.2 溶剂蒸发相转化法 …… 326
　4.5.3 浸没沉淀相转变法 …… 328
　4.5.4 热诱导相转变法 …… 330
　4.5.5 熔融-拉伸法 …… 332
　4.5.6 自组装法 …… 333
4.6 组织工程支架的制备 …… 336
　4.6.1 支架材料的要求及种类 …… 337
　4.6.2 纤维编织法 …… 338
　4.6.3 溶剂浇注/粒子沥滤法 …… 339
　4.6.4 熔融成型法 …… 340
　4.6.5 气体发泡法 …… 340
　4.6.6 相分离法 …… 341
　4.6.7 快速成型法 …… 343
　4.6.8 综合法 …… 346
　4.6.9 水凝胶法 …… 347
思考题 …… 348
参考文献 …… 349

## 第5章 生物无机材料的制备与加工 …… 351
5.1 概述 …… 351
　5.1.1 生物无机材料的要求 …… 351
　5.1.2 生物无机材料的种类 …… 351
　5.1.3 生物无机材料制备与加工的一般路径 …… 352
5.2 生物惰性陶瓷 …… 360
　5.2.1 氧化物陶瓷 …… 360
　5.2.2 碳素材料 …… 367
5.3 生物活性陶瓷 …… 370
　5.3.1 生物活性玻璃 …… 370
　5.3.2 玻璃陶瓷 …… 372
　5.3.3 羟基磷灰石陶瓷 …… 374
5.4 磷酸钙生物可吸收陶瓷 …… 381
　5.4.1 β-TCP陶瓷 …… 381
　5.4.2 磷酸钙骨水泥 …… 382
5.5 多孔生物陶瓷 …… 384
　5.5.1 有机泡沫浸渍法 …… 385
　5.5.2 添加造孔剂法 …… 386
　5.5.3 盐析法 …… 387
　5.5.4 化学发泡法 …… 387

  5.5.5 颗粒堆积形成气孔结构 ……… 388
  5.5.6 原位替代法 ……………………… 388
  5.5.7 多孔生物陶瓷的发展趋势 ……… 388
 思考题 ………………………………………… 389
 参考文献 ……………………………………… 389

## 第6章 生物金属材料的制备与加工 … 390
 6.1 概述 ………………………………………… 390
  6.1.1 生物金属材料的要求 …………… 390
  6.1.2 生物金属材料的毒性 …………… 390
  6.1.3 生物金属材料的生理腐蚀性 …… 391
  6.1.4 生物金属材料的表面改性 ……… 392
 6.2 金属材料的制备与加工基础 ……………… 392
  6.2.1 金属材料的种类及组织 ………… 392
  6.2.2 金属材料的加工 ………………… 394
 6.3 不锈钢 ……………………………………… 399
  6.3.1 医用不锈钢的组成 ……………… 399
  6.3.2 医用不锈钢的加工 ……………… 400
  6.3.3 医用不锈钢的改性 ……………… 401
 6.4 钴基合金 …………………………………… 401
  6.4.1 钴基合金的组成 ………………… 401
  6.4.2 钴基合金的制造工艺 …………… 402
  6.4.3 钴基合金植入器件的制造 ……… 403
 6.5 钛及其合金 ………………………………… 404
  6.5.1 钛及合金的组成 ………………… 404
  6.5.2 钛及合金加工工艺 ……………… 405
  6.5.3 镍钛合金的制备与加工 ………… 405
 6.6 其它生物金属材料 ………………………… 411
  6.6.1 金与金合金 ……………………… 412
  6.6.2 银与银合金 ……………………… 413
  6.6.3 铂及铂合金 ……………………… 414
  6.6.4 医用钽、铌、锆 ………………… 415
 6.7 多孔生物金属材料 ………………………… 415
  6.7.1 多孔生物金属材料的特性 ……… 415
  6.7.2 多孔生物金属材料的制备 ……… 416
 6.8 生物金属材料的发展趋势 ………………… 418
 思考题 ………………………………………… 419
 参考文献 ……………………………………… 419

## 第7章 生物材料表面改性 ……………… 420
 7.1 材料表面接枝改性 ………………………… 420
  7.1.1 化学接枝法 ……………………… 420
  7.1.2 物理接枝方法 …………………… 421
  7.1.3 光引发表面接枝的实施方法 …… 422
 7.2 材料表面预吸附聚合物 …………………… 422
  7.2.1 预吸附的驱动力 ………………… 423
  7.2.2 预吸附聚合物的研究进展 ……… 424
  7.2.3 预吸附法应用举例 ……………… 424
 7.3 等离子体技术 ……………………………… 424
  7.3.1 等离子体和等离子体聚合的基
     本概念 …………………………… 424
  7.3.2 等离子体聚合的装置和实施
     方法 ……………………………… 426
  7.3.3 等离子体处理聚合物表面及其
     应用 ……………………………… 426
  7.3.4 等离子体表面聚合 ……………… 428
  7.3.5 等离子体化学气相沉积 ………… 428
  7.3.6 等离子体喷涂技术 ……………… 429
 7.4 离子束表面改性技术 ……………………… 429
 7.5 电化学沉积技术 …………………………… 430
 7.6 材料表面肝素化 …………………………… 431
 7.7 微相分离结构的形成 ……………………… 432
 7.8 材料表面生物化 …………………………… 433
 7.9 其它方法 …………………………………… 433
 思考题 ………………………………………… 435
 参考文献 ……………………………………… 435

# 第 1 章 绪 论

从古至今，材料一直是人类文明和技术发展的物质基础。进入 21 世纪，具有特种功能、特殊性能的新材料日益崛起和壮大。新材料是知识密集、技术密集、附加值高、更新换代快、品种丰富、与新技术密切相关、多学科交叉渗透的产物。生物材料作为特种功能材料的一员，其发展日益受到人们的关注。

## 1.1 生物材料概述

### 1.1.1 生物材料的概念

生物材料（biomaterial），又称生物医用材料（biomedical material），是和生物系统相作用，用以对生物体进行诊断、治疗修复和置换损坏的组织、器官或增进其功能的材料。简单的理解就是直接或间接与人体接触、处置和诊治的相关材料。它可以是天然产物，也可以是合成材料，或者是它们的结合，还可以是有生命力的活体细胞或天然组织与无生命的材料结合而成的杂化材料。生物材料不同于药物，它的主要治疗目的是不必通过在体内的化学反应或新陈代谢来实现，但是可以结合药理作用，甚至起药理活性物质的作用。与生物系统直接结合是生物材料最基本的特征，如直接进入体内的植入材料，人工心肺、肝、肾等辅助装置中与血液直接接触的材料等。除应满足一定的理化性质要求外，生物材料还必须满足生物学性能要求，即生物相容性要求，这是它区别于其它功能材料的最重要特征。因此从生物材料的设计、研究、制造、检测、动物实验、人体临床验证、上市销售、售后服务的大循环中，始终应围绕一点：以人为本。

在人类文明发展的历史长河中，生物材料的发展也经历了几个世纪，在科学家们的不断努力下，如今生物材料的发展，从材料科学本身看，从单一材料发展到复合材料，从智能材料到仿生材料，小到纳米材料，大到人工器官，品种繁多且作用各异。从临床应用上看，有疾病或损伤组织的修复与替代，各种创伤的伤口愈合，各种异常纠正和功能的改善，人体及各组织器官的塑形，疾病诊断和治疗等。可以这样说，从人体头部到脚跟，乃至内脏各器官，无不涉及生物材料的使用。与其说生物材料离不开临床，不如说临床更离不开生物材料。

生物材料在人体中的应用如图 1-1 所示。

经初步统计，迄今所进行研究的生物材料已超过 1000 种，医学临床上广泛使用的也有几十种，即使用一种产品，在临床使用中要求其多样化和多形化，这样更增加了生物材料的复杂性。因此对生物材料定义的理解可以更广些，涵盖的内容也应更多些。目前生物材料研究的重点是在保证安全性的前提下寻找组织相容性更好、耐腐蚀、持久性更好的多用途生物材料。

### 1.1.2 生物材料的发展

生物材料的发展经历了漫长的岁月。自从有了人类，人们就一直不断地与各种疾病作斗争，而生物材料则成为人类同疾病作斗争的有效工具之一。早在远古时期，人们就已经用天然材料治疗某些疾病，并用来修复人体的创伤。例如早在公元前 3500 年，古埃及人和中国

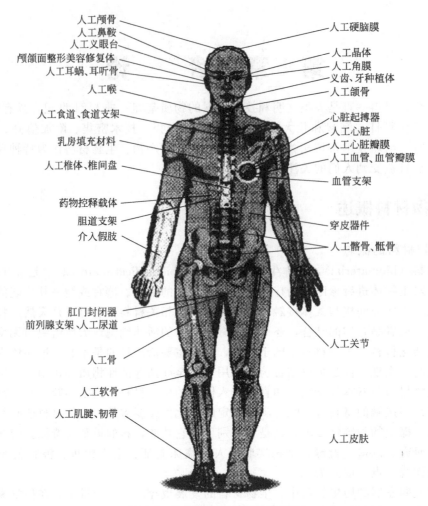

图 1-1　生物材料在人体中的应用

人等就利用棉花纤维、马鬃做缝合线，用柳树枝和象牙修复失牙。墨西哥的印第安人使用木片修补受伤的颅骨。公元前 2500 年前，中国、埃及的墓葬中就发现有假牙、假鼻、假耳等。16 世纪开始人们用黄金板修复颚骨，陶瓷或金属做齿根，用金属作固定骨折的内骨板。由于当时工业不发达，直到 20 世纪 30 年代，科学技术和医学的发展，特别是新型高分子材料的研制开发，为生物材料的研究和应用提供了极大的发展空间和机会。1936 年有机玻璃问世后，很快制成假牙、牙齿填补材料以及人工骨应用于临床；1943 年赛璐珞作为透析膜制成人工肾应用于临床并获得成功；随后有机硅聚合物的医学应用，大大促进了生物材料和人工器官的发展，相继出现了人工骨、人工肾、人工气管；20 世纪 50 年代又研制出人工尿道、人工血管、人工食道、心脏起搏器、人工心脏瓣膜、人工心肺、人工关节、人工肝等。

20 世纪中后期，高分子工业的迅猛发展推动了生物医用材料的发展。高分子、新型金属与陶瓷材料的发展为生物材料的研究与应用提供了新的机会。在 20 世纪 70 年代，研究者发现了生物活性陶瓷，如羟基磷灰石、β-磷酸三钙、珊瑚等。这类材料都具有与人骨组织中的无机成分相类似的化学组成和结构，具有良好的生物相容性和较强的抗压强度。另外，生物活性陶瓷可在体内被降解吸收，并可诱导成骨细胞的长入。它们在界面上可形成化学键结合，植入一段时间之后，可以转化为骨细胞的成分，使得材料在使用过程中逐渐实现生物化。同时，20世纪60～70年代，人工心脏、人工胰、人工血液也相继问世。

20世纪80年代，人工器官的功能进一步改善，生物材料的制备方法和技术更先进、更精细，同时也有许多缓释控释药物应用于临床，为某些疾病的治疗开辟了新途径。20世纪90年代是生物材料发展最快、应用领域范围扩大最广的时期，各种人体器官均有了可替代的人工器官的临床应用报道，除了脑组织以及大多数内分泌器官外，可以说从天灵盖到脚趾骨、从内脏到皮肤、从血液到五官都可以用人工材料和器官来代替。医疗水平的提高和生活质量的改善反过来也促进了生物医学材料的发展。

20世纪80年代中后期，生物材料还被视为一类无生命的材料。之后，随着生物技术研究的发展，人类已开始将生物技术应用于研制生物材料，在材料结构与功能设计中引入生物支架——活性细胞，利用生物要素和功能去构建所希望的材料，并提出了组织工程的概念，标志着医学将走出组织器官移植的范畴，步入到制造组织和器官的新时代，并将成为21世纪具有巨大潜力的高科技产业。

即便如此，一些临床应用的生物材料原来并不是针对医用而设计的。例如透析膜，最初是选用商品塑料醋酸纤维素制造；最初的聚对苯二甲酸乙二酯纤维（俗名涤纶）血管植入物源于纺织工业；人工心脏材料则用商品聚氨酯。由于这些材料在设计时未考虑应用时的要求，因此存在生物相容性问题。如透析膜可激活血小板和补体；聚对苯二甲酸乙二酯纤维血管植入物只能在直径大于6mm才可使用，否则因材料界面与血液发生生物反应而堵塞。因此生物材料学是一门多学科交叉的边缘学科，它涉及材料、生物、医学、物理、化学、制造以及临床医学等诸多学科领域，不仅关系到人类的健康，而且日益成为国民经济发展的新的增长点。

生物材料的开发与现代医学科学的进步息息相关。随着医学的发展，医学界对生物材料的性能提出了更高的要求，结构性能单一的材料已难以满足临床的需要。生物材料的开发和研究已逐渐向智能型、复合杂化型和功能型等方向发展。因此生物材料的新领域包括：①开发新型生物材料；②建立生物材料的理想模型；③对现有人工器官的功能和性能进行改性；④实现人工器官的工程化；⑤开发新型医疗器械；⑥发展药物及靶向药物。不仅新型生物材料层出不穷，生物材料的制备工艺和方法也在不断更新，目前及今后研究者将着重研究：①材料智能化；②材料的复合与杂化；③表面改性；④超临界处理；⑤液晶态材料表面的形成；⑥纳米技术与纳米材料。

### 1.1.3 生物材料的分类

材料科学的发展水平已经成为当今社会衡量一个国家现代化水平的重要标志之一。生物材料的应用范围及发展水平同样是衡量一个国家医疗水平的重要标志。所以生物材料的选择和研究范围非常广泛，已经涉及金属、合金、陶瓷、复合材料、有机高分子材料等。生物材料种类繁多，到目前为止，已超过一千种，但在医学临床中广泛使用的仅有几十种。依据材料的不同，不同的生物材料可分为不同的类型。生物材料的分类目前主要有以下四种分类方法。

#### 1.1.3.1 按材料的来源分类

按材料的来源分类，生物材料可分为以下几类。

（1）自体生物器官或组织　例如自体皮肤移植、自体骨移植等。

（2）同种异体器官或组织　例如用作角膜移植的人类尸体或活体角膜、异体器官移植等。

(3) 异种同类器官或组织　例如利用动物皮移植治疗皮肤烧伤。

(4) 天然生物材料　例如用于人工肾、人工肝、人工皮肤、人工骨等的甲壳素、纤维素、胶原等。

(5) 人工合成材料　例如用于人工心脏瓣膜的硅橡胶、聚氨酯、骨水泥、合金等。

#### 1.1.3.2　按材料的组成和性质分类

按材料组成和性质分类，生物材料可分为以下几类。

(1) 生物金属材料　例如制作人工关节的钛合金，医疗用针、钉、齿冠、人工假体及其它医疗器械等。

(2) 生物无机非金属材料　无机非金属材料包括合成材料和天然材料。例如用作人工骨、人工关节的生物陶瓷、生物玻璃等合成材料和珊瑚、异源骨等天然材料。

(3) 生物高分子材料　生物高分子材料包括天然生物高分子材料和合成生物高分子材料。天然生物高分子材料包括纤维素、甲壳素、透明质酸、胶原蛋白、明胶等；合成生物高分子材料包括聚氨酯、硅橡胶、聚甲基丙烯酸甲酯、聚乳酸、聚膦腈等。

(4) 生物复合、杂化材料　由两种或两种以上不同性质的材料经过适当的加工制备方法制得的多元复合体系称为复合材料，如纤维素与高分子的有机-有机复合材料，陶瓷微粒或纳米材料与高分子的无机-有机复合材料等；将无生命的材料与生物活性材料如细胞、生长因子等复合在一起的材料称为杂化材料，如组织工程支架材料、肝素化材料等。

#### 1.1.3.3　按材料的用途分类

按材料用途分类，生物材料可分为以下几类。

(1) **修复和替换材料**　例如修复或替代骨、齿等硬组织的金属、无机非金属及高分子合成材料等。

(2) **软组织材料**　例如人工皮肤、人工角膜、人工心血管等替代材料。

(3) **血液代用材料**　例如人工血浆、人工血液等替代材料。

(4) **分离或透过性膜材料**　例如用于血液净化、血浆分离和气体选择的功能性材料。

(5) **组织黏合剂和缝合线材料**　例如聚氰基丙烯酸酯黏合剂、聚乳酸类缝合线等。

(6) **药物载体材料**　例如药物的添加剂、填料以及包裹材料，药物缓释控制载体材料等。

这种分类法比较注重人体各部位的特殊性和特定的要求，针对性较强，研究的内容和目的明确，但往往会出现一种材料多用途，前后重复。

#### 1.1.3.4　按材料与人体接触的关系分类

按材料与肌体组织接触部位的时间分类，生物材料又可分为以下几类。

(1) 长期植入材料　长期植入材料泛指植入体内时间较长的材料，例如人工角膜、人工肾、人工心血管等。

(2) 短期植入材料　短期植入材料是指植入与肌体组织或体液短时间接触的材料，例如心室辅助装置、透析器等。

(3) 生物降解和吸收性材料　生物降解和吸收材料指用于暂时替代组织和器官的功能或作为药物缓释系统，一般在完成其功能之后逐渐被降解，并被机体吸收或排出体外，例如聚乳酸制备的骨钉、缝合线、药物微球、组织工程支架材料等。

(4) 一次性使用医疗用品材料　一次性使用医疗用品材料主要包括注射器、输液器、输血器、输液袋、输血袋等，由于临床应用不同，在选材上有所差异。例如一般选用高密度聚乙烯、聚丙烯等塑料制成硬质注射器；输液器、输液袋、输血袋等则采用聚氯乙烯、低密度聚乙烯等制成。

这种分类法明确了生物材料使用的时间长短，为制定生物材料安全性评价方法和标准提供了依据，也有利于生物材料的选用。

### 1.1.4 生物材料的研究与实施

生物材料是和生物系统相作用，用以对生物体进行诊断、治疗修复和置换损坏的组织、器官或增进其功能的材料，因此生物材料的研究内容与实施过程必须以人为本。

#### 1.1.4.1 生物材料的研究内容

生物材料研究的目的是研制可用于代替和替换人体病变器官和组织，并恢复其生理功能的临床应用产品以及医学诊断和治疗用医疗器械。由于生物材料直接或间接与人体接触，使用环境特殊，因此了解生命体的生理环境、组织结构、器官生理功能及其可行的替代方法是生物材料研究的基本内容。在此基础上研究满足特殊性能、特殊功能和特殊要求的生物材料的制备、加工方法和技术，就成为生物材料研究的核心内容。为了满足生物材料与人体组织和器官之间的生物相容性，还必须了解和掌握材料与生命体的细胞、组织、体液及免疫、内分泌系统等的相互作用机制以及避免和减少副作用的技术途径，为研究开发具有更佳综合功能的生物材料提供理论依据。此外，研究生物材料的组成、结构性能、表面现象及形状对材料周边组织的影响也是生物材料学的主要研究内容。由于生物材料的应用与人体生命息息相关，生物材料的管理、评价和安全性鉴定方法也是生物材料学研究的主要内容之一。因此，生物材料的研究内容可以归纳为以下几个方面：

① 研究生物体生理环境、组织结构、器官生理功能及其替代方法的研究；

② 研究具有特种生理功能的生物材料的合成、改性、加工成型以及材料的特种生理功能与其结构关系的研究；

③ 研究材料与细胞、组织、血液、体液、免疫、内分泌等生理系统的相互作用以及减少材料毒副作用方法的研究；

④ 研究材料的灭菌、消毒、医用安全性评价方法与标准以及管理法规的研究。

#### 1.1.4.2 生物材料的实施过程

生物材料是以材料学为基础，以医学或人体医学为目标，采用工程学、生物学、生理学、动物学、遗传学、药学等诸多学科的技术，来实现从理论到应用的每个过程。因此要达到生物材料的最终目标，需要不同学科的科技工作者共同完成，例如临床医生、材料学家、生物学家、病理学家、产品设计师、生物工程师等。表 1-1 表明了生物材料学研究从理论到应用的全过程，这个过程并非一个顺序过程，在每个过程或环节之间还需要承担者互通有无，对存在的问题不断改进。

表 1-1 生物材料从理论到应用的实施过程

| 过程 | 研 究 内 容 | 承 担 者 |
| --- | --- | --- |
| 1 | 临床需要 | 临床医生、研发人员 |
| 2 | 可行性论证 | 临床医生、材料学家、工程师等 |
| 3 | 材料合成与改性 | 材料学家 |
| 4 | 材料的性能测试 | 材料学家、生物学家、病理学家 |
| 5 | 产品的制备 | 工艺师、工程师 |
| 6 | 灭菌和包装 | 生物工程师、产品设计师 |
| 7 | 产品评价 | 生物学家、临床医生 |
| 8 | 临床试验 | 管理机构、临床医生 |
| 9 | 临床应用 | 临床医生 |
| 10 | 信息反馈、移植注册、病理分析、分析失败原因 | 病理学家、生物工程师、临床医生 |

## 1.2 生物材料的要求

生物材料是一门多学科交叉的边缘学科，它涉及材料、生物、医学、物理、化学、制造以及临床医学等诸多学科领域，不仅关系到人类的健康，而且日益成为国民经济发展的新的增长点。由于生物材料是和生物系统相作用，用以对生物体进行诊断、治疗修复和置换损坏的组织、器官或增进其功能的材料，因此其与一般材料的最大差别是生物材料的生物相容性。为了保证生物材料及制品的安全可靠性，材料的物理、化学和生物性能以及材料的力学特征必须满足人体生理条件的要求。因此生物材料不仅需要满足一般生物材料的要求，还必须满足生物材料的功能要求、制备与加工要求及针对不同应用部位的材料选择要求等。

### 1.2.1 生物材料的一般要求

生物材料作为一类特殊的功能材料，由于直接与生物系统相互作用，因此与普通功能材料相比，生物材料除具有医疗功能之外，安全性必不可少，即不仅要治病、诊病和防病，更应对人体健康无害，即对人体组织、血液不能产生不良反应，因此临床应用要求一般生物材料必须满足以下要求。

(1) 材料必须符合生理要求  作为应用于生物体的材料，一般应具备无毒、无热原反应、不致癌、不致畸，不引起过敏反应，不引起人体细胞的突变和不良组织反应，具有良好的血液相容性和组织相容性等。

(2) 良好的生物稳定性和生物活性  对于长期植入体内的生物材料，材料的结构性能必须稳定，否则会使其周围组织发生纤维芽细胞为主的增殖反应，形成生物组织被膜。对于非长期植入性材料，在一定时间范围内也应具有良好的生物稳定性。植入材料在具有良好的生物稳定性基础上，最好还能有良好的生物活性，以保证植入成功。

(3) 材料的溶出物及可渗物无毒  为了改善材料的性能或降低成本，在材料制作和加工过程中会加入部分添加剂或在材料合成和加工过程中可能会残留一些低分子化合物，如单体、引发剂，这些低分子化合物在与体液、血液接触后会溶入或渗入体内引起不良反应。如甲醛会引起皮炎，氯乙烯具有麻醉作用，甲基丙烯酸会进入人体循环引起肺功能障碍，所以一定要保证材料的溶出物及相关物质的安全性。

(4) 良好的力学性能  良好的力学性能是生物材料的关键因素之一，也是目前阻碍生物材料发展的重要因素之一。力学性能一般包括材料的强度、弹性、耐疲劳性和耐磨性、尺寸和界面稳定性、成型加工性能等。例如人工心脏瓣膜，每分钟要伸缩几十次，一年要伸缩几千万次，没有良好的力学性能难以维持。对于新近发展起来的组织工程支架材料，为了保证在组织培养过程中的支架作用，所用支架材料必须具有一定力学强度和力学性能。

(5) 便于灭菌和消毒  生物材料的灭菌和消毒是生物材料及其制品不可缺少的过程，在确定生物材料的应用目的时必须考虑与材料和制品相适应的灭菌消毒方法，同时还必须注意灭菌消毒方法对生物材料性能的影响。

(6) 易于加工、成本低廉  目前生物材料及其制品的发展非常迅速，应用范围也逐渐扩大，但是由于加工或成本原因使生物材料的应用受到较大的限制。

### 1.2.2 生物材料的功能要求及选择要求

按照生物材料的定义和应用目的，生理功能应该是生物材料的最终要求和唯一的目标。由于生物材料的应用目的不同，对其功能要求也千差万别，如有些生物材料及其制品可以全部植入体内，有些则可以穿透上皮表面（如皮肤）部分植入体内，有些可以放在体内的空腔中但不进入皮下（如假牙、子宫内置物、接触镜等），还有些可以放在体外而通过某种方式作用于体内组织（如与血管系统相连的体外装置）。对于上述几种不同用途的生物材料，其性能和功能要求也不一样。尤其是新发展起来的组织工程学，对材料的功能性（细胞的黏附性能和可降解性）要求更加严格。因此，力学性能，耐摩擦和磨损性能，血液流动性，体液流动性，光、电、声传导性能，药物的缓释控释性能，生物降解和人体吸收性能，组织再生的诱导作用等是生物材料需具备的几种基本功能。由于不同生物材料应用目的不同，所要求的功能也不尽相同，因此这些功能不可能集于一种材料，但满足生物相容性是所有生物材料的基本要求。因此在选择材料作为某种组织或器官的替代材料时，必须首先考虑人体的生理环境、组织的结构与性能。由于人体组织器官的结构、功能及所处的环境有较大的差别，所以不同组织对所需的替代材料也有不同的要求。下面列举几种生物材料的性能及其相应材料的选择要求。

（1）力学性能及骨科材料的选择　以材料的使用性能分类，主要利用材料力学性能的材料称为结构材料，主要利用材料的物理和化学性能的材料则称为功能材料。一般而言，生物材料属于功能材料，因此生物材料的力学性能可以比结构材料的要求低些，但在某些特殊应用部位，生物材料的负载传递和应力分布却不能轻视。例如应用于骨骼系统的材料要在动态的条件下多年内行使其功能，不仅要求材料的压力、拉力和剪切力的力学性能参数要较好，而且还应具有耐疲劳性和较小的应变性能。由于连接骨骼的肌肉作用，使骨骼系统的力呈多点分布，因此材料还应具有应力分布性能，即尽可能小地干扰力的传递模式。因此在骨关节和牙的结构替换材料中多采用高强度的金属及其合金。在有些情况下也可使用陶瓷、复合材料等，尤其随着高分子材料的发展，高强度的生物高分子材料也不断涌现。

用于骨和人体关节置换材料的选择比较复杂，一般情况下，任何单一组分或一类材料都难以满足人体骨和关节的需要，此类材料的应用除了对生物相容性要求外，更关键的是材料还须具有良好的力学性能和抗老化性能。目前临床应用的骨和关节置换材料倾向于利用多种材料的复合。虽然金属、陶瓷、聚合物和复合材料等都有在骨和关节中使用的实例，但经常是互相结合使用的。选择此类材料时，先应注意材料的应力大小和分布，组织的塑建及再塑建，组织对植入材料的反应，其次是手术时的创伤以及由于功能性负载导致的骨与植入体之间的相对活动。骨组织的最大特点是具有一定强度，但并不是所有具有一定强度的材料都可用于骨组织的修复、替换。首先，材料必须具备适合的力学性能，尤其是抗压强度和冲击韧性十分关键。此外，骨和关节替换材料不能太脆，尤其是大范围缺损部位的修复材料更是如此。同时要求材料的模量应尽量与周围组织的模量（或强度）相近或一致，避免植入材料影响原有骨组织的"支撑"特性。而且，植入材料表面与周围和骨组织要形成良好的界面，良好的接触界面是保证材料性能得到充分发挥的关键，最理想的植入材料应与骨组织产生骨性结合、组织嵌合，或者它们之间能永久固定；同时植入物在介入人体后不引起全身性免疫排斥反应。当然，材料的可加工性、可消毒灭菌性和可操作性同样十分重要。

（2）耐摩擦和磨损性能及口腔材料的选择　生物体内的组织和器官在不停地运动和摩擦之中。因此，所使用的材料均必须具有低摩擦和低磨损性，并要有适合运动的润滑表面。例如，自然关节不仅由滑液润滑，而且软骨-滑液之间良好的协同作用使摩擦系数极低，一般的人工合成材料很难达到此要求。牙填充材料的耐磨损性同样十分重要。目前，口腔材料中的牙填充材料最大的缺点就是耐磨损性能差。但近几年的研究在耐磨损材料方面有了较大的突破，利用组织工程方法培养的活性软骨即将问世，高耐磨损性材料也有不少报道。

口腔材料是以口腔医疗修复、矫形为目的，用于和口腔颌面活组织的接触，因此口腔材料的选择，包括牙科材料、颌面外科材料的选择。牙科材料主要用于牙体硬组织，包括牙釉质和牙本质。颌面外科材料涉及头、颈部结缔组织重建外科的各个方面，包括对骨、关节、肌肉、皮肤和面部其它软结缔组织疾病和缺陷的治疗以及对牙列缺失的置换。牙科材料一般要求在临床充填过程中和充填后由流体糊态固化成固态，如牙科用复合材料有单糊剂型和双糊剂型，前者为光固化复合树脂，是用特定波长和强度的可见光来引发聚合反应，要求材料具有光敏性。后者一般由硅烷偶联剂处理的陶瓷颗粒组分和双甲基丙烯酸酯单体混合后，在一定条件下固化。颌面外科材料多选择无机陶瓷和玻璃材料。由于口腔材料的特殊性，材料及产品的生物力学研究十分重要，如材料周围应力的合理分布，种植体材料特征及表面几何形态，种植体的大小及分布位置对种植体界面应力分布的影响等。随着植入材料-骨界面的三维结构分析和材料体内种植的界面组织学观察，骨引导再生术和膜技术的应用日趋广泛，材料的表面微孔结构、材料的晶体化学结构、材料的烧结温度和物相组成与界面强度的关系以及骨结合界面的形成机制等成为口腔材料近几年研究的热点。

(3) 血液流动性能及心血管材料的选择　心血管系统尽管在客观结构上比较简单，血液沿心血管系统流动的概念也不复杂，但研究心血管系统组织的流体力学是一个十分复杂的问题。同样，血液也是一个复杂的液体。因此心血管系统用生物材料除了要有较好的血液相容性外，还必须具备控制血液流动的功能。无论是人工心脏、人工动脉，还是瓣膜材料，均应具有相应的血液流动性。

因此心血管系统应满足以下要求：①符合相应器官生物流体力学性能的要求，良好的耐弯曲、抗疲劳、抗老化性能和一定的机械强度，材料的理化性能和力学性能稳定，是材料的功能长久保持的基础；②良好的生物相容性，尤其是血液相容性，能有效地防止血栓的形成，并不引起溶血、不致癌、不致敏、不致畸、不引发机体不良反应等，为了提高材料的抗凝血性能，常采用材料表面肝素化、材料与肝素共混、材料表面形成液晶态、材料表面的负电荷法、降低材料表面的自由能、白蛋白或明胶涂层等方法对材料进行改性；③材料制品的设计便于临床应用，消毒保存方便，手术操作简便易行。当然，材料应价格合理，容易推广。

(4) 光传导性能及眼科材料的选择　生物体的视觉主要是光学现象，也有部分是生理现象。在视网膜中光转变为电信号并通过神经传入大脑。因此对眼科用材料的主要功能要求就是材料要具有光传递性能。因此选择眼科材料中的人工晶状体时，要求光学性能很高，故受到很大限制，除有机玻璃外，硅橡胶和水凝胶都有应用。有机玻璃晶状体刺激眼内组织，并引发某种程度的炎症。目前对其改性主要集中在表面肝素化固定。我国硅橡胶人工晶体的应用十分流行。眼科材料中的接触镜的材料选择主要有：材料的光学性能好，有优良的生物相容性，适当的可润湿性，合理的机械强度，较高透气性，耐降解性能，易于精密加工性能以及抗污渍沉着性能等。

(5) 药物缓释控释性能及载体材料的选择　药物释放体系一般可分为时间控制和部位控制两种类型。时间控制型释放体系有两种形式：一种是零级释放体系，即单位时间的恒量释放；另一种是脉冲释放，即按需要非恒量释放的体系和应对环境改变而释放的体系，无论哪一种都需要材料具有一定的溶胀性、溶解性或生物可降解性。部位控制型释放体系一般由药物、载体、特定部位识别分子所构成。这种药物的特点是药物活性部分在发挥药理活性前不分解，能够高效地在目标部位浓缩，最好能被细胞所吞噬，然后通过溶菌体被分解释放，这种药物要求使用的载体材料具有一定的智能性。

因此选择药物释放载体材料时，要求能让药物有效成分按一定的时间、精确地按一定量向靶器官释放，达到最好的治病效果和最小的副作用。药物的控制释放主要是控制释放速率、释放时间和释放地点。由于释放过程主要通过物理、化学分散或将其溶解在高分子载体中来实现，因此对材料的选择，不仅要考虑药物对宿主的作用，同时也要考虑材料对宿主的影响，应具有好的生物相容性、无毒性及免疫原性等。同时对于不同的药物释放系统，材料要有与其相适应的物理、化学性能，能调节药物的释放速率，控制药物释放的时间，确定药物的释放器官等。除植入式机械泵以外，几乎所有的药物控释材料都是高分子材料。根据材料的作用机制可分为扩散控释材料、化学控释材料和容积控释材料三种；按材料本身的性能又可分为降解材料和非降解材料。扩散控释药物有包裹型和共混型，前者以胶囊型为主，后者多为微球、贴剂或棒状，所选用的材料一般需要有较好的成膜性和物理化学稳定性。化学控释材料是将药物以化学键"悬挂"在载体的大分子链上，在体内酶或酸碱的作用下，使连接药物的化学键断开，从而释放出药物，此类材料除了需要良好的生物相容性外，大分子主链一般应有可反应基团且具有较好的水溶性。溶剂控释材料多用生物降解材料或生物溶蚀材料以及可溶胀材料等，主要是在体内环境下，受体液中水的作用，载体的形状发生变化而引起药物的释放，溶剂控释的机制不仅取决于所用材料的特征，而且还取决于装置的形状、给药方式以及药物的性质，因此一个装置可能有多种释放机制同时起作用。

### 1.2.3 生物材料及制品的制备与加工要求

人体有一个运动极复杂的生理环境，存在着影响材料性能的各种因素。人体体液、温度、组织处于平衡状态。这种生理环境对生物材料的稳定性会产生影响。例如，高分子材料虽然其本身化学性能比较稳定，但由于聚合反应不完全，仍可能存在低聚物或残留单体；同时，常加入各种添加剂，类似稳定剂、阻聚剂、填料、润滑剂、着色剂、交联剂、催化剂等，或在制品加工过程中混入各种有害物质，因此在材料植入人体内或与器官组织直接接触时，就会对人体组织产生多种反应。同时，人体组织与细胞也会对材料产生种种影响，这种影响反过来又会产生新的生物反应，即材料与生物体间相互作用，会使各自的性质和功能受到进一步影响，因此安全性是对生物材料及其制品极其重要和必不可少的要求。众所周知，目前还没有一种体外人工材料可以满足人体生理的要求，临床使用的材料也是为了治疗救人而"勉强可用"或"不得不用"。因此，在材料的制备和制品的设计过程中要考虑如何最大限度地消除或减少由材料本身或制品的结构所导致的对人体的危害性。对于确实是因技术问题目前暂时无法避免或不可消除的危险性应提供足够的说明和预防措施，把危害降到最低限度。总之，生物材料的制备与加工要求，包括制备与加工前的设计要求、制备与加工过程中的生产要求和最终产品的质量要求。

(1) 生物材料及制品的设计要求　生物材料的生物相容性和力学性能最直接和最重要的因素是材料的基本化学组成和分子的聚集态结构，因此在生物材料及制品的设计中，首先考虑所选材料的化学组成、结构形态、表面性能是完全无害的，在注意产品临床应用的方便性外，还要注意形状对人体的影响。同时还要考虑生物材料和制品在生产、包装、运输以及储存和使用过程中产生的污染。对于带有药物的生物材料和制品，其生产过程应严格执行有关药物的管理法规。在设计和生产生物材料时，不仅要尽可能地避免材料中小分子杂质的残留，同时还要考虑环境中的杂质进入材料或制品后对材料性能引发的不良影响。总之，生物材料的设计要以材料的物理、化学稳定性为基础，以生物相容性、生物活性为基本要求，以无副作用或使副作用降至最低为标准，以防病、治病、诊病为目标，真正达到性能要求，副作用小，为临床医学提供坚实可靠的物质基础。

(2) 生物材料及制品的生产要求　生物材料及其制品的生产应注意生产条件对产品性能的影响。通常应考虑材料物理特性的变化，如生产过程中的体积或压力速率、工程学特性等。生产条件还应包括生产器械、外部电场、静电释放、压力、温度和湿度等对材料及其制品性能产生影响以及产品在使用过程中与其它诊断和治疗器械的接触对材料性能的影响。

在生物材料及其制品的生产过程中，为了消除或减少对其接触人员的危害，应最大可能避免感染和微生物污染。在利用异种组织进行治病时，应保证组织源的安全性，且能满足组织的预期使用要求和最佳安全保证。在考虑到病毒和其它可转化的特殊安全时，应加强在生产过程中使用有效地消除或使病毒失活的方法。对于生产和包装成一次性使用的制品，应确保在储存和运输过程中的无毒状态，并能采用适当的有效方法进行生产和灭菌。若制品在使用前需要灭菌，在生产过程中就应保证产品不低于预定洁净级。包装体系应尽量减少细菌的污染，同时要提供使用前的灭菌方法。

（3）生物材料及制品的质量要求　产品的质量是企业的生命，尤其是生物材料及其制品与人的生命息息相关，更应严保质量关。生物材料及其制品的质量体系规范或标准是保证其质量的最基本要求。为了保证生物材料及其制品的质量，世界各国制定了各种质量体系标准。无论是 ISO 13485 标准还是各国的其它质量体系标准，其基本内容都包括质量管理机构、人员、设计、文件管理、原材料供应、厂房、设备、卫生条件、生产操作、质量检验、包装和贴签、销售、服务、用户投诉记录和不良事件报告等方面的内容。在硬件条件方面要求有符合要求的环境、厂房、设备，在软件条件方面要求有可靠的生产工艺、严格的管理制度、完善的检验、确认和认可体系。

例如生物材料及制品应在产品质量的检验和评价上有严格的操作程序，不但要保证每个产品的合格性，还要保证各批成品符合质量标准。此外，对产品的标签、包装、搬运、储存、分发、安装、服务、技术统计等均应有明确的工作程序和要求。有关质量体系标准可参考质量管理体系基础和术语（ISO 9000—2000）、质量管理体系要求（ISO 9001—2000）、医疗器械质量管理体系用于法规的要求（ISO 13485—2003）。

### 1.2.4　生物材料的灭菌

随着生物材料的快速发展，目前有越来越多的生物材料类产品应用于医疗领域，而进入该领域的产品通常为无菌产品，所以采用何种灭菌手段，如何进行有效灭菌，以及怎样确定灭菌效果等一系列问题就是生物材料研究者和生产企业所必须面对的问题。

灭菌是指杀灭或除去全部微生物（包括病原菌、非病原菌和芽孢体）。灭菌的词义是绝对的，只有灭菌与不灭菌的区别，而没有相对灭菌这个概念。此外，灭菌技术就是指使用热力或其它适合的方法将物质中的微生物杀死或除去的方法。一般情况下我们经常会将灭菌与消毒混为一谈，其实灭菌与消毒是两个截然不同的概念。消毒是指破坏非芽孢型和增殖状态的微生物过程，使其达到无害；而灭菌是指杀灭产品中一切微生物过程，使其达到灭菌。芽孢是某些微生物在其生命周期中的正常休眠阶段，其耐杀灭性要比增殖状态高许多倍。用消毒方法不能杀灭芽孢、肝炎病毒等。因此灭菌能达到消毒目的，而消毒则达不到灭菌要求。消毒的指标是灭菌指数达到 $1\times10^3$，灭菌的指标是灭菌指数达到 $1\times10^6$（即对一百万件灭菌后，只允许有一件以下有活的微生物存在）。虽然消毒和灭菌含义不同，但两者是有关联的。例如，某化学药剂在低浓度时是消毒剂，高浓度时是灭菌剂。

灭菌的种类可分为下述几种。

① 依据灭菌方法不同，可分为湿热灭菌、干热灭菌、除菌过滤、环氧乙烷灭菌、电离辐射灭菌和等离子体灭菌。

② 依据灭菌方式不同，可分为热力灭菌、机械灭菌、化学灭菌和电子灭菌。

③ 依据灭菌对象不同，可分为产品或物品灭菌、环境灭菌。

④ 依据灭菌过程不同，可分为过程灭菌和最终灭菌。

本节将对生物材料产品的主要灭菌方式，如热力灭菌（湿热灭菌和干热灭菌）、除菌过滤、化学灭菌（环氧乙烷灭菌）和电离辐射灭菌（Co辐射灭菌）进行简单介绍。

(1) 湿热灭菌　湿热灭菌是指物质在灭菌器内利用高压蒸汽与其它热力学灭菌手段杀灭微生物。由于在湿热灭菌中加压蒸汽的穿透性增强、温度高以及细胞原生质含水量高，变性凝固更容易发生，所以湿热灭菌是热灭菌中最普通、效果最好、最可靠的一种灭菌方法。常用115℃、压力0.07MPa时，时间30min；或121℃、压力0.10MPa，时间20min；或126℃、压力0.14MPa，时间15min。

由于许多高分子材料耐热温度不高，特别是降解性高分子材料在高温高湿条件下容易降解，因此不适用于湿热灭菌法。适用于湿热灭菌的高分子材料有聚丙烯、尼龙、硅橡胶、聚四氟乙烯等。

(2) 干热灭菌　干热灭菌是指灭菌物质在干燥空气中被加热，用达到足以杀死细菌的温度的方法来灭菌。

干热灭菌是通过热空气的不同传递作用将热量从高温物体传递至低温物体，因此，干热灭菌效果就与热交换速率和各种不同灭菌物品的比热容紧密相关。由于热空气的比热容小，热导率较低，因此在同一温度条件下，干热灭菌所需时间就较湿热灭菌要长，同时，被灭物体的加热和冷却均较慢，因而干热灭菌使用的温度条件要远高于湿热灭菌温度。

(3) 除菌过滤　除菌过滤是指利用过滤介质对细菌或杂质的拦截作用，去除液体或气体中细菌或杂质的过程。即利用过滤介质上的孔截留住尺寸大于孔径的微生物，将微生物从液体中去除。除菌过滤是一种在生物材料生产过程中常用的灭菌方法，这种灭菌方式还常被用于那些无法使用热力灭菌、化学灭菌和电离灭菌的生物材料。

除菌过滤的过滤机制有截留捕获和错流捕获。截留捕获是将不溶性的固体微粒全部截留在过滤介质深层的深层截留作用，即将大于过滤介质孔隙的微粒截留在过滤介质表面的过筛截留作用。错流捕获是将带动过滤液体流动的方向和过滤介质的设置方向相平行，而不是按通常的过滤方式将液体的流动方向与过滤介质相垂直的布置。

截留捕获型过滤器会随着过滤介质表面和深层中颗粒的逐渐增多，孔隙被逐渐堵塞而变小，有效的过滤面积随之减少，从而过滤液体的流量也将逐渐变小，直至过滤介质被完全堵塞而无过滤液通过为止。通过大量试验研究表明，利用错流捕获原理制成的过滤器较以截留捕获为原理制成的过滤器有下述优点：①过滤流量的大小不受截留颗粒的影响；②易于通过反冲、浸泡等化学洗涤方法来恢复最初的高渗透流量。

(4) 环氧乙烷灭菌　化学消毒法和灭菌法是使化学物质渗入到微生物的细胞内与其反应形成化合物，影响蛋白质、酶系统的生理活性，从而破坏细胞的生理机能而导致细胞死亡，达到灭菌效果。常用的化学消毒灭菌剂分为溶液和气体两种，主要有醇类（乙醇等）、过氧化物（过氧化氢等）、卤族元素及其化合物（次氯酸等）、氧杂环化合物（环氧乙烷等）、醛类（甲醛、戊二醛等）、酚和酚类衍生物（石炭酸等）、季铵化合物等。其中工业上最常使用的是环氧乙烷灭菌剂。

环氧乙烷，又名氧化乙烯，分子式为$C_2H_4O$，密度为0.8711g/cm$^3$（20℃），沸点为10.8℃，因此在室温条件下，很容易挥发成气体，且是易燃和易爆的有毒气体。环氧乙烷是一种广谱灭菌剂，可在常温下灭杀各种微生物（包括芽孢、病毒、真菌孢子等）。环氧乙烷穿透性很强，可以穿透微孔，达到产品的深度，从而大大提高灭菌效果，目前生物材料广泛采用环氧乙烷灭菌。环氧乙烷可以与蛋白质上的羧基、氨基、硫氢基和羟基发生烷基化作用，使蛋白质失去反应基团，阻碍蛋白质的正常化学反应和新陈代谢，从而导致微生物死亡。环氧乙烷也可以抑制生物酶的活性。

环氧乙烷由于穿透力强,消毒后必然会有部分残留在材料的表面,暴露在空气中可自然消除。残留量是随材料的性能和形态不同而有差别,其中天然橡胶、涤纶树脂较多;聚氨酯、聚氯乙烯次之;聚乙烯、聚丙烯吸收最少。同时,多孔材料也容易吸收。这些残留的环氧乙烷进入体内后会引起溶血、破坏细胞、造成组织反应。因此在各国标准中,都对环氧乙烷残留量有严格控制。我国标准一般规定不超过 $10 \times 10^{-6}$。环氧乙烷灭菌时,在有氯存在时(如生理盐水中 NaCl)会反应生产有害的氯乙醇,与水会生成乙二醇。有许多国家对这两种有害化合物也有严格控制标准。

(5) 辐射灭菌　辐射灭菌是一个将产品暴露于电离辐射的物理过程。辐射灭菌具有穿透力强、效果好、可在常温进行等特点,并在连续和大批量灭菌时经济效果好。一般采用 $^{60}$Co 或 $^{127}$Cs 辐射的 γ 射线进行辐照。

电离辐射的灭菌原理有两种,一种是间接作用的原理,即针对微生物体内存在的水分,当水受到辐射后就会迅速分解成为化学活性极强的 $H^+$、$OH^-$ 自由基,若在有氧条件下还会形成 $HO_2^-$、以及分子状态的 $H_2O_2$ 和 $H_2$。上述自由基扩散后能够与维持微生物生命相关的分子起化学反应,从而造成微生物的某些功能的丧失或无法繁殖,继而死亡。另一种是直接作用原理,即微生物在射线的直接照射下造成微生物的损伤或死亡。

电离辐射也是一种能量辐照,会使许多高分子材料变色和发生化学结构变化(交联或降解),因此由于辐照使材料发生降解或变色的高分子材料、以及含硅的无机材料不宜使用。如用于制备一次性注射器用的聚丙烯在辐照后会变色和发脆,只有在聚丙烯中加入特殊防辐照添加剂后,才能进行辐照消毒。因此对被辐射的材料进行选择或改性是进行辐射灭菌首先要考虑的问题。

## 1.3 常用生物材料及其应用

### 1.3.1 生物金属材料

生物金属材料,又称医用金属材料,属生物惰性材料。金属材料是应用最早、目前临床用量最大的生物材料。1963 年 Venable 等人成功应用合金作为内固定器具,确立了金属植入物在医学上的地位。这类材料具有高的机械强度和抗疲劳性能,广泛应用于人体硬组织的修复或替代以及医疗器械的制备。随着高抗蚀性的不锈钢、弹性模量接近骨组织的钛合金、以及多孔金属材料、记忆合金材料、复合材料等新型生物金属材料的不断出现,金属材料在临床上的应用范围也在不断扩大。

生物金属材料作为生物材料的一种,除力学性能外,还必须具有优良的抗生理腐蚀性和生物相容性,易于临床应用。

已应用于临床的医用金属材料主要有不锈钢、钴基合金、钛及其合金三大类,还有形状记忆合金、贵金属以及纯金属钽、铌、锆等,主要用于硬组织修复和替换,也用于心血管和软组织等的修复;骨科中主要用于制造各种人工关节、人工骨及各种内、外固定器械;牙科中主要用于制造义齿、充填体、种植体、矫形丝及各种辅助治疗器件;另外还用于制造心脏瓣膜、肾瓣膜、血管扩张器、血管内支架、人工气管、心脏起搏器、生殖避孕器材及各种外科辅助器械等。

由于生物金属材料的种类不同,应用目的不同,制备方法也各不相同,但无论何种方法都必须满足生物材料的基本要求。金属材料可以通过铸造或锻造、塑性变形或烧结制成成品,还可用拉伸、研磨和抛光等方法加工,主要目的是把金属的高强度、高交变疲劳强度和良好的延性和成型性结合起来。随着冶金工业的发展,合金化工艺也广泛应用于生物金属材料的制备。如记忆合金就是含镍54%~56%的镍钛金属化合物,是利用热加工处理的方法锻造而成。在金属材料的制备过程中,为避免产生不良生物现象,应注意金属的耐腐蚀性、金属材料的毒性及金属材料的力学性能,一般可以通过不同的制备或加工方法来改善其性能。

生物金属材料在临床应用中存在的主要问题是:由生理腐蚀造成的金属离子向周围组织扩散及植入材料自身性质的蜕变,前者可能导致毒副作用,后者可能导致植入失败。

### 1.3.2 生物高分子材料

近年来,生物高分子材料可谓异军突起,成为发展最快的生物材料。生物高分子材料主要包括天然生物高分子材料和人工合成的生物高分子材料,已获得应用的生物高分子材料品种有近百种,制品近2000种。可以说,几乎所有人工器官中均用到了高分子材料,制备医疗器械和药用原料和材料也离不开高分子材料。目前发展正热的组织工程支架材料更是以高分子材料为主。

生物高分子材料发展的第一阶段始于1937年,特点是所用高分子材料都是已有的现成材料,如用甲基丙烯酸甲酯聚合物制造义齿的牙床。第二阶段始于1953年,以医用有机硅橡胶的出现为标志。随后,又发展了聚羟基乙酸酯缝合线以及聚酯类心血管材料。该阶段的显著特点是:在分子水平上对合成高分子的组成、配方和工艺进行优化设计,有目的地开发所需高分子材料。目前研究已从寻找替代生物组织的合成材料,转向研究具有主动诱导、激发人体组织再生修复的一类新材料,这标志着医用高分子材料的发展进入了新的阶段。这种材料一般由活体组织或细胞与人工材料有机结合而成,在体内以促进周围组织和细胞生长为目的。

按材料的性质,生物高分子材料又可分为非降解和可生物降解两大类。其中非降解高分子包括:聚乙烯、聚丙烯、聚丙烯酸酯、芳香聚酯、聚硅氧烷、聚甲醛等,其在生理环境中能长期保持稳定,不发生降解、交联和物理磨损等,并具有良好的力学性能。虽然不存在绝对稳定的聚合物,但要求其本身和降解产物不对机体产生明显的毒副作用,同时材料不发生灾难性破坏。该类材料主要用于人体软、硬组织修复和制造人工器官、人造血管、接触镜和黏结剂等。可生物降解高分子材料包括:胶原、脂肪族聚酯、甲壳素、纤维素、聚氨基酸、聚乙烯醇、聚己内酯等,这些材料能在生理环境中发生结构性破坏,且降解产生物能通过正常的新陈代谢被机体吸收或排出体外,主要用于药物释放载体及非永久性植入器械。

医用高分子材料是生物材料中应用最为广泛及应用前景最好的材料。某些高分子材料与生物体有极相似的化学结构,可满足医学对生物材料性能提出的多功能性的要求。因此,合成高分子材料在生物材料中占据绝对优势。

### 1.3.3 生物无机材料

生物无机材料从材料的主要成分看,包括生物玻璃、生物陶瓷以及碳素材料。这些生物材料在人体内要么化学稳定性好,要么组织亲和性和生物活性好。

按体内性质,生物无机材料又可分为两类,一类为生物惰性材料,如氧化铝、氧化锆、碳素材料等。这类材料的结构都比较稳定,分子中的键力较强,而且都具有较高的强度、耐磨性和化学稳定性。另一类为生物活性材料,如羟基磷灰石、生物玻璃陶瓷等。这类材料在生理环境中可通过其表面发生的生物化学反应与生物体组织形成化学键结合。另外还有在体内可发生降解和吸收的生物陶瓷,如磷酸三钙生物活性陶瓷,在生理环境中可被逐步降解和吸收,并为新生组织所替代。

生物无机材料,没有毒副作用,与生物体组织有良好的生物相容性,越来越受到人们的重视。生物陶瓷研究与临床应用，已从生物惰性材料发展到生物活性材料，从简单的填充发展为牢固性种植和永久性修复。

生物无机材料广泛应用于肌肉-骨骼系统和口腔系统。例如骨缺损、骨折、人工关节黏结固定、齿科修复等领域，生物碳材料还可以用作血液接触材料，如人工心脏瓣膜等。

### 1.3.4 生物复合材料

生物复合材料是由两种或两种以上材料复合而成的生物材料。生物复合材料主要用于制成人工器官，修复或替换人体组织、器官，增进或替代其功能。这种材料不仅要求各组分材料满足生物相容性的要求，而且复合后不会损害复合材料的生物学性能。因此复合生物材料的性能具有可调性。通过选择合适的复合组分或结构，改变组分间的配比，可以得到降解性能和力学性能均可调、并相互匹配以适应实际应用的材料。复合材料由基体材料与增强材料或功能材料组成。生物高分子材料、生物金属和合金以及生物陶瓷均既可作为复合材料基材，又可作为其增强体或填料，它们相互搭配或组合形成了大量性质各异的生物医用复合材料。利用生物技术，将活体组织、细胞、生长因子或药物引入有关生物医用材料，可大大改善其生物学性能，拓宽其功能性，已成为一类新型的生物医用复合材料。

沿用复合材料的一般分类方法，生物复合材料可分为高分子基、陶瓷基、金属基复合材料等；按复合方式又可分为整体复合和表面复合；按增强体或填料性质又可分为纤维增强、颗粒增强、相变增韧和生物活性物质填充等。人体中大多数组织均可视为复合材料，如广泛存在于骨和牙中的纳米磷灰石-胶原复合材料。模拟人体组织成分、结构和力学性能的纳米复合生物材料是一个十分重要的发展方向，生物医用复合材料的发展为获得真正仿生的类人体组织的材料和器官开辟了广阔的前景。

复合材料的性能不仅取决于材料的组成，更重要的是取决于材料的结构。复合材料的结构一般可分为三个层次：一是指由基体和增强材料复合而成的单层材料，其力学性能取决于组分材料的力学性能、相的形状与分布以及界面区的性能；二是指由单层材料层合而得到的层合体，其力学性能取决于单层材料的力学性能和铺层的几何方式；三是通常所讲的产品结构，其力学性能取决于层合体的力学性能以及产品的几何结构。复合材料的结构设计主要是在一、二层次上进行的，研究内容可分为宏观和微观两部分。宏观力学主要研究层合板的刚度与强度以及环境温度和湿度对材料性能的影响；微观力学主要研究基体和增强材料的组分性能与单向板性能之间的关系。复合材料本身是非均质、各向异性材料，因此将单层材料作为结构来分析时，必须以材料的多向性为基础，研究各相之间的相互作用，即在某些假定的基础上，运用微观力学的方法并借助非均质力学的手段研究分析各相中的真实应力场和应变场，以便预测复合材料的宏观力学性能。由于微观力学总是建立在某些假定条件之上，由此得到的结果必须通过宏观试验来验证。

复合材料的设计也可分为三个层次：单层材料设计、铺层设计和结构设计。单层材料设计主要是对基体材料和增强材料的种类和用量进行选择，主要是决定单层板的性能；铺层设计主要是对铺层的方式做出选择，主要目的是确定层合板的性能；结构设计就是最后确定产品的结构。上述三个层次相互制约，在进行设计时必须同时考虑。

复合材料的结构通常是材料与结构一次成型，也就是在结构成型过程中会伴有化学过程，不仅结构可以设计，材料也可以设计。

复合材料的复合关键在于不同材料间的界面。复合材料界面是指复合材料中增强体与基体接触所构成的界面。最早认为是一层没有厚度的面（或称单分子层的面）。事实上复合材料界面是一层具有一定厚度（纳米以上）、结构随基体和增强体而异、与基体有明显差别的新相-界面相（或称界面层）。因为增强体和基体互相接触时，在一定条件的影响下，可能发生化学反应或物理化学反应，如两相间元素的互相扩散、溶解，从而产生不同于原来两相的新相；即使不发生反应、扩散、溶解，也会由于基体的固化、凝固所产生的内应力，或者由于组织结构的诱导效应，导致接近增强体的基体发生结构上的变化或堆砌密度上的变化，导致这个局部基体的性能不同于基体的本体性能，形成界面相。复合材料界面相的结构与性能对复合材料整体的性能影响很大，增强体与基体构成复合材料界面时，两者之间产生一定的物理与化学作用，如果两者不具有构成复合材料界面的相容性，就不能有界面的结合及结合强度。因此，在考虑复合材料的复合条件或进行界面设计时，首先要对复合材料的界面性能做出评价，充分考虑界面的浸润性、界面的结合力、界面的稳定性、界面的残余应力等。

### 1.3.5 生物衍生及组织工程支架材料

生物衍生材料，又称生物医用衍生材料，是由天然生物组织经过特殊处理而形成的。生物组织可取自同种或异种生物体，特殊处理包括维持组织原有构型而进行的固定、灭菌和消除抗原性的较轻微的处理，以及拆散原有构型、重建新的物理形态的强烈处理。前者如经戊二醛固定的猪心瓣膜、牛颈动脉以及冻干的骨片、猪皮、牛皮等；后者如用于再生的胶原、弹性蛋白、透明质酸、壳聚糖等构成的粉体、纤维、膜、海绵体等。由于经过处理的生物组织已失去生命力，生物衍生材料是无生命活力的活体组织材料。由于生物衍生材料或有类似于自然组织的构型和功能，或其组成类似于自然组织，或仍含有各类生长因子。因此它在维持人体动态过程的修复和替换中具有重要的作用。主要用于人工心瓣膜、血管修复体、皮肤掩膜、纤维蛋白制品、骨修复体、鼻种植体、血浆增强剂和血液透析膜等。

人体组织和器官是一个复杂的系统，不可能用单一无活性的材料来修复或模仿其全部功能。因此在组织和器官供体来源非常有限的情况下，如何在体外将材料与组织、细胞和蛋白结合培养出正常的组织供临床使用，是医学和生物医学材料研究追求的目标。组织工程的出现和发展为这一目标的实现提供了可能。

目前应用于组织工程研究的生物材料分为可降解性天然或合成高分子材料、无机陶瓷、玻璃或珊瑚等。天然可降解高分子材料主要有甲壳素、壳聚糖、海藻酸盐、胶原蛋白、葡聚糖、透明质酸、明胶、琼脂、毛发、血管、血清纤维蛋白和聚氨基酸等，应用较多的是胶原和血清纤维蛋白。该类材料的最大优点是降解产物易被吸收而不产生炎症反应，但力学性能差，尤其是力学强度和降解性能间存在反对应关系，即高强度源于高分子质量，导致降解速率慢，难于满足组织构建的速率要求，也使构建多孔三维支架存在困难。合成可降解高分子材料也是目前组织工程材料的主要研究对象，其中以聚交酯系列为主，如聚乳酸、聚乙醇酸及其共聚物，还有聚环氧丙烯、聚酸酐、聚膦腈、聚原酸酯和聚醚等。这类材料降解速率和强度可调，且易塑型和构建高孔隙度三维支架。因此在组织工程发展的初级阶段得到了发展。但这类材料（如聚乳酸）本质缺陷在于其降解产物容易产生炎症反应，降解单体集中释放会使培养环境酸度过高。另外，该类材料对细胞亲和力弱，往往需要物理方法处理或加入某些因子才能黏附细胞。生物陶瓷用于组织工程的有羟基磷灰石、β-磷酸三钙和珊瑚等，它们压缩强度高，与细胞亲和力好，降解产物形成利于细胞增殖的微碱性环境，但多孔体强度较差且存在加工困难、形成的支架孔隙率低、脆性大等缺点。

目前针对这些材料的不足，通过复合的方法取长补短，是组织工程材料研究实现突破的必然选择。研究最多的是聚乳酸-羟基磷灰石（β-磷酸三钙）的复合材料，这种材料在强度、降解性、多孔度、可加工性等方面结合了两类材料的优点，并可能产生酸碱中和作用，以减轻合成高分子材料降解酸性单体产生的炎症反应。值得注意的是聚乳酸和羟基磷灰石这两类材料的降解机制不同，如聚乳酸为链段降解，最终形成大量的乳酸单体；而羟基磷灰石则是溶蚀式降解，产物在降解过程中被吸收，复合材料在本质上并没有消除酸性单体在降解的后期大量出现这一弊端。因此该类复合材料还不是理想的组织工程支架材料。

同时，天然可降解高分子材料是组织工程材料发展的一个重要方向。一是由于材料本身来自于生物体，其细胞亲和性和组织亲和性得到保证，同时最终降解产物为多糖或氨基酸，容易被肌体吸收而不产生炎症反应。二是通过酶解可解决降解速率匹配问题，如甲壳素难于降解，可通过酶解达到提高降解速率的目的。三是利用特殊方法解决材料高孔隙度下的成型问题，如甲壳素在液氮或干冰下冷冻干燥得到多孔球体。一旦解决了天然降解性高分子材料作为支架材料的制备工艺和力学性能，其在组织工程中的应用将大大优于合成高分子材料或无机材料。

总之，随着生物材料研究的不断深入，临床诊断、治疗用材料的品种将不断增加，使用范围不断扩大。在这个过程中，要求临床医师与工程技术人员密切配合，加强合作，围绕临床上出现的问题，设计、制造出相应的医疗器具或材料，同时经过临床验证，为患者提供尽可能完善和安全、有效的医疗用品，推动临床医学的不断发展。

## 思 考 题

1. 生物材料与一般材料有何区别？
2. 生物材料按照组成和性质分类有几大类？
3. 生物材料的研究内容有哪些？
4. 生物材料从理论到应用经历了哪些过程？
5. 生物材料需要具备哪些要求？
6. 生物材料的消毒和灭菌有何区别？
7. 生物材料的灭菌方法有哪些？

## 参 考 文 献

[1] 崔福斋，冯庆玲. 生物材料学. 北京：科学出版社，1997.
[2] 俞耀庭，张兴栋. 生物医用材料. 天津：天津大学出版社，2000.
[3] 李玉宝. 生物医学材料. 北京：化学工业出版社，2003.
[4] 李世普. 生物医用材料导论. 武汉：武汉工业大学出版社，2000.
[5] 顾其胜，侯春林，徐政. 实用生物医用材料学. 上海：上海科学技术出版社，2005.
[6] 阮建明，邹俭鹏，黄伯云. 生物材料学. 北京：科学出版社，2004.
[7] 任杰. 可降解与吸收材料. 北京：化学工业出版社，2003.
[8] 郭圣荣. 医药用生物降解性高分子材料. 北京：化学工业出版社，2004.
[9] 戈进杰. 生物降解高分子材料及其应用. 北京：化学工业出版社，2002.
[10] 姚康德，尹玉姬. 组织工程相关生物材料. 北京：化学工业出版社，2003.
[11] 徐润，梁庆华. 明胶的生产及应用技术. 北京：中国轻工业出版社，1988.
[12] 周长忍. 生物材料学. 北京：中国医药科技出版社，2004.
[13] 徐晓宙. 生物材料学. 北京：科学出版社，2006.

# 第 2 章 天然生物高分子材料的制备

## 2.1 概述

由于构成人类机体的基本物质，如蛋白质、核糖核酸、多糖等都是高分子化合物，而人类机体的皮肤、肌肉、组织和器官等都是由这些高分子化合物组成的，因此，引起了人们的高度重视和密切关注。天然高分子材料是人类最早研究和使用的医用材料之一，早在公元前约 3500 年古埃及人就利用棉花纤维、马鬃做缝合线缝合伤口，墨西哥的印第安人用木片修补受伤的颅骨等，但是到了 20 世纪 50 年代中期，由于合成高分子的大量涌现，曾使天然高分子材料退居于次要地位。然而由于天然材料具有不可替代的优点，人们一直没有放弃对它的深入研究，它的多功能性质，如生物相容性、生物可降解性，加之还可对它进行改性和复合（由于天然高分子生物材料一般不具备足够的力学性能和加工性能，某些材料还会在体内引起异体免疫反应，因而在医学中应用更多的是经过化学改性的衍生物或与其它材料的复合物），特别是最近合成高分子应用中出现的生物相容性较差、明显的毒副作用等问题以及对杂化材料的需要、与生长因子的复合等，更显示出其优点，使其成为不可或缺的重要生物材料之一。

目前天然高分子生物材料根据其结构和组成，主要有两大类：一类是天然多糖类材料，如纤维素、甲壳素、壳聚糖、透明质酸、肝素、海藻酸、硫酸软骨素等，其中最常用的天然多糖类材料是纤维素和甲壳素等；另一类是天然蛋白类材料，如胶原蛋白、明胶、丝素蛋白、纤维蛋白、弹性硬蛋白等。图 2-1 是几种天然高分子及衍生物结构。

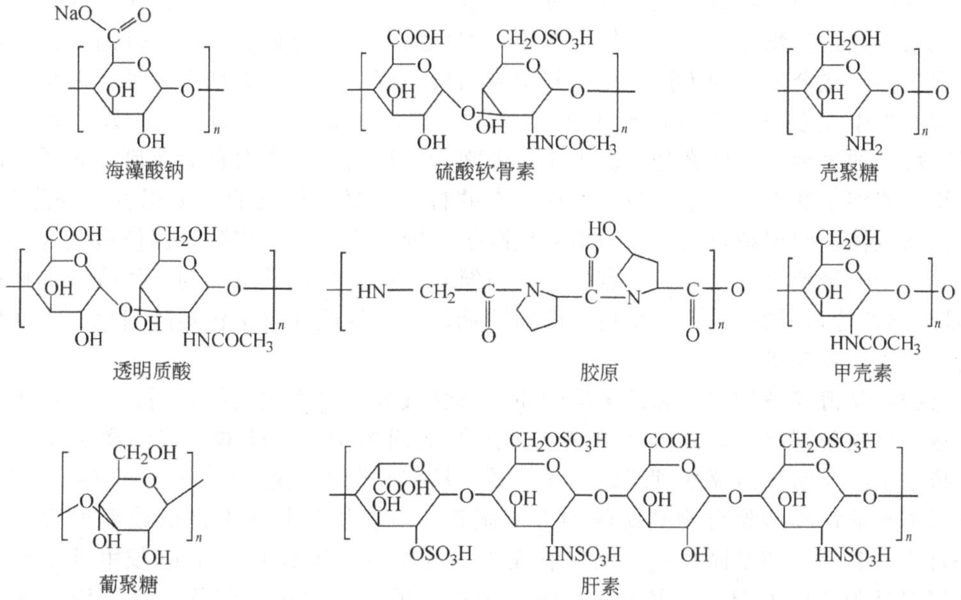

图 2-1 几种天然高分子及衍生物结构

纤维素是地球上最古老、最丰富的天然高分子，主要来源于绿色的陆生、海底植物和动物体内，此外还有细菌纤维素。普遍认为，纤维素是由 D-吡喃葡萄糖经由 $\beta$-1,4-糖苷键连接的高分子化合物，相邻的吡喃葡萄糖的 6 个碳原子并不在同一平面上，而是呈稳定的椅状立体结构，数个相邻的 $\beta$-1,4-葡萄糖链由在分子链内与链间氢键稳定结构而形成不溶于水的聚合物。纤维素商业来源主要是棉绒和木浆。纤维素的分子链呈长链状，是一种结晶性高分子化合物。纤维素可以通过棉纤维、木纤维提取得到，也可以通过细菌发酵制备细菌纤维素。由于纤维素的每一个葡萄糖单元具有 3 个羟基，具有 8 种取代的可能性，因此利用这些羟基进行一系列的化学反应可以得到许多的衍生物，例如用浓硝酸和浓硫酸混合酸处理纤维素进行酯化反应，能得到硝酸纤维素；在纤维素中加入醋酸、醋酐和少量硫酸混合进行酯化反应，可得到三醋酸纤维素；将纤维素在浓碱中碱化生成碱性纤维素，然后在异丙醇溶媒中与氯乙酸发生醚化反应，可生成羧甲基纤维素。纤维素在人体内不被消化吸收，但可促进肠道蠕动。纤维素膜是具有良好气体透过率（$CO_2$、$O_2$）和血液相容性的材料，铜铵纤维素、醋酸纤维素由于成膜性好、适宜的超滤渗水性、足够的湿态强度、灭菌处理后膜性能不改变等特性用做人工肾用透析膜。例如将醋酸纤维素用四甲基砜增塑，再用熔融挤出法制成空心纤维，用氢氧化钠进行水解反应去除四甲基砜，再制造成血液透析膜应用。但在临床上使用纤维素衍生物膜作为人工肾透析膜所面临的问题，是其生物相容性的有待提高。

甲壳素也称甲壳质，别名壳多糖、几丁质、甲壳质、明角质、聚 N-乙酰葡萄糖胺，广泛存在于低等植物菌类、虾、蟹、昆虫等甲壳动物的外壳、高等动物的细胞壁等，是地球上仅次于纤维素的第二大可再生资源，是一种线型的高分子多糖，也是唯一的含氮碱性多糖。甲壳素是白色或灰白色半透明片状固体。由于具有较好的晶状结构和较多的氢键，因此溶解性能很差。可通过与酰氯或酸酐的反应，在大分子链上导入不同分子量的脂肪族或芳香族酰基；酰基的存在可以破坏分子间的氢键，改变其晶态结构，使所得产物在一般常用有机溶剂中的溶解性大大改善。甲壳素作为低等动物中的纤维组分，兼具高等动物组织中的胶原和高等植物纤维中纤维素的生物功能，因此生物特性十分优异，生物相容性好，生物活性优异，具生物降解性。由于甲壳素或壳聚糖具有良好的生物相容性和适应性，并具有消炎、止血、镇痛和促进机体组织生长等功能，可促进伤口愈合，因此被公认为是保护伤口的一种理想材料。甲壳素及其衍生物还具有医疗保健功能，如免疫调节、降低胆固醇、抗菌、促进乳酸菌生长、促进伤口愈合以及细胞活性化。其中应用最为广泛的甲壳素衍生物是壳聚糖。

壳聚糖为甲壳素脱去 55% 以上的 N-乙酰基产物，是带阳离子的高分子碱性多糖，也是目前研究最广的多糖类天然高分子。壳聚糖外观为一种白色或灰白色略有珍珠光泽半透明固体。壳聚糖能溶于酸性溶液中制备成各种形态的材料，具有优良的生物相容性和降解性能，可用作药物载体、膜屏蔽材料、细胞培养抗凝剂、缝合线、人工皮肤、创伤覆盖材料及血液抗凝剂。由于壳聚糖分子上含有丰富的羟基与氨基，可通过化学改性的方法改善其物化性能（特别是溶解性能），同时也可增添更多的新功能。主要的改性方法包括酰基化、羧基化、酯化、醚化及水解反应等。

海藻酸是从海藻植物中提炼的多糖物质。海藻酸纤维可由湿法纺丝制备。将海藻酸钠碱性浓溶液经过喷丝板挤出后送入含钙离子的酸性凝固浴中，海藻酸钠与钙离子发生离子交换，即形成不溶于水的海藻酸钙纤维。该纤维的缺点是断裂强度相对较低。因此，海藻酸纤维通常采用与非海藻酸聚合物共纺丝的方法制备，后者往往是水溶性的或者可溶于有机溶剂，并且均含有负电荷基团羧基。主要有羧甲基纤维素、果胶质、$N,O$-羧甲基脱乙酰甲壳素、$O$-羧甲基脱乙酰甲壳素、聚天冬氨酸、聚谷氨酸以及聚丙烯酸等。海藻酸纤维的一个重要用途是做医用纱布。当海藻酸钙纤维用于伤口接触层时，它与伤口之间相互作用，会产生海藻酸钠、海藻酸钙凝胶。这种凝胶是亲水性的,可使氧气通过而细菌不能通过,并促进新组织的生长。目前市场上的海藻酸纱布可分为两大类,即表面用敷料和伤口充填物。表面用敷料一般由非织造布工艺制成。伤口充填物有两种形式,把非织造布切割成狭长的条子,也可在梳棉后把纤维加工成毛条再经切割包装而成。海藻酸纱布的主要特点是它的高吸湿性、成胶和止血性能,已广泛地用于植皮、褥疮和腿部溃疡等伤口上。

透明质酸是一种独特的线性大分子黏多糖,可通过组织提取和生物发酵法获得。它由葡萄糖醛酸和 N-乙酰氨基葡萄糖的双糖单位反复交替连接而成。依据组织来源不同,相对分子质量变化在 $10^5 \sim 10^7$,广泛分布于动物和人体结缔组织细胞外基质中,在眼玻璃体、脐带、皮肤、软骨和滑液中含量较高。与其它天然黏多糖不同,其分子内不含硫酸基团,也不与蛋白质共价结合,能以自由链形式在体内游离存在。作为一种可吸收的高分子医用材料,透明质酸已成功地运用于眼科手术、关节病治疗和组织修复等领域。通过吸收震动、润滑细胞层,可使组织免于受手术工具的机械损伤,避免生成组织黏结,使血块和组织碎片易于除去。在生物性修复术中,透明质酸可隔离组织表面,作为一种机械保护剂,在手术后可防止粘连及纤维性组织形成。高浓度、高分子量的透明质酸不但能抑制出血,减少能形成永久粘连骨架的血块数量,而且能抑制成纤维细胞的运动和活性。透明质酸苄酯的微孔膜已被研究证明是培养和输送活性角质化细胞进行烧伤、慢性溃疡治疗的一种优良的材料。而无纺布的透明质酸苄酯以其优异的细胞相容性有望用作软骨组织工程的骨架材料。

肝素是1916年首先在肝脏中发现的,故称之为肝素,它是一类糖醛酸和葡萄糖胺以1,4-键连接起来的重复二糖单位组成的多糖链混合物。含 10~30 个二糖单位不等,相对分子质量为 4000~20000,平均相对分子质量为 12000。肝素带有很强的负电荷,各链之间产生排斥而不易卷曲与缠结,为线形结构。肝素具有良好的抗凝血性,其作用原理是通过加速抗凝血酶Ⅲ(AT-Ⅲ)与凝血酶的结合而达到抑制凝血酶活性的效果,从而实现抑制凝血。因其良好的抗凝血性,肝素化抗凝血材料在近年来研究与应用最广。而将肝素与材料表面结合也是获得抗凝血性的一个途径,通常可利用肝素的电荷性能和分子中的活性基团,通过离子结合法或共价结合法实现。除了抗凝血性及其相关的抗血栓生成活性以外,近年来还发现肝素具有抑制平滑肌细胞增殖、抗炎症、抗肿瘤及抗病毒等生物学功能。

胶原是哺乳动物体内结缔组织的主要部分,如皮肤、骨、软骨、腱及韧带,共有 14 种,其中Ⅰ型胶原最为丰富,且性质优良,被广泛用作生物材料。胶原的基本组成单元是原胶原分子。原胶原分子呈细棒状,长 20nm,直径 1.5nm。每一个原胶原分子均有 3 条肽链,每条肽链上有 1052 个氨基酸。Ⅰ型胶原分子结构稳定,在机体内分布有一定的组织特异性,可通过特定来源提取获得,一般要经过多步的提取与分级获得纯度较高的产物。基因重组技术可获得安全性好、重现性好、质量稳定的产物。Ⅰ型胶原分子具有若干的三股超螺旋结构,它通过侧向共价交联、错位阶梯式排列聚集成直径为 50~200nm 的胶原微纤维。胶原微纤维再进一步侧向排列形成胶原纤维。胶原纤维具有优良的力学性能,而胶原的力学性能主要取决于它的化学组成及交联程度。变性胶原由于没有螺旋结构,仅表现为少许弹性态性质,其断裂拉力仅为天然胶原的一半。胶原具有良好的耐湿热稳定性、良好的生物相容性、生物可降解性、经处理可消除抗原性、对组织恢复有促进作用、无异物反应。胶原分子有着规整的螺旋结构,具有温和的免疫原性,而且在体外能形成更大的有序结构,能聚集成强度良好的纤维。胶原分子上提供了许多可供细胞生长、分化、增殖和代谢的结合位点,因此可用作组织修复的支架材料、生物可降解缝合线、人造皮肤、伤口敷料、人造腱及血管、止血剂、血液透析膜、各种眼科治疗装置及药物缓释载体等。采用甲醛、戊二醛、碳化二亚胺等交联胶原,可降低其降解速率。交联胶原的主要缺点是加工性能差,缺乏柔韧性,拉伸强度低。

明胶是一种水溶性的生物可降解高分子，是胶原的部分降解产物。其生产过程大致可分为碱水解、酸水解、加压水解或酶水解，其中还包括多步洗涤、萃取。明胶广泛用作各种药物的微胶囊及包衣，同时还可制备生物可降解水凝胶。一般热变性方法不适于明胶微球制备，而必须通过化学交联。戊二醛是蛋白质交联常用试剂，也可用于明胶微球的交联制备。明胶还可被制成含生物活性分子（如生长因子和抗体）的柔软膜用于人造皮肤，防止伤口液体流出和感染。经冷冻干燥可形成明胶多孔支架，通过改变冷冻参数可以调控支架的孔隙结构，以满足不同组织修复要求。由于不同组织的结构和重建过程不同，对营养、代谢的要求也不同，单纯的明胶支架并不能满足大部分组织修复的要求，通常应用于组织修复的大都为明胶复合材料。已见报道的明胶复合支架包括明胶/壳聚糖、明胶/透明质酸、明胶/聚异丙基丙烯酰胺、明胶/聚硅氧烷、明胶/羟基磷灰石，用于颅骨、软骨组织修复及人造皮肤和医用无纺布敷料等。明胶与电性相反的信号分子通过离子间的相互作用，形成聚电解质复合物。明胶凝胶与生长因子的聚电解质复合物较稳定，而且负载的生长因子会随着明胶在体内的降解而释放出来，因而可以被复合于组织工程支架中。

由于天然多糖类材料和天然蛋白类材料制备上有许多相似性，因此本章将选取天然多糖的甲壳素和壳聚糖、天然蛋白的胶原和明胶为例，介绍天然高分子生物材料的制备。

## 2.2 甲壳素和壳聚糖

### 2.2.1 甲壳素和壳聚糖的性质

甲壳素是 $N$-乙酰-2-氨基-2-脱氧-D-葡萄糖以 $\beta$-1,4-糖苷键形式连接而成的多糖，分子简式及相对分子质量分别为 $(C_8H_{13}NO_5)_n$ 和 $(203.19)_n$。壳聚糖是甲壳素脱去55%以上的 $N$-乙酰基的产物。甲壳素和壳聚糖的化学结构如图2-2所示。

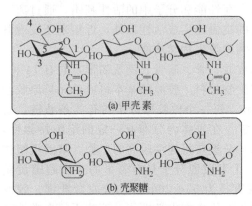

图 2-2 甲壳素和壳聚糖的结构

甲壳素和壳聚糖都存在分子内和分子间氢键。甲壳素分子主链中 $N$-乙酰氨基葡萄糖残基的 C3 位的—OH 可与相邻的糖苷基氧原子—O—之间、C3 位的—OH 与同一条分子链的另一个 $N$-乙酰氨基葡萄糖残基的呋喃环上的氧原子—O—之间都能形成一种分子内的氢键；甲壳素分子主链中 $N$-乙酰氨基葡萄糖残基的 C3 位的—OH 可与相邻的另一条糖苷基氧原子—O—之间、C3 位的—OH 与另一条分子链的 $N$-乙酰氨基葡萄糖残基的呋喃环上的氧原子—O—之间也都能形成一种分子间的氢键。除此之外，C2 位的—NHCOCH$_3$ 的羰基氧原子—O—、C2 位的—NH$_2$ 及 C6 位的—OH 也可形成一系列的分子内或分子间氢键。这些氢键的存在，不仅阻止了邻近的糖残基沿糖苷键的旋转，同时，相邻糖环之间的空间位阻也降低了糖残基旋转的自由度，这样就形成了甲壳素或壳聚糖的刚性链分子，也造成了其溶解性的特殊性。

甲壳素为白色或灰白色无定形、半透明固体，大约270℃分解；不溶于水、稀酸、稀碱和一般有机溶剂（如乙醇、乙醚），可溶于浓碱、浓盐酸、浓硫酸、浓磷酸和无水甲酸，但同时主链发生降解。

壳聚糖为白色或灰白色无定形态、半透明且略有珍珠光泽的固体，大约185℃分解；不溶于水、碱溶液、稀硫酸、稀磷酸，可溶于稀盐酸、稀硝酸等无机酸以及大多数有机酸。在稀酸中壳聚糖的主链会缓慢水解。

### 2.2.2 甲壳素的制备

制备甲壳素的原料既可以选用蟹壳、虾壳，也可以选用蚕蛹壳、生产抗生素的废菌渣和柠檬酸的菌渣及含有甲壳素的其它生物体。从生产成本考虑，则常用虾蟹壳。虾壳、蟹壳中含有大量的无机盐，其中主要是碳酸钙（$CaCO_3$），还有少量碳酸镁，以及半微量和微量的铅、汞、砷、锰、铁等。这些金属的盐酸盐都能溶于水，因此，用稀盐酸浸泡虾壳、蟹壳时，壳中的碳酸钙等无机盐可以转化成它们的盐酸盐而溶解于水中，通过洗涤、分离，即可除去壳里的无机盐。如果要制备含碳酸钙的甲壳素或壳聚糖，则不必进行酸溶脱钙处理，这样的产物含灰分31.4%～33.7%。由于虾壳、蟹壳中还含有大量的蛋白质，蛋白质是一类两性化合物，既能溶于酸，也能溶于碱，一般而言，在碱液中蛋白质的溶解比在酸液中快，且溶解得更完全；同时蛋白质在酸液和碱液还将发生水解，在碱液中的水解比酸液中的水解慢。因此在用稀酸浸泡虾壳、蟹壳时，会有一部分蛋白质溶解出来；若用稀碱液浸泡，则可将虾蟹壳中的蛋白质全部溶解萃取出来。也可用蛋白酶水解除去虾蟹壳中的蛋白质。经过以上工序的处理，剩余下来的就是甲壳素。因此甲壳素是虾蟹壳经过脱钙和脱蛋白工序得到的。如果虾蟹壳经过脱钙、脱蛋白后，再经过脱乙酰基的工序，则可得到壳聚糖，故生产壳聚糖的过程可简称"三脱"。作为生物医用材料时，一般还应该除去所含的色素、脂质、类胡萝卜素等物质。因此制备甲壳素和壳聚糖的一般工艺过程可表示为：虾蟹壳→脱钙→脱蛋白→甲壳素→脱乙酰基→壳聚糖。

甲壳素的制备：把虾壳洗净，在103℃干燥20h，粉碎为1mm、2mm、6.4mm三种颗粒。第一步先进行脱蛋白，把粉碎好的虾壳置于3% NaOH溶液中连续搅拌1h以上，直至将蛋白质全部脱除，反应器外用100℃的沸水浴加热。第二步是将脱蛋白后的虾壳用水洗净、沥干，用1.0mol/L的HCl在室温浸泡30min，盐酸的用量是虾壳中碳酸钙计算量的3倍以上。过滤，用水洗涤，最后用蒸馏水洗至中性，在103℃干燥3～4h，即得浅黄色的甲壳素。如果要脱脂脱色，则干燥前可再用乙醇加热回流6h以除脂质和色素，可得到白色的甲壳素。

#### 2.2.2.1 脱钙

虾蟹壳中的无机盐一般用盐酸溶解，也可采用甲酸、硝酸或亚硫酸。用盐酸脱钙是最常用的方法，原因很简单，一是形成的盐酸盐溶解度大，虾壳、蟹壳中的无机盐容易被脱除；二是盐酸便宜，来源广。在盐酸浸泡时，水不溶的碳酸钙转变成水溶性的氯化钙，同时产生碳酸，碳酸不稳定，立即分解为二氧化碳气体和水。

$$CaCO_3 + 2HCl \longrightarrow CaCl_2 + H_2CO_3$$
$$\hookrightarrow CO_2\uparrow + H_2O$$

虾蟹壳的粒度、盐酸的浓度、盐酸的用量、浸酸的时间等条件都将影响脱钙的效果。

(1) 粒度的影响　虾蟹壳的起始颗粒大小对甲壳素和壳聚糖的生产有较大的影响。甲壳粉碎与不粉碎，使得脱钙的工艺条件不一样，制得的甲壳素或壳聚糖的产品质量也不同。浸酸过程是内扩散控制，其反应速率与颗粒外表面积成正比，因此虾蟹壳的粒度越小，所需的浸酸时间越短，但是颗粒太小，过滤困难，损失较多，一般以20目为宜。

(2) 盐酸浓度、用量及浸酸时间的影响　盐酸浓度、盐酸用量及浸酸时间对脱钙效果也有较大的影响。盐酸浓度高，脱钙效果好，但如果盐酸浓度过高，则又将促进甲壳素主链的降解。图2-3是当甲壳粒度为20目时，用不同浓度的盐酸对虾蟹壳脱钙后所得甲壳素中灰分含量的影响关系曲线。当盐酸浓度高于 1.0mol/L 时，再提高盐酸浓度，对提高脱钙效果并不明显。根据碳酸钙和盐酸的反应方程式，1mol 碳酸钙需要与 2mol 盐酸完全反应，为了使虾蟹壳中的碳酸钙等无机盐充分溶解，实际生产中可以适当增加盐酸的用量以使虾蟹壳脱钙完全。

图 2-4 是当甲壳粒度为 20 目、盐酸浓度为 1.0mol/L 时，虾蟹壳的浸酸时间对其脱钙后所得甲壳素中灰分含量的影响关系曲线。在反应开始阶段，随着浸酸时间延长，甲壳素中灰分含量迅速降低，1h 后甲壳素中灰分含量变化趋于平缓。在实际生产中，脱钙需要多长时间，可观察脱钙反应进行的程度来决定。反应过程中会产生二氧化碳气泡，一旦停止气泡冒出，说明大部分钙盐已脱下，再适当延长 1~2h，就足以保证完全脱钙。当然，虾壳、蟹壳中不完全是 $CaCO_3$，还有其它无机盐，但是毕竟绝大部分是 $CaCO_3$，所以气泡冒净后再延长 1~2h 就可完全脱净无机盐。脱钙完毕，捞出壳，用水清洗到中性即可送去脱蛋白。剩下的盐酸可用于第二次浸泡，酸度不够，可适当加一些新的盐酸。这样可反复使用 3~5 次，既节约了盐酸，又降低了成本。

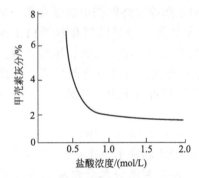

图 2-3 盐酸浓度与甲壳素中灰分含量的影响关系曲线

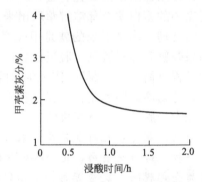

图 2-4 浸酸时间与甲壳素中灰分含量的影响关系曲线

循环浸酸操作的设计如图 2-5 所示，可免除人工搅拌，且反应均匀彻底，合理用酸，缩短操作时间。在浸酸脱钙过程中，开始酸量不配足，壳浸入后经 3~4h，酸液能够全部作用完毕，即溶液不呈酸性，但这时壳内无机盐尚未全部溶解，放掉废液，再加入过量的新酸液，约经 12h，脱钙完毕，捞出壳，用水冲洗至中性，即可送去脱蛋白。然后向酸槽中投入第二批虾壳、蟹壳，仍浸 3~4h，酸液全部与新壳反应完毕，又放掉废液，再如前述换上新酸液。如此循环操作，放出的废液不带余酸，不污染环境，又节约用酸；另一方面，甲壳素接触到的酸浓度较低，对大分子主链影响小。

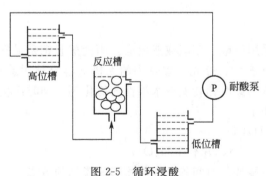

图 2-5 循环浸酸

#### 2.2.2.2 脱蛋白

虾蟹壳既可以用稀碱液脱蛋白，也可以用酶脱蛋白，一般不用酸脱蛋白。不同工艺条件所得甲壳素的黏度不同。用稀碱液脱蛋白不会明显地破坏甲壳素的分子链，而用酶法脱蛋白对甲壳素的分子链影响较大，因此用碱液脱蛋白所得的甲壳素的黏度远高于用酶脱蛋白。另外，用酶法脱蛋白后的产物含灰分相对要稍高一些，达 36.4%~36.5%。

碱液脱蛋白如前面例子中所示工艺，如果用蛋白酶（Rhozyme-62）来水解，则工艺如下面例子所示。

蛋白酶水解制备甲壳素：将 100 份 1mm 的干虾壳粉用 1 份 Rhozyme-62，在 14L 的发酵罐中于 60℃搅拌（400r/min）6h，pH 控制在 7.0，然后经离心分离，用蒸馏水洗净，在空气中 65℃干燥 16h。

#### 2.2.2.3 氧化脱色

虾壳、蟹壳中含有虾红素，为了获得洁白的甲壳素，需要对甲壳素进行脱色处理。虾红素的分子结构式如下：

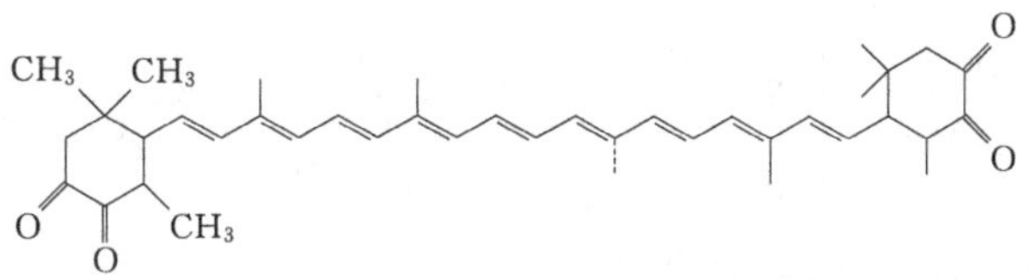

甲壳素的脱色处理可采用 $KMnO_4$、次氯酸钠、双氧水等氧化剂。$KMnO_4$ 等能破坏虾红素，但是 $KMnO_4$ 同样会对甲壳素分子链起断裂作用，从而降低它的聚合度或分子量，则直接影响产品的黏度。为此，可不用 $KMnO_4$ 氧化，而采用日光脱色法。虾红素在微酸性条件下能被日光所催化，并被空气中的氧气氧化，但时间较长，且需较大的场地和晴好的天气。此外，脱钙后的壳不经漂白，在浓碱液中脱乙酰基时也会把大部分虾红素破坏，所得的壳聚糖色泽要差些。还可经过有机溶剂（如乙醇、乙醚）回流脱色，但是必须注意最终产品中有机溶剂的残留量，否则不能作为生物材料使用。

### 2.2.3 壳聚糖的制备

壳聚糖是甲壳素脱去 55% 以上的 N-乙酰基的产物。由于脱乙酰基的程度不同，因此一般把能溶解于 1% 的盐酸或 1% 的乙酸的可溶性甲壳素称为壳聚糖。

由甲壳素制备壳聚糖的方法主要有化学法、生化法和微生物抽提法。

生化法是利用酶催化脱乙酰基，这样不仅能提高脱乙酰度，同时避免打断分子链。但是对于酶的选择必须十分谨慎，因为很多酶同时会降解高分子。可以培养微生物使分泌脱乙酰酵素（脱乙酰酶），提取脱乙酰酵素并加入甲壳素中，使甲壳素脱乙酰基后制备壳聚糖。或者直接以甲壳素来培养微生物，使微生物分泌的脱乙酰酵素直接作用于甲壳素，使其脱乙酰化来制备壳聚糖。

生物抽提法是直接从微生物中培养出壳聚糖。先培养微生物至分泌出菌丝（壳聚糖），然后收集菌丝，由于微生物培养的菌丝中没有钙盐，所以不必去除钙盐。去除蛋白可用 1mol/L 的氢氧化钠溶液浸渍，用水冲洗至中性，再用 10% 的醋酸反应抽提即得壳聚糖。

化学法是一种较为常见的方法。化学法主要是碱法脱乙酰基，有两种方法，一种是将甲壳素与固体烧碱加热共熔，另一种是将甲壳素与 40% 以上的 NaOH 水溶液在 110℃下加热。对于后一种方法，又有添加一些试剂进行改进的方法。此外，仍然有人在致力于新方法的研究，旨在提高脱乙酰度和黏度，减少碱的用量。甲壳素是酰胺类多糖，甲壳素脱乙酰基得到壳聚糖的制备过程，实质是酰胺的水解过程。酰胺的水解是羧酸衍生物的典型反应之一，其反应要比相应的羧酸衍生物（羧卤、酸酐和酯）困难。酰胺可在强酸或强碱条件下水解。对于低分子的酰胺，水解可以进行得比较完全，但对于多糖来说，强酸更容易水解糖苷键，所以甲壳素脱乙酰基制备壳聚糖，一般情况下不采用强酸水解；相对来说，强碱造成糖苷键的断裂不像强酸那么严重，所以都用强碱来脱乙酰基。

#### 2.2.3.1 甲壳素碱性水解制备壳聚糖

酰胺的碱水解是一个亲核取代反应。酰胺和其它羧酸衍生物一样都含有羰基，羰基的存在，给亲核进攻提供了一个目标。碳基碳原子是用 σ 键和其它 3 个原子连接的，所用的是 sp² 轨道，羰基碳原子剩下的 p 轨道与氧原子的 p 轨道重叠而形成 1 个 π 键，从而使 C、O 之间形成了双键，并使羰基与其它 2 个与 C 原子连接的原子都处于同一个平面之中，羰基与这 2 个原子之间间隔为 120°：

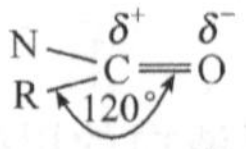

$$\underset{R}{\overset{N}{\diagdown}}\overset{\delta^+}{\underset{120°}{C}}=\overset{\delta^-}{O}$$

因此酰胺的碱性水解的整个反应历程可表示如下：

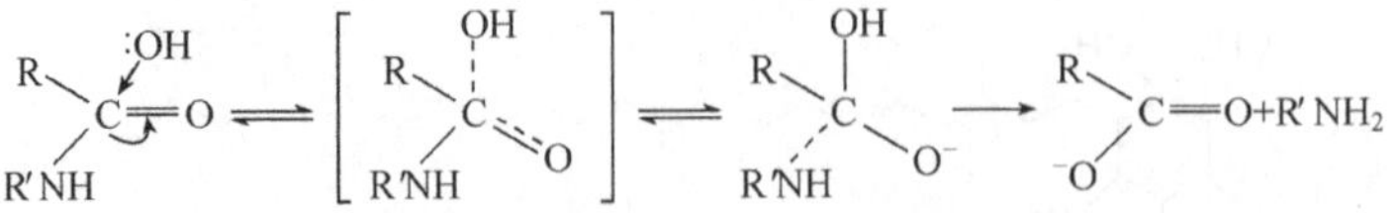

$$\underset{R'NH}{\overset{R}{\diagdown}}\overset{:OH}{\underset{}{C}}=O \rightleftharpoons \left[\underset{R'NH}{\overset{R}{\diagdown}}\overset{OH}{\underset{}{C}}\overset{}{\underset{}{\diagdown}}\overset{}{\overset{}{O}}\right] \rightleftharpoons \underset{R'NH}{\overset{R}{\diagdown}}\overset{OH}{\underset{}{C}}\overset{}{\underset{}{\diagdown}}\overset{}{\overset{}{O^-}} \rightarrow \underset{O^-}{\overset{R}{\diagdown}}C=O + R'NH_2$$

上式的酰胺的碱性水解可以分为两步。

反应的第一步是 OH⁻ 对酰胺的加成，从反应物到中间体之间存在着可逆的平衡。在碱性水解中，HO⁻ 有极强的亲核性和较小的体积。由于羰基 C 带有正电荷，HO⁻ 就首先进攻羰基 C，使原来的平面三角形的酰氨基变成四面体的过渡态，这时部分负电荷在 O 上。四面体的过渡态很快变成四面体的中间体，负电荷也在 O 上。反应的第二步是碱性基团的离去，这时才出现取代反应。甲壳素的碱性水解脱下乙酰基的同时产生乙酸钠，并生成壳聚糖，上式中的 R'NH₂ 代表壳聚糖。

如果用盐酸滴定水解体系中生成的氨基，由于盐酸的消耗量与酰胺键水解产生的氨基的量对应，因此可对甲壳素脱乙酰化的反应动力学进行研究。在这水解过程中，对于甲壳素分子链上的乙酰氨基和氢氧化钠来说，可认为是二级反应，但是由于水解中氢氧化钠是远远过量的，因此可以假定反应速率只与乙酰氨基的浓度有关，即认为是准一级反应，其反应速率常数 $k$ 为：

$$k = \frac{2.303}{t}\lg\frac{a}{a-x}$$

式中 $a$——乙酰氨基的起始含量，%；

$t$——水解时间，h；

$x$——水解 $t$ 时间后形成的氨基含量，%。

为了得到速率常数 $k$ 值，可将上式改写成如下形式：

$$k = \frac{2.303}{t-t_0}\lg\frac{V_\infty - V_0}{V_\infty - V}$$

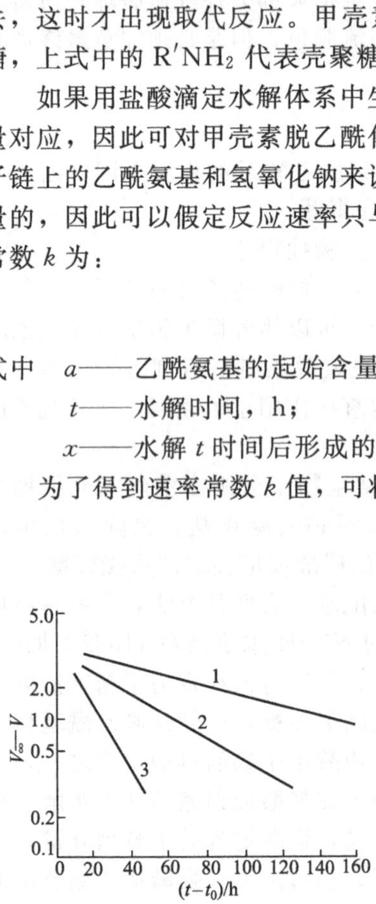

将滴定用去的 HCl 体积直接代入上式，可求出 $k$ 值。式中，$V_0$ 是第一次滴定（$t_0$）时用去的 HCl 体积数，$V$ 是在 $t$ 时滴定用去的 HCl 体积数，$V_\infty$ 是长时间水解后滴定用去的 HCl 体积数。以（$V_\infty - V$）对时间（$t - t_0$）在半对数坐标纸上作图，可以做出 $\lg(V_\infty - V)$ 与时间之间呈线性关系的直线，从而支持了上述关于准一级反应的推论。图 2-6 是甲壳素在 25℃、30℃、40℃水解温度的 3 条直线。

甲壳素的 N-脱乙酰基相对比较困难。这是因为甲壳素的糖残基的 C2 位的乙酰氨基与 C3 位的—OH 基团处于反式结构，而这种反式结构对大多数化学试剂（包括碱的

图 2-6 甲壳素在不同温度下的水解速率

1—25℃；2—30℃；3—40℃

水溶液)是稳定的,因此甲壳素的 N-脱乙酰基需要高浓度的强碱和较长的反应时间。而且在脱乙酰基的过程中,随着 N-乙酰基的不断减少,剩余的 N-乙酰基更难脱去,所以要想获得 100% 游离氨基的壳聚糖是十分困难的。再者在强烈的脱乙酰化反应条件下,不可避免地要发生主链的断裂降解,但碱处理对大分子链的破坏比酸处理要小得多,因为糖苷键对酸是不稳定的,对碱较为稳定,所以甲壳素的脱乙酰基大都采用强碱水解法。

甲壳素脱乙酰基时的温度及所用的碱液浓度的高低将影响最终壳聚糖产物的脱乙酰度和黏度。例如常用氢氧化钠的浓度在 40% 左右。图 2-7 是碱液浓度及反应温度与甲壳素脱乙酰度的关系。图中曲线 1 脱乙酰基条件为 135~140℃、氢氧化钠的浓度 40%;曲线 2 条件为氢氧化钠的浓度 30%;曲线 3 条件为 50~60℃、氢氧化钠的浓度 40%。从图中可知:①碱液的浓度不能低于 30%,当 NaOH 浓度在 30% 以下,不论温度多高、时间多长,只能脱除甲壳素中半数的乙酰基;②反应温度越高,脱乙酰基的速率就越快,当烧碱浓度均是 40% 时,反应温度保持在

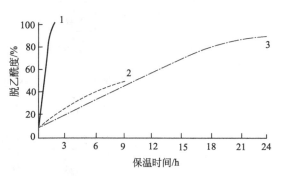

图 2-7 碱液浓度及反应温度与壳聚糖脱乙酰度的关系

135~140℃、1~2h 就基本脱净乙酰基;若温度在 50~60℃,就需要一昼夜的时间。

此外,甲壳素脱乙酰基的温度对壳聚糖的黏度有较大的影响,温度越高,黏度越低。这是由于浓碱液在促进乙酰氨基水解的同时,也能使大分子主链的糖苷键水解断裂,使得壳聚糖的分子量降低,黏度变小。甲壳素分子主链的水解是在乙酰基脱到一定程度后才开始进行的,如果保温时间控制适当,高碱液浓度、高温度下仍能生产出高黏度的壳聚糖。只是在高温下脱乙酰基所得的壳聚糖的色泽较深,使得作为生物医用材料应用时受限。在甲壳素脱乙酰基过程中,为了大幅度缩短碱处理时间,可以采用微波加热的方法,不仅可提高甲壳素的反应活性,大大加快甲壳素脱乙酰化反应的速率,而且分子链在反应过程中的降解程度明显下降,使壳聚糖具有较高的脱乙酰度、较高的黏度和良好的溶解性。但微波法的缺点是温度较难控制,反应温度超过 70℃,分子链断裂的速率会加快,黏度下降,时间越长,黏度下降越多,因此到目前为止尚未实现工业化。

与甲壳素的制备相同,虾蟹壳的起始颗粒大小对壳聚糖的生产有较大影响。而且作为生物医用壳聚糖的制备,最好在惰性气体保护下进行,也可得到黏度较高的壳聚糖。

用浓氢氧化钠溶液处理甲壳素制备壳聚糖:50g 甲壳素用 2.4L 的 40% NaOH 溶液在 115℃ 保温 6h,用氮气保护。反应结束后,冷却到室温,过滤,用水洗至中性,干燥,得产物 40g。这种产物大约被脱去了 82% 的乙酰基。还可将上述所得壳聚糖进一步纯化。将上述 38g 粗壳聚糖溶解在 1L 10% 的乙酸中,透析 24h,透析液中滴加 40% NaOH 至 pH7,形成白色絮状沉淀,离心分离,反复用水洗涤至中性,再用乙醇和乙醚洗涤脱水,然后干燥,得产物 28.5g,乙酰基含量为 4% 左右,相当于脱除了 85% 左右的乙酰基。再把上述产物用 10 倍量的 40% NaOH 溶液在 90℃ 处理 1h,再如上述反复离心和洗涤,则可得到脱除 97% 乙酰基的壳聚糖,收率为 90%。

#### 2.2.3.2 壳聚糖的资源化制备方法

我国在 20 世纪 80 年代初提出了综合利用虾壳、蟹壳资源的资源化处理法。对于甲壳素的生产来说,虾壳、蟹壳是原料,但对于水产加工业来说,则是固体废弃物,即通常所说的下脚料,对这种固体废弃物进行全面处理,并将其中各种有用的成分转化为有用之物,就是

资源化处理法。显而易见，这种技术能生产出几种产品，虾壳、蟹壳资源能得到充分利用，获取很大的经济效益，大大降低对环境的污染，使得此污水较易处理，甚至无需处理。这项技术的关键，一是将虾壳、蟹壳中各种有用的成分转化为有用之物，二是尽量减少烧碱的消耗，在海边的生产厂家，尽量使用海水，减少淡水的消耗。资源化法生产壳聚糖的工艺流程如图 2-8 所示。

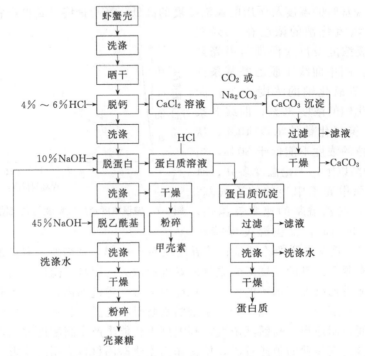

图 2-8 资源化法制备壳聚糖的工艺流程

本流程依然是采用脱钙、脱蛋白和脱乙酰基的"三脱"基本工艺，与一般壳聚糖的制备工艺相比，不仅可节约淡水、盐酸和碱液的消耗，而且还可以回收副产品，因此是一种充分利用资源的方法，具有节能减排的作用。

(1) 节约淡水、盐酸和碱液的消耗　生成壳聚糖的厂家，大都是在盛产虾、蟹的海边，淡水资源紧缺，海水则任意使用，在壳聚糖生产过程中，要反复用大量水洗涤。此工艺虾壳或蟹壳的洗涤可全用海水；脱钙和脱蛋白之后的洗涤可先用大量海水冲洗至近中性，然后再用少量淡水洗涤；脱乙酰基之后，先用少量淡水洗涤，洗涤下来的水，碱含量控制在 10% 左右，返回去用于脱蛋白，这样，在脱蛋白时可节省一部分烧碱，然后再利用大量海水洗涤至近中性，最后用淡水洗涤。

脱钙时用 4%~6% HCl，当第一批虾壳脱钙完成捞出后，无须立即排放，其中还含有未作用掉的盐酸，可作为第二批虾壳的初步脱钙液。当作用到接近中性时，再排出去进行沉淀制碳酸钙，这时可加入新配制的 4%~6% HCl，继续进行脱钙。这样连续使用盐酸溶液，一般可处理 3 批虾壳，从而节约了盐酸，这是降低成本的又一条途径。

用 45% NaOH 溶液脱乙酰基是此工艺中占用原材料成本较高的一个环节，因此也是降低壳聚糖生产成本的一个重要环节。在脱乙酰基过程中，反应本身不耗用太多的碱，仅在乙酰基脱落下来与氢氧化钠形成乙酸钠时消耗一些。从理论上计算，有多少 mol 的乙酰基被脱下，就消耗多少 mol 的氢氧化钠。造成碱消耗的主要原因，是生成的壳聚糖表面附着的碱，随着壳聚糖与碱液的分离而带走，这部分碱用少量淡水洗涤下来，控制含量达到 10%

时，用于前面的脱蛋白，这样就不会造成太大的浪费。由于形成的乙酸钠在碱液中的浓度并不太大，不至于抑制脱乙酰基过程，但乙酸钠会附着在壳表面形成一层保护层，会阻碍氢氧化钠进入壳层内部与碳酸钙反应，因此在第二批甲壳素脱乙酰基时，只要补充少量新配的45% NaOH 就可继续使用。最多可连续使用5次，一般可用3次。采用以上几项措施，可将壳聚糖的生产成本降低一半左右，而且能获得更多的经济效益。

(2) 回收副产物　脱钙之后的滤液，是浓度较大的氯化钙溶液，此时通入二氧化碳或加入碳酸钠，可沉淀出碳酸钙，经过滤、水洗、干燥，即得洁白的、颗粒微细的食品级碳酸钙。此为第一副产品，收率为虾壳干重的30%左右。这是第一笔可观的收入。

脱蛋白后的滤液含有大量的优质蛋白质，用盐酸调节至 pH 5~6，蛋白质就会沉淀析出，过滤，用淡水洗去盐分，干燥，可得总量为干虾壳质量20%左右的壳蛋白。这种壳蛋白是一种优质的动物性蛋白质，不但可以用于食品、饮料中，还可完全水解后制成氨基酸营养液。该蛋白质未经脱色时，因含有虾红素而颜色较深，如果在未沉淀时用 0.1% $KMnO_4$ 溶液氧化破坏虾红素，则可得到洁白的蛋白粉。此为第二副产品，经济效益十分显著。以上两种副产品的制取，不但提高了经济效益，还减少了污水的排放，减轻了环境污染，也便于处理。

#### 2.2.3.3　壳聚糖的粉碎加工

壳聚糖是一种有韧性的物质，为了便于后续产品或制品的加工成型，壳聚糖往往需要加工成粉末。壳聚糖在加工成粉末之前需要先用粉碎机粉碎成小颗粒的壳聚糖，然后再利用球磨罐等设备加工成粉末。由于壳聚糖的韧性，使得它用一般的方法和设备极难粉碎。利用带不锈钢棒的不锈钢球磨罐，在罐中装入先用粉碎机粉碎成小颗粒的壳聚糖，球磨24h可得到120目以上的粉状壳聚糖，球磨48h则可得到粒径在160~180目的壳聚糖。

现在生产的壳聚糖保健品一般都要求粉碎到200目以上。要得到此粒径的壳聚糖，可将粗粉碎的壳聚糖浸入液氮中冷冻一段时间，取出后立即粉碎，则可得到洁白的微粉状壳聚糖。现在已有超微粉碎机，可直接粉碎成微粉，但损失较大，粉碎成本较高。

要得到医药级或食品级等要求更高的壳聚糖，还可以将制得的壳聚糖再进一步提纯加工。例如将壳聚糖溶于1%乙酸中，搅拌1h左右，黏度控制在0.3Pa·s左右，用纱布滤去不溶物，再用250目筛绢精滤，滤液经漂白搅拌10min后用2%~10%氢氧化钠溶液缓慢中和、过滤和压榨脱水，干燥、粉碎，即可得到20~250目的壳聚糖。所用的漂白剂可选用双氧水或次氯酸钠溶液，前者处理的壳聚糖产品很白，且易于过滤，只是成本较高；用次氯酸钠溶液处理则价格较低，并可中和一部分乙酸，降低中和用的氢氧化钠的用量。

#### 2.2.3.4　技术指标

甲壳素与壳聚糖虽然生产和应用时间较长，但是至今尚无甲壳素和壳聚糖的国家标准或部颁标准，只有一些行业标准或企业标准（见表2-1）。标准中的脱乙酰度或氨基含量、黏度、水分、灰分、重金属（砷、汞、铅）及微生物量的高低，是衡量产品重要的技术指标，特别对于医药级甲壳素与壳聚糖的检定至关重要。

(1) 脱乙酰度　壳聚糖的脱乙酰度（degree of deacetylation，缩写为 D.D.），可定义为壳聚糖分子中脱除乙酰基的糖残基数占壳聚糖分子中总的糖残基数的百分数。它是壳聚糖分子链上自由氨基的含量，是一项极为重要的技术指标之一。壳聚糖脱乙酰度的高低，直接关系到它在稀酸中的溶解能力、黏度、离子交换能力、絮凝性能和与氨基有关的化学反应能力，以及许多方面的应用。人们习惯将脱乙酰度在55%~70%的壳聚糖称为低脱乙酰度壳聚糖，脱乙酰度在70%~85%的壳聚糖称为中脱乙酰度壳聚糖，脱乙酰度在85%~95%的壳聚糖称为高脱乙酰度壳聚糖，脱乙酰度在95%~100%的壳聚糖称为超高脱乙酰度壳聚糖。

表 2-1　某公司壳聚糖企业标准

| 项　目 | 甲壳素 | 工业级壳聚糖(高黏度) | 食品级壳聚糖(低黏度) | 医药级壳聚糖(中黏度) |
| --- | --- | --- | --- | --- |
| 颜色 | 原白色 | 淡黄色 | 原白色 | 原白色 |
| 灰分/% | <2 | <1 | <1 | <1 |
| 水分/% | <13 | <10 | <10 | <10 |
| pH | 7～8 | 7～8 | 7～8 | 7～8 |
| 脱乙酰度/% | | 80～90 | 93～95 | 90～93 |
| 黏度/mPa·s | | 800～2000 | <100 | 100～800 |
| 粒度/目 | | 20～100 | 20～100 | 20～100 |
| 细菌总数/(个/g) | | <3000 | <2000 | <2000 |
| 砷/(mg/kg) | | <1 | <1 | <1 |
| 重金属/(mg/kg) | | <10 | <10 | <10 |

壳聚糖的脱乙酰度的测定方法很多，如碱量法（包括酸碱滴定法、电位滴定法、氢溴酸盐法等）、红外光谱法、核磁共振法、折射率法、胶体滴定法、热分析法、气相色谱法、元素分析法、紫外光谱-阶导数法、紫外光谱法、苦味酸分光光度法等。常用的是酸碱滴定法，其次是红外光谱法、电位滴定法等。具体的测定可参考相关资料。

(2) 黏度　壳聚糖的黏度反映了壳聚糖的分子量的大小。壳聚糖是一种天然高分子多糖，分子量不同，其力学性能也不一样，用途也不一样，因此黏度是衡量壳聚糖的一项重要的质量指标。通常把1%壳聚糖的乙酸溶液的黏度在1000mPa·s以上的称为高黏度壳聚糖。不同的壳聚糖的黏度测定方法，其表述的物理意义也不一样。在壳聚糖的生产中，常用旋转黏度计来测定壳聚糖的黏度。常说的高黏度壳聚糖、中黏度壳聚糖或低黏度壳聚糖，都是用旋转黏度计测定的黏度。旋转黏度计测定牛顿型流体得到的是绝对黏度，测定非牛顿型流体得到的是表观黏度，因此所测得的黏度虽可大体反映出壳聚糖的分子量的大小，但不能由此计算出分子量。

上述测定的壳聚糖的黏度与高分子溶液的特性黏度的意义不同。高分子溶液的特性黏度$[\eta]$，是表示单个高分子在浓度$C$的情况下对溶液黏度的贡献，其数值不随浓度而改变，是最常用的高分子溶液黏度的表示方法。影响高分子溶液特性黏度的因素主要有分子量、溶剂、温度和浓度等。具体测定方法可参考相关资料。

(3) 灰分　对于作为生物医用材料使用的壳聚糖或食品级的壳聚糖，灰分将是一个重要的指标。灰分是指壳聚糖经过高温（550℃±20℃）灼烧后留在坩埚中不能挥发的成分。测定壳聚糖的灰分时，每个样品应取2个平行样品进行测定，并取其平均值。

(4) 水分　甲壳素或壳聚糖测定中的水分是指甲壳素或壳聚糖的游离水（吸附水）以及部分结晶水，在常压下不可能用烘干的办法全部除去结晶水。甲壳素或壳聚糖的水分测定一般在105℃左右用烘干的方法测定。

(5) 重金属　壳聚糖中主要含有砷、汞、铅等重金属。对于作为生物医用材料使用的壳聚糖或食品级的壳聚糖，重金属的含量要严格控制，因此重金属的含量也是壳聚糖的一项重要的质量指标。壳聚糖中砷含量的测定可以用古蔡特氏测砷器，汞含量的测定可以用测汞仪，铅含量的测定可以用双硫腙法。

(6) 微生物　对于作为生物医用材料使用的壳聚糖或食品级的壳聚糖，微生物的检测至关重要，特别是医药级壳聚糖。一般需要测定壳聚糖中的细菌总数及大肠杆菌、沙门氏菌、梭状芽孢杆菌、霉菌等菌种。具体测定方法可参考相关资料。

## 2.2.4　高黏度壳聚糖的制备

当壳聚糖作为生物医用材料使用时，由于作用的场所不同、目的不同、效果不同，需要选择的壳聚糖的种类也不同。黏度是壳聚糖重要的性能指标之一，可反映壳聚糖的平均相对分子质量。通常把1%壳聚糖的乙酸溶液的黏度在1000mPa·s以上的称为高黏度壳聚糖。高黏度的壳聚糖表明高分子量的壳聚糖，因此由高黏度壳聚糖制成的制品如膜或纤维强度也较大。要制备高黏度的壳聚糖，不仅与制备甲壳素及脱乙酰化的工艺有关，还与原料种类、后处理工艺等有关，其主要的影响因素有以下几点。

(1) 原料　一般来说，新鲜的梭子蟹的蟹背壳和大龙虾的头壳是制备高黏度壳聚糖的首选原料。这是因为虾蟹壳比起蚕蛹壳、柠檬酸发酵菌渣等其它几种原料来，较有可能制备出黏度较高的壳聚糖；再者如果虾蟹壳堆放较长时间后会因微生物破坏，不能用于生产高黏度壳聚糖。

(2) 生产工艺　生产高黏度壳聚糖的关键，首先是要能生产出高黏度的甲壳素，因此虾蟹壳脱钙工序中的盐酸浓度、浸酸时间，脱蛋白工序中的碱煮时间都将影响甲壳素的黏度以及最终壳聚糖的黏度。但是如果在甲壳素制备壳聚糖的过程中的脱乙酰化工序处理不当，即使有了高黏度的甲壳素也不一定能得到高黏度的壳聚糖，其中甲壳素脱乙酰基时使用的碱浓度、温度及时间都将影响最终壳聚糖的黏度。一般在壳聚糖的制备过程中各影响因素的主次顺序为：浸酸时间＞脱乙酰基时使用的碱浓度＞除蛋白质的碱煮时间＞脱乙酰化时的温度＞脱乙酰化反应的时间＞盐酸浓度。

浸酸时间是制备壳聚糖过程中影响最大的因素。一般在生产甲壳素的过程中，不能用浓度大的强酸、强碱高温长时间处理。在生产壳聚糖过程中，还要掌握高温、短时间的原则，如果为了进一步得到高脱乙酰度的产品，可反复几次高温、短时间处理，也可常温长时间多次处理。用微波法生产壳聚糖也能得到黏度较高的产品。

要生产高黏度的壳聚糖，从生产工艺上可以有两种方案：①较低温度、较长时间下进行反应，如常温或60~65℃脱乙酰化，均能获得质量较好、黏度较高的壳聚糖产品；②高温短时间，将甲壳素粗粉碎后，先用50%NaOH溶液浸透，然后在110℃均匀保温1h左右，便能得到1000mPa·s以上的高黏度壳聚糖。这两种方案，前者易于掌握，且节省热能，成本要低一些，但生产周期长，适合土法生产；后者时间短，产量高，但掌握不好易出废品，适合设备投资较大的工厂。

(3) 后处理　一般用虾蟹壳为原料制备甲壳素或壳聚糖时，由于虾蟹壳中含有虾红素，若要得到白色的适合于生物医用的产品，往往需要经过脱色处理。但是若要制备高黏度的壳聚糖，则在后处理工序中不能使用高锰酸钾等强氧化剂长时间脱色，强氧化剂对糖苷键的破坏很严重，会造成分子链断裂，分子量降低。一般可以用有机溶剂如乙醇等回流处理进行脱色。

### 2.2.5　高脱乙酰度壳聚糖的制备

脱乙酰度在85%~95%的壳聚糖称为高脱乙酰度壳聚糖。作为一般工业上使用的壳聚糖，并不要求壳聚糖有很高的脱乙酸度，但在食品、医药、活细胞和酶的固定化、制作反渗透膜和超滤膜等时常需用高脱乙酰度壳聚糖。如果只是要求高脱乙酰度的壳聚糖，则只要在甲壳素脱乙酰化反应时提高反应温度和延长反应时间即可，如用40%的烧碱，反应温度保持在135~140℃、1~2h基本上就能得到100%脱乙酰度的壳聚糖产品。但这种制备高脱乙酰度壳聚糖的方法，往往不能得到高黏度的壳聚糖。若温度在50~60℃，用一昼夜的时间脱乙酰基，则壳聚糖产品的脱乙酰度和黏度都将高些。

为了制得高脱乙酰度和较高黏度的壳聚糖，现在一般用多次、短时间脱乙酰基的方法来获得（见表2-2），主要是因为间歇碱处理的方法能极大地促进脱乙酰化反应。

**表 2-2 碱处理方式对壳聚糖生产的影响**

| 反应时间/h | 壳聚糖产率/% | 脱乙酰度/% | $M_w/\times 10^5$ |
|---|---|---|---|
| 1 | 51.2 | 78.10 | 5.45 |
| 1+1 | 57.5 | 91.86 | 5.32 |
| 1+1+1 | 63.4 | 97.16 | 5.24 |
| 3 | 60.4 | 81.15 | 4.86 |

注：反应温度为110℃；碱含量为50%；表中1+1为反应1h后水洗至中性，再反应1h；1+1+1为反应3次，每次1h。

高脱乙酰度和较高黏度的壳聚糖的制备：50g甲壳素浸泡在115℃的2400mL的40% NaOH溶液中，保温6h，用氮气保护。反应结束后，冷却到室温，过滤，用水洗涤至中性，此时脱乙酰度为82%。然后溶解在1000mL的10%乙酸中，透析24h，透析液用40% NaOH中和，形成白色絮状沉淀，离心分离，水洗至中性，此时脱乙酰度为85%。再用10倍质量的40% NaOH溶液在90℃处理1h，冷却，洗涤至中性，则得到脱乙酰度为97%的壳聚糖。

### 2.2.6 水溶性壳聚糖的制备

壳聚糖因原料和制备方法不同，相对分子质量也从数十万到数百万不等。虽然分子量不等，但其在水中和有机溶剂中的溶解度都表现为不溶于水和碱溶液，可溶于稀的盐酸、硝酸等无机酸以及大多数有机酸，不溶于稀的硫酸和磷酸。由于壳聚糖在水中不溶，这在很大程度上限制了它的应用。因此制备水溶性的壳聚糖，然后进一步衍生化或直接用于制备一些医用材料非常有利。例如使水溶性的壳聚糖的氨基上连接上活性肽后的酰化壳聚糖产品具有作为活性物质载体的能力。

水溶性的壳聚糖只指能真正在水中溶解的壳聚糖，而不是能溶于水的壳聚糖盐酸盐、能溶于水的羧甲基壳聚糖、能溶于水的低分子甲壳素或壳聚糖。如何判断哪种是真正意义的壳聚糖，可根据以下的方法进行很好的判断。首先将聚合物溶于水，首先看溶液有没有黏性，没有黏性者是低分子甲壳素或低分子壳聚糖。其次，往此水溶液中滴加几滴NaOH溶液，产生浑浊或沉淀者，是壳聚糖盐酸盐，因为其中的盐酸被碱中和了，壳聚糖不溶于中性或碱性的水中。如果滴加几滴HCl溶液而产生浑浊，则是羧甲基壳聚糖，因为羧甲基壳聚糖实际是羧甲基壳聚糖的钠盐，如果此溶液被酸化，则不再是羧酸钠盐，而成了羧酸，它就不溶于酸性水中。

壳聚糖的水溶性与其结晶度密不可分，而壳聚糖的结晶度却与其脱乙酰度有很大关系。壳聚糖是甲壳素脱乙酰基的产物，100% N-乙酰化的壳聚糖即甲壳素。甲壳素分子链比较均一，规整性都很好，结晶度较高，脱乙酰化造成了分子链的不均一性，结晶度下降，但随着脱乙酰度的增加，分子链又趋向于均一，其结晶度也相应增加。结晶度高的甲壳素或壳聚糖由于结构紧密，因此水很难进入其分子结构，也就造成了其在水中的溶解度很小。因此要想制得能溶于水的壳聚糖，必须大大降低壳聚糖的结晶度，接近于无定形时，壳聚糖分子链才有亲水性。这个N-酰化度的范围是比较窄的，只有在这个范围内，才会有效破坏壳聚糖原有的结构，使之接近于无定形。

例如较高脱乙酰度壳聚糖的N-酰化可通过如下步骤实现：把1g壳聚糖溶于60mL的2%乙酸溶液中，加60mL甲醇稀释，再加一定量的乙酸酐或丙酸酐、丁酸酐、己酸酐，搅拌均匀后放置过夜，第二天将反应混合物滴入500mL 0.5mol/L KOH乙醇溶液中，过滤出白色纤维状的沉淀，用乙醇洗涤至中性，再进一步用乙醚脱水，70℃真空干燥，得到一系列产物，在水中的溶解性列于表2-3。在N-乙酰化的产物中，只有N-酰化度为56.1%的溶于水；在 N-丙酰化的产物中，只有 N-酰化度为 55.2%的溶于水；在 N-丁酰化的产物中，只有 N-酰化度为 50.3%的溶于水；在 N-己酰化的产物中，所有的产物都不溶于水。若对 N-酰化的壳聚糖的粉末进行 X 射线衍射测试，衍射角较宽的结晶度较小，水溶性就大。

表 2-3 部分 N-酰化壳聚糖的溶解性

| 壳聚糖 | 投料摩尔比① | N-酰化度②/% | 水溶性 |
| --- | --- | --- | --- |
| 原料壳聚糖 | — | 7 | 不 |
| N-乙酰化 | 0.5 | 44.7 | 不 |
|  | 0.75 | 52.3 | 不 |
|  | 1.0 | 56.1 | 溶 |
|  | 1.5 | 67.9 | 不 |
| N-丙酰化 | 0.5 | 41.5 | 不 |
|  | 0.75 | 51.5 | 不 |
|  | 1.0 | 55.2 | 溶 |
|  | 1.5 | 63.0 | 不 |
| N-丁酰化 | 0.5 | 37.4 | 不 |
|  | 0.75 | 50.3 | 溶 |
|  | 1.0 | 53.9 | 不 |
|  | 1.5 | 62.6 | 不 |
| N-己酰化 | 0.5 | 36.1 | 不 |
|  | 0.75 | 42.1 | 不 |
|  | 1.0 | 48.2 | 不 |
|  | 1.5 | 57.6 | 不 |

① 酸酐/氨基葡萄糖残基的摩尔比。
② N-酰基/N-氨基葡萄糖残基×100。

### 2.2.7 低聚壳聚糖的制备

低聚甲壳素可叫甲壳寡糖，低聚壳聚糖可叫壳寡糖。低聚壳聚糖是指相对分子质量低于 10000 的壳聚糖，具有许多优于高分子量壳聚糖的功能，尤其是具有生物活性的甲壳素和壳聚糖的五糖至九糖，特别是六糖和七糖在抑制肿瘤方面的作用令人鼓舞，是当今国内外研究、开发的重点领域。现在的关键问题在于如何制取低聚壳聚糖。一旦能够批量生产具有生物活性的低聚甲壳素或低聚壳聚糖，则甲壳素和壳聚糖的研究和应用将进入一个新时代，将会真正形成一个具有相当规模的壳聚糖产业。低聚壳聚糖的制备，主要有 3 类方法：酸水解法、氧化法和酶解法。

#### 2.2.7.1 酸水解法

壳聚糖在酸性溶液中不稳定，会发生长链的部分水解造成糖苷键的断裂，形成许多分子量大小不等的片段，严重水解则大部分变成单糖，因此酸水解法是制备单糖和一系列相应低聚壳聚糖的主要途径之一。壳聚糖酸水解法制备低聚壳聚糖所用的酸可以是盐酸、乙酸，也可以是磷酸或氢氟酸，但是无论是哪种酸，其水解过程却都不好控制。氢氟酸会腐蚀设备，而且壳聚糖产物中的残留氟离子很难脱除，无实际应用价值。在制备低聚壳聚糖的时候，主要得到的是单糖，其次是双糖，很难得到所需的活性低聚壳聚糖。

酸在多糖的水解过程中起催化作用。甲壳素不溶于水和稀酸，必须用强酸并加热回流才能使其降解；壳聚糖可溶于酸，可以在较温和的条件下水解。事实上，要想通过甲壳素的酸水解直接获得低聚甲壳素是不容易的，在水解过程中，氨基上的乙酰基也将脱落，因此得到的也是低聚壳聚糖。下面以盐酸酸水解法为例介绍低聚壳聚糖的制备。

**盐酸水解壳聚糖制备低聚壳聚糖**：把 3.1g 壳聚糖盐酸盐溶于 210mL 水中，加热到

100℃，加入90mL浓盐酸，在100℃保温34h，然后冷却，活性炭脱色，甲基二正辛胺中和，活性炭-硅藻土色谱柱，用逐渐增加浓度的乙醇水溶液淋洗，得到一糖至七糖，但四糖以上较少。

不同浓度浓盐酸和不同温度对甲壳素的水解有较大的影响。在一定温度下，盐酸浓度越高，甲壳素水解越快，例如用11mol/L HCl水解甲壳素10h，水解率已超过80%，而用5mol/L HCl水解甲壳素，则其水解率不到20%。温度对甲壳素的影响很大，在0~80℃范围内，水解率是时间的函数，且温度越高，水解越快，例如在80℃时，不到10min甲壳素就100%水解了。水解产物用不同浓度乙醇溶液经活性炭-硅藻土柱子洗脱，可分离得到单糖至六糖。

#### 2.2.7.2 氧化法

氧化降解法是近年来研究得最多的方法，有过氧化氢氧化法、过硼酸钠法氧化法、次氯酸钠氧化法等，其中以过氧化氢氧化法为主，已经用于生产。过氧化氢氧化降解法有酸法、碱法与中性法三种。酸法是均相反应，将壳聚糖溶于1%乙酸中，加入适量的$H_2O_2$水溶液，调节溶液的pH 3~5进行降解。碱法是非均相反应，把壳聚糖溶液的pH调节为11.5，温度70℃左右，分批加入$H_2O_2$溶液，进行降解反应。中性法是指壳聚糖不溶解于稀酸中，也不用碱调到碱性，而是直接将壳聚糖分散在水中，加热到所需温度，在搅拌下分批加入$H_2O_2$溶液，反应一段时间后，变成溶液，用碱调节pH 7以上，滤出沉淀，用水洗涤，干燥，得到水不溶部分低聚壳聚糖；滤液减压浓缩，用乙醇沉淀，洗涤，干燥，得到水溶部分低聚壳聚糖。例如中性法降解壳聚糖的较适宜工艺条件为反应温度80~90℃，$H_2O_2$含量为8%~10%，加入8%壳聚糖，水解反应0.5~1h，水溶性产物的得率为40%~45%。升高温度和提高$H_2O_2$浓度不仅缩短水解时间，而且能提高得率，但过高的温度和$H_2O_2$浓度反而会降低得率，单糖、双糖占水溶性产物的比例更大，不能被乙醇沉淀，有生物活性的五糖至七糖会更少。

酸法氧化制备低聚壳聚糖：取4g壳聚糖溶于40mL 5%乙酸溶液中，成为均一的胶体溶液，加入4mL $H_2O_2$溶液，50℃反应24h，变成呈浑黄色的均一无黏性溶液，过滤，滤液中所含的低聚壳聚糖的平均聚合度在10左右。

表2-4是不同介质对壳聚糖降解得到的影响结果。在中性和碱性介质中，壳聚糖不溶解，降解反应是非均相的，反应发生在壳聚糖颗粒的表面和分子的无定形区，反应既慢且不均匀，当壳聚糖的相对分子质量降到7000以下，这时的壳聚糖具有水溶性，成为均相反应，反应要快许多。在酸性介质中，壳聚糖是溶解的，一开始便是均相反应，所以起始反应速率比较快。

表2-4 不同介质对壳聚糖降解的影响

| 介质 | $t/h$ | 水不溶性壳聚糖 | | 水溶性壳聚糖 | |
|---|---|---|---|---|---|
| | | $\overline{M}_w/\times 10^4$ | 得率/% | $\overline{M}_w/\times 10^4$ | 得率/% |
| $H_2O$ | 2 | 2.30 | 93 | 0.54 | 5 |
| | 4 | 1.61 | 55 | 0.45 | 36 |
| | 8 | — | — | 0.35 | 87 |
| 1% HCl | 2 | 0.94 | 86 | 0.63 | 5 |
| | 4 | 0.77 | 85 | 0.51 | 7 |
| | 8 | 0.76 | 85 | 0.51 | 6 |
| 2% HAc | 2 | 0.84 | 65 | 0.50 | 29 |
| | 4 | — | — | 0.42 | 94 |
| | 8 | — | — | 0.35 | 92 |
| 1% NaOH | 2 | 2.19 | 92 | 0.54 | 5 |
| | 8 | — | — | 0.40 | 82 |

#### 2.2.7.3 酶解法

用酶水解甲壳素或壳聚糖也是一种降解主链的方法，而且酶对多糖的水解具有高度选择性，不会发生其它副反应。例如甲壳素酶和溶菌酶可以水解甲壳素，适合制定特定聚合度的低聚物；嗜热甲壳素消化菌酶对胶体甲壳素有很高的选择性，可以得到甲壳素二聚体；壳聚糖酶可以使壳聚糖水解得到相应的二聚体到五聚体，且不产生单糖。甲壳素酶和溶菌酶非但对甲壳素的水解是专一的，而且能水解 $N$-甲酰基、$N$-丙酰基、$N$-丁酰基衍生物，仅仅是水解速率有所不同而已。现在已将甲壳素制成外科手术缝合线，可以被肌体吸收而不用拆线，这就是甲壳素被酶水解成单糖或寡糖而实现的。如将壳聚糖用作药物的载体和运输工具，控制壳聚糖在体内的酶水解速率，就可控制药物的释放速率。

### 2.2.8 磁性壳聚糖的制备

20 世纪 70 年代出现了磁性高分子材料，做成珠状凝胶树脂，在外加磁场的作用下，可以方便地分离。这种新型功能材料，可以在生物医学（临床诊断、酶标、靶向药物）、细胞学（细胞标记、细胞分离等）和生物工程（酶的固定化）等领域有着广泛的应用前景。近几年来，国内外也已制备了磁性壳聚糖珠状凝胶树脂。

磁性材料一般采用粉状 $Fe_3O_4$，与壳聚糖溶液高速搅拌均匀，再用制备珠状凝胶树脂的方法操作，用水洗涤至中性，真空干燥，即得磁性壳聚糖树脂。

采用乳化交联法制备可附载放射性核素的磁靶向药物载体-磁性壳聚糖微球，磁性微球中的纳米磁性 $Fe_3O_4$ 粒子由 $FeSO_4$ 和 $FeCl_3$ 通过碱溶液的共沉淀法制备而得，在壳聚糖溶液质量分数为 1.5%，$Fe_3O_4$ 与壳聚糖的质量比为 1:2，悬浮介质的搅拌速率为 1200r/min 等条件下制得的磁性壳聚糖微球的粒径在 $(40\pm20)\mu m$，且呈规则的球形，可满足放射性核素载体的基本要求。

珠状凝胶树脂球的大小有毫米级的，也有微米级的，视用途不同而不同。珠状凝胶树脂一般经过交联剂的交联，以提高其力学性能（如强度），同时此种树脂对水和一般有机溶剂都不溶。

### 2.2.9 甲壳素或壳聚糖的化学改性方法

聚合物大分子可以通过化学修饰和不同的加工成型方法实现高分子材料的功能化，制得成千上万种精细高分子化学品。大分子的化学修饰或大分子的化学反应，包括大分子主链的反应和侧链的反应。从理论上讲，小分子之间的各种化学反应都可以在高分子中发生，但由于高分子在结构和分子运动方面的特殊性，导致在参与化学反应时具有一些不同于小分子的特征。

甲壳素和壳聚糖的糖残基上有两个活性羟基：一个是 C6 位的—OH，另一个是 C3 位的—OH，这两个活性羟基在一定条件下可发生进一步的醚化反应、酯化反应、氧化反应等。再者甲壳素分子中含有乙酰氨基—$NHCOCH_3$，氮原子上连的一个氢原子具有一定的反应活性，在适当的条件下也能发生酰化反应、烷基化反应等；壳聚糖分子链的糖残基上则还有氨基—$NH_2$，在适当的条件下也能发生酰化反应、烷基化反应等。因此甲壳素或壳聚糖类似小分子的化学反应一样，可发生酰化反应、酯化反应、烷基化反应、接枝反应、交联反应等，通过在适当的条件下经过化学修饰或大分子反应或化学改性制得各种具有特殊功能的新颖生物材料。

甲壳素和壳聚糖改性的目的主要有两个：一是解决其在水或有机溶剂中的溶解性；二是通过化学改性引入基团和侧链并进行各种可能的分子设计，以得到新颖的改性材料。由于改性产物具有抗菌、消炎、生物相容和吸附金属离子等特性，因此基于甲壳素和壳聚糖的衍物或复合物将有可能在水处理、化妆品、医药、农业、食品加工和分离工程中找到新的用途。

甲壳素或壳聚糖的糖残基上的2个活性羟基由于所处的位置不同，其化学反应活性也不同。C6位的—OH是一级羟基，从空间构象上来讲，可以较为自由地旋转，位阻也小；而C3位的—OH为二级羟基，空间位阻大一些，不能自由旋转。所以一般情况下，C6位的—OH的反应活性比C3位的—OH大。虽然这两种羟基都是醇羟基，但由于是大分子上的羟基，因此与小分子醇的羟基比较，甲壳素和壳聚糖的糖残基上的羟基活性比小分子醇的羟基活性要小得多。正是由于活性的差别，因此甲壳素和壳聚糖的许多改性反应发生在C6位的—OH上。对于壳聚糖而言，其糖残基上—NH₂的活性又比一级羟基的活性要大一些。当然这只是壳聚糖本身的三种官能团比较而言，究竟改性反应先在哪个官能团上发生，还与反应溶剂、反应试剂、反应催化剂、反应温度等因素有关。

表2-5是甲壳素主要化学改性的方法、制备过程和优点。

表2-5 甲壳素主要的化学改性方法

| 改性方法 | 制备过程 | 优点 |
| --- | --- | --- |
| 酰基化 | 酰化反应可在羟基或氨基上进行，通常的酰化试剂为酸酐或酰氯，如直链脂肪酰基、支链脂肪酰基、芳烃酰基 | 改善了溶解性、膜表面润湿性和凝血性 |
| 羧基化 | 用氯代烷酸或乙醛酸在甲壳素的6位羟基或氨基上引入羧烷基基团，研究最多的是羧甲基化反应 | 吸附碱土金属粒子、增强保水性、膜透气性、抑菌、杀菌 |
| 酯化 | 在含氧无机酸酯化剂的作用下，与甲壳素的羟基形成有机酸酯类衍生物，常见的反应有硫酸酯化和磷酸酯化 | 具有抗凝血、抗癌作用 |
| 醚化 | 与羧甲基反应类似，主要是在羟基上形成相应的醚类衍生物 | 改善水中的溶解度，具有良好的保水性 |
| N-烷基化 | 由于—NH₂具有很强的亲核作用，在N上很容易引入烷基类取代基 | 易溶于水，且能与阴离子洗涤剂相容 |
| 水解 | 这是较常见的降解反应，水解方法一般有辐射法、高硼酸氧化和酸溶液回流 | 具有抗癌作用，对中枢神经有镇静作用，能促进植物生长 |

## 2.2.10 甲壳素或壳聚糖的酰化改性

甲壳素和壳聚糖的糖残基上的羟基能与多种有机酸的衍生物如酸酐、酰卤（主要是酰氯）等发生$O$-酰化反应，也称为酯化反应。导入不同分子量的脂肪族或芳香族酰基形成有机酸酯，是甲壳素和壳聚糖化学反应中研究得最多的一类反应。

酯化反应既可以发生在C2位的—NH₂上，也可发生在C6和C3位的—OH上，即发生$N$-酰化的同时又发生$O$-酰化，因此往往得不到单一的酰化产物。如果在C6位—OH、C3位—OH、C2位—NH₂都被酰化了，则就生成了全酰化壳聚糖，从结构上讲实际上是全酰化甲壳素。

酰化产物的生成与反应的溶剂、酰化试剂的结构及催化剂等因素有关。甲壳素因分子内和分子间强大的氢键，使结构特别紧密，酰化反应很难进行，一般要用酸酐作酰化试剂，相应的酸作反应介质，在催化剂催化并且冷却的条件下进行。壳聚糖分子结构中有很多氨基，破坏了一部分氢键，酰化反应比甲壳素要容易得多，一般不用催化剂。针对不同的酰化要求，大致有以下三类不同的酰化体系：①甲磺酸溶剂体系；②氯仿和吡啶等非质子极性溶剂体系；③甲醇或乙醇、有机酸和水溶剂体系。

(1) 甲磺酸溶剂体系 甲壳素在甲磺酸存在下，与乙酸酐或丙酸酐等酸酐反应可制备酰化改性的甲壳素或壳聚糖（图2-9）。

甲磺酸在反应中既是催化剂，又是溶剂。以甲磺酸作溶剂，酰化反应在低温下进行可以

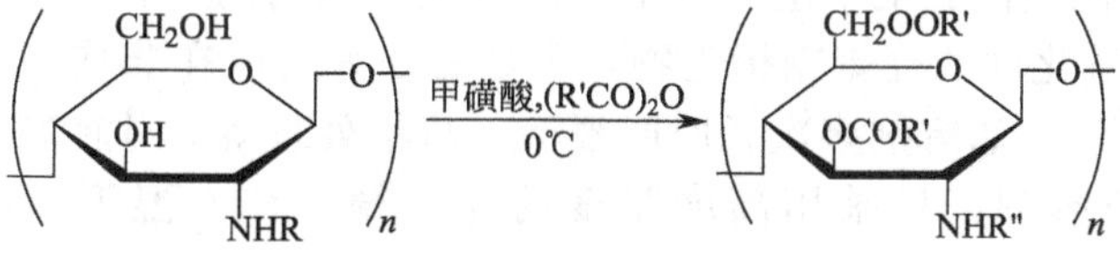

(R=COCH₃, H; R'=酰基官能团; R"=H, COCH₃, 酰基官能团)

图 2-9 甲壳素或壳聚糖在甲磺酸体系中的酰化反应

合成高取代度的 3,6-$O$-长链的酰化甲壳素。如果酰基结构庞大，则位阻大，使酰化反应难以进行，必须延长反应时间。反应中控制温度在 0℃ 左右非常重要。温度上升到 25℃ 就会导致甲壳素或壳聚糖剧烈降解。在甲磺酸条件下，甲壳素溶液的黏度在 40℃ 时变化剧烈，在 25℃ 时，黏度的下降也很明显，说明甲壳素分子发生了明显的降解，但在 0℃ 时则观察不到明显的降解现象。甲壳素酰化度与酸酐用量也有较大关系，随着酸酐用量增加，酰化度升高。

甲壳素的乙酰化反应在非均相条件下进行缓慢，乙酰化反应优先发生在游离氨基上，其次发生在羟基上。反应混合物在开始时是非均相，但随着乙酰化程度增加，乙酰化衍生物逐渐溶解，在乙酸酐和甲磺酸存在的条件下可获得完全乙酰化的甲壳素。但是利用这种方法制备全乙酰化甲壳素相对还是比较困难，而且甲壳素会分解，分子量会降低。

甲磺酸作溶剂的甲壳素乙酰化：将 20mL 甲磺酸、20mL 冰乙酸和计算量的乙酸酐配成混合溶液，加入 5g 研成细粉的甲壳素，在 0℃ 搅拌 4h，之后在 0℃ 保温过夜。第二天将混合物倾入冰水中，产物沉淀，过滤，用水洗涤。滤饼再分散到蒸馏水中，一边搅拌一边用氨水中和到 pH7 并煮沸 1h，过滤，用蒸馏水洗涤，产物真空干燥。甲壳素乙酰化程度与酰化剂乙酸酐的用量有关，用这种方法不能直接制备全乙酰化的甲壳素。要想获得全乙酰化产物需先将粉状甲壳素与甲磺酸和乙酸酐混合，在 0℃ 振荡至糊状物，再在 0℃ 搅拌 3h 后保温过夜。第二天加入冰水，产生的沉淀洗涤后再按上面部分乙酰化的方法进行一遍，最后得到的是取代度为 2 的甲壳素乙酸酯，收率 90%。

壳聚糖因存在大量游离氨基，由于氨基的反应活性比羟基大，酰化反应首先在氨基上发生，因此要想使羟基酰化而氨基不酰化则非常困难。利用氨基保护的方法可以得到选择性 $O$-酰化壳聚糖。例如，利用脂肪醛或芳香醛与氨基反应形成 Schiff 碱，再与酰氯反应而实现 $O$-酰化。酰化反应结束后，在醇中脱去 Schiff 碱则可得产物。用于保护的脂肪醛或芳香醛官能团越大，越有利于酰化反应。用于酰化的二元酸酐有顺丁烯二酸酐和邻苯二甲酸酐，如邻苯二甲酸酐与壳聚糖在 120℃ 条件下反应 8h，所得的产物具有易选择性取代的特点，并能进行进一步的改性反应。$N$-邻苯二甲酰壳聚糖可溶于有机溶剂，并具有溶液液晶行为。

（2）氯仿和吡啶等非质子极性溶剂体系　甲壳素或壳聚糖在氯仿和吡啶等非质子极性溶剂体系中，与酰氯反应可制得 $N,O$-酰基化的甲壳素或壳聚糖（图 2-10）。

(R=COCH₃, H; R'=酰基官能团; R"=H, COCH₃, 酰基官能团)

图 2-10 甲壳素或壳聚糖在氯仿和吡啶溶剂中的酰化反应

这种方法能够在比较温和的反应条件下得到取代度较高的产物,在吡啶中反应可以获得取代度为 50% N-乙酰化度的壳聚糖衍生物,不足之处为反应在非均相条件下进行,反应之前原料需经过特殊处理,如溶剂多次长时间浸泡、疏松处理等,才能得到比较高的取代。如果用这种有机非质子溶剂,且采用高膨胀度的壳聚糖,在室温下 3min 可使壳聚糖完全酰化。

(3) 甲醇或乙醇、有机酸和水溶剂体系　甲壳素或壳聚糖在甲醇或乙醇、有机酸和水组成的均相体系中进行酰化反应可以制备改性的甲壳素或壳聚糖的衍生物(图 2-11)。

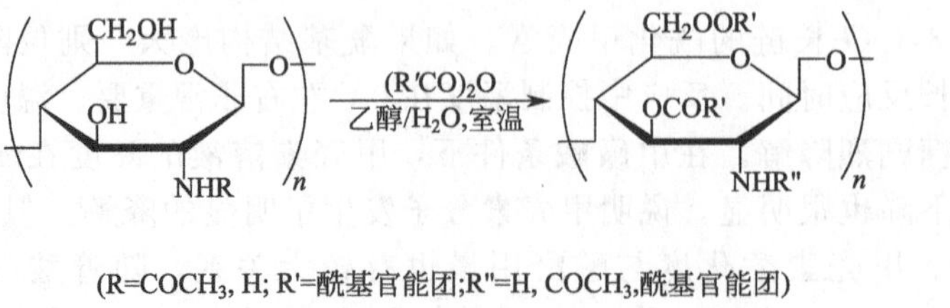

$$\left(\begin{array}{c}CH_2OH\\ \\OH\\ \\NHR\end{array}\right)_n \xrightarrow[\text{乙醇/H}_2\text{O,室温}]{(R'CO)_2O} \left(\begin{array}{c}CH_2OOR'\\ \\OCOR'\\ \\NHR''\end{array}\right)_n$$

(R=COCH₃, H; R'=酰基官能团;R"=H, COCH₃,酰基官能团)

图 2-11　甲壳素或壳聚糖在乙醇和水溶剂中的酰化反应

由于甲壳素或壳聚糖在甲醇或乙醇、有机酸和水组成的均相体系中进行酰化反应,体系中有机醇的含量高达 80%,由于有机醇的羟基的竞争作用,酰化反应优先在吡喃环的氨基上进行,从而使本反应体系具有优良的位置选择性。

甲醇和水作溶剂的壳聚糖的酰化:3g 壳聚糖溶于 60mL 10%乙酸水溶液中,加入甲醇 240mL 稀释,在搅拌条件下按氨基物质的量的 0.5 倍加入正己酸酐,室温下放置 24h 后加入 400mL 丙酮作为沉淀剂,沉淀物经甲醇和乙醚洗涤后得 N-己酰化壳聚糖衍生物。该反应可以方便地制得 N-酰化壳聚糖产物,而且可以通过酸酐用量的多少控制产物的酰化程度。

如果加大酸酐用量,利用这种体系还可从壳聚糖直接制备全乙酰化甲壳素,方法相对容易,主链也不太容易降解,所得产品性能好,生产成本也较低。

全酰化甲壳素的制备:将 1g 充分干燥脱水的壳聚糖粉末分散在 150mL 甲醇中,加入过量的乙酸酐(比壳聚糖上的游离氨基多 2~3mol),在室温下搅拌 16h,过滤,用甲醇洗涤 2 次,滤饼被浸泡在 50mL 的 0.5mol/L 乙醇-KOH 溶液中 16h,再过滤,用甲醇充分洗涤,乙醚脱水,空气干燥,可得到全乙酰化的甲壳素,产率几乎是定量的。如果改用别的羧酸酐,则能获得相应 N-羧酰壳聚糖的全羧酰酯。

以上制备方法也适用于其它酰化产物,只要改用相应的羧酸酐即可;如果是 6 个碳以上的脂肪酸酐,那么不能限定在室温反应,而应该在相应的溶剂中回流 16h 以上。

## 2.2.11　甲壳素或壳聚糖的醚化改性

甲壳素和壳聚糖的羟基可与羟基化试剂反应生成醚,以改善聚合物的溶解性或得到具有特殊功能的新材料。烷基醚化反应主要有 $O$-甲基化、$O$-乙基化和 $O$-苯基化等反应。比较常见的有羧甲基甲壳素或壳聚糖、季铵盐壳聚糖、羟乙基或羟丙基壳聚糖等。

(1) 羧甲基甲壳素或壳聚糖　羧甲基壳聚糖是一种水溶性壳聚糖衍生物,有许多特性,如抗菌性强,具有保鲜作用,是一种两性聚电解质等。在化妆品、保鲜、医药等方面有多种应用,也是近年来研究得较多的壳聚糖衍生物之一。羧甲基甲壳素或羧甲基壳聚糖可以在碱的存在下,与氯乙酸反应得到,其化学反应方程式如图 2-12 所示。

由于甲壳素和壳聚糖的取代基团不同,活性不同,因此所得的羧甲基甲壳素或壳聚糖的醚化反应取代有所不同。羧甲基甲壳素的羧甲基是在糖残基的 C6 位—OH 上发生取代,有少量羧甲基在 C3 位—OH 上发生取代,生成的是 $O$-羧甲基甲壳素。壳聚糖的分子结构中含

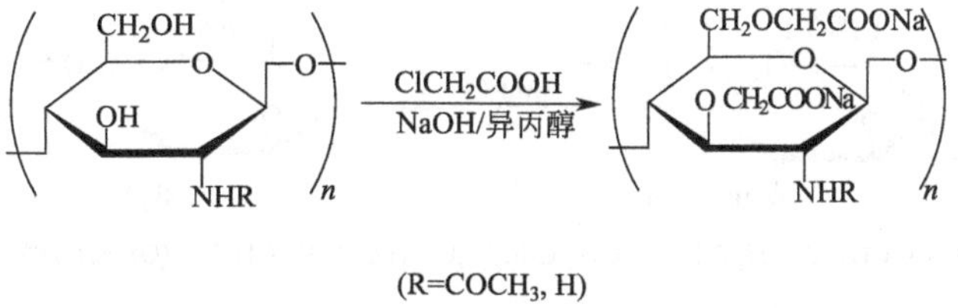

图 2-12 羧甲基甲壳素或壳聚糖在异丙醇中的反应

有氨基，因此其羧甲基既会在—OH 上发生取代，也会在—NH$_2$ 上发生取代，生成 $O$-羧甲基和 $N$-羧甲基壳聚糖。由于 C3 位上的位阻效应以及 C2 位和 C3 位之间的分子内氢键，使 C3 位上的羧甲基化较难发生，所以羟基上的羧甲基取代以 C6 位 $O$-羧甲基为主，C3 位 $O$-羧甲基较少。对于 C6 位—OH 与 C2 位—NH$_2$ 来说，在碱性条件下，羧甲基在羟基上的取代活性要高于氨基，因此，当取代度小于 1 时，羧甲基的取代主要是在羟基上而不是氨基上，只有取代度接近 1 和高于 1 时，才会同时在氨基上发生羧甲基取代，形成 $O$-羧甲基壳聚糖和 $N$-羧甲基壳聚糖。

羧甲基壳聚糖的水溶性，除了因为它是一种羧酸钠盐而溶于水外，还有一个原因是羧甲基的导入，破坏了壳聚糖分子的二次结构，使其结晶度大大降低，几乎成为无定形。

羧甲基甲壳素或壳聚糖的制备通常有两种方法。一种是碱化甲壳素或壳聚糖与 2-氯乙酸在异丙醇中反应，这种方法进行羧甲基化反应，温度对取代位置有较大影响。通常在 30℃ 左右主要得到 $O$-羧甲基化产品，而加热到 60℃，则可得到 $N,O$-羧甲基化产品。体系中的异丙醇既是溶剂，又是膨松剂，它能将碱液均匀地输送到壳聚糖分子内部，促进反应进行。

与 2-氯乙酸在异丙醇中反应制备羧甲基壳聚糖：取 15g 壳聚糖，在 50% NaOH 溶液中碱化后，加 150mL 异丙醇，转入三口烧瓶中，加入氯乙酸 18g 反应 2h，升温至 65℃ 再反应 2h，停止加热，调节 pH 至中性。用 70% 甲醇洗涤多次，再用无水甲醇反复洗涤，60℃ 烘干，得羧甲基壳聚糖。

羧甲基甲壳素或壳聚糖的另一种制备方法是甲壳素或壳聚糖与乙醛酸或丙酮酸反应。这种方法是由醛基或酮基与壳聚糖上的氨基形成 Schiff 碱，再通过还原亚胺形成 C—N—C 键，得到羧甲基壳聚糖等。由于该反应活性很高，室温下可以顺利进行，提高温度还可以得到 $N$-位双取代的产物。另外，$N$-羧丁基壳聚糖和 5-甲基吡咯啉二酮壳聚糖具有良好的水溶性和明显的生物活性，可用于伤口包扎和组织修复助长的新型生物医学材料。

与丙酮酸反应制备羧甲基壳聚糖：称取 18g 壳聚糖用蒸馏水溶胀后，加入一定量的丙酮酸，室温下搅拌 60min，得到透明的黏性溶液，玻璃纤维过滤。滤液用稀氢氧化钠溶液调 pH 4～5，搅拌反应一定时间后缓慢加入硼氢化钠溶液，用稀盐酸调节 pH 6～7，再反应 24h，将反应混合物缓慢倒入 95% 的乙醇中沉淀出产物。

(2) 季铵盐壳聚糖　利用醚化反应制备壳聚糖季铵盐通常采用带环氧基团的季铵盐和壳聚糖进行开环反应形成 C—O—C 键，化学反应方程式如图 2-13 所示。由于反应在水相体系中进行，在酸性环境下环氧基团会在质子的诱导下发生开环反应，因此体系的 pH 很重要，通常 pH 维持在 9～10 比较理想。

季铵盐壳聚糖的制备：取 2.0g 壳聚糖于三颈瓶中，加入 18mL 异丙醇，水浴加热搅拌下升温至 60℃，再加入 20mL 37% 缩水甘油三甲基氯化铵溶液，升温至 80℃，恒温搅拌反应一定时间后过滤，并经异丙醇洗涤和真空干燥后得产品。

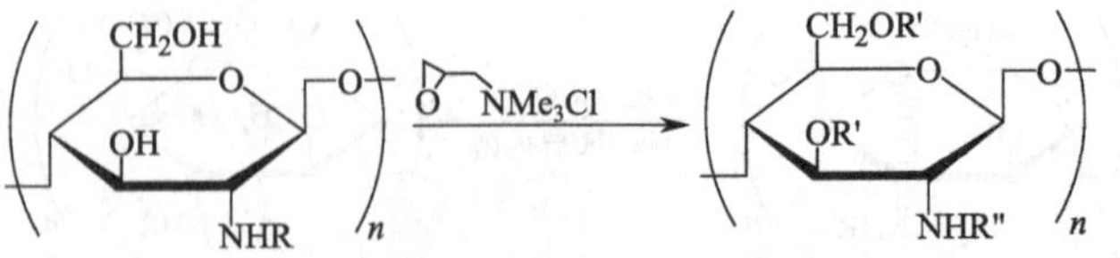

[R=H,COCH₃;R'=CH₂CH₂(OH)CH₂NMe₃Cl;R"=H,COCH₃,CH₂CH₂(OH)CH₂NMe₃Cl]

图 2-13 季铵盐壳聚糖的制备

(3) 羟乙基或羟丙基壳聚糖　利用醚化反应制备羟乙基或羟丙基壳聚糖，通常采用环氧乙烷或环氧丙烷与壳聚糖进行开环反应，将羟乙基、羟丙基等连接到壳聚糖上。由于这些基团能够打破分子链的紧密排列，改善其分子空间结构，削弱分子间作用力，从而使壳聚糖具有水溶性。化学反应方程式如图 2-14 所示。

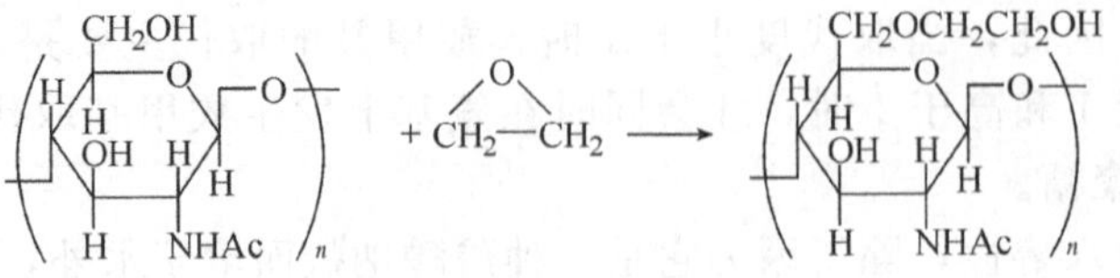

图 2-14 羟乙基壳聚糖的制备

羟丙基壳聚糖的制备：将高脱乙酰度壳聚糖 5g，加入 30g 50% NaOH 溶液，搅拌均匀，置冰箱冷冻，解冻后，挤压除去过剩碱液。置于三口烧瓶中，分别加入 50mL 异丙醇和 50mL 环氧丙烷，于 45℃下反应 4h，得到羟丙基壳聚糖。

### 2.2.12 甲壳素或壳聚糖的酯化改性

甲壳素或壳聚糖的羟基，尤其是 C6 位—OH，可与硫酸、硝酸、二硫化碳、五氧化二磷等发生酯化反应，分别生成硫酸酯、硝酸酯、黄原酸酯、磷酸酯等。其中壳聚糖硫酸酯是研究最多的壳聚糖衍生物之一，这是由于壳聚糖硫酸酯的结构与肝素相似，因此具有与肝素类似的抗凝血活性、抗免疫活性等，而且没有肝素的副作用，如肝素容易引起血浆脂肪酸浓度增高。而且肝素的提取、生产十分困难，售价很高，因此制备出特定结构和分子量的壳聚糖硫酸酯，尤其比肝素高的抗凝血活性，具有重要的意义和实际应用前景。

甲壳素或壳聚糖的硫酸酯化试剂主要有浓硫酸、二氧化硫-三氧化硫、氯磺酸等。反应一般在非均相中进行。由于浓硫酸用于酯化引起的降解很严重，目前很少采用。现在一般利用 $SO_3$ 与一些有机胺的配合物，如 $SO_3$-吡啶、$SO_3$-甲酰胺、$SO_3$-DMF 等，在有机溶剂如 DMF、甲酰胺、DMSO 中反应，相对而言降解程度低一些。由于 $SO_3$-有机胺的配合物价格昂贵，保存条件苛刻，因此多用氯磺酸制备。

利用酯化试剂制备甲壳素或壳聚糖的硫酸酯时，C3 位—OH、C6 位—OH、C2 位—$NH_2$ 都可发生酯化，如果要制得特殊位置的硫酸酯，则需要选择性酯化。

(1) 取代位置无选择性　以氯磺酸-甲酰胺磺化壳聚糖制备的硫酸酯，反应不存在取代位置选择性。这种方法虽然降解现象比直接利用 $SO_3$-有机胺的配合物反应更急剧，但适于大规模生产。

取代位置无选择性的磺化壳聚糖的制备：首先以甲酰胺为反应介质，制备氯磺酸-甲酰胺磺化试剂。将甲酰胺 20mL 加入三口烧瓶内，置于冰盐浴中。保持在 5℃以下搅拌，滴加一定量氯磺酸。滴完后，加入 2g 壳聚糖，搅拌升温到 68℃，反应一定时间。反应结束后，过滤除去未反应物质，然后经水透析，加入 NaOH 溶液调整 pH 12～14，再透析，并且浓缩，即可获得磺化壳聚糖。

(2) C6 位选择性酯化　壳聚糖的硫酸酯化反应可以实现定位酯化。C6 位的选择性酯化可以利用 $Cu^{2+}$ 的配合作用将氨基保护起来。$Cu^{2+}$ 不仅与氨基配合，还与 C3 位的羟基同样有配合作用，从而保护 C3 位不发生酯化反应，而只与 C6 位羟基发生酯化反应。$Cu^{2+}$ 对壳聚糖的配合作用如下所示。

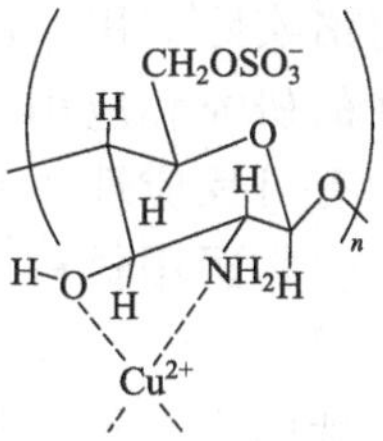

C6 位选择性酯化壳聚糖的制备：配制壳聚糖的甲酸溶液，溶液的 pH 范围为 2.0～7.0，向这个溶液中慢慢滴加 1mol/L $CuSO_4$ 溶液，直至形成壳聚糖的配合物沉淀，搅拌 16h。滤出 Cu(Ⅱ)-壳聚糖配合物，进行湿磨，并用干燥的 DMF 洗涤，然后转入 30mL 无水 DMF 中搅拌，冷却到 0～2℃，再滴加吡啶-$SO_3$ 的无水 DMF 溶液，滴加量大体与 Cu(Ⅱ)-壳聚糖的摩尔比为 6:1，滴加完后在 25℃ 搅拌 16h，加入饱和 $NaHCO_3$ 溶液终止反应，过滤，滤饼用水透析，冰冻干燥得产物。

(3) C3 位选择性酯化　相比较而言，C3 位羟基的选择性酯化则必须使用复杂的保护基团。可以通过两条路线实现 C3 位羟基的选择性酯化。

路线 1：首先利用邻苯二甲酸酐作为保护基团保护氨基，再利用 $SO_3$-有机胺的配合物进行酯化，得到的壳聚糖硫酸酯在肼/水混合溶剂中反应脱去保护基团后，再经过 C6 位脱硫酸基团，即可得到 C3 位酯化产物。最后的脱硫酸基团反应对壳聚糖的脱乙酰度没有影响。制备过程如图 2-15 所示。

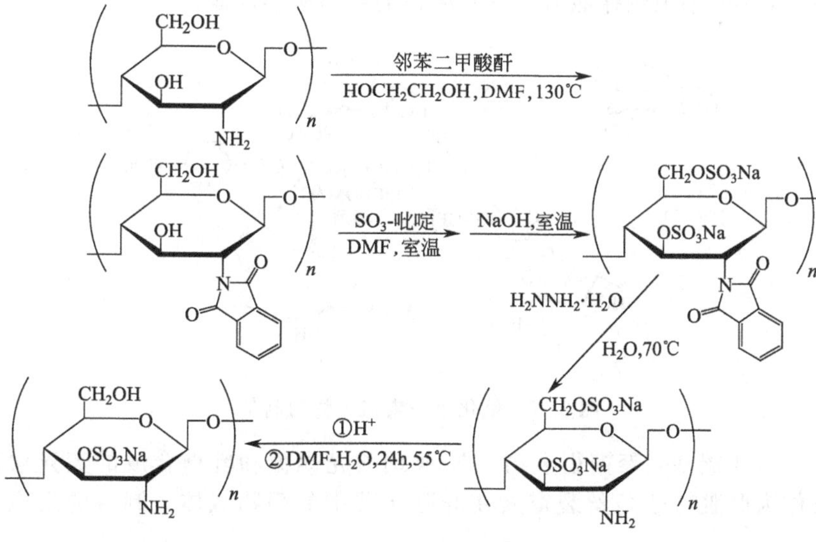

图 2-15　壳聚糖 C3 位硫酸酯化产物的制备

路线 2：首先保护 C6 位羟基，再保护 C2 位氨基，再进行硫酸酯化得到 C3 位酯化产物。

(4) C2 位选择性酯化　C2 位的选择性酯化反应主要利用氨基与羟基在弱碱性条件下反

应活性的差异使反应完全发生在氨基上。由于反应在弱碱性条件下进行，不会导致壳聚糖分子量的降解和脱乙酰度的下降，因此是一个有用的反应。酯化配合试剂可以采用 $SO_3$-吡啶体系。

### 2.2.13 几种医用壳聚糖衍生物的分子设计

甲壳素或壳聚糖无毒，可抗心律失常、降脂、降胆固醇、防治动脉粥样硬化、提高机体的免疫能力、与硫酸酯化后具有抗凝血作用、抗肿瘤作用等，因此在医药和卫生材料方面的应用研究由来已久，有些研究成果已付诸实际应用，甚至已经工业化生产，特别是在药物载体、人造皮肤、外科手术缝合线等方面的研究和应用展示了诱人的前景。

甲壳素或壳聚糖由于分子结构中含有可反应性的基团，可以通过化学反应对其进行改性得到一些甲壳素或壳聚糖的衍生物用于生物医用材料。下面介绍几种医用壳聚糖衍生物的制备路线。

(1) 巯基乙醇壳聚糖衍生物  已经证明带有巯醇基团的聚合物比普通聚合物具有更高的结肠黏附性。它与未改性的壳聚糖相比，其结肠黏附性提高了 10 倍。巯基乙醇壳聚糖可以通过甲基二酰亚胺与壳聚糖制备，其制备反应方程式如图 2-16 所示。

图 2-16 巯基乙醇壳聚糖衍生物的制备

(2) 氟化甲壳素衍生物  氟化甲壳素或壳聚糖具有独特的稳定性、低介电常数、低表面活性和低吸水性能。C—F 键在氢键形成中作为质子受体，在生物体系中能通过特殊反应产生各种性能。氟化壳聚糖衍生物可以分别通过与 $Et_2N-SF_3$、$(CF_3CF_2CO)_2O$、$CF_3C_6H_4COCl$ 反应制备，制备的反应方程式如图 2-17 所示。这种氟化甲壳素衍生物，它们的细胞毒性通过 4,5-二甲噻唑-2-(基)-2,5-二苯基-四唑溴（MTT）反应，用人体和老鼠的成纤维细胞 ATCC CCL-186 和 ACC CCL-1 作为模型测得，衍生物 1 的 C6 位—OH 基团上取代度达到了 80%～98%，衍生物 2 和 3 的取代度分别为 41% 和 5%。氟化甲壳素在人体成纤维细胞上显示了 80%～100% 的细胞生存能力，具有潜在的生物医学性能。

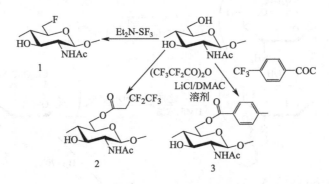

图 2-17 氟化甲壳素衍生物的制备

(3) 荧光素硫代羰基壳聚糖衍生物  N-琥珀酸壳聚糖和乳糖合成的荧光素硫代羰基壳聚糖衍生物可作为肝脏特效药丝裂霉素在肝脏转移中的药物载体。制备的反应方程式如图 2-18 所示。

(4) 半乳糖苷壳聚糖衍生物  半乳糖苷壳聚糖可作为肝脏附属物上很好的人工合成胞外母体。其制备的反应方程式如图 2-19 所示。

制备工艺：2.3g 乳酸溶解在 50mL pH 4.7 的四甲基乙二胺/盐酸缓冲溶液中，该缓冲

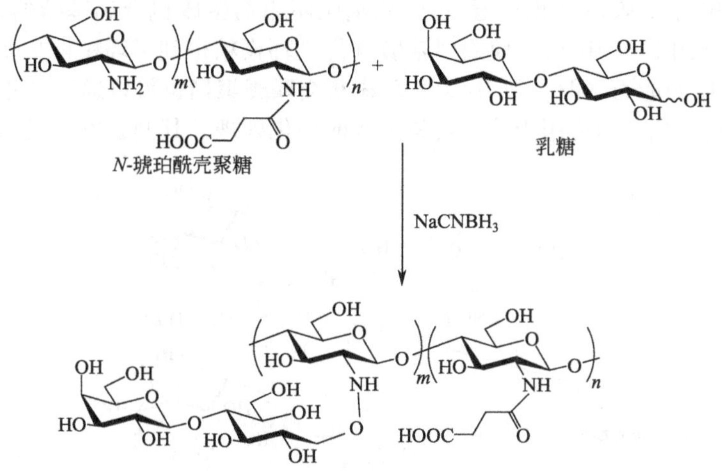

图 2-18 荧光素硫代羧基壳聚糖衍生物制备

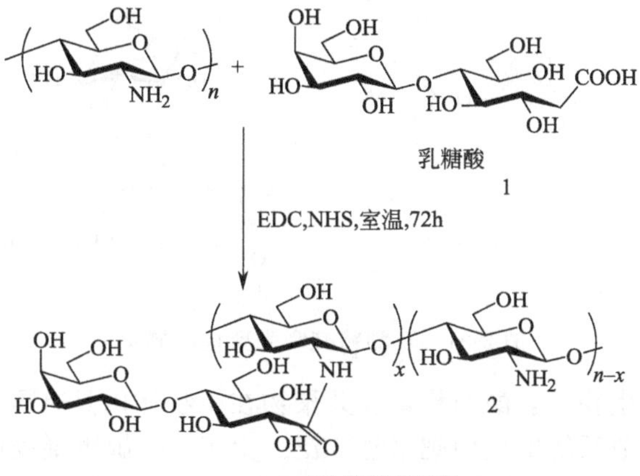

图 2-19 半乳糖苷壳聚糖的制备

溶液包含 N-羟基琥珀酰亚胺（NHS）0.14g 和 0.6g 1-(3-二甲氨基丙基)-3-乙基碳二亚胺（EDC），然后加入 2.2g 壳聚糖在上述溶液中，该混合物在室温条件下反应 72h 得到半乳糖苷壳聚糖。

（5）光致交联叠氮壳聚糖衍生物　光致交联的带对位叠氮安息香酸和乳二糖酸的壳聚糖衍生物经过紫外线照射交联形成橡胶状的柔软水凝胶，这种水凝胶在加速组织黏合、伤口收缩诱导和愈合等方面都具有优良的性能，可以用于外科手术方面的生物黏合剂。其制备的反应方程式如图 2-20 所示。

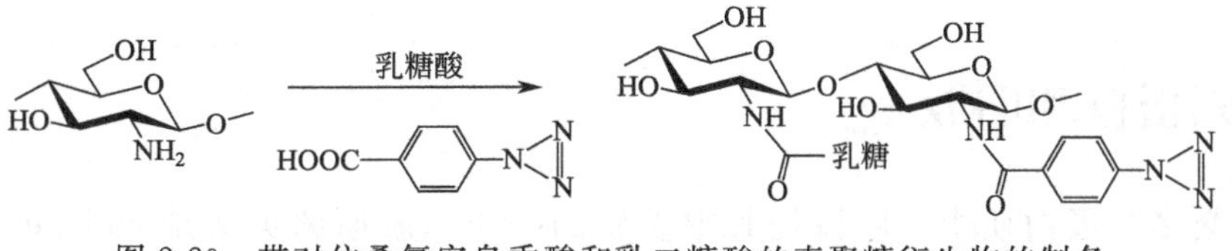

图 2-20 带对位叠氮安息香酸和乳二糖酸的壳聚糖衍生物的制备

（6）环糊精交联壳聚糖衍生物　环糊精（CD）的空腔具有防水特性，可以包合芳香族和其它小的有机分子，具有理想的包合性能。环糊精交联的壳聚糖可作药物和化妆品载体。CD 的 6 位上的羟基很容易起交联反应，次级醇（2 位和 3 位）的羟基在交联反应的研究中也很重要。2-O-甲酰甲基-α-环糊精通过N-烷基化还原剂生成包合硝基酚的主-客复合物α-环糊精交联壳聚糖（图2-21中1）；使用甲基磺酰化-β环糊精得到了环糊精交联壳聚糖，并测试了β-环糊精释放$I_2$的能力（图2-21中2）；环糊精交联壳聚糖也可以通过三乙基氯衍生物得到（图2-21中3），这些化合物可用于纺织染料废水的净化处理。其制备方程式如图2-21所示。

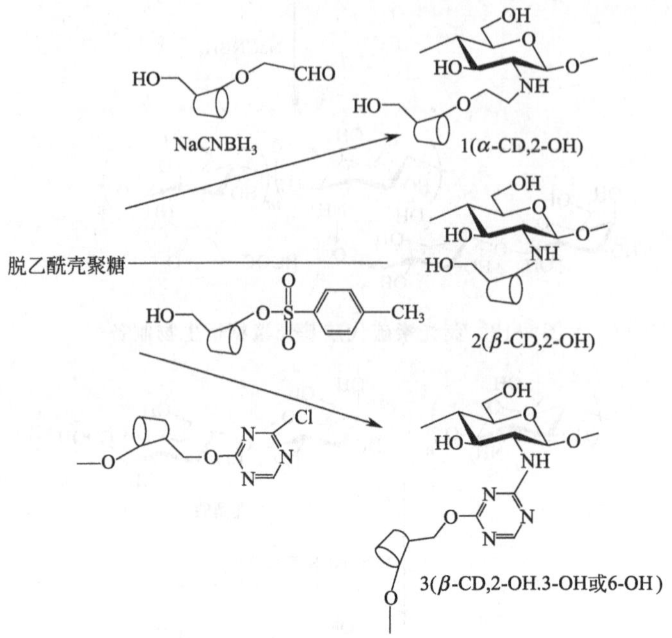

图2-21 环糊精交联壳聚糖的制备

（7）接枝壳聚糖衍生物　乳酸的均聚和共聚物在生物体内具有可生物降解性，这使它们在医用缝合线和药物释放系统的应用越来越广泛。由于pH敏感凝胶可将药物传送到胃肠通道上的特殊位置，通过D,L-乳酸接枝到壳聚糖的氨基基团上得到了对pH敏感的物理交联的水凝胶。该交联反应不需要催化剂，当pH和离子强度增强时，水凝胶内的溶液比例下降。乳酸接枝壳聚糖的制备反应方程式如图2-22所示。

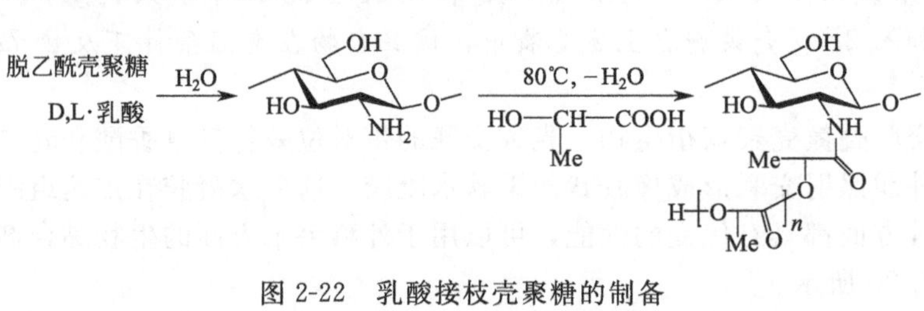

图2-22 乳酸接枝壳聚糖的制备

## 2.3　胶原蛋白和明胶

在种类繁多的蛋白质中，胶原是其中重要的一类。胶原的英文是collagen，源自希腊文，意思是"生成胶的产物"。

1940年，Orekhovich等用柠檬酸缓冲液（pH3.0～4.5）从大鼠皮中溶解出不溶于水的蛋白质，其中含有角蛋白及弹性蛋白，此外还有一种是胶原的前驱体，这种从酸性盐溶液中提取的胶原被命名为"前胶原"。后来经过许多研究者的努力，发现从中性盐和碱性盐溶液中也能提取出胶原。1953 年，Gross 把这种构建胶原的蛋白质单体命名为"原胶原"（tropocollagen），它是胶原的基本结构单位，原胶原分子经过多级聚集，形成了胶原。

早期人们认为胶原只不过是一个结构单一的，既缺少免疫原性又缺乏生物活性的普通结构蛋白。近 30 年来，由于生物化学、分子生物学和细胞生物学技术的发展，人们对细胞外基质，特别是对其主要成分胶原的兴趣日益浓厚，对其研究方法和结构的认识逐渐提高，现已证明胶原并不是某一个蛋白质的名称，而是在结构上既有共同特点又有差异的一组蛋白质。在这组蛋白质中，目前已发现有 27 种不同类型的胶原，按照被发现的先后顺序分别称为 Ⅰ 型胶原、Ⅱ 型胶原、Ⅲ 型胶原等，用大写罗马数字来进行命名。

胶原通常由 3 条肽链组成，这些肽链被称为 α-链。有的胶原分子中的 α-肽链都相同；有的有 2 条相同，1 条不同；有的 3 条 α-肽链都不同。按照惯例，分子的不同肽链被称为 $\alpha_1$-链、$\alpha_2$-链、$\alpha_3$-链。如果附属于不同的胶原，则在其后附带大写罗马数字，并用括号括起来，如 Ⅰ 型胶原的 $\alpha_1$-链，称为 $\alpha_1$（Ⅰ），$\alpha_2$-链称为 $\alpha_2$（Ⅰ）等。单一链的 Ⅱ 型胶原被称为 $[\alpha_1(Ⅱ)]_3$，具有 3 条不同肽链的 Ⅵ 型胶原被称为 $\alpha_1(Ⅵ)\alpha_2(Ⅵ)\alpha_3(Ⅵ)$，Ⅰ 型胶原的 2 条不同的肽链被称为 $[\alpha_1(Ⅰ)]_2\alpha_2(Ⅰ)$。因此，人们通常定义胶原为：它是细胞外基质（ECM）的一种结构蛋白，由一个或几个 α 链组成的三螺旋结构的区域，即胶原域。

当含有胶原的组织温和地经受降解作用，通常是用碱或酸处理后再在水存在下加热，胶原纤维的结构便不可逆地断裂。通过这个变化所取得的主要产物的特性，是能形成一种在水中的高黏度溶液，冷却后凝成胶冻，其化学成分在许多方面与它的母胶原很相似。根据 A.G.Ward 1950 年所提出来的规定，把胶原经温和而不可逆的断裂后的主要产物称作明胶（gelatine）。在工业中，明胶这个术语是指制造过程中的总产物，其所含的成分主要是明胶蛋白以及少量的各种无机和有机杂质，所以明胶的质量主要视明胶蛋白含量的高低而定。

### 2.3.1 胶原蛋白和明胶的结构与性质

#### 2.3.1.1 胶原蛋白的来源

胶原是动物体内含量最多、分布最广的蛋白质。胶原广泛存在于低等脊椎动物线虫、蚯蚓等体表的角质层到哺乳动物机体的一切组织中，即使一些简单的多细胞机体（如水母和海绵）也有胶原存在，是哺乳动物体内含量最多的一类蛋白质，占体内蛋白质总量的 25%～30%，相当于体重的 6%。它是细胞外基质四大组分之一，因此胶原是细胞外蛋白质。

胶原具有独特的组织分布和功能。胶原广泛分布于结缔组织、皮肤骨骼、内脏细胞间质及肌腔、韧带、巩膜等部位，角膜几乎完全是由胶原组成的。胶原是结缔组织极其重要的结构蛋白，起着支撑器官、保护机体的功能，是决定结缔组织韧性的主要因素。结缔组织将全身细胞黏合，连接成器官与组织，具有防御、支持、保护、营养等功能。

胶原与组织的形成、成熟、细胞间信息的传递、细胞增生、分化、运动、细胞免疫、肿瘤转移以及关节润滑、伤口愈合、钙化作用和血液凝固等密切相关，也与一些结缔组织胶原病的发生有关。因此，对胶原及其基因的研究越来越引起人们的重视。

胶原是由从遗传学到分子结构都不同的一组蛋白质组成的家族，不同种族、不同组织中的胶原有着不同的化学组成或不同的构型。按构成组织来分，有纤维状胶原（在生皮及肌腱中）、玻璃状胶原（骨组织中的骨素）、软骨质胶原（在软骨中）、弹性胶原（如鲨鱼鳍）和鱼卵磷胶原（如鱼鳞及鱼鳔）等几种。根据功能特点，胶原可分为成纤维胶原、成网状结构胶原、位于纤维表面的纤维相关胶原、成串珠丝胶原、成基底膜固定纤维胶原、具有跨膜结构胶原、新发现的胶原以及具有三螺旋结构域而未被定义为胶原的相关蛋白。按哺乳动物体内胶原所在的组织不同有皮胶原、骨胶原、齿胶原等。

#### 2.3.1.2 胶原蛋白的氨基酸组成

一般蛋白质含有 20 种氨基酸，胶原富有 18 种氨基酸，有其特别的组成。胶原的氨基酸组成的特点为：

① 胶原中缺少胱氨酸和色氨酸，但另有一些文献列出的胶原氨基酸组成并不缺少这两种氨基酸，只是量少而已；

② 甘氨酸含量几乎占 1/3；

③ 胶原中存在羟赖氨酸和羟脯氨酸，其它蛋白质中不存在羟赖氨酸，也很少有羟脯氨酸。羟脯氨酸不是以现成的形式参与胶原的生物合成的，而是从已经合成的胶原的肽链中的脯氨酸经羟化酶作用转化而来的；

④ 绝大多数蛋白质中脯氨酸含量很少，而胶原中脯氨酸和羟脯氨酸的含量是各种蛋白质中最高的，这两种氨基酸都是环状氨基酸，锁住了整个胶原分子，使之很难拉开，故胶原具有微弹性和很强的拉伸强度；

⑤ 胶原 α-链 N 端氨基酸是焦谷氨酸，它是谷氨酰胺脱去一分子氨而闭环产生的吡咯烷酮羧酸，它在一般蛋白质中是少见的。

大多数蛋白质中同一条多肽链，其氨基酸一般不会有周期性的重复顺序，但胶原蛋白却有"甘氨酰-脯氨酰-羟脯氨酸"、"甘氨酰-脯氨酰-X"和"甘氨酰-X-Y"（X、Y 代表除甘氨酰和脯氨酰以外的其它任何氨基酸残基）这样一个三肽的重复顺序存在，"甘氨酰-脯氨酰-X"三肽的数量大约占全部三肽总和的 1/3。

#### 2.3.1.3 胶原蛋白的结构

胶原大分子为细棒状，长 280nm，直径 1.5nm，相对分子质量将近 30 万。在透射电子显微镜下观察，可见纤维状胶原具有特殊的周期性的横纹带区，每个横纹周期为 67nm。

每个胶原分子由三条 α-肽链组成，每条肽链有 1000 个左右氨基酸残基，相对分子质量介于 95000～100000，所以一个胶原分子的相对分子质量大约为 30 万。尽管三条肽链的氨基酸组成不同，但结构上仍有不少共同点，肽链呈现一种特殊的右手螺旋结构，螺距为 0.95nm，每一螺圈含 3.3 个氨基酸残基，第一残基沿轴向距离为 0.29nm。三条 α-肽链则以平行、右手螺旋形式缠绕成草绳状三螺旋结构（图 2-23）。

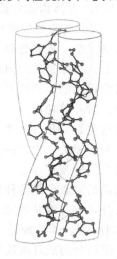
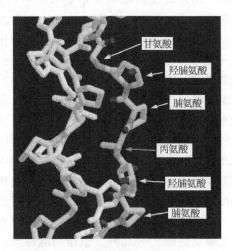

图 2-23 胶原的右手超螺旋结构

肽链中每三个氨基酸残基中就有一个要经过此三螺旋中央区，而此空间十分狭窄，只有甘氨酸适合于此位置，由此可解释其氨基酸组成中每两个氨基酸残基就出现一个甘氨酸的特点。三条 α-肽链是交错排列的，因而使三条 α-肽链中的 Gly（甘氨酸）、X 残基、Y 残基位于同一个水平上，借 Gly 中的 N—H 基与相邻的 X 残基上的 O—H 基形成牢固的氢键（图 2-24），形成稳定的三螺旋结构。

胶原分子单位称为原胶原。胶原是由原胶原按规则顺序排列的，原胶原的排列规则是首尾相接。原胶原按规则平行排列成束，首尾错位 1/4，通过共价键搭接交联，形成稳定的胶原微纤维，并进一步聚集成束，形成胶原纤维（图 2-25）。胶原分子通过分子内或分子间的作用力成为不溶性的纤维，故胶原属于不溶性硬蛋白。因胶原分子氨基酸组成中缺乏半胱氨酸，不可能像角蛋白那样以二硫键相连，而是通过组氨酸与赖氨酸间的共价交联，一般发生在胶原分子的 C（羧基）末端或 N（氨基）末端之间。

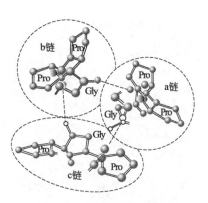

图 2-24 原胶原三螺旋轴 C 末端投影的氢键

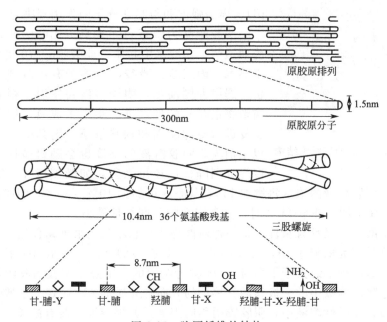

图 2-25 胶原纤维的结构

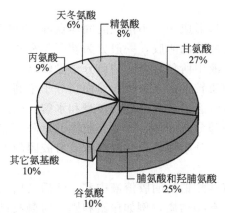

图 2-26 明胶中氨基酸组成

### 2.3.1.4 明胶的组成与结构

明胶是胶原经温和而不可逆的断裂后的主要产物。因此明胶也是一种蛋白质，由 18 种氨基酸组成，但是它不含色氨酸和胱氨酸，且蛋氨酸的含量也很低。图 2-26 表示了明胶的氨基酸组成。

明胶一般是由约含 1050 个氨基酸单元的多肽构成，图 2-27 为其分子结构。明胶的分子其实既没有固定的结构，也没有固定的分子量。但它们的分子量都是简单的蛋白质分子量的整数倍，并且往往是成几何级数系中的倍数。其分子量的大小与降解程度有关，降解程度较低，则分子量较大；反之亦然。

#### 2.3.1.5 明胶的种类和性质

明胶按照处理方法不同可以分为酸法胶、碱法胶、酶法胶。酸法胶就是指原料在酸性介质中预处理后在酸性介质中提取的明胶，亦称 A 型胶。碱法胶就是原料在碱性介质中预处理在近中性介质中提取的明胶，亦称 B 型胶。酶法胶就是原料经酶预处理，在适当 pH 的介质中提取的明胶。明胶按来源不同可分为皮胶、骨胶等。按用途可分为食用明胶、照相明胶、药用明胶和工业胶等。我国流行的"三胶"，其实是一种混合分类的结果。"三胶"有两种说法：一曰"三胶"为明胶、皮胶、骨胶；一曰"三胶"为明胶、工业胶、骨胶。

明胶的物理和化学性质一方面是由分子的氨基酸序列和相应的空间结构决定，另一方面也由环境条件如 pH、离子强度和与其它分子的作用等决定。

明胶产品为微黄色、无臭、无味的薄片或粗粉，质脆而透明。在冷水中膨胀，能吸收 5～10 倍量的水，能溶于热水、丙三醇、醋酸，不溶于有机溶剂，遇鞣酸则凝析，遇甲醛则硬化。明胶溶液在室温下很容易腐败，其腐败物最初呈酸性，进一步则生成氨。如果将明胶溶液反复进行冷却凝固和加热溶解，则其凝固力会逐渐减弱以至消失。明胶溶液的黏度也会随机械搅拌而降低，轻度搅拌则降低后还可恢复，如激烈搅拌，则往往会产生

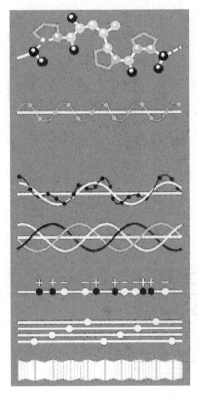

图 2-27 明胶分子组成的三螺旋结构

不可逆的结果。明胶溶液的浓度每增加 1%，其黏度可加大 10%～30%。明胶的黏度和膨胀度随 pH 的变化而不同，在 pH4.7 时，其黏度和膨胀度都是最小。

明胶既具有酸性，又具有碱性，是一种两性物质。它不论与酸或碱作用，都能形成蛋白质盐。明胶的这种行为依赖于 pH。在高 pH 下，具有酸的性质；在低 pH 下，却又显示出碱的性质。它的这两种形态处于平衡时，pH 称为明胶的等电点。明胶的胶团是带电的，受电场的作用，它将向两极中的一极移动。移动的方向随介质的 pH 而定。在酸性溶液中，明胶胶团移向阴极；在碱性溶液中，明胶胶团移向阳极。如果溶液中没有游离电荷，即电场对于胶团没有任何影响，则这时溶液的 pH 就是该胶体的等电点。用碱法制得的明胶，其等电点在4.7～5.0，而用酸法制得的明胶则等电点在 7.0～9.0。

当组成胶团的各种蛋白链借助于侧链互相缔合时，将形成一个不溶性的固体点阵，这就是凝胶。熔点和硬度是明胶凝胶的性能指标。用于制备凝胶的明胶，一般分为硬明胶和软明胶两种。硬明胶的原料，没有经过多少化学变化，其溶液中所包含着的物质分子量较高。因此，所得凝胶就具备了它们原有的机械强度和对外界物质较强的亲和性。然而当分子量到达某极限值时，凝胶的刚性便不再增长。软明胶的原料都曾经受过较强烈的侵袭和水解，因此其中包含着一些降解产物。明胶凝胶由两部分组成：一部分是固体，即复合胶团的点阵，点阵具有定向的结构，它是由简单的链堆砌而成的；另一部分是液体，它浸渍着复合胶团的点阵，并借渗透压使之处于紧张状态。

有些物理化学作用能够破坏明胶变为凝胶。将含有碳酸钠的明胶溶液中和，然后又用硫酸铵使明胶沉淀出来，则所得的明胶将不再能够胶凝。有些物质，例如尿素和胍，对凝胶过程有阻碍作用。经过超声波辐射的明胶也不能再变为凝胶。

将明胶溶液放在试管内按一定的幅度上下摇动，试管里将有一部分的胶形成泡沫。这就是明胶的起泡能力。经过过度水解的明胶的起泡能力较大。因此，低级胶的泡沫比高级胶多。加入不溶性的物质（如松香、炭黑、氧化锌、玻璃粉、硫黄等）能增加泡沫，细度越高，作用越大；加入亚麻仁油、油酸、鱼油和润滑油，能降低起泡性能。

综上所述，明胶主要性能有水结合性、凝胶性、乳化性等。因此明胶的典型功能有：凝胶形成、水结合、增稠、乳液形成及其稳定、泡沫形成及其稳定、成膜、黏附、胶体保护等。需要注意的是，这些性能的工业应用需要考虑到特定的条件，如温度、含盐量和pH。

**2.3.2 胶原蛋白的制备**

胶原蛋白的制备方法分两类：合成和提取。前一类少见报道，主要是转基因生物反应方法，目前只限于实验室阶段；而后一类则比较成熟。

由于胶原蛋白的天然存在，故可以从其存在的自然来源中提取得到。胶原蛋白的来源广泛，各种哺乳动物如猪、牛、鸡等的皮、骨、腱、软骨和水产动物如鱼的皮、鳞、肉、骨和乌龟的甲等中均可提取到。各种不同来源的胶原蛋白的性能略有差异，但其提取方法、原理却大致相同，只是在具体操作条件上有所差异。

胶原制备技术复杂，步骤繁多，经过近半个世纪的研究，已日趋成熟，特别是原料来源的选择，范围已扩大许多，既具多样性，有利于降低成本，也利于向一定规模的工业化生产发展。

由于胶原是细胞外间质成分，在体内以不溶性大分子结构存在，并与蛋白多糖、糖蛋白等结合在一起，因此胶原的制备包括组织材料的选择、预处理、胶原的提取、不同类型胶原的分离和纯化。

**2.3.2.1 方法**

蛋白质的一般提取、分离、纯化过程如下：①破碎生物组织，用适当的缓冲液将蛋白质抽提出来；②用离心法将细胞的亚细胞颗粒及细胞碎片与溶液分开；③用盐析法或有机溶剂法将有关蛋白质组分沉淀出来；④进一步用色谱法或电泳法使各种蛋白质分开；⑤在适当条件下使蛋白质结晶或冻干。

胶原可从相关组织中提取，不同的组织所用的提取方法不同。即使相同的组织，有时也需用不同的方法，比如同样从牛皮中提取皮胶原，小牛皮容易提取，老牛皮就不易提取。

在提取胶原的时候，会发现胶原的提取率有一定的限度，这时便可认为有可溶性胶原与不溶性胶原之分。其实，可溶与不可溶只是相对而言，与提取的条件如溶剂、温度、时间、组织捣碎的程度等都有关系。部分胶原不易溶解，是与其细胞间质成分的相互作用密切相关。在机体的组织生长时，由于胶原与蛋白多糖及糖蛋白具有特异亲和性，因而使其呈不溶性；其次，随着生长的过程，胶原分子间及与其它成分之间形成了架桥，溶解难度增加。

胶原的提取一般有两种手段：一是用溶剂的化学法；二是用酶的生物化学法。化学法中，根据所用溶剂的不同，可分为中性盐法和酸性法。对于所谓的不溶性胶原，可采用交互提取法，即中性和酸性条件下交互处理，从而使更多的胶原变为可溶。在中性盐条件下添加葡萄糖或蔗糖（0.25～0.5mol/L）可抑制胶原的纤维化，从而提高其可溶性。

除了非胶原成分和胶原的纤维化两个因素影响胶原的可溶性外，胶原分子间的共价键交联是另一个特别重要的因素。胶原只能被胶原酶降解，其它的蛋白酶是不能切断胶原肽链的，因此在中性条件下可以用木瓜蛋白酶或在酸性条件下用胃蛋白酶［底物：酶＝(20～100):1］处理，可切除部分尾肽的胶原分子（无尾肽胶原），使其具有可溶性。

**2.3.2.2 原材料的选择和预处理**

不同类型的胶原在体内的分布是不同的，选择适当的组织材料是有效提取各型胶原的首要条件。通常可从动物皮、肌腱和骨中提取Ⅰ型胶原,从透明软骨提取Ⅱ型胶原,从胎儿皮中提取Ⅲ型胶原,从富有基膜的脏器组织(如肾小球、眼球水晶体及角膜等)中提取Ⅳ型胶原。

用于提取胶原的组织材料,必须进行认真的预处理。最为重要的是要刮掉非胶原性附属物,如碎肉、脂肪等,特别是要用有机溶剂(如丙酮等)抽提脂肪组织。胶原中一旦有脂肪混入,将很难除去,最后只能得到乳浊状的胶原溶液。一旦出现这种情况(事实上是经常出现),可向胶原溶液中加入1%正丁醇,充分搅拌后离心,再用吸管吸取上清液,重复操作几次,即可消除胶原溶液中的脂质。

从基膜中提取Ⅳ型胶原时,需先将冰冻的组织小心地切成薄片,融化,用80目的筛过滤,再用150目的筛过滤,反复用0.15mol/L氯化钠溶液清洗,再用超声器和匀浆机进一步粉碎细胞,离心收集基膜,然后才能进行胶原提取。

#### 2.3.2.3 胶原的提取

经过预处理的组织材料,在某些情况下还需进一步处理,如要将骨组织中的钙和软骨组织中的蛋白多糖除去,一般是先用0.5mol/L EDTA、pH 7.4的缓冲液脱钙,再用1mol/L盐酸胍-0.05mol/L Tris(三羟甲基氨甲烷)-HCl(pH7.5)的缓冲液在室温下提取蛋白多糖,接着用大量蒸馏水洗涤。

对其它软组织,先用水和中性盐溶液(0.15~1.0mol/L NaCl)提取可溶性的非胶原物质。此时可能会损失一部分胶原,为此,可用含4.5mol/L NaCl的0.05mol/L Tris-HCl(pH 7.5)的缓冲液在含有蛋白酶抑制剂的情况下进行前提取。在此条件下各型胶原均不溶解,而大量的可溶性杂蛋白可被去除。尤其是血管丰富的组织材料一定要如此处理。

经过认真处理过的组织材料被切片、粉碎或匀浆后,即可提取胶原。

(1)中性盐溶液提取 一般先用中性盐溶液提取组织材料中的可溶性胶原。成年动物组织中的胶原交联较多,可溶性胶原较少,用中性盐溶液提取的胶原量较少;组织中新合成的胶原交联程度低,可溶性高,可用中性盐溶液如0.15~1.0mol/L NaCl-Tris-HCl缓冲液提取。在中性条件下胶原的变性温度为40~41℃,为了避免胶原变性,一般需要在4℃下提取。为了减少组织中各种蛋白酶的降解作用,在此缓冲液中可同时加各种蛋白酶抑制剂。

(2)有机溶剂溶液提取 经中性盐溶液提取可溶性胶原后,即可用稀有机酸提取酸溶性胶原。稀有机酸溶液除了可以提取可溶性胶原外,还可使多数组织溶胀,打开其中含有醛胺类的交联键,使这部分胶原即所谓酸溶胶原溶解出来。胶原在酸性条件下的变性温度为38~39℃,因此,为了避免胶原变性,需在低于变性温度下提取胶原,一般控制在10℃以下进行。酸性溶剂用pH 2.5~3.5的0.05~0.5mol/L乙酸或0.15mol/L的柠檬酸缓冲溶液(含蛋白酶抑制剂)。

(3)酶解 可溶性胶原和酸溶性胶原被提取后,需用一些蛋白酶将胶原进行限制性降解,即将末端肽切割下来。由于胶原肽链间的共价交联键都是通过分子末端肽里的赖氨酸或羟赖氨酸的相互作用形成的,末端肽被切下后,含三螺旋结构的主体部分可溶于稀有机酸中而被提取出来。可用的蛋白酶有胃蛋白酶、胰酶、胰蛋白酶、木瓜蛋白酶等。常用的是胃蛋白酶,在0.5mol/L乙酸中加入一定量的胃蛋白酶,于4℃下保温一段时间(24~48h),并施以缓慢或间断搅拌,胶原被切去末端肽后,以近似完整分子的形式被释放出来,并溶解于稀乙酸中。胃蛋白酶的用量随不同组织而异,通常是每10~25g组织需1g胃蛋白酶。胃蛋白酶使用前最好经过两次重结晶,其酶解提取的胶原量最多。

#### 2.3.2.4 盐析

为了分离非胶原物质,在胶原粗提液中加入较多的粉状盐(一般是氯化钠)或浓氯化钠溶液将全部胶原沉析出来，称为盐析。通过分步盐析，还可初步分离不同类型的胶原。

在中性或酸性条件下盐析全部胶原，所需盐的浓度不同。在中性时，氯化钠的浓度需要达到 4.0mol/L 或 20%，在酸性条件下仅需 2.0mol/L 或 10%。

具体做法是直接加入磨细的粉状 NaCl，同时要保持边加入边搅拌，以防止局部盐浓度过高。这种方法操作方便，比较常用，但是由于急速改变了 NaCl 的浓度，有可能造成其它型胶原以及非胶原成分一同被沉淀下来，纯度不同，因此最好在反复沉淀、溶解之后用浓 NaCl 溶液作为透析外液进一步透析。

需要注意的是：①加入高浓度 NaCl 溶液会导致提取液体总量增加，胶原浓度降低，只适用于提取的胶原浓度过高、过于黏稠而难以处置的情况；②当胶原浓度低时，盐析后要静置一段时间才能得到沉淀，一般在加完盐后充分搅拌，再静置 12~24h，以便胶原充分析出，再以 35000r/min 的速率离心 1h，收集的沉淀物再用 0.5mol/L 乙酸溶解，并用 0.5mol/L 乙酸透析，以便除去沉淀中的盐，这样的操作需重复 2~3 次，可使样品中的非胶原物质含量降至 5% 以下；③判断胶原是否沉淀完全，可以取少量离心后的上清液于试管中，慢慢加入粉状 NaCl，如不出现浑浊，则可认为已沉淀完全；④对组织粗提液进行胶原沉淀及纯化过程中，若发现沉出的胶原且溶解时有困难，说明其中含有较多的非胶原成分，需另外采取措施；⑤胶原一旦变性，无论是在酸性还是中性 pH 条件下，再用 NaCl 沉淀也无法挽回，因此需特别注意不要造成胶原的变性。

一般不可能通过一次分离得到纯的某一类型胶原，例如在中性条件下用 1.7mol/L NaCl 溶液沉淀分离Ⅲ型胶原时，就有 10% 的Ⅰ型胶原同时沉淀出来。在酸性条件下，没有盐存在时，胶原都能溶解，当加入盐，就会以沉淀形式析出。在中性条件下，需要有足够浓度的盐（亦即有足够的离子强度），胶原才能溶解。中性胶原溶液在 37℃ 下加热 4~16h，Ⅰ型、Ⅱ型及Ⅲ型胶原因发生纤维化而沉淀析出，Ⅳ型和Ⅴ型胶原仍留在溶液中。

#### 2.3.2.5 胶原的分离纯化

胶原类型不同，其氨基酸组成存在差异，相对分子质量也不同，运用不同的色谱和电泳技术，可有效地进行胶原的分离、纯化。

(1) 离子交换色谱　离子交换色谱是在常压到中压条件下，分离、纯化单一类型胶原及其水解多肽的较好方法。离子交换色谱法是利用蛋白质或多肽分子与离子交换剂的静电作用，以适当的溶剂作为洗脱液，使离子交换剂表面可交换离子与带相同电荷的蛋白质或多肽分子交换，实施分离。离子交换剂通常是带有解离基团的惰性填料，当解离基团带负电荷，则能结合阳离子，称为阳离子交换剂；当解离基团带正电荷，则能结合阴离子，称为阴离子交换剂。蛋白质分子是两性聚电解质，在等电点处，分子的净电荷为零，与交换剂间没有电荷相互作用；当体系的 pH 在其等电点以上，分子带负电荷，可结合在阴离子交换剂上；当体系的 pH 低于其等电点，分子带正电荷，可结合在阳离子交换剂上。因为 pH 可改变蛋白质的带电量，盐浓度可对交换剂的吸附力产生影响以及离子强度对交换剂有较高的选择性，所以用 pH 梯度和盐梯度可把结合在交换剂上的蛋白质按它们各自不同的净电荷洗脱下来。

目前用于胶原分离的离子交换剂主要有 DEAE（二乙氨乙基）-纤维素（交换容量 0.8mol/g）和 CM（羧甲基）-纤维素两种（交换容量 0.7mol/g）。离子交换纤维素常含有细颗粒，会堵塞色谱柱的滤板，需经浮选除去。浮选方法是：先经充分溶胀后，在大烧杯中用蒸馏水调成稀薄的悬浮液，静置 1~2h，倾去上层浑浊液，如此反复数次，直至上层液澄清为止。离子交换纤维素价格较高，每次用后须再生处理，这样可多次反复使用。处理方法是交替使用 0.5mol/L 盐酸、0.5mol/L 氢氧化钠溶液加 1mol/L 氯化钠溶液浸泡 3~4h，最后用水洗至接近中性即可，处理顺序是：碱→水→酸→水。

离子交换色谱柱一般其直径与柱长之比约在（1∶10）～（1∶20），用前要彻底洗涤干净。

将离子交换剂悬浮于平衡缓冲液中，配成较为稀薄的悬混液，沉淀后上层液的体积不得少于1/4。夹住色谱柱的出口，摇匀悬混液，倒入柱内，待色谱柱滤板上有几厘米沉积后，开启出口，让液体流出，不断添加悬混液，使色谱柱装填平整均匀。如装柱后发现柱内有气泡或断层，需倾出重装。装柱看似简单，其实不易，离子交换剂装得均匀与否，直接关系到分离的效果。

应严格控制离子交换色谱分离样品液的离子强度和体系pH，否则影响分离效果；其体积稍大一些不要紧，一般限制在柱床体积的1%～5%为宜；为保证全部样品都吸附在柱的上层，上样时要保证离子交换剂上层表面的平整，防止气泡进入表层。

(2) 凝胶过滤色谱　凝胶过滤法是体积排阻色谱法中的一种。它的基本原理是根据多孔凝胶固定相对不同体积和不同形状的分子有不同的排阻能力，从而对混合物进行分离。凝胶过滤法是对胶原进行分级和测定胶原蛋白分子量及其分布的好方法。

凝胶过滤中同样包含一个固定相（凝胶形成物质）和一个移动相（溶剂）。分离胶原使用最多的固定相是琼脂糖凝胶和葡聚糖凝胶。

(3) 亲和色谱　亲和色谱与其它分离、纯化方法不同，它不是利用待分离化合物之间在物理化学性质方面的差异来实现分离，而是利用高分子化合物可以与它们相对应的配基，进行特异性的、并且是可逆结合的特点来进行分离的，把相应的一对配基中的一个通过物理吸附或化学共价键作用，固定在载体上使它变成固相，装在色谱柱中来提纯其相对应的配基。由于亲和色谱法是依据生物高分子化合物特异的生物学活性来进行分离的，而这种生物学活性是由生物高分子化合物特定的一级结构，特别是其空间结构所决定的，故特异性很高。在此基础上建立的分离方法选择性很强，提纯效率大大超过一般根据物理化学性质上的差别来分离提纯的方法。但亲和色谱法对色谱柱的条件要求苛刻，一般实验室难以达到。现在用亲和色谱法分离胶原所使用的载体（配基）主要有伴刀豆球蛋白A-琼脂糖、硫醇活化的琼脂糖、肝素琼脂糖三种，分别适用于分离不同类型的胶原。

(4) 高效液相色谱　高效液相色谱法分离测定胶原的分子量，也还是一种体积排阻色谱法，与上述凝胶色谱法的不同之处在于：凝胶色谱法所用的载体是软性的亲水凝胶，而高效液相色谱法用的是刚性的涂覆或化学键合上一层亲水相的多孔硅胶；软性凝胶不耐压，只能在常压下进行色谱分离，因此平衡和分离时间长达数小时甚至数天，而刚性硅胶可耐高压，可在压力下进行色谱分离，可大大缩短分离时间，且有更好的分离效果。

高效液相色谱虽然被普遍使用，但在胶原的分离、纯化方面使用并不多，目前主要用其对胶原分级或测定分子量及其分布。

### 2.3.3　明胶的制备

从动物的皮或骨中提取明胶，一般经过原料预处理（如脱脂、脱钙等）、明胶的抽提、浓缩、干燥、灭菌等工序。

#### 2.3.3.1　原料及其预处理

明胶原料来自胶原，一般是来源于动物的皮和骨。生产优质食用和药用明胶的原料主要是肉类加工厂和罐头生产厂的新鲜皮骨。另外，筋也可作为制胶原料，但数量有限，不能满足要求。其处理方法和皮明胶工艺相似。

(1) 骨料　骨头的主要成分是骨蛋白（包括胶原和其它非胶原蛋白）和磷酸钙。其中骨蛋白占18%，无机物占71%，水占8%。

按牲畜的种类分，骨头包括牛骨、马骨、羊骨等；按本身的形状分，其包括管状骨、扁形骨和短骨三类。生产明胶多采用大牲畜的腿骨、肩胛骨、额骨、肋骨、坐骨等数种和下颌骨等，以牛骨为主。制备前必须对骨进行前处理。

① 粉碎筛分　为了便于脱脂和脱钙的进行，通常要将骨头粉碎到一定的尺寸，根据生产的方式和明胶质量的不同，其大小控制各异。目前，一般骨块破碎至 1~8cm 大小。砸骨机是一种特殊构造的设备，为了尽可能把过细的碎骨控制在一定指标范围内，刀型砸骨机是比较适用的。调节刀型砸骨机转动刀和固定的刀架间隙可控制碎骨的大小。碎骨可以通过一个传送带很容易地输送到大桶或储藏室，然后再送入脱油设备。

② 脱脂　原料中若含有油脂，在浸灰过程中将形成钙皂，如带入成品中对质量将有严重的影响。原料脱脂极易损伤胶原，近二十年来，在改进脱脂技术方面已经取得了很大进步。最老的方法是采用有机溶剂萃取法进行脱脂，其有机溶剂包括苯、氯代烷烃等。萃取是在专门设计的萃取器中进行，放在筛网上的破碎骨料，不断被脱脂溶剂所充满。逸出来的蒸汽在冷凝器中冷凝，然后将水分分出，溶剂和油脂的混合溶液排入油脂收集器中，把油脂中的溶剂蒸出，用表面冷却器冷凝，回到溶剂储罐中。萃取后，骨料中残留溶剂用 0.4~0.6MPa 压力的蒸汽直接蒸出，在萃取器中，溶解蒸发蒸汽呈过热状态，骨料中不能加水。骨料萃取后，含油量在 0.3%~0.5%，用热空气干燥。根据所用的溶剂种类不同，萃取温度范围也不同，一般在 80~120℃。但是随着科学技术的发展，人们认识到溶剂萃取法的缺陷。除了许多溶剂有易燃的危险性以外，对于脂肪的质量和骨头本身也有不好的影响；同时由于长时间热处理胶原被破坏，并且受到溶剂的污染。

目前，国内外应用广泛的脱脂方法主要有热水脱脂法和冷水冲击脱脂法。

热水脱脂法是近几年来国外采用的一种新方法。这是一种用热水三段脱油的方法，每一段骨料都要经受粉碎和热水蒸煮（约 82℃）。具体过程是：准备脱油的骨头，经第一次粉碎，进入长槽中，沿长槽由螺旋输送机将骨料送至循环的热水流中，进行初步提油，然后将骨料进行第二、三次粉碎，蒸煮，骨块大小控制在为 13~15mm，可达到彻底去油的目的。蒸出的骨油与热水用离心机分离，骨油在分离器中澄清后打入储油罐中。

冷水冲击脱油是根据水的涡流能量对骨进行外力冲击而脱除油脂。骨的海绵组织是由许多层骨组成。这些骨层构成一些管道，中间布满了网状组织和脂肪细胞。当水作用于海绵组织时，脂肪细胞连同网状组织一起被冲出，成为一小团的油脂块。按其碾碎的程度、冲击的频率和力量，可以从骨中提出 95% 的油脂，而且速率非常快，只要几秒钟就能完成。生成的小团油脂块只要加热沸腾就能与水分离。这种脱油方法的特点是：所需厂房面积小，周期短，设备简单，生产率高；但会造成一定的骨损失。

③ 浸酸　浸酸的目的是为了除去在骨料中的钙质和其它盐类，同时生成"骨素"。骨素主要是由胶原组成的，同时含有黏多糖、其它少量的蛋白质等。钙主要以羟基磷灰石形式存在。用稀盐酸溶液处理，除去骨片中的无机物。磷酸钙以酸性磷酸钙形式溶解。

在制取骨素过程中，为了使矿物质取出彻底，同时减少胶原的损失，必须考虑以下因素。

a. 温度　在浸酸过程中，温度应控制在 0~15℃，在此温度范围内，脱除矿物质的条件温和，胶原水解程度低，骨素不易受到破坏。

b. 盐酸浓度　骨料在整个浸酸过程中，加酸的浓度是变化的，原因是由于这个过程包括三个方面：一是物质的扩散过程；二是化学反应过程；三是放热过程。这几个过程在骨料的脱钙过程中的速率是不同的，所以在整个过程中，开始酸的浓度要低，随着骨料内矿物质含量的减少而使酸的浓度不断提高。这就是为什么在骨素制造过程中要采用逆料浸酸的原理。

在浸酸过程中，必须保证有足够的酸（即合适的浓度），否则将会发生如下反应：
$$Ca(H_2PO_4)_2 + Ca_3(PO_4)_2 \longrightarrow 4CaHPO_4 \downarrow$$

所产生的 $CaHPO_4$ 不溶于水，会堵塞骨素的毛细孔，影响骨素的进一步处理（如浸灰）。

c. 酸液的循环　骨料的浸酸过程包括扩散过程，必须加强酸液的循环，促使酸进入骨料内部和生成的 $Ca(H_2PO_4)_2$ 从骨料内部溶出，否则将会使骨料内部不能获得足够的酸而使生成的 $Ca(H_2PO_4)_2$ 与 $Ca_3(PO_4)_2$ 作用生成不溶性的 $CaHPO_4$，致使以后的处理困难。

d. 时间　不同种类和部位的骨料浸酸脱去矿物质的时间是不同的，而且时间还与浸酸温度、浓度、骨料大小有关，所以必须加强浸酸过程的检验，以达到脱除矿物质彻底而又不使胶原发生水解的浸酸时间为宜。

e. 骨料的分类　不同部位和畜种的骨料的组织结构是不同的，其脱去骨料中的矿物质的条件也不相同，骨料不经严格分类而进行浸酸，势必造成紧密组织的骨料脱矿物质不彻底，而组织疏松的骨料水解非常厉害，这将严重影响骨素的质量。

上述诸因素在骨料脱矿物质过程中，必须综合考虑，才能获得高质量的骨素。除了盐酸外，其它矿物酸如亚硫酸、硫酸、磷酸，也可进行脱矿质作用。这些酸的 pH 一般控制在 1~3。然而，在实际工业生产上这些矿物酸没有被广泛的使用。一个原因是成本高，另一个原因是要回收磷酸盐成合适的形式以便用作动物饲料。脱去矿质的骨素和废酸液分离后，用水洗涤除去大部分剩余酸，这种洗涤可以用 0.5% 的石灰乳或稀的氢氧化钠溶液进行中和，骨素维持着原来骨架的结构形状，然后输送到石灰乳槽中进行浸灰。最适合的输送骨素的方式是用泵送或用有抓斗的铲子。

(2) 皮料　用于制胶的皮料包括各种动物皮，如猪皮、牛皮、羊皮、马皮、驴皮等。主要来源于制革厂、肉类加工厂和民间收集等。按皮料的干湿程度可将其分为湿皮和干皮两大类，而湿皮又包括湿鲜皮和灰碱皮。

① 皮料的浸水　皮明胶生产的原料来自食品加工厂，为防止腐烂，皮料采用了不同的防腐方法，例如，干燥法、盐腌法、冷冻法等。但是经干燥处理的皮料，因失去了鲜皮所含的大部分水分，皮的纤维收缩或粘接；经盐腌法处理带有大量盐分和杂质，未经防腐的皮料大部分腐烂。所有这些都有碍于各工序加工，所以皮料应经过浸水处理，以达到如下目的：使干皮充水膨胀，回复到鲜皮柔软、洁净状态，浸渍除去皮上的污物和防腐剂，溶解除去鲜皮中部分可溶性蛋白质。

影响皮料浸水的因素主要有皮料的形状质地、水质和水量、温度、助剂等。

② 皮料的脱毛　带毛皮料带有的毛及毛根鞘、表皮不能浸水除去的污物（如汗腺分泌物），必须通过脱毛的方法予以除去，使皮料粒面裸露、洁净，以利于皮料的进一步处理。

毛、表皮、毛根鞘都是由角蛋白组成，角蛋白结构紧密，化学性质较不活泼。但是它不耐还原剂和氧化剂作用，碱也能使之受到破坏。脱毛的方法很多，归纳起来，大至有以下几种方法：碱法脱毛（包括浸灰脱毛和灰碱脱毛）、氧化脱毛和酶法脱毛。

③ 皮料的脱脂　皮原料里含有一定量的油脂，必须将其除去。皮料的脱脂方法主要是水力脱脂。

(3) 提胶前的准备　为了制备胶原并转化成明胶，目前通常将骨料和皮料采用两种不同方法进行处理，即碱法处理和酸法处理。用酸处理过的原料所得到的明胶，在北美称作 A 型明胶，而用碱处理制得的明胶称作 B 型明胶。

① 碱法处理　原料在室温条件下相继用石灰乳进行一系列的处理，叫做浸灰。碱性骨

素的制备或碱性皮料的制备是使用质量百分数为 2%～5% 的氢氧化钙悬浮液来完成。根据原料的品种、前处理和皮料大小、浸灰温度,浸灰所需时间可以长达 6～20 周,一般 8～12 周。骨素浸灰时间可以缩短些。

浸灰过程是在浸灰池或浸灰桶中进行。原料机械翻动或用压缩空气鼓动。用过的石灰乳要经常更换,保持新鲜。

浸灰的目的是破坏胶原中存在的某些化学交联键,赋予韧性,同时除去杂质、其它蛋白质及碳水化合物等。碱的作用对于胶原的化学组成和结构的变化是决定性因素。对于在热水中溶解胶原,碱的作用也是很关键的,它影响着最后所抽提的明胶的性质。浸灰温度不能超过 20℃,这样可以减少胶原的损失。如温度太低,尽管增加了氢氧化钙的溶解度,浸灰作用也要变慢。浸灰池如露天放置,控制温度不大可能;在室内的池子中,适当的控制温度还是可能的,而特别对于骨素浸灰,可在罐中、鼓中或池中进行适当的温度控制。在浸灰过程中,胶原链断裂,多肽链也断裂。若浸灰时间偏长,可以得到优质明胶,但是明胶产率降低。在浸灰过程中,谷氨酸和天冬氨酸的酰氨基放出氨,释放出羧酸根,并使多肽链的等电点降低。交联的断裂逐步增加在高 pH(及在低 pH)的膨胀。这也可以从组织的变化清楚地看出。

在工业上,浸灰过程可用下列测定方法进行控制:a. 用酸指示剂和用酸滴定法来测定石灰乳液中的碱度;b. 测定含氮量和活性硫;c. 测定总的蛋白质分解产物;d. 进行小试测定浸灰程度。也可通过测定收缩温度及等电点等方法。

为了提高其浸灰速率,人们研究了很多方法,但是只有少数的方法能有工业生产价值,其中包括在石灰乳液中加消化促进剂如尿素,也曾有人建议在氢氧化钙中加入碱性金属氢氧化物等,除此之外还做过加氯化钙试验等。

浸灰结束后,经过预处理的胶原用中性水洗涤,表面的固体石灰很容易被水除去,而原料夹层中间和孔隙中的石灰除去就较为困难。正因为这样,在第一次水洗之后,紧接着就要用含有盐酸或磷酸的酸溶液进行水洗。要先将原料洗到洗涤水的 pH 为 9.0～10.0 后再进行酸处理。酸化时不能过分,否则会造成过度溶胀。酸洗后,还需给予最后一次水洗,以除去多余的酸,洗酸液最好用软水或脱盐水。

水洗过程在洗料机中进行。洗料时需不断搅动,并需要大量的水。水洗过程的时间与原料的品质、洗涤用水的质量和洗涤机械的形式有关,一般需要 5～48h。洗净后的预处理原料,可以递送到抽提车间以抽提明胶。

② 酸法处理 胶原和骨素的酸法处理,特别适合于胶原量少的原料,如猪皮和小牛骨素。明胶原料的酸法处理,其之所以越来越受到人们的关注,主要原因是:与碱法相比处理时间短(仅需 10～48h)、用水量少,这样可以大大降低其成本。但必须注意到这种方法生产的明胶和浸灰法生产的明胶是不同的。酸法最适用于猪皮原料,但也可用于骨素为原料的生产。

将洗净的原料浸泡在稀的无机酸溶液中,其浓度不超过 5%,pH 3.5～4.5。所用的无机酸可以是盐酸、亚硫酸、硫酸、磷酸,以及这些酸混合在一起也是常常使用的。在稀的无机酸溶液中,皮子膨胀,但没有溶化的征兆。继续用酸处理,直到原料充分酸化或者达到最大的膨胀度为止。处理的温度一般在 15～20℃。酸处理的持续时间,也和原料品质、温度、酸的浓度有关,一般是在 10～48h。

浸酸结束后,除去酸液,并进行水洗。用冷水洗去附着在原料中的酸,水洗要在防腐的水池中进行,要经常换水,彻底洗净原料中的游离酸。当洗到 pH4 时,就可用作提胶。

③ 酶法处理 用细菌学或生物学的方法来制备明胶，是比较先进的方法。最初应用的方法是1954年发表的，也是美国和日本工作者首先发展起来的。

与碱法制备明胶相比，酶法的优势在于：a. 周期短，只需要浸灰法制备明胶的1/5时间；b. 产率高，可达100%；c. 物理性质好，如凝胶强度、凝固点、熔点等都比碱法制得的明胶高，在浸灰法中，高质量明胶只占总量的30%；d. 不需要浓缩，不需要蒸汽，可降低成本，而在浸灰法中提胶后的浓缩是必不可少的；e. 分子量分布很窄，分子量大约在$12\times10^4$，而浸灰法制得明胶分子量分布较宽；f. 纯度比浸灰法制得的明胶高很多。

#### 2.3.3.2 明胶的抽提

在工业实际生产中，按常规明胶是从酸预处理和碱预处理后提取的，在逐渐升温的情况下连续加水。一般抽提液为中性或酸性水溶液。第一次抽提温度在50~60℃，以后各次抽提温度逐次提高5~10℃，最后一次抽提可以在沸腾温度下进行。在整个抽提过程中要尽量减少所提取明胶的热降解。

在抽提时将预处理的骨素放在不锈钢锅中进行，下面有一个多孔假底，在假底下面装有一个加热盘管。整个设备必须安装合适，以便能迅速地拆卸下来，进行清洗。为了减少加热时间，以便缩短整个抽提时间，对于抽提所用的水可以用热交换器来加热，然后，在多孔板底下流出，通过热交换器后，再循环到正在被抽提的物料中去。热是从蒸汽盘管来的。多孔板是装设在距离容器底部20~25cm高处。其中的空间应与加热的盘管相适应。多孔板把提取的胶液与被抽提的物料隔开。抽提出的明胶溶液能很容易和很迅速地从抽提锅中抽走，而不至于损伤皮或骨素。

当抽提液浓度达到明胶为3%~8%时，将抽提液放出，并用泵打入下一工序进行处理。第二道和以后各道抽提都必须添加热水。加入水的温度应和上一次完成的抽提时的温度相接近。然后再将温度升高到每道胶抽提所规定的温度。在到达煮沸以前需要经过多少次抽提需根据处理的情况和对明胶质量的要求确定。在工业生产上，一般要进行3~8次抽提。

#### 2.3.3.3 后加工

抽提出的粗胶液必须经过一定的后加工才能成为可包装储存的产品。明胶溶液的后加工一般包括过滤、浓缩、灭菌、防腐、漂白、冻胶、切胶、干燥、粉碎和混合等。

(1) 明胶溶液的过滤 粗胶液中往往含有泥沙、蛋白质碎片、脂肪、钙皂和小块原料等杂质，影响明胶的质量。可通过过滤的方法除去，以提高明胶的纯度。分离设备包括压滤机和高速离心机。两种设备的过滤速率与胶液的浓度、黏度及温度等因素有关。为了弥补机械过滤的不足，可向胶液中加入助滤剂，以吸附其中的悬浮物和混浊物，并除去胶液特有的气味。过滤一般分两个阶段进行：对低浓度的稀明胶溶液进行过滤；对浓缩后明胶溶液进行进一步的过滤。

(2) 明胶溶液的浓缩 从抽提锅放出并经过分离或过滤的胶液，它的浓度是很低的，一般约为6%。明胶的成品是指其含水量小于16%的胶片、胶粉、胶粒或胶珠，这样就必须除去胶液中的大部分水分。从胶液中抽出水分的方法很多，不过无论使用哪一种方法，都要先使稀胶液变浓，然后再进一步抽出其中的水分。从稀胶液中蒸发出一部分水分，使其密度变大，在制胶上称为浓缩或蒸发。

一般明胶溶液的浓缩分为三个阶段：①预浓缩阶段；②主要浓缩阶段；③高浓度明胶浓缩结束阶段。

明胶蒸发器必须满足下列要求：①蒸发的温度要低；②明胶溶液和加速器的加热表面接触时间要短；③在明胶溶液固体含量低的条件下，防止溶液泡沫的形成。

蒸发器利用抽真空来降低明胶溶液的蒸发温度是有效的，采取连续蒸发可使明胶溶液在蒸发器中停留尽量短的时间。在蒸发过程中需要抑制泡沫的形成，最有效的办法是利用离心效应。

明胶溶液蒸发时沸点温度范围一般必须控制在 40～80℃。明胶溶液的蒸发温度必须高于明胶的熔点和低于使明胶溶液降解加快的温度。选用 40℃ 的温度差，双效或三效蒸发器才能被采用。但是双效或三效蒸发器需要很大的加热表面。这样大的加热表面的蒸发器，在调换蒸发明胶品种时，冲洗会造成大量的胶液损失。现代明胶蒸发设备，是根据高效的热交换器原理进行设计的，最后一效的沸腾温度是由冷凝器的效果决定的，第一效加热室的温度是由蒸气压力所决定的，其它几效的温度能自行调节。

在工业上被用于明胶溶液的蒸发，而且得到效果的蒸发器包括：管式蒸发器、平板式蒸发器、薄膜式蒸发器和离心式蒸发器。

（3）灭菌　浓胶内含有一定量的耐热性细菌和细菌芽孢，这些细菌和芽孢若不杀灭，将在以后的加工工序中迅速地繁殖起来，影响明胶的质量和安全性，为此必须对浓胶进行灭菌处理。

1960 年发明了明胶的瞬时灭菌方法，并研制出设备，之后各国都普遍采用这个方法。直到 1976 年英国 APV 公司改造灭菌器，将其与真空蒸发器相结合，设备简单，造价降低，操作上也方便。

所谓明胶的瞬时灭菌，是把蒸汽和浓胶液同时进入灭菌器内，使浓胶液温度迅速提高到 140～142℃，并让其保持一个很短的时间（一般在 4s），使细菌在湿热下迅速被杀灭。

瞬时灭菌的关键：一要严格控制温度和时间；二要保证所提供蒸汽的质量，即灭菌用蒸汽必须保证压力，汽中不能有水滴。

现在法国发明了一种新型灭菌方法：在明胶中既不加灭菌剂也不用高温灭菌，而是采用纤维作为过滤介质进行过滤，并用硅藻土吸附等方法除去细菌。据报道效果很好，可避免由于高温而影响明胶黏度和凝冻强度等性能。

（4）防腐和漂白　蒸浓的胶液在未冷冻前往往需要加入防腐剂，因为胶液的温度降低后，容易滋长细菌，使胶特有的黏度、冻力等性质都被破坏。但是要选择理想的防腐剂比较困难，大多数防腐剂能够杀灭细菌，但对胶的质量有不良影响。如过去有用氯化汞、苯酚和甲醛防腐的，结果使胶液的性质降低，并留下了气味。现在，汞、酚等有害物质已禁止使用。

现国内外采用较多的防腐剂为：工业胶采用硫酸锌，用量为商品胶的 1.0%～2.5%，也有用双氧水，既能起到防腐效果，又能使明胶溶液颜色变浅。食用明胶和药用明胶，一般不加防腐剂，有时也用亚硫酸（主要是药用明胶）、低亚硫酸钠、尼泊金乙酯等。

（5）干燥　经过浓缩的浓胶液进行冷冻成固态凝胶后，再进行干燥就得到干明胶。

过去胶液蒸浓后，即可进入冻胶、切胶工序。冻胶是指将胶液流入金属盘或模型中冷却，至其完全凝冻为止。盛有胶液的金属盘或模型，其外部可用冷空气或流动冷水冷却以加快胶液凝冻。冻胶车间必须清洁卫生，空气流通，温度条件得当。冻胶的速率要快，但冻胶的温度却不宜过低，否则切胶时，会使空气中的水分凝结在胶片表面而且被吸收到胶片中，使其含水量增大，所以胶冻只需冷却到一定程度，烘干即可。已凝固的胶冻可用机械或人工切成薄片放在烘网上进行干燥。胶冻片的厚薄须保持均匀；照相明胶、食用明胶的胶冻片厚度应小于 5mm，便于干燥。

随着技术的进步，制胶工业也采用连续的机械设备来进行冻胶与切胶。一种方法是将胶液不断地浇到移动着的金属带上，金属带下面用冷水喷射冷却，当已凝结的胶冻被纵向圆刀切成胶条后，再在第二条包有橡皮的金属带上被横向刀切成胶片。胶片从橡皮带自动落到传送带上,并被送到烘网。自胶液流入金属带到胶片送至烘网,全部时间不超过15min。另一种方法是利用滚筒来冻胶切胶,即将胶液不断地浇在表面光滑或开有狭槽的冷冻滚筒上,滚筒夹层内通以 $-5\sim-4℃$ 的冷盐水。滚筒旋转将近一周,时间不到1min,胶液已凝成胶冻,再经转动的橡皮辊及纵、横刀切成薄片或短条,送入烘干机。以上两种方法,机械化程度高,胶液能迅速凝冻、切碎,而且不与人手接触,避免因冷冻时间长及手接触而引起的细菌感染,能进一步保证成品质量。

最普遍的明胶烘干设备是狭长的隧道式烘房,在烘房的一端装有空气过滤器、鼓风机和加热器。被鼓风机吸入烘房的空气,先经过空气过滤器,除去空气中绝大部分的细菌和灰尘。空气过滤器多种多样,可以用很多只布袋或涂有黏质(甘油、矿物油或植物油)的多层尼龙纱,也可以用铁丝纱或泡沫塑料来过滤。进入烘房的空气用加热器预热到 $20\sim40℃$,其相对湿度在75%以下。空气与胶片以逆流的方向行进,即进入烘房的新鲜热空气首先遇到的是接近干燥的胶片,而湿胶片则由烘房的尾部进入,依次向前推进,空气沿烘房经过,在尾部方遇到最潮湿的胶片。由此向外排出的空气湿度迅速增大,不再重复使用。

胶冻的干燥过程分为两个阶段:第一阶段为等速干燥阶段。这时胶冻表面湿润,水分蒸发快,水分蒸发的速率等于单位时间的风量能带走水分的能力。所以这时候风量应大些,温度可低些,以免胶冻融化。第二阶段为减速干燥阶段。这时胶冻表面已结膜,胶冻内部的水分总是先渗透到表面而后再蒸发,水分蒸发的速率慢于被风带走的速率,所以这时候风量可以小些,而温度则应高些,以加快水分的渗透速率。根据上述原理,有时候可以同时利用几个烘房,即湿胶片首先进入低温烘房,待烘至半干,胶冻表面已结膜时,再移入高温烘房。照相明胶、食用明胶的干燥时间一般不超过15h,但较厚的皮胶片,在空气比较潮湿的情况下,有时需要 $2\sim3$ 天才能烘干。影响胶片干燥有以下几个因素:胶片的薄厚、胶冻的浓度、风的流速、湿度和温度。从烘房出来的胶片一般含水量为 $10\%\sim12\%$。

除了采用隧道式烘房干燥以外,目前制胶工业已普遍采用先进的连续式长网干燥设备,都是按照上述干燥原理设计的,较隧道式烘房更为合理,能提高干燥效率,缩短干燥时间,提高机械化自动化程度和保证明胶质量。网带干燥机最初是由APV米切尔干燥公司向我国提供的,在我国通常采用长网烘干机,它是一种厢式干燥设备,由机壳、机架、网带及其驱动装置、换热器、轴流风机、粗粉碎装置、螺旋输送器等构成。网带由不锈钢丝编织而成,网带两边与传动链连接。对于其操作,应首先检查空调系统是否正常,送出的空气风量、风温和相对湿度必须符合工艺要求,然后开动物料机,把合格的凝胶条均匀地分布到网带上。以后检查长网每段温度是否保持在给定数值上,凝胶条进入最后一段端部时,立即启动粗粉碎机、螺旋输送机和细粉碎机。

由于受明胶凝冻强度的影响,经浓缩的明胶液含量在 $20\%\sim35\%$,将其冷冻、挤压成型,才能进行干燥。刮刀式的挤胶机就是利用外部不断传送来的 $-10\sim-5℃$ 的冷盐水,其冷量通过筒壁传给筒内紧贴筒壁的浓胶液,不断转动的多片刮刀则不停地刮下贴在筒壁上被冷冻成胶冻的明胶,周而复始地运动和慢慢地向前推进,使前面的浓胶液逐渐变成胶冻并进入老化段,这时胶冻的温度在 $19\sim23℃$ 比较合适。老化段的出口前端有一个孔板,将胶冻挤压成面条状。相对较低的温度则将使胶条在挤出时膨胀成较大的毛刺,这会对干燥有利。孔板的直径在 $2.3\sim2.5mm$ 比较合适。胶条通过物料机均匀地铺在长网干燥机的网带上。目前国内有一种新技术,即让挤胶机在固定的轨道上左右摆动,将挤出的胶条直接布在网带上,这不但节省了物料机,关键是减少了细菌污染的环节,还杜绝了物料机滴水造成的胶条粘网的现象。

空气除湿的设计应根据全年各季节的空气温湿度情况,利用水资源情况作综合考虑,来计算投资和运行成本。空气的净化过滤不能忽视,它直接影响明胶的不溶物含量、透过率和微生物指标。用三级过滤装置,把≥$2\mu m$的微小颗粒截留住是非常必要的。风量、风湿的调整主要取决于尾风排出时的含湿量情况。如含湿量过低,则说明长网运行中能源浪费很严重,应该进行风量、风湿的调整。

(6) 粉碎和混合　干燥的胶片或胶粒一般还要进行粉碎。粉碎胶片通常采用锤击式粉碎机,利用胶片的脆性将它击碎,胶片水分不可高于15%,否则将给粉碎带来困难。国内大都将干胶粉碎成2mm以下的细粒,作为成品出厂。由于一个生产批号的胶数量少,因此许多产量大的厂,往往将几个或十几个不同生产批号的半制品胶粉,按照技术标准在混合期内混合均匀,作为一个批号的成品出厂。这样出厂的成品能够做到批量大,质量统一,便于使用。

包装容器除牢固外,还须特别注意防潮,因胶粉在运输储藏时,如果受潮很容易变质,而且受潮的胶粉再预热将会结块。包装分内外两层,内层一般用能防潮的塑料袋,外层用麻袋、桶或箱,每件质量以不超过50kg为宜,便于运输。

### 2.3.4 胶原蛋白和明胶的应用

由于胶原和明胶是大分子蛋白质,且具有良好的理化性质和优良的生物学性能,其在生物医学材料领域拥有广阔的发展前景;其营养功能不断被人们证明,使其在食品业中也得到了广泛的应用;同时随着科技的进步,其功能的不断被发现,也使得在美容、保健及其它工业方面越来越受到人们的重视。

#### 2.3.4.1 生物医学材料与临床应用

胶原属于细胞外基质中的结构蛋白质,其复杂的结构对其分子大小、形状、化学反应性以及独特的生物功能等起着决定性作用。胶原的性质特殊,资源丰富,近20年来在生物医学材料领域展现了很大的优势:①低免疫源性;②与宿主细胞及组织之间的协调作用;③止血作用;④可生物降解性;⑤力学性能。此外,胶原可通过复凝聚等手段制备出复合材料,更可以通过接枝共聚等改性手段获得性能更好的材料。

需要特别指出的是,随着组织工程的发展,胶原基生物材料逐渐成了组织工程中越来越重要的角色。

外科手术,如组织、器官、皮肤的切口与创伤,大动脉的缝合,血管的移植,心脏瓣膜的移植,肌腱的缝合等,大都需要用到手术缝合线。利用胶原和明胶可以制备出性能优异的可吸收缝合线。一般胶原蛋白缝合线在制备过程中需要进行交联处理,这样才具有耐水性和较好的耐热水收缩性。交联的方法有铬盐、铝盐、锆盐鞣制,或甲醛、戊二醛等交联剂交联。为了改善性能,胶原可与壳聚糖、聚乙烯醇、聚丙烯酰胺等制成复合纤维缝合线。

早在1953年就发现胶原有止血作用。研究表明,胶原是一种天然的止血剂,具有非常突出的止血功能,其止血途径包括:①诱导血小板附着,促进血小板聚集,形成血栓,进而血浆结块阻止流血;②激活一些血液凝血因子的活动;③胶原对渗血伤口的黏着和对损伤血管的机械压迫、填塞作用。胶原不仅能在局部刺激血小板的冻结与聚集,还能激活凝血系统,从而有效地达到局部止血的目的。胶原与不同的细胞之间都存在着很强的亲和力,与在伤口的愈合过程中起到关键作用的生长因子间也有着特殊的亲和力,在血液凝固后,还可通过刺激组织的再生与修复来防止再次出血的发生。这是胶原的内源性凝血作用,胶原也能起到外源性凝血作用,这就是胶原可以作为凝血材料的根据。胶原凝血材料之一便是止血纤维。胶原止血纤维是一种集止血、消炎、促愈为一体,被组织吸收,且无毒副作用的医用功能纤维,比起以前使用的氧化纤维素、羧甲基纤维素及明胶海绵等止血材料,其效果要好得多。明胶海绵是由明胶制成的海绵状物,具有良好的止血作用,能使创口渗血区血液很快凝结,被人体组织逐渐吸收,多用于内脏手术时毛细血管渗出性出血。在 1983 年,发现胶原海绵具有优良的止血性能,接着大量的研究报告发表,不久胶原海绵进入临床应用。胶原海绵一般用于内脏手术时的毛细血管渗出性出血,1989 年美国 Gelfix 胶原止血海绵进入我国市场,但规格单一,价格昂贵。

现代医学上,在遇到严重休克和损伤时,虽然没有可当血液使用的代用品,但病情如不严重就可使用明胶的稀释液作为血浆代用品,使血液循环量在紧急情况下得以恢复而又不至于感染到肝炎的病毒。明胶的蛋白质特征决定于明胶可作为重要的血浆膨胀剂。当然所选用的明胶必须是一种绝对灭菌和均一的制品,属于非抗原性明胶,不含引入血中能发热之物,并且能保持渗透压。自 20 世纪 50 年代开始,明胶代血浆受到重视。明胶经过纯化,除去热原,把分子量控制在适当范围,大约相当于白蛋白的分子量。这种分子量的明胶可维持血液必要的渗透压,更接近于血浆的天然属性,因此效果更好,国外已大量使用,我国也正在推进其产业化。

水凝胶可制成柱状、海绵、纤维、膜、微球等,目前已经制成微米级及纳米级微球。水凝胶与活体组织的结构和性质极为相似,因此水凝胶在生物医学材料领域的应用具有重要意义,如烧伤敷料、药物控释放载体、补齿材料、移植乳房、面部和缺唇修补、制作人工软骨等。胶原或明胶用戊二醛或噁唑烷交联制成水凝胶,曾被制作眼玻璃体替代物,这种凝胶生物相容性好,在 2 个月内被降解吸收;也可被制作成药物释放体系,其释放速率可人为控制。但是,这种水凝胶力学性能较差,应用受到限制,现在大多将胶原与其它高分子复合,制成性能互补的生物材料,提高胶原的拉伸强度及抗降解能力,改善胶原的力学性能与抗水性。现在研究较多的是胶原-聚甲基丙烯酸羟乙酯、胶原-聚乙烯醇、胶原-聚丙烯酸酯,此外,胶原-聚酰胺、胶原-聚氨酯、胶原-聚乳酸、胶原-壳聚糖等水凝胶也受到重视。

敷料是能够起到暂时保护伤口、防止感染、促进愈合作用的医用材料。胶原及其改性产物已大量用于生物敷料的生产,这种敷料表现出很多优点。对胶原基创伤、烧伤修复敷料的设计,起初是以创伤闭合、减少感染、降低体液损失为主,这类敷料具有可诱发正常真皮形成的能力;后来发现这类敷料还有一些不足,于是发展改性胶原敷料,以期降低其免疫原性;现在发展到在敷料中加入药物、抗生素、透明质酸、肝素,添加成纤维细胞生长因子、血小板生长因子和表皮生长因子等,更有效地促进创伤愈合。在用以治疗溃疡性静脉曲张的温拿氏糊剂或锌明胶等专门的保护性敷料中,明胶是一种重要的组成部分,这种在正常体温下以液态形式敷于伤口上的糊剂是由氧化锌粉、明胶、甘油和水调制的。

明胶在医药工业上的需要量大约为明胶总产量的 6.5%,其中用于生产胶囊的明胶占有相当大的比例。抗生素类药、维生素类药以及鱼肝油等往往用胶囊封装。胶囊装药要求卫生灭菌,而且其中不遗留空气,避免氧化作用的发生,这对于生产维生素类胶囊尤为重要,因为用胶囊包装的维生素可存放数年而不变质。胶囊分硬、软两种。硬质胶囊由纯明胶制成,具有高凝胶强度的明胶最适用于制硬质胶囊,它是由形状大小不同内装药物并互相紧密套合而成。软质胶囊一般以中级明胶和甘油为原料。它是将油类、对明胶无溶解作用的液体药物或混悬液封闭于球形和椭圆形的软性胶囊中制成的。为防止光引起的化学变质,在生产胶囊的明胶配料中加入某种食用颜料,以避其光。用胶囊装药物,其优点是吞服容易,因为胶囊与口中的唾液相接触时,外层表面的溶解,相当于胶囊外涂上了一层液态明胶,起润滑剂作用。

在许多片剂和丸剂的制造中,明胶起着黏结剂和配料的作用。在医药工业上,一般都把药物分散在明胶溶液中,充分混合后进行干燥,再把干燥的混合物先磨成粉,继而冲压成片剂和丸剂。为保护药效和掩盖不良的药味，亦可在药丸上再涂上一层明胶糖衣。含有甘油的明胶是药丸的基料，也是药物制成药丸的黏结剂，也可用作润喉剂。明胶还可以和阿拉伯胶以一定的比例混合，成为另一种药丸的基料。在142℃下处理约一天之后，明胶将失去其在冷水中的黏性。这一特性使明胶可用作外科用手套的无菌撒布粉，因为它具有类似明胶海绵的性质，在与伤口接触时能加速伤口的愈合。栓剂是塞入人体腔道用的固体药剂。一般用香果脂、可可豆油或甘油明胶为基质，加入一些药物制成。它塞入腔道后在体温的影响下融化或软化、逐渐放出药物而发挥作用。用含甘油明胶做栓剂的基质比其它任何东西都好。某些杀菌剂，用含甘油的明胶作为载体，它就对 S. Aureus 和 S. Typhosa 有效，然而用别的基质却无效。

生物材料在组织工程占有极其重要的位置。具有精确表面结构的材料，是制备三维细胞支架的基础和关键。这其中的主要材料是天然或合成的高分子材料。天然材料以蛋白质和多糖材料为主。蛋白质材料中最主要的代表是胶原。胶原形成的凝胶是理想的细胞培养基质，在组织工程研究中有广泛的应用。明胶作为胶原的降解产物，在组织工程支架材料等方面的应用是目前的研究热点。明胶溶液可根据不同组织修复的要求进行参数的调节，是理想的组织工程用材料。

(1) 人工皮肤  第一代人工皮肤大都以胶原为基础材料，将其与合成材料复合，以解决机械强度的不足。用胶原蛋白等制成的人造皮肤已经在临床上使用很多年，但没有一种效果较为理想，于是产生了第二代人工皮肤——组织工程化皮肤。所谓组织工程化皮肤，就是运用工程科学和生命科学的原理与方法构建出的用于修复、维持和改善损伤皮肤组织功能的替代物，其核心是建立由细胞和生物材料构成的三维空间复合体，在此意义上，也可将组织工程化皮肤称为人工活性皮肤。根据20多年来的研究进展，组织工程化皮肤包括表皮替代物、真皮替代物和表皮-真皮复合皮肤替代物。

(2) 人工血管  1981年，Moore发现经过胶原浸泡的人工血管，一般无需抗凝（即不渗血），后来有不少人进行了进一步研究，发现胶原涂覆涤纶血管，力学性能良好，同时促进组织细胞生长。目前，胶原涂覆涤纶血管作为主动脉移植材料已广泛应用于临床，在中、小血管移植中也可以提高远期通畅率。为了使人工血管能更好地用于临床，现在十分重视体外利用胶原合成纯生物血管。

(3) 心脏瓣膜  组织工程心脏瓣膜是目前最有效的制作心脏瓣膜的方式，用胶原或明胶制作支架，有良好的生物相容性，可以促进细胞的黏附和生长。将细胞亲和性非常好、可以诱导细胞黏附和生长的胶原与壳聚糖制备成复合材料，用于制作组织工程胶原-壳聚糖多孔支架，可能是完全用天然高分子制作支架的最佳材料。胶原-壳聚糖支架的孔隙率在90%以上，吸水后含水率达95%左右，没有明显的溶胀现象，保持了原来的大小和形状，说明这种支架有非常好的保水性，可以防止体液和营养物质的流失，对细胞的生长和组织再生是很有利的。

(4) 骨的修复和人工骨  胶原作为生物材料具有独特的性能：在成熟的组织中除起结构作用外，对发育中的组织也有定向作用；胶原的分子结构可被修饰以适应特定组织的需要；具有高张力、低伸展性、纤维定向性、可控制的交联度、弱甚至无抗原性、极好的生物相容性、植入体内无排异反应、与细胞亲和力高、可刺激细胞增殖、分化；在体内可降解并可调控降解速率，降解产物为氨基酸或小肽，可称为组建细胞的原料，或通过新陈代谢途径排出体外。因此，胶原在骨的修复中越来越多地受到重视。应用组织引导再生术和组织工程方法，胶原与明胶在骨组织修复中发挥了重要的作用。

(5) 角膜  胶原可促使角膜上皮细胞分化并形成基质。细胞的形态与生长也受到胶原的影响，在有胶原存在的情况下，多角细胞伸长称为柱状。胶原间质不仅控制细胞的黏附与分化，而且也是调节细胞增生的因子。

(6) 神经修复　对于人工神经的研究，过去主要集中在材料方面，近年来，把雪旺细胞种植于神经管上，发展出了组织工程化人工神经，使人工神经的研究进入了一个新的阶段。人工神经支架，曾用过多种生物可吸收和不可吸收的材料，现在逐步趋向于胶原、胶原-壳聚糖或胶原-糖胺聚糖。

研究得最多的是胶原神经管，目前所用胶原管内壁衬上一层明胶，它是神经纤维再生过程中的一种重要基质，实验证明，它具有刺激再生轴突数目增加、髓鞘增加、神经纤维快速生长和弥补缺损的能力。大量的实验证明，用细胞外基质（胶原）制成的神经组织工程材料不仅具有良好的生物相容性和可降解性，同时也有利于神经纤维的迁延和生长。

目前大多数药物传递系统，其主要成分是胶原或明胶。它们作为药物载体，是因为其来源丰富，非抗原性，可生物降解和吸收，无毒性和生物相容性，与生物活性成分具有协同性，有较高的可伸缩性和一定的可挤压性，具有生物可塑性，促进凝血，有止血作用，可制备成许多不同的形式，可通过交联调节生物降解性，利用其不同官能团可定向制备所需材料，与很多合成高分子材料有相容性。以胶原为基质的释放系统可制备成膜剂、片剂、海绵、微粒及注射剂等剂型，用于不同的给药部位和疾病治疗。

#### 2.3.4.2 食品中的应用

胶原蛋白和明胶在食品中的使用，有两方面的作用：一是理化功能；二是营养功能。国内注重的是其在食品制作中的辅助作用，而对营养意义认识不足。最近20年来，由于胶原蛋白概念的提出，在营养价值的认识上有了本质的提高。如在日本，用胶原蛋白开发出了很多的营养保健产品。

明胶可以乳化一些肉制品，如肉酱和奶油汤的脂肪，并保持原有的特色。运用明胶的乳化作用能使用油脂、牛奶和糖来制造人造奶油。明胶作为稳定剂，其含义是控制结晶和防止分离。明胶在溶液中抑制着糖结晶或使生成的结晶体积变小，另外，在冻结溶液时，明胶也控制着冰晶的生成。明胶的这种作用是明胶对冰激凌和其有关产品的主要功能之一。明胶被广泛用作发泡剂。虽然使用鸡蛋白，明胶和鸡蛋白或乳蛋白的混合物做发泡剂可得更柔软的食品，但由于单独使用明胶比较简单，所以在大生产中得以广泛使用。使用明胶做发泡剂的主要食品有：明胶果汁软糖、牛轧糖、水果软糖和软太妃糖、冷饮和甜点心。

明胶胶冻的熔点较低，易溶于热水中，具有可溶于口腔的特点，因此，通常把明胶用于餐用胶冻。明胶胶冻比琼脂和果冻胶冻更具有弹性并呈橡胶状，它比用蛋白做的易嚼的牛轧糖和果汁软糖更好。由于明胶的胶凝作用，用明胶制出来的乳蛋糕皮面和刀切面都很光滑，而且吃起来细腻、无粗糙感。明胶胶冻产品可分为无糖和含糖两类，其中无糖胶冻产品是最基本的也是最重要的。增稠是明胶的作用之一。在原汁猪肉罐头中加入1.7%的猪皮明胶可以使汤汁增稠。0.1%的明胶可以稠化冰激凌的调味糖浆。在一些糖果食品中明胶被用作黏合剂。黏液的配比是在糖浆中溶入1.5%～9%的明胶。用于黏合甘草甜食各层的是4%的明胶糖浆。含9%明胶的椰子糖浆被用于黏合糕点芯子。在酿酒的发酵过程中，往往会产生一些胶体的悬浮物，为了提供清澈可口的酒类，必须将其除去。在酿酒业上，一般用明胶使酒类澄清。

利用胶原蛋白的一些功能特点和蛋白质含量高或含有特种氨基酸的特点，可以对一些食物进行品质上或营养上的改良。如肉制品、乳制品。

模拟食品是一种以蛋白质和其它食用原料以及食品添加剂为基础制备的食品，其成分、结构、外观、形状和综合性能接近于某种人们喜爱的传统食品。食用明胶或食用胶原蛋白在水中有很好的溶解性、胶凝特性，可以交联而增加强度，形成一定的形状。可根据口感添加各种食品添加剂，因而适合于制作模拟食品。如仿生海参、人造鱼翅、胶原蛋白丝和人工发菜等。

阿胶是皮胶原部分水解的产物，是一种水溶性胶原蛋白。现在对阿胶的研究认为，除了其特殊的氨基酸组成及含有丰富的微量元素和透明质酸、硫酸皮肤素等外，阿胶在制备过程中，将不溶性的胶原逐步降解为水溶性的可吸收胶原蛋白，这种可吸收的胶原蛋白是一类带负电荷的天然高分子，具有多种生理作用。

人的头发脱落和竖裂是由多种原因造成的，原因之一是缺乏含硫氨基酸。明胶虽然不是含硫氨基酸最多的食物，但用明胶配制一种食品，使之每天相当于摄入 7g 明胶，能在几个星期内使指甲坚固，不再破裂，头发会均匀地再生，而且还会使皮肤柔软，起到抗衰老作用。

胶原蛋白与体内钙的关系包括两个方面：①血浆中来自于胶原的羟脯氨酸是将血浆中的钙运送到骨细胞的运载工具；②骨细胞中的胶原是羟基磷酸钙的黏合剂，羟基磷酸钙与骨胶原构成了骨骼的主体。由此不难想到，最好的补钙方法，应当是经常地、及时地补充结合钙的胶原蛋白，这样的补钙剂摄入体内后，消化、吸收比较快，且能较快达到骨骼部位而沉积。在这里要强调的是，对补钙而言，钙质的补充不是第一位的，重要的是胶原蛋白的补充和代谢。这个理论很好地解释了为什么食物中含有那么多钙质人还会缺钙，而过去的钙质流失理论是解释不了这个事实的。胶原蛋白能降低甘油三酯和胆固醇。用胶原蛋白（水解明胶）、果胶与麦麸以一定质量比配制的食品，有利于降低体重和血脂，适用于超重病人和动脉硬化的病人。

减肥需要分解脂肪，而水解胶原蛋白能激活脂肪酶的活性，使这种分解代谢过程增加和延长。晚饭后不再吃任何食物，睡前喝一汤匙的液状胶原蛋白，喝完立即睡觉，这样，胶原蛋白可以激活脂肪酶，从而达到减肥的目的。这种机能必须在睡眠状态下进行，因此服用水解胶原蛋白，睡觉就能减肥。

#### 2.3.4.3 照相及其它方面的应用

明胶在照相上的应用由来已久，在科技高度发达的今天它依旧扮演着重要的角色；明胶与胶原的黏合性、成纤维性、成膜性等诸多性能也让其在诸多其它领域有了长足的发展。

明胶是电影胶卷、照相底片、X射线胶片和照相乳剂的主要原料。明胶用于照相工艺在于它有很多得天独厚的性质：①在高离子强度的溶液中，它能组织卤化银晶体的絮凝；②它阻碍晶体生长的影响很小；③由于它的凝固和利于絮凝等性质使得水洗容易进行；④它能使乳剂凝固、储藏和复溶，而不产生卤化银的沉淀作用；⑤它能控制成熟过程以便得到高感低灰雾；⑥由于它的快速凝固的特性，使涂布容易进行；⑦它干燥成一个韧性的、凝聚的、透明的薄膜；⑧曝光时它起卤素接受体的作用，使潜影稳定；⑨它能溶胀，以致有可能进行加工，它还可能增强显影剂区别感光中心和灰雾中心的选择性的能力。就上述这些性质而言，除了具有类似的带电基团分布的聚电解质才能与明胶相提并论外，其它的物质和明胶相比都难免相形见绌。因此，明胶应用于照相过程早就引人注目，并不断地改进明胶。另一方面，照相发展总是和明胶的应用联系在一起的，变得越来越依赖于明胶的性质。而明胶生产厂家也总是千方百计地提高照相明胶的出率和质量，以满足人们日益增长的文化生活需要。

胶原在造纸上的应用，国外涉及较少，而国内则比较重视，已开展了多方面的研究。胶原作为功能材料，既可以附着在纸上，也可以添加到纸内，或者制备成多种添加剂改善纸张的性能。在造纸中使用的胶原可以是胶原纤维，也可以是非胶原纤维。非纤维形态的胶原就是胶原蛋白或明胶，实际上使用的大都是非纤维形态胶原。

以明胶或胶原蛋白为原料的新型表面活性剂因其无毒、无污染、生物降解性好而受到关注，这种新型表面活性剂大致可分为两类：氨基酸系表面活性剂和胶原蛋白表面活性剂（或水解蛋白系表面活性剂）。

胶原和明胶作为天然高分子材料，可以制成各种膜，此外还可以制成分离膜和液体地膜。用明胶制备渗透汽化膜，是基于明胶分子链上有大量的亲水性基团，如羧基、氨基、羟基、巯基等，而乙醇是明胶的沉淀剂。乙醇与水对明胶的溶解性差异，表明明胶具有典型的亲水疏醇的特性，这就是明胶膜可以用于乙醇/水体系分离的理论依据。利用胶原和壳聚糖的成膜性，可设计除胶原与壳聚糖的合成液体地膜，这种液体地膜具有可降解性，而且降解后是优质的有机肥料，可供作物吸收，并且利用壳聚糖的抗菌能力和改善土壤的作用，抑制土壤中的病原菌生长和繁殖，同时能有效地改善土壤的团粒结构。

胶原是一种纤维状的蛋白质，与植物蛋白相比，胶原更具有可纺性，纺出的纤维强度更好。胶原蛋白的保湿性特别优异，用胶原蛋白纺丝得到的胶原蛋白纤维，制成纺织面料和衣服，就像皮革服装一样，既具有很好的保湿性，又不会有气闷的感觉。提取的胶原几乎与人的皮肤组成相同，具有最好的亲和性，穿着舒适。胶原蛋白纤维的干强度和湿强度都超过了羊毛，弹性也远远超过羊毛；胶原蛋白纤维具有抑菌作用，特别适合制作贴身穿着的内衣和内裤。

胶原蛋白与纤维结合素和黏多糖一样，都是细胞间质中的成分，为体外培养细胞创造与体内环境相似的条件，有利于促进细胞的生长繁殖。

胶原和胶原蛋白的美容作用和在化妆品中的使用，已经日益显得重要，电视广告中关于胶原蛋白面膜及胶原蛋白化妆品的宣传，使胶原蛋白走入了寻常百姓家。事实上，现在较高档次的护肤品很少不用胶原蛋白或其水解的氨基酸。在化妆品中掺入一定胶原蛋白或由胶原蛋白水解得到的氨基酸，直接涂抹，对皮肤有保护和抗老化的效果。但这种作用是暂时的，要长期使用。面膜是修复肌肤的一种常用的、直接的美容方式，是最好的外用形式，产品种类很多，在国外流行多年的胶原蛋白面膜，近几年来已在我国成了热门货。该面膜对皮肤、毛孔的渗透效果比普通面膜提高数十倍，可补充高渗透、高吸收率的浓缩胶原蛋白，在使用30min内立即改善肌肤的观感和触感，迅速补充肌肤中流失的胶原蛋白，抚平皱纹。现在国内大都用骨胶原蛋白膜，因胶原本身成膜性能好，容易生产，同时可以在成膜前的胶原蛋白溶液中加药物或生物活性成分，胶原蛋白面膜会有更大的发展。美国FDA于1981年批准注射性牛胶原用于临床，后来日本、欧洲等相继使用。中国预防医学科学院劳动卫生与职业病研究所刘秉慈教授于1989年研制出由人组织提取的医用美容胶原，随后开展了注射人胶原填充软组织的临床研究，证明是效果更好、更安全的注射胶原，并已推广使用。乳房主要由结缔组织和脂肪组织构成，而挺拔丰满的乳房很大程度上依靠结缔组织的承托。胶原蛋白是结缔组织的主要成分，在结缔组织中胶原蛋白常与糖蛋白相互交织成网状结构，产生一定的机械强度，是承托人体曲线、体现挺拔体态的物质基础。胶原蛋白对丰胸的作用早已为人们所熟知，胶原交联水凝胶用于丰乳的临床应用越来越多，有可能替代聚丙烯酰胺水凝胶。

## 思 考 题

1. 从分子结构和制备工艺上说明甲壳素和壳聚糖的异同点。
2. 为什么壳聚糖衍生物的种类很多？
3. 从甲壳素制备壳聚糖的过程中，关键的控制要点是什么？
4. 如何制备高黏度壳聚糖，可以通过哪些方法实现？
5. 如何制备高脱乙酰度壳聚糖？

6. 如何制备羧甲基壳聚糖？
7. 甲壳素或壳聚糖的化学改性方法有哪些？
8. 胶原蛋白与明胶在结构上有哪些异同点？
9. 胶原蛋白提取过程中，盐析工序需要注意哪些？
10. 胶原蛋白如何转变为明胶？
11. 碱法制备骨明胶的工序包括哪些？各工序的目的是什么？
12. 碱法制备骨明胶为什么要进行浸灰？浸灰工序中控制要素有哪些？
13. 碱法制备骨明胶的后处理工序中的用水和生产设备各有何要求？
14. 明胶制备过程中为什么要严格控制温度？
15. 明胶溶液的后加工一般包括哪些过程？

## 参 考 文 献

[1] 郑玉峰, 李莉. 生物医用材料学. 哈尔滨：哈尔滨工业大学出版社, 2005.
[2] 高长有, 马列. 医用高分子材料. 北京：化学工业出版社, 2006.
[3] 顾其胜, 侯春林, 徐政. 实用生物医用材料学. 上海：上海科学技术出版社, 2005.
[4] 周长忍. 生物材料学. 北京：中国医药科技出版社, 2004.
[5] 张俐娜. 天然高分子改性材料及应用. 北京：化学工业出版社, 2006.
[6] 任杰. 可降解与吸收材料. 北京：化学工业出版社, 2003.
[7] 邵自强. 纤维素醚. 北京：化学工业出版社, 2007.
[8] 徐润, 梁庆华. 明胶的生产及应用技术. 北京：中国轻工业出版社, 2000.
[9] 蒋挺大. 甲壳素. 北京：化学工业出版社, 2003.
[10] 《明胶生产工艺及设备》编写组. 明胶生产工艺及设备. 北京：中国轻工业出版社, 1996.
[11] Ward A G, Courts A. 明胶的科学与工艺学. 北京：轻工业出版社, 1982.
[12] 王远亮. 明胶食品. 北京：中国食品出版社, 1987.
[13] 顾其胜. 胶原蛋白与临床医学. 上海：上海第二军医大学出版社, 2003.
[14] 蒋挺大, 张春萍. 胶原蛋白. 北京：化学工业出版社, 2001.
[15] 姜炜, 李凤生, 杨毅等. 医用放射性核素的载体-磁性壳聚糖微球的制备. 机械工程材料, 2004, 28 (10)：44-47.
[16] 迪歌·弗兰. 胶原及其制备方法. 公开号 CN1110284, 申请号 94104697.4, 申请日 1994-04-14.
[17] 黄强, 沈彬. Ⅰ型胶原与原发性骨质疏松的相关性研究进展. 华西医学, 2009, (1)：244-247.
[18] 顾平远. 明胶文摘. 明胶科学与技术, 2008, (4)：215-218.
[19] 缪进康. 从明胶分子学的角度讨论明胶的功能性质. 明胶科学与技术, 2008, (4)：196-201.
[20] 王伟军, 李延华, 于俊林等. 功能性食品的研究现状及发展趋势. 通化师范学院学报, 2008, (10)：37-39.
[21] 利健霭. 明胶在食品中的应用. 中国食品工业, 2008, (3)：43-44.
[22] 于洋, 方旭波. 罗非鱼皮明胶的制备及性质研究. 中国食物与营养, 2009, (1)：26-29.
[23] Kimumura S, Zhu X P, Matsui R, et al. Characterzation of fishmuscle type I collagen. J Food Sci, 1988, 53：1315-1318.
[24] Morimura S, Nagata H, Uemura Y. Development of an effective process for utilization of collagen from livestock and fish waste. Process Biochemistry, 2002, 37 (12)：1403-1412.
[25] Gómez-Guillén M C, Tumay J. Structural and physical propertiesof gelatin extracted from different marine species: a compara-tive study. Food Hydrocolloids, 2002, (16)：25-34.
[26] Asbjorm Gildberg, Jarl Bogwald, Audny Johansen, Even Stenberg. Isolation of acid peptide fractions from a fish protein hydrolysate with strong stimulatory effect on Atlantic salmon (Salmo salar) head kidney leucocytes. Comparative Biochemistry and Physiology, 1996, 114：97-101.

# 第3章 合成生物高分子材料的制备

## 3.1 概述

合成生物高分子材料可以通过单体聚合的方法或微生物发酵的方法获得，通过组成和结构来控制高分子材料的物理、化学和生物学性能。几乎所有人工器官中均用到了高分子材料，制备医疗器械和药用原料和材料等也离不开高分子材料。目前发展正热的组织工程支架材料更是以高分子材料为主。

合成生物高分子材料发展的第一阶段始于20世纪30年代，其特点是所用高分子材料都是已有的现成材料，如用聚甲基丙烯酸甲酯制造义齿的牙床。第二阶段始于1953年，其标志是医用级有机硅橡胶的出现，随后又发展了聚羟基乙酸/聚乳酸可吸收生物缝合线以及聚氨酯心血管材料，从此进入了以分子工程研究为基础的发展时期。合成高分子材料因为其多变的组成、性能和可设计性得到众多研究者的青睐。目前全世界应用的生物医用高分子材料有上百个品种；西方国家消耗的医用高分子材料每年以10%~20%的速率增长。目前的生物高分子材料的研究焦点已经从寻找替代生物组织的合成材料转向研究一类具有主动诱导、激发人体组织器官再生修复的新材料，这标志着生物医用高分子材料的发展进入了第三个阶段。

### 3.1.1 合成生物高分子材料的分类

根据不同的角度、目的甚至习惯，生物高分子材料有不同的分类方法，目前尚无统一标准。根据材料的结构，用作生物材料的合成生物高分子材料可以归结为22类：聚酯类、聚丙烯酸类、硅橡胶类、聚碳酸酯类、聚氨酯类、聚脲类、聚砜类、聚原酸酯类、聚酰胺类、α-氰基丙烯酸酯类、多糖及其衍生物、蛋白类与多肽类、乙烯类、聚醚类（如聚乙二醇等）、偶氮基团类、聚磷酸酯类、聚膦腈类、羟基磷灰石及其衍生物类、聚氯乙烯类、聚丙烯类、聚苯乙烯类、聚醚类（如环氧树脂等）。根据其降解性能，合成生物高分子材料可分为生物惰性（或非生物降解）高分子材料和生物降解性高分子材料。绝对不能降解的材料是不存在的，这里所谓的生物惰性或非生物降解材料是指相对稳定、在所应用的时间范围内（如2年内）无显著降解现象。非生物降解型高分子材料耐生物老化，长期植入具有良好的生物稳定性和物理、力学性能，易加工成型，原料易得，便于消毒灭菌，已成为生物材料中用途最广、用量最大的品种，近年来需求量增长十分迅速。随着组织工程、再生医学和药物控制释放的快速发展，可生物降解高分子更引人注目。例如，在骨折内固定、骨缺损修复、肌腱修补以及人体血管、肌肉、组织缝合等方面，迫切需要材料除具有一定的强度、刚度、韧性及生物相容性外，还需具有生物降解性，能够被生物体吸收或排泄，以免除二次手术的痛苦。

#### 3.1.1.1 合成生物惰性高分子材料

生物惰性高分子或非生物降解高分子材料根据材料的理化性能，已见报道的生物高分子可分为塑料、橡胶和纤维三大类，另外还有涂料、黏合剂等。塑料类包括聚乙烯、聚丙烯、聚氯乙烯、聚氟乙烯（聚偏氟乙烯/聚四氟乙烯）、聚碳酸酯、聚乙烯醇缩醛、环氧树脂、聚

（甲基）丙烯酸酯及其衍生物和聚砜等。橡胶类包括聚氨酯弹性体、聚硅氧烷和天然橡胶等。纤维类包括涤纶、尼龙、聚酯纤维、聚丙烯等。非生物降解高分子一般具有较好的可塑性、耐磨损性和较高的力学性能或高弹性，主要用于生物体软、硬组织修复体、人工器官、人工血管、接触镜、膜材、黏合剂和空腔制品等方面。目前研究主要集中在提高材料的生物安全性，提高组织相容性和血液相容性，改善生物学性能，提高力学性能、物理性能。其中应用较为广泛并已商品化的主要有聚乙烯、聚氯乙烯、丙烯酸树脂、聚四氟乙烯、硅橡胶、聚氨酯和聚丙烯酰胺等。常见的非生物降解性医用高分子材料的结构式如图 3-1 所示。

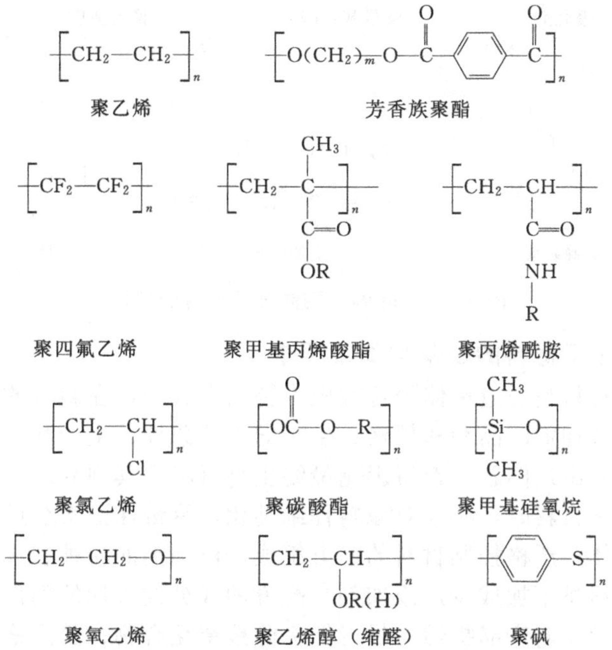

图 3-1 常见的非生物降解性医用高分子材料的结构

与天然高分子和可降解医用高分子材料相比，非生物降解高分子一般具有良好的可加工性与力学性能，而且原材料广泛、价格低廉。也可通过与可降解材料共聚，改善该类材料的降解性能。因此在生物医学材料领域仍占有相当大的比例，制备高性能、多功能的特种材料以及复合材料将是今后该研究领域的一个重要方向。

#### 3.1.1.2 合成生物降解高分子材料

可降解高分子材料的研究起源于 20 世纪 30 年代，美国化学家 Carothers 等研究发现低分子量的脂肪族聚酯具有生物可降解性。但真正对生物降解高分子材料的研究开始于 20 世纪 70 年代，美国 Davis&Geck 公司上市了第一个合成的聚乙醇酸（又称聚乙交酯，PGA）可吸收缝合线。此后的三四十年间可降解高分子材料获得长足的发展，目前全世界的产量已达 300 万吨。

可降解高分子化学结构上有可裂解的基团。此类高分子可在水、光或生物酶等的引发下发生解离，分解成可被生物体吸收或排泄掉的小分子。图 3-2 是常见的几种可降解生物高分子的结构式。主要有聚羟基烷酸酯、聚膦腈、聚原酸酯、聚酰亚胺、聚酸酐和聚氨基酸以及它们的共聚物等。

可生物降解高分子对于人体健康及环境保护等具有十分重要的意义，其研究与开发将会带来巨大的经济与社会效益，必将形成一个特有产业领域。

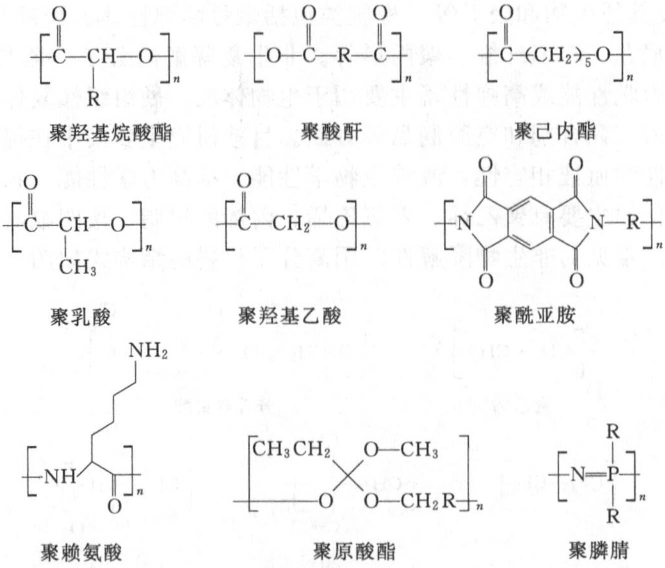

图 3-2 可降解生物高分子材料的结构

### 3.1.2 合成生物高分子材料的制备与加工要求

合成生物高分子材料是通过单体聚合或微生物法合成的，在制备的过程中涉及原料的纯度、单体的转化率、添加剂的品种和规格、生产的工艺条件、生产和包装的环境、灭菌过程等方面，无论哪个方面出现问题，都将影响最终生物材料及其制品的安全性。因此在制备与加工合成类生物高分子材料时，必须对原料仔细纯化，尽量保证聚合反应完全，减少可能存在的低聚物和残留单体；严格控制材料的配方组成、添加剂的品种和规格，在基本性能满足应用要求的情况下，尽量不加或少加添加剂，配方的成分或添加的助剂应该尽量满足生物材料的要求，聚合完成后需对产品提纯，尽可能去除残留化合物；要严格保证成型加工工艺条件、生产和包装环境及灭菌条件，使其符合生物材料的各项要求。

## 3.2 合成生物高分子材料的一般制备方法

据由小分子形成高分子化合物的反应机制，化学合成高分子化合物的基本方法有两种，连锁聚合反应和逐步聚合反应。此外，还可通过生物发酵的方法合成高分子材料，如聚羟基烷酸酯。

在一定条件下，如引发剂分解、光照、加热或辐射的作用，聚合体系中形成可以引发单体聚合的活性中心（包括自由基、阴离子、阳离子等），该活性中心可以把单体的不饱和键打开，形成可以与另一个分子连接的新的不稳定分子，它迅速与第二个分子连接又形成新的不稳定分子，然后与第三个分子连接等，以此类推，形成一条大分子链，反应一环扣一环，只要有足够的单体分子存在，中间一般不会停顿，所以称为连锁聚合反应。根据反应的活性中心的不同，连锁聚合反应可分为自由基聚合反应、离子聚合反应、配位聚合反应以及开环聚合反应等。

由一种或几种单体通过缩合聚合等方法形成高分子的反应称逐步聚合反应。缩合聚合过程中，生成高分子化合物的同时，有水、氨气、卤化氢、醇等小分子物质析出，所以缩聚反应生成的高分子化合物其成分与单体是不同的，而通过开环聚合形成的高分子成分与单体是相同的。现在一般将聚氨酯合成反应一并与缩合聚合统称为逐步聚合反应，这种反应不放出小分子，但由于其链的形成是官能团间相互反应（只不过一个官能团上的某一原子转移到另一官能团上），且中间产物可分离出来，链增长中无能量的传递，所以与加成聚合有本质不同。逐步聚合反应的特点是：①反应是由若干个聚合反应构成的，单体是逐步进行反应连接在一起的；②反应可以停在某一阶段上，可得到中间产物；③对缩合聚合而言，重复单元的化学结构与单体的结构不完全相同，而对于开环聚合而言，重复单元的化学结构与单体的结构完全相同；④延长反应时间可以提高产物的分子量，而对单体的转化率影响不大，单体的转化率和分子量与反应条件关系密切。逐步聚合反应也有很大的实用价值，虽然在目前合成高分子工业占的比例不如连锁反应那么大，但许多生物材料都可由缩聚反应制备，如聚氨酯、聚乳酸、聚酰胺、聚硅氧烷以及其它一些生物材料等都可通过缩聚反应实现。

### 3.2.1 自由基聚合

自由基聚合反应在高分子合成工业中有极重要的地位。当前许多重要的高分子材料，如高压聚乙烯、聚氯乙烯、聚苯乙烯、聚乙酸乙烯酯、聚甲基丙烯酸甲酯、聚丙烯腈、氯丁橡胶、丁苯橡胶、丁腈橡胶及 ABS 树脂等都是采用自由基聚合反应制备的。在生物高分子材料领域应用的聚氯乙烯、聚丙烯酸酯、聚乙烯醇（由聚乙酸乙烯酯醇解制得）、聚丙烯腈碳纤维（由聚丙烯腈氧化碳化制得）、聚 N-乙烯基吡咯烷酮、聚丙烯酰胺等都可以通过自由基聚合得到。由于自由基聚合反应具有技术成熟、合成工艺简单、聚合反应易于控制、产品性能重现性好及适应品种范围广等特点，使得自由基聚合在高分子合成工业中获得最为广泛的应用。

自由基聚合反应的特点是：①自由基聚合反应有明显的链引发、链增长、链终止、链转移等基元反应，其中引发反应是控制总聚合速率的关键；②只有链增长反应才使分子量增加，聚合时间对聚合物的分子量影响不大；③聚合反应时间越长，单体转化率越大，当转化率达到一定程度时反应体系会出现自加速现象；④聚合物的化学组成与单体相同。

(1) 自由基聚合反应的单体　自由基聚合常用乙烯基单体，如有吸电子取代基存在，可使碳-碳双键 π 电子云密度降低，易于与含有独电子的自由基结合，形成自由基后，吸电子基团又与独电子形成共轭体系，使体系能量降低，因此链自由基有一定的稳定性，而使聚合反应继续进行下去。乙烯基单体常是一取代乙烯和部分 1,1-二取代乙烯，具体可以是乙烯、丁二烯、乙酸乙烯酯、（甲基）丙烯酸及其酯、甲基乙烯基酮、丙烯酰胺、丙烯腈、偏氯乙烯、异戊二烯等。

(2) 自由基聚合引发剂　自由基聚合反应的特点是聚合反应的活性中心是自由基，自由基就是带有未配对独电子的基团，具有较强的反应活性。自由基的活性差别很大，一般烷基和苯基自由基活泼，可以成为自由基聚合的活性中心；而处于共轭体系的自由基，如三苯甲基自由基则比较稳定，甚至可分离出来。稳定的自由基不但不能使单体聚合，反而能与活泼自由基结合使聚合终止。

产生自由基的方法主要是在热、光、辐射能或引发剂的作用下，使烯类单体自身形成自由基而进行聚合。例如，苯乙烯、甲基丙烯酸甲酯等单体在热的作用下进行自由基聚合，许多单体在光的激发下，能形成自由基而聚合，而有些单体在高能辐射作用下亦可进行自由基聚合。目前应用比较普遍的是利用引发剂产生自由基，然后再引发烯类单体进行自由基聚合反应。引发剂有偶氮化合物、过氧化物和氧化-还原体系三类。引发剂分解形成的自由基并不一定全部引发单体聚合，常有一部分自由基在一些副反应中消耗掉。

在自由基聚合反应中，必须正确、合理地选择和使用引发剂，这对于提高聚合反应速率、缩短聚合反应时间具有重要的作用。关于引发剂的选择，首先要根据聚合实施方法选择引发剂类型。本体聚合、悬浮聚合和溶液聚合选用油溶性（即溶于单体）的引发剂，如偶氮类、有机过氧化物等。乳液聚合选用过硫酸盐一类的水溶性引发剂或氧化-还原体系。当用氧化-还原体系时，氧化剂可以是水溶性的或油溶性的，但还原剂一般应是水溶性的。还需根据聚合反应温度、分解速率常数、分解活化能、半衰期等考虑选择。若选择过氧化物作为引发剂，还需考虑过氧化物是否具有氧化性，是否易使聚合物着色等。

(3) 分子量控制与调节　聚合物的分子量是决定材料力学性能与加工性能的重要指标，因此在自由基聚合反应中，根据聚合物类型及产品用途，要求有合适的分子量。在自由基聚合工业生产中，对分子量有影响的因素有：引发剂浓度、聚合温度、链转移等。这是因为聚合物动力学链长与单体浓度成正比、与引发剂浓度的平方根成反比，因此可以通过控制引发剂用量来调节聚合物的分子量。在热引发或引发剂引发时，产物的平均聚合度随温度的升高而降低，但是光引发和辐射引发时，温度对聚合速率的影响很小，聚合可以在低温下进行。自由基聚合时链转移可以向单体转移、引发剂转移、溶剂转移、链转移剂转移，因此可以通过链转移剂或分子量调节剂对聚合物分子量进行控制。

(4) 自由基共聚合　只有一种单体参加的聚合反应称为均聚反应，所得聚合物称为均聚物。由两种或两种以上单体混合后，经引发聚合生成含有两种或两种以上单体单元的聚合物，这种聚合物称为共聚物，该聚合过程称为共聚合反应，简称共聚反应。通过共聚合，可以得到无规共聚物、交替共聚物、嵌段共聚物、接枝共聚物。无规共聚物和交替共聚物可以通过单体共聚反应实现，嵌段共聚物和接枝共聚物则需用特殊方法制取，如活性阴离子聚合、活性自由基聚合等。

(5) 实施方法　高分子合成工业中，自由基聚合的实施方法有四种，即本体聚合、悬浮聚合、溶液聚合、乳液聚合。这些实施方法各有不同的工艺特点，为适应产品不同用途的需要，可选择不同的聚合实施方法。表3-1是四种聚合实施方法的比较。

表 3-1　聚合实施方法的比较

| 聚合类型 | 本体聚合 | 溶液聚合 | 悬浮聚合 | 乳液聚合 |
| --- | --- | --- | --- | --- |
| 主要组成 | 单体<br>引发剂 | 单体<br>引发剂<br>溶剂 | 单体<br>引发剂<br>水<br>分散剂 | 单体<br>水溶性引发剂<br>水<br>乳化剂 |
| 聚合场所 | 本体内 | 溶液内 | 液滴内 | 胶束和乳胶粒内 |
| 聚合机制 | 一般自由基聚合机制，提高速率的因素往往使分子量降低 | 有向溶剂的链转移反应，分子量较低，速率也较低 | 与本体聚合相同 | 增溶胶束内为一般自由基聚合机制，提高聚合速率的同时也能提高分子量 |
| 生产特征 | 不易散热，易间歇生产、设备简单；适合制板材和型材 | 易散热，可连续生产；适合制液体产品，不宜制成干燥粉状或粒状树脂 | 散热容易，间歇生产；须较复杂的后处理 | 散热容易，可连续生产；适合制固体树脂及液态产品 |
| 产物特性 | 聚合物纯净，易于生产透明浅色制品，分子量分布较宽 | 一般聚合液直接使用 | 比较纯净，可能留有少量分散剂 | 留有少量乳化剂和其它助剂 |

合成橡胶的玻璃化温度远低于室温，在常温下为弹性状态，易黏结成块，因此一般不用本体聚合、悬浮聚合法生产。目前自由基聚合反应生产合成橡胶时广泛采用乳液聚合法生产。合成树脂玻璃化温度高于室温，在常温下呈坚硬的塑性体，因此四种方法均可使用。同一种单体，采用的聚合方法不同所得产品的形态也不一样，不同形态的产品以适应不同的用途。例如甲基丙烯酸甲酯的聚合，采用本体聚合浇注成型可直接制得透明的板材、棒材及管

材；若用悬浮聚合法，产品形态为珠粒状，称为甲基丙烯酸甲酯模塑粉，是制牙托、假牙的主要原料。

### 3.2.2 离子聚合

离子聚合是指聚合的活性中心是离子，根据增长离子的特征可将离子聚合分为阳离子聚合、阴离子聚合和配位离子聚合三类。丁基橡胶、聚异丁烯橡胶是通过阳离子聚合制备的，丁苯嵌段共聚物、溶聚丁苯橡胶等是通过阴离子聚合制备的，高密度聚乙烯、超高分子量聚乙烯、聚丙烯、乙丙橡胶等是通过配位聚合实现的。一般离子聚合反应大多选择本体聚合和溶液聚合方法。

离子聚合与自由基聚合的不同是：①引发剂不同。自由基聚合的引发剂是易发生均裂反应的物质，离子聚合引发剂则是易产生活性离子的物质。阳离子聚合以亲电试剂（广义酸）为催化剂，阴离子聚合以亲核试剂（广义碱）为催化剂。碱性越强越易引发阴离子聚合反应。②终止方式不同。离子聚合链的活性中心带相同电荷，不可能像自由基聚合一样发生双基终止。有时甚至不发生链终止反应而以"活性聚合链"的形式长期存在于溶剂中。③选择性不同。离子聚合对单体的选择性，带有供电子取代基的单体易进行阳离子聚合，带有吸电子基团的单体易进行阴离子聚合。取代基吸电子性越强的单体，越易进行阴离子聚合反应。溶剂对离子型聚合速率、分子量和聚合物的结构规整性有明显的影响。

### 3.2.3 开环聚合

具有环状结构的单体将环打开形成线型聚合物的反应称为开环聚合。若环中含有杂原子或官能团，如 O、N、P、S、Si 及—COO—、—CONH—等，则在一定的条件下可进行开环聚合反应，生成的聚合物与单体的化学组成相同。常见的聚环氧乙烷、聚己内酰胺、聚乳酸（聚丙交酯）、聚乙醇酸（聚乙交酯）、聚己内酯等就是开环聚合的产物。

环状单体开环聚合的能力主要取决于环的大小，其次是环上反应基团的性质和位置以及所用的催化剂。环的张力越大热力学上就越不稳定，开环聚合的倾向就越大。3，4元环和7～11元环聚合倾向大，但9元环以上的聚合活性不大。

开环聚合反应可采用阳离子催化剂或阴离子催化剂，有时也可用分子型催化剂来引发聚合。有时开环聚合并不具有连锁聚合的特征。

### 3.2.4 缩合聚合

一种或多种较简单的化合物通过共同缩去一些小分子（如水、氨、卤化氢等），而彼此结合成高分子化合物的反应，称为缩合聚合。缩聚聚合反应方法目前工业上广泛采用的有熔融缩聚、溶液缩聚和界面缩聚等方法，近年来乳液缩聚和固相缩聚也在不断发展和应用。

熔融缩聚与本体聚合相似，在反应中不加溶剂，使反应温度在原料单体和缩聚产物熔化温度以上（一般高于熔点10～25℃）进行的缩聚反应叫熔融缩聚。熔融缩聚法的特点是反应温度高（一般在200℃以上），所形成的副产物（水、醇等）通过惰性气体携带或借助于体系的真空度而不断排除。温度高有利于提高反应速率和低分子副产物的排除。此法一般用于室温下反应速率很小的可逆缩聚反应，偶尔也用于反应速率不太大的不可逆缩聚，例如熔融缩聚法制聚砜的反应。正是由于大多缩聚反应为可逆平衡反应，熔融缩聚体系黏度很大，副产物不易排除，所以熔融缩聚物相对分子质量一般不超过3万。熔融缩聚法研究得比较普遍和深入，缩聚反应的一般规律大都是在熔融缩聚的研究中建立起来的。熔融缩聚时要求：①反应温度高，单体和缩聚物的热稳定性好；②对混缩聚来说，要求单体保持严格等量比；③单体的纯度要求很高，杂质的存在将影响分子量、反应速率和产品质量。熔融缩聚生产工艺较简单，由于不需要溶剂，减少了溶剂蒸发的损失和省去回收溶剂的工序，减少污染，有利于降低成本，所以工业上普遍使用，例如合成涤纶、聚碳酸酯、聚酰胺等。

溶液缩聚是当单体或缩聚产物在熔融温度下不够稳定而易分解变质时，为了降低反应温度，可使缩聚反应在某种适当的溶剂中进行。与熔融缩聚法相比，溶液缩聚法缓和、平稳，有利于热交换，避免了局部过热现象，容易得到较高分子量的产物，但是需用大量溶剂，需增设溶剂提纯、回收设备。此外，缩聚过程中不需要高真空。溶液缩聚制得的聚合物溶液可直接作为清漆或膜材料使用，也可作为纺丝液纺制成纤。

界面缩聚又称相间缩聚，是在多相（一般为两相）体系中，在相的界面处进行的缩聚反应。它是一种复相反应，一般属于扩散控制的范畴。界面缩聚可根据相状态或工艺方法分为以下两类。①根据体系的相状态，可分为液-液界面缩聚和液-气界面缩聚。液-液界面缩聚是将两种有高反应活性的单体分别溶于互不相溶的溶剂中（一般一为有机相，一为水相），在两相界面处进行缩聚反应。液-气界面缩聚（气相缩聚）是一些易挥发的单体（常用惰性气体如 $N_2$、空气等稀释）处于气相，而另一相溶于水中，在气-液界面上进行的缩聚反应。②按工艺方法可分为静态界面缩聚和动态界面缩聚。静态界面缩聚是不进行搅拌的界面缩聚，而动态界面缩聚则是进行搅拌的界面缩聚。两者的区别是反应的流体力学条件不同。界面缩聚反应速率极快，反应在室温下即可进行，能得到分子量很高的产物，对单体的纯度要求不高，对原料配比要求不严，反应是在两相界面上进行的不可逆反应，所以无需抽真空除去副产物。虽然这种方法也存在需用大量溶剂和设备，但由于它具备了上述的特点，恰好弥补了熔融缩聚的不足，所以是一种大有前途的方法。目前已在聚酯、聚酰胺、聚碳酸酯等的合成上得到越来越多的应用。

固相缩聚是在原料熔点以下进行的缩聚反应。这种缩聚比在高温熔融状态下的缩聚要缓和得多，所以适用于单体热稳定性不好和高温下聚合体易分解的情况。如聚酯的固相缩聚等。影响固相缩聚的主要因素有：配料比及单官能化合物、反应程度、反应温度、原料粒度、添加剂等。

乳液缩聚的反应体系为两液相，但形成聚合物的缩聚反应仅在其中一相内进行，其规律性类似于熔融缩聚与溶液缩聚过程。聚合物的分子量主要受链终止反应的限制。但是存在聚合物的分离、溶剂的回收再生等问题。目前仅限于聚芳酰胺的生产。

### 3.2.5 生物合成

21世纪最有发展前景的高分子材料是生物高分子，因为生物高分子不仅原料取自自然，而且采用生物发酵的方法来合成高分子材料。自20世纪80年代以来，利用生物合成具有新型结构的高分子材料的研究得到迅猛发展。微生物通过生命活动可合成高分子，这类高分子可完全生物降解，主要包括微生物聚酯和微生物多糖，其中微生物聚酯方面的研究较多，例如聚羟基脂肪酸酯（PHA）。

随着非水酶学的发展，用酶促合成法合成可生物降解高分子材料已成为一种新的技术而引起重视，并已经认识到酶在有机介质中表现出与其在水溶液中不同的性质和拥有催化一些特殊反应的能力，从而显现出许多水相中所没有的特点，如提高非极性底物和产物的溶解度、热力学平衡向合成的方向移动等。而当将酶法应用于合成可生物降解高分子材料时，它又具备了不同于化学法和微生物法的特点。酶对底物的高度专一性使聚合过程无副产物，产物易分离，酶可回收再利用，催化反应条件温和（一般在常温常压下反应），从而降低了产品的成本；利用酶的立体专一性特点还能合成一些传统方法很难得到的产品，如具有光学活性的可生物降解的高分子化合物等。用酶促合成法开发的可生物降解高分子材料生物可降解性能很好，都是完全可生物降解的，它们主要包括聚酯类、聚糖类、聚酰胺类等。

### 3.2.6 高分子材料的功能化

通过高分子的官能团反应在高分子侧链上导入功能基团可以制备具有特殊性能和功能的高分子材料（精细高分子材料）。高聚物在化学试剂作用下，可以发生醚化、酯化、水解、缩醛化、卤化、硝化等官能团特征反应。有时甚至采用氧化等手段生成自由基进行接枝。这类反应的共同特点是大分子的聚合度在反应前后变化不大。从官能团的性质来看，高分子链上的官能团与低分子化合物中的官能团的反应活性不同。聚合物的反应活性受扩散因素、化学因素等的影响。通过高分子的功能化来制备精细高分子的方法，可以避免聚合条件对功能基的影响。不仅如此，该法可以利用规模化生产的材料作为出发点，从而降低成本；或者利用天然高分子材料作为出发点，提高环境相容性；甚至可以直接利用废弃的高分子材料，所以是颇为可取的一条途径。由于受到高分子反应特性的制约，产品的功能基含量较低，而且分布也不均匀。

(1) 基团接枝

① 在侧链的羟基、氨基、羧基等基团上使用环氧化物、内酰胺、内酯、异氰酸酯等活性较高的试剂进行接枝。

② 由于苯环基团很容易进行各种有机化学反应，所以聚苯乙烯（可以用二乙烯基苯等轻度交联，以增加使用寿命）作为高分子骨架常用来连接功能单体，制备精细高分子。

(2) 自由基接枝

① 通过侧链氧化，引入过氧化物基团，或将侧链上的氨基偶氮化形成反应活性点。

② 通过氧化反应（羟基、氨基、巯基等以铈离子进行氧化）进行接枝聚合。

③ 由于冷炼、高速搅拌、辐射等外加能量的作用，使高分子产生自由基，引发接入新的单体。

(3) 交联改性

① 分子内交联。用甲醛对聚乙烯醇进行一定程度的内交联（缩醛化），此生成物能溶于冷水，而在沸水中形成凝胶，并具有显示可逆的溶胶-凝胶化的特异功能。

② 分子间交联。

## 3.3 乙烯基类高分子材料

### 3.3.1 概述

聚乙烯（PE）、聚丙烯（PP）、聚氯乙烯（PVC）、聚四氟乙烯（PTFE）、聚乙烯醇（PVA）、聚 N-乙烯基吡咯烷酮（PVP）、聚丙烯酸酯、聚 N-异丙基丙烯酰胺（PNIPAM）等许多乙烯基类高分子材料都可用于生物医用领域。这些高分子材料由于主链是 C—C 链，具有生物惰性或非降解性，因此属于非生物降解高分子材料。

高密度聚乙烯（HDPE）强度、硬度、耐磨性与耐溶剂性能优异，已被用于人工髋骨、人工肾、人工肺、人工关节、人工骨、人工喉矫形外科修补材料以及各种医用插管材料；超高分子量聚乙烯（UHMWPE）也已被用于人工髋臼的制备。乙烯-乙酸乙烯共聚物（EVA）具有良好的柔韧性、耐老化性、透光性以及易加工性，被用作取代聚氯乙烯的血袋材料。

聚丙烯拉成中空纤维，已被用作人工肺的材料，采用浇注或挤压成型的聚丙烯或氟化聚丙烯可以用来制备人工血管。

聚四氟乙烯除具有优良的耐化学药品、电学、表面、力学性能外，还具有不易凝血、植入后组织反应小等优点，广泛用于人工器官与组织修复材料、医用缝合线、医疗器械材料等方面，如血管、人造肺气体交换膜、人造肾脏和肝脏的解毒罐、体外血液循环导管、静脉接头、缝合环包布、疝修复、食道和气管重建、下颌骨重建、人工骨制造、耳内鼓室成型等。其中"膨体聚四氟乙烯"(e-PTFE)人工血管就是将管状PTFE薄膜进行特殊延伸处理，形成许多微纤维起伏相连的多孔性裂沟，有利于长成假内膜，在血管内壁起抗凝血作用。

聚乙烯醇分子链侧基上含有大量的羟基，因而具有良好的水溶性。高水溶性的聚乙烯醇除了作为水溶性的膜材料以外，还可以作为增稠剂、辅助乳化剂、水溶剂等使用，聚乙烯醇水凝胶在临床上可用作人工晶状体。

聚 N-乙烯基烷酮是一种水溶性的高分子，具有优异溶解性、化学稳定性、成膜性、低毒性、生理惰性、黏结能力，可用作黏结剂、赋形剂、包衣剂、崩解剂、助溶剂、杀菌消毒剂、增溶剂、缓释剂、胶囊外壳、分散稳定剂、成膜剂等，也可用作医用塑料，与天然或合成纤维素结合制成血液渗透膜用于人工肾，或者用作人工血浆使用。

聚 N-异丙基丙烯酰胺具有独特的温敏性，一定浓度的 PNIPAM 水溶液在温度高于其低临界共溶温度32℃左右时，溶液发生相转变，形成物理凝胶。由于其低临界共溶温度32℃接近人体温度，利用这一特性，PNIPAM 凝胶已被尝试用于药物控释等领域。

高性能聚丙烯腈碳纤维在医学领域中具有广阔的应用前景。这种碳基材料生物相容性好，适用于制作人造心脏瓣膜、人工关节、韧带、腱及牙根植入材料。

聚丙烯酸酯树脂是由各种丙烯酸酯、甲基丙烯酸酯或取代丙烯酸酯经均聚或共聚而成的树脂，在工业上主要作透明板材、有机玻璃制品、塑料改性剂、油漆涂料和黏合剂等使用。在医疗上常见有聚甲基丙烯酸甲酯（PMMA）、聚甲基丙烯酸羟乙酯（PHEMA）、聚氰基丙烯酸酯等。医用级的聚甲基丙烯酸甲酯是一种常见的口腔科材料，可用于修复牙齿，同时还作为医用黏合剂、骨水泥应用；PHEMA 是一种水溶性高分子，侧基上的羟基可以作为进一步的反应性基团，研究的比较多的 PHEMA 水凝胶被广泛用作软接触眼镜、烧伤敷料、介入疗法栓塞剂等；聚氰基丙烯酸酯可以作为医用组织或血管黏合剂；带长侧链的聚甲基丙烯酸烷基磺酸酯具有类似肝素的作用，表现出良好的抗凝血性能；带有叔氨基的聚丙烯酸酯，可以经过烷基化成高分子季铵盐，非常易于与肝素的磺酸基结合，用于抗凝血表面改性；带有长侧链的聚甲基丙烯酸活性酯还可以在温和的反应条件下固化酶或者连接活性肽，作为生物制剂。

以上这些材料的共同特点是聚合所用单体都是乙烯基类含双键单体，只是侧基的取代基不同。这些乙烯基类高分子材料的制备一般采用配位聚合（如聚乙烯、聚丙烯等）或自由基聚合（如聚氯乙烯、聚四氟乙烯、聚乙烯醇、聚 N-乙烯基吡咯烷酮、聚丙烯酸酯、聚 N-异丙基丙烯酰胺等）等方法实现。由于以上大部分高分子材料的制备工艺已较成熟，可参考的资料也很多，这里就不再详细叙述，只是介绍几种典型乙烯基类高分子的制备以供参考。当这些普通高分子材料用作生物医用材料使用时，在制备或生产时必须注意原料的纯化，严格控制材料配方组成、添加剂品种和规格，以及成型加工工艺条件、环境和包装材料等对产品质量的影响。

## 3.3.2 超高分子量聚乙烯的制备

医用聚乙烯的工业化生产方法主要分为高压法和低压法两种。高压聚乙烯（LDPE，低密度聚乙烯，相对密度0.92）是乙烯在高温、高压、引发剂作用下发生自由基聚合制得，产品密度较低，性质柔软，机械强度较差，医用领域一般用于制造医用包装材料。低压聚乙烯（HDPE，高密度聚乙烯，相对密度0.94~0.96）是采用烷基铝与四氯化钛组成的配合催化剂体系，使乙烯在常压下于汽油等烷烃溶剂中配位聚合而成，产品密度较高，强度、硬度、耐溶剂性都比高压聚乙烯优异，而且具有很好的机械强度，加工制作容易，现用于一次性医疗用品的各种配件中。低压聚乙烯的生产流程如图 3-3 所示。

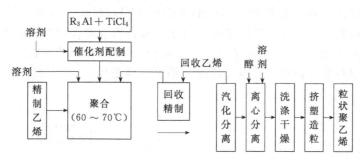

图 3-3 低压聚乙烯生产流程

超高分子量聚乙烯（UHMWPE）是指相对分子质量在 150 万以上的聚乙烯，最高的可达 1000 万。UHMWPE 是一种性能优异的工程塑料，它是在发明了低压法生产 HDPE 之后出现的。UHMWPE 聚合机理也为配位型，分子链为线形结构，分子结构与 HDPE 相似。UHMWPE 生产工艺也与普通的 HDPE 相似，可采用 HDPE 的生产方法和装置生产，不同之处在于 UHMWPE 生产无造粒工序，产品为粉末状。

超高分子量聚乙烯和普通聚乙烯在聚合上的区别，主要有聚合温度不同、催化剂的浓度不同以及是否加氢。在配位聚合法生产聚乙烯的过程中，常用氢气来调节聚合物的分子量，生产 HDPE 时要加氢，而生产超高分子量聚乙烯聚合时不加氢或少加氢。由于聚合条件的不同致使聚乙烯相对分子质量不同，它们的物理、力学性能及进行成型加工时的方法等都有很大区别。

UHMWPE 的生产工艺主要有溶液法、浆液法（齐格勒低压浆液法、菲利普斯浆液法和索尔维法）和气相法（UCC 的 Unipol 流化床气相法）。目前国内外多采用齐格勒催化剂低压浆液法聚合工艺生产。20 世纪 70 年代以后，各公司改用负载型齐格勒系高效催化剂，使催化效率大大提高，聚合工艺简化，省去脱灰和造粒工序。

(1) Ziegler 低压浆液法  以 $\beta\text{-}TiCl_3/Al(C_2H_5)_2Cl$ 或 $TiCl_4/Al(C_2H_5)_2Cl$ 为催化剂，以 60～120℃ 馏分的饱和烃为分散介质（或以庚烷、汽油为溶剂），在常压、75～85℃ 的条件下聚合，得到相对分子质量 100 万～500 万的 UHMWPE。菲利普斯浆液法以 $CrO_3$/硅胶为高效催化剂，在 1.96～2.94MPa 和 125～175℃ 下聚合，也可得到相对分子质量为 100 万～500 万的 UHMWPE。

(2) UCC 气相法  聚合反应在流化床反应器中进行，聚合温度 95～105℃，压力 2.1 MPa，停留时间 3～5h。聚合前在反应器中加入 PE 粉末，通入氮气或乙烯气净化系统，然后再用氮气使 PE 粉末呈流态化，加入三乙基铝使之与残留痕量水分反应。此后排出氮气，通入乙烯气体、催化剂。乙烯单程转化率为 2%～3%，直接得到粉末 PE。

(3) 索尔维法  把菲利普斯浆液法采用的环型反应器与以镁化合物为载体的齐格勒高效催化剂相结合的新的生产方法，称为索尔维法。UHMWPE 与普通 PE 聚合上区别主要在于聚合温度、催化剂浓度不同，以及是否加氢（UHMWPE 聚合时不加或少加氢）。

由于高分子容易老化，因此需要对聚乙烯制品进行特殊处理，如减少在消毒过程中对制品的辐照剂量，在储存过程中采用真空充填惰性气体的包装法避氧、避光老化。

### 3.3.3 聚乙烯醇的制备

聚乙烯醇（PVA）分子链侧基上含有大量的羟基，因而具有良好的水溶性。聚乙烯醇水凝胶在临床上可用作人工晶状体。同时高水溶性的聚乙烯醇可作为水溶性的膜材料、增稠剂、辅助乳化剂、水溶剂等。

由于不可能存在游离态的乙烯醇（CH$_2$=CH—OH）单体，因此工业中聚乙烯醇由聚乙酸乙烯酯经醇解制得。先由乙酸乙烯酯按自由基聚合机理聚合得聚乙酸乙烯酯，再由聚乙酸乙烯酯用醇溶液在 NaOH 催化剂存在下醇解制取 PVA。如果使 PVA 与醛类等反应，还可制备聚乙烯醇缩醛等聚合物，如聚乙烯醇缩甲醛（维尼纶）。聚乙烯醇的生产工艺流程如图 3-4 所示。

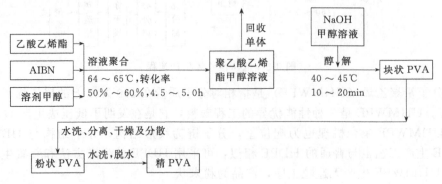

图 3-4 聚乙烯醇的生产工艺流程

普通的非医用聚乙烯醇的醇解度可达到 98%，而药用聚乙烯醇的醇解度一般在 87%～89%范围内，此时聚合物的水溶性最佳，可以溶解在热水和冷水中。国产的药用聚乙烯醇，根据醇解度和聚合度的不同，可以有 PVA0488、PVA0588、PVA1788 等产品，后面的数字 88 代表醇解度为 88%，前面的数字表示聚合度，即乙烯醇重复单元的数目×100，如 17 代表聚合度为 1700。

经过一定工艺加工成型的 PVA 水凝胶具有高弹性、化学性质稳定、易于成型、无毒、无副作用、与人体组织相容性好、弹性模量与摩擦系数很小等优点，除用作人工晶状体外，还有助于实现液膜润滑，减少磨损及松动。但早期制备的 PVA 水凝胶力学强度不足，尤其作为软骨替代材料，缺乏足够的抗压和抗剪切性能以承受施加于人体关节表面严峻的负荷条件。近年来研究者们对 PVA 水凝胶进行适当改性，如通过对水凝胶进行化学交联、冷冻-熔融或者将 PVA 水凝胶与其它材料复合，从而制得高强度、高水含量的弹性材料。现在采用高聚合度（5000～8000）PVA-DMSO-H$_2$O 混合体系可以制造出耐磨损性能优异的水凝胶材料，有望用于人工关节软骨、置换病变或损伤的关节软骨。

聚乙烯醇水凝胶人工玻璃体的制备：将 PVA 用甲醇抽提处理，先去除低分子量组分。干燥后用去离子水制成 7%溶液，再用 0.3μm 孔径滤膜加压过滤，去掉不溶成分。之后将 PVA 水溶液装入透析袋中在去离子水中透析 24h，干燥成膜，再制成 7%的聚乙烯醇水溶液，装入玻璃安瓿瓶中。高压灭菌 20min，再用剂量为 0.5～0.7Mrad（兆拉特）的 $^{60}$Co 辐照，得到一定交联度的聚乙烯醇。最后置于 85℃生理盐水充分膨润，除去过量水分和可溶成分，装入安瓿瓶中高压灭菌 20min，即成 PVA 水凝胶用作人工玻璃体。

### 3.3.4 聚 N-乙烯基吡咯烷酮的制备

聚 N-乙烯基吡咯烷酮相对分子质量在 1 万～120 万，是一种白色或微黄色粉末，溶于水及醇、酸、酰胺、卤代烃、酯、酮、四氢呋喃等多种溶剂中，但不溶于乙醚、环己烷等有机溶剂，其水溶液黏度基本上不受 pH 的影响。PVP 成膜性好，在水、乙醇等溶剂内均能成膜，形成的膜质硬、透明、光亮，符合卫生生理要求。PVP 不是原发刺激性物质、皮肤疲劳物质或致敏物质，对人体安全无毒，对皮肤和组织无刺激性。PVP 是三大药用新辅料之一，是优良的医药添加剂、药物赋形剂、片剂糖衣成膜剂、注射剂的助溶剂、胶囊剂的助流剂、液体制剂及着色剂的分散剂、液体制剂及着色剂的共沉淀剂、酶及热敏物的稳定剂、眼药的去毒剂及润滑剂等，亦可用于血液增溶剂，在急救状态时代替血浆。PVP 与不溶性药物结合，可提高其溶解能力，也可用做药片的压片剂和解崩剂。PVP 与 $I_2$ 反应生成 PVP-$I_2$ 杀菌剂，保留了 $I_2$ 的全部灭菌性质，几乎无刺激性和过敏性，不污染皮肤和衣物，无碘气味，比 $I_2$ 的急性毒性小 10 倍。PVP 对产生毒素如传染病例破伤风、白喉和肉毒中毒等具有解毒性。在 PVP 溶液中可降低尼古丁和氰化钾的毒性，在使 PVP 与抗生素、麻醉药等配合后可增强其药理作用并能延长用药疗效。PVP 可用于医用塑料。使 PVP 与天然或合成纤维素结合，可制成血液渗透膜，用于人工肾等。在第二次世界大战中作为代血浆使用，在大出血、大面积烧伤、重度脱水和机械伤害的情况下用于控制休克。由于其吸水率高，透气性好，可用作软质角膜接触镜片。

### 3.3.4.1 单体 NVP

N-乙烯基吡咯烷酮（NVP）是合成 PVP 的单体，常温下是一种无色或淡黄色、略有气味的透明液体，易溶于水，还易溶于许多有机溶剂，如甲醇、乙醇、丙醇、异丙醇、三氯甲烷、甘油、四氢呋喃、乙酸乙烯酯等，还能溶于甲苯等芳香类溶剂。其 25℃时的相对密度 1.04，熔点 13.5℃，沸点 148℃（13332.24Pa）、58～65℃（13.3～26.6Pa），闪点 98.3℃，20℃时折射率 1.512。

NVP 具有易聚合性和易水解性。因此市售的 NVP 中一般加有阻聚剂，在进行聚合反应前需要去除其中的阻聚剂，处理方法有两种：一是采用减压蒸馏的方法得到纯净的 NVP；二是加入活性炭，利用其吸附作用除去阻聚剂，然后过滤得到纯净的 NVP。

由于 NVP 易水解，特别是在酸性或盐类存在的条件下很容易发生水解反应，生成吡咯烷酮和乙醛，所以在 NVP 的生产和使用中应注意两点：一是合成 NVP 时必须注意把水除完全，保证产品中不含水分；二是在储存、运输过程中，要使产品呈中性或弱碱性，从而防止水解与自聚合反应发生，通常的做法是加入 0.1% 的碱（如氢氧化钠、氨或低分子的胺类）。

### 3.3.4.2 NVP 的均聚

目前工业生产 PVP 最典型的是采用自由基聚合原理的溶液聚合和悬浮聚合法，其中溶液聚合最为常见。溶液聚合是在含有引发剂（如双氧水和偶氮二异丁腈）和原料 NVP 的介质（用水为介质）中，在 10～70℃进行聚合。美国 GAE 和德国 BASF 公司都采用此法生产。反应先将 NVP 配成 50% 的水溶液，用 0.2% 的双氧水和 0.1% 氨（活化剂）或偶氮二异丁腈为引发剂，于 50℃下引发聚合，可使 NVP 几乎全部转换成 PVP。

单独使用偶氮二异丁腈（AIBN），加量为 0.5%，在 60～70℃搅拌下直接反应 2.5h 后生成 PVP。再向聚合物中加氨水，使残存的 AIBN 分解，单体转化率接近 100%，残余物 NVP 含量仅为 0.07%。一般 PVP 产品中残留单体应控制在 0.2% 以下。

PVP 溶液聚合过程中的影响因素有：①溶剂的种类和用量。这是因为不同种类溶剂的链转移常数不同，链终止速率不同，而且还影响聚合的反应速率。目前用于 NVP 聚合的溶剂主要有水、乙醇、甲醇、异丙醇、乙酸乙酯等，由于水是最廉价最安全的溶剂，所以一般采用水溶液聚合。②引发剂的种类及用量。③聚合温度。它将影响聚合反应速率和聚合物的分子量。④聚合时间。其长短直接影响聚合反应的完成程度。一般反应 3h 后，PVP 中残余单体 NVP 的含量低于 0.07%，此含量已经低于美国药典的标准要求（≤0.2%）。⑤氮气保护。以除去聚合体系中的氧气。⑥反应体系的 pH。因为 NVP 在酸性体系中容易水解成乙醛和吡咯烷酮，而且 pH 对反应诱导期、反应速率也有一定的影响，但是对 PVP 的分子量无太大的影响。

实验室 PVP 的合成：将 AIBN 0.4g、NVP 100g 投入反应器内，搅拌混合均匀后，加入乙醇 90g，在搅拌下将液温升到 78℃，反应液沸腾。经反应 2.0～2.5h 后，单体转化率 98% 以上。向聚合溶液中加入 10g 氨水，继续保持加热沸腾，使残余的 AIBN 在碱性条件下完全分解。1h 后，停止加热，得 PVP 的乙醇溶液，固含量 48.8%，平均相对分子质量 216000。

#### 3.3.4.3 NVP 的共聚

NVP 还可以与乙酸乙烯酯共聚、与明胶接枝、与甲基丙烯酸-$\beta$-羟乙酯（HEMA）和苯乙烯（St）共聚来制备各种共聚物。其中 HEMA/NVP/St 三元共聚水凝胶可作软质角膜接触镜片，它是以 HEMA 水凝胶分子链为基础，引入疏水性单体苯乙烯和亲水性单体 NVP，使得这种三元共聚物既具有高的强度，又具有高的透氧性，同时还不影响 HEMA 所具有的吸水率、透光性和柔软性。

HEMA/NVP/St 三元共聚物的制备：以过氧化苯甲酰（BPO）为引发剂，用量为单体质量的 0.05%～0.1%，将引发剂溶解于适量的丙酮中，加入适量的甘油，再滴加各种单体和少量的偶联剂，在室温下用电动搅拌器搅拌 30min，混合均匀后倒入预热到 90℃ 的模具中，然后放入调温至 90～95℃ 的烘箱中反应 30min，将温度升到 110～120℃，反应 3～4h 即可。

#### 3.3.4.4 NVP 的交联聚合

由于 PVP 是一种水溶性的高分子，因此用作药物崩解剂、血液灌流材料的大孔亲水性吸附树脂、医药缓释剂的 PVP，需要进行交联得到交联的 PVP（简称 PVPP）。若要得到低交联度的 PVPP，可以通过过硫酸盐、过氧化氢进行 PVP 的自交联制得软凝胶。若要得到不同交联度的 PVPP，可以在过氧化物存在下用交联剂交联，通过控制交联剂的种类和用量来达到调控 PVPP 的性能和应用领域。若要得到高度交联的 PVPP，则可使 NVP 在碱金属氢氧化物的存在下，将 NVP 加热到 100℃ 以上，首先相互反应生成少量的双官能团化合物（交联剂），再由这些双官能团化合物与 NVP 单体共聚生成 PVPP，这种聚合简称爆米花聚合。PVPP 因为高度交联，因此其吸水性较差。

不同交联度 PVPP 的制备：将定量的 NVP 单体、交联剂 $N,N$-亚甲基双丙烯酰胺（NMBA）、引发剂偶氮二异丁腈（AIBN）、溶剂（含 5% 硫酸钠和 5% 磷酸二氢钠的水溶液）加入到反应器中，通入氮气 10min 以去除反应体系中的氧气，然后在 70℃ 下搅拌回流反应 80min，产物用蒸馏水多次洗涤，在 120℃ 下充分干燥、粉碎，得到固体粉末 PVPP 产品。交联剂 NMBA 用量不同，所得到的 PVPP 的交联度也各不相同，性能也略有差异。

### 3.3.5 聚丙烯酰胺的制备

聚丙烯酰胺（PAM）具有良好的生物相容性，特别是抗凝血性很好，具有通透性，可用于药物的控制释放和酶的包埋、蛋白质电泳（检验）、人工器官材料与植入物（人工晶体、人工角膜、人工软骨、尿道假体、软组织代替物）等；粒度几百微米到几十微米的 PAM 也可将其用于色谱填料，可有效分离乳球朊、白朊、晶朊、细胞色谱等球形蛋白质，留下来的高分子量的蛋白质被进一步浓缩。以 N-异丙基丙烯酰胺为单体制备的聚 N-异丙基丙烯酰胺（PNIPAM）具有独特的温敏性，一定浓度的 PNIPAM 水溶液在温度高于其低临界共溶温度 32℃ 时，溶液发生相转变，形成物理凝胶。由于其低临界共溶温度 32℃ 接近人体温度，利用这一特性，PNIPAM 凝胶已被尝试用于药物控释等领域。

#### 3.3.5.1 聚丙烯酰胺的一般制备方法

PAM 是由丙烯酰胺（AM）单体聚合制得的。由于丙烯酰胺含有双官能团（双键和酰氨基），因此具有酰胺和不饱和烯烃的性质，使其在聚合过程中发生酰胺基的水解、酰化、溶剂化、缔合和生成烯醇。链自由基的链转移产生支链，使 PAM 高分子结构中包含支链和亚胺桥为主的交联结构。交联适度则分子量高且易溶解，交联度高则产物不溶。

PAM 本身无毒，但是 PAM 中残留的单体丙烯酰胺 AM 有毒，应用于食品、医疗等方面的 PAM 中的残留 AM 应在 0.05% 以下。如果单体 AM 未处理干净进入体内会激活免疫系统，作为一种抗原或半抗原，半抗原物质与体内蛋白质结合成完全抗原，使机体致敏，从而导致一系列的有害反应。例如，2006 年 4 月 30 日国家食品药品监督管理局已作出决定，撤销某品牌丙烯酰胺水凝胶（注射用）隆胸产品的医疗器械注册证，全面停止其生产、销售和使用。

聚丙烯酰胺的制备，国内外采用的工业聚合方法有水溶液聚合、有机溶剂聚合、乳液聚合、悬浮聚合及本体聚合，其中水溶液聚合和反相乳液聚合法广泛采用。所用的引发剂体系主要是引发剂引发和辐射引发。辐射引发无引发剂的残留，因此干净卫生。

丙烯酰胺水溶液聚合法是工业生产中采用的主要方法。配方中单体溶液需经离子交换提纯。反应介质水应为去离子水，引发剂多采用过硫酸盐与亚硫酸盐组成的氧化-还原引发剂体系，以降低反应引发温度。此外需加有链转移剂，常用的为异丙醇。为了消除可能存在的金属离子的影响，必要时加入螯合剂乙二胺四乙酸（EDTA）。为了易于控制反应温度，单体含量通常低于 25%。

由于丙烯酰胺聚合反应热高达 82.8kJ/mol，聚合热必须及时导出，如果单体含量为 25%～30%，即使在 10℃ 引发聚合，如果聚合热不导出，则溶液温度会自动上升到 100℃，将生成大量不溶物。因此导热问题成为生产中的关键问题之一。

生产低分子量产品时可在釜式反应器中间歇操作或数釜串联连续生产，夹套冷却保持反应温度 20～25℃，单体转化率达 95%～99% 为止。生产高分子量产品时，由于产品为冻胶状，不能进行搅拌，为了及时导出反应热，工业上采用在反应釜中将配方中的物料混合均匀后，立即送入聚乙烯小袋中。将装有反应物料的聚乙烯袋置于水槽中冷却反应。需注意的是，由于空气中的氧有明显的阻聚作用，配制与加料必须在 $N_2$ 气氛中进行。使用过硫酸盐-亚硫酸盐引发剂体系时，通常引发开始温度为 40℃；如果要求生产超高分子量产品时，引发温度应低于 20℃。

由于单体不挥发，反应后不能除去，所以未反应单体将残存于聚丙烯酰胺中。延长反应时间，提高反应温度虽可降低残留单体量，但生产能力降低而且不溶物含量会增加。为了降低残留单体量，有的工厂采用复合引发体系，由氧化-还原引发剂与水溶性偶氮引发剂组成。低温条件下由氧化-还原引发剂发挥作用，后期当反应物料温度升高后，使偶氮引发剂分解进一步发挥作用，此法生产的聚丙烯酰胺残留单体量可低至 0.02%（气相色谱法测定）。水溶性偶氮引发剂为 4,4'-偶氮双-4-氰基戊酸、2,2'-偶氮双-4-甲基丁腈硫酸钠以及 2,2'-偶氮双-2-脒基戊烷二盐酸盐等。

#### 3.3.5.2 聚丙烯酰胺水凝胶

聚丙烯酰胺及其 N-取代衍生物水凝胶可用于药物控释等领域。这种水凝胶的制备是以丙烯酰胺单体及适量交联剂在水溶液中经自由基聚合而成，常用的交联剂有 N,N-亚甲基双丙烯酰胺，形成的水凝胶透明度好，含水量＞95%。

聚丙烯酰胺水凝胶研究最多的是 N-取代衍生物，特别是 N-异丙基丙烯酰胺（NIPAM），它具有热敏性质，将其用于药物释放时，根据其在 32℃ 左右具有可逆性的体积转变特性，温度升高，凝胶收缩，其网状结构中的溶剂即被挤出，如果药物是水溶性的，则可以利用温度波动引起热敏水凝胶可逆膨胀与收缩，控制药物的释放与吸收。

聚 N-异丙基丙烯酰胺（PNIPAM）在低临界溶解温度（LCST）以下时，链在水中是可溶的，但在 LCST 时则发生沉淀，溶液变浑浊，这是因为聚合物链中的亲油基团生成不可溶集合体。这个过程是可逆的。当温度低于 LCST 以下，PNIPAM 链将重新溶于水中，尽管重新溶解速率常常慢于沉淀速率。PNIPAM 水凝胶是由亲水的 NIPAM 带有少量交联剂单体聚合生成的，在 LCST 时经历了相转变，随着温度超过 LCST 时水凝胶塌陷。经过了相转变的水凝胶排出大量的水，通常变得僵硬和透明。这个过程是可逆的，当温度降到 LCST 以下时，PNIPAM 凝胶在水中重新溶胀，但速率要比开始时的脱水速率慢。控制 PNIPAM 链和水凝胶相行为的最通用的方法是增加亲水或增加亲油的单体，NIPAM 与更亲水的单体共聚使共聚物的 LCST 增加，共聚物中插入更亲油的单体具有相反的作用。另外更亲水的单体会降低共聚物链的聚集程度和共聚物水凝胶的温敏体积改变的程度。

#### 3.3.5.3 共聚改性

N-异丙基丙烯酰胺还可以与其它单体共聚，作成膜热敏型控释系统；也可通过分子设计制成两亲梳状嵌段共聚物，有望用于药物控释、蛋白分离、酶固定。例如，陈晓农等首先以 RAFT（可逆-加成-断裂-链转移）可控自由基聚合法结合大分子单体技术，制备了具有 PVP 或 PEO 支链及不同 EO/NIPAM 单元比率的 PNIPAM-PEO 梳状嵌段共聚物以及具有不同梳状支链长度和密度的 PNIPAM-PVP 梳状嵌段共聚物（图 3-5），以溶菌酶为蛋白模型研究了所得共聚物对聚苯乙烯微球表面蛋白吸附的抑制作用，结果表明，预吸附梳状嵌段共聚物可有效阻抗蛋白吸附，亲水支链增加，阻抗性能提高，即使环境温度高于 PNIPAM 的相转变温度也能阻抗蛋白吸附。

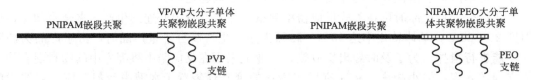

图 3-5 PNIPAM-PEO 及 PNIPAM-PVP 梳状嵌段共聚物结构

RAFT 法制备 PNIPAM-PVP 梳状嵌段共聚物：将 0.002g 偶氮二异丁腈引发剂、24mL 1,4-二氧六环溶剂、0.012g 苯基二硫代乙酸-1-苯乙酯、3.00g NIPAM 混合，抽排 20 min 充氮后封管，60℃均聚 8h，取样获取均聚物后加入 0.16g VP 单体与 0.32g PVP 大分子单体的 1,4-二氧六环溶液，再聚合 24 h，产物经透析膜（MWCO＝14000）透析 5d 后冷冻干燥得到 2.40g PNIPAM-PVP 梳状嵌段共聚物产物。

将 PNIPAM 与丙烯酸（AA）共聚，制备 P（NIPAM-co-AA）的水凝胶可作为可注射聚合物支架。由于丙烯酸比 NIPAM 更为亲水，它的作用是降低共聚水凝胶塌陷的温度，而且引入了可功能化的—COOH 基团，羧基有生物识别能力，能使水凝胶与生理环境产生分子水平的相互作用。P(NIPAM-co-AA) 水凝胶的合成路线示意图如图 3-6 所示。

P（NIPAM-co-AA）水凝胶的合成：2.443g（21.6mmol）NIPAM，0.057g（0.792mmol）AA，0.005g（0.0325mmol）$N,N$-甲基二丙烯酰胺（BIS）和 50mL 磷酸盐缓冲液（PBS）（pH7.2±0.1）的混合物置于二颈烧瓶中，鼓入干燥的氮气 15min 以除去溶解的氧。随着氮气流，0.020g（0.0876mmol）过硫酸铵（AP）和 200μL（1.3mmol）$N,N,N',N'$-四甲基乙基二胺（TEMED）分别作为引发剂和加速剂被加入到烧瓶中。该混合物剧烈地搅拌 15s，置于一个 250mL 的盖着玻璃板的烧杯中，在荧光照射下于 22℃聚合 19h。聚合后，P（NIPAM-co-AA）水凝胶用过量的超纯水洗涤 3 次，每次 15～20min，以除去未反应的化合物。这个水凝胶含有 96.5% NIPAM 和 3.5% AA 和 0.14% BIS（皆为摩尔分数）。

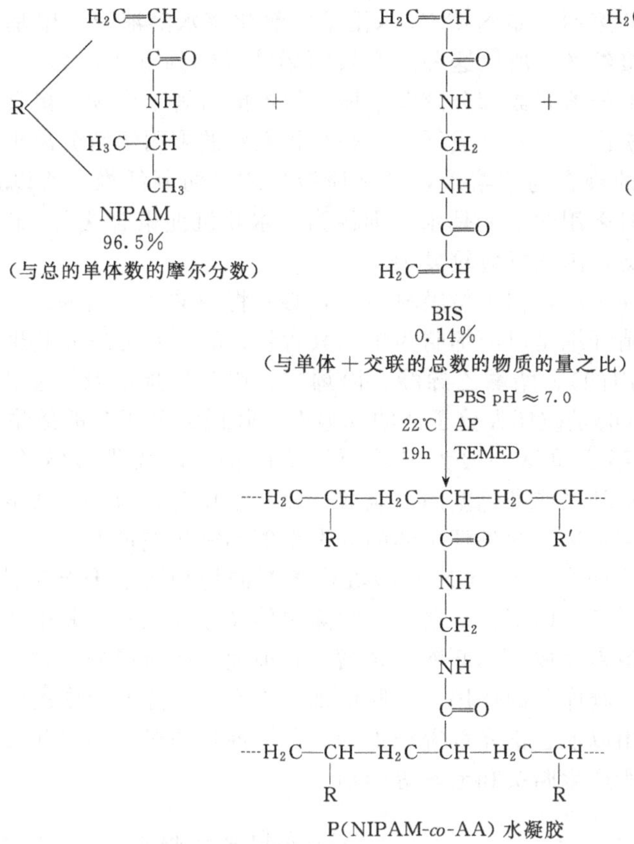

图 3-6  P(NIPAM-co-AA) 水凝胶的合成路线

### 3.3.6 聚丙烯腈及其碳纤维的制备

聚丙烯腈具有非常好的气体透过性和超乎寻常的耐化学品性质，具有高硬度和低密度，同时聚丙烯腈有良好的加工性，可制成很好的薄膜和中空纤维，可用作人工肾的透析膜。由于它的疏水性很高，作透析膜材料时，必须将磺酸基、酯基、羟酸盐等引入分子中，因此可用丙烯腈同含亲水基团的单体共聚，如丙烯腈与丙烯酸酯共聚，丙烯腈与含磺酸的烯烃化合物、丙烯酰胺、丙烯酸羟乙酯共聚，丙烯腈与丙烯酸羟丙酯共聚等。

高性能聚丙烯腈碳纤维（PANCF）在医学领域中也具有广阔的应用前景。这种碳基材料生物相容性好，适用于制作人造心脏瓣膜、人工关节、韧带、腱及牙根植入材料，也作各种材料的增强体使用。

世界上的大部分碳纤维是由聚丙烯腈纤维制造的。聚丙烯腈碳纤维是以丙烯腈为单体，经自由基聚合得到聚丙烯腈（PAN），然后聚丙烯腈溶液经纺丝和后处理工序制得原丝，原丝经预氧化、碳化后制得碳纤维。因此制备碳纤维的过程中，涉及原丝的制备和碳纤维的制备。虽然碳纤维是链状分子脱掉大部分氢、氮等小分子后，剩下的碳按同一方向整齐排列的无机材料，但是由于其是从聚丙烯腈而来，因此还是放在这进行介绍。

#### 3.3.6.1 聚丙烯腈纤维的制备

从丙烯腈单体出发，制备聚丙烯腈纤维的基本工艺流程为：单体→聚合→纺前准备→纺丝→拉伸→水洗→上油→干燥→原丝。

聚丙烯腈通常由丙烯腈经自由基引发剂引发聚合而成。在工业生产中，根据所用溶剂的溶解性能不同，可分为均相溶液聚合和非均相溶液聚合两种。均相溶液聚合时，采用了既能溶解单体又能溶解聚合物的溶剂，如 NaSCN 水溶液、氯化锌水溶液及二甲基亚砜等。反应完毕后，聚合物溶液可直接纺丝，所以这种生产聚丙烯腈纤维的方法称为"一步法"。非均相溶液聚合时，采用的溶剂能溶解或部分溶解单体，但不能溶解聚合物。聚合过程中生成的聚合物以絮状沉淀不断地析出。若要制成纤维，必须将絮状的聚丙烯腈分离出来，再经溶解得纺丝原液（即供纺丝用的聚合物浓溶液，简称原液）才可纺制纤维，所以这种方法称为"二步法"。若非均相聚合时采用的溶剂是水，则称为"水相沉淀聚合法"。非均相溶液聚合时，由于出现了聚合物沉淀，因此反应较复杂。

由于聚丙烯腈的疏水性很高，作透析膜材料时，必须将磺酸基、酯基、羟酸盐等引入分子中，因此常见的聚丙烯腈纤维是以丙烯腈为主（其含量＞85%）的三元共聚物，第二单体一般为丙烯酸甲酯（最常用的）、醋酸乙烯酯、丙烯酸、甲基丙烯酸及甲基丙烯酸甲酯等，含量一般为 3%～12%，目的是破坏大分子链的规整性，降低大分子链的敛集密度，改善纤维的染色性，增加弹性；第三单体一般为甲基丙烯磺酸钠、丙烯磺酸钠等，含量一般为 1%～3%，目的是引入亲水基团或染色基团。制取三元共聚物时，为了使共聚物的组成比较均一，保证产品质量的稳定，选用的各种单体的竞聚率值不宜相差过大。

(1) 丙烯腈的均相溶液聚合　NaSCN 水溶液作溶剂的均相溶液聚合工艺流程如图 3-7 所示。整个流程分为四个工序，即配料、聚合、脱除单体及原液准备。其中"聚丙烯腈纺丝原液准备"过程由四个设备来完成：①原液混合槽，若前面工序所得的产物不稳定，它的庞大的体积起着"混合"及"仓库"的作用；②脱泡桶，真空下脱除原液中的气泡，有利于纺丝；③纺前多级混合器，用以混合消光剂等添加物；④原液过滤机，用以除去原液中的机械杂质，可避免阻塞纺丝孔所产生断头和毛丝等问题。

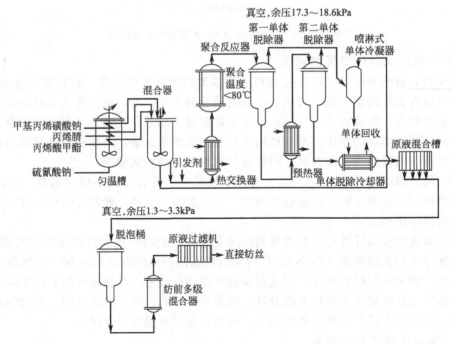

图 3-7　聚丙烯腈均相溶液聚合工艺流程

均相溶液聚合工艺中的主要控制因素有单体配比及总浓度、聚合温度、原料纯度、聚合时间及单体转化率、介质 pH、引发剂及分子量调节剂、浅色剂等。

① 单体配比及其总浓度　聚丙烯腈纤维中三种单体的质量配比，一般是 $AN(M_1) : M_2 :$

$M_3=(94.5\sim88):(5\sim10):(0.5\sim2.0)$。用 NaSCN 水溶液均相聚合时，反应所得的聚合物溶液可直接作为纺丝原液去纺丝。根据产品纤维及纺丝工艺的要求，控制聚合物相对分子质量在 5 万～8 万，原液中聚合物浓度为 12.2%～13.5%，NaSCN 浓度为 44%～45%，则聚合配料液中单体总浓度应控制在 17%～21%（此时聚合转化率要求为 55%～70%）。

② 聚合温度　因单体的沸点较低（如 AN 为 77.3℃，MA 为 80℃），若温度太高，蒸气压过高，在反应器内产生压力，为此宜控制反应温度在 80℃以下，一般为 75～76℃。

③ 原料纯度　单体中常含有氢氰酸、乙醛、乙腈及酮类杂质，会影响反应速率和降低聚合物分子量，而且由于在 PAN 中存在的杂质能完全转至碳纤维中，影响材料力学强度性能；NaSCN 中某些杂质能使纺得的纤维变黄，而有些能降低聚合速率及分子量，如甲酸钠、$Na_2S_2O_8$ 等。为制取结构均匀的原丝，减少断头率，也必须控制原料的纯度。

④ 聚合时间及单体转化率　一般通过调整引发剂等因素可使聚合时间控制在 1.5～2h，并达到一定的单体转化率（一般取低转化率 50%～55%、中转化率 70%～75%）即可停止聚合。

⑤ 介质 pH　pH<4 时，NaSCN 易发生分解，生成的硫化物有阻聚和链转移作用，又会使聚合物溶液发黄，故 pH 一般控制在 4.8～5.2。

⑥ 引发剂与分子量调节剂　常用的引发剂为偶氮二异丁腈，分子量调节剂（链转移剂）为异丙醇。根据聚合温度、转化率、时间及产物分子量的要求，这两者的用量各为 0.2%～0.8% 及 0～3%（对总单体量计）。

⑦ 浅色剂　二氧化硫脲常用作浅色剂。二氧化硫脲的加入量为 0.5%～1.2%（对总单体量），可使聚合物的色泽大为改善。它在加热下能产生尿素及次硫酸，后者可消除 $Na_2S_2O_8$ 水解所引起 pH 的升高，也可防止空气中的氧及其它氧化物对聚合物、NaSCN 的氧化作用，从而使聚合物不易变色。

(2) 水相沉淀聚合　对聚丙烯腈纤维生产来说，采用水相沉淀聚合工艺后取得的聚合物，必须再行溶解才可纺丝。这种"聚合"＋"溶解纺丝"的二步法，其固有的缺点是增加了"溶解"工序。但是相比均相溶液聚合也有优点：采用水溶性的氧化-还原引发体系，可在较低的温度下（一般在 35～55℃）引发聚合，得到的聚合物色泽较白；反应热容易控制，且产物的分子量分布较窄；聚合速率快，转化率高；聚合物为固体粒子，可溶解后纺丝，也可转送其它化纤厂纺丝。图 3-8 表示了聚丙烯腈水相沉淀聚合工艺流程（连续式）的一个例子。

水相沉淀聚合时控制的工艺条件通常是：聚合温度 35～55℃（45℃最合适）；聚合时间 1～2h；单体总含量 28%～30%；聚合转化率 80%～85%。

水相沉淀聚合工艺在实施过程中，聚合物会黏附在聚合釜的釜壁上，引起"结疤"，所以在工业生产中避免或克服"结疤"是一个主要问题。

(3) 原丝成型及性能要求　采用较缓和的成型条件，经 2～3 次拉伸后，使原丝中的大分子高度取向后，再用高纯水洗净残余的溶剂。在热水中定型，消除拉伸热应力后上油、烘干、卷缠成锭。如果制备聚丙烯腈中空纤维，则需改成套管式的喷丝头。

为了尽量减少聚丙烯腈纤维指标对碳纤维的影响，对于 PAN 基原丝，要求纤度变化要小，结晶取向度要高，其纤度应为 1.0～1.2dtex。制应变级的特种纤维原丝直径应为 1.0dex。这样，不但能提高预氧化及碳化速率，且能获得力学性能更好的制品，碳纤维直径为 6～7μm。

聚丙烯腈原丝的主要性能：纤度 1.0～1.2dtex，纤度偏差≤10%，拉伸强度≥4.5cN/dtex，强度不均率<12%，伸度 10%～20%，伸度不均率<10%，模量≥67cN/dtex，灰分<

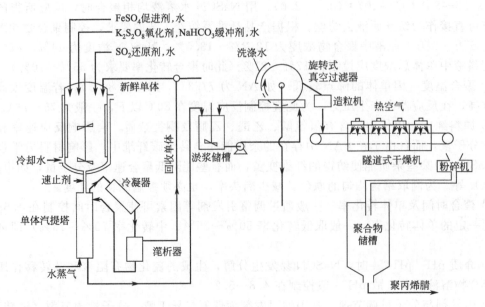

图 3-8 聚丙烯腈水相沉淀聚合工艺流程

0.3%，含水<3%，含油 0.3%～0.5%，断头率<3%，X 射线取向度≥80%，含钠≤$10^{-4}$。

### 3.3.6.2 碳纤维的制备

聚丙烯腈具有较高的热稳定性。通常制备纤维的聚丙烯腈加热至 170～180℃，其颜色不会变化（如有杂质则加速分解而发色）。若将聚丙烯腈在空气中慢慢加热至 200～300℃可发生分子内的环化反应。进一步处理可获得含碳量高达 95%以上的碳纤维。

制备聚丙烯腈碳纤维的基本工艺为：大丝束聚丙烯腈纤维→预氧化→大丝束预氧化纤维→碳化活化→聚丙烯腈碳纤维。主要设备为预氧化炉两台、低温碳化炉 1 台、高温碳化炉 1 台，石墨炉 1 台，要求所有设备防锈且密封防尘。

聚丙烯腈纤维经预氧化（200～300℃）、碳化（1000～1500℃）后便可制成碳纤维。原丝的质量是制取高性能低成本的 PANCF 的关键，通常在加入共聚组分后可加速反应的闭环、预氧化和碳化速率。例如加入 0.1%～1.5%的稳定剂（选用 4,4-二羟基二苯和 $N,N$-二-$\beta$-萘-$p$-苯烯二胺）。预氧化可分为两步进行，最初可在 170～200℃下预氧化 30～120min，再在 200～300℃下预氧化 4～8h。然后再以 250℃/min 的速度由 300℃加热至 700℃，以 400℃/min 的速度由 1000℃加热至 1400℃。在 1400℃下进行碳化。

在预氧化过程中，由 150～190℃至 180～230℃需用 15～60min。为了使线状 PAN 结构经环化、脱氢转化成耐热的梯形结构，PAN 纤维必须进行预氧化以对纤维施加张力从而获得高性能的碳纤维。预氧化时间是碳化时间的数倍或数十倍，因此应尽量缩短预氧化时间以便大大提高设备的利用率。预氧化纤维的主要性能是：密度约 1.4g/cm³，拉伸强度>2.0cN/dtex，断裂伸长率 11%～14%，纤度 1.1dex，极限氧指数≥40%。在纺丝及预氧化过程中为防止单丝粘连，可以加入适量的化纤油剂，有利于大丝束的纤维加工。

碳化分为两步，即低温碳化和高温碳化，低温碳化温度为 400～1000℃，高温碳化为

1000～1500℃，此时系统中释放出残余的 $NH_3$、$HCN$、$CO_2$、$CO$、$H_2O$ 等气体，在高温碳化炉处理后再在 2200℃ 以上进行石墨化。此时炉体丝束出入口应保持密封，严防微量气体混入。为获得高剪切强度的碳纤维，需对其进行表面处理。

## 3.4 有机硅生物材料

### 3.4.1 概述

有机硅是指含 Si—C 键的化合物，其中最重要的是以 $(SiR_2—O—SiR_2—O)_n$ 为主链而侧链带有机基团的高分子化合物，也称有机聚硅氧烷。有机聚硅氧烷往往简称为（聚）硅氧烷，又称硅酮、硅氧烷或有机硅。聚硅氧烷一般分为硅橡胶、硅油、硅树脂三大类，在航天、电子电气、汽车、轻纺、石油化工、建筑及生物等领域中都已得到广泛应用，在生物医学领域以硅橡胶和硅油制品应用较多。由于聚硅氧烷具有无毒、无味、生物相容性好、无皮肤致敏性、生理惰性、耐高低温、不燃、透气性好、独特的溶液渗透性以及物化性能稳定等特点，在医学领域中的应用发展迅速。若以氯硅烷为起始原料，经水解反应可制得硅油（聚合度 0～500 的低分子量聚硅氧烷）；经水解、缩合反应可制得硅橡胶生胶（相对分子质量为 40 万～70 万的聚硅氧烷）。基于硅油和硅橡胶在制备中有一定相似性，因此在 3.4 节中将重点介绍硅橡胶的制备，硅橡胶的加工将在第 4 章中介绍。

#### 3.4.1.1 硅橡胶

硅橡胶是一种以 Si—O—Si 为主链的直链状高分子量的聚有机硅氧烷为基础，添加某些特定组分，再按照一定的工艺要求加工后，制成具有一定强度和伸长率的橡胶态弹性体。用作医药材料的硅橡胶，主要是已交联并呈体型态结构的聚烃基硅氧烷橡胶，相对分子质量一般在 148000 以上。相对分子质量在 40 万～50 万的高聚物是无色透明软糖状的弹性物质。

自 20 世纪 40 年代有机硅生产工业化之后，硅橡胶在医学上的作用逐渐为人们所认识。1945 年，有人发现在玻璃瓶内表面涂上一层很薄的硅油后，水就不会附在壁上，而且能使里面储存的青霉素或血液一点不剩地完全倒出。1946 年，又发现用有机硅聚合物处理过的瓶子储存血液，凝血时间比用未处理过的瓶子储存时间要长，这就从一个侧面说明了有机硅材料具有很好的血液相容性。1950 年，随着白炭黑对硅橡胶补强的迅速发展，硅橡胶的机械强度大幅度提高，挤出的硅橡胶管在医学上代替损坏尿道的首例手术在美国获得成功。1955 年，首例硅橡胶脑积水引流管用以治疗新生儿脑积水（俗称大头症）亦获得成功。20 世纪 60 年代，国外相继出现了不少有关硅橡胶作为人体植入材料和医疗制品应用的报道。特别是在 20 世纪 60～70 年代期间，国外已有很多的医用硅橡胶制品（硅橡胶乳房、导尿管、脑积水引流管等）投入临床应用。我国对医用硅橡胶制品的研发和应用是始于 20 世纪 60 年代，但大量的基础研究及产品试制工作还是在 20 世纪 70 年代以后进行的。特别是近十几年来，硅橡胶作为生物材料的研究已取得了很大的进展，并且有许多功能化、系列化的医用硅橡胶制品投入了临床应用。

由于硅橡胶制品与人体组织相容性好，植入体内无毒副反应，易于成型加工，适合做成各种形状的管、片、制品，因而是目前医用高分子材料中应用最广、能基本上满足不同使用要求的一类主要材料。从内科、外科到五官科、妇科，从人工脏器到医用材料，如静脉插管、腹膜透析管、导尿管、人工心肺机泵管、中耳炎通气管、鼻插管、胸腔引流管、胃造瘘管、胃镜套管以及各种输血、输液管等，大多是采用硅橡胶制成的。除此之外，硅橡胶还在整形材料、药用载体等方面得到了广泛的应用。

医用硅橡胶的制备较之工业级硅橡胶必须更加严格地控制原料的纯度、催化剂的种类及用量、环境和设备的清洁度以及聚合物中低分子挥发物的含量、重金属的含量等。一般要求医用硅橡胶除具有工业级通用型硅橡胶的性能外,还必须兼备有杂质含量少、低分子物含量低、催化剂含量少、重金属含量少等特点。硅橡胶有较好的加工性能,可以通过挤出、压延、模压等成型方法制成形状、尺寸符合临床要求的各种医用件。

目前使用最多的热硫化胶料是甲基乙烯基硅橡胶,补强填料采用白炭黑,硫化剂一般采用 2,5-甲基-2,5-二叔丁基过氧己烷及 2,4-二氯过氧化苯甲酰。它们在硫化过程中产生游离基,与聚硅氧烷侧链上的游离基结合,形成体形结构,而副产物苯甲酸之类在二段硫化时除去,所以对人体没有什么害处。

虽然甲基乙烯基热硫化硅橡胶是目前使用最多的医用硅橡胶,但仍然存在一定的缺点,例如它与血液的相容性问题一直成为攻关的目标,因此,对它的改性研究仍在不断的继续中。

自从 1954 年室温硫化硅橡胶问世后,给医用硅橡胶增添了许多新品种。室温硫化硅橡胶生理惰性好,无色透明,高温灭菌后不变色、不变形。它除了具有热硫化硅橡胶的基本特点外,同时还具有黏合性,可作为医用胶黏剂,并能在体温下固化成型,使用方便,因此适宜做成各种植入人体的器官以及用作人体的外部整容、修补手术等。

一般医用硅橡胶制品的力学性能、化学性能及生物性能要求如表 3-2、表 3-3、表 3-4 所示。

**表 3-2 一般医用硅橡胶制品的力学性能指标**

| 项目 | 指标 | 项目 | 指标 |
| --- | --- | --- | --- |
| 拉伸强度/MPa | ≥7.00 | 邵氏硬度(A) | 45~80 |
| 撕裂强度/(kN/m) | ≥14.00 | 热老化性能(70℃×72h) | |
| 扯断伸长率/% | ≥250 | 拉伸强度变化率/% | ≥-15 |
| 扯断永久变形/% | ≤8 | 扯断伸长率变化率/% | ≥-25 |

**表 3-3 一般医用硅橡胶制品的化学性能指标**

| 项目 | 指标 | 项目 | 指标 |
| --- | --- | --- | --- |
| pH 变化值 | ≤1.5 | $KMnO_4$ 消耗量/mL | ≤6.5 |
| 重金属总含量/(g/mL) | ≤1.0 | 紫外吸收度(220nm) | ≤0.3 |
| 蒸发残留物/(mg/mL) | ≤0.05 | | |

**表 3-4 医用硅橡胶制品的生物性能指标**

| 项目 | 指标 | 项目 | 指标 |
| --- | --- | --- | --- |
| 热原 | 无热原反应 | 皮内刺激 | 无皮内刺激反应 |
| 急性全身毒性 | 无急性全身毒性反应 | 致敏率/% | ≤8 |
| 溶血率/% | <5 | 植入 | 无异常组织学反应 |
| 细胞毒性 | ≤Ⅱ级 | | |

#### 3.4.1.2 硅油

硅油通常是指以 Si—O—Si 为主链具有不同黏度的线型聚有机硅氧烷,室温下为液体油状物。其分子结构可用下式表示:

$$R'-\underset{R}{\overset{R}{Si}}-O\left(\underset{R}{\overset{R}{Si}}O\right)_n\underset{R}{\overset{R}{Si}}-R'$$

式中，$n$ 为聚合度；R′为烃基、官能基、碳官能基、元素等；R 为烃基、官能基、碳官能基、元素或聚合物链。分子中的 R 基可相同，也可不同。另有一类硅油，其分子主链并非全由 Si—O—Si 键组成，而含有一定程度的硅杂链，即主链改性硅油。

根据 R、R′不同，硅油分为线型硅油和改性硅油两大类。线型硅油包括非官能性硅油和硅官能性硅油两种。非官能性硅油是指分子中，硅原子上的取代基全部为非活性烃基的硅油。如二甲基硅油、二乙基硅油、甲基苯基硅油等。硅官能性硅油是在硅官能性硅油分子中，硅原子上的取代基除非活性烃基外，部分硅原子上的取代基为与硅原子直接相连的官能基。如甲基含氢硅油、乙基含氢硅油、羟基硅油、烷氧基硅油、酰氧基硅油、乙烯基硅油、含苯乙炔基硅油、氯封端硅油、氨基封端硅油等。改性硅油可看成是非官能性硅油（通常是二甲基硅油）分子中硅原子上的部分烃基被碳官能基或聚合物链取代，或分子中嵌入硅杂链的液状聚合物。它包括碳官能性硅油、共聚硅油和主链改性硅油三种。

硅油是无毒、无味、无腐蚀性、不易燃烧的液体，具有典型的聚硅氧烷的特性，是有机硅高聚物中的一类很重要的产品，其品种繁多，应用范围甚广。改变聚硅氧烷的聚合度及有机基的种类可使聚硅氧烷与其它有机物共聚，可以制得具有防水、抗黏、脱模、消泡、均泡、乳化、润滑、介电、压缩性、耐高低温性、耐老化、耐紫外线、耐辐射、低挥发等基本特性的硅油。硅油经过二次加工，还可以制成硅脂、硅膏、消泡剂、脱模剂、纸张隔离剂等二次产品。

硅油在医疗卫生行业中的应用，可用作医用软膏、保护脂等的基剂，得到的软膏、保护脂能保护皮肤，预防皮炎、湿疹或褥疮。作为医用消泡剂可用于治疗肺水肿、鼓胀的药剂及人工心肺机的消泡剂。硅油也可作为药品的赋形剂、添加剂，防止锭剂吸潮，延长药效。此外，硅油也可用作牙科、外科用具的灭菌用油，人造眼球润滑剂、膀胱炎排尿镇痛剂等。

### 3.4.1.3 硅树脂

硅树脂（或称为有机硅树脂）是以 Si—O—Si 为主链，硅原子上连接有机基团、具有高度交联结构的交联型半无机高聚物，其结构如下所示：

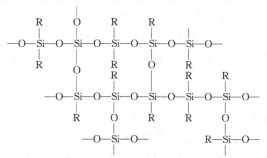

由多官能度的有机硅烷经水解缩聚制成硅树脂预聚物，预聚物在加热和催化剂催化下进一步交联成为具有三维网状结构的不溶、不熔的固体硅树脂。它可以是一种单体的均聚物，或是多种单体的共聚物。

硅树脂是有机硅材料中问世较早的一类品种，比硅油、硅橡胶早半年多。与其它有机硅材料相比，硅树脂的品种相对较少，市场份额较小。但由于硅树脂具有许多独特的性能，在许多应用领域也是其它材料所不能代替的。硅树脂的介电性能优异，在较大的温度、湿度、频率范围内保持稳定，还具有优良的耐氧化、耐化学品、电绝缘、耐辐照、耐候、憎水、阻燃、耐烟雾、防霉菌等特性。因此，硅树脂可用于电绝缘漆、涂料、模塑料、层压材料、脱模剂、防潮防水剂等，在航空航天、电子电气、建筑、机械等方面得到了广泛的应用。

用无定形的硅树脂与聚二甲基硅氧烷制成的有机硅压敏胶综合了化学惰性、储存性能、生物相容性、药物和气体透过性等性能，特别适用于渗透膜片的药物基质，这种黏合剂阻止

(或不与) 目前许多药物中存在的胺起反应，主要在药物缓释中应用。

### 3.4.2 有机聚硅氧烷的一般制备方法

有机聚硅氧烷的制备方法大致可分为两大类：开环聚合反应和缩聚反应。开环聚合反应就是将环硅氧烷通过各种手段变为线性聚硅氧烷的过程，其中可分为催化聚合、乳液聚合、热聚合和辐射聚合等。缩聚反应可分为水解法和非水解法。水解法是指含硅官能基有机硅烷通过水解缩聚后形成聚硅氧烷的方法；非水解法是指含有相同或不同官能基硅化合物之间通过相互缩合形成 Si—O—Si 键以及某些含 Si—C 键化合物，通过 Si—C 键的断裂而形成聚硅氧烷的方法。

#### 3.4.2.1 开环聚合

开环聚合是指环硅氧烷在亲核或亲电子催化剂、温度或辐照作用下，可开环聚合生成线型聚硅氧烷。根据聚合机理的不同，可将催化聚合分为阴离子催化开环聚合、阳离子催化开环聚合等。

阴离子催化开环聚合反应，就是在碱性催化剂作用下，使环硅氧烷开环聚合成线型聚硅氧烷的过程。环硅氧烷的阴离子催化剂种类很多，活性较大者有碱金属氢氧化物（MOH）、碱金属醇盐（ROM）、酚盐（ArOM）、硅醇盐（≡SiOM）、硫醇盐（RSM）、季铵碱（$R_4$NOH）、季磷碱（$R_4$POH）、硅醇季铵盐（≡SiONR$_4$）、硅醇季磷盐（≡SiOPR$_4$）等。

阳离子催化开环聚合反应，就是在酸性催化剂作用下，使环硅氧烷开环聚合成线型聚硅氧烷的过程。常用阳离子催化开环聚合的催化剂有：硫酸、烷基和芳基磺酸、硫酸二烃基硅基酯、氯磺酸、硫酸铝、碘或溴（在 HI 中）溶液、无机和有机酸、路易斯酸（$AlCl_3$、$FeCl_3$、$SnCl_4$、$SbCl_3$、$TiCl_4$、$ZnCl_2$）、酸性黏土（用硫酸活化的）以及其它亲电试剂（如离子交换树脂、氯硅烷等）。使用 $H_2SO_4$ 作催化剂时，用量高达硅氧烷投料质量的 1%～2%。聚合反应速率随 $H_2SO_4$ 浓度的增加而加快；反之，体系内加入水或其它含羟基的化合物，则聚合速率降低。环硅氧烷在酸性催化剂（亲电性试剂）作用下的阳离子开环聚合反应机理远没有碱催化阴离子聚合那么清楚，但是采用阳离子催化反应来制备聚硅氧烷，在某些情况下是极为重要的，因为像带有氯甲基、氟化环丁基、4-磷-癸硼烷丁基以及含 Si—H 的环体都不能在阴离子催化下聚合，而必须用阳子催化剂聚合。

由于环硅氧烷的阴离子开环聚合反应研究较多，因此下面主要介绍环硅氧烷的阴离子开环聚合。

(1) 单体　环状硅氧烷主要有六甲基环三硅氧烷 {[(CH$_3$)$_2$SiO]$_3$，简称 D$_3$}、八甲基环四硅氧烷 {[(CH$_3$)$_2$SiO]$_4$，简称 D$_4$}、十甲基环五硅氧烷 {[(CH$_3$)$_2$SiO]$_5$，简称 D$_5$}、十二甲基环六硅氧烷 {[(CH$_3$)$_2$SiO]$_6$，简称 D$_6$}、十四甲基环七硅氧烷 {[(CH$_3$)$_2$SiO]$_7$，简称 D$_7$}、十六甲基环八硅氧烷 {[(CH$_3$)$_2$SiO]$_8$，简称 D$_8$}、十八甲基环九硅氧烷 {[(CH$_3$)$_2$SiO]$_9$，简称 D$_9$}、二十甲基环十硅氧烷 {[(CH$_3$)$_2$SiO]$_{10}$，简称 D$_{10}$}、1,3,5-三甲基-1′,3′,5′-三乙烯基环三硅氧烷 {(CH$_3$ViSiO)$_3$，简称 D$_3^{Vi}$}、1,3,5,7-四甲基-1′,3′,5′,7′-四乙烯基环四硅氧烷 {(CH$_3$ViSiO)$_4$，简称 D$_4^{Vi}$}、1,3,5-三甲基-1′,3′,5′-三苯基环三硅氧烷 {(CH$_3$C$_6$H$_5$SiO)$_3$，简称 D$_3^{Ph}$}、1,3,5,7-四甲基环三硅氧烷 {(CH$_3$HSiO)$_3$，简称 D$_3^H$}。其中 D$_3$ 和 D$_4$ 的分子结构式如下所示，其余环状硅氧烷的结构规律相似。

六甲基环三硅氧烷 (D$_3$)　　　　八甲基环四硅氧烷 (D$_4$)

(2) 聚合过程　环硅氧烷开环聚合生成线型聚硅氧烷的聚合过程由四个阶段组成：①聚合引发阶段，形成反应中心；②链增长阶段；③链终止阶段（活性中心消失）；④链转移形成新的活性点。

开环聚合时，活性中心首先进攻有张力的环硅氧烷，使之成为线型硅氧烷。随后活性中心以同等机遇进攻无张力的环硅氧烷及线状大分子硅氧烷中的 Si—O 键；在环体开环聚合成高摩尔质量线型聚合物的同时，也发生大分子断链降解，使聚硅氧烷分子分布达到平衡状态，这就是硅氧烷重排反应，亦即平衡化反应。平衡移向取决于体系中硅氧烷链节浓度、硅原子上取代基的性质以及聚合温度等。其中聚合物浓度随温度上升而降低。由于 $D_4$、$D_5$、$D_4^{Me}$（或 $D_4^{CF_3CH_2CH_2}$）开环聚合的热效应很小，故平衡状况与温度无关。

平衡化方向与催化剂性质无关，但在惰性溶剂中或环上取代基（R）的位阻或极性增大时，聚合平衡移向逆反应方向，即大分子断裂降解生成环硅氧烷。当环硅氧烷（MeRSiO）$_n$ 本体聚合时，线型聚合物在平衡时的含量与 R 性质的关系为 H＞Me＞Et＞Pr≈Ph≫$CH_2CH_2CF_3$。同时，环体在平衡体系中的浓度，随线型聚合物摩尔质量的增加而增加。如聚二甲基硅氧烷摩尔质量为 500g/mol 时，平衡体系中环体仅含 3.8%；摩尔质量为 1350g/mol 时，环体含量为 8.9%；当摩尔质量超过 $10×10^4$g/mol 时，环体含量则高达 13%～17%（质量分数）。由于 $D_4$、$D_5$ 在热力学上最稳定，故平衡时它们的含量最大。随着硅氧烷链节数增加，两端闭合成环的可能性减少，硅氧链节数大于 12 的环二甲基硅氧烷的平衡浓度只有 2%～3%。$D_3$ 的张力较大，平衡时其含量低于 1%（质量分数）。为了提高含极性取代基聚硅氧烷的收率，最好从 $D_3$ 出发反应（平衡环体中含量最少），并采用非平衡催化剂（如硅醇锂等，这类催化剂只能打开环体中的 Si—O 键）。

(3) 影响因素　催化剂的种类、环硅氧烷的结构、促进剂及杂质等都会影响环硅氧烷的阴离子催化开环聚合反应。

作为环硅氧烷的阴离子催化剂，同一种金属氢氧化物和其相应的硅醇盐，只要浓度相同，其聚合速率几乎一样。不同的碱金属氢氧化物，碱性越强，催化活性越高。这是因为随碱金属原子半径变大，其电正性变大，氧原子上的电子云密度也越大，因此作为电子给予体的能力越强，活性越高。$R_4NOH$、$R_4POH$ 统称为暂时性催化剂，聚合结束后，一经加热即分解为惰性物质。KOH 则不然，聚合结束后，需用酸中和，否则聚合物易于裂解。$Me_4NOH$ 分解温度为 130℃，其相应的硅醇盐也在此温度下分解，生成甲醇和氨气。$Bu_4POH$ 分解温度为 150℃，生成 $Bu_3P=O$ 和烃。

环硅氧烷环上取代基对聚合速率有较大影响。当环甲基硅氧烷的甲基被吸电子基团（如乙烯基、苯基、氯苯基、过氟烷基苯基、萘基、3,3,3-三氟丙基、氰烷基）取代时，硅原子上的有效正电荷增加，使得碱对其的攻击变得容易，阴离子催化聚合速率加快。相反，当环甲基硅氧烷的甲基被斥电子基团（如乙基、丙基）等取代基取代时，则聚合速率降低。例如当 $D_4$ 中的一个甲基被 $CF_3CH_2CH_2$ 基取代时，$D_4$ 的聚合速率为原来的 1.5 倍；当被一个苯基取代时，约为原来的 4 倍；被一个 γ-氰丙基 $CNCH_2CH_2CH_2$ 取代时，为原来的 440 倍；被一个 β-氰丙基 $CH_3CH(CN)CH_2$ 取代时，为原来的 630 倍。当环中硅氧烷链节数目相同时，其共聚反应的相对活性，随着硅原子的取代基的电负性增加（或这种取代基数量的增加）而增大。六甲基环三硅氧烷和六苯基环三硅氧烷在硅氧烷二醇钾作用下进行共聚时，后者的活性为前者的 25 倍。

环硅氧烷环的大小对聚合速率也有较大影响。一般来说，大环的聚合速率比小环快，即 $D_7＞D_6＞D_5＞D_4$。但 $D_3$ 例外，它甚至比 $D_9$ 聚合还快。含苯基的 $D_3$ 比相应的 $D_4$ 快，而 1,3,5-三甲基-1,3,5-三(三氟丙基)环三硅氧烷比相应的四环体快 300 倍。但含 $CF_3CH_2CH_2$ 基的环体聚合规律不同。$[Me(CF_3CH_2CH_2)SiO]_n$ 在本体聚合时，四元环比五元环快；在溶液聚合时，速率顺序为：$DF_3 > D_2F_2 > DF_4 > D_2F_3 > D_3F_2 \sim D_3F$（式中 F 为 $MeCF_3CH_2CH_2SiO$）。这说明四元环的聚合快于五元环。这是因为 $F_4$ 的张力大于 $F_5$，而 $D_4$ 与 $D_5$ 的张力基本相同。

当不同的环三硅氧烷进行阴离子共聚时，若聚合速率差别不大，可以得到无规共聚物；当聚合速率差别较大时，则应使用同时能裂解环体或线型硅氧烷的平衡催化剂，否则不易得到共聚物。用不同活性的环三硅氧烷来制备硅氧烷嵌段共聚物，可以通过连续分段聚合的方法得到。此时所用的催化剂应该是非平衡催化剂，如硅醇锂。此种催化剂只能裂解环中 Si—O 键，而不能裂解聚合物中的 Si—O 键。

促进剂及杂质对聚合有一定的影响。当环硅氧烷中存在少量具有供电子特性的化合物时，可以加速阴离子催化聚合。这些化合物称为聚合促进剂。它们是：$MeCN$、$Me_2NCHO$、$C_6H_5NO_2$、$Me_2SO$、$(Me_2N)_3P=O$、$RCOR'$、$CN(CH_2)_nSi\equiv$、$ROCH_2CH_2OR$ 以及其它含有孤独电子对的电子给予体。这些促进剂只要浓度达 $10^{-3}$ mol/L，其助催化作用就相当明显。因为所用催化剂碱的量一般都很少（质量分数为 0.0001%～0.01%），所以在体系中只要有少量杂质存在，就会大大影响聚合速率和聚合物的摩尔质量。有机酸、苯酚、对苯二酚和其它酸性化合物可以完全阻止 KOH 对 $D_4$ 的聚合。水、醇、苯胺、二苯胺等是活性链的转移剂或终止剂，它们可以大大降低聚合物的摩尔质量。乙二醇、甘油、硅烷二醇以及其它含羟基化合物都是很好的链转移剂。饱和烃、甲苯、氯苯、二苯醚、叔胺等则对聚合物摩尔质量无影响。

#### 3.4.2.2 缩合聚合

通过缩合聚合得到聚硅氧烷是将硅官能有机硅烷水解先生成硅醇，硅醇脱水缩合后得到聚硅氧烷。硅醇是由硅官能有机硅烷经过水解法制备有机硅氧烷的中间体，水解过程是硅烷变成硅氧烷工序中的一个特别重要的步骤。

硅官能硅烷水解反应，可用以下各式表示，式中 R 为烷基、芳基、链烯基、芳烷基、烷芳基；X 为卤素、烷氧基、酰氧基等。因此硅官能有机硅烷的水解缩合制备聚硅氧烷的原料，可以用有机氯硅烷、有机烷氧基硅烷或其它硅官能有机硅烷。

$$R_3SiX + H_2O \longrightarrow R_3SiOH + HX$$
$$R_2SiX_2 + 2H_2O \longrightarrow R_2Si(OH)_2 + 2HX$$
$$RSiX_3 + 3H_2O \longrightarrow RSi(OH)_3 + 3HX$$

不同官能度的硅醇缩水后，生成相应的硅氧烷，如下式所示：

$$R_3SiOH \xrightarrow{-H_2O} R_3SiOSiR_3$$
$$nR_2Si(OH)_2 \xrightarrow{-(n-1)H_2O} HO\text{-}[R_2SiO]_n\text{-}H$$
$$nRSi(OH)_3 \xrightarrow{-xH_2O} \text{-}[RSiO_{1.5}]_n\text{-}$$

有机硅醇缩合反应速率，随硅原子上羟基数目增加而加快，随有机取代基的位阻增加而变慢。

(1) 有机氯硅烷的水解缩合　有机氯硅烷的水解缩合制备聚硅氧烷，所用的有机氯硅烷可以是单官能氯硅烷、双官能氯硅烷、三官能氯硅烷或不同氯硅烷。氯硅烷的水解活性较高，因此水解缩合反应激烈且复杂，大规模工业生产时工艺条件较难控制、产品质量不太稳定；而且使用大量有机溶剂，需要回收溶剂；同时还生成了副产物 HCl 等，需要除酸处理。

① 单官能氯硅烷的水解缩合　有机氯硅烷最简单的水解形式是将有机氯硅烷加入过量

的水中进行反应。水的过量通常是使生成的盐酸浓度控制在不超过 20% 为宜。该反应由于生成的 HCl 溶于水而放热。盐酸溶液及生成的热都加速了中间体硅醇的自发缩合反应。因此其水解产物主要为硅氧烷。例如三甲基氯硅烷水解生成六甲基二硅氧烷的反应式表示如下：

$$Me_3SiCl + H_2O \longrightarrow Me_3SiOH + HCl$$

$$2Me_3SiOH \xrightarrow{H^+} Me_3SiOSiMe_3 + H_2O$$

② 双官能氯硅烷的水解缩合  $Me_2SiCl_2$ 水解时，依操作方法和条件的不同，会生成各式各样的化合物，其中主要产物为环形的硅氧烷（含量为 20%～50%）和线型聚二甲基硅氧烷-$\alpha,\omega$-二醇（含量为 50%～80%）。反应式可表示为：

$$2Me_2SiCl_2 + 3H_2O \longrightarrow Me_2SiCl(OH) + Me_2Si(OH)_2 + 3HCl$$

$$nMe_2Si(OH)_2 \longrightarrow \begin{cases} (Me_2SiO)_n + nH_2O \\ HO(Me_2SiO)_nH + (n-1)H_2O \end{cases}$$

水解反应所生成的 $Me_2SiClOH$ 及 $Me_2Si(OH)_2$ 在质子酸的作用下，或者各自缩合，或者相互缩合，最后都能形成 Si—O—Si 键。在水解过程中，如果所用的水量不足，或者水量虽足，但反应条件十分温和，则所得产物其末端将含有氯原子。

二烷基二氯硅烷的水解产物不仅随水用量的改变而有影响，而且与使用的酸、碱、助剂和溶剂的种类不同而有所改变。

例如，当用 6mol/L HCl 水溶液代替水进行水解时，低聚的环型硅氧烷的含量可增加到大约 70%；相反，若用 50%～85% $H_2SO_4$ 代替水来水解二甲基二氯硅烷时，仅产生含少量环体的高摩尔质量的聚硅氧烷，原因是 $H_2SO_4$ 对缩聚反应有促进作用。

而当在碱存在下，水解 $Et_2SiCl_2$ 和 $Me_2SiCl_2$ 时，前者只能获得 $Et_2Si(OH)_2$，而后者可以获得 $HOSiMe_2OSiMe_2OH$。有些不易水解的氯硅烷，如 $(CF_3C_6H_4)_3SiCl$，只有在碱存在下才能水解；有些烃基氯硅烷，如 $Me_3SiF$ 等，由于 Si—C 键具有弱极性，在酸中易受亲电试剂进攻而不稳定，在这种情况下，宜在碱中进行水解。过量的碱会加速水解时的缩合反应。因此，把有机氯硅烷加到过量的碱溶液中时，得到的基本上是高摩尔质量的聚硅氧烷。原因是产生的盐有盐析作用，硅二醇浓度相对增加，有利于分子间缩合而成大分子。

③ 三官能氯硅烷的水解缩合  当三官能氯硅烷单独水解缩合时，产物构型及性能主要取决于反应条件，如反应介质、pH、溶剂性质及用量、加料顺序及反应温度等。例如，$MeSiCl_3$ 在室温或较高温度、无溶剂下水解时，生成高度交联的不溶、不熔的凝胶状或粉末状聚硅氧烷；但在极性溶剂如乙醚、二噁烷或醇中水解时，由于缩合反应在有机相中进行，有利于成环并保留较多的 Si—OH 基，从而限制了聚合度的提高，可得到液态或可熔、可溶的聚硅氧烷。当位阻烷基氯硅烷水解时，由于位阻抑制高聚物的生成，则可得到环状硅氧烷。$MeSiCl_3$ 在 $BuOH$-$H_2O$ 中水解时，可获得交联度很低的产物，反应式如下：

$$MeSiCl_3 + H_2O + BuOH \xrightarrow{-HCl} MeSi(OBu)(OH)_2 \longrightarrow HO-\underset{OBu}{\underset{|}{Si}}(Me)-O-(\underset{OBu}{\underset{|}{Si}}(Me)-O)_n-\underset{OBu}{\underset{|}{Si}}(Me)-OH$$

④ 不同氯硅烷的共水解缩合  当两种氯硅烷在同一体系中进行共水解缩合时，所得产物结构与原料结构有关，而且水解方式、水解溶剂也会对其有一定的影响。

若两原料结构相似，则所得二硅氧烷有对称的，也有不对称的。若原料二者结构相差很大，如 $Me_3SiCl$ 和 $Ph_3SiCl$，前者水解速率甚速，缩合也快，所以主要产物为对称的二硅氧烷。如要得到较多的不对称二硅氧烷，则需多加 $Ph_3SiCl$。因此要想用共水解缩合来制备共聚物时，一般要求两种氯硅烷的结构相近，其水解速率近似。不同卤硅烷水解速率顺序如下：

$$\equiv Si—I > \equiv Si—Br > \equiv Si—Cl > \equiv Si—F$$

$$RSiCl_3 > R_2SiCl_2 > R_3SiCl$$

$$Me_2SiCl_2 > Et_2SiCl_2 > Ph_2SiCl_2$$

水解方式不同，对水解产物也有影响。连续法进行水解时，将氯硅烷和水按计算量混合，此时反应体系 pH 较恒定，故反应比较均匀，形成的环体也较多；若用间歇法，即将氯硅烷加到水中，一直至反应结束，这样反应体系 HCl 浓度会逐渐增加。逆水解法进行水解时，把水加到氯硅烷中去，这样反应体系的 HCl 浓度很大，足以裂解一般的硅氧烷键，所以逆水解方式对于制备共聚物特别有利，如 $Me_2SiCl_2$ 与 $Ph_2SiCl_2$ 在一起进行逆水解，即可得较高产率的共聚物。

用水和醇水解二氯硅烷、三氯硅烷或四氯硅烷的混合物时可得到高度交联、但仍可溶解的聚硅氧烷而无凝胶形成。其原因可能是由于氯硅烷在水与醇的混合物中同时发生醇解和水解，形成的 SiOR 基水解较慢，阻碍了聚合物分子链的增长。加入醇后似乎拉平了不同硅烷水解速率的差异，从而造成了均匀的共水解和共缩合的条件。

(2) 有机烷氧基硅烷的水解缩合　有机烷氧基硅烷因在水解时不产生 HCl，反应体系呈中性，生成的 Si—OH 也不易再缩合，因此工艺条件相对可控，产品质量也较稳定。近年来以烷氧基硅烷为原料，经过水解缩聚反应而制得聚硅氧烷的工艺技术路线获得较快的发展。如需制备一些含有烷氧基的聚硅氧烷时，从烷氧基硅烷出发进行水解就较为方便。有些碳官能基不稳定的氯硅烷进行水解时，也需先将氯原子转化成烷氧基后再水解。

有机烷氧基硅烷的水解方法与有机氯硅烷所用水解方法相似，但由于烷氧基硅烷的水解活性较低，在水解过程中，常加入少量催化剂以加速水解与缩合反应。常用催化剂有酸（如盐酸、草酸、乙酸、三氯乙酸等）、碱、盐、金属氧化物（如五氧化二钒、四异丙基氧化锆等）等。加入惰性溶剂，则有利环硅氧烷生成。如果水量不足，在聚合物链中会有一部分烷氧基保留。但若在水量过多的条件下水解，则可得到线型聚硅氧烷、不同交联度的聚硅氧烷、或严重凝胶化的交联聚硅氧烷。

(3) 其它硅官能有机硅烷的水解缩合　制备聚硅氧烷的原料，除有机卤硅烷和有机烷氧基硅烷外，还可以用有机酰氧基硅烷、含氢硅烷、硅氮烷等。

有机酰氧基硅烷的水解反应与烷氧基硅烷的水解反应相似，但更易于水解，在无催化剂存在的温和条件下就能进行。在无机酸、碱、碱金属羧酸盐等催化下，反应更快。但由于乙酰氧基硅烷水解所产生的副产物乙酸不是强酸，因此不能立即催化 Si—OH 缩合而形成 Si—O—Si 键，若延长时间，则可发生缩合反应。由于所生成的酸的腐蚀性很弱，因此常用这种化合物处理织物、纸张，使其在材料表面上形成一层聚硅氧烷薄膜，同时不致损坏原材料。

含氢硅烷在酸性介质中不易水解。若在碱性介质中水解，则放出氢气，同时生成 Si—O—Si 键：

$$EtHSiCl_2 + H_2O \xrightarrow{NaOH} (EtSiO_{1.5})_n + H_2$$

硅氮烷也易水解，但较慢。若加入酸催化剂，则速率加快。

$$Me_3SiNHSiMe_3 + H_2O \xrightarrow{H^+} Me_3SiOSiMe_3 + NH_3$$

(4) 有机硅烷间的非水解缩合　硅氧烷也可以通过非水解法来制备，即在无水条件下通过相同官能团或不同官能团的硅烷之间的相互缩合来制备，或通过某些 Si—C 键化合物的断裂来制备。

以同官能团缩合反应制备聚硅氧烷有下列几种类型。在同官能团缩合反应制备聚硅氧烷中，以硅醇的缩合最为重要。烷氧基硅烷的均聚合，一般是在加热、加压下进行，并需有催化剂存在，如 $AlX_3$、$BX_3$（X 为卤素）等。

$$2\equiv SiOH \longrightarrow \equiv SiOSi\equiv + H_2O$$
$$2\equiv SiOR \longrightarrow \equiv SiOSi\equiv + R_2O$$
$$2\equiv SiOCOR \longrightarrow \equiv SiOSi\equiv + (RCO)_2O$$
$$2\equiv SiOR + 2R'COOH \longrightarrow \equiv SiOSi\equiv + 2RCOOR' + H_2O$$

异官能团缩合反应制备聚硅氧烷有下列几种类型，其中 X 为卤素，R 为甲基、乙基等，M 为金属。

$$\equiv SiX + RCOOSi\equiv \longrightarrow \equiv SiOSi\equiv + RCOX$$
$$\equiv SiX + ROSi\equiv \longrightarrow \equiv SiOSi\equiv + RX$$
$$\equiv SiX + HOSi\equiv \longrightarrow \equiv SiOSi\equiv + HX$$
$$\equiv SiX + MOSi\equiv \longrightarrow \equiv SiOSi\equiv + MX$$
$$\equiv SiX + HOSi\equiv \longrightarrow \equiv SiOSi\equiv + H_2$$
$$\equiv SiOR + R'COOSi\equiv \longrightarrow \equiv SiOSi\equiv + R'COOR$$
$$\equiv SiOR + HOSi\equiv \longrightarrow \equiv SiOSi\equiv + ROH$$
$$\equiv SiNH_2 + HOSi\equiv \longrightarrow \equiv SiOSi\equiv + NH_3$$
$$\equiv SiOCOR + HOSi\equiv \longrightarrow \equiv SiOSi\equiv + RCOOH$$
$$\equiv SiOAc + ROSi\equiv \longrightarrow \equiv SiOSi\equiv + AcOR$$

有机卤硅烷（$\equiv SiX$）与烷氧基硅烷（ROSi）或酰氧基硅烷（RCOOSi）反应制备聚硅氧烷时，往往需要加入 Friedel-Crafts 催化剂，如 $FeCl_3$、$AlCl_3$ 等。

有机卤硅烷（$\equiv SiX$）与硅醇（HOSi）或金属硅醇盐（MOSi）反应时，为了使反应右移，必须加入 HX 的吸收剂，如吡啶等，同时可以避免硅醇的自缩合反应。

有机氢硅烷（$\equiv SiH$）与硅醇（HOSi）在少量碱或胺、或者在胶体镍等催化剂存在下，可发生反应生成聚硅氧烷及氢气。另外，以少量的二丁基二月桂酸锡为催化剂，在室温下也能催化此反应。此反应用途广，可以为室温硫化硅橡胶提供新的交联方式，由于在反应过程中放出 $H_2$，可用于制取室温硫化的泡沫硅橡胶，也可以为嵌段硅橡胶的合成提供一条较好的思路。

烷氧基硅烷（ROSi）与酰氧基硅烷（RCOOSi）在酸（如硫酸、甲基苯磺酸等）、醇钠以及 $FeCl_3$、$ZnCl_2$、$AlCl_3$ 等催化剂存在下可发生缩合，消去酯而得硅氧烷化合物。这种反应，也是用来制备含有带不同取代基的硅氧烷链节的聚合物的一种方法。

烷氧基硅烷（ROSi）与有机硅醇（HOSi$\equiv$）可在催化剂 HCl、$CF_3COOH$、$CH_3C_6H_4SO_3H$、$C_2H_5ONa$、$Al(OR)_3$、$\equiv SiONa$、$(RCOO)_2Sn$ 等作用下发生缩合反应。这种反应，同样也是用来合成含不同聚硅氧烷链节的共聚物的。曾用此法制得甲基乙基、甲基丙基及甲基苯基硅氧烷共聚物，而共聚物用共水解法是难以得到的。联结在硅原子上的羟基、甲氧基、乙氧基，借助于高级脂肪酸的锡化合物或别的催化剂的作用，能在室温下反应，这一性质是室温硫化硅橡胶硫化的基础。

有机氨基硅烷（$\equiv SiNR_2$）与有机硅醇（HOSi$\equiv$）反应不需要催化剂，即可发生分子间的缩合反应，不发生 $\equiv SiOH$ 的自缩合反应。因此，这种反应是制备规整性排列的嵌段共聚硅烷的一种比较好的方法。

将末端含有羟基的聚硅氧烷与末端含酰氧基的硅氧烷，在潮湿的空气中混合搅拌，即可缩合成较高摩尔质量的聚合物。利用这一原理，可以制备单组分的室温硫化硅橡胶。

### 3.4.3 高温硫化硅橡胶的制备

高温硫化硅橡胶是摩尔质量为 $40\times10^4 \sim 70\times10^4 \text{g/mol}$ 的直链聚硅氧烷（硅橡胶生胶），并配合以补强填料、交联剂、催化剂等各种添加剂，可采用普通橡胶的加工方法，在混炼机上混炼成均相胶料（混炼胶），然后将混炼胶在高温（一般在 150～200℃）下硫化即可使其从高黏滞塑性态转变成硫化胶弹性体。若采用模压、挤出、压延、涂胶、黏合等工艺，可高温硫化成各种硅橡胶制品。

高温硫化硅橡胶无毒、生理惰性、耐生物老化、对人体组织的反应小、生物相容性好，具有较好的力学性能，高温消毒而不受损，在医疗卫生领域得到越来越广泛的应用。如输血管、各种插管、胸腔引流管、整容与修复材料、人造皮肤、埋植介入材料、药物缓释体系、生物传感器等。也可以做各种人体器官，如人工喉、人工肺、视网膜植入物、人工心脏球形二尖瓣、食道、气管、人工关节、假肢等，放在人体内，能够发挥器官的功能。如切除喉头的患者用上人工喉头后，能迅速恢复说话、饮食和呼吸等功能，无异常现象发生。总之，硅橡胶在医疗卫生领域的应用可归纳为以下几类：长期留置于人体内的器官或组织代用品、短期留置于人体内的医疗器械、整容医疗器械、药物缓释体系及体外用品。

根据生胶的结构和添加剂的不同，构成了多种性能、多种用途、多种形态、牌号颇多的硅橡胶产品。一般习惯上称直链聚硅氧烷（硅橡胶生胶）为硅橡胶，不同的硅橡胶则以硅橡胶生胶取名，如二甲基硅橡胶、甲基乙烯基硅橡胶、苯基硅橡胶、氟硅橡胶等。而硅橡胶的性能则一般指其硫化胶的性能。随着高温硫化硅橡胶的不断开发和改进，在其产品的质量、性能、品种和数量等方面都取得了很大的发展，应用领域也得到并正在继续得到广泛的开拓。甲基乙烯基热硫化硅橡胶是目前市场上最常见、应用最多的硅橡胶，而且也是使用最多的医用硅橡胶，因此本节以甲基乙烯基硅橡胶为例介绍高温硫化硅橡胶的制备，其它硅橡胶的生产工艺与甲基乙烯基硅橡胶基本相同，只是所用原料环硅氧烷及种类有所不同。

甲基乙烯基硅橡胶中乙烯基的引入，可以提高硅橡胶的硫化活性，所得产品的压缩永久变形低，性能好。一般 $D_4^{Vi}$ 用量为 $0.02\% \sim 0.5\%$（摩尔分数）甲基乙烯基硅氧（MeViSiO）链节，最常用的量是 $0.1\% \sim 0.2\%$（摩尔分数）。

#### 3.4.3.1 单体的制备

制备甲基乙烯基硅橡胶生胶的单体一般用 $D_4$ 和 $D_4^{Vi}$ 单体，下面分别介绍 $D_4$ 和 $D_4^{Vi}$ 单体的制备。

（1）八甲基环四硅氧烷（$D_4$）的制备　八甲基环四硅氧烷是制备硅橡胶最基本的原料（中间体），它是由二甲基二氯硅烷经水解、水解物催化重排、混合环体精馏得到的。反应方程式如下所示：

$$Me_2SiCl_2 \xrightarrow{H_2O} Me_2Si(OH)_2 \longrightarrow HO{\left(\!\!\begin{array}{c}Me\\[-2pt]|\\[-2pt]SiO\\[-2pt]|\\[-2pt]Me\end{array}\!\!\right)}_{\!\!m}\!\!H + {\left[\!\!\begin{array}{c}Me\\[-2pt]|\\[-2pt]SiO\\[-2pt]|\\[-2pt]Me\end{array}\!\!\right]}_{\!\!n}$$

$$50\%\sim80\% \qquad 20\%\sim50\%,\ n=3、4、5\cdots$$

$$\text{水解物} \xrightarrow[130\sim160℃,2.67\text{kPa}]{KOH} {\left[\!\!\begin{array}{c}Me\\[-2pt]|\\[-2pt]SiO\\[-2pt]|\\[-2pt]Me\end{array}\!\!\right]}_{\!\!n}$$

$$n=3\sim7$$
$$(DMC)$$

$$DMC \xrightarrow{\text{精馏}} D_3+D_4+D_5+D_6+\cdots$$

① 二甲基二氯硅烷的水解　二甲基二氯硅烷与水反应（水解），生成中间体硅二醇，放出氯化氢。氯化氢溶于水，一方面使水相成酸性，而另一方面又使反应体系升温。在这样的反应环境下，硅二醇会发生缩合反应，生成含50%～80%的线型聚硅氧烷-$\alpha,\omega$二醇和20%～50%的环硅氧烷混合物（水解物）。

为了保证最后得到的环硅氧烷的纯度，一般要求二甲基二氯硅烷（$Me_2SiCl_2$）的纯度在99%以上，甚至要求在99.9%以上，三甲基氯硅烷（$Me_3SiCl$）和甲基三氯硅烷（$MeSiCl_3$）的含量分别低于0.01%和0.02%。水解物摩尔质量较小（$m=30\sim35$），直接用水解物催化聚合，难以做成高摩尔质量的生胶，水解物的纯度也难以达到制备生胶的要求。

在二甲基二氯硅烷水解时若使用溶剂，如四氢呋喃、二氧六环、甲苯、二甲苯、乙醚、三氯乙烯等，可得到高收率的环硅氧烷，且溶剂用量越多，生成环硅氧烷的收率越高，但因溶剂难以回收或回收麻烦，不经济，工业上一般不采用。溶剂法常用于制备特种环硅氧烷或实验室制备少量环硅氧烷。

② 水解物的催化裂解　水解物在KOH（质量用量一般是水解物的1%～2%）作用下，在130～160℃、2.67kPa条件下经真空催化裂解可以得到混合环体（裂解油），简称DMC。DMC的组成为：$D_3$（10%～15%）、$D_4$（约60%）、$D_5$（约20%）、$D_6$（约5%）、$D_7$（少量）。

裂解过程中应特别注意控制温度和压力。加热时要缓慢升温，并保持压力稳定。若升温太快或压力不稳定，则容易引起冲料。如发生冲料的情况，则冷凝器、接收器以及污染的管道等均需彻底清洗，重新裂解。这是因为裂解产物中如果混入少量KOH，在加热精馏时便会产生聚胶现象，造成精馏困难。

水解物中的三官能团化合物在KOH的作用下会聚合成体型结构聚合物，或生成三官能的硅醇钾而沉积在裂解釜底，进一步纯化了水解物。这样，三官能团化合物杂质就不会进入裂解油中。

③ DMC的精馏　催化裂解后得到的二甲基环硅氧烷混合物纯度是非常高的，可以直接用于制造硅橡胶生胶。但由于DMC组成不确定，各种环硅氧烷开环反应活性不一样，得到的硅橡胶生胶的摩尔质量及其分布不好控制。以$D_4$为原料才可能制备出高质量的硅橡胶生胶。

虽然各种环硅氧烷的沸点相差较大，但由于它们的性质相近，易于共沸，用普通的蒸馏方法难以将它们分得很纯。因此，需要用精馏塔将DMC进行分馏，以便得到纯$D_4$。$D_3$沸点133～135℃，熔点64～64.5℃；$D_4$沸点170～171℃，熔点17.4℃；$D_5$和$D_6$的沸点都大于200℃。由于$D_3$在常温下为白色结晶，精馏前期产生的$D_3$会结晶堵塞管道，造成危险，因此在前期精馏时，要采取适当的保护措施。

(2) 四甲基四乙烯基环四硅氧烷（$D_4^{Vi}$）的制备　四甲基四乙烯基环四硅氧烷同样是合成各种硅橡胶不可缺少的原料之一。$D_4^{Vi}$的制备方法与$D_4$相同，只是单体二甲基二氯硅烷$Me_2SiCl_2$由甲基乙烯基二氯硅烷$MeViSiCl_2$代替，通过甲基乙烯基二氯硅烷水解、催化重排、混合环体精馏来制备，也可以使用甲基乙烯基二乙氧硅烷水解制取。

甲基乙烯基二乙氧硅烷在酸性介质中水解，所得水解物在KOH（质量用量一般是水解物的1%）作用下，在低于200℃条件下减压催化裂解可以得到甲基乙烯基混合环体（简称乙烯基环体VMC），并在精馏塔中减压精馏得到$D_4^{Vi}$。

$$MeViSi(OEt)_2 \xrightarrow[\text{甲苯}]{H^+/H_2O} HO\underset{Me}{\underset{|}{\overset{Vi}{\overset{|}{-(SiO)-}}}}_m H + \underset{Me}{\underset{|}{\overset{Vi}{\overset{|}{[SiO]}}}}_n$$

$n=3、4、5\cdots$

$$\text{水解物} \xrightarrow[\text{减压},<200℃]{1\% \text{KOH}} \left(\begin{array}{c}\text{Vi}\\|\\\text{SiO}\\|\\\text{Me}\end{array}\right)_n$$

$$n=3,4,5\cdots$$
$$\text{VMC}$$

$$\text{VMC} \xrightarrow{\text{减压精馏}} (\text{MeViSiO})_3 + (\text{MeViSiO})_4 + \cdots$$
$$\quad\quad\quad\quad\quad\quad\quad D_3^{Vi} \quad\quad\quad\quad D_4^{Vi}$$

沸点 80℃(2.67kPa)　沸点 104~108℃(0.80~1.06kPa)

224℃(常压)

裂解和精馏过程中也要注意控制温度和压力。温度过高,容易引起 Si—Vi 键的断裂,因此裂解过程中温度控制在 200℃ 以下。而且由于各种乙烯基环硅氧烷的沸点较高,为了避免常压精馏时引起 Si—Vi 键断裂,精馏过程中常采用减压精馏。

#### 3.4.3.2 催化剂的制备

前面提到,环硅氧烷开环聚合制备硅橡胶生胶的催化剂,原则上有阳离子催化聚合反应的酸性催化剂和阴离子催化聚合反应的碱性催化剂两大类。由于酸性催化剂在生胶聚合完后除酸过程十分困难,很少用于生胶的生产。碱性催化剂与酸性催化剂相比,其主要优点是用量少,后处理简单。聚合反应完成后,可以采用钝化的方法或加入某些可以起中和作用的添加剂将碱性催化剂中和。

出于经济和工艺等方面考虑,国外主要硅橡胶生胶生产公司在工业化生产中普遍使用 KOH(将其做成硅氧烷醇钾使用)为催化剂,反应温度在 140~160℃。当聚合反应结束后,采用 $CO_2$ 或硅基磷酸酯将 KOH 中和失活。有的使用气相法白炭黑、六甲基二硅氮烷、AcOH、$H_3PO_4$、$HOCH_2CH_2Cl$ 等作中和剂。

我国目前主要生产硅橡胶的公司在工业化生产中多采用 $Me_4NOH$ 作催化剂,它的活性比 KOH 大,在 $D_4$ 开环聚合反应中的活性是 KOH 的 150 倍。它在 90~110℃ 具有很好的聚合催化作用。聚合完成之后,只要提高温度到 130℃ 以上就可分解失活,其后处理工序简单。但是 $Me_4NOH$ 商品是其 10%~25% 的水溶液或 50% 的固体。水的存在会影响它的催化活性和聚硅氧烷的摩尔质量,使用时必须除去。为了方便使用,常先将其与 $D_4$ 反应制成四甲基氢氧化铵硅醇盐(碱胶),以四甲基氢氧化铵硅醇盐作为环硅氧烷聚合的催化剂使用。由于其易吸收空气中的二氧化碳,生成碳酸盐而降低活性,因此储存和使用过程中要避免将其暴露到空气中太久。$Me_4NOH$ 的分解失活和其与 $D_4$ 的反应式示意如下:

$$Me_4NOH \xrightarrow{>130℃} Me_3N + MeOH$$

$$\frac{1}{4}nD_4 + Me_4NOH \xrightarrow{80℃} Me_4NO\left(\begin{array}{c}\text{Me}\\|\\\text{SiO}\\|\\\text{Me}\end{array}\right)_n H$$

四甲基氢氧化铵硅醇盐的制备:将 100g $D_4$ 和 2g 50% $Me_4NOH$ 水溶液放入反应瓶中,在干燥 $N_2$ 流下搅拌并抽真空至 1.33kPa,慢慢加热至 40℃ 脱水,并在 40℃ 下维持 0.5h。然后在 13.33kPa 下水浴加热至 80℃ 反应,同时剩余的水分不断蒸出,反应物黏度逐渐增加,并逐渐减压至 1.33kPa 以下,直到反应物呈均匀半透明黏稠物为止。冷却,出料,即得四甲基氢氧化铵硅醇盐。密封储存备用。

#### 3.4.3.3 生胶的制备

$D_4$(或 DMC)和一定量的 $D_4^{Vi}$ 在 90~110℃、四甲基氢氧化铵硅醇盐催化下开环聚合即得甲基乙烯基硅橡胶生胶,反应方程式如下:

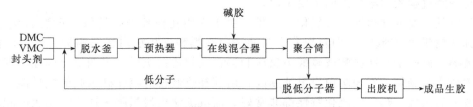

典型的甲基乙烯基硅橡胶生胶的制备：将 50g $D_4$ 和 1.5g $D_4^{Vi}$ 加入反应器中，在 13.33kPa、60~65℃下脱水 1h。然后加入四甲基氢氧化铵硅醇盐，干燥空气鼓泡，在 90~110℃下平衡反应 2.5h，体系黏度逐渐增大，鼓泡变得越来越困难。反应完毕，将温度提高到 150℃左右，维持 0.5h，以分解破坏催化剂。最后升温至 180~200℃，真空脱出低分子物，至无馏出物为止。降温，停止减压，冷却后出料。收率一般在 85%~90%。

硅橡胶生胶的工业化生产有间歇法、半连续法、连续法。各种生产工艺各有不同的特点，一直并存。可根据具体条件和需要进行选择与设计。图3-9是硅橡胶生胶连续化生产工艺流程。

图 3-9　硅橡胶生胶连续化生产工艺流程

影响硅橡胶生胶质量的因素较多，包括催化剂、链终止剂、反应温度、原料水分、三官能团链节、挥发分含量、生胶的摩尔质量分布等。

(1) 催化剂的影响　催化剂的用量（以 $Me_4NOH$ 计）一般为环硅氧烷总质量的 0.01%。由于反应后续过程中催化剂四甲基氢氧化铵的分解可生成三甲胺，而少量的三甲胺会使生胶带来臭味，也会使硫化胶呈黄色。适当控制好生产过程，三甲胺的影响问题可以解决。

(2) 链终止剂的影响　为了控制生胶的摩尔质量，可加适量的链终止剂（封端剂）加以调节。常用的链终止剂有：六甲基二硅氧烷（$Me_3SiOSiMe_3$，简称 MM）、1,1,3,3-四甲基二乙烯基二硅氧烷（$ViMe_2SiOSiMe_2Vi$，简称双封头）等，使生胶分子常常以三甲基硅基或二甲基乙烯硅基封端。

由于原料中的水分和碱胶的存在，使得生胶分子上存在端羟基。生胶分子上的端羟基易与填料白炭黑的羟基反应或形成氢键，使混炼胶结构化，加工性能变差。同时端羟基的存在还会降低硫化胶的耐热性。因此要尽可能减少原料及碱胶中的水分含量。

(3) 反应温度的影响　反应温度控制在 90~110℃。低于 90℃，聚合反应进行得慢，所需聚合时间长；温度过高，会导致催化剂分解失活。加热过程中，要注意使整个体系受热均匀。聚合反应是一个平衡反应，即在环体开环聚合成高摩尔质量聚合物的同时，也发生大分子断链降解过程，最后聚硅氧烷分子分布达到平衡状态。一般在 90~110℃反应 2h 以上，反应即可达到平衡。平衡时，低分子物（挥发分）为 10%~15%，其组成随聚合工艺不同而有所不同。

(4) 原料水分的影响　硅橡胶生胶的生产中，原料中的水分是影响催化剂活性和生胶摩尔质量稳定性的主要因素之一，水分的控制极为重要。在聚合前原料脱水干燥处理时，常用钢瓶氮气鼓泡真空脱水方法，但这种方法只能使原料中的水分降至 $120×10^{-6}$~$140×10^{-6}$。主要原因就是常用钢瓶氮气的露点约为 -43℃，即这种氮气的水分含量就很高，约为 $100×10^{-6}$。而采用变压吸附（简称PSA）法及干燥技术可制得低露点（-60℃）氮气，此时氮气的水分含量约为$10\times10^{-6}$。用这种低露点氮气进行鼓泡脱水干燥，可使原料的水分含量降至$80\times10^{-6}$左右，如此制得的生胶摩尔质量高且稳定，性能好。

(5) 三官能团链节的影响　生胶中的三官能链节含量来源于原料（环硅氧烷）不纯和高温聚合过程（如乙烯基的脱落）。生胶中的三官能链节会使线性分子形成支链，影响生胶的流动性，严重时则使硫化胶的性能变差。为了控制三官能链节含量，要严格控制原料的质量和产物在脱低分子物时温度不要过高。

#### 3.4.3.4　高温硫化硅橡胶的配方

制备高温硫化硅橡胶的原料除生胶外，还有各种各样的配合剂，如补强填料、结构控制剂、交联剂、硫化剂（催化剂）、助剂等。

(1) 补强填料　硅橡胶分子间的引力非常低，生胶直接硫化后的弹性体拉伸强度不超过0.4MPa，不进行补强就没有实用价值。所以，补强填料是硅橡胶最主要的配合剂之一。补强配方是调整硅橡胶力学性能的主要手段。

硅橡胶的主要补强填料是二氧化硅微粉，由于它用在橡胶中有类似于炭黑的补强作用，又将其称作白炭黑（$SiO_2$）。白炭黑分为沉淀法白炭黑和气相法白炭黑两种。沉淀法白炭黑是由水玻璃（硅酸钠）在盐酸或硫酸中反应制得，气相法白炭黑是由四氯化硅在氢气和氧气中高温燃烧水解制得。气相法白炭黑纯度高，由其补强制得的硫化硅橡胶的电性能、密封耐热性、疲劳耐久性、热空气硫化特性都非常好。而沉淀法白炭黑吸水性大、比表面积小、补强效果差，所得硫化硅橡胶的电性能、耐热性等也不如气相法白炭黑，并且挤出成型时易产生发泡现象，热空气硫化困难。

各种白炭黑对硅橡胶的补强作用主要取决于其粒度大小、表面化学性质、用量等，不同种类、不同粒径的填料，对硅橡胶的补强效果差别很大。白炭黑粒径越小，比表面积越大，补强效果越大，一般选择$10\sim50\mu m$的粒径。白炭黑对硅橡胶的补强作用被认为是硅橡胶生胶分子较易吸附在分散的$SiO_2$粒子表面，使粒子间距离小于粒子自身直径，生胶分子的部分链节顺序排列，从而产生结晶化效果，强化了吸附层内分子间的吸引力；另外，生胶分子中的Si—O键或其端羟基可与$SiO_2$表面的Si—OH基形成物理或化学结合，使硫化胶的力学性能提高。

除白炭黑外，硅橡胶加工中还经常使用半补强填料和增量填料。使用半补强填料和增量填料的目的主要是为了增加硫化胶的体积或质量，降低生产成本，同时提高硫化胶的硬度，改善耐油性、工艺性等。使用半补强填料和增量填料填充的硫化硅橡胶的力学性能差，常用的半补强填料和增量填料有硅藻土、碳酸钙、石英粉、硅酸锆、氧化锌、钛白粉、氧化铁等，高岭土和陶土经净化处理后也可使用。对于半补强和增量填料的要求是热稳定性高，接近中性，吸水性小，不影响混炼硅橡胶的硫化和储存稳定性等。但是由于医用硅橡胶的特殊要求，应尽可能减少添加剂的种类和用量。

(2) 结构化控制剂　气相法白炭黑表面含有活性Si—OH键，其活性Si—OH会与硅橡胶生胶分子的Si—O键或端Si—OH作用生成氢键、产生物理吸附和化学结合，则使得白炭黑很难均匀分散在硅橡胶胶料中，并且混炼好的胶料在存放过程中会慢慢变硬，可塑性降低，逐渐失去返炼和加工工艺性能，这种现象称为"结构化"。为防止硅橡胶胶料的结构化，可加入结构化控制剂。结构化控制剂的作用就是与白炭黑表面的Si—OH作用，使其失活，改善白炭黑粒子与硅橡胶生胶分子之间的亲和性，控制白炭黑对硅橡胶生胶分子的物理吸附和化学结合，抑制氢键的生成，从而达到防结构化的目的。

结构化控制剂有：二元醇、二有机基环硅醚、二有机基硅二醇、烷氧基硅烷、低摩尔质量的羟基硅油、含Si—N键的有机硅化合物、含Si—O—B键的有机硅化合物等。其中较常用的有环硅氮烷、六甲基二硅氮烷、二苯基硅二醇、低摩尔质量的羟基硅油。

不同的白炭黑，因其用量和表面 Si—OH 数目不同，结构化控制剂的用量则不同。对于同一种白炭黑，相同的用量，结构化控制剂种类不一样，其用量也不一样。在使用结构化控制剂的情况下，一般混炼好的胶料要经高温（150~200℃）热处理一段时间，才能充分发挥控制结构化的作用。

如果使用事先表面改性处理（如用 $D_4$、$Me_3SiNHSiMe_3$ 或环硅氮烷等在高温下对白炭黑进行表面改性处理）的白炭黑，那么在混炼硅橡胶的胶料中可以不用或少用结构化控制剂。

结构化控制剂的数量并非越少越好，一般 65% 左右较合适。

(3) 硫化剂　直链的硅橡胶生胶未硫化前不具有橡胶的特性，只有在交联剂、硫化剂的作用下，使其发生化学交联，形成三维网状结构后，才具有永久弹性。高黏滞塑性态的硅橡胶生胶转变成三维网状结构的弹性态的交联过程称为硅橡胶的硫化。能够使硅橡胶生胶交联的物质称为硫化剂（催化剂）。

硅橡胶的硫化主要有有机过氧化物引发的硫化（过氧化型）和通过硅氢加成反应硫化（加成型）两种。过氧化物型硅橡胶制品为常用型，具有无毒无味的特点，主要应用在食品、卫生、医疗器械、电子设备及需耐高、低温的各种场合。加成型硅橡胶制品具有优异的生理惰性、无毒、无味、生物相容性好，耐生物老化，植入体内无不良反应，长期植入体内其物理性能变化很小，主要应用在与血液接触及埋入体内的各种场合。不同的高温硫化硅橡胶所用的硫化剂有所不同，因此也有不同的硫化机理，而且不同的成型方式也有不同的硫化工艺。

① 过氧化型　过氧化型高温硫化硅橡胶的硫化反应是按自由基反应机理进行的，即有机过氧化物首先在加热下分解出自由基，然后引发硅橡胶生胶分子中的有机基（甲基、乙烯基），并形成高分子自由基，两个高分子自由基偶合便产生交联。残留在硅橡胶硫化制品中的过氧化物分解产物可通过二段硫化除去。

$$R-O-O-R \xrightarrow{\triangle} 2RO\cdot$$

常用的有机过氧化物主要有 6 种，它们的结构、特性和主要适用范围如表 3-5 所示。生物医用高温硫化硅橡胶硫化剂一般采用 2,5-甲基-2,5-二叔丁基过氧己烷及 2,4-二氯过氧化苯甲酰。

② 加成型　加成型高温硫化硅橡胶的硫化剂是氯铂酸（$H_2PtCl_6 \cdot 6H_2O$）催化剂与含氢硅油交联剂组成的硫化体系。氯铂酸催化剂是将氯铂酸配成 1% 异丙醇溶液或邻苯二甲酸二乙酯溶液，形成异丙醇-Pt 或邻苯二甲酸二乙酯-Pt 络合催化剂。这种催化剂需避氧避光储存。同时要注意避免混入会使铂催化剂中毒的含 N、P、S 等元素的物质。含氢硅油交联剂中 $HSiCH_3O$ 链节的含量约占 60%，也就是说 H 原子占整个分子重量的 0.6%~1.5%。

加成型高温硫化硅橡胶的硫化反应是通过硅氢加成反应来实现的，即在加热下氯铂酸催化甲基含氢硅油中的 Si—H 键与硅橡胶生胶分子中的乙烯基加成而发生交联。

表 3-5  过氧化型高温硫化硅橡胶常用硫化剂

| 硫化剂品种及代号 | 结构式 | 半衰期 温度/℃ | 半衰期 时间/min | 硫化温度/℃ | 适用范围 |
|---|---|---|---|---|---|
| 过氧化苯甲酰(BPO) | | 130 | 1 | 110~135 | 通用型,模压,蒸汽连续硫化,黏合 |
| 2,4-二氯过氧化苯甲酰(DCBP) | | 45℃会分解 | | 100~120 | 通用型,模压,蒸汽连续硫化,热空气硫化 |
| 过氧化苯甲酸叔丁基(TBPB) | | 170 | 1 | 135~155 | 通用型,海绵,高温,溶液 |
| 过氧化二叔丁基(DTBP) | | 186 | 1 | 160~180 | 乙烯基硅橡胶专用,模压,厚制品,含炭黑混炼胶 |
| 过氧化二异丙苯(DCP) | | 160 | 3.8 | 150~160 | 乙烯基硅橡胶专用,模压,厚制品,含炭黑混炼胶,蒸汽硫化,黏合 |
| 2,5-二甲基-2,5-二叔丁基过氧化己烷(DBPMH,也称双-2,5) | | 160 | 4.8 | 160~170 | 乙烯基硅橡胶专用,模压,厚制品,含炭黑混炼胶 |

加成型高温硫化硅橡胶在硫化过程中不产生副产物,收缩率极小,可在适当低的温度下硫化,硫化速率随温度升高而加快。

(4) 交联剂  无论是过氧化型还是加成型硅橡胶的硫化,从其硫化机理可以看出,生胶硫化时,交联点可认为是平均分配的,比较分散,从而导致橡胶抗撕裂力较差,硫化制品一旦撕破口,就会一裂到底,毫无阻挡,综合性能差。因此为了提高橡胶的撕裂强度和综合强度,使硅橡胶在硫化时产生不匀称的"集中交联"或称"一处多联",即形成高度交联的"据点",在硅橡胶的配方中还需加入一定量的交联剂达到此目的。当硫化硅橡胶制品撕裂时,一碰到"据点"上,则受到较大的阻力,即应力分散,难以撕破,就是撕破一点裂口,也只能造成"多链节撕裂",不致造成灾难性的破坏,从而大大提高硫化胶制品的撕裂强度。图 3-10 是硅橡胶的交联示意,其中 (a) 为不加交联剂硅橡胶的硫化交联,(b) 为加了交联剂硅橡胶的硫化交联。

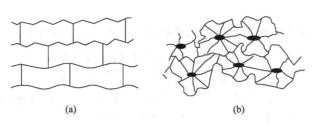

图 3-10　硅橡胶的交联

硅橡胶的配方中，交联剂一般用多乙烯基聚硅氧烷或甲基含氢硅油。

多乙烯基聚硅氧烷又称多乙烯基硅油，简称 C 胶。其分子结构为：

$$R-\underset{\underset{Me}{|}}{\overset{\overset{Me}{|}}{Si}}O-\left(\underset{\underset{Me}{|}}{\overset{\overset{Me}{|}}{Si}}O\right)_m-\left(\underset{\underset{CH=CH_2}{|}}{\overset{\overset{Me}{|}}{Si}}O\right)_n-\underset{\underset{Me}{|}}{\overset{\overset{Me}{|}}{Si}}-R$$

其中，R＝Me 或 CH＝CH$_2$；$m/n$＝7.3～11.5，即 MeViSiO 链节约 8%～12%（摩尔分数）；黏度在 80～350mPa·s（25℃）。其制备方法基本同硅橡胶生胶的制法。

甲基含氢硅油即甲基含氢聚硅氧烷。其分子结构为：

$$R-\underset{\underset{Me}{|}}{\overset{\overset{Me}{|}}{Si}}O-\left(\underset{\underset{Me}{|}}{\overset{\overset{Me}{|}}{Si}}O\right)_m-\left(\underset{\underset{H}{|}}{\overset{\overset{Me}{|}}{Si}}O\right)_n-\underset{\underset{Me}{|}}{\overset{\overset{Me}{|}}{Si}}-R$$

其中，R＝H 或 Me；含氢量一般在 0.5%～1.6%（质量分数）；黏度为 50～100mPa·s。这种部分含氢型甲基含氢硅油可以通过甲基二氯硅烷、二甲基二氯硅烷和三甲基氯硅烷在甲苯中共水解，接着用硫酸催化平衡制取。其反应方程式如下：

$$MeHSiCl_2 + Me_2SiCl_2 + Me_3SiCl \xrightarrow[\text{甲苯}]{H_2O} \xrightarrow[\text{甲苯}]{H_2SO_4} Me_3SiO-\left(\underset{\underset{Me}{|}}{\overset{\overset{Me}{|}}{Si}}O\right)_n-\left(\underset{\underset{Me}{|}}{\overset{\overset{H}{|}}{Si}}O\right)_m-SiMe_3$$

部分含氢型甲基含氢硅油的制备：将 100kg 甲苯和 180kg 水加入反应釜中，在搅拌下逐渐加入 50kg MeSiHCl$_2$、6kg Me$_2$SiCl$_2$ 和 5kg Me$_3$SiCl 的混合单体，并将水解温度控制在 25℃以下。当混合单体加入一半量时暂停加料，继续搅拌 15min 以后，静置分出下层酸水，然后加入 180kg 水，继续在搅拌下加入剩余的混合单体。加完全部混合单体后，再搅拌反应 15min。静置分出下层酸水，然后用水洗三次，得到共水解物的甲苯溶液。将甲苯溶液和其质量 5% 的浓 H$_2$SO$_4$ 加入反应釜中，于室温下搅拌 10min，静置分出下层酸水，再加入甲苯溶液 10% 的浓 H$_2$SO$_4$，在 25～35℃、搅拌下平衡反应 6h。静置分去酸水层，加入 0.5% 活性炭搅拌 30min，再用浓度为 70% 的 H$_2$SO$_4$ 洗涤以去除活性炭，每次用酸量为甲苯溶液的 5%，一直洗至废液中无活性炭为止，约洗 3～4 次。最后用水洗至中性。油层在 140～150℃、5.3～8.0kPa 下蒸除甲苯及低沸物，然后经高速离心机滤除固体悬浮物，即得部分含氢型甲基含氢硅油，含氢量为 0.8%～1.4%（质量分数）。

(5) 助剂　根据特殊需要，可以在硅橡胶胶料中混入某些特定的助剂，如颜料、耐热添加剂、阻燃剂、发泡剂、硫化抑制剂等。

硫化抑制剂也称延迟剂。由于生胶与各种配合剂、硫化剂混合后，在高温硫化前放置时，容易发生缓慢的硫化反应，产生结构化现象。加入延迟剂后，延迟剂首先与铂络合，降低了铂的催化活性，避免在常温下发生硫化反应，当温度升高时，延迟剂又与铂解络合，恢复了铂的催化活性，使高温下的硫化反应正常进行。一般加成型高温硫化硅橡胶制备时加硫化抑制剂。

（6）配方　典型的高温硫化硅橡胶混炼胶的配方示于表3-6中。

表3-6　典型的高温硫化硅橡胶混炼胶配方　　　　　　单位：质量份

| 原　料 | 过氧化型 | 加成型 | 原　料 | 过氧化型 | 加成型 |
| --- | --- | --- | --- | --- | --- |
| 甲基乙烯基硅橡胶生胶 | 100 | 100 | 2,5-二甲基-2,5-二叔丁基过氧化己烷 | 1~2 | |
| 环硅氮烷 | 5~12 | 5~12 | 甲基含氢硅油 | | 1~1.5 |
| 4#气相法白炭黑 | 40~60 | 40~60 | Pt催化剂 | | 15~35μg/g |
| C胶 | 1.5~3.0 | 1.5~3.0 | | | （以Pt计） |

在加成型高温硫化硅橡胶的配方中，要注意不要混入或接触含硫、磷、氮的化合物。它们会使铂中毒，以至于阻止硫化。作为结构化控制剂引入的氮元素，在混炼胶热处理时会除掉。由于加成型高温硫化硅橡胶的加成交联反应在室温下也会慢慢进行，为了延长其储存时间，有时在混炼胶中加入硫化抑制剂（如炔醇等）。

#### 3.4.3.5　高温硫化硅橡胶的加工方法

生物医用硅橡胶的加工与普通橡胶的加工工艺相同，首先是混炼，然后是模压成型、挤出成型、压延成型、浸渍涂布等，只是需要注意环境、设备的材质和清洁度。硅橡胶的加工，就是用炼胶机将填料、结构化控制剂、交联剂、硫化剂、添加剂等混到生胶中得到混炼胶，然后将混炼胶用挤出机制成软管、胶条（绳）和电缆，或模压成各种模制品。图3-11是过氧化物硫化硅橡胶的制备工艺过程，图3-12是加成型硅橡胶的制备工艺过程，图3-13是硅橡胶膜的制备工艺过程。其过程涉及混炼、返炼、模压、挤出、压延、涂胶、黏合、硫化等工序。具体的加工工序、设备等将在第4章中介绍。

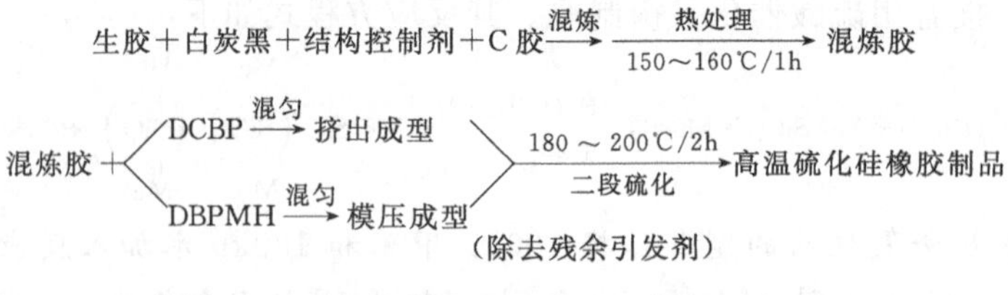

图3-11　过氧化物硫化硅橡胶的制备工艺过程

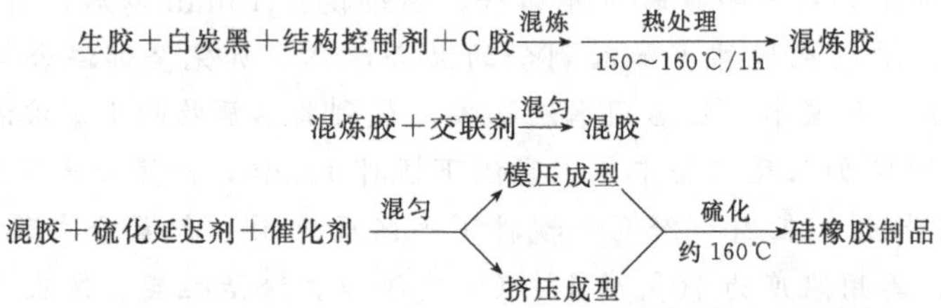

图3-12　加成型硅橡胶的制备工艺过程

图3-13　硅橡胶膜的制备工艺过程

高温硫化硅橡胶作为整形美容材料使用时，使用高黏度的硅液，加入高纯度的极细硅粉，以过氧化物为催化剂，在加热炉中经高温硫化而成弹性体。硫化过程也就是单体的交联过程，通过交联而形成固态的聚合物，所以也叫硬化，可以做成不同硬度的产品，这是硅橡胶最常用的。使用时可选择适当硬度的品种，预先雕削成所需形状备用，也可在手术台上临时雕削成型使用。

### 3.4.4 室温硫化硅橡胶的制备

室温硫化硅橡胶（简称为 RTV 胶）就是能在室温下发生固化交联反应的一种硅橡胶。虽然与高温硫化硅橡胶一样，室温硫化硅橡胶胶料也是由基胶（生胶）、补强填料、交联剂、催化剂、其它添加剂等组成，但它的基胶是摩尔质量一般为 $1\times10^4 \sim 10\times10^4$ g/mol 的活性端基聚二有机硅氧烷，混合胶为黏稠液体状，有很好的流动性。这种混合胶不需加热，在室温下即可硫化成橡胶弹性体。高温硫化硅橡胶需要混炼和加热（加压）成型等工艺过程，而室温硫化硅橡胶的加工不需用特殊的设备及技术，适于涂覆和浇注成型。室温硫化硅橡胶除具有高温硫化硅橡胶特性外，另外它还具有制造简单、使用方便、种类繁多、适用面广、可现场就地成型等优点。近年来室温硫化硅橡胶的发展迅速，其产量已远超过高温硫化硅橡胶，作为胶黏剂、密封剂、现场成型材料等在国民经济各部门中获得了广泛的应用。由于室温硫化硅橡胶具有优良的综合性能，特别是无毒、无味、生理惰性、对杀菌剂稳定等，在医学上也获得了广泛的应用，如整形、齿科印模材料、填塞患有肿瘤的血管、人工角膜、接触镜等。医学上的室温硫化硅橡胶与工业用胶相比，同样要求基胶和白炭黑符合医用标准，也要采用无毒催化体系、交联体系和添加剂等。

室温硫化硅橡胶按包装储存形式分为单组分（单包装）室温硫化硅橡胶和双组分（双包装）室温硫化硅橡胶；按固化反应机理又分为加成型和缩合型两类。

缩合型和加成型的硅橡胶分子结构式如下：

$$\text{HO}-\left[\begin{array}{c}\text{CH}_3\\ \text{Si}\\ \text{CH}_3\end{array}-\text{O}\right]_n \text{H} \qquad \text{H}_2\text{C}=\text{CH}-\begin{array}{c}\text{CH}_3\\ \text{Si}\\ \text{CH}_3\end{array}-\text{O}-\left[\begin{array}{c}\text{CH}_3\\ \text{Si}\\ \text{CH}_3\end{array}-\text{O}\right]_n\begin{array}{c}\text{CH}_3\\ \text{Si}\\ \text{CH}_3\end{array}\text{CH}=\text{CH}_2$$

缩合型 $n=100\sim 200$　　　　　加成型 $n=50\sim 200$

单组分室温硫化硅橡胶是缩合型的，双组分室温硫化硅橡胶有缩合型和加成型两种（图 3-14）。目前室温硫化硅橡胶以缩合型为主，而缩合型室温硫化硅橡胶又以单组分占主导地位。

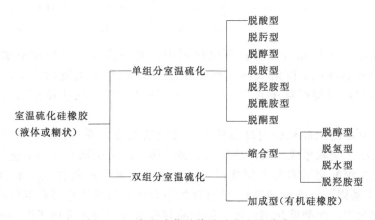

图 3-14　室温硫化硅橡胶硫化方法分类

#### 3.4.4.1 缩合型单组分室温硫化硅橡胶

单组分室温硫化硅橡胶是以 $1\times10^4 \sim 10\times10^4$ g/mol 低摩尔质量的羟基封端聚二有机硅氧烷为基胶，并配合以填料、交联剂、催化剂、其它添加剂等，在无水条件下把所有配料充分混合均匀，包装于一个密封容器中，使用时从容器中取出，借助于空气中的水分（湿气）发生缩合反应，脱除低分子物，形成三维网状结构而交联成橡胶弹性体。

单组分室温硫化硅橡胶分为多种型号，各种型号单组分室温硫化硅橡胶的主要区别在于交联剂体系的不同。目前，根据不同的交联体系，按其硫化交联剂所脱除的低分子物质的种类分为脱羧酸型、脱肟型、脱醇型、脱酰胺型、脱胺型、脱丙酮型、脱羟胺型等型号。不同的型号有不同的性能特征和用途。

(1) 基胶的制备　单组分室温硫化硅橡胶的基胶一般为 $\alpha,\omega$-二羟基聚二有机硅氧烷，其分子式为 $HO(RR'SiO)_nH$，式中 $R=Me$，$R'=Me$、$Et$、$CH_2CH_2CF_3$、$Ph$ 等，相对分子质量 2 万～12 万。依靠端 Si—OH 基与交联剂的反应，使胶料变成弹性体。$\alpha,\omega$-二羟基聚硅氧烷共聚物（嵌段共聚物、无规共聚物或接枝共聚物）也可作为单组分室温硫化硅橡胶的基胶使用。

不同的单组分室温硫化硅橡胶基胶会得到不同性能的单组分室温硫化硅橡胶产品。$\alpha,\omega$-二羟基聚二甲基硅氧烷（$R=R'=CH_3$），即 $HO(Me_2SiO)_nH$，是单组分室温硫化硅橡胶基胶的典型代表，是单组分室温硫化硅橡胶产品中主要使用的基胶。$\alpha,\omega$-二羟基聚二甲基硅氧烷通常被简称为 107 胶。

107 胶摩尔质量的大小直接影响到弹性体的性能，一般选取为 $1\times10^4\sim10\times10^4\,g/mol$。107 胶的摩尔质量增加，由此制得的单组分室温硫化硅橡胶的力学性能提高。但摩尔质量过高，黏稠性差或不易流动，不适于作单组分室温硫化硅橡胶的基胶。摩尔质量太低（3 万～8 万），虽流动性好，加工容易，交联速率快，但固化后的弹性体强度很差。摩尔质量 1 万～12 万时，则流动性好，强度也很好。使用摩尔质量大和摩尔质量小的 107 混合胶作基胶，可以保证混合胶的流动性，同时固化后的弹性体强度大为提高。

107 胶通常采用有机环硅氧烷的开环聚合反应来制备。例如采用 $D_4$ 或 DMC 为原料，以 KOH 为催化剂使环硅氧烷开环聚合，待聚合体系变黏稠、聚硅氧烷的摩尔质量达 $10^5$ 以上时，再逐渐向反应物中滴加蒸馏水，进行降解反应。反应结束后，将催化剂中和，脱除低沸物，即得 107 胶，反应方程式如下：

$$D_4 \xrightarrow{KOH} \text{---}(Me_2SiO)_n\text{---} \longrightarrow \text{\raisebox{0pt}{～}Si—O—Si\raisebox{0pt}{～}} \xrightarrow[\text{降解}]{H_2O} \text{\raisebox{0pt}{～}Si—OH} + \text{HO—Si\raisebox{0pt}{～}}$$

通过控制加水量来控制分子量；反应过程中，升高温度，反应速率加快。因此可以通过控制加水量和温度调节降解反应速率，可制得所需摩尔质量的 107 胶。聚合和降解是平衡化反应过程，所得产物中含有 12%～18% 环硅氧烷，反应结束后需将低沸点物减压除去。

(2) 配方　室温硫化硅橡胶与高温硫化硅橡胶的配方体系类似，一般也需用白炭黑补强，需要加入交联剂交联形成三维网络结构的弹性体。由于交联在室温下进行，因此有些型号的室温硫化硅橡胶的交联需要在催化剂作用下进行。所用的催化剂一般有含锡的化合物（如二月桂酸二丁基锡、辛酸亚锡等），或含钛的络合物，但是用作医疗卫生用的产品最好选用辛酸亚锡类催化剂，此类催化剂已被美国食品和药品管理局允许用于生物材料。单组分室温硫化硅橡胶的交联剂是含可水解性基团的多官能性硅烷化合物，通式为 $R_{4-n}Si—Y_n$，其中 $n=3$ 或 $n=4$，R 为烷基，Y 为可水解性基团。不同型号的单组分室温硫化硅橡胶的交联剂是不同的（见表 3-7），一般医用单组分室温硅橡胶的交联剂主要是脱酸型的，交联剂为 $MeSi(OAc)_3$。表 3-7 是各种型号单组分室温硫化硅橡胶的典型配方。

表 3-7 各种型号单组分室温硫化硅橡胶的典型配方

| 型号 | 用量/质量份 | | | | | | 性能 | | |
|---|---|---|---|---|---|---|---|---|---|
| | 107胶 | $SiO_2$ | 交联剂 | | 催化剂 | | 拉伸强度/MPa | 断裂伸长率/% | 邵氏硬度(A) |
| | | | 品种 | 用量 | 品种 | 用量 | | | |
| 脱酸型 | 100 | 20 | $MeSi(OAc)_3$ | 5 | | | 2.1 | 550 | 20 |
| 脱肟型 | 100 | 10 | $MeSi(ON=CMe_2)_3$ | 5 | 二月桂酸二丁基锡 | 0.2 | 1.17 | 840 | 12 |
| 脱醇型 | 100 | 20 | $MeSi(OMe)_3$ | 5.1 | 钛络合物 | | 2.9 | 440 | 29 |
| 脱胺型 | 100 | 18 | $MeSi(NHC_6H_{11})_3$ | 4.8 | | | 1.1 | 770 | 11 |
| 脱酰胺型 | 100 | 18 | $MeSi(NAc)_3 \mid Me$ | 5 | | | 1.31 | 1440 | 11 |
| 脱丙酮型 | 100 | 12 | $MeSi(OC=CH_2)_3 \mid Me$ | 6 | 胍基硅烷 | 0.5 | 2.2 | 410 | 30 |
| 脱羟胺型 | 100 | $CaCO_3$ 100 | $MeSi(ONEt_2)_3$ | 1 | | | 0.59 | 1050 | 18 |

交联剂与 107 胶的比例很重要，它影响到硫化胶的交联程度与性能，考虑到胶料中的水分和白炭黑表面的 Si—OH 基也会消耗交联剂，所以交联剂的官能度与 107 胶的 Si—OH 基的量之比控制在 5～8 的范围内为宜。

（3）固化机理　单组分室温硫化硅橡胶的固化，首先是交联剂接触大气中的湿气后，可水解性的官能基迅速发生水解反应，生成硅醇。其硅醇的 Si—OH 基与 107 胶的 Si—OH 基发生缩合反应，从而导致单组分室温硫化硅橡胶的固化交联，形成三维网状结构成弹性体。固化交联反应在室温下即可发生。有些型号需要催化剂的参与，有些型号则不需要催化剂。固化速率在很大程度上取决于大气的湿度和水分在胶层中的扩散速率。虽然各种型号单组分室温硫化硅橡胶的交联剂不同，但它们的固化均首先是交联剂接触空气中的湿气，引起交联剂的官能基水解，生成了硅醇，因此其固化机理基本是相同的。下面以脱乙酸型为例，阐述单组分室温硫化硅橡胶的固化机理（图 3-15）。

由于在固化交联过程中脱出的是小分子产物乙酸，故称此类单组分室温硫化硅橡胶为脱乙酸型的，即单组分室温硫化硅橡胶的型号分类是由固化交联过程中脱除的小分子物而得名的。

以此类推，其它型号的单组分室温硫化硅橡胶在固化交联过程中脱除的小分子物如下。

① 脱肟型：交联剂 $MeSi(ON=CMe_2)_3$，脱除小分子物丙酮肟 $Me_2C=N—OH$。
② 脱醇型：交联剂 $MeSi(OMe)_3$，脱除小分子物甲醇 $CH_3OH$。
③ 脱胺型：交联剂 $MeSi(NHC_6H_{11})_3$，脱除小分子物环己胺 $C_6H_{11}NH_2$。
④ 脱酰胺型：交联剂 $MeSi(NMeCOMe)_3$，脱除小分子物 N-甲基乙酰胺 $MeCONHMe$。
⑤ 脱丙酮型：交联剂 $MeSi(OCMe=CH_2)_3$，脱除小分子物丙酮 $MeCOMe$。
⑥ 脱羟胺型：交联剂 $MeSi(ONEt_2)_3$，脱除小分子物二乙基羟胺 $Et_2NOH$。

因单组分室温硫化硅橡胶只有与水分接触反应才会产生固化交联，所以胶层的表面部分易接触大气中的水气，则先固化；胶层的内部则固化慢。因此，存在着表层固化快、深层固化慢或深层不固化的问题。深层固化取决于水分在胶层中的扩散速率。

固化速率与交联剂的水解反应活性有很大关系，水解反应活性高，则固化速率快（当然也与催化剂及其用量有关）。各种型号单组分室温硫化硅橡胶交联剂的水解活性基本是：脱丙酮型＞脱酰胺型＞脱乙酸型＞脱肟型＞脱醇型。

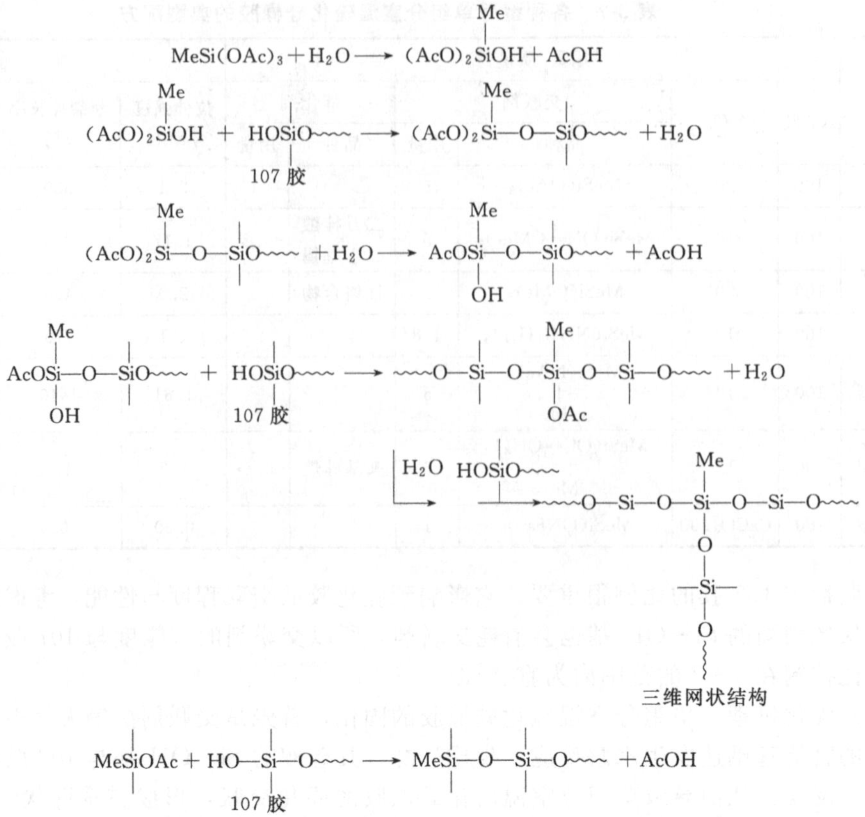

$$MeSi(OAc)_3 + H_2O \longrightarrow (AcO)_2\overset{\underset{\mid}{Me}}{Si}OH + AcOH$$

$$(AcO)_2\overset{\underset{\mid}{Me}}{Si}OH + HO\overset{\underset{\mid}{Me}}{Si}O\sim\!\!\!\sim \longrightarrow (AcO)_2\overset{\underset{\mid}{Me}}{Si}\!-\!O\!-\!\overset{\underset{\mid}{Me}}{Si}O\sim\!\!\!\sim + H_2O$$
107胶

$$(AcO)_2\overset{\underset{\mid}{Me}}{Si}\!-\!O\!-\!\overset{\underset{\mid}{Me}}{Si}O\sim\!\!\!\sim + H_2O \longrightarrow Ac\overset{\underset{\mid}{O}H}{\overset{\mid}{Si}}\!-\!O\!-\!\overset{\underset{\mid}{Me}}{Si}O\sim\!\!\!\sim + AcOH$$

$$Ac\overset{\underset{\mid}{O}H}{\overset{\mid}{Si}}\!-\!O\!-\!\overset{\underset{\mid}{Me}}{Si}O\sim\!\!\!\sim + HO\overset{\underset{\mid}{Me}}{Si}O\sim\!\!\!\sim \longrightarrow \sim\!\!\!\sim O\!-\!\overset{\underset{\mid}{Me}}{Si}\!-\!O\!-\!\overset{\underset{\mid}{Si}}{\overset{\mid}{O}Ac}\!-\!O\!-\!\overset{\underset{\mid}{Me}}{Si}\!-\!O\sim\!\!\!\sim + H_2O$$
107胶

$$\xrightarrow{H_2O\quad HO\overset{\mid}{Si}\sim\!\!\!\sim} \sim\!\!\!\sim O\!-\!\overset{\underset{\mid}{Me}}{Si}\!-\!O\!-\!\overset{\underset{\overset{\mid}{Si}-}{\mid}}{Si}\!-\!O\!-\!\overset{\underset{\mid}{Me}}{Si}\!-\!O\sim\!\!\!\sim$$

三维网状结构

$$MeSiOAc + HO\!-\!\overset{\mid}{Si}\!-\!O\sim\!\!\!\sim \longrightarrow MeSi\!-\!O\!-\!\overset{\mid}{Si}\!-\!O\sim\!\!\!\sim + AcOH$$
107胶

图 3-15 单组分缩合型室温硫化硅橡胶的脱酸型固化机理

从固化机理看，固化交联是 107 胶的两个 Si—OH 参与反应，但两个 Si—OH 不可能完全理想地都参与了反应。也就是说，在单组分室温硫化硅橡胶固化交联时，107 胶的部分 Si—OH 基并没有参与反应。这可能是单组分室温硫化硅橡胶力学性能较差的原因之一。

（4）配制方法　单组分室温硫化硅橡胶的配制可以根据胶料的稠度在反应器或行星式搅拌混合器等设备上进行。通常需先将基胶（107 胶）、填料、颜料、其它添加剂等在炼胶机或三辊机上混合成膏状物或黏稠液体，然后进行干燥处理。在干燥情况下冷却，再加入交联体系（交联剂或交联剂和催化剂）。在隔绝空气中湿气的条件下充分混匀后，封装入一个密闭的容器中储存，制备工艺流程见图 3-16。使用时从容器中取出，接触空气中水气，室温下即可固化。

基胶+填料 $\xrightarrow{混炼}$ 混炼胶 $\xrightarrow{干燥}$ $\xrightarrow[交联剂]{催化剂}$ $\xrightarrow{密炼}$ 单组分 RTV（装管）

图 3-16 缩合型单组分室温硫化硅橡胶的制备工艺流程

干燥处理后的整个操作过程中要避免接触大气中的湿气，这对产品的储存性能至关重要。防水的程度会直接影响到产品的存放期。

单组分室温硫化硅橡胶的包装普遍采用金属软管、塑料封筒和金属封筒。

#### 3.4.4.2　缩合型双组分室温硫化硅橡胶

有些室温硫化硅橡胶的胶料混合在一起后，即使不接触大气中的潮气，基胶与交联剂在催化剂催化下也会发生反应，导致固化交联成弹性体。为了把这类硅橡胶做成商品或储存，胶料需要分开混合、分开包装，以防止使用前的固化交联。一般分装成两个包装，这就构成了双组分室温硫化硅橡胶。双组分室温硫化硅橡胶按照固化交联机理分为缩合型和加成型两种。

缩合型双组分室温硫化硅橡胶的胶料组成为基胶、填料、交联剂、催化剂和其它添加剂。A 组分包括基胶、填料和交联剂；B 组分包括基胶、填料和催化剂。基胶与缩合型单组分室温硫化硅橡胶相同，为低分子量羟基封端的聚硅氧烷；催化剂为锡的化合物（辛酸亚锡）或铂络合物；填料为白炭黑；交联剂按脱除小分子的不同，主要有脱醇型、脱羟胺型、脱氢型、脱水型。医用缩合型双组分室温硫化硅橡胶的交联剂主要是脱醇型和脱氢型，脱醇型交联剂为四乙氧基硅烷 $Si(OEt)_4$，脱氢型交联剂为含氢硅油，分子结构如下：

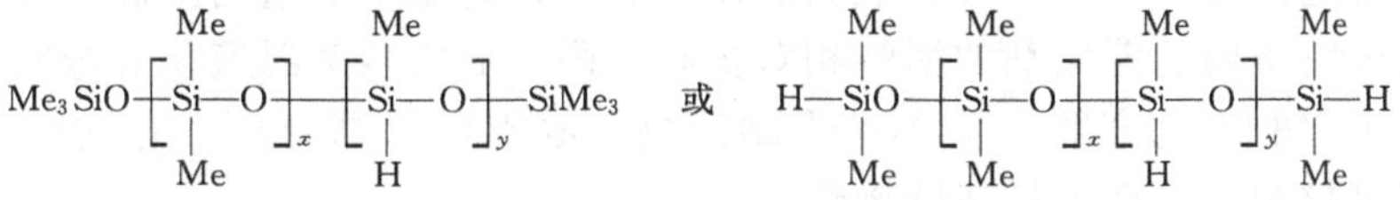

$$Me_3SiO\left[\underset{Me}{\underset{|}{\overset{Me}{\overset{|}{Si}}}}-O\right]_x\left[\underset{H}{\underset{|}{\overset{Me}{\overset{|}{Si}}}}-O\right]_y SiMe_3 \quad 或 \quad H-\underset{Me}{\underset{|}{\overset{Me}{\overset{|}{Si}}}}-O\left[\underset{Me}{\underset{|}{\overset{Me}{\overset{|}{Si}}}}-O\right]_x\left[\underset{H}{\underset{|}{\overset{Me}{\overset{|}{Si}}}}-O\right]_y\underset{Me}{\underset{|}{\overset{Me}{\overset{|}{Si}}}}-H$$

脱醇型双组分室温硫化硅橡胶的固化机理如图 3-17 所示。

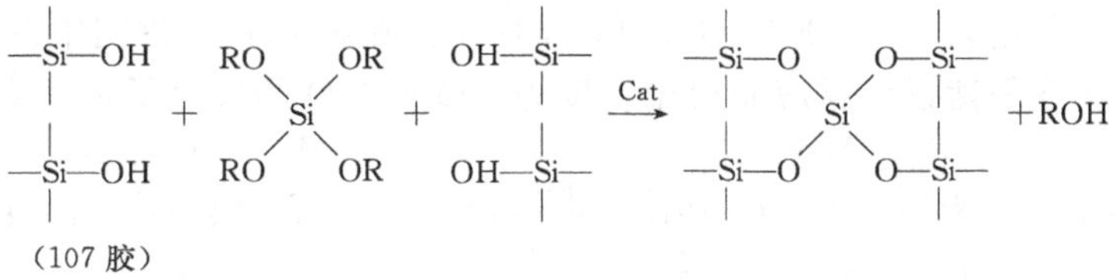

图 3-17 脱醇型双组分室温硫化硅橡胶的固化机理

脱氢型双组分室温硫化硅橡胶的固化机理如图 3-18 所示。

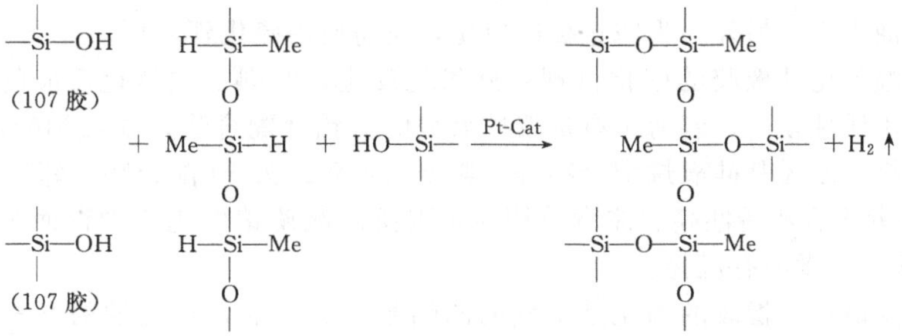

图 3-18 脱氢型双组分室温硫化硅橡胶的固化机理

胶料按一定比例混合后即发生交联反应，而与环境湿气无关，所以不受胶层厚度的限制，能深度固化，表层与内部固化都均匀。胶料一般分成两部分包装储存。与单组分室温硫化硅橡胶相比，缩合型双组分室温硫化硅橡胶固化后对异种材料具有极好的脱模性，而且强度高，可将其用于制膜和制造模型制品。典型配方如表 3-8 所示。

表 3-8 缩合型双组分室温硫化硅橡胶的典型配方　　　　　　　　　　　　　　　　单位：份

| 配料 | 脱醇型 | 脱羟胺型 | 脱氢型 | 脱水型 |
|---|---|---|---|---|
| 107 胶 | 100 | 100 | 100 | 100 |
| 填料 | 气相法白炭黑　20 | $CaCO_3$　100 | 沉淀法白炭黑　15 | |
| 交联剂 | $Si(OEt)_4$　3 | $[MeVi(Et_2NO)Si]_2O$　6<br>$[Me(Et_2NO)SiO]_4$　2 | 甲基含氢硅油　10 | 多羟基硅氧烷共聚物　20 |
| 催化剂 | 二辛酸二丁基锡　0.1 | | 2%氯铂酸-异丙醇溶液　0.5 | 二月桂酸二丁基锡　0.1 |

缩合型双组分室温硫化硅橡胶的制备工艺流程如图 3-19 所示。

$$\text{基胶+填料} \xrightarrow[2h]{\text{混炼 }180\sim190℃} \text{返炼} \rightarrow \text{混炼胶}$$

$$\text{混炼胶+交联剂} \xrightarrow{\text{混匀}} \text{A 组分}$$

$$\text{混炼胶+催化剂} \xrightarrow{\text{混匀}} \text{B 组分}$$

图 3-19 缩合型双组分室温硫化硅橡胶的制备工艺流程

### 3.4.4.3 加成型双组分室温硫化硅橡胶

加成型室温硫化硅橡胶与加成型高温硫化硅橡胶的固化机理是一样的。二者的区别在于基胶不同,前者是低摩尔质量的聚硅氧烷液体,后者为高摩尔质量的聚硅氧烷半固体。加成型室温硫化硅橡胶所用的催化剂的活性相对要高一些。加成型室温硫化硅橡胶是双组分(双包装)的。由于它的固化交联反应不产生副产物,故不同于缩合型。它的特点是可深层硫化,操作时间可控制,允许大量连续操作。

加成型室温硫化硅橡胶的基胶常为乙烯基封端的聚二有机硅氧烷,主要是乙烯基封端的聚二甲基硅氧烷。它是以 $D_4$(或 DMC)和 1,3-二乙烯基-1,1,3,3-四甲基二硅氧烷(双封头)在催化剂存在下平衡聚合反应制得聚合度为 150~1200 的大分子,反应式示意如下:

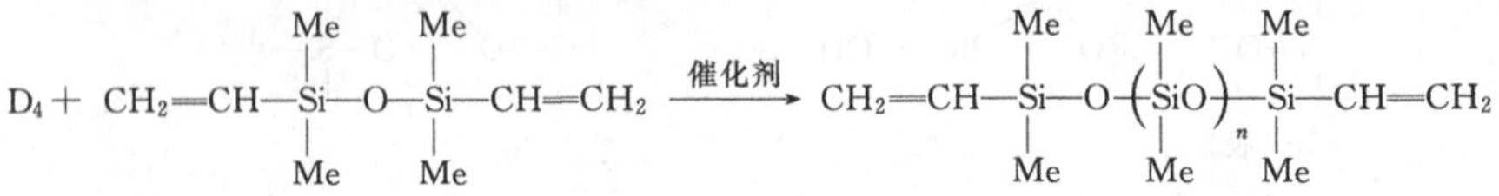

$$D_4 + CH_2=CH-\underset{\underset{Me}{|}}{\overset{\overset{Me}{|}}{Si}}-O-\underset{\underset{Me}{|}}{\overset{\overset{Me}{|}}{Si}}-CH=CH_2 \xrightarrow{\text{催化剂}} CH_2=CH-\underset{\underset{Me}{|}}{\overset{\overset{Me}{|}}{Si}}-O\underset{}{\left(SiO\right)_n}\underset{\underset{Me}{|}}{\overset{\overset{Me}{|}}{Si}}-CH=CH_2$$

加成型室温硫化硅橡胶也需要使用填料补强,所用的填料与缩合型室温硫化硅橡胶相同,可以是白炭黑或 MQ 树脂。加成型室温硫化硅橡胶的交联剂同加成型高温硫化硅橡胶一样,为甲基含氢聚硅氧烷,可以是直链的甲基含氢硅油,也可以是环状的含氢聚硅氧烷,以甲基含氢硅油为主。另外,为防止提前硫化,还需使用硫化延迟剂。

加成型室温硫化硅橡胶的固化机理是硅氢化反应,原则上硅氢化反应的催化剂都可使用。但通常采用活性较高、能溶于有机聚硅氧烷的氯铂酸配合物,如氯铂酸的烯烃配合物、四氢呋喃配合物、乙烯基硅氧烷配合物等。典型的是双封头-Pt 配合物,邻苯二甲酸二乙酯-Pt 配合物。前者比后者活性高。注意使用时不要接触能使铂催化剂中毒而失去催化能力的含有 N、P、S 等元素的有机物。

加成型室温硫化硅橡胶的固化是基胶的乙烯基与交联剂含氢硅油的 Si—H 键在催化剂催化下,于室温进行硅氢化反应,形成三维网状结构,成为弹性体。交联是加成反应,无小分子物脱除,因此,加成型室温硫化硅橡胶的线收缩率很小。固化反应如图 3-20 所示。

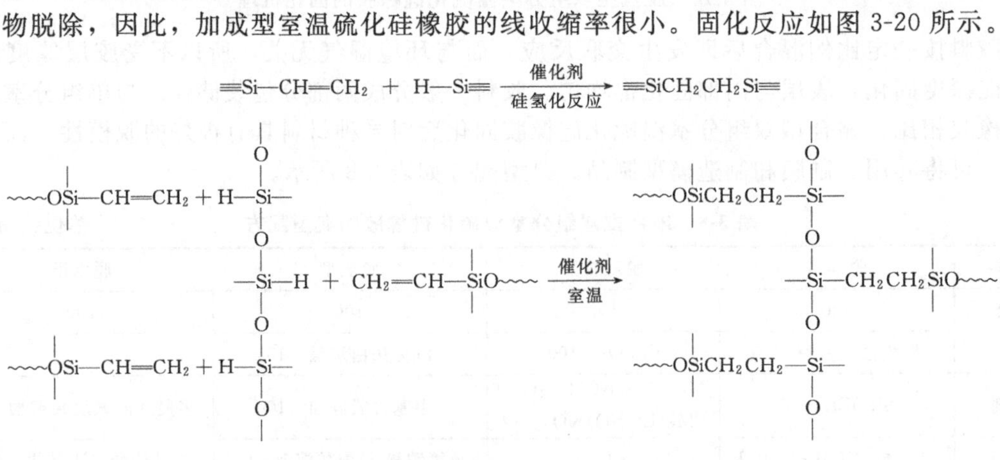

$$\equiv Si-CH=CH_2 + H-Si\equiv \xrightarrow[\text{硅氢化反应}]{\text{催化剂}} \equiv SiCH_2CH_2Si\equiv$$

图 3-20 加成型双组分室温硫化硅橡胶固化反应

加成型室温硫化硅橡胶的制备工艺过程如图 3-21 所示。

基胶＋填料（白炭黑、MQ树脂）──→混胶
混胶＋含氢交联剂──→A组分
混胶＋Pt催化剂──→B组分

图 3-21　加成型双组分室温硫化硅橡胶的制备工艺流程

室温硫化型硅橡胶作为整形美容材料使用时，一般将单体和催化剂液体单独包装，临用前在室温环境下调制塑型，待其硬化后备用，也可在使用时临时调制，在其尚为液态未硬化前，注射入所需部位，按局部形态的需要填充塑型。

### 3.4.5　医用硅橡胶的灭菌

医用硅橡胶材料及其制品具有优异的耐高温性能，长期使用温度可达200℃，一般高压蒸汽灭菌方法对硅橡胶最为合适。采用121℃、30min灭菌条件即能达到满意的灭菌效果，当然不同制品的灭菌条件可根据具体情况进行调节。高压蒸汽灭菌时硅橡胶的吸水量及溶解量如表3-9所示。

表 3-9　高压蒸汽灭菌时（121.5℃、40min）硅橡胶的吸水量及溶解量

单位：mg/cm$^2$

| 样品 | pH=4.1 | | pH=6.8 | | pH=8.0 | |
|---|---|---|---|---|---|---|
| | 吸水量 | 溶解量 | 吸水量 | 溶解量 | 吸水量 | 溶解量 |
| 硅橡胶片 | — | — | 0.038 | 0.012 | | |
| 硅橡胶管 | | 0.044 | | 0.012 | | 0.036 |

医用有机硅材料生物学评价可参照 GB/T 16175—1996 "医用有机硅材料生物学试验"进行。

## 3.5　聚氨酯弹性体

聚氨酯是指高分子主链上含有氨基甲酸酯基团（—R—O—CO—NH—R'—）的聚合物，简称PU。它们是由异氰酸酯和羟基或氨基化合物通过逐步聚合反应制成的，其分子链由软段和硬段组成，多元醇（聚醚、聚酯）构成软段，异氰酸酯和小分子扩链剂（二胺或二醇）构成硬段。通过调节软段或硬段的结构、长度与分布、相对比例及改变分子量等方式，可在很大范围内改变聚氨酯的性能，可以制成热塑性弹性体、浇注的橡胶或塑料、海绵、弹性纤维、涂料、密封剂、乳胶、胶黏剂等。

聚氨酯与其它生物材料相比，一个主要的物理结构特征是微相分离结构，由于硬段的极性强，相互间引力大，硬段和软段在热力学上具有自发分离倾向，即不相容性，硬段容易聚集在一起，形成许多微区，分布于软段中，从而产生微相分离，这一微相分离的大小约在10nm左右。其微相分离表面结构与生物膜相似，由于存在着不同表面自由能分布状态，改进了材料对血清蛋白的吸附力，即抑制了血小板的黏附，减少了血栓的形成，所以聚氨酯具有很好的生物相容性和血液相容性。自从20世纪60年代后期发现嵌段聚醚氨酯具有优良的血液相容性、生理惰性和耐屈挠性以来，学者们对其结构的设计、合成方法、结构-性能关系、成型加工、生物学评价和动物试验及临床应用进行了大量的研究。聚氨酯可以发生较慢的水解，因此有时它也被视为可降解的聚合物，但其降解速率和程度不易被较好地控制。此外，残余的二异氰酸酯盐有导致肿瘤的可能。尽管如此，由于热塑性聚氨酯弹性体具有优良凝血性能；毒性实验结果符合医用要求；临床应用中生物相容性好、优良韧性和弹性，加工性能好，加工方式多样；优良耐磨性、软触感、耐湿性、耐多种化学药品；采用通常方法灭

菌，暴露在γ射线下性能不变等优点，已成为制造人工心脏等必不可少的材料，同时热固性聚氨酯则可以用来制备假肢等。由于热塑性的聚氨酯弹性体在医疗卫生上的广泛应用，因此本节主要介绍聚氨酯弹性体的制备。

医用聚氨酯与工业聚氨酯相比，用量虽小，但要求高性能、高纯度。因此所用原料、溶剂均需经严格处理，反应条件和制品生产工艺需严格控制。表3-10是国外几种主要的医用聚氨酯。

表 3-10　国外几种主要的医用聚氨酯

| 型号 | 生产单位 | 主要原料 | 用　　途 |
|---|---|---|---|
| Biomer | Ethicon 公司（美国） | PTMG/MDI/ED | 人工心脏，血管涂层 |
| Cadiothane | Cadiothane 公司（美国） | PPG/PDMS/MDI/二元醇 | 主动脉内反搏气囊，人工瓣膜 |
| Pellethane | Upjohn 公司（美国） | PTMG/MDI/BD | 人工心脏，心血导管 |
| Tecoflex HR | Thermo Electron 公司（美国） | PTMG/HMDI/BD | 心血导管 |
| Chnoroflex | PolyMedica 公司（美国） | 聚碳酸酯/HMDI/二元醇 | 人工心脏及心室辅助装置 |
| TM-3 | 东洋纺织（日本） | PTMG/MDI/丙二胺 | 人工心脏及心室辅助装置 |

注：PTMG为聚四亚甲基醚二醇；PDMS为聚二甲基硅氧烷。

### 3.5.1　聚氨酯弹性体合成的原材料

#### 3.5.1.1　大分子二醇

大分子二醇是构成软段的组分，其结构和分子量对聚氨酯的性能有极大影响。大分子二醇可以是聚醚二醇或聚酯二醇，由此制成的聚酯型聚氨酯力学性能较好，因为聚酯二醇制成的聚氨酯含有极性大的羰基，这种聚氨酯材料内部不仅硬段间能够形成氢键，而且软段上的极性基团也能部分地与硬段上极性基团形成氢键，使硬段相能更均匀地分布于软段相中，起到弹性交联点的作用。但由于软段酯键的水解，在体内环境下极容易降解，所以不能在体内长期使用。聚醚型聚氨酯由于软段醚键在水中有一定的稳定性，但醚键能与氧发生作用，长期在体内环境下，因慢性炎症反应，导致材料发生自由基氧化降解。相比聚醚二醇和聚酯二醇，聚醚二醇比聚酯二醇有更好的耐水性，适用于制造医用制品。聚醚二醇中，聚四亚甲基醚二醇（聚四氢呋喃醚，PTMG），由于分子链结构规整，拉伸过程中易结晶，与聚乙二醇和聚丙二醇相比有更好的强度，与聚酯型聚氨酯强度不相上下。由于大分子二醇的分子量越低，所得的聚合物的强度越高，伸长越低，一般医用聚氨酯弹性体采用相对分子质量在500～3000左右的大分子二醇，用相对分子质量为1000左右的大分子二醇可获得满意的强度和弹性。软段的结晶性对提高聚氨酯的强度有利。

聚醚多元醇一般是以低分子量多元醇、多元胺或其它含活泼氢化合物作起始剂，与氧化乙烯在催化剂的作用下开环聚合而成。在聚醚多元醇的生产过程中，特别是氧化丙烯的加聚反应，用强碱为催化剂，若产品中残留微量碱，在含碱量高到一定程度时，与—NCO反应，仍具有催化作用，易引起胶化或凝胶。残留的极微量碱可用苯甲酰氯或磷酸等作为稳定剂来中和，避免生产事故的发生。

聚酯多元醇是以多元羧酸与多元醇经缩聚而成的。可以通过真空熔融法、熔融通气法、共沸蒸馏法工艺实现。

在医用聚氨酯的制备中，常用的低聚物多元醇为聚四氢呋喃醚、聚酯二醇及聚碳酸酯二醇等。

#### 3.5.1.2　二异氰酸酯

多异氰酸酯是制备聚氨酯弹性体的最主要原料之一。异氰酸酯混合物的结构中含有高度不饱和双键的异氰酸酯基团—N=C=O，因而化学性质非常活泼，它不仅能与一切含活泼氢化合物反应，而且—N=C=O基团在光或催化剂作用下能发生二聚、三聚及共聚作用。

常用的多异氰酸酯单体有：甲苯二异氰酸酯（TDI）、六亚甲基二异氰酸酯（HDI）、苯二亚甲基异氰酸酯（XDI）、多亚甲基多苯基二异氰酸酯（PAPI）、异佛尔酮二异氰酸酯（IPDI）、二苯基甲烷二异氰酸酯（MDI），此外尚有一些待开发利用的多异氰酸酯单体，如三甲基己烷二异氰酸酯（TMDI）、二环己基甲烷二异氰酸酯（HMDI）、六氢甲苯二异氰酸酯（HTDI）等。工业聚氨酯弹性体最常用的二异氰酸酯是TDI和MDI；在医用聚氨酯制备中，两种常用的二异氰酸酯是芳香族的MDI及脂肪族的HMDI。芳香族异氰酸酯的降解产物是芳香族胺类，具有一定的生物毒性；脂肪族二异氰酸酯的降解中间体是对人体无毒的小分子或人体新陈代谢产物，可以合成无毒性的聚氨酯生物吸收材料。目前医用聚氨酯大多是使用MDI做原料制备的。

MDI为4,4′-二苯基甲烷二异氰酸酯，可溶于丙酮、四氯化碳、苯、氯苯、硝基苯、二氧六环等溶剂之中，因其凝固点为38～39℃，常温下难以储藏，本身易自聚生成难溶物，颜色发黄，降低使用率。因此储藏时要加入稳定剂，一般采用甲苯磺酰异氰酸酯、羧酸异氰酸酯、亚磷酸三甲苯酯与4,4′-硫二(6-叔丁基-3,3′-甲酚)混合物等。MDI需要在15℃以下保存，最好在5℃以下储藏，并尽快使用。MDI经常表现为固体，使用前必须加热熔化。其结构式如下：

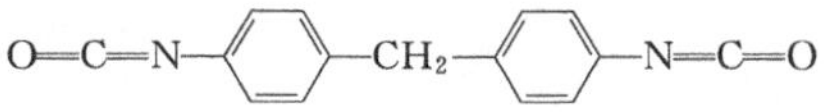

$$O=C=N-\bigcirc-CH_2-\bigcirc-N=C=O$$

TDI是2,4-甲苯二异氰酸酯及2,6-甲苯二异氰酸酯两种异构体的液体混合物，其分子结构式为：

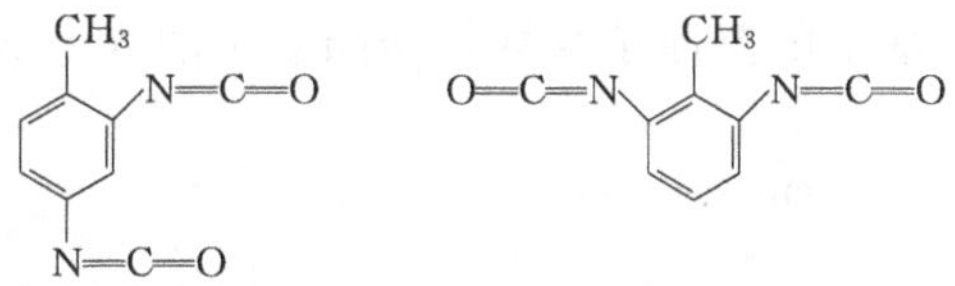

2,4-TDI和2,6-TDI的熔点分别是21.8℃和8.5℃。在2,4-甲苯二异氰酸酯中，4位的—NCO比2位的—NCO更为活泼，因为2位—NCO受1位的—CH$_3$的空间位阻的影响，因此在较低温度下进行预聚反应时，首先是4位的—NCO参加反应。甲苯二异氰酸酯由于是液体，使用起来比较方便，是一种广泛使用的二异氰酸酯。

芳香族异氰酸酯制备的聚氨酯，由于芳香族异氰酸酯分子中刚性芳环的存在，以及生成的氨基甲酸酯键赋予聚氨酯较强的内聚力，因此强度较高。对称的异氰酸酯制备的聚氨酯比不对称的异氰酸酯制备的聚氨酯内聚能大，因此强度也较高。

异氰酸酯活性强，刺激性气味强，且与水反应，对呼吸器官、皮肤、眼睛、胃、肠道及呼吸系统有强烈的刺激作用，吸入较多的异氰酸酯时会发生中度甚至严重的气喘病或者中毒现象。异氰酸酯的特殊性在于口服毒性不高但吸入毒性高且持续时间长，其—NCO基可以使蛋白质发生变化，使酶失去活性，刺激感受体及破坏细胞，因此对于蒸气压较大的异氰酸酯，原则上需要在密封的设备中进行生产和应用，或者使用防毒面具。

#### 3.5.1.3 扩链剂

为了调节聚氨酯弹性体的分子量以及软硬段比例，改善材料性能，除了低聚物二元醇和二异氰酸酯外，合成预聚体时还常常用到小分子扩链剂。常用的扩链剂有小分子二胺和小分子二醇，一般常用乙二醇、1,4-丁二醇（BD）、1,4-丁二胺制备线型聚氨酯。工业上一般选用BD，因为人们在研究聚醚类聚氨酯弹性体时，软段大多采用与BD具有相似结构的聚醇，因其能增加分子间缔合的机会，有利于提高力学性能。再者胺类扩链剂毒性大，且与异氰酸酯反应活性高（二胺的扩链速率比二醇要快，脂肪族二胺的扩链速率又比芳香族二胺要快），生成物为聚氨酯脲，脲键极性比氨酯键强，硬段分子间形成三维氢键，所以胺类扩链剂形成的聚氨酯弹性体比二元醇扩链的具有更高的机械强度、模量、粘接力、耐热性，并且还有较好的低温性能。但是此类弹性体的熔点较高，一般在200℃以上，有的甚至在达到加工温度以前，分子就已经开始分解。

不同形状的扩链剂，加入方式不同。常温为液态的扩链剂，如BD，加入时只要直接混入即可。如果用常温为固态的扩链剂，则需先将其升温融化，然后将其与熔化温度相当的预聚体混合；若预聚体温度太低，扩链剂可能从预聚体中析出，从而导致混合不均匀；同时温度也不能太高，否则导致局部扩链太快而失败。

扩链剂的加入量不同，聚合物的分子量及强度不同。对于二官能度的醇或胺扩链剂，当官能团的摩尔比 $F=$—OH/—NCO 或—NH$_2$/—NCO 大于1时，扩链剂纯粹起扩链作用；当 $F=$—OH/—NCO 或—NH$_2$/—NCO 小于1时，扩链剂既起扩链作用，又起交联作用；对于 $0<F<1$ 的体系，系数 $F$ 越接近1，理论上分子量越大，聚氨酯体系的强度越大，实际操作中，扩链速率越快，意味着体系黏度上升越快，达到凝胶点时间越短，越易在未完全脱泡前固化成型，游离的—NCO 基团含量越低；反之，系数 $F$ 越接近0，理论上分子量越小，聚氨酯体系的强度越小，实际操作中，扩链速率越慢，意味着体系黏度上升越慢，达到凝胶点时间越长，容易在流动的情况下顺利脱泡，游离的—NCO 基团含量越高。实际操作中要根据具体条件加以工艺确定。

### 3.5.2 聚氨酯弹性体的一般制备方法

异氰酸酯基是一个非常活泼的官能团，它能与活泼氢发生加成反应，如二异氰酸酯和二元醇（胺）反应，羟（氨）基上的氢原子与异氰酸酯基中的 C=N 双键加成而转移到氮上，基团反应过程如下：

$$-OH + O=C=N- \longrightarrow -O-\underset{H}{\underset{|}{\overset{O}{\underset{|}{C}}}}-N-$$

医用聚氨酯的制备方法是按反应物加入的顺序（一步法、两步法）、制备用的介质（无溶剂、在溶液中、在水中）及固化的类型（单组分系统、双组分系统）来区分的。为加速反应进行，常加入催化剂。工业聚氨酯的生产常用一步法和两步法。

一步法则是将大分子二醇、二异氰酸酯、扩链剂同时起反应一步制备聚氨酯。一步法设备简单，过程短，但产品性能稍差。这是因为一步法合成聚氨酯弹性体时，聚合反应和扩链反应同时进行，由于扩链剂与二异氰酸酯反应的活性高于低聚物多元醇，生成硬段的反应过于激烈，使得硬段相不能较好地分布于软段相中，即所谓的物理交联点过于集中，影响了聚氨酯弹性体的性能。

一步法制备聚氨酯时是将聚合物多元醇、扩链剂和催化剂加入装有温度计和搅拌器的三口烧瓶中，加热熔融，搅拌升温到100~110℃，在 −0.098MPa 下抽真空至无气泡溢出，降温到60℃以下，加入计量的异氰酸酯，反应 20min，达到一定黏度后出料，最后在120℃下加热固化 5h。反应方程式如下：

$$OCN-R-NCO + HO-R'-OH + R''(OH)_m \longrightarrow \sim\sim NH-\overset{O}{\underset{\|}{C}}-O-R''-O-\overset{O}{\underset{\|}{C}}-NH\sim\sim$$
$$\underset{\underset{\sim\sim}{\overset{|}{NH}}}{\overset{|}{\underset{\|}{\overset{O}{C}}}}$$

$m=2$ 或 3

两步法是先使大分子二醇与二异氰酸酯进行预聚反应，然后再加入扩链剂进行扩链反应制备聚氨酯。两步法设备和步骤相对要多，反应周期长，产品成本高，但产品质量好。由预聚体法合成聚氨酯弹性体，因反应分步进行，且活性较弱的低聚物多元醇与二异氰酸酯的预聚反应有足够的时间进行，反应比较彻底，得到的预聚体再与扩链剂反应，制得的弹性体结构较均匀，有利于硬段间形成氢键，也利于硬段与软段中的强电负性基团之间产生氢键，提高弹性体的性能。

通常的预聚物由低聚物多元醇与过量的二异氰酸酯反应制备。其中易挥发的游离二异氰酸酯的含量都要求比较低。如果二异氰酸酯的量大大超过多元醇的量，那么大量的二异氰酸酯无处反应，只能以游离状态存在于预聚物中，所以在这种情况下制得的预聚物实际上是预聚物和二异氰酸酯的一种混合物。制备这种预聚物目的主要是为了降低常温下预聚物的黏度，以便在第二步反应中使预聚物组分和扩链交联剂的黏度和体积比较接近，以提高计量的准确性和混合效果。为了有别于通常的低游离二异氰酸酯预聚物，可以使这种高游离异氰酸酯含量的预聚物成为半预聚物或半预聚体，用半预聚物合成聚氨酯产品的方法可称为预聚物法或半预聚体法。这种半预聚物主要用于 MDI 型浇注型聚氨酯弹性体。半预聚体法制得的聚氨酯弹性体性能虽不及由预聚体法制得的，但两者相差不大，且半预聚体法有其工艺上的优点。在多数的情况下，合成性能不同的一系列产品时，半预聚体可以通用，只需对另一组分（扩链剂和低聚物多元醇）进行适当的配方调整即可，可大大缩短生产和加工周期。

聚氨酯弹性体的合成主要以两步法为主，包括含有低分子量预聚物的合成、预聚物扩链生成可溶性的高分子聚合物、以及将这种高聚物硫化形成网状交联的弹性体等反应过程。

#### 3.5.2.1 预聚物的合成反应

预聚物（或生胶）通常是利用二异氰酸酯与端羟基的聚酯、聚醚等进行加成聚合而制得。在制备中，又可根据异氰酸酯基与羟基的摩尔比（即—NCO/—OH）大于 1 或小于 1 的不同，制备成端基为异氰酸酯基，或者端基为羟基的预聚物。一般情况下，控制—NCO/—OH 大于 1，得到异氰酸酯封端的预聚体。其反应式可表示如下：

$$OCN-R-NCO + HO-R'-OH \xrightarrow{NCO} OCN-R-NH-\overset{O}{\underset{\|}{C}}-O-R'-O-\overset{O}{\underset{\|}{C}}-NH-R-NCO$$

或

$$OCN-R-NCO + HO-R'-OH \xrightarrow{OH} HO-R'-O-\overset{O}{\underset{\|}{C}}-NH-R-NH-\overset{O}{\underset{\|}{C}}-O-R'-OH$$

#### 3.5.2.2 预聚物的扩链反应

端异氰酸酯基的预聚物能与活泼氢化合物如水、二元醇、二元胺、氨基醇等反应，进行扩链而生成可溶性的高分子聚合物。大分子二醇、二异氰酸酯和低分子二醇（或胺）的摩尔比对聚合物的力学性能有至关重要的影响，当大分子二醇、二异氰酸酯和低分子二醇（或胺）的摩尔比从 1:2:1 到 1:6:5 变化时，聚氨酯的拉伸强度和定伸强度增加，硬度增加，但伸长率下降。如果—NCO/—NH$_2$ 的比例约等于 2，则可得到分子量很大的线型、无交联的聚氨酯弹性体。

(1) 预聚物用二元醇扩链　用二元醇扩链，生成氨基甲酸酯基连接键：

$$2OCN-R-NH-\overset{O}{\underset{\|}{C}}-O-R'-O-\overset{O}{\underset{\|}{C}}-NH-R-NCO + HO-R''-OH \longrightarrow$$

$$OCN-R-NH-\overset{O}{\underset{\|}{C}}-O-R'-O-\overset{O}{\underset{\|}{C}}-NH-R-NH-\overset{O}{\underset{\|}{C}}-O-R''-O-\overset{O}{\underset{\|}{C}}-NH-R-NH-\overset{O}{\underset{\|}{C}}-O-R'-O-\overset{O}{\underset{\|}{C}}-NH-R-NCO$$

**(2) 用二元胺扩链** 用二元胺扩链，生成双取代脲基连接键：

$$2OCN-R-NH-\overset{O}{\underset{\|}{C}}-O-R'-O-\overset{O}{\underset{\|}{C}}-NH-R-NCO + H_2N-R''-NH_2 \longrightarrow$$

$$OCN-R-NH-\overset{O}{\underset{\|}{C}}-O-R'-O-\overset{O}{\underset{\|}{C}}-NH-R-NH-\overset{O}{\underset{\|}{C}}-NH$$
$$\qquad\qquad\qquad\qquad\qquad\qquad\qquad\qquad\qquad\qquad R''$$
$$OCN-R-NH-\overset{O}{\underset{\|}{C}}-O-R'-O-\overset{O}{\underset{\|}{C}}-NH-R-NH-\overset{O}{\underset{\|}{C}}-NH$$

**(3) 用水扩链** 用水扩链，生成取代脲基连接键和放出二氧化碳：

$$2OCN-R-NH-\overset{O}{\underset{\|}{C}}-O-R'-O-\overset{O}{\underset{\|}{C}}-NH-R-NCO + H_2O \longrightarrow$$

$$OCN-R-NH-\overset{O}{\underset{\|}{C}}-O-R'-O-\overset{O}{\underset{\|}{C}}-NH-R-NH$$
$$\qquad\qquad\qquad\qquad\qquad\qquad\qquad\qquad\qquad\qquad\underset{\|}{C}=O + CO_2$$
$$OCN-R-NH-\overset{O}{\underset{\|}{C}}-O-R'-O-\overset{O}{\underset{\|}{C}}-NH-R-NH$$

#### 3.5.2.3 聚氨酯弹性体的交联反应

聚氨酯弹性体要满足使用要求，常常需要在大分子之间形成适度的交联。聚氨酯的交联（又称硫化）有多种形式，一般来说可分为用交联剂交联、加热交联和利用氢键交联三种方法。例如可以用多元胺、多元醇作交联剂，在加热下进行硫化，生成氨基甲酸酯的支化键而交联；用过量的二异氰酸酯在加热硫化时与聚合物中的脲基、氨基甲酸酯基、酰氨基等上的活泼氢反应，分别生成缩二脲基、脲基甲酸酯基和酰氨基的交联；也可以用硫黄硫化进行交联。

医用聚氨酯弹性体一般为热塑性聚氨酯弹性体，主要通过氢键交联。在聚氨酯弹性体中，由于含有很多诸如脲基、缩二脲与氨基甲酸酯基等内聚能很大的极性基团，因此在强的静电引力的作用下，便形成了较多的氢键交联。也正是由于这种氢键交联，使得聚氨酯弹性体有很高的模量和拉伸强度等性能。

在医疗中使用的聚氨酯弹性体主要是热塑性聚氨酯弹性体，其加工方式可为注射成型、挤出成型和浇注成型。目前聚氨酯的合成与加工已普遍采用自动化浇注和由电子计算机控制的自动机理-混合-成型的一体化工艺与设备，不仅提高了生产工效，还改善了

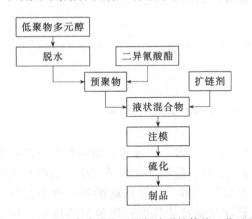

图 3-22 二步法合成浇注型聚氨酯弹性体的工艺过程

制品性能和其内在质量的稳定性。图 3-22 是工业上二步法生产浇注型聚氨酯弹性体的工艺过程。浇注成型时，除模具浇注外，还可以采用离心浇注法、旋转成型、喷涂法以及先进的反应注射成型法等工艺，也可加入发泡剂制作泡沫橡胶。

图 3-22 具体的工艺条件为：

① 低聚物多元醇的含水量为 0.05%～0.10%，最好<0.05%。

② 反应物料的酸碱性是酸性有利于链增长反应，易制得低黏度预聚物；碱性则促进支化反应甚至交联反应，从而使预聚物黏度增高。因此，低聚物多元醇要求中和，以去除碱性杂质，二异氰酸酯的含氯量不低于 0.01%，否则应以己二酰氯调节。

③ 预聚反应温度高（>100℃），会发生支化或交联；反应温度低，所得弹性体产品性能良好，但所需反应时间很长。因此预聚温度为80~100℃，预聚时间由预聚物黏度判断，为3~5h。

④ 预聚物与扩链剂的混合温度为70~80℃，搅拌混合时间为1~2min。

⑤ 硫化温度为100~120℃，时间为3~5h。

⑥ 后硫化是将脱模的弹性体制品在室温下存放至性能稳定。

聚氨酯弹性体成型后需在一定温度下熟化。热塑性聚氨酯的硫化过程即熟化过程。熟化就是进一步发生反应，以期进一步降低残余的异氰酸酯含量，同时在较高熟化温度下，可使聚氨酯弹性体软、硬段排列规整，进一步提高弹性体力学性能。

下面列举两个实验室制备聚氨酯的实例。

实验室二步法合成聚氨酯（低分子二醇扩链）：聚氧化四甲基醚二元醇 PTMG-1000（相对分子质量）在120℃真空下脱水2h，在反应瓶中加入0.01mol 脱水后的 PTMG-1000 和0.025mol 4,4'-二苯基甲烷二异氰酸酯（MDI），预聚反应在60℃、搅拌、$N_2$ 保护下进行2h，反应物降温到40℃，搅拌下加入0.015mol 丁二醇，反应物自动升温到100℃以上，将反应物倒出，置聚四氟乙烯板上，最后放入烘箱，在120℃反应2h，得白色的弹性固体，可进一步溶于四氢呋喃、二氧六环等溶剂中制成 PU 溶液。

实验室二步法合成聚氨酯（低分子二胺扩链）：在反应瓶中依次加入二甲基亚砜和甲基异丁基酮各50mL，然后加入0.02mol 脱水处理的聚氧化丙烯醚二元醇 PPG-1025（相对分子质量），再加入0.04mol 4,4'-二苯基甲烷二异氰酸酯（MDI），在110℃反应1.5h，得预聚物溶液。冷却到室温后加入0.02mol 乙二胺进行扩链反应1h。将溶液倒入水中沉淀析出产物。用水浸泡除去溶剂后真空中干燥，得浅黄透明的弹性体。

#### 3.5.2.4 副反应

在聚氨酯弹性体合成过程中，除了异氰酸酯和羟基反应生成氨基甲酸酯以外，由于反应物料含水或反应条件尤其是温度控制不严，在体系中往往还有其它的反应同时存在，它们会对材料的性能产生很大的影响。

(1) 与水反应　由于合成工艺的原因，聚酯、聚醚的多元醇及其它原材料中都难免有微量的水存在，当遇到异氰酸酯时，水会和异氰酸酯发生反应，先生成不稳定的氨基甲酸，然后很快分解成胺和二氧化碳。反应生成的胺在过量异氰酸酯存在下，易进一步反应生成脲，起扩链作用。

$$R-NCO + H_2O \longrightarrow R-NH-\overset{O}{\underset{\|}{C}}-OH \longrightarrow R-NH_2 + CO_2$$

$$R-NH_2 + R-NCO \longrightarrow R-NH-\overset{O}{\underset{\|}{C}}-NH-R$$

在预聚物和非发泡聚氨酯弹性体制品的制备中，水是十分有害的，水的存在不仅易产生气泡，导致制品报废，而且水与异氰酸酯反应生成脲，会使预聚体的黏度增大；同时脲还可以进一步和异氰酸酯反应生成缩二脲支化或交联，使预聚体的储存稳定性显著降低。所以在聚氨酯弹性体制品的生产中，对多元醇等原材料的含水量和环境湿度都有严格要求，材料通常要脱水或烘干，以避免水、湿气的影响。

(2) 与氨基甲酸酯反应　异氰酸酯与醇反应生成氨基甲酸酯。通常条件下，氨基甲酸酯与—NCO 基的反应是难以进行的，而在高温或催化剂（如碱）存在下才有明显的反应速率，反应生成脲基甲酸酯支链或交联。

$$\sim\mathrm{NHC-O}\sim \;+\; \sim\mathrm{NCO} \longrightarrow \sim\underset{\underset{\mathrm{NH}\sim}{|}}{\mathrm{C}}\overset{\overset{\mathrm{O}}{\|}}{-}\mathrm{O}\sim$$

#### 3.5.2.5 影响反应速率的因素

聚氨酯弹性体制备过程中，原料浓度、反应温度、材料化学结构等对反应速率都有影响。

(1) 原料浓度、反应温度对反应速率的影响　异氰酸酯与醇的反应属于二级反应，反应速率取决于反应物中—NCO 基和—OH 基的浓度，即

$$d[NCO]/dt = K_1[NCO][OH]$$

反应过程中有时出现二级反应偏差，主要原因是生成了缩二脲和脲基甲酸酯等的副反应。在无水的情况下，主反应生成氨基甲酸酯的速率常数 $K_1$ 和副反应生成脲基甲酸酯的速率常数 $K_2$ 随反应温度的升高而增大，但不论温度如何，$K_1$ 值约为 $K_2$ 值的 40 倍，反应中生成的氨基甲酸酯与脲基甲酸之比随 [NCO]/[OH] 的比例和反应温度的升高而增大。

(2) 材料化学结构对反应速率的影响　影响反应速率的材料化学结构主要包括活泼氢化合物（醇、胺等）的结构、异氰酸酯的化学结构等。

① 活泼氢化合物结构的影响　活泼氢化合物与异氰酸酯反应的速率主要取决于活泼氢化合物中亲核中心的电子云密度和空间位阻效应。

醇结构中，与—OH 基连接的 R 基如果是吸电子基，则降低—OH 中 O 原子的电子云密度，从而降低—OH 和—NCO 基的反应活性。R 如果是给电子基，则促进—OH 和—NCO 基的反应。由于醇中 R 基的位阻效应，醇与异氰酸酯的反应速率顺序为：伯醇＞仲醇＞叔醇。二元醇中随着分子量的提高，反应速率降低。

胺结构中，与—$NH_2$ 基连接的 R 基如果是吸电子基，则降低—$NH_2$ 的反应活性，所以芳胺的活性比脂肪族胺低得多。同时 R 的位阻效应也会降低—$NH_2$ 的活性，R 如果是给电子基，则促进—$NH_2$ 和—NCO 基的反应。

其它活泼氢化合物，如水、酚、脲、羧酸、酰胺酯、氨基甲酸酯等，与异氰酸酯的反应活性顺序可归纳如下：脂肪 $NH_2$＞芳香族 $NH_2$＞伯醇＞水＞仲醇＞叔醇＞酚＞羧酸＞脲＞酰胺＞氨基甲酸酯。

② 异氰酸酯结构的影响　异氰酸酯基是以亲电中心碳正离子与活泼氢化合物的亲核中心配位，产生极化导致反应进行的，所以与—NCO 基相连的烃基 R 的电子效应对异氰酸酯活性的影响正好与 R 基对活泼氢化合物活性的影响相反。若 R 基是吸电子基（如芳基）则降低—NCO 基中 C 原子的电子云密度，从而提高—NCO 基的反应活性；如 R 是供电子基（如烷基）则降低—NCO 基反应活性。

由于苯环为吸电子基，烷基为给电子基，所以芳香族异氰酸酯的活性比脂肪族异氰酸酯的活性大得多。除此以外，苯环上的取代基的位阻效应也会降低—NCO 基的活性，尤其是邻位取代基的位阻效应影响更大。在常用的二异氰酸酯中，MDI 的反应活性比较高，其次是 TDI，脂肪族异氰酸酯的反应活性较低，脂环族二异氰酸酯的活性更低一些，即 MDI＞TDI＞XDI＞HDI＞IPDI。

### 3.5.3 聚氨酯的改性

实现聚氨酯弹性体的性能调控，可以从本体改性和表面改性两个方面着手。本体改性可以通过调整硬段和软段的种类和长度进行；表面改性是为提高聚氨酯弹性体的生物相容性，

特别是抗凝血性能。因为聚氨酯作为一种广泛应用的高分子生物医用材料,本身具有良好的血液相容性,但尚未达到令人非常满意的程度,为进一步提高聚氨酯材料表面的抗凝血性能,国内外对聚氨酯改性作了大量的研究。对聚氨酯的抗凝血性的改性方法主要有:表面活性端基法、聚氨酯表面接枝聚合法、半互穿网络法、表面活性添加剂法、纳米无机材料共混法。例如,可以通过在聚氨酯材料的表面引入强疏水性的全氟代基团降低表面能,引入水溶性的聚乙二醇链提高抗附着能力,引入阴离子基团或修饰一层抗凝血物质等方法实现。

#### 3.5.3.1 聚氨酯与其它组分的嵌段共聚物

将聚氨酯与其它组分制备嵌段共聚物能有效改变材料本体或表面化学基团的组成与分布,改变材料表面微相分离结构的大小与形态,改变材料表面力学性能与能量的大小与分布,从而使材料的抗凝血性得到改善。

例如美国 Cadiothane 公司的 Cadiothane 就是一个成功的例子。它是聚氨酯与聚硅氧烷的嵌段共聚物。制备 Cadiothane 主要是两种聚合物:主体是由聚丙二醇制取的聚醚聚氨酯,具有高分子量,在共聚物中含量占 90%;改性组分是聚二甲基硅氧烷,每个分子含 3 个以上乙酰氧活性端基,具有中等分子量,在共聚物中含量占 10%,两者在无水的氢键化溶剂中反应生成共聚物,反应式如下:

$$R-O-\overset{O}{\underset{\|}{C}}-NH-R' + CH_3-\overset{O}{\underset{\|}{C}}-O-Si(X)_2-O-R'' \longrightarrow R-O-\overset{O}{\underset{\|}{C}}-NR'-Si(X)_2-O-R'' + CH_3COOH$$

式中,R 和 R' 是聚氨酯分子链;R'' 是聚硅氧烷的分子链。氢键化溶剂包括四氢呋喃和二氧六环。这些溶剂分子与聚氨酯中的酰氨基通过氢键形成松散的结合,溶剂分子吸引质子远离 N 原子,弱化了 N—H 键,这种溶剂化作用增加了氨基甲酸酯基与乙酰氧基的反应活性。共聚物的生成使这两种不相溶的分子链得以均匀混合,共聚物溶液放置 6 个月以上不会发生相分离。Cardiothane 除保持了聚氨酯弹性体本身的良好性能外,还具有优良的抗凝血性,原因是有少量聚硅氧烷存在,它们对聚氨酯的抗凝血性能产生了巨大的影响。

除了聚氨酯聚硅氧烷嵌段共聚物可改善聚氨酯的性能外,还可以合成能在体内长期稳定存在、不易发生生物降解或化学氧化的聚氨酯材料,称作生物稳定的聚氨酯。聚碳酸酯聚氨酯就是一种新型的生物稳定的聚氨酯。它由聚碳酸酯二醇、MDI 与扩链剂反应而成。而聚碳酸酯二醇一般由碳酸二酯(甲酯、乙酯、苯酯等)与低分子二醇(乙二醇、丁二醇、己二醇等)在高温下经酯交换反应制得,反应后期常给真空以利于彻底去除低分子产物,使反应向正方向转移。加入催化剂如钛酸四丁酯、醇钠等也会加快反应速率。聚碳酸酯聚氨酯的聚合过程与聚醚型聚氨酯和聚酯型聚氨酯大致相同。例如,将 1mol 相对分子质量为 1385 的聚碳酸己二醇酯二醇与 1.82mol MDI 先预聚反应,再与 1mol 1,4-丁二醇扩链反应制得。聚碳酸酯聚氨酯是近年医用聚氨酯的新品种,国外产品有 Chronoflex(美国 PolyMecica 公司生产),主要用来制备人工心脏的心室内层和隔膜,也用来制造人工血管等。

#### 3.5.3.2 聚氨酯表面接枝

通过物理或化学方法活化聚氨酯表面,使其表面产生活性基团,然后在表面发生接枝聚合反应。表面接枝聚合法虽然操作过程比较复杂,聚氨酯表面化学性质的改变与传递细胞的表面化学过程之间的相互关系还需要进一步研究,但是可接枝的聚合物较多,可根据所需性能选择。

例如在聚氨酯大分子链上引入负离子基团,尤其是磺酸基离子是提高聚氨酯抗凝血性的有效方法。可以用辉光放电方法使乙烯磺酸在聚氨酯表面上接枝聚合。也可在聚氨酯上先接枝聚氧化乙烯(PEO),再在 PEO 的端羟基上与丙磺内酯作用而带上—$SO_3$ 基团。或者使用含有 N-辛磺酸基二乙醇胺为扩链剂或用端羟基磺化正辛基代丙二酸二聚醚-650 酯为软段来合成聚氨酯,使辛磺酸基分别处于硬段或软段中,磺酸基离子引入软段比引入到硬段上更能显著地提高抗凝血性能,这是因为烷基磺酸基引入软段后,虽然材料的相分离程度有所降低,但是当聚合物成膜时一般是聚醚软段在表面富集,因而磺酸基离子的作用就充分显示出来。

聚氨酯表面还可以接枝生物活性物质,如肝素(抗凝血剂)、水蛭素(凝血酶抑制剂)等。

共价键合法在脂肪族聚氨酯表面接枝肝素:0.8g聚氨酯与质量分数为0.15%的二异氰酸酯/环己烷溶液反应,质量分数为0.15%的二丁基二月桂酸锡为催化剂,室温下搅拌反应4h。反应结束后,用无水乙醚冲洗,室温下真空干燥,为活化后产物PU-NCO。再加入质量分数为0.07%的PVA/二甲亚砜溶液,60℃下反应3h,用二甲亚砜和去离子水冲洗,真空干燥,制得PU-PVA。再次进行活化后,加入质量分数为0.2%的PEO/环己烷溶液,60℃下反应3h后,去离子水冲洗后,在室温下真空干燥2h,得产物PU-PVA-PEO。再次活化后,将样片加入双氨基端封的聚乙二醇($NH_2$-PEO-$NH_2$)溶液中,在80℃下搅拌反应3h,用去离子水清洗,真空干燥。2g肝素溶于100 mL甲酰胺溶液中,将其pH调为1左右,加入产物,缓慢滴加氯化亚砜,室温下反应3h,用去离子水洗涤后,真空干燥后可得一系列对比样品,即PU-Hep、PU-PVA-R-NHCO-Hep、PU-PEO-R-NHCO-Hep、PU-PVA-PEO-R-NHCO-Hep。

#### 3.5.3.3 聚氨酯表面活性端基法

表面活性端基与聚氨酯的端异氰酸酯基反应,形成以表面活性端基封端的共聚物。由于封端基团改变了聚氨酯表面的化学及物理特性,从而提高了聚氨酯的生物稳定性和生物相容性。对于表面活性端基改性方法,选择合适的表面活性端基是一个重要因素,但由于可供选择的表面活性端基为数不多,而且有些封端端基在聚氨酯表面不能自发地组合成有序结构,因此这种方法有一定的局限性。

#### 3.5.3.4 聚氨酯半互穿网络法

将两种或两种以上聚合物通过机械共混或化学等方法相互贯穿而形成的聚合物网络体系,方法相对简单,并且将互穿网络锚定在本体材料上,克服了表面涂覆易脱落的缺点,在一定程度上提高了聚氨酯植入生物体内的长期生物相容性。在互穿网络改性的聚氨酯中,由于分子运动活性受到限制,因此难以达到在聚氨酯表面自组装成生物膜表面的目的。例如将甲基丙烯酸羟乙酯磷酰胆碱在嵌段型聚氨酯表面进行可见光辐射,可形成半互穿网络结构。

#### 3.5.3.5 聚氨酯表面活性添加剂法

聚氨酯表面活性添加剂法的原理是表面活性添加剂在共混以及后期储存的过程中迁移到聚氨酯表面上,引起聚氨酯表面特性的改变。此法的特点是聚氨酯材料表面更亲水,从而减少血液和聚氨酯之间的界面能,提高了聚氨酯的抗凝血性。采用表面活性添加剂改性聚氨酯的方法简单易行,在聚氨酯中加入适宜类型和适量的两亲性高分子添加剂,可以提高内皮细胞在基质上的黏附和生长,但内皮细胞在血液动力学条件下的稳定性还有待研究。

#### 3.5.3.6 聚氨酯与纳米无机材料共混法

通过机械搅拌或超声,将纳米粒子与聚氨酯混合,得到共混材料。由于聚氨酯材料中结合了纳米材料的独特小尺寸效应、量子效应、光电效应等,因此与纳米无机材料共混改性聚氨酯的方法具有较大的发展前景,然而若在生物医学领域中进行拓展还需要进一步研究和测定其生物相容性和抗疲劳强度。

## 3.6 丙烯酸酯树脂

丙烯酸酯树脂是一类被广泛用于医疗领域的高分子材料,最普通的是俗称有机玻璃的聚甲基丙烯酸甲酯(PMMA),还有聚甲基丙烯酸羟乙酯(PHEMA)、α-氰基丙烯酸酯树脂等。PMMA、PHEMA 是生物惰性、不可生物降解的生物高分子材料,而 α-氰基丙烯酸酯的聚合物则可生物降解。

医用级的 PMMA 在临床医学上除了大量用于制造接触镜(隐形眼镜)和眼内镜(人工晶状体)以矫正视力和治疗白内障等眼科疾病外,还是一种常见的口腔科材料,可用于修复牙齿,同时还作为医用黏合剂、骨水泥应用;PHEMA 是一种水溶性高分子,侧基上的羟基可以作为进一步的反应性基团,交联的 PHEMA 水凝胶被广泛用作软接触眼镜、烧伤敷料、介入疗法栓塞剂等;α-氰基丙烯酸酯可以作为医用组织黏合剂;带长侧链的聚甲基丙烯酸烷基磺酸酯具有类似肝素的作用,表现出良好的抗凝血性能;带有叔氨基的聚丙烯酸酯,可以经过烷基化成高分子季铵盐,非常易于与肝素的磺酸基结合,用于抗凝血表面改性;带有长侧链的聚甲基丙烯酸活性酯还可以在温和的反应条件下固化酶或者连接活性肽,作为生物制剂。还有,通过不同丙烯酸酯单体的共聚或丙烯酸酯单体与其它单体的共聚得到不同结构和性能的高分子材料,以适应不同的应用场合。

### 3.6.1 单体及聚合

#### 3.6.1.1 单体

(甲基)丙烯酸酯类单体按其性能大致可分为三类:非官能性单体、官能性单体和多元醇的酯类。非官能性单体为一般丙烯酸酯化合物;官能性单体中一般含有进一步反应的基团,如羟基、羧基等;多元醇的酯类单体一般含有 2 个或 2 个以上双键,反应体系中可以作为交联剂和活性稀释剂使用。

非官能性单体包括:(甲基)丙烯酸甲酯、(甲基)丙烯酸乙酯、(甲基)丙烯酸丁酯、(甲基)丙烯酸异丁酯、(甲基)丙烯酸叔丁酯、α-氰基丙烯酸酯等。

官能性单体包括:(甲基)丙烯酸、(甲基)丙烯酸 β-羟乙酯、甲基丙烯酸缩水甘油酯(GMA)、甲基丙烯酸-2-羟基-3-萘氧基丙基酯(HNPM)、甲基丙烯酸乙氧基烷基磷酸酯(Rhenyl-P)等。

多元醇的酯类包括:二甲基丙烯酸乙二醇酯(EGDMA)、二甲基丙烯酸一缩乙二醇酯(DEGDMA)、三乙二醇二丙烯酸酯(TEGDA)、三羟甲基丙烷三丙烯酸酯(TMPTA)、季戊四醇三丙烯酸酯(PETA)、双酚 A 二甲基丙烯酸缩水甘油酯(Bis-GMA)、双酚 S-双(3-甲基丙烯酰氧基-乙羟丙基醚)等。

各种丙烯酸酯单体的结构式如图 3-23、图 3-24、图 3-25 所示。

#### 3.6.1.2 聚合机理

一般丙烯酸酯单体的聚合,聚合时大都按自由基聚合机理进行,如甲基丙烯酸甲酯或甲基丙烯酸-β-羟乙酯等丙烯酸酯的聚合。

但是 α-氰基丙烯酸酯是个例外。由于 α-氰基丙烯酸酯的 α-位置上的—CN 基是一个很强的吸电子基,使 β-碳原子呈现更大的正电性,这使得它具有很大的聚合倾向,只要一接触到阴离子(例如微量的水或弱碱),便会由单体转变为聚合物完成黏合作用,因此微量水、弱碱、离子(如 $I^-$、$CH_3COO^-$、$Br^-$、$OH^-$ 等)、亲核性化合物(如吡啶、磷化氢等)均可用作引发剂。一般 α-氰基丙烯酸酯的聚合主要是按阴离子聚合机理发生的,强酸(如 HCl)

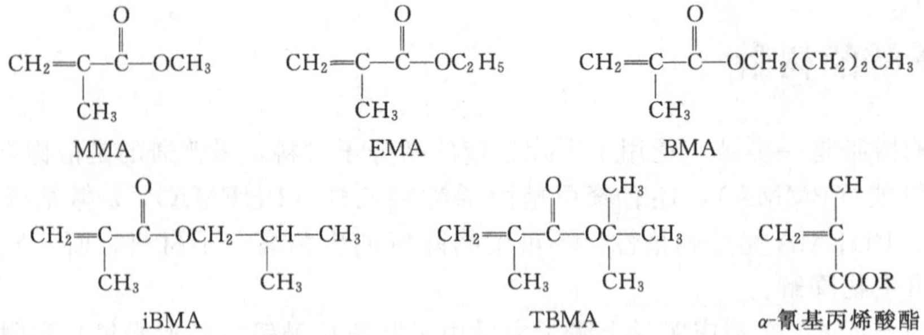

图 3-23 典型非官能性丙烯酸酯单体

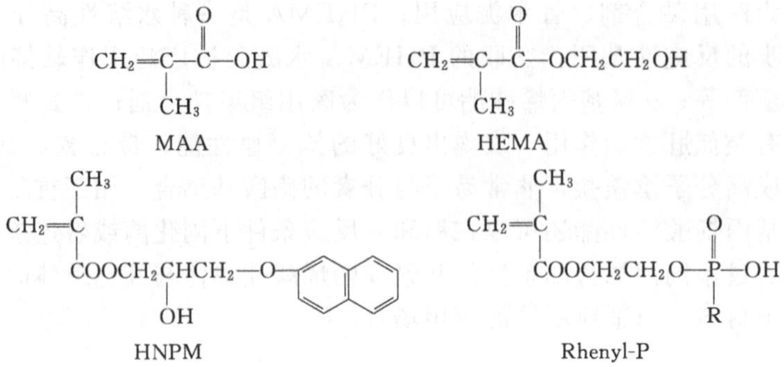

图 3-24 典型官能性丙烯酸酯单体

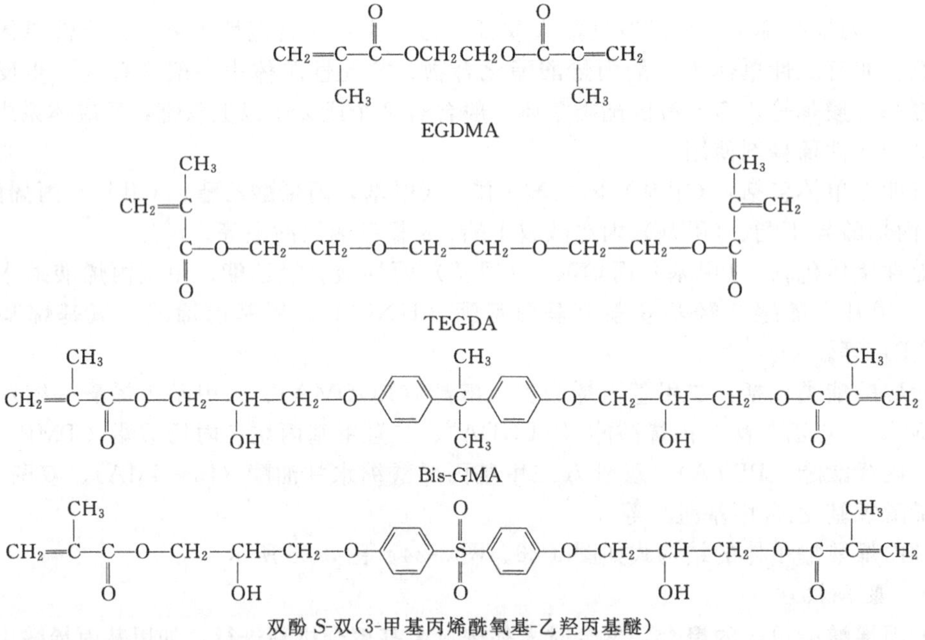

图 3-25 典型多元醇酯类丙烯酸酯单体

可以终止聚合，$H_2O$ 也可终止聚合。但是 α-氰基丙烯酸酯存在的活泼双键对自由基也相当敏感，因此也能发生自由基聚合，只是聚合速率很慢，而且聚合速率强烈依赖于聚合温度和自由基浓度；同时还可通过两性离子聚合制备，聚合过程中链的终止常由分子内键合或分子间键合引起，它们对一些阴离子链终止剂（如 $H_2O$、$CO_2$）稳定、不敏感，因此两性离子聚合能得到高分子量的聚合物。

α-氰基丙烯酸酯的三种聚合机理（图3-26）及阴离子聚合过程（图3-27）如下所示：

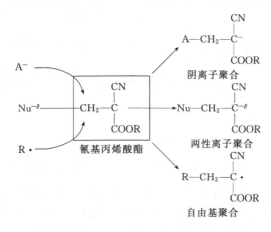

图3-26　α-氰基丙烯酸酯的聚合机理

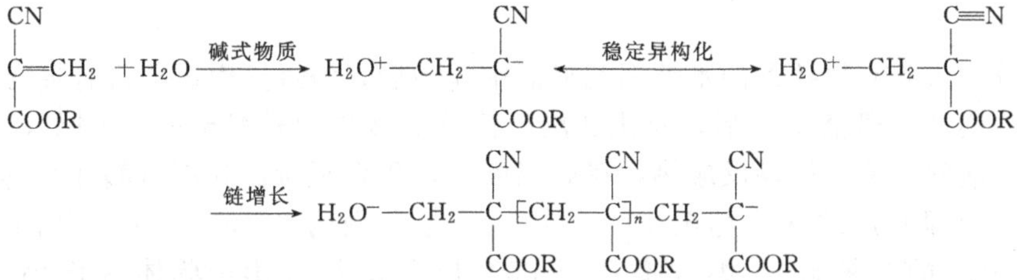

$$CH_2=C(CN)(COOR) + H_2O \xrightarrow{\text{碱式物质}} H_2O^+—CH_2—C(CN)(COOR) \xleftrightarrow{\text{稳定异构化}} H_2O^+—CH_2—C(C\equiv N)(COOR)$$

$$\xrightarrow{\text{链增长}} H_2O—CH_2—C(CN)(COOR)—[CH_2—C(CN)(COOR)]_n—CH_2—C(CN)(COOR)$$

图3-27　α-氰基丙烯酸酯的阴离子聚合过程

### 3.6.2　聚甲基丙烯酸甲酯

医用级的PMMA在临床医学上除了利用它优良的光学性能，大量用于制造接触性镜片（隐形眼镜）和眼内镜（人工晶状体）以矫正视力和治疗白内障等眼科疾病外，还是一种常见的口腔科材料，可用于修复牙齿，制作假牙和牙托；同时还作为黏合性骨水泥的主要成分，用于关节置换的黏合剂和骨组织的修复。

作为眼科材料的PMMA，一般是通过MMA单体的模腔浇注本体聚合实现；作为口腔材料或是骨水泥，一般由粉剂和液剂两部分组成，当然也有通过光引发聚合的单组分剂。粉剂一般为甲基丙烯酸甲酯均聚粉和共聚粉，并含少量引发剂及相应的助剂；液剂一般为甲基丙烯酸甲酯单体，并含少量促进剂和微量阻聚剂等构成。临床应用时，将粉剂和液剂调和，MMA单体缓慢渗入固体粉剂内溶胀成一定塑型物，然后在室温或加热或光的作用下引发聚合，在一定条件下成型。

#### 3.6.2.1　MMA的本体浇注聚合

MMA的本体浇注聚合可以分为单体直接浇注和单体预聚成浆液后浇注。直接用单体进行浇注，产品光学性能优良，但应事先脱除单体中的氧或其它气体，对模具密封要求高，产品收缩略大。下面以制备有机玻璃常用的单体预聚成浆液后浇注为例，介绍MMA的本体聚合工艺。要求制造透明的有机玻璃棒时常用连续的逐步灌注分层聚合法。在生产管状物时常用离心聚合法。图3-28是模腔浇注法生产有机玻璃板示意。

单体预聚成浆液后浇注聚合过程主要分为预聚合和模型中聚合两个阶段。

（1）预聚合　将单体、引发剂、增塑剂、脱模剂等按配方进行配料。预聚合所用引发剂是半衰期较长的偶氮二异丁腈或过氧化二苯甲酰等，使用过氧化二苯甲酰时应当注意首先脱

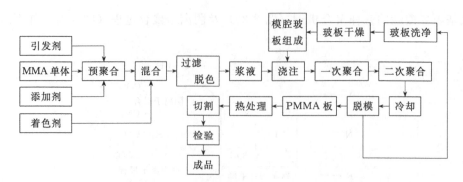

图 3-28 模腔浇注法生产有机玻璃板示意

除为安全起见加入的水分。为了便于脱模，单体中应加入适量润滑剂如硬脂酸；为了增加有机玻璃的柔韧性，还可加入少量增塑剂，如邻苯二甲酸二丁酯或二辛酯等。

预聚反应在釜式反应器中进行，在引发剂作用下加热到80℃左右开始引发聚合以后，由于聚合反应放热，应立即进行冷却，以控制聚合反应勿过于激烈。根据黏度要求使反应进行到适当程度。

将各组分加入附有搅拌器的不锈钢配料器中搅匀后，经过滤而送至带有夹套和回流装置的预聚釜中，逐渐升温至85℃后，停止加热，让反应液自动升温至90~94℃，借夹套中的冷却水和反应液的回流来排除反应热，在此温度下，预聚至所需黏度（转化率达10%左右）的黏稠浆液，应即时用冰水冷却至40℃，加入质量分数为0.10%~0.15%的甲基丙烯酸（可消除PMMA的收缩痕），继续搅拌至30℃以下出料备用。单体转化率通常控制在20%~50%范围。有时为了增加物料的黏度，使自加速效应提早到来，常在料液中预先溶入有机玻璃碎片。

(2) 模型中聚合　将预聚浆灌入模具，排气封闭。然后将模具放入恒温水箱中静置1~2h，逐步升温至40~70℃进行低温聚合，保温一定时间后聚合物已基本固化，即单体转化率已达93%~95%，随即升温至水浴沸腾，或空气浴聚合时可加热至120℃，再保温一定时间，使残余单体充分聚合，热处理后，冷却至40℃以下方可脱模。由于自加速效应放出的热量多，所以低温聚合极为重要，板材、棒材或管材的厚度不同，其聚合程度、保温时间、冷却速率等工艺条件也有所不同。材料放入空气炉或红外线加热炉，升温到PMMA的玻璃化温度以上，即105℃左右，再徐徐冷却，以消除内部翘曲及应力。

(3) 影响因素　影响材料最终性能的因素主要有结构、气泡、收缩率等。

① 结构　由于单用聚甲基丙烯酸甲酯材料作人工晶状体会显得太脆，所以一般采用甲基丙烯酸甲酯与甲基丙烯酸丁酯进行共聚以增加韧性，也可采用甲基丙烯酸环己酯和甲基丙烯酸丁酯共聚以提高折光性和韧性。将上述高分子材料制成厚度为1mm以下的薄片，在铜模内热塑成型即可。

若改良PMMA作塑料牙的硬度和耐磨性，常用MMA与其它丙烯酸酯共聚或对PMMA进行交联处理，工厂一般通过模塑成型、浇注成型、注塑成型等方法制作。虽然塑料牙易于制作，色泽与天然牙十分相近，但与瓷牙相比，存在密度低、弹性模量和硬度低的缺点，且吸水后尺寸略有改变、耐磨性差等。

② 气泡　气泡不仅可以影响有机玻璃的力学性能，而且严重影响有机玻璃的光学性能。甲基丙烯酸甲酯的沸点为100~101℃，聚合过程中应严格控制物料的温度，不能达到单体的沸点，否则制品中会产生由于单体气化而形成的气泡。再者，在预聚浆灌模时，尽量采取真空脱气，最终将模具内和预聚浆中的空气赶走，不仅可使最终产物中没有气泡，而且还能

降低氧的阻聚作用和高温下材料的分解。除了聚合温度和空气的影响外，单体纯度也是一个影响因素。若单体纯度不够，如含有甲醇、水等，易造成有机玻璃局部密度不均或带微小气泡和皱纹。因此聚合前可用洗涤法、蒸馏法或离子交换法去除单体中的阻聚剂等杂质。

③ 收缩率　甲基丙烯酸甲酯在聚合过程中体积收缩率在25℃时为21%，因此模具设计中应当充分考虑此问题。加压工艺可以减少因聚合体积收缩而引起的表面收缩痕，这是因为加压可缩小单体分子间的间距，增加活性链与单体的碰撞概率，加快反应；而且使单体沸点升高，减少因单体气化而产生爆聚；加压时压力紧压料液，减少因聚合体积收缩而引起的表面收缩痕。材料热处理能消除应力，因此聚合完成后将材料放入空气炉或红外线加热炉，升温到PMMA的玻璃化温度以上，即105℃左右，再徐徐冷却，以消除内部翘曲及应力。

#### 3.6.2.2　牙科材料

PMMA作为牙科材料可制备塑料牙外，还可以用于义齿基托制备及牙齿的修复。根据固化体系的不同，一般有双剂型和单剂型。

(1) 义齿基托　PMMA用于义齿基托，根据固化体系的不同，可以分为热固化型义齿基托（热引发剂引发）、自凝义齿基托（氧化还原引发剂引发）、光固化义齿基托（光引发）。热固化型义齿基托、自凝义齿基托一般都是双剂型，而光固化义齿基托一般为单剂型。

① 热固化型义齿基托　一般由粉剂和液剂两部分组成。粉剂商品名为牙托粉，由甲基丙烯酸甲酯均聚粉和共聚粉、少量引发剂(BPO)和着色剂（铬红、钛白粉）等组成；液剂的商品名为牙托水，由甲基丙烯酸甲酯、少量交联剂、微量阻聚剂、微量紫外线吸收剂组成。在临床应用中，将牙托粉和牙托水按一定比例（一般体积比3:1或重量比2:1）调和后，牙托水缓慢渗入到牙托粉颗粒内，使颗粒溶胀，经一系列物理变化而形成面团状可塑物，将此可塑物充填入义齿阴模腔内，然后加热聚合处理（水浴或微波），68~74℃开始反应，恒温90min后升温至100℃保持30~60min，最终形成坚硬的义齿基托，冷却后适当调磨咬合，最后打磨、抛光。

处理工艺对基托质量有较大影响。热处理时升温速率不能过快、过高，否则使尚未聚合的单体因挥发而变成气体，又无法逸出已聚合的树脂表面，会在基托内部形成许多微小的球状气孔，分布于基托较厚处，且体积越大，气孔越多。而且由于基托树脂是不良导体，热处理时若升温过快，则基托表层聚合速率较内部快，造成不均匀收缩而导致基托变形。冷却速率也不能过快，否则易造成基托内外收缩不一致造成变形，一般在室温下冷却2~3h才能开盒，或者在自然冷却1h后再经10℃冷水浸泡10min才能开盒。打磨时打磨机的转速也不能太高，否则由于产热过多，导致义齿基托局部温度过高而变形。

也可以通过注射成型法制作义齿基托，先将牙托粉通过加热变为黏流体，再通过注塑机的栓塞以极大的压力将黏流体注入模腔。由于未加牙托水，义齿基托由分子量较高的牙托粉直接制成，因此机械强度高，形态准确性、组织面的适合性都优于常规方法，但注射成型法需专用设备，只适合于一次大批量制作。

② 自凝义齿基托　自凝义齿基托制备过程与热固化型义齿基托类似，只是链引发阶段产生自由基的方式不同，即BPO在室温下用叔胺类促进剂发生强烈氧化还原反应引发MMA聚合，BPO用量一般为聚合粉重量的1%左右，促进剂含量一般为牙托水重量的0.5%~0.7%。粉液比一般为2:1（重量比）或5:3（体积比）。

与热固型义齿基托相比，自凝义齿基托分子量小、残留单体多、机械强度低、容易产生气泡和变色，可以通过MMA/EA/MA等共聚改善韧性，提高综合性能。

③ 光固化义齿基托　光固化义齿基托一般由树脂基质、活性稀释剂、PMMA交联粉、无机填料、光引发剂、颜料等组成。树脂基质主要是双酚A甲基丙烯酸缩水甘油酯（Bis-

GAM)、顺丁烯二酸酯改性的或异氰酸酯改性的 Bis-GAM。常用的活性稀释剂有 MMA、TEGDA 等。PMMA 交联粉是 MMA 与 EGDMA 或 TEGDA 的共聚物。临床用时已将上述物质混成了可塑状面糊样物，并预制成片状或条状。应用时先根据具体形状定型，然后在适当波长和能量的光照射下引发聚合。光照固化深度一般在 3~5mm 之间。

(2) 牙科修复及粘接　牙科修复及粘接的成分也是由树脂基质、活性稀释剂、聚合引发剂、无机填料等组成。树脂基质一般为双酚 A 甲基丙烯酸缩水甘油酯，或者双酚 A 甲基丙烯酸缩水甘油酯与其它丙烯酸酯树脂或单体的混合物，活性稀释剂也是双丙烯酸乙二醇酯等。只是固化体系为室温固化体系或光引发固化体系，制备方法可参考"自凝义齿基托"和"光固化义齿基托"的制备。

### 3.6.2.3 骨水泥

骨科用胶黏剂最常见的是骨水泥。最早期的骨水泥属于丙烯酸类，是由甲基丙烯酸甲酯的均聚物或共聚物与甲基丙烯酸甲酯单体组成的室温自凝塑料。该材料具有两大生物学特性：一是其良好的生物相容性和骨结合性；二是其生物学惰性，即植入体内后与天然骨之间不发生反应，具有良好的机械强度，保证材料在体内不被吸收不变形。多用于骨组织与金属或高分子聚合物制造的人工器官、各种关节的粘接，也用于骨转移性肿瘤病理性骨折的填充固定。

骨水泥主要是由 PMMA 粉末和甲基丙烯酸酯单体的液体组成，骨水泥的成分如表 3-11 所示。

表 3-11　骨水泥的成分

| 类　型 | 骨水泥 | 含　量 |
|---|---|---|
| 液体成分(20mL) | 甲基丙烯酸(单体)<br>$N,N$-二甲基-$p$-甲苯胺<br>对苯二酚 | 97.4%(体积分数)<br>2.6%(体积分数)<br>$(75+15)\mu g/g$ |
| 固体粉末成分(40g) | 聚甲基丙烯酸<br>甲基丙烯酸苯乙烯共聚物<br>硫酸钡($BaSO_4$),USP | 15.0%(质量分数)<br>75.0%(质量分数)<br>10.0%(质量分数) |

配方中的对苯二酚是阻聚剂，能避免当材料暴露在光、高温等环境下时过早的聚合。$N,N$-二甲基-$p$-甲苯胺是促进剂，用来提高和加速材料的硬化过程。用膜过滤的方法给液体消毒，当粉末和液体混合在一起时，液态的单体会润湿聚合物粉末颗粒的表面，当单体通过自由基的加成反应聚合后，会将颗粒联结起来。

影响骨水泥性能的因素包括内在因素和外部因素。内在因素包括单体和粉末的成分，粉末的粒度、形状和聚合的程度及分布，液体和粉末的配比等。外部因素包括混合环境（温度、湿度、容器类型）、混合技术（搅拌片的数目和转速）、治疗环境（温度、湿度、压力、接触表面）等。影响骨水泥的关键因素是在治疗过程中孔的变化。大孔隙（在临床治疗的过程中，在凝固后的骨水泥中能观测到直径达几毫米的孔洞）会大大降低聚合物材料的力学性能，原因是在混合的过程中，单体物质的蒸气和空气留在混合物中形成气泡，最终形成大的孔洞，而且由于氧气对聚合反应有抑制作用，使气泡周围树脂聚合不全。很显然，在真空条件下和用离心机混合单体和粉末，有利于减少孔洞，但又会带来不利的方面，如单体的挥发损耗，真空下难以操作，在离心机上会导致混合不均匀等，同时，还必须增加额外的设备。

虽然 PMMA 骨水泥应用较早，但是它易与人体骨形成非骨性结合，因此易松动；而且单体聚合时放热剧烈,局部温度可达80～110℃,会将周围活组织细胞杀死;有毒单体的释放和PMMA碎屑的作用使细胞的生长、DNA的合成和糖代谢受到抑制而具有细胞毒性等。为了提高PMMA骨水泥的生物相容性和力学性能,近年来已将具有生物活性的无机颗粒或增强纤维加入其中制成PMMA基生物活性骨水泥。例如将AW玻璃陶瓷($CaO$-$SiO_2$-$P_2O_5$-$MgO$-$CaF_2$)粉体和双酚A和甲基丙烯酸缩水甘油酯共混,制备成面团状和可注射两种类型生物活性骨水泥。由于在PMMA中加入生物活性玻璃陶瓷填充物,减少单体的数量,从而减少聚合时放出的热量,所以反应温度远远低于PMMA骨水泥。另外,减少聚合引起的收缩,生物活性玻璃陶瓷的填入可以增强骨水泥的力学性能,其压缩、弯曲和拉伸强度比PMMA高,同时该骨水泥能在10min内固化成型,在体内4～8周可形成骨结合,表现为其周围有骨小梁的生成。

### 3.6.3 聚甲基丙烯酸羟乙酯

含亲水羟基的PHEMA十分引人注目,PHEMA具有良好的透明性,容易加工成有一定曲率的薄膜镜片,湿态下柔软,有弹性,含水量高。与角膜接触时,有一定的透气性,是比较理想的软接触镜片材料。

#### 3.6.3.1 PHEMA软接触镜的制备方法

以PHEMA为基材的软接触眼镜,是通过HEMA在丙烯酸酯活性交联剂下通过自由基聚合实现的。软接触眼镜通常经切削法、离心浇注法、模压法和混合工艺法等制成。

切削法是先制成块状材料,然后再经切削工艺加工得到镜片。制备时先采用圆柱形的浇注聚合物在圆柱形的坯模内把单体加入,在一定的温度下聚合成圆坯状,再车削成一定尺寸的圆柱体,切下薄片,最后研磨成一定曲率的镜片,此硬镜片放在生理盐水中吸收水分后即膨胀成软接触镜。切削法易操作,可制球面镜片,视觉稳定清晰,没有参数方面的限制,可按验配员要求订作任何镜片,完成复杂设计,但是产量低,成本高。

离心法则采用离心旋转的离心力,单体直接聚合成一定曲率的镜片。离心浇注法重复生产性好,可大规模生产,成本较低,表面光滑,但是在低度数时不够挺,操作较困难,而且有时新镜片上有未聚合完全的残余材料,使佩戴者感觉不舒服。更换周期在半年内的接触镜一般都用离心工艺生产。

模压法是单体在模具内直接聚合成型,所得产品表面平滑、坚固、边缘薄;重复生产性好,成本低;内表面成球形,低对比度视力良;但是聚合缺陷会使镜片表面粗糙,易损坏。

混合工艺法镜片的一表面用离心浇注法或模压法,而另一表面用车削法制成;综合了两者的优点。

#### 3.6.3.2 软接触镜的改性

接触眼镜需隔一定时间取下清洗,以免产生角膜不适。这主要还是因为它的透气性不充分,会影响正常的新陈代谢,严重的还会导致角膜的膨胀混浊。所以改进软接触镜的首要任务就是提高它的透气性。而软接触镜的透气性和它的含水率成比例。

长期戴用的软接触镜材料必须具备高透明度、良好的弹性模量、高拉伸强度和撕裂强度、热和化学稳定性好、高透氧性、高湿润度等性能。为达到以上要求,一方面可提高软接触镜的含水率,另一方面对材料进行改性,通过共聚单体的方法制成具有高含水率、高透气性、好的光学性能和物理机械强度的产品。从提高接触镜含水率考虑,有成效的途径有甲基丙烯酸羟乙酯与其它单体的共聚合,N-乙烯基吡咯烷酮、甲基丙烯酸甲酯和甲基丙烯酸乙烯酯混合体系的共聚合等。从提高接触镜的透氧性能考虑,加入硅氧烷类聚合物的效果甚好,它的透氧性能比角膜高约3倍。但是由于聚硅氧烷的疏水性,使得患者戴上此类接触镜后异物感强，因此可以通过以下方法进行改性：①镜片表面特殊处理，如电弧放电、射线辐照，或把镜片放入等离子腔，使镜片表面疏水性的硅氧烷转变为亲水性的硅酸盐；②表面处理技术锁住镜片表面亲水组分，防止其内旋转；③水凝胶材料中的固定水分子经离子力等作用达到保湿。表 3-12 是国外商品化的软接触镜。

表 3-12 国外商品化的软接触镜

| 亲水性聚合物 | 含水率/% | 商品牌号 | 生产商 |
| --- | --- | --- | --- |
| 聚甲基丙烯酸羟乙酯 | 38 | Hydrom | Hydron Europe(美) |
| | | Geltakt | Ceskoslovenska Akademie ved(捷) |
| | | Soflens | Soflens |
| | | Hydrolens | Hydro Optics(美) |
| 聚甲基丙烯酸羟乙酯-N-乙烯基吡咯烷酮 | 50 | Hydrocurve | Soft Lenses(美) |
| | | Naturvue | Milton Roy(美) |
| 聚甲基丙烯酸羟乙酯-聚甲基丙烯酸甲酯 | 58 | Acuvue | Johnson |
| 聚甲基丙烯酸羟乙酯-聚 N-乙烯基吡咯烷酮-聚甲基丙烯酸-4-叔丁基-2-羟环己烷酯 | | Medalist | Bausch and Lomb |
| 聚 N-乙烯基吡咯烷酮-聚甲基丙烯酸羟乙酯的纸状共聚物 | 55 | Softcon | American Optical(美) |
| | | Accusoft | Revlon(美) |
| 聚 N-乙烯基吡咯烷酮-聚甲基丙烯酸甘油酯 | 50~71 | Aquaflex | Union Optics(美) |
| 聚 N-乙烯基吡咯烷酮-聚甲基丙烯酸甲酯 | 66~85 | Sauflon | Contact Lens(英) |
| 聚甲基丙烯酸羟乙酯-N-乙烯基吡咯烷酮-甲基丙烯酸 | 68~75 | Permalens | Cooper Labs(英) |
| 聚甲基丙烯酸羟乙酯-甲基丙烯酸戊酯-乙酸乙烯酯 | 29 | Menicon Soft | 东洋コンタクトレンズ(日) |

由于 HEMA 的分子结构上带有羟基，聚合时这些羟基被带入高分子链，使得聚合物带有大量羟基，羟基的存在不仅提高了聚合物的亲水性，而且还可利用羟基进一步发生反应以改善聚合物性能，因此 HEMA 的作用不仅是做接触镜片，而且在对其它生物材料进行亲水改性时经常用到。

### 3.6.4 聚 α-氰基丙烯酸酯

α-氰基丙烯酸酯是一类用于临床手术的生物黏合剂。它单组分、无溶剂，粘接时无需加压，可常温固化生成聚合物，粘接后无需特殊处理。由于其黏度低、铺展性好，固化后无色透明，有一定的耐热和耐溶剂性，在人体生理环境中，能与人体组织紧密结合，并可以降解，因此是一种较理想的组织胶黏剂和止血剂，常用于骨科、眼科、皮肤科、牙科等手术中。此外，聚 α-氰基丙烯酸酯还可用于制备纳米粒子，因为氰基丙烯酸酯单体能在水性介质中发生聚合，且具有生物降解性。

#### 3.6.4.1 生物黏合剂的发展及要求

α-氰基丙烯酸酯生物黏合剂最早是于 1959 年问世的美国 Eastman Kodak 公司的 Eastman910 快速胶黏剂（α-氰基丙烯酸甲酯），其"瞬间黏结"魅力吸引了医务界的重视。将它用于替代外科手术的缝合及活组织的结合，实现了外科手术的大改革，从而出现了"医用胶黏剂"这一新术语。作为生物体的胶黏剂，除了必须符合医用材料的一般标准以外，还应具备以下几项基本要求：①能将生物体组织强力地结合；②黏合速率快，一般从几秒到几分钟即可；③在黏合时不要过量地加热加压；④无毒性；⑤组织反应轻、异物作用少；⑥本身无菌并能简单地灭菌；⑦有弹性；⑧耐组织液，性能良好；⑨不易产生血栓。

目前医用胶黏剂已发展到几十种，类型也已由 α-氰基丙烯酸酯扩大到其它高分子化合物。现已开发出了明胶/间苯二酚复合物、血纤维蛋白阮、氧化再生纤维、琥珀酰化直链淀粉等医用胶黏剂，并已广泛用于手术切口的吻合、肠腔吻合、骨科及齿科硬组织的接合、血管栓塞、输卵管粘堵、止血等。但目前仍然以 α-氰基丙烯酸酯为主。

#### 3.6.4.2 α-氰基丙烯酸酯的种类及特点

(1) 种类　α-氰基丙烯酸酯的酯基不同，黏合剂的种类不同。酯基中的烷基可以是甲基、乙基、丙基、丁基、辛基等，因此 α-氰基丙烯酸酯黏合剂可以有 α-氰基丙烯酸甲酯（501胶）、α-氰基丙烯酸乙酯（502胶）、α-氰基丙烯酸丙酯（503胶）、α-氰基丙烯酸丁酯（504胶）、α-氰基丙烯酸辛酯（508胶）等、α-氰基丙烯酸异丁酯（661胶）等。常见的商品化的产品有：501胶、502胶、504止血胶、508胶、661胶等，其中临床中常用的有 α-氰基丙烯酸丁酯和 α-氰基丙烯酸辛酯两种，它们的基本物理性质如表 3-13 所示。

表 3-13　常用 α-氰基丙烯酸酯的物理性质

| 名　称 | 相对分子质量 | 外观 | 密度/(g/mL) | 沸点(6mmHg①)/℃ | 折射率(20℃) | 水面固化成膜时间(pH=7)/s |
| --- | --- | --- | --- | --- | --- | --- |
| α-氰基丙烯酸乙酯 | 125 | 无色 | 1.040 | 70 | 1.4391 | 2～3 |
| α-氰基丙烯酸正丁酯 | 153 | 微黄或无色 | 0.989 | 96 | 1.4424 | 3～5 |
| α-氰基丙烯酸正辛酯 | 209 | 淡黄或无色 | 0.931 | 138 | 1.4489 | 50～60 |

① 1mmHg=133.322Pa。

(2) 体内聚合特点　α-氰基丙烯酸酯的聚合速率及对人体组织的影响与烷基的种类关系很大。一般情况下，α-氰基丙烯酸酯的聚合的聚合反应速率随酯基碳链的增长而下降，α-氰基丙烯酸甲酯的聚合速率最快，耐热性好，但胶层脆性大，对人体组织的刺激性也最大。随着烷基的长度和侧链碳原子数的增加，聚合速率降低，刺激性减小，胶层柔韧性变好。但是在生物物质中却出现了相反的现象，长链化合物在生物体表面的聚合速率比短链化合物的聚合速率要快得多。在水、0.89%生理盐水、5%葡萄糖水溶液、人尿等中具有"水效应"，即甲酯、乙酯、丙酯聚合很快，丁酯至己酯逐渐减慢，而庚酯、辛酯则明显缓慢。这些单体都能在上述体系中充分扩散。在血液、血清、白蛋白、纤维蛋白原、牛奶等含有蛋白质或氨基酸的物质中具有"血效应"，即甲酯和乙酯聚合很慢，丙酯处于中间状态，丁酯至辛酯则瞬间聚合。但从扩散性能看，甲酯和乙酯几乎不扩散，在扩散完成前已聚合，不如在水中扩散充分。这种血效应的意义在于：当用于生物体时，它的高级酯比低级酯具有更快的黏合速率和更好的止血效果，因而是更适宜的组织胶黏剂。因此在临床应用中，根据被粘对象、部位和使用目的选择合适的品种。

(3) 体内降解　α-氰基丙烯酸酯的高级酯聚合物比低级酯聚合物的分解速率要缓慢得多。而从医学角度看，胶黏剂在发挥其应有的黏合作用之后，分解速率越快越好，因而选用低级酯要比高级酯有利。这与"血效应"相矛盾，所以期望合成出既能快速黏合、止血效果好，又能在体内快速分解的胶黏剂。聚 α-氰基丙烯酸低级酯易于在体内分解的主要原因是它的亲水性，因而只要合成出具有一定链长的亲水性的酯类，便有可能将两者的优点结合起来。

α-氰基丙烯酸酯聚合物在水中或体内的降解机理如图 3-29 所示，一种降解模式是水分子进入高分子链中，导致聚合物主链 C—C 键水解断裂。在中性条件下降解缓慢，而在碱性介质中降解加快。降解产物为甲醛和聚合物降解残链。另一种降解模式是酯的水解，生成酸性降解产物。分解速率、水解物对人体的毒性随烷基碳原子数增多而降低。α-氰基丙烯酸甲酯聚合物在人体内约 4 周左右开始分解，15 周左右可全部水解完；丁酯则在 16 个月后仍有残存聚合物。分解后的产物大部分被排泄，少量被吸收。

#### 3.6.4.3 α-氰基丙烯酸酯的制备

α-氰基丙烯酸酯的合成工艺有许多种，但目前普遍采用的是将相应的氰乙酸酯与甲醛发生加成缩合反应，然后加热裂解这种缩合物，即得 α-氰基丙烯酸酯。α-氰基丙烯酸酯由于同

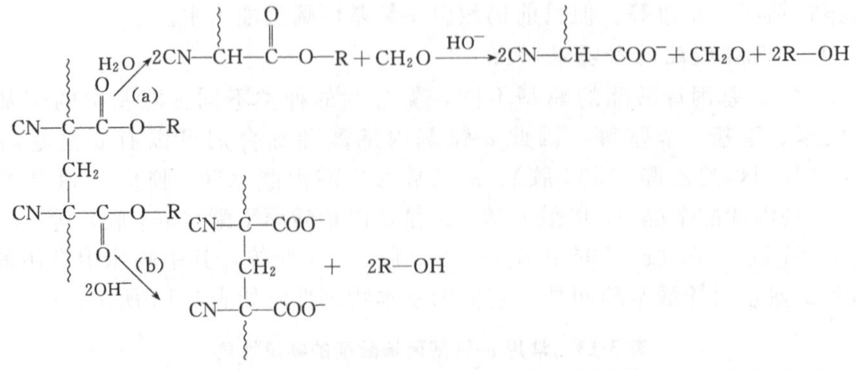

$$2\text{CN—CH—C—O—R} + \text{CH}_2\text{O} \xrightarrow{\text{HO}^-} 2\text{CN—CH—COO}^- + \text{CH}_2\text{O} + 2\text{R—OH}$$

图 3-29　α-氰基丙烯酸酯聚合物的降解机理

时含有强吸电子的—CN 基和酯基，因此在弱碱或水存在下，可快速按阴离子聚合机理反应。反应过程如下所示：

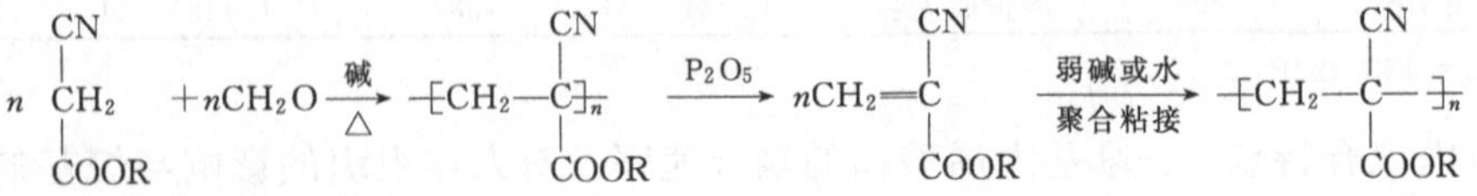

$$n\underset{\text{COOR}}{\overset{\text{CN}}{\text{CH}_2}} + n\text{CH}_2\text{O} \xrightarrow[\Delta]{\text{碱}} \text{[CH}_2\text{—}\underset{\text{COOR}}{\overset{\text{CN}}{\text{C}}}\text{]}_n \xrightarrow{\text{P}_2\text{O}_5} n\text{CH}_2\text{=}\underset{\text{COOR}}{\overset{\text{CN}}{\text{C}}} \xrightarrow[\text{聚合粘接}]{\text{弱碱或水}} \text{[CH}_2\text{—}\underset{\text{COOR}}{\overset{\text{CN}}{\text{C}}}\text{]}_n$$

氰基乙酸酯和甲醛的配料比是该反应中非常重要的影响因素。随所用酯基的不同，配料比略有不同，一般为等摩尔比较好。加成聚合时所用的碱性催化剂如六氢吡啶、氢氧化钠、二乙胺等首先与甲醛混合均匀后再与氰基乙酸酯反应。催化剂的用量大时可加速反应，但是也会引起副反应，降低产率。催化剂用量一般为 0.025～0.5g/mol 甲醛为宜。在工业生产中，可采用补加催化剂的方法来提高产率。

在加成聚合反应中，常加入增塑剂，可避免在反应中、后期由于体系的黏度的增大而引起的脱水困难。反应常用的增塑剂主要有磷酸三甲酚酯、磷酸二甲酯、磷苯二甲酸二丁酯、磷苯二甲酸二辛酯等几种。增塑剂的加入在加热解聚反应中，增塑剂作为传热介质，降低裂解温度，减少副反应。

在反应体系中还加入脱水剂，常用的脱水剂为 $P_2O_5$，除了脱水外还可以作为裂解粗制单体时的催化剂，使裂解反应易于进行。

同时，为了增加 α-氰基丙烯酸酯的稳定性，在合成过程中得到缩合物时，用酸冲洗可除去残余的水分而使稳定性大为提高。

纯 α-氰基丙烯酸酯是无色透明、黏度很小的不稳定液体，容易发生阴离子聚合，同时也可发生自由基聚合。单体的储存稳定性与含水量有密切关系，含水量超过 0.5% 时就不稳定。为了便于此类胶黏剂的储存和使用，α-氰基丙烯酸酯单体中需加入一些助剂，如稳定剂（$SO_2$、$CO_2$、$P_2O_5$、对甲苯磺酸、醋酸铜等）、阻聚剂（对苯二酚等）、增稠剂（PMMA 模塑粉等）、增塑剂；还可以引入弹性填料，如丙烯酸的共聚物，增加其韧性。但是如果作为生物医用黏合剂，则一般只加阻聚剂和稳定剂。例如 504 止血胶的配方为：α-氰基丙烯酸丁酯 100 份、对苯二酚 0.02 份、$SO_2$ 0.01 份。

α-氰基丙烯酸酯储存时尽量与水蒸气隔绝，储存在 PE 容器中。但 PE 透气性较好，容易使水蒸气渗入降低质量，其储存期仅为 3～6 个月。如果除去稳定剂，则仅能以冻结状态保存，若液化，即会发生聚合。

α-氰基丙烯酸乙酯的制备：在反应釜中加入 150kg 氰基酸乙酯、150kg 去离子水，搅拌下滴加 100kg 甲醛（37% 水溶液）和 0.3kg 六氢吡啶的混合物，约 30min 滴完。自然升温至 100℃，继续反应后 1h，分离析出的水分。加入 100kg 邻苯二甲酸二丁酯，再搅拌溶解釜内物料,趁热把釜内物料移至裂解釜中,在 100~140℃、8kPa 真空干燥釜内裂解物料。当冷凝器内无液滴排出时,加入 5kg 纯化剂(酸酐、亚硫酰氯等),在 100~120℃ 反应 30min,然后在 170~240℃ 下裂解预聚物,收集 85~90℃、1.3~8.0kPa 下馏分于装有 4kg $P_2O_5$ 和 2kg 对苯二酚的接收器中,最后精馏即得产物。按上述工艺得产物以氰乙酸乙酯计,收率为 82.6%(传统溶剂法为 60%~70%)。

## 3.7 生物降解性聚酯

生物降解性聚酯由于其在生物体内可发生降解,并且降解所生成的小分子物质可通过机体的新陈代谢完全吸收和排泄,在生物医用领域被用作可吸收骨折内固定材料、外科手术缝合线、药物缓释体系、组织工程支架等方面。生物降解性聚酯材料包括聚乳酸(PLA)、聚乙醇酸(PGA)、聚己内酯(PCL)等化学合成的材料,还包括微生物发酵法合成的聚羟基烷酸酯(PHA)等材料。

20 世纪 60 年代研制成功了聚乙醇酸及聚乳酸,其良好的生物相容性及适中的降解性使可吸收聚合物的研究得到重视。聚乙醇酸,是由最简单的 $\alpha$-羟基酸(又称为乙醇酸、羟基酸、甘醇酸)制备而成,高分子量的 PGA 是通过乙交酯开环聚合的方法合成的,因此聚乙醇酸又称聚乙交酯。PGA 是第一个用作可吸收手术缝合线的聚合物,也是最早用于骨折内固定物的可吸收性聚合物之一。聚乙醇酸可吸收缝合线从制成之初至今,一直在可吸收缝合线中占主要地位,但用作可吸收固定物如小板、棒、螺钉、针等,其力学强度不理想。20 世纪 80 年代中期,通过在 PGA 母体中编入 PGA 缝线纤维,制得了自增强的 PGA(SR-PGA)作为内固定物的临床应用获得成功。由于 PGA 降解速率较 PLA 快,尤其是短时间内强度衰减快,以至在某些需较长时间固定的领域应用受到限制,且组织反应发生率较 PLA 高,因而人们研究开发了 PLA/PGA 共聚物,用作可吸收医用聚合物材料,这使得聚乙醇酸的研究及应用进一步得到重视。

聚乳酸是可生物降解的热塑性聚酯,在自然界并不存在,它是以乳酸或丙交酯为单体化学合成的一类聚合物,是一种无毒、无刺激性,具有良好生物相容性、可生物分解吸收、强度高、可塑性加工成型的合成类生物降解高分子材料。聚乳酸的降解产物是乳酸、$CO_2$ 和 $H_2O$,均是无害的天然小分子,经 FDA 批准可用作医用手术缝合线、注射用微胶囊、微球及埋植剂等制药的材料,在医用领域也被认为是最有前途的可降解高分子材料。聚乳酸共聚物性能变化范围很宽,从硬质玻璃态到柔软、可成型的材料,最终的力学性能可与常规石油化工塑料相匹敌。但由于制备工艺、生产成本的限制,使得聚乳酸价格高,目前几乎仅在医疗和医药领域应用。如能进一步降低聚乳酸的生产成本和价格,则可在包装、农业、纺织等领域大量推广。

聚己内酯(PCL),即聚-$\varepsilon$-己内酯(P-$\varepsilon$-CL),是脂肪族聚酯中应用较为广泛的一种高度结晶的热塑性聚酯,熔点约 60℃,玻璃化温度约 -60℃,在室温下呈橡胶态,这使 PCL 有可能比其它聚酯有更好的药物通透性,可以用于体内植入材料以及药物的缓释胶囊。PCL 的分子链比较规整而且柔顺,易结晶,结晶度约为 45%,因而具有比 PGA 和 PLA 更好的疏水性,在体内降解也较慢,是理想的植入材料之一。但是由于 PCL 的结晶性较强,生物降解也较慢,玻璃化温度和熔点较低,而且是疏水性高分子,所以其控释效果有一定的欠缺,仅靠调节其分子量及其分布来控制降解速率有一定的局限性。聚己内酯的重复结构单元由 5 个非极性亚甲基和 1 个极性酯基组成,这种结构使得聚己内酯的力学性能与聚烯烃相似,可以通过普通热塑性塑料加工工艺加工(如注塑、模压、吹塑、热成型等),而且这种结构也使聚己内酯与许多聚合物具有罕见的相容性质,可以通过共聚或共混满足不同用途需求,同时克服聚己内酯熔点较低的缺陷。

聚羟基脂肪酸酯是一系列广泛存在于许多微生物细胞中的天然高分子。在此类聚合物中,材料性能随着支链的变化而显示出明显的不同:支链短时,聚合物结晶度很高;支链长时,聚合物以弹性体状态存在。但无论结构如何变化,性能如何不同,PHA类材料都具有生物可降解性。由于PHA具有优良的生物相容性和生物降解性,使其在生物医学领域的应用受到越来越多学者的重视。其中聚3-羟基丁酸酯[P(3HB)]及3-羟基丁酸酯和3-羟基戊酸酯的共聚物[P(3HB-co-3HV)],目前已应用于药物控制释放和组织工程中。

通过化学方法制备生物降解性聚酯的方法类似,因此本节的重点将放在化学法聚乳酸的制备和微生物发酵法聚羟基脂肪酸酯的制备,其它聚酯的制备可以之为参考。在介绍生物降解聚酯材料的制备之前,先来了解一下可降解生物材料的基本内容。

### 3.7.1 可降解生物材料

聚合物的降解可分为光降解、光氧化降解、热降解、热氧化降解、化学动力降解、臭氧诱导降解、辐射降解、离子降解和生物降解。通过增溶、水解或生物体中的酶以及其它生物活性物质的作用使材料转化成一些较小的复杂的中间产物或终产物即为生物降解。在生物医用和环境保护领域,聚合物的生物降解是最重要的一类降解,特别在医疗领域所用的生物降解材料,往往又称之为可降解与吸收材料,这主要是由于材料能在机体生理环境下,通过水解、酶解,从高分子、大分子物质降解成对机体无损害的小分子物质,并且这些小分子降解产物通常是体内自身就存在的,如氨基酸、二氧化碳、水等,最后通过机体的新陈代谢完全吸收和排泄,对机体无毒副作用。这类材料生物相容性非常良好,可经加工处理制成医学制品,应用于医疗及医学研究中,发挥医学功能。

#### 3.7.1.1 可降解生物材料的要求

可降解和吸收生物医学材料分两大类:天然材料如胶原蛋白、壳聚糖等;人工合成材料如聚乳酸、聚羟基乙酸等。无论是天然的,还是人工合成的可降解和吸收生物医学材料,其大部分材料的组成成分(或单元)及其降解产物都是在生物体内自身存在的小分子物质。它们比不降解的惰性生物医用材料,如硅橡胶、钛等具有更好的生物相容性和生物安全性。

然而,这些可降解和吸收生物医学材料以其单一组分制作医学制品均存在一些局限性,如降解时间过快或过慢,力学性能普遍偏低。但是,这些可降解和吸收生物医学材料多可相互复合,构成具有特定性能的可降解和吸收复合生物医学材料,大大拓宽了其医学用途,如制成组织或细胞工程支架材料、药物控释或缓释材料等。

随着对可降解和吸收生物医学材料研究与应用的深入,对可降解和吸收生物医学材料的认识会越来越深刻,其功能或应用范围会越来越广阔。因此,对其性能要求将会越来越严格。当前可降解和吸收生物医学材料应用研究的热点,已从缝合、固定、止血等方面,向组织工程支架材料方面发展。但理想的可降解和吸收生物医学材料仍应具有下述综合性能:①良好的生物相容性和生物安全性,聚合物及降解产物对机体均无毒副作用;②能满足多种生物医学功能需要,如适宜的降解速率符合相应治疗的要求,可制作成三维多孔状结构作为组织再生工程支架;③良好的生物力学性能、物理化学性能和生物性能,并可调控,即能通过调节分子结构达到指定或要求性能的材料,而不需要通过添加剂或辅料来调整;④良好的可加工性,要求可通过常规的加工手段或方法制成需要的制品,而且不会引起材料性能的改变;⑤易消毒性和易保存性,可用常规的消毒手段进行消毒灭菌,不会因为消毒方法而引起材料性能发生变化,同时要求易于保存,不需要特殊的保存设备;⑥原料来源要广泛、丰富;⑦具有商品化前景,无论从应用角度还是从价格方面,要求价格低廉而应用范围广。

#### 3.7.1.2 生物材料降解影响因素及调控

真正的生物降解高分子是在有水存在的环境下,能被酶或微生物促进水解降解、高分子主链断裂、分子量逐渐变小,以至最终成为单体或代谢成二氧化碳和水。此类高分子除了天然高分子外,主要指含有易被水解的酯键、醚键、氨酯键、酰胺键等合成高分子。生物材料在体内的降解受多种因素的影响,这些因素共同或协调材料的降解速率和特性。常见的影响生物材料降解的主要因素如表 3-14 所示。

表 3-14 常见的影响生物材料降解的主要因素

| 影响降解因素类型 | 影响因素名称 | 具体内容 |
| --- | --- | --- |
| 材料本身因素 | 材料种类或化学结构 | 化学键水解难易程度,亲水性与憎水性,离子强度等 |
|  | 结晶状态 | 结晶型及其结晶程度大小及晶格结构,无定形 |
|  | 分子量 | 黏均分子量及其大小 |
|  | 构型 | 光学异构体,立体规整度 |
|  | 形状与体积 | 几何形状,比表面积大小,多孔与致密 |
|  | 熔融温度($T_m$) | 高低与质地 |
|  | 玻璃化温度($T_g$) | 高低与硬度及脆性 |
|  | 复合比及状态 | 复合物比例(摩尔比、质量比、体积比)及其它低分子物质 |
| 植入环境因素 | 体液环境 | pH 高低、金属离子 |
|  | 酶 | 环境中酶的种类及浓度 |
|  | 血液循环 | 血液供应及循环丰富与否 |
|  | 环境温度 | 植入部位温度高低 |
| 聚合及其它物理化学因素 | 聚合程度 | 聚合过程程度及催化剂 |
|  | 制品加工方法 | 注塑、热压、机械、材料致密性 |
|  | 消毒灭菌及保存 | 灭菌方法、保存环境 |

聚合物种类、分子质量、结晶状态,熔融温度($T_m$)及玻璃化温度($T_g$)都将影响其在体内的降解。一般来说,黏均分子量高者,在体内降解慢;结晶态的聚合物强度高,但降解慢;$T_m$ 高,质硬;$T_g$ 高,硬而脆,降解难。不同的聚合物降解时间不同,不同比例的共聚物降解速率也不相同。分子链中疏水的甲基基团的存在可保护碳酰基免于组织液裂解,降解速率较慢。即使摩尔比完全相同的共聚物,也因合成时催化剂的类型、水平及聚合条件不同而影响单体反应竞聚率,从而使降解率迥异。聚合物的形态、体积也影响降解,薄而多孔,体积较小的聚合物比厚而致密者降解快。植入部位的血循环及局部组织液的 pH 均对降解有一定的影响。血液循环丰富,聚合物降解快,这可能与血液将局部高浓度的降解产物运送清除率较快有关。组织液 pH 低者,降解较快。而且每一种微生物都有适合生长的最佳环境,通常真菌的适宜温度为 20~28℃,细菌则为 28~37℃,并且一般来讲,真菌适宜生长在酸性环境中,而细菌适合生长在微碱性条件下。

由上述影响聚合物降解的因素可知,要想调控生物降解材料的降解速率,从材料设计角度考虑,有以下几个方面。

(1) 调整聚合物主链结构 影响材料降解的主要因素是材料的化学结构,而聚合物的主链结构是影响材料化学结构的最重要因素之一。与氧、氮、硫等杂原子相连的基团属非常容易水解的化学键,因而,具有该化学键的聚酯、聚酸酐等材料属于容易生物降解的聚合物。对此,可以通过设计或调整聚合物分子的主链结构,制备不同降解速率的生物降解材料,或通过了解其主链结构,预测或判断生物材料的降解趋势或速率。

常见的生物降解材料因其主链结构的不同,可以有聚酯、聚酸酐、聚原酸酯、聚氨基甲酸酯、聚碳酸酯、聚醚、聚膦腈等。

(2) 通过单体的亲水性调整材料对水的渗透性　水是微生物生成的基本条件，只有在一定湿度下微生物才能侵蚀材料，因此单体的亲水性也是影响生物材料化学结构的最重要因素之一。通过单体的亲水性调整改变材料对水的渗透性，从而实现对材料降解速率的调控。单体的化学结构和性能决定聚合物的亲水性或亲脂性。亲水性单体的引入必然对材料亲水性起决定作用。

如由亲水的葵二酸单体聚合成的聚酸酐，其降解速率比由憎水的双对羧基苯氧基丙烷合成的聚酸酐的降解速率快3个数量级。聚乳酸与聚羟基乙酸比较，虽然两者都属脂肪族聚酯类，且主链中的酯键结构亦相同，但是由于聚（L-乳酸）侧链上的甲基使其具有更强的憎水性。因此，聚(L-乳酸)比聚羟基乙酸降解速率慢得多。

(3) 调整聚合物的物理形态（结晶状态）　聚合物的物理形态可分为结晶态和无定形态两种，它们亦是影响材料水渗透性的重要因素。因此，通过调整材料的结晶度，或调整复合材料中结晶态和无定形（非结晶态）材料的比例，可实现对材料或复合材料降解速率的调控。结晶态聚合物分子结构排列有序且紧密，不利于水分子的渗透，而非结晶态聚合物分子排列无序，结构不紧密，有利于水分子的渗透。因此，非结晶态聚合物与结晶态聚合物相比具有较好的水渗透性，降解速率大大快于结晶态聚合物。

如聚（L-乳酸）(PLLA)与聚（DL-乳酸）(PDLLA)的化学结构完全相同，亲水性亦相同，由于PDLLA是无定形态，PLLA是半结晶态，PLLA与PDLLA相比，其降解速率慢近3倍。

对于无定形聚合物，当$T_g$高于37℃时，材料植入人体内呈玻璃态，水渗透性较差；当$T_g$低于37℃时，材料植入人体内呈橡胶态，水渗透性较好；聚合物吸收水分后$T_g$降低，当$T_g$接近37℃时，材料植入人体内溶蚀速率加快。

对于半结晶材料，无定形区先降解，初期材料的失重主要是无定形成分的丢失。因此随着降解过程的推进，剩余材料的结晶度会增加。

(4) 调整材料的比表面积和孔隙　通过形成多孔状结构增加材料的比表面积，有助于水的渗透，从而加快降解速率。相反，交联结构、规整的分子结构、高度取向的结构均不利于水的渗透。

(5) 调整材料的分子量　材料的分子量大小虽然不直接影响降解速率，但是分子量越大，失重的时间会越长，材料越不容易降解。因此，调整材料的分子量大小，将间接影响材料的降解速率。

(6) 材料加工方法及其它可能的影响因素　材料的致密性越高，降解速率越慢。采用熔融法制作的材料呈致密态，因此其降解速率慢。而采用溶剂挥发法制作的材料可制成微孔或多孔结构，材料的比表面积相对较大，因而降解速率快。加工中的高温、应力作用、消毒辐射作用等均会引起材料的分子量下降，有助于材料降解。加工中催化剂、增塑剂等的存在也会加快材料的降解。因此可通过调控这些因素来控制其降解性能。

**3.7.1.3　可降解生物材料制品加工、消毒和保存**

生物降解材料在水的作用或酶的作用下，通过水解或酶解，可从高分子、大分子物质降解为小分子物质，利用它的这种特性，可将生物降解材料应用于药物控释、手术缝合线、组织工程等领域。但是无论是用于医学基础研究方面，还是医学临床方面，材料必须加工成需要的制品才能发挥作用。加工成制品的材料还必须经过消毒灭菌、包装、保存等工序，最终作为医疗用品应用于临床。如果生物降解材料制品在加工、消毒、保存过程中就由于湿度或温度等条件的影响，使其丧失了所期望的性能要求，则制品最终将无法应用。因此，对于可生物降解的制品，其加工、消毒和保存条件至关重要。

(1) 可降解生物材料制品的加工条件　生物降解材料应用于医学领域的首要问题是用该类材料制作的医用制品的加工问题。而此类材料加工的稳定性问题，因受聚合物本身不稳定因素的影响而成为应首要解决的关键问题，否则材料经加工后，其生物力学性能及强度会因材料在加工过程中分子质量降低而降低，从而影响应用性能。

可降解医用制品的加工条件非常严格，对加工环境大气的湿度和材料的水含量要求特别高。因此常常需要在干燥惰性气体或真空条件下加工，以确保材料在加工过程中的稳定性。

(2) 可降解生物材料制品的消毒灭菌　进入人体的可生物降解医用制品必须经过严格的消毒灭菌才能确保材料的安全应用。由于降解材料本身的不稳定性，熔点较低，一般在120℃以下，因此不能用常规的高温、高压蒸汽法消毒灭菌。目前常用的对可降解材料的消毒灭菌方法是γ射线和环氧乙烷灭菌。

γ射线照射灭菌效果已得到肯定，但是在有效照射剂量下，常常导致材料的大分子链断裂，特别是对脂肪族聚酯影响明显。对PLA和PGA，γ射线照射后分子量可下降30%～40%，相应生物力学性能随分子量的降低而下降。在某些情况下，γ射线照射可能出现对材料性能不可弥补的损害，如用γ射线照射可吸收缝线。目前，应用γ射线照射消毒灭菌的弥补方法是提高原始材料的分子量，使其照射后仍能达到医学需要的分子质量水平。

环氧乙烷的消毒灭菌效果十分肯定，对材料性能的影响相对γ射线较小。因此实际中常用其对生物降解材料制品消毒灭菌。但是，环氧乙烷对机体具有毒性，灭菌后应除去残留环氧乙烷方可使用。

对生物降解材料医用制品的消毒灭菌问题仍需进一步的研究。

(3) 可降解生物材料制品的包装与保存　可降解生物材料制品对水有不稳定性。因此需要在真空中进行包装，铝复合塑料袋中低温干燥下保存，以尽量降低包装与保存过程中材料分子量的降低对材料性能的影响。

### 3.7.2 脂肪族聚酯的一般制备方法

制备合成类生物降解性脂肪族聚酯的方法有微生物发酵法和化学合成法，其中微生物发酵法主要用来合成聚羟基脂肪酸酯。化学合成法主要有缩合聚合和开环聚合法，缩合聚合法指具有不同官能团如羟基、羧基的单体之间通过脱水酯化得到聚酯的过程，开环聚合法主要包括交酯类和各种内酯类的开环聚合。化学法可以进行分子设计，合成多种结构的生物降解性聚酯。如在制备过程中，可以在聚酯链上引入功能侧基，或者制备聚酯的共聚物来提高聚酯的分子量，也可通过扩链剂提高聚酯的分子量。图3-30是合成聚酯的一般制备过程。

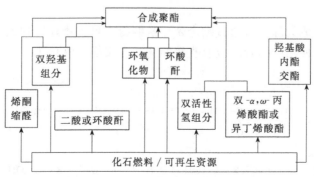

图3-30　合成聚酯的一般制备过程

### 3.7.2.1 生物降解性脂肪族聚酯种类及性质

主要的生物降解性脂肪族聚酯及其结构如表 3-15 所示。部分脂肪族聚酯的热学和力学性质如表 3-16 所示。

**表 3-15 生物降解性脂肪族聚酯及其结构**

| 聚酯 | 结构 | 聚酯 | 结构 |
|---|---|---|---|
| 聚乙交酯 poly(glycolic acid) (PGA) | $+O-CH_2-\overset{O}{\overset{\|}{C}}+_n$ | 聚1,3-二氧杂环己-2-酮 poly(1,3-dioxanone) (PDS) | $+O-(CH_2)_3-O-\overset{O}{\overset{\|}{C}}+_n$ |
| 聚乳酸 poly(lactic acid) (PLA) | $\begin{bmatrix}H & O\\ \|& \|\\ O-C-C\\ \|\\ CH_3\end{bmatrix}_n$ | 聚1,4-二氧杂环己-2-酮 poly(para-dioxanone) (PDS) | $+O-(CH_2)_2-O-(CH_2)-\overset{O}{\overset{\|}{C}}+_n$ |
| 聚ε-己内酯 poly(ε-caprolactone) (PCL) | $+O-(CH_2)_5-\overset{O}{\overset{\|}{C}}+_n$ | 聚3-羟基丁酸酯 poly(3-hydroxybutyrate) [P(3HB)] | $\begin{bmatrix}H & O\\ \|& \|\\ O-C-CH_2-C\\ \|\\ CH_3\end{bmatrix}_n$ |
| 聚戊内酯 poly(valerolactone) (PVL) | $+O-(CH_2)_4-\overset{O}{\overset{\|}{C}}+_n$ | 聚3-羟基戊酸酯 poly(3-hydroxyvalerate) [P(3HV)] | $\begin{bmatrix}H & O\\ \|& \|\\ O-C-CH_2-C\\ \|\\ CH_2CH_3\end{bmatrix}_n$ |
| 聚ε-癸内酯 poly(ε-decalactone) (PDL) | $\begin{bmatrix}H & O\\ \|& \|\\ O-C-(CH_2)_4-C\\ \|\\ (CH_2)_3CH_3\end{bmatrix}_n$ | 聚β-苹果酸 poly(β-malic acid) (PMLA) | $\begin{bmatrix}H & O\\ \|& \|\\ O-C-CH_2-C\\ \|\\ COOH\end{bmatrix}_n$ |
| 聚草酸乙二醇酯 poly(1,4-dioxane-2,3-dione) | $+O-(CH_2)_2-O-\overset{O}{\overset{\|}{C}}-\overset{O}{\overset{\|}{C}}+_n$ | | |

**表 3-16 部分脂肪族聚酯的热学和力学性质**

| 聚合物 | 相对分子质量/×10³ | $T_g$/℃ | $T_m$/℃ | 拉伸强度/MPa | 断裂伸长率/% | 结晶度 | 密度/(g/mL) | 生物降解 |
|---|---|---|---|---|---|---|---|---|
| PLLA | 1000 | 58 | 159 | 50 | 3.3 | 高 | 1.27 | 缓慢 |
| PDLA | 107 | 51 | 29 | 5.0 | 低 | 1.27 | 中等 |
| PGA | 50 | 35 | 210 | 90 | 1.5 | 高 | 1.60 | 极慢 |
| P(LA-50%GA)PLA | | | 无 | 60 | 2.5 | 无 | — | 快速 |
| P3HB | 370 | 1 | 171 | 36 | 2.5 | 高 | — | 缓慢 |
| P(3HB-co-3HV) | 529 | 2 | 145 | 20 | 1.7 | — | — | — |
| PCL | 44 | −62 | 57 | 16 | 80 | 高 | 1.10 | 缓慢 |

### 3.7.2.2 缩合聚合

脂肪族聚酯的合成大部分可通过缩合聚合法制得，可生物降解的聚酯也不例外。对于聚酯制备来说，最广泛使用的缩合反应有直接酯化、酯交换、酰化等。

（1）直接酯化

① 羟基酸

$$n\,HO-R-\underset{\underset{O}{\|}}{C}-OH \rightleftharpoons H+O-R-\underset{\underset{O}{\|}}{C}+_n OH + (n-1)H_2O$$

② 二醇十二羧酸

$$n\,HO-R-OH + n\,HO-\underset{\underset{O}{\|}}{C}-R'-\underset{\underset{O}{\|}}{C}-OH \rightleftharpoons H+O-R-O-\underset{\underset{O}{\|}}{C}-R'-\underset{\underset{O}{\|}}{C}+_n OH + (n-1)H_2O$$

(2) 酯交换

① 醇解

$$n\text{R}''\text{O—C—R'—C—OR}'' + (n+1)\text{HO—R—OH} \rightleftharpoons \text{H+O—R—O—C—R'—C}\!\!\!\!\underset{n}{\phantom{\big|}}\!\!\!\!\text{O—R—OH} + 2n\text{R}''\text{OH}$$
$$\phantom{xx}\text{O}\phantom{xxxxxxx}\text{O}\phantom{xxxxxxxxxxxxxxxxxxxxxxxxxxxxxxxx}\text{O}\phantom{xxxx}\text{O}$$

② 酸解

$$n\text{R}''\text{C—O—R'—O—CR}'' + n\text{HO—C—R—C—OH} \rightleftharpoons \text{R}''\text{C—O+R'—O—C—R—C—O}\!\!\!\underset{n}{\phantom{\big|}}\!\!\!\text{H} + (n-1)\,\text{R}''\text{COOH}$$

③ 酯-酯交换

$$\text{R—C—OR}'' + \text{R'—C—OR}''' \rightleftharpoons \text{R'—C—OR}'' + \text{R—C—OR}'''$$

(3) 酰化

$$n\text{Cl—C—R'—C—Cl} + n\text{HO—R—OH} \rightleftharpoons \text{+C—R'—C—O—R—O}\!\!\!\underset{n}{\phantom{\big|}}\!\!\! + 2n\text{HCl}$$

其中，直接缩聚被认为是合成聚酯的最简单的方法。一般具有典型的酯化功能基的单体，如羟酸、羧酸和二醇或者是这些单体的衍生物加热到聚合温度，发生聚合反应，生成聚酯，同时从反应体系中除去副反应产物（$H_2O$、HCl 等）。如想成功获得高分子量的聚酯（即聚酯的分子量高到具有实际的技术应用），反应程度要求很高，而且分子量的增加主要发生在反应后期。在反应的后期，温度往往超过200℃，脱羧、热降解、热氧化等副反应的发生将是不可避免的，这样就会影响分子量的提高。同时在高分子量线型聚酯聚合过程中，要始终保持相同数量的反应功能基。缩聚反应后期体系黏度较大，很难从高熔融态中除去生成的小分子副产物，一般可以选用高真空、搅拌和通惰性气体（如氮气）来加速水的去除，也可以在惰性的、高沸点的有机溶剂中反应，以共沸的形式除去水；还可以在温和条件下预缩聚，在减压和高温下继续反应。

缩聚是一种平衡反应，由于存在着逆方向的解聚反应，缩聚反应平衡常数较低。要制备高分子量的聚合物，需要较长的反应时间和较高的真空体系。因此，生产成本相应增加。另外，在高温下发生聚合反应时，通常伴随着酯交换和环化等副反应。聚酯中的酯交换包括分子间的醇解和酸解以及分子内和分子间的酯-酯交换反应。这些反应通常会导致目标聚酯结构和分子量分布的变化。

直接聚酯化反应是通过酸单体的羧基的自催化完成的，但是随着反应的进一步进行，这些基团的浓度降低，需要少量的催化剂（质量分数 0.1%～0.5%）加速反应。缩聚反应中所用的催化剂有质子酸、金属锡、金属有机酸盐（如乙酸钙）、ⅣB 族羧酸盐、金属氧化物（如 SnO、$GeO_2$）、金属络合物（如乙酰丙酮合锌、钛酸酯）、酶等。有毒的铅、锑、锡的化合物作为催化剂则较少使用。由于强酸会增加变色、水解和其它的副反应，一般不推荐使用。

### 3.7.2.3 开环聚合

缩聚反应要求时间较长，而且需要在高温下持续不断地除去副反应产物，因此聚合物的分子量相对较低。开环聚合法所得聚酯分子量较高，相对分子质量可达到几十万甚至上百万，主要是因为内酯或其它的环酯在开环聚合时不产生小分子副产物，在较短时间和相对温和的反应条件下就能制备高分子量的脂肪族聚酯，而且聚合反应可很好控制聚合物的微观结构等。对于内酯及其相关化合物的开环聚合尤为重要，因为这些聚酯用经典的缩聚方法合成非常困难。表 3-17 是可用开环聚合制备的最普通的脂肪族聚酯的单体结构和热性质。

表 3-17　开环聚合制备的最普通的脂肪族聚酯的单体结构和热性质

| 结构 | R | 单体 | 聚合物 | $T_g$/℃ | $T_m$/℃ |
|---|---|---|---|---|---|
| 内酯 | $-(CH_2)_2-$ | β-丙内酯 | PPL | -24 | 93 |
|  | $-(CH_2)_3-$ | γ-丁内酯 | PBL | -59 | 65 |
|  | $-(CH_2)_4-$ | δ-戊内酯 | PVL | -63 | 60 |
|  | $-(CH_2)_5-$ | ε-己内酯 | PCL | -60 | 65 |
|  | $-(CH_2)_2O(CH_2)_2-$ | 1,5-二噁烷-2-酮 | PDXO | -36 | — |
|  | $-[CH_2-CH(CH_3)]-$ | β-丁内酯 | i-PBL | 5 | 180 |
|  | $-[CH_2-CH(CH_3)]-$ | β-丁内酯 | a-PBL | -2 | — |
|  | $-C(CH_3)_2CH_2-$ | 新戊内酯 | PPVL | -10 | 245 |
| 双内酯 | R = H | 乙交酯 | PGA | 34 | 225 |
|  | R' = R'' = CH₃<br>R = R''' = H | L-丙交酯 | PLLA | 55~60 | 170 |
|  | R' = R'' = H<br>R = R''' = CH₃ | D-丙交酯 | PDLA | 55~60 | 170 |
|  | R = R'' = CH₃<br>R' = R''' = H | 内消旋丙交酯 | PmesoLA | 45~55 | — |
|  | D-LA/L-LA 50/50 | 外消旋丙交酯 | PDLLA | 45~55 | — |

内酯是由羟酸的分子内反应形成的环酯，在羟酸中含有羟基和羧基两个官能团，它们被三个或更多个碳原子隔开。通常，γ-丁内酯和它的衍生物会同时从 γ-羟酸形成。丙交酯是由 α-羟基酸的分子间相互反应形成的环状二酯。

常用生物聚酯用交酯和内酯主要有乙交酯、丙交酯、己内酯等。下面简单介绍乙交酯和己内酯的制备，丙交酯的制备将放在后面"聚乳酸的制备"中介绍。

(1) 乙交酯及乙醇酸的制备　乙交酯是乙醇酸脱水形成的二聚体，熔点 83~85℃。制备乙交酯时，一般乙醇酸先在催化剂作用下发生缩合聚合生成低分子量的乙醇酸低聚体，然后在高温下解聚生成乙交酯。乙交酯制备的反应方程式如下所示：

$$HOCH_2COOH \xrightarrow[180℃, 0.67kPa]{Sb_2O_3} H-(OCH_2COCH_2)_m-OH + H_2O \xrightarrow[13\sim27Pa]{255\sim270℃} \text{乙交酯}$$

在制备乙交酯的反应过程中，影响乙交酯质量和产率的因素较多。由于制备方法与丙交酯的制备类似，因此具体控制条件可参考后面"丙交酯的制备"中相关内容。

乙醇酸目前采用的最佳合成方法是氯乙酸碱性水解制取。

$$ClCH_2COOH + NaOH \longrightarrow HOCH_2COOH + NaCl$$

由于一氯代乙酸中的氯是活性基团，利用其活泼性可进行水解反应。在微碱性条件下氯很容易受氢氧根离子的进攻而被取代。此方法一般都采用将一氯代乙酸配成 30% 的溶液，然后再加入计量的 30%NaOH 溶液，中和 pH≈7，加热至沸，回流反应数小时，直到有氯化钠晶体析出，此时溶液酸度上升，这时回流反应改为缓慢蒸发，不断地过滤出氯化钠晶体，浓稠的液体经过结晶和重结晶即可得到乙醇酸晶体，或者在滤出氯化钠晶体后用盐酸酸化再进行蒸馏，提纯制备乙醇酸。该碱性水解反应是一个二级反应，温度对该反应的影响较大，在 40～96℃，温度每上升 20℃，反应速率加快 4～9 倍，因此该水解反应的温度控制在 80～96℃最佳。

一般的乙醇酸商品为 70%的水溶液，要作为试剂级的商品满足其在有机合成、聚合物和特殊的化工生产中的要求，必须对初产品进行提纯。乙醇酸的提取方法一般采用酯化水解法和溶剂萃取法。酯化水解法是将粗产品用甲醇进行酯化以便生成乙醇酸甲酯，由于具有 $\alpha$-OH 的羧酸酯极易水解，因而提纯得到的乙醇酸甲酯水解还原出乙醇酸，从而使粗产品得到精制，达到与副产物分离的目的。分离出的甲醇能重复使用。

$$HOCH_2COOH+CH_3OH \xrightarrow{H^+} HOCH_2COOCH_3+H_2O$$

酯化水解法生产工艺复杂，甲醇的损耗量大，生产成本高。为了克服这些不足，又发展了溶剂萃取法。萃取剂一般采用三烷基氧磷或三辛胺，磺化煤油做稀释剂进行萃取。根据不同的产品要求选择不同的反萃取剂。

尽管氯乙酸碱性水解制乙醇酸是目前采用的最佳合成方法，但是要大规模商业化生产还存在着很大的困难。主要的原因在于氯乙酸的生产是以乙酸为原料，硫黄粉为催化剂，氯化法生产。这对设备的腐蚀、环境污染都十分严重，而且生产成本高。由此法合成的乙醇酸，进一步氢化合成乙二醇在价格上是不能与从石油路线合成的乙二醇相竞争。因而，要大规模进行乙醇酸的生产必须开发新的合成路线。通过甲醛和甲酸甲酯偶联合成乙醇酸和乙醇酸甲酯的方法比较引人注目，目前的研究重点在优化催化剂以及催化剂与产物的分离和重复利用方面。

(2) 己内酯的性质及合成　己内酯单体是一种无色液体，相对密度 1.0693，沸点 98～99℃。熔点约-5℃，折射率 1.4611，易溶于水、乙醇、苯，不溶于石油醚，加热变成二聚体或聚己内酯。己内酯可以由过乙酸和环己酮作用而生成，也可由 ε-氧化己酸加热、或由四氢呋喃在氟化硼存在下与乙烯酮作用制得。

己内酯的纯度将是影响其聚合的一个重要的因素。高纯度的己内酯可以从市场买到，单体买到后需要取样进行结构确认、纯度测试，若纯度不符合聚合需要，还需进一步纯化处理。结构确认可以通过红外光谱、核磁光谱等方法进行，纯度测试可通过沸点等方法进行，但是最好的测试方法是通过聚合制备少量的均聚物，然后测定聚合物分子量。如果聚己内酯的相对分子质量达 20 万以上，就可认为该单体具有很高的纯度。己内酯的纯化采用在氢化钙下减压分馏，收集在装有干燥分子筛的容器中。

(3) 交酯及内酯的开环聚合　对于内酯及交酯类化合物的开环聚合，根据活性中心的形式不同通常可分为：阳离子开环聚合、阴离子开环聚合及配位开环聚合。在聚合过程中，活性中心与单体作用进行增长反应的同时不可避免地存在着副反应，活性中心会与增长链内的酯键反应，从而形成环状齐聚物，如二聚体、三聚体等（分子内酯交换）；或者是增长链与不同聚合物链中的酯键作用，发生分子间酯交换。这些副反应都会使聚合物分子量分布变宽。配位开环聚合的活性中心较普通阴离子聚合（如烷氧负离子）的活性低，能够抑制分子内及分子间的酯交换，能有效克服聚合物分子量分布变宽，因此交酯及内酯类开环聚合目前多采用配位型引发剂。

目前用于阳离子聚合的引发剂主要有三类：①质子酸，如 HCl、$RSO_3H$ 等；②路易斯酸，如 $AlCl_3$、$SnCl_2$ 等；③烷基化试剂，如 $CF_3SO_3CH_3$ 等。

阴离子开环聚合的引发剂有仲、叔丁基锂，碱金属烷氧化物。

配位聚合的引发剂主要为过渡金属的有机化合物，有以下几类：①烷基（或芳基）金属，如 $ZnEt_2$、格氏试剂等；②烷氧基金属；③羧酸盐，如硬脂酸锌；④过渡金属氧化物引发剂，有 $ZnO$、$MgO$ 等；⑤镧系元素的化合物，如稀土环烷酸盐等；⑥酶催化开环聚合。采用配位聚合引发剂在适当的温度下进行开环聚合为活性聚合，可得到窄分布的聚酯。温度升高，分子量分布变宽，这主要是由分子间的酯交换引起的。

为获得医疗领域应用的聚合物，无论采用何种聚合机理合成可生物降解性聚酯，必须考虑催化剂的毒性及催化剂的残留，以避免材料降解释放的重金属化合物对病人的危险，因此目前正竭力研究轻毒或无毒催化剂。辛酸亚锡是目前美国食品和药品管理局（FDA）批准在生物医用材料中使用的催化剂，锌类催化剂也将是今后发展的一个方向。

#### 3.7.2.4 扩链反应

缩聚法制得的聚酯分子量还是比较低，为了得到性能良好的聚酯材料，必须进一步提高聚合物分子量。因此，人们还常常通过扩链反应来提高聚合物的分子量。扩链剂的选用根据聚酯端基的不同而有所变化，以羟基为端基的聚酯常以二酸酐及二异氰酸酯来扩链，以羧基为端基的聚酯则常以噁唑啉、氮丙啶衍生物、双环氧化合物、二价金属离子等组分进行扩链。扩链反应方程式如下所示。

（1）羟基为端基的聚酯的扩链反应

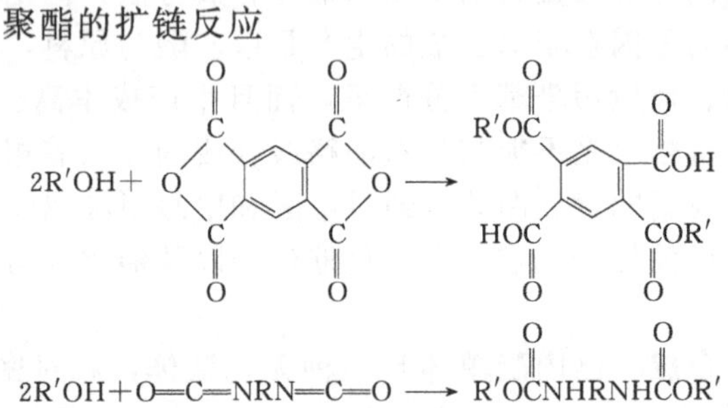

（2）羧基为端基的聚酯的扩链反应

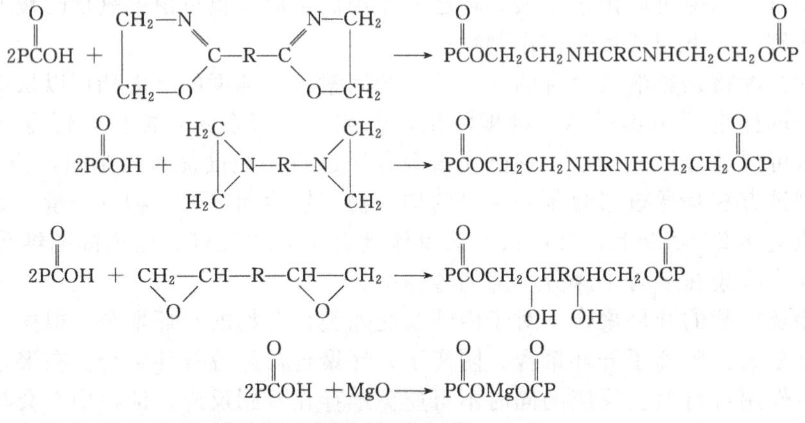

### 3.7.3 典型化学合成生物降解聚酯-聚乳酸的制备

聚乳酸的制备可以通过乳酸直接缩聚制得，也可以通过丙交酯开环聚合制得，或者通过扩链反应等实现。直接聚合制备高分子量聚乳酸的方法最早由三井化学公司开发成功；美国由 Cargill 公司发展起来的 Natureworks LLC 公司是世界最大生产聚乳酸的公司，其聚乳酸产品的聚合方法采用了丙交酯开环聚合。聚乳酸的聚合方法可以是溶液聚合，也可以是本体聚合。图 3-31 是聚乳酸的不同合成路线。

#### 3.7.3.1 乳酸和丙交酯的制备

乳酸和丙交酯都可以作为聚乳酸合成的单体。

(1) 乳酸的制备　乳酸,学名为"2-羟基丙醇酸",分子式为 HOCHCH₃COOH,由于分子中有一个不对称碳原子,具有旋光性,因此乳酸可有两种不同的立体异构体,D-乳酸和 L-乳酸。由于它们彼此为完美的镜像,因此物理、化学性能无差异。

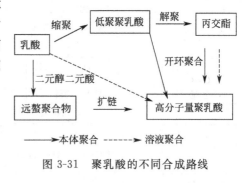

图 3-31　聚乳酸的不同合成路线

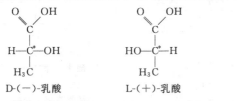

纯的不含水的 DL-乳酸(如 D∶L＝50∶50 的两种对称结构的混合物,称为外消旋)是一种固态、白色、结晶物质,熔点高(52.7～52.8℃)。L-乳酸可在肌肉体液中或在不同的动物器官中发现,但 D-乳酸在自然界还未被发现。与外消旋化合物相比,光学活性的 D-乳酸和 L-乳酸的熔点低,在 16.8℃熔融。无水乳酸的合成很复杂,因此商业可获得的乳酸一般都是含水的乳酸溶液。由于乳酸既是酸又是醇,因而能形成分子间酯,如乳酸乳酰,因此乳酸的水溶液中既含有乳酸,又含有乳酸乳酰,数量依赖于溶液的浓度和寿命。

工业化规模全世界乳酸产量的 2/3 是通过发酵获得,1/3 是通过化学过程获得。化学工艺不能得到特定 D 型或 L 型乳酸,最终基质总是外消旋的 DL-乳酸。而微生物发酵法可以制备光学纯 L-乳酸或 D-乳酸(主要是 L-乳酸),并且以再生资源为原料,因此是乳酸生产的主要方法。由于世界石油储量有限,面对原油价格逐年上涨,利用可再生的植物资源生产可生物降解材料的重要性越来越显著,使得发酵工艺也取得了更大的发展。图 3-32 是乳酸的化学合成及生物合成的路线。

通过生物发酵生产乳酸,所用的原料有三个来源:一是以含糖类的生物质材料为原料,如玉米、甜菜、蔗糖、马铃薯等,提取淀粉、糖化、发酵得到乳酸;二是以家庭产生的垃圾为原料,从垃圾中含有的糖类发酵得到乳酸;三是以农作物、树木的根茎叶等废弃的生物质材料为原料,提取纤维素,通过盐酸、硫酸、磷酸等酸解糖化,发酵得到乳酸。目前生产乳酸所用的方法以第一种方法为主。

发酵生产乳酸的传统工序包括原料糖化、批量发酵以及分离/纯化。

① 糖化　各种精制的、未精制的甚至废弃的糖类可以用作生产乳酸的碳源。当用精制糖时,得到的乳酸产物纯度高,纯化费用较低。但是,由于精制糖价格很高,价格低廉的生物质糖化生产乳酸的方法受到很大重视,这些生物质包括淀粉类植物(如玉米、马铃薯等)、糖类材料(乳清、糖浆等)以及木质纤维素材料等。

玉米、马铃薯、稻米等淀粉类植物糖化是一种常用的生产乳酸的方法。各种乳酸细菌,包括干酪乳杆菌、植物乳杆菌、德氏乳杆菌、瑞士乳杆菌和乳酸乳杆菌,已经用于淀粉生产乳酸。为了减少预处理成本,已经研究了几种产生淀粉酶的微生物,包括发酵乳杆菌、食淀粉乳杆菌及嗜淀粉乳杆菌,利用未处理的或液态的/胶状的淀粉直接生产乳酸。也可单独加入淀粉酶来水解淀粉,之后乳酸细菌再发酵葡萄糖形成乳酸。对于不同原料,要确立最适宜的转换条件。

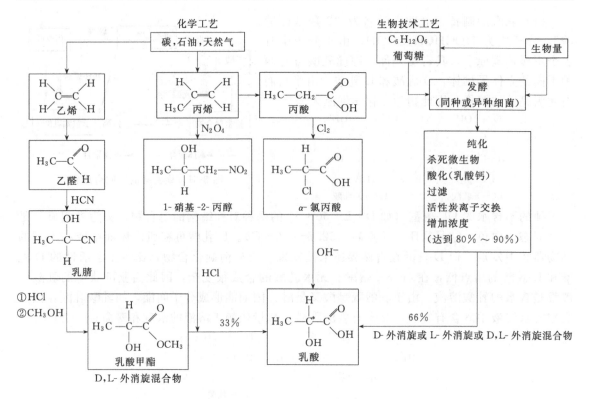

图 3-32 乳酸的合成路线

乳清是乳酸发酵生产时另一种常用的价格低廉的原料,它含有蛋白质、盐和乳糖。乳清中的乳糖可被水解成葡萄糖和半乳糖,通过超过滤脱蛋白和被软化。经常使用的从乳清生产乳酸的菌株有德氏乳杆菌保加利亚种、瑞士乳杆菌和干酪乳杆菌。蜜糖是制糖工业中的一个副产品,也可用来生产乳酸,一般使用的菌株是德氏乳杆菌。

木质纤维素材料,包括废纸、植物以及羊毛,也用于生产乳酸,方法与淀粉相似,是从原料中提取纤维素,然后通过纤维素酶的水解转化为葡萄糖。由于纤维素酶的催化效果不好,也有人尝试用硫酸分解纤维素的方法。转化成的主要糖组分是 3 种己糖(葡萄糖、半乳糖和甘露糖)和 2 种戊糖(木糖和阿拉伯糖)。

② 发酵 乳酸的发酵有两种不同类型,均相发酵和非均相发酵。均相发酵主要产物是乳酸,而且是 L-乳酸或外消旋乳酸;非均相发酵除了得到乳酸外,还得到大量其它的发酵产物,如乙酸、乙醇、甲酸和二氧化碳等,而且存在两种情况,一种情况可能产生大量外消旋乳酸,另一种情况可能产生大部分的 D-乳酸。葡萄糖及菌种的浓度、发酵温度、体系的 pH 和各种细胞培养方法,是得到高纯度 L-乳酸的关键。

可使用工业化生产乳酸的接种材料如乳酸杆菌,可以事先在好几个接种循环中繁殖。在繁殖过程中形成的乳酸必须加碳酸钙中和形成乳酸钙。乳酸菌在游离乳酸中的浓度超过 1‰~2‰时死亡。如果基质浓度不太高,以防止 $CaCO_3$ 加入后产生的乳酸钙的结晶,可以进行下述发酵过程。

发酵必须是绝对厌氧微生物,因而必须严格避免空气供给。发酵最适合的 pH 为 5.5~6.0。为保持这一 pH,$CaCO_3$ 需要逐渐加入。因为乳酸菌在不超过 62℃下有最适合的生长条件,所以发酵可在相对高些的温度 (43~50℃) 下进行,因而加速反应过程并减少了通常在较低温度下最适合生长的非要求细菌的污染的机会,同时可以阻止不需要的次级发酵产物

（乙酸、丙酸、丁酸）的生成。发酵本身需要花费 2～8d。除非用特定作用的细菌，否则得到 D,L-乳酸，但用适当的细菌即可得到 D-乳酸或 L-乳酸。乳酸产率为 80%～95%（对应于可发酵的糖），而次级产物数量不超过 0.5%。

③ 乳酸的提取和纯化　从发酵液中提取乳酸是乳酸生产中最重要的一步，也是发酵法与化学合成法生产乳酸进行竞争的难点所在。乳酸的提取和纯化也是聚乳酸制造中费用最高的一步。

传统的乳酸提取过程是将乳酸从乳酸钙溶液中提取出来。提取过程包括一系列连续的过滤和漂白操作，用植物碳作为吸附剂。漂白的乳酸钙浓缩以后，用硫酸处理产生的乳酸钙沉淀，粗乳酸溶解出来。再进行纯化和蒸发操作，得到纯度高的乳酸。这个过程中产生的大量副产物硫酸钙可以制成石膏板、水泥的凝结调节剂等。例如下面给出了按时间顺序的提取和纯化步骤：温度升高到 70℃ 以杀死发酵培养液中的细菌；然后用硫酸酸化将 pH 降至 1.8；过滤，从沉淀物中分离出沉淀的盐和生物量；用活性炭处理沉淀物以除去染料；用离子交换器提纯浓缩至 80%；如果要求改善气味，可用氧化处理（如过氧化氢）。达到这一水平的乳酸能满足通常的使用要求，可很好地应用于某些领域，如食品工业（如用在糖果和饼干的生产中）。为得到药用乳酸，还需额外的提纯步骤，如液-液萃取。

在工业上采用的另一个乳酸提取过程是将乳酸过滤液蒸发后进行结晶，纯化步骤包括碳处理、重金属沉淀、再溶解、重结晶等多步。这个方法非常复杂，主要是因为乳酸钙易于结晶成针块状，包含结晶母液，很难洗涤，并且由于乳酸钙有很高的溶解性，对洗涤水也要进行几次提取。得到的产品乳酸钙浓度很高。

乳酸提取和纯化也可以采用液-液萃取技术。用的萃取剂水溶性低，乳酸分配系数很大。异戊醇、异丙醇是比较合适的溶剂，现在有些过程可能还使用其它一些溶剂。在萃取过程中，乳酸要能从溶剂中提取出来，溶剂也要能够再回收使用，还需要一些其它的纯化处理。

为了避免不必要的硫酸钙副产品产生，降低生产成本，建议采用电渗析来代替传统的回收工艺。除盐电渗析从发酵产物中回收、纯化和浓缩乳酸只需要少量电力。电渗析能从乳酸盐中分离出乳酸和碱，生成的碱可重新用于控制发酵过程中的 pH。用两个电渗析单元和一个离子交换单元，可将乳酸纯化到只有 0.1% 的蛋白质杂质。

如果选择乳清作为基质，乳酸的一般合成和提纯步骤如下：①乳清白蛋白在 96℃ 沉淀；②过滤；③加入活性炭倾倒溶液分离染料和重金属；④真空浓缩基质，乳酸钙在 10～12h 结晶；⑤向稠结晶膏状物中加入硫酸，结果产生钙的沉淀物作为石膏，随后过滤产生游离的乳酸溶液；⑥真空蒸发增稠再过滤的溶液，更多的挥发组分，如乙酸和丙酮因熔点低而在这一过程中蒸发；⑦通过离子交换器进行额外的提纯。

乳酸的酯化可以得到最纯的产品。还有一些其它技术，如用强酸、强碱或弱碱离子交换树脂进行提取、用反渗透和液膜萃取等。

(2) 丙交酯的制备　丙交酯是乳酸环状二聚体。由于乳酸是一种具有光学活性的化合物，因此乳酸的二聚体也有 4 种不同的形式：L-丙交酯、D-丙交酯、内消旋丙交酯、外消旋丙交酯。L-丙交酯（LLA）由两个 L-乳酸分子构成，熔点 95～99℃；D-丙交酯（DLA）由两个 D-乳酸分子构成，熔点 95～99℃；内消旋丙交酯（MLA）由一个 L-乳酸分子和一个 D-乳酸分子构成，熔点 53～54℃；外消旋丙交酯（DLLA）则是由 LLA 和 DLA 按 1:1 比例物理混合构成，熔点 125～127℃。其中内消旋丙交酯最易水解，但最难结晶和提纯，它无反应活性，是不希望得到的副产物；L-丙交酯活性最高，开环聚合时 L 旋光体含量越高，所得聚合物的分子量及结晶度就越高。实际上只有 L-丙交酯和 D,L-丙交酯在制备生物可降解材料方面有应用价值，因为人体中只具有分解 L-乳酸的酶。各种不同丙交酯的结构如下：

L-丙交酯（LLA）　　　D-丙交酯（DLA）　　　内消旋丙交酯（MLA）

丙交酯是白色吸湿性粉末，是由 $\alpha$-羟基酸的分子间相互反应形成的环状二酯。

但是真正丙交酯的制备，是先由乳酸脱水得到低分子量的聚乳酸，然后在低压催化下转化为乳酸环状二聚物丙交酯。反应过程如下：

丙交酯的制备方法主要有两步法和一步法。其中两步法最为常用。

① 两步法制备丙交酯　两步法制备丙交酯可以通过减压法或常压气流法实现。

减压法是乳酸先生成聚乳酸齐聚物，然后齐聚物再解聚生成丙交酯。乳酸的聚酯化是一种可逆平衡反应，平衡常数很小，乳酸中的水以及反应生成的水及时排出，对于齐聚物的生成是必须的。因此反应通常是在加热（120~180℃）、抽真空（真空度为 0.67~13.33kPa）的条件下进行，该步反应可不使用催化剂。所得齐聚物的相对分子质量一般在 500~2000 范围。下步反应可连续进行或暂停，生成的齐聚物可以分离和储存。乳酸齐聚物的解聚也是乳酸缩聚的逆反应。事实上，这也是为什么乳酸直接缩聚只能得到低分子量产物的主要原因。此时所需的温度往往比第一步反应更高（180~230℃），真空度也更大。这步反应通常使用催化剂，催化剂的作用是降低反应温度，使之既可加速解聚反应，又可将高温热解反应的程度降到最低。使用的催化剂主要有氧化物、金属氧化物，如 $Sb_2O_3$、$P_2O_5$、$ZnO$ 以及锡化合物如硫酸亚锡、辛酸亚锡、氯化亚锡等。催化剂通常是在第二步反应时加入，但也有在反应开始时加入的情况。

两步减压法丙交酯的制备：在装有温度计、电动搅拌器、蒸馏装置的 1000mL 三口烧瓶中加入含 500g 85%乳酸和 10g 无水氧化锌。加热升温至 120℃，保温 2h，蒸出其中的水分，继续升温至 140℃，并用水泵减压蒸馏 2~3h，然后迅速升温至 220℃，用油泵减压蒸馏。蒸出的馏分先抽滤，再用少量二氯甲烷洗涤。粗产物用乙酸乙酯重结晶数次，样品经真空干燥后在氯化钙干燥器内保存。

常压气流法的反应原理与减压法相同，也需要加热及催化剂的存在，但无须减压操作。通常采用惰性气体流（氮气、二氧化碳等）来降低丙交酯蒸气分压，并将生成的丙交酯从反应区带出，从而避免了由于系统真空度不够而造成的反应失败。常压气流法的最大优点是操作成功性高，但是由于气流常常带走一些物料，使得产物丙交酯的收率比减压法低。在常压法中，也可采用高沸点的溶剂来降低丙交酯的分压并将其共沸馏出。

两步常压气流法丙交酯的制备：将乳酸 400g、硫酸亚锡 1g 加入 500mL 三口瓶中，瓶的中间口安装蒸馏头和空气冷凝管，两侧分别安装温度计和进气管。在常压下升温脱水逐渐加热至 240℃，馏出温度为 100℃或略高。反应数小时直至馏出的水分接近理论量。当馏出液的底部出现与水不相容的液滴时，立即暂停加热。在蒸馏头和直型冷凝管之间安装二口瓶作为丙交酯接收器，其中一口与冷凝管借一玻璃弯管相连。向二口瓶中通入定量预热的$CO_2$重新加热，收集馏出物，得到丙交酯粗品。精制后产率为38.7%。

② 一步法制备丙交酯　通过一步反应制备丙交酯的文献不多。一步法制备丙交酯是将含水乳酸转化为蒸气通入高温反应器中，然后在氧化铝催化作用下得到丙交酯产物。这一反应为汽气反应，其反应机理可能是乳酸缩合先得到乳酸直链一聚体，然后一聚体环化缩合成环状二聚体。也可将乳酸溶解在有机溶剂（如甲苯）中制成低浓度的乳酸溶液，加入酸性离子交换树脂后加热脱水，可直接制得酯。

③ 丙交酯的纯化　上述制备的丙交酯粗品中，往往含有少量乳酸、水及降解产物等杂质，必须经过精制，才能用于聚乳酸的制备。要获得高分子量聚乳酸，单体必须具有高纯度。此外，如聚乳酸制品用于人体内植入材料，杂质的控制更为严格。故一般要求单体纯度达到99.90%以上，水分少于0.05%。

丙交酯的纯化方法大体分为三种，即重结晶法、气助蒸发法和水解法。

重结晶法提纯丙交酯是最常用的方法，而且常需重结晶2~4次才能达到所需的纯度。丙交酯减压蒸出物一般呈淡黄色，存有少量的乳酸。由于乳酸溶于乙醇，而丙交酯微溶于乙醇，可将产物用乙醇冲洗几次，产物由淡黄色变为白色。经过二次以上在乙酸乙酯中重结晶后，即可获得白色纯净的丙交酯。重结晶采用的溶剂有乙醚、乙酸乙酯、2-丁酮、苯、异丙醇等，其中乙酸乙酯最为常用。但是丙交酯重结晶后损失较大，一般可以通过将重结晶的母液进一步处理以提高收率，也可通过混合溶剂进行重结晶实现。

气助蒸发法是使环酯作为气流中的蒸气组分而迅速地与其杂质相分离，并能从气流中回收环酯的溶剂。

水解法是一种从粗丙交酯中除去内消旋异构体从而获得高光学纯度丙交酯的方法。其操作是将含有内消旋丙交酯的混合物与水接触并使内消旋丙交酯发生水解。

④ 乙丙交酯的制备　为了改善和提高聚乳酸的各种性能，常将丙交酯与乙交酯共聚而得到两者的共聚物。通过调节两者的配比可控制共聚物的组成和性能。若以羟基乙酸和羟基丙酸的环状二聚体"3-甲基-乙交酯"（乙丙交酯）为单体，也可达到这一目的，而且乙丙交酯的均聚可得到交替共聚物。该聚合物结构规整，组成固定，降解性能较稳定。通过乙丙交酯与丙交酯、乙交酯共聚并调节其配比，则可更广泛地控制共聚物的组成与性能。

乙丙交酯的制备可以通过乙酰氧基乳酸的环化，也可通过乳酸酰氧基乙酸酯的环化实现。

乙酰氧基乳酸的环化是由氯乙酸先与乳酸酯化生成氯乙酰氧基乳酸，然后闭环而得。如将氯乙酸与D,L-乳酸在强酸性离子交换树脂存在下，于甲苯中回流，得到19%的氯乙酰基乳酸，然后在DMF中用二乙胺处理，可得到60%的乙丙交酯。也可将氯乙酰基乳酸在DMF中与$Na_2CO_3$于90℃反应2h，可得到87%的乙丙交酯。

乳酸酰氧基乙酸酯的环化是由乳酸与羟基乙酸酯缩合，然后通过缩出羟基化合物而环化。如以化合物$CH_3CH(OH)COOCH_2COOPh$为原料，将其溶解于四氢呋喃中，用干燥$N_2$送入含有$\alpha\text{-}Al_2O_3$的反应器中，于300℃反应，得到71%的乙丙交酯。

#### 3.7.3.2　乳酸直接缩聚制备聚乳酸

直接缩聚法在体系中存在着游离酸、水、聚酯及丙交酯的平衡，不易得到高分子量的聚合物，作为强度材料以前未曾引起人们的重视，随着聚乳酸在医用高分子材料上的广泛应用，特别是在药物控释载体方面需要低分子量聚乳酸共聚物，以期在体内迅速降解；可以通过扩链反应提高分子量；以及乳酸来源充足，价格便宜，因此该方法较开环聚合法经济，又逐渐引起了大家的重视。乳酸直接缩聚制备聚乳酸的过程可简单表示如下。

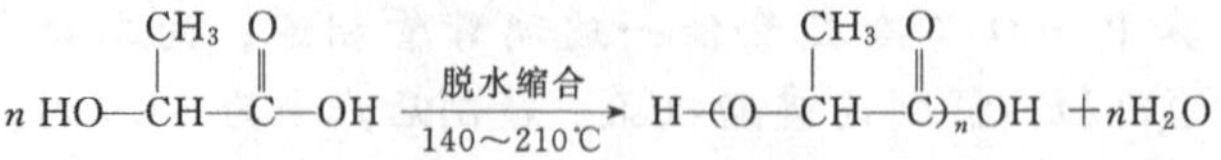

$$n\ HO-CH-C-OH \xrightarrow[140\sim210℃]{脱水缩合} H\!-\!(O-CH-C)_n\!-\!OH + nH_2O$$

此过程中最重要的工作是如何有效地去除小分子的水,因此共沸缩聚、扩链反应、固相缩聚等方法不断涌现。

由于乳酸有不对称碳原子,使得乳酸的聚合物也存在不同的立体异构体。原则上 L-乳酸聚合得到 PLLA,D-乳酸聚合得到 PDLA,D,L-乳酸聚合得到 PDLLA。PLLA 和 PDLA 都是结晶的,而 PDLLA 为非晶态、无定形的。但是无论选用何种聚合路线,对于合成 PLLA 来说,都存在消旋化现象。较长的反应时间和较高的反应温度可显著增加聚合物的消旋化。据文献报道,消旋化作用与碱性有关,可能是单体的去质子化造成的。图 3-33 是 PLA 外消旋化的烯醇化途径,其中 R 不是 $CH_3$ 或 H。

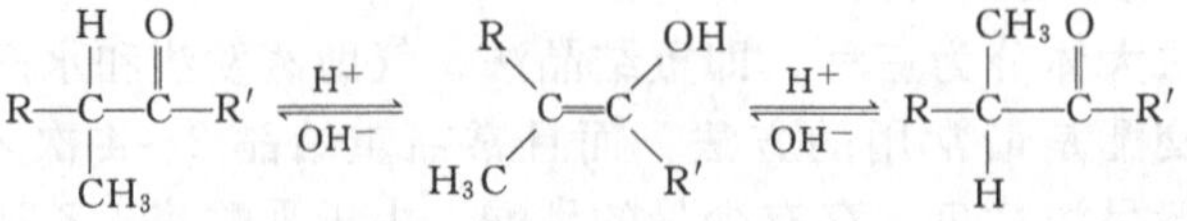

图 3-33 PLA 外消旋化的烯醇化途径

在酮系中,立体中心紧靠着羰基,形成非手性平面构型的烯醇中间体,最终发生了消旋化。消旋化速率与烯醇化速率相等,酸催化和碱催化的速率分别为:酸催化速率＝$K_{酸}$[酮][$H^+$],碱催化速率＝$K_{碱}$[酮][$OH^-$]。在乳酸和 PLA 中,研究发现,对于酸端基的浓度,消旋化反应是一级反应,因此较高分子量的 PLA 具有较低的消旋速率。

(1) 熔融缩聚　熔融状态下的缩聚是经典的动力学和热力学参数控制下的化学平衡。迅速移出可挥发的副产物以及温度、时间和催化剂的影响都很重要。在缩聚反应后期,聚合物聚合度的增加决定于可挥发反应产物的扩散。而且,分子内和分子间的酯化和酯交换等竞争反应限制了聚合度的增长。其它可能的酸解、醇解、酯解等副反应会引起链的断裂,导致较低的聚合度。

直接法制备聚乳酸的过程中,为防止前期带出大量低聚物,并且确保在聚合反应过程中所生成的水排除干净,宜用低温高真空、中温高真空、高温高真空的工艺路线。由于反应体系中无溶剂,使得反应后期小分子排除更困难,因此高温高真空阶段的反应时间应延长数小时。在反应过程中也可通氮气流以排除生成的小分子。

直接缩聚制备聚乳酸的聚合过程中,实验装置对实验结果有很大的影响,设计出高效的满足搅拌和密封等要求的实验装置是一步法制备高分子量聚乳酸的关键因素之一。

缩聚反应中,催化剂的种类及用量、反应温度、反应时间等聚合工艺都将影响最终产物的分子量及其分布。

① 催化剂的用量　催化剂的用量有一个最佳值,用量较少,达不到加速链增长的效果;用量太多,断链、降解等副反应的速率增大,反应体系中单官能团物质增多,从而阻碍聚合物链的增长。

② 聚合温度　乳酸的缩聚反应是放热反应,升高温度不利于生成高摩尔质量的聚乳酸;但由于反应的热效应不大,升温对平衡常数的影响不大,随温度升高,反应体系的黏度下降,有利于副产物水的排出;特别是反应后期,由于体系黏度增加,水的排出更加困难,升温会使反应平衡右移,对提高聚乳酸的摩尔质量有利。

③ 聚合时间　增加反应的时间,有利于体系脱水完全,反应充分进行,使聚乳酸的摩尔质量达到最大;但过多延长反应时间,会使聚乳酸降解、氧化严重,反而造成聚乳酸摩尔

质量降低、产物变色。

④ 聚合工艺　乳酸的缩聚反应是一个热力学平衡过程，要提高聚乳酸的摩尔质量，必须采用减压等方法，使处于平衡状态的副产物水尽可能地除去。在反应初始阶段，为防止乳酸和低聚体过度损失，一般不需要抽真空。常压通 $N_2$ 的方法可以借助 $N_2$ 带出体系中的游离水，以缩短除水时间，加速聚合反应的进行；反应后期，逐步提高真空度，以利于体系中小分子水的顺利排出，使平衡向生成聚乳酸的方向移动。连续通 $N_2$ 还可使反应体系的热量传递均匀，避免局部过热造成产物的降解。

乳酸直接缩聚制备聚乳酸：将一定量的 D,L-乳酸溶液（质量分数85%）和催化剂加入到 250mL 三口烧瓶中，安装好减压蒸馏装置；电磁搅拌下，缓慢加热并通 $N_2$（$N_2$ 速率约 50mL/min，用转子流量计控制）。温度升高到 135℃ 后，常压下反应一段时间，除去反应体系中大部分的游离水；然后升温至 170～180℃，并逐渐减压至 30Pa，使反应生成的水不断排出。整个减压过程约在 1h 内完成。在设定的温度和压力下反应 8～12h 后冷却到室温，加入适量丙酮溶解，然后加入大量的蒸馏水，沉淀，抽滤；经多次溶解、沉淀处理后，所得产物在 50℃ 下真空干燥，得到白色的聚合物。

(2) 共沸缩聚　缩聚反应要达到高的转化率，必须除去副产品。通常要用到高温、真空或者是通入氮气，与溶剂形成共沸混合物也能从反应器中除去副产物。三井化学公司开发了共沸缩聚制备高分子量 PLA 的工艺。该工艺中，大多数的冷凝水在温和条件下（130℃）从反应混合物中除去。由于存在高沸点的溶剂，如二苯醚或苯甲醚，在较低的温度和高的真空度下水通过共沸除去，溶剂用分子筛干燥后重新回到反应混合物中。锡的化合物和质子酸是高效的催化剂，但需要相对较高的品级。聚合反应后，通过溶解或沉淀的方法 PLA 从溶剂中分离出来，重均分子量高达 30 万，目前此工艺已实现工业化生产。用 $\gamma$-$Al_2O_3$ 负载催化体系进行乳酸的缩合聚合反应是一种切实可行的方法，由此而合成的聚乳酸具有较低的分散度，单一性较好，且得到的聚乳酸产品不含金属催化剂杂质，纯度很高，在医药领域有广阔的应用前景。

(3) 扩链反应　通常利用扩链剂的活性基团与聚酯的端羟基或端羧基反应，从而达到提高聚酯分子量的目的。获得高分子量聚酯的有效方法是用扩链剂处理缩聚物。只有少量的扩链剂在熔融态下反应，无需分离纯化，因此扩链反应在经济上是可行的。扩链剂能够生成具有不同官能基的聚合物，改善力学性能和柔韧性。对于聚酯来说，典型的含—OH 和—COOH 的扩链剂有二异氰酸酯、二环氧化物、双噁唑啉、二酸酐和双乙烯酮缩醛。

乳酸的自缩合产生的低分子量的 PLA 具有等量的羟基和羧基端基。使用一种类型的扩链剂，仅能利用两种功能基的一种。为了避免链键合动力学速率不同的问题，使用双功能剂或者多功能羟基（如 1,4-丁二醇，BD）或羧基化合物（己二酸，AA）作为起始物，则 PLA 低聚物可以被修饰成双端羟基或羧基封端的形式。这样当用扩链剂进行扩链时，可最大限度增加聚合物的黏度或分子量，从而偶合两个大分子提高分子量，并降低端基的数目，提高热稳定性。扩链反应既可以在釜式反应器中进行，也可以通过螺杆挤出机进行，只是釜式反应器中由于物料黏稠搅拌困难，而螺杆挤出混合效果较好。表3-18是羟基和羧基改性的聚乳酸预聚物的性质。

(4) 反应挤出聚合　反应挤出是20世纪60年代后兴起的一种新技术，反应挤出聚合相对于其它的聚合方法有其独特的优点：生产设备及工艺流程简单，自动化程度高，能耗低；反应速率快，生产效率高，可连续化生产；残留单体可在生产过程中直接脱除，并能回收再利用；产物在挤出机中停留时间短，热降解程度低；可在生产过程中直接进行增强或化学改性，如玻纤增强、马来酸酐接枝、扩链剂扩链、不同聚合物共混等；产物摩尔质量高，且摩尔质量分布窄。

表 3-18　羟基和羧基改性的聚乳酸预聚物的性质

| 乳酸（摩尔分数）/% | | BD（摩尔分数）/% | AA（摩尔分数）/% | $M_w$(GPC)/(g/mol) | MWD | $T_g$/℃ | 羟基值 | 酸值 | $M_n$(calc.)/(g/mol) |
|---|---|---|---|---|---|---|---|---|---|
| L | D | | | | | | | | |
| 100 | — | — | — | 24000 | 1.5 | 45 | 12 | 12 | — |
| 100 | — | 1 | — | 26000 | 1.4 | 46 | 16 | 1.4 | 7200 |
| 100 | — | 2 | — | 11900 | 1.5 | 41 | 33 | 1.6 | 3600 |
| 50 | 50 | 2 | — | 8000 | 1.6 | 31 | 38 | 1.7 | 3600 |
| 75 | 25 | 2 | — | 10000 | 1.8 | 33 | 36 | 1.6 | 3600 |
| 100 | — | 4 | — | 5500 | 1.4 | 28 | 69 | 1.0 | 1800 |
| 100 | — | 6 | — | 3400 | 1.5 | 17 | 92 | 1.5 | 1200 |
| 100 | — | — | 1 | 16000 | 1.3 | 45 | 0.2 | 21 | 7200 |
| 100 | — | — | 2 | 9000 | 1.4 | 41 | 0.4 | 36 | 3600 |
| 100 | — | — | 4 | 4200 | 1.6 | 34 | 0.4 | 64 | 1800 |
| 100 | — | — | 6 | 2800 | 1.6 | 28 | 0.3 | 85 | 1200 |

采用双螺杆反应挤出机可以将原料的计量、输送、混合、反应及熔融产物的加工连成一体，从而实现连续化生产；而且由于双螺杆反应挤出机比釜式反应器混合效果更好，所得产物性能更佳。一般反应挤出聚合是以乳酸预聚物为主要反应原料，并在挤出过程中加入扩链剂或改性剂来得到目标产物。图 3-34 是反应挤出聚合的螺杆，挤出机前两段作为输送段，螺杆的螺旋角较小，机筒温度设置较低，以便快速地将物料输送进入挤出机反应段。第三段螺杆的螺旋角相对前两段较大，同时机筒温度设置较高，以便在较小的黏度下将催化剂和预聚物完全分散开。缩聚反应从螺杆的第四段开始明显发生，机筒温度设置更高以适合于缩聚反应的进行。使用这样的挤出机可以通过设计不同的螺杆结构，设置不同区域的机筒温度来控制反应进程，同时反应各个阶段的副产物能够及时排除出体系，提高了反应效率，缩短了反应时间，从而降低了聚乳酸材料的生产成本。

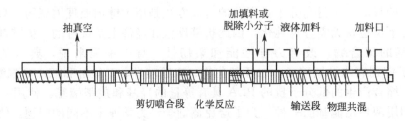

图 3-34　反应挤出聚合的螺杆

工艺参数如催化剂含量、反应温度、螺杆转速等双螺杆反应挤出工艺条件的选择与控制对产物摩尔质量有较大的影响。在双螺杆反应挤出过程中，因为双螺杆强烈的剪切和捏合作用能够使缩聚反应快速有效地进行，极大地缩短反应时间，降低聚乳酸的生产成本。但在高温条件下伴随螺杆的剪切作用，聚乳酸会发生一定程度的降解，所以必须要控制螺杆的转速。螺杆转速设置太小则不能发挥其强烈的剪切捏合作用，缩聚反应就不能充分进行。当螺杆转速设置过高时，高温下过强的螺杆剪切作用会使聚乳酸分子链发生部分均匀断裂，最终使得产物的摩尔质量有所降低，但是分散系数变化不大。

双螺杆挤出机制备聚乳酸：将 D,L-乳酸加入到 25L 聚合釜中，加入质量分数 0.5% 的催化剂 $SnCl_2$，搅拌混合均匀。然后升温到 100℃ 脱水 1.5h，$N_2$ 保护下升温至 125℃，然后关闭氮气抽真空至 0.1MPa，升温到 145℃ 反应 3h 后，继续升温到 155℃ 反应 4h，再升到 165℃，恒温反应一定时间获得聚乳酸预聚物。将制得的聚乳酸预聚物冷却后用粉碎机粉碎，干燥后密封保存以备用。将此聚乳酸预聚物与催化剂氯化亚锡均匀混合，以1.25kg/h的加料速率匀速加入挤出机内。挤出机螺杆长度与螺杆直径比40∶1；螺杆直径27mm，同向啮合型，机筒上采用11个加热单元分段加热，各段温度控制通过冷却循环水能够独立进行；多个排气口能够让气体和挥发性成分移除；螺杆为不同元素的组合，不同区段螺杆的螺旋角及螺距不同。机筒内预先通入氮气保护，并保持-5kPa的真空度。在反应温度为150℃下挤出反应，所得聚乳酸的摩尔质量能得到最大程度的提高，但结晶度有所降低。

(5) 固相缩聚　固相缩聚是在聚合温度低于预聚物的熔点而高于其玻璃化温度进行聚合的一种方法，可进一步提高缩合聚合所得聚合物的分子量。固相缩聚常与熔融缩聚结合在一起，例如以二水氯化锡和邻甲苯磺酸二元体系为催化剂的乳酸熔融/固相缩聚：首先乳酸脱水形成平均聚合度为8左右的低聚物，接着低聚物在催化剂作用下通过普通熔融缩聚方法合成聚合度为20000左右的前缩聚物，然后将前缩聚物预热至105℃左右晶化1～2h，最后固态前缩聚物在140℃或150℃左右进一步缩聚10～30h，最终可得聚合度高达50万的聚乳酸。在固相缩聚过程中，聚乳酸在低于熔点的相对较低的温度下反应，因此比开环聚合过程产生的聚乳酸具有更高的光学活性，而且也很容易得到高结晶度的聚乳酸。

聚乳酸固相缩聚的原理如图3-35所示。在低分子量的聚乳酸预聚体中，大分子链部分被冻结形成结晶区，而官能团末端基、小分子单

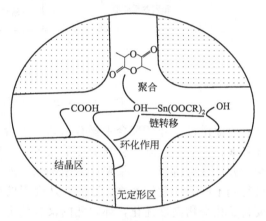

图3-35　聚乳酸固相缩聚原理

体及催化剂被排斥在无定形区，可获得足够能量通过扩散互相靠近发生有效碰撞，使聚合反应得以继续进行，借助真空或惰性气体将反应体系中小分子产物带走，使反应平衡向正方向移动，促进预聚体分子量的进一步提高。聚乳酸的固相聚合同时依赖于化学反应与物理扩散两方面的竞争，经过可逆化学反应，小分子产物从粒子内部扩散至粒子表面，进而从粒子表面扩散进入周围真空或惰性气体氛围。根据低速决定原理，整个聚合反应的反应速率由上述最慢的一步决定。

固相缩聚的整个反应遵循传统的化学动力学、热力学和扩散速率。其动力学同样依赖于催化剂、温度、时间等因素。在聚合的后一阶段，特别是颗粒较大时，由于反应端基减少，扩散成为控制步骤，反应产物（如水）被固态传质所控制。最终聚合物的质量依赖预聚体的均匀性，依赖停留时间、温度、颗粒大小、结晶结构、表面条件和反应产物的脱附。

#### 3.7.3.3　丙交酯开环聚合制备聚乳酸

丙交酯开环聚合制备聚乳酸是先由乳酸合成丙交酯，再由丙交酯开环聚合制备聚乳酸，反应方程式如下：

$$n\ HO-\underset{\underset{H}{|}}{\overset{\overset{CH_3}{|}}{C}}-\overset{O}{\overset{\|}{C}}-OH \xrightarrow[180\sim 210℃]{脱水缩合} H+O-\underset{\underset{H}{|}}{\overset{\overset{CH_3}{|}}{C}}-\overset{O}{\overset{\|}{C}}\xrightarrow{}_n OH \xrightarrow[\substack{低压\\170\sim 180℃}]{催化剂}$$

$$\text{丙交酯} \xrightarrow[140\sim 180℃]{催化剂} +O-\underset{\underset{H}{|}}{\overset{\overset{CH_3}{|}}{C}}-\overset{O}{\overset{\|}{C}}\xrightarrow{}_n$$

美国由 Cargill 公司发展起来的 Natureworks LLC 公司是世界最大生产聚乳酸的公司，其聚乳酸产品的聚合方法采用了丙交酯开环聚合。聚合工艺流程如图 3-36 所示。

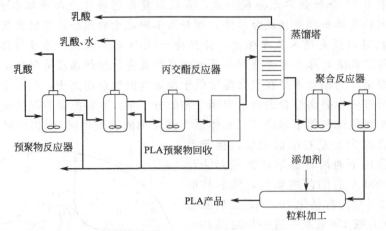

图 3-36 美国 Cargill 公司丙交酯开环聚合工艺流程

前面说过，开环聚合主要有阳离子聚合、阴离子聚合和配位聚合三种途径。配位-插入开环聚合，能够控制聚合物的分子量大小及分子量分布，具有良好性能的聚乳酸一般通过丙交酯开环聚合得到。如果聚合是用不同种丙交酯的混合物，则产物为共聚物。改变聚合条件可得到不同分子量的产物。因此，从有限的单体制备大量不同组成的聚合物是有可能的，只要初始化合物高度纯化，环状酯的聚合就可得高分子量产物。

(1) 丙交酯开环聚合机理　根据引发剂种类的不同，丙交酯开环聚合可以通过配位-插入机理、阴离子聚合机理、阳离子聚合机理、两性离子聚合机理、活泼氢聚合机理、自由基聚合机理、酶催化开环聚合机理反应完成。研究最多的是配位-插入机理、阴离子聚合机理、阳离子聚合机理。

① 配位-插入机理　配位-插入开环聚合是制备高分子量、高强度聚乳酸的最有效的方法。在配位-插入机理中使用最广泛的引发剂是具有自由的 p、d 或 f 轨道的锡、钛、锌、铝等金属的羧酸盐或醇盐，以及稀土金属的醇盐。为获得医疗领域应用的聚合物，避免由于引发剂残留导致材料降解释放的重金属化合物对病人的危险，目前大家正在竭力研究轻毒或无毒的引发剂。辛酸亚锡是美国食品和药品管理局批准在生物材料制备中使用的引发剂，同时锌类化合物生物相容性较好，也正在应用到生物材料的制备中。

辛酸亚锡，即二乙基己酸亚锡（Ⅱ），$Sn(Oct)_2$，在环酯开环聚合中有较快的聚合速率，高温时低的消旋度，以及能溶于一般的有机溶剂和环酯单体而得到广泛应用。辛酸亚锡催化丙交酯开环聚合的机理有不同的解释，但是一般认为先与含有羟基的化合物反应，生成真正的引发剂，即锡的醇盐或氢氧化物。真正引发剂形成的化学反应方程式如下：

$$Sn(Oct)_2 + ROH \rightleftharpoons OctSn\text{—}OR + OctH$$

$$OctSn\text{—}OR + ROH \rightleftharpoons RO\text{—}Sn\text{—}OR + OctH$$

$$R\text{—}H \text{ 或烷基} \quad Oct = -O-\overset{\overset{\displaystyle O}{\|}}{C}-\overset{\overset{\displaystyle C_4H_9}{|}}{\underset{\underset{\displaystyle C_2H_5}{|}}{C}}H$$

单体开环聚合时，环状单体插入到醇盐的锡（Ⅱ）氧键或羧酸盐的活化中心，也就是环状单体的羰基和锡醇盐配位，正在增长的链通过烷氧键和锡连接，然后单体的酰氧键断裂。这样，就形成了一个新的催化活性物质，用于下一个配位的环状单体的开环，这个过程不断

重复,即链不断增长,大分子链的分子量不断增大。因此第一个单体加成及链增长过程的化学反应方程式如下:

$$\text{—Sn—OR} + \underset{(A)}{\overset{O\quad\quad O}{C\text{—}O\text{—}C}} \rightleftharpoons \text{—Sn—O—(A)—}\overset{O}{C}\text{—OR}$$

$$\text{—Sn—O—(A)—}\overset{O}{C}\text{—OR} + n\underset{(A)}{\overset{O\quad\quad O}{C\text{—}O\text{—}C}} \rightleftharpoons \text{—Sn}\left[\text{O—(A)—}\overset{O}{C}\right]_{n+1}\text{OR}$$

当大分子活性中心与另一分子的醇发生链转移反应后,终止链增长,生成具有醇官能基的"惰性"物质。当 ROH:Sn(Oct)$_2$ 的比例小于 2 时,ROH 主要作为共引发剂;当 ROH:Sn(Oct)$_2$ 的比例大于 2 时,ROH 仍然保留作为引发化合物的功能,但主要成为链转移试剂。因此,聚合物的分子量是由单体和醇的比率决定。大分子活性中心发生链转移的化学反应方程式如下:

$$\text{—Sn}\left[\text{O—(A)—}\overset{O}{C}\right]_n\text{OR} + \text{ROH} \rightleftharpoons \text{—Sn—OR} + \text{H}\left[\text{O—(A)—}\overset{O}{C}\right]_n\text{OR}$$

为了验证以上机理的可行性,由不同引发剂引发丙交酯开环的聚合反应动力学比较如图 3-37 所示。

当只用 Sn(Oct)$_2$ 而不加入醇时,聚合反应相当缓慢,可以肯定是由含羟基的化合物和体系中偶然存在的不纯物共引发的;当单用锡的醇盐 Sn(OBu)$_2$ 时,聚合反应比单用 Sn(Oct)$_2$ 快得多;如果在 Sn(OBu)$_2$ 中加入辛酸(OctH)或丁醇(BuOH),则聚合速率几乎相同,且介于 Sn(OBu)$_2$ 和 Sn(Oct)$_2$ 两者之间,但也是比单用 Sn(Oct)$_2$ 快得多,表明醇盐是真正的引发剂。因此当选用金属羧酸盐作为引发剂时,金属羧酸盐必须首先转化成相应的醇盐,或者有意识地加入醇或者水(共引发剂),或者和偶然存在的共引发剂相互作用,如丙交酯中含有的微量的水分。这些共引发剂的片段将构成大分子的端基。

丙交酯配位开环聚合:将丙交酯单体和辛酸亚锡(用量为反应物重量 0.05%)装入经硅烷化的聚合管中,经氮气或氩气除氧后,真空下封管,放入 160℃油浴反应一定时间,所得粗产物用氯仿溶解后,乙醇

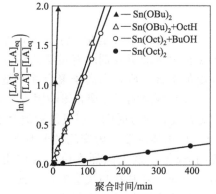

图 3-37 由不同引发剂引发丙交酯开环的聚合反应动力学比较
聚合条件:[LA]$_0$=1.0mol/L,
[Sn(OBu)$_2$]$_0$=[Sn(Oct)$_2$]$_0$=0.05mol/L,
[OctH]$_0$=[BuOH]$_0$=0.10mol/L,
THF 溶剂,50℃

沉淀,除去未反应的单体和引发剂,并在室温下减压干燥,得到纯化的聚乳酸。

② 阴离子聚合机理 环酯阴离子聚合最适宜的引发剂是丁基锂(BuLi)和碱金属的醇盐。此外苯甲酸钾或硬脂酸锌之类的弱碱引发剂也可作为环酯阴离子聚合的引发剂,但是聚合反应温度需要超过 120℃。用碱金属醇盐为丙交酯开环聚合引发剂引发丙交酯时的化学反应过程如下所示,链的增长是醇盐离子(链的活化端)对单体的酰氧键的亲核反应。

$$\text{RO}^-\text{Li}^+ + \underset{H_3C}{\overset{CH_3}{\underset{|}{C}}}\underset{O}{\overset{O}{\underset{\|}{C}}}\underset{O}{\overset{O}{\underset{\|}{C}}} \longrightarrow \text{RO—}\overset{O}{\overset{\|}{C}}\text{—}\overset{CH_3}{\underset{|}{C}}\text{H—O—}\overset{O}{\overset{\|}{C}}\text{—}\overset{CH_3}{\underset{|}{C}}\text{H—O}^-\text{Li}^+$$

阴离子聚合比阳离子聚合反应速率快、活性高,虽然醇盐离子对单体的酰氧键的亲核反

应并不引起聚乳酸的消旋化,但是由引发剂或活性链端产生的单体的去质子化仍然能引起聚合物的部分消旋化,而且活性链端产生的单体的去质子化引起了反应的终止,不利于制备高分子量的聚合物。一般丁基锂和冠醚结合才能制备高分子量的聚合物。以丁基锂为引发剂,丙交酯单体的去质子化反应过程如下:

$$\text{(丙交酯)} + C_4H_9Li \xrightarrow{-C_4H_{10}} \text{(去质子化中间体)} \ Li^+$$

由于金属锂是相对较毒的金属,加上丁基锂类引发剂在进行阴离子聚合时产生的消旋化现象,使得制备的聚合物分子量受限,因此在制备生物材料时要谨慎采用。

③ 阳离子聚合机理 质子酸、路易斯酸、烷化剂和酰化剂等都可以作为丙交酯开环聚合的引发剂。这些引发剂引发丙交酯开环聚合的机理是引发剂提供的 $H^+$ 进攻丙交酯环外氧生成氧鎓离子,按烷氧键断裂方式形成阳离子中间体,从而进行链增长。以 $CF_3SO_3CH_3$ 为丙交酯进行阳离子聚合的引发剂开环聚合的过程如下:

$$CF_3SO_3CH_3 + \underset{(A)}{O=C-O} \rightleftharpoons CH_3-O-\underset{(A)}{\overset{+}{C}-O} + CF_3SO_3^-$$
$$\downarrow$$
$$CH_3-O-\overset{O}{\underset{\parallel}{C}}-(A)-OSO_2CF_3$$

由于每次增长是在手性碳上,外消旋化不可避免,而且消旋度随着温度的升高而增加。虽然很少量的引发剂就有足够的活性促进阳离子聚合,但很难获得高的分子量。总之,对于环酯的聚合反应,阳离子聚合并不是一个有吸引力的方法。

(2) 丙交酯开环聚合影响因素 影响开环聚合的因素有很多,如单体纯度、聚合真空度、聚合温度、聚合时间、引发剂种类及用量等,其中关键在于丙交酯的提纯和引发剂的选择。

① 单体纯度 丙交酯的开环聚合对羟基的存在极为敏感。因为羟基是一给电子基团,能与 Sn 原子发生强烈配位络合作用,使 $Sn(Oct)_2$ 失去活性,对反应进程产生严重影响;另一方面,羟基参与反应的链引发、链转移、链终止,使反应难以得到有效控制和重复,最终导致聚合物分子量大幅度下降。羟基主要存在于聚合物单体中,丙交酯在制备与存放过程中产生 α-羟丙酰乳酸,并吸附空气中的水分。通过重结晶可以除去杂质,减少羟基含量,提高单体纯度。单体纯度的提高是提高聚乳酸分子量的有效途径,也是稳定合成高分子量聚乳酸的一个基本保障。$Sn(Oct)_2$、反应瓶等由于吸附了一定的水分也含有羟基,通过彻底干燥及保持高真空度可以尽量除去水分等杂质。一般丙交酯的纯度要求≥99.90%,单体酸度(游离酸的浓度)要求≤0.05%。

② 聚合真空度 丙交酯的开环聚合需要在较高真空度下进行。一方面聚合开始前在真空泵作用下多次通入惰性气体,不仅可除去聚合体系中残存的空气,因为空气中也含有水分,而且可除去丙交酯单体或引发剂中残存的微量羟基化合物,如乳酸等,可使丙交酯和引发剂的反应正常进行。另一方面在聚合进程中,保证一定的真空度可以抑制空气进入聚合体系中影响聚合反应。聚合体系真空度维持得好,聚合物的分子量就高;真空度变化幅度大,分子量的重复性就差。

③ 引发剂 引发剂的选择对丙交酯的聚合也很重要。不同聚合机理的引发剂,丙交酯开环聚合结果有较大差异,如聚合速率、聚合物分子量、聚合物的消旋化等。对于阳离子聚合的引发剂,由于每次增长是在手性碳上,外消旋化不可避免,消旋度随着温度的升高而增加,而且很难获得高的分子量。阴离子聚合比阳离子聚合反应速率快、活性高,虽然醇盐离

子对单体的酰氧键的亲核反应并不引起聚乳酸的消旋化,但是由引发剂或活性链端产生的单体的去质子化仍然能引起聚合物的部分消旋化,而且活性链端产生的单体的去质子化引起了反应的终止,也不利于制备高分子量的聚合物。配位-插入开环聚合是制备高分子量、高强度聚乳酸的最有效的方法。因此一般选择配位开环聚合的引发剂比较理想。引发剂的用量也需要控制,在制备高分子量的聚合物时,单体和引发剂的摩尔比一般在(20000～1000):1,引发剂的比率必须最优化,因为即使聚合速率随着引发剂的浓度增加,但酯交换和其它的副反应也会被催化。图 3-38 是 130℃时 L-丙交酯和辛酸亚锡的比率对聚合动力学的影响。

④ 聚合温度和时间　温度对聚合速率和残留的单体浓度具有显著的影响。一般情况下,总的聚合速率随着温度的升高而增加,但是在高温下聚乳酸可能发生酯交换反应,限制分子量,扩大分子量分布,生成环状低聚物。除了酯交换反应外,生成的酯键在高温下容易发生解聚反应,使得聚乳酸的分子量减小。聚酯链的断裂反应形成了羧基基团和不饱和化合物,而羧基又会催化聚酯进一步发生解聚反应,而且具有自加速效应。聚合温度也会影响单体的平衡浓度,即残留的单体浓度,一般单体浓度随聚合温度的升高而

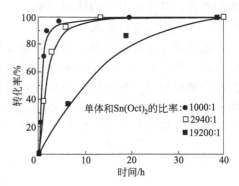

图 3-38　L-丙交酯和辛酸亚锡的比率对聚合动力学的影响

增大。对于丙交酯开环聚合体系,一般情况下聚合温度和聚合时间都有一个比较适宜的条件,如聚合温度在 120～220℃。在温度较低的情况下,丙交酯有可能不能很好的熔融,而且如果反应温度低于聚合物的解聚温度,聚合速率大于解聚速率,聚合大量进行,则伴随着大量的结晶,结晶能增大聚合速率,但却减少了反应平衡时的单体总量,因为聚合物结晶相排斥催化剂和丙交酯单体。温度太高聚乳酸又容易发生解聚反应和酯交换反应,而且聚合反应和解聚是可逆反应,互相竞争。聚合时间太短,丙交酯残留浓度高,产率低,使得聚乳酸分子量不高;聚合时间过长,聚乳酸又发生解聚,使得分子量降低,产率降低。因此需要选择合适的聚合温度和聚合时间。图 3-39 是单体和辛酸亚锡的比例为 10000:1 时聚合温度和聚合时间对 L-丙交酯聚合的影响,图 3-40 是不同聚合温度下丙交酯聚合的单体平衡曲线。

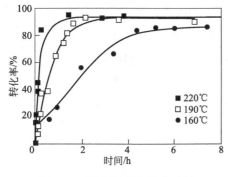

图 3-39　聚合温度和聚合时间对 L-丙交酯聚合的影响

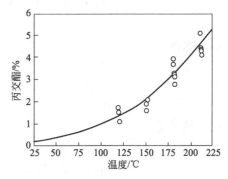

图 3-40　不同聚合温度下丙交酯聚合的单体平衡曲线

⑤ 溶剂　无论是乳酸的直接缩聚还是丙交酯的开环聚合制备聚乳酸,都可以选择熔融聚合和溶液聚合方法。但是如果选择溶液聚合,溶剂对聚合也有一定的影响。溶剂的存在可以避免聚合时高温和黏性带来的搅拌困难、温度梯度、单体扩散、小分子脱除困难等问题,但是由于引发剂也会在溶剂中聚集,这种聚集体会减少活化中心的数量,从而抑制引发过

程。由于极性亲核溶剂和引发剂的金属原子相互作用，解聚在这些溶剂中更容易进行。如果溶剂是比单体更强的配位试剂，在反应点的配位上溶剂将和单体竞争，因此溶剂将阻止或者至少限制单体和反应点的接触，从而降低整个聚合速率。

本体聚合的优点是聚合产物直接产生，没有溶剂分离和提纯的问题；而溶液聚合的缺点是必须有一个分离纯化步骤去除溶剂。因此如果是生物材料的制备，本体聚合的优点显而易见，如果选择溶液聚合，则必须注意溶剂的去除问题，否则有可能因为溶剂的残留影响聚合物的性质，甚至危及生物体的安全。

#### 3.7.3.4 聚乳酸的副反应

聚乳酸对热高度敏感，因此在制备聚乳酸的过程中，既存在聚合反应，也存在解聚反应、环的低聚反应、分子内和分子间的酯交换反应、氧化降解反应、热水解反应、自由基和高温分解反应等。所有这一切都会影响最终产物的性质和聚合过程的控制，如直接导致聚乳酸分子量的降低、变色及不需要的副产品，由于这些反应同时存在，很难确定哪一种起主导作用。聚乳酸的各种副反应列举如下。

（1）分子内酯交换

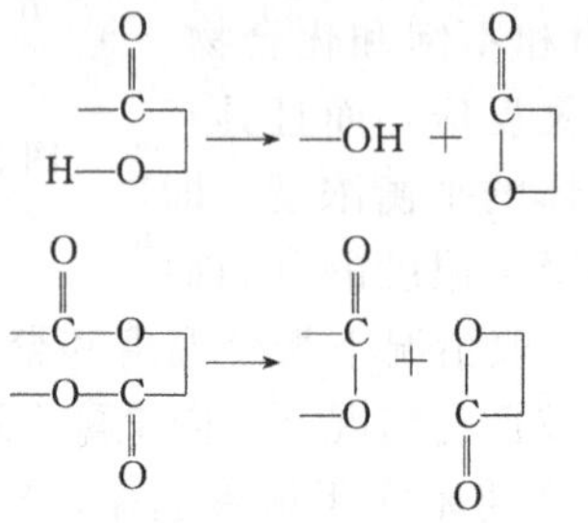

（2）分子间酯交换

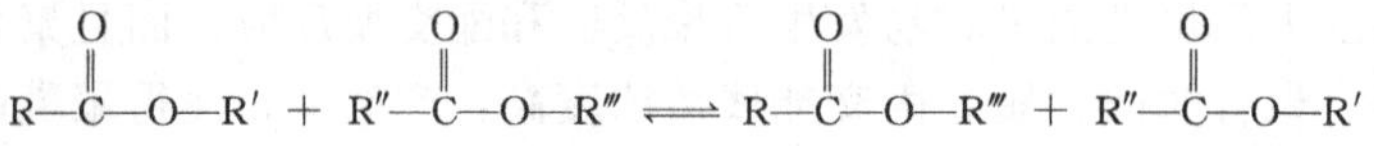

（3）分子间醇解或酸解

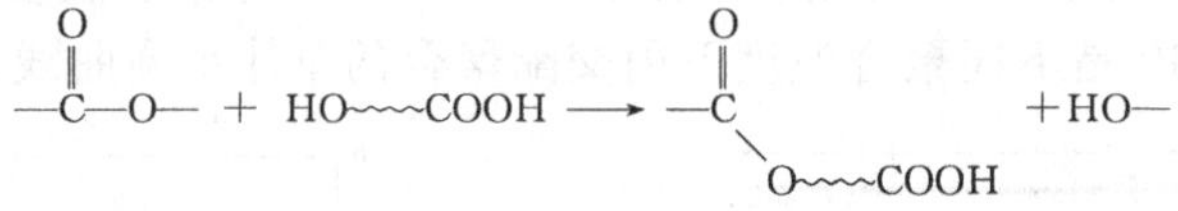

（4）水解

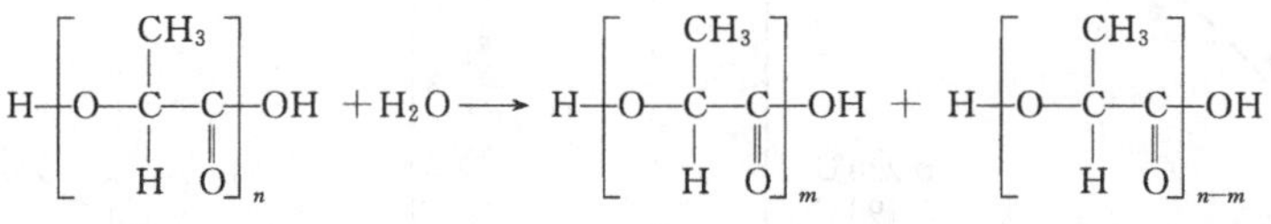

（5）热消除

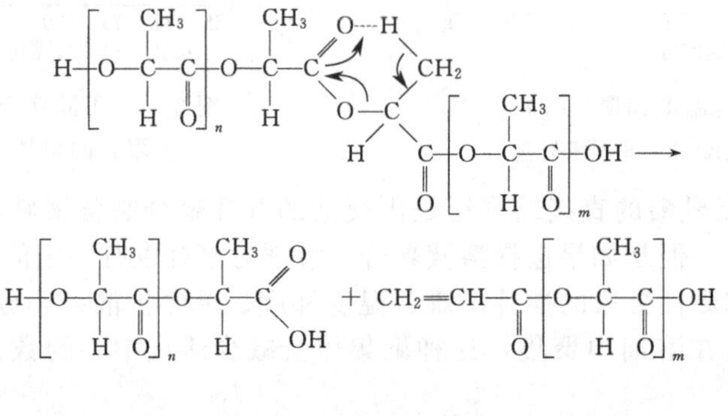

聚合物的分子量、异构体含量、纯度，残留的引发剂或金属，温度和湿度等都将影响上述副反应的发生，具体内容见第4章。

### 3.7.4 聚酯衍生物的分子设计及其制备

聚酯由于可完全生物降解、化学惰性、易加工性、生物相容性，使得它们成为最有前途的可生物降解医用高分子材料。然而，各种聚酯的均聚物由于亲水性、降解速率等差异，往往难以满足某些医疗修复人体部件的要求，因此共混、共聚、官能团改性等物理、化学的改性手段常用于制备聚酯的各种衍生物。本节将通过一些实际的例子，侧重介绍聚酯衍生物的分子设计及其制备方法。

#### 3.7.4.1 特殊结构环酯的开环聚合

通过改变环状单体的结构或功能取代基，经开环聚合得到的聚合物可以有不同的性质。例如乙丙交酯的开环聚合。

脂肪族聚醚与脂肪族聚酯类似，也具有生物降解性，根据脂肪族聚酯结构调整，能得到具备各种物理性质、功能和生物分解性的材料，因此有关共聚醚酯的研究具有现实的意义。聚（醚-酯）的优点在于聚合物柔韧性的提高和高的组织吸收性，如以下化合物的开环聚合得到的聚合物已作为吸水性缝合系列材料得到实用化。合成聚（醚-酯）最简便的方法是通过 1,5-二噁环烷-2-酮（DXO）和 1,4-二噁环烷-2-酮（PDO）的开环聚合，或者是通过这些单体和其它内酯的共聚制备。

在生物降解性聚酯结构中引入氨基酸，可以改善聚酯的亲水性。例如聚缩肽类化合物是 α-羟基酸和 α-氨基酸的交替共聚物，是生物相容且可生物降解的聚（酯-酰胺）的重要代表。合成的脂肪族聚酰胺一般不能生物降解，但具有较好的结晶性、热稳定性、高模量和拉伸强度。和酯键不同，酰胺键即使在强酸或者强碱下也不轻易水解。但是，体内的酰胺酶能够断裂酰胺键。聚酯和聚酰胺结合后生成的材料具有两种物质的性质，而且脂肪族聚（酯-酰胺）被认为是属于可生物降解的聚酯家族，具有良好的力学性能、热力学性能和可加工性。聚缩肽类化合物的合成通过含有活化羧端基和氨端基的线型缩肽的缩聚反应，或者是经过吗啉-2,5-二酮的开环聚合制备。聚缩肽类化合物的合成使得非取代的聚合物、烷基取代的聚合物和侧链含官能基的聚合物的制备成为可能。

对一些带功能侧基的环状内酯进行开环聚合，可合成生物降解性聚酯。某些药物可以通过化学反应以共价键形式引入侧基，形成药物携带体系，随着材料的降解而起到药物的缓释作用。带羧酸侧基的聚酯被称为自降解聚酯，羧酸侧基的参与能够加速主链中酯键的水解，使它们的生物降解变得更易进行。

上述合成功能性聚酯中，用到了保护基团和去保护步骤。这是因为将易于进行化学改性的功能性基团引入聚酯的脂肪族主链，既能调节聚合物的基本性能，又能提供选择性位置，使生物活性物质以不同程度结合于其上。生产功能性聚酯的潜在的合成路径基于制备功能性的单体前驱物。这种母体易于被转化成相应的均聚物，或与其它功能性或非功能性分子共聚。母体单体或单体母体的功能基团必须进行筛选，以确保它们不干扰聚合机理。有的化学基团在多变的聚合条件下并不符合这些要求，因此有必要对这些可能参与反应的功能基团进行预先的保护。在这种情况下，选择保护基团应确保去保护的步骤不会改变母体聚合物的性能，如发生酯交换或链断裂反应。

#### 3.7.4.2 环酯的开环共聚合

通过不同环酯的共聚，调节不同单体的比例改变聚合物的性能，如改善聚合物的亲水性、降解性、结晶性等。聚合物的降解速率可根据共聚物分子量及共聚单体种类及配比等加以控制。

典型的环酯，如丙交酯、乙交酯、己内酯等，通过共聚可得到的共聚物有 P(GA/LA)、P(LA/CL)、P(GA/CL)、P(GA/LA/CL) 等，其中 P(GA/LA) 共聚物是研究的较多的一类共聚物，且 L-丙交酯与乙交酯的共聚物已商品化，由其制成的可吸收缝合线也获得美国食品和药品管理局认可而成为首次应用于临床的有机高分子材料，目前还在内固定系统和药物缓释载体方面有很大进展。

P(GA/LA) 共聚物的制备可以通过乙醇酸和乳酸的共聚实现，也可以用乙丙交酯开环聚合或乙交酯和丙交酯开环聚合物制备。虽然开环聚合制备过程与环酯的开环聚合类似，但所得聚合物的性质却随单体比例的变化而变化。表 3-19 是不同种类和配比聚酯共聚物的性质，图 3-41 是共聚物结晶度对单体配比对的依赖性。

表 3-19 不同种类和配比聚酯共聚物的性质

| 聚合物/共聚物 | 结晶度 | 熔点/℃ | 材　料 | 降解速率 |
|---|---|---|---|---|
| 100%乙交酯 | 高 | 228 | 高模量 | 慢 |
| 100%L-(一)-丙交酯 | 高 | 190 | 高模量 | 几乎无 |
| 75/25 或 25/75 共聚 | 中 | 170 | 高模量 | 中 |
| 50/50 共聚 | 无 | 无 | 韧性 | 快 |
| 100%D,L-丙交酯 | 低 | 53 | 玻璃态 | 中 |
| 100%己内酯 | 高 | 60 | 韧性 | 慢 |
| 50/50 共聚 | 无 | 无 | 橡胶态 | 快 |
| 25/75 己内酯/丙交酯 | 无 | 无 | 弹性体 | 中 |
| 15/85 己内酯/丙交酯 | 低 | 133 | 韧性 | 中 |
| 10/90 己内酯/丙交酯 | 中 | 151 | 玻璃态 | 中 |

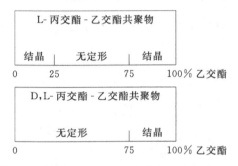

图 3-41　共聚物结晶度对单体配比对的依赖性

除了以上交酯和内酯的共聚外，还有其它环酯的共聚，例如四元环与四元环的共聚、四元环与五元环的共聚、六元环与六元环的共聚等。

聚磷酸酯作为药物载体不仅能增强药物的细胞膜的通透性，而且还可以增加细胞对药物的胞饮能力，因此通过乙交酯或丙交酯与磷酸酯的共聚改善聚酯的可结晶性及在有机溶剂中的溶解性。

聚碳酸酯是生物可降解聚酯的重要分支，系二元碳酸的相应聚酯。聚碳酸酯降解后生成二氧化碳和中性的二元醇，具有优异的生物相容性和力学性能。聚碳酸酯种类繁多，通过改变主链化学结构可赋予这类聚合物不同的物理、化学及生物学性质，还可通过引入各类功能侧基，对该类聚酯进行多种性能的改性。故这类聚酯在手术缝合线、骨固定材料以及药物控释等领域都已得到了一定的应用。脂肪族聚碳酸酯一般用来调节传统可吸收聚酯的性能，例如通过环酯与环碳酸酯开环共聚，则可得到聚（酯-碳酸酯）共聚物，共聚物的玻璃化温度、熔融温度以及结晶度随交酯质量分数的变化而变化；与此同时，共聚物的拉伸强度却显著增高。

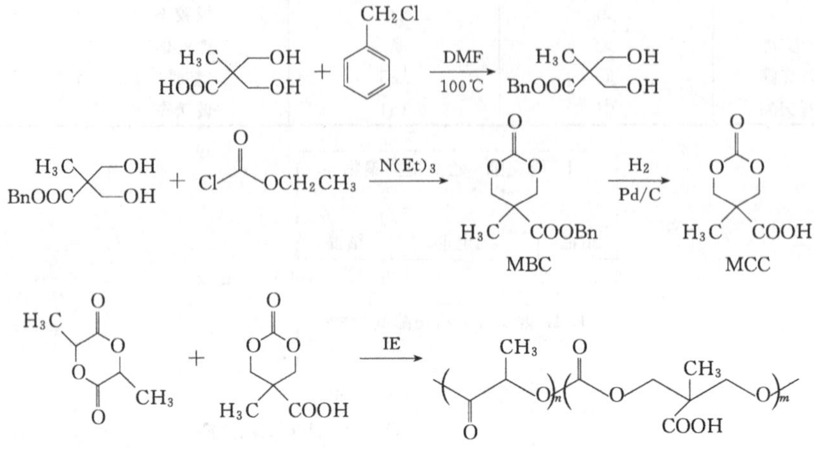


DLLA　　MCC　　聚(DLLA-*co*-MCC)

同理，丙交酯等环酯还可与多种环状碳酸酯共聚制备聚（酯-碳酸酯）。

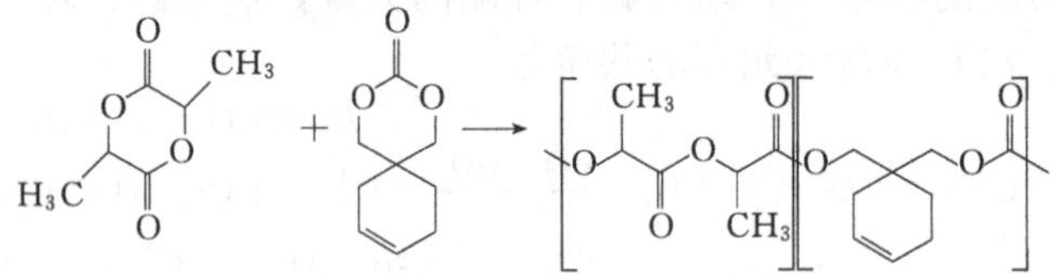

3.7.4.3　聚酯的扩链或交联

通过聚酯的扩链或交联，不仅可提高分子量，而且还可以改善其相应的性能。

(1) 扩链　常用的扩链剂有二酸酐、异氰酸酯、噁唑烷、氮丙啶衍生物、双环氧化合物等。例如通过遥爪预聚物的聚酯与异氰酸酯的扩链制备聚（酯-氨基甲酸酯）：

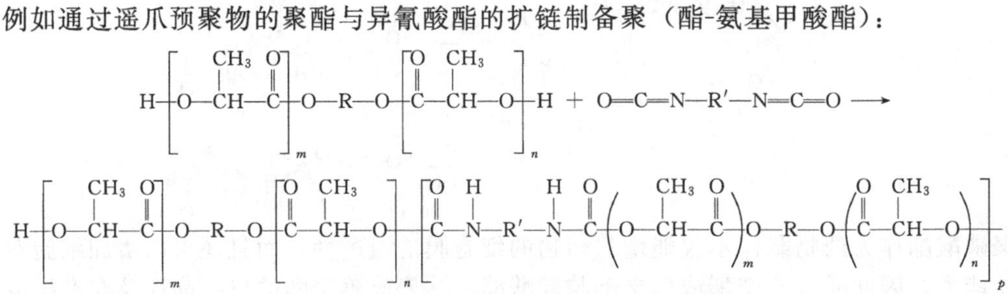

例如通过端羧基预聚物的聚酯与噁唑啉的扩链制备聚（酯-酰胺），在 200℃、噁唑啉和羧端基的摩尔比为 1.2 ∶ 1.0 时，可获得最高的分子量。

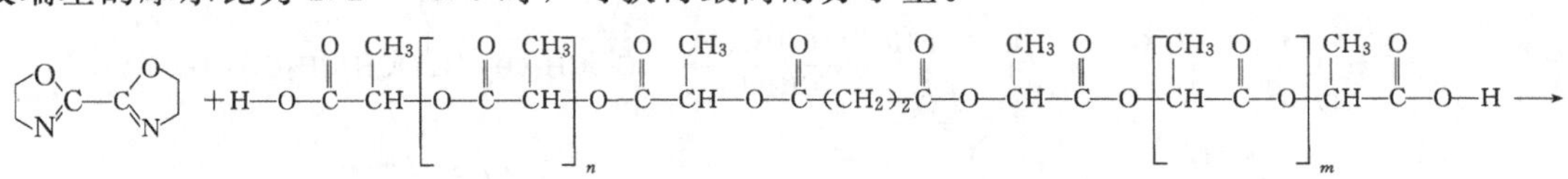

2,2′-二(2-噁唑啉)　　羧端基预聚物

聚(酯-酰胺)

下面以丁二酸酐为例，介绍聚酯的分子设计及通过扩链反应制备聚酯衍生物。

聚乳酸、聚乙醇酸、聚己内酯等聚酯由于具有良好的生物降解性和生物相容性，在医学领域已经得到了广泛的临床应用，近来又被制备成细胞支架大量应用于组织工程中，但由于其疏水性而造成细胞亲和性不好。聚乙二醇具有良好的亲水性，良好的生物相容性，但是 PEG 是非降解性的，只有低分子量的 PEG 可以被吞噬细胞所吞噬或透过肾滤膜而排出体外，因此，低分子量的 PEG 常被用来与丙交酯等环酯共聚以改善聚乳酸类组织工程支架的亲水性。聚丙交酯-聚乙二醇共聚物（PLE）的三嵌段及两嵌段共聚物的亲水性与 PEG 的含量呈正相关性，当 PEG 含量较低时，共聚物亲水性的改善有限。提高短链段 PEG 的含量将导致共聚物的分子量下降，以至于其力学强度太差而无法制成支架；而使用长链段 PEG 以提高 PLE 共聚物的分子量及 PEG 含量，则可能会造成 PEG 在体内的积累。若合成聚丙交酯-聚乙二醇多嵌段共聚物（多嵌段 PLE 共聚物）则可解决这个矛盾。通过丁二酸酐直接偶联低分子量的二嵌段 PLE 共聚物，可制得含有较高短链段 PEG 含量，并具有较好力学强度及亲水性的多嵌段 PLE 共聚物，从而将其制备成细胞支架而应用于组织工程。制备的反应过程如下：

$$HO(CH_2CH_2O)_xH + 2m \text{ L-LA} \xrightarrow[140℃]{Sn(Oct)_2} H(OCHCO)_y\text{PEG}(CCHO)_{2m-y}H$$

PEG    L-LA    （HO—PLLA—PEG—PLLA—OH）
（PLE 的三嵌段共聚物）

$$2n(\text{HO—PLLA—PEG—PLLA—OH}) + n\text{(丁二酸酐)} \xrightarrow[25℃]{DCC, DMAP}$$

HO—PLE—OH

（PLE 的多嵌段共聚物）

聚乳酸-聚乙二醇多嵌段共聚物的制备：称取一定量的聚乙二醇与纯化的丙交酯单体，以辛酸亚锡为催化剂，真空下封管，置于 140℃ 油浴中聚合 30~40h，所得粗产物用氯仿溶解后，乙醚沉淀，再在室温下真空干燥，得到纯化的聚乳酸-聚醚-聚乳酸的三嵌段共聚物（三嵌段 PLE 共聚物）。然后以丁二酸酐为偶联剂，二环己基碳二亚胺（DCC）为助剂，4-二甲氨基吡啶（DMAP）为催化剂，二氯甲烷为溶剂，室温下反应 24h，得到聚乳酸聚醚多嵌段共聚物（多嵌段 PLE 共聚物）溶液，过滤，再以乙醚为沉淀剂，得到纯化的多嵌段 PLE 共聚物。

（2）交联　通过交联可以制备聚酯的网状聚合物，以改善其性能，如提高聚酯的力学强度，改善聚酯水凝胶的可生物降解性等。交联改性是指在交联剂或者辐射作用下，通过加入其它单体与聚酯发生交联反应生成网状聚合物改善其性能。交联剂通常是多官能团物质，既可以利用外加交联剂的方法，也可以将聚酯转变成多官能团物质进行交联（如可以通过多羟基化合物引发交酯开环，然后再对端基改性），或者通过辐射引发交联。下面将以基于丙烯酸酯封端的聚酯水凝胶为例，介绍聚酯通过交联反应制备聚酯衍生物。

聚乙二醇（PEG）为非离子亲水聚合物，溶于水，具有优良的生物相容性。同时，PEG 在体内能够抗蛋白质吸收和细胞粘接，因而广泛用作药物释放的基材。（甲基）丙烯酸酯封端PEG光聚合水凝胶主要用于伤口黏合剂和蛋白质等药物的控释，但是这类水凝胶是非化学降解的。聚乙二醇具有二元醇的性质，可用来引发己内酯、丙交酯、乙交酯等环酯的开环聚合，在其两端接上可降解的聚己内酯链段，既可实现材料的可降解性，同时又保留了PEG良好的生物特性。由于所生成的共聚物的两端仍为羟基，用它与丙烯酰氯反应，即可得到两端为可聚合基团封端的大分子单体，该大分子单体可通过光聚合使封端基团交联而生成水凝胶。由于己内酯的水解而发生断链，因此光聚合交联产物是可以降解的。可光聚合大分子单体、水凝胶的合成及其可能的降解路线如下。

$$HO-(CH_2-CH_2-O)_n-H + 2m \, \bigcirc\hspace{-1.2em}\text{O}$$

$$\downarrow Sn(Oct)_2, 130℃$$

$$HO\text{-}[(CH_2)_5\text{-}\overset{O}{C}]_m\text{-}O\text{-}(CH_2\text{-}CH_2\text{-}O)_n\text{-}[\overset{O}{C}\text{-}(CH_2)_5\text{-}O]_m\text{-}H$$

$$\downarrow 2CH_2=CH-\overset{O}{C}-Cl, \; Et_3N$$

$$CH_2=CH-\overset{O}{C}-O\text{-}[(CH_2)_5\text{-}\overset{O}{C}]_m\text{-}O\text{-}(CH_2\text{-}CH_2\text{-}O)_n\text{-}[\overset{O}{C}\text{-}(CH_2)_5\text{-}O]_m\text{-}\overset{O}{C}\text{-}CH=CH_2$$

$$\downarrow 光聚合并凝胶化$$

$$\sim\!CH_2\text{-}CH\text{-}\overset{O}{C}-O\text{-}[(CH_2)_5\text{-}\overset{O}{C}]_m\text{-}O\text{-}(CH_2\text{-}CH_2\text{-}O)_n\text{-}[\overset{O}{C}\text{-}(CH_2)_5\text{-}O]_m\text{-}\overset{O}{C}\text{-}CH\text{-}CH_2\!\sim$$

$$\downarrow 生物降解$$

$$HO\text{-}(CH_2\text{-}CH_2\text{-}O)_n\text{-}H + HOC\text{-}(CH_2)_5\text{-}OH + \sim\!(CH\text{-}CH_2)_x\!\sim$$
$$\qquad\qquad\qquad\qquad\qquad\qquad\qquad\qquad\qquad | $$
$$\qquad\qquad\qquad\qquad\qquad\qquad\qquad\qquad\; COOH$$

PCL-PEG-PCL水凝胶的制备：将己内酯、聚乙二醇和辛酸亚锡以一定比例混合放入洁净的反应容器中，装好搅拌，封口，然后抽空通氩气，反复操作5次，最后通入氩气。将反应容器放入125℃的硅油油浴中，反应一定时间后，产物用二氯甲烷溶解，石油醚沉淀，过滤，得到白色产物，放入真空烘箱中，在40℃干燥至恒重得PCL-PEG-PCL。在圆底烧瓶中，将PCL-PEG-PCL溶于一定量的二氯甲烷后置于冰浴中，冷却到0℃，然后依次逐滴滴加3倍过量的三乙胺和丙烯酰氯，反应混合物在0℃时搅拌12h，然后在室温下静止12h，过滤，除去三乙胺盐酸盐，滤液用过量石油醚沉淀，得到丙烯酸酯封端PCL-PEG-PCL大分子单体。进一步分别用二氯甲烷和石油醚溶解和沉淀来纯化大分子单体，最后在40℃真空条件下干燥24h。将大分子单体用磷酸缓冲溶液配制成质量分数为23%溶液，1g大分子单体的溶液滴加2μL的引发剂溶液（将600mL的2,2-二甲氧基-2-苯基苯乙酮溶于1mL 1-乙烯基-2-吡咯烷酮中配制成的溶液），将大分子溶液倒在载玻片上，用波长为365nm的紫外线照射，凝胶迅速发生。

#### 3.7.4.4 特殊结构共聚物的制备

可以通过共聚改性制备特殊结构的聚酯，从而改善聚合物的综合性能。如嵌段共聚物、接枝共聚物、星型共聚物等。

(1) 嵌段共聚物　制备聚酯嵌段共聚物，用得比较多的方法是以含有羟基的低聚物作为引发剂或起始剂对环酯进行开环聚合直接得到两嵌段共聚物或三嵌段共聚物，或者以含羟基的小分子化合物为引发剂，经环酯开环聚合先制备含双端羟基的遥爪型聚酯，然后对端基进行改性后再与其它单体进行共聚制备嵌段共聚物。

例如：以聚乙二醇（PEG）或聚丙二醇（PPG）为引发丙交酯开环聚合的引发剂制备 PLA-PEG-PLA：

$$\text{丙交酯} + HO\text{-}(CH_2\text{-}CH_2\text{-}O)_m H \xrightarrow{Sn(Oct)_2} H\text{-}[O\text{-}CH(CH_3)\text{-}CO]_n\text{-}(O\text{-}CH_2\text{-}CH_2)_m\text{-}[O\text{-}CO\text{-}CH(CH_3)]_n\text{-}OH$$

例如：将开环聚合、缩合聚合和原子转移自由基聚合联合应用，可以制备 PCL-PGMA、PVP-PLA-PVP 等两嵌段或三嵌段共聚物。由于原子转移自由基聚合所得材料的提纯比较困难，使得材料中残留催化剂等化合物，作为生物材料使用必须注意。

$$CH_3OH + \text{己内酯} \xrightarrow[\text{甲苯},70℃]{\text{Novozyme 435}} CH_3O\text{-}[CO(CH_2)_5O]_n H \xrightarrow[CH_2Cl_2,0℃]{CH_3CHBrCOBr} CH_3O\text{-}[CO(CH_2)_5O]_n\text{-}CO\text{-}CHBr\text{-}CH_3 \xrightarrow[CuCl/bpy,50℃]{GMA} \text{PCL-PGMA}$$

$$HO\text{-}CH_2CH_2CH_2CH_2\text{-}OH + (n+m)CH_3CH(OH)COOH \xrightarrow[\triangle]{Cat.}$$

$$H\text{-}[O\text{-}CH(CH_3)\text{-}CO]_n\text{-}O\text{-}(CH_2)_4\text{-}O\text{-}[CO\text{-}CH(CH_3)\text{-}O]_m\text{-}H + (n+m)H_2O$$

$$\xrightarrow{2CH_3\text{-}CHBr\text{-}CO\text{-}Br}$$

$$Br\text{-}CH(CH_3)\text{-}CO\text{-}[O\text{-}CH(CH_3)\text{-}CO]_n\text{-}O\text{-}(CH_2)_4\text{-}O\text{-}[CO\text{-}CH(CH_3)\text{-}O]_m\text{-}CO\text{-}CH(CH_3)\text{-}Br + 2HBr$$

$$\xrightarrow{(x+y)\text{ NVP}}$$

$$Br\text{-}[CH(NVP)\text{-}CH_2]_x\text{-}CH(CH_3)\text{-}CO\text{-}[O\text{-}CH(CH_3)\text{-}CO]_n\text{-}O\text{-}(CH_2)_4\text{-}O\text{-}[CO\text{-}CH(CH_3)\text{-}O]_m\text{-}CO\text{-}CH(CH_3)\text{-}[CH_2\text{-}CH(NVP)]_y\text{-}Br$$

（2）接枝共聚物　由于含有羟基的化合物都可以引发环酯进行开环聚合，因此如果用淀粉、纤维素、环糊精等天然大分子化合物作为环酯开环聚合的引发剂，则可得到天然大分子表面接枝聚酯的共聚物。也可以用既含羟基又含不饱和双键的化合物引发环酯的开环聚合，如甲基丙烯酸羟乙酯（HEMA），则可得到端基为双键的聚酯，然后将这种聚酯与其它烯类单体进行共聚得到接枝聚酯链段的共聚物。因此，制备聚乳酸类聚酯的接枝共聚物的方法可以有以下几种：①含乙烯基的聚乳酸类聚酯或其共聚物的大分子单体与乙烯基单体的共聚；

②由大分子多羟基化合物，如聚乙烯醇、多糖引发的丙交酯等环酯的开环聚合；③聚合物的丙交酯等环酯与乙烯单体或聚酯及其共聚物的氧化烯烃辐照引发聚合。在这些方法中，接枝聚合是在本体聚合物材料的表面发生的。

（3）支化共聚物 为了改善聚酯的物理性质和降解速率，也为了把多种含有羟基的维生素、激素或药物引入到聚酯的端基，可以将聚酯制备成星型共聚物。星型聚合物引人注目的地方在于它具有的流变性能和力学性能，黏度的高剪切速率值较低，低熔融态黏性对热不稳定的聚合物具有优势，可以在较低温度下反应。星型聚合物的制备是在多官能醇存在下通过环酯的开环聚合制备。例如用季戊四醇、山梨醇等引发丙交酯的开环聚合得到的共聚物具有多端羟基，羟基可以通过进一步改性，制备含羧基、氨基等端基的聚乳酸。

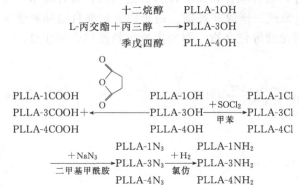

具有特殊结构的聚酯的共聚物或衍生物，除了两嵌段、三嵌段、多嵌段、接枝、星型共聚物外，还有树枝状聚合物、超支化聚合物等。超支化聚合物的制备使用树枝状大分子作为多官能引发剂。例如聚合反应从双羟甲基丙酸衍生的树枝状化合物表面的羟基引发。具有6~48条臂的聚合物适合于制备薄膜，表现出半结晶形态学以及和线型聚合物相似的熔点。除了使用树枝状化合物作为星型聚合物的引发剂外，从双羟基丙酸衍生的酸化功能的树枝状聚合物连接在星型聚合物的羟基链端，可制得和最高级树枝状聚合物类似的分子结构。

### 3.7.5 微生物法聚羟基脂肪酸酯的制备

聚羟基脂肪酸酯（PHA）是生物合成的聚合物，其合成方法有细菌发酵法和基因合成法两种方法，其中基因合成方法比较有前景，但是在将来的一段时间里，仍然可能选择细菌发酵作为大量生产PHA的一种方法。本节主要介绍生物发酵法制备P(3HB)和P(3HB-co-3HV)。

细菌发酵法是通过细菌发酵，在细胞内积累PHA，然后经过破壁、分离、提取等处理获得一定分子量的纯PHA。由于微生物合成、分离成本很高，使得PHA的生产成本很高。高生产成本是阻碍PHA商业化的主要原因。影响PHA生产成本的因素，如PHA的生产能力、含量及产量、碳源的成本和PHA的提取量是非常重要的因素，都需要进行优化。在这些因素中，PHA的含量是最重要的因素，它直接影响着PHA的产量和其提取的效率。由于细菌发酵生产价格偏高，一般只能在较特殊的领域使用，如生物医用领域。为了降低生产成本，科学家们尽量选择价格较低的底物，如葡萄糖、蔗糖、乳糖、木糖等碳源。

基因合成法是将PHA合成的关键酶基因移植入其它可利用的便宜底物中，避免了细菌发酵合成PHA的分离和提纯，从而大大降低了成本。转基因法生产PHA具有三个明显的优势，首先它提供了广泛的聚合物设计空间，使PHA聚合物的性质能够得到调节以满足不同需要，当它作为组织工程支架材料时，使用这一方法可以制造具有与真实组织类似性质的PHA聚合物；其次转基因法使选择已被清楚研究的发酵主体来进行PHA合成成为可能，从而比未被鉴定的野生有机体更适合用于生物医用材料；还有用转基因法能够生产具有超高分子量的PHA

聚合物。因此利用转基因植物合成聚酯的方法，为今后生产 PHA 提供了一条较为经济的解决途径，也为生物降解材料的研制开辟了诱人的前景。虽然基因合成方法比较有前景，但是在将来的一段时间里，仍然可能选择细菌发酵作为大量生产 PHA 的一种方法，因为转基因植物基因合成法所用遗传改进的植物被推广至田间种植仍需要进行慎重评价。

#### 3.7.5.1 聚羟基脂肪酸酯的结构和性质

聚羟基脂肪酸酯是一种分子链具有立体规整性和光学活性的线性聚酯，其基本结构如下：

$$-[O-CH(R)-(CH_2)_m-C(O)]_n-$$

其中 R 为正烷基侧链，范围从甲基到壬基；$m=1$，2 或 3。若 $R=CH_3$，则为 PHB；若 $R=CH_2CH_3$，则为 PHV。当 $m=1$，$R=CH_3$ 时，则为聚 3-羟基丁酸酯，即 P(3HB)；当 $m=1$，$R=CH_2CH_3$ 时，则为聚 3-羟基戊酸酯，即 P(3HV)。目前 P(3HB) 和 P(3HB-co-3HV) 的微生物生产已实现工业化，这些产品主要由英国帝国化学公司（ICI）的分公司——Zeneca 公司生产，商品名为 Biopol。其它基于 3-链烷酸的聚合物的合成还处于实验室水平。

由于 PHB 有非常好的立构规整性，因而 PHB 是可结晶的聚合物。一般 PHB 的结晶度为 60%，熔点约 180℃，玻璃化温度在 5℃ 左右，因此是一种硬而脆的塑料。PHB 的物理性质与合成聚酯、聚丙烯类似，但它有两个缺点，即热稳定性差和在宏观上表现为脆性。因此 PHB 在应用上受到了限制。

PHB 与 PHV 的共聚物 P(3HB-co-3HV) 结晶度低，是高柔性并易于加工的材料，应用价值很高。它是用丙酸和戊酸为原料，通过细菌发酵制成。共聚物的组成比可通过调节两种原料比例来控制，从而调节共聚物的性质。一般情况下，含 3HV 单元摩尔分数为 5% 的 P(3HB-co-3HV) 适用于要求刚硬的注塑件，含 3HV 单元摩尔分数为 10% 的 P(3HB-co-3HV) 适用于一般注塑以及作为包装材料的挤出吹塑，含 3HV 单元摩尔分数为 20% 的 P(3HB-co-3HV) 适用于医药缓释剂。图 3-42 是 P(3HB-co-3HV) 熔点与 HV 组成的关系，图 3-43 是不同含量的 P(3HB-co-3HV) 的应力-应变曲线。

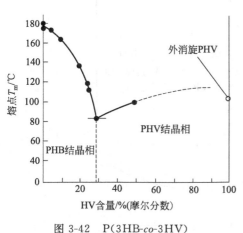

图 3-42 P(3HB-co-3HV) 熔点与 HV 的组成关系

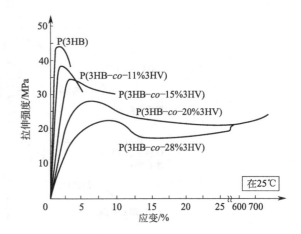

图 3-43 不同含量的 P(3HB-co-3HV) 的应力-应变曲线

#### 3.7.5.2 可积累 PHB 的微生物

能产生 PHB 的细菌在自然条件下一般含有 1%～3% 的 PHB，在合适的条件如碳过量、氮限量的发酵条件下，PHB 含量可达细胞干质的 70%～80%。

到目前为止，已发现有 100 种以上的细菌能够生产 PHB，不同微生物会生成不同的 PHB。可积累 PHB 的微生物如表 3-20 所示。

表 3-20 可积累 PHB 的微生物

| 类 型 | 种 类 | 类 型 | 种 类 |
| --- | --- | --- | --- |
| 向光性细菌 | 红螺菌、红假单胞菌、着色菌、囊硫菌、硫螺菌、荚硫菌、闪囊菌、网硫菌、外硫红螺菌 | 革兰(染色)阳性不产孢子杆菌 | 阔显核菌 |
|  |  | 胚乳产生的细菌 | 芽孢杆菌、芽孢梭菌 |
| 革兰(染色)阴性：棒状细菌 | 假单胞菌、根瘤菌、固氮菌、产碱杆菌、动胶菌、拜杰林克菌、德氏固氮菌、固氮螺菌 | 放线菌 | 链霉菌 |
|  |  | 甲基热菌 | 甲醇单菌、枝动菌、甲基杆菌、甲基单菌、甲基弧菌 |
|  |  | 蓝细菌 | 螺旋蓝菌、绿胶蓝菌 |
| 球菌 | 色杆菌、发光杆菌 | 流动蓝细菌 | 贝氏硫菌 |
| 化学转化菌 | 莫拉杆菌、浮球菌、俊片菌硝化杆菌、硫芽孢杆菌、微球菌 | 有附属物的细菌 | 生丝微菌、细微菌、柄杆菌 |
|  |  | 似简形弯曲棒状细菌 | 球衣菌、纤发菌、螺菌 |

#### 3.7.5.3 微生物体中 PHB 的合成路径

在不同的微生物体内，PHB 的合成经过不同的途径。已发现的 PHB 微生物合成路径有四种，但一般情况下，PHB 的微生物合成通过三步法和五步法两种途径，合成途径如图 3-44 所示。

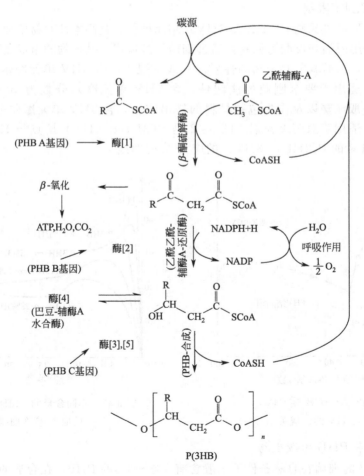

图 3-44 微生物体中 PHB 的合成途径

大多数细菌如真养产碱杆菌等采用三步法合成 PHB，合成步骤如下：

① 首先，适当的碳源被转化为乙酸盐，细菌使用一种酶辅助因子，这种酶辅助因子经硫酯连接到乙酸盐上；

② 然后，两分子乙酰辅酶 A(CoA) 通过酶 [1]（如 β-酮硫裂解酶）缩合而得到乙酰乙酰辅酶 A，然后经酶 [2]（乙酰乙酰辅酶 A 还原酶）而被还原成 D-(−)-3-羟基丁基辅酶 A；

③ 最后，酶 [3]（聚合酶）把这些单元结合在一起而形成了 PHB，且释放出减活化辅助因子。

上述合成路径中，β-酮硫裂解酶受游离 CoA 的强烈抑制。在非胁迫条件下，游离 CoA 含量高，因而抑制了 β-酮硫裂解酶的合成，同时阻碍了 PHB 的积累。当能源物质充足而缺乏某种营养成分时，游离 CoA 含量可能很低，β-酮硫裂解酶执行催化功能，PHB 就可以顺利合成。同时，聚合酶是控制 PHB 合成的最关键酶，但此酶难以纯化，且纯化后不稳定。

深红红螺菌中 PHB 的合成途径可分为五个步骤，最初的两个步骤与上面三步法的路径相似，但它生成了 L-(+)-3-羟基丁基-辅酶 A，接下来酶 [4]（巴豆-辅酶 A 水合酶）把它转化成 D-(−)-羟基丁基-辅酶 A，然后在催化成酶 [5] 作用下发生聚合。这种路径到目前为止仅在深红红螺菌中发现。

#### 3.7.5.4 培养基

一个细菌产生的 PHA 组分取决于在 PHA 生物合成途径中酶的底物专一性。以真养产碱杆菌和食油假单胞菌为微生物合成 PHA 的研究较多。除 3HB 外，其余单体单元都需要相关的碳源，这些碳源是聚合物单体的前驱体。例如真养产碱杆菌在提供了葡萄糖和丙酸时会积累 3HB 和 3HV 的共聚物。已研究过的碳源有：短链的酸和酯，如乙酸、丙酸、丁二酸、乳酸、3-羟基丙酸（3HP）、4-羟基戊酸（4HV，如内酯）、4-戊内酯（4VL）、丁酸和戊酸；糖类，如葡萄糖、果糖和甘露糖；短链醇；混合气体，如氢气和一氧化碳等。

PHA 单体残基大多与碳源的碳链长度相同，但有时检测到比碳源少两个碳原子的结构单元，这可能是因为碳源因 β-氧化去掉两个碳原子而成；有时又发现比碳源多两个碳原子的结构单元，可能是在 PHA 合成过程中碳源与一个乙酰辅酶 A 加成的结果。碳源中必须存在组成酯键的羟基、或存在可在化合物降解时由生物体系转化成羟基的其它官能团才能聚合成相应的聚合物。

也发现存在与上述不相符的情况，有些细菌可通过指导用来产生能量的重要媒介物，从不相关的碳源（如果糖、葡萄糖酸盐）合成 PHA。由于这些细菌可利用简单的培养基，如大多数情况下是单一培养基，合成组成复杂的 PHA，成本较低。但使用不相关培养基会产生细胞中原本不存在的化学结构，这使纯化变得更加麻烦，因而使成本提高。

总的来说，细菌的品种和喂养的培养基种类决定着所产生的聚合物、共聚物的组成成分和聚合物的总产量。PHA 的物理性质和热性质可以通过改变分子结构和共聚物的组成来调控。

使用不同培养基或不同培养基的混合物可以获得二元共聚物、三元共聚物以及共混物。例如各种组分含量的 P（3HB-co-3HV）共聚物可以通过改变投料中戊酸和丁酸的比例来制备。表 3-21 是使用真养产碱杆菌时喂养不同碳培养基可能获得的聚合物种类。

**表 3-21　使用真养产碱杆菌时喂养不同碳培养基可能获得的聚合物种类**

| 无规共聚物 | 碳　源 | 无规共聚物 | 碳　源 | 无规共聚物 | 碳　源 |
|---|---|---|---|---|---|
| P(3HB-co-3HV) | 丙酸 | P(3HB-co-4HB) | 1,4-丁二醇 | P(3HB-co-4HB) | 1,12-十二二醇 |
| P(3HB-co-3HV) | 戊酸 | P(3HB-co-4HB) | 1,6-己二醇 | P(3HB-co-3HP) | 3-羟基丙酸 |
| P(3HB-co-4HB) | 4-羟基丁酸 | P(3HB-co-4HB) | 1,8-辛二醇 | P(3HB-co-3HP) | 1,5-戊二醇 |
| P(3HB-co-4HB) | g-丁内酯 | P(3HB-co-4HB) | 1,10-癸二醇 | P(3HB-co-3HP) | 1,7-庚二醇 |

碳源的价格大体上是随着碳源长度的增加而上升的，所以从经济角度来说，丙酸和丁二醇较合适。Zeneca 公司在葡萄糖中加入了丙酸以调节 Biopol 的组成成分。当葡萄糖和乙酸是作为唯一培养基而喂养时，可以生成均聚物。

表 3-22 是使用真养产碱杆菌在 30℃ 发酵 48h 从各种有机酸和碱制得的 PHA 共聚物产品。从表中可以看出，P(3HB) 均聚物可由乙酸、丁酸、己酸、丙二醇等碳源制备；使用其它的碳源，可得到一系列不同的共聚物。

表 3-22 不同碳源所得的 PHA 共聚物产品

| 碳 源 | HV 含量/%（物质的量） | PHA 含量/% | PHA 中各组分含量/%（摩尔分数) | | | | 名称/评价 |
|---|---|---|---|---|---|---|---|
| | | | 3HB | 3HP | 4HB | 3HV | |
| 有机酸 | | | | | | | |
| $CH_3COOH$ | 20 | 35 | 100 | 0 | 0 | 0 | 乙酸 |
| $CH_3CH_2COOH$ | 20 | 31 | 69 | 0 | 0 | 31 | 丙酸 |
| $CH_3(CH_2)_2COOH$ | 20 | 55 | 100 | 0 | 0 | 0 | 丁酸 |
| $CH_3(CH_2)_3COOH$ | 20 | 51 | 25 | 0 | 0 | 75 | 戊酸 |
| $CH_3(CH_2)_4COOH$ | 20 | 33 | 100 | 0 | 0 | 0 | 己酸 |
| $CH_3(CH_2)_5COOH$ | 20 | 0 | — | — | — | — | 庚酸 |
| $HO(CH_2)_2COOH$ | 5 | 6 | 96 | 4 | 0 | 0 | 昂贵 |
| $HO(CH_2)_2COOH$ | 10 | 4 | 94 | 6 | 0 | 0 | 昂贵 |
| $HO(CH_2)_2COOH$ | 15 | 23 | 96 | 4 | 0 | 0 | 昂贵 |
| $HO(CH_2)_2COOH$ | 20 | 12 | 93 | 7 | 0 | 0 | 昂贵 |
| $HO(CH_2)_2COOH$ | 30 | 1 | 95 | 5 | 0 | 0 | 昂贵 |
| $HO(CH_2)_3COOH$ | 4 | 7 | 75 | 0 | 25 | 0 | 昂贵 |
| $HO(CH_2)_3COOH$ | 8 | 14 | 74 | 0 | 26 | 0 | 昂贵 |
| $HO(CH_2)_3COOH$ | 12 | 18 | 74 | 0 | 26 | 0 | 昂贵 |
| $HO(CH_2)_3COOH$ | 16 | 19 | 73 | 0 | 27 | 0 | 昂贵 |
| $HO(CH_2)_3COOH$ | 20 | 19 | 69 | 0 | 31 | 0 | 昂贵 |
| $HO(CH_2)_3COOH$ | 24 | 13 | 66 | 0 | 34 | 0 | 昂贵 |
| $HO(CH_2)_3COOH$ | 28 | 8 | 64 | 0 | 36 | 0 | 昂贵 |
| g-丁内酯 | 10 | 29 | 91 | 0 | 9 | 0 | 相对较贵 |
| g-丁内酯 | 15 | 22 | 84 | 0 | 16 | 0 | 相对较贵 |
| g-丁内酯 | 20 | 21 | 83 | 0 | 17 | 0 | 相对较贵 |
| g-丁内酯 | 25 | 14 | 79 | 0 | 21 | 0 | 相对较贵 |
| 链烷二元醇 | | | | | | | |
| $HO(CH_2)_2OH$ | 20 | 0 | — | — | — | — | 非常便宜 |
| $HO(CH_2)_3OH$ | 10 | 1 | 100 | 0 | 0 | — | 非常便宜 |
| $HO(CH_2)_3OH$ | 20 | 3 | 100 | 0 | 0 | — | 非常便宜 |
| $HO(CH_2)_4OH$ | 20 | 22 | 89 | 0 | 11 | — | 便宜 |
| $HO(CH_2)_5OH$ | 10 | 34 | 97 | 3 | 0 | — | 戊二醇 |
| $HO(CH_2)_5OH$ | 15 | 42 | 97 | 3 | 0 | — | 戊二醇 |
| $HO(CH_2)_5OH$ | 20 | 38 | 97 | 3 | 0 | — | 戊二醇 |
| $HO(CH_2)_6OH$ | 5 | 36 | 87 | 0 | 13 | — | 己二醇 |
| $HO(CH_2)_6OH$ | 10 | 25 | 84 | 0 | 16 | — | 己二醇 |
| $HO(CH_2)_6OH$ | 15 | 17 | 70 | 0 | 30 | — | 己二醇 |
| $HO(CH_2)_7OH$ | 5 | 13 | 96 | 4 | 0 | — | 庚二醇 |
| $HO(CH_2)_7OH$ | 10 | 10 | 98 | 2 | 0 | — | 庚二醇 |
| $HO(CH_2)_8OH$ | 5 | 13 | 79 | 0 | 21 | — | 辛二醇 |
| $HO(CH_2)_9OH$ | 2.5 | 1 | 95 | 5 | 0 | — | 壬二醇 |
| $HO(CH_2)_{10}OH$ | 5 | 13 | 91 | 0 | 9 | — | 癸二醇 |
| $HO(CH_2)_{12}OH$ | 4 | 17 | 91 | 0 | 9 | — | 十二二醇 |

### 3.7.5.5 发酵法制备 PHB 的工艺

发酵法制备微生物聚酯的一般工艺流程如图 3-45 所示。生产过程主要包括菌种在特定营养介质上发酵和从发酵产物中提取产品这两个相继的过程。

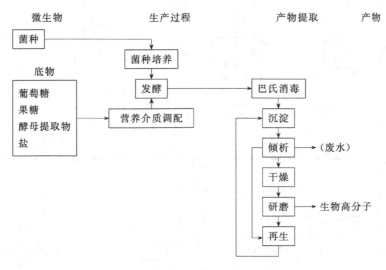

图 3-45 发酵法制备微生物聚酯的一般工艺流程

（1）发酵工艺 上述的发酵工艺又可分为两步，即预发酵和主发酵。预发酵时，在含有少量营养物及葡萄糖等其它适当碳源的无菌温溶液中引入细菌接种体，如真养产碱杆菌。这一阶段，在碳和营养物过量的条件下，细菌迅速地生长和繁殖，直至最初提供的必要营养物（通常使用磷酸盐）耗尽。也可以选用氮为培养基，用于耗氧物种以限制其氧气量。在预发酵阶段，特定细菌里颗粒的数目是确定的（如对于真养产碱杆菌，颗粒数目为 8～12 个）。碳量的精细计算非常重要，一般存在一个碳量最佳值，它决定着在预发酵过程中最初细胞生长阶段的细胞（即细菌）干重。在这个阶段，过量的碳被呼吸作用消耗尽，因此对聚合物的合成并没有贡献。

在聚合物积累相，培植会受到必要营养物最初浓度的限制，因而会引起生理应激反应。通常 PHA 颗粒存在于含有聚合酶和解聚酶的膜内，这意味着这些颗粒可以被看成是细胞的完整子系统，能够对生理应力作出反应，使已经积累起来的聚合物进一步合成或降解。如上所述，必要营养物可以是含氮的铵离子、含磷的磷酸盐或者是大气中自然溶解的氧。在生长媒介中，缺氧比缺氮或缺磷更有可能获得较高的 P(3HB-$co$-3HV) 产量。

第一阶段的后期需要 40～60h，此时细胞仅仅含有 10%～20% 的 PHB。在主发酵阶段，加入更多的合适碳源后，就开始进入主要的聚合物积累阶段。在缺少必要营养物时，细胞的生长会受到限制，细胞保持最初的椭圆形，直至 PHB 的体积分数达到 60%，这时细胞被迫变成圆形以便能装下更多的聚合物，聚合物积累的速率也因此变慢，颗粒的直径从 0.24mm 增加到了 0.5mm，包含有 103 个分子。因为在缺少必要营养物时，细胞的生长会受到限制，而加入的碳几乎全部转化成了 P(3HB)，所以 P(3HB) 产量的限制因素并不是聚合酶活性的丧失或者是细胞的生存性，而是细胞中的颗粒存储密度。

ICI 公司的发酵工艺在 200m$^3$ 的发酵槽里进行，不计分离和纯化步骤，总共需搅拌 100～120h，发酵槽里细胞的干重加上聚合物可能超过 100g/L。

图 3-46 的发酵工艺是奥地利林茨的 Biotechnologische Forschung 股份有限公司发展起来的，图的上半部分描述了预发酵、主发酵以及从液体培养基中分离细胞的过程，下半部分

阐明了提取步骤。

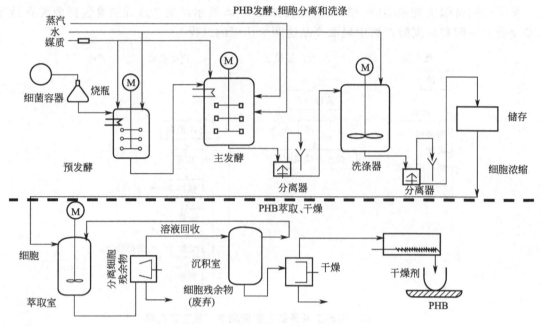

图 3-46 奥地利 PHB 的工艺流程

图 3-47 是连续发酵制备 PHB 的工艺流程。

（2）聚合物的分离和纯化 在发酵工艺结束后可以得到一种稀薄的水发酵液体，聚合物必须从中分离出来进行纯化。可以使用三种不同的方法进行分离，见表 3-23。

表 3-23 PHB 的纯化工艺

| 途径 | 注释 | 步骤 |
| --- | --- | --- |
| 物理方法 | 细胞壁和细胞膜变得薄弱<br>用溶剂萃取 PHA | ①破坏细胞<br>②丙酮（→蛋白质沉淀）<br>③PHA 在 120℃的碳酸丙二酯中溶解，溶解度达 200g/L（在室温下沉淀） |
| 化学方法 | 使不含 PHA 的成分有选择性的破坏和消化 | ①破坏细胞<br>②清洁剂的预处理<br>③在 pH13 时用次氯酸钠洗涤残留物 |
| 生物化学方法 | 颗粒在生物有选择性的酶解后被分离出来 | ①震动破坏，如加热、超声波<br>②酶处理和洗涤 |

物理法即溶剂萃取法，是利用 PHB 可溶解在某些有机溶剂中而将它从细胞中萃取分离的方法。用于萃取 PHB 的溶剂主要有氯代烃（氯仿、二氯甲烷和 1,2-二氯乙烷等）、丙酮、环碳酸酯等。最初所采用的方法是在收获的湿菌体中加入萃取剂萃取 PHB，离心分离或过滤以除去残余细胞碎片，获得含 PHB 的萃取液，在萃取液中加入沉淀剂（如甲醇和水的混合液）将 PHB 沉淀出来，洗涤沉淀，干燥即可得到纯度很高的 PHB。用甲醇对干燥的细胞预洗除去油脂后，纯度更高。对于通过冷冻干燥或喷雾干燥挥发水分后得到的干细胞，使用 1,2-二氯乙烷或者碳酸丙二酯这类含水量少的溶剂可避免形成乳液，收率及产品纯度均提高。

化学法是利用化学物质如氢氧化钠、次氯酸钠、双氧水、油酸钠、EDTA 等氧化剂、表面活性剂或螯合剂的作用，将细胞中的非 PHB 杂质转变成可溶于水的成分而除去，把聚

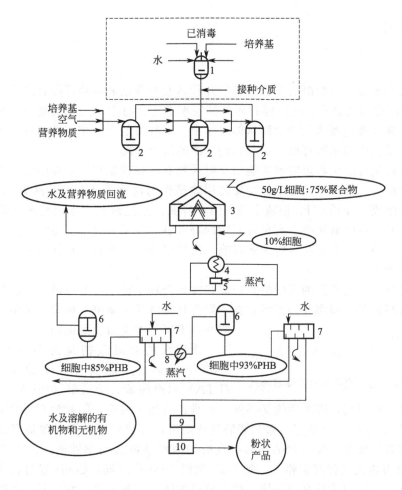

图 3-47　PHB 的连续发酵工艺流程
1—连续发酵；2—定相处理成批发酵；3—细胞浓缩；4—热交换；5—细胞溶解；
6—酶处理；7—水-洗涤；8—热交换；9—溶剂洗涤氧化剂；10—干燥

合物固体留下来的方法。氢氧化钠可与细胞壁上的脂类发生皂化反应；次氯酸钠和双氧水可与细胞中的非 PHB 杂质发生氧化还原的分解反应，使非 PHB 杂质分子降解成可溶于水的小分子；表面活性剂油酸钠的分子可包裹细胞中的脂类和蛋白质形成溶于水的胶束；EDTA 可与细胞膜上的钙镁离子络合破坏细胞壁。这种方法通常很耗时，所以不适合于大规模应用。

Zeneca 公司目前所使用的工艺利用生物化学法，即有选择性的酶解。这种工艺的目标在于获得 PHA 含量尽可能高的最优等微生物产品。这种方法是用酶（如蛋白裂解酶等）消化细胞中的杂质成分，使之降解成可溶于水的小分子而除去的方法。细胞中非 PHB 的杂质一般包括核酸、脂类和磷脂、肽聚糖、蛋白质等。其中蛋白质至少占非 PHB 杂质的 40%。Zeneca 采用洗涤和连续的酶/洗涤循环处理的纯化工艺可得到纯度达 95% 左右的干燥 PHB 产品。最终产品的 5% 杂质中，残留质子和细胞壁残留物占了大部分。

经分离步骤得到的 PHA 不含任何催化剂残留物，与聚烯烃等合成类热塑性产品或者化学合成的 PLA 相比是非常纯净的。但即使使用最优的循环体系，微生物合成、分离操作的成本依然很高。

## 3.8 聚酸酐

### 3.8.1 概述

除了脂肪族聚酯,聚酸酐是为数不多的几种新发展起来的生物可降解高分子,是单体通过酸酐键连接而成的大分子,在体内和体外都易水解为带有双端羧基的酸性产物(图3-48),在体内降解产物可通过新陈代谢最终从体内排出。聚酸酐的生物相容性很好,未发现有明显致炎反应、致敏反应和细胞毒性,引起人们广泛的研究兴趣。

由于具有可预计的生物可降解性能以及对药物的线性控制释放,聚酸酐在医学领域是一类重要的生物材料。这一类高分子最主要的用途是作为药物载体。它的降解行为与结晶性、分子量、共聚组成、介质pH、亲疏水性等因素有关。通过调节亲水或疏水共聚物组分的比例,可调控聚酸酐的降解速率。所包埋药物的释放速率受成型方法、制剂大小和几何形状、药物溶解性、载药量和药物粒径等因素影响。聚酸酐降解成单体后从体内的排出速率直接与单体的溶解性相关。

为清楚起见,本文所指的聚酸酐是指那些在聚合物主链上含有酸酐键、酸酐键断裂后可降解为短链的高分子。而那些酸酐键存在于聚合物侧链的聚酸酐,如聚乙烯主链上连有酸酐侧基,不属于本文讨论的范围。

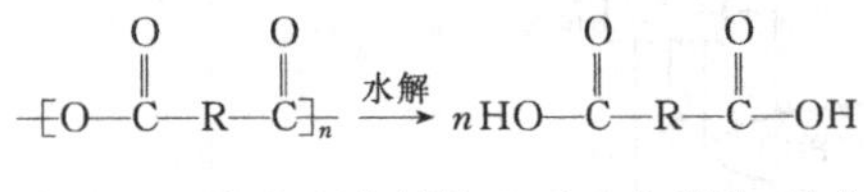

图3-48 聚酸酐的结构以及水解降解通式

聚酸酐的合成最初是由Bucher和Slade于1909年报道的,他们合成了聚对苯二甲酸酐(PTA)和聚间苯二甲酸酐(PIPA),但是这类芳香族聚酸酐的熔点很高,溶解性能又不好,很难进行加工成型,因此没有得到应用。约二十年后,Hill和Carothers合成了一系列脂肪族聚酸酐,并研究了由两个羧基形成酸酐的影响因素,他们制备的聚癸二酸(PSA)具有良好的成纤性能和力学性能,但由于水解不稳定性,PSA纤维很快失去强度和弹性。到了20世纪50年代后期,Conix通过在主链上引入醚键和亚甲基单元,得到了具有结晶性、熔点较高的芳香族聚酸酐,它们具有水解稳定性,具有很好的成丝、成膜性。Conix发现大多数芳香族聚酸酐的$T_g$在50~100℃,即使是浸没在碱溶液中也不能水解,仅转变为不透明的瓷状固体。为了克服芳香族聚酸酐的高熔点和低溶解性,以及脂肪族聚酸酐的低熔点和水解不稳定性,Yoda将这两类单体进行共聚,大大降低了芳香聚酸酐主链结构的规整性,从而降低了其结晶倾向,使聚合物熔点(70~190℃)降至易于加工成型的范围,这些材料具有良好的成纤成膜性能,水解稳定性适中。

尽管进行了众多的改性研究,但聚酸酐终因易于水解,未能得到商业上的应用。因此在20世纪60年代中期以后近二十年中,关于聚酸酐的报道极少。到了1980年,以美国麻省理工学院教授Langer为首的研究小组首先将具有水解不稳定性的聚酸酐用于对药物的持续控制释放,随后这种生物可降解的材料在各种医疗器械中得到了广泛应用。

聚酸酐可由非常易得、价廉的原料来制备,可以通过改变组成获得预期的理化和降解性能,例如向聚酸酐中引入酰亚胺键提高聚合物的力学性能,引入聚乙二醇(PEG)则可提高聚酸酐的亲水性。但由于聚酸酐的降解速率快,且力学性能相对有限,因此这类高分子的主要用途是作为药物载体,尤其是针对生物活性分子的短期控制释放。在过去的20多年间,在聚酸酐的学术研究和工业化生产上都有了成百上千篇的文章和专利,对新的聚合物结构、聚合物的物理化学性质、毒性和对生物活性分子的控制释放等方面进行了深入而详细的研究。用于药学研究的聚酸酐主要集中在由癸二酸(SA)、1,3-双(对羧基苯氧基)丙烷(CPP)和脂肪酸二聚体(FAD)制备的聚酸酐,FDA已批准了一种由SA和CPP共聚酸酐[P(CPP-SA)]为载体控释化疗试剂卡氮芥（Gliadel）在临床上应用来治疗脑部肿瘤（图 3-49）。

聚酸酐具有优异的控制释放特性，它们作为药物载体的独特性和优势主要体现在：

① 它们是由价廉易得、安全的二羧酸作为结构单元，很多都存在于人体或其代谢产物；

② 它们是由一步法合成，无需进一步的纯化步骤；

③ 它们具有确定的高分子结构、可控的分子量和可预见的水解降解速率；

④ 它们可以实现对生物活性分子以预定的速率持续释放数周；

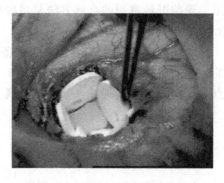

图 3-49　Gliadel 圆片埋植在肿瘤切除部位形成的空穴内

⑤ 它们可以采取低温注塑或挤出方法成型，可批量生产，通过改变单体种类、组成、制品表面积和添加剂，可获得多种特性；

⑥ 它们降解为对应的二酸单体，可在数周至数月内从体内完全排出；

⑦ 它们可以采取 $\gamma$ 射线消毒，对聚合物性能影响很小。

但除了上述优点以外，聚酸酐也存在一些局限性，如水解不稳定性使材料必须储存于无水低温环境中，这些聚合物在室温或以上温度的有机溶液中或储存状态下，会自发地解聚为低分子量聚合物。而且聚酸酐还存在力学强度相对不高，以及成纤或成膜性也不是太好等不足。

### 3.8.2　聚酸酐的合成方法

聚酸酐可以采取多种工艺合成，如熔融缩聚、开环聚合、界面缩聚、脱 HCl 法和脱水偶联法等（图 3-50）。脱 HCl 法和脱水偶联法属于溶液缩聚法，主要适用于热不稳定单体的聚合，但得到的聚酸酐分子量往往太低，且产物中溶剂等杂质难以除尽，因此往往不太适

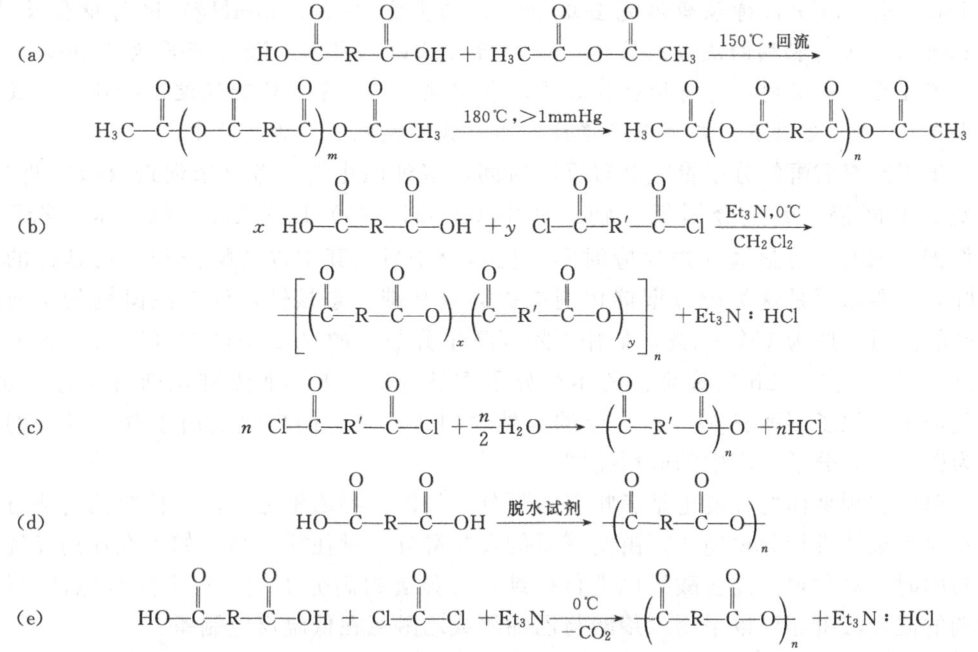

R, R′=脂肪、芳香或一种异质形状有机组分

图 3-50　聚酸酐的合成方法示例

(a) 熔融缩聚；(b)、(c)、(e) 脱 HCl 法；(d) 脱水偶联法

用。聚酸酐最常用的合成方法是熔融缩聚法。

### 3.8.2.1 熔融缩聚

Conix 于 1958 年提出了一条制备芳香族聚酸酐的方法,这已发展为目前最为广泛应用的一种制备聚酸酐的通用方法(图 3-51),可用于脂肪族或芳香族聚酸酐的合成。该法的特点是产物不需分离提纯,分子量较高。

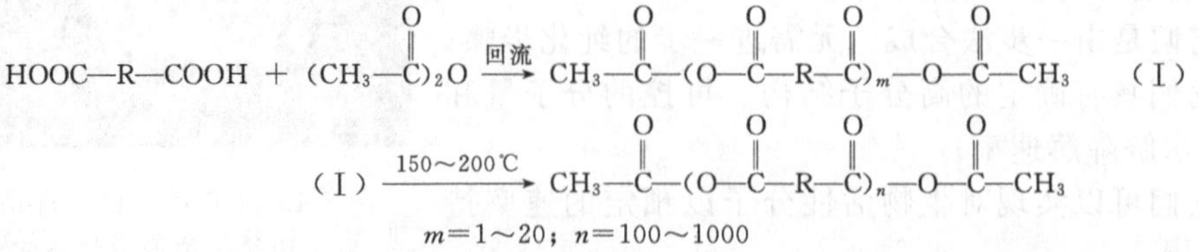

$$\text{HOOC—R—COOH} + (CH_3-C)_2O \xrightarrow{\text{回流}} CH_3-\overset{O}{\underset{}{C}}-(O-\overset{O}{\underset{}{C}}-R-\overset{O}{\underset{}{C}})_m-O-\overset{O}{\underset{}{C}}-CH_3 \quad (\text{I})$$

$$(\text{I}) \xrightarrow{150\sim200\text{℃}} CH_3-\overset{O}{\underset{}{C}}-(O-\overset{O}{\underset{}{C}}-R-\overset{O}{\underset{}{C}})_n-O-\overset{O}{\underset{}{C}}-CH_3$$

$$m=1\sim20;\ n=100\sim1000$$

图 3-51 最常用的获得高分子量聚酸酐的乙酸酐活化二羧酸熔融缩聚法

这个熔融缩聚反应一般分为两步,首先是将脂肪族或芳香族二元酸单体与过量的乙酸酐回流反应(140℃)生成乙酰基封端的混合酸酐预聚体,聚合度 $1\sim20$,然后该预聚体在高温、高真空下脱除乙酸酐而得到高聚物,熔融缩聚温度一般在 $150\sim200$℃,聚合度可达 $100\sim1000$ 以上。下面以 PSA 的合成来看一下熔融缩聚合成聚酸酐的一般过程。

预聚体的制备:在 1L 的烧瓶中加入 500mL 乙酸酐,加热回流,然后向其中加入 100g 经重结晶纯化的癸二酸,约 5min 后癸二酸完全溶解于乙酸酐中,继续回流 15min 后停止反应。将溶液过滤后于 60℃减压蒸馏浓缩,然后向剩余的液体中加入 70mL 二氯甲烷,混合均匀后,用石油醚/乙醚(体积比为 1/1)混合液 500mL 进行沉淀纯化,得到白色的预聚体。收集预聚体并真空干燥备用。

PSA 的制备:将一定量预聚体装入烧瓶中,并安装搅拌装置和连接真空系统,然后将烧瓶浸入 180℃硅油浴中,待预聚体完全熔融后,抽真空(<0.5mmHg)进行缩聚反应。聚合约 90min 后,可得黏稠的淡黄色熔体,冷却后为亚白色固体。PSA 产率大于 90%,分子量可达 5 万左右。如必要,可将聚合物溶于二氯甲烷,用过量石油醚沉淀进行纯化。最终产物需保存在 0℃或 0℃以下、充满干燥惰性气体(氮气或氩气)的环境中。

为进一步提高聚酸酐的分子量或缩短反应时间,多种催化剂被考察来促进反应的进行。采用碳酸钙、醋酸镉、碱土金属氧化物(如 BaO、CdO 等)以及二乙基锌/水($ZnEt_2$-$H_2O$)等作催化剂时,可显著缩短反应时间,提高分子量,其中以醋酸镉和二乙基锌的催化效果最好,主要原因是这类配位型催化剂能提高羰基碳的亲核性,促进酸酐键的交换反应。催化剂的用量一般为 $1\%\sim3\%$,如用 2%(摩尔分数)的 $ZnEt_2$-$H_2O$(1∶1)来催化脂肪族聚酸酐的合成时,2h 内聚合物的相对分子质量可达 1 万,而无催化剂时仅为 4000。但上述催化剂中,除了碳酸钙是一种安全的天然材料外,其它的催化剂由于存在潜在的毒性,在作为医药级高分子生产中的应用受限。

此外,单体和预聚体的纯度也是影响聚酸酐分子量的主要因素之一。在传统的合成方法中,通常不对预聚体进行分离纯化,由此获得的聚酸酐分子量往往不高。如果在使用高纯度二酸单体的同时,对预聚体混合酸酐也进行提纯,可显著提高分子量。对于热敏感性单体,乙酰基封端的混合酸酐还可以采用二羧酸与乙烯酮或乙酰氯在低温反应制备。

聚酸酐也可以通过二酰氯和三甲基硅烷化的羟基酸熔融缩聚脱去三甲基氯硅烷来制备,如利用对苯二甲酰氯与三甲基硅烷化的对羟基苯甲酸在 $150\sim300$℃缩合脱去三甲基氯硅烷得到聚酯-酸酐,反应如图 3-52 所示。

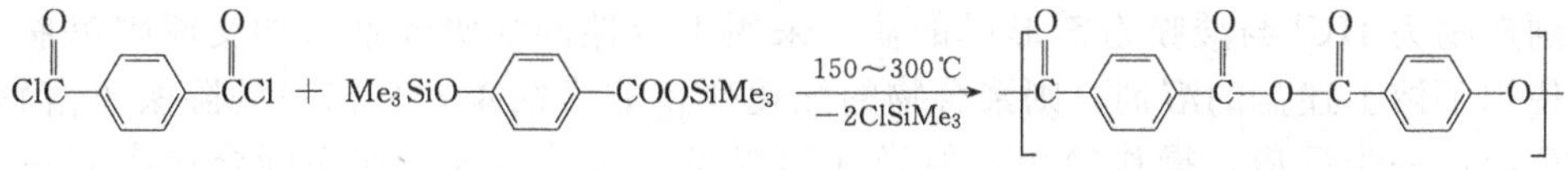

图 3-52 对苯二甲酰氯与三甲基硅烷化对羟基苯甲酸缩合制备聚酯-酸酐

但因为熔融缩聚还是需要在高温下进行,只适于热稳定性好的聚酸酐的合成,对于热敏感的单体仍需要探索更为温和的反应条件。

还有人研究了利用微波加热来代替油浴进行熔融缩聚,即使不用真空系统,所制备的 PSA、PCPH 和它们的共聚物具有与传统熔融缩聚得到聚合物相似的结果,而且聚合时间大为缩短,说明微波加热是一种有发展前景的聚合方法。

#### 3.8.2.2 溶液缩聚

溶液缩聚主要有脱 HCl 法和脱水法。溶液缩聚法适于热不稳定单体,如二肽单体或具有药理活性的二酸单体,但所得产物的分子量较小且包含有溶剂等杂质难以除尽。溶液缩聚的典型操作过程如下。

**溶液缩聚制备聚酸酐**:将二酸单体(1份)和酸吸附剂(2.5~3份)溶于有机溶剂,搅拌下滴加入偶联试剂(如酰氯、有机膦化合物或光气等),在 25℃反应 3h。当以聚乙烯吡咯烷酮(PVP)或 $K_2CO_3$ 为附酸剂时,所生成的不溶性固体 PVP·HCl 或 KCl 采用过滤的方式去除,然后滤液滴加入过量的石油醚中,使聚合物沉淀析出。当以三乙胺或吡啶为附酸剂时,如果所采用有机溶剂(如氯仿)可溶解三乙胺盐酸盐或吡啶盐酸盐,可采用将反应体系倾入大量石油醚中,使聚合物析出,然后收集沉淀溶解于氯仿,用冷的乙酸快速萃取数次后,聚合物溶液用无水 $MgSO_4$ 干燥后,石油醚沉淀真空干燥。若溶剂为甲苯、DMF、DMSO 和二氧六环等时,可直接采用将不溶性的三乙胺盐酸盐或吡啶盐酸盐滤除的方法,滤液用石油醚沉淀。最终产物在 40℃、真空下干燥 24h 待用。

(1) 脱 HCl 法 脱 HCl 法是酰氯与酸酐在室温下通过 Schotten-Baumann 缩聚合成反应脱去 HCl 形成聚酸酐,该法已广泛用于聚酯、聚酰胺和聚碳酸酯的合成,Domb 等用该法由酰氯与氨基酸反应,一步法合成了聚酰胺酸酐。但脱 HCl 法对反应条件的要求非常严格,不仅要增加制备二酰氯单体的额外步骤,对单体的纯度要求非常高,而且为了获得高分子量的聚酸酐,酰氯与羧酸必须按摩尔比 1:1 的严格配比进行反应。但是羧基的反应活性比胺、醇和巯基低,因此缩合效率不高,所得聚酸酐分子量往往较低。Domb 等研究了混合溶剂如吡啶-苯或吡啶-醚,以及催化剂如氯化锌,附酸剂如三乙胺、吡啶、聚乙烯吡咯烷酮等对二酰氯和二羧酸在室温下脱去 HCl 反应的影响,并用凝胶渗透色谱监测了反应的进行,发现反应很快完成(约 1h),但聚合度只有 20~30。脱 HCl 法制备的聚酸酐的聚合度还受到加料方式的影响,将二酸溶液滴加到二酰氯溶液中得到的聚合物分子量和产率都明显高于相反的加料顺序,原因是通常会使用略为过量的酸吸收剂来稳定二酸单体,因此酰氯会与三乙胺等形成复合物或水解而损失一部分。若一次性将二酰氯加入二酸溶液,其聚合物的分子量和产率也高于分批加入的结果,这说明脱 HCl 的速率和酰氯-胺配合物形成的速率是相当的。

(2) 脱水法 脱水法是在强脱水剂(含磷化合物、光气等)作用下脱水缩聚制备聚酸酐,常用的脱水剂有 $N,N$-双(2-氧杂-3-噁唑烷基)磷酰氯、$N,N$-二苯基磷酰氯、二环己基碳化亚胺(DCC)、异氰酸酯磺酰氯、光气和双光气等。但脱水法获得的聚酸酐分子量也不大,无论如何优化反应条件,该法所获得聚合物的聚合度也只有 15~30。除了光气和双光气,其它的脱水剂往往会生成除胺盐酸盐以外的低分子量副产物,使产物的纯化步骤更加繁琐,由此可能导致聚合物在纯化过程中发生水解降解。光气是一种有机合成中常用的反应性气体,双光气是光气的二聚体,是一种液态的物质,可作为光气的替代,合成过程中产生的唯一的副产物为 HCl 与酸吸附剂形成的盐，采用不溶性的酸吸收剂（如交联聚酰胺、无机碱）或使用不溶上述盐的溶剂，则聚合物的纯化变得非常简单，只需过滤除去不溶物即可。虽然该反应仅一步反应，操作简单，但光气和双光气毒性极大，在实际合成中有一定的危险，很少使用。最近，有研究报道用三甲基硅乙氧基乙炔 $[C_2H_5OC\equiv CSi(CH_3)_3]$ 作为脱水剂来制备聚酸酐，反应条件温和，反应效率也较高，而该试剂稳定性较高、毒性小，是一种比较理想的脱水剂。

#### 3.8.2.3 开环聚合

开环聚合，即环状二元酸酐在催化剂存在下开环聚合，是近年来研究的一种合成聚酸酐的新方法，该方法克服了逐步反应存在的问题。开环反应分两步进行，即环状单体的制备和环状单体的聚合（图 3-53）。环状单体的制备通常是将二酸单体先与乙酸酐反应生成混合酸酐，140℃回流得到低分子量预聚体，该预聚体在醋酸锌的催化下发生裂解得到环状二元酸酐。然后该环状单体在阳离子（如 $AlCl_3$ 和 $BF_3 \cdot$ 乙醚）、阴离子（如 $CH_3COO^-K^+$ 和 NaH）或配位型催化剂（如辛酸亚锡和二丁基锡氧化物）的作用下开环聚合。该反应在文献中主要是用来合成聚己二酸酐。Lundmark 和 Albertsson 研究了环己二酸酐在上述各种催化剂存在下的聚合反应，发现辛酸亚锡催化环己二酸酐聚合时，在起始阶段作为引发剂使环酐开环，之后辛酸亚锡作为链交换反应的催化剂，使高分子量的聚酸酐和低分子量的环酐达到平衡。虽然聚合的转化率可达 70% 以上，但 $M_w$ 很低，最高仅为 $5\times 10^3$。而在三异丁基铝催化下，环己二酸酐能进行活性开环聚合，Ropson 等由此成功得到了己二酸酐与 ε-己内酯的嵌段共聚物。关于环酐开环聚合的研究主要集中在催化剂的选择上，但相关报道还不多，尚需作更深入的研究。

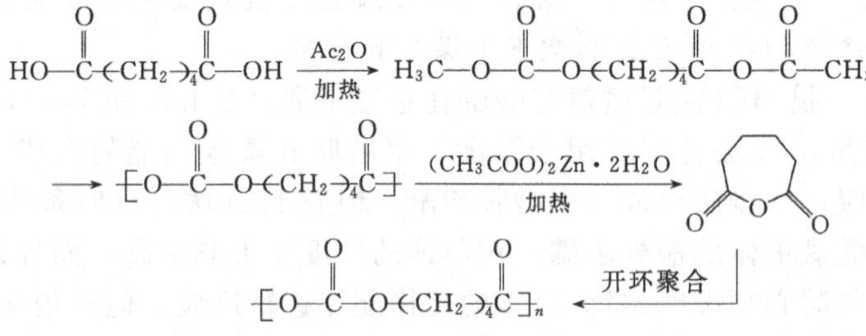

图 3-53 环己二酸酐的制备及其开环聚合

### 3.8.3 聚酸酐的分类

很多情况下，用于生物医学领域的材料并不是一开始就被设计用来作医学用途的，通常是医生选择它们来解决某一方面面临的医学问题的，虽然这样的开始也使材料在生物医学领域应用和对医学的推动取得了很大的进步，但并不是说它就是理想的。要开发新的具有改善性能的材料，必须从工程学、化学和生理学的观点来设计合成生物材料。以药物控制释放载体为例，如何才能获得一种具有适宜降解行为的材料用于药物控制释放实现零级释放？理想的状态应是：材料必须具有表面降解特性，就像肥皂的溶解一样，而不能是本体降解。要设计这样一种高分子，必须先回答几个问题：① 是什么引起高分子的降解，酶还是水？从降解行为的重复性来说，水是最好的反应分子，因为酶的水平因细胞、人而异。② 如果确定了水为反应物，那么单体应该具有什么样的特性呢？单体应该是疏水性的，能够将水分子阻隔于聚合物基体之外，使降解仅仅发生在表面。③ 如何使材料的溶解速率足够快？必须使单体具有对水高反应性的键，如酸酐键。这样，一种实现表面降解的方法是合成疏水性的聚酸酐。然后再考虑单体的生物相容性，例如疏水性CPP单体和相对亲水的单体SA是最常用的。100%CPP的均聚物，因疏水性太强，14周仅能溶解8%，1mm厚的圆片需要3～4年才能完全溶解。如果向其中引入15%（摩尔分数）的SA，降解速率可观察到明显加快，引入80%（摩尔分数）的SA后，P(CPP-SA)于2周完全溶解。这样，通过调节组分可调节降解速率，即调节药物释放速率。

自从聚酸酐被合成报道以来，已经有数百种聚酸酐结构被陆续报道，如脂肪族聚酸酐、芳香族聚酸酐、杂环族聚酸酐、聚酰酸酐、聚酰胺酸酐、聚氨酯酸酐及可交联聚酸酐等，其中可用于生物材料领域，尤其是在药物释放中取得重要应用的几种分述如下。

#### 3.8.3.1 饱和脂肪族聚酸酐

脂肪族聚酸酐（图3-54）主要包括聚癸二酸酐（PSA）、聚己二酸酐（PAA）和聚十二酸酐（PDA），由这些饱和二酸单体制备的脂肪族聚酸酐都是结晶性的聚合物，熔点低于100℃，可溶于氯代碳氢化合物。由于这类聚酸酐亲水性强，降解速率快，可于数天至数周内降解并从体内排除，因此一般要与芳香酸酐共聚后应用于药物载体。

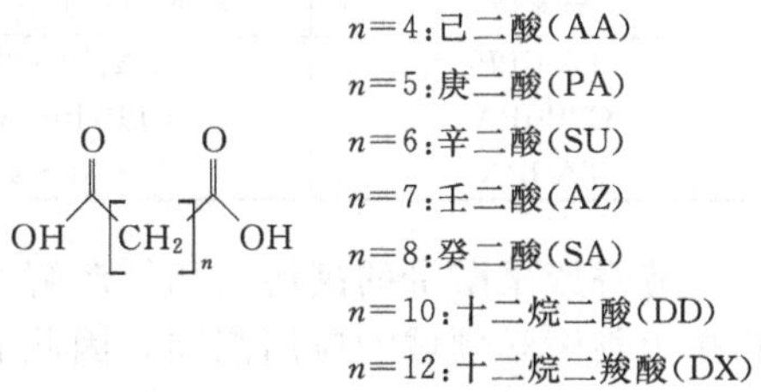

$n=4$：己二酸（AA）
$n=5$：庚二酸（PA）
$n=6$：辛二酸（SU）
$n=7$：壬二酸（AZ）
$n=8$：癸二酸（SA）
$n=10$：十二烷二酸（DD）
$n=12$：十二烷二羧酸（DX）

图3-54 常见饱和脂肪族聚酸酐

#### 3.8.3.2 不饱和聚酸酐

不饱和聚酸酐（图3-55）主要是由富马酸（FA）、乙炔二羧酸（ACDA）、4,4′-芪二酸（ST-DA）通过熔融或溶液聚合制备的。在整个聚合过程中，双键的完整性保持不变，可用于进一步的交联反应。不饱和酸的均聚物也是结晶性的，不溶于普通有机溶剂，但与脂肪族二酸单体共聚后，结晶性降低，可溶于氯代碳氢化合物。

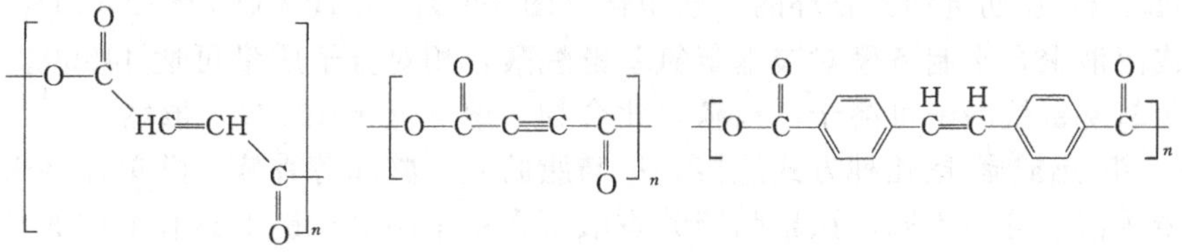

(a) 聚富马酸酐　　(b) 聚乙炔酸酐　　(c) 聚4,4′-芪二酸酐

图3-55 常见不饱和聚酸酐

不饱和聚酸酐耐γ射线的能力较低，原因是酸酐键在γ射线照射下发生了自交换解聚过程，这个过程可被临近的与酸酐键形成共轭的不饱和键所促进。因此不难理解聚富马酸酐（PFA）对γ射线更为敏感，位于两个双键间的酸酐键可断裂形成两个自由基，进一步与位于主链上的脂肪族酸酐键反应，生成链间或链上的环状产物。

#### 3.8.3.3 芳香族聚酸酐

不同于脂肪族聚酸酐一般在短时间内降解完全，由芳香族二酸单体制备的聚酸酐的稳定性较高，甚至要几年才能降解完全，可用作长效药物载体。但芳香族均聚酸酐不溶于普通的有机溶剂，熔点也非常高（>200℃），难以通过溶液或熔融的方法加工成膜或微球，限制了其在生物医学领域的应用。能溶于氯代碳氢化合物、完全由芳香族单体制备且熔点低于150℃的聚酸酐，主要是一些芳香族二酸单体（图3-56），如间苯二甲酸（IPA）、对苯二甲酸（TA）、双（对羧基苯氧基）甲烷（CPM）、1,3-双（对羧基苯氧基）丙烷（CPP）或1,6-双（对羧基苯氧基）己烷（CPH）等的共聚物（表3-24），随着主链中亚甲基链的增长，聚合物的疏水性增加，降解速率减慢。

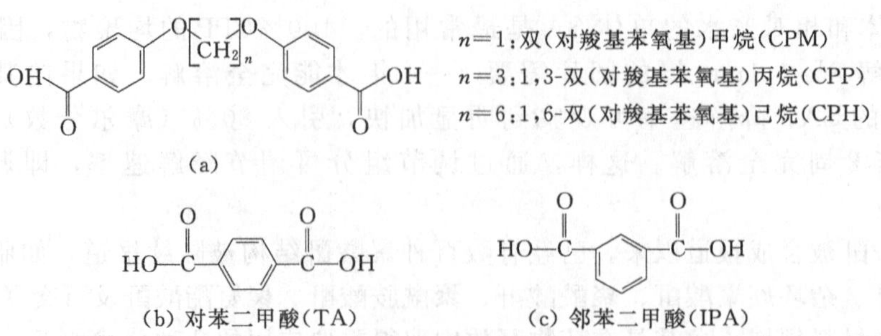

$n=1$：双(对羧基苯氧基)甲烷(CPM)
$n=3$：1,3-双(对羧基苯氧基)丙烷(CPP)
$n=6$：1,6-双(对羧基苯氧基)己烷(CPH)

(a)

(b) 对苯二甲酸(TA)

(c) 邻苯二甲酸(IPA)

图 3-56 用于制备芳香族聚酸酐的一些芳香二酸单体

表 3-24 一些具有低熔点、可溶的芳香族聚酸酐共聚物的组成

| 共聚物 | 组成/%(摩尔分数) | 共聚物 | 组成/%(摩尔分数) |
| --- | --- | --- | --- |
| TA-CPP | TA：20～30 | TA-SA | TA：0～30 |
| CPP-IPA | CPP：10～60 | CPP-SA | CPP：0～65 |
| TA-IPA | TA：10～40 | IPA-SA | IPA：0～70 |

芳香族聚酸酐的高熔点和低溶解性，以及脂肪族聚酸酐的降解速率快等特性都限制了它们在生物医学领域的应用范围，因此通过将脂肪族二酸和芳香族二酸进行共聚，可以通过其共聚比例来调节共聚酸酐的性能和降解速率。目前在医学上已得到广泛应用的是 SA 和 CPP 的共聚物 [P(CPP-SA)]，其降解速率可调，但由于 SA 的降解速率快于 CPP，因此 P(CPP-SA) 的降解速率不完全是线性的，随着降解的进行，富含 SA 组分的嵌段优先降解，造成聚合物中 CPP 组分的含量逐渐增加。

#### 3.8.3.4　聚脂肪芳香酸酐

一些同时含有脂肪链和芳香环的二酸单体（图 3-57），如 $HOCOC_6H_4O(CH_2)_xCOOH$，可通过熔融或溶液聚合来制备聚对羧基苯氧基链烷酸，相对分子质量可达 44600。当 $x<7$ 时，聚对羧基苯氧基链烷酸酐可溶于氯代碳氢化合物，熔点低于 100℃。虽然上述二酸单体间可能以头-头、头-尾或尾-尾几种方式连接，但与脂肪族二酸和芳香族二酸单体共聚会形成无规的脂肪和芳香嵌段分布不同，该聚脂肪芳香酸酐在整个高分子链上具有平均的脂肪和芳香链段分布，因此这些聚合物的降解遵循零级水解规律，降解周期 2～10 周。烷基链段的长度决定降解时间，链段长度增加，降解速率变慢。

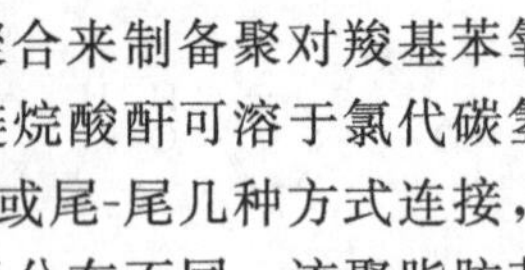

$n=1$：对羧基苯氧基乙酸酐（CPA）
$n=4$：5-对羧基苯氧戊酸酐（CPV）
$n=7$：8-对羧基苯氧辛酸酐（CPO）

图 3-57　常见聚脂肪芳香酸酐

#### 3.8.3.5　聚酯-酸酐和聚醚-酸酐

早在 1964 年，4,4'-链烷酸二氧二苯甲酸和 4,4'-氧杂链烷酸二氧二苯甲酸就被用来合成聚酯-酸酐和聚醚-酸酐（图 3-58），它们的熔点范围为 96～176℃，相对分子质量最高达 12900。Domb 等报道了利用羧基封端的低分子量聚己内酯（PCL）、聚乳酸（PLA）和聚羟基丁酸酯（PHB）与 SA 预聚体的熔融缩聚制备两嵌段或三嵌段共聚物，即先将聚酯低聚物和癸二酸分别与乙酸酐在 140～150℃回流反应生成乙酸酐封端的聚酯和癸二酸预聚体，然后二者在真空状态下、150℃缩合聚合即得聚酯-酸酐。类似地，PSA、PCPP 等与 PEG 的二、三嵌段或梳形共聚物也可通过羧基封端的 PEG 与聚酸酐预聚体共聚得到，由于 PEG 的亲水性，随着聚醚含量的增加，共聚物的降解速率加快，但仍维持表面降解特征，不足的是

力学强度有所下降。聚醚-酸酐是一种两亲性的聚合物,其嵌段共聚物可通过自组装形成胶束或纳米粒子。而一种由水杨酸与癸二酸制备的聚酯-酸酐,由于降解后能对局部组织释放活性组分水杨酸,被发现具有促进新骨生成的作用。聚酯-酸酐也可以利用蓖麻油酸和石胆酸等同时带有羟基和羧基的物质对聚酸酐进行插入来制备,即先利用聚酸酐低聚物(如PSA低聚物)与蓖麻油酸进行酯交换反应(图3-59),得到的产物然后再采用常规的熔融聚合,即先与乙酸酐反应然后缩合的途径合成得到聚酯-酸酐。PSA-蓖麻油共聚酯-酸酐中最常见的质量比为70:30,通过熔融(75~80℃)加工成载药制剂,在一个多月的时间内实现持续释放。

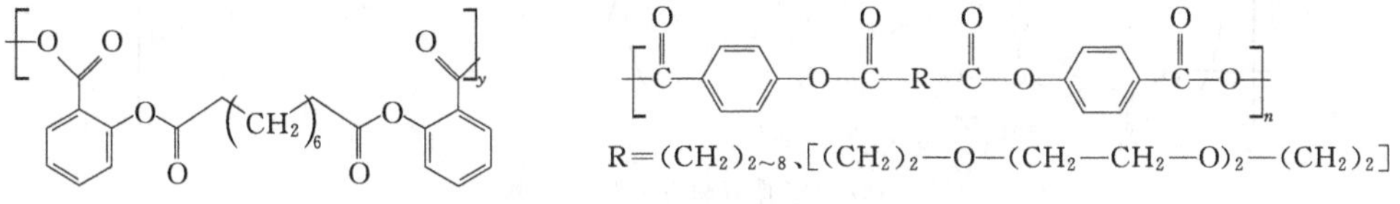

(a) 聚(水杨酸-癸二酸)酐(PEA)

(b) 聚醚-酸酐

$R=(CH_2)_{2\sim8}, [(CH_2)_2—O—(CH_2—CH_2—O)_2—(CH_2)_2]$

图 3-58 聚酯-酸酐和聚醚-酸酐的结构

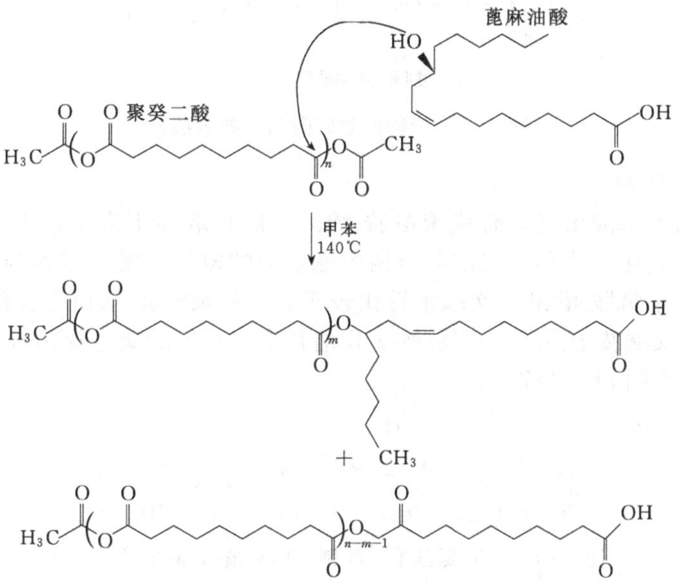

图 3-59 聚癸二酸(PSA)与蓖麻油酸的酯交换反应

#### 3.8.3.6 从脂肪酸制备的聚酸酐

Domb 等最早报道了由不饱和脂肪酸的二聚体或三聚体制备的聚酸酐,如油酸和芥酸的二聚体是含有两个羧基的油状液体(图 3-60),可用于聚合来制备聚酸酐。它们的均聚物是黏稠液体,没有什么实用价值。与 SA 共聚后,随着后者含量的增加,聚合物逐渐转变为固态,熔点提高。这样的共聚物可溶于氯代碳氢化合物、THF、2-丁酮和丙酮。由蓖麻油酸、马来酸和癸二酸熔融缩聚制备的非线性疏水脂肪族聚酸酐(图 3-60)相对分子质量可超过 $10×10^4$,聚合物具有比较理想的理化性能,如低熔点、疏水性、韧性和成膜性好,以及生物相容性和生物可降解性。此外,因为天然脂肪酸是单官能团的,它们可作为封端剂来调控聚合物的分子量,以及利用天然脂肪酸烷烯链长度的变化,改变聚合物的疏水性、降低聚酸酐的降解速率,由此调节它们的药物释放行为,但它们对聚酸酐本身的熔点影响很小。利用非线型脂肪酸封端的聚酸酐被发现更为疏水,结晶性更低。

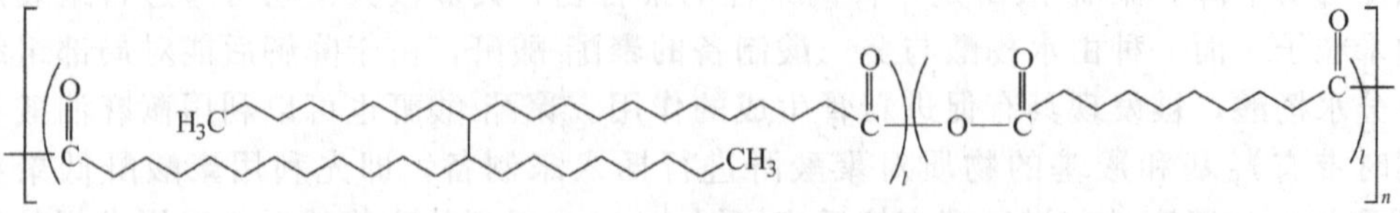

(a) 聚（芥酸二聚体-癸二酸）

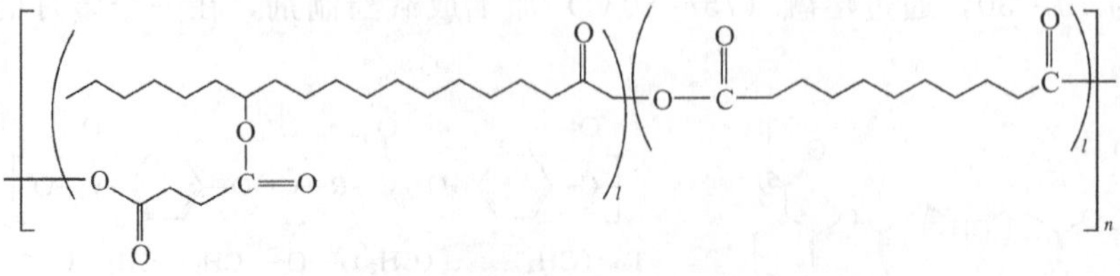

(b) 聚（蓖麻油马来酸-癸二酸）

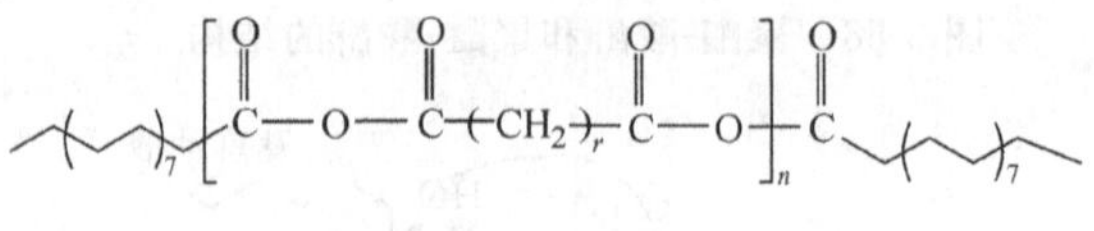

(c) 硬脂酸封端的聚癸二酸

图 3-60 一些由脂肪酸制备的聚酸酐

### 3.8.3.7 聚酰胺-酸酐

从天然来源的氨基酸出发，合成聚酰胺-酸酐一般采取如下方法：先将氨基酸与某种环酸酐反应使氨基酰胺化，或利用二酰氯将两个氨基酸的氨基用酰胺键连接起来，然后通过熔融缩聚可得相应的聚酰胺-酸酐。文献报道比较多的一种聚酰胺-酸酐是如图3-61所示的由对氨基苯甲酸制备的聚酰胺-酸酐，改变链烷基R的长度，获得的聚合物相对分子质量从2500～12400不等，熔点范围58～177℃。

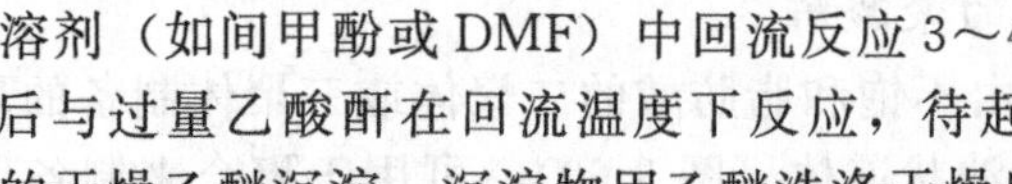

$R=(CH_2)_3$、$[(CH_2)_2—O—(CH_2)_8—O—(CH_2)_2]$

图 3-61 由对氨基苯甲酸制备的聚酰胺-酸酐的结构

聚酸酐-酰亚胺也可以通过熔融缩聚来制备，酰亚键的引入使聚合物的热稳定性和力学强度显著提高，成纤成膜性能改善。其制备方法一般是采用氨基酸与1,2,4-苯三酸酐或1,2,4,5-苯四酸酐在有机溶剂（如间甲酚或DMF）中回流反应3～4h，生成含环状酰亚胺的二酸单体（图3-62），然后与过量乙酸酐在回流温度下反应，待起始反应物全部溶解（约需1h），然后冷却，经冷的干燥乙醚沉淀，沉淀物用乙醚洗涤干燥后，可用于熔融缩合聚合制备相应的聚酸酐-酰亚胺。甘氨酸、丙氨酸、γ-氨基丁酸、亮氨酸、酪氨酸、11-氨基十二烷酸和12-氨基十二烷酸等都已通过上述反应，成功获得了聚酸酐-酰亚胺。目前所报道的所有含有N-苯酰亚胺酸-氨基酸的均聚物都是刚硬的脆性固体，相对分子质量都小于10000。向主链中引入柔性组分后，如与脂肪族二酸的共聚物，可获得较高分子量的聚合物。N-苯酰亚胺酸-甘氨酸或氨基十二烷酸与SA或CPH的共聚物，通过提高SA或CPH共聚单体的含量，可使共聚物的相对分子质量超过100000。

### 3.8.3.8 支化聚酸酐

支化聚酸酐是指在聚合物主链上伸出许多支链，支链可以是以无规、星型或梳型排布。

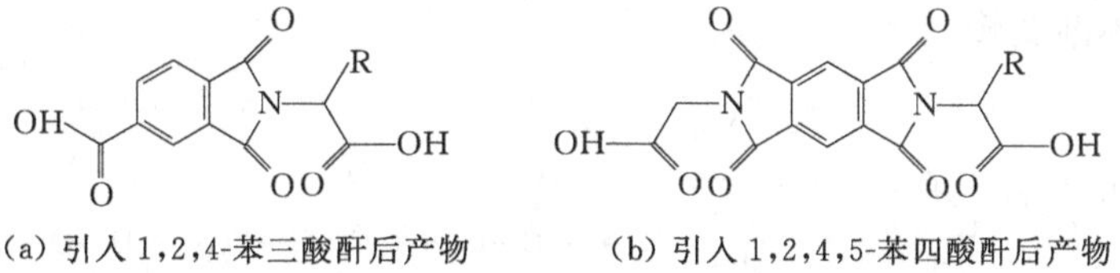

(a) 引入1,2,4-苯三酸酐后产物　　(b) 引入1,2,4,5-苯四酸酐后产物

图3-62　γ-氨基酸引入1,2,4-苯三酸酐和1,2,4,5-苯四酸酐后产物的结构

如Domb等以癸二酸与1,3,5-苯三酸和聚丙烯酸反应得到了无规支化和接枝共聚物（图3-63），熔点约80℃，结晶度低，降解速率也较慢。一般来说，支化聚酸酐的分子量显著高于相应的线性聚合物，因支化高分子的链段排布比较紧密，其特性黏数并不显著增加。支化聚酸酐与线性聚酸酐除了在分子构型和分子量方面有明显差别外，其它的理化或热性能都十分相似。但作为药物载体时，支化聚酸酐比具有相似分子量的线性高分子对药物的释放速率更快。

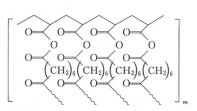

图3-63　一种支化聚酸酐-聚丙烯酸接枝聚癸二酸结构

#### 3.8.3.9　交联聚酸酐

很多的临床应用都倾向于具有原位成型能力的高分子，例如口腔黏结、骨水泥等。这些应用中以光固化的丙烯酸酯类树脂为主，但由它们形成的聚合物都是不可降解的，可能增加愈合过程的复杂性（如阻碍血液流动）。而且，丙烯酸酯中高浓度的反应性基团，聚合时会引起局部温度升高，引起组织坏死。聚酸酐具有表面降解特性，比本体降解的材料在作为硬组织修复材料方面具有更多优势。光固化聚酸酐（图3-64）一般由二酸单体或端羧基聚酸酐预聚体与甲基丙烯酰氯反应来制备同时含有酸酐键和不饱和端基的功能化单体，然后在光引发剂存在下，经紫外线或可见光照射发生交联固化。聚酸酐交联后形成三维网络，力学强度大，降解速率可根据二酸单体种类来调节，如交联的PSA降解周期仅为数天，而PCPH则长达1年。这样的聚酸酐可作为可降解的骨组织固定器件（如骨钉和螺栓），以及作为骨修复和再生的可吸收填料和骨水泥等。

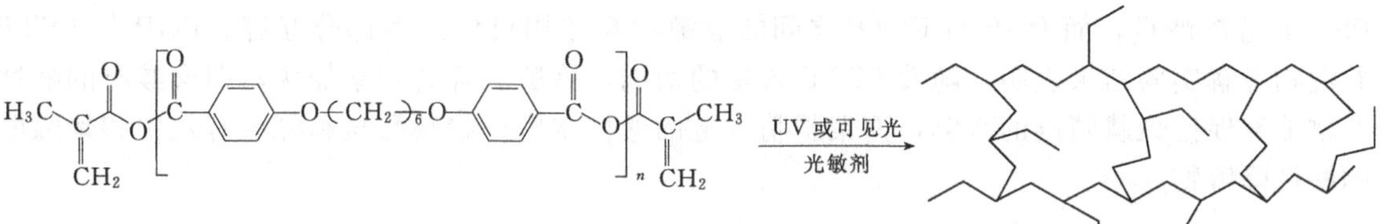

丙烯酸封端的酸酐预聚体　　　　UV或可见光 光敏剂　　　　三维交联网络

图3-64　可见光固化聚酸酐制备过程

交联的聚酸酐也可以通过向不饱和聚酸酐中引入烯类单体，如甲基丙烯酸甲酯或甲基丙烯酸羟乙酯，利用自由基聚合来获得，但应用不如光固化聚酸酐简单、方便。Albertsson等则报道了一种由环己二酸酐与1,2,7,8-二环氧辛烷进行共聚得到由链烷基交联的聚己二酸酐（图3-65），交联反应得到的是聚酯连接，交联点间为聚己二酸酐的均聚链，酸酐键的反应活性高于环氧基团是保证能形成聚酸酐均聚物链段的主要原因。该聚合物实际上是类聚酯-酸酐，由于酸酐键的降解速率快于酯键，该聚合物降解初期的行为与聚己二酸酐均聚物相似，组成为己二酸和1,2,7,8-二环氧辛烷分别为75%（摩尔分数）和25%（摩尔分数）的交联聚酸酐，在37℃磷酸盐缓冲溶液中浸泡15h失重即达50%，但随着己二酸组分含量的

降低，降解速率逐渐变慢。

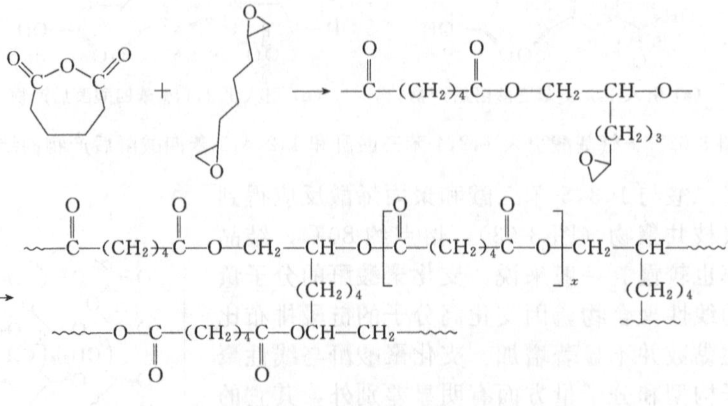

图 3-65　可交联的环氧改性聚酸酐制备过程

#### 3.8.3.10　聚酸酐的共混改性

通过些许改变聚合物的组成即可调节聚酸酐的物理和力学性能，最简单的方法是采用共混。一般来说，具有不同结构的各种聚酸酐之间的相容性都很好，可以形成均相的混合物，只有一个熔点。低分子量的 PLA、PHB 和 PCL 与聚酸酐的相容性也很好，高分子量的聚酯（相对分子质量大于 1 万）与聚酸酐一般不互容，但都具有较长烷烃链的 PCL 与聚十二烷二酸酐（PDD）在 10%～90%（质量分数）的比例范围内，通过熔融共混都能够形成均匀的共混物，没有明显的相分离，但 DSC 仍能检测到两个熔融峰（PCL 约为 55℃，PDD 为 75～90℃）。Albertsson 等将聚三亚甲基碳酸酯（PTMC）和聚己二酸酐（PAA）进行了共混，虽然存在微相分离结构，但观察不到明显的相分离。PAA 在其中起到了增塑剂的作用，通过提高共混物的孔隙率和水化程度来加快降解。虽然这些共混物的降解速率可通过改变两者的比例来调节，但都存在由于聚酸酐的降解速率快，聚酯或 PTMC 的含量随着降解的进行逐渐增加，降解速率也逐渐变慢的问题。Qiu 等则将聚（双-甘氨酸乙酯）膦腈（PGP）与 PSA 和聚（癸二酸酐-co-苯三酸亚胺甘氨酸)-b-聚乙二醇（PSTP）进行共混，PGP 与 PSA 相分离严重，而 PGP 与 PSTP 之间的氢键相互作用可使二者部分互容。PGP 与 PSTP 共混物降解实验结果表明，随着 PSTP 含量的增加，聚膦腈降解速率加快，即聚酸酐的酸性产物能够促使聚膦腈链的水解，而聚膦腈主链的碱性水解产物磷酸盐和氨可有效中和聚酸酐的酸性降解物。

### 3.8.4　聚酸酐的稳定性

Domb 和 Langer 报道了数种聚酸酐在固态和干燥氯仿溶液状态下的稳定性，包括 SA、辛二酸、己二酸、CPM、CPP、CPH 和亚苯基二丙酸（PDP）的均聚物或共聚物。研究发现，芳香族聚酸酐 P(CPH) 和 P(CPM) 无论是在固态还是有机溶液中，至少在一年内仍能维持其起始的分子量不变，而脂肪族聚酸酐［PSA、P(PDP)］则随着时间分子量下降，而且在溶液中下降程度更大，温度升高也使聚合物分子量下降更剧烈。通过元素和光谱（FT-IR、$^1$H-NMR、$^{13}$C-NMR）分析，发现解聚产物的组成和原始聚合物一致，而且将分子量下降的聚合物置于 180℃加热 20～300min，可使之回复原始的分子量，但水解降解的聚酸酐经过相同处理，其分子量不会再增加。基于这样一些事实，提出聚酸酐在固态或有机溶剂中的降解是一种通过分子间和/或分子内的酸酐键进行交换，形成了环状产物的自解聚过程（图 3-66）。通过向有机溶剂中引入不同比例的经同位素标记的水（$^3$H$_2$O），在 24h 内检测发现，聚酸酐的降解速率并没有变化，降解产物的组成仍与起始相同，降解产物中也没有检测到 $^3$H，而且降解产物经再聚合可回复原始分子量，这些证据进一步证实了上述解聚机理的正确性，说明聚酸酐在固态或有机溶剂中的降解并非水解引起的。研究还发现，聚酸酐在有机溶液中的浓度也显著影响聚合物的稳定性，在稀溶液中，由于发生分子内酸酐交换反应的概率增加，易于成环，因此解聚速率加快，而随着溶液浓度增加，聚酸酐的稳定性也有所提高。极性溶剂（如 THF）可加速酸酐键的交换反应，因此聚酸酐在 THF 中的稳定性低于其氯仿溶液。一些金属，如钯、铁、锌、铜、镍、锡和铝等，都能促进聚酸酐在有机溶剂中的自解聚过程，其中锌和铜的作用最为显著，可能原因是金属与酸酐键的相互作用促进了酸酐键的断裂。

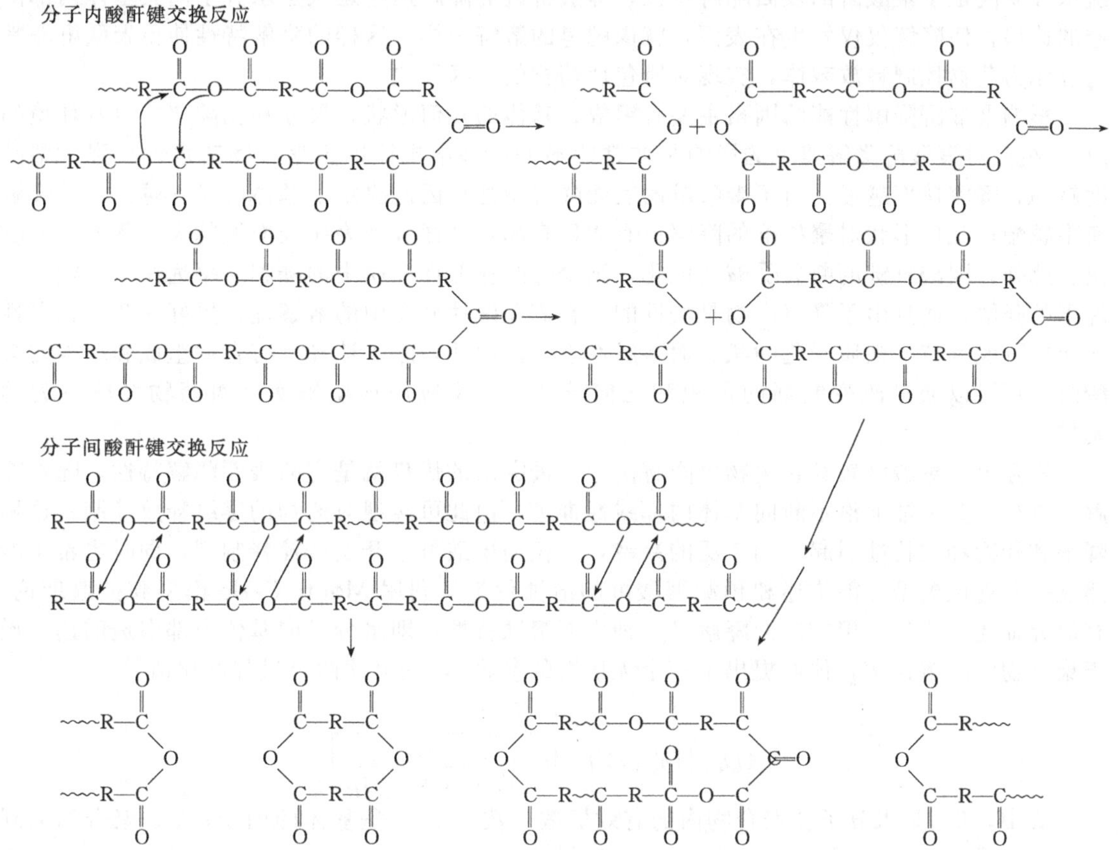

图 3-66　聚酸酐在无水环境中的自解聚过程

在很多情况下都发现，聚酸酐在固态或在有机溶液中的稳定性与其水解稳定性是不相符的。对脂肪族-芳香族共聚聚酸酐以及聚酰亚胺-酸酐也发现了随着储存时间的延长，分子量下降的现象。在干燥或真空条件下保存的聚酸酐，其降解主要是通过酸酐键交换导致的自解聚，而在潮湿环境下，除了自解聚过程，还有酸酐键的水解造成聚合物分子量下降。

聚酸酐的主要用途是作为植入式药物载体，但在应用前，灭菌处理是必需的。对水和热敏感的聚合物的灭菌最为有效的方法是将其暴露于离子辐射。高能离子辐射灭菌的优点有高效、热效应小、可整体灭菌已包装好的器件，通常认为 2.5Mrad 的辐射剂量对医疗植入体的灭菌效果已足以满足临床应用要求。但辐射剂量有可能影响聚合物的力学性能、水解降解行为、药物释放行为，甚至生物相容性。一些研究比较了脂肪族和芳香族均聚或共聚酸酐分别在干冰和室温环境下，经 2.5Mrad 辐射后聚合物性能的变化。结果表明，在低温环境下，辐照对聚酸酐的力学和物理性能没有明显影响，组成和官能团也没有发生变化，在室温辐照时，芳香聚酸酐和饱和聚酸酐对 γ 射线的辐照在一定时间内是稳定的，但不饱和聚酸酐由于其主链上的不饱和双键与酸酐键的共轭使酸酐键不稳定，在 γ 射线作用下生成自由基，这些自由基通过酸酐交换反应生成共轭程度较低的聚酸酐，结果通过链间或链内的酸酐交换，自解聚为低分子量的聚合物。但也有文献报道，聚酸酐经 γ 射线照射后可引起分子量的增加，原因是发生了扩链反应。

### 3.8.5 聚酸酐的降解

与脂肪族聚酯如聚乳酸及其共聚物的本体降解不同，酸酐键的快速降解特性和其主链的疏水性质决定了聚酸酐的表面降解特性，即酸酐键的降解速率远快于水分子向其基体内部渗透的速率，使降解仅仅发生在表面，就像肥皂的溶解一样，这样的降解特性使得聚酸酐非常适合作为药物控制释放载体，实现对所包埋药物的零级释放。

影响聚酸酐降解性能的因素主要有组成、基体的几何形状、尺寸和孔隙率，以及环境的 pH。组成对聚酸酐降解速率的影响是非常明显的，基本规律即为聚合物疏水性越强、结晶度越高，降解速率越慢。由于聚酸酐的表面降解特性，因此决定了基体的尺寸越大，其降解速率越慢；几何形状对聚酸酐的降解也有明显影响，规律表现为比表面积越大，降解速率越快。此外，因酸酐键的断裂受碱的催化，则聚酸酐在碱性介质中的降解速率远快于在酸性条件下的降解，而且由于降解产物是酸性的，它们在碱性介质中的溶解性也更好一些，在酸性介质中可能维持未被质子化的状态而溶解性下降。由此，除了选择具有合适组成和结构的聚酸酐，还可以通过改变制剂的体积和几何设计，以及应用环境来实现对药物释放行为的调控。

实际上，聚酸酐较其它生物可降解高分子最突出的优势就是它的表面降解特性，随着降解的进行，其溶蚀前沿不断向基体内部线性推进，由此可实现对药物的零级释放控制。这种降解和药物释放特性引起人们广泛的兴趣，不仅用聚酸酐来开发缓控释制剂，同时也希望能建立一些理论模型，能描述和预测聚酸酐的溶蚀行为。利用 Monte Carlo 模型和扩散理论，有研究描述了为什么聚酸酐的降解是一种表面溶蚀特性，即水分子向基体内部渗透的速率慢于聚合物的降解速率，他们提出了一个无量纲的参数 ε，是上述两个过程的比值。

$$\varepsilon = \frac{\langle x \rangle^2 \lambda \pi}{4 D_{\text{eff}} \left\{ \ln[\langle x \rangle] - \ln\left[\sqrt[3]{\frac{\overline{M}_n}{N_A(N-1)\rho}}\right] \right\}}$$

式中，$D_{\text{eff}}$ 是水分子在聚合物内的有效扩散系数；$\langle x \rangle$ 是基体的面积；$\lambda$ 是聚合物的降解速率；$\overline{M}_n$ 是聚合物的数均分子量；$N$ 是平均聚合度；$N_A$ 是阿佛伽德罗常数；$\rho$ 是聚合物的密度。

当 $\varepsilon = 1$ 时，聚合物的溶蚀机理不易确定，但可以根据该值计算出临界尺寸 $L_c$。当基体的厚度大于该 $L_c$ 时，其将经历表面降解，反之，则是本体降解。聚酸酐即使基体厚度小至 $10^{-4}$ m，仍是表面降解，而聚（α-羟基酸）则需要基体厚度大于 $10^{-1}$ m 才能由本体降解转变为表面降解。虽然这种理论计算只是一种粗略的估算，但也确实揭示出表面溶蚀特性的确会受到体积效应的影响，这提示在进行材料或制品设计时必须要考虑到这一点。表 3-25 是一些可降解高分子的 $\varepsilon$ 和 $L_c$ 估算值。

聚酸酐一般是由水溶性较差的二酸单体来制备的，因此聚酸酐的降解产物若是通过溶解于生理性液体最终排除体外，无疑将是一个非常慢的过程。对于芳香族二酸单体，它们从体内排除的主要途径应该类似于苯甲酸及类似物，即或者以原型直接被清除或与氨基酸（主要是甘氨酸）相结合后被清除。但对于癸二酸以及脂肪酸这样的脂肪族单体，其最可能的排除途径是参与生成乙酰化辅酶的 β-氧化过程。

表 3-25　一些可降解高分子的 $\varepsilon$ 和 $L_c$ 估算值

| 化学结构 | 聚合物 | $\lambda/s^{-1}$ | $\varepsilon$ | $L_c$ |
|---|---|---|---|---|
| -[R-C(=O)-O-C(=O)]- | 聚酸酐 | $1.9\times10^{-3}$ | 11.515 | 75m |
| -[O-C(R)(R)-O-R]- | 聚酮缩二醇 | $6.4\times10^{-5}$ | 387 | 0.4mm |
| -[O-C(OR)(R)-O-R]- | 聚原酸酯 | $4.8\times10^{-5}$ | 291 | 0.6mm |
| -[O-C(H)(R)-O-R]- | 聚醛缩二醇 | $2.7\times10^{-8}$ | 0.16 | 2.4cm |
| -[O-(CH$_2$)$_5$-C(=O)]- | 聚($\varepsilon$-己内酯) | $9.7\times10^{-8}$ | 0.1 | 1.3cm |
| -[O-C(H)(CH$_3$)-C(=O)]- | 聚($\alpha$-羟基酸) | $6.6\times10^{-9}$ | $4.0\times10^{-2}$ | 7.4cm |
| -[N(H)-C(H)(R)-C(=O)]- | 聚酰胺 | $2.6\times10^{-13}$ | $1.5\times10^{-2}$ | 13.4m |

注：$D=10^{-8}\text{cm}^2/\text{s}$；$\ln\sqrt[3]{\dfrac{\overline{M_n}}{N_A(N-1)\rho}}=-16.5$。

### 3.8.6　药物释放体系的制备

研究得最多的药物控制释放载体材料是可水解的聚乳酸及其共聚物，但是这些聚合物的本体降解机理使得其药物释放受扩散和降解双重控制，因此难以获得理想的药物释放行为，尤其是针对水溶性小分子药物和大分子药物，常出现爆发释放以及多阶段释放行为，同时由于水溶性的药物分子必须先与水分子相互作用后才能被释放，因此药物的稳定性会受到一定影响。最适合作药物载体的高分子材料应该是疏水性的、结构稳定、具有强度、柔韧的、可溶于有机溶剂以及具有低熔点和在水环境下随时间能线性降解。因此，具有表面降解特性的高分子（聚酸酐或聚原酸酯）在药物释放领域的应用非常令人感兴趣，不仅可以获得零级释放行为，还可以提高药物在基体中的稳定性，而聚酸酐是目前唯一的一类被 FDA 认可用于临床实验的表面降解材料。

具有低熔点、以及在普通有机溶剂如二氯甲烷中具有良好溶解性的聚酸酐，如应用最为普遍的 CPP 和 SA 的共聚物［P(CPP-SA)］，可以非常方便通过各种方法将药物分散于聚酸酐基体中，例如将药物混入熔融的聚合物中或通过溶液浇注，也可以将药物和高分子粉末混合后压铸成型，可制备成膜、片、球或柱状。微球型制剂则可以采取溶剂挥发、熔融包埋和喷雾干燥等方法成型。但对所有成型方法的要求是必须在干燥的条件下进行，避免聚酸酐的水解。在文献中，详细报道了载有庆他霉素药物的聚酸酐制剂（Septacin™）的连续注射模

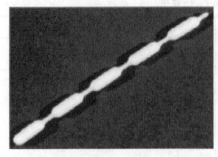

图3-67 连续注射模塑成型的Septacin™

塑成型。Septacin™是一种聚酸酐基植入体,是1:1(质量比)的芥酸二聚体和癸二酸的共聚物,含有艮他霉素,用来对发生感染的骨组织进行局部给予抗生素治疗。具体方法是先将药物与熔融聚酸酐在125℃混合15min得到聚合物/药物混合物,然后注射成型(图3-67)。注射温度不宜低,否则会由于熔体的高黏度导致形成的微珠出现皮芯结构。成型后用塑料泡经充氮封装后,置于干冰中用γ射线灭菌,在低温条件下进行辐照是为了防止聚合物降解。

## 3.9 聚膦腈

### 3.9.1 概述

"磷腈"一词是指含有如图3-68(a)所示结构的一大类物质。聚磷腈则是指主链由磷氮原子以交替的单、双键连接而成的高分子[图3-68(b)],与聚烯烃、聚酯等大家所熟知的碳碳链有机高分子不同,聚磷腈的主链不含碳元素,是一条无机主链。聚磷腈主链中磷原子的两侧很容易引入不同的功能基,可以是有机、金属有机或无机单元,当侧基为有机官能团时,根据中文命名规则应称为"聚膦腈",是一类无机-有机大分子,是磷腈聚合物研究和开发的重点。

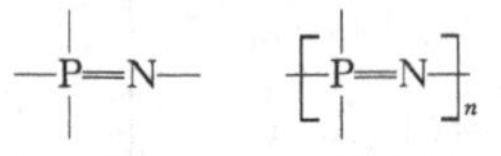

$$-\overset{|}{\underset{|}{P}}=N-\qquad \left[\overset{|}{\underset{|}{P}}=N\right]_n$$

(a) 磷腈　　(b) 聚磷腈

图3-68 磷腈和聚磷腈的结构通式

#### 3.9.1.1 磷腈的化学键结构

一种高分子的性能取决于其分子结构以及高分子链间的相互作用。聚磷腈高分子磷氮主链的特性决定了聚合物的很多重要性质,如柔韧性、弹性、耐热、耐光、耐辐射性,以及生物相容性等。聚磷腈的磷氮主链非常柔软,聚合物的$T_g$可低至($-100\sim-90℃$),—P=N—发生扭转所需要的能量与聚二甲基硅氧烷($T_g=-130℃$)相似,只有1kcal/mol左右。但是似乎难以理解具有双键结构的磷腈高分子链会与—Si—O—链高分子一样柔顺,因为大家知道,主链中含有—C=C—键的高分子往往柔顺性是较差的。

传统的含—C=C—键的高分子,如聚乙炔,双键是通过相邻的p轨道平行重叠杂化而形成,会造成电子的离域,因此要使—C=C—键发生扭转需要越过一个高的能垒。但是在由交替的磷氮原子以单、双键交替连接而成的磷腈主链,一般认为通过$d_\pi$-$p_\pi$共轭形成—P=N—双键中的σ键后,每一个磷氮结构单元还剩下四个电子,其中两个电子为氮原子上的孤对电子,另外两个则占据由磷3d轨道和氮2p轨道杂化而成的d轨道。聚磷腈主链所表现出来的透明性,以及不具备导电或光导电的特性,说明主链并未形成利于电荷转移的共轭体系,也就是说每一个键都是一个孤立的体系,彼此之间没有相互作用。磷氮键进行旋转时,尽管有$d_\pi$-$p_\pi$共轭轨道存在,但氮上的一个2p轨道可以和磷原子上的五个d轨道中一个或数个进行交换,对称的d-p轨道体系在每一个磷原子上均形成一个结点,对N—P键旋转基本不产生障碍,不像—C=C—双键旋转时存在p轨道重叠的角度改变问题。因此,聚磷腈主链没有形成长程共轭是该类高分子具有很好柔性的根本原因。

当然,对于聚膦腈这类侧链取代型高分子,尽管磷氮主链在决定材料的性能上起了很关键的作用,但侧基的影响也同样甚至更加重要。一般来说,当侧基体积较小或本身柔顺性高,则磷氮主链的高柔顺性可得以体现,但如果侧基本身比较刚硬、体积位阻大、或者是含有极性或能形成氢键的结构,则会阻碍主链的旋转,使聚合物的玻璃化温度升高。

### 3.9.1.2 磷腈大分子的构造

大部分的聚磷腈都是具有图 3-69 所示结构的长链的线性大分子。任何一个开放的线性高分子末端都存在末端基团，在图中以 X 和 Y 来表示，对低分子量或中等分子量的聚磷腈进行端基分析发现，聚磷腈的末端基团 X 通常是氯原子或有机官能团，Y 则可能是 $Me_3Si—$、$Cl_2P(O)—$、$Cl_4P—$ 或 $PCl_6^- PCl_3^+$。这些末端基团的由来是与线性聚二氯磷腈的合成方法和路线相关的，具体参见 3.9.3 节关于"聚二氯磷腈的制备"一节。

除了线性聚合物外，改变合成方法聚磷腈也能获得包括梳型、侧链支化或接枝型以及星型或树枝状高分子等结构的高分子，还可能存在一些大环的聚磷腈高分子，即同一条线性聚磷腈链末端的 X 和 Y 基团发生了反应生成环化产物。但这样一些结构的聚磷腈非常容易交联或溶解性能发生变化，并不是聚磷腈化学研究的重点。

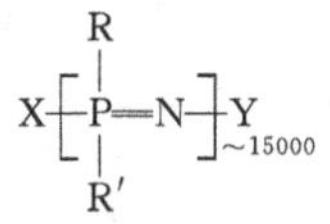

图 3-69 聚磷腈的结构通式

磷腈聚合物中还有三种比较特殊的分子结构，即环线性高分子、环簇高分子和侧链带有环磷腈的有机高分子（图 3-70），这几种磷腈大分子主要用于耐热、阻燃等领域。环簇磷腈由于具有非常突出的热稳定性，有时又被称为磷腈树脂。

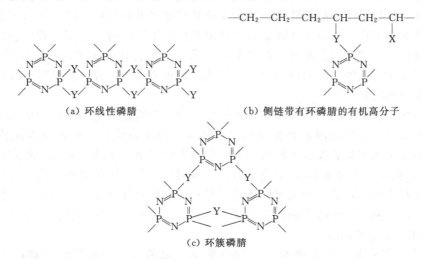

(a) 环线性磷腈　　(b) 侧链带有环磷腈的有机高分子

(c) 环簇磷腈

图 3-70　环线性高分子、环簇高分子和侧链带有环磷腈的有机高分子的结构

### 3.9.1.3 聚磷腈化学的独特性

聚磷腈化学最重要的特性是它的合成方法可使聚合物侧基的种类、结构和组成在非常宽的范围内进行调控，几乎我们所知的所有类型的基团，如有机、有机金属或无机基团，都可以连接到磷腈主链上。这些基团可以是卤素原子、烷氧或芳氧基团、伯或仲胺、烷基或芳基、有机硅组分、茂金属、环硼氮烷、碳硼烷、过渡金属羰基化合物、氨基酸、胆甾类物质以及碳水化合物等侧基，一些有机侧链中还可以引入羟基、羧基、氨基、磺酸基或其它功能性基团（图 3-71）。这使得聚磷腈比其它类型的高分子用途更加宽泛，也更引起人们的关注和研究兴趣。具体体现在：①聚磷腈所具有的无机主链可赋予聚合物特殊的性能，如高弹性、阻燃性、生物相容性、对近紫外线无吸收和耐 $\gamma$ 射线辐射等，这是其它传统有机主链高分子不具备或很难实现的；②通过各种合成技术，聚磷腈的侧基组成可以在很宽的范围内进行变化，直接调控和优化所获得材料的各项性能，如弹性、热稳定性、耐有机溶剂或腐蚀性试剂的能力、电化学和光化学性能、黏结性能和生物学性能等；③开展聚磷腈化学的研究是对高分子化学的有益补充，可为将来进行其它无机主链高分子的设计和发展提供重要参考。

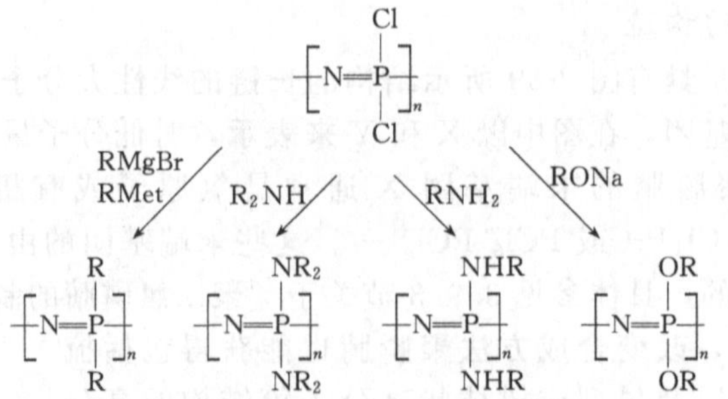

图 3-71 各种类型侧基取代聚膦腈的合成路径

#### 3.9.1.4 可作为生物材料的聚膦腈

聚膦腈材料作为生物材料的优势主要表现在以下几个方面：①通过选择不同的侧基，既可制备疏水性的高分子，也可以得到水溶性的聚膦腈高聚物，改变疏水性侧基和亲水性侧基的比例，还可以调节聚合物的亲水/亲油平衡；②通过引入两种或两种以上的侧基，以及改变各种侧基的比例，聚合物可以是生物稳定性的或生物可降解性的，而且降解速率随侧基种类和比例而改变，例如，当侧基为氨基酸酯、葡萄糖、甘油、乳酸酯、乙醇酸酯或咪唑基团时，聚合物的水解敏感度提高；③水溶性的聚膦腈可通过各种交联手段（如离子交联、光引发交联或物理交联手段）制备成水凝胶，当环境条件发生变化时，水凝胶发生相应的溶胀或收缩的可逆变化，实现对所载药物的控制释放；④由于聚膦腈分子中含有大量的官能侧基，因此可以通过化学改性的方法使材料表面更加亲水或更加疏水，或具有某种生理功能，从而优化细胞的黏附和增殖。

（1）生物稳定性聚膦腈　高分子在生物医学领域一个重要的应用是构建植入体，如人工心脏瓣膜、人工血管、牙齿颌面修复材料等，要求具有生物惰性，最好病人能持续使用终生。对于应用于上述用途的高分子材料，有三个基本的要求：①能长期保持稳定的物理性能（弹性、刚性、强度、透明度等）；②免疫排斥反应弱；③具有抗菌功能。第一点要求主要通过对材料的选择来达到，后两者则可以通过对材料的表面改性来实现。因此，直接通过分子设计合成得到的聚膦腈、经过表面改性的聚膦腈，以及聚膦腈与其它材料的复合物、共混物或 IPN 都可能用于上述用途。

迄今为止，主要是一些烷氧基、氟代烷氧基、烷基苯氧基取代的生物稳定性聚膦腈在心血管、牙科材料和接触式镜片方面有一些应用研究。例如三氟乙氧基取代聚膦腈具有很好的血液相容性，交联后可用于制备人工血管。一种三氟乙氧基和氟代烷氧基 $\{(OCH_2CF_3)_{50}[(OCH_2)(CF_2)_xCF_2H]_{50}\}$ 共取代的聚膦腈与二或三甲基丙烯酸酯 $[如 CH_2=C(Me)COO(CH_2)_xOOCC(Me)=CH_2]$ 形成互穿网络结构的弹性体后，已被用于制造义齿基托的软衬，并被 FDA 认可，形成商品化（商品名 Novus）。

一些水溶性的生物稳定性聚膦腈，如由一些亲水性侧基甲胺、聚醚、胆甾类化合物等取代的聚膦腈，或某些侧链经功能化反应后含有—OH、—NH$_2$ 或—COOH 等基团的聚膦腈，可用于制备水凝胶或结合药物分子制成高分子前药。

（2）生物可降解性聚膦腈　聚膦腈的主链在适宜的条件下可水解为磷酸根和氨，是一种具有 pH 缓冲能力的混合物。聚膦腈的降解属于侧链优先降解机理，磷氮主链是否能水解完全取决于侧基，主链的降解速率受到侧链降解产物的催化或抑制。一般来说，侧基越疏水，体积位阻越大，则相应聚膦腈的水解速率就越慢。

目前所报道的生物可降解的聚膦腈可根据取代基的特征分为两类，即氨基取代和醇钠取代。氨基取代生物可降解聚膦腈主要是指侧链含有氨基酸酯、咪唑或短肽等的聚膦腈，而醇钠取代生物可降解聚膦腈的侧基通常为甘油基、葡萄糖基、乳酸酯或羟基乙酸酯等,降解性能可通过选择合适的侧基种类和侧基组合来调节。生物可降解聚膦腈,尤其是氨基酸酯取代的聚膦腈,在作为生物材料用途中是被研究得最为深入、也是应用面最广的,其降解产物为氨基酸、醇(常为乙醇)、磷酸根和氨,生物相容性好,已被用于药物释放控制研究和细胞支架材料。

在作为药物控制释放载体方面,Laurencin 等考察了咪唑和甲基苯氧基共取代聚膦腈对小分子物质如对硝基苯胺、黄体酮和大分子如 $^{14}C$ 标记的牛血清白蛋白的释放行为。Allcock 等研究了甘氨酸乙酯、丙氨酸乙酯和苯丙氨酸乙酯全取代聚膦腈三种基体型制剂对小分子药物的释放。Lora 等合成了一种苯丙氨酸乙酯、咪唑和残留 P—Cl(75∶18∶7)共存的聚膦腈,通过乳液法制备的微球,实现了对甲氧萘丙酸的持续释放。Laurencin 等用(对甲基苯氧基)$_{80}$(咪唑)$_{20}$聚膦腈和(对甲基苯氧基)$_{50}$(甘氨酸乙酯)$_{50}$聚膦腈发展了一种向关节控释抗炎类药物秋水仙碱的释放体系。在另一项研究中,丙氨酸乙酯聚膦腈和(苯丙氨酸乙酯)$_{80}$(咪唑)$_{20}$聚膦腈的载药膜和微包囊被用来治疗牙周疾病,其中(苯丙氨酸乙酯)$_{80}$(咪唑)$_{20}$聚膦腈的降解速率被发现与骨缺损的再生速率相匹配。Schacht 等则报道了将两种具有不同降解速率的聚膦腈混合用于药物释放,体外对抗肿瘤药物丝裂霉素 C 的释放研究表明:其释放随着甘氨酸乙酯聚膦腈/苯丙氨酸乙酯聚膦腈共混物中后者比例的增加而减慢。关于聚膦腈用于对大分子药物的控制释放,Ibim 等研究了(对甲基苯氧基)$_{50}$(甘氨酸乙酯)$_{50}$聚膦腈对大分子菊糖(相对分子质量 5000)的释放。Caliceti 等报道了用(苯丙氨酸乙酯)$_{80}$(咪唑)$_{20}$聚膦腈制备微包囊用于对胰岛素的控制释放。

在组织工程应用研究方面,如 Langone 等应用(丙氨酸乙酯)$_{1.4}$(咪唑)$_{0.6}$聚膦腈作为神经诱导管成功修复了大鼠坐骨神经的 10mm 的缺损。Laurencin 等则考察了成骨细胞在甲基苯氧基和甘氨酸乙酯或咪唑共取代聚膦腈薄膜上的黏附和生长状况。Nair 等研究了牛冠状动脉内皮细胞在不可降解的甲基苯氧基取代聚膦腈纳米纤维上的黏附生长情况。Conconi 等也曾经制备了丙氨酸乙酯取代聚膦腈和(苯丙氨酸乙酯)$_{0.8}$(丙氨酸乙酯)$_{0.8}$(甘氨酸乙酯)$_{0.4}$共取代聚膦腈的短纤维,考察并发现它们有利于血管内皮细胞的黏附和生长。

众多的体内和体外试验表明,生物可降解性聚膦腈不仅是一类生物活性组分理想的控制释放载体材料,也是可用于组织再生的。

(3)水凝胶 水凝胶是由水溶性高分子交联形成的三维网络,可以溶胀但不会溶解。由于具有类似于人体软组织的物理特性,以及可能通过分子结构设计实现对环境刺激(如温度、pH 等)的响应,水凝胶在生物医学领域有着非常重要和广阔的应用。一些水溶性的聚膦腈也非常适合用来制备水凝胶,根据制备方法的不同,聚膦腈水凝胶大致可分为以下三类。

① 离子交联水凝胶 Allcock 等制备了用 $Ca^{2+}$ 交联的对羟基苯甲酸聚膦腈水凝胶。该水凝胶的制备方法非常简单,只需将对羟基苯甲酸聚膦腈钠盐的水溶液滴入氯化钙水溶液,即可形成水凝胶微球,制备条件温和,不会导致生物大分子在包埋过程中的活性丧失,是多肽、蛋白质药物的理想控释制剂。由于在聚膦腈侧链上存在羧基,该类水凝胶是一种 pH 敏感型水凝胶,即在酸性和中性介质中收缩,在碱性介质中溶胀。

② 辐射交联水凝胶 聚膦腈的无机主链在 γ 射线或 X 射线照射下都很稳定,而且对近 UV 和可见光无吸收,如果在侧基引入 γ 射线、X 射线、电子束和 UV 或可见光辐射敏感的基团,就能用辐射方法产生交联网络,交联密度可以随辐射强度而调节。侧链带有甲氧基封端的聚氧乙烯醚取代聚膦腈(MEEP)是这一类水凝胶的代表,在辐照下 C—H 或 C—C 键均裂生成碳自由基,进一步反应形成共价交联。该水凝胶目前主要用于对水溶性药物的控制

释放，但它的释药机理并不止于扩散和/或降解控制释放，因为 MEEP 及与其具有相似结构的聚膦腈都表现出在水中具有一个最低临界溶液温度（LCST），即当温度低于 LCST 时，聚合物可溶于水，而当温度高于 LCST 后，聚合物从水中沉淀出来。出现此种现象的原因是 MEEP 中同时含有亲水的醚氧和氮原子，以及疏水的端甲基和—$CH_2$—$CH_2$—。因此，由 MEEP 交联形成的水凝胶可表现出对环境温度响应的智能释放倾向，即环境温度低于 LCST 时，凝胶溶胀；环境温度高于 LCST 时，凝胶收缩。通过改变侧基的结构和组成，可调节聚合物及其水凝胶的 LCST，最令人感兴趣的是在人体温度附近能发生溶胀或收缩行为的水凝胶。

③ 化学物质交联水凝胶 该类水凝胶主要是通过侧链带羟基的聚膦腈（如甘油或葡萄糖基取代）与交联剂己二酰氯或己二异氰酸酯作用形成水凝胶，这是形成交联网络最常用的方法。水凝胶的性能可通过侧链羟基的比例、交联密度和共取代基团来调节，可用于药物控制释放和组织工程研究。

(4) 聚合物胶束 这主要是一类通过 $R_2ClP\!=\!NSiMe_3$ 在室温活性阳离子缩合聚合制备的两亲性嵌段共聚物，可以是亲水性聚膦腈与疏水性聚膦腈的嵌段共聚物，或亲水性聚膦腈与其它疏水性有机高分子（如聚酯、聚苯乙烯）嵌段共聚物，或疏水性聚膦腈与其它水溶性有机高分子（如聚乙二醇）的嵌段共聚物。含有亲水/亲油链段的双亲性嵌段共聚物在水介质中，具有类似于表面活性剂的行为，能自发地形成具有核-壳结构的胶束，胶核由高度缠结的疏水性链段组成，而亲水性链段形成的胶壳将不溶性的胶核与外界水环境分隔，结构稳定性高，是一种很好的药物载体。

#### 3.9.1.5 聚膦腈合成的一般路径

聚膦腈的制备有三条基本的途径（图 3-72）：① 先聚合后取代；② 先取代后聚合；③ 共聚。

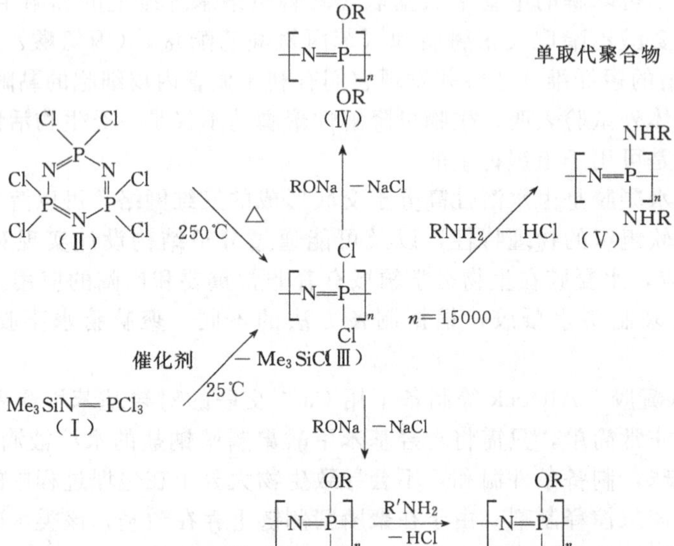

图 3-72 聚膦腈合成的一般路径

(1) 先聚合后取代 该法是制备聚膦腈最经典的方法。它通常是从六氯环三磷腈的开环聚合开始，在 250℃熔融状态，或使用高沸点溶剂在低一些的温度（溶液聚合需要加入路易斯酸作为催化剂)进行聚合,得到线性可溶的聚二氯磷腈。聚二氯磷腈也可以通过 $Cl_3P=NSiMe_3$ 在室温用氯化物引发活性阳离子缩合聚合来制备。然后用各种亲核试剂取代聚二氯磷腈上的氯原子,控制反应条件,可实现先用一种试剂取代一部分 P—Cl,然后再用第二种试剂取代剩余的 P—Cl。当然也可以将两种试剂同时加入,取代的比例决定于它们竞争的结果。如果氯原子不能完全取代,残留的 P—Cl 极易与空气中的水汽反应,水解转变为 P—OH,最后形成 P—O—P 的交联,导致产物不溶不熔。

但是在大分子取代反应中有两个局限性:①一些试剂体积太大或亲核性不足,在温和的反应条件下无法取代全部的 P—Cl,在这种情况下,加温加压可提高取代度或加入亲核性更强的试剂来取代剩余的磷氯;②不能使用双官能团或多官能团试剂来取代磷氯,会导致交联,这样一些双官能团试剂如二醇、二胺或氨基醇就必须先用适当试剂保护其中一个基团,只留下一个亲核性基团,待取代至磷腈主链后,再进行脱保护。

(2) 先取代后聚合 该法与方法一有所相似,但这里是先将有机官能团连接到三环体上,然后再开环聚合。该反应有几种情况要考虑:①取代基的体积大小,体积小对链增长影响小;②可能未能完全取代三环体的全部氯原子,开环聚合后仍残留有 P—Cl,要继续选用其它亲核性强的试剂继续反应;③侧基的结构和体积大小有可能改变环的张力,使开环聚合的难度增加。或者将 $Cl_3P=NSiMe_3$ 的两个氯原子用有机基团取代后,利用有机基团取代的 $RCl_2P=NSiMe_3$ 或 $R_2ClP=NSiMe_3$ 进行缩合,制备稳定的聚磷腈高分子。这种方法是可以制备直接以 P—C 键连接的侧基取代聚膦腈的唯一方法。但这种方法对单体的选择性较高,单体制备条件苛刻,聚合物分子量不如环磷腈开环聚合获得产物的分子量大。

(3) 共聚 取代后的三聚体可以和未取代的三聚体进行共聚,得到氯原子部分被取代的聚膦腈高分子,然后再接上功能基或封闭基得到全取代的聚膦腈高分子。这种方法的产率随聚合单体的不同而变化相当大,利用此方法合成功能材料的报道不多见。

上述各种合成方法中,目前应用得最为广泛的是六氯环三磷腈的开环热聚合,目前文献中所报道的绝大多数聚膦腈高分子都是通过这一途径制备的。

### 3.9.2 单体的制备

#### 3.9.2.1 六氯环三磷腈的制备

(1) 基本制备过程 六氯环三磷腈(惯称三环体,图 3-73)通常采用 $PCl_5$ 和 $NH_4Cl$ 在高沸点卤代溶剂(如均四氯乙烷、氯苯)中于 150~200℃反应制备。反应分两步进行:① $PCl_5$ 和 $NH_4Cl$ 反应生成中间体 $Cl_3PNPCl_3^+ PCl_6^-$;②中间体与 $NH_4Cl$ 反应生成阳离子型增长链,然后脱除 HCl 或 $PCl_4^+$,发生环化得到环磷腈或线性低聚体。上述反应机理可通过 $^{31}$P-NMR 在 $-290\times10^{-6}$ 检测到 $PCl_6^-$ 的信号峰得到证实。上述反应的最终产物外观为黄褐色的黏稠液体,是环磷腈和线性磷腈的混合物,通过分步提取、真空分馏和分级结晶等手段,从中可分离得到三环体至八环体,残留物主要是

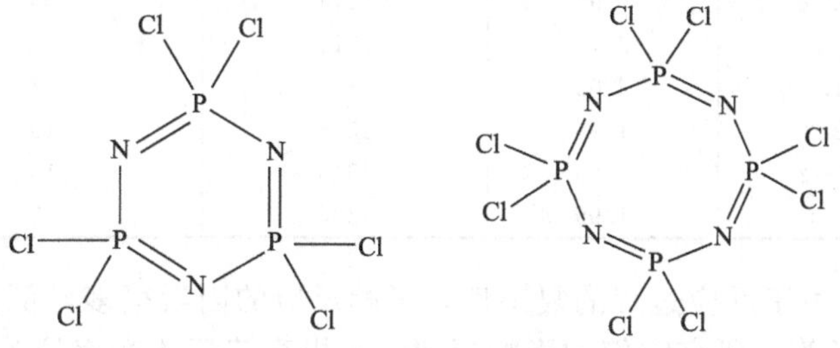

图 3-73 六氯环三磷腈和八氯环四磷腈的结构

（PNCl$_2$）$_{12\sim17}$。然后环磷腈混合物用浓硫酸萃取、结晶分离纯化后可得三环体。基本的反应过程具体如下。

六氯环三磷腈的制备：将625.5g（3.0mol）PCl$_5$和176.5g（3.3mol）NH$_4$Cl在1L均四氯乙烷中回流7.5h，反应过程中产生的HCl用NaOH溶液吸收。过滤去除过量的NH$_4$Cl后得到浅棕色溶液，然后减压蒸除溶剂，得到产率大于90%的棕色初产物。用石油醚（b. p. 40～60℃）反复萃取，得产率大于70%的环磷腈混合物，余下的为褐色油状的线性磷腈混合物。

三环体的分离：将环磷腈混合物的石油醚（b. p. 40～60℃）溶液用98%浓硫酸萃取后，将酸溶液稀释至60%，三环体从溶液中析出，然后再用新鲜石油醚（b. p. 40～60℃）溶解萃取析出的三环体。用石油醚重结晶纯化后得到的三环体的熔点为112.8℃。

四环体的分离：将上述用浓硫酸萃取后剩余的不溶部分置于室温结晶，分离晶体用石油醚重结晶后得四环体，熔点122.8℃。

其它环磷腈的分离：分离四环体后剩余的油状物，采用减压蒸馏（130～155℃/0.1mmHg）分离得到五环体的初产物（石油醚重结晶后 m. p. 41.3℃）。残留物继续用石油醚（b. p. 40～60℃）在0℃重结晶得六环体（m. p. 92.3℃）。

改变反应条件（如投料比、加料方式、后处理纯化条件等）可使六氯环三磷腈的产率达到70%～80%，但更多情况下仅能达到50%。聚合反应对超纯六氯环三磷腈的需求使上述制备过程的扩大生产受到限制。

(2) 六氯环三磷腈纯度的表征　由六氯环三磷腈开环聚合，其纯度是保证聚合成功、获得高分子量、线性聚二氯磷腈的保证。由于三环体与四环体性质相近，难以完全分离，因此四环体是三环体中最常见的杂质。三环体在用于聚合前，文献中常见的纯化处理方法是先采用50℃（0.7mmHg）减压升华，升华物经干燥正己烷重结晶两次，真空干燥备用。如果对单体纯度要求更高，则可再进行一次减压升华。在整个操作过程中，应尽可能减少与空气的接触，因为空气中的水汽吸附在单体上，将影响后续的聚合反应。

三环体的纯度可通过各种方法来表征。①质谱：三环体的相对分子质量为348。②熔点测试：纯化三环体的熔点范围为113～114℃。③元素分析：P(26.7%)、N(12.1%) 和 Cl(61.2%)。④$^{31}$P-NMR分析：三环体中磷的化学位移出现在$+20\times10^{-6}$（以85%磷酸为标）或92.5ppm（以P$_4$O$_6$为标）。⑤FTIR分析：三环体中P—N伸缩振动吸收峰在1218cm$^{-1}$。

表3-26是各种环磷腈的一些物理性质对比。

表3-26　各种环磷腈的一些物理性质对比

| 环磷腈 | 熔点/℃ | $d_{20}$/(g/mL) | P—N伸缩振动/cm$^{-1}$ | $^{31}$P-NMR 化学位移/ppm | |
|---|---|---|---|---|---|
| | | | | 以85%磷酸为标 | 以P$_4$O$_6$为标 |
| (PNCl$_2$)$_3$ | 112.8 | 1.99 | 1218 | +20 | 92.5 |
| (PNCl$_2$)$_4$ | 122.8 | 2.18 | 1310 | −7 | 119.5 |
| (PNCl$_2$)$_5$ | 41.3 | 2.02 | 1355 | −17 | 129.5 |
| (PNCl$_2$)$_6$ | 92.3 | 1.96 | 1325 | −16 | 128.5 |
| (PNCl$_2$)$_7$ | 8～12 | 1.89 | 1310 | −18 | 130.8 |
| (PNCl$_2$)$_8$ | 57～58 | 1.99 | 1305 | −18 | — |

(3) 影响因素　由于反应过程的复杂性，影响反应的因素很多，例如试剂的纯度、溶剂种类、NH$_4$Cl的粒径等，研究它们的影响规律，是提高三环体产率的关键。

① 反应试剂　PCl$_5$中含有的微量杂质，如金属氯化物和POCl$_3$（PCl$_5$与空气中水汽的

反应产物），可能会影响 $PCl_5$ 与 $NH_4Cl$ 的反应，但是这种影响也只有当杂质含量较高时才比较明显。一般来说，市售的 $PCl_5$ 可直接使用。当然，由 $PCl_3$ 和 $Cl_2$ 直接制备 $PCl_5$ 用于反应可能会更理想。

在整个反应过程中，由于 $NH_4Cl$ 一直是不溶于溶剂的，反应是在 $NH_4Cl$ 颗粒表面进行，因此 $NH_4Cl$ 的粒径是影响反应速率的重要因素，具有高比表面积的 $NH_4Cl$ 可明显提高反应速率和产率。市售的 $NH_4Cl$ 经干燥后，可采用粉碎、筛分的方法减少粒径，但由于 $NH_4Cl$ 的塑性流动，只能达到 $50\mu m$ 左右。更小粒径（约 $5\mu m$）的 $NH_4Cl$ 也可以采取将 $NH_3$ 和 HCl 气体直接缓慢通入溶剂中来制备。

② 溶剂　常用的溶剂为氯苯（b.p.132℃）、均四氯乙烷（b.p.146℃）、邻二氯苯（b.p.179℃）、1,2,4-三氯苯（b.p.213℃）和1,2,3,4-四氢化萘（b.p.207℃）。溶剂的选择要考虑四个方面：a. 是否会与 $PCl_5$ 反应；b. 在回流情况下，$PCl_5$ 能否溶解，溶解度是否高；c. 溶剂的沸点不能低于 120℃，否则反应基本无法进行；d. 溶剂的沸点不宜高于 160℃，否则 $PCl_5$ 会分解为 $PCl_3$ 和 $Cl_2$。由于 $PCl_5$ 与 $NH_4Cl$ 的反应为非均相反应，为获得高的反应速率，必须对体系进行良好的搅拌混合，最方便的方法是在溶剂回流状态下反应。也就是说，溶剂的选择决定了反应进行的温度。通过对比反应时间和产率，均四氯乙烷应该是最适合该反应的溶剂。均四氯乙烷在加热过程中，会有少量发生分解（$C_2H_2Cl_4 \longrightarrow C_2HCl_3 + HCl$），虽然这并不影响均四氯乙烷的回收再利用，但考虑到这个溶剂的高毒性问题，目前更倾向于使用氯苯作为反应的溶剂。

③ 投料比　$PCl_5$ 和 $NH_4Cl$ 的投料比宜以 1:1 或后者略微过量为宜。如果在反应体系中 $PCl_5$ 过量，则生成的环磷腈很少，产物以线性磷腈为主。

④ 加料方式　整个反应过程中，需保持 $PCl_5$ 在反应体系中的低浓度，可将 $PCl_5$ 溶解在溶剂中分批加入或连续滴加入 $NH_4Cl$ 的悬浮溶液中。

⑤ 反应物的浓度　根据 $PCl_5$ 与 $NH_4Cl$ 的反应机理，生成的任何阳离子型的磷氮氯化物中间体，要么与另一条链结合发生链增长，要么发生环化。前者的发生强烈依赖于溶液的浓度，高浓度增加了链之间的碰撞和反应概率，利于链增长。相反，稀溶液有利于成环反应的发生，尤其是能显著提高三环体的产率。

⑥ 催化剂　一些金属（如 Al、Zn、Fe）和金属氯化物（如 $AlCl_3$、$ZnCl_2$、$MgCl_2$）可以促进 $PCl_5$ 和 $NH_4Cl$ 的反应，但并不利于环磷腈的生成。$POCl_3$ 可以提高环磷腈的产率，可以通过加入少量 $POCl_3$ 到反应体系中，或直接加入少量水与 $PCl_5$ 反应生成。

(4) 六氯环三磷腈的工业化生产　六氯环三磷腈在国外和国内均已形成了商品化，国外商品可以直接从 Aldrich 试剂公司定购，国内供应厂家主要有张家港市信谊化工有限公司、上海瑞芳德化工有限公司、襄樊高隆磷化工有限责任公司和淄博蓝印化工有限公司等，但产品纯度和价位存在较大差异。六氯环三磷腈的工业化生产，对设备有很高的要求，主要是要求能耐 $PCl_5$ 和 $NH_4Cl$ 反应副产物 HCl 的腐蚀。

#### 3.9.2.2　三氯（三甲基硅）磷胺（$Cl_3P=NSiMe_3$）

聚二氯磷腈制备还可以采用的方法，即利用阳离子引发剂，如 $PCl_5$ 加入到 $Cl_3P=NSiMe_3$ 单体中，在室温缩合聚合可获得具有中等分子量（$10^5$）的聚二氯磷腈。这种"活"的阳离子聚合方法得到的聚二氯磷腈具有窄的分子量分布，分子量可通过单体和引发剂的比例来调节，这种聚合物方法也使制备嵌段和星型聚合物得以实现。但这种方法能否被推广的关键是 $Cl_3P=NSiMe_3$ 的合成。

文献报道的常用方法是利用 $PCl_5$ 和 $LiN(SiMe_3)_2$ 在己烷中反应获得 $Cl_3P=NSiMe_3$，在 10℃ 反应的产率仅为 20%，将反应温度降至 -78℃ 后，可将产率提高至 60%。

$Cl_3P=NSiMe_3$ 的制备：将 $PCl_5$（66.8g，0.32mol）溶于己烷（1000mL），降温至 $-78℃$，搅拌下滴加入 $LiN(SiMe_3)_2$ 己烷溶液（53.5g，0.32mol 溶于 500mL 己烷）。滴加完毕后，将体系逐渐升温至室温，继续搅拌反应 4h。静置，待生成的 LiCl 沉积后，将黄色透明的上清液倾倒分离，室温真空（50mmHg）蒸馏去除己烷，提高真空度（10mmHg）继续蒸馏去除三甲基氯硅烷，得到棕色透明黏稠液体。继续减压蒸馏（b.p.24℃，0.2mmHg）得到无色液态的 $Cl_3P=NSiMe_3$，产率约 60%。

该反应产率不高的主要原因是反应过程中生成的副产物 $ClN(SiMe_3)_2$，无法通过蒸馏与 $Cl_3P=NSiMe_3$ 完全分离，而它又是聚合的阻聚剂。因此有文献采用将 $ClN(SiMe_3)_2$ 与 $PPh_3$ 反应转化成 $Ph_3P=NSiMe_3$ 后，再真空蒸馏与 $Cl_3P=NSiMe_3$ 分离。在低温下反应，副反应速率变慢，因此如果在反应体系恢复常温后，立即进行产物分离是可以获得较高产率的 $Cl_3P=NSiMe_3$ 的。

Allcock 等发现，用 $N(SiMe_3)_3$ 来代替 $LiN(SiMe_3)_2$ 与 $PCl_5$ 在己烷中反应，$Cl_3P=NSiMe_3$ 的产率虽低（约 20%），但却没有发现有 $ClN(SiMe_3)_2$ 副产物的生成，因此可以省去一步纯化步骤。他们通过改变温度、溶剂、投料比和加料速率等反应条件，将产率提高到了 40%。基本操作如下：将 $PCl_5$ 溶解于 $CH_2Cl_2$ 中，冷却至 0℃ 后，缓慢加入 $N(SiMe_3)_3$ 的 $CH_2Cl_2$ 溶液，然后加入过量己烷可观察到沉淀生成。过滤去除沉淀物后，滤液室温真空蒸馏即可得 $Cl_3P=NSiMe_3$。这个反应中要注意的是两种反应物的加入顺序，若是将 $PCl_5$ 的 $CH_2Cl_2$ 溶液于 40℃ 下滴加到 $N(SiMe_3)_3$ 的 $CH_2Cl_2$ 溶液中，则可得到产率大于 70% 的六氯环三磷腈。实际上这也是一种制备三环体单体的不错方法。

但是在生成 $Cl_3P=NSiMe_3$ 过程中，副反应是难以避免的，这中间还包括环状和线性低聚磷腈的生成。因为 $PCl_5$ 是 $Cl_3P=NSiMe_3$ 聚合的引发剂，生成 $Cl_3PNPCl_3^+PCl_6^-$，所以反应过程中生成的 $Cl_3P=NSiMe_3$ 一旦与 $PCl_5$ 相遇即转变为低聚物或环体，因此产率也不高。

因此，有人提出用 $PCl_3$ 来代替 $PCl_5$ 与 $LiN(SiMe_3)_2$ 在甲苯中于 0℃ 反应，生成的中间产物 $Cl_2PN(SiMe_3)_2$ 用 $SO_2Cl_2$ 氧化制备 $Cl_3P=NSiMe_3$，然后加入少量 $PCl_5$ 引发聚合，直接得到聚二氯磷腈用于下一步亲核取代反应制备聚膦腈。$Cl_2PN(SiMe_3)_2$ 是一个非常稳定的中间体，在溶液中放置数天也未发现分解。该反应过程非常纯净，副产物主要是 $ClSiMe_3$、LiCl 和 $SO_2$ 气体，纯化过程简单，在大于 0.3mol 的实验室反应规模上，$Cl_3P=NSiMe_3$ 产率可大于 80%。利用上述方法，他们成功制备了从几毫摩尔到几百毫摩尔的聚二氯磷腈。

### 3.9.2.3 烷基或芳基取代（三甲基硅）磷胺

利用烷基或芳基取代（三甲基硅）磷胺缩合聚合是目前制备以 P—C 键连接侧基聚膦腈的唯一途径。这类单体的制备方法与 $Cl_3P=NSiMe_3$ 类似，只是以相应的烷基或芳基取代的磷氯化物（如 $PhPCl_4$、$Ph_2PCl_3$ 和 $EtPCl_2$）代替 $PCl_5$ 进行反应。下面以 $PhCl_2P=NSiMe_3$ 和 $Me(Et)ClP=NSiMe_3$ 的制备为例，来简单说明一下这类单体的合成。

$PhCl_2P=NSiMe_3$ 的制备：将 $PhPCl_4$（80g，0.32mol）溶于己烷（1000mL），降温至 $-78℃$，搅拌下滴加 $LiN(SiMe_3)_2$ 己烷溶液（53.5g，0.32mol 溶于 500mL 己烷）。滴加完毕后继续在 $-78℃$ 搅拌反应 4h，然后将体系逐渐升温至室温，放置过夜。待生成的 LiCl 沉积后，将黄色透明的上清液倾倒分离，室温真空（50mmHg），蒸馏去除己烷，提高真空度（10mmHg），继续蒸馏去除三甲基氯硅烷，得到棕色透明黏稠液体。继续减压蒸馏（b.p.53℃，0.02mmHg）得到无色液态的 $PhCl_2P=NSiMe_3$，产率约 70%。

$Me(Et)ClP=NSiMe_3$ 的制备：将 $EtPCl_2$（25g，0.19mol）溶于己烷（200mL），降温至 $-78℃$，搅拌下滴加 $LiN(SiMe_3)_2$ 己烷溶液（31.8g，0.19mol 溶于 500mL 己烷）。滴加

完毕后继续在-78℃搅拌反应1h,然后在2h内将体系逐渐升温至室温。然后再将体系降温至-78℃,于1h内向其中滴加127mL的1.5mol/L的MeLi(0.19mol)的己烷溶液,滴加完毕后将体系逐渐升温至室温。去除沉淀,室温真空蒸馏去除溶剂后,于70℃、80mmHg减压蒸馏得到无色液态的Me(Et)ClP=NSiMe$_3$,产率约75%。

### 3.9.3 聚二氯磷腈的制备

#### 3.9.3.1 由六氯环三磷腈开环聚合制备

(1) 熔融开环聚合 聚二氯磷腈合成的经典方法是六氯环三磷腈在210~250℃熔融开环聚合,一般来说纯净的三环体只有在高于230℃后才能明显观察到聚合的发生。这样得到的聚合物可具有高分子量(在$10^6$左右),但分子量分布很宽。

三环体的熔融热开环聚合:六氯环三磷腈按照前法在使用前纯化干燥后,称取一定量装入洁净干燥的一端已封闭的玻璃管中,抽真空并用干燥N$_2$涤荡三次后,于真空状态下将玻璃管熔封。置于250℃烘箱内聚合24~48h,取出待玻璃管冷却至室温后,聚合物迅速取出转移至干燥烧瓶中,加入干燥苯或甲苯溶解。待完全溶解后,过滤去除不溶物(可能生成交联产物),倾倒入己烷沉淀,沉淀物用干燥己烷清洗两次后,置于真空干燥箱内(9332.54Pa Ar气氛下,40℃)干燥2h备用。

氯代磷腈三聚体的热开环聚合反应是按图3-74所示的阳离子开环机理进行的,即先是P—Cl异裂生成极性的P$^+$Cl$^-$离子对,然后由P$^+$进攻另一三聚体的N原子、引发链增长反应;而在体系降温后,P$^+$Cl$^-$离子对又重新恢复为P—Cl键使链增长停止。由于在引发步骤中所生成中间态的体积要大于单体的体积,因此上述反应在真空下更易进行。然而正是这样的阳离子聚合机理,使氯代磷腈三聚体在聚合后期会因体系黏度增大、单体扩散困难而容易发生支化和交联反应。支化和交联反应可能经两条途径发生(图3-75):一种是在已经形成的线性聚二氯磷腈链上生成了P$^+$,由它去引发单体开环聚合或进攻另一条聚二氯磷腈链而引起支化或交联;另一条途径是体系存在的微量水使P—Cl水解生成P—OH,然后P—OH进攻其它聚二氯磷腈链上的P—Cl生成P—O—P引起支化或交联。因此,为减少或避免支化和交联等副反应的发生,除了对单体纯度的高要求外,通常在单体转化率较低(30%~60%)时就停止聚合反应。但即使是这样,也不能保证所获得的聚合物能全部溶于有机溶剂。

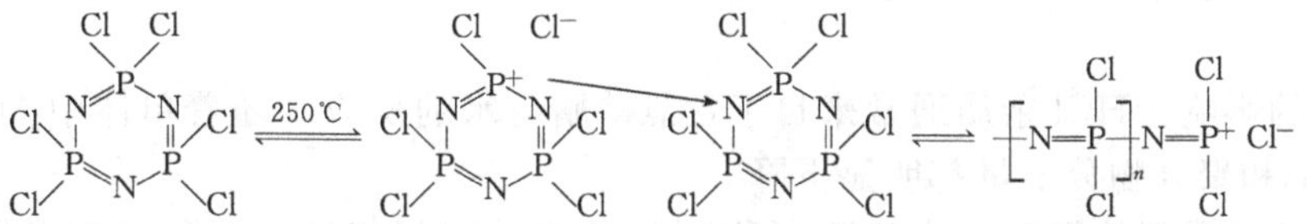

图3-74 六氯环三磷腈本体热开环聚合的阳离子聚合机理

六氯环三磷腈的聚合是一个非常难以预测的过程,即使是相同来源的单体,经过一样的纯化处理,不同批次单体的聚合速率仍然是千差万别,例如单体转化率达到70%的时间可短至12h,也可能长至2周。六氯环三磷腈的开环聚合受单体纯度、水、酸性杂质、不充分的扰动,甚至玻璃聚合管壁的催化活性影响。

① PCl$_5$的影响 由于在制备单体的过程中要用到PCl$_5$,因此极有可能有微量的PCl$_5$残存在单体中,对聚合产生影响。高纯度六氯环三磷腈在250℃聚合24h,单体转化率可达50%~70%,而当体系含有相当于单体0.02%(摩尔分数)的PCl$_5$时,在相同聚合条件下,单体转化率只有30%,分子量也明显下降。对已合成得到的纯聚二氯磷腈在250℃继续加热会引起交联变得不溶不熔,而向该体系中引入少量PCl$_5$后再加热得到的是油状物。上

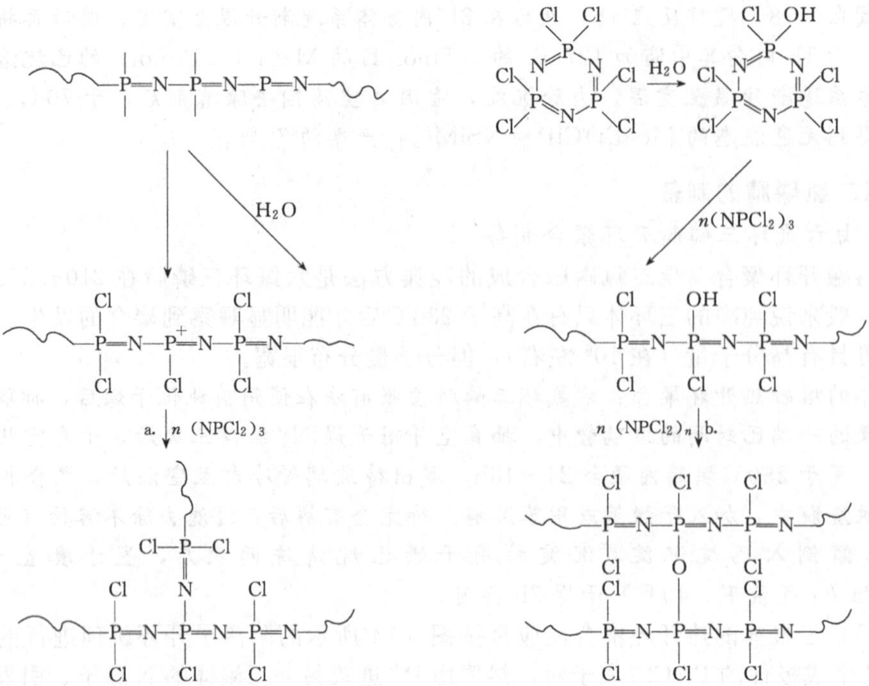

图 3-75 由六氯环三磷腈本体热开环聚合制备聚二氯磷腈过程中可能发生的支化和交联反应

述现象充分证明，$PCl_5$ 可引起磷氮键断裂，其在单体中含量较高时，表现出阻聚作用，含量低时可起到封端剂的作用，调节聚二氯磷腈的分子量。

② 微量水的影响　隔绝空气保存的高纯度六氯环三磷腈用于聚合，在250℃约需反应2周才能获得一定数量的聚合物，但将单体在用于聚合物前暴露于空气中一段时间后，其聚合速率明显加快，250℃反应20h就能得到高产聚合物。这说明水可能是聚合发生的催化剂或共催化剂，或者六氯环三磷腈被空气中的水汽水解产生了具有催化作用的物质，促进了P—Cl键的异裂。实验证明：单体中的水含量在0.02%～0.1%（摩尔分数）时，随着水含量的增加，聚合速率加快，但聚合物分子量下降；当水含量高于0.2%（摩尔分数）后，聚合速率减慢，支化度增加；水含量继续升高至大于1%（摩尔分数）后，则只能得到交联的产物。

③ HCl的影响　HCl杂质通常来自于含氯磷腈与水的反应，随着单体中HCl含量的增加，聚合速率和聚合物分子量都明显下降。

④ 八氯环四磷腈的影响　由于两者物理化学性质的相似性，八氯环四磷腈（四环体）是六氯环三磷腈中最难去除的杂质之一。从理论上来说，四环体也可以开环聚合得到聚二氯磷腈，但反应温度要接近300℃才能观察到聚合的明显发生，此时热降解现象也很明显。因此在三环体的聚合温度范围内（250℃左右），四环体常常并不能发生聚合，但却能和生成的聚二氯磷腈主链上的原子发生交换反应，导致三环体的聚合速率变慢、分子量降低、支化程度提高，甚至导致交联的发生。

⑤ 聚合温度的影响　只有当温度至少高于200℃后，纯化的六氯环三磷腈才可能开环聚合。随着聚合温度的进一步升高，尤其是当聚合温度超过250℃后，聚合速率迅速加快，例如在300℃聚合1h，单体转化率即可达50%。但是支化和交联反应也随温度升高明显加剧，一般认为聚合温度高于300℃后，就基本无法获得适用的聚合物了（表3-27）。所以要想获得较高产率的可溶性线性聚二氯磷腈，聚合温度一般不宜超过250℃。而且只有非常小心地

控制反应条件，才可能获得50%～75%的可溶性产物。为降低聚合反应温度，有研究用X射线或γ射线、电子轰击等来引发六氯环三磷腈的固相聚合，但转化率较低（约10%），也只获得了低聚物。用等离子引发六氯环三磷腈聚合是一个比较成功的方法，即用等离子体在低温引发六氯环三磷腈后，在较低温度（180～200℃）进行聚合。在这样的聚合条件下，单体转化率即使接近100%，也没有不溶性产物生成。而且研究发现，由等离子体引发的六氯环三磷腈的聚合反应受温度影响较小，聚合温度升高至240℃，也可能使单体转化率达到95%左右而没有交联产物生成。但是这种方法获得的聚合物的分子量要略低于六氯环三磷腈热开环聚合获得的聚合物，在$10^5$左右。对于等离子体引发六氯环三磷腈开环聚合所表现出来的与热开环聚合的不同之处，一种解释是六氯环三磷腈单体经等离子体处理，不同于热开环聚合所生成的$N_3P_3Cl_5^+$和$Cl^-$离子对，而是生成了一种$N_3P_3Cl_5^+$和$Cl_3PN^-$离子对，这是一种低黏度的油状物，有助于降低反应体系的黏度，而高黏度抑制了单体的扩散，正是在热开环聚合后期导致交联的重要原因之一。

表3-27 六氯环三磷腈在250℃和300℃的热开环聚合结果对比

| 聚合温度 250℃ | | 聚合温度 300℃ | |
| --- | --- | --- | --- |
| 聚合时间/h | 可溶性聚合物的产率/% | 聚合时间/h | 可溶性聚合物的产率/% |
| 3 | 12 | 0.16 | 10.0 |
| 4 | 13.8 | 0.25 | 13.7 |
| 5 | 17.0 | 0.33 | 15.2 |
| 6 | 23.4 | 0.41 | 19.3 |
| 21 | 30.8 | 0.5 | 28.3 |
| 48 | 70 | 0.66 | 37.9 |
| 96 | 不可溶凝胶 | 1.00 | 50.3 |
| | | 1.17 | 不可溶凝胶 |

⑥ 催化剂的作用　根据前面所讲到的阳离子开环聚合机理，可以推断，如果聚合体系中存在$Cl^-$吸附剂，应当是一种有效的引发剂，可促进聚合反应的发生。这样，一些二价金属的氯化物即路易斯酸，如$HgCl_2$、$HgI_2$、$ZnCl_2$，都具有降低六氯环三磷腈开环聚合温度和提高聚合速率的催化作用。也有报道发现，$Ca^{2+}$、$Cu^{2+}$、$Ni^{2+}$、$Co^{2+}$、$Mg^{2+}$等二价金属的硫酸盐水合物可以促进六氯环三磷腈的开环聚合，其催化的机理是通过水合物引入少量的水促进P—Cl异裂，形成活性种引发聚合，而二价阳离子可通过与氮原子形成配位键，促进磷氮键断裂和六氯环三磷腈的开环，但在上述这些催化剂中，$CaSO_4 \cdot 2H_2O$促进开环聚合和提高聚合物分子量的效果最好，并可使可溶性线性聚二氯磷腈的产率在60%以上。而其它二价金属离子与氮原子之间的配位键结合较强，当其与主链上的氮原子结合后，会促进主链断链，聚合物分子量降低。使用$CaSO_4 \cdot 2H_2O$作为催化剂还有一个优点是可方便准确地控制引入反应体系的水含量。

(2) 溶液开环聚合　六氯环三磷腈的开环聚合也可以在溶液中进行，文献报道大都是将三环体溶于三氯联苯或1-氯代萘等高沸点溶剂中后，再以氨基磺酸或氨基磺酸酯等为催化剂，必要时可加入少量$CaSO_4 \cdot 2H_2O$作为促进剂，于210℃进行开环聚合。但溶液开环聚合要求的反应温度比较严格，否则不易得到高分子量的聚合物。

六氯环三磷腈的溶液开环聚合：六氯环三磷腈24g溶于20mL 1,2,4-三氯苯，加入50.8mg氨基磺酸和45mg促进剂$CaSO_4 \cdot 2H_2O$，搅拌下升温至210℃。整个反应过程中，用干燥的氮气对体系鼓泡，保证体系的无水无氧。反应结束后，将上述溶液倾倒入庚烷中沉淀去除未反应的单体，然后将聚二氯磷腈粗产物溶于THF，过滤除去可能生成的交联产物，然后再用庚烷沉淀，收集干燥，于无水状态下保存。

研究表明，纯氨基磺酸并不能引发六氯环三磷腈的溶液开环聚合，而是其分解产物才具有催化活性。氨基磺酸中既有酸性基团，也有碱性的氨基，通过与磺酸化甲苯的催化效果相比较，可以确定是氨基磺酸中的酸性基团促进聚合反应的发生。氨基磺酸的熔点为205℃，加热到209℃开始分解，因此上述溶液聚合的温度选择在略高于氨基磺酸的分解温度即可使聚合反应显著发生。该聚合仍然遵循阳离子开环聚合机理。

单纯的 $CaSO_4 \cdot 2H_2O$ 并不能引发六氯环三磷腈的溶液聚合，但是却可以作为促进剂加速氨基磺酸催化的聚合反应。因为氨基磺酸需要分解以后才具有催化活性，上述溶液聚合一般会存在1h左右的诱导期，加入适量 $CaSO_4 \cdot 2H_2O$ 后，由于少量水的引入促进了P—Cl异裂，诱导期消失，以及 $Ca^{2+}$ 与氮原子之间形成配位键促进环体开环，聚合速率明显加快。

#### 3.9.3.2 由 $Cl_3P=NSiMe_3$ 缩合聚合制备

$Cl_3P=NSiMe_3$ 在少量的过渡金属氯化物（如 $PCl_5$、$PBr_5$、$SbCl_5$）引发下，可发生聚合生成聚二氯磷腈（图3-76），上述反应通常在溶液中进行，可选择的溶剂有 $CH_2Cl_2$、环己烷、四氢呋喃、乙腈和硝基甲烷等。文献中最常用的溶剂和引发剂分别为 $CH_2Cl_2$ 和 $PCl_5$，原因是 $Cl_3P=NSiMe_3$ 在 $CH_2Cl_2$ 中的反应速率要远快于在其它溶剂中，而采用 $PCl_5$ 引发聚合得到的聚合物，在相同的反应条件下，具有最高的分子量和最窄的分子量分布。

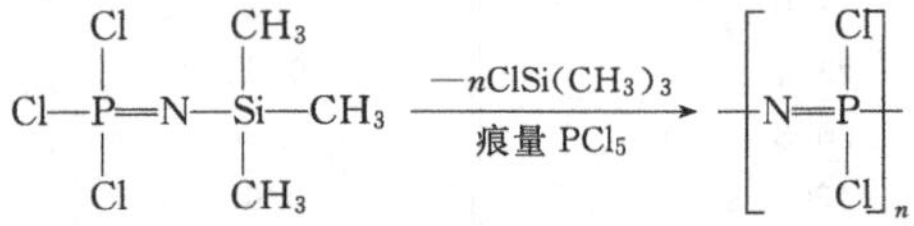

图3-76 由三氯（三甲基硅）磷胺室温聚合制备聚二氯磷腈

在少量 $PCl_5$ 存在下，1分子的 $Cl_3P=NSiMe_3$ 和2分子的 $PCl_5$ 反应，生成 $[Cl_3P=NPCl_3]^+[PCl_6]^-$ 中间体，形成阳离子引发中心，然后脱去 $Me_3SiCl$，开始链增长。上述反应属于活性阳离子引发机理，聚合物的分子量可以通过改变 $Cl_3P=NSiMe_3$ 和 $PCl_5$ 的比例来控制。有趣的是，一些高价数的过渡金属的氯化物如 $TiCl_4$、$Cp_2TiCl_2$、$TaCl_5$、$WCl_6$ 和 $VCl_4$ 等，以及一些典型的路易斯酸如 $Bu_2BOSO_2CF_3$、$POCl_3$、$AlCl_3$、$Et_2AlCl$、$SnCl_4$ 和 $SnCl_2$，在室温并不能引发上述聚合反应，升高反应温度也只能获得宽分布的低分子量产物，这个现象说明，引发聚合的一个关键因素是引发剂与单体的氮原子之间能够形成化学键，从而进一步生成阳离子引发中心。

$Cl_3P=NSiMe_3$ 在 $PCl_5$ 引发下的聚合：将 1.0g $Cl_3P=NSiMe_3$（4.4mmol）溶于 35mL $CH_2Cl_2$，氮气保护，搅拌下加入 $PCl_5$ 的 $CH_2Cl_2$ 溶液 [将 100mg $PCl_5$（0.5mmol）溶于 10mL $CH_2Cl_2$]，室温下搅拌反应 24h。

上述反应在本体中也能进行，一般采取真空封管的方式进行。但由于受单体扩散速率的影响，聚合反应速率较慢，一般需要在室温反应数天才能使单体转化完全。

在溶液中，由 $PCl_5$ 引发的 $Cl_3P=NSiMe_3$ 缩合聚合在室温即可快速发生，所得到的聚合物分子量可控，分子量分布窄，是一种制备聚二氯磷腈的先进方法。它极大程度改进了由传统的六氯环三磷腈热开环聚合所得到的聚二氯磷腈分子量可控性差、分子量分布宽的局限性。但是，这种方法所获得聚二氯磷腈的相对分子质量通常只有 $10^4$ 左右，不如六氯环三磷腈开环聚合所得聚二氯磷腈的高（$10^6$ 左右）。

#### 3.9.3.3 其它方法

文献中还报道了一种由 N-二氯磷酰-P-三氯单磷腈 $[Cl_3P=NP(O)Cl_2]$ 缩合聚合制备

聚二氯磷腈的方法（图 3-77）。在高温下，$Cl_3P=NP(O)Cl_2$ 表现为带有 $P(O)Cl_2$ 和 Cl 两个离去基团的二官能团物质，单体间发生缩合反应得到聚二氯磷腈，同时生成小分子的 $P(O)Cl_3$。该单体的本体缩合聚合反应通常在 200℃ 左右发生，但如果单体纯度较低或加入催化剂，可降低反应温度。反应过程通常可分为三个阶段：第一阶段为引发阶段，该阶段的长短取决于反应温度和单体纯度；单体转化率处于 15% 和 65% 之间时，为反应的第二阶段，在此期间，反应匀速进行，反应级数为 0；当单体转化率大于 65%，由于体系黏度的升高，反应速率急剧下降，反应级数为 2。此时，聚合物的聚合度仍然很低，为 700~1000。

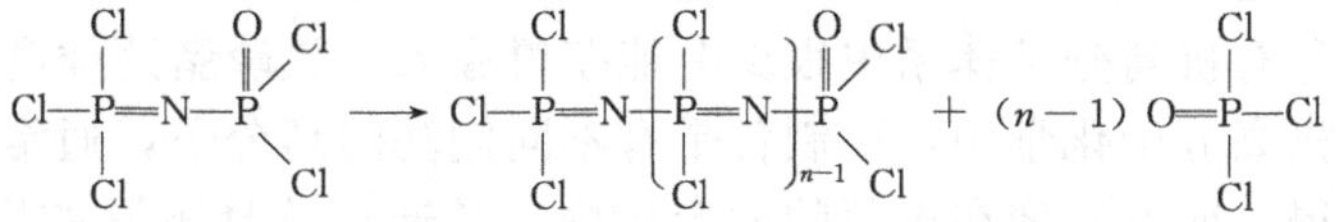

$$Cl-\underset{Cl}{\underset{|}{P}}=N-\underset{Cl}{\overset{O}{\underset{|}{P}}}-Cl \longrightarrow Cl-\underset{Cl}{\underset{|}{P}}=N-[\underset{Cl}{\underset{|}{P}}=N]_{n-1}-\underset{Cl}{\overset{O}{\underset{|}{P}}}-Cl + (n-1)\,O=\underset{Cl}{\overset{Cl}{\underset{|}{P}}}-Cl$$

图 3-77　由 N-二氯磷酰-P-三氯单磷腈的热缩合聚合制备聚二氯磷腈

采取溶液缩合聚合，可以降低体系的黏度，因此在整个反应过程中可以通过搅拌来促进单体的扩散。溶剂的选择必须满足三个条件：① 在缩合聚合反应的温度下，溶剂必须能溶解生成的聚二氯磷腈；② 在反应温度下，溶剂必须是惰性的，不能参与反应；③ 溶剂必须与缩合产生的小分子副产物 $P(O)Cl_3$ 易于分离。三氯二联苯是一种合适的溶剂，能满足上述条件，并且能提供稳定的聚合状态。由于聚二氯磷腈的交联易发生在体系黏度增大、单体扩散发生困难时，因此采用 $Cl_3P=NP(O)Cl_2$ 的溶液缩聚法可有效减少交联反应的发生，可制备高分子量线性聚二氯磷腈。聚二氯磷腈在三氯联苯中的热稳定性，可通过这样一个事实来证实，将聚二氯磷腈的三氯联苯溶液在 280℃ 加热 60h 后，仍未检测到凝胶的生成。

由 $Cl_3P=NP(O)Cl_2$ 缩聚制备聚二氯磷腈：将 1824g（6.774mol）$Cl_3P=NP(O)Cl_2$ 加入到已预先升温至 245℃ 的 2L 三口烧瓶中，烧瓶上装有搅拌装置和冷凝管，冷凝管用加热装置保温在 130℃，有利于 $P(O)Cl_3$ 的蒸出。在 245℃ 反应 7~8h 后，单体转化率可达 95%，$P(O)Cl_3$ 的馏出速率减慢或停止。升高温度至 276℃ 继续反应约 10h 后，单体转化率约 98%。此时，向烧瓶中加入 1710g 三氯联苯，继续在 276℃ 进行缩合反应。随着反应时间延长，聚合物的 $[\eta]$ 逐渐增大：$t=12h$，$[\eta]=28.9mL/g$；$t=28h$，$[\eta]=53.6mL/g$；$t=33h$，$[\eta]=70.8mL/g$。

#### 3.9.3.4　聚二氯磷腈的稳定性

没有交联的线性聚二氯磷腈是无色、透明的弹性体，可以缓慢但完全地溶解于苯、甲苯、二甲苯和四氢呋喃，得到黏稠的溶液。但是聚二氯磷腈极易交联，溶解在干燥苯中的聚二氯磷腈溶液在室温放置，可以明显观察到溶液黏度的增大，约 1 周后生成凝胶。无论如何提高苯的干燥程度，以及避光和避紫外线储存，都不能阻止上述过程的发生。但如果向体系中加入一定量的氯化物 [约每个 $NPCl_2$ 重复单元的 0.6%（摩尔分数）]，如 $SnCl_4$ 或 $TiCl_4$，则因为可在活性末端生成—$NP^+Cl_2^-SnCl_5$ 复合物，而抑制交联的发生。但是这些氯化物的高反应活性，可以引起一些副反应，由此污染最终的产物。最近的一篇文献报道二甘醇二甲醚对溶液中的聚二氯磷腈具有很好的稳定效果，随着二甘醇二甲醚加入量的增加，聚二氯磷腈形成凝胶的比例减少，将聚二氯磷腈分散在纯的二甘醇二甲醚中，在四年的时间中都未检测到交联的发生。

#### 3.9.3.5　聚二氯磷腈分子量的测定

由于聚二氯磷腈对水分极为敏感，无论是采取光散射，还是 GPC 或黏度法对其进行分子量的表征时，通常都是经过亲核取代形成稳定聚磷腈后再进行测试。若对聚二氯磷腈直接进行表征，以黏度法为例，应向溶剂（如 THF）中加入 $(CH_3)_3SiCl$（2mol/L）和 LiBr

(1mol/L)，它们的作用主要是作为吸水剂，防止 P—Cl 键水解，提高聚二氯磷腈的稳定性。在 30℃、以 THF 为溶剂测定聚二氯磷腈的特性黏数后，可根据 Mark-Houwink 公式计算其重均分子量：$[\eta](mL/g)=0.02475M_w^{0.5749}$。

### 3.9.4 聚膦腈的制备

聚膦腈与其它高分子体系最大的区别是可以通过对一到两种大分子前体的大分子取代反应来合成数百种不同的聚合物，这个过程的最大优势是可以通过引入不同的基团来改变聚合物的分子量、材料特性以及生物学特性等。这种特性是其它已知的大多数高分子体系所不具有的，原因有二：①有机高分子体系中很少有能获得像聚二氯磷腈这样高反应性大分子中间体的；②在静电有机高分子化学中，要制备带有不同侧基的高分子，通常是通过选择不同的单体进行共聚来获得，而不是像在聚膦腈的合成中，是通过选择不同的取代基团直接控制。因此，这就决定了大分子取代反应是制备聚膦腈的强有力手段。

Allcock 和 Kugel 在 1965 年阐明和论证了上述路线后，由此引发了关于聚膦腈合成的广泛研究。40 余年来，已经有超过 250 种亲核取代试剂，如烷氧基、芳氧基、伯胺基和仲胺基、有机金属等，被连接到了磷腈主链，通过单取代或两到多种基团的混合取代，已获得了 700 多种不同的聚膦腈，绝大多数都是水解稳定性的聚合物，具有各种独特的热、光、电等性能。但是聚膦腈化学最大的优势就在于只要在磷-氮主链上连上合适的侧基，就能赋予其水解不稳定性。其降解产物没有毒性，主要是磷酸盐、胺盐和相应的侧基。聚合物的降解速率以及理化性质都可以通过引入合适的侧基种类和比例来调节。在生物可降解聚膦腈方面已经有大量的文献报道，并已被用于生物医学领域。

要有效完成对聚二氯磷腈的取代反应，有以下几点必须注意。

① 除了大分子中间体要具有高反应性外，取代试剂也必须具有足够强的亲核性，因为对于聚二氯磷腈的取代反应，在一条主链上可能要进行 3 万次以上，亲核试剂必须要能取代主链上全部或几乎全部的氯原子，否则残留的氯原子会导致聚合物对水汽敏感，最终交联形成不溶不熔的凝胶或导致主链在中等温度即发生热降解。

② 如果取代基的反应性稍差，或体积较大，则可能导致亲核取代反应速率降低或亲核取代程度被限制。在这种情况下，通常需要升高反应温度来获得 100% 的取代，但注意反应温度不要超过了该取代基全取代聚膦腈的热降解温度。

③ 在有些情况下，在取代反应早期引入的有机侧基，会被后来加入的第二取代基取代，这样生成的混合取代聚膦腈，其侧基的组成不同于投料时的比例。

④ 由于 P—N 主链的极性很强，易于被亲核试剂所断链，因此所选用的亲核取代试剂必须不能对主链产生影响。实际上，由于 P—Cl 与氧或氮亲核基团的反应性要远大于亲核基团对主链的进攻，因此使用该类亲核取代试剂时对磷腈主链影响很小。但如果亲核取代基团是有机金属基团时，由于它们与主链氮原子之间有强烈的形成配位键的趋势，因此 P—Cl 和 P—N 的断键是一个竞争反应。

⑤ 只能使用单官能团物质作为亲核取代试剂，或者多官能团物质都会引起交联。因此，如果要在最终的目标聚合物中引入功能性侧基，则需要在亲核取代反应中引入官能团保护机制，待取代反应完成后，再进行脱保护处理。

作为生物材料使用的聚膦腈，根据侧基亲核取代基团的特性可分为两类，即氨基取代和活化醇取代。

#### 3.9.4.1 以氨基亲核取代的聚膦腈

以氨基为亲核取代基的聚膦腈是被研究得最多、最深入的一类生物可降解性聚膦腈。

1966年，Allcock报道了第一个可水解的氨基取代聚膦腈，自此以后，各种氨基取代的聚膦腈不断被合成出来，其中，氨基酸酯和咪唑被认为是制备生物可降解聚膦腈生物材料的不错选择，源于它们良好的水解降解性和无毒的降解产物。咪唑全取代的聚膦腈是所有氨基取代聚膦腈中最不稳定的。通过共取代水解敏感性较低的侧基，可提高聚膦腈的耐水解性。

Allcock等改变氨基酸酯的种类和取代比例，合成得到了系列聚膦腈，并深入研究了它们的降解行为，认为它们是最有前途作为生物材料应用的聚膦腈。

(1) 单一取代  Allcock和Kugel报道的第一个氨基取代的聚膦腈，是利用了苯胺、乙胺、二甲胺和哌啶中的氨基对聚二氯磷腈的亲核取代来制备的，没有另加酸吸附剂，而是利用过量的胺与HCl形成不溶于溶剂的胺盐后过滤除去。如果采用氨或甲胺与聚二氯磷腈反应，则会引起交联。除二甲胺和哌啶，其它的仲胺（如二乙基胺、甲基苯基胺、二苯基胺）都由于位阻效应，取代反应基本不能发生。这个现象也说明，亲核试剂对P—Cl的取代是一种SN2型取代反应，受邻近基团的体积位阻效应影响明显。

苯胺全取代聚膦腈的制备：将116g（1.0mol PNCl$_2$单元）聚二氯磷腈溶于600mL苯，然后在搅拌下将此溶液缓慢滴加到苯胺的THF溶液中（800g，8.6mol苯胺溶于600mL四氢呋喃），回流反应48h后，继续在25℃反应1周。然后过滤去除苯胺盐酸盐，滤液用无水乙醇沉淀，得到白色纤维状聚合物约70g（产率约30%）。聚合物的进一步纯化可采取以下步骤：溶于苯后用乙醇再沉淀；溶于THF后用水沉淀；溶于二氧六环后用水沉淀数次后，冷冻干燥。

随着对氨基取代膦腈合成条件的深入研究，生物可降解性的氨基酸酯取代聚膦腈的制备方法逐渐成熟。Allcock等系统地合成了各种氨基酸酯单取代和混合取代聚膦腈，研究了是否补加酸吸收剂和投料顺序对反应的影响。所用的氨基酸酯主要是甘氨酸酯、丙氨酸酯、苯丙氨酸酯和亮氨酸酯，主要原因是它们都只有一个可反应的亲核基团，而且它们的体积和疏水性依次增加，利用它们的单取代或混合取代，很容易获得具有不同降解速率的聚膦腈。

甘氨酸乙酯全取代聚膦腈的制备：首先将经过室温真空干燥的甘氨酸乙酯盐酸盐48.4g（0.35mol）悬浮于450mL干燥苯中，加入36.4mL（0.26mol）三乙胺，回流3.5h后，过滤去除不溶物，然后将滤液冷却至0℃，搅拌下向其中滴加入聚二氯磷腈苯溶液[5.0g（0.043mol PNCl$_2$单元）聚二氯磷腈溶于500mL苯]。继续搅拌下，于0℃反应6h后，升温至室温再反应10h。过滤除去盐酸盐后，旋转蒸发除去部分溶剂得到黏稠的聚合物溶液。用正己烷沉淀可得固态聚合物。为彻底除去聚合物中的盐酸盐，上述沉淀纯化过程应重复数次。

在上述反应中，也可以在将聚二氯磷腈溶液滴加入甘氨酸乙酯的溶液后，再补加一定量的三乙胺作为酸吸附剂。

但是在上述四种氨基酸酯中，只有甘氨酸甲（乙）酯能100%取代聚二氯磷腈中的氯原子，其它的三种氨基酸酯（即使是甲酯）由于体积位阻效应，无论如何提高反应温度或延长反应时间，都不能达到100%的取代，一般丙氨酸甲酯对P—Cl的最高取代度约90%，苯丙氨酸甲酯能取代约75%的P—Cl，亮氨酸甲酯对P—Cl的取代程度最低，只有50%左右。但是，这些残留有相当数量P—Cl的聚合物，并不像预期中的那么容易发生水解和交联，可能是由于邻近大体积基团对P—Cl的屏蔽作用。为使这些聚合物能更加稳定地保存，不发生水解和交联，实际合成时都会在第一步取代反应完成后，加入一定量的小体积甲胺来取代剩余的P—Cl，得到的聚膦腈实际上是一种混合取代的产物。向反应体系中加入少量的季铵盐类相转移催化剂（如四丁基溴化胺），有助于提高大位阻亲核试剂的取代度。

取代反应完成后所得到的聚膦腈,其中会残留有一些盐,这需要通过反复溶解、沉淀来去除,但是由于生物可降解性聚膦腈不宜用水作沉淀剂,吸附在聚合物中氮上的 HCl 就难以除去,这可以通过将聚合物溶解于干燥的有机溶剂中后,加入少量的碱金属碳酸盐、吡啶或三乙胺来去除,或者用稀碱溶液滴定。

(2) 混合取代 除了改变侧基的种类外,利用两种或多种亲核取代试剂对聚二氯膦腈进行混合取代反应是调控聚膦腈性能最便捷的方法。上面提到的用甲胺来取代剩余的氯原子,实际上就是一种混合取代,有意改变氨基酸酯和甲胺的比例,即可利用甲胺的水溶性来改变聚膦腈的亲疏水平衡。咪唑也是一种常用的小体积、亲水性的亲核取代试剂。

甘氨酸乙酯-甲胺共取代聚膦腈的制备:首先将经过室温真空干燥的甘氨酸乙酯盐酸盐 4.82g (0.035mol) 悬浮于 500mL 干燥苯中,加入 10.3mL (0.074mol) 三乙胺,回流 3.5h 后,过滤去除不溶物,然后将滤液冷却至 0℃,搅拌下向其中滴加入聚二氯膦腈苯溶液 [4.0g (0.035mol $PNCl_2$ 单元) 聚二氯膦腈溶于 500mL 苯]。继续搅拌下,于 0℃ 反应 6h 后,升温至室温再反应 10h。然后再降温至 0℃,向体系中加入 100mL 甲胺 (2.25mol),反应 10h 后,过滤除去三乙胺盐酸盐,旋转蒸发除去溶剂得到黏性固体。该产物在苯和 THF 中的溶解性有限,因此可以采用将其溶于乙醇或甲醇,然后用苯沉淀的方法纯化。终产物中甘氨酸乙酯和甲胺的比例为 25:75。

在上述制备中,也可以将氨基酸酯的苯溶液滴加到聚二氯膦腈的溶液中去,理论上这样获得的聚膦腈,氨基酸酯在膦腈主链上的分布会更加均匀。为减少实验操作,也可以不经过滤去除不溶性的盐酸盐,而直接使用氨基酸酯和三乙胺的混合溶液,对结果影响较小。

亲核取代试剂对聚二氯膦腈的取代是一种沿着主链进行的随机过程,因此混合取代时对聚膦腈分子的微结构的预测是十分困难的一件事。但如果取代基的体积较大,则可能发生立体效应调控的非完全取代反应,即在反应初期每个磷原子上只有一个氯原子被取代,然后再与加入的较小体积的亲核试剂反应,但仍然无法确定它们是顺式还是反式取代。

在制备混合取代的聚膦腈时,除了上述的用小体积亲核试剂来消除剩余的 P—Cl,亲核取代试剂的加入可以采取顺序分批加入的方式,也可以采取同时加入的方式。分批加入时,一般都是按照取代试剂的体积大小,先加入大体积的亲核试剂,然后再加入小体积的试剂,如果仍不能将所有的 P—Cl 完全取代,最后可考虑引入少量的甲胺,这种投料方式有利于侧基组成的控制。如果采取将数种亲核取代试剂同时投料的方式,则终产物中侧基的组成既受到投料比的影响,也由各试剂的亲核取代能力和体积位阻效应来决定。

苯丙氨酸乙酯-咪唑共取代聚膦腈的制备:将 8.95g (0.077mol $PNCl_2$ 单元) 聚二氯膦腈溶于 500mL 甲苯,滴加到含有 50g (0.5mol) 三乙胺、36.1g (0.157mol) 苯丙氨酸乙酯和 11g (0.016mol) 咪唑的 THF 溶液中 (300mL),室温搅拌反应 48h 后,补加 10g (0.015mol) 咪唑,继续反应 48h。过滤或离心除去不溶性的盐酸盐后,用正己烷沉淀。重复溶解、沉淀操作数次以确保产物的纯化。终产物中苯丙氨酸乙酯和咪唑的比例为 80:20。

不同氨基酸酯之间的各种混合取代反应与上类似,在此不再赘述,仅举一实例如下。

(苯丙氨酸乙酯)$_{1.4}$(甘氨酸乙酯)$_{0.6}$聚膦腈的制备:将 11.2g (0.097mol $PNCl_2$ 单元) 聚二氯膦腈溶于 200mL 四氢呋喃,将此溶液滴加入已预冷至 0℃ 的、含有 22.44g (0.135mol,即 P—Cl 的 70%) 苯丙氨酸乙酯的四氢呋喃溶液中 (该溶液由 31.08g 苯丙氨酸乙酯盐酸盐和 27.8g (0.275mol) 三乙胺溶解分散于 500mL 四氢呋喃中制备)。在 0℃ 和 25℃ 分别反应 4h 和 20h 后,将体系降至 0℃,搅拌下加入大大过量的甘氨酸乙酯 (22.2g, 0.159mol) 和三乙胺 (27.5g, 0.272mol) 的四氢呋喃溶液 (300mL),在 0℃ 和 40℃ 分别反应 4h 和 20h。离心除去不溶性的盐酸盐,用正己烷沉淀。将粗产物溶于 THF (含 1% 三乙胺），离心去除不溶物后，用正己烷沉淀，然后真空干燥。

从上面所列举的实例中，可以看到氨基取代聚二氯磷腈反应的温度不是确定的，如果亲核取代基的亲核性较强、体积较小，为避免由于取代反应的迅速发生而使侧基在磷腈链上的分布不均，可降低反应的温度，减慢亲核试剂对 P—Cl 的取代，待反应比较平稳或由于位阻效应等引起取代反应发生困难后，可适当升高反应的温度，促进取代反应的继续进行。亲核试剂的亲核性越小、体积越大，则反应温度越高、反应时间也越长。

#### 3.9.4.2 烷氧基取代聚磷腈

虽然生物可降解性的聚磷腈主要是氨基取代聚磷腈，但一些烷氧基取代的聚磷腈也被证实具有可水解性。Allcock 等合成的甘油取代聚磷腈是第一个发现具有可水解性的，该聚合物通过己二酰氯或己二异氰酸酯反应交联可得到水凝胶。类似的，葡萄糖基和甲氨基共取代的聚磷腈也被发现具有可水解性。Allcock 等还通过烷氧取代反应合成了羟基乙酸酯或乳酸酯取代聚磷腈，这些聚合物由于缺乏结晶性，比通用的 PLA、PGA 的降解速率快很多。

一些生物稳定性的烷氧或芳氧基取代的聚磷腈也可以作为生物材料使用，例如前面提到过的一种三氟乙氧基和氟代烷氧基共取代的聚磷腈在 20 世纪 80 年代已被用于制造义齿基托的软衬，已被用于临床。

由于羟基的亲核取代反应活性不如氨基高，烷氧基或芳氧基取代聚磷腈的制备一般都是先通过相应的醇与金属钠反应，转化为亲核性更强的醇钠盐后，再与聚二氯磷腈反应，反应过程中生成不溶于溶剂的 NaCl，通过过滤、离心或水洗除去。

三氟乙氧基全取代聚磷腈的制备：将 600g（6mol）三氟乙醇溶解于 600mL THF 中，加入 120g（5.22mol）金属钠，室温反应生成三氟乙醇钠盐后，将 300g（2.58mol PNCl$_2$ 单元）聚二氯磷腈的苯溶液（1500mL）于搅拌下滴加到前述钠盐溶液中，3h 滴加完毕。回流反应 16h 后，冷却至室温，用浓盐酸中和。过滤分离不溶物，用大量的水洗去析出的 NaCl，再用 95% 的乙醇洗涤。将得到的聚合物溶于丙酮，过滤后用水沉淀彻底除去 NaCl。聚合物干燥后再溶于丙酮，用苯沉淀除去低聚物。最终的产物为白色纤维状，能溶于丙酮、THF、醋酸乙酯、乙二醇、二甲醚和甲乙酮，不溶于二乙醚、二氧六环、乙醇、芳烃和烷烃。

烷氧基取代聚磷腈中还有很重要的一类侧基取代磷腈，即烷氧基醚取代的聚磷腈，除了可用作固体电解质材料外，由于聚乙二醇醚链在水溶液中的特殊表现，该类聚磷腈（MEEP）是一类具有 LCST 的水溶性聚合物，其 LCST 随着聚乙二醇醚链的长度及其在磷腈主链上的取代度和共取代基团的特性而发生变化。MEEP 经 γ 射线照射交联后，可获得一类具有 LCST 的水凝胶，是一种非常优秀的温敏智能药物控制释放载体材料，具有非常广阔的生物医学应用前景。

下面以 2-(2-甲氧基乙氧基) 乙氧基全取代聚磷腈以及甲氧基聚乙二醇醚（MPEG）（$M_w=350$）和甘氨酸乙酯（GlyEt）共取代聚磷腈的合成，下面简单说明这一类聚磷腈的制备与纯化。

2-(2-甲氧基乙氧基) 乙氧基全取代聚磷腈的制备：48g（0.40mol）2-(2-甲氧基乙氧基) 乙醇与 7.82g（0.340mol）金属钠在热的 THF（400mL）中反应生成醇钠盐后，将 20g（0.17mol PNCl$_2$ 单元）聚二氯磷腈的 THF 溶液（400mL）于搅拌下滴加到前述钠盐溶液中，0.5h 滴加完毕。回流反应 24h 后，冷却至室温，将反应混合液用己烷沉淀后，去离子水透析纯化 5 天。聚合物水溶液过滤、离心除去不溶物后，蒸发溶剂得到目标聚合物。

(MPEG350)$_x$ (GlyEt)$_{2-x}$ 聚磷腈的制备：将 MPEG350 与过量的金属钠（OH：Na=1：1.5）在 THF 中回流反应 2 天生成醇钠盐后，过滤去除过量的金属钠，将其滴加入聚二氯磷腈的 THF 溶液，室温反应 5h。将甘氨酸乙酯盐酸盐悬浮于 THF 中，加入 4 倍的三乙胺，然后将第一步反应结束的溶液滴加入此甘氨酸乙酯的 THF 溶液中，继续在 50℃ 反应 2 天。反应结束后，过滤除去不溶物，浓缩滤液，然后用乙醚和己烷的混合溶剂（1∶1）沉淀。将沉淀溶于少量甲醇，用去离子水透析纯化 2 天。水溶液冷冻干燥后即得目标聚合物。

从上面的例子可以看到，对于水溶性聚膦腈的纯化一般都采用透析的方法，耗时很长。但对于 MEEP 这一类具有 LCST 的水溶性聚合物，利用它在水中溶解的温敏性，有文献采用了下述纯化方法：将装有聚合物水溶液的烧杯置于已预热至略高于其 LCST 温度的热台上，形成由下至上的温度梯度，不要搅拌溶液，聚合物会聚集在加热区域析出，保持数分钟，则聚合物基本全部析出，得到一团黏性物质，迅速但小心将热的上清液去除，尽可能减少聚合物的损失，可得到高纯度的聚合物。

Allcock 等合成的羟基乙酸酯或乳酸酯取代聚膦腈，因具有与聚乳酸、聚羟基乙酸等相似的结构，理论上是一类优秀的生物医用材料，因此也曾经引起了人们的关注。但是在它们的合成过程中存在诸如羟基乙酸酯和乳酸酯的钠盐不溶于有机溶剂、反应温度难以选择和盐（NaCl 或醇钠盐）难以去除等种种困难，虽然通过一系列的努力获得了目标聚合物，但直到目前也未见更进一步的报道。

关于甘油和葡萄糖取代聚膦腈的制备，由于涉及侧基的保护和脱保护，将放在"聚膦腈侧基的功能化反应"一节（见 3.9.5）详细论述。

#### 3.9.4.3 混合取代中的一些注意事项

从聚合物的侧基种类和比例调节角度来看，顺序将两种或更多种不同的侧基引入到聚磷腈中，是一种获得具有特殊性能的聚膦腈材料的好方法。假设先用亲核取代试剂 $A^-$ 与聚二氯磷腈反应取代一部分的 P—Cl，然后再用过量的 $B^-$ 取代剩余的 P—Cl，可以得到取代基团 A 和 B 的比例分别为 5%~95% 和 95%~5% 的一系列聚膦腈。而且与此类似，从理论上还可得到三、四或更多取代基取代的聚膦腈。但是，如果后加入的亲核取代基能置换掉先前引入的基团，则聚合物的结构组成则无法预计。而且在制备混合取代的聚膦腈时，只能将亲核取代基加入到聚二氯磷腈溶液中，反过来滴加，会使先期加入的聚二氯磷腈被第一种亲核取代基完全取代。

混合取代的聚膦腈也可以通过将多种亲核取代试剂的混合溶剂加入聚二氯磷腈中，反过来滴加亦可。亲核取代基不同的加入方式，可能会生成不同的共取代比例和侧基排布，导致聚合物产生截然不同的性能。如果两种亲核取代基的亲核反应性相近，则终产物中侧基的组成应与投料比接近。但实际上，总会有一种亲核试剂先发生反应，另一种试剂则可能与 P—Cl 反应，也可能与前一种亲核试剂反应，因此多种亲核试剂同时加入的方式，使得对聚合物的结构控制更难。

无论采取哪种加料方式制备混合取代聚膦腈时，都必须考虑到不同亲核试剂间反应能力的差别，亲核性强的试剂很可能将已经连接到 P 上的亲和性较弱的基团置换，或破坏已取代基团的结构。有研究发现，如果是将烷氧基醚和氨基酸酯对聚二氯磷腈进行共取代，二者的加入顺序对最后结构的影响非常明显。以甲氧基乙醇钠作为第一取代基加入到聚二氯磷腈中，然后以过量甘氨酸乙酯作为共取代基取代掉聚合物链上剩余的氯原子，来制备氨基酸酯/甲氧基乙醇双取代聚膦腈并未得到理想的结果。实验发现：甘氨酸乙酯不仅与 P—Cl 反应，还进攻甲氧基乙醇上与氧相邻的碳原子，将甲氧基或整个甲氧基乙氧基取代掉。但是反过来，先加甘氨酸乙酯再加甲氧基乙醇钠，则可以获得具有预期组成的聚膦腈。原因就在于氨基的碱性强于醚键。

但是，也可以利用亲核取代基之间的这种竞争取代来制备聚膦腈，如在制备烷氧基和氟代烷氧基共取代的聚膦腈时，可通过向氟代烷氧基全取代聚膦腈溶液中加入烷氧基醇钠，由烷氧基对氟代烷氧基的置换来合成，侧基置换率最高可达 60%。侧基能否被置换及其置换程度，与第一取代基团的吸电子能力有很大关系，其吸电子能力越强，磷的正电性越高，越易被其它亲核试剂进攻，但由第一取代基团的位阻效应所产生的对主链上磷原子的保护作用，则会抑制侧基的置换。实验发现，烷氧基对三氟乙氧基的置换比例最高，而 2,2,3,3-四氟丙氧基和 2,2,3,3,4,4,5,5-八氟戊氧基的吸电子能力虽强，但对主链的屏蔽作用也强，因此烷氧基对它们的置换率反而较低。这些现象也说明，侧基的置换是通过 SN2 机理进行的。

### 3.9.5 聚膦腈侧基的功能化反应

受聚膦腈合成方法的限制，并不能直接使用多官能团亲核取代试剂来制备侧链带有官能团的功能化聚膦腈。制备带有"X"官能团的功能化聚膦腈，理论上有三条途径：①先利用亲核基团"Y"与 $(NPCl_2)_n$ 反应，得到 $[NP(Y)_2]_n$，然后应用化学反应将"X"连接到"Y"上，例如通过对聚膦腈侧基的磺化、硝化、氯甲基化和还原反应等引入磺酸基、硝基、氯甲基和氨基等；②直接用双或多官能团试剂"Y—X"与聚二氯磷腈反应，只有"Y"能与 P—Cl 反应，"X"不参与反应，但由于 P—Cl 的高反应性，符合这种条件的亲核取代试剂并不多；③采用"Y—X—P"型试剂与聚二氯磷腈进行亲核取代反应，得到 $[NP(Y—X—P)_2]_n$ 后，再将保护基 P 脱除，得到 $[NP(Y—X)_2]_n$。第三种方法的优势最为明显，也是最为常用的一种方法。

下面以制备带有侧羟基、氨基和羧基的功能化聚膦腈为例，来简单阐述一下功能化聚膦腈的制备。

#### 3.9.5.1 带有侧羟基的聚膦腈的合成

水溶性的合成大分子在作为生物大分子的模型和作为生物医药方面具有很大的应用价值。应用的形式多种多样，可形成水凝胶用作膜、结构材料或用于生物活性组分的固定。对于在主链的侧基上带有羟基的大分子尤其令人感兴趣，因为这样的官能团可提供交联的位点和用于结合生物活性组分。可作为生物材料应用的带有侧羟基的功能化聚膦腈，最常见的就是甘油或葡萄糖基取代的聚膦腈，它们都是通过上述第三种方法制备的。

制备甘油基取代聚膦腈时，因甘油分子中有三个羟基，需要先将其中两个保护起来，常用的保护方法是用甲醛、丙酮或三甲基原甲酸酯与甘油反应生成如图 3-78 所示的结构，然后与金属钠或 NaH 反应转变为相应的醇钠盐，对聚二氯磷腈进行亲核取代反应，得到侧基有保护结构的聚膦腈。但是上述这三种结构的脱保护难易程度差别较大，甘油缩甲醛的保护基最难被脱除，即使用 90% 三氟乙酸作用了 50h 也未能成功脱掉保护基，将聚合物置于 HCl/HF 混合酸中于 100℃加热 2h，聚合物发生剧烈解聚也不能将保护基全部脱除。异亚丙基-甘油可用 80%乙酸在 25℃ 进行脱保护，反应 35h 后即可得高产率的甘油取代聚膦腈，若反应时间再延长，聚合物发生严重解聚。2-甲氧基-1,3-二氧戊环-4-甲醇可以用 10%或 20%乙酸进行脱保护，但在 0.01mol/L 或 0.1mol/L 的 HCl 中均无法脱保护。

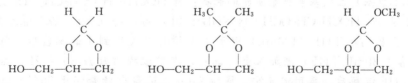

图 3-78　用甲醛、丙酮或三甲基原甲酸酯保护的甘油分子结构

葡萄糖基取代聚膦腈的制备与上类似，也是用丙酮与葡萄糖反应保护其中的四个羟基后，剩余 C3 位的羟基，转变为醇钠盐后对聚二氯磷腈进行亲核取代。得到的聚合物采用

90%的三氟乙酸进行脱保护，获得葡萄糖取代聚膦腈。

在这样的一系列反应中，主要存在两方面的问题：①经保护基保护的亲核取代基体积位阻增大，难以取代全部的 P—Cl，需要加入小分子亲核取代试剂（如甲胺、甲氧基乙醇、三氟乙醇等）来屏蔽剩余的 10%~15% 的 P—Cl；②强酸性脱保护试剂的使用，往往会使聚膦腈主链发生严重降解，造成聚合物分子量偏小和力学性能不足等问题。但由于甘油和葡萄糖基取代的聚膦腈主要是通过羟基的反应进行交联来制备水凝胶，因此聚合物力学性能不足的问题不是非常突出和重要。

葡萄糖基和甲胺共取代聚膦腈的制备：将一定量的二异亚丙基葡萄糖与金属钠在 THF 中反应制备得到醇钠盐溶液后，将其滴加入聚二氯磷腈的 THF 溶液，回流反应 96h。然后将溶液冷却，加入过量的甲胺 THF 溶液，低温继续反应 8.5h。将反应液浓缩，用己烷沉淀，粗产物溶于水后用去离子水和甲醇分别透析纯化 72h 和 48h，干燥后得二异亚丙基保护的葡萄糖基和甲胺共聚物聚膦腈。将 1.0g 上述聚合物溶于 10mL 90% 三氟乙酸中反应 4.5h 进行脱保护，期间用 $^{31}$P-NMR 检测脱保护程度和主链的断链情况。脱保护完全后，用碳酸钠中和，然后用去离子水和甲醇分别透析纯化 72h 和 48h，减压蒸除溶剂得目标聚膦腈。

带有侧羟基的功能化聚膦腈的制备也可以通过对侧基的功能化反应来实现，如可先用对羟基苯甲醛的钠盐取代聚二氯磷腈的 P—Cl，然后用 $NaBH_4$ 将醛基还原成—$CH_2OH$，或用对羟基苯甲酮或苄酮的钠盐先与聚二氯磷腈反应，然后用 $BBr_3$ 或 $H_2/Pd$ 还原得到羟基。也有文献先用三甲基碘硅烷取代甲氧基封端的烷氧基醚取代聚膦腈中的甲氧基，得到硅烷化 $\{NP[(OCH_2CH_2)_m OSiMe_3]_x[(OCH_2CH_2)_m OCH_3]_y\}_n$，然后水解或醇解得到羟基功能化的 $\{NP[(OCH_2CH_2)_m OH]_x[(OCH_2CH_2)_m OCH_3]_y\}_n$。

通过侧基反应是获得混合取代或具有功能化侧基聚膦腈的强有力的方法，通过控制反应条件可调节引入基团的比例，但这个过程唯一的不足就是要如何尽量避免或减少主链的降解。以 $BBr_3$ 对酮基的还原为例，将全部酮基还原会使聚合物分子量下降 30%~50%，甚至更多，推测造成如此剧烈降解的原因是因为硼原子在与酮基氧形成配位键使其还原的同时，也可以与主链上的氮之间形成配位键，从而引起主链的断裂。

### 3.9.5.2 带有侧氨基的聚膦腈的合成

带有侧氨基的聚膦腈的合成，通常是采用对含硝基或腈基侧基的聚膦腈进行还原来获得，也有用对乙酰胺苯酚的钠盐取代一部分的 P—Cl，得到含一定比例—$OArNHC(O)CH_3$ 的聚膦腈，然后用叔丁醇钾还原得到 $NH_2$。但作为生物材料使用的侧基带氨基聚膦腈的合成，实际上更多的是采用对氨基的保护和脱保护方法来完成。氨基的保护方法有很多，如将氨基质子化、转变为酰胺、氨基甲酸酯或 Schiff 碱（与醛或酮反应生成的甲亚胺结构）等，但从保护基的脱除操作和难易程度来比较，最常用方法是叔丁氧羰基（Boc）保护法，这种保护基在碱性条件下稳定，但在酸性条件下很不稳定，可以方便地用 HCl/HBr 混合酸、三氟乙酸或甲酸等酸性试剂将其脱去。

2-(2-氨基乙氧基)乙氧基取代聚膦腈的制备：将 $HOCH_2CH_2OCH_2CH_2NH_2$ 先与二碳酸二叔丁酯反应生成 $HOCH_2CH_2OCH_2CH_2NHBoc$（Ⅰ）后，将 4.0g（19.5mmol）碘和 0.3g（13.0mmol）金属钠在 THF（100mL）中于 30℃ 搅拌 2 天得到Ⅰ的钠盐后，将聚二氯磷腈溶液（0.3g 溶于 30mL THF）滴加入上述溶液，在室温搅拌反应 60~72h。然后用己烷沉淀。沉淀用 THF 溶解后，再用水沉淀。将约 2.0g 上述聚合物悬浮于 80%~90% 的三氟乙酸溶液（50mL）中，室温搅拌 2h 后得到澄清溶液。继续室温反应 15~24h 后，用 5mol/L NaOH 溶液调节溶液 pH=7~9，该水溶液用去离子水和甲醇分别透析纯化 72h 和 24h。最后真空干燥得目标聚合物。

### 3.9.5.3 带有侧羧基的聚膦腈的合成

在聚膦腈侧基上引入羧基,基本上都是先通过将羧酸转变成酯键,在完成与聚二氯磷腈的反应后,再通过在酸性或碱性条件下酯键水解脱除相应的醇即可。例如用 NaOH 或 HCl 使对羟基苯甲酸丙酯取代聚膦腈的侧基水解,获得的带侧羟基的聚膦腈用二价离子如 $Ca^{2+}$ 交联,即得 pH 响应性水凝胶,可用于药物控制释放。

虽然酯键在酸性和碱性条件下都可以水解,它们对聚膦腈主链的影响是不一样的。例如,氨基酸酯取代聚膦腈的降解是先发生在侧基,氨基酸酯先水解生成氨基酸和相应的醇,然后由酸性的羧基促进磷腈主链的断链,聚膦腈降解明显。但如果上述水解是在较强的碱性条件下发生,则侧链的羧基会全部转变为羧酸盐,诱导主链发生断链的能力大大降低。因此,上述由酯键水解引入羧基侧基的反应,更宜在较高浓度的碱溶液中来进行,保证碱过量,能使所有生成的羧基能全部转变为羧酸盐,降低聚膦腈的降解程度。这种反应适用于所有氨基酸酯取代的聚膦腈。

通过上面讲到的这些侧基功能化反应,不仅可以用来制备混合取代聚膦腈,或引入特定的官能团赋予材料某种特性,也可以利用这些反应对已有的聚膦腈材料或制品进行表面改性,来改善该类材料的生物相容性或细胞亲和性,拓展聚膦腈在生物医学领域的应用。例如,可先通过某种方法使对羟基苯甲酸丙酯取代聚膦腈成型(如膜、管、块等),然后用 $LiAlH_4$ 还原或碱性条件水解基材表面的基团,分别引入羟基或羧基。不同于聚合物材料本体进行功能化反应会引起主链的降解和力学性能下降,表面改性只是在聚膦腈基体表面引入相应的官能团,而不影响整体的力学性能,在实际应用中应该具有更多优势。

当然,适用于聚膦腈侧基功能化改性的反应远不止上述几种,一般来说,只要不引起磷腈主链的剧烈降解,所有适用于有机官能团的反应都可以应用于聚膦腈的改性,包括光化学反应、双键的加成或结合金属离子等,尤其是将顺 $Pt[cis\text{-}Pt(NH_3)_2Cl_2]$ 结合到聚膦腈上,是一种效果良好的抗肿瘤药物。例如,Qiu 等的一篇报道利用羟胺对甘氨酸乙酯取代聚膦腈的部分侧基反应,生成一定比例的乙羟肟酸后,再和苯甲酰氯反应,得到甘氨酸乙酯和氨基乙羟肟酸苯甲酯共取代聚膦腈,由于甘氨酸乙酯在酸碱条件下都可以降解,而氨基乙羟肟酸苯甲酯只能在碱性条件下水解,所以改变两种侧基的比例,可以得到在酸碱条件下具有不同降解速率的聚膦腈,利用环境 pH 的改变来控制材料的降解行为,可用于脉冲药物释放体系的研究。

此外,聚膦腈经功能化反应引入可反应官能团后,可与很多药物形成复合体系,制备聚膦腈高分子药物。Song 等先用 5-羧甲基-1-戊醇和甲醇依次取代聚二氯磷腈的氯原子,然后用过量的 NaOH 甲醇溶液水解,再利用酸活化的混合酸酐法将 L-谷氨酸二苯酯和糖分子接入上述聚合物,前者是作为接入(二胺)铂的间隔基团,后者是一个靶向基团。将苯基用甲醇化氢氧化锂脱除后,加入反 (6)-1,2-二氨基环己烷和 $Pt(NO_3)_2$,可得含 $\beta$-半乳糖组分的聚膦腈-(二胺)铂配合物。该配合物不仅具有优异的抗肿瘤活性,而且对肝细胞等具有靶向性。

## 3.9.6 聚膦腈的改性

### 3.9.6.1 共混

利用聚膦腈和其它聚合物共混,可以使不同聚合物的特性优化组合于一体,使材料性能获得明显改进,或赋予原聚合物所不具有的崭新性能。如 Francesco Minto 等将聚[(4-苯甲酰苯氧基)$_{\sim 0.5}$(甲氧基乙氧基乙氧基)$_{\sim 0.5}$]膦腈和聚乙二醇共混,得到了一系列玻璃化温度规则变化的共混物,可用作药物控制释放体系的载体材料,控制其共混比,可以达到调节降解速率的目的，满足不同药物的释放要求。

Laurencin C. T. 和 Allcock H. R. 等将聚（甘氨酸乙酯）（p-甲苯氧基）膦腈（PPHOS-EG）与聚 α-羟基酯或聚酸酐进行了共混，降解结果表明：聚膦腈主链的碱性水解产物磷酸盐和氨，可有效中和 PLGA 或聚酸酐的酸性降解物，而反过来 PLAGA 降解的酸性产物能够促使聚膦腈链的水解。邱利焱研究了聚（双-甘氨酸乙酯）膦腈（PGP）和聚酯的共混相容性，发现 PGP 与 PLA 不相容，但通过氢键相互作用可与 PLGA 达到部分相容，且 PGP/PLGA 的共混相容性随着 PLGA 含量的增加而有所改善。通过改变共混组成的比例，可以调节共混物的降解速率，进而控制药物的释放速率。

#### 3.9.6.2 共聚

(1) 以磷腈为核的星型聚合物　由于环磷腈上可以接不同的基团，这使得制备星型聚合物的方法有很多。Kazuhiro Miyata 等利用己内酰胺的开环聚合以及含活性基团聚苯乙烯的大分子耦合等方法制备了多种以环磷腈为核的星型聚合物；Ji Young Chang 等也利用阳离子引发了 2-甲基-2-咪唑的开环合成了星型聚合物；唐小真分别利用六氯环三磷腈和短链磷腈合成了一种星型聚酯和一种五角型聚酯，其聚合机理为羟基引发的内酯单体开环配位聚合。由于磷腈环的存在，使得星型聚合物的热稳定性要优于线性聚酯，并且聚合物链接在环磷腈核上，链运动受阻，使得材料的结晶能力减弱，因此星型聚乳酸的降解速率要快于线型聚乳酸，这是由于聚乳酸的降解是先发生在无定形区，然后才是结晶区。星型聚乳酸的降解分两步进行：①酯键的水解和聚合物链随机的裂解；②聚乳酸短链从环磷腈核上的脱落。

(2) 嵌段共聚　Allcock 等采用磷胺阳离子活性聚合的方法，在室温条件下制备分子量及其分布可控的聚膦腈，即在 $PCl_5$ 的诱导下，单和二取代的有机磷胺如 $PhCl_2P = NSiMe_3$ 在室温下直接聚合生成聚膦腈，而聚合物链端活性位的存在使其能和其它磷腈单体或有机单体聚合生成嵌段共聚物。利用该方法 Allcock 等相继合成了聚膦腈/聚苯乙烯、聚膦腈/聚有机硅氧烷、聚膦腈/聚氧化乙烯等嵌段聚合物。

聚膦腈段的侧基直接影响着共聚物的性能，如聚（2-三氟乙氧基）膦腈/聚氧化乙烯（PEO）为两性大分子，在水介质中能够形成胶束，位于胶束表面的 PEO 可以阻止非特异性蛋白的吸附，利用 PEO 链端头的官能基团固定上生物活性分子，还可以改善细胞/材料界面相互作用，促进细胞在材料表面的黏附、铺展、分化等；而当聚膦腈的侧基为甲氧基乙氧基乙氧基时，共聚物则是热敏性聚合物，随着温度的变化能从水溶变成不溶状态。由于温度敏感聚合物有这种特殊的性能，使其能够应用于酶的固定化及药物温敏控制释放等方面。

(3) 接枝共聚　目前已有多种接枝方法应用到了制备聚膦腈接枝共聚物中，包括用自由基、阴离子、阳离子或配位插入等引发聚合接枝，以及逐步接枝和大分子耦合接枝等。

① 自由基聚合接枝　Mario Gleria 等利用 4-异丙基苯氧基取代聚膦腈与氧气发生过氧化反应产生自由基，然后引发苯乙烯单体聚合制备了聚膦腈接枝聚苯乙烯共聚物，得到的共聚物比之纯聚苯乙烯有着更好的热稳定性。该方法也可用于引发其它乙烯类单体的自由基聚合，如甲基丙烯酸甲酯（MMA）、甲基丙烯酸羟乙酯（HEMA）等，这些都是可用于生物医用的材料。M. Carenza 等利用光照射引发自由基聚合将甲基丙烯酸二甲氨基乙酯（DMAEM）、二甲基烯丙基胺（DMAA）、乙烯基吡咯烷酮（NVP）等分别接枝到了聚苯氧基膦腈（PPP）和聚三氟乙氧基膦腈（PFTP）链上，并对其接枝聚合物的生物相容性特别是抗凝血性能进行了研究。结果表明：在未接枝的 PPP 和 PFTP 薄膜植入老鼠腹膜腔内之后，样本很大程度上形成了纤维包囊，而接枝共聚物特别是接枝在 PFTP 上的聚合物则表现出了极好的生物相容性；将肝磷脂（HEP）通过离子键连接到 PPP-$g$-DMAEM 或 PFTP-$g$-DMAEM 薄膜上，可明显提高材料表面的抗凝血性能。

② 阴离子聚合接枝　Wisian-Neilson 等通过对聚膦腈的金属化生成 $[N=P(Ph)CH_2Li]_n$，利用烷基锂引发环硅氧烷和己内酯的阴离子开环分别合成了聚膦腈接枝聚硅氧烷和聚膦腈接枝聚己内酯两种共聚物。两者都具有优异的生物相容性：前者透气性好，可应用于医用导管、组织支架和骨骼修补材料；后者生物可降解，通过改变正丁基锂的投料比可控制共聚物的接枝率，而接枝长度也可通过加入己内酯单体的多少来调节，这样就能获得一系列具有不同降解速率的共聚物，可作为药物控制释放材料。

③ 阳离子聚合接枝　Ji 等对聚（4-甲苯氧基）膦腈进行溴化处理后，利用生成的阳离子引发 2-甲基-2-唑啉开环聚合制备了聚膦腈接枝聚（2-甲基-2-唑啉）共聚物。2-甲基-2-唑啉的开环聚合属于活性聚合，因此可以通过改变单体的投料来控制接枝长度和侧链组成。聚膦腈接枝聚（2-甲基-2-唑啉）共聚物是两亲性大分子，在水介质可自组装形成胶束，可用于包埋药物。

④ 配位插入聚合接枝　Cai 等则利用三甲基碘硅烷取代聚（双甲氧基乙氧基）膦腈的部分侧基中甲氧基，然后水解或醇解得到含侧羟基的聚膦腈，然后在催化剂作用下，引发己内酯单体开环聚合，得到聚膦腈接枝聚己内酯共聚物。改变三甲基碘硅烷的用量，以及内酯单体的投料比，可以控制接枝共聚物的接枝率和接枝长度。该类聚合物也可以通过氨基酸酯取代聚膦腈的侧基与端羟基的低分子量聚酯进行酯交换来制备。

⑤ 逐步聚合接枝　Allcock 报道了一种通过逐步耦合反应将短肽链接枝到聚膦腈上的方法，合成了甘氨酸-脯氨酸-甘氨酸（Gly-Pro-Gly）和甘氨酸-缬氨酸-丙氨酸（Gly-Val-Ala）两种氨基酸序列取代的聚膦腈。聚膦腈接枝多肽共聚物的生物相容性大大提高，且理论上可由多种常用氨基酸合成不同功能的短肽链，有可能用来模拟人体组织的某些组成。但由于在用 80% $CF_3COOH$ 对氨基保护基（叔丁氧羰基）的去除存在着反应不完全的可能性，所以用该法接枝具有更多氨基酸序列的肽链时，可能会导致某些氨基酸的顺序发生错误，从而影响到材料的应用。

⑥ 大分子耦合接枝　邱利焱等合成过一种聚膦腈接枝聚 N-异丙基丙烯酰胺的两亲性大分子，具体方法是先通过 N-异丙基丙烯酰胺单体在链转移剂氨基硫醇存在下聚合，得到含端氨基的聚 N-异丙基丙烯酰胺，然后通过亲核取代反应接枝到聚膦腈主链上。这种两亲性的大分子在水溶液中也可以自发地形成具有特殊结构和形状的聚集体，可应用于转染载体、敏感性酶分子的保护囊材，药物释放或作为微型反应器等。

#### 3.9.6.3　聚膦腈与其它高分子形成互穿网络结构（IPN）

利用 IPN 技术是近年来制备杂化材料的一个有效方法。IPN 是指由两种或两种以上聚合物通过高分子链网络互穿缠结而形成的一类独特的聚合物共混物或聚合物合金。每个高分子网络可以同时或先后形成，高分子网络之间可存在、也可以没有相互联结。IPN 特有的结构限制了分子链段的迁移，阻止相分离的发生。可使两种性能差异很大或具有不同功能的聚合物能形成稳定的结合，从而在性能或功能上产生特殊的协同作用。聚有机膦腈用来制备 IPN 材料具有很多优势，最主要是因为可以接到磷氮主链上的侧基品种非常之多，这样可获得具有综合性能的新材料，其次聚膦腈中易于引入功能化侧基，方便进行交联和易与其它高分子之间发生相互作用。

文献中关于聚膦腈的 IPN 材料也时有报道。Chang 和 Allcock 等制备了（甲氧基乙氧基）乙氧基取代聚膦腈或对羟基苯甲酸丙酯取代聚膦腈与数种有机高分子的 IPN 材料，包括聚苯乙烯、聚甲基丙烯酸甲酯、聚丙烯酸和聚丙烯腈。通常的制备方法是先通过 γ 射线照射使聚膦腈交联，然后用相应的单体（如苯乙烯）将其溶胀，加入自由基引发剂（如 AIBN）和双官能团交联剂（如乙二醇二甲基丙烯酸酯），进行聚合即可得到两种高分子的

IPN材料。

### 3.9.7 生物可降解聚膦腈的降解机理

生物可降解高分子的降解机理一般有本体降解和表面降解两种，常用的聚乳酸及其共聚物的降解属于前者，而聚酸酐和聚原酸酯的降解属于后者。但聚膦腈的降解则两种可能都有，取决于键的易水解程度、水分子向聚合物基体内部渗透的速率，即与聚合物的亲疏水性、降解产物的溶解性、环境的pH和温度等因素相关。

#### 3.9.7.1 氨基取代聚膦腈的降解

Allcock等仔细研究了各种氨基取代环膦腈的水解行为，发现水解能力按以下顺序依次降低，咪唑＞氨基酸乙酯＞氨基酸甲酯＞甲胺。并提出了这类聚膦腈水解的两条可能途径：由主链或侧基上的原子发生质子化引发环体开环，主链上氮的质子化可直接引发磷氮键的断裂；或者侧链上氮发生质子化后，使水分子对磷的亲核进攻容易，生成单羟基单氯取代膦腈结构，该结构的进一步水解环上磷氮键断裂而降解。但上述过程在强碱性介质中会受到抑制，例如在大于1mol/L的NaOH溶液中水解速率很慢，原因推测是因为侧链降解形成的羧基可促进磷氮键的断裂，而在强碱性的溶液中，羧基转变为稳定的羧酸盐结构，失去对邻近磷原子的亲核进攻能力，从而使降解变慢甚至不发生降解。氨基取代聚膦腈的降解和环膦腈类似物具有相似的规律。

在氨基取代聚膦腈中，氨基酸酯取代聚膦腈的降解行为是被研究得最多和最为深入的。它们的水解能力是随着侧基的疏水性增加而逐渐下降的，例如，各类氨基酸酯取代聚膦腈的水解速率是甘氨酸乙酯＞丙氨酸乙酯＞苯丙氨酸乙酯，或甘氨酸甲酯＞甘氨酸乙酯＞甘氨酸叔丁酯＞甘氨酸苯酯，降解产物为无毒的磷酸、氨、氨基酸和相应的醇。通过侧基的不同组合，可以广泛地调节聚膦腈的降解性能。

氨基酸酯取代聚膦腈的降解可能通过多种途径（图3-79），主要取决于氨基酸酯键的降解通过何种机理影响磷氮主链的稳定性：①水分子先水解酯键得到相应的氨基酸，然后羧基进攻主链上临近的磷原子，与水反应后，氨基酸脱落形成水不稳定性的膦腈，最终降解为磷酸根和氨；②在水分子的存在下，酯键可能直接进攻磷氮主链，然后水分子与不稳定的磷-

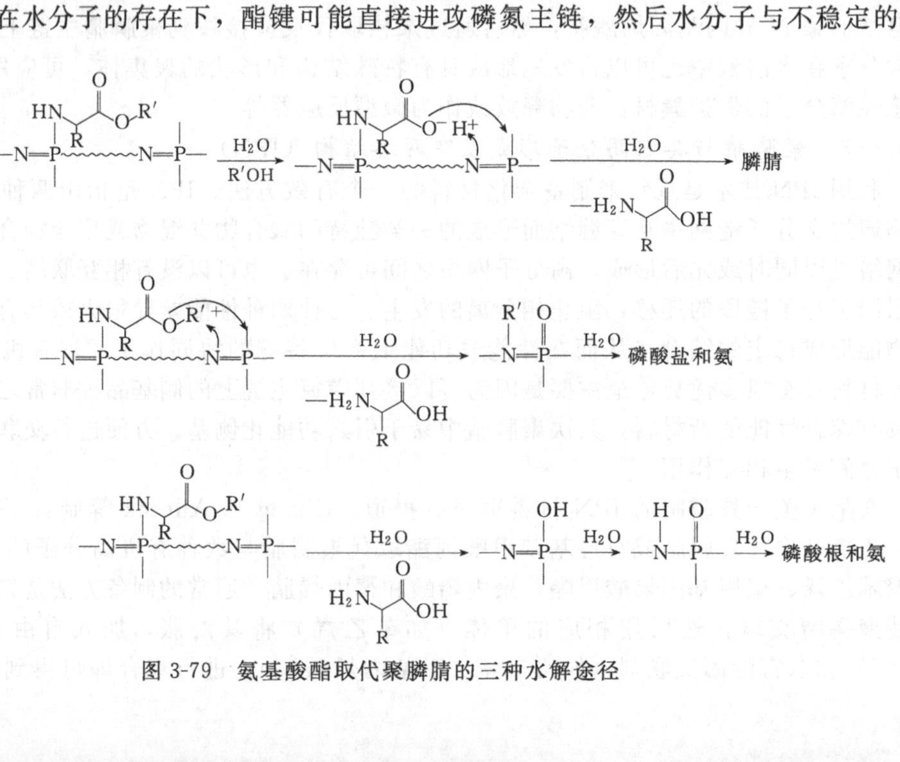

图3-79 氨基酸酯取代聚膦腈的三种水解途径

酯键发生反应，导致氨基酸从主链上脱除，形成水解敏感性的磷腈；③水分子直接对磷原子亲核进攻，将氨基酸酯基团取代，生成羟化磷腈，上述结构发生重排后与水反应最终生成磷酸根和氨。目前所获得的实验证据支持上述所有的机理，因此推断在氨基酸酯取代聚磷腈的水解过程中同时存在上述三条途径，但以第一种机理为主。无论是哪一种降解途径，氨基酸酯取代聚磷腈的降解都属于侧链降解机理，即侧基先水解脱除，然后才是主链的降解。

#### 3.9.7.2 烷氧基取代聚磷腈的降解

由于生物可降解性烷氧基取代聚磷腈的应用研究相对较弱，因此对它们的降解研究也较少。现有的研究表明，甘油取代聚磷腈在100℃水解12h后可检测到降解的发生，150h后可完全降解为甘油、磷酸盐和氨，而在37℃下，至少约需720h才能完全降解。葡萄糖和甲胺共取代聚磷腈在100℃的水介质中，根据两者的比例，约需24~96h可完全降解，而在生理温度条件下，水解速率大为减慢，降解半衰期（指失重达到50%）为165~175h，降解产物为磷酸根、葡萄糖、甲胺和氨。另一种生物可降解的羟基乙酸酯或乳酸酯取代聚磷腈在溶液状态下［溶剂为95/5（体积比）的THF/$H_2O$］的降解速率要快于固态，其中羟基乙酸乙酯取代聚磷腈置于37℃水介质中，约320h后利用$^{31}$P-NMR可检测磷酸根的生成，说明磷氮主链已发生水解，而乳酸乙酯取代聚磷腈的主链水解降解约发生在浸没于37℃水介质中525h后，羟基乙酸苄酯和乳酸苄酯聚磷腈主链发生断链则需要更长的时间，分别为656h和1107h。

与氨基酸酯取代聚磷腈的降解相似，烷氧基取代聚磷腈的降解速率的差异也源自侧基的体积位阻和疏水性质，对水分子向主链的进攻有不同程度的屏蔽作用。降解的发生，可能是水分子取代了整个侧基，或使羟基乙酸酯、乳酸酯的酯键水解，生成的羧基再引起主链的断链。

### 3.9.8 展望

虽然聚磷腈在结构和性能上有明显优于其它生物可降解高分子的优势，但是它的生物医学应用研究相对较弱，主要原因有：①要获得高分子量聚磷腈，六氯环三磷腈的纯度要求高；②制备聚磷腈的中间体聚二氯磷腈不稳定，对水汽非常敏感，极易交联形成不溶不熔的弹性体，导致聚磷腈的产率往往不高；③亲核取代反应和侧基功能化反应都易造成主链断链；④由于磷腈主链的高柔顺性，所得材料大多数为无定形材料。这些造成了聚磷腈的成本较高，且性能不如预期中的好，主要是分子量不太高，力学性能也稍差，因此在一定程度上限制了它的生物医学应用研究，尤其是在作为结构类材料（如组织工程支架）应用方面。

多组分聚合物体系是设计制备新型材料的一种常用方法，新材料可能综合原有各组分的性能或可能获得一种全新的性能，它的性能可通过改变各高分子组分的比例和杂化方法来调控。因此，为促进聚磷腈在生物医学领域的应用研究，将聚磷腈与其它可生物降解的材料进行杂化，不失为一个好方法，不仅可以开发出一类新的生物材料，而且可以相对简单地通过改变杂化材料的混合比例来调节性能，提高力学性能，以及降低成本。采取简单共混、共聚或利用IPN技术，都是制备杂化材料的有效方法。

## 3.10 聚氨基酸

### 3.10.1 概述

生物系统每时每刻都在合成蛋白质，这些蛋白质通过自组装形成各种复杂的结构，最终构成高度有序的某种结构，具有特定生理功能。这些具有杰出功能的材料就是多肽共聚物，通过精确控制氨基酸的组成和序列结构来实现上述功能。因此，发展合成的方法来获得具有与这些天然聚合物具有相似多肽序列结构的人工聚氨基酸，对于在一些生物技术领域的应用如组织工程、药物传递和直接用作治疗药物等方面引起了人们广泛的兴趣。

以合成多肽来仿生天然的生物大分子，既有其有利的一面，如合成多肽只需重现生物大分子中的某一段结构，即可实现某种性质，这样不仅简化了制备过程，也可减少副反应。此外，聚氨基酸的降解行为是与其组成和参与降解的酶的种类密切相关的，这些决定了酶的结合位置以及酶降解的特异性。参与聚氨基酸生物降解的酶主要是肽酶和蛋白酶，这类酶广泛存在于生物体的细胞内和细胞外环境中，它们可能通过内肽酶作用于高分子链上的肽键，也可能通过外肽酶机制仅作用于链端的肽键，切除 1～2 个氨基酸残基。因此经过设计合成得到的聚氨基酸可具有特定的酶降解行为，即可通过共聚或高分子改性反应改变聚氨基酸的组成和结构，由此可控制它们的生物可降解性，得到一类新的生物材料。

与合成高分子相比，多肽聚合物因分子链间的氢键相互作用，在溶液中具有稳定的二级结构，这种二级结构是多肽链具有自组装特性的一个重要原因。虽然多肽的组成和合成过程十分明确，但氨基酸聚合化学一直被各种各样的副反应所制约，要获得具有 30 个氨基酸残基以上长链的过程非常冗长和昂贵，人工合成难以获得具有足够复杂组成的多肽，以实现更复杂的特定性能。

狭义的合成聚氨基酸主要是指具有多肽主链的均聚或共聚高分子。例如早期研究中，在生物医学领域应用的合成多肽主要是一些容易制备、可水溶的均聚多肽，最常用的是聚赖氨酸和聚天冬氨酸。虽然这些聚氨基酸的侧基可用于偶联药物分子，但它们的聚电解质性质可导致其与体液中的其它带电大分子相互作用而引起沉淀，因此在实际应用中也问题不断，且功能相对单一。而且多数肽键连接的聚氨基酸并不适合作为生物材料，主要是免疫原性、力学性能以及溶解加工性能等方面的原因，只有少数聚（γ-取代谷氨酸）及其共聚物被认为是具有应用前景的生物材料。

广义的合成聚氨基酸则是指非肽键连接的氨基酸聚合物或由氨基酸衍生但主链经过改性的聚合物，因主链不是采用肽键连接，这类聚合物不再具有免疫原性的问题，理化性能得到很大提高，而且在有机溶剂中的溶解性也大为改善，利于加工成型，是目前氨基酸聚合物研究中的重点方向。

### 3.10.2 氨基酸聚合物的分类

根据聚合物的主链连接以及共聚组成等，可以粗略地将氨基酸聚合物分为以下四类。

#### 3.10.2.1 氨基酸均聚物或氨基酸单体间的共聚物

这是最经典的氨基酸聚合物，也称为多肽聚合物，主要由 20 种天然氨基酸进行均聚或共聚得到。这一类氨基酸聚合物的研究热点是考虑如何获得具有与天然蛋白质产物类似结构和功能的人工多肽，制备方法主要有传统的化学合成法（即保护-脱保护法）、α-氨基酸-N-羧基内酸酐法（NCA 法）和生物法等，其中生物法是获得具有复杂氨基酸组成和序列结构人工多肽的最有利的方法。

#### 3.10.2.2 氨基酸与非氨基酸之间的共聚物

在生物材料研究中，α-氨基酸与乳酸、甘氨酸、己内酯或碳酸亚丙酯等单体的共聚物是涉及最多的，得到了众多具有不同结构和性质的材料，其主要目的是利用氨基酸的多官能性来改善脂肪族聚酯或聚碳酸酯等生物可降解聚合物的疏水性和细胞亲和性。主要制备方法是通过吗啉环单体的形成，通过均聚或与内酯单体或碳酸亚丙酯单体共聚获得，通过控制共聚物组分的结构和比例来调节材料的生物可降解性、力学性能和亲疏水性等。

#### 3.10.2.3 含多肽链的接枝聚合物

含多肽链的接枝共聚物还可以细分为：将氨基酸或多肽作为侧链接枝到其它高分子主链，或将其它高分子接枝到多肽主链上。前者主要应用目标是作为药物或配体载体，以及植入材料和组织工程支架材料等。后者更多的是利用阳离子性聚赖氨酸为主链，接枝聚乙二醇（PEG）后作为 DNA 载体，以降低聚赖氨酸的细胞毒性和提高转染效率。

#### 3.10.2.4 聚氨基酸与其它高分子的嵌段共聚物

聚氨基酸与脂肪族聚酯或 PEG 的嵌段共聚物是目前备受关注的一类药物输送载体材料和组织工程支架材料。利用双亲嵌段聚合物自组装形成的纳米级高分子胶束来实现药物的被动和主动靶向性，是药物缓控释研究的重点和热点方向之一。与其它类型的嵌段共聚物（如聚酯-PEG 嵌段共聚物）相比，由于聚氨基酸通常具有侧链官能团或可离子化，能通过化学键、离子键、氢键等多种相互作用结合药物分子，甚至 DNA，因此聚氨基酸嵌段共聚物在药物控制释放领域的应用研究更引人关注。

#### 3.10.2.5 假性聚氨基酸

当天然来源的 $\alpha$-氨基酸不是以酰胺键（肽键）相连，而是以酯键或碳酸酯键等非肽键连在一起形成长链而得到的聚合物，即被称为假性聚氨基酸 [pseudo-poly(amino acids)]。假性聚氨基酸具有与传统聚氨基酸一样的氨基酸组成，具有生物可降解性，且降解产物可通过新陈代谢途径排除，但它们却没有肽键结合聚氨基酸可能存在的免疫原性、酶降解性和力学性能等方面的问题。此外，假性聚氨基酸往往具有较好的溶剂溶解性，易于加工成型。这一类新型聚氨基酸是由 Domb 等于 1984 年首先报道的，其中由酪氨酸衍生的聚碳酸酯已经得到深入研究和实现商品化，证实具有良好的生物相容性，在作为植入材料和组织工程材料方面具有很好的应用前景。

### 3.10.3 氨基酸聚合物的合成方法

根据前面对氨基酸聚合物的分类，相应的氨基酸聚合物也采用不同的途径合成。除甘氨酸、丙氨酸、苯丙氨酸、亮氨酸和异亮氨酸等少数 $\alpha$-氨基酸只带有一个氨基和一个羧基外，其它的天然 $\alpha$-氨基酸都至少还带有一个氨基、羧基、羟基、巯基或胍基。因此，氨基酸合成化学的一大特色是官能团保护和脱保护方法的选择。其次，氨基酸合成化学除了开发新型的生物材料，其瞄准的更高目标是能够制备具有与天然蛋白质一样或相似组成和结构的人工多肽，以实现某种特定的功能。由此，实现合成聚氨基酸所特有的组成、结构确定性和复杂性，以及功能性，是很多聚氨基酸合成化学家正在致力进行的工作。

#### 3.10.3.1 氨基酸均聚物或氨基酸单体间共聚物

（1）化学法（保护-脱保护法） 由于氨基酸在中性条件下是以分子内的两性离子形式存在，氨基酸之间直接缩合形成酰胺键的反应在一般条件下是难以进行的，因此聚氨基酸不宜采用直接缩合聚合法制备。氨基酸酯的反应活性虽然较高，加热通过酯交换反应可以聚合生成肽酯，但反应缺乏定向性，不适合用来制备具有特定序列结构的多肽。逐步缩合的定向合成方法是得到具有特定序列合成多肽的唯一途径：即先将 $\alpha$-氨基酸中不希望参加反应的氨基或羧基用适当的基团暂时保护起来，然后利用 $N$-保护氨基酸和 $C$-保护氨基酸进行连接反应，由此得到 N 端和 C 端都带有保护基的二肽；选择性地脱去 N 端或 C 端保护基，然后再同新的 $N$-保护氨基酸（或肽）或 $C$-保护氨基酸（或肽）进行反应，并依次不断重复该脱保护-连接过程，直到所需要的肽链长度为止。

归纳起来，氨基保护基主要有烷氧羰基、酰基和烷基三大类，其中烷氧羰基使用最多，因为 N-烷氧羰基保护的氨基酸再接肽时不易发生消旋化。具有代表性的氨基保护基主要有苄氧羰基（Z）和叔丁氧羰基（Boc）。而羧基的保护一般采用成酯的形式，根据脱去条件的不同，羧基保护基大致可分为三类：①甲酯和乙酯是逐步合成中保护羧基的常用方法，可通过皂化除去或转变为肼以便用于片断组合；②保护基可用酸脱去的，如叔丁酯和对甲氧苄酯等；③还有一类保护基除了能用酸或碱脱除外，还能采用其它方法选择性脱去，如苄酯和苯羰基甲酯都能用 Pd/C 催化氢解脱去。前面已经提到，由于不少氨基酸的侧链上都带有能反应的基团，如羟基、巯基、酚基、胍基、咪唑基等，为了避免副反应的发生，在多肽合成中往往也要选用适当的保护基将它们暂时保护起来，待聚合完成后再行脱除。保护基的选择既要保证侧链基团不参与形成酰胺的反应，又要保证在肽合成过程中不受破坏，同时又要保证在最后肽链裂解时能被除去。如用三苯甲基保护半胱氨酸的巯基，用酸或银盐、汞盐除去；组氨酸的咪唑环用 2,2,2-三氟-1-苄氧羰基和 2,2,2-三氟-1-叔丁氧羰基乙基保护，可通过催化氢化或冷的三氟乙酸脱去。精氨酸用金刚烷氧羰基（Adoc）保护，用冷的三氟乙酸脱去。

氨基酸经相应保护后，可采用液相合成法来获得多肽。但将两个相应的氨基或羧基被保护的氨基酸放在溶液内并不形成肽键，要形成酰胺键，经常用的手段是将羧基活化，即先将 N-保护氨基酸或肽的 $\alpha$-羧基转变为活化型的 RCOX，变成混合酸酐、活化酯、酰氯或用强的偶联剂（如碳二亚胺）形成对称酸酐等，使它的羰基碳原子带上较强的正电性，利于氨基对它的亲核进攻生成肽键。一般来说，取代基团 X 的吸电子性越强，其对羧基的活化能力也越强，其中选用二环己基碳化二亚胺（DCC）、1-羟基苯并三唑（HOBT）或 HOBT/DCC 的对称酸酐法、活化酯法接肽应用最广。但在液相肽合成中，每次接肽以后都需要对产物进行冗长的重结晶或分柱步骤，分离纯化以除去未反应的原料和副产物，而且产物损失很大，且液相合成法不适用于反应中间体溶解度较低的情况。

下面以一个五肽序列的聚氨基酸的液相合成为例，来具体理解一下前面所述的各个过程。存在于肌肉、肌腱、软骨和其它一些软组织存在的弹性蛋白，具有缬氨酸-脯氨酸-甘氨酸-Xaa-甘氨酸（—ValProGlyXaaGly—）的重复五肽序列，其中 Xaa 可以是除了脯氨酸以外的任何氨基酸。弹性蛋白及弹性蛋白的类似物是很好的生物材料，因此有不少研究都在致力于相关材料的合成。与天然弹性蛋白具有一致氨基酸组成的人工多肽一般采用生物法制备，而经过改性的类似物多采用化学法合成。将五肽序列中的缬氨酸（Val）换成鸟氨酸（Orn）可以在侧基引入伯胺基团，因此所获得的聚氨基酸可利用二官能团试剂［如戊二醛、1-(3-二甲氨基丙基)-3-乙基碳二亚胺（EDC）］进行交联，得到类似于天然交联弹性蛋白的生物材料。

如图 3-80 所示，先分别用叔丁氧羰基（Boc）和苄氧羰基（Z）将鸟氨酸的 $\alpha$-氨基和 $\varepsilon$-氨基都保护起来，只余下一个羧基［Boc—Orn(Z)—OH］与甘氨酸乙酯（$Cl^-H_2N^+$Gly—OEt）或甘氨酸二聚体乙酯（$Cl^-H_2N^+$GlyGly—OEt）的氨基（以盐酸盐形式存在）在氯甲酸异丁酯（IBCF）和 N-甲基吗啡啉（NMM）作用下进行缩合，得到 Boc—Orn(Z)Gly—OEt 和 Boc—Orn(Z)GlyGly—OEt。前者用三氟乙酸（TFA）脱去 Boc 保护基，后者用皂化反应去除乙酯保护基后，两者再采用前法进行缩合即得 Boc—Orn(Z)GlyGlyOrn(Z)Gly—OEt 五肽。该五肽脱除 Boc 和乙酯保护基后，自身进行缩合，最后经 Pd/C 催化脱除苄氧羰基保护基后，即可得具有重复—OrnGlyGlyOrnGly—五肽序列的聚氨基酸，利用其侧氨基与戊二醛反应交联后，具有类似天然弹性蛋白的性质。

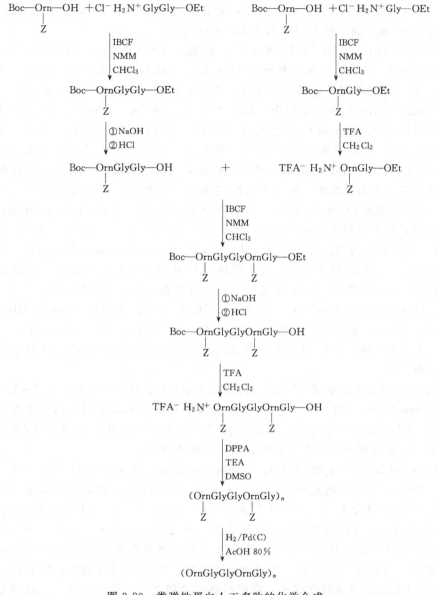

图 3-80 类弹性蛋白人工多肽的化学合成

Boc—Orn(Z)GlyGly—OEt 和 Boc—Orn(Z)Gly—OEt 的合成：将 Boc—Orn(Z)—OH (13.4mmol) 和 NMM (13.4mmol) 溶于氯仿 (54mL)，预冷至 -15℃，向其中加入 IBCF (13.4mmol)，混合均匀并反应数分钟后，再向其中加入 $Cl^-H_2N^+Gly$—OEt 或 $Cl^-H_2N^+$ GlyGly—OEt(13.4mmol) 和 NMM (13.4mmol)。将体系升至室温，搅拌反应 24h 后，依次用 5% 碳酸钠水溶液、水、5% 柠檬酸水溶液和水洗涤。经 $Na_2SO_4$ 干燥后，将溶剂蒸除可得到油状液体，产率约 90%。Boc—Orn(Z)GlyGly—OEt 为油状液体，而初生的 Boc—Orn(Z)Gly—OEt 油状液体放置一段时间后可结晶，有必要的话，可采用乙醚/石油醚混合溶剂进行重结晶提纯。

Boc—Orn(Z)GlyGly—OH 的合成：将 Boc—Orn(Z)GlyGly—OEt (12mmol) 溶于丙酮 (30mL)，向其中加入 NaOH 溶液 (1mol/L，13.2mL)，室温搅拌反应 3h 后，减压蒸除丙酮。补加一定量的水后，用乙酸乙酯萃取未参与反应的起始物，然后将水溶液冷却至 0℃，用 1mol/L HCl 溶液进行中和。用乙酸乙酯将产物抽提出来，用 $Na_2SO_4$ 干燥后，去除溶剂，经乙酸乙酯/石油醚重结晶得白色晶体，产率约 70%。

$TFA^- H_2N^+ Orn(Z)Gly—OEt$ 的合成：将 Boc—Orn(Z)Gly—OEt (14.5mmol) 溶于二氯甲烷 (30mL)，在 0℃下向其中加入 TFA (32.7mL)，0℃反应 30min 后，升至室温继续反应 2h。然后将溶剂挥发得到油状物质，产率约 90%，直接用于下一步反应。

Boc—Orn(Z)GlyGlyOrn(Z)Gly—OEt 的合成：将 Boc—Orn(Z)GlyGly—OH (8.35 mmol) 和 NMM (8.35mmol) 溶于氯仿 (35mL)，预冷至 -15℃，向其中加入 IBCF (8.35mmol)，混合均匀并反应数分钟后，再向其中加入 $TFA^- H_2N^+ Orn(Z)Gly—OEt$ (8.35mmol) 和 NMM (13.4mmol)。将体系升至室温，搅拌反应 24h 后，将得到的固体产物过滤，依次用水和乙醚洗涤，然后用乙醇/乙醚重结晶纯化，产率约 85%。

Boc—Orn(Z)GlyGlyOrn(Z)Gly—OH 的合成：将 Boc—Orn(Z)GlyGlyOrn(Z)Gly—OEt (7mmol) 溶于丙酮 (20mL)，向其中加入 NaOH 溶液 (1mol/L, 7.8mL)，室温搅拌反应 3h 后，减压蒸除丙酮。补加一定量的水后，用乙酸乙酯萃取未参与反应的起始物，然后将水溶液冷却至 0℃，用 1mol/L HCl 溶液进行中和。用乙酸乙酯将产物抽提出来，用 $Na_2SO_4$ 干燥后，去除溶剂，经乙醇/乙醚重结晶得白色晶体，产率约 70%。

$TFA^- H_2N^+ Orn(Z)GlyGlyOrn(Z)Gly—OH$ 的合成：将 Boc—Orn(Z)GlyGlyOrn(Z)Gly—OH (4.8mmol) 溶于二氯甲烷 (11mL)，在 0℃下向其中加入 TFA (11mL)，0℃反应 30min 后，升至室温继续反应 2h。然后将溶剂挥发得到的粗产物用甲醇/乙醚重结晶得晶状固体，产率约 90%。

聚[乌氨酸(苄酯)-甘氨酸-甘氨酸-乌氨酸(苄酯)-甘氨酸]的合成：将 $TFA^- H_2N^+ Orn(Z)GlyGlyOrn(Z)Gly—OH$ (0.41mmol) 溶于二甲亚砜 (4.35mL)，向其中加入二苯基磷酰叠氮化物 (DPPA, 0.62 mmol) 和三乙胺 (TEA, 1.03 mmol)，室温反应 48h，得到的粗产物加乙醚研磨萃取得到苄基保护的聚合物，产率约 70%。

聚(乌氨酸-甘氨酸-甘氨酸-乌氨酸-甘氨酸)的合成：将 Pd/C (1.18g, 5%) 悬浮于乙酸溶液 (4.5mL, 80%)，剧烈搅拌分散，并通 $N_2$ 半小时后，向其中滴加聚[乌氨酸(苄酯)-甘氨酸-甘氨酸-乌氨酸(苄酯)-甘氨酸]溶液 (2.0g 溶于 180mL 乙酸溶液)，在室温反应至无 $CO_2$ 放出后，继续搅拌 15min。过滤去除催化剂，减压蒸除溶剂，加入少量水溶解粗产物，然后冷冻干燥得目标聚合物，产率约 30%，相对分子质量约 5000~15000。

为了避开液相聚合法的劣势，并期望能够实现接肽反应的自动化，R. Bruce Merrifield 于 1963 年成功发展了固相肽合成法，经过不断改进和完善，这个方法今天已经是多肽和蛋白质合成中的一个常用技术。由于在肽合成方面的贡献，Merrifield 于 1984 年获得了诺贝尔奖。固相合成的主要原理是先将要合成肽链的羧末端氨基酸的羧基以共价键连接到一个不溶性的高分子树脂（如氯甲基聚苯乙烯树脂）上，然后以此氨基酸脱去氨基保护基后与等量的活化羧基氨基酸反应使肽链增长，重复缩合→洗涤→脱保护→中和、洗涤→下一轮聚合的过程，直至达到所需要的肽链长度，最后将肽链从固相载体上切除下来就得到了合成好的肽。固相合成的优点主要表现在简化并加速了多步骤的合成：因最初的反应物和产物都是连接在固相载体上，因此可以在一个反应容器中进行所有的反应，可避免因手工操作和物料重复转移而产生的损失，且便于自动化操作；同时产物很容易通过快速的抽滤、洗涤完成分离，可避免液相合成中所需的中间体冗长分离纯化过程及由此造成的大量损失；加入过量的反应物迫使个别反应完全，可以获得高产率的最终产物。化学合成多肽现在已经可以在程序控制的自动化多肽合成仪上进行。Merrifield 成功地合成出了舒缓激肽（9 肽）和具有 124 个氨基酸残基的核糖核酸酶。1965 年 9 月，中国科学家在世界上首次用这个方法人工合成了牛胰岛素。

虽然传统的固相肽合成法在多肽合成中占有重要的地位,但其实用性并不高。首先,固相合成法的非均相反应本质使其具有低反应活性这一局限性。其次,因不完全脱保护和偶联反应所引起的不可避免的消除反应和断链反应,使其并不适用于制备高分子量的聚氨基酸,从而其应用受到限制。

(2) $\alpha$-氨基酸-$N$-羧基内酸酐(NCA)法 从20世纪40年代末期开始,由$\alpha$-氨基酸-$N$-羧基内酸酐(NCA)开环聚合成为制备大量高分子量多肽的最常用的简单且经济的方法。NCA聚合反应的最大特点在于可适用于大量具有不同结构的天然或合成的氨基酸单体,可实现分子设计的复杂性。在这个方法中,通常要先用一步反应将$\alpha$-氨基酸转变为NCA,然后在引发剂作用下进行溶液开环聚合,聚合物链长通过改变单体/引发剂的比例即可调控。顺序加入不同氨基酸的NCA单体,即可获得具有可控嵌段长度的多嵌段结构,且聚合物分子量分散窄。这个反应只需最简单的试剂即可得到高产率和高质量的高分子量聚合物,而且无消旋化反应的发生,产物纯度高,不含有生物源污染物,易于灭菌。

自从1906年,首次通过$N$-甲氨酯-$\alpha$-氨基酸酰氯在50~70℃脱去氯甲烷后发生环化合成得到了$\alpha$-氨基酸NCA后,鉴于该类物质在多肽合成中的重要性,其后不断有人推出新的合成方法来获得各种$\alpha$-氨基酸的NCA,例如利用$N_\alpha$-氨酯保护$\alpha$-氨基酸的环化(Leuch's法)来制备NCA等,但其中最成功、并一直沿用至今的方法是利用$\alpha$-氨基酸直接与光气反应得到NCA(Fuchs-Farthing法)。但一直以来,总有研究在探索利用低毒性的反应试剂来代替光气,例如乙二酰氯、三氯甲基氯甲酯和双三氯甲基氨基甲酸酯等,但因无法消除副反应产物的生成而没有得到推广。也有其它一些方法来合成NCA,如Collet等先通过$N$-氨基甲酰基-缬氨酸与亚硝基化体系$NO/O_2$反应,得到$N'$-亚硝基-$N$-氨基甲酰基-缬氨酸,然后分解成$\alpha$-异氰酸酯化羧酸,最后环化即得NCA。该法的副产物为氮气和水,而且$N$-氨基甲酰基-缬氨酸与气相的$NO/O_2$之间的反应非常容易进行,无论是在溶液中还是固相下,在室温即可进行,是一种简单有效的合成NCA的方法,也适用于制备其它氨基酸如甘氨酸、丙氨酸、苯丙氨酸等的NCA,但NCA产率不高,因氨基酸而异,从10%~50%不等。

用光气合成苯丙氨酸-$N$-内羧基酸酐(L-PA-NCA):向反应瓶中加入苯丙氨酸(8g)和四氢呋喃(THF,100mL),通氮保护下,加入三光气(5g),40℃反应3h后冷却至室温。过滤后,将滤液减压蒸馏浓缩,然后用己烷沉淀。产物经己烷洗涤、THF/己烷重结晶三次后,得到针状晶体,熔点96~97℃,产率约90%(注:所有试剂和反应器具需预先严格干燥)。

利用酰氯法或光气法已经获得了所有20种天然$\alpha$-氨基酸的NCA,它们一般都能得到结晶性产物,在无水条件下,NCA可以低温保存数日而不分解。但也要注意以下两点:①偏酸性的环境会使$N$-羧基脱羧,而高pH会使NCA水解,最适宜的pH为10左右;②$N$-羧基在0℃下能稳定存在,但温度升高易使NCA分解释放出$CO_2$。

NCA的聚合可以采用多种亲核试剂和碱性物质引发,最常用的引发剂是伯胺和烷氧化物阴离子,NCA对中等强度的亲核试剂即显示很高的反应性,聚合过程中消旋化程度低,唯一的副产物是$CO_2$。伯胺比碱性物质的亲核进攻性更强,更适用于NCA的聚合。但由于每种NCA以及所得聚合物的性质的不同,而且受聚合过程副反应的影响,因此实际上并没有一种通用的引发剂。

NCA的这种异质环的开环聚合,还可以与丙交酯等内酯单体一样采用配位催化剂(如碱土和碱土金属的烷基化物)催化进行。用二乙基锌或三异丙醇铝催化丙氨酸NCA聚合时,发现反应要经历一个由金属烷基化物介导的NH基团的脱质子化的快速过程,生成一种由配位键结合的N被金属化的引发活性种。然后由该$N$-金属化物通过与NCA羰基氧的配位,引起酸酐键断裂,在金属与N原子插入一个单体,继续脱去$CO_2$后,仍旧形成$N$-金属的链增长中心。

NCA 聚合的一般方法：在氮气保护下，向装有三通活塞的试管中加入一定量的引发剂（如伯胺物质），然后将适量某种 α-氨基酸的 NCA 溶液（预先溶于干燥的有机溶剂，如二氯甲烷）通过气密性注射器加入反应容器内，然后关闭活塞。反应混合物在室温搅拌进行反应，待单体消耗完毕后，可顺序加入第二、三种 α-氨基酸的 NCA 溶液继续反应制备共聚多肽，或直接将反应液倾入沉淀剂（如乙醚）进行产物收集和纯化，真空干燥去除溶剂即得目标多肽。该反应的产率一般大于 90%。

依据所选用引发剂的不同，主要有四种聚合机理，即以氨基引发的阴离子机理（胺机理）、氨基甲酸酯、活化单体和两性离子机理。"胺机理"是指亲核试剂对 NCA 进攻后的开环增长机理，即随着单体的转化，聚合物链缓慢增长（图 3-81）。"活化单体机理"则是指 NCA 去质子化后本身形成亲核进攻反应点后引发链增长（图 3-82）。值得指出的是在实际反应中，"胺机理"和"活化单体机理"是同时存在的，如此一来它们就互为副反应，因此用伯胺引发 NCA 聚合制备共聚多肽的实际组成与单体的投料比往往并不一致。

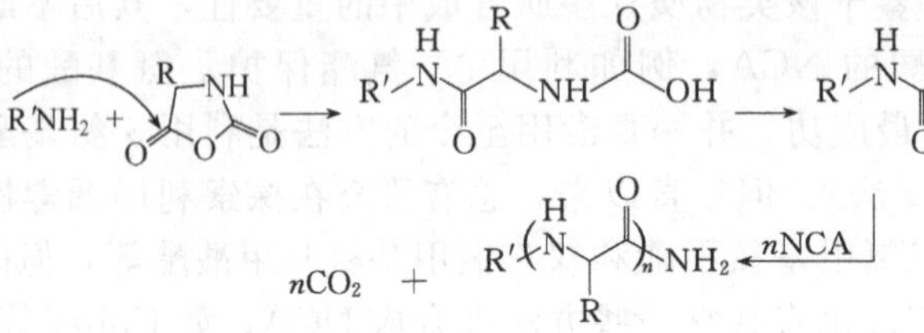

图 3-81　NCA 聚合的"胺机理"

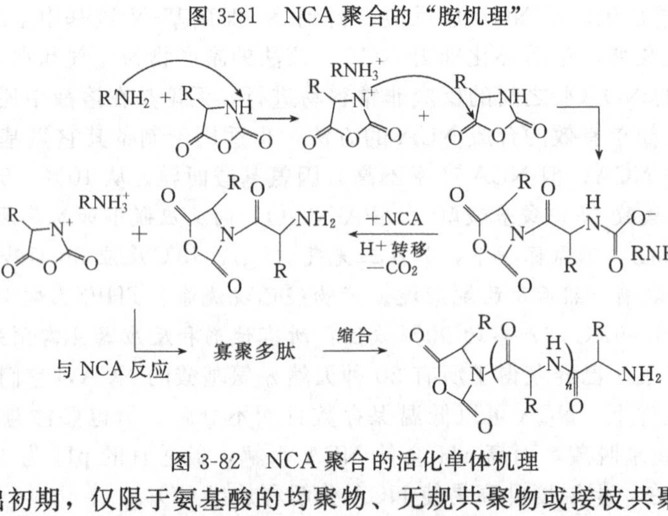

图 3-82　NCA 聚合的活化单体机理

NCA 法提出初期，仅限于氨基酸的均聚物、无规共聚物或接枝共聚物的合成，在当时该法虽然实现了获得异质氨基酸共聚物的目的，但对聚合物的链长、氨基酸的组成和序列排布，以及增长链末端官能团缺乏控制，尤其是该反应饱受副反应困扰，链转移交换反应和链增长提前终止使不能形成良好的嵌段共聚物，无法用于合成具有类似于天然蛋白质复杂结构的聚氨基酸。消除上述副反应是 NCA 聚合的主要目标。

因此，尽管采用 NCA 合成高分子量聚氨基酸已经发明了半个多世纪，但仍然有很多人致力于其中。时至今日，随着新型引发剂的发现，已经实现了对 NCA 的活性聚合，已可获得具有结构可控的合成多肽材料。Deming 等发现，采用零价镍的复合物 2,2'-双吡啶基镍（1,5-环辛二烯）[bipyNi(COD)] 来引发 NCA 的聚合，可有效减少副反应的发生。随后又发现零价的铁和钴金属都可以通过 NCA 单体以 O—$C_5$ 酸酐键的形式向金属氧化加成后，进行活性开环聚合。具体作用机理为：金属先通过对 NCA 酸酐键的氧化加成形成金属非环复合物，然后再插入第二个 NCA 单体得到一个六元环的酰胺-烷基金属复合物（图 3-83），这些中间体继续与 NCA 反应，经一个酰胺质子向金属-碳键的转移，使金属-碳键断开，完成一次链增长的同时形成一个五元的酰-酰胺化金属杂环，这个杂环即增长活性中心。加入不同的 NCA 单体，即可获得嵌段共聚多肽。

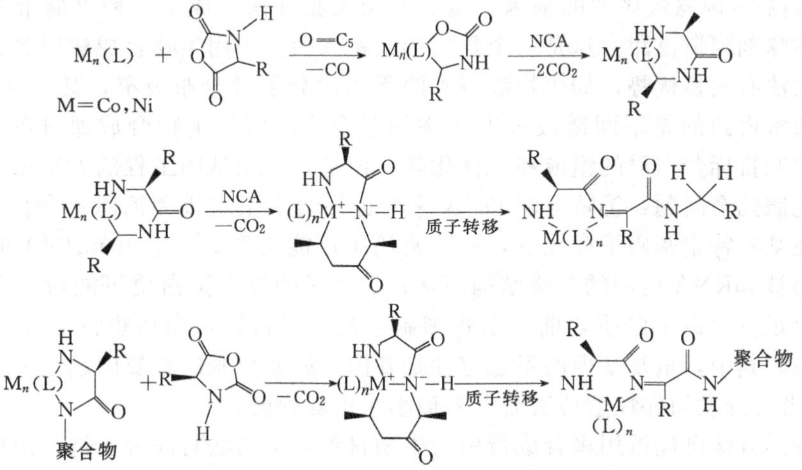

图 3-83　零价金属复合物引发 NCA 聚合的机理

其中，零价钴的反应活性最高，$(PMe_3)_4Co$ 引发 NCA 聚合的速率要远快于 bipyNi(COD)。零价铁、钴和镍金属最常见的配合物形式实际是羰基化物，如 $Co_2(CO)_8$ 和 $Fe(CO)_5$，但由于羰基（CO）的 π-酸性导致这些物质呈缺电子性，使它们无法引发 NCA 开环聚合，而铁和钴经与强给电子性的磷配体（如 $PMe_3$、$PPh_3$）结合后，可快速引发 NCA 的开环聚合。以 Co 和 Ni 为引发剂时，可使分子量分布系数小于 1.20，相对分子质量控制在 500～500000 之间。而且，应用基团保护的手段，可在多肽链上的特定位置连接上目标化学结构，这样可提供与功能基的结合位点，实现某种特定功能，如提供与细胞的黏附位点等。实现对这种合成方法的精确控制和多样性，对发展能重现天然生物大分子螺旋结构的多肽材料是至关重要的，在生物医学领域具有广阔的应用前景。

（3）生物法　基因工程或重组 DNA 技术已被用来制备蛋白质生物材料。这项快速发展的技术已被证明是制备具有预期三维结构的生物材料的有力方法，源于它能够通过操控编码蛋白质结构的 DNA 序列，来对蛋白质材料的一级结构、组成和链段长度进行精确的控制。

其基本原理如图 3-84 所示。首先，一个目标大分子（蛋白质）的结构先被设计出来，然后翻译为基因密码子，

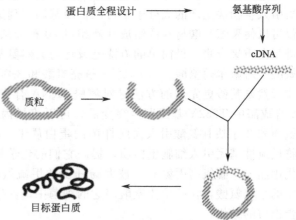

图 3-84　基因工程法合成多肽聚合物的基本原理

接着通过化学手段合成这一段能编码目标蛋白质的寡聚核苷酸（即基因片断）。对于更长或更复杂的基因，其构建或通过逐步链接，或通过聚合酶链反应（PCR）分离一段天然的基因序列来获得。然后，利用限制性内切酶切断质粒 DNA，将上述获得的人工基因通过 DNA

连接酶接入质粒载体，导入宿主（如细菌、酵母、真菌或植物等），由宿主细胞合成目标蛋白质。被表达的蛋白质可能以可溶的形式存在于细胞质，也可能以不可溶的形式聚集于内含体，还可能被分泌到细菌的外周胞质或培养介质中。

利用基因工程来获得蛋白质材料的第一个尝试是在1980年。Doel等克隆了能编码150个重复天冬胺酰-苯丙氨酸序列的基因，然后利用大肠杆菌合成了一种可酶解的高分子，用来制造人工甜味剂阿斯巴甜。这是一个重要的成就。因为利用生物合成法得到目标蛋白质虽然比化学合成法有明显优势，如生物法得到的蛋白质分子量分布极窄，甚至是单一分子量，而化学合成通常得到的是不同链段长度产物的混合物。而且生物合成通过确定的DNA序列，可精确控制目标蛋白质的组成和立体化学。但是，利用基因工程的方法来合成蛋白质聚合物也必须克服几个问题：①重复的DNA序列也许会发生重排和消除；②信使RNA可能会降解；③在某些特定密码子存在下，一些密码子可能会失效；④由mRNA向蛋白质的翻译过程可能会被mRNA内部的二级结构破坏；⑤合成的异质蛋白质可能对宿主细胞有毒副作用，在获得足量目标蛋白质之前，已将细胞杀死；⑥目标蛋白质也许会在宿主细胞内降解，影响产率。其中，重复基因的不稳定性是基因工程要克服的首要问题之一，重复基因的DNA序列可考虑开发简并性遗传密码子来最小化重复程度。

基因工程的方法已经被用来合成蛋白质生物材料，生物法对高分子链段组成、长度、立体化学和三维结构的精确控制，可实现对材料的设计，使其拥有预期的和独特的性能。例如获得丝素蛋白、弹性蛋白和胶原的类似物，已经在多个宿主体系（包括细菌、酵母、昆虫细胞和哺乳动物细胞）获得了重组丝素蛋白和胶原蛋白的表达，这些纤维状蛋白质具有独特的力学和生理学特性，可用于组织工程和药物控制释放研究。例如，Hubbell等利用重组DNA指导蛋白质合成的方法，获得了具有类似纤维蛋白原和抗凝血酶Ⅲ重复氨基酸序列，并包含有一个精氨酸-甘氨酸-天冬氨酸（RGD）整合素结合位点和两个纤溶酶降解位置和一个肝素结合位点的人工蛋白质材料，可用于创伤愈合和组织再生治疗。利用蛋白质链上的巯基的Michael加成反应将末端带有丙烯酸酯的聚乙二醇接枝到蛋白质链上，进而可利用光或自由基引发交联得到生物活性的水凝胶材料。

通过类似的方法，非常规氨基酸或氨基酸类似物也能够被引入蛋白质链中。将非天然氨基酸引入生物法生产的大分子中可以扩展基因工程法制备的生物材料的设计和合成范围，这不仅可以使聚氨基酸材料的组成片断超过20种天然氨基酸，而且允许直接将新的功能基团引进蛋白质聚合物。最简单的方法是设计与天然氨基酸具有相似结构的类似物，例如硒代甲硫氨酸、对氟苯丙氨酸、$5,5',5'$-三氟亮氨酸和3-噻吩丙氨酸都已被成功引入多肽结构。引入非天然氨基酸更先进的方法是对氨酰-tRNA合成酶的特异性进行改性，例如亮氨酸-tRNA合成酶中T252Y基因发生突变后，可以将烯丙基甘氨酸、烯丙基高甘氨酸、炔丙基高甘氨酸和2-丁炔甘氨酸引入大肠杆菌的蛋白质中。将非天然氨基酸引入多肽可以有选择性地将反应性基团引入细胞蛋白质，提高它们的化学和热稳定性。例如研究发现，一种甲硫氨酸代用品——叠氮高丙氨酸，被大肠杆菌的甲硫氨酰-tRNA合成酶活化后，可以替代蛋白质中的甲硫氨酸，在缺甲硫氨酸表达的细菌中培养生成。引入的叠氮基团可进一步反应来改性蛋白质的结构。

下面我们仍是以类似弹性蛋白结构的多肽合成为例，来简单看一下生物法制备蛋白质的全过程。具有类似弹性蛋白结构（—Val-Pro-Gly-Xaa-Gly—）的人工多肽（Elastin-like polypeptides，ELPs）具有低临界溶液温度（LCST），即在LCST以下时ELPs可溶于水，温度升高至LSCT以上后，ELPs从溶液中析出并发生聚集形成凝胶态，因此可作为一类温敏型的可注射修复材料和靶向药物控释载体。

基因的设计和合成：首先根据所预期的 LCST，确定—Val-Pro-Gly-Xaa-Gly—中 Xaa 的结构。天然的—Val-Pro-Gly-Val-Gly—多肽的 LCST 为 27℃，用一定比例更为亲水的丙氨酸和甘氨酸替代第四位的疏水性缬氨酸后，可将 LCST 提升到人体温度甚至更高。例如当 Val、Gly 和 Ala 的比例分别为 5:3:2 和 1:7:8，ELP 的 LCST 分别为 40℃ 和 55℃。采用化学法合成表达目标多肽的所需最小基因片断（一般是能编码 10～20 个五肽序列的长度）后，以此基因片断为单体通过循环同向连接（recursive directional ligation）形成寡聚核苷酸（一般是能编码 100～200 个五肽序列），然后将其插入一种表达载体，使寡聚核苷酸带上翻译起始因子和终止密码子，以及头（Ser-Lys-Gly-Pro-Gly）和尾（Trp-Pro）基因序列各一小段。将如图 3-85 所示的基因片断导入大肠杆菌（E Coli.）进行表达，得到的 ELP 采用逆向转换的方法与 E. Coli. 的蛋白质进行分离纯化，在 −80℃ 保存待用。其中"循环同向连接"是 Meyer 和 Chilkoti 于 2002 年报道的一种通过 DNA 重组技术将短基因片断连接成长链 DNA 的方法，可通过重复的操作直到所需的基因长度。

```
ATG  AGC  AAA  GGG  CCG  GGC (GTG  GGT  GTT  CCG  GGC  GTG  GGT  GTT  CCG
(M)   S    K    G    P    G    V    G    V    P    G    V    G    V    P
GGT  GGC  GGT  GTG  CCG  GGT  GCA  GGT  GTT  CCT  GGT  GTA  CCG  GGC  CCG
 G    G    G    V    P    G    A    G    V    P    G    V    P    G    P
GGT  GTT  GGT  GTG  CCG  GGT  GGC  GGT  GTA  CCA  GGT  GGC  CCG  GGT  CCG
 G    V    G    V    P    G    G    G    V    P    G    G    P    G    P
GGT  GCA  GGC  GTT  CCG  GGT  GGC  GGT  GTG  CCG  GGC) TGG  CCG  TGA
 G    A    G    V    P    G    G    G    V    P    G )₉  W    P   (ter)
```

图 3-85 对应于 ELP 的基因表达和相应的氨基酸序列的示意举例

基因和蛋白质工程是构建大分子的有力方法，随着重组 DNA 技术的发展，现在已经能够构建可编码天然或非天然氨基酸序列的蛋白质高分子，因此，尽管 NCA 的活性聚合已经取得了极大的成就，但仍然比不上生物法在高分子链段长度、组成、序列结构和立体化学方面的控制能力。然而，生物法经过了近三十年的发展，仍然只有少量高分子量的人工蛋白质高分子利用细菌表达合成出来，这是因为新型蛋白质高分子的生物合成是一个冗长、耗时的过程，需先构建能编码目标蛋白质的基因，因此一些研究将重点集中在如何提高基因克隆的速率和效率上。常用方法是在目标基因经 PCR 扩增后，利用限制性内切酶切断形成端口，然后在 DNA 连接酶作用下形成目标基因的多嵌段共聚物，然后再引入质粒 DNA，利用细菌来生物合成蛋白质，这样得到的蛋白质具有重复的氨基酸序列结构，分子量高，最终目标是能作为生物材料使用以及应用于组织工程。

(4) 聚（$\beta$-氨基酸）的合成　氨基与羧基之间相隔两个碳原子的氨基酸通常被称为 $\beta$-氨基酸，尽管自然界中 $\beta$-氨基酸的含量大大少于 $\alpha$-氨基酸，但它们也是许多天然产物的重要组成部分，在天然产物中起着不可替代的作用，如天冬氨酸及其衍生物可被视为一种 $\beta$-氨基酸；抗肿瘤药物紫杉醇、$\beta$-环内酰胺抗生素（如卷曲霉素、紫霉素）、从海洋生物中得到的大环肽以及其它天然产物中均有 $\beta$-氨基酸。对 $\beta$-多肽的研究近年来之所以引起国际上如此广泛的关注，是由于它们具有与天然聚氨基酸极其相似的特性：具有特定的空间结构和生物活性，但其非天然 $\beta$-肽主链在生物体内却不易被酶所分解破坏，因此具有广阔的医药应用前景。而且因为 $\beta$-肽能耐蛋白酶的降解，因此它也是一类很好的抗菌物质。

与 $\alpha$-肽不同，$\beta$-肽由于主链上多了一个 $\alpha$-亚甲基，在构象上的自由度更高。除此之外，$\beta$-肽链最低六个重复单元在溶液中就能形成稳定的二级结构，而 $\alpha$-肽链在具有相似长度时是无法获得稳定的二级结构的。尽管有不少制备短 $\beta$-肽链（小于 20 个氨基酸残基）的有效方法，但制备聚β-氨基酸的方法却比较匮乏，仅限于某些特殊情况。事实上，被报道的具有光学活性的聚（β-氨基酸）并不多，它们大部分都只带有有限的侧链官能团，原因是合成所需的前体难以获得，聚合物主要通过β-内酰胺的开环聚合或羧基活化的α-天冬氨酸的缩合聚合得到。

实际上，获得聚（β-氨基酸）的最简便的方法也是通过β-NCA的开环聚合。α-NCA可以采用光气与α-氨基酸反应（Fuchs-Farthing法）或$N_\alpha$-氨基甲酸酯保护α-氨基酸的环化（Leuch's法）来制备，然而这些方法却不适用于制备β-NCA，由α-NCA的5元环变成β-NCA的6元环，源于环大小的增加致使β-NCA的关环动力学和NCA的热力学稳定性都下降。当β-氨基酸与光气反应时，分离得到的主要产物不是β-NCA，而是未能环化的N-氯甲酰-β-氨基酸，将它们与碱反应（如三乙胺），除非N上有取代基团，否则也只能得到低产率的β-NCA。低产率的原因是异氰酸酯的生成反应与成环反应间的竞争结果。而且因为氢键的形成，Fuchs-Farthing法并不适合制备N上无保护的β-NCA。

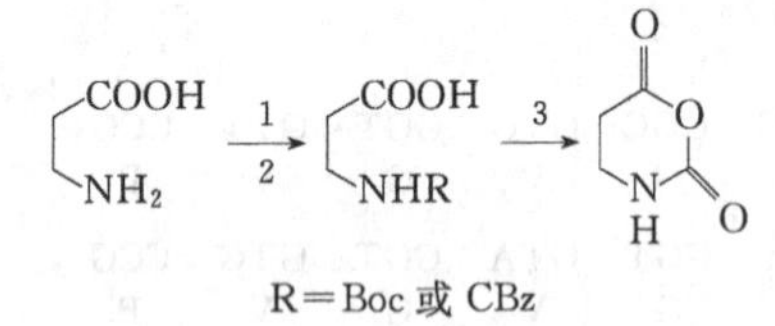

β-氨基酸的N-内羧基酸酐（β-NCA）最初的尝试都是采用Leuch's法（图3-86），即利用$PCl_3$与$N_\beta$-保护或未保护的β-氨基酸进行反应来制备，但发现仍然无法获得目标产物，改用$PBr_3$后有所改善，$N_\beta$-Boc和$N_\beta$-Cbz-

图3-86 Leuch's法合成β-氨基酸NCA

β-氨基酸都可以用$PBr_3$实现关环，只是NCA产率仍然不高，而且N-未保护的NCA对空气和温度都很敏感，很快分解。此外，所有用Leuch's法制备的β-氨基酸NCA，都是外消旋的，用它聚合得到的聚氨基酸通常用处不大，因为无规排列使聚合物不易形成稳定的二级结构。

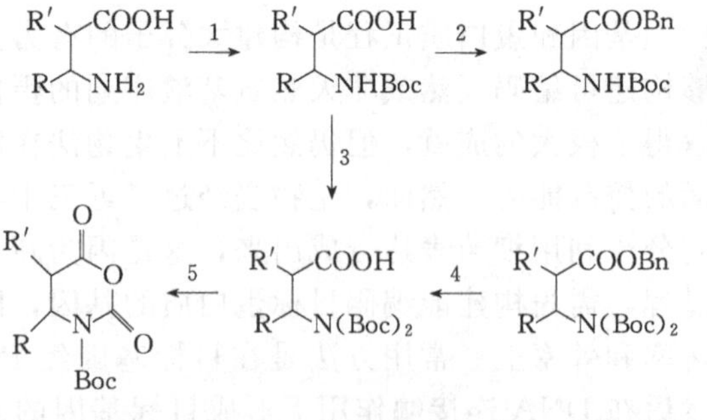

采用Wakselman给出的方法制备β-氨基酸NCA（图3-87），可获得较高产率（55%~60%）的产物。以β-丙氨酸NCA的合成为例，首先是β-丙氨酸与二叔丁氧羰基碳酸酯反应得到N-Boc-β-丙氨酸，然后将其溶解于甲醇/水，与碳酸铯反应得到铯盐，干燥后溶于N,N-二甲基甲酰胺（DMF），加入苄基溴，反应结束后去除溶剂，用水和醋酸乙酯洗涤得到N-Boc-β-丙氨酸苄酯，然后再溶于乙腈，与二叔丁氧羰基碳酸酯反应得N-Bis-Boc-β-丙

图3-87 具有光学活性的β-氨基酸NCA的合成举例

氨酸苄酯，经Pd/C催化氢解除去苄酯还原羧基。然后将其与吡啶溶解于乙腈滴加入含有DMF/乙二酰氯的乙腈溶液中，在低温下反应（-20℃、2h，室温、4~5h）即得N-Boc-β-丙氨酸NCA，可经乙酸乙酯重结晶纯化。用这个方法可获得具有光学活性的β-氨基酸NCA，但该法的缺点是步骤多，操作较为繁琐。

Cheng等报道了一种较为简便制备具有光学活性β-氨基酸NCA的方法（图3-88），他们从$N_\alpha$-保护的α-氨基酸开始，应用Arndt-Eistert反应将α-氨基酸转化为叠氮酮中间体后，中间体在光照或银化合物存在下发生Wolff重排，而后与含活泼氢的化合物反应，生成β-氨基酸衍生物，然后再用$PBr_3$将其关环得到β-氨基酸NCA。这个反应的最大优点为反应后构型保持不变。关环反应中，要注意合适的$PBr_3$比例，$PBr_3$用量低反应速率慢，用量高容易导致发生胺脱保护的副反应。溶剂、反应物浓度和是否在碱性条件下，对关环反应的效率和产率都有影响，其中以二氯甲烷为溶剂，反应试剂浓度小于0.1mol/L，在三乙胺催化下获得的NCA产率最高。

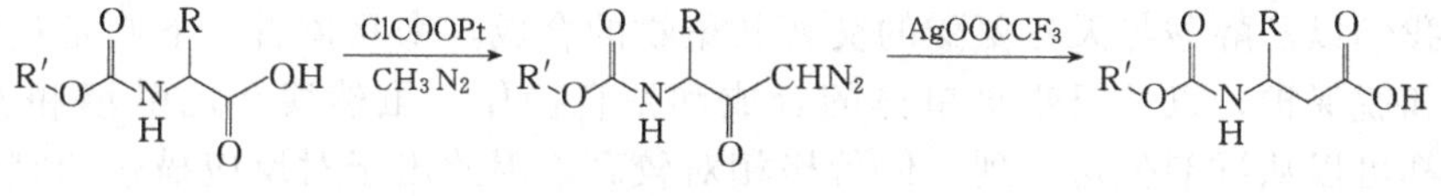

图3-88 由α-氨基酸骨架中插入一个碳原子制备β-氨基酸（Arndt-Eistert法）

随着基因治疗的快速发展，对新型无毒、可降解、阳离子高分子型DNA载体的研究起到了极大的推动作用。Langer等通过烯-胺加成的方法制备了一种聚（β-氨基酸酯），即通过$N,N'$-二甲基乙二胺、哌嗪和$4,4'$-亚丙基二哌啶的仲胺对1,4-丁二醇二丙烯酸酯的加成反应得到了主链含有叔胺结构的聚（β-氨基酸酯）。这些聚合物的相对分子质量可超过3万，在酸性和碱性条件下可水解成相应的1,4-丁二醇和β-氨基酸，它们通过静电相互作用可以与DNA形成复合物，是一种可降解的阳离子型DNA载体。类似地，Kim等利用季戊四醇三丙烯酸酯和$N,N'$-二甲基乙二胺的Michael加成反应制备了交联的聚（β-氨基酸酯），以克服线性聚（β-氨基酸酯）降解速率较快的不足。交联的聚（β-氨基酸酯）与质粒DNA形成复合物纳米粒子后，随着材料的降解，在一周内逐渐将所结合的DNA释放出来，对大鼠原代动脉血管平滑肌细胞（SMC）和小鼠原代胚胎成纤维细胞（MEF）都具有很高的转染效率，且细胞毒性很小。相关研究显示，聚（β-氨基酸酯）是一种极具应用前景的DNA载体材料。

#### 3.10.3.2 与非氨基酸单体的共聚——吗啡啉环开环法

聚（α-羟基酸）虽然是最常用和最引人关注的一类生物可降解高分子材料，但由于它们的疏水性和缺乏具有化学反应性的官能团，使得这些材料在作为亲水性药物的载体时，常常出现包埋效果、释放行为不理想的情况，而且由这些材料所制备的细胞支架也不利于营养物质的传输，且缺乏同细胞结合的位点，所以细胞亲和性也较差。因此为了使这些材料满足应用要求，一种常用的改性手段是在这些脂肪族聚酯中引入具有功能性的侧基。出于对共聚组分的无毒、生物相容性、生物可降解和低免疫原性等方面的要求，目前研究得最多的是含乳酸单元与含氨基酸或苹果酸单元间的共聚物，由此可以得到分别引入氨基、羧基、巯基等功能性侧基的乳酸共聚物。

同时含α-羟基酸单元和α-氨基酸单元的聚酯酰胺共聚物一般可按如图3-89所示路线合成。在这方面，Feijen等进行了大量的研究工作。乙醇酸与甘氨酸所形成的吗啡啉-2,5-二酮是最简单的吗啡啉六元环，虽然它的均聚活性很差，但在辛酸亚锡催化下，它可以同丙交酯很好地共聚而得到聚酯酰胺共聚物。如若选用带有两个氨基的赖氨酸、带羧基的天冬氨酸、含羟基的丝氨酸或苏氨酸，以及含巯基的半胱氨酸等，则用相应的保护基团进行保护后，再按图3-89所示的路线进行反应就可生成带有被保护氨基、羧基、羟基和巯基的吗啡啉-2,5-二酮衍生物；由此便可与内酯单体进行共聚。共聚反应完成后，通过催化氢解或酸解反应脱去保护基，即可得到侧链带有可修饰官能团的聚酯酰胺共聚物。但研究结果发现，随着吗啡啉二酮环上取代基个数和大小的增加，其聚合转化率逐渐下降。

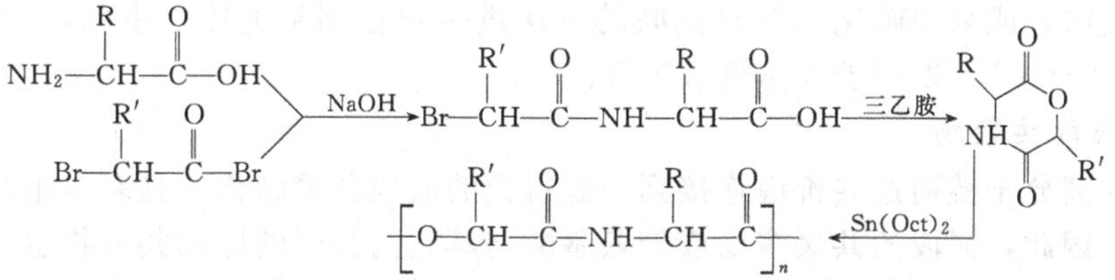

图3-89 含α-羟基酸单元和α-氨基酸单元的聚酯酰胺共聚物的合成

下面，我们以乙醇酸与天冬氨酸的交替共聚物的合成，来具体看一下制备过程中所涉及的基团保护和脱保护，以及吗啡啉单体的合成和聚合操作。虽然溴代乙酰溴和 $\beta$-苄基-L-天冬氨酸目前都可以从试剂公司买到，但价格相对较高，因此出于对反应描述的完整性，下面我们根据文献也给出了这两种物质的合成途径。

溴代乙酰溴的合成：将红磷（24g，预先在110℃干燥4h）和乙酸酐（2mL）加入到115 mL 乙酸中，剧烈搅拌下，逐步向上述悬浮液中加入200mL 干燥的液溴。当液溴的加入量达到一半时，体系开始加热，液溴全部加入后，将反应体系维持在140℃反应至少2h。然后进行蒸馏，收集146~151℃的馏分，产率约40%。因产物对水汽极为敏感，整个反应在严格干燥的环境中进行。

$\beta$-苄基-L-天冬氨酸的合成：将天冬氨酸（26.6g）悬浮于300mL 苄醇中，剧烈搅拌下，加入45mL 浓盐酸，沸水加热5min后获得澄清溶液，继续加热25min保证反应的完全进行。然后冷却至室温，立即加入56mL 三乙胺，很快就可以观察到白色晶体的出现，低温放置一夜后，将晶体过滤出来，用乙醇和丙酮洗涤。将粗产物溶于热水（加有少量三乙胺）、冷却进行重结晶，最终产物熔点214~215℃，产率约40%。

$\beta$-苄基-N-溴乙酰-L-天冬氨酸的合成：将 $\beta$-苄基-L-天冬氨酸（26.8g）悬浮于250mL 二氧六环/水（体积比=1/1）中，向其中滴加 NaOH 水溶液（30mL，4mol/L）后，悬浮物全部溶解。用冰水浴将体系降温至5~10℃，进而再用冰盐浴降温至-5~0℃，然后再向反应体系中缓慢加入 NaOH 溶液50mL（4mol/L），同时缓慢加入11mL 溴代乙酰溴溶液（溶于40mL 干燥的二氧六环），在整个滴加过程中，持续剧烈搅拌反应体系。反应试剂全部滴加完毕后，继续搅拌5min，反应溶液用乙醚（2×200mL）进行萃取。萃取液用饱和 NaCl 溶液洗涤多次后，用 $MgSO_4$ 干燥，然后真空浓缩得到黏性黄色油状物。产物经硅胶色谱纯化，丙酮/石油醚（30~60℃）重结晶，得白色晶状产物，产率约30%。

(3S)-3-[(苄氧羰基)甲基]吗啡啉-2,5-二酮的合成：将 $\beta$-苄基-N-溴乙酰-L-天冬氨酸（17.2g）溶于 $N,N$-二甲基甲酰胺（DMF，150mL），向其中加入 7mL 三乙胺，于100℃反应3h。真空蒸馏去除 DMF 和三乙胺后，加入少量乙酸乙酯分散残留物，过滤收集不溶的白色沉淀，依次用水和冷的乙酸乙酯洗涤。经多次乙酸乙酯重结晶后，可得到纯化的晶状产物，产率约50%。

聚[乙醇酸-Alt-($\beta$-苄基)天冬氨酸]共聚物的制备：将适量经严格干燥（56℃真空干燥8h）的(3S)-3-[(苄氧羰基)甲基]吗啡啉-2,5-二酮装入聚合管，加入适量辛酸亚锡，经反复抽真空、通惰性气体（氩气或氮气）后封闭聚合管。将聚合管置于150~155℃进行聚合即得目标聚合物。聚合物采取溶于四氢呋喃、石油醚沉淀去除未反应单体的方式进行纯化。

苄基的脱除：将聚[乙醇酸-Alt-($\beta$-苄基)天冬氨酸]共聚物溶于四氢呋喃，然后向其中加入少量甲醇和 Pd/C（5%），剧烈搅拌下，向其中持续通入氢气36h。反应结束后，过滤除去不溶物，用过量石油醚（30~60℃）沉淀，收集沉淀物真空干燥即可。

这种带有功能侧基的聚酯酰胺共聚物，还可以通过化学反应在侧链进一步引入官能团，如双键进行交联，或采用碳化二亚胺偶联的方法进一步在侧基上接上小肽，如精氨酸-甘氨酸-天冬氨酸（RGD），以用于人体组织工程。

### 3.10.3.3 嵌段共聚物

不相容的高分子链通过共价键连接到一起得到的嵌段共聚结构，具有自组装成有序纳米结构的能力，因此，嵌段的共聚多肽或聚氨基酸与其它高分子的嵌段共聚物也可能形成新型的超分子结构，在药物传递、组织工程、传感器、甚至无机纳米结构的仿生合成方面具有重要用途。两亲性嵌段共聚物形成的胶束可通过化学或物理的方法将水不溶性的药物包埋其中，通过一种被动或主动的导向作用到达目标部位进行靶向治疗。由于聚氨基酸通常具有侧链官能团或可离子化，能通过化学键、离子键、氢键等多种相互作用结合药物分子，甚至DNA，因此聚氨基酸的嵌段共聚物在作为药物载体的研究中，比聚酯类嵌段共聚物更受关注。

一般来说，要合成得到具有结构确定的嵌段共聚物需采取活性聚合途径，这个过程对试剂的纯度要求非常高，聚合环境的洁净度要求也非常高，要尽可能避免不希望的副反应和链增长的过早终止。因此，由于受到各种副反应的影响，以及包括对 NCA 开环聚合机理的不确定等问题，使在过去的 50 多年间，采用 NCA 开环聚合来制备嵌段共聚多肽一直是不太成功的。直到 1997 年，Deming 等以 bipyNi（COD）为引发剂引发 α-氨基酸 NCA 的活性开环聚合，才获得了结构确定的嵌段共聚多肽。这些引发剂提供了活性反应点，因位阻和电子效应的原因，抑制了副反应的发生。但是该反应并没有得到推广，原因是在反应结束后，必须将金属引发剂去除。而 Hadjichristidis 等提出采用一种高真空反应系统来保证反应过程所需的洁净度要求后，用正己胺和 1,6-己二胺这样的强亲核试剂引发 NCA 进行聚合，实现了 NCA 的活性聚合，在制备具有复杂大分子构造的嵌段共聚多肽方面显得尤为有效。实际上，Blout 等于 1956 年就已经用伯胺引发了 NCAs 的聚合，只是由于反应条件的限制，未能实现活性聚合。

伯胺引发 NCA 活性聚合合成嵌段共聚多肽的制备实例：将 α-氨基酸与三光气在乙酸乙酯中 70℃反应制备得到相应的 NCA 后，未反应的单体与 HCl 生成的盐采用碱的水溶液和水萃取除去，将有机相转入一个高真空系统，重结晶三次尽可能除去 NCAs 中的杂质，以保证高分子量聚氨基酸的获得。使用前，将 NCAs 溶液封存于安瓿瓶中，置于 −20℃真空状态下保存待用。正己胺和 1,6-己二胺用银镜干燥 24h 后，然后用 DMF（减压分馏纯化后使用）稀释分装，封存于安瓿瓶，于室温真空状态下保存。然后将一定比例的胺引发剂与 NCAs 单体混合于室温进行聚合。顺序加入两种不同 α-氨基酸的 NCAs，由正己胺引发可得 A-B 两嵌段共聚多肽，由 1,6-己二胺引发则得 A-B-A 三嵌段共聚多肽。该聚合反应的产率约 100%。

PEG 因其水溶性和生物相容性好，是制备两亲嵌段共聚物常用的亲水段，形成胶束的外壳，它与聚天冬氨酸的嵌段共聚物是被研究得最多的聚氨基酸类药物载体材料。PEG 与水溶性聚赖氨酸的嵌段共聚物，也可以经聚赖氨酸与疏水性药物或 DNA 结合后形成胶束，也是一种常用药物载体材料。考虑到 PEG 的不可降解性，生物可降解性脂肪族聚酯与聚氨基酸的嵌段共聚物也是大家研究的热点方向之一，在药物控制释放和组织工程研究领域具有广阔的应用前景。

目前，聚氨基酸与其它高分子的嵌段共聚物的制备多沿用氨基引发 NCA 开环聚合的方法。如 PEG 和聚氨基酸嵌段共聚物的合成，通常是将 PEG 的端羟基转变为氨基引发 NCA 开环聚合来制备。PEG 的—OH 向—NH$_2$ 转化的常用途径如图 3-90 所示，即先将端羟基 PEG 与二氯亚砜反应，得到氯化 PEG 后再与邻苯二甲酰亚胺钾反应转变为 PEG-邻苯二甲酰亚胺，最后加入水合肼即可转变为端氨基

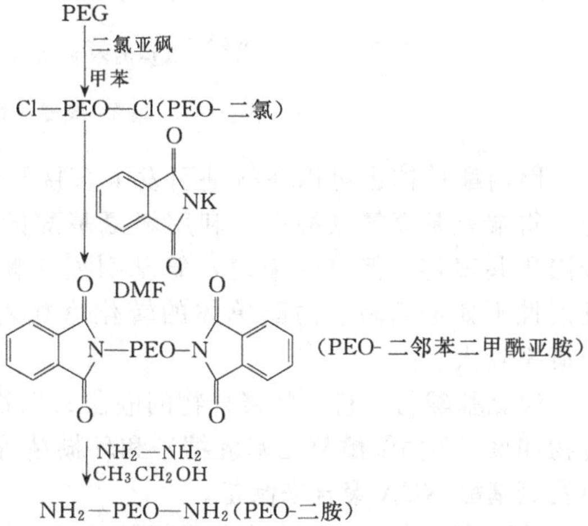

图 3-90　PEG 的—OH 向—NH$_2$ 转化的常用方法

PEG。利用端氨基 PEG 引发 NCA 聚合的反应操作与前面 NCA 在伯胺物质引发下聚合相似，都是采用一定的氨基/NCA 比例在合适的溶剂中进行，但由于位于大分子末端的氨基活性低于小分子伯胺物质，因此反应温度可提高至 35℃ 以加速反应进行。整个反应过程要注意原料的干燥和体系的无水无氧环境。

Deng 等则通过阴离子顺序聚合的方式，先用乙腈/萘钾引发环氧乙烷聚合得到氰基封端的 PEO，然后加入己内酯单体聚合，得到端氰基的 PEO 和 PCL 的嵌段共聚物（CN-PEO-PCL），通过氢化反应将—CN 转变为—$NH_2$ 后，引发 $\gamma$-苄基-谷氨酸 NCA 聚合得到了三嵌段共聚物。其中，将—CN 转化为—$NH_2$ 的具体条件如下：将 CN-PEO-PCL 溶于四氢呋喃和水（体积比=6/1）的混合溶剂中，加入一定量的 Raney 镍、Pd/C 和 LiOH·$H_2O$，然后向其中通入氢气（保证氢分压大于 6 个大气压），搅拌下于 50℃ 反应 8~10h 即可。

生物可降解脂肪族聚酯与聚氨基酸的嵌段共聚物也是采用类似方法制备，即先获得端氨基聚酯，然后用氨基引发 NCA 聚合。Tessyie 等曾报道利用功能引发剂引发己内酯聚合，而后修饰链末端，将其转化为—$NH_2$，用于引发苄酯保护的 L-谷氨酸-N-羧基内酸酐（BG-NCA）聚合，以得到聚己内酯——聚-$\gamma$-苄酯-L-谷氨酸的嵌段共聚物，反应过程如图 3-91 所示。Yuan 等通过相同的方法制备了端氨基 PEG 和 PCL 的嵌段共聚物（PEG-PCL-$NH_2$），并引发苄酯保护的 L-谷氨酸-N-羧基内酸酐获得了 A-B-C 三嵌段共聚物。然而，将该方法用于合成聚丙交酯-聚氨基酸的嵌段共聚物是不太成功的。因为该反应步骤多，较适用于主链稳定性高的生物可降解性聚酯，而且在将 PLA-$N_3$ 转变成 PLA-$NH_2$ 的过程中容易发生—$NH_2$ 对 PLA 主链上酯键的氨解断链副反应。因此，Caillol 等在制备聚乳酸-聚谷氨酸嵌段共聚物时，是用了一种叔丁氧羰基氨丙氧基锌来引发丙交酯的开环聚合，然后用干燥三氟乙酸脱保护得到端氨基 PLA，再引发 $\gamma$-苄基-谷氨酸 NCA 聚合得到聚丙交酯-聚 $\gamma$-苄酯-L-谷氨酸的嵌段共聚物。Fan 等则是先利用正丁醇在异辛酸亚锡催化下引发丙交酯开环聚合得到端羟基聚酯，然后与 N-Boc 保护的苯丙氨酸酰氯反应得到 N-Boc-Phe 封端的聚丙交酯，经三氟乙酸脱 Boc 保护后，同样可获得端氨基聚酯，然后再引发 N-保护赖氨酸的 NCA 聚合得到聚丙交酯-聚赖氨酸嵌段共聚物。

$$Br(CH_2)_{12}OAl(C_2H_5)_2 \xrightarrow{己内酯} Br(CH_2)_{12}O-PCL-OH \xrightarrow{乙酸酐} CH_3COO-PCL-O(CH_2)_{12}Br$$

$$\xrightarrow{Na} CH_3COO-PCL-O(CH_2)_{12}N_3 \xrightarrow[H_2]{Pd/C} CH_3COO-PCL-O(CH_2)_{12}NH_2$$

$$\xrightarrow{BG-NCA} 聚丙交酯-聚 \gamma\text{-苄酯-L-谷氨酸的嵌段共聚物}$$

图 3-91 聚酯-聚氨基酸嵌段共聚物的合成示例

因内酯单体也可以在氨基引发下直接开环聚合，因此也有研究是用伯胺引发 NCA 聚合获得端氨基聚氨基酸后，利用聚氨基酸的端氨基来引发内酯单体聚合制备聚酯-聚氨基酸嵌段共聚物。但总的来说，氨基引发内酯单体开环聚合的报道不多，原因是氨基的引发活性不如羟基高，内酯单体的转化率相对较低，且氨基含有两个活泼氢，发生副反应的概率较大。

聚氨基酸与其它一些聚合物的嵌段共聚物也时有报道，如聚碳酸酯、聚噁唑啉、含糖聚合物如聚（2-丙烯酰氧乙基乳糖）和环糊精等，方法多是以在共聚高分子链段末端引入氨基引发氨基酸 NCA 聚合来制备。

均聚多肽由于分子内或分子间的强氢键相互作用，往往形成 $\alpha$-螺旋或 $\beta$-片层结构，使多肽不能溶于有机或无机溶剂。因此在聚氨基酸嵌段共聚物的合成中，应当注意聚氨基酸的溶解性差异。只有聚 L-谷氨酸和聚 L-赖氨酸等少数聚氨基酸可溶于水,而能溶于普通有机溶剂的聚氨基酸也不多。所以,共聚物中聚氨基酸段的种类可选范围不大,且其链段长度也不宜过长,以免影响共聚物的溶解性。

#### 3.10.3.4 接枝共聚物

聚氨基酸接枝共聚物的研究应用目标更多瞄准的是作为基因载体。聚赖氨酸(PLL)是目前最常用的非病毒型基因载体之一,它的 ε-伯胺基团在生理条件下质子化后,可以通过静电相互作用和 DNA 中负电性的磷酸基团相互作用形成纳米级别的复合物粒子,保护 DNA 不被酶降解。研究发现,当聚赖氨酸的相对分子质量小于 3000 时,无法形成稳定的上述复合物,这说明聚赖氨酸中伯胺基团的数量对复合物的形成有重要影响。高分子量的聚赖氨酸虽然可以和 DNA 形成稳定的复合物,然而该复合物却表现出较高的细胞毒性,以及有易于凝聚沉淀的倾向。虽然细胞是通过带净负电荷的细胞膜对阳离子聚合物/DNA 复合物的非特异性吸附来提高基因转染效率的,但复合物表面的阳离子特性也可能就是引起细胞毒性的原因之一。阳离子高分子的 PEG 改性已被广泛证明是可以显著降低高分子/DNA 复合物粒子在体内的细胞毒性、凝聚和非特异性蛋白吸附的,因此,PEG 常被用来结合在复合物粒子的表面来防止粒子之间的聚集以及提高在有血清蛋白存在环境下的稳定性。由此,为同时降低聚赖氨酸的细胞毒性和易凝聚性,聚赖氨酸与 PEG 接枝共聚是个不错的选择。对 HepG2 细胞的转染结果表明,PLL-g-PEG 不仅细胞毒性要小于 PLL,而且转染效率也显著高于 PLL 数十倍。有文献显示,PEG 的接枝率对 DNA 的保护以及转染效率有明显影响,过高或过低都不能获得理想的结果,PEG 接枝率约 10%(摩尔分数)的共聚物具有较好的效果。也有研究是将 Pluronic(一种 PEO-PPO-PEO 三嵌段共聚物)接枝到 PLL 上,但对 Hela 细胞的转染效率只是 PLL 的 2~3 倍。将生物可降解的 PLGA 通过碳化二亚胺法偶联到 PLL 主链上,也可以显著降低 PLL 的毒性和提高转染效率,PLGA 的接枝率在 3.0%(摩尔分数),相对分子质量为 14000($M_w$)时,它与 DNA 形成的复合物粒子的粒径范围为 200~300nm。另外一些研究则是将亲水性的天然大分子接枝到 PLL 上,如接枝透明质酸。但由于透明质酸的分子量很大,因此要先经酶解成为低聚物后,经 $NaBH_3CN$ 还原氨解反应使其末端转变为羟胺,然后才与 PLL 的侧 ε-氨基共价结合得到聚赖氨酸接枝透明质酸。

除了以 PLL 为主链进行接枝以提高 DNA 转染效率和降低 PLL 毒性外,也有不少研究是将聚氨基酸接枝到其它类型主链上,目的是获得新型生物材料。研究得比较多的是以多糖为主链的聚氨基酸接枝共聚物,如将 PLL 接枝到壳聚糖主链上,或聚 α,β-N-2-羟乙基-DL-天冬酰胺(PHEA)接枝到透明质酸主链上。Asayama 等则将 PLL 接枝到了聚酰胺主链上。聚氨基酸的接枝可以采用将侧链偶联到主链上的方法,也可以利用主链上的碱性基团(如壳聚糖上的氨基)引发相应氨基酸的 NCA 开环聚合来制备。所获得的材料可作为基因、药物控制释放或配体载体,以及经过交联形成水凝胶或直接作为生物材料应用于组织工程研究。

#### 3.10.3.5 假性聚氨基酸

虽然采用生物法或 NCA 法合成的聚氨基酸已经被广泛研究,但很少有合成聚氨基酸能达到实用的程度,这是因为大部分聚氨基酸都是不可溶的,而且在熔融状态下易发生热降解,因此加工性能差,难以成型。而且,采用上两法获得的聚氨基酸成本较高,更进一步限制了合成聚氨基酸的应用研究。

由美国新泽西州立大学化学系 Joachim Kohn 教授的研究小组最先开发成功的假性聚氨基酸,使人们看到了一种新型的手性高分子可用于生物医学或工业应用的前景。由于假性聚氨基酸中的氨基一般被保留，易于被质子化形成聚阳离子型高分子，因此是一种很好的DNA载体传递材料。而且假性聚氨基酸中被保留的侧氨基或羧基都还可以经进一步化学改性引进目标官能团或直接用于共价连接药物或生物活性分子，由此对聚合物的理化性能起到调控作用。因此，假性聚氨基酸在聚氨基酸类生物材料的研究中占有重要的地位，其中又以假性聚酪氨酸的基础和应用研究最为深入和成功。

(1) 假性聚酪氨酸  假性聚酪氨酸的制备是从酪氨酸聚碳酸酯开始的，是采用类似双酚A聚碳酸酯的合成过程，先将酪氨酸二聚体衍生化形成类似与双酚A的二酚结构——脱氨基酪氨酸-酪氨酸烷基酯（DTR），然后与光气反应生成酪氨酸聚碳酸酯。在此基础上，后又发展了酪氨酸多芳基聚合物、聚［(脱氨基酪氨酸-酪氨酸烷基酯)-聚乙二醇］碳酸酯［P(DTR-PEG)碳酸酯］和聚［(脱氨基酪氨酸-酪氨酸烷基酯)-聚乙二醇］醚［P(DTR-PEG)醚］，更加丰富了假性聚酪氨酸的品种和实现了性能的多样化，可满足多种生物应用（图3-92）。但总体来说，因假性聚酪氨酸的疏水性，其应用研究更多地集中在骨修复方面。

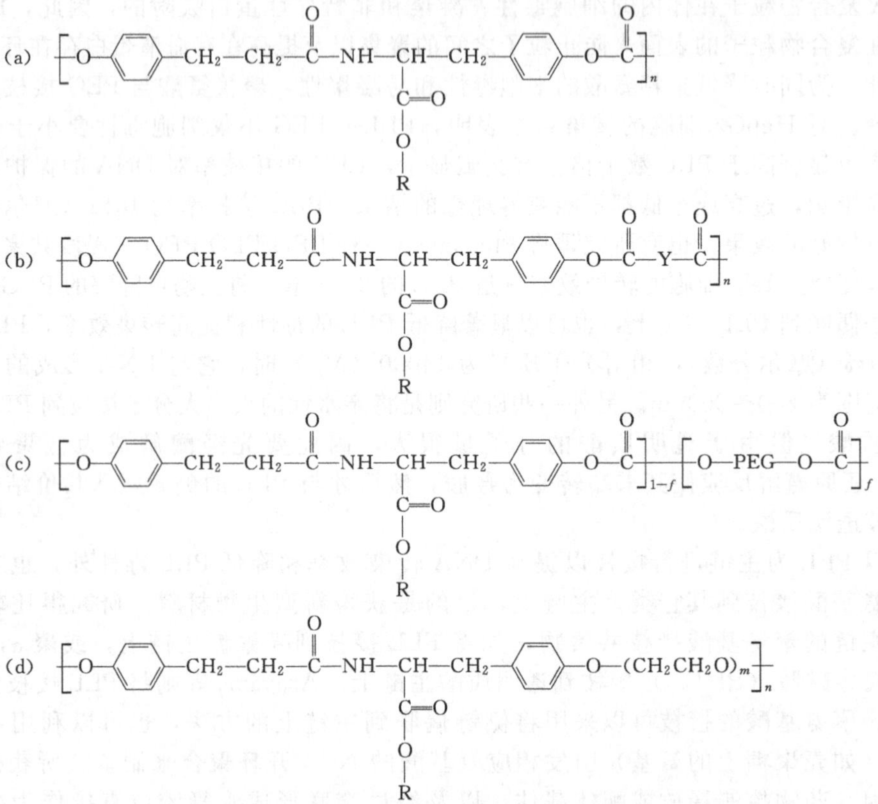

图3-92 酪氨酸聚碳酸酯（a）、酪氨酸多芳基聚合物（b）、聚［(脱氨基酪氨酸-酪氨酸烷基酯)-聚乙二醇］碳酸酯［P(DTR-PEG)碳酸酯］(c)和聚［(脱氨基酪氨酸-酪氨酸烷基酯)-聚乙二醇］醚［P(DTR-PEG)醚］(d)的化学结构

① 酪氨酸衍生的二苯酚单体的设计和合成  最早由酪氨酸二聚体衍生化形成的二酚结构如图3-93所示，它是通过氨基被保护的酪氨酸的羧基与羧基被烷基酯保护的酪氨酸中的氨基偶联得到的，其中用来保护酪氨酸二聚体N端和C端的基团对后续聚合物的性质有明显影响。但既要保证得到无毒可完全降解的聚合物，又要求具有优异的加工和力学性能的要求，使得R和R′的选择非常困难，因此该路线又被放弃。进一步研究发现，要获得具有加

工性能好的材料，减小高分子链间的氢键相互作用是关键因素，因此采用脱氨基酪氨酸［3-(4′-羟苯基)丙酸］来代替图3-80中的一个酪氨酸分子（图3-94），得到的脱氨基酪氨酸-酪氨酸烷基酯（DTR）具有很好的生物相容性，同时材料的亲疏水和降解性能都可通过改变烷基的长度或改用4-羟苯基乙酸代替3-(4′-羟苯基)丙酸来调控。带有不同烷基侧链的酪氨酸二酚单体基本都是由3-(4′-羟苯基)丙酸和各种酪氨酸烷基酯通过碳化二亚胺介导的偶联反应来制备的，产率通常在70%左右。

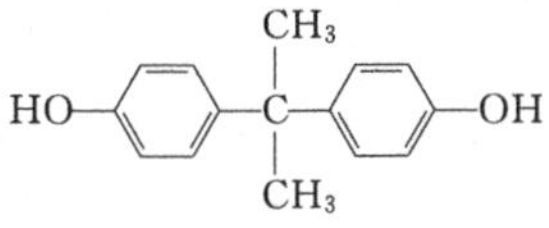

(a) 双酚A（BPA） 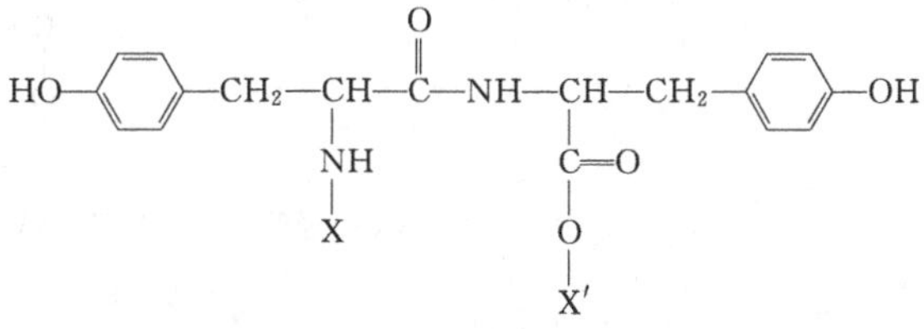　　　　　(b) 酪氨酸二聚体

图3-93　酪氨酸二聚体衍生化形成的二酚与双酚A的结构对比

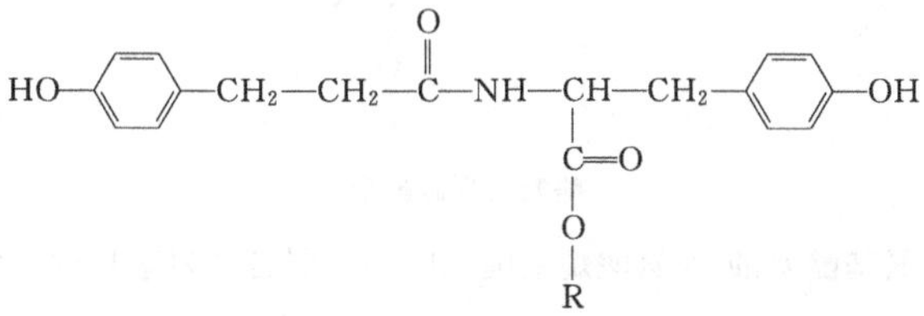

图3-94　脱氨基酪氨酸-酪氨酸烷基酯（DTR）的结构通式
DTE：R=乙基；DTB：R=丁基；DTH：R=己基；DTO：R=辛基；DTD：R=十二烷基

DTR的制备实例：根据酪氨酸烷基酯的溶解性，将3-(4′-羟苯基)丙酸（或4-羟苯基乙酸）与酪氨酸烷基酯溶于N-甲基吡咯烷酮/乙酸乙酯（体积比=1/3）或乙腈中，加入1-(3-二甲氨基丙基)-3-乙基碳二亚胺盐酸盐（EDCl）和1-羟基苯并三唑（HOBt）进行偶联，一般约需在室温搅拌反应48～72h。反应混合物经水洗、旋转蒸发溶剂即得块状产物，在己烷中粉碎后再干燥即可。

② 酪氨酸聚碳酸酯的制备和性能　由酪氨酸衍生的聚碳酸酯其实是一种碳酸酯-酰胺共聚物，只是在侧链烷基的长度上有差异（图3-92）。最初，酪氨酸聚碳酸酯的制备是先获得N-苄氧羰基（Z）保护的DTR（A），然后再将A中的酚羟基转变为异氰酸酯基团（B），将A和B等物质的量混合后，在叔丁醇钾催化下，通过酚羟基对异氰酸酯基团的加成聚合来获得目标聚合物。现在常用的制备方法则是通过将图3-94所示DTR单体与光气、双氯甲基碳酸酯或三光气反应得到（图3-95），聚合物的重均分子量可达$40×10^4$，但实际一般$10×10^4$即可满足应用要求。聚合物的玻璃化温度（$T_g$）、表面能以及力学性能可通过烷基侧链的长短来调节，其$T_g$随烷基链长度改变在50～100℃范围内变化，热降解温度可高达290℃。因此，这些材料具有很宽的热加工温度范围，而且它们还具有很高的机械强度（50～70MPa）和高模量（1～2GPa）。

虽然这些材料的亲疏水和降解性能理论上可通过改变烷基的长度来调控，但由于它们的疏水性都很强，吸水率只有2%～3%，因此实际上材料的降解速率受侧链长度的影响很小。各种烷基长度的酪氨酸聚碳酸酯在生理条件下都只能缓慢降解，在水性介质中浸泡或在降解过程中都没有观察到材料的溶胀，吸水率不超过5%。但是在酸性（pH<3）环境中，侧链酯键的水解速率会明显加快，降解速率与侧链长度的关系因而可以突显出来，即侧链烷基延

长，聚合物降解速率变慢。酪氨酸聚碳酸的最终水解降解产物一般为脱氨基酪氨酸-酪氨酸二聚体和用来保护羧基的相应的醇（图3-96）。虽然酪氨酸聚碳酸酯本身的降解基本不受酶的影响，但在体内降解时，其降解产物脱氨基酪氨酸-酪氨酸二聚体则可能进一步被酶解为脱氨基酪氨酸和酪氨酸。

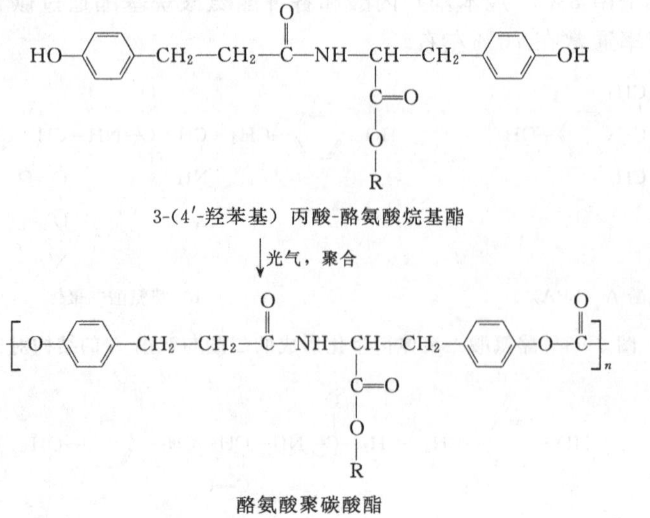

图 3-95　由脱氨基酪氨酸-酪氨酸烷基酯（DTR）制备酪氨酸聚碳酸酯的常用方法

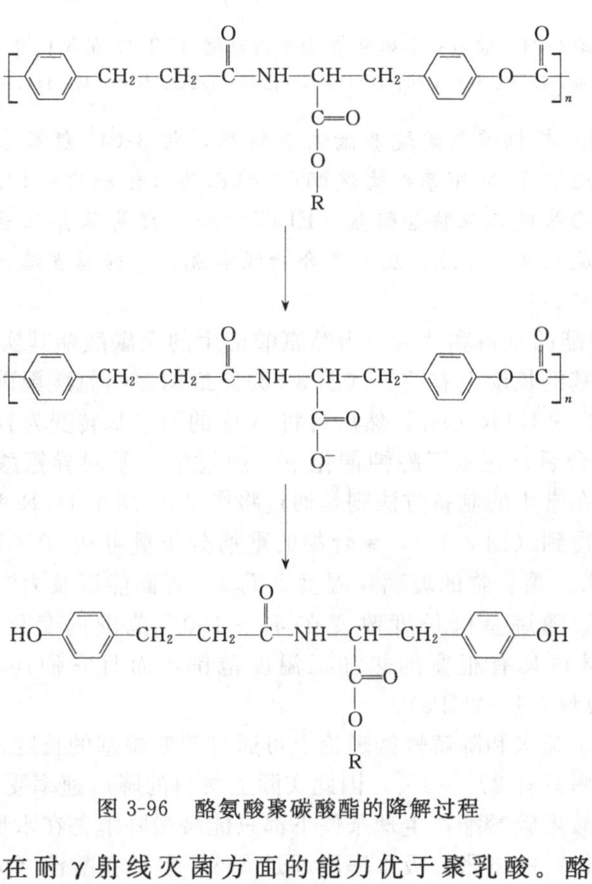

图 3-96　酪氨酸聚碳酸酯的降解过程

酪氨酸聚碳酸酯在耐 $\gamma$ 射线灭菌方面的能力优于聚乳酸。酪氨酸聚碳酸酯经历 3.9Mrad 剂量的 $\gamma$ 射线照射后，分子量下降至原始的 81%，但在表面组成、力学和降解性能方面基本与原始样一致；而聚乳酸经过相同剂量的辐照后，分子量下降至原始的 49%，力学性能也大幅度降低，降解速率也明显加快。用环氧乙烷蒸汽消毒时，酪氨酸聚碳酸酯侧链长度的不同而对聚合物性能的影响程度有所差异。当侧烷基分别为乙基［P(DTE)］、丁基［P(DTB)］、己基［P(DTH)］和辛基［P(DTO)］时，发现环氧乙烷蒸汽灭菌对前三者的分子量、表面组成、力学性能和降解速率都没有明显影响，但 P(DTO) 在经历环氧乙烷蒸汽熏蒸后，降解速率明显加快，可能与环氧乙烷对聚合物的溶胀有关。

尽管所有酪氨酸聚碳酸酯都已被证明具有良好的生物相容性，例如 Kohn 等应用一种牛骨腔室模型，对比了 P(DTE)、P(DTH) 和 PLA 的骨组织反应性，发现在 48 周的时间内，P(DTE) 和 P(DTH) 的测试腔中持续检测到骨组织的长入，而骨组织向 PLA 的测试腔中的长入量在 24 周时达到顶点，然后下降，到了 48 周时骨组织量只剩 24 周时的一半。而且，PLA 植入体周围纤维组织增生严重，酪氨酸聚碳酸酯植入体周围没有观察到纤维组织生成。但更长期的体内植入研究发现，酪氨酸聚碳酸酯侧烷基链段长短的微弱差别，可引起骨组织不同的反应。将由 P(DTE)、P(DTB)、P(DTH) 和 P(DTO) 分别制备的具有相同大小的骨钉，埋植于新西兰大白兔的胫骨和股骨远端中长达三年，发现只有 P(DTE) 能诱导骨组织的沉积，推测原因是由于其乙酯基水解后释放出的羧基能与骨钙离子螯合，在聚合物和骨组织之间形成连接所引导，而其它材质的骨钉都被厚厚的纤维囊组织所包埋，这则是因为随着侧烷基链的延长，疏水性增加导致酯键的水解速率降低，羧基释放速率缓慢，未能及时吸附足够的 $Ca^{2+}$ 引导骨组织沉积，最终导致纤维组织的生成。

③ 酪氨酸多芳基聚合物的制备和性能　将 $n$ 种不同的单体 A 与 $m$ 种单体 B 进行共聚，即可得到 $n \times m$ 种不同具有交替 A-B 结构的共聚物。使单体 A 和/或 B 的结构按照某种规律递变（如链长），则可能获得一组在结构上相似、但性能呈现规律性变化的聚合物群。在这种概念的指导下，Kohn 等最早用 14 种不同的 DTR 和 8 种脂肪族二酸在碳化二亚胺介导下进行共聚，共得到了 112 种酪氨酸多芳基聚合物（图 3-97），它们的重均分子量从 $5 \times 10^4$ 到 $15 \times 10^4$ 不等，分子量分布在 1.4～2.0。通过改变 DTR 中的 R 和 $n$（0 或 1），以及脂肪酸中的 Y，发现这 112 种多芳基聚合物在 $T_g$、表面润湿性和细胞亲和性等方面都表现出规律性变化。这些聚合物具有极其相似的结构，因此在有机溶剂中的溶解性、热加工性和无定形形态方面十分接近，可以采用相同的方法制备。文献报道中对这些聚合物的命名遵循以下规则：由 4-羟苯基乙酸（$n=1$）和脱氨基酪氨酸（$n=2$）与酪氨酸烷基酯反应生成的类二酚单体的英文缩写分别为 HTR 和 DTR，其中的 R 代表酪氨酸烷基酯中的侧链烷基，如当 R 分别为乙基、丁基、异丁基或己基时，则缩写相应的变为 D（或 H）TE、D（或 H）TB、D（或 H）TiB 和 D（或 H）TH，它们（以脱氨基酪氨酸-酪氨酸乙酯为例）与脂肪族二酸（以己二酸为例）进行共聚得到的聚合物则相应的写为 P(DTE-adipate)，即聚（脱氨基酪氨酸-酪氨酸乙酯）-己二酸酯。

酪氨酸多芳基系列聚合物制备实例：将带有聚四氟乙烯塞的玻璃瓶排放至水浴摇床中的隔栅中，按图 3-97 的分子设计依次向瓶中加入相应的反应试剂。为仅可能获得均一的高分子量产物，每个反应容器内的二酚和二酸单体都必须准确剂量，保证等物质的量。然后向反应容器内加入二氯甲烷溶解单体，加入少量二甲氨基吡啶鎓对甲苯磺酸盐和二异丙基碳化二亚胺，然后盖紧塞子，在 27℃水浴摇床中反应 36～48h。反应结束后加入甲醇稀释反应混合物，并使聚合物沉淀出来。倾倒掉上清液后，将聚合物溶于二氯甲烷，重复用甲醇沉淀一次。分离除去上清液，将聚合物真空干燥即可。

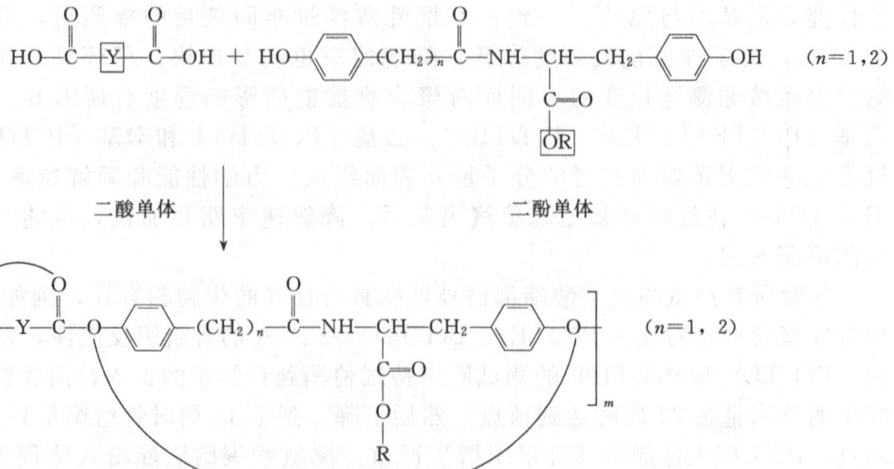

图 3-97 酪氨酸多芳基系列聚合物的制备

这个工作的一个重要意义在于获得了一类化学结构相似、但组成连续变化的聚合物,其性质十分相近却能够以可预见的梯度进行改变,例如逐步减少主链中的碳或氧原子数,以及降低侧链的长度,可使聚合物的 $T_g$ 从 2~91℃的范围内以 1℃左右的间隔增加,接触角则从 64°~101°范围内以 0.5°的间隔递增。这样在性能上具有梯度变化的系列材料可用来研究材料与机体的相互作用,可提供更为有价值的生理学关联。如将大鼠肺成纤维细胞在上述材料上进行培养,可观察到细胞增殖和材料表面水接触角之间的线性相关的现象,这比那些用不同材料(如聚四氟乙烯、尼龙、聚苯乙烯或玻璃等)进行培养得出的细胞增殖与接触角之间的关系结果更可靠和更能说明问题,因为在后者中所改变的不仅是表面接触角,还有表面化学组成和表面能等。Kohn 等还选择上述 112 种酪氨酸多芳基聚合物中的 44 种进行了纤维蛋白原的吸附实验,发现在具有相似主链的前提下,侧链疏水性的提高使纤维蛋白原的吸附量显著下降,这对于该类材料用于与血液或组织接触的应用时是有利的,即生物相容性提高。根据已知的实验结果和相关数据,可利用计算机建立模型,用来推测更多与上述材料具有相似递变组成的高分子的生物相容性或细胞亲和性。

④ 聚[(脱氨基酪氨酸-酪氨酸烷基酯)-聚乙二醇]碳酸酯[P(DTR-PEG) 碳酸酯]的制备和性能 由酪氨酸衍生的聚碳酸酯和多芳基聚合物的疏水性都很强,降解速率也很慢,而很多应用如药物传递、心血管材料的表面涂层等都要求材质柔软、亲水性强和/或较快的降解速率,因此将酪氨酸二酚单体与 PEG 共聚,可得到一类新的聚碳酸酯[P(DTR-PEG) 碳酸酯](图 3-98)。材料的性能优化可通过三个独立的参数调节来达到,即 PEG 的摩尔分数、PEG 的分子量和侧基 R。这个聚合物的合成是通过 DTR 与一定量的 PEG,在光气存在下于室温缩合聚合得到,获得的产物为无规共聚物,相对分子质量范围从 $4×10^4$~$20×10^4$ 不等。

P(DTR-PEG) 碳酸酯制备实例:将 DTR ($x$ mmol) 和 PEG ($y$ mmol) 置入圆底烧瓶中,加入二氯甲烷溶解(按每克反应物 5mL 比例),然后加入无水吡啶[$3.75(x+y)$ mmol]。搅拌下,于室温在 90min 内向上述反应体系内加入光气[$1.25(x+y)$ mmol] 的甲苯溶液,然后用四氢呋喃将反应体系稀释至 5%(质量/体积比)。将上述溶液缓慢滴加进 10 倍体积的乙醚中进行沉淀。如需进一步纯化,PEG 含量低[<70%(质量分数)]的共聚物溶于四氢呋喃,用水沉淀;而 PEG 含量高[>70%(质量分数)]的共聚物溶于四氢呋喃后用异丙醇沉淀。最后收集沉淀真空干燥即可。

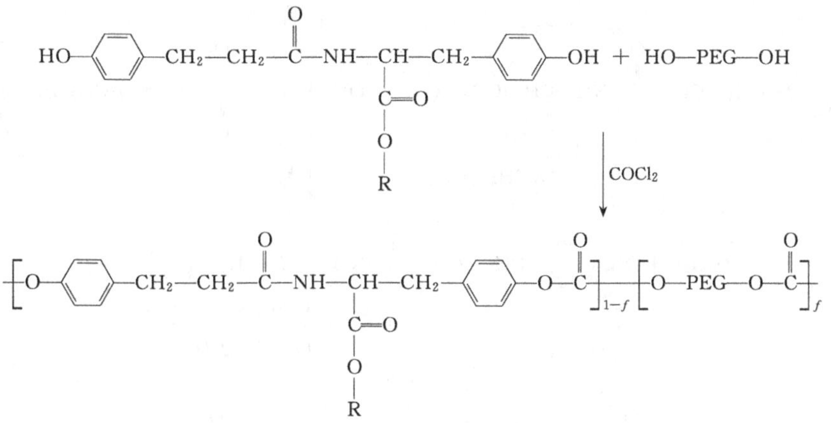

图 3-98　聚［(脱氨基酪氨酸-酪氨酸烷基酯)-聚乙二醇］碳酸酯
［P(DTR-PEG) 碳酸酯］的合成

　　PEG 的引入可显著提高材料的吸水率，当 PEG 含量达到 15%（摩尔分数）后，材料性能类似于水凝胶，PEG 含量继续增加到大于 70%（摩尔分数）后，聚合物可溶于水。PEG 的引入对材料的力学性能也有显著影响，PEG 含量低时，聚合物强度很高且韧，拉伸强度可达 36MPa，拉伸模量 1.8GPa，有点类似于 DTR 直接与光气反应得到的聚碳酸酯。当 PEG 含量升高后，聚合物的硬度和强度逐渐降低。通常，含有 5%（摩尔分数）以上 PEG 的共聚物显得相当柔软，在湿态下呈软橡胶态，最大拉伸强度达 20MPa，杨氏模量 37～500MPa，断裂伸长率可达 1000%。因 PEG 含量的增加导致聚合物的吸水率也大幅度上升，从而也加快了材料的降解速率。此外还发现，水溶性 P(DTR-PEG) 碳酸酯具有负温度效应，即聚合物溶于冷水，当温度高于低临界溶液温度（LCST）后，聚合物即从溶液中析出。改变聚合物的结构，该类 P(DTR-PEG) 碳酸酯的 LCST 可在 18～58℃ 范围内变化，在药学领域具有潜在的用途。

　　⑤ 聚［(脱氨基酪氨酸-酪氨酸烷基酯)-聚乙二醇］醚［P(DTR-PEG) 醚］的制备和性能　不同于 P(DTR-PEG) 碳酸酯，该种物质是一种无规共聚物，利用 DTR 单体与甲磺酰化的 PEG 共聚可以得到具有严格交替结构的聚［(脱氨基酪氨酸-酪氨酸烷基酯)-聚乙二醇］醚［P(DTR-PEG) 醚］。甲磺酰化 PEG 的制备是通过端羟基 PEG 与甲磺酰氯在三乙胺催化下反应得到。P(DTR-PEG) 醚可以采用一步法或两步法合成（图 3-99）。一步法是指将 DTR 直接与二甲磺酰化 PEG 在碱催化进行缩合，而两步法则是先用过量 DTR 与二甲磺酰化 PEG 反应得到 $\alpha,\omega$-双 (DTR)PEG 后，再与等物质的量的二甲磺酰化 PEG 进行缩合聚合。采用一步法、以水和二氯甲烷为溶剂进行界面聚合时，发现聚合的效率非常低，基本检测不到产物的生成，原因在于醚键的生成速率太慢。而在干燥的非质子性溶剂，如 DMF、DMSO、乙腈和甲苯中进行的直接溶液缩合聚合，对于各种 PEG 链长和不同侧链烷基的 DTR 都取得了成功，因此该反应主要通过溶液聚合来实施。P(DTR-PEG) 醚共聚物的聚合度和分子量分布并不随 PEG 的分子量或 DTR 中烷基的改变而变化，保持相对的稳定，因此当 PEG 分子量较高时，所获得产物的分子量也相应较大。在两步法中，将 DTR 转变为 $\alpha,\omega$-双(DTR)PEG，相当于增大了二酚单体的分子量，理论上可以获得比一步法聚合得到共聚物具有更高分子量的产物。但对该产物的凝胶渗透色谱（GPC）结果表明，它不是一个纯粹的共聚物，谱图中出现了双峰，峰尖分子量（$M_p$）分别在 1 万和 5 万左右，说明大分子

单体间的反应活性低于 DTR 与二甲磺酰化 PEG 的直接聚合。

一步法:

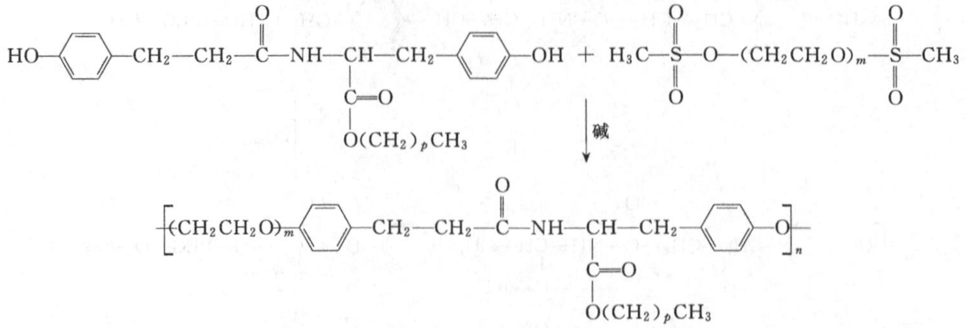

$$HO-\text{C}_6H_4-CH_2-CH_2-C(O)-NH-CH(COO(CH_2)_pCH_3)-CH_2-C_6H_4-OH + H_3C-SO_2-O-(CH_2CH_2O)_m-SO_2-CH_3 \xrightarrow{\text{碱}}$$

$$[-(CH_2CH_2O)_m-C_6H_4-CH_2-CH_2-C(O)-NH-CH(COO(CH_2)_pCH_3)-CH_2-C_6H_4-O-]_n$$

两步法:

$$2HO-C_6H_4-CH_2-CH_2-C(O)-NH-CH(COO(CH_2)_pCH_3)-CH_2-C_6H_4-OH + H_3C-SO_2-O-(CH_2CH_2O)_m-SO_2-CH_3 \xrightarrow{\text{碱}}$$

$$HO-C_6H_4-CH_2-CH_2-C(O)-NH-CH(COO(CH_2)_pCH_3)-CH_2-C_6H_4-O-PEG2000-O-$$
$$-C_6H_4-CH_2-CH_2-C(O)-NH-CH(COO(CH_2)_pCH_3)-CH_2-C_6H_4-OH$$

$$H_3C-SO_2-O-(CH_2CH_2O)_m-SO_2-CH_3 \xrightarrow{\text{碱}}$$

$$[-(CH_2CH_2O)_m-C_6H_4-CH_2-CH_2-C(O)-NH-CH(COO(CH_2)_pCH_3)-CH_2-C_6H_4-O-]_n$$

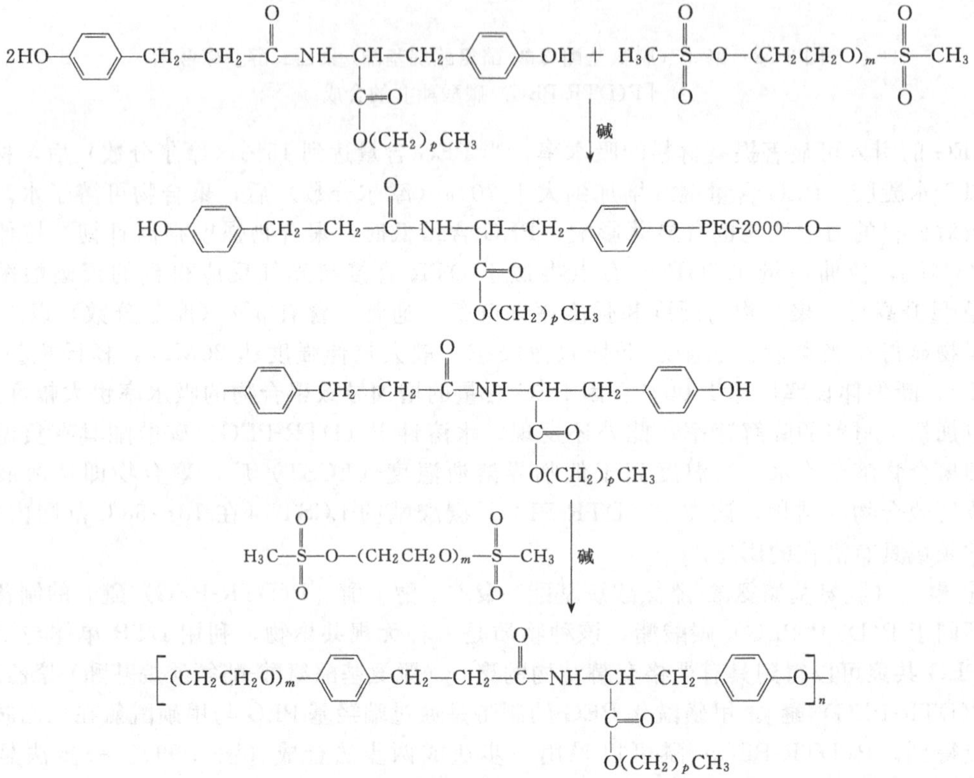

图 3-99 一步法或两步法合成聚[(脱氨基酪氨酸-酪氨酸烷基酯)-聚乙二醇]醚[P(DTR-PEG)醚]的过程

一步法合成 P(DTR-PEG)醚的制备：向装有机械搅拌的两口圆底烧瓶中加入等物质的量的 DTR 单体和二甲磺酰化 PEG，加入过量 20%（物质的量）的碱（如干燥 KOH、$K_2CO_3$ 等）和一定量的溶剂（如乙腈，用量约等于二甲磺酰化 PEG 重量）。根据 DTR 中 R 基团和 PEG 分子量的不同，反应物或溶解或悬浮于溶剂中。将反应体系加热到 65～70℃进行反应，用 GPC 监测聚合过程。聚合完成后，用二氯甲烷稀释反应液，生成的沉淀通过离心除去，上清液用乙醚沉淀。收集沉淀物重新溶于二氯甲烷，向其中加入硅胶颗粒吸附未参与反应的 DTR 单体。过滤除去硅胶后，滤液用乙醚沉淀，收集沉淀。重复上述过程，直至用高压液相色谱（HPLC）检不出聚合物溶液中的 DTR 二酚单体的峰。根据 HPLC 的检测限（10μg/mL），可判定每毫克聚合物中的残留 DTR 单体量不超过 $6×10^{-3}$ mg。

与 P(DTR-PEG) 碳酸酯类似，改变 PEG 的相对分子质量（如 1000～8000）和 DTR 烷基侧链的长度（如 $C_2$～$C_{12}$），可调节 P(DTR-PEG) 醚的分子结构。研究发现，P(DTR-PEG) 醚由于同时具有疏水和亲水的嵌段，在水溶液中具有自组装成高分子胶束的特性，也是一种潜在的药物载体材料。但 P(DTR-PEG) 醚主链上的醚键和酰胺键的稳定性较高，因此一般认为该类材料的主链是水解稳定的，除非是在比较极端的情况下，如强碱或强酸环境中，但由于 DTR 侧链是通过酯键连接的，因此降解主要表现在烷基链的丢失，降解速率是极慢的。

(2) 其它假性聚氨基酸

① 假性聚丝氨酸　早在 1960 年，Fasman 就曾尝试通过酰基基团由 N 原子向 O 原子迁移的方式，从聚丝氨酸来制备聚丝氨酸酯，但只得到了一些结构难以确定的酰胺和酯的共聚物。后来，Jarm 和 Fles 利用 N-苯磺酰-丝氨酸-β-内酯开环聚合的方法获得了低分子量的聚 (N-苯磺酰-丝氨酸酯)，但由于苯磺酰基团不易从聚合物上脱除，因此未能得到不带保护基的聚丝氨酸酯。这个反应中的另一个局限性是，它只能制备苯磺酰胺保护的聚丝氨酸酯，因为该过程中所设计的 Mitsunobu 反应只能实现苯磺酰胺保护的丝氨酸发生内酯化反应。

为得到具有光学纯度、实用性的聚丝氨酸酯，Kohn 等尝试了 N-保护丝氨酸在溶液中的直接酯化反应、N-保护丝氨酸甲酯的熔融酯交换反应和 N-保护丝氨酸-β-内酯的开环聚合三种方法。

N-保护丝氨酸如果能在适当催化剂存在下，直接进行酯化反应，无疑是制备聚 N-酰基-L-丝氨酸酯最直接的方法，但 N-苄氧羰基-L-丝氨酸在 1%（质量分数）对甲苯磺酸催化下，回流反应仅得到了棕色的低聚物，研究发现，是丝氨酸侧链发生 β-消除反应生成了脱氢丙氨酸（图 3-100），过早地终止了聚合反应，导致聚合失败。虽然在一些碱、路易斯酸或配位化合物的催化下，N-保护丝氨酸酯的熔融酯交换反应可以发生，但 GPC 检测结果显示严重的

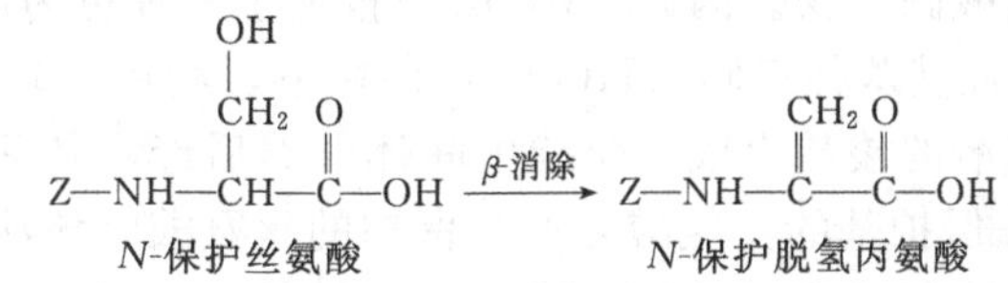

图 3-100　丝氨酸侧链的 β-消除反应

热降解导致没有高分子量的产物生成，而且产物的颜色非常深，呈深棕色。

参考丙交酯、乙交酯等内酯单体在催化剂作用下开环聚合可以获得高分子量聚酯的事实，N-保护丝氨酸-β-内酯单体的获得，使得采用熔融或溶液开环聚合来制备高分子量聚丝氨酸酯成为可能。N-Z 保护的丝氨酸-β-内酯的熔点约 133～135℃，因此熔融聚合温度不宜低于 135℃。然而虽然在熔融聚合反应的前 6h 内检测到了低聚物的生成，但 6h 后聚合物颜色逐渐加深，显示热降解反应的发生，这是因为 β-内酯发生脱羧反应的温度为 140℃左右。通过引入高沸点溶剂（如二苯甲烷）使聚合温度降至 100℃，则发现开环反应不能发生。这些现象说明熔融开环聚合并不是制备聚丝氨酸酯的适用方法。而在内酯单体的溶液开环聚合中，虽然三乙胺、α-三甲胺乙内酯、四苯基吩胺盐酸盐、醋酸钾/二环己基-18-冠-6-醚或四乙基胺苯甲酸盐等都可以用来催化内酯单体的溶液开环聚合，但 N-Z 保护的丝氨酸-β-内酯只有在醋酸钾/二环己基-18-冠-6-醚或四乙胺苯甲酸盐催化下，于四氢呋喃中在 35～40℃聚合获得了高分子量产物。比较在四氢呋喃（THF）、N,N-二甲基甲酰胺（DMF）、N-甲基吡咯烷酮（NMP）和六甲基磷酰胺（HMPA）几种溶剂中的聚合结果，发现低极性溶剂有利于获得高分子量的产物，即产物分子量的顺序是 HMPA < DMF < NMP < THF。为获得不带保护基的聚丝氨酸酯盐酸盐，N-保护基的脱除可采用酸解（HBr/HOAc 或三氟乙

酸等）或催化还原（Pd、甲酸），但为了避免主链酯键的降解，一般倾向于催化氢解。

N-Z-丝氨酸-β-内酯的制备：将一定量三苯基膦溶于适量乙腈和水的混合溶剂（体积比＝85/15），室温、氩气保护下，向其中加入等物质的量的偶氮二甲酸二乙基，搅拌30min后，将体系降温至略高于冰点的温度，约－48～－45℃，然后于1h内向其中滴加等物质的量N-Z-丝氨酸的乙腈/水溶液。滴加完毕后，继续搅拌30min，然后于3h内缓慢升至室温。减压蒸除溶剂（浴温不宜超过25℃），得到白色固态物质。经溶解于二氯甲烷/乙酸乙酯（体积比为85/15），过滤除去不溶物（1,2-二乙酯肼），滤液经硅胶色谱柱纯化后，去除溶剂即得N-Z-丝氨酸-β-内酯的粗产物。进一步用乙酸乙酯/己烷重结晶纯化后真空干燥，产率约80%，熔点133～134℃。

N-Z-丝氨酸-β-内酯的溶液开环聚合：氩气保护下，将一定量N-Z-丝氨酸-β-内酯溶于适量THF，加入0.5%mol的四乙胺苯甲酸盐作为催化剂，在30℃反应7天。加入少量甲醇终止反应后，加入过量乙醚沉淀聚合物。沉淀物经过滤收集、乙醚洗涤后，彻底干燥得白色聚合物，产率约90%。

聚（N-Z-丝氨酸酯）的脱保护：将聚（N-Z-丝氨酸酯）溶于DMF，向其中加入钯催化剂，剧烈搅拌下，缓慢加入甲酸（98%）。室温继续搅拌反应14h，然后过滤除去催化剂。滤液减压浓缩后，加入1mol/L盐酸溶液将甲酸盐全部置换为盐酸盐后，滴加入过量丙酮中进行沉淀，即得聚丝氨酸酯盐酸盐。

N-保护丝氨酸-β-内酯虽然是合成假性聚丝氨酸酯的重要单体，但这种单体并不易获得。采用碳化二亚胺使丝氨酸发生内酯化的产率很低，一般只有不到50%左右，在某些特定的保护基团（如以苯磺酰基为氨基保护基时）存在下，内酯单体的产率可能突破80%。而且在N-保护丝氨酸-β-内酯的开环聚合过程中，丝氨酸侧链也会发生β消除反应生成脱羟基丙氨酸副产物。因此，Kohn等报道了一种更为简单直接的合成聚丝氨酸酯的方法，即采用在1-羟基苯并三唑（HOBT）存在下，利用二环己基碳化二亚胺（DCC）直接活化N-保护丝氨酸的羧基生成活化酯中间体，然后经本体聚合脱除HOBt得到产物。该法可适用于多种N-保护基的丝氨酸，N-Z保护的丝氨酸经该法聚合相对分子质量可达22000，而且由该聚合方法制备的聚丝氨酸酯中不含脱羟基丙氨酸副产物。该法还可以推广到其它聚氨基酸的合成，是一条比较简单的合成途径，但并不能适用于所有的氨基酸，譬如苏氨酸的聚合就未能获得成功。

② 假性聚脯氨酸　也有不少报道进行了聚脯氨酸酯的合成，原因是考虑到羟脯氨酸结构简单，而且羟脯氨酸是胶原的重要组成，因此假性聚脯氨酸也可能是一类非常好的生物材料。

假性聚脯氨酸的具体合成方法是先制备合成N-保护的羟脯氨酸甲酯单体，然后在合适的催化剂作用下于高温下熔融酯交换而得N-保护的聚脯氨酸酯，反应的副产物为甲醇。如有必要，可在合适的条件下脱除氮上的保护基，得到不带保护基的聚脯氨酸酯。在没有催化剂存在下，聚合反应基本不会发生。而在酸或强碱物质如对甲苯磺酸和叔丁醇钾的存在下，聚合虽然可以发生，但只能获得低分子量产物。通常，配位催化剂如乙酸锌、乙酸铅、二乙基锌水合物、异丙醇铝和烷氧钛化合物的催化效果更好一些，其中以异丙醇钛催化时获得的聚合物相对分子质量最高，可达40000。催化的机理包括金属与羰基氧的配位和对羰基碳的亲核进攻。文献结果显示，配位催化剂的用量在1.0%（摩尔分数）时获得的聚合物分子量最高，降低[0.5%（摩尔分数）]或升高[2.0%和3.0%（摩尔分数）]催化剂用量都使聚合物分子量下降；聚合温度则以180℃比较适中，反应24h即可使聚合物的相对分子质量超过40000，温度降低则聚合速率减慢，如在150℃反应24h，聚合物相对分子质量仅达

20000，而反应温度高则导致热降解严重，在205℃反应10h，聚合物相对分子质量升高到35000后即开始下降。

N-保护脯氨酸甲酯单体的合成：所有 N-保护脯氨酸甲酯单体的制备都是从羟脯氨酸甲酯盐酸盐（Hpr-Me-HCl）开始的，制备过程相似。下面以 N-棕榈酰-羟脯氨酸甲酯的合成为例，具体描述一下制备过程：将适量 Hpr-Me-HCl 溶于水后，加入乙酸乙酯，冷却至5℃，搅拌下加入 $KHCO_3$，然后在剧烈搅拌下，向体系滴加棕榈酰氯的乙酸乙酯溶液（滴加速率控制在8mL/min以下）。滴加完毕后，继续搅拌30min。利用分液漏斗分离除去水相，有机相用0.1 mol/L 盐酸溶液和饱和食盐水溶液洗涤，经无水 $MgSO_4$ 干燥后，减压蒸除溶剂，得到白色晶体，产率约80%。产物的进一步纯化可采用硅胶色谱和石油醚重结晶。

N-保护脯氨酸甲酯单体的聚合：将纯化单体和1%（摩尔分数）的催化剂（如异丙醇钛）装入反应瓶，连接上减压蒸馏装置，真空泵前接冷阱保护。将体系减压至 $10^{-4}$ mmHg 后，升温至180℃进行反应。在反应初期的1h（即体系仍具有流动性时），每隔15min 向体系通氮气进行混合保证体系的均匀，以及带出水汽。聚合完毕后，可将聚合物溶于合适溶剂然后进行沉淀的方法进行纯化，如将聚（N-棕榈酰-羟脯氨酸酯）溶于氯仿，然后用甲醇沉淀。

### 3.10.4 展望

近年来在聚氨基酸合成方面取得了很大进展，已经可以获得在结构上类似天然生物组分的多肽材料。尤其是 NCA 聚合方法的不断改进，是现在获得具有可控理化性能（分子量和分子量分布、序列分布、组成等）的嵌段共聚多肽材料的不可或缺的有力手段。这些材料的生物医学应用正在积极开发中，可作为膜或水凝胶支架材料、抑菌材料或作为生物黏合剂使用等。但在合成多肽材料方面仍需要在基础研究方面继续努力，研究重点应放在多肽自组装形成某种有序的纳米结构，以及多肽材料与活细胞和组织的相互作用等方向，研究结果将有助于人们通过明确认识材料结构与生理活性之间的关联后，更为成功地开发材料的生物医学用途。而氨基酸与其它单体的共聚物、与其它高分子的接枝或嵌段共聚物，以及假性聚氨基酸的开发成功，不仅丰富了聚氨基酸的品种，可提供更多具有各异性能的生物材料，是非常有应用前景的组织再生和组织工程的修复材料。而且由于聚氨基酸高分子中氨基酸组分的多官能性，极大地满足了肽类、蛋白质类、生物活性药物或 DNA 输送对载体材料的需求。聚氨基酸类生物材料的开发研究，应该可以说是对过去几十年间一直使用的聚乳酸、聚羟基乙酸及它们的共聚物的有益扩充，是很多拟进入临床应用的第二代新型生物材料中的一种。

## 思 考 题

1. 合成生物高分子材料的制备方法有哪些？
2. 超高分子量聚乙烯的制备与高密度聚乙烯的制备有何不同？
3. 从丙烯腈单体出发制备聚丙烯腈碳纤维，需要通过哪些工序实现？
4. 有机聚硅氧烷的一般制备方法有哪些？
5. 影响环硅氧烷阴离子催化开环聚合的因素有哪些？
6. 从二甲基二氯硅烷出发，如何制备甲基乙烯基硅橡胶生胶？影响生胶质量的因素有哪些？
7. 高温硫化硅橡胶配方中，添加结构化控制剂和交联剂的作用是什么？
8. 生物硅橡胶配方中为何要加补强填料？主要补强填料是什么？
9. 高温硫化硅橡胶与室温硫化硅橡胶的基胶有何异同点？制备过程中如何控制？
10. 为什么聚醚型聚氨酯被广泛用作人工心血管材料？用化学反应方程式举例说明其制备过程。
11. 如何提高嵌段聚氨酯弹性体的生物相容性？
12. 二步法制备聚氨酯弹性体过程中，注意的要点有哪些？
13. 聚氨酯弹性体合成过程中会发生哪些副反应？如何减少副反应的发生？

14. 聚氨酯弹性体制备过程中，影响反应速率的因素有哪些？
15. 聚甲基丙烯酸羟乙酯软接触镜如何制备？化学结构有何特点？
16. 504生物黏合剂的黏料是什么？其聚合机理是什么？
17. 可降解生物高分子在化学结构上有何特征？
18. 生物材料降解的影响因素有哪些？如何调控生物材料降解速率？
19. 可降解生物材料制备与加工过程中需要注意什么？
20. 脂肪族聚酯可以通过哪些路径或方法合成？
21. 制备较高分子量的聚酯可用哪些方法？各有何优缺点？
22. 在开环聚合制备生物降解性聚酯的过程中，主要的控制条件有哪些？为什么？
23. 缩合聚合制备生物降解性聚酯的过程中，主要的控制条件有哪些？为什么？
24. 聚乳酸制备过程中会发生哪些副反应？如何减少副反应的发生？
25. 聚酯改性方法有哪些？
26. 乙丙交酯的制备方法有哪些？如何得到聚乙醇酸/聚乳酸的交替共聚物？
27. 试通过分子设计的方法，设计一种含PGA、PLA、PCL链段的嵌段共聚物。
28. 试通过分子设计的方法，设计一种主链是PHEMA、侧链是PLA的接枝共聚物。
29. 试通过分子设计的方法，设计一种含PLA的可生物降解交联剂。
30. 发酵法制备PHB的过程中，经历了哪些工序？如何获得较高的产量？
31. 聚酸酐可以采用哪些方法合成？各适用于何类单体的聚合？
32. 聚酸酐为什么在药物控释制剂上有较好的应用？
33. 聚磷腈和聚膦腈的化学结构有何特征？
34. 聚膦腈合成的一般路径有哪些？各有何优缺点？
35. 以五氯化磷和氯化铵为原料制备六氯环三磷腈过程中，影响反应的因素有哪些？
36. 六氯环三磷腈开环聚合制备聚二氯磷腈过程中，影响反应的因素有哪些？为什么需要控制单体转化率小于70%？
37. 要有效完成聚二氯磷腈的取代反应，需要注意哪些？
38. 聚二氯磷腈混合取代时，亲核取代试剂加入时需注意什么？
39. 侧链带官能团的功能化聚膦腈的制备途径有哪些？
40. 氨基酸聚合物的合成方法有哪些？

## 参 考 文 献

[1] 李玉宝. 生物医学材料. 北京：化学工业出版社，2003.
[2] 杨斌. 绿色塑料聚乳酸. 北京：化学工业出版社，2007.
[3] 杨建军. 聚氨酯医用材料. 北京：化学工业出版社，2008.
[4] 任杰. 可降解与吸收材料. 北京：化学工业出版社，2003.
[5] 戈进杰. 生物降解高分子材料及其应用. 北京：化学工业出版社，2002.
[6] 郭圣荣. 医药用生物降解性高分子材料. 北京：化学工业出版社，2004.
[7] 冯圣玉，张洁，李美江等. 有机硅高分子及其应用. 北京：化学工业出版社，2004.
[8] 周长忍. 生物材料学. 北京：中国医药科技出版社，2004.
[9] 阮建明，邹俭鹏，黄伯云. 生物材料学. 北京：科学出版社，2004.
[10] 顾其胜，侯春林，徐政. 实用生物医用材料学. 上海：上海科学技术出版社，2005.
[11] 李世普. 生物医用材料导论. 武汉：武汉工业大学出版社，2000.
[12] 郑玉峰，李莉. 生物医用材料学. 哈尔滨：哈尔滨工业大学出版社，2005.
[13] 高长有，马列. 医用高分子材料. 北京：化学工业出版社，2006.
[14] 杨家瑞. 口腔工艺材料学基础. 北京：人民卫生出版社，2008.
[15] 张超武，杨海波. 生物材料概论. 北京：化学工业出版社，2006.
[16] 赵德仁，张慰盛. 高聚物合成工艺学. 北京：化学工业出版社，2003.
[17] 汪多仁. 现代高分子材料生产及应用手册. 北京：中国石化出版社，2002.
[18] 李克友，张菊华，向福如. 高分子合成原理及工艺学. 北京：科学出版社，2001.

[19] 张宝华,张剑秋. 精细高分子合成与性能. 北京:化学工业出版社,2005.
[20] 赵德丰,程侣柏,姚蒙正等. 精细化学品合成化学与应用. 北京:化学工业出版社,2007.
[21] 廖明义,陈平. 高分子合成材料学. 北京:化学工业出版社,2005.
[22] 王国建,刘琳. 特种与功能高分子材料. 北京:中国石化出版社,2004.
[23] 赵文元,王亦军. 功能高分子材料化学. 北京:化学工业出版社,2003.
[24] 何天白,胡汉杰. 功能高分子与新技术. 北京:化学工业出版社,2001.
[25] 马建标,李晨曦. 功能高分子材料. 北京:化学工业出版社,2000.
[26] [日] 土肥義治,[德] 斯泰因比歇尔 A. 生物高分子(第 3a 卷):聚酯 I-生物系统和生物工程法生产. 陈国强主译. 北京:化学工业出版社,2005.
[27] [日] 土肥義治,[德] 斯泰因比歇尔 A. 生物高分子(第 3b 卷):聚酯 II-特性和化学合成. 俞雄主译. 北京:化学工业出版社,2005.
[28] [日] 土肥義治,[德] 斯泰因比歇尔 A. 生物高分子(第 4 卷):聚酯 III-营养和商品. 陈国强主译. 北京:化学工业出版社,2005.
[29] [日] 土肥義治,[德] 斯泰因比歇尔 A. 生物高分子(第 10 卷):总论与功能应用. 陈学思,景遐斌,庄秀丽主译. 北京:化学工业出版社,2005.
[30] 谢尔斯 J,朗 T E. 现代聚酯. 北京:化学工业出版社,2007.
[31] 阿塔拉 A,兰扎 R P. 组织工程方法. 北京:化学工业出版社,2006.
[32] 陶蕊,马桓,陈晓农等. 温敏梳状嵌段共聚物对 PS 微球阻抗蛋白吸附作用的研究. 高分子学报,2007,(11):1009-1016.
[33] Tobiesen F A, Michielsen S. Method for grafting poly(acrylic acid) onto nylon 6,6 using amne end groups on nylon surface, Journal of Polymer Science part A: Polymer Chemistry, 2002, 40(5): 719-728.
[34] Nobuyuki M, Yasuhiko I, Nobuo N, et al. Physical properties and blood compatibility of surface-modified segmented polyurethane by semi-interpenetrating polymer networks with a phospholipid polymer, Biomaterials, 2002, 23: 4881-4887.
[35] Hsu S H, Chen W C. Improved cell adhesion by plasma-induced grafting of L-lactide onto polyurethane surface, Biomaterials, 2000, 21: 359-367.
[36] Yuan Yongling, Ai Fei, Zang Xiaopeng, et al. Polyurethane vascular catheter surface grafted with zwitterionic sulfobetaine monomer activated by ozone, Colloids and surfaces B: Biointerfaces, 2004, 35: 1-5.
[37] Lee Jinho, Ju Youngmin, Kim Dongmin. Platelet adhesion onto segmented polyurethane film surfaces modified by addition and crosslinking of PEO-containing block copolymer, Biomaterials, 2000, 21: 683-691.
[38] Wang Dongan, Feng Linxian, Ji Jian, et al. Novel human endothelial cell-engineered polyurethane biomaterials for cardiovascular biomedical applications, Journal of Biomedical Materials Research, 2003, 65A: 498-510.
[39] 孟舒献,温晓娜,冯亚青等. 肝素化聚氨酯表面修饰材料的研究. 生物医学工程学杂志,2004,21(4):597-601.
[40] 孔桦,许海燕,蔺嫦燕等. 纳米碳改性聚氨酯复合材料的表面抗凝血性能. 基础医学与临床,2002,22(2):113-116.
[41] 张子勇,陈燕琼. 丙交酯单体的制备及纯化. 高分子材料科学与工程,2003,19(2):52-56.
[42] 郑敦胜,郭锡坤,贺璇等. 直接缩聚法合成聚乳酸的工艺改进. 塑料工业,2004,32(12):8-10.
[43] 张旺玺,张慧勤,潘玮. 聚乳酸的合成及应用. 合成技术及应用,2005,20(2):35-38.
[44] 任杰,张振武,任天斌等. 双螺杆反应挤出法制备聚乳酸的研究. 塑料工业,2006,34(8):1-3.
[45] 赵三平,冯增国. 基于丙烯酸酯封端 PCL-PEG-PCL 光聚合水凝胶的合成与表征. 北京理工大学学报,2002,22(6):765-769.
[46] 陈文娜,杨建,王身国等. 聚丙交酯/聚乙二醇多嵌段共聚物的合成及其性能. 高分子学报,2005,(5):695-699.
[47] 沙柯,李冬霜,李亚鹏等. 利用酶促开环聚合和原子转移自由基聚合方法合成 AB 型嵌段共聚物. 高等学校化学学报,2006,27(5):985-987.
[48] 李斗,石淑先,夏宇正等. 双官能团聚乳酸大分子引发剂的合成. 北京化工大学学报,2007,34(5):514-517.
[49] 石淑先,夏宇正,刘健等. 原子转移自由基聚合法制备聚乳酸三嵌段共聚物的研究. 现代化工,2007,27(6):35-38.
[50] 刘健,石淑先,夏宇正等. 两亲性聚乳酸嵌段共聚物的制备及性能研究. 北京化工大学学报,2006,33(3):52-55.

[51] 石淑先,夏宇正,马晓妍等.丙交酯及聚乳酸的合成条件研究.弹性体,2004,14(2):10-14.
[52] 马晓妍,石淑先,夏宇正等.聚乳酸及其共聚物的制备和降解性能.北京化工大学学报,2004,31(1):51-56.
[53] 石淑先,夏宇正,郭祖鹏等.D,L-丙交酯的合成及表征.北京化工大学学报,2003,30(2):32-34.
[54] 石淑先,夏宇正,郭祖鹏等.聚D,L-乳酸的合成及表征.弹性体,2002,12(6):10-13.
[55] Shi Shuxian, Xia Yuzheng, Ma Xiaoyan, et al. Synthesis and Properties of Biodegradable ABA Triblock Copolymers of Polylactide (A) and Polyethylene Glycol (B). Advanced Materials Research, 2006, 11-12: 469-472.
[56] Shi Shuxian, Liu Jian, Xia Yuzheng, et al. Synthesis of novel Amphiphilic Block Copolymer of Poly-N-vinylpyrrolidone and Poly (D, L-lactide) by Atom Transfer Radical Polymerization, Advanced Materials Research, 2006, 11-12: 461-464.
[57] Shi Shuxian, Liu Jian, Xia Yuzheng, et al. Synthesis of a novel amphiphilic triblock copolymers of polylactide by atom transfer radical polymerization, China Synthetic Rubber Industry, 2005, 28 (6): 490.
[58] Shi Shuxian, Xia Yuzheng, Ma Xiaoyan, et al. Synthesis and biodegradation of a novel amphiphilic diblock copolymer, China Synthetic Rubber Industry, 2004, 27 (6): 384.
[59] Zhao Naiqiu, Shi Shuxian, Lu Gang, et al. Polylactide (PLA) /layered double hydroxides composite fibers by electrospinning method, Journal of Physics and Chemistry of Solids, 2008, 69 (5-6): 1564-1568.
[60] Neeraj Kumar, Robert S. Langer, Abraham J. Domb, Polyanhydrides: an overview, Advanced Drug Delivery Reviews, 2002, 54: 889-910.
[61] 傅杰,卓仁禧,范昌烈.新型生物可降解医用高分子材料——聚酸酐.功能高分子学报,1998,11:302-310.
[62] 周志彬,黄开勋,陈泽宪,徐辉碧.生物可降解高分子材料——聚酸酐.北京生物医学工程,2001,20:76-79.
[63] 陈先红,郑建华.生物降解高分子材料——聚酸酐的研究进展.高分子材料科学与工程,2003,19:31-35.
[64] 左海燕,王琳,姚军.医用聚酸酐材料研究进展.河北工业科技,2007,24:118-121.
[65] Göpferich A. Mechanisms of polymer degradation and erosion. Biomaterials, 1996, 17: 103-114.
[66] Bucher J E, Slade W C. The anhydrides of isophthalic and terephthalic acids. J. Am. Chem. Soc., 1909, 31: 1319-1321.
[67] Hill J W. Studies on polymerization and ring formation. VI. Adipic anhydride. J. Am. Chem. Soc., 1930, 52: 4110-4114.
[68] Hill J W, Carothers H W. Studies on polymerization and ring formation. XIV. A linear superpolyanhydride and a cyclic dimeric anhydride from sebacic acid. J. Am. Chem. Soc., 1932, 54: 5169.
[69] Conix A. Aromatic poly (anhydrides): a new class of high melting fiber-forming polymers. J. Polym. Sci. Polym. Chem., 1958, 29: 343-353.
[70] Yoda N. Synthesis of poly (anhydrides). Poly (anhydrides) of five-membered heterocyclic dibasic acids. Makromol Chem., 1962, 55: 174-190.
[71] Yoda N. Synthesis of poly (anhydrides). Crystalline and high melting poly (amide) poly (anhydrides) of methylene bis (p-carboxyphenyl) amide. J. Polym. Sci. Polym. Chem., 1963, 34: 1323-1338.
[72] Rosen H B, Chang J, Wnek G E, Linhardt R J, Langer R. Bioerodible polyanhydrides for controlled drug delivery. Biomaterials, 1983, 4: 131-133.
[73] Leong K W, Kost J, Mathiowitz E, Langer R. Polyanhydrides for controlled release of bioactive agents, Biomaterials, 1986, 7: 364-371.
[74] Brem H, Tamargo R J, Olivi A. Delivery of drugs to the brain by use of a sustained-release polyanhydride polymer system. New Technol. Concepts Reducing Drug Toxic, 1993, 33-39.
[75] Wang W B, Daviau T, Brem H. Morphological characterization of polyanhydride biodegradable implant Gliadel during in vitro and in vivo erosion using scanning electron microscopy. Pharm Res, 1996, 13: 683-691.
[76] Lesniak M S, Berm H. Targeted therapy for brain tumors. Nature Rev Drug Discov, 2004, 3: 499-508.
[77] Domb A J, Amselem S, Shah J, Maniar M. Polyanhydrides-synthesis and characterization. Adv. Polym. Sci., 1993, 107: 93-141.
[78] Domb A J, Langer R. Polyanhydrides. 1. Preparation of high molecular weight polyanhydrides. J. Polym. Polym. Chem., 1987, 25: 3373-3386.
[79] Kricheldorf H R, Lübbers D. Polyanhydrides. 2. Thermotropic Poly (ester anhydride) s Derived from Terephthalic Acid. Substituted Hydroquinones and 4-Hydroxybenzoic Acids, Macromolecules, 1992, 25: 1377-1381.
[80] Vogel B M, Mallapragada S K, Narasimhan B. Rapid Synthesis of Polyanhydrides by Microwave Polymerization.

Macromol Rapid Commun, 2004, 25: 330-333.

[81] Domb A, Ron E, Langer R. Polyanhydrides. 2. One-Step Polymerization Using Phosgene or Diphosgene as Coupling Agents. Macromolecules, 1988, 21: 1925-1929.

[82] Puleo D A, Holleran L A, Doremus R H, Bizios R. Osteoblast responses to orthopedic implant materials in vitro. J. Biomed. Mater. Res., 1991, 25: 711-723.

[83] Leong K W, Simonte V, Langer R. Synthesis of polyanhydrides: melt-polycondensation dehydrochlorination and dehydrative coupling. Macromolecules, 1987, 20: 705-712.

[84] Qian H T, Mathiowitz E. (Trimethylsilyl) ethoxyacetylene as a Dehydrating Agent for Polyanhydride Synthesis. Macromolecules, 2007, 40: 7748-7751.

[85] Lundmark S, Albertsson A C. Synthesis of poly (adipic anhydride) by use of ketene. J. Macromol Sci. Chem. 1988, A25: 247-258.

[86] Ropson N, Dubois P, Jerome R, Teyssie P. Living (co) polymerization of adipic anhydride and selective end functionalization of the parent polymer. Macromolecules, 1992, 25: 3820-3824.

[87] Ropson N, Dubois P, Jerome R, Teyssie P. Synthesis and Characterization of Biodegradable Homopolymers and Block Copolymers Based on Adipic Anhydride. Journal of Polymer Science: Part A: Polymer Chemistry, 1997, 35: 183-192.

[88] Li Z, Hao J Y, Yuan M L, Deng X M. Ring opening polymerization of adipic anhydride initiated by dibutylmagnesium initiator. European Polymer Journal, 2003, 39: 313-317.

[89] Domb A J, Elmalak O, Shastri V R, Ta-Shma Z, Masters D M, Ringel I, Teomim D, Langer R. Polyanhydrides. in: Domb A J, Kost J, Wiseman D M (Eds.). Handbook of Biodegradable Polymers. Harwood: London, 1997, 135-159.

[90] Kumar N, Langer R, Domb A J. Polyanhydrides: an overview, Advanced Drug Delivery Reviews, 2002, 54: 889-910.

[91] Domb A J, Nudelman R. In vivo and in vitro elimination of aliphatic polyanhydrides. Biomaterials, 1995, 16: 319-323.

[92] Domb A J, Mathiowitz E, Ron E, Giannos S, Langer R. Polyanhydrides. IV. Unsaturated and crosslinked polyanhydrides. J. Polym. Sci. Part A: Polym. Chem., 1991, 29: 571-579.

[93] Teomim D, Mäder K, Bentolila A, Magora A, Domb A J. Irradiation Stability of Saturated and Unsaturated Aliphatic Polyanhydrides-Ricinoleic Acid Based Polymers. Biomacromolecules, 2001, 2: 1015-1022.

[94] Abraham J Domb, Synthesis and Characterization of Biodegradable Aromatic Anhydride Copolymers. Macromolecules, 1992, 25: 12-17.

[95] Ieong K W, Brott B C, Langer R. Bioerodible polyanhydrides as drug-carrier matrices. I: Characterization, degradation, and release characteristics. J. Biomed Mater Res., 1985, 19: 941-955.

[96] Domb A J, Langer R. Solid-state and solution stability of poly (anhydrides) and poly (esters). Macromolecules, 1989, 22: 2117-2122.

[97] Domb A J, Gallardo C F, Langer R. Poly (anhydrides). 3. Poly (anhydrieds) based on aliphatic-aromatic diacids. Macromolecules, 1989, 22: 3200-3204.

[98] Slivniak R, Domb A J. Stereocomplexes of Enantiomeric Lactic Acid and Sebacic Acid Ester-Anhydride Triblock Copolymers. Biomacromolecules, 2002, 3: 754-760.

[99] Gref R, Domb A J, Quellec P, Blunk T, Mueller R H, Verbavatz J M, Langer R. The controlled intravenous delivery of drugs using PEG-coated sterically stabilized nanospheres. Adv. Drug Deliv Rev., 1995, 16: 215-233.

[100] Jiang H L, Zhu K J. Preparation, characterization and degradation characteristics of polyanhydrides containing poly (ethylene glycol). Polym. Int., 1999, 48: 47-52.

[101] Hou S J, McCauley L K, Ma P X. Synthesis and Erosion Properties of PEG-Containing Polyanhydrides. Macromol. Biosci., 2007, 7: 620-628.

[102] Wu C, Fu J, Zhao Y. Novel Nanoparticles Formed via Self-Assembly of Poly (ethylene glycol-b-sebacic anhydride) and Their Degradation in Water. Macromolecules, 2000, 33: 9040-9043.

[103] Erdmann L, Uhrich K E. Synthesis and degradation characteristics of salicylic acid-derived poly (anhydride esters). Biomaterials, 2000; 21: 1941-1946.

[104] Erdmann L, Macedo B, Uhrich K E. Degradable poly (anhydride ester) implants: effects of localized salicylic acid

release on bone. Biomaterials, 2000, 21: 2507-2512.

[105] Krasko M Y, Shikanov A, Ezra A, Domb A J. Poly (ester anhydride)s Prepared by the Insertion of Ricinoleic Acid into Poly (sebacic acid). J. Polym. Sci. Part A: Polym. Chem., 2003, 41: 1059-1069.

[106] Krasko M Y, Ezra A, Domb A J. Lithocholic-acid-containing poly (ester-anhydride) s. Polym. Adv. Technol., 2003, 14: 832-838.

[107] Fay F, Linossier I, Langlois V, Vallee-Rehel K, Krasko M Y, Domb A J. Protecting Biodegradable Coatings Releasing Antimicrobial Agents. J. Appl. Polym. Sci., 2007, 106: 3768-3777.

[108] Hiremath J G, Devi V K, Devi K, Domb A J. Biodegradable Poly (sebacic acid-co-ricinoleic-ester anhydride) Tamoxifen Citrate Implants: Preparation and In Vitro Characterization. J. Appl. Polym. Sci., 2008, 107: 2745-2754.

[109] Domb A J, Maniar M. Absorbable biopolymers derived from dimmer fatty acids. J. Polym. Sci. Part A: Polym. Chem., 1993, 31: 1275-1285.

[110] Domb A J, Nudelman R. Biodegradable polymers derived from natural fatty acids. J. Polym. Sci. Part A: Polym. Chem., 1995, 33: 717-725.

[111] Teomim D, Nyska A, Domb A J. Ricinoleic acid-based biopolymers. J. Biomed Mater Res., 1999, 45: 258-267.

[112] Teomim D, Domb A J. Fatty acid terminated polyanhydrides. J. Polym. Sci. Part A: Polym. Chem., 1999, 37: 3337-3344.

[113] Teomim D, Domb A J. Non-linear fatty acid terminated polyanhydrides. Biomacromolecules, 2001, 2: 37-44.

[114] Krasko M Y, Shikanov A, Kuman N, Domb A J. Polyanhydrides with hydrophobic terminals. Polym. Adv. Technol., 2002, 13: 960-968.

[115] Domb A J. Biodegradable polymers derived from amino acids. Biomaterials, 1990, 11: 686-689.

[116] Hartmann M, Schultz V. Synthesis of polyanhydride containing amido groups. Macromol. Chem., 1989, 190: 2133.

[117] Uhrich K E, Gupta A, Thomas T T, Laurencinf C T, Langer R. Synthesis and Characterization of Degradable Poly ( anhydride-co-imides). Macromolecules, 1995, 28: 2184-2193.

[118] Staubli A, Mathiowitz E, Lucarelli M, Langer R. Characterization of Hydrolytically Degradable Amino Acid Containing Poly (anhydride-co-imides). Macromolecules, 1991, 24: 2283-2290.

[119] Staubli A, Mathiowitz E, Langer R. Sequence Distribution and Its Effect on Glass Transition Temperatures of Poly (anhydride-co-imides) Containing Asymmetric Monomers. Macromolecules, 1991, 24: 2291-2298.

[120] Hanes J, Chiba M, Langer R. Synthesis and Characterization of Degradable Anhydride-co-imide Terpolymers Containing Trimellitylimido-L-tyrosine: Novel Polymers for Drug Delivery. Macromolecules, 1996, 29: 5279-5287.

[121] Maniar M, Xie X, Domb A J. Polyanhydrides V. Branched polyanhydrides. Biomaterials, 1990, 11: 690-694.

[122] Anseth K S, Quick D J. Polymerizations of multifunctional anhydride monomers to form highly crosslinked degradable networks. Macromol Rapid Commun, 2001, 22: 564-572.

[123] Burkoth A K, Anseth K S. A review of photocrosslinked polyanhydrides: in situ forming degradable networks. Biomaterials, 2000, 21: 2395-2404.

[124] Muggli D S, Burkoth A K, Keyser S A, Lee H R, Anseth K S. Reaction behavor of biodegradable, photo crosslinkable polyanhydrides. Macromolecules, 1998; 31: 4120-4125.

[125] Muggli D S, Burkoth A K, Anseth K S. Crosslinked polyanhydrides for use in orthopedic applications: degradation behavior and mechanics. J. Biomed Mater Res., 1998; 46: 271-278.

[126] Shastri V P, PaderaR F, Tarcha P, Langer R. A preliminary report on the biocompatibility of photopolymerizable semi-interpenetrating anhydride networks. Biomaterials, 2004, 25: 715-721.

[127] Anseth K S, Svaldi D C, Laurencin C T, Langer R. Photopolymerization of novel degradable networks for orthopedia applications. ACS Symp Ser, 1997, 673: 189-202.

[128] Domb A J, Mathiowitz E, Ron E, Giannos S, Langer R. Polyanhydrides. IV. Unsaturated and crosslinked polyanhydrides. J. Polym. Sci. Part A: Polym. Chem., 1991, 29: 571-579.

[129] Albertsson A C, Eklund M. Short methylene segment crosslinks in degradable aliphatic polyanhydride: network formation, characterization, and degradation. J. Polym. Sci. Polym. Chem., 1996, 34: 1395-1405.

[130] Domb A J. Degradable polymer blends. I. Screening of miscible polymers. J. Poly. Sci. Polym. Chem., 1993, 31: 1973-1981.

[131] Ben-Shabat S, Abuganima E, Raziel A, Domb A J. Biodegradable Polycaprolactone-Polyanhydrides Blends. J. Polym. Sci. Part A: Polym. Chem., 2003, 41: 3781-3787.

[132] Edlund U, Albertsson A C. Copolymerization and Polymer Blending of Trimethylene Carbonate and Adipic Anhydride for Tailored Drug Delivery. J. Appl. Polym. Sci., 1999, 72: 227-239.

[133] Edlund U, Albertsson A C, Singh S K, Fogelberg I, Lundgren B O. Sterilization, storage stability and in vivo biocompatibility of poly (trimethylene carbonate) /poly (adipic anhydride) blends. Biomaterials, 2000, 21: 945-955.

[134] Zhang Z Q, Su X M, He X P, Qu F Q. Synthesis, Characterization, and Degradation of Poly (anhydride-co-amide) s and Their Blends with Polylactide. J. Polym. Sci. Part A: Polym. Chem., 2004, 42: 4311-4317.

[135] Qiu L Y, Zhu K J. Novel blends of poly [bis (glycine ethyl ester) phosphazene] and polyesters or polyanhydrides: compatibility and degradation characteristics in vitro. Polym. Int., 2000, 49: 1283-1288.

[136] Domb A J, Langer R. Solid-state and Solution Stability of Poly (anhydrides) and Poly (esters). Macromolecules, 1989, 22: 2117-2122.

[137] Chan C K, Chu I M. Stability and Depolymerization of Poly (sebacic anhydride) Under High Moisture Environment. J. Appl. Polym. Sci., 2003, 89: 1423-1429.

[138] Mader K, Domb A J, Swartz H M. Gamma-stabilization-induced radicals in biodegradable drug delivery systems. Appl. Radiat. Isot., 1996, 47: 1669-1674.

[139] Li L C, Deng J. Dennis Stephens. Polyanhydride implant for antibiotic delivery——from the bench to the clinic. Advanced Drug Delivery Reviews, 2002, 54: 963-986.

[140] Gopferich A, Tessmar J. Polyanhydride degradation and erosion. Advanced Drug Delivery Reviews, 2002, 54: 911-931.

[141] Katti D S, Lakshmi S, Langer R, Laurencin C T. Toxicity, biodegradation and elimination of polyanhydrides. Advanced Drug Delivery Reviews, 2002, 54: 933-961.

[142] Akbari H, D'Emanuele A, Attwood D. Effect of geometry on the erosion characteristics of polyanhydride matrices. International Journal of Pharmaceutics, 1998, 160: 83-89.

[143] Göepferich A, Langer R. Modeling of polymer erosion. Macromolecules, 1993, 26: 4105-4112.

[144] Göepferich A. Polymer bulk erosion. Macromolecules, 1997, 30: 2598-2604.

[145] Burkersroda F, Schedl L, Göpferich A. Why degradable polymers undergo surface erosion or bulk erosion. Biomaterials, 2002, 23: 4221-4231.

[146] Jain J P, Modi S, Domb A J, Kumar N. Role of polyanhydrides as localized drug carriers. Journal of Controlled Release, 2005, 103: 541-563.

[147] Roger De Jaeger, Mario Gleria. Poly (organphosphazene) s and related compounds: synthesis, properties and applications. Prog. Polym. Sci., 1998, 23: 179-276.

[148] Mario Gleria, Roger De Jaeger. Aspects of Phosphazene Research, Journal of Inorganic and Organometallic Polymers, 2001, 11: 1-45.

[149] Harry R Allcock. Recent developments in polyphosphazene materials science. Current Opinion in Solid State and Materials Science, 2006, 10: 231-240.

[150] Allcock H R. Chemistry and application of polyphosphazenes. Published by John Wiley & Sons, Inc., Hoboken, New Jersey, 2003.

[151] Laurencin C T, Koh H J, Neenan T X, Allcock H R, Langer R. Controlled release using a new bioerodible polyphohphazene matrix system. J. Biomed. Mater. Res., 1987, 21: 1231-1246.

[152] Allcock H R, Pucher S R, Scepelianos A G. Poly [ (amino acid ester) phosphazenes] as substrates for the controlled release of small molecules. Biomaterials, 1994, 15: 563-569.

[153] Conforti A, Bertani S, Lussignoli S, Terzi M, Grigolini L, Lora S, Calceti P, Marsilio F, Veronese F M. Anti-inflammatory activity of polyphosphazene slow release systerms of naproxen. J. Pharm. Pharmacol., 1996, 48: 468-473.

[154] Veronese F M, Marsilio F, Caliceti P, Filippis P De, Giunchedi P, Lora S. Polyorganophosphazene microspheres for drug release: polymer synthesis, microsphere preparation, in vitro and in vivo naproxen release. J. Control. Release, 1998, 52: 227-237.

[155] Ibim S M, EI-Amin S F, Goad M E P, Ambrosio A M A, Allcock H R, Laurencin C T. In vitro release of colchicines using polyphosphazenes: the development of delivery systems fro musculoskeletal use. Pharm. Dev. Techn-

ol., 1998, 3: 55-62.

[156] Veronese F M, Marsilio F, Lora S, Caliceti P, Passi P, Orsolini P. Polyphosphazene membranes and microspheres in periodontal diseases and implant surgery. Biomaterials, 1999, 20: 91-98.

[157] Schacht E H, Vandorpe J, Lemmouchi Y, Dejardin S, Seymour L. Degradable polyphosphazenes for biomedical applications, in: RM Ottenbrite (Ed.). Frontiers in Biomedical Polymer Applications, Vol. 1, Technomic, Lancaster, 1998, 27-42.

[158] Alexander K Andrianov, Lendon G Payne. Protein release from polyphosphazene matrices. Advanced Drug Delivery Reviews, 1998, 31: 185-196.

[159] Ibim S M, Ambrosio A A, Larrier D, Allcock H R, Laurencin C T. Controlled macromolecule release from poly (phosphazene) matrices. J. Control. Release, 1996, 40: 31-3.

[160] Paolo Caliceti, Francesco M Veronese, Silvano Lora. Polyphosphazene microspheres for insulin delivery. International Journal of Pharmaceutics, 2000, 211: 57-65.

[161] Francesco Langone, Silvano Lora, Francesco M Veronese, Paolo Caliceti, Pier Paolo Parnigotto, Fabio Valenti, Giancarlo Palma. Biomaterials, 1993, 16: 347-353.

[162] Laurencin C T, Norman M E, Elgendy H M, El-Amin S F, Allcock H R, Pucher S R, Ambrosio A A. J. Biomed Mater Res., 1993, 27: 963-973.

[163] Nair L S, Bhattcharyya S, Bender J D, Greish Y E, Brown P W, Allcock H R, Laurencin C T. Biomacromolecules, 2004, 5: 2212-2220.

[164] Conconi M T, Lora S, Baiguera S, Boscolo E, Folin M, Scienza R, Rebufatt P, Parnigotto P P, Nussdorfer G G. J. Biomed Mater Res., 2004, 71: 669-674.

[165] Chang Y, Lee S C, Kim K T, Kim C, Reeves S D, Allcock H R,. Macromolecules, 2001, 34: 269-274.

[166] Cato T Laurencin, Harry R Allcock, Nicholas R Krogman, Lee Steely, Mark D Hindenlang, Lakshmi S Nair. Synthesis and Characterization of Polyphosphazene-block-polyester and Polyphosphazene-block-polycarbonate Macromolecules. Macromolecules, 2008, 41, 1126-1130.

[167] Youngkyu Chang, Eric S Powell, Harry R Allcock. Environmentally Responsive Micelles from Polystyrene-Poly [bis (potassium carboxylatophenoxy) phosphazene] Block Copolymers. J. Polym. Sci. Part A: Polym. Chem., 2005, 43: 2912-2920.

[168] Youngkyu Chang, Robbyn Prange, Harry R Allcock, Sang Cheon Lee, Chulhee Kim. Amphiphilic Poly [bis (trifluoroethoxy) phosphazene] - Poly (ethylene oxide) Block Copolymers: Synthesis and Micellar Characteristics. Macromolecules, 2002, 35, 8556-8559.

[169] Harry R Allcock. Cross-Linking Reactions for the Conversion of Polyphosphazenes into Useful Materials. Chem. Mater., 1994, 6, 1476-1491.

[170] 李振，秦金贵. 聚磷腈高分子. 功能高分子学报, 2000, 13 (2): 240-246.

[171] Lund L G, Paddock N L, Proctor J E, Searle H T. Phosphonitrilic derivatives. Part I. The preparation of cyclic and linear phosphonitrilic chlorides, J. Chem. Soc., 1960, 2542-2547; Emsley J, Udy P B. Factors influencing the preparation of the cyclic phosphonitrilic chlorides. J. Chem. Soc. (A), 1971, 768-772.

[172] Honeyman C H, Lough A J, Ian Manners. Synthesis and structures of the halogenated tungsten (VI) phosphoraniminate complexes $WCl_5(N=PCl_3)$ and $WCl_4(N=PCl_2Ph)_2$ and weakly coordinated ion pair $[WCl_4(N=PCl_3)]$ $[GaCl_4]$. Inorg Chem, 1994. 33: 2988-2993.

[173] Allcock H R, Crane C A, Morrissey C T, Nelson J M, Reeves S D, Honeyman C H, Manners I. Macromolecules, 1996, 29, 7740-7747.

[174] Harry R Allcock, Chester A Crane, Christopher T Morrissey, Michael A Olshavsky. A New Route to the Phosphazene Polymerization Precursors, $Cl_3PdNSiMe_3$ and $(NPCl_2)_3$. Inorg. Chem., 1999, 38, 280-283.

[175] Bin Wang. Development of a One-Pot in Situ Synthesis of Poly (dichlorophosphazene) from $PCl_3$. Macromolecules, 2005, 38, 643-645.

[176] Allcock H R, James M Nelson, Scott D Reeves, Honeyman C H, Ian Manners. Ambient-temperature direct synthesis of poly (organophosphazenes) via the "living" cationic polymerization of organo-substituted phosphoranimines. Macromolecules, 1997, 30: 50-56.

[177] Allcock H R, Gardner J E, Smeltz K M. Polymerization of hexachlorocyclotriphosphazene. The role of phosphorus pentachloride, water and hydrogen chloride. Macromolecules, 1975, 8: 36-42.

[178] Liu H Q, Stannett V T. Radiation polymerization of hexachlorocyclotriphosphazene. Macromolecules, 1990, 23: 140-144.

[179] Gleria M, Audisio G, Daolio S, Traldi P, Vecchi E. Mass spectrometric studies on cyclo- and polyphosphazenes. 1. Polymerization of hexachlorocyclophosphazene. Macromolecules, 1984, 17: 1230-1233.

[180] James A Klein, Alexis T Bell, David S Song, Plasma-initiated polymerization of hexachlorocyclotriphosphazene. Macromolecules, 1987, 20: 782-789.

[181] Allcock H R, Kugel R L, Valan K J. Phosphobictrilic compounds. Ⅵ. High molecular weight polyalkoxy- and aryloxyphosphazenes. Inorganic Chemistry, 1966, 5: 1709-1715.

[182] Eswaran Devadoss, Chethrappilly P Reghunadhan Nair. Poly (organophosphazenes). Some aspects of synthesis, catalysis and characterization, Makromol. Chem., 1982, 183: 2645-2656.

[183] Ganapathiappan S, Dhathathreyan K S, Krishnamurthy S S. New initiators for the ring-opening thermal polymerization of hexachlorocyclotriphosphazenes: synthesis of linear poly (dichlorophosphazene) in high yields. Macromoleculres, 1987, 20: 1501-1505.

[184] Mujumdar A N, Young S G, Merker R L, Magill J H. Solution polymerization of selected polyphosphazenes. Makromole Chem Phys, 1989, 190: 2293-2302.

[185] Mujumdar A N, Young S G, Merker R L, Magill J H. A study of solution polymerization of polyphosphazenes. Macromolecules, 1990, 23: 14-21.

[186] Honeyman C H, Ian Manners. Ambient temperature synthesis of poly (dichlorophosphazene) with molecular weight control. J. Am. Chem. Soc., 1995, 117: 7035-7036.

[187] Allcock H R, Crane C A, Morrissey C T, Nelson J M, Reeves S D. "Living" cationic polymerization of phosphoranimines as an ambient temperature route to polyphosphazenes with controlled molecular weights. Macromolecules, 1996, 29: 7740-7747.

[188] Allcock H R, Reeves S D, De Denus C R, Crane C A. Influence of reaction parameters on the living cationic polymerization of phosphoranimines to polyphosphazenes. Macromolecules, 2001, 34: 748-754.

[189] D'Halluin G, De Jarger R, Chambrette J P, Potin Ph. Synthesis of poly (dichlorophosphazenes) from $Cl_3P=NP(O)Cl_2$. 1. Kinetics and reaction mechanism. Macromolecules, 1992, 25: 1254-1258.

[190] Matyjaszewski K, Cypryk M, Dautch J, et al. New synthetic routes towards polyphosphazenes. Makromol Chem. Makromol Symp., 1992, 54/55: 13-30.

[191] Allcock H R, Kugel R L, Valan K J, Phosphobictrilic compounds. Ⅵ High molecular weight polyalkoxy- and aryloxyphosphazenes. Inorganic Chemistry, 1966, 5: 1709-1715.

[192] Alexander K Andrianov, Jianping Chen, Mark P LeGolvan. Poly (dichlorophosphazene) As a Precursor for Biologically Active Polyphosphazenes: Synthesis, Characterization, and Stabilization. Macromolecules, 2004, 37, 414-420.

[193] De Jaeger R, Lecacheux D, Potin Ph. High performance size exclusion chromatography of poly (organo) phosphazenes. Journal of Applied Polymer Science, 1990, 39: 1793-1802.

[194] Allcock H R, Kugel R L. Phosphobictrilic compounds. Ⅶ. High molecular weight poly (diaminophosphazenes). Inorganic Chemistry, 1966, 5: 1716-1718.

[195] Allcock H R, Fuller T J, Mack D P, Matsumura K, Smeltz K M. Synthesis of poly [ (amino acid alkyl ester) phosphazenes]. Macromolecules, 1977, 10: 824-830.

[196] Allcock H R, Pucher S R, Scopelianos A G, Poly [ (amino acid ester) phosphazenes]: synthesis, crystallinity and hydrolytic sensitivity in solution and the solid state. Macromolecules, 1994, 27: 1071-1075.

[197] Crommen J H L, Schacht E H, Mense E H G. Biodegradable polymers. Ⅱ. Degradation characteristics of hdrlysissensitive poly [ (organo) phosphazenes]. Biomaterials, 1992, 13: 601-611.

[198] Qui L Y, Zhu K J. Novel biodegradable polyphosphazenes containinig glycine ethyl ester and benzyl ester of amino acethydroxamic acid as co substituents: synthesis, characterization and degradation properties. J. Appl. Polym. Sci., 2000, 77: 2987-2995.

[199] Allcock H R, Kugel R L. Phosphobictrilic compounds. Ⅶ. High molecular weight poly (diaminophosphazenes). Inorganic Chemistry, 1966, 5: 1716-1718.

[200] Allcock H R, Fuller T J, Mack D P, Matsumura K, Karen M Smeltz. Synthesis of poly [(amino acid alkyl ester) phosphazenes]. Macromolecules, 1977, 10: 824-830.

[201] Jan H L Crommen, Etienne H Schacht, Erik H G Mense. Biodegradable polymers I. Synthesis of hydrolysis-sensitive poly [(organo) phosphazenes]. Biomaterials, 1992, 13: 511-520.

[202] Francesco M Veronesea, Franco Marsilio, Silvano Lora, Paolo Caliceti, Piero Passi, Piero Orsolini. Polyphosphazene membranes and microspheres in periodontal diseases and implant surgery. Biomaterials, 1999, 20: 91-98.

[203] Paolo Carampin, Maria Teresa Conconi, Silvano Lora, Anna Michela Menti, Silvia Baiguera, Silvia Bellini, Claudio Grandi, Pier Paolo Parnigotto. Electrospun polyphosphazene nano. bers for in vitro rat endothelial cells proliferation. J. Biomed Mater Res., 2007, 80A: 661-668.

[204] Allcock H R, Kwon S. Glyceryl polyphosphazenes: synthesis, properties and hydrolysis. Macromolecules, 1988, 21: 1980-1985.

[205] Allcock H R, Pucher S R. Polyphosphazenes with glycosyl and methyl amino, trifluroethoxy, phenoxy or (methoxyethoxy) ethoxy side groups. Macromolecules, 1991, 24: 23-34.

[206] Allcock H R, Pucher S R, Scopelianos A G. Synthesis of poly (organophosphazenes) with glycolic acid ester and lactic acid ester side groups: prototypes for new bioerodible polymers. Macromolecules, 1994, 27: 1-4.

[207] Allcock H R, Kugel R L, Valan K J. Phosphonitrilic compounds. VI. High molecular weight poly (alkoxy- and aryloxyphosphazenes). Inorganic Chemistry, 1966, 5: 1709-1715.

[208] Allcock H R, Pucher S R, Turner M L, Fitzpatrick R J. Poly (organophosphazenes) with poly (alkyl ether) side groups: a study of their water solubility and the swelling characteristics of their hydrogels. Macromolecules, 1992, 25: 5573-5577.

[209] Allcock H R, Austin P E, Neenan T X, Sisko J T, Blonsky P M, Shriver D F. Polyphosphazenes with etheric side groups: prospective biomedical and solid electrolyte polymers. Macromolecules, 1986, 19: 1508-1512.

[210] Song S C, Lee S B, Jin J I, Sohn Y S. A new class of biodegradable thermosensitive polymers. I. synthesis and characterization of poly (organophosphazenes) with methoxy-poly (ethylene glycol) and amino acid esters as side groups. Macromolecules, 1999, 32: 2188-2193.

[211] Mason K Harrup, Frederick F Stewart. Improved Method for the Isolation and Purification of Water-Soluble Polyphosphazenes. Journal of Applied Polymer Science, 2000, 78: 1092-1099.

[212] Allcock H R, Pucher S R, Scopelianos A G. Synthesis of poly (organophosphazenes) with glycolic acid ester and lactic acid ester side groups: prototypes for new bioerodible polymers. Macromolecules, 1994, 27: 1-4.

[213] Allcock H R, Kim Y B. Synthesis, Characterization, and Modification of Poly (organophosphazenes) with Both 2, 2, 2-Trifluoroethoxy and Phenoxy Side Groups. Macromolecules, 1994, 27: 3933-3942.

[214] Zhang Teng, Cai Qing, Wu Zhan-peng, Li Cheng-qiang, Jin Ri-guang. Nucleophilic Cosubstitution of Poly (dichlorophosphazene) with Alkyl Ester and Amino acid ester. J. Polym. Sci. Polym. Chem. Ed., 2005, 43 (11): 2417-2425.

[215] Harry R Allcock, Andrew E Maher, Catherine M Ambler. Side Group Exchange in Poly (organophosphazenes) with Fluoroalkoxy Substituents. Macromolecules, 2003, 36: 5566-5572.

[216] Harry R Allcock, Sukky Kwon. Glyceryl Polyphosphazenes: Synthesis, Properties, and Hydrolysis. Macromolecules, 1988, 21: 1980-1985.

[217] Harry R Allcock, Shawn R Pucher. Polyphosphazenes with Glucosyl and Methylamino, Trifluoroethoxy, Phenoxy, or (Methoxyethoxy) ethoxy Side Groups. Macromolecules, 1991, 24: 23-34.

[218] Weizhong Yuan, Qing Song, Lu Zhu, Xiaobin Huang, Sixun Zheng, Xiaozhen Tang. Asymmetric penta-armed poly (ε-caprolactone)s with short-chain phosphazene core: synthesis, characterization, and in vitro degradation. Polym. Int., 2005, 54: 1262-1267.

[219] Alessandro Medici, Giancarlo J Fantin, Paola Pedrini, Mario Gleria, Francesco Mintot. Functionalization of Phosphazenes. 1. Synthesis of Phosphazene Materials Containing Hydroxyl Groups. Macromolecules, 1992, 25 (10): 2569-2574.

[220] Delprato C, De Jaeger R, Houalla D, Potin Ph. Functionalization of Poly [(alkoxy) phosphazenes]: Synthesis and Characterization of Poly (phosphazenes) Containing Hydroxyl Groups. Macromolecules, 1995, 28, 2500-2505.

[221] Allcock H R, Hymer W C, Austin P E. Macromolecules, 1983, 16: 1401-1406; Allcock H R, Neenan T X, Kossa W C. Macromolecules, 1982, 15: 693-696.

[222] Suk-Ky Kwon. Synthesis of Water-Soluble Methoxyethoxy-Aminoarlyoxy Cosubstituted Polyphosphazenes as Carri-

er Molecules for Bioactive Agents. Bull. Korean Chem. Soc., 2000, 21 (10): 969-972.

[223] Harry R Allcock, Ji Young Chang. Poly (organophosphazenes) with Oligopeptides as Side Groups: Prospective Biomaterials. Macromolecules, 1991, 24: 993-999.

[224] Harry R Allcock, Shawn R Pucher, Michael L Turner, Richard J Fitzpatrick. Poly (organophosphazenes) with Poly (alkyl ether) Side Groups: A Study of Their Water Solubility and the Swelling Characteristics of Their Hydrogels. Macromolecules, 1992, 25, 5513-5517.

[225] Harry R Allcock, Archel M A Ambrosio. Synthesis and characterization of pH-sensitive poly (organophosphazene) hydrogels. Biomaterials, 1996, 17: 2295-2302.

[226] Harry R Allcock, Christopher T Morrissey, Wayne K Way, Nicholas Winograd. Controlled Formation of Carboxylic Acid Groups at Polyphosphazene Surfaces: Oxidative and Hydrolytic Routes. Chem. Mater., 1996, 8: 2730-2738.

[227] Robert W. Allen, John P O'Brien, Harry R Allcock. Phosphorus-nitrogen compounds. 31. Crystal and molecular structure of a platinum-cyclophosphazene complex: cis-dichloro [octa (methylamino) cyclotetraphosphazene-$N$, $N''$] platinum (Ⅱ). J. Am. Chem. Soc., 1977, 99 (12): 3987-3991.

[228] QIU L Y, ZHU K J. Novel Biodegradable Polyphosphazenes Containing Glycine Ethyl Ester and Benzyl Ester of Amino Acethydroxamic Acid as Cosubstituents: Syntheses, Characterization, and Degradation Properties. Journal of Applied Polymer Science, 2000, 77: 2987-2995.

[229] 邱利焱, 朱康杰. pH 响应性可降解聚膦腈的合成与表征. 高分子学报, 2003, (3): 387-391.

[230] Allcock H R Thomas X. Neeman. Walter C Kossa. Coupling of cyclic and high-polymeric [(aminoaryl) oxy] phosphazenes to carboxylic acids: prototypes for bioactive polymers. Macromolecules, 1982, 15: 693.

[231] Allcock H R. Austin P E, Rakowsky T F. Diazo coupling reactions with poly (organophosphazenes). Macromolecules, 1981, 14: 1622.

[232] Allcock H R, Hymer W C, Austin P E. Diazo coupling of catecholamines with poly (organophosphazenes). Macromolecules, 1983, 16 (9): 1401.

[233] Soo-Chang Song, Youn Soo Sohn. Synthesis and hydrolytic properties of polyphosphazene/(diamine) platinum/ saccharide conjugates, Journal of Controlled Release. 1998, 55: 161-170.

[234] 邓林, 蔡晴, 金日光. 聚磷腈改性及其生物医用. 化学通报, 2007, (4): 264-269.

[235] Francesco Minto, Mario Gleria, Alessandro Pegoretti, et al. Blending, Grafting, and Cross-Linking Processes between Poly (ethylene oxide) and a (4-Benzoylphenoxy) ~0.5 (Methoxyethoxyethoxy) ~0.5Phospha- zene Copolymer. Macromolecules, 2000, 33: 1173-1180.

[236] Sobrasua E M Ibim, Harry R Allcock, Cato T Laurencin, et al. Novel polyphosphazene/poly (lactide-co-glycolide) blends: miscibility and degradation studies. Biomaterials, 1997, 18: 1565-1569.

[237] Archel M A Ambrosioa, Harry R Allcock, Cato T Laurencin, et al. Degradable polyphosphazene/poly (α-hydroxyester) blends: degradation studies. Biomaterials, 2002, 23: 1667-1672.

[238] 邱利焱. 聚膦腈共混膜在动物体内的降解和组织相容性. 生物医学工程学杂志, 2002, 19 (2): 191-195.

[239] 邱利焱. 聚 [（双-甘氨酸乙酯）膦腈] /聚酯共混相容性研究, 高等学校化学学报, 2002, 23: 314-317.

[240] 邱利焱. 聚膦腈/聚酯膜的药物释放性能研究. 科技通报, 2002, 18 (2): 164-168.

[241] Kazuhiro Miyata, Yousuke Watanabe, Kenzo Inoue, et al. Synthesis of Heteroarm Star-Shaped Block Copolymers with Cyclotriphosphazene Core and Their Compatibilizing Effects on PPO/Nylon 6 Blends. Macromolecules, 1996, 29: 3694-3700.

[242] Ji Young Chang, Suh Bong Rhee, Seonkyeong Cheong, et al. Preparation of Star-Branched Polymers with Cyclotriphosphazene Cores. Macromolecules, 1994, 27: 1376-1380.

[243] Yanjun Cui, Xiaozhen Tang, Xiaobin Huang, et al. Synthesis of the Star-Shaped Copolymer of ε-Caprolactone and L-Lactide from a Cyclotriphosphazene Core. Biomacromolecules, 2003, 4: 1491-1494.

[244] Weizhong Yuan, Lu Zhu, Xiaozhen Tang, et al. Synthesis, characterization and degradation of hexa-armed star-shaped poly (L-lactide)s and poly (D, L-lactide)s initiated with hydroxyl-terminated cyclotriphosphazene. Polym. Degrad. Stab., 2005, 87: 503-509.

[245] Weizhong Yuan, Xiaozhen Tang, Xiaobin Huang, et al. Synthesis, characterization and thermal properties of hexaarmed star-shaped poly (ε-caprolactone)-b-poly (D, L-lactide-co-glycolide) initiated with hydroxyl-terminated cyclotriphosphazene. Polymer, 2005, 46: 1701-1707.

[246] Weizhong Yuan, Qing Song, Xiaozhen Tang, et al. Asymmetric penta-armed poly (ε-caprolactone)s with short-

chain phosphazene core: synthesis, characterization, and in vitro degradation. Polym. Int., 2005, 54: 1262-1267.

[247] Allcock H R, Reeves S D, Nelson J M, et al. Polyphosphazene Block Copolymers via the Controlled Cationic, Ambient Temperature Polymerization of Phosphoranimines. Macromolecules, 1997, 30: 2213-2215.

[248] Allcock H R, Powell E S, Chulhee Kim, et al. Synthesis and Micellar Behavior of Amphiphilic Polystyrene-Poly [bis (methoxyethoxyethoxy) phosphazene] Block Copolymers. Macromolecules, 2004, 37: 7163-7167.

[249] Robbyn Prange, Allcock H R. Telechelic Syntheses of the First Phosphazene Siloxane Block Copolymers. Macromolecules, 1999, 32: 6390-6392.

[250] Nelson J M, Primrose A P, Allcock H R, et al. Synthesis of the First Organic Polymer/Polyphosphazene Block Copolymers: Ambient Temperature Synthesis of Triblock Poly (Phosphazene-ethylene oxide) Copolymers. Macromolecules, 1998, 31: 947-949.

[251] Youngkyu Chang, Harry R Allcock, Chulhee Kim, et al. Amphiphilic Poly [bis (trifluoroethoxy) phosphazene]- Poly (ethylene oxide) Block Copolymers: Synthesis and Micellar Characteristics. Macromolecules, 2002, 35: 8556-8559.

[252] Youngkyu Chang, Eric S Powell, Harry R Allcock. Thermosensitive Behavior of Poly (ethylene oxide)-Poly [bis (methoxyethoxyethoxy)- phosphazene] Block Copolymers. Macromolecules, 2003, 36: 2568-2570.

[253] Mario Gleria, Albert Bolognesi, William Porzio, et al. Grafting reactions onto poly (organophosphazenes). I. The case of Poly[bis(4-isopropylphenoxy) Phosphazene-g-Polystyrene Copolymers. Macromolecules, 1987, 20: 469-473.

[254] M Carenza, G Palma, P Caliceti, et al. Radiat. Phys. Chem., 1996, 48, (2): 231-236.

[255] Patty Wisian-Neilson, Schaefer M A. Synthesis and characterization of poly (methylphenylphosphazene)-graft-polystyrene copolymers. Macromolecules, 1989, 22: 2003-2007.

[256] Patty Wisian-Neilson, Islam M S. Poly (methylphenylphosphazene)-graft-poly (dimethylsiloxane). Macromolecules, 1989, 22: 2026-2028.

[257] Srinagesh P Kumar, Patty Wisian-Neilson. Poly (methylphonylphosphazene)-graft-poly (ester) copolymers. Polym. Prepr., 2003, 44 (1): 924.

[258] Ji Young Chang, Phil Jeung Park, Man Jung Han. Synthesis of Poly (4-methylphenoxyphosphazene)-graft-poly (2-methyl-2-oxazoline) Copolymers and Their Micelle Formation in Water. Macromolecules, 2000, 33: 321-325.

[259] 邓林, 蔡晴, 刘文博, 金日光. 聚膦腈-g-聚己内酯共聚物的合成与表征. 高分子学报, 2008, (1): 88-92.

[260] 蔡晴, 张腾, 金日光. 聚磷腈接枝聚酯共聚物的合成及表征. 高分子学报, 2005, (2): 236-239.

[261] Harry R Allcock, Ji Young Chang. Poly (organophosphazenes) with oligopeptides as side groups: prospective biomaterials. Macromolecules, 1991, 24: 993-999.

[262] Jian Xiang Zhang, Li Yan Qiu, Kang Jie Zhu, et al. Multimorphological Self-Assemblies of Amphiphilic Graft Polyphosphazenes with Oligopoly (N-isopropylacrylamide) and Ethyl 4-Aminobenzoate as Side Groups. Macromolecules, 2006, 39: 451-455.

[263] Harry R Allcock, Karyn B Visscher, Ian Manners. Polyphosphazene-Organic Polymer Interpenetrating Polymer Networks. Chem. Mater., 1992, 4: 1188-1192.

[264] Lakshmi S, Katti D S, Laurencin C T. Biodegradable polyphosphazenes for drug delivery applications. Advanced Drug Delivery Reviews, 2003, 55: 467-482.

[265] Laurencin C T, Moris C D, Jacques H P, Schwartz E R, Keaton A R, Zou L. Osteoblast culture on bioerodible polymers: studies of initial cell adhesion and spread. Polym. Adv. Tech., 1992, 3: 359-364.

[266] Allcock H R, Fuller T J, Matsumura K. Hydrolysis pathways for aminophosphazenes. Inorg. Chem., 1982, 21: 515-521.

[267] Allcock H R, Pucher S R, Scopelianos A G. Poly[ (amino acid ester) phosphazenes]: synthesis, crystallinity and hydrolytic sensitivity in solution and the solid state. Macromolecules, 1994, 27: 1071-1075.

[268] Allcock H R, Pucher S R, Scepelianos A G. Poly[ (amino acid ester) phosphazenes] as substrates for the controlled release of small molecules. Biomaterials, 1994, 15: 563-569.

[269] Allcock H R, Kwon S. Glyceryl polyphosphazenes: synthesis, properties and hydrolysis. Macromolecules, 1988, 21: 1980-1985.

[270] Allcock H R, Pucher S R. Polyphosphazeneswith glycosyl and methyl amino. trifluoroethoxy, phenoxy or (methoxyethoxy) ethoxy side groups. Macromolecules, 1991, 24: 23-34.

[271] Allcock H R, Pucher S R, Scopelianos A G. Synthesis of poly (organophosphazenes) with glycolic acid ester and lactic acid ester side group: prototypes for new bioerodible polymers. Macromolecules, 1994, 27: 1-4.

[272] Rypáček F. Structure-to-function relationships in the biodegradation of poly (amino acid) s. Polymer Degradation and Stability, 1998, 59: 345-361.

[273] Deming T J. Synthetic polypeptides for biomedical applications. Prog. Polym. Sci., 2007, 32: 858-875.

[274] Kemnitzer J, Kohn J. Degradable polymers derived from the amino acid L-tyrosine. in: Domb A J, Kost J, Wiseman D M, et al. Drug Targeting and Delivery. Handbook of Biodegradable Polymers. Vol. 7. Harwood Academic, Amsterdam, 1997, 251-272.

[275] Kohn J, Langer R. A new approach to the development of bioerodible polymers for controlled release applications employing naturally occurring amino acids. in: Polymeric Materials, Science and Engineering. Vol. 51. American Chemical Society. Washington, D C, 1984, 119-121.

[276] 黄惟德,陈常庆. 多肽合成. 北京:科学出版社, 1985.

[277] Martino M, Perri T, Tamburro A M. Elastin-Based Biopolymers: Chemical Synthesis and Structural Characterization of Linear and Cross-Linked Poly (OrnGlyGlyOrnGly). Biomacromolecules, 2002, 3: 297-304.

[278] Hirschmann R, Schwam H, Strachan R G, Schoenewaldt E F, Barkemeyer H, Miller S M, Conn J B, Garsky V, Veber D F, Denkewalter R G. The Controlled Synthesis of Peptides in Aqueous Medium. VIII. The Preparation and Use of Novel-Amino Acid N-Carbox y anhydrides. J. Am. Chem. Soc., 1971, 93: 2746-2754.

[279] Collet H, Bied C, Mion L, Taillades J, Commeyras A. A New Simple and Quantitative Synthesis of Aminoacid-N-Carboxyanhydrides (oxazolidines-2,5-dione). Tetrahedron Letters, 1996, 37: 9043-9046.

[280] Kuran W. Coordination polymerization of heterocyclic and heterounsaturated monomers. Prog. Polym. Sci., 1998, 23: 919-992.

[281] Deming T J. Facile synthesis of block copolypeptides of defined architecture. Nature, 1997, 390: 386-389.

[282] Goodwin A A, Bu X H, Deming T J. Reactions of amino acid-N-carboxyanhydrides (NCAs) with organometallic palladium (0) and platinum (0) compounds: structure of a metallated NCA product and its role in polypeptide synthesis. J. Organometallic Chemistry, 1999, 589: 111-114.

[283] Deming T J. Amino Acid Derived Nickelacycles: Intermediates in Nickel-Mediated Polypeptide Synthesis. J. Am. Chem. Soc., 1998, 120: 4240-4241.

[284] Deming T J. Methodologies for preparation of synthetic block copolypeptides: materials with future promise in drug delivery. Advanced Drug Delivery Reviews, 2002, 54: 1145-1155.

[285] Deming T J. Cobalt and Iron Initiators for the Controlled Polymerization of Amino Acid-N-Carboxyanhydrides. Macromolecules, 1999, 32: 4500-4502.

[286] Deming T J. Living polymerization of amino acid-N-carboxyanhydrides. J. Polym. Sci. Polym. Chem. Ed, 2000, 38: 3011-3018.

[287] Pratten M K, Lloyd B, Hörpel G, Ringsdorf H. Micelleforming block copolymers: pinocytosis by macrophages and interaction with model membranes. Makromol Chem., 1985, 186: 725-733.

[288] Kopecek J. Smart and genetically engineered biomaterials and drug delivery systems. European Journal of Pharmaceutical Sciences, 2003, 20: 1-16.

[289] Doel M T, Eaton M, Cook E A, Lewis H, Patel T, Carrey N H. The expression in E. coli of synthetic repeating polymeric genes coding for poly (L-aspartyl-L-phenylalanine). Nucleic Acids Res., 1980, 8: 4575-4592.

[290] Meyer D E, Chilkoti A. Genetically Encoded Synthesis of Protein-Based Polymers with Precisely Specified Molecular Weight and Sequence by Recursive Directional Ligation: Examples from the Elastin-like Polypeptide System. Biomacromolecules, 2002, 3: 357-367.

[291] Halstenberg S, Panitch A, Rizzi S, Hall H, Hubbell J A. Biologically Engineered Protein-*graft*-Poly (ethylene glycol) Hydrogels: A Cell Adhesive and Plasmin-Degradable Biosynthetic Material for Tissue Repair. Biomacromolecules, 2002, 3: 710-723.

[292] Noren C J, Anthony-Cahill S J, Griffith M C, Schultz P G. A general method for site-specific incorporation of unnatural amino acids into proteins. Science, 1989, 244: 182-188.

[293] Kiick K L, van Hest J C M, Tirrell D A. Expanding the scope of protein biosynthesis by altering the methionyl-tRNA synthetase activity of a bacterial expression host. Angew Chem. Int. Ed., 2000, 39: 2148-2152.

[294] Tang Y, Tirrell D A. Attenuation of editing activity of Escherichta coli leucyl-tRNA synthestase allow incorporation

of novel amino acids into proteins in vivo. Biochemistry, 2002, 41: 10635-10645.

[295] Tang Y, Ghirlanda G, Petka W A, Nakajima T, DeGrado W F, Tirrell D A. Fluorinated coiled-coil proteins in vivo display enhanced thermal and chemical stability. Angew Chem. Int. Ed., 2001, 40: 1494-1496.

[296] Betre H, Setton L A, Meyer D E, Chilkoti A. Characterization of a Genetically Engineered Elastin-like Polypeptide for Cartilaginous Tissue Repair. Biomacromolecules, 2002, 3: 910-916.

[297] Meyer D E, Shin B C, Kong G A, Dewhirst M W, Chilkoti A. Drug targeting using thermally responsive polymers and local hyperthermia. Journal of Controlled Release, 2001, 74: 213-224.

[298] Ashutosh Chilkoti, Matthew R Dreher, Dan E Meyer, Drazen Raucher. Targeted drug delivery by thermally responsive polymers. Advanced Drug Delivery Reviews, 2002, 54: 613-630.

[299] Goeden-Wood N L, Conticello V P, Muller S J, Keasling J D. Improved Assembly of Multimeric Genes for the Biosynthetic Production of Protein Polymers. Biomacromolecules, 2002, 3: 874-879.

[300] Won J I, Barron A E. A New Cloning Method for the Preparation of Long Repetitive Polypeptides without a Sequence Requirement. Macromolecules, 2002, 35: 8281-8287.

[301] McKiernan M, Huck J, Fehrentz J A, Roumestant M L, Viallefont Pe, Martinez J. Urethane $N$-Carboxyanhydrides from Amino Acids. J. Org. Chem., 2001, 66: 6541-6544.

[302] Fuller W D, Cohen M P, Shabankerah M, Blair R K, Goodman M, Naider F R. Urethane protected amino acid $N$-carboxyanhydrides and their use in peptide synthesis. J. Am. Chem. Soc., 1990, 112: 7414-7416.

[303] Šaurda J, Chertanova L, Wakselman M. Activation of $N,N$-bis(alkoxycarbonyl) amino acids. Synthesis of $N$-alkoxycarbonyl amino acid $N$-carboxyanhydrides and $N,N$-dialkoxycarbonyl amino acid fluorides, and the behavior of these amino acid derivatives. Tetrahedron, 1994, 50: 5309-5322.

[304] Cheng J J, Ziller J W, Deming T J. Synthesis of Optically Active Amino Acid $N$-Carboxyanhydrides. Org. Lett., 2000, 2: 1943-1946.

[305] Lynn D M, Langer R. Degradable Poly (-amino esters): Synthesis, Characterization, and Self-Assembly with Plasmid DNA. J. Am. Chem. Soc., 2000, 122: 10761-10768.

[306] Kim T, Seo H J, Choi J S, Yoon J K, Baek J, Kim K, Park J S. Synthesis of Biodegradable Cross-Linked Poly (amino ester) for Gene Delivery and Its Modification, Inducing Enhanced Transfection Efficiency and Stepwise Degradation. Bioconjugate Chem., 2005, 16: 1140-1148.

[307] 王东, 冯新德. 生物降解型聚酯的功能化及其亲水性的改善. 高分子通报, 1998, (2): 32-39.

[308] 张国栋, 顾忠伟. 聚乳酸的研究进展. 化学进展, 2000, 12: 89-102.

[309] Helder J, Feijen J, Lee S J, Kim S W. Copolymers of D, L-lactic acid and glycine. Macromo Chem. Rapid Commun, 1986, 7: 193-198.

[310] In't Veld P J A, Dijkstra P J, Van Lochem J H, Feijen J. Synthesis of alternating polydepsipeptides by ring opening polymerization of morpholine-2, 5-dione derivatives. Macromo Chem., 1990, 191: 1813-1825.

[311] Tasaka F, Miyazaki H, Ohya Y, Ouchi T. Synthesis of Comb-Type Biodegradable Polylactide through Depsipeptide-Lactide Copolymer Containing Serine Residues. Macromolecules, 1999, 32: 6386-6389.

[312] Wang D, Feng X D. Synthesis of Poly (glycolic acid-$alt$-L-aspartic acid) from a Morpholine-2, 5-dione Derivative. Macromolecules, 1997, 30: 5688-5692.

[313] John G, Morita M. Synthesis and Characterization of Photo-Cross-Linked Networks Based on L-Lactide/Serine Copolymer. Macromolecules, 1999, 32: 1853-1858.

[314] Barrera D A, Zylstra E, Lansbury P T, Langr R. Synthesis and RGD Peptide Modification of a New Biodegradable Copolymer: Poly (lactic acid-celysine). J. Am. Chem. Soc., 1993, 115: 11010-11011.

[315] Lavasanifar A, Samuel J, Kwon G S. Poly (ethylene oxide)-block-poly (L-amino acid) micelles for drug delivery. Advanced Drug Delivery Reviews, 2002, 54: 169-190.

[316] Yokoyama M, Kwon G S, Okano T, Sakurai Y, Sato T, Kataoka K. Preparation of micelle-forming polymer-drug conjugates. Bioconjug Chem., 1992, 3: 295-301.

[317] Yokoyama M, Okano T, Sakurai Y, Suwa S, Kataoka K. Introduction of cisplatin into polymeric micelle. J. Control Release, 1996, 39: 351-356.

[318] Alifris T, Iatrou H, Hadjichristidis N. Living polypeptides. Biomacromolecules, 2004, 5: 1653-1656.

[319] Blout E R, Karison R H. Polypeptides. Ⅲ. The Synthesis of High Molecular Weight Poly-$\gamma$-benzyl-L-glutamates. J. Am. Chem. Soc., 1956, 78: 941-946.

[320] Deng L, Shi K, Zhang Y Y, Wang H M, Zeng J G, Guo X G, Du Z J, Zhang B L. Synthesis of well-defined poly (N-isopropylacrylamide)-b-poly (L-glutamic acid) by a versatile approach and micellization. Journal of Colloid and Interface Science, 2008, 323: 169-175.

[321] Yuan M L, Deng X M. Synthesis and characterization of poly (ethylene glycol)-block-poly(amino acid) copolymer. European Polymer Journal, 2001, 37: 1907-1912.

[322] Wang L Y, Wang S G, Bei J Z. Synthesis and characterization of macroinitiator-amino terminated PEG and poly (benzyl-L-glutamate)-PEO-poly (benzyl-L-glutamate) triblock copolymer. Polym. Adv. Technol., 2004, 15: 617-621.

[323] Deng M X, Wang R, Rong G Z, Sun J R, Zhang X F, Chen X S, Jing X B. Synthesis of a novel structural triblock copolymer of poly (benzyl-lglutamic acid)-b-poly (ethylene oxide)-b-poly (caprolactone). Biomaterials, 2004, 25: 3553-3558.

[324] Stassen S, Archambeau S, Dubois Ph, Jerome R, Teyssie Ph. Macromolecular engineering of polylactones and polylactides. XVI. On the way to the synthesis of aliphatic primary amine poly (caprolactone) and polylactides. J. Polym. Sci. Part A: Polym. Chem., 1994, 32: 2443-2455.

[325] Yuan M L, Wang Y H, Li X H, Xiong C D, Deng X M. Polymerization of Lactides and Lactones. 10. Synthesis, Characterization, and Application of Amino-Terminated Poly (ethylene glycol)-co-poly (caprolactone) Block Copolymer. Macromolecules, 2000, 33: 1613-1617.

[326] Schappacher M, Soum A, Guillaume S M. Synthesis of Polyester-Polypeptide Diblock and Triblock Copolymers Using Amino Poly (caprolactone) Macroinitiators. Biomacromolecules, 2006, 7: 1373-1379.

[327] Caillol S, Lecommandoux S, Mingotaud A F, Schappacher M, Soum A, Bryson N, Meyrueix R. Synthesis and Self-Assembly Properties of Peptide-Polylactide Block Copolymers. Macromolecules, 2003, 36: 1118-1124.

[328] Fan Y J, Chen G P, Tanaka J, Tateishi T. L-Phe End-Capped Poly (L-lactide) as Macroinitiator for the Synthesis of Poly (L-lactide)-b-poly (L-lysine) Block Copolymer. Biomacromolecules, 2005, 6: 3051-3056.

[329] Motala-Timol S, Jhurry D, Zhou J W, Bhaw-Luximon A, Mohun G, Ritter H, Amphiphilic Poly (L-lysine-b-caprolactone) Block Copolymers: Synthesis, Characterization, and Solution Properties. Macromolecules, 2008, 41: 5571-5576.

[330] Hellaye M L, Fortin N, Guilloteau J, Soum A, Lecommandoux S, Guillaume S M. Biodegradable Polycarbonate-b-polypeptide and Polyester-b-polypeptide Block Copolymers: Synthesis and Nanoparticle Formation Towards Biomaterials. Biomacromolecules, 2008, 9: 1924-1933.

[331] Tsutsumiuchi K, Aoi K, Okada M. Synthesis of Polyoxazoline- (Glyco) peptide Block Copolymers by Ring-Opening Polymerization of (Sugar-Substituted) R-Amino Acid N-Carboxyanhydrides with Polyoxazoline Macroinitiators. Macromolecules, 1997, 30: 4013-4017.

[332] Dong C M, Sun X L, Faucher K M, Apkarian R P, Chaikof E L. Synthesis and Characterization of Glycopolymer-Polypeptide Triblock Copolymers. Biomacromolecules, 2004, 5: 224-231.

[333] Lee H F, Sheu H S, Jeng U S, Huang C F, Chang F C. Preparation and Supramolecular Self-Assembly of a Polypeptide-block-polypseudorotaxane. Macromolecules, 2005, 38: 6551-6558.

[334] Park T G, Jeong J H, Kim S W. Current status of polymeric gene delivery systems. Advanced Drug Delivery Reviews, 2006, 58: 467-486.

[335] Jeon E, Kim H D, Kim J S. Pluronic-grafted poly-(L)-lysine as a new synthetic gene carrier, J. Biomed Mater Res., 2003, 66A: 854-859.

[336] Jeong J H, Park T G. Poly (L-lysine)-g-poly (D,L-lactic-co-glycolic acid) micelles for low cytotoxic biodegradable gene delivery carriers. Journal of Controlled Release, 2002, 82: 159-166.

[337] Asayama S, Nogawa M, Takei Y, Akaike T, Maruyama A. Synthesis of Novel Polyampholyte Comb-Type Copolymers Consisting of a Poly (L-lysine) Backbone and Hyaluronic Acid Side Chains for a DNA Carrier. Bioconjugate Chem., 1998, 9: 476-481.

[338] Yu H J, Chen X S, Lu T C, Sun J, Tian H Y, Hu J, Wang Y, Zhang P B, Jing X B. Poly (L-lysine)-Graft-Chitosan Copolymers: Synthesis, Characterization, and Gene Transfection Effect. Biomacromolecules, 2007, 8: 1425-1435.

[339] Pitarresi G, Pierro P, Palumbo F S, Tripodo G, Giammona G. Photo-Cross-Linked Hydrogels with Polysaccharide-Poly (amino acid) Structure: New Biomaterials for Pharmaceutical Applications. Biomacromolecules, 2006, 7:

1302-1310.

[340] Asayama S, Maruyama A, Akaike T. Comb-Type Prepolymers Consisting of a Polyacrylamide Backbone and Poly (L-lysine) Graft Chains for Multivalent Ligands. Bioconjugate Chem, 1999, 10: 246-253.

[341] Bourke S L, Kohn J. Polymers derived from the amino acid L-tyrosine: polycarbonates, polyarylates and copolymers with poly (ethylene glycol). Advanced Drug Delivery Reviews, 2003, 55: 447-466.

[342] Pulapura S, Kohn J. Tyrosine derived polycarbonates: backbone modified, pseudo-poly (amino acids) designed for biomedical applications. Biopolymers, 1992, 32: 411-417.

[343] Ertel S I, Kohn J. Evaluation of a series of tyrosine-derived polycarbonates for biomaterials applications. J. Biomed Mater Res., 1994, 28: 919-930.

[344] Hooper K A, Kohn J. Diphenolic monomers derived from the natural amino acid -L-tyrosine: Large scale synthesis of desaminotyrosyl-tyrosine alkyl esters. J. Bioact Compat Polym., 1995, 10: 327-340.

[345] Kohn J, Langer R. Polymerization Reactions Involving the Side Chains of -L-Amino Acids. J. Am. Chem. Soc., 1987, 109: 817-820.

[346] Tangpasuthadol V, Pendharkar S M, Kohn J. Hydrolytic degradation of tyrosine-derived polycarbonates, a class of new biomaterials. Part I: Study of model compounds. Biomaterials, 2000, 21: 2371-2378.

[347] Tangpasuthadol V, Pendharkar S M, Peterson R C, Kohn J. Hydrolytic degradation of tyrosine-derived polycarbonates, a class of new biomaterials. Part II: 3-yr study of polymeric devices. Biomaterials, 2000, 21: 2379-2387.

[348] Hooper K A, Cox J D, Kohn J. Comparison of the Effect of Ethylene Oxide and g-Irradiation on Selected Tyrosine-Derived Polycarbonates and Poly (L-lactic acid). J. Appl. Polym. Sci., 1997, 63: 1499-1510.

[349] Hooper K A, Macon N D, Kohn J. Comparative histological evaluation of new tyrosine-derived polymers and poly (L-lactic acid) as a function of polymer degradation. J. Biomed Mater Res., 1998, 41, 443-454.

[350] Choueka J, Charvet J L, Koval K J, Alexander H, James K S, Hooper K A, Kohn J. Canine bone response to tyrosine-derived polycarbonates and poly (L-lactic acid). Journal of Biomedical Materials Research, 1996, 31: 35-41.

[351] Levene H, Parsons J R, Kohn J, James K. Small changes in polymer chemistry have a large effect on the bone-implant interface: evaluation of a series of degradable tyrosine-derived polycarbonates in bone defects. Biomaterials, 1999, 20: 2203-2212.

[352] PéRez-Luna V H, Hooper K A, Kohn J, Ratner B D. Surface Characterization of Tyrosine-Derived Polycarbonates. J. Appl. Polym. Sci., 1997, 63: 1467-1479.

[353] Hoven V P, Poopattanapong A, Kohn J. Acid-containing tyrosine-derived polycarbonates, wettability and surface reactivity. Macromol Symp., 2004, 216: 87-97.

[354] Brocchini S, James K, Tangpasuthadol V, Kohn J. A Combinatorial Approach for Polymer Design. J. Am. Chem. Soc., 1997, 119: 4553-4554.

[355] Fiordeliso J, Bron S, Kohn J. Design, synthesis, and preliminary characterization of tyrosine-containing polyarylates: New biomaterials for medical applications. J. Biomater Sci. Polym. Ed., 1994, 5: 497-510.

[356] Brocchini S, James K, Tangpasuthadol V, Kohn J. Structure-property correlations in a combinatorial library of degradable biomaterials. J. Biomed Mater Res. 1998, 42: 66-75.

[357] Weber N, Bolikal D, Bourke S L, Kohn J. Small changes in the polymer structure influence the adsorption behavior of fibrinogen on polymer surfaces: Validation of a new rapid screening technique. J. Biomed Mater Res., 2004, 68A: 496-503.

[358] Abramson S D, Alexe G, Hammer P L, Kohn J. A computational approach to predicting cell growth on polymeric biomaterials. J. Biomed Mater Res., 2005, 73A: 116-124.

[359] Yu C, Kohn J. Tyrosine-PEG-derived poly (ether carbonate) s as new biomaterials Part I: synthesis and evaluation. Biomaterials, 1999, 20: 253-264.

[360] Yu C, Mielewczyk S S, Breslauer K J, Kohn J. Tyrosine-PEG-derived poly (ether carbonate) s as new biomaterials. Part II: study of inverse temperature transitions. Biomaterials, 1999, 20: 265-272.

[361] D'Acunzo F, Kohn J. Alternating Multiblock Amphiphilic Copolymers of PEG and Tyrosine-Derived Diphenols. 1. Synthesis and Characterization. Macromolecules, 2002, 35: 9360-9365.

[362] D'Acunzo F, Le T Q, Kohn J. Alternating Multiblock Amphiphilic Copolymers of PEG and Tyrosine-Derived Diphenols. 2. Self-Assembly in Aqueous Solution and at Hydrophobic Surfaces. Macromolecules, 2002, 35:

9366-9371.

[363] Fasman G D. Acyl N→O Shift in Poly-DL-Serine. Science, 1960, 131: 420-421.

[364] Jarm V, Fleš D. Polymerization and properties of optically active -(p-substituted benzenesulfonamido)-lactones. J. Polym. Sci., 1977, 15: 1061-1071.

[365] Arnold L D, Kalantar T H, Vederas J C. Conversion of serine to stereochemically pure beta-substituted alpha-amino acids via beta-lactones. J. Am. Chem. Soc., 1985, 107: 7105-7109.

[366] Zhou Q X, Kohn J. Preparation of Poly (L-serine ester): A Structural Analogue of Conventional Poly (L-serine). Macromolecules, 1990, 23: 3399-3406.

[367] Arnold L D, Drover J G G, Vederas J C. Conversion of serine beta-lactones to chiral alpha-amino acids by copper-containing organolithium and organomagnesium reagents. J. Am. Chem. Soc., 1987, 109: 4649-4659.

[368] Gelbin M E, Kohn J. Synthesis and Polymerization of N-Z-L-Serine-lactone and Serine Hydroxybenzotriazole Active Esters. J. Am. Chem. Soc., 1992, 114: 3962-3965.

[369] Kohn J, Langer R. Polymerization Reactions Involving the Side Chains of a-L-Amino Acids. J. Am. Chem. Soc., 1987, 109: 817-820.

[370] Kwon H Y, Langer R. Pseudopoly (amino acids): A Study of the Synthesis and Characterization of Poly (trans-4-hydroxy-N-acyl-L-proline esters). Macromolecules, 1989, 22: 3250-3255.

# 第4章 生物高分子材料的成型加工

## 4.1 概述

高分子材料由于原料丰富、制造方便、加工容易，使得它在生物医用领域的应用越来越广泛。但是通过天然培育和人工合成的方法生产出的具有特定的化学组成、链结构及凝聚态结构的高分子化合物，并不能直接应用于生物体，还需要经过一定的加工成型才能应用，即根据生物体不同场合、不同作用目的，对所得高分子化合物进行配方设计、混炼加工及挤出造粒（或压延成片）过程，使高分子化合物与各种配料形成具有高次聚集态结构或织态结构的高分子材料，然后采用各种成型方法，将高分子材料成型为具有一定形状和使用价值的制品和型材，最后经检测、动物实验、人体临床验证后上市销售作用于人体。

高分子材料在生物医学领域的制品应用形式有多种，如各类人工导管，缝线，骨折固定棒、钉、板，人工关节，透析膜，支架，载体药物制剂等。不同材料和不同形状的生物材料制品的成型加工条件不同，即使同样的材料应用于不同的场合，制品的形状也不尽相同。管材、棒材、板材等可以通过挤出成型方法加工；具有特殊结构和形状的高分子制品可以通过注射成型方法加工；缝线等纤维材料可以通过挤出、拉伸等工艺实现；膜材料可以通过挤出吹塑、流延、拉伸、自组装等成型；高分子材料药物制剂可以制成球形、微囊型、水凝胶型等不同形状；还有研究较热的组织工程支架，则可通过溶剂浇注、熔融成型、相分离、气体发泡、快速成型等方法制备。

生物高分子材料的成型与普通高分子材料的成型加工不尽相同。普通高分子材料的成型加工，一般包括挤出成型、注射成型、压延成型、吹塑成型、热成型、浇注成型、泡沫塑料成型、涂层等，所得制品一般都是大宗型产品，很少有特殊个体性差异；而生物高分子材料的成型加工除了包括普通高分子材料的成型加工方法制备管、棒、板、纤维等外，还因为生物降解高分子材料等在药物制剂、组织工程支架等方面的应用，以及生物材料在人体中使用的面积、不同人体的各异性等，决定了生物材料的成型加工与普通高分子材料不尽相同，也决定了所有材料、制造工艺、加工设备、生产环境、产品包装的要求要比普通制品高得多。同时由于人体是一个复杂的生理环境，存在着影响材料性能的各种因素，在制品加工过程中添加的各种助剂，如增塑剂、阻聚剂、填料、润滑剂、着色剂、交联剂、催化剂等，或在制品加工过程中混入有害物质，在材料植入体内或与器官组织直接接触时，就会对人体组织产生多种反应。而且人体组织与细胞也会对材料产生种种影响，这种影响反过来又会产生新的生物反应，即材料与生物体间的相互作用，会使各自的性质和功能受到进一步的影响。因此，在生物高分子材料成型加工时，要考虑原材料的纯度、添加的助剂的毒性及残留、加工的环境清洁度、设备的材质等各方面内容。因此装备一个有效的净化室是非常必要的。一般来讲，与血液接触的高分子制品应在 100 级 ［每 $ft^3$（$1ft=0.3048m$）空气中 $0.3\mu m$ 的杂质粒子不超过 100 个］的净化室内进行加工制作；各种用于维持生命但并不植入体内的制品，通常是在 10000 级（每 $ft^3$ 空气中 $0.3\mu m$ 的杂质粒子不超过 10000 个）净化室内制作的。

为了确保制品能达到所要求的综合性能和特殊性能，在了解普通高分子材料成型加工的基础上，学习生物高分子材料的成型加工技术至关重要。本章将在普通高分子材料的成型加工基础上,介绍几种典型的生物高分子材料的成型加工方法,包括生物橡胶(如硅橡胶)、生物塑料(如聚乳酸、超高分子量聚乙烯)、生物纤维(如聚乳酸的纺丝)的成型加工,使读者能在了解这些内容的基础上举一反三,同时还将介绍以高分子材料为载体的药物制剂的制备、高分子生物功能膜的制备、组织工程支架的制备等方面的内容。

## 4.2 普通高分子材料成型加工基础

普通高分子材料的成型加工,通常是在一定温度下使弹性固体、固体粉状或粒状、糊状或溶液状态的高分子化合物变形或熔融,经过模具或口型流道的压塑,形成所需的形状,在形状形成的过程中有的材料会发生化学变化(如交联),最终得到能保持所取得形状的制品的工艺过程。聚合物的加工工程就是研究制品成型加工过程中的工艺流程及设备配型、加工原理及工艺实施条件、加工过程的投入和产出比等,从而对聚合物加工过程有全面了解,这对开发新材料和研制新制品是必须的。

聚合物的加工工艺过程一般可分为混合与混炼、成型、后加工三大部分。

为了使制品具有要求的多方面性能,制作制品的高分子材料往往是由多种聚合物和各种添加剂组成。要把这些组分混合为一个均匀度和分散度高的整体,就要提供力场,如搅拌、剪切作用来完成,这就是聚合物加工中的第一步——混合与混炼过程。采取的混合与混炼方式依高分子的品种及添加剂的性状不同而有所差异。一般制作塑料和纤维的树脂,在常温下处于玻璃态或结晶态,呈现固体颗粒或粉末状态,而添加剂多为粉状或液状,故树脂与添加剂共混料的制作方式是:在常温或略高于室温条件下,在混合设备中首先进行初混合,然后再移至高温混炼设备中,使树脂达到黏流状态进行混炼。而橡胶常温下处于高弹态,呈现弹性体状态,故橡胶间及与添加剂的共混可在黏弹态或黏流态,靠混炼设备提供的强力剪切、掺混进行混炼。

高聚物加工的第二步为成型,即通过各种成型方法,使高分子材料形成一定的尺寸和形状。对于热塑性塑料,成型过程是物理变化过程,成型冷却后便成为成品。热固性塑料成型过程中伴随有交联固化反应。橡胶材料则要先成型,再硫化,最后做成制品。由热固性塑料和橡胶制作的成品,其材料具有不溶不熔特性。制作纤维的高分子材料一般要先成型为毛坯,再经拉伸取向,然后缠绕即成单根纤维。

聚合物加工中,制品经成型或成型-硫化后,还要经过后加工工段方可作为成品出厂。如成型-硫化后的橡胶制品要经过修边、整形;塑料制品有时要经过修饰、机械加工、装配等后加工工段;纤维制品有时要经过热伸张定型及表面处理等。如果作为生物医用制品,则最后必须经过灭菌工序。高分子材料加工工艺过程及方法如图 4-1 所示。

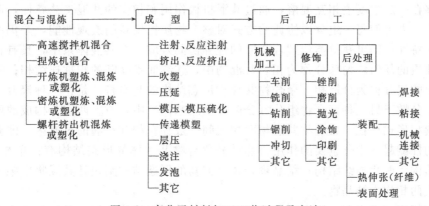

图 4-1 高分子材料加工工艺过程及方法

### 4.2.1 混合与混炼

聚合物材料的共混改性有两方面,即各种聚合物材料的共混改性和填充补强改性。为此就要通过机械力场,使多种聚合物材料和各种添加剂(填充剂、补强剂、增塑剂、防老剂、交联或硫化剂、着色剂和防静电剂等)混合形成一种均匀的混合物。不同聚合物组分的分散及均化需通过混炼工艺过程来完成。混合及混炼机械是完成共混工艺、实现聚合物物理化学改性的重要工具。

#### 4.2.1.1 混合与混炼原理

(1) 共混目的　聚合物共混改性的主要目的是提高聚合物的使用性能,同时还能改善聚合物的加工工艺性能,降低成本。因此聚合物共混和聚合物与各种助剂共混改性已成为高分子材料及工程中最活跃的领域之一,它不仅是聚合物改性的重要手段,更是开发具有崭新性能的新型材料的重要途径。

(2) 共混方法　制备聚合物共混物的方法主要有机械共混法、液体共混法、共聚-共混法、互穿网络聚合物法。由于经济原因和工艺操作方便的优势,机械共混法使用最为广泛。

(3) 共混表示方法　在表示聚合物共混组分含量时,通常有两种情况。一种情况是将多种聚合物的总量用 100 质量份表示,各种不同组分相应占多少质量份。另一种表示方法是将量多的聚合物的量定为 100 质量份,其它组分相对于它来讲占多少重量份。一般在实际应用中用质量分数来表示各组分的含量。

(4) 共混物的均匀性及分散程度　聚合物共混产物的性能与共混物的均匀性及分散程度密切相关。共混物的均匀性是指被分散物在共混体中浓度分布的均一性,或者说分散相浓度分布的变化大小。这种均匀性主要取决于混炼时间,要达到相同的均匀程度,混炼设备效率高些,则所需混炼时间短些;反之,则需时间长些。共混物的分散程度是指被分散的物质破碎程度如何,或者说分散相在共混体系中的破碎程度。因此要用分散相的平均粒径大小和分布来表示。打得碎,粒径小,说明分散程度高;粒径大,则说明分散性不好。共混物的性能与分散相的粒径大小有密切关系,根据共混材料配方及工艺条件的不同有较大的变化。但一般说来,分散相的粒径在 $5\mu m$ 以下。因为粒径大小对共混物性能的影响主要是通过两相界面的作用产生的,所以大粒子会使共混物的力学性能大大下降。

(5) 共混物的形态结构　在聚合物共混体系中,并不是任意两种聚合物进行共混就能制得性能优良的共混材料。若两种聚合物完全不相容,则很难混合均匀,混合物的性能很差。若两种聚合物是分子水平相容、物理性能相近的共混体系,它们虽然分散均匀,但共混物的性能并不能得到改善。因此,具有良好性能的聚合物共混物,要求它的组分之间物性差异较大,且能够在一定程度上相互混溶,通过共混机械作用和相应的共混工艺条件,形成较佳的形态学特征,方可使每一组分以协调的方式对整个物质提供新的宏观性能,并仍然可保持其大部分独立特性,即可获得类似"合金"的优异协同效应。在共混体系中,具有相同物理性质和化学性质的任何均匀部分称为相。共混物中,连续而不间断的相称连续相;间断而分散在连续相中的组分称为分散相。聚合物共混物形态结构的基本特征是:一种聚合物组分(作为分散相)分散于另一种聚合物组分(分散介质或基体)中,或者两组分构成的两相以相互贯穿的连续相形式存在。聚合物共混物两相之间一般存在相互浸润的过渡区,即界面层,它对共混物的性能起着十分重要的作用。非结晶聚合物共混体的形态结构有:单相连续结构、两相交错结构、两相连续结构;结晶聚合物共混物的形态结构则包括共混物中某一组分为结晶聚合物或两相均为结晶物。

大量的研究结果表明,聚合物共混物的性能与其形态结构密切相关。对于大多数属于热力学不相容的非晶态聚合物共混体系,当采用机械共混法时,在大多数配比情况下呈现单相连续结构,也称"海-岛"结构,即连续相称为"海相",分散相称为"岛相"。一般来讲,连续相能体现共混物的基本性能,特别是在力学性能、传导特性等方面,往往起决定性作用。而分散相则对共混物的某些性能如阻隔性、增韧性或增强性有明显贡献。用共聚-共混法或共聚法形成的两相互锁或两相连续结构,共混物的性能会发生很大变化,实际上形成一种新的多组分聚合物。对于含结晶性聚合物的共混体系,要依制品对材料的要求决定其最佳的形态结构特点。如要求高强、高耐热、耐冲击的共混材料,则最好形成一相为连续结晶体,而另一相分散其中,或两相形成共晶的形态。

(6) 共混原则 要使两种或两种以上聚合物之间达到分散均匀的目的,需要从"相容性原则"、"流变学原则"、"表面张力相近原则"、"分子扩散动力学原则"出发进行考虑,同时还需考虑工艺相容性。其中"相容性原则"表示化学结构相近原则或溶度参数相近原则。"流变学原则"表示"等黏点原则",即共混体系的两种聚合物的黏度越接近,越能混合均匀,不易出现离析现象,共混物的性质越好。"表面张力相近原则"表示两种聚合物界面之间有良好的接触和相互浸润作用。"分子扩散动力学原则"即分子链段渗透相近原则,当两种聚合物相互接触时,若两种聚合物大分子具有相近的活动性,则两种大分子的链段就以相近的速率相互扩散,形成模糊的界面层,界面层的厚度越宽,共混物的性能越优异。加入合适的相容剂,两种不相容的聚合物经共混也能获得综合性能良好的共混物。

对于在聚合物中添加无机或有机物的填充增强改性,要充分考虑聚合物与填充增强剂体系的相态结构、填料与聚合物的相容性及填充剂的粒径。多数颗粒状填料填充的聚合物共混物,其微观相态为聚合物呈连续相,填料为分散相。连续相和分散相之间有一界面层,两相通过界面层结合在一起。界面层的作用力强,黏合性好,则增强效果明显。填料与聚合物间的相容性是指高分子链中的原子或基团与填料表面有物理和化学的相互作用。相容性越好,填料的混入速率越快,分散性越好,均匀度越高,补强性能越明显。可以通过填料的表面改性来改善无机填料在有机高分子中的分散和均匀。填料的平均粒径大于 $10\mu m$,很难作为高聚物的填充材料;平均粒径 $1\sim 10\mu m$ 的填料,只能起到增容作用;真正起补强作用的填料,平均粒径一般小于 $1\mu m$。

(7) 共混体系的类型 聚合物共混过程按物料的状态,可以分为固体/固体混合、液体(熔体)/液体(熔体)混合、液体(熔体)/固体混合三种类型。聚合物通常是粉状、粒状或片状,而添加剂通常也是粉状,在聚合物加工中,固体/固体混合都先于熔体混合,也先于成型,这种混合通常为无规分布性混合。液体/液体混合中存在的聚合物熔体黏度相差较大的情况时,两相的对流渗透较难进行,常出现软包硬的现象难以分散开,通常要对物料施加剪切、拉伸和挤压(捏合)等力场完成混合过程。固体/液体的混合包括固体聚合物中掺混液态添加剂,或聚合物熔体中加入固态填充剂。特别是在聚合物熔体中加入固态填充剂时,需要借助于强烈的剪切和搅拌作用。在聚合物的加工中,液体和液体混合、液体和固体混合是最主要的混合方式。表 4-1 是不同物料状态与混合难易的比较。

表 4-1 不同物料状态与混合难易的比较

| 物料状态 | | | 混合的难易程度 |
| --- | --- | --- | --- |
| 主要组分 | 添加剂 | 混合物 | |
| 固态 | 固态 | 固态 | 易 |
| 固态(粗颗粒) | 固态(细粒、粉) | 固态 | 相当困难 |
| 固态 | 液态(黏) | 固态 | 困难 |
| 固态 | 液态(稀) | 固态 | 相当困难 |

续表

| 物料状态 | | | 混合的难易程度 |
| --- | --- | --- | --- |
| 主要组分 | 添加剂 | 混合物 | |
| 固态 | 液态 | 液态 | 难易程度取决于固体组分粒子大小 |
| 液态 | 固态 | 液态(黏) | 易→相当困难 |
| 液态 | 液态(黏) | 液态 | 相当困难→困难 |
| 液态(黏) | 液态 | 液态 | 易→相当困难 |
| 液态 | 液态 | 液态 | 易 |

(8) 共混分散过程 共混分散过程是一个动态过程，在一定的剪切应力场中，分散相不断破碎，在分子热运动作用下又重新集聚，达到平衡后，分散相达到该条件下的平衡粒径。共混分散过程如图 4-2 所示。

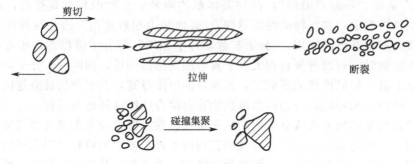

图 4-2 共混分散过程

#### 4.2.1.2 混合与混炼设备

聚合物的共混过程是通过混合与混炼设备来完成。共混物的混合质量指标、经济指标（产量及能耗等）及其它各项指标在很大程度上取决于共混设备的性能。鉴于混合物料的种类和性质各不相同，混合的质量指标也有不同，所以出现了各式各样的具有不同功能的混合与混炼设备。这些设备在结构、操作以及控制上皆有很大差异。只有正确了解各种不同混合设备的性能及结构特点，才能合理地选择和设计共混过程及工艺，并能对设备的改进提出建议。

混合与混炼设备根据操作方式，一般可分为间歇式和连续式两大类。间歇式混合设备的混合与混炼过程是不连续的。全过程主要有三个步骤，即投料、混合与混炼、卸料，此过程结束后，再重新投料、混合与混炼、卸料，如此周而复始。如捏合机、高速搅拌机、开炼机、密炼机等。连续式混合设备的混合操作是连续的，如挤出机和各种连续混合设备。

比较起来，间歇式混合设备的生产效率低，在间歇操作过程中，由于每次循环采用的控制条件可能不完全相同而引起混合质量的不稳定。连续式混合设备的生产能力高，易于实现自动化控制，能量消耗低，混合质量稳定，降低操作人员的劳动强度，尤其是配备相应装置后，可连续地混合成型。所以混合设备由间歇式转向连续式是目前的发展趋势。

尽管连续式混合设备较间歇式混合设备有许多优点，但是，由于目前聚合物加工过程中的许多工序仍是间歇的，加之间歇式混合设备发展历史早，在操作中可随时调整混合工艺，特别是某些间歇式混合设备具有很高的混合强度，因而使用仍很广泛，而且目前间歇式混合设备在结构和控制上也还在不断改善。而连续式混合设备在加工制造上有的要比间歇式混合设备困难，同时在使用上还有一定局限，如对于大块物料还需切碎方可加入，所以目前连续式混合设备还不能取代间歇式混合设备。

## 4.2.2 一般橡胶制品的成型加工

一般橡胶制品的生产,在进行产品结构设计及胶料配方设计后,一般都经过塑炼、混炼、压延、压出、成型、硫化等工序。

### 4.2.2.1 生胶的塑炼

塑炼是使生胶由弹性状态转变为可塑状态的工艺过程。

(1) **塑炼目的**  生胶具有很高的弹性,不便于加工成型。经塑炼后可获得适宜的可塑性和流动性,有利于后工序的进行,如混炼时配合剂易于均匀分散,压延时胶料易于渗入纤维织物等。

(2) **塑炼机理**  生胶塑炼获得可塑性的原因是橡胶大分子链断裂,平均分子量降低之故。在塑炼过程中导致大分子链断裂的因素是机械破坏作用和热氧化降解作用。低温塑炼时,主要是由于强烈的机械力作用使大分子链断裂。温度升高时,橡胶变软,大分子链间易产生滑移而难以被切断,因而机械断链效果降低。但高温时热活化作用可加剧橡胶大分子的氧化裂解过程,因此,热氧化降解作用占主导。

(3) **塑炼方法**  塑炼有机械塑炼法和化学塑炼法。机械塑炼法主要是通过开放式炼胶机、密闭式炼胶机、螺杆塑炼机等的机械作用使大分子断链,提高橡胶可塑性。化学塑炼法是借助某些增塑剂的作用,引发并促进大分子链断裂。工业中常采用机械塑炼法。

橡胶经塑炼后,其可塑性的大小通常由门尼黏度来度量。门尼黏度的测定原理:将生胶试样置于两个能相对转动的模腔和转子之间,在一定的温度和压力下,测定试样变形(转子的旋转力矩所产生的剪切力作用下)时所受的扭力。由此扭力的大小可表示橡胶的可塑性,测出的数值称为门尼黏度。我国采用符号 $ML_{1+4}^{100℃}$ 表示,其中 M 指门尼黏度,$L_{1+4}^{100℃}$ 表示用大转子(直径 38.1mm,转速 2r/min)100℃下预热 1min,转动 4min 后测出的扭力值。门尼黏度的大小取决于聚合物的平均分子量、分子量分布及凝胶含量的多少等因素,它可反映出橡胶的可塑性和成品特性,是一种综合性的工业指标。

可塑性并非越大越好,在已满足工艺加工要求的前提下,都以具有最小可塑性为宜。一般情况下,当生胶的门尼黏度在 60 以下时均可不经过塑炼而直接混炼。

(4) **影响塑炼的因素**  在橡胶塑炼中,实际上是发生着一系列复杂的力-化学反应。其中主要有以下几个影响塑炼的因素。

① 机械力作用  塑炼时,生胶受塑炼机械剧烈的拉伸、挤压和剪切应力的反复作用,橡胶分子链受到很大的机械力作用。机械力的作用结果,使得橡胶分子链大多数在中间断裂,从而使平均分子量降低。根据理论计算,在通常情况下,10 个分子链受剪切力作用而断裂时,仅 1 个分子的断裂部位距中心 1/3,其余都在中心区域处断裂。由此可见,在塑炼过程中,如果温度逐渐降低,生胶黏度会增高,分子不易滑动,这时生胶受到的机械破坏力增大,分子链就易被切断,从而获得较好的塑炼效果。如果塑炼时间延长,橡胶分子链断裂得多,平均分子量也趋于下降。在塑炼过程中,生胶塑炼的最初阶段,机械断裂作用表现得最剧烈,分子量下降最快。之后,渐渐平缓,并趋向某一极限,分子量不再随塑炼而变化,此时的分子量称为极限分子量。

② 氧的作用  从塑炼机理可知,高温塑炼时,机械力作用与低温塑炼中的断链作用不同,机械力主要用于不断翻动生胶,以增加橡胶与氧的接触,起着活化作用,其机械切断作用较小。由于塑炼温度较高,橡胶大分子和氧都很活泼,橡胶大分子主要受氧的直接氧化引发作用,导致橡胶大分子产生氧化断链。由于氧化对分子量最大和最小都起同样作用,所以高温塑炼不会发生分子量分布由宽变窄的状况,只是分子量变小,分子量分布曲线整体向低分子量方向移动。

③ 温度的作用　温度对生胶的塑炼效果有着重要的影响,温度对塑炼的影响分低温区(110℃以下)和高温区(110℃以上)两种不同的情况,且温度对塑炼效果的影响呈 U 形曲线状,中间范围塑炼效果最差。

在低温区,随着温度升高,塑炼效果下降,即使加入氧化迟缓剂,对塑炼程度的影响也很小。这说明低温塑炼时,分子链断裂的主要原因不是氧化作用,而是机械力的作用。在低温区出现随温度升高而塑炼效果下降的现象,是因为温度升高,胶料便受热变软,分子链比较容易产生滑动而难以被切断,因而所受到的机械力作用显著减少,降低了机械力对分子链断裂的作用。因此,随着温度上升,生胶的塑炼效率大大降低。

在高温区,氧化作用变得剧烈。此时生胶的塑炼以氧化作用为主,机械力只起着活化作用,加速橡胶大分子和氧直接作用,其塑炼效果随温度升高而提高。

在低温区和高温区交界的温度范围内(在 110℃左右),所得的塑炼效果最低。这是因为在这个温度范围内,生胶软化,机械力作用不大,且氧的活性又不大,氧化作用不显著,因此获得的塑炼效果在这个温度范围内最低。

④ 静电的作用　在塑炼时,由于生胶的导电性能差,在受到炼胶机的机械力强烈摩擦和反复作用下,会产生静电,其生胶表面会储藏大量电荷,以至形成很高的电压。实验数据表明,在生胶表面直接测得的平均电压高达 2000~6000V,个别处高达 15000V。生胶表面有如此高的电压,当生胶离开辊筒时会产生放电现象,出现电火花,使邻近处空气中的氧活化,变为原子态氧和臭氧,其结果就会加速橡胶分子的氧化断链作用。

⑤ 化学塑解剂的作用　在塑炼中,可添加一些化学塑解剂,提高生胶的塑炼效果,其作用与氧相似。常用的化学塑解剂有接受型塑解剂,如苯硫酚、五氯硫酚等,它们是低温塑解剂;引发型塑解剂,如过氧化苯甲酰、偶氮二异丁腈等,属高温塑解剂;混合型塑解剂,又称链转移型塑解剂,主要有促进剂 M、促进剂 DM 和 2,2′-二苯甲酰胺二苯基二硫化物等。这类塑解剂具有两种功能,既在低温塑炼时起游离基接受剂作用,又能在高温塑炼时分解出游离基,引发橡胶分子的氧化断链反应。新型的塑解剂有金属络合物和金属盐类,如环烷酸的铁盐、硬脂酸铁盐等。

各种塑解剂都是在有空气存在下使用,所以在加有塑解剂的塑炼中,与单独依靠氧起作用的情况相比,它的作用是加强了氧化作用,促进了橡胶分子的断裂,增大了塑炼效果。

(5) 塑炼工艺　为了便于生胶进行塑炼加工,生胶在塑炼前需要预先经过烘胶、切胶和破胶等准备工序。烘胶不仅可使生胶软化,便于切割,还能解除结晶,以免在生胶塑炼时消耗大量电能,增加塑炼时间,甚至损坏设备。烘胶温度一般为 50~70℃,温度过高会降低胶料的物理力学性能。烘胶时间根据生胶的种类和季节的温度而定。一般天然橡胶在夏季的烘胶时间为 24~36h,冬季烘胶温度适当延长,一般取 36~72h。切胶是把从烘胶房内取出的生胶用切胶机切成约 10kg 的小块,便于塑炼。破胶在破胶机中进行,破胶机的结构特点是辊筒粗而短,表面有沟纹,两辊速比较大。破胶时的辊距一般在 2~3mm,辊温在 45℃以下。

下面以开炼机为例,介绍塑炼工艺。在开炼机上进行塑炼,常用薄通塑炼、一次塑炼和分段塑炼等不同的工艺方法。

薄通塑炼法是将生胶放在辊距为 0.5~1mm 的开炼机上进行薄通,胶料通过辊缝不包辊而落到开炼机的接料盘上,然后再将接料盘上的胶片扭转 90°再投入旋转的辊筒上,这样反复多次,直至获得所需的可塑度为止。此法塑炼效果大,获得的可塑度高而均匀,胶料质量高,是常采用的一种塑炼方法。

一次塑炼法是将生胶加到开炼机上,使胶料包辊后连续塑炼,直至达到要求的可塑度。

该法所需的塑炼时间较长，塑炼效果也较差。

分段塑炼法是将全部塑炼过程分成若干段来完成。每段塑炼一定时间后，生胶下片停放冷却，以降低胶温，这样反复塑炼数次，直至达到要求。塑炼可分为 2～4 段，每段停放冷却 4～8h。此法生产效率高，可获得较高的可塑度。

目前，在实际生产中，为了提高开炼机的塑炼效率，在薄通塑炼法和一次塑炼法的基础上，加入化学塑解剂进行塑炼，其操作方法完全一样，只是要求塑炼温度比不用塑解剂时高一些，以充分发挥塑解剂的化学增塑作用，提高塑炼效果。一般使用塑解剂时的塑炼温度为 70～75℃为宜。

影响开炼机塑炼的主要因素有辊温、时间、辊距、速比、装胶量和塑解剂等。开炼机塑炼属于低温机械塑炼，温度越低，塑炼效果越好，所以在塑炼过程中应加强对辊筒的冷却，通常胶温控制在 45～55℃以下。开炼机塑炼在最初的 10～15min 内塑炼效果显著，随着时间的延长，胶料温度升高，机械塑炼效果下降，所以为了提高塑炼效果，胶料塑炼一定时间后，可使胶料下片停放冷却一定时间，再重新塑炼，这就是分段塑炼的目的。辊筒速比恒定时，辊距越小，胶料受到的剪切作用越大，且胶片较薄也易冷却，塑炼效果越高。辊筒速比越大，对胶料的剪切作用大，塑炼效果就越高。一般用于塑炼的开炼机辊筒间的速比在 1∶(1.5～1.27) 之间。装胶容量依开炼机大小和胶种而定，装胶量太大，堆积胶过多，热量难以散发，塑炼效果差。合成橡胶塑炼生热较大，应适当减少装胶量。

除了用开炼机进行塑炼外，还可以用密炼机、螺杆塑炼机等。螺杆塑炼机塑炼是在高温下进行的连续塑炼，在螺杆塑炼机中生胶一方面受到螺杆的螺纹与机筒壁的摩擦搅拌作用，另一方面由于摩擦产生大量的热使塑炼温度较高，致使生胶在高温下氧化裂解而获得可塑性。螺杆塑炼机的生产能力大，生产效率高，能连续生产，适用于大型工厂。但由于温度高，胶料的塑炼质量不均，对制品性能有所影响。螺杆塑炼机的机筒、机头、螺杆都要预热到一定温度，再进行塑炼。影响螺杆塑炼机塑炼效果的主要因素是机头和机身温度、生胶温度、填胶速率和机头出胶空隙的大小等。

#### 4.2.2.2 胶料的混炼

将各种配合剂混入生胶中制成质量均匀的混炼胶的过程称为混炼。

(1) 混炼目的　混炼是橡胶加工工艺中最基本和最重要的工序之一。其目的是得到符合性能要求的混炼胶。对混炼胶的质量要求是能使最终产品具有良好的力学性能，并具有良好的工艺性能。为此必须使各种配合剂完全均匀地分散于生胶中，同时使胶料具有一定的可塑度，以保证后加工操作顺利进行。

然而，混炼不是生胶和配合剂简单的机械混合过程，混炼胶也不是生胶与配合剂的简单的机械混合物。混炼的实质是橡胶的改性过程。在混炼过程中，机械-化学反应起着重要作用，致使混炼胶由生胶和各种配合剂组成一种复合体。混炼胶是由粒状配合剂（如炭黑、硫黄、促进剂和其它填充剂等）分散在单相或多相生胶中组成的分散体系，粉状配合剂呈分散相均匀分布在橡胶连续相中的线型聚合物。

(2) 混炼方法　由于生胶黏度很高，因此使配合剂掺入生胶中并在其中均匀混合与分散，必须借助于炼胶机的强烈机械作用进行混炼。混炼方法依所用炼胶机的类型而异。采用开放式炼胶机混炼和用密闭式炼胶机混炼都属于间歇混炼方法。而近年来发展的用螺杆传递式连续混炼机混炼则属于连续混炼法。

(3) 混炼过程　混炼过程主要是各种配合剂在生胶中混合和分散的过程。

在粒状配合剂与橡胶的混炼过程中，借助炼胶机的强烈机械作用，首先将较大的块状橡胶和配合剂粉碎，以便混入。在混入阶段，胶料破碎现象十分明显，无数松散的橡胶小颗粒被挤进配合剂粒子的间隙并向配合剂粒子的表面渗透,这时配合剂附着在小块橡胶表面上,然后在机械力和温度的作用下,小块橡胶又互相接触压紧,逐渐变成大胶块,使配合剂颗粒被生胶包围和湿润,生胶和配合剂的接触面积不断扩大。在这个过程中,其混炼体系的比体积为:$\nu_{比容}=\nu_{生胶}+\nu_{配合剂}+\nu_{空隙}$,其中$\nu_{空隙}\rightarrow 0$,随着此过程的继续,混合体系的视密度逐渐增大,单位质量的混合体的体积逐渐减少,其实质是橡胶分子渗入配合剂聚集体空隙,排出其表面所吸附的空气的结果。当配合剂的所有空隙都充满橡胶,比容达到一恒定值时,可以认为配合剂已经被混合,形成掺有配合剂的较为密实的大胶团。但这时配合剂尚未被分散,其粒子的初始尺寸不减少,这是混炼的第一阶段,亦称为湿润过程。

随后,在湿润阶段所形成的大胶团,在很大的剪切应力作用下,又被重新逐渐细化,混入橡胶内的配合剂聚集体被搓碎,成为微小尺寸的细粒,并均匀分散到生胶中,逐渐变成新的大胶料块,直到形成连续相,完成均化过程。这是混炼的第二阶段,也就是配合剂在生胶中的分散过程。

在胶料基本完成混合后,混炼若继续进行,则生胶大分子链受破坏逐步明显,分子量下降,表现为黏度下降,弹性恢复效应降低,这是混炼过程的第三阶段。

从混炼过程中的第二阶段向第三阶段过渡时,混炼事实上已经完成。虽然从理想状态来讲,混炼的终极目的应该是配合剂的每一个粒子在橡胶中完全分离,呈无序分布,且完全被橡胶所湿润,但这种理想状态实际上是不可能达到的。随着混炼时间的延长,配合剂粒子进一步分散所改善的性能,会被橡胶降解引起的相反效果所平衡。平衡点所对应的混炼时间,就是获得最好力学性能的最宜混炼时间,超过此点粒子再分散也无好处。

从对混炼过程的分析可以看出,在粒状配合剂与橡胶的混炼过程中,配合剂每一颗粒的表面必须完全被橡胶包围和湿润。因此,橡胶的流动能力显然对混炼起着很重要的作用。橡胶的黏度越低,对配合剂粒子的湿润性就越好,混合也越容易。但从另一方面来看,细粒子的配合剂都成聚集体存在,这种聚集体是由很多数目的粒子所组成,混入橡胶后,还应被扯开,才能达到细分散的目的。这就要求橡胶具有较高的黏度,在混合过程中才能产生较大的剪切力,扯开配合剂粒子的聚集体,使之分散。因此,为了满足这两种互相矛盾的要求,正确选择橡胶的可塑度和混炼温度是非常重要的。

(4) 混炼工艺　开炼机混炼是橡胶工业中最古老的混炼方法。长期以来,它的操作基本原理和主要结构没有多大变化,由于它存在着诸如生产能力低、劳动强度大、污染环境和容易造成人身安全事故等缺点,已逐步被密炼机的混炼代替。但开炼机的灵活性大,适用于规格小、批量小、品种变化频繁、胶料需要量不大的橡胶生产。此外,对一般不易在密炼机中混炼的胶料,如海绵胶、硬质胶和某些生热量较大的合成胶等,仍需在开炼机中混炼。所以,开炼机的混炼仍有其特殊的用途。

开炼机混炼过程一般包括包辊、吃粉和翻炼三个阶段。

① 包辊　使用开炼机进行混炼时,首先要将生胶包于前辊上,这是开炼机混炼的前提,是混炼操作得以实施的基本条件。包辊状态是橡胶流变特性的典型表现。由于各种生胶的黏弹性质有所不同,当温度变化时,生胶在辊上的行为会出现四种状态,如图4-3所示。

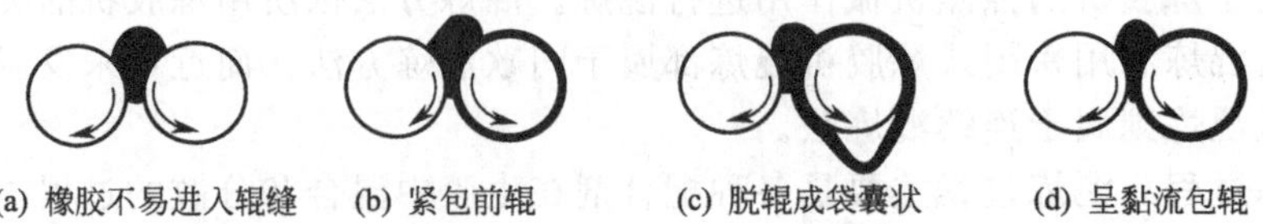

(a) 橡胶不易进入辊缝　　(b) 紧包前辊　　(c) 脱辊成袋囊状　　(d) 呈黏流包辊

图4-3　橡胶在开炼机中的几种状态

第一种状态是生胶在辊距上停滞,不能进入辊距,以致不能包辊。这是因为混炼温度太低,生胶弹性过大,塑性不足,在这种状态下不能进行混炼。

第二种状态是生胶加入辊距后就紧包在前辊而形成光滑无隙的包辊胶,这是正常混炼的包辊状态。

第三种状态是生胶通过辊距后不能紧包在辊筒上,部分生胶通过辊距后脱辊而挂成囊形(或出兜)的现象。这是因为温度较高,胶料塑性增大,分子间力减小,弹性和强度下降,生胶的扯断伸长率减小,易断裂而脱辊,此时会出现混炼操作困难。

第四种状态是呈黏流态包辊。胶料粘住辊筒表面,无法切割,原因是温度过高,胶料呈完全塑性,弹性丧失。在该状态下,混炼可正常进行,但对配合剂的分散不利。这种状态适合于压延。

包辊的关键是调整辊温,使胶料的弹塑比处于适当值,从而形成良好的包辊状态。混炼时,一般应控制在第二种状态,避免出现第一种和第三种状态。

② 吃粉 将配合剂混入胶料内的这个过程称为吃粉。在胶料包辊,加入配合剂之前,要使辊距上端保留适当的堆积胶,适量的堆积胶是吃粉的必要条件。当堆积胶过少时,胶料与配合剂只能在周向产生混合作用,纵向的混合作用较小,而且会使配合剂压成薄片,造成混炼不均;堆积胶过多时,一部分堆积胶会在辊距上浮动打滚,无法进入辊距,也会造成混炼困难。当堆积胶适量,在辊筒上方折叠形成波纹状,并不断翻转和更替,这时配合剂进入波纹状部分,被带入辊距,并在辊距间受到剪切力作用被搓入橡胶中,产生有效的混炼作用。

在开炼机混炼时,应控制堆积胶的堆积高度,保证不超过接触角(或称咬胶角)的范围内。一般,橡胶与钢材的摩擦角为48°~50°,所以,咬胶角应小于48°,通常采用32°~45°。

③ 翻炼 在开炼机混炼时,胶料只沿着辊筒转动的方向上产生周向流动,表现为层流。吃粉过程仅在一定胶片厚度内进行,达不到包辊胶的全部厚度,一般只能达到胶层厚度的2/3处,此层在混炼时会受到堆积胶的挤压和辊距间的剪切作用,成为混炼中的活动层;而剩下的1/3厚度的胶层紧包在辊筒上,粉料无法擦入,不能产生流动,成为混炼中的死层,故开炼机的混合作用小,需在吃完粉后采用翻炼的方法使胶料混炼均匀。

常用的翻炼方法有斜刀法,即将胶料在辊筒上左右交叉打卷而使之混合均匀;三角包法,此法是将辊筒上的胶片拦腰割断,将胶片左右交替折叠成三角形状的胶包,待胶料全部通过辊距后,再将三角胶包推入辊距中,反复多次进行混炼;捣胶法,此法是用割刀从左到右或从右到左横向将胶片切到一定宽度,然后向下转刀继续割胶,使被割胶片落到底盘上,待堆积胶将消失时即停止割胶,让割落的胶料随附贴在辊筒上的余胶带入辊距,反复多次,直至均匀。

上述翻炼法的劳动强度均较大,目前对于大型开炼机已采用附加的翻炼辅机,可大大降低劳动强度。

(5) 影响混炼的因素 影响开炼机混炼效果的工艺因素有装胶容量、辊距、辊速及速比、温度、时间、加料方式及顺序等。

开炼机混炼时装胶容量会影响混炼胶的质量。容量过大,会造成堆积胶量过多,堆积胶只在辊距上方打转而降低混炼作用,影响分散效果;容量过小,则设备利用率低,而且会造成胶料的过炼。合理的装胶容量是使胶料通过辊距时,能够形成波纹和折皱,避免有胶块在辊距上方打滚为宜,当加入配合剂时,配合剂可被胶料的波纹或折皱裹夹入辊距内,并产生横向混合作用,使混炼作用提高。合适的装胶容量也可由经验公式计算:$V=KDL$,其中$V$为装胶容量,单位 L;$K$ 为辊筒直径,单位 cm;$D$ 为辊筒长度,单位 cm;$L$ 为装料系数,

一般为 $0.0065\sim0.0085L/cm^2$。此计算只为一般装胶容量，实际的装胶容量还要视其胶种、填料含量、开炼机规格等具体情况酌情而定。

混炼时的辊距一般取 $4\sim8mm$。吃粉阶段辊距可适当大些；翻炼时，辊距小些，以产生高剪切力，有助于配合剂的分散。

开炼机混炼时的辊速一般控制在 $16\sim18r/min$ 内。辊速快，配合剂的混入和分散速率快，混炼时间短，但操作不安全且温度控制较困难；辊速慢，混炼时间长，混炼效率低。速比可加强辊距间的剪切作用力，以促进配合剂的擦入和分散。速比设置要适当，如果速比过大，剪切力大，生热快，易产生焦烧；速比小，剪切作用差，配合剂分散困难。因此，速比一般为 $1:(1.1\sim1.2)$。

开炼机混炼时，由于剧烈的剪切作用而产生摩擦热，使胶料和辊筒温度升高。如果辊温过高，则会导致胶料太软，削弱剪切效果，使分散不均匀，甚至引起胶料焦烧和低熔点配合剂熔化结团，无法分散。因此，辊温一般要通过冷却保持在 $50\sim60℃$ 之间。

合理的加料顺序有利于开炼机混炼过程的顺利进行。一般加料的原则是：用量少、难分散的配合剂先加；用量大、易分散的后加；为了防止焦烧，硫黄和超速促进剂一般最后加入。通常采用的加料顺序为：塑炼胶、再生胶、母炼胶→促进剂、活性剂、防老剂→补强、填充剂→液体软化剂→硫黄、超速促进剂。

#### 4.2.2.3 混炼胶的加工成型

混炼胶通过压延、压出（挤出）、模压成型、成型等工艺，可以制成一定形状的半成品。

压延是使物料受到延展的工艺过程。橡胶的压延是指通过压延机辊筒间对胶料进行延展变薄的作用，制备出具有一定厚度和宽度的胶片或织物涂胶层的工艺过程。主要用于胶料的压片、压型、贴胶、擦胶和贴合等作业。压片是把混炼胶制成具有规定厚度、宽度和光滑表面的胶片。压型是将胶料制成表面有花纹并具有一定断面形状的带状胶片。贴合是通过压延机使两层薄胶片合成一层胶片的作业，用于制造较厚而要求较高的胶片。在纺织物上的压延分贴胶、擦胶两种。利用压延机辊筒的压力使胶片和织物贴合成为挂胶织物称贴胶，贴胶时两辊转速相等；而擦胶则是利用压延机辊筒转速不同，把胶料擦入织物线缝和捻纹中。压延机是压延工艺的主要设备，一般包括 $2\sim4$ 个辊筒。

压出（挤出）工艺是胶料在压出机机筒和螺杆间的挤压作用下，连续通过一定形状的口型，制成各种复杂断面形状半成品的工艺过程。

成型工艺是把构成制品的各部件，通过粘贴、压合等方法组合成具有一定形状的整体的过程。

模压成型法是将把胶料剪裁或冲切成简单形状，加入加热模具内，在成型的同时硫化，制品趁热脱模。许多橡胶模型制品如密封垫、减震制品（如胶圈、胶板）等都用此法生产。橡胶的模压成型所用设备有压机和模具。压机的作用在于通过模具对混炼胶施加压力。在橡胶加工中，压机称为平板硫化机。压机的主要参数包括公称吨位、压板尺寸、工作行程和柱塞直径，这些指标决定着压机所能模压制品的面积、高度或厚度，以及能够达到的最大模压压力。模具按其结构的特征，可分为溢式、不溢式和半溢式三种，其中以半溢式用得最多。硅橡胶制品加工所用的模具材料可选用钢、黄铜、铝等，最好用 45 钢。为保证模具的耐久性，模具表面氮化处理或镀铬。模压成型工艺过程分为加料、闭模、排气、固化、脱模和模具清理等，若制品有嵌件需要在模压时封入，则在加料前应将嵌件安放好。主要控制的工艺条件是压力、模具温度和模压时间。

#### 4.2.2.4 硫化

硫化是胶料在一定条件下，橡胶大分子由线型结构转变为网状结构的交联过程，其目的是改善胶料的力学性能和其它性能。硫化是橡胶制品生产中最后一个过程。

根据不同的硫化条件，可以有冷硫化、室温硫化、热硫化。一般橡胶制品热硫化居多。热硫化阶段，混炼胶经压制所得具有一定形状的半成品，在特定的温度和压力（称为硫化温度与硫化压力）下反应一段时间（称为硫化时间），胶料中的生胶和配合剂等会发生一系列的化学变化，使原处于塑性状态的橡胶转变成一定形状的弹性橡胶制品。为了获得性能良好的制品，必须正确配合好硫化剂及其它配合剂的种类和用量，控制与确定最适宜的硫化温度、压力和时间。

在硫化过程中，橡胶的各种性能随硫化时间而发生变化（图 4-4）。如将橡胶的一个力学性能与硫化时间作图，可得到一条能表示硫化历程的连续曲线（图 4-5）。

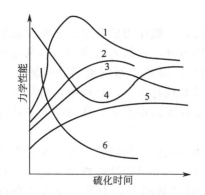
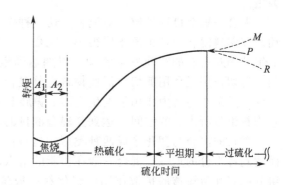

图 4-4　硫化过程胶料力学性能的变化
1—拉伸强度；2—定伸强度；3—弹性；
4—伸长率；5—硬度；6—永久变形

图 4-5　用硫化仪测定的硫化曲线

从硫化曲线中可知硫化历程有以下四个阶段。

(1) 第 1 阶段　焦烧阶段。相当于硫化反应中的诱导期，常称作焦烧时间，实际上包括两部分：$A_1$ 代表橡胶在混炼、压延及压出等工艺操作中因受热已发生硫化反应所占的时间；$A_2$ 代表胶料半成品装入模型中加热硫化下尚能保持流动性的时间。焦烧时间的长短决定于配方与胶料受热的过程。生产过程中必须控制焦烧时间，以利于制取外观好和性能好的最终制品。

(2) 第 2 阶段　热硫化阶段。即硫化反应中的交联阶段，橡胶的性能急剧变化。

(3) 第 3 阶段　平坦硫化阶段。此时交联反应已趋于完成，是形成网状结构物的前期，曲线出现平坦区。

(4) 第 4 阶段　过硫化阶段。是硫化反应中形成网状结构物的后期。此时不断发生交联键的重排与裂解，可能会出现三种情况：①曲线沿 $M$ 点变化，表示继续交联与结构化；②沿 $P$ 点变化，平坦硫化阶段较长；③沿 $R$ 点变化，说明交联的网络结构发生降解。

由上面讨论可知，硫化过程中橡胶制品会达到这样的一个状态，此时它的力学性能指标可呈现出最佳值。这个状态称为正硫化状态，又称正硫化，而达到此状态的时间称为正硫化时间。但是橡胶的各项性能指标往往不能同时到达最佳值，实际上只能根据所需要的主要性能指标来选择最佳点。若单从硫化反应来考虑，"正硫化"应该是达到最大交联密度时的硫化状态，"正硫化时间"是达到最大交联密度所需的时间。显然，由交联密度所确定的正硫化是较为合理的，但它由性能指标所确定的正硫化不一定完全吻合。

正硫化时间的确定非常重要。因硫化"时间、温度和压力"是决定硫化质量的主要工艺条件，故常称为"硫化三要素"。

### 4.2.3 一般塑料制品的成型加工

一般塑料制品的成型加工与橡胶类似，也需要先进行物料的混合，然后再进行成型得到制品。

#### 4.2.3.1 塑料的混合与塑化过程

橡胶的塑炼与混炼和塑料的混合与塑化有很多共同之处，所不同的是塑料的混合与塑化相对橡胶来说较简单一些。

混合一般可分为简单混合和分散混合。简单混合只使各组分作空间无规分布；如果混合过程中产生组分的聚集体尺寸减少，则称为分散混合。在塑料的混合中，真正属于单一混合的情况极少，往往两者同时存在，只不过混合过程是以简单混合为主，不是以分散混合为主。

混合一般是借助扩散、对流和剪切三种作用来实现，扩散作用凭各组分之间的浓度差推动。在塑料混合中，扩散作用很小，配合剂中如有液体组分，扩散才起作用。对流是两种以上组分相互占有的空间发生流动，以期达到组分的均匀。对流一般需要借助机械搅拌来达到。剪切作用是利用剪切力促使物料组分混合均一。其原理是在剪切过程中，物料本身体积不变，只是在剪切力作用下发生变形、偏转和拉长，使其表面积增大，从而扩大了其进入其它物料组分所占有的空间，达到其混合的目的。

塑料的混合与塑化形成两种类型的物料：初混物和塑化料。初混物主要是通过简单混合而达到各组分的均一，混合一般在树脂的熔点以下进行，主要借助搅拌作用完成，如有液体组分则有互溶渗透的扩散作用；塑化料一般是在初混物的基础上，为了改变初混物料的性状，在加热和剪切力的作用下，经熔融、剪切混合而得到均匀的塑性料。一般，聚合物不管合成时生成的是粉状、粒状或其它形状，总多少含有胶凝粒子，为了使其性能均一和便于成型加工，就有必要对初混物进行塑化加工。此外，初混物料经塑化后，除了各种组分的分散更趋于均匀外，同时利用塑化条件驱出其中的挥发物（如残存的单体和催化剂残余物等），以保证制品的性能均匀一致。

塑化是在聚合物的流动温度以上和较高的剪切速率下进行的。在这些条件下，可能会使聚合物大分子发生热降解、力降解、氧化降解（如果塑化是在空气中进行）以及分子取向作用等，这些物理和化学变化都与聚合物分子结构和化学行为有关。另外，助剂对塑化也有影响，如果塑化条件不当，会引起一定的物理和化学变化，给物料带来不良后果。

#### 4.2.3.2 塑料的混合与塑化工艺

（1）塑料的初混合工艺　塑料的混合工艺一般是指聚合物与各种粉状、粒状或液体配合剂（或称助剂）的简单混合工艺。工艺过程可分为原料的预加工与称量及物料的混合两部分。

① 预加工与称量　各种组分物料按配方进行称量前，一般先按标准进行检测，了解其是否符合标准。然后根据称量和混合的要求对某些物料进行预加工。如对某些粉状物料进行过筛吸磁处理，去除可能存在的大粒子或杂质；某些块状物料需粉碎加工；对液体配合剂进行预热，以加快其扩散速率；对某些小剂量的配合剂，如稳定剂、色料等，为有利于均匀分散，防止凝聚，事先把它们制成浆料或母料后，再投入到混合物中。母料指事先制成内含高百分比的小剂量配合剂（如色料）的塑料混合物。浆料指事先按比例称取的配合剂和增塑剂（液体），经研磨、搅匀的液状混合物。

物料按要求预加工后，必须按配方进行称量，以保证粉料或粒料中各种原料组成比率的精确性。物料的称量过程包括各种原料的输送过程，其所用的称量和输送设备的大小、形式、自动化程度及精度等，随工厂的规模、水平、操作性质的差别而有很大的变化。对粉状、粒状的物料，一般用气流管道输送到高位料仓储存，用自动秤称量后放在投料储斗中。对液体物料用泵通过管道输送到高位槽储存，再用计量泵进行称量。这对于生产的自动化、连续化和环境保护都是有利的。

② 物料的混合　混合过程是为了增加各种物料在空间分布的无规程度。混合凭借设备的搅拌、振动、翻滚、研磨等作用完成。使用的设备主要有转鼓式混合机、螺带式混合机、捏合机和高速混合机等。混合一般多为间歇式操作，因为连续化的操作不易控制。近年来，发展了管道式捏合机的连续生产设备，其工作效率高，分散均匀。

混合工艺根据不同情况而大同小异，一般投料顺序是先投入聚合物，紧接着是稳定剂和色料，最后投入填料、增塑剂和润滑剂等物料。当物料混合一定时间后，可根据不同情况，有的需要在设备夹层中通入蒸汽或油等加热介质，使物料加热升温到规定温度，进一步使增塑剂和润滑剂等与聚合物混合更加均匀。待混合均匀后，即可停止加热，结束混合卸料。这种混合物称为初混物或干混料，它可直接用来成型，也可经塑化后生产粒料。

混合终点的判断，理论上可通过取样进行分析，要求各样品的差异降到最小限度。在实际生产中，判断终点大多根据经验决定。如加有增塑剂的混合物，增塑剂应被吸收，渗入聚合物粒子内部，不露在粒子表面，互不黏结为宜。一般，混合多用时间进行控制。

(2) 塑料的塑化工艺　塑料的塑化是借助加热和剪切作用使物料熔化、剪切变形、进一步混合，使树脂及各种配合剂组分分散均匀。

塑料的塑化工艺，可以采用初混物进行，也可以直接投入聚合物和各种配合剂来进行。一般，在工厂都用初混物来进行塑化，主要原因是直接用各种未经混合均匀的物料来塑化需要很长时间，塑化设备较贵，而混合设备比较简单、价廉。因而将混合和塑化任务分开，这样可大大缩短塑化时间，提高塑化效率，聚合物产生的降解会减少，塑化料质量将有所提高。

塑料在塑化过程中经历的热和机械力作用时间较长，因此，在配方中一定要加入稳定剂，以尽可能减少聚合物大分子的破坏。不同种类的塑料配方，有其相应的塑化工艺条件，如温度和时间等。塑化结束，一般采用塑化料的片材测定抗撕力来判断塑化效果。也可用刀切开塑化料来观察其断面情况来判断，如果断面不显毛面，而且颜色也都均匀，即可认为合格。

塑化所用设备过去主要用开放式塑炼机，现在主要用密炼机或单、双螺杆挤出机。现在工厂很少用开放式塑炼机来大量生产塑化料，因为它温度高，劳动强度大，环境条件差。密炼机塑化物料，一般都将各组分预先混合制成初混物，然后趁热加入密炼机中塑化。这样物料能在较短时间内受到强烈的剪切作用，而且基本上是在隔绝空气条件下进行，所以物料在高温下，比开放式塑炼机受到的氧化破坏要小，塑化效果和劳动条件也都要好。目前，在工厂的实际生产中，多采用单、双螺杆挤出机代替密炼机或开炼机进行塑料的塑化。挤出机生产过程连续，一般物料经高速混合机混合，生成初混物，然后放入挤出机直接塑化生产制品或造粒待用。

#### 4.2.3.3　塑料的成型

塑料制品通常是由聚合物或聚合物与其它组分的混合物，受热后在一定条件下塑制成一定形状，并经冷却定型、修整而成，这个过程就是塑料的成型与加工。热塑性塑料与热固性塑料受热后的表现不同，因此其成型加工方法也有所不同。塑料的成型加工方法已有数十种，其中最主要的是挤出、注射、压延、吹塑、模压等，它们所加工的制品重量约占全部塑料制品的80%以上。前四种方法是热塑性塑料的主要成型加工方法。热固性塑料则主要采用模压、铸塑及传递模塑等方法。

(1) 挤出成型　挤出成型是热塑性塑料最主要的成型方法，有一半左右的塑料制品是挤出成型的。挤出法几乎能成型所有的热塑性塑料，制品主要有连续生产等截面的管材、板材、薄膜、电线电缆包覆以及各种异型制品。挤出成型还可用于热塑性塑料的塑化造粒、着色和共混等。

热塑性聚合物与各种助剂混合均匀后，在挤出机料筒内受到机械剪切力、摩擦热和外热的作用使之塑化熔融，再在螺杆的推送下，通过过滤板进入成型模具被挤塑成制品。

挤出机的特性主要取决于螺杆数量及结构。料筒内只有一根螺杆的称为单螺杆挤出机。料筒内有同向或反向啮合旋转的两根螺杆则称为双螺杆挤出机，其塑化能力及质量均优于单螺杆挤出机。

螺杆长度与直径之比称为长径比 $L/D$，是关系物料塑化好坏的重要参数，长径比越大，物料在料筒内受到混炼时间就越长，塑化效果越好。按螺杆的全长可分为加料段、压缩段、计量段，物料依此顺序向前推进，在计量段完全熔融后受压进入模具成型为制品。重要的是挤出物熔体黏度要足够高，以免挤出物在离开口模时塌陷或发生不可控的形变，因此挤出物在挤出口模时应立即采取水冷或空气冷却使其定型。对结晶聚合物，挤塑的冷却速率影响结晶程度及晶体结构，从而影响制品性能。

(2) 注射成型　注射成型又称注射模塑或注塑，此种成型方法是将塑料（一般为粒料）在注射成型机料筒内加热熔化，当呈流动状态时，在柱塞或螺杆加压下熔融塑料被压缩并向前移动，进而通过料筒前端的喷嘴以很快速率注入温度较低的闭合模具内，经过一定时间冷却定型后，开启模具即得制品。

注射成型是根据金属压铸原理发展起来的。由于注射成型能一次成型制得外形复杂、尺寸精确，或带有金属嵌件的制品，因此得到广泛的应用，目前占成型加工总量的20％以上。

注射成型过程通常由塑化、充模、保压、冷却和脱模五个阶段组成。注射料筒内熔融塑料进入模具的机械部件可以是柱塞或螺杆，前者称为柱塞式注塑机，后者称为螺杆式注塑机。每次注射量超过60g的注塑机均为螺杆式注塑机。与挤出机不同的是，注塑机的螺杆除了能旋转外还能前后往复移动。

无浇口注射成型可以避免注射成型制品存在浇口、流道等废边料。无浇口注射成型是从注塑机喷嘴到模具之间装置有歧管部分（也称流道原件），流道分布在内。对热塑性塑料，为使流道内物料始终保持熔融状态，流道需加热，故称热流道。对热固性塑料应使流道保持较低的流动温度，故称为冷流道。无浇口注射成型所得制品一般不再需要修整。

注射成型主要应用于热塑性塑料。但是热固性塑料也可以采用注射成型，即将热固性塑料在料筒内加热软化时应保持在热塑性阶段，将此流动物料通过喷嘴注入模具中，经高温加热固化而成型。如果料筒中的热固性塑料软化后用推杆一次全部推出，无物料残存于料筒中，则称为传递模塑或铸压成型。

随着注塑件尺寸和长径比的增大，在注塑期间要保证聚合物熔体受热的均匀性和足够的合模力就变得相当困难了。反应性注塑成型可克服这一困难。反应性注塑实质上是通过在模具中完成大部分聚合反应，使注射物料黏度可降低两个数量级以上。这种方法已被广泛用于制备聚氨酯泡沫塑料及增强弹性体制品。

(3) 压延成型　将已塑化的物料通过一组热辊筒之间使其厚度减薄，从而制得均匀片状制品的方法称为压延成型。压延成型主要用于制备聚氯乙烯片材或薄膜。

把聚氯乙烯树脂与增塑剂、稳定剂等助剂捏和后，再经挤出机或两辊机塑化，得塑化料，然后直接喂入压延机的辊筒之间进行热压延。调节辊距就得到不同厚度的薄膜或片材。再经一系列的导向辊把从压延机出来的膜或片材导向有拉伸作用的卷取装置。压延成型的薄膜若通过刻花辊就得到刻花薄膜。若把布和薄膜分别导入压延辊经过热压后，就可制得压延人造革制品。

(4) 模压成型 在压延机的上下模板之间装置成型模具，使模具内的塑料在热与力的作用下成型，经冷却、脱模即得模压成型制品。对热固性塑料，模压时模具应加热；对热塑性塑料，模压时模具应冷却。

(5) 吹塑成型 吹塑成型只限于热塑性塑料中空制品的成型。该法是先将塑料预制成片，冲成简单形式或制成管形坯后，置入模型中吹入热空气，或先将塑料预热吹入冷空气，使塑料处于高度弹性变形的温度范围内而又低于其流动温度，即可吹制成模型形状的空心制品。在挤出机前端装置吹塑口模，把挤出的管坯用压缩空气吹胀成膜管，经空气冷却后折叠卷绕成双层平膜，此即为吹塑薄膜的成膜工艺。用挤出机或注塑机先挤成型坯，再置于模具内用压缩空气使其紧贴于模具表面冷却定型，这就是吹塑中空制品的成型工艺。

(6) 热成型 热成型是利用热塑性塑料片材作为原料来制造塑料制品的一种方法。其制造过程是先将塑料片材裁成一定尺寸和形状，把它夹持在框架上，用加热装置将片材加热使其软化达到热弹态，然后对片材施加压力，使其覆贴于模具型面上，取得与模具型面相仿的形状，经冷却定型，从模具脱出再经修整或二次加工（指孔和开口的加工），即成制品。所施加的压力主要是靠片材两面的气压差，但也可借助于机械运动或液压力。

热成型技术的特点是可成型壁厚很薄的制品，用作热成型原料的塑料片材厚度通常在 1～2mm，少数特殊制品所用片材厚度可薄至 0.05mm；可成型表面积很大的制品；与注射模塑相比，热成型方法生产效率高。热成型所采用的原料是片材，成型设备较简单，投资少，但后加工工序多。热成型加工用的塑料品种很多，凡具有良好的热强度（即加热到熔融温度以下、玻璃化温度以上，塑料具有类似橡胶的良好延伸性能）的热塑性塑料都可用于制造热成型制品。热成型用片材采用挤出、压延、浇注等方法制造，片材可以是单层或多层复合，片材表面应平整光滑无缺陷。

(7) 浇注成型 浇注成型又称注塑，是借用金属浇注工艺而来，并在此基础上又发展了一些其它注塑方法。一般将其分为静态浇注、离心浇注、流延注塑、搪塑、嵌注、滚塑和旋转成型等。原料状态除旋转成型采用粉料外，其余皆采用单体、预聚体或单体溶液等液状料。

浇注成型一般为常压或低压成型，对设备和模具强度要求较低；制品尺寸范围较宽，易作大型制品，且制品内应力低，故近年来浇注成型有较大的增长。但浇注成型一般周期较长，所得制品的尺寸准确性较差。

静态浇注是将浇注原料（通常是单体、预聚体或单体的溶液等）注入到涂有脱模剂的模具中使其固化（完成聚合或缩聚反应），从而得到与模具型腔相似的制品。它是浇注成型诸方法中较简便和使用较广泛的一种。用这种方法生产的塑料品种主要有聚酰胺、环氧树脂和聚甲基丙烯酸甲酯等。

离心浇注是将液状塑料浇入旋转的模具中，在离心力的作用下使其充满回转体形的模具，再使其固化定型而得到制品的一种方法。因而它所生产的制品多为圆柱形或近似圆柱形的。离心浇注是靠离心力的作用而达到成型目的，因此模具旋转速率较大，通常从每分钟几十转到两千多转。离心浇注所采用的塑料通常都是熔融黏度较小、熔体热稳定性较好的热塑性塑料。

流延注塑是将热塑性塑料或热固性塑料配成一定黏度的溶液，然后以一定的速率涂布在连续回转的基材上，通过加热以脱掉溶剂并进行塑料固化，从基材上剥离下来就成为流延法薄膜。薄膜宽度取决于基材宽度，长度可以是连续的，厚度则取决于所配溶液的浓度和基材的运动速率等。流延法薄膜的厚度小，最薄可达 $5\sim 10\mu m$，厚薄均匀，不易带入机械杂质，因而透明度高、内应力小，多用于光学性能要求很高的塑料薄膜的制造，但是成本高、强度低、生产速率慢，需消耗大量的溶剂。

## 4.2.4 一般纤维制品的成型加工

### 4.2.4.1 纤维加工的一般工艺

纤维加工过程包括纺丝液的制备、纺丝及初生纤维的后加工等过程。一般是先将成纤高聚物溶解或熔融成黏稠的液体（称纺丝液），然后将这种液体用纺丝泵连续、定量而均匀地从喷丝头小孔压出，形成的黏液细流经凝固或冷凝而成纤维。最后根据不同的要求进行后加工。

(1) 化学纤维的纺丝　工业上常用的纺丝方法主要是熔融纺丝法和溶液纺丝法。此外还有一些改进的新方法。

① 熔融纺丝法　将高聚物加热熔融制成融体，并经喷丝头喷成细流，在空气或水中冷却而凝固成纤维的方法称熔融纺丝法。

熔融纺丝法用于工业生产有两种实施方法：一是直接用聚合所得到的高聚物熔体进行纺丝，这种方法称为直接纺丝法；另一种是将聚合得到的高聚物熔体经铸带、切粒等工序制成"切片"，然后在纺丝机上将切片重新熔融成熔体并进行纺丝，这种方法称为切片纺丝法。采用直接纺丝法可简化生产流程，有利于生产过程的连续化，并可降低成本，但存留在熔体中的单体和低聚物难以去除，因而产品质量较差。熔融纺丝法工艺过程比较简单，但其首要条件是聚合物在熔融温度下不分解，并具有足够的稳定性。图4-6是熔体纺丝流程。

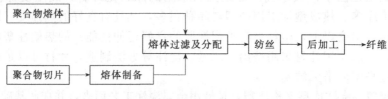

图4-6　熔体纺丝流程

成纤高聚物必须是线形高聚物，其中只有其分解温度（$t_d$）高于熔点（$t_m$）或流动温度（$t_s$）的线形高聚物才能采用熔体纺丝。

例如，聚对苯二甲酸乙二醇酯（PET）是 $t_m < t_d$ 的结晶型高聚物，常采用切片纺丝法。纤维级PET的相对分子质量为15000～22000，$t_m \geqslant 260℃$。PET大分子缺少亲水性基团，吸湿能力差，通常湿切片含水率<0.5%，纺丝前要除去水分。常规纺丝干燥后要下降至0.01%含水率，高速纺丝要下降至0.003%～0.005%含水率。

聚酰胺（PA）纤维以切片熔融纺丝为主，其中包括PA6、PA66、PA610、PA11等。高速纺时，PA切片中的含水量必须<0.08%。

等规聚丙烯可以粉状或粒状固态物料加入挤出机中进行熔融纺丝。纺丝级聚丙烯（PP）相对分子质量为18万～36万，分子量分布系数<6，熔点164～172℃。PP的含水率极低，可不必干燥直接纺丝。

生物降解性的聚乳酸也具有可纺性，熔融纺丝时树脂的含水率必须严格控制在0.005%以下。这是由于在热的作用下，聚乳酸很容易受热水解。

② 溶液纺丝法　将高聚物溶解于溶剂中以制得黏稠的纺丝液，由喷丝头喷成细流，通过凝固介质使之凝固而形成纤维，这种方法称为溶液纺丝法。根据凝固介质的不同又可分为湿法纺丝和干法纺丝。

湿法纺丝的凝固介质为液体，故称湿法纺丝。它是使从喷丝头小孔中压出的黏液细流，在液体中通过，这时细流中的成纤高聚物便被凝固成细丝。湿法纺丝时，由于纺丝液中的溶剂需向凝固浴扩散而脱除，而凝固浴中的凝固剂则又借渗透作用方能进入黏液细流，因此它的凝固过程远比熔融纺丝法慢。所以湿法纺丝速率较低,每分钟出丝几米至几十米,而熔融纺丝法可达每分钟几百米,甚至几千米。为了弥补这一缺点,常采用多孔的喷丝头。目前生产上所用的喷丝头的孔数最多可达 10 万孔以上。宜用于生产短纤维。

干法纺丝的凝固介质为干态的气相介质。从喷丝头小孔中压出的黏液细流,被引入通有热空气流的甬道中,热空气将使黏液细流中的溶剂快速挥发,挥发出来的溶剂蒸气被热空气流带走,而黏液细流脱去溶剂后很快转变成细丝。在干法纺丝过程中,纺丝液与凝固介质(空气)之间只有传热和传质过程,不发生任何化学反应。纺丝速率主要取决于溶剂挥发的速率,因此在配制纺丝液时,要求使用较易挥发的溶剂。同时,纺丝液的浓度尽可能高。目前生产中,干法纺丝速率高于湿法纺丝,而低于熔融纺丝法。干法纺丝主要用于生产某些化学纤维长丝。

③ 其它纺丝方法　合成纤维的主要纺丝方法除熔融纺丝、溶液纺丝等常规纺丝法外,还有干湿纺丝、液晶纺丝、冻胶纺丝、相分离法纺丝、乳液或悬浮液纺丝、反应纺丝、裂膜纺丝、喷射纺丝(电纺丝)等。其中通过电纺丝制备薄膜、含药纤维等在医药卫生行业有较大的应用前景。

(2) 化学纤维的后加工　用上述方法纺制出的纤维,强度很低,手感粗硬,甚至发脆,不能直接用于纺织加工制成织物或用作其它制品,必须经过一系列后加工工序,才能得到结构稳定、性能优良、可进一步加工的纤维。

后加工的具体过程,根据所纺纤维的品种和纺织加工的具体要求而有所不同,但基本可分为短纤维与长纤维两大类。

① 短纤维的后加工　通常在一条相当长的流水作业线上完成,它包括集束、牵伸、水洗、上油、干燥、热定形、卷曲、切断、打包等一系列工序。根据纤维品种的不同,后加工工序的内容和顺序可能有所不同。

集束工序是将纺制出的若干丝束合并成一定粗细的大股丝束,然后导入拉伸机进行拉伸。拉伸是使大分子沿纤维轴向取向排列,以提高纤维的强度。一般拉伸 4~10 倍。热定型是为了进一步调整已经牵伸纤维的内部结构,消除纤维的内应力,提高纤维的尺寸稳定性以改善纤维的使用性能。上油是使纤维表面覆上一层油膜,赋予纤维平滑柔软的手感,改善纤维的抗静电性能。上油后可降低纤维与纤维之间及纤维与金属之间的摩擦,使加工过程顺利进行。

② 长丝后加工　长丝后加工与短纤维后加工相比,加工工艺和设备结构都比较复杂,这是由于长丝后加工需要一缕缕丝(细度为几十特至一百多特)分别进行,而不是像短纤维那样集束而成为大股丝束进行后加工。这就要求每缕丝都能经受相同条件的处理。长丝的后加工过程包括拉伸-加捻、复捻、热定型、络丝、分级、包装等工序。

加捻是长丝后加工的特有工序。加捻的目的是增加单根纤维间的抱合力,避免在纺织加工时发生断头或紊乱现象,同时提高纤维的断裂强度。纤维的捻度以每米长度的捻回数表示。通常经拉伸-加捻后得到的捻度为 10~40 捻/m。需要更高捻度,则再进行复捻。长丝后加工中,拉伸和热定型的目的与短纤维后加工基本相同。

#### 4.2.4.2　纤维加工过程中结构的变化

纤维最终的结构特性,是由纺丝、拉伸、热定型等几个加工工序所形成的。而其中的纺丝形成的结构,对纤维最终结构至关重要,它控制着后加工工序中的结构变化,并间接影响成品纤维的力学性能。但是,由纺丝得到的初生纤维,其力学性能还很差,必须通过一系列后加工工序,才能使纤维的结构和性能符合要求,并具有优良的使用性能。在初生纤维的后加工过程中,对成品纤维的结构影响最大的是拉伸和热定型工序。

(1) 纺丝过程中的取向与结晶　取向是材料在应力场中,结构单元沿外力作用方向上的择优排列。纺丝过程中发生取向,是纤维制造重要的结构化过程之一。纺丝过程得到的预取向度,对拉伸工序的正常操作和成品纤维的取向度有很大影响。

熔融纺丝过程中的取向作用有两种取向机理,一种是处于熔融状态下的流动取向机理,另一种是纤维固化之后的形变取向机理。前者包括喷丝孔内剪切流动中的流动取向和出喷丝孔后熔体细流在拉伸流动中的流动取向。

对于熔融法高速纺丝,卷绕速率高达 4000m/min,甚至 6000m/min 以上,在这种高速纺丝过程中,在克服气流对丝条很大摩擦阻力的同时,丝条已经受到部分或充分的拉伸。这样得到的卷绕丝称为部分取向丝或完全取向丝,可以省去后拉伸工序。

在湿法纺丝中,由于初生纤维含有大量凝固浴液而溶胀,大分子具有很大的活动性,所以未经拉伸纤维的取向度相当低。而且取向只发生在纤维表面的冻胶皮层上。

多数成纤高聚物都能生成结晶。但在工业生产条件下,初生纤维的结晶度可在很宽的范围内变化。对于固化快而结晶慢的聚合物,如聚酯纤维在纺丝线上基本不发生结晶;熔融纺丝中的聚酰胺、聚丙烯纤维等具有中等程度的结晶度;而对于缓慢沉淀的湿法纺丝,如纤维素及聚乙烯醇纤维,其结晶度则接近于平衡值。

(2) 拉伸过程中纤维结构的变化　拉伸是纤维制造过程中的重要工序,常被称为纤维成形的第二阶段。在拉伸过程中,纤维的超分子结构发生变化,主要是取向度的提高及结晶结构的变化。

非晶态高聚物纤维的拉伸取向分两种,大尺寸取向和小尺寸取向。大尺寸取向是指整个分子链取向,而链段可能未取向,如熔融纺丝中的熔体流动取向。小尺寸取向是指链段的取向排列,而大分子链并未取向。在温度较低时的拉伸取向即为小尺寸取向。

晶态高聚物纤维的拉伸取向较复杂,因为在取向的同时伴随着复杂的分子聚集态的变化。拉伸取向过程,实质上是球晶的形变过程。结晶高聚物拉伸取向使伸直链段数目增多,而折叠链段数目减少。由于片晶之间的连接链增加,从而提高了取向高聚物纤维的力学强度和韧性。

不同化学结构的结晶高聚物,在不同的拉伸工艺条件下,结晶的变化情况不同,一般分为三种情况。

① 拉伸过程中相态结构不发生变化,即非晶态的未拉伸试样拉伸后仍保持非晶态;结晶试样则结晶度不变。例如高度溶胀的纤维素纤维拉伸时,结晶度不改变,而是晶粒发生转动并沿纤维轴取向。这是所有结晶性的湿纺纤维在塑化浴中拉伸的典型情况。

② 拉伸过程中,原有的结构发生破坏,结晶度降低。一般拉伸温度越低,分子活动性越小;未拉伸纤维的晶态结构越完整,则原有晶态结构的破坏越严重。在聚酰胺和聚丙烯纤维冷拉时,都观察到结晶度降低的现象。

③ 拉伸过程中发生进一步结晶,结晶度有所增大。有两种因素促进结晶:一种是增加分子的活动性,如提高拉伸温度;另一种是分子取向和应力。如非晶态高聚物的拉伸会伴随着发生取向引发的结晶。

(3) 热定型过程中纤维结构的变化　经纺丝和拉伸后所得纤维的超分子结构尚不完善,也不够稳定。热处理促进了分子运动,同时使内应力得到松弛,因而就可以得到较完整和稳定的结构。

热定型过程中纤维结晶结构的变化与热定型条件有关。对于结晶性高聚物,在无张力下热处理,则结晶度增大,定型温度高,则结晶度的增大往往更快。热处理能使结晶度提高 20%～30%。如进行定长热定型,则纤维的结晶度保持不变或增加很慢。

热定型过程中纤维取向度的变化也与热定型方式有关。经松弛热定型时,取向度减小;定长热定型时,取向度保持不变或有所增加。松弛热定型时,取向度的减小主要是由于非晶区变热后,链段运动而发生解取向所致。而晶区的取向并不降低,只有在接近熔点的很高温度下,才发生迅速解取向。

#### 4.2.4.3 纺丝过程主要工艺参数

不同种类聚合物纺丝过程的工艺参数有所不同,特别是降解高分子材料的控制条件与非降解高分子材料相比更为严格。下面以非降解的 PET 材料进行熔体纺丝为例,介绍熔体纺丝过程的主要工艺参数。

(1) 熔融条件　挤出机各段的温度设定与一般热塑性塑料挤出成型规律相同。在加料段,要防止切片过早熔融造成输送不畅。压缩段的温度 $T$ 为熔点温度 $T_m$ 以上增加 27~33℃,若熔体黏度较大时,温度应相应提高。

熔体自螺杆前端向纺丝部件输送的管路,温度应接近或略低于纺丝熔体温度,一般在 PET 熔点 $T_m$ 以上 14~20℃。

熔体在纺丝箱体中约停留 1~1.5min,通常箱体温度为 285~288℃。

熔体温度直接影响熔体黏度即熔体的流变性能,同时对熔体细流的冷却固化效果、初生纤维的结构以及拉伸性能都有很大影响。若熔体温度、黏度不均匀,则往往产生飘丝、毛丝等异常现象。

(2) 喷丝条件　泵供量的精确性和稳定性直接影响成丝的线密度及其均匀性。当螺杆与泵间熔体压力达 2MPa 以上时,泵供量与转速成直接关系,而在一定转速下,泵供量为一恒定值,不随熔体压力而改变。

喷丝头组件中喷丝板的洁净程度影响纺丝成型过程及纤维质量。组件内压力可达 20~50MPa,因此要严格密封。

(3) 丝条冷却固化条件　冷却吹风工艺条件包括风温、风湿、风速等。

采用单面侧吹风时,应适当提高送风温度,一般在 22~32℃ 范围内,有利于卷绕丝断裂强度的提高。若纺丝速率较高,应降低风温。

一定的湿度可防止丝束在纺丝甬道中摩擦带电,减少丝束的抖动;空气含湿可提高介质的比热容和给热系数,有利丝室温度恒定和丝条及时冷却;此外,湿度对初生纤维的结晶速率和回潮伸长均有一定影响。纺制短纤维时,对卷绕成型要求稍低,送风湿度可采用 70%~80% 的相对湿度,也可采用相对湿度为 100% 的露点风。但是对于采用单面侧吹风时,纺速 600~900m/min,风温 26~28℃,送风相对湿度 70%~80%,风速为 0.4~0.5m/s。采用环形吹风时,最佳风速点较小,风速偏移,显然是由于环形吹风易于穿透丝束之故。若风速过高,不但能穿透丝层且有剩余动能,造成丝束摇晃摆动,在喷丝板处气流形成涡流,使纤维品质指标不匀率上升。

(4) 卷绕工艺条件　卷绕速率通称纺丝速率,纺丝速率越高,纺丝线上速率梯度也越大,且丝束与冷却空气的摩擦阻力提高,致使卷绕丝分子取向度高,双折射率增加,后拉伸倍数降低。当卷绕速率在 1000~1600m/min 范围内,卷绕丝的双折射率和卷绕速率成直线关系;若卷绕速率达到 5000m/min 以上时,就可能得到完全取向的纤维。

在常用的纺丝速率范围内,随着纺丝速率的提高,初生纤维的卷绕张力和双折射率有所增大,同时熔体细流冷却凝固速率加快,也导致纤维中的内应力增大,从而使初生纤维的沸水收缩率增大。

进一步提高纺丝速率至 3000~3500m/min 时,纤维双折射率随纺速增加的速率基本达到最大值,但其结晶度仍很低,不具备成品纤维应有的力学性能。但是如将高速卷绕技术与后拉伸变形工艺相结合,用以加工涤纶长丝,则具有增大纺丝机产量、省去拉伸加捻与络筒工序以改善成品丝质量等优点。

纺丝油剂是由多种组分复配而成,其主要成分为润滑剂、抗静电剂、集束剂、乳化剂和调整剂等。全取向丝的含油率要求达 0.3%~0.4%。

卷绕车间需控温控湿。一般生产厂卷绕车间冬天温度控制在 20℃左右,夏天温度控制在 25~27℃,相对湿度控制在 60%~75% 范围内。

#### 4.2.5 常用加工成型设备

在高分子材料的混合与混炼、成型加工过程中,根据材料的性质和用途,选用的加工设备也有所区别,但是开炼机、挤出机等却是经常用到的设备。因此下面简单介绍几种常用的设备:开炼机、挤出机、压延机、注塑机等。

##### 4.2.5.1 开炼机

开炼机又叫开放式炼胶机和开放式塑炼机。它是通过两个相对旋转的辊筒对橡胶或塑料进行挤压和剪切的设备。各种类型开炼机的基本结构是大同小异的。它主要由两个辊筒、辊筒轴承、机架、横梁、传动装置、辊距调整装置、润滑装置、加热或冷却装置、紧急停车装置、制动装置和机座等组成。开炼机的一种常见结构如图 4-7 所示。

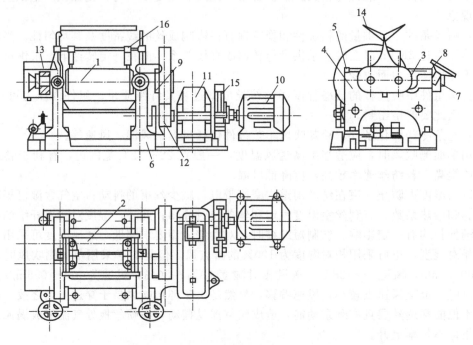

图 4-7 标准式开炼机
1—前辊筒;2—后辊筒;3—辊筒轴承;4—机架;5—横梁;6—机座;7—调距装置;
8—手轮;9—大驱动齿轮;10—电动机;11—减速器;12—小驱动齿轮;
13—速比齿轮;14—安全杆;15—电磁抱闸;16—挡板

开炼机的两个辊筒 1 和 2 平行放置及相对回转,辊筒为中空结构,内部可通入介质加热或冷却。在机架 4 上,机架则与横梁 5 用螺栓固定连接,组成一个力的封闭系统,承受工作时的全部载荷。机架下端用螺栓固定在机座 6 上,组成一个机器整体。安装在机架 4 上的调距装置 7,通过调距螺杆与前辊筒轴承连接,转动手轮 8 进行两辊筒之间的辊距调整。后辊筒一端装有大驱动齿轮 9,由电动机 10 通过减速器 11 带动小驱动齿轮 12 将动力传到大驱动齿轮9上，使后辊筒转动，后辊筒另一端装有速比齿轮13，它与前辊筒上的速比齿轮啮合，使前、后辊筒1和2同时以不同线速度相对回转。为调整混炼过程辊筒的温度，由冷却系统或加热系统通过辊筒内腔提供冷却介质或加热介质。如出现紧急情况，可拉动开炼机上端的安全杆14，开炼机便自动切断电源，并通过电磁抱闸15使开炼机紧急刹车。为了防止物料从辊筒两端之间挤入辊筒轴承部位，应装有挡板16。

开炼机的规格，国家标准用"前辊筒工作部分直径×后辊筒工作部分直径×辊筒工作部分长度"来表示，单位是mm（毫米）。国家标准规定的开炼机规格与主要技术特征见表4-2所示。

表 4-2 开炼机主要性能参数

| 辊筒尺寸<br>（直径×直径×长度）<br>/(mm×mm×mm) | 前后辊筒<br>速比 | 前辊线速度<br>/(m/min) ≥ | 主电机功率<br>/kW ≤ | 一次投料量<br>/kg | 用途 |
|---|---|---|---|---|---|
| 160×160×320 | 1:(1.2~1.35) | 9 | 7.5 | 2~4 | 塑炼、混炼、热炼、塑化 |
| 250×250×620 | 1:(1.1~1.3) | 14 | 22 | 10~15 | 塑炼、混炼、热炼、塑化 |
| 360×360×900 | 1:(1.1~1.3) | 16 | 37 | 20~25 | 塑炼、混炼、热炼、塑化 |
| 400×400×1000 | 1:(1.1~1.3) | 18 | 55 | 25~35 | 塑炼、混炼、热炼、塑化 |
| 450×450×1200 | 1:(1.1~1.3) | 30 | 50 | 30~50 | 塑炼、混炼、热炼、塑化 |
| 550×550×1500<br>(560×510×1530)① | 1:(1.05~1.3) | 26 | 110 | 50~60 | 塑炼、混炼 |
|  |  |  | 160 |  | 塑炼（供料） |
| 660×660×2130 | 1:(1.05~1.3) | 30 | 160 | 140~160 | 压片 |
| 660×660×2130 | 1:(1.05~1.3) | 30 | 250 | 70~120 | 热炼 |
| 450×450×620 | 1:(2.5~3.5) | 20 | 45 | 300kg/h | 旧橡胶、生胶的破碎 |
| 560×510×800 | 1:(1.2~3) | 25 | 95 | 2000kg/h | 旧橡胶的粗碎 |
|  |  |  | 75 |  | 生胶的破碎 |
| 610×480×800 | 1:(1.5~3.2) | 20 | 75 | 150kg/h | 旧橡胶的粉碎 |
|  |  | 23 |  | 300kg/h | 再生胶的精炼 |

① 为保留规格。

#### 4.2.5.2 挤出机

挤出机是聚合物挤出成型的主要设备，也可作为混合与混炼设备使用。

（1）挤出机结构　挤出机由挤压系统、传动系统、加热冷却系统组成。图4-8是挤出机组成。

① 挤压系统　它是挤出机的关键部分，主要由螺杆和机筒组成。对于一般热塑性塑料，通过挤压系统，物料被塑化成均匀的熔体；对于熔体喂料和带有化学反应的挤出成型，则主要是使物料均匀混合成流体。在螺杆推力作用下，这些均质流体从挤出机前端的口模被连续地挤出。

② 传动系统　其作用是驱动螺杆，保证螺杆在工作过程中所需要的扭矩和转速。

③ 加热冷却系统　它保证物料和挤压系统在成型加工中的温度控制要求。

（2）挤出机辅机　挤出机组辅机的组成根据制品的种类而定，一般说来，辅机由下

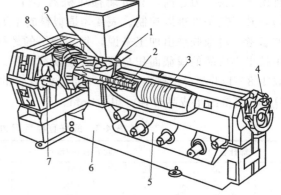

图 4-8 挤出机的组成
1—加料口；2—料筒和螺杆；3—料筒加热器；
4—机头连接器；5—冷却系统；6—底座；
7—传动电机；8—齿轮箱；9—止推轴承

列几部分组成。

① 机头（口模）　它是制品成型的主要部件，当机头口模的出料口截面形状不同时，便可得到不同的制品。

② 定型装置　它的作用是将从口模挤出的物料的形状和尺寸进行精整，并将它们固定下来，从而得到具有更为精确的截面形状、表面光亮的制品。

③ 冷却装置　从定型装置出来的制品，在冷却装置中充分地冷却固化，从而得到最后的形状。

④ 牵引装置　它用来均匀地引出制品，使挤出过程稳定地进行。牵引速率的快慢，在一定程度上，能调节制品的截面尺寸，对挤出机生产率也有一定的影响。

⑤ 切割装置　它的作用是将连续挤出的制品按照要求截成一定的长度。

⑥ 堆放或卷取装置　用来将切成一定长度的硬制品整齐地堆放，或将软制品卷绕成卷。

(3) 挤出机控制系统　挤出机的控制系统主要由电器仪表和执行机构组成，其主要作用是：控制主、辅机的驱动电机，使其按操作要求的转速和功率运转，并保证主、辅机协调运行；控制主、辅机的温度、压力、流量和制品的质量，实现全机组的自动控制。

(4) 挤出机参数及工艺参数　挤出成型中使用最广泛的主机是单螺杆挤出机。标志挤出机工作特性的主要参数是：

① 螺杆直径 $D$（指螺杆的外圆直径 $D$）；

② 螺杆的长径比 $L/D$（螺杆工作部分长度 $L$ 与 $D_b$ 的比值）；

③ 螺杆的转速范围 $n_{max} \sim n_{min}$；

④ 带动主螺杆的电机的功率 $W$；

⑤ 机器的生产能力 $Q$；

⑥ 机筒的加热功率和分段数；

⑦ 机器中心高和外形尺寸（长、宽、高）等，这是衡量和选用挤出机的主要根据，也是设计机器时首先要确定的技术参数。

下面简单介绍一下螺杆直径、螺杆长径比、螺杆压缩比、螺杆转速及机筒温度控制系统。

① 螺杆直径　螺杆直径 $D$ 是指螺杆螺纹部分的外径，它是螺杆的主要参数之一，同时也用它来表示挤出机的规格。我国螺杆直径以 mm 为单位表示。螺杆直径的大小，一般根据制品的断面尺寸和所要求的生产率来确定。用大直径的螺杆挤出小型制品是不经济的，而且由于机头压力过高，有可能损坏机器零件；而用小直径螺杆挤出大型制品也是相当困难的，其工艺条件难以控制。表 4-3 是塑料成型加工中，挤出机螺杆直径与加工制品尺寸范围的参考。对橡胶挤出加工来说，每一规格的螺杆挤出机仅适合一定范围半成品的挤出，一般用挤出半成品的横截面积与螺杆外圆横截面积之比——缩小比来选用挤出机，缩小比一般可取 1/8～1/4 左右；挤出胶管时（如硅橡胶管的挤出），可按经验公式 $D = \pi D_成$ 计算，其中 $D_成$ 代表挤出半成品外径，单位 mm。

表 4-3　螺杆直径系列和塑料制品尺寸的范围

| 螺杆直径/mm | 硬管直径/mm | 吹膜折径/mm | 挤板宽度/mm |
|---|---|---|---|
| 30 | 3～30 | 50～300 | |
| 45 | 10～45 | 100～500 | |
| 65 | 20～65 | 400～900 | |
| 90 | 30～120 | 700～1200 | 400～800 |
| 120 | 50～180 | 约 2000 | 700～1200 |
| 150 | 80～300 | 约 3000 | 1000～1400 |
| 200 | 120～400 | 约 4000 | 1200～2500 |

② 螺杆长径比 螺杆长径比是挤出机的一个重要参数，它决定了物料在挤出机中的停留时间和产量的变化范围。国内的螺杆长径比 $L/D$ 一般在 15～35 之间，国外 $L/D$ 最大可达 49。

③ 螺杆压缩比 物料从固体→熔融→熔体经历了两个物理状态，并随着物料性能不同、工艺条件（螺杆转速、温度不同）变化而变化；各阶段的运动机理不同对流道的要求不同，因此，螺杆结构参数有变化。为适应这个变化过程，将螺杆设计为三段：加料段、压缩段、均化段。加料段是进行高分子物料的固体输送；压缩段是压缩物料并使物料熔融；计量段是对熔融物料进行搅拌和混合（因而也可称为均化段），并定量定压地将熔体向口模输送。物料在挤出过程中，根据它的运动和状态变化情况，也可分为三个区域：固体输送区、熔融区、熔体输送区。螺杆经加工后，这三段不变，而三个区的位置和长短是变化的。图 4-9 是塑料在普通单螺杆挤出机中的挤出过程。

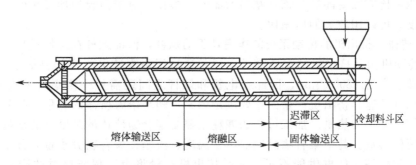

图 4-9 塑料在普通单螺杆挤出机中的挤出过程

加料段的主要作用是接受从料斗来的固体塑料，向前传输，消除加料速率的不均匀性，同时压实固体床。进料段的螺槽体积不变，即是一个等距等深螺纹。在挤出过程中，固体输送是很重要的阶段，如果加料速率太低，螺杆处于饥饿状态，挤出机的产量将比预期的低；如果加料速率太高，塑料的熔融可能不完全，使产品中可能含有熔融的粒料。在挤出机中，塑料的输送都是由与机筒产生的摩擦力完成的。没有这种摩擦力，塑料粒子只能绕着螺杆旋转，停在原地不向前移动。改变螺杆设计、加工温度或原料可以改变塑料和机筒的摩擦，从而提高螺杆的传输能力。

塑料压缩段的重要功能是熔融塑料。压缩段螺槽深度逐渐减小，对塑料产生更大的压力并迫使固体塑料紧贴着机筒壁。挤出机的外部加热和塑料与机筒之间产生的摩擦热，特别是塑料在螺杆剪切作用中的剪切热使塑料软化和熔融。对于机筒直径小于 5cm 的小型挤出机，大部分热量由外部加热提供；而对较大型的挤出机，大部分热量由剪切作用提供。在这些大型挤出机中，机筒下部必须设置夹套，用水或冷空气将多余的热量移走。大多数单螺杆挤出机设计都有利于固体粒子压实并形成固体塞，随后积聚在熔池中。理想情况下固体应该保持完整，直至完全转化为熔体，否则未熔粒子就可能和熔体混杂在一起，引起成型问题。为了保证不熔固体不混入熔体，可以采用屏障式螺杆设计。通常，双螺杆挤出机中物料的熔融比单螺杆挤出机快。

计量段的作用是在均化压力、均化流量下使物料稳定、均匀地被挤出口模，成形为质量良好的制品。所以，计量段螺槽深度不变，是等距等深螺纹。

不管是结晶型高聚物或者是非结晶型高聚物，在挤出过程中，实际上是经历了固体输送、熔融和均化、定压定量输送的三个阶段，各段的绝对长度应该按挤出理论逐一加以计算。但是由于影响因素非常复杂，加之同一根螺杆可能加工多种物料，其工艺条件不容易事先确定等种种原因，实际上根据经验来确定各段的相对长度（即各段占全长的百分比）。如对塑料加工用螺杆，其三段分配如表 4-4 所示；对于橡胶加工用螺杆，由于其长径比较小，螺槽体积的变化都是取渐变的形式，所以没有明显的三段区分。

表 4-4　螺杆三段长度分配

| 塑料类型 | 加料段 | 压缩段 | 均化段 |
| --- | --- | --- | --- |
| 非结晶型塑料 | 10%~25%全长 | 55%~65%全长 | 22%~25%全长 |
| 结晶型塑料 | 60%~65%全长 | 1~2 螺距 | 25%~35%全长 |

螺杆加料段螺槽的体积和计量段螺槽体积之比，称为压缩比 $\varepsilon$，即 $\varepsilon = V_{加料段}/V_{计量段}$。对于加料段和计量段来讲，螺槽体积都是不变的。压缩比越大，产量越小，而制品质量越好。各种塑料加工成型中，只有要求不同的压缩比，才能有使用价值的力学性能。为此，选用挤出机在压缩比方面要能满足该种塑料所需的压缩比。对于薄膜的加工来说，为了得到高度的制品强度，可以用较大的压缩比。

④ 螺杆转速　挤出机的传动系统的作用是驱动螺杆，保证螺杆在工作过程中所需要的扭矩和转速。传动机构是挤出机的重要部件，通常通过无级变速电机来提供能量并控制转速。电机一般运转速率为 1800r/min，因此在电机和螺杆之间还需要一个运转速率为 100r/min 的减速器。螺杆转速是挤出机产量的主要决定因素。塑料熔融所需的热量大部分来自于电机的转动及料筒传递来的热量。加工过程的能耗主要受聚合物熔体的黏度（流动阻力）和由口模产生的背压的影响。其中聚合物黏度取决于温度、流率、聚合物分子量和分子量分布以及聚合物产生的类型等。如果供能不足，那么挤出机产量将由于树脂熔融的能力下降而受到限制。

⑤ 机筒温度控制　安装在机筒外边的加热器和冷却用鼓风机组成的加热冷却系统保证物料和挤压系统在成型加工中的温度控制要求。加热一般采用电子圈或铸铝加热器来加热。所谓铸铝加热器，就是中间是电热丝线圈，可以用此把电能充分转变成远红外线热能；尤其这绝缘和保护电热丝在高温条件下不被氧气氧化而损坏。外面用熔融的铝浇铸而成，使用寿命长。冷却由强制输入的空气或冷却水完成。

在挤出成型中，温度的控制非常重要。挤出机沿着机筒方向至少有 3 个温区，每个温区都有加热和冷却装置。大型挤出机可以有 8 个温区或者更多。每段温区常在机筒上进行测量，而塑料熔融温度实际上可能与测量的温度不同。也可以采用埋入探针的方法测量熔体本身的温度。口模也有一个或多个温控区，但是通常只有加热而没有冷却。尽管测温电阻和红外线温度探测器可以用于温度测量，但是常用的温度测量方法还是用热电偶。加热器的开关控制元件更多是采用比例控制，这样可以使熔体温度的变化更小。

塑料挤出的适宜温度取决于塑料的类型及分子量，也与加工流动性有关。温度增加，塑料熔体黏度下降，产量增加，所需能量减少。但是温度太高，有可能造成物料降解。

4.2.5.3　压延机

压延是高分子材料加工中重要的基本工艺过程之一，也是橡胶和热塑性塑料半成品及成品的重要加工成型方法之一。压延工艺是利用压延机辊筒之间的挤压力作用，并配以相应的温度，使物料发生塑性流动变形，最终制成具有一定断面尺寸的片状聚合物材料或薄膜状材料。也可利用压延工艺将聚合物材料涂覆于纺织和纸张等基材表面，制成具有一定断面厚度和断面几何形状要求的复合材料，如胶布等。

压延过程一般分为前后两个阶段：前一阶段是压延前的备料阶段，主要包括所压延原材料的配制、塑化、热炼和向压延机供料等；后一阶段是压延成型的主要阶段，包括压延、牵引、轧花、冷却、卷取、切割等。因此，压延工艺所用的设备中主机是压延机。

（1）压延机结构 压延机主要由辊筒、机架和轴承、调距装置、辊筒挠度补偿装置及其它装置组成。图 4-10 是 Z 型四辊压延机整体结构。

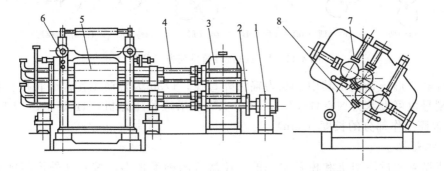

图 4-10　Z 型四辊压延机整体结构
1—电动机；2—联轴器；3—减速箱；4—万向联轴节；5—辊筒；
6—调距装置；7—轴交叉装置；8—胶片厚度检测装置

① 辊筒　辊筒是压延机的主要工作部件。压延时，物料就是在辊筒的旋转摩擦和挤压力作用下发生塑性流动变形，达到压延目的。压延机的辊筒可以是表面光滑或带花纹的圆柱形，也可以是具有一定中高度的腰鼓形。辊筒的排列方式可以呈平行排列或具有一定交叉角度的排列，这些都必须根据工艺上的要求而定。辊筒为中空结构，有的还需要在内部钻孔，以便通入饱和水蒸气和冷却水调节辊温。

② 机架和轴承　压延机辊筒的两端通过轴承与机架相连，但除了中辊轴承固定于机架上之外，其它各辊筒的轴承都是可以移动的，或上下移动，或水平移动，这都要专门的调距装置来完成。

③ 调距装置　常用的调距装置可分为整体式和单独式两种。整体式调距装置是由电动机、蜗轮和蜗杆组成的一套协同动作的机构，它的操作不够简便，机构比较笨重，多用于老式设备中。现代新型压延机常采用单独传动，即每个辊筒（除中辊外）都有单独的电动机调距装置，并采用两级球面蜗杆或行星齿轮等减速传动，这样可提高传动效率，减少调距电动机功率和减小体积，便于实现调距机械化和自动化。

④ 辊筒挠度补偿装置　根据需要，压延机上还配置辊筒的轴交叉装置和预负荷弯曲装置，以满足挠度的补偿需要。

⑤ 其它装置　一套辅助管道装置、电动机传动机构和厚度检测装置。

（2）压延机种类　压延机按辊筒的数量分类，一般有两辊压延机、三辊压延机和四辊压延机。四辊以上的压延机很少使用。两辊压延机的结构大体上与开炼机相同，但其两个辊筒是上下排列的，两辊之间无速比。这种压延机精度不高，只能压片。最普遍使用的是三辊和四辊压延机。三辊压延机常用来压片，也可用于单面贴胶或擦胶。四辊压延机对物料的压延作业比三辊压延机多了一次，因而可生产较薄的塑料薄膜，而且厚度均匀，表面光滑，生产效率高。例如三辊压延机的辊速一般只有 30m/min，而四辊压延机能达到它的 2～4 倍。四辊压延也可用于织物的一次双面贴胶或擦胶，其效率和精度也较高。

压延机按辊筒的排列方式分类如图 4-11 所示。排列辊筒的主要原则是尽量避免各个辊筒在受力时彼此相互发生干扰，并应充分考虑操作上的要求和方便，以及自动供料的需要等。

压延机规格一般用辊筒外直径（mm）×辊筒工作部分长度（mm）来表示。如 $\phi610mm \times$

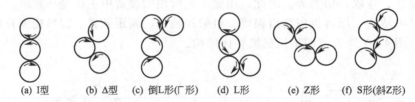

图 4-11 压延机按辊筒排列方式分类

1730mm 四辊 Γ 形压延机,其中 610 为辊筒外直径,1730 为辊筒工作部分长度。我国橡胶压延机的型号也可表示为 XY-4Γ-1730,其中 XY 表示橡胶压延机,4Γ 表示四辊 Γ 形排列,1730 表示辊筒工作部分的长度(mm)。

#### 4.2.5.4 注塑机

注射成型是通过注塑机和模具实现的。注塑机的种类很多,按照其外形特征可分为立式、卧式、角式;按照塑化方式可分为柱塞式和螺杆式,但无论哪种注塑机,一般主要由注射系统、合模系统、液压系统和电器控制系统四部分构成,其具体结构如图 4-12 所示。在这四个组成部分中,与成型加工有直接关系的是注射装置和合模装置。

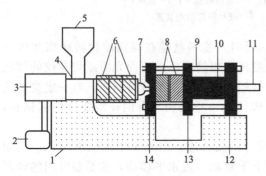

图 4-12 注塑机的结构

1—液压电器系统;2—液压泵;3—液压电机和齿轮;
4—料筒;5—料斗;6—加热器;7—喷嘴;
8—模具;9—拉杆;10—合模装置;11—顶杆;
12—后模板;13—动模板;14—定模板

(1) 注射系统 注射系统由加料装置、料筒、螺杆、喷嘴等组成。其作用是塑化、注射和保压。其中塑化是能在规定的时间内将规定数量的物料均匀地熔融塑化,并达到流动状态;注射是以一定的压力和速率将熔料注射到模具型腔中去;保压是注射完毕后,有一段时间螺杆保持不动,以向模腔内补充一部分因冷却而收缩的熔料,使制品密实和防止模腔内的物料反流。

由于注塑机螺杆在运动上(既作转动又作平移)和功能上(既起塑化作用又有注射功能)与挤出机螺杆不同,因而造成了这两种螺杆在结构与参数上具有一定的差异性,表现在:①注射螺杆的加料段较长(加料段 $L_1$:压缩段 $L_2$:均化段 $L_3$=2:1:1);②长径比和压缩比均比挤出螺杆小,一般长径比为 15~18,压缩比为 2~2.5,这主要因为注射螺杆在转动时只要求它能对物料进行塑化,而不要求它提供稳定的压力;③注射螺杆头部形式不同,一般为尖头,目的是防止物料残存在料筒端部而引起物料降解。如果物料黏度较低,还需要在螺杆头部装上一个止逆阀。

为保证注射操作工艺稳定,使每次注射量保持稳定,注塑机备有定量加料装置,通常采用定体积加料。对于像聚乳酸类易吸湿物料,注塑机的料斗还应备有加热干燥装置。

(2) 合模系统 合模系统由导柱(又称拉杆)、固定模板、移动模板、调模装置、顶出装置、传动装置等。其作用是缩紧模具、固定模具和启闭模具。其中缩紧模具要求提供足够的合模力和系统刚度,使注射时不致开缝溢料;固定模具要求具有足够安装模具的模板面积和模具开合、取出制品的行程空间;启闭模具要求当模具作开合移动时,具有符合工作要求的移模速率。常见的合模系统的基本形式有三大类:液压式合模系统、液压-机械式合模系统、机械式合模系统。

(3) 模具 注射模具是聚合物在注射成型过程中不可缺少的重要部件。其作用在于利用本身的特定形状，赋予聚合物形状和尺寸，给予强度和性能，使其成为有用的型材或制品。可以说注射模具在很大程度上决定着注射制品的生产率和质量，并且其缺陷也极难用成型条件、材料等因素来弥补。对于聚乳酸注射成型的模具，尽量选用热流道系统和排气系统。

简单的模具设计中，制件顶出后，流道中固化的塑料也同时顶出而且必须修除掉。如果流道中的热量能得以保持或不断供给热量，以使塑料维持熔融状态就可避免上述情况发生。将流道嵌在定模内并保持绝热，流道中熔体在正常的注射成型周期中就不会固化；而更为复杂的模具中则采用加热流道系统或热流道来保持塑料处于熔融状态，在这种系统中，流道中塑料熔体在下一成型周期首先进入模具；这就缩短了成型周期，大大减少了边角料。

同热成型模具一样，注射模具也必须设计排气系统，否则残留气体会引起制品的降解、不能准确地充模以及其它不良现象等。最简单的方法是在型芯和型腔的分型面上开设排气孔，对大型制件这可能还不能完全排除气体，需要增开排气口。

（4）注塑机基本参数　注塑机的主要性能参数有注射量、注射压力、注射速率、塑化能力、合模力、合模系统的基本尺寸等。

① 注射量　是指注塑机的最大注射量或称公称注射量，单位为 $cm^3$ 或 g。它是指注塑机在对空注射（无模具）条件下，注射螺杆或柱塞作一次最大注射行程时，注射系统所能达到的最大注射量。注塑机的最大注射量在一定程度上反映了注塑机的加工能力，标志着注塑机所生产的最大制品的范围，所以常把它作为整个机器的规格参数。我国注塑机多采用注射量来代表注塑机的规格。

② 注射压力　是注塑机在注射时，螺杆或柱塞端面施加于料筒中熔料单位面积上的压力，单位为 MPa。对于一台注塑机而言，能达到的最高注射压力是一定的，而注射时的实际注射压力是由克服熔料流经喷嘴、流道和模腔等处的流动阻力所决定的，因此实际注射压力均小于所用注塑机的最高注射压力。

③ 注射速率　是指单位时间内熔料从喷嘴射出的容量，$cm^3/s$。

④ 塑化能力　是指注塑机塑化装置在 1h 内所能塑化物料的质量（以标准塑料聚苯乙烯为准）。它是衡量注塑机性能优劣的重要参数。注塑机的塑化装置应该在规定的时间内，保证能提供足够量的塑化均匀的物料。

⑤ 合模力　是指注塑机合模机构对模具所施加的最大夹紧力，单位为 kN。它在一定程度上反映了注塑机加工制品能力的大小。

⑥ 合模系统的基本尺寸　在一定程度上规定了所用模具的尺寸范围、定位要求、相对运动程度及其安装条件，主要包括模板尺寸、拉杆间距、模板最大开距、动模板行程、模具最大厚度和最小厚度等。

## 4.3　几种典型生物高分子材料的成型加工

生物高分子材料可以是生物橡胶、生物塑料、生物纤维或它们的复合物。硅橡胶是一种典型的生物橡胶，应用广泛，因此本节将以其为典型例子，介绍高温硫化硅橡胶的成型加工方法及过程。由于常规非降解生物塑料和生物纤维的成型加工技术目前比较成熟，参考资料较多，而生物降解塑料由于受诸多因素影响，因此本节主要介绍聚乳酸类可生物降解塑料和纤维的成型加工。由于超高分子量聚乙烯的性质与常规聚乙烯的性质不同，加上其在人工关节方面的应用，因此本节也将介绍超高分子量聚乙烯髋关节的成型加工。

### 4.3.1 生物橡胶-硅橡胶的成型加工

由于硅橡胶具有组织相容性好、不易凝血、耐生物老化、有助于患者伤口部位的愈合和术后并发症较少等一系列优点，在医疗领域得以大量使用，并将逐渐取代天然橡胶，成为天然橡胶的换代产品。目前许多由天然橡胶制作的医用导管类产品正在进行硅橡胶表面改性，如表面涂覆硅橡胶、表面接枝硅橡胶或表面修饰硅橡胶，这些制品经过硅橡胶表面修饰后可以提高生物相容性，减少组织炎症的发生、降低血栓的形成和细菌吸附等。对于硬导管或硬的引流管一般采用硅橡胶复合金属丝制作而成，金属丝在硅橡胶中起加强筋的作用，增加导管的强度。

硅橡胶的加工方法与一般的合成橡胶相同，首先是混炼，然后是成型、硫化。成型方法可以根据制品不同的应用场合所要求的形状，进行不同的成型工艺，如模压成型、挤出成型、压延成型、浸渍涂布等。无论是过氧化物型还是加成型硅橡胶制品，一般都是先将生胶、白炭黑、结构化控制剂、交联剂（C胶）先混炼制备混炼胶，然后再返炼加硫化剂或催化剂后硫化成型。

#### 4.3.1.1 典型配方组成

医用级硅橡胶中一般添加白炭黑作补强材料，同时加入少量的结构控制剂（浸润剂）、交联剂（C胶）、硫化剂等。表4-5是典型过氧化物硫化硅橡胶组成情况，表4-6是典型加成型硫化硅橡胶组成情况。

表 4-5 典型过氧化物硫化硅橡胶组成情况

| 组成 | 硅橡胶生胶 | 结构化控制剂 | 白炭黑 | C胶 | DCBP或DBPMH |
|---|---|---|---|---|---|
| 配比 | 100 | 5~12 | 40~60 | 1.5~3.0 | 1~2 |

表 4-6 典型加成型硫化硅橡胶组成情况

| 组成 | 硅橡胶生胶 | 结构化控制剂 | 白炭黑 | C胶 | 含H硅油交联剂 | Pt-Cat催化剂 | 硫化抑制剂 |
|---|---|---|---|---|---|---|---|
| 配比 | 100 | 5~12 | 40~60 | 1.5~3.0 | 1~1.5 | $15\times10^{-6} \sim 35\times10^{-6}$（以Pt计） | 少量 |

#### 4.3.1.2 开炼机混炼

由于硅橡胶生胶比较柔软，具有一定的可塑性，因此可不经塑炼，而直接采用开炼机或密炼机进行混炼。硅橡胶混炼常用的开炼机尺寸为 $\phi 160mm\times 160mm\times 320mm$，$\phi 250mm\times 250mm\times 620mm$。$\phi 160mm\times 160mm\times 320mm$ 炼胶机的装胶容量为 1~2kg，$\phi 250mm\times 250mm\times 620mm$ 炼胶机的装胶容量为 3~5kg。硅橡胶生胶利用开炼机跟各种配合剂混炼的工序如图4-13所示。

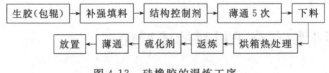

图 4-13 硅橡胶的混炼工序

硅橡胶在加入炼胶机时包慢辊（前辊），混炼时则很快包快辊（后辊），辊筒速比为 (1.2~1.4)：1为宜，较高的速比导致较快的混炼，低速比可使胶片光滑。辊筒必须通冷却水，以使混炼硅橡胶温度保持在44℃以下，防止硅橡胶焦烧或硫化剂的挥发损失。混炼时开始辊距较小（1~5mm），然后逐步放大。混炼时间一般以 15~20 min 为宜。由于硅橡胶胶料比较软，混炼时可用普通腻子刀操作，薄通时不能像普通橡胶那样拉下薄片，而采用钢、尼龙或耐磨塑料刮刀刮下。为便于清理和防止润滑油漏入胶内,应采用活动挡板。气相白炭黑易飞扬,对人体有害,应采取相应的劳动保护措施。如在混炼时直接使用粉状过氧化物,必须采取防爆措施,最好使用膏状过氧化物。

硅橡胶胶料在 150~160℃热处理 1h,目的是为了利于配合剂的分散,有益于提高硫化胶的力学性能。

硅橡胶胶料混炼结束后,应经过一段时间的停放(一般以不少于 24h 为宜),使各种配合剂(特别是结构控制剂)能与生胶充分起作用。经停放后,胶料变硬,可塑性降低,使用前必须进行返炼。返炼采用开炼机,开始时辊距较大(3~5mm),此时胶料较硬,表面是皱纹状,包在前辊(慢辊)上。随着返炼时间的延长,胶料逐渐变软;慢慢缩小辊距(0.25~0.5mm),很快胶料即包在后辊(快辊)上。待胶料充分柔软,表面光滑平整后,即可下料出片。返炼不足,胶片表面有皱纹;返炼过度则胶料发黏而导致粘辊。

返炼温度一般控制为室温。如胶料长期存放(一个月以上)而出现胶料发黏变软、表面产生皱纹等现象时,可再加入 5~10 份左右的气相白炭黑,以改进胶料工艺性能,并保证硫化胶质量。

#### 4.3.1.3 硅橡胶的挤出成型

聚合物中的热塑性塑料和弹性体可在熔融状态或固态下挤出成型。一般硅橡胶比较柔软,故其挤出效果较好,易于操作。用硅橡胶可以挤出各种不同形状和尺寸的制品,特别是应用广泛的硅橡胶管就是通过挤出成型的方法制备的。硅橡胶挤出加工的设备和工具基本上与普通橡胶相似。

聚合物制品挤出生产线的挤出成型过程如图 4-14 所示。一条挤出生产线通常由主机、辅机及控制系统组成。

图 4-14 挤出成型过程

硅橡胶的挤出,选用的挤出机一般为 φ30mm、φ45mm 或 φ65mm 的单螺纹螺杆,长径比为 (10~12):1 效果较好。挤出机工作时,硅橡胶固体物料自料斗加入,螺杆转动,向前推进物料。在螺杆摩擦力作用下,物料沿螺槽向前运动,开始时料温较低,但在连续向前输送过程中,由于物料与机筒、物料及物料之间在运动中摩擦产生热量,使料温升高,而硅橡胶一般在挤出时尽量保持低温,最佳操作温度范围为 40~45℃,但不能超过 55℃,所以机筒和螺杆均须通冷却水。对质量要求较高的产品可在靠近机头部分加装 80~140 目滤网,以除去胶料中的杂质,改善压出质量。硅橡胶从口型中出来时会膨胀,膨胀率取决于胶料的流动性能、坯料厚薄及胶料进入口模时所受的压力。然而,增加或降低引出速率会改变未硫化压出制品的伸长率,从而使其尺寸稍加改变。根据经验,胶管比其口型尺寸膨胀约 3%,而很软的胶料膨胀率比较大,硬度较高的胶料则比较小。当压出其它形状制品时,口模的型孔很少与压出制品的横断面相同,这是由于流动胶料在不同点上的不同摩擦力起作用所致。因此对某一口型,一定要经多次反复试验,这样才能得到所需形状的产品。

对于硬导管或硬的引流管一般采用硅橡胶复合金属丝制作而成,金属丝在硅橡胶中起加强筋的作用,增加导管的强度。一般可以用 T 形机头进行连续生产,先用一般方法压好内胶层,并经预硫化后,再在其外面编织增强钢丝或尼龙,然后使其通过 T 形机头在其外面包覆一层外胶层,最后送往硫化。在成型过程中,若向胶管内充填压缩空气,可防止内胶的塌瘪。

硅橡胶挤出半成品柔软而易变形，因此通常必须立即进行硫化。最常用的方法是热空气连续硫化。如在挤出后不能连续硫化，为防止变形，挤出后应立即用圆盘、圆鼓或输送带接取，用滑石粉隔离以免相互黏结。如发现胶料过软而不适于挤出时，可将胶料再混入3～5份气相白炭黑。一般用于挤出的胶料配方，其硫化剂用量应比模压制品适当增加。硅橡胶的挤出速率低于其它橡胶，当要求同其它橡胶达到相同压出速率时，应采用较高的螺杆转速。

#### 4.3.1.4 硅橡胶的压延成型

硅橡胶的压延机一般采用立式三辊压延机，适宜胶片的厚度在 2～3mm。影响胶片质量的因素主要有辊温、辊速等。辊温高，胶料的黏度低，压延时的流动性好，半成品收缩率低，表面光滑；但若过高，则又容易产生气泡和焦烧现象。辊温过低会降低胶料的流动性，使半成品表面粗糙，收缩率增大。因此加工硅橡胶压延机开动时，上辊温度为 50℃ 左右，中辊应保持为室温，下辊用冷却水冷却。辊筒之间有适当的速比时，有助于消除气泡，但不利于出片的光滑度。为了不影响胶片的光滑程度，又能排除气泡，通常采用中、下辊等速，而在供胶的中、上辊间有适当速比的办法，一般中辊转速比上辊快，速比为 (1.1～1.4):1。压延速率不宜过快，一般为 60～300cm/min。先以低速调整（30～60cm/min）辊距（中、下辊），以保证一定的压延厚度，然后再提高至正常速率（150～300cm/min）进行连续操作。垫布（常采用聚酯薄膜）在中、下辊之间通过，在中、下辊间应保持少量积胶，以便使垫布与胶料紧密贴合。压延后将胶片卷辊扎紧，并送进烘箱或硫化罐中硫化。卷取辊的芯轴应当是空心金属管子，胶卷厚度不能超过 12cm，否则不能获得充分硫化。

当三辊压延机用于硅橡胶贴胶和擦胶时，织物则代替了垫布（聚酯薄膜）在中辊和下辊之间通过。三辊压延机只适用于单面复胶，如果必须两面复胶，在长期生产的情况下应采用四辊压延机。

用于压延的胶料必须正确控制其返炼程度，最好在炼胶机上先不要充分返炼，以期在压延过程中获得足够的返炼，这样可以避免胶料在压延过程中因返炼过度而粘辊。胶料配方对压延也有一定的影响，采用补强性填充剂的胶料压延工艺性能较好。

#### 4.3.1.5 硅橡胶的涂胶

硅橡胶胶料经有机溶剂溶解后，可制成浓度小于 30% 的溶胶，用于硅橡胶薄膜的制备，纤维网、钛网、记忆合金支架等医疗器具的表面涂层处理，以提高上述材料的生物相容性。图 4-15 是硅橡胶膜的制备工艺过程。

图 4-15 硅橡胶膜的制备工艺过程

#### 4.3.1.6 硅橡胶的模压成型

模压成型法在橡胶工业中也是一种极重要的成型方法。将把胶料剪裁或冲切成简单形状，加入加热模具内，在成型的同时硫化，制品趁热脱模。

硅橡胶平板加压硫化，装料的模具温度应保持在硫化剂分解温度以下，以防焦烧；加压后必须迅速解压 1～2 次，以排除模内空气；对于大制品或厚制品，最好在加压下将模具冷却到 70～80℃ 再开启模具，防止制品起泡。硅橡胶模压制品的收缩率变化范围 2%～4%。一般硫化压力为 4～10MPa，硫化温度 120～180℃。

#### 4.3.1.7 硅橡胶的硫化

硅橡胶硫化工艺的特点为：硫化不是一次完成，而是分两个阶段进行的，第一阶段胶料在加压下（如模压硫化）或常压下（如热空气连续硫化）进行加热定型称为一段硫化（或定型硫化）；第二阶段是在烘箱中高温热空气硫化，以进一步稳定硫化胶各项力学性能，称为二段硫化或后硫化。

不同硅橡胶制品采取不同的一段硫化，一般模压制品采用平板机加压热硫化；挤出制品采用热空气连续硫化。硫化条件根据制品厚度、硫化剂种类及硫化方式确定。二段硫化时，过氧化物型硅橡胶主要在硫化温度为 200℃左右硫化 2～8h，用于去除硫化剂分解物；加成型硅橡胶则是进一步完成交联反应。

(1) 一段硫化

① 模压制品的平板硫化　硅橡胶制品硫化时一般不使用脱模剂，应迅速装料、合模、加压，否则容易焦烧，特别是含有硫化剂 DCBP（2,4-二氯过氧化苯甲酰）的胶料。如遇脱模困难时，可用稀肥皂水涂于热模具表面，以使水分迅速挥发，待模具冷却后再装料、合模、加压硫化，定型硫化条件应根据硫化剂的种类和制品规格而定。表 4-7 是典型模压硅橡胶硫化条件。

表 4-7　典型模压硅橡胶硫化条件

| 制品规格 | 时间/min | 压力/MPa | 温度/℃ | 硫化剂 |
| --- | --- | --- | --- | --- |
| 薄制品(厚度<1mm) | 5～10 | 10.0 | 120～130 | DCBP |
| 中等厚度制品(厚度 1～6mm) | 10～15 | 5.0 | 125～135 | DCBP |
| 厚制品(厚度 6～13mm) | 15～30 | 50.0 | 125～135 | DCBP |
| 厚制品(厚度 13～25mm) | 30～60 | 5.0 | 160～170 | DBPMH |
| 厚制品(厚度 25～50mm) | 60～120 | 5.0 | 160～170 | DBPMH |

硅橡胶平板加压硫化时，经常出现制品表面裂口脱皮、有深褐色斑点、有流动痕迹等不希望看到的现象，这些都将影响最终硅橡胶制品的质量。制品表面裂口脱皮主要是由于硫化时胶料发生强烈的热膨胀、收缩和压缩等综合作用造成，一般情况下需要降低硫化温度；准确称量胶料，降低硫化压力；硫化后冷却至 40～50℃时再脱模。制品表面有深褐色斑点，是由于胶料中夹有空气泡，这种情况下应该适当控制返炼程度，避免过度返炼；准确称量胶料，并制成一定形状填充模腔，以便有效地排除空气；加压时要完全压紧模具，并解压几次，以排除空气；模具上设置排气孔。如果制品表面有流动痕迹，则是因为胶料流动受阻，只要胶料充分返炼，并迅速装料、加压，就可避免早期硫化。

② 挤出制品的热空气连续硫化　常压热空气连续硫化的优点是制品长度可不受限制，直径较大或厚度较薄的胶管采用该法硫化，可避免变形过大或损伤等质量问题。其硫化装置为一水平的管式电加热炉，带有（或不带）热空气循环装置。用于硫化纯胶（无织物）压出制品时，在管式炉内装有输送带，其输送速率与压出速率相配合。硫化条件随制品厚度不同而不同，一般温度为 200～450℃，时间由数秒至数分钟不等。表 4-8 是典型常压热空气连续硫化条件。

表 4-8　典型常压热空气连续硫化条件

| 压出制品厚度/mm | 0.9 | 1.6 | 5.1 | 8.5 | 12.7 | 24.4 |
| --- | --- | --- | --- | --- | --- | --- |
| 硫化条件(350℃)/s | 15 | 21 | 48 | 111 | 120 | 215 |

如果是硫化硅橡胶自粘带时，硫化条件为 220℃×3min。为缩短硫化时间，提高生产效率，可采取高温硫化。在硫化过程中，如有一定量的热空气循环，可显著提高硫化速率。

硅橡胶连续热空气硫化时常出现制品表面脆化现象、有气泡、起泡、表面发黏、断面尺寸有变化、有暗纹或污斑等质量问题。制品表面脆化可能是硫化槽温度太高，挤出速率较慢，应该调节硫化槽温度，检查滤网有无局部堵塞而降低了挤出速率。制品存在气泡表明胶料内部有残留空气，这是由于温度不当或混炼速率太快，预制胶条的尺寸太大，卡在入口供料不足引起的。如果制品表面起泡，表明胶粒过分潮湿，必须将胶料储存在干燥地方，并在干燥条件下混炼。制品表面发黏，表明硫化不足，可能是硫化槽温度太低，不适应挤出速率，或者是胶料被油污染，可以提高硫化槽温度或降低挤出速率，或者防止胶料被油污染。制品断面尺寸有变化时，是由于压出速率与硫化输送带速率不一致所致，适当调节挤出与硫化输送带速率即可。如果制品有暗纹成污斑，可能是螺杆在机筒里太紧或弯曲，金属物喂入挤出机，此时需要更换螺杆，清除胶料中杂质。

(2) 二段硫化　硅橡胶制品经一段硫化后，有些低分子物质存在于硫化胶中，影响制品性能。例如，采用通用型硫化剂（如硫化剂 DCBP）的胶料，经一段硫化后，其硫化剂分解产生的酸性物质（如苯甲酸等）仍存在于硫化胶中，导致制品在高温（200℃以上）密闭状态下使用时发生裂解，硬度显著降低，力学性能急剧恶化，丧失使用价值；采用乙烯基专用型硫化剂的胶料，经一段硫化后，其硫化剂分解产物虽不具有酸性，但属于低分子易挥发物质，它们的存在也影响高温使用性能；胶料本身所含有的挥发物质，经一段硫化后，也有一部分残留在硫化胶中，影响制品质量。为此，需经二段硫化以除去上述物质，保证产品质量。

二段硫化是在电热鼓风箱中进行的，也称烘箱硫化或后硫化。硅橡胶经二段硫化后，强度、伸长等性能趋于稳定，压缩永久变形性能显著改善，电性能、耐化学药品性和耐热性也有所改善。

二段硫化对设备的要求是，能迅速升温，在 300℃ 下能连续工作；具有足够的鼓风量，使箱内温度均匀，并使硫化过程中产生的挥发物及时排出，以免发生着火爆炸；便于放置和取出制品。

硫化操作一般是先将制品在室温下放置于烘箱内，然后逐步升温至硫化温度，保持恒温一定时间，制品的放置情况以方便和不产生变形为宜。模制品可平放在铺有玻璃布的金属网上或开有小孔的不锈钢板上，胶板可悬挂在烘箱中，压出制品平放在不锈钢板上或卷在带透气孔的圆鼓上。一次装入的产品不宜过多，以免因挥发物过多而引起着火或爆炸。一般 0.8m×0.8m×0.8m 的鼓风烘箱，一次可硫化约 20~30kg 的胶板。挥发物很多时，可打开箱门排出。

二段硫化条件应根据制品的胶料配方、规格尺寸和使用要求而定，一般情况下二段硫化温度应略高于制品使用温度。通常起始温度为 150℃（或更低），然后逐步升温达 200~250℃，保持恒温。硫化时间从数小时至几十小时不等。对于厚制品均采取较长时间的中间阶段逐步升温，以防起泡。采用硫化剂 DBPMH 的乙烯基硅橡胶胶条，典型二段硫化条件如表 4-9 所示，表中时间包括升温和恒温，20mm 以上的厚制品升温速率宜采取 5~10℃/h。

表 4-9　典型乙烯基硅橡胶胶条二段硫化条件　　单位：h

| 成品厚度/mm | 烘箱温度/℃ | | | | | 合计 |
| --- | --- | --- | --- | --- | --- | --- |
| | 150 | 175 | 200 | 225 | 250 | |
| 1~5 | 1 | — | 1 | — | 2 | 4 |
| 5~10 | 1 | 1 | 1 | 1 | 2~4 | 6~8 |
| 10~15 | 1~2 | 1~2 | 1~2 | 1~2 | 4~6 | 8~14 |
| 15~20 | 1~2 | 2~3 | 2~3 | 3~4 | 4~6 | 12~18 |
| 20~30 | 2~3 | 3~4 | 3~43 | 4~5 | 4~8 | 16~24 |

硅橡胶二段硫化时制品常出现开裂起泡、压缩变形大、硬度过高或过低、发黏等现象。制品开裂气泡是因为挥发分排出过快或定型硫化制品内部隐藏空气，需要调整逐步升温条件，减慢升温速率；检查返炼的胶料，去除空气泡。制品压缩变形大可能是由于硫化不足或胶料配方选用不当，解决方法有：①再放入烘箱中延长硫化时间；②增加空气流通量；③减少制品放入数量；④核对烘箱温度；⑤选用压缩变形小的胶料。制品硬度过高可能是因为烘箱加热硫化过度，需要核对烘箱各部位温度和检查温度控制系统。制品硬度、强度过低，发黏有黑斑，可能是挥发气体局部集中使硅橡胶降解，可以减慢升温速率、及时排出挥发物、检查空气流通量、延长硫化时间，以充分排出挥发气体。

### 4.3.2 生物塑料-聚乳酸的成型加工

聚乳酸（PLA）是一种以可再生的植物资源为原料、经过化学合成制备的生物降解高分子。它是一种热塑性脂肪族聚酯，玻璃化温度和熔点分别是60℃和175℃左右，在室温下是一种处于玻璃态的硬质高分子，其热性能与聚苯乙烯相似。

聚乳酸能够与普通高分子一样进行各种成型加工，如挤出、注塑、吹膜、纤维成型等，制备的各种薄膜、片材、纤维经过热成型、纺丝等二次加工后得到的产品可以广泛应用在无纺布、手术缝合线、包装等领域。聚乳酸在一次成型中，一般需要经过加热塑化、流动成型和冷却固化三个基本过程，在二次成型中，则将一次成型所得的片、管等塑料成品，加热使其处于橡胶态时，通过外力使其变形而成型为各种较简单形状，再经冷却定型得到产品。本小节将介绍聚乳酸的挤出成型、注射成型、泡沫塑料成型、自增强材料成型，其它的成型方法可以参考普通塑料的成型加工方法。

聚乳酸在挤出、注塑等成型加工过程中，会发生复杂的物理和化学变化，这些变化与聚乳酸的热性能、熔体的流变性及结晶、取向、降解有关，并对成品的质量有很大的影响。如何合理地控制工艺条件是成型加工的关键，因此在介绍聚乳酸的成型加工方法前，先来了解一下与聚乳酸成型加工有关的基础知识。

#### 4.3.2.1 聚乳酸成型加工基础

（1）聚乳酸的降解　聚乳酸的成型通常是在高温和应力作用下进行的，聚乳酸大分子由于受热和应力作用或在高温下受微量水分、酸、碱等杂质及空气中氧的作用而发生分子量降低或大分子结构改变等化学变化，这种变化一般称为降解。其降解程度的大小反映了聚乳酸的加工热稳定性好坏。这种降解不同于聚乳酸在细菌、真菌、藻类等自然界存在的微生物作用下发生的化学、生物或物理作用下的降解或分解。因此，在加工时由热、水、酸、碱等引起的聚乳酸的分子量降低或分子结构的变化是不希望看到的，也是要尽量减少或避免的。

聚乳酸在成型加工中的降解主要有热降解、热水解、热氧化降解、酯交换反应等几类。聚乳酸在温度超过190℃时对热降解高度敏感，在较高温度下长时间作用或在高温下短时间作用都会发生降解，导致分子中端羧基含量增加，黏度下降，由于生成挥发性产物导致质量损失、变色及产生不需要的副产物，所有的这一切都会影响最终产物的性质。聚乳酸降解的基本反应如图4-16所示。

聚乳酸发生以上副反应的影响因素有：残留催化剂的种类与含量、各种残留的小分子、聚乳酸的起始分子量、温度等。

① 残留催化剂的影响　化学合成的聚乳酸中不可避免会残留催化剂，催化剂的存在导致的热降解反应是聚乳酸降解的一个主要因素。残留催化剂会导致聚乳酸的热分解温度降低。聚乳酸热分解温度和残留催化剂金属含量之间有如下关系：

$$T_{dec} = T_0 - N \ln m$$

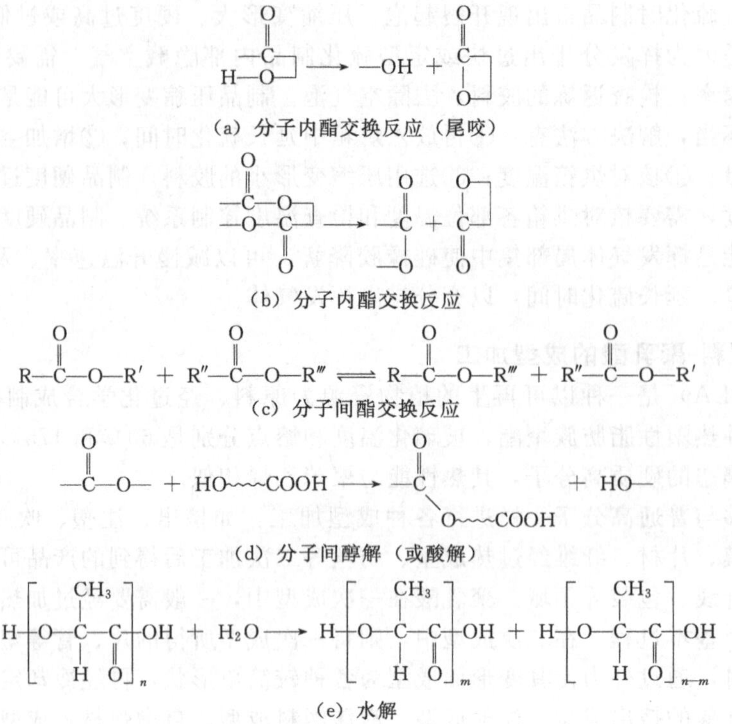

(a) 分子内酯交换反应（尾咬）

(b) 分子内酯交换反应

$R-\overset{O}{\overset{\|}{C}}-O-R' + R''-\overset{O}{\overset{\|}{C}}-O-R''' \rightleftharpoons R-\overset{O}{\overset{\|}{C}}-O-R''' + R''-\overset{O}{\overset{\|}{C}}-O-R'$

(c) 分子间酯交换反应

(d) 分子间醇解（或酸解）

(e) 水解

(f) 热消除

图 4-16 聚乳酸降解的基本反应

式中，$T_0 = 330℃$，是相对分子质量为 23 万的纯 PLLA 的热分解温度；$m$ 是相对于聚合物的金属的量（$\times 10^{-6}$）；$N$ 是影响因子，不同金属，$N$ 不同，对于 Fe、Al、Zn、Sn 的 $N$ 值分别为 13.4、8.6、8.1 和 6.8。图 4-17 是不同催化剂金属含量对 PLLA 分解温度的影响。

过渡金属能够使酯基高度并列，因此加速酯交换反应，从而使高分子降解加剧。由于 Sn 和 Zn 对丙交酯聚合反应催化效果最好，因此和 Fe、Al 相比，造成 PLLA 的热分解温度较高。几种金属催化剂中对 PLLA 降解影响程度按照以下顺序递减：Fe>Al>Zn>Sn。

当单体质量分数含量为 1%～2% 时，PLA 的热分解温度降低大约 1～2℃；而含量相同的残留金属却导致 PLA 热稳定性急剧下

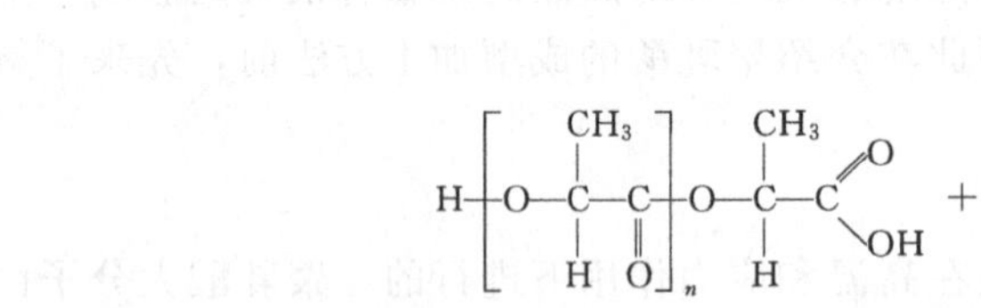

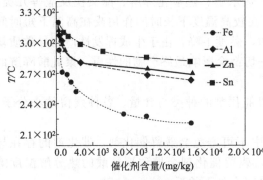

图 4-17 不同催化剂金属含量对 PLLA 分解温度的影响

降。对应于 Fe、Al、Zn、Sn、PLA 的热分解温度分别降低了 110℃、70℃、60℃和 50℃。说明残留金属种类及浓度是影响 PLA 热稳定性的关键因素。对聚合物提纯从而减少催化剂的残余量，能够有效抑制 PLA 热降解。提纯不仅仅去除游离的催化剂，也去除残余乳酸、丙交酯和其它杂质。

② 残留小分子的影响　聚乳酸中残留的乳酸、丙交酯和水等小分子化合物会导致聚乳酸的热分解温度降低和降解。表 4-10 是单体含量对 PLLA 热分解温度的影响，图 4-18 是不同单体含量的聚乳酸在 150℃下 60min 热重分析图中加热时间与聚合物质量的影响，图 4-19 是不同水分含量的聚乳酸在 160℃熔体流动速率与时间的关系。

表 4-10　单体含量对 PLLA 热分解温度的影响

| 单体/%（质量分数） | 添加 L-乳酸的 PLLA 的热分解温度/℃ | 添加 L-丙交酯的 PLLA 的热分解温度/℃ |
| --- | --- | --- |
| 0 | 324 | 324 |
| 1 | 322 | 323 |
| 5 | 321 | 322 |
| 10 | 319 | 319 |
| 20 | 316 | 317 |
| 50 | 308 | 309 |

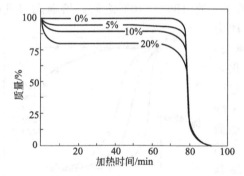
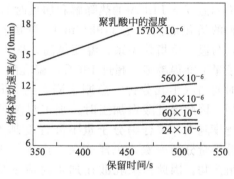

图 4-18　L-乳酸含量 0%、5%、10%、20%时聚乳酸在 150℃下加热时间与质量的关系

图 4-19　不同水分含量的聚乳酸在 160℃熔体流动速率与时间的关系

表 4-10 数据表明，PLLA 中无论残留 L-乳酸或残留 L-丙交酯，都将影响 PLLA 的热分解温度，而且随着残留单体量的增加，热分解温度不断降低。图 4-18 的结果表明，聚乳酸中残留单体越多，聚合物重量损失越大，但是热分解温度不随单体含量而改变，而且 60min 热处理能够成功地移走小分子物质，而不影响材料的热稳定性。因此，聚乳酸的纯度是一个重要的控制条件。通过聚乳酸的纯化，不仅可以去除残留的催化剂，而且残留的乳酸、丙交酯、水分等都可以有效排除，以减少聚乳酸在加工过程中的降解。聚乳酸的提纯可以通过多次溶解-沉淀进行。

图 4-19 的结果表明，聚乳酸中水分的存在将影响聚合物的熔体流动速率。聚乳酸中水分含量越大，熔体流动速率越大，表明聚乳酸分子量越小。当聚乳酸树脂含水率低于 $100\times10^{-6}$ 时，PLA 只有非常小的老化。而当含水率提高，PLA 的熔体流动速率从 8g/10min 提高到了 14g/10min，90s 以后变为 17g/10min，降解得非常快。由于 PLA 的水解导致分子中的端羧基含量增加，而端羧基对聚乳酸的水解起催化作用，随降解的进行，端羧基量增加，降解加快，即所谓的自催化现象。无定形聚乳酸（PDLLA）是一种能够吸水的高吸湿性聚合物，但是半结晶的聚乳酸只有百分之几的水分吸收率。树脂的水分含量增加会加速 PLA 的热水解反应，因此树脂的干燥非常重要，优化干燥条件能够减少加工中的热降解程度。

③ 聚乳酸起始分子量的影响 聚乳酸起始分子量不同,其热分解温度不同。用 TGA 测定(升温速率 10℃/min)不同黏均分子量聚乳酸的热分解温度(图 4-20)发现,随着聚乳酸黏均分子量的增加,热分解温度迅速升高。因为分子量越低,分子中端羧基所含比例越大,会促进热降解反应。因此 PLLA 低聚物耐热性差,并且在较低温度下易发生分解。当分子量增加到一定程度后(14 万左右),热分解温度趋于平稳。这是因为和主链上酯基重复单元相

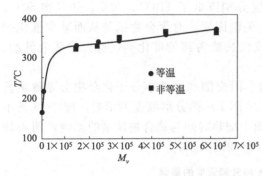

图 4-20 分子量对 PLLA 降解温度的影响

比,端羧基的比例可以忽略不计,所以 PLLA 的热分解温度受分子量的影响而变化不大,介于 330~340℃之间。

聚乳酸起始分子量不同,在热降解过程中其分子量降低速率不同,起始分子量越高,在起始阶段,分子量降低速率越快;但在后期,其降低速率变慢;而起始分子量较低的聚合物,虽在起始阶段分子量降低速率较慢,但最先达到分子量变化平衡。

④ 加热温度和加热时间的影响 聚乳酸在温度超过 190℃时对热降解高度敏感。图 4-21 是不同温度下 PLLA 的热降解和加热时间的函数关系。在 180~210℃之间,熔融态聚乳酸降解的活化能大约是 119kJ/mol,降解符合一级动力学,与温度呈指数关系。温度越高,聚合物降解越快,分子量下降得越多。超过 190℃,聚乳酸分子量在很短的时间内(十几分钟)急剧下降,到 30min 左右趋于平缓。因此聚乳酸在加工时,加工温度越高,PLA 降解程度越大,聚合物分子量下降程度越大,同时还会使分子量分布变宽,色泽变黄,产生气态和非气态的分解产物。因此,聚乳酸在加工时应尽量降低熔融共混温度,以免高温降解;同时尽量减小物料在螺杆中的停留时间。

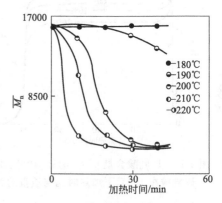

图 4-21 不同温度下 PLLA 的热降解和加热时间的函数关系

⑤ 剪切力的影响 强烈的剪切力可使聚合物的分子量降低,聚合物的塑炼就是利用这一特性。在聚乳酸成型加工时,不同的加工成型方法对最终产品的分子量有较大的影响,因此也会影响制品的最终性能。双螺杆挤出机强烈的剪切作用使 PLA 经过挤出后,分子量降低的程度大于注射成型加工后分子量的降低。而且 PLA 分子中异构体含量不同,引起的分子量降低程度不同。

⑥ 灭菌方式的影响 聚乳酸由于在水和热的情况下都容易发生降解,因此聚乳酸制品的灭菌一般不用高压蒸汽灭菌的方法。聚乳酸类制品常采用 γ 射线灭菌的方法,但是辐射剂量的不同,也会带来聚乳酸的降解。辐射剂量在 25kGy 以下时,会引起材料表面发生一部分交联反应;辐射剂量达到 100kGy 时,会引起材料分子链断裂,机械强度明显下降。

⑦ 减少聚乳酸降解的控制措施 为了尽量减少或避免聚乳酸在加工过程中引起的各种降解,从以下几个方面着手能起到一定的效果。

a. 聚合物提纯 通过聚乳酸的纯化,不仅可以去除残留的催化剂,而且残留的乳酸、丙交酯、水分及其它杂质等都可以有效排除,以减少聚乳酸在加工过程中的降解。聚乳酸的提纯可以通过多次溶解-沉淀进行。或者在合成聚乳酸时就选择高纯度的聚合单体。

b. 聚合物干燥　聚乳酸树脂是一种容易吸潮水解的材料，它的平衡水含量高于PET树脂，水解速率也比PET快，因此在加工前必须充分干燥，这一点是非常重要的。一般PLA树脂的水含量要控制在0.02%以下，对于纤维成型或在高温下停留时间较长的加工过程，PLA树脂水分含量要控制在0.005%以下，然后才可以送到挤出机的加料斗，而挤出机的加料斗还必须配备加热干燥，以免树脂切片在停放过程中吸潮。在这个过程中还要防止杂质、灰尘特别是金属材料等进入加料斗。

要控制PLA树脂含水率小于0.02%，必须选择合适的干燥条件。可以采用目前大多数PET聚酯生产线使用的气流干燥法进行干燥，树脂进入预干燥器时必须具有强烈的翻动或者搅动，从而保证PLA在干燥过程中降解最少，不发生结块，切片的结晶也很均匀。

为了保证PLA的干燥质量，在干燥过程中还必须注意以下两个问题：①干燥温度和干燥时间。干燥的温度越高，达到工艺要求的含水率所需要的时间就越短。值得注意的是，随着温度的升高，干燥时间的增长，PLA的降解就会越严重。因此，在干燥过程中，既要达到所要求的含水率，又要使PLA不发生降解。一般结晶PLA树脂的干燥温度最好不要超过80~90℃，而总的干燥时间也不要超过2~3h，非结晶PLA树脂的干燥温度最好不要超过45℃，而总的干燥时间也不要超过4~5h。当然，如果PLA树脂加工前在潮湿环境中存放时间过长，可以适当延长干燥时间。②干燥气体的湿含量。在PLA树脂的干燥过程中，加热空气的湿含量对切片中水分的蒸发速率有着重要的影响。在相同的温度下，加热空气的湿含量越低，与切片湿含量的差值就越大，PLA树脂中的水分就越容易蒸发而被热空气带走。因此，要求用于干燥PLA树脂的热空气露点应低于-40℃。

c. 物料的在线干燥　在对聚乳酸进行挤出、注塑加工时，需要使用可以对原料进行在线干燥的料斗，防止已经干燥的聚乳酸粒子在敞开的料斗重新吸收空气中的水分。干燥处理的方式有普通热风干燥、真空干燥和去湿干燥等，其中去湿干燥效果最好，各种去湿干燥的具体组成和采用的设备虽然结构不同，但是基本流程大致相似。干燥的热空气从底部进入料斗，自下而上吸收切片中的水分，然后从料斗上部排出，排出的湿空气经过滤、冷凝后，由空气脱湿装置进行脱湿处理，最后经进一步过滤、加热后进入料斗循环使用。其中脱湿装置通常是由两个硅酸铝分子筛脱湿床组成。脱湿床的主要特点是冷却时可脱湿直至湿度达到饱和，加热时能脱湿。为保证干燥系统的连续工作，两个脱湿床轮流工作，当一个脱湿床与冷湿空气接触吸收湿空气的水分对其进行干燥处理时，用热空气加热另一个脱湿床，该脱湿床放出湿气而再生。去湿空气含水率越低，则干燥速率越快，切片含水率越低，因此对空气去湿系统中的去湿能力有很高的要求，一般去湿空气的露点要求在-40~50℃。

d. 加工工艺的控制　聚乳酸在加工时应尽量降低熔融共混温度，以免高温降解；同时尽量减小物料在螺杆中的停留时间。选择加工方法时在满足使用要求的情况下尽量考虑对聚乳酸分子量影响小的加工方法。

e. 聚合物端基改性　端基的羧基是引起聚乳酸降解的一个重要因素，而且水解、氧化降解等都会使分子中的端羧基含量增加，使得聚乳酸降解加速。同时聚乳酸的端羟基会参与酯交换反应，减少端羟基含量也可以抑制酯交换反应的产生。因此对聚乳酸进行端基封端，可有效抑制聚乳酸的降解。如通过乙酰化作用降低羟基含量；选择能与聚乳酸端基发生反应的共聚单体进行接枝的接枝共聚物作相容剂；避免使用具有酯交换催化作用的添加剂等。

f. 灭菌方式　用作生物医用的聚乳酸制品，在加工时尽量采取无菌操作和末期灭菌处理。

聚乳酸溶液在GMP条件下进行过滤灭菌处理是一种切实可行的方法。溶液黏度可根据实际的过滤压力和过滤时间加以调节。一般来说，20%以下的聚合物溶液可用$0.2\mu m$过滤器处理。

无菌操作对于微囊化产品特别适用。如果聚乳酸药物制剂的药物对后期灭菌敏感，则只有无菌操作可供选择。

聚乳酸制品的末期灭菌尽量避免用高温、蒸汽的灭菌方法，选择 γ 射线辐射灭菌时要尽量使用照射量低的条件。在大多数情况下，辐射剂量为 1.5～3.0 mrad 时处理聚合物，一般不至于引起严重的降解。

（2）聚乳酸的流变特性　聚乳酸的流变特性主要指聚乳酸在加热熔融时的剪切黏度。聚乳酸熔体呈现剪切变稀的性质，其熔融行为和聚苯乙烯相似。和聚丙烯相比有更高的温度依赖性，但是在低剪切范围内对剪切速率依赖性很小，显示出牛顿行为。图 4-22 是聚乳酸和聚丙烯在不同温度下的剪切速率与聚合物熔体熔融黏度的关系曲线。从重均分子量大约为 10 万的注射级 PLA 到重均分子量大约为 30 万的浇注-挤出成膜级 PLA，在剪切速率为 $10\sim50s^{-1}$ 时，它们的熔融黏度大约为 500～1000Pa·s。

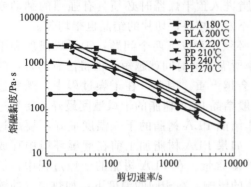

图 4-22　聚乳酸和聚丙烯的剪切速率与熔融黏度的关系曲线

PLA 通常在 200℃会发生降解，而 PLA 具体的加工温度取决于它的熔融黏度，而熔融黏度又取决于聚乳酸的分子量、$L/D$ 构型比例、增塑剂的含量、剪切速率、熔融加工的类型和施加到聚合物上的能量。

影响聚乳酸熔体黏度的因素有：分子量、分子支化结构、结晶性、加工温度、剪切速率、剪切应力等。

聚乳酸分子量越大，大分子的流动性越差，表观黏度就越高，熔体指数就越小。为了改善聚乳酸的流动性，使其满足对剪切敏感或者熔体强度有要求的诸如挤出、挤吹等成型加工过程，可以对 PLA 进行长支化改性，如星型聚合物等。结晶性对 PLA 的剪切黏度有影响，半结晶 PLA 的剪切黏度比无定形 PLA 高，但是随着温度升高，半结晶和无定形 PLA 的剪切黏度都下降。

温度对聚乳酸的剪切黏度的影响表现为随温度升高，链段活动能力增加，分子间相互作用减弱，使黏度降低，熔体的流动性增大。PLA 剪切速率与熔融黏度的关系曲线表明，聚乳酸的熔体在低剪切范围内（γ<100）剪切速率依赖性很小，显示出牛顿行为，随 γ 增大，PLA 熔体呈现剪切变稀的性质，但是和 PP 相比，PLA 的熔体黏度随剪切速率增大而下降不明显。这是因为 PLA 的分子链刚性强，链段较长，在黏度高的熔体中取向阻力大，不易取向，因而黏度变化小。而 PP 分子链柔性比 PLA 的大，分子链容易通过链段运动而取向使分子间作用力减小，黏度下降明显。可以采用同时提高剪切速率和熔体温度来降低 PLA 熔体的表观黏度。剪切应力对聚合物黏度的影响与剪切速率对黏度的影响相似，柔性链大分子比刚性大分子表现出更大的敏感性，PLA 熔体也可以通过调节压力、增大剪切应力来降低黏度。

（3）聚乳酸的结晶　将 PLA 加工成各种材料时（如纤维、薄膜、棒材等），它的性能很大程度上取决于 PLA 的结晶情况。由于结晶使大分子链排列规整，分子间作用力增强，因而随结晶度增大，PLA 制品的刚度、拉伸强度、硬度以及耐热性等性能提高，耐化学腐蚀性能也提高，但是韧性如断裂伸长率、冲击强度有所下降。晶粒大小影响制品的力学性能，一般晶粒大而不均匀使制品变脆，其拉伸强度、冲击强度均下降，透明性差；若晶粒小而均匀，有利于提高制品的韧性及拉伸、冲击强度和透明性。可通过快速冷却、抑制结晶生长等方法使制品透明，但强度和耐热性会急剧下降。结晶影响成型收缩率，无定形高聚物成型收缩率低，一般为0.5%左右。而结晶型高聚物成型时，由于形成结晶，成型收缩率较高，通常为1.5%~2.0%。加入无机填料可减小成型收缩率。因而在成型模具设计时，必须考虑这一点。因此为使材料具有所需的性能，PLA的结晶过程必须加以控制。

PLA是结晶性聚合物，随结晶条件不同，PLA可以形成形态极不相同的晶体，例如在稀溶液中结晶形成菱形和六角形单晶；熔体冷却结晶时，最常见的是生成球晶；在高应力作用下也会形成纤维状或片状晶体。聚乳酸在成型过程中会出现结晶现象，特别是熔体冷却结晶。

PLA熔体冷却时形成球晶，球晶呈圆球状，小至几微米，大至几毫米。PLLA球晶的尺度和形态取决于如结晶温度、结晶时间和共聚共混情况等。随结晶温度降低和结晶时间的缩短，PLLA球晶变小。即使LA单体数低到可以形成晶体的临界值，LA立体共聚物球晶仍保持很好的结构特性。可结晶PLLA和无定形PDLLA的混合物中，尽管单体单元形成的球晶结构紊乱或者结晶小群落结构紊乱，LA立体络合体球晶仍保持很好的结构特性。当发生单一的立体络合时，立体络合体球晶的形态和非混合PDLA和PLLA的正常球晶相似。然而当立体络合和结晶同时发生时，会出现复杂形态的球晶。

PLA有$\alpha$、$\beta$、$\gamma$三种晶型，晶型形成主要依赖于热处理或加工工艺，在外场作用下晶型可相互转变。出现$\alpha$晶型的条件有：PLLA在溶液中的结晶、PLLA纤维的退火结晶、在低的拉伸速率和拉伸温度下的溶液纺丝结晶等。$\beta$晶型可在高的拉伸速率和拉伸温度下得到。$\gamma$晶型是PLLA在六甲基苯上外延生长得到的。表4-11是各种PLLA的晶胞参数。

表4-11 非混合PLLA和PLA立体络合体结晶的晶胞参数

| 类别 | 立体形态 | 链取向性 | 每个晶格的螺旋数 | 螺旋构象 | $a$ /nm | $b$ /nm | $c$ /nm | $\alpha$ /(°) | $\beta$ /(°) | $\gamma$ /(°) |
|---|---|---|---|---|---|---|---|---|---|---|
| PLLA $\alpha$型 | 假斜 | — | 2 | $10_3$ | 1.07 | 0.645 | 2.78 | 90 | 90 | 90 |
| PLLA $\alpha$型 | 假斜方晶 | — | 2 | $10_3$ | 1.06 | 0.61 | 2.88 | 90 | 90 | 90 |
| PLLA $\alpha$型 | 斜方晶 | — | 2 | $10_3$ | 1.05 | 0.61 | 2.88 | 90 | 90 | 90 |
| PLLA $\beta$型 | 斜方晶 | — | 6 | $3_1$ | 1.031 | 1.821 | 0.90 | 90 | 90 | 90 |
| PLLA $\beta$型 | 三方 | 无规上下 | 3 | $3_1$ | 1.052 | 1.052 | 0.88 | 90 | 90 | 120 |
| PLLA $\gamma$型 | 斜方晶 | 反平行 | 2 | $3_1$ | 0.995 | 0.625 | 0.88 | 90 | 90 | 90 |
| 立体络合物 | 斜方晶 | 平行 | 2 | $3_1$ | 0.916 | 0.916 | 0.87 | 109.2 | 109.2 | 109.8 |

聚合物的结晶过程包括晶核的形成和晶粒的成长两个过程，因而结晶总速率应是由成核速率和晶粒生长速率共同决定的。由于结晶过程是一个热力学平衡过程，要达到结晶完全需很长时间，在实际应用中常采用结晶过程进行到一半所需时间$t_{1/2}$的倒数作为结晶总速率，也称半结晶期。PLLA在110℃最佳结晶温度下的$t_{1/2}$为150s，相比PET的62.5s、PA66的0.6s要慢得多。

影响PLA的结晶速率的因素有：内消旋丙交酯/D-丙交酯异构体含量、结晶成核剂、分子量等材料性质和结晶时间、温度、取向等工艺条件。

当PLLA中引入少量D-丙交酯或内消旋丙交酯异构体组分时，由于造成PLLA分子规整程度下降，结晶速率显著下降，最终总结晶度也随之降低，聚合物的熔点降低（图4-23）。聚合物中内消旋异构体含量每提高1%，半结晶期延长45%左右。当内消旋或D-丙交酯异构体含量增加到15%左右时，聚合物在一般条件下不能够结晶。分子量及分子量分布均对结晶速率有一定的影响，分子量增大，链活动能力降低，导致结晶速率下降，PLLA的结晶

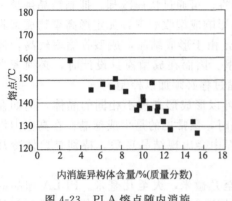

图 4-23 PLA 熔点随内消旋异构体含量的变化

速率随 PLLA 分子量的升高而降低，但是 PDLLA 的结晶速度随 PLLA 分子量的升高而急剧降低，D-异构体组分或内消旋异构体组分含量越高，分子量升高造成的结晶速率降低的程度越大。若分子量分布宽，低分子量的含量高，可使结晶速率加快。

由于 PLA 半结晶期太长，无法满足普通注射成型周期的要求，为此，在 PLA 的工业应用中通常添加结晶成核剂，它可大大提高结晶成核密度，加快结晶速率，提高结晶度，还可以提高制品的耐热性、成型性等性能。成核剂的熔点应该比 PLA 高，并与 PLA 有一定的相容性，成核剂也可以是无机粒子。PLA 常用的成核剂有金属磷酸盐、苯甲酸盐、山梨糖醇化合物、滑石粉、黏土、碱性无机铝化合物等。

PLA 是一种脆而硬的材料，通常需要添加增塑剂等。增塑剂的加入使高聚物分子间作用力减小，分子链运动能力增强，有助于改善 PLA 结晶的速率。加入增塑剂后可以诱导 PLA 结晶。增塑剂包括邻苯二甲酸酯、柠檬酸酯、月桂酸酯、乳酸酯、甘油、甘油酯、低分子量聚乙二醇等。

PLA 树脂在熔融前均经过结晶、干燥，当它被加热到 $T_m$ 以上熔融时，其残存的微小有序区域或晶核的数量与熔融温度和时间有关。熔融温度高，时间长，分子活动较剧烈，残存的晶核少，因而熔体冷却时主要为均相成核，所以结晶速率非常慢，甚至根本就不结晶；若熔融温度低、时间短、残存的晶核较多，晶核的存在会引起异相成核，结晶速率快，晶粒尺寸小而均匀，有利于提高制品的力学性能和耐热性。

与相对较慢的静态下结晶不同，PLA 在应力作用下结晶速率很快。图 4-24 是 80℃时双向拉伸无定形 PLA 薄膜时不同拉伸速率下的结晶度变化情况。在一给定的拉伸速率下，最终结晶度随着聚合物光学纯度下降而降低。

在 PLA 注射成型过程中，温度从 $T_m$ 降至 $T_g$ 以下，其模温和冷却时间影响制品的结晶速率、结晶形态及尺寸等，从而影响制品的力学性能和热性能。

PLA 结晶速率很低，即使添加结晶成核剂的 PLA 的半结晶期也在数十秒，比通常的 PP、PA6 需要的结晶时间长。模具温度如果设定在较高区域，例如 105~120℃，达到 PLA 的最佳结晶温度，能够得到结晶度高的 PLA 材料。

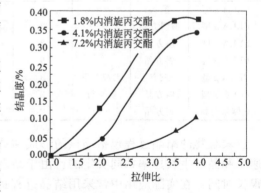

图 4-24 80℃下双向拉伸的 PLA 薄膜结晶度与拉伸比的关系

成型后制品后处理的方法中，退火和淬火对制品结晶性能产生很大影响。为消除内应力，防止后结晶和二次结晶，提高结晶度，稳定结晶形态，提高制品性能和尺寸稳定性，要对制品进行退火处理。延长 PLA 的退火时间，可以使结晶进一步完善。升高退火温度使其接近熔点时，能得到具有最高完善程度的晶体，还可以提高结晶度。

(4) 聚乳酸的取向 在拉伸或剪切作用下，高聚物中的大分子链、链段、微晶或一些不对称的填料沿外力作用方向有序排列，称为取向。而大分子链、链段、微晶称为取向单元。取向形态与结晶形态都是高分子链的有序化形态，但它们的有序化程度不同。取向是在外力作用下分子链按照一维或二维方向有序化排列的过程，而结晶则是三维有序化的过程。未取向的聚合物材料是各向同性的，而取向后则呈现各向异性。取向方向上的力学性能与未取向方向上的力学性能差别较大。

取向对 PLA 的力学性能影响很大，能大大提高拉伸强度、弹性模量、冲击强度和耐热性能等。对单轴拉伸的 PLA 纤维或薄膜来说，取向可提高拉伸方向的力学强度，降低断裂伸长率，而垂直于拉伸方向的力学强度则显著降低。但如果取向度太高，使分子排列过于规整，分子间相互作用太大，则材料脆性增加，为了解决这个矛盾，可用慢的取向过程使大分子链取向，提高强度；然后再快速使链段解取向，降低脆性，使材料既保持一定的强度，又可以提高弹性、减少脆性。双轴拉伸薄膜可提高薄膜二维强度，使平面内性能均匀，各向同性。在平面的任一方向上均有较高的拉伸强度、冲击强度和断裂伸长率，且抗龟裂能力也有所提高。

影响聚乳酸取向的因素有拉伸比、温度、分子结构、增塑剂、纳米微粒等。

在一定温度下，高聚物在屈服应力作用下被拉伸的倍数称为拉伸比，取向度随拉伸比增加而增大。拉伸比与高聚物的结构有关，通常结晶度高的聚合物拉伸比大，结晶度低的聚合物拉伸比小。拉伸比对聚合物性能有很大的影响。

温度升高使熔体黏度降低，松弛时间缩短，有利于取向，也有利于解取向。但在一定条件下，取向和解取向的发展速率不同，聚合物的有效取向取决于这两种过程的平衡条件。聚合物一般需要通过等温拉伸过程才能获得性能稳定的取向材料。由于拉伸为一连续过程，在拉伸过程中取向度逐渐提高，拉伸黏度也相应增加。因此，想要进一步提高拉伸取向度，就要沿取向过程逐渐提高温度，形成一定的温度梯度。在拉伸过程中，温度是一个重要的因素。在其它拉伸条件（如拉伸速率）不变的情况下，温度的变动会使聚合物出现粗细和厚薄不均以及整个制品取向不均匀的现象。

链结构简单、柔性好、分子量低的大分子由于链活动能力强，也容易解取向；反之则不易取向，解取向也较难，结晶性高聚物取向结构的稳定性优于无定形大分子。

溶剂等低分子化合物，它们的加入使高聚物分子间作用力减小，$T_g$、$T_f$ 降低，使取向单元易于取向，取向的应力、温度也明显下降，但解取向能力也加大。PLA 中加入增塑剂增加了链的柔顺性，使得分子链更容易运动发生取向，也可以诱导 PLA 结晶。

添加填料、共混、交联或长支化，能够使薄膜产生应变硬化，对提高薄膜等制品的加工性能非常重要。添加少量纳米填料，能够使无定形的 PLA 薄膜在较小的应变下产生应变硬化，从而产生"自平整"效应，有利于得到厚度均匀的薄膜制品，提高 PLA 薄膜的力学性能、光学性能等。

#### 4.3.2.2 聚乳酸的挤出成型

挤出成型是将固体颗粒或粉末通过挤出机转化为熔体，并以熔融状态从口模中连续挤出，并取口模通道的形状而成型。挤出成型方法在橡胶、塑料、纤维的加工中使用比较普遍，几乎是绝大多数热塑性塑料和一些热固性塑料都能用此法加工。除直接成型制品外，还可用挤出法进行混合、塑化、造粒、着色、坯料成型等工艺过程，如挤出机与压延机配合，可生产压延薄膜；与压机配合，可生产各种压制件；与吹塑机配合，可生产中空制品。制备不同形状的制品，如管、板、丝、膜等，生产线中除了挤出机的基本结构不变外，其它装置将有很大区别。

聚乳酸挤出成型工艺的核心，是将干燥的固体聚乳酸物料加入挤出机的料斗，通过挤出机机筒外的加热装置使料筒内的物料温度上升达到塑化温度，螺杆转动将物料向前输送，物料在运动过程中与料筒、螺杆以及物料与物料之间摩擦并剪切，热传导和剪切摩擦作用使料温升高，加入的物料不断熔融，到螺杆中间某部分时，达到物料熔点，由固体-熔体物料向前运动中，螺槽的容积逐渐缩小，使物料从大体积变成小体积，将料压实，压力增加。物料被螺杆输送到螺杆的口模中，经冷却定型，得到符合质量要求的制品。为了尽量避免聚乳酸在成型加工中产生热解和水解，关键是要控制聚乳酸的含水量、加工温度及其在一定温度下的停留时间。

(1) 聚乳酸含水量的控制　聚乳酸树脂是一种容易吸潮水解的材料，在加工过程中由于温度和剪切力等作用，会发生复杂的物理和化学变化，是影响聚乳酸成型加工的关键因素，因此在加工前必须充分干燥。聚乳酸的干燥方法可参见"聚乳酸成型加工基础"中的相关内容。一般 PLA 树脂的水含量要控制在 0.02% 以下，对于纤维成型或在高温下停留时间较长的加工过程，PLA 树脂水分含量要控制在 0.005% 以下，然后才可以送到挤出机的加料斗。

料斗形状是圆锥形的钢制容器，体积以放满塑料壳生产 1~2h 为准。料斗的横截面通常是圆形，目的是避免在物料流动路径上产生停滞区域。加料口附近料斗的直径逐渐减少，但变化太快则可能导致材料形成压实的固体塞，即架桥现象，阻止原料进入挤出机。通常塑料通过重力流入挤出机，也有料斗采用螺杆强迫塑料原料进入挤出机的进料口。料斗中也可以设置搅拌器，甚至设置叶片以清洗停留在料斗壁上的原料。有些挤出机设有多个加料口，每个加料口都有各自的料斗。通常添加填料时可以采用这种方式。一般通过真空加料器将原料送入料斗。在送料和挤出加工过程中为了保证聚乳酸的干燥，一般需要使用可以对原料进行在线干燥的料斗，防止已经干燥的聚乳酸粒子在敞开的料斗重新吸收空气中的水分。在这个过程中还要防止杂质、灰尘特别是金属材料等进入加料斗。

(2) 螺杆长径比　螺杆长径比是挤出机的一个重要参数，它决定了物料在挤出机中的停留时间和产量的变化范围。国内的螺杆长径比 $L/D$ 一般在 15~35 之间，国外 $L/D$ 最大可达 49。对 PLA 的挤出成型，长径比可以选择在 24~35 之间。若螺杆长径比过大，聚乳酸物料在机筒中停留时间过长，造成聚乳酸热降解加剧，其分子量相应降低，制品的力学性能相差过大，也就不能很好地符合质量要求。若螺杆长径比过小，表明螺杆的长度过短，聚乳酸物料在经过加料段和压缩段后不能完全转化为熔体，会造成未熔粒子与熔体混杂在一起，引起成型问题。

(3) 螺杆压缩比　螺杆压缩比是加料段螺槽的体积和计量段螺槽体积之比。压缩比越大，产量越小，而制品质量越好。一般 PLA 的压缩比在 2~4 之间。对于薄膜的加工来说，为了得到高度的制品强度，可以用较大的压缩比。

(4) 螺杆转速　螺杆转速是挤出机产量的主要决定因素。聚乳酸挤出成型时的螺杆转速一般控制在 100~200r/min。螺杆转速不能太高，否则由于局部剪切生热严重也容易造成 PLA 的降解，影响制品性能。

(5) 机筒挤出温度　塑料挤出的适宜温度取决于塑料的类型及分子量，也与加工流动性有关。温度增加，塑料熔体黏度下降，产量增加，所需能量减少。但是温度太高，有可能造成物料降解。PLA 是对热非常敏感的树脂，有资料表明，PLA 的热稳定性和 PVC 树脂相当，远远低于 PP、PS 等树脂，因此，PLA 挤出温度尽可能低，一般设置在 180~200℃。如果以无定形的 PLA 树脂为原料，与料斗连接的加料段第一区温度严格控制在 50℃以下。

#### 4.3.2.3　聚乳酸注射成型

注射成型是将固态聚合物材料（粒料或粉料）加热塑化成熔融状态，在高压作用下，高速注射入模具中，赋予熔体模腔的形状，经冷却（对于热塑性塑料）、加热交联（对于热固性塑料）或热压硫化（对于橡胶）而使聚合物固化，然后开启模具，取出制品。注塑机实质上与用于生产流延薄膜和吹塑薄膜的挤出机类似，不同之处只是注塑机中的螺杆可以在料筒中前后移动，即所谓的往复式螺杆。通过注射成型的塑料制品约占塑料制品总重的 20%～30%，占工程塑料 80%。目前在普通注射成型的基础上又发展了结构发泡注射成型、气体辅助注射成型、反应注射成型、多相聚合物体系层状注射成型、可熔芯注射成型等。注射成型为周期性、间歇式生产过程，成型周期短，一般只有几秒至几分钟；能一次成型形状复杂、尺寸精度高、带有各种金属或非金属嵌件的模制品，产品质量稳定；而且生产效率高，易于实现机械化、自动化操作，因此注射成型是一种比较经济而先进的成型技术，具有广阔的发展前景。

PLA 注射成型过程中，首先将 PLA 粒料输送加入到注塑机中。随着螺杆转动，塑料向前输送，经过压实、排气和塑化，熔融的塑料不断地集聚到螺杆顶部与喷嘴之间，而螺杆本身受熔体压力而后移，当积存的熔料达到要求注射量时，螺杆停止转动，在液压力或机械力驱动下前移，使熔料以较快的速率经由喷嘴注入温度较低的闭合模具中，通常在充模完成后，压力升高到较高的值并维持不变，这个过程称为保压过程。经过一定时间保压、冷却定型以后，开启模具即得到制品。我们把一个注射成型过程称为一个工作循环周期，该循环由合模算起，依次为注射、保压、螺杆塑化和制品冷却、开模、顶出制品、再合模。

注射循环工作周期如图 4-25 所示。图 4-26 是螺杆式注塑机的注射成型过程。

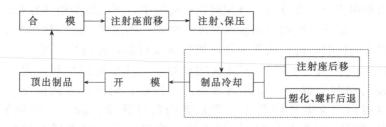

图 4-25 注射循环工作周期

注射成型工艺的核心问题就是采用一切措施以得到塑化良好的塑料熔体，并把它注射到模具中去，在控制条件下冷却定型，使制品达到合乎要求的质量。因此注射压力、注射周期及注射速率、加工温度等工艺参数的选择，对注塑件的质量有较大的影响。

（1）注射压力　注射压力推动塑料熔体向料筒前端流动，并迫使塑料充满模腔成型，所以它是塑料充满和成型的重要因素。主要起到三方面的作用：①推动料筒中塑料向前端移动，同时使塑料混合和塑化，螺杆必须提供克服固体塑料粒子和熔体在料筒和喷嘴中流动时所引起的阻力；②充模阶段注射压力应该克服浇注系统和型腔对塑料的流动阻力，并使塑料获得足够的充模速率及流动长度，使塑料在冷却前充满模腔；③保压阶段注射压力应能压实模腔中的塑料，并对塑料因冷却而产生的收缩进行补料，使从不同的方向先后进入模腔中的塑料融为一体，从而使制品保持精确的形状，获得所需性能。随注射压力增大，塑料的充模速率加快、流动长度增加和制品中的熔接缝强度提高，制品的重量可能增加，但是内应力也会增加。注射压力与塑料温度实际上是相互制

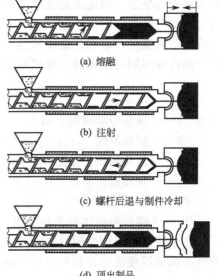

图 4-26　螺杆式注塑机的注射成型过程

约的。所以注射成型中采用合适的温度-压力组合可以获得满意的效果。

目前国产注塑机的注射压力一般为 100~150MPa，国外注塑机的注射压力一般为 105~200MPa。注射压力的选择应根据物料性能、制品形状与要求等因素进行，大致可分为以下几种情况：

① 注射压力≤70MPa，用于物料流动性好的物料，且制品形状简单，壁厚较大；
② 注射压力 70~100MPa，用于物料黏度较低、形状精度要求一般的制品；
③ 注射压力 100~140MPa，用于加工中、高黏度物料，制品形状、精度要求一般；
④ 注射压力 140~180MPa，用于加工较高黏度的物料，且制品壁薄、流程长、制品壁厚不均、精度要求较高，对于一些精度要求很高的制品，注射压力用到 230~250MPa。

(2) 注射周期和注射速率 完成一次注射成型所需的时间称注射周期或总周期。它由注射时间、保压时间、冷却时间和加料时间以及开模时间、辅助作业时间和闭模时间组成。在整个成型周期中，冷却时间和注射时间最重要，对制品的性能和质量有决定性影响。

注射时，熔料经喷嘴进入温度较低的模腔内，随着时间的延长，熔料的流动性逐渐减弱，为确保熔料充满模腔，就必须缩短注射时间，也就是提高注射速率或注射速率。注射速率的快慢，直接影响到制品质量和生产效率。注射速率慢，则注射时间就长，制品易产生冷接缝、密度不均和内应力大等弊病。合理提高注射速率，可以减少熔料在模内的温差，改善压力传递效果，保证制品密度均匀和制品精度。对于一些薄壁、流程比较长的制品注射成型更为合适。采用高速注射，可以低温模塑，缩短成型周期，提高生产率。但注射速率过高，熔料离开喷嘴后会产生不规则流动，产生大的剪切热，常常烧焦物料，对于像聚乳酸这类对热敏感的物质易引起分解，从而影响最终产品性能。同时，在高速注射时，模内的气体往往也来不及排出，夹杂在物料中，严重影响制品质量。因此，必须根据物料性能、工艺条件、制品情况以及模具条件等因素来确定注射速率，以实现对熔料流动状态的有效控制。

虽然熔体从进入模腔就开始冷却降温，但在一般情况下，即使浇口凝封之后，制品内层也未必全部凝固。因此需要继续冷却一定时间后才能启模顶出制品。制品在模具中所必须的最短冷却时间与塑料热扩散系数、制品壁厚、熔体温度、模具温度和制品从模具中取出时所允许的最高温度（玻璃化温度和热变形温度）等多种因素有关。在给定的模温下，制品在模腔中的冷却时间可用下面的公式估算：

$$t = \frac{-\delta^2}{2\pi\alpha} \lg \left[ \frac{\pi(T_1 - T_\phi)}{4(T_2 - T_\phi)} \right]$$

式中 $t$——最短冷却时间，s；
$\delta$——制品厚度，cm；
$\alpha$——聚合物热扩散速率，$cm^2/s$；
$T_2$——制品脱模温度，℃；
$T_\phi$——模具温度，℃；
$T_1$——模腔内熔体的平均温度，℃。

在估算最短冷却时间时，应注意壁很厚的制品并不要求在脱模前内外全部凝固，而只需外部凝固层厚度能保证顶出时有足够的刚度即可。对壁很薄的制品，应注意充模时较高程度的大分子取向对其热变形温度的影响，而熔体的冷凝大部分发生在充模时间内，而且一般不会形成内部空洞。

仅从时间上看，一般制品的注射充模时间都很短，约 2~10s 的范围；保压时间约为 20~100s；冷却时间以控制制品脱模时不翘曲、而时间又短为原则，一般为 30~120s。这些时间随塑料和制品的形状、尺寸而异，大型和厚制品可延长。

（3）加工温度　除了聚乳酸树脂的干燥程度、注塑机的基本参数（如注射压力、注射速率等）影响注塑件的质量之外，对于聚乳酸这类易降解的高分子材料，加工温度的选择也至关重要，特别是料筒温度和模具温度。

在加工温度范围内，提高料筒温度可改善熔体的流动性，使流动长度增长。聚乳酸材料加工时，料筒温度要设定在PLA的熔点以上，一般在180～200℃。一般随料筒温度降低，物料的停留时间延长。由于PLA对热比较敏感，高温以及较长的停留时间容易导致PLA降解。所以在具体温度设定时要均衡温度与停留时间的关系，还要考虑制品和模具的结构特点，可以经过多次调整试验确定最佳值。为了保证喂料顺畅，喂料段温度一般尽可能设定在20～25℃较低温度，尤其对于非结晶化处理的PLA材料。螺杆转速要在100～200r/min，不能太高，否则局部剪切生热严重也容易造成PLA的降解，影响制品性能。

模具温度实际上决定了PLA熔体的冷却速率，它既影响PLA熔体充满时的流动行为，又影响PLA制品的性能。提高模具温度可以减少熔体充模流动时的热损失，理应使流动长度增加，但熔体接触较冷模壁而迅速形成的凝固层本身及其与流动熔体界面上析出的摩擦热，对随后的充模运动都有热屏障作用，所以模具温度主要影响凝固层厚度，而对熔体的充模流动长度影响不大。因此设定温度时要保证充模时质量完整、脱模不变形，还要综合考虑模温对PLA结晶、分子取向、制品应力和各种力学性能的影响。例如为了提高添加了成核剂的PLA材料制品的结晶度，往往升高模具温度至105～115℃并且停留一段时间。但是模具温度升高同时导致制品的翘曲度、收缩率增大以及成型周期的延长，可以通过对材料组成调整等技术进行改善。

#### 4.3.2.4　聚乳酸泡沫塑料的成型

聚乳酸泡沫塑料在包装领域可用作缓冲材料、容器等，在医疗领域则是很好的组织工程支架材料。

聚乳酸泡沫材料用在组织工程领域时，往往先制备聚乳酸多孔薄膜，然后将薄膜通过层压技术，制得三维立体聚乳酸泡沫。聚乳酸多孔泡沫膜材料的制备方法多采用溶盐致孔法（又称颗粒沥滤法）。一般是将NaCl细粉与聚乳酸溶液相混合，溶剂挥发后，NaCl将留在此高聚物载体中并占据一定的空间，利用蒸馏水与其进行离子交换，$Na^+$与$Cl^-$被交换后，将留下相应的孔洞。聚乳酸经此处理后，变成相应的泡沫状，由此得到多孔泡沫膜材料。将溶盐致孔法制得的单片方形或圆形的、孔径大小一致、孔分布均匀的聚乳酸多孔生物降解膜采用层压技术，将多层多孔性膜状物加工成三维立体聚合物泡沫材料，用于细胞移植的支架材料。聚乳酸的摩尔质量不同，降解速率不同，所得多孔泡沫材料的强度及韧性也不同。聚乳酸的摩尔质量低，多孔泡沫材料过于松脆、无韧性、易断裂、无法使用；随摩尔质量增加，强度及韧性增加，降解速率减慢，在体内停留时间延长。

聚乳酸也可以通过发泡工艺制备泡沫材料。使用现有的发泡PS成型设备可以制成各种PLA发泡体。为制得发泡聚乳酸，需先将烃类发泡剂浸在PLA颗粒或粒料中。发泡剂汽化产生气泡，在塑料中形成泡孔。正戊烷是常用的烃类发泡剂，其用量一般最多为总质量的8%。发泡剂用量和工艺条件都会对泡沫材料的性能产生影响。将混合物加热到一定温度时，正戊烷汽化使PLA粒料预发泡。典型的粒料会膨胀到原始尺寸的35～55倍，这时泡沫材料的密度为0.026～0.035g/cm³左右。预发泡的粒料在熟化时达到平衡，然后将它们置入模具中，施加几吨的压力使之闭合并直接通入水蒸气，热和压力的作用使粒料熔接在一起就得到半硬质的闭孔泡沫材料。在成型周期开始时模具是过度填充的，因为有的空间被泡沫材料以及粒料间的空隙所占据。如果填入量不够，最后的制品中就会出现空洞。制品在模具中冷却,直到尺寸稳定后取出。加工过程中,可用模具直接生产出所需形状的泡沫材料制品;也可先简单生产出块状泡沫材料,再通过切割、热熔接等二次加工制成所需要的形状。多余的熟化和固化可能会进一步降低材料的密度。

PLA泡沫塑料还可以采用挤出成型。PLA熔体强度低,发泡时起泡成长过程中容易破裂,很难得到高倍率发泡成形体,通常需要进行改性。改性的PLA树脂在挤出机中熔化,混入发泡剂和成核剂,再挤出混合物。同模塑发泡一样,发泡剂在汽化时产生泡孔,发泡剂的用量是最终制品密度的主要决定因素。成核剂有助于得到所需要的泡孔尺寸,并提供泡体生长的基点以保证泡孔的均匀性。常用的成核剂有滑石粉、柠檬酸及其同碳酸氢钠的混合物等。常用的发泡剂是烃类或烃类混合物,一般以液体或压缩气体的形式注入熔体中。最近几年,适用$CO_2$作为发泡剂取代烃类化合物或与之混用的情况已大幅度增加。

挤出发泡过程中,熔体在离开口模前处于高压下,发泡剂尚未汽化。当熔体从口模挤出时,压力释放,发泡剂立即发生汽化,熔体发泡膨胀。如果熔体的强度不够高,这种突然的膨胀会引起熔体破碎。所以熔体需能经受住发泡剂汽化产生的压力,才能生成均匀的泡孔网络结构。PLA发泡要求发泡剂注入后熔体适当的冷却,有两种常用的方法用于将熔体冷却到所需的温度。一种是在挤出机上在发泡剂注入后增加一段冷却区。最常用的方法是采用两台挤出机的串联系统。聚合物熔融和发泡剂、成核剂的加入均在第一台挤出机中完成,熔体在压力下进入第二台挤出机进行冷却从口模挤出。可使用生产流延膜的扁平口模生产平板泡沫材料。冷却使刚从口模中挤出并开始发泡的泡沫材料表面形成一层薄的皮层,进一步冷却后,将泡沫材料分切和卷取。片材一般采用对热成型得到所需的制品形状。片材在热成型前最好熟化3~5d,这样可使泡孔内气压平衡。

#### 4.3.2.5 聚乳酸自增强材料的成型

与传统的增强方式不同,高分子材料的自增强由于增强相与基体的化学组成完全相同,二者完全相容,不存在增强相与基体在化学结构上的界面;从而赋予了自增强材料更加优越的比刚度、比强度、尺寸稳定性和耐化学腐蚀性等,越来越受到高分子研究和应用领域的关注。

聚乙醇酸、聚乳酸类生物降解高分子材料可用于骨修复领域,它们虽然具有良好的生物相容性,然而其较低的强度及脆性使其不能单独作为临床上的骨修复材料;磷酸钙纤维增强的PLA复合材料基体与增强相之间存在界面结合问题,力学性能得不到保证。采用自增强获得的PLA、PGA自增强材料,由于基体与增强相化学结构相同,故不存在界面间的结合问题,而复合材料中分子链的高度取向又使材料具有足够的初始强度,因此在骨修复领域得到广泛的应用。

制备自增强材料的方法可概括为两大类:第一类包括超级拉伸纤维、固相静水压挤出、口模牵伸成型;第二类是溶/熔相成型方法,包括凝胶纺丝、熔体拉伸、特定温度场、压力场和流场下的挤出成型和注射成型。另外,采用聚合物纤维成型、纤维增强自身基体、热致液晶高分子原位增强等方法也可实现自增强。现介绍聚乳酸的几种自增强成型方法。

(1) 纤维集束模压成型　纤维集束模压成型是目前为止研究得最成功的一种自增强工艺,适合于几乎所有生物可降解的聚合物,而且可以制成板状、棒状、螺钉等各种形状。

纤维集束模压成型可采用不同的加工方法:①将高聚物熔体与同种材料的纤维混合,熔体-纤维混合物在模具中快速冷却成型;②将聚合物纤维在模具中平行排列,一定压力下加热使其表面熔化而黏合,再冷却成型;③将磨细的聚合物粉末与纤维混合,一定压力下加热使粉末熔化而纤维只表面熔化,内部取向不变,再冷却成型。

(2) 定向自由拉伸　用拉伸外力强迫改变大分子的构象，造成分子链在力的作用线方向上取向，并固定住这个取向，从而获得高强度的自体纤维增强复合材料。经拉伸获得的高取向结构需通过结晶和分子取向过程中的最佳参数选择来实现。

现举例说明定向自由拉伸成型 PLA 自增强材料的工艺。其步骤为：①PLA 挤出或注塑成型；②已成型的 PLA 以一定的速率冷却结晶；③冷却成型后的试样加热至 $T_g \sim T_m$ 之间；④对热试样以一定的速率拉伸，直到获得适当的拉伸比；⑤以一定的速率释放拉力，得到自增强后的 PLA。

(3) 收缩拉伸　收缩拉伸是在挤出成型工艺过程中使用锥形模具，在拉伸流动过程中熔体通过锥形口模时取向排列达到自增强的目的。收缩拉伸过程是在拉力作用下聚合物通过口模稳定流出，离开口模的聚合物直径小于模口直径。采用收缩拉伸工艺可以解决一些不易通过其它方法，如自由拉伸或等静压挤出实现自增强聚合物的自增强问题；提高拉伸比，从而进一步提高自增强材料的力学性能。

(4) 固态挤出　固态挤出也是通过锥形模具得以实现的。此工艺中最重要的参数是拉伸比以及挤出温度、压力、锥形模具的锥角度数等。固态挤出的材料要比自由拉伸的材料有更大的刚度，原因在于挤出工艺中压力诱导的伸展链大分子及由这些大分子所构成的微原纤增强作用。固态挤出同样是为了消除高分子材料中链的折叠，让大分子链取向获得高模量的聚合物。

### 4.3.3　生物纤维-聚乳酸的纺丝

PLA 作为纤维材料最先应用于医用领域。最早具有实用价值的 PLA 纤维是 1970 年左右美国 Ethicon 公司制备的能够被人体吸收的手术缝合线。由于 PLA 单独使用时在生物体中的分解速率很慢，所以实际采用的手术缝合线是乙交酯与丙交酯（90∶10）的共聚物纤维，于 1975 年以商品名 Vicryl™ 出售。荷兰的 Pennings 等在 1980 年左右用溶液纺丝法及熔融纺丝法分别对 PLA 纤维成型及性能等进行了研究。同期日本京都大学的筏等也用熔融纺丝法对 PLA 纤维进行研究，继而在 20 世纪 90 年代分别用干式和湿式溶液纺丝法对 PLA 异构体进行研究。以上所有关于 PLA 纤维的研究都是以开发医用材料为目的而进行的。

熔融纺丝是 PLA 纤维成型的主要方法。完整的纺丝过程可分成熔体制备、纺前准备、纺丝、纤维的拉伸和后处理几部分。同时电纺丝方法经常作为聚乳酸研究之用。

#### 4.3.3.1　聚乳酸的可纺性

成纤高聚物必须是线形高聚物，只有分解温度高于熔点或流动温度的线形高聚物才能采用熔体纺丝。可纺性是指在用熔融纺丝的方法制造长丝时，从众多喷嘴挤出的丝条互不粘连，在一定速率下是不是能够卷绕。熔融纺丝过程中，丝条从喷嘴被挤出到卷绕冷却及固化时间（即停留时间）非常短，如果树脂的玻璃化温度低，由于吹冷风等方式不能够使丝条完全固化，经常发生丝条粘连的现象。PLA 在脂肪族聚酯中熔点最高，并且是唯一的玻璃化温度在室温以上的品种，结晶温度也最高，对于熔融纺丝过程中的固化和结晶非常有利。其固化方式既可以采用水冷却方式，也可以采用空气冷却方式。

表 4-12 是 PLA 及其它几种脂肪族聚酯的热性能和可纺性及丝的性质。从表 4-12 的 PLA 树脂的基础数据分析看出，PLA 具有优良的可纺性。PCL、PBS 等虽然也能用熔融纺丝工艺制成纤维，但是由于它们的玻璃化温度低，空气冷却的方法难以成丝，只能像 PE 或 PP 纤维加工那样，采用水冷却的方式制备比较粗的单丝。而水的存在容易使这些可降解的脂肪族聚酯产生降解，从而影响其性能。

表 4-12　PLA 及其它几种脂肪族聚酯的性能

| 聚酯 | 热性能 | | | 可纺性 | 丝的性质 | | |
|---|---|---|---|---|---|---|---|
| | $T_m/℃$ | $T_c/℃$ | $T_g/℃$ | | 拉伸强度/(g/den) | | 拉伸模量/(g/den) |
| | | | | | 单丝 | 复丝 | |
| PLA | 178 | 103 | 57 | 优 | 4.0～6.0 | 4.0～6.0 | 55～65 |
| PHB | 175 | 60 | 4 | 差 | 2.5～3.5 | — | 10～20 |
| PCL | 60 | 22 | −60 | 中 | 7.5～8.5 | 4.0～5.5 | 10～20 |
| PBS | 116 | 77 | −32 | 良 | 5.5～6.5 | 4.5～5.5 | 15～25 |
| PET | 256 | 170 | 69 | 优 | 5.5～6.0 | 4.5～9.5 | 100～110 |

注：1den(旦尼尔)$=\frac{1}{9}$tex。

#### 4.3.3.2　聚乳酸的熔融纺丝

PLA 纤维是热塑性聚合物，主要采用熔融纺丝法成形。虽然也可以二氯甲烷、三氯甲烷、甲苯等为溶剂采用溶液法成形，但由于其生产过程复杂，溶剂回收难、纺丝环境恶劣，没有竞争力，限制了其商业化发展。熔融纺丝法生产聚乳酸纤维的工艺和设备正在不断地改进和完善，它已成为聚乳酸纺丝成形加工的主流，采用熔融纺丝法生产聚乳酸纤维目前已进入了商品化生产阶段。

工业化生产纤维的一个关键是严格控制所需纤维的直径，另一个关键是控制好纤维的内部结构，尤其是大分子的取向。沿纤维轴的取向控制着形态，因此决定纤维的性能，如收缩性、断裂强度等。

(1) 工艺过程　熔融纺丝法生产聚乳酸纤维可以使用现有的 PET、尼龙、PE 以及 PP 纤维成型设备进行，其工艺流程包括原料树脂的准备、树脂干燥、熔融纺丝、拉伸、热处理等工序。聚乳酸进行纺丝加工时，原料 PLA 树脂首先进行干燥，使得 PLA 树脂的水分含量＜0.005％，然后被输送到一个挤出机，树脂在挤出机中熔化，在喷丝头内对熔融聚合物进行过滤以除去杂质，然后通过喷丝板纺出，进行适当的拉伸，最后热处理定型。熔体纺丝工艺如图 4-27 所示。

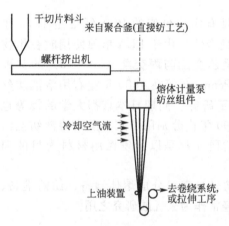

图 4-27　熔体纺丝工艺

聚合物切片在挤出机中熔融后，以熔体形式送至纺丝箱中的各纺丝部位，再经纺丝泵定量压送到纺丝组件，过滤后从喷丝板的毛细孔中压出而成为细流，并在纺丝雨道中冷却成型。初生纤维被卷绕成一定形状的卷装（对于长丝）或均匀落入盛丝桶中（对于短纤维）。

在常用的纺丝温度下，熔体的黏度为 200～2000Pa·s，这是极黏的，类似于热的沥青。计量泵必须提供约 10～20MPa 的压力迫使流体通过纺丝箱体。箱体内可以放过滤介质，以除去大于几微米的所有颗粒。在加工中，与所纺纤维粗细相近的任何物质都将导致丝条断裂。

在纺丝箱体底部，聚合物经金属薄板（喷丝板）内的众多细孔流出，进入到空气中。每块喷丝板上的孔数可达几千个，细孔的直径约为 0.2～0.4mm，孔中流体的流速为 1～5g/min（纺细纤维时较小，纺粗纤维时较大）。虽然多数情况采用圆形孔，但为了赋予纤维某些特殊效果，有时也可改用复杂的孔形。

计量泵控制流体按一定的质量流速进入纺丝组件。卷绕装置，通常即为控制线速度的系统，将决定挤出丝条的最终纺速。假设每一喷丝孔有相同的流动，则丝条的最终直径由计量泵转速和卷绕速率确定，喷丝孔的大小不影响纤维的纤度。

纤维的结构和性能受纺丝线、尤其是喷丝板到固化点熔体区域段的动力学控制。固化之后，纤维将以卷绕速率运行。通常，卷绕速率比离开喷丝板时的速率高 100～200 倍。因此，从喷丝板挤出后，纺丝线有相当大的加速（和拉伸）。在这一转变区内，作用于纤维的力包括重力、表面张力、流变力、空气阻力和惯性力。由于温度和纺丝线速度迅速变化，这些力的平衡也沿纺丝线快速改变。

纺丝熔体通过喷丝孔时处于黏稠的剪切态，致使大分子沿纤维轴取向。直到流出孔口时，由于分子松弛和解取向，丝条速率减慢，体积略有膨胀，称为"孔口胀大"。经过孔口胀大的最大直径后，丝条加速，取向（由拉伸流动产生）与热解取向之间发生持续的争夺。在喷丝板附近，丝条温度仍很高，聚合物较易流动，纺丝线无净取向。再往下，丝条不断冷却，聚合物黏度增加，热解取向减小，净取向提高。随着纺丝线"固化"，取向进一步增加且达到最大，固化点即停止拉伸，通常离喷丝板的距离约为 1m 以内。固化成型的初生纤维的取向度与固化点处纤维的应力大小有关。

由于熔体细流在空气中冷却，传热速率和丝条固化速率快，而丝条运动所受阻力很小，因此熔体纺丝的纺丝速率要比湿法纺丝高得多。目前熔体纺丝一般纺速为 1000～2000 m/min。采用高速纺丝时，可达 3000～6000m/min 或更高。为了加速冷却固化过程，一般在熔体细流离开喷丝板后与丝条垂直方向进行冷却吹风，吹风形式有侧吹、环吹和中心辐射吹风等，吹风窗的高度通常在 1m 左右，纺丝甬道的长短视纺丝设备和厂房楼层的高速而定，一般约 3～5m。

纺丝成型后得到的初生纤维其结构还不完善，力学性能较差，如伸长大、强度低、尺寸稳定性差，还不能直接用于纺织加工，必须经过一系列的后加工，后加工的主要工序是拉伸和热定型。

拉伸的目的是使纤维的直径减小，大分子沿拉伸的方向排列，从而使大分子链靠得更近，材料的密度显著增加，一些区域发生结晶，最终使纤维的断裂强度提高，断裂伸长率降低，耐磨性和对各种不同形变的疲劳强度提高。拉伸的方式按拉伸次数分，有一道拉伸和多道拉伸，总拉伸倍数是各道拉伸倍数的乘积，一般熔纺纤维的总拉伸倍数为 3～7 倍，生产高强纤维时，拉伸倍数可达数十倍。

热定型的目的是消除纤维的内应力，提高纤维的尺寸稳定性，并且进一步改善其物理机械性能。热定型可以在张力下进行，也可在无张力下进行，前者称为紧张热定型，后者称为松弛热定型。热定型的方式和工艺条件不同，所得纤维的结构和性能也不同。

纺丝温度及纺丝速率等纺丝条件、拉伸速率及拉伸温度等拉伸条件和热处理等条件，可以根据原料 PLA 树脂的性质和所生产纤维的用途进行相应设定。纺丝和拉伸工艺方式基本上可采用和 PET、尼龙等合成纤维相同的方式，例如对于生产 PLA 长纤维，可以先纺丝得到未拉伸丝，然后拉伸得到全取向丝；也可以高速纺丝直接得到全取向丝；还可以先高速纺丝得到预取向丝，然后进行拉伸和假捻变形加工制成拉伸变形丝等。超高速纺丝生产全取向丝也成为可能。

(2) 影响因素　聚合物性能和工艺参数是影响 PLA 纤维性能的两大因素，其中聚合物性能方面主要有分子量、分子量分布、残余丙交酯量、支化度、光学结构、单体含量和添加剂量；工艺参数方面主要有熔融温度、产量、纺丝速率、骤冷速率、空气阻力和喷丝孔毛细管几何形状等。制造高品质 PLA 纤维并不是一定需要高品质（如高光学纯度、分子量及低分子量分布）的 PLA 树脂，而关键在于纺丝条件及拉伸条件的控制。

① PLA 树脂基本要求　熔融纺丝的聚乳酸的分子量、丙交酯含量、光学结构的控制将直接影响聚合物的性能。一是因为分子量较低及其分布较窄的聚合物具有较好的可纺性，但是分子量提高能够降低纤维收缩率，一般控制聚合物熔体在 210℃ 下的熔体流动速率为 25～35g/10min，分子量分布小于 2.21。其次是因为丙交酯会发烟和积聚在设备上，所以残余单体量必须控制在小于 0.3%。第三是 PLA 树脂中 D-型异构体的含量一般要求低于 10%～15%，因为 D-型异构体的含量降低能够显著提高 PLA 的结晶速率和结晶度，成型纤维收缩率亦降低。

PLA 纤维成型过程中，PLA 含水率的控制非常重要。PLA 树脂中含水率超过 0.5%，就很容易受热水解，如果不干燥就直接纺丝，会导致分子量急剧下降，得到的丝强度低下或成丝困难。因此，纺丝前一定要进行适当条件下的充分干燥。聚乳酸树脂原料中含水量要求小于 0.005%。

② 纺丝温度　PLA 的熔纺成形与 PET 纤维的成形有相似之处，但 PLA 的熔纺成形较 PET 难控制。主要原因在于 PLA 的热敏性和熔体高黏度之间的矛盾。例如可用于纤维成形的 PLA 相对分子质量达 10 万左右，但其熔体黏度远远高于 PET 熔体的黏度。要使 PLA 在纺丝成形时具有比较好的流动性，必须达到一定的纺丝温度，但 PLA 在高温下，尤其经受较长时间的高温容易分解，因此造成 PLA 纺丝成形的温度范围极窄。

由于 PLA 在高温下容易水解，因此 PLA 纤维成型过程中的每一步对 PLA 纤维的分子量都会有影响，其中挤出温度的影响最为显著。挤出温度一般设定在 185～230℃，温度越高，PLA 的降解越严重。可以通过控制 PLA 中水分含量、残留单体含量、PLA 树脂进行耐水解改性（例如对 PLA 分子端羟基和/或端羧基进行封闭等）以及配合精确的温度控制来降低 PLA 纤维成型过程中的水解，从而得到性能良好的纤维产品。

③ 拉伸速率　PLA 熔融纺丝一般在 2000～3000m/min 纺速下进行，采用高速纺一步法成形时的最高纺速可达 5000m/min。PLA 初生纤维在拉伸中表现塑性变形，其屈服通常在伸长 3%～4%、拉伸应力 72MPa 左右时发生。拉伸速率和温度影响 PLA 的结晶程度，从而影响纤维的强度、收缩率等各方面性能。随着拉伸速率提高和温度降低，PLA 纤维的结晶度提高，纤维的取向度和强度增大，收缩率减小，如图 4-28 所示。一般 3500～4000m/min 以上的拉伸速率可达到较低的 PLA 纤维收缩率。耐热性好和高强度的纤维可以通过在 210～230℃ 下，以大约 2500～3500m/min 的速率得到预取向丝，进一步在 100～140℃ 下拉伸，拉伸倍数 4～5 倍。这样产生的 PLA 纤维有可以和 PET 及尼龙相比的物理性能，强度大约为 5～6g/dyn（1dyn=$10^{-5}$N）和伸长率为 10%～

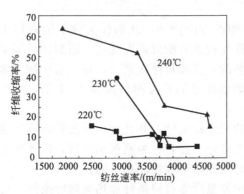

图 4-28　PLA 纺丝速率、温度与纤维收缩率的关系

30%。生产出来的纤维可制作钓鱼线、缝合线、非织造布等。

#### 4.3.3.3　聚乳酸的静电纺丝

静电纺丝（电纺）技术最早由 Formhals 等在 1934 年实现。电纺是指聚合物溶液（或熔体）在高压电场的作用下形成纤维的过程，其核心是使带电荷的高分子溶液或熔体在静电场中流动与变形，然后经溶剂蒸发或熔体冷却而固化得到纤维状物质。它的一个重要特点就是制得的纤维直径可以在数十纳米到数百纳米之间。电纺可以直接制成超细纤维，这些纤维的特点是具有很大的比表面积和很小的孔径。

目前，对静电纺丝聚合物纳米纤维的主要应用之一集中在生物工程方面。从仿生学的角度，大多数人的组织和器官是以纳米纤维的形式和结构堆积起来的。通过静电纺丝技术得到的聚合物纳米纤维可以用于软组织修复方面，例如血管的修复等。另外还有一个优点就是利用静电纺丝技术得到的生物相容性的聚合物纳米纤维可以直接在设计好的准备植入身体的组织修复器件上沉积成为细的多孔纤维。沉积的纤维主要是减少身体本身的组织和修复器件之间的硬度不匹配性。由于纳米纤维的尺寸小于细胞，可以模拟天然的细胞外基质的结构和生物功能，从而提供一个细胞种植、繁殖、生长的理想模板。聚合物纳米纤维非织造布由于大的表面积和小的空隙，可以用作皮肤伤口的治疗。用作伤口治疗的纳米非织造布纤维一般空隙尺寸大约在 500nm～1μm 之间，足以保护伤口不被细菌感染，并且纳米纤维直接可以沉积在伤口上。基于药物和相对应的载体的表面积越大，药物的溶解速率越大的原理，纳米纤维可以作为药物释放的载体。静电纺纳米纤维还可以被用作皮肤清洁、皮肤护理或者其它医用治疗面膜。纳米纤维面膜由于小的空隙及大的表面积可以把面膜中的添加成分迅速地转移到皮肤，使添加的活性成分得到充分利用并且具有很好的透气性。通过改变材料的组成、纤维的直径等可以有效控制生物材料的降解速率。

（1）静电纺丝装置及原理　静电纺丝装置如图 4-29 所示，整套装置主要包含三个部分：给料系统、高压电源和接收系统。

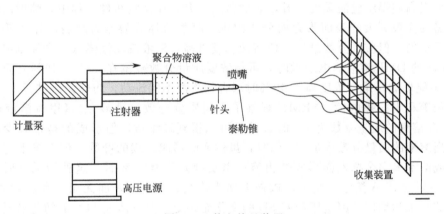

图 4-29　静电纺丝装置

在静电纺丝过程中，高压使聚合物溶液或者熔体从喷丝头里喷射出来形成带电射流。在到达接收装置之前，带电射流由于溶剂的挥发凝结，聚合物冷却固化形成聚合物纤维，最后沉积在接收装置上。将从高压静电发生器导出的阳极插入聚合物溶液或熔融液中，另外一个电极与接收装置相连（一般的接收装置是接地的）。当没有外加电压时，聚合物流体因表面张力作用储积在毛细管内不外流。电场开启时，由于电场力的作用，流体表面产生大量静电电荷。当外加的电压所产生电场力较小时，电场力不足以使溶液中带电荷部分从溶液中喷出。随着电压的加大，带电流毛细管顶端液滴被逐渐拉长形成带电锥体（又称泰勒锥）。当电场强度增大到特定临界值时，流体表面的电荷斥力大于表面张力，带电锥体形成一股带电的喷射流。带电聚合物喷射流经过一个不稳定的拉长过程，使喷射流变长变细，同时溶剂挥发纤维固化，并以无序状排列于收集装置上，形成纤维毡（网或者膜）。

一般有两种方法可以得到纤维聚集体，一种是利用动态的收集装置，一种是利用可操纵的电场控制静电纺丝喷射流的运动方向。另外，利用静态的收集装置和水浴收集装置也可以得到一定排列形式的纤维聚集体。动态收集装置如高速旋转的圆柱体收集装置、高速旋转的金属丝制的圆柱状接收装置、内部带尖针的圆柱体接收装置、下面带有刀口电极的高速旋转管接收装置、圆盘接收装置、有金属丝缠绕的圆柱体接收装置、平行电极接收装置、十字形排列的电极接收装置、平行放置的圆圈接收装置等。

(2) 电纺及电纺纤维形貌的影响因素　影响电纺过程和电纺纤维形貌的参数很多，具体可分为三大类：①体系参数，如聚合物分子量、分子量分布、分子结构（线性、支化等）以及溶液性质（黏度、电导率和表面张力）；②过程参数，如浓度、外加电压、喷头与收集板之间的距离；③环境参数，如温度、湿度和空气流速等。

① 聚合物的分子量　聚合物的分子量对电纺溶液的流变性能、电导率、介电强度以及表面张力有很大的影响。分子量低到一定程度会在电纺过程形成珠状纤维，分子量高时制备的纤维直径粗大。一般高聚物分子量越高，分子链越长，在溶液中的缠绕程度也越强，即使浓度较低也能够保持分子链间足够的交联，以产生连续、均一的喷射流，因此分子量的大小决定了电纺溶液的最小浓度。

② 聚合物溶液浓度　纺丝溶液黏度低于一定值时，成丝性能不好，会出现较多的未成丝液滴或珠状物。这是纺丝溶液表面张力与黏度竞争作用的结果。当浓度增加，纺丝液黏度随之增加。表面应力试图降低单位质量（体积）的表面积，从而导致聚合物球或珠状物的出现。黏弹力阻止珠状物的形成并促使光滑纤维的形成。因此用浓度较低的溶液进行纺丝，会由于表面张力的作用大于黏弹力的作用而出现很多纺锤形的珠滴/液滴或珠状物。另外，纺丝溶液浓度提高使得纺丝液黏度上升，表面张力上升，在静电纺丝过程中，喷射的纺丝溶液在电场中需要克服更大的表面张力而分化困难，喷射流体分裂能力减弱，导致纤维直径提高，分布不均匀。但质量分数过大，使溶液黏度过高，溶液流动性降低，会加剧喷头堵塞。

PDLLA 的 DMF 溶液静电纺丝时，可纺浓度质量分数范围在 20%～40% 之间，浓度低于 20% 时不能形成纤维，浓度高于 40% 时聚合物溶液不能流动，纺丝无法进行。

徐安长等利用扫描电镜（SEM）观察了不同质量分数聚乳酸/二氯甲烷溶液的纺丝情况。当 PLA 溶液的质量分数为 7% 时，虽然可以得到纤维毡，但形成的是带有少量纤维的珠状物；当溶液的质量分数增加到 9% 时，虽然能够形成连续的纤维，但纤维上有大量未来得及牵伸或溶剂未完全挥发而形成的粗节；当质量分数为 10% 时，这种情况有所缓解；质量分数为 11% 的 PLA 溶液，则可以被静电纺为连续、光滑、表面无粗节和珠状物的纤维。尽管纤维的粗细和均匀性因电压和 C-SD 的变化而改变，但总体上 11% 的纺丝液具有良好的静电可纺性。

③ 外加电压　纺丝电压的高低对纤维直径的影响很大，一般说来，液体喷射细流表面的电荷密度主要受电场影响，随着对聚合物溶液所加电压的增大，纺丝液射流的表面电荷密度增加，液流表面电荷间的静电斥力增大，液流的分裂能力相应增强，同样，施加电压的增加也会导致带电纤维在电场中产生更大的加速度，这两方面都利于喷射流的形成，射流及其形成的纤维承受的拉伸应力提高，从而获得更高的拉伸应变速率，拉伸更充分，使得纤维直径变小。同时，外加电压的高低对纤维表面形貌也有影响，随着电压的升高，珠丝减少，纤维中纺锤形的珠滴会比较多，会使一些纤维挂在孔壁，逐渐阻塞喷丝口，使纺丝无法顺利进行。

④ 溶液流速　聚合物溶液的流速对纤维的直径也有较大影响。纺丝液流速的增加，可使单位时间内喷射出的溶液过多，不利于纺丝液的凝固，也无法被及时牵伸，导致纤维直径变大。同时溶剂无法充分挥发，纤维最终在到达接收屏之前无法凝固而成为珠状物或液滴，或是形成条带状的物质。

⑤ 溶剂　纤维的直径和形态与溶剂的类型也有关系，溶剂的介电常数越大，纤维的直径越细。

## 4.3.4 超高分子量聚乙烯髋臼的模压成型

超高分子量聚乙烯虽然在结构上与普通聚乙烯相同,但由于其相对分子质量一般大于200万,比普通聚乙烯2万~30万的相对分子质量大很多,因此具有优良的耐磨损性能、高冲击强度、超低吸水率及自润滑特性,同时还有很好的耐化学药品性能、卫生无毒、不黏附性、耐低温性等,得到美国食品及药品行政管理局和美国农业部的认可,能够直接接触食品和药品,其中人工假体中的髋关节世界各国基本采用超高分子量聚乙烯制作,但是股骨假体和股骨头部分仍然主要以钛合金、钴铬钼合金及陶瓷制作。本节将以超高分子量聚乙烯髋臼的成型加工来介绍生物高分子材料的模压成型。

虽然超高分子量聚乙烯是热塑性塑料,具有许多优良性能,但是由于超高分子量聚乙烯的分子量极高,其熔体特性与普通聚乙烯等一般热塑性塑料截然不同,给成型加工带来很大的困难。下面通过与普通聚乙烯的比较,先了解超高分子量聚乙烯熔体特性和加工成型的特殊性。

### 4.3.4.1 超高分子量聚乙烯熔体特性及加工特殊性

(1) 熔体黏度高 普通聚乙烯的流动性能,一般可用熔体流动速率(MFR)表示。它是在温度为190℃、负荷为2.16kg下测定的,一般热塑性塑料熔体流动速率在0.03~30g/10min范围内,而超高分子量聚乙烯熔体为橡胶态的高黏弹体,熔体黏度高达$10^8 Pa \cdot s$,在上述条件下根本测不出结果,即使把负载加大10倍(即21.6kg),熔体也很难从仪器喷嘴流出,熔体流动速率几乎为零。由此可见,超高分子量聚乙烯加工时的流动性极差。

普通聚乙烯在挤出机中进行加工时,由料斗加入的固态粒料或粉料在机筒的热和螺杆剪切作用下,逐步转变为黏性流体,即使螺杆设计和温度条件不很理想,也不会产生物料堵塞在机筒中不动或完全挤不出来的现象。但UHMWPE的情况完全不同,物料在螺杆上的运动近似为固体输送、移动过程,即"粉末→半固体→高黏弹体"的变化过程,是典型的"塞流"输送机理,没有自由流动的黏流态,物料容易堵塞在压缩段包覆螺杆一起旋转而无法挤出,这种现象也叫"料塞",这正是使用普通的、未经改造单螺杆挤出机加工UHMWPE时遇到的最大难题。

普通聚乙烯熔融时呈黏流态,从口模挤出后立即下垂[图4-30中(a)],而熔融的UHMWPE,从高温口模挤出时具有一定的"熔融刚度",并不是马上下垂,呈半透明固体状水平向偏下方向前移动[图4-30中(b)],表现为高黏弹态。由此可知,UHMWPE熔融时是黏度极高、流动极差的特殊熔体。

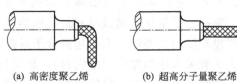

(a) 高密度聚乙烯　(b) 超高分子量聚乙烯

图4-30 高密度聚乙烯和超高分子量聚乙烯的挤出形态

(2) 临界剪切速率低 塑料制品不同,所需的剪切速率不同。一般挤出时,挤出棒材、普通制品及单丝的剪切速率为$10^{-3}\sim10^4 s^{-1}$;吹塑成型时的剪切速率为$1\sim10^4 s^{-1}$;注塑时的剪切速率为$10^2\sim10^6 s^{-1}$。而且制品截面积越大,单位时间的挤出量越少,剪切速率也越小。

图4-31和图4-32为超高分子量聚乙烯和普通聚乙烯在制备不同制品时的流动曲线及其模型。UHMWPE和普通注塑、挤出、吹塑用聚乙烯的流动曲线分为四种状态,A为层流状态,在低速时机头内物料流动,在机头的出口会出现离模膨胀现象;B为熔体破裂流动态,挤出物的熔体粗糙呈鲨鱼皮状;C为滑流状态,熔体没有受剪切作用,熔体各层之间没有相对位移,但它和层流状态不同,它不产生离模膨胀现象;D为喷流状态,熔体在高速剪切下被剪切成粉末状喷出,这种状态在普通聚乙烯加工时是看不到的。这是由于普通聚乙烯只有在很高的剪切速率下才产生喷流现象,但是在普通注塑机上是不能产生如此高的剪切速率的。

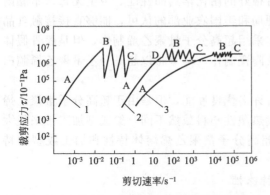
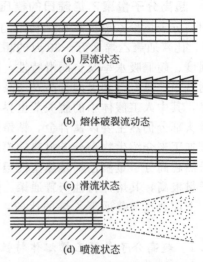

图 4-31　UHMWPE、普通聚乙烯的流动曲线模型
1—UHMWPE；2—挤出和吹塑 PE；3—注塑 PE

图 4-32　UHMWPE 熔体的流动模型

人们通常把熔体刚出现破裂时的剪切速率称为临界剪切速率，它随聚乙烯的分子量成反比关系，即随分子量增大而减小。因此对于分子量极高的 UHMWPE 来说，在剪切速率很低（$10^{-2}$ $s^{-1}$）时，就可能产生熔体破裂，在较低剪切速率下，就会产生滑流或喷流现象。所以，在超高分子量聚乙烯挤出加工时会遇到由于熔体破裂而产生裂纹现象，在超高分子量聚乙烯注塑时出现喷流而致使制品出现多孔状或脱层现象，这是热塑性方法加工超高分子量聚乙烯的难题。因此，在挤出加工时挤出速率不能太快，否则会出现熔体破裂而引起制品表面出现裂纹。

（3）超高分子量聚乙烯摩擦系数小　UHMWPE 摩擦系数极低，即使是在熔融状态时也是如此，因此在进料过程中容易在加料段发生打滑，无法向前推进，这也是螺杆挤出加工时遇到的难题。

#### 4.3.4.2　超高分子量聚乙烯髋臼的模压成型加工

超高分子量聚乙烯最早和最成熟的成型方法是模压成型，根据不同使用需求还可进行挤出成型和注射成型等。由于超高分子量聚乙烯具有许多优良特性，国内外大多采用该材料制造人工髋关节中的髋臼（或内衬）。超高分子量聚乙烯髋臼的成型加工方法，常见的有两种：模压成型和机械加工。模压成型的髋臼凹球面的光洁程度好、球圆度好、成型工艺不受分子量高低的限制、耐磨性好，但髋臼口部位有缩口现象。机加工国内多是普通机床手工加工，因此髋臼凹球面的光洁程度以及球圆度等都不太理想，磨损率较高。国外多采用数控机床将超高分子量聚乙烯棒材加工成髋臼，精度高、质量好、成品率高。

（1）模压成型的特点　模压成型工艺是将一定的模压用原料（粉料、粒料、纤维状料等）放入金属模具中，在一定温度、压力下成型的一种方法。模压成型法是塑料成型中最古老的方法，早在 100 多年前就已采用，可用于氟塑料、酚醛树脂、超高分子量聚乙烯、聚酰亚胺、不饱和树脂以及各种热塑性树脂等。以前，由于超高分子量聚乙烯的熔体黏度特别高以及对它的熔体流动改性研究较少，只能用模压法成型生产。

模压成型的特点主要有：成本低、设备简单、投资少、不受超高分子量聚乙烯分子量高低的影响，即使是高达 1000 万相对分子质量的超高分子量聚乙烯也能加工；缺点是生产效率低、劳动强度大、产品质量不稳定等。但对于超高分子量聚乙烯的成型加工来说，由于其分子量太高，流动性极差，在其它成型还不太成熟情况下，世界各国主要采用模压成型加工超高分子量聚乙烯制品。再者由于超高分子量聚乙烯的分子量很高，在成型过程中分子之间互相缠绕和相互在分子空间渗入比其它工程塑料严重，因此热胀冷缩系数较大，又加之压制烧结法生产是手工操作，随机性强，以及成品的尺寸与烧结温度、烧结时间、添加剂的品种、比例、偶联剂的品种、加压大小、开模温度等有关，因此很难直接压制成成品。只有在制品尺寸要求不严格的情况下可以直接压制成成品，对于尺寸要求较高的制品采取一定措施也可以直接加工成成品（譬如通过改变添加剂的品种、比例或制品出模后利用定型装置来控制制品的收缩和变形等）。模压成型法加工超高分子量聚乙烯制品时，可根据具体工艺的差别分为五种方法：压制-烧结-压制法、烧结-压制法、压制-烧结同时进行法、快速加热压制法、传递模法。一般小型制品采用烧结-压制法生产，大型制品采用边加热边加压的成型工艺。超高分子量聚乙烯髋臼由于制品体积较小，因此适于用烧结-压制法生产。

(2) 模具设计　烧结-压制法只需要一种模具即可，模具设计时首先要考虑收缩率，收缩率的大小要视情况而定。直接加工成成品时，一般按 1.5%～3.5%计算；加工成毛坯时，因为要留出机加工余量，因此收缩率要大些，一般按 6%～8%考虑。

模压成型时模具为上、下模，模腔深度一般为制品高度的 2.5 倍（堆积密度为 $0.5g/cm^3$ 时），压力≥4.9Pa（$50kg/cm^2$），开始加压时要放气，以防止制品内出现气泡。模具设计时还要考虑料仓的大小，一般料仓的体积要略大于制品的实际体积，这是因为超高分子量聚乙烯粉料的密度约为 $0.46g/cm^3$。为使开模容易，上模与中模之间要留有 1∶(20～30) 的锥度。

根据不同尺寸要求，超高分子量聚乙烯人工髋臼可以有多种尺寸，一般内径 24mm 或 28mm，外径在 40～56mm 之间，每种相差 2mm。图 4-33 是超高分子量聚乙烯人工髋关节的模具。

(3) 加工成型工艺　烧结-压制模压成型的工艺过程如图 4-34 所示。

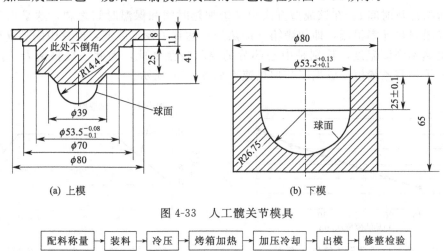

(a) 上模　　(b) 下模

图 4-33　人工髋关节模具

配料称量 → 装料 → 冷压 → 烤箱加热 → 加压冷却 → 出模 → 修整检验

图 4-34　烧结-压制模压成型的工艺过程

烧结-压制模压成型的具体工艺如下。

① 称取配好的超高分子量聚乙烯粉料，放入涂有脱模剂模具中，加压 5MPa 左右。因为不是为了成型，仅仅是为了排除原料中的空气、使原料密实、增加热导率、减少烧结时间，所以压力不用太大。

② 把模具放入加热炉中进行加热，加热温度为 195℃左右，加热时间 $t$ 和制品厚度 $H$

之间的关系可以按以下经验公式计算。此经验公式适用于制品厚度 $H \geqslant 10mm$ 时的加热时间计算，当制品厚度 $H \leqslant 10mm$ 时，加热时间 $t$ 取 30min。

$$t = 40 \left[ \frac{H}{10} \right]^{\frac{4}{3}}$$

③ 取出模具放到压力机上，边加压 8～12MPa（压力的大小根据不同的情况有所不同）边冷却，冷却到 65～75℃。

④ 开模取出制品，修整飞边，多数制品需要定型工具进行定型，于是完成一个制品（或称毛坯）的加工过程。

（4）控制条件　目前超高分子量聚乙烯的成型加工工艺参数一般为经验参数，不同厂家、不同人员即使采用相同的加工工艺，但采取的工艺参数也不尽相同。主要的控制参数为加热时间、加热温度、加压压力等。

① 加热时间　加热时间或烧结时间，是超高分子量聚乙烯的成型加工的一个重要参数。若烧结时间不足，则会使制品芯部烧不熟，制品性能（强度、硬度、耐磨性等）急剧下降，造成该制品为次品；若烧结时间过长，超高分子量聚乙烯则会产生过多的降解，因为超高分子量聚乙烯的降解与时间、温度、环境条件等有关，此外还延长了单个制品的生产周期，浪费宝贵生产时间和不必要的能量消耗。

刘广建等对不同厚度、不同形状的制品进行多次、多种类的试验，通过切割开制品，验证制品芯部是否真正烧熟，即烧结时间是否足够，通过多年的经验和试验研究得出了超高分子量聚乙烯模压成型法成型工艺的重要参数——烧结时间与制品厚度的关系曲线，如图 4-35 所示。把图 4-35 曲线通过拟和得出上述烧结时间经验公式。由此公式和图 4-35 可以看出：烧结时间与制品的厚度并不是呈线性关系，而是成幂函数关系，且幂大于 1，这是因为超高分子量聚乙烯的热导率较小，制品厚度增加 1 倍，烧结时间不是增加 1 倍，而是要增加一倍多一些。

制品所指加热时间 $t$，在该成型方法中是指加热时间和保温时间之和，这是由于超高分子量聚乙烯粉料热导率很低，即使烤箱（加热炉）达到了设定温度，模具中的超高分子量聚乙烯粉料也达不到该温度，特别是中心部分的原料更是如此，因此一般将两者一起进行考虑。超高分子量聚乙烯模压成型工艺加热速率如图 4-36 所示。

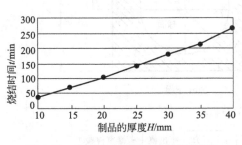

图 4-35　超高分子量聚乙烯制品厚度与烧结时间的关系

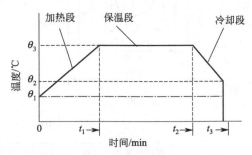

图 4-36　超高分子量聚乙烯模压成型工艺加热速率

② 加热温度　超高分子量聚乙烯是一种热塑性塑料，故成型加工温度必须保证超高分子量聚乙烯在此温度下能够熔融。但是超高分子量聚乙烯在高温下又容易氧化降解，因此其加工温度也不能太高，一般选择在 190～220℃之间。

③ 加压压力　由于加压的目的不是让粉料成型，只是排除模具里面粉料中的空气，使原料密实，增加料的热导率，因此施加的压力较低，一般选择在 5～10MPa 左右。

## 4.4 聚合物载体药物制剂的制备

以聚合物为载体的药物制剂在药物的控释或缓释领域有很好的应用。最常见的用于对药物的控制释放体系,有基体型和储存型两种。其中,基体型的药物载体,通常表现为一级释放行为,而储存型的药物载体通常表现为零级或假零级释放行为。基体型释放体系是将药物同载体材料直接相混合而形成,其形式可以是膜、粒、棒和水凝胶等,可以根据具体使用要求而加工。储存型释放体系则是用载体材料作为包被材料将药物包埋在其中所形成的,一般多为微米级的微包囊形式,但对于注射给药途径,纳米级的微包囊会具有更为明显的优势。因此,以聚合物为载体的药物制剂,其主要类型有微粒或微包囊、植入给药制剂、纤维给药制剂、胶束给药系统、水凝胶给药制剂、药物膜等。

图 4-37 列出各种药物控制释放体系。其中(a)为储存型,药物透过高分子膜扩散释放;(b)为基体型,高分子材料可以是生物稳定性的,也可以是生物可降解的,药物的释放主要是通过水分子向基体的扩散将药物分子溶出,当基体为生物可降解性材料时,药物释放速率还受到降解速率的影响;(c)是药物从生物稳定和生物可降解性微球的释放;(d)是药物分子从水凝胶体系的释放,水凝胶体系可以是物理交联的水凝胶、生物可降解水凝胶,也可以是不可降解的水凝胶。

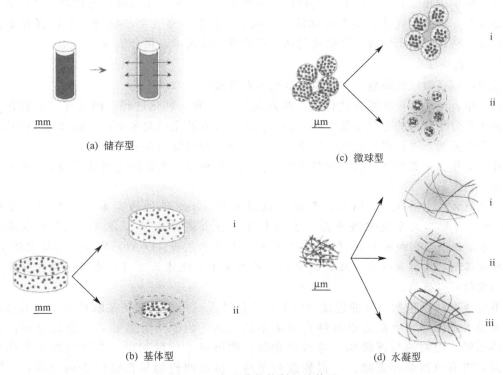

图 4-37 各种药物控制释放体系

很多的天然的和合成的可生物降解的高分子材料都曾被用来作为药物载体研究。天然高分子材料,如胶原、明胶、壳聚糖、海藻酸盐等都曾用作药物控制释放载体。但是,这些天然高分子的应用往往由于其价格昂贵和纯度问题受到限制。而大约在 40 年前,合成的可生物降解性的高分子材料也开始被用于药物释放的研究,如聚酰胺、聚氨基酸、聚(烷基-α-

氰基丙烯酸酯)、聚酯、聚原酸酯、聚脲和聚丙烯酰胺等曾被用来制备各种各样的药物释放体系。

### 4.4.1 微粒或微囊的制备

聚合物微球是一种性能优良的新型功能材料，具有表面效应、体积效应、磁效应、生物相容性、功能基团等特性，在固定化酶、靶向药物、免疫分析、细胞分离、高级化妆品、环境友好型高效催化剂等方面有广阔的应用前景。聚合物微球制剂作为一种新颖的控释给药体系，具有能控制制剂微粒粒径、控制药物释放速率、延长药物作用时间、减少药物不良反应、降低用药剂量等优点，还可用于特定组织和器官的药物靶向释放等。

由生物可降解高分子材料制备的微包囊药物控制释放体系已被广泛采用，因为它们不仅可以通过外科手术埋植在特定部位，或干脆直接注射到伤患部位，在组织工程研究中，微包囊还可以通过浸渗到聚合物细胞支架上，然后再移植到体内。但是用生物可降解型材料制备的微球由于玻璃化温度较低，不能采用一般的加热灭菌。$^{60}$Co 辐射灭菌穿透力强，且不会升高温度，已被广泛应用于微球制剂的灭菌。但是由于高能的射线通过与聚合物相互作用，从而影响聚合物的理化性质，并进而改变药物释放行为，目前这种行为的改变还难以预测。

微囊化的具体制备方法很多，一般有以下几种：①化学方法，包括界面聚合法、原位聚合法、聚合物快速不溶解法、气相表面聚合法等；②物理化学方法，包括水溶液中相分离法、有机溶剂中相分离法、溶液中干燥法、溶液蒸发法、粉末床法等；③物理方法，如空气悬浮涂层法、喷雾干燥法、真空喷涂法、静电气溶胶法、多孔离心法等。下面将介绍乳液法、相分离法、喷雾干燥法、静电喷射法、超临界流体技术、聚合法等。

#### 4.4.1.1 乳液法

乳液法制备微球或微囊，包括单乳液法和双乳液法。

(1) 单乳液法　单乳液方法包括一步水包油（O/W）乳化过程，即直接将药物粉末分散或溶于高分子材料的有机溶液中后，倾入大量的含有乳化剂的水中，形成水包油体系，待溶剂完全去除后，通过离心收集、洗涤和冷冻干燥，即可得到实心的微包囊。

此法适用于水难溶性药物，如黄体酮、氢化可的松等。水溶性药物易在制备中进入水相而降低包封率。

单乳液方法制备 O/W 微球：用超声波探头将 10mg 研细的 5-氟尿嘧啶粉末分散于 10mL 聚己内酯二氯甲烷溶液中后，在搅拌下，将上述溶液倾入 200mL PVA 水溶液中（PVA 水溶液中预先加入 1mL Tween60 溶液），形成水包油（O/W）乳液。继续搅拌 1h 以上以挥发溶剂，然后离心收集生成的微球。用去离子水洗涤三次后，冷冻干燥即得含有 5-氟尿嘧啶的实心微球。

单乳液方法还包括一步油包油（O/O）乳化过程，可用于制备亲水性甚至水溶性的药物如多肽等的微球。该法是以极性有机溶剂如乙腈、丙酮为分散相，以含乳化剂的油相如液体石蜡、植物油为连续相。将药物和聚合物溶解于分散相中，在连续相中乳化分散相，最后将有机溶剂挥发除去，得到载药微球。该法使药物易在微球表面结晶，有明显的突释效应。

单乳液方法制备 O/O 微球：将 1g 的 75∶35 或 50∶50 的 PLGA 与 1.0g、0.333g 或 0.1g 万古霉素置 30mL 乙腈中（内相），在 35℃ 用超声处理 15min 以获得理论上含主药 50%、25% 和 10% 的微球。该有机相置 55℃ 水浴中保温。连续相油相为含 2% Span40 的 125g 轻质矿物油，55℃ 保温。聚合物相缓慢加入连续相中，55℃ 条件下乳化。开始时以

3000r/min 搅拌，低倍显微镜下监测乳滴的形成，最后改用 440r/min 转速，在 55℃保持 60min 以使溶剂挥发。在略高于 35℃使乳液冷却以防止 Span40 沉积，放置 1h 使微球固化。微球用过量石油醚在 55℃洗涤以除去 Span40。该微球内部结构为蜂窝状，微球收率较高 [84%（质量分数）]，并经 DSC 证实万古霉素的含量对微球粒径分布没有明显影响。主药包封率较高（＞64%）。药物的释放行为有一个明显的初始突释。

（2）双乳液法　双乳液法是一个水包（油包水）乳液方法，最适合用于具有生物活性的水溶性药物，如蛋白质、多肽和疫苗等的包埋。

双乳液法制备微球：将 10mg 5-氟尿嘧啶溶于 1mL 去离子水中（内水相），将此溶液用超声波分散在 10mL 聚己内酯二氯甲烷溶液中（该溶液中预先加入 0.05% Span 80），形成油包水（W/O）乳液。在搅拌下，将上述 W/O 乳液倾入 200mL PVA 水溶液中（PVA 水溶液中预先加入 1mL Tween60 溶液），形成水包（油包水）（W/O/W）双乳液。继续搅拌 1h 以上以挥发溶剂，然后离心收集生成的微球。用去离子水洗涤三次后，冷冻干燥即得含有 5-氟尿嘧啶的空心微球。

制备方法不同，药物释放的机制不同。W/O/W 法制得的微球突释严重，因为此法多可形成多孔性微球，其中溶剂蒸发的速率、溶剂的种类（二氯甲烷/丙酮、乙酸乙酯、二氯甲烷）、含药量都可影响其孔隙率，此外真空干燥会使孔隙率增加，突释加快。O/O 型微球多为骨架型结构，药物释放先有一个时滞，然后形成第 1 次突释和第 2 次突释，此类微球第 1 次突释是由于药物从表面释放出来，随即药物随水渗入骨架，缓慢释放出来。O/W 法也可形成骨架微球，首先药物从微球表面释放出形成突释后，其余药物释放前先需聚合物降解并形成孔隙，所以药物释放先有一个时滞，且释药机制为三相释放（突释相、时滞相和缓释）。

#### 4.4.1.2　相分离方法

相分离法又称共沉淀方法，是通过向聚合物的有机溶液中加入第三组分（通常是聚合物的不良溶剂），以降低聚合物的溶解性而形成相分离，即在一个临界点，溶液中会出现两个液相，即聚合物共沉淀相和溶剂相，这样溶解或分散在聚合物溶液中的药物通过共沉淀被包埋在聚合物中。将聚合物溶液滴加到沉淀剂中也可以获得很好的效果。相分离法适用于包裹水溶性药物，如水溶性多肽和大分子等。

相分离法的基本工艺可归纳为以下四步，相分离微囊化步骤如图 4-38 所示。

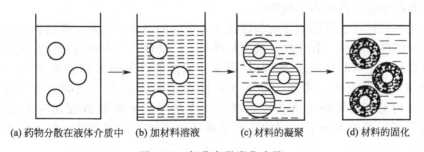

(a) 药物分散在液体介质中　(b) 加材料溶液　(c) 材料的凝聚　(d) 材料的固化

图 4-38　相分离微囊化步骤

① 将药物分散在液体介质中，根据分散的程度，通过以下步骤可以形成微囊或微球。

② 将高分子材料溶液加到药物的混悬液或乳状液中。

③ 加入脱水剂、非溶剂等凝聚剂或降低温度、调节 pH，以降低高分子材料的溶解度，使之从溶液中析出，形成凝聚液相的高分子沉积在药物的固态或液态粒子上，形成微囊或微球。

④ 固化成微囊或微球。

事实上，以上四步不是绝对分开的，而是互相交叉的，在实际操作中由于速率的差异，其交叉的程度也不相同，加之药物及高分子性质的差异，药物可以是液态或固态，固态药物可以是微粉化或未微粉化的，因而微囊或微球的形态，只有在条件恰当时比较满意，即均匀、不粘连的封闭圆球形或类圆球形。当条件不当时，形态可能是多种多样的。从微囊的碰撞及膜的凝聚过程出发，很容易理解这种多样性。碰撞可以发生在无膜的实心物之间、无囊心物的空囊之间、空囊和微囊之间等；碰撞又可以发生在膜凝聚的初期、中期和后期，即膜的黏度逐步增大的全过程中；开始生成的微囊又可在不断搅拌的情况下再分散或再合并。这诸多的不同情况便可使微囊外形呈球形、椭圆形、不规则形或粘连形等；使微囊可以是多囊粘连、囊中有囊、一囊多核、一囊单核、囊心物合并、囊与囊合并以及空囊等。微球情况没有这么复杂，但也会出现合并、粘连、变形等。

相分离法药物微囊的制备：将氢化可的松悬浮于 2％聚丙交酯的二氯甲烷溶液中，用注射器缓慢注入矿物油中，由于二氯甲烷溶于矿物油，而聚合物不溶于矿物油，聚合物在药物微粒周围沉淀而得到微囊。

### 4.4.1.3 喷雾干燥法

通过将某固体的水（或有机）溶液以液滴状态喷入到热空气中，当其溶剂蒸发后，分散在液滴中的固体即被干燥并得到几乎总成球形的粉末。该方法能直接将溶液、乳状液、混悬液干燥成粉末或颗粒，省去进一步蒸发、粉碎等操作。与其它方法相比，具有可连续操作、省时及容易批量生产等优点。

喷雾干燥法微胶囊化可分为三类，水溶液系统、有机溶液系统和胶囊浆系统。

（1）水溶液系统　被包裹的物质（芯材）是不溶于水的固体颗粒或液体，包埋芯材的材料（壁材）是水溶性材料，芯材分散或乳化于壁材的水溶液中，构成起始溶液。该溶液在喷雾干燥器内雾化形成小液滴，芯材被水相包裹起来，水分由于高温而挥发，壁材在芯材表面成膜，将芯材包埋，形成微胶囊。

（2）有机溶液系统　壁材是不溶于水的材料，芯材既可以是不溶于水的材料，也可以是溶于水的或与水反应的材料，壁材的载体溶剂是某种有机溶剂。

（3）胶囊浆系统　通过相分离法微胶囊化得到微胶囊的分散液，将其喷雾干燥，可得到微胶囊粉末。此方法得到很小粒径的微胶囊，包埋效率很高，但包埋成本也较高，适合于对失重产品或高附加值的产品进行包埋。

微胶囊化的壁材特性是影响微胶囊特性至关重要的因素。喷雾干燥法微胶囊化的壁材应具有高度的溶解性、优良的乳化性、成膜特性和干燥特性，且其浓溶液应是低黏度的。除壁材本身的因素外，壁材的性能还受到环境因素、工艺条件等诸多因素的影响，在考虑壁材特性或选择壁材时都应综合考虑。喷雾干燥法得到的微胶囊一般都具有良好的水溶性。因此环境湿度对储存的影响尤为突出。喷雾干燥法得到的微胶囊在储存中囊壁易吸收水分，囊壁吸收了过量的水分后，它的结构被破坏，芯材被暴露在外。因此防止囊壁吸收水分十分重要。

喷雾干燥工艺对肽类和蛋白质类热敏性药物较适宜。喷雾干燥法制备药物微囊的工艺为：药物与材料的混合液经进样泵到达喷嘴，然后在压缩气流的作用下，于干燥室中形成微小液滴，液滴中的溶剂快速蒸发，经旋涡分离器分离后可得到药物微囊。因此通过控制囊材（或药物）浓度、进（或出）风温度、压缩气流的流量和压力等工艺参数，可望制得具有一定特征的理想微囊。

喷雾干燥法制备药物微囊：取丙烯酸树脂适量，用体积分数为 95％的乙醇溶解，加入粒径小于 250μm 的鞣质，再加入增塑剂和抗黏剂（粒径小于 75μm）后充分搅匀。开启喷雾干燥仪风机，设定进风温度、泵转速、雾化气流速，实际进风温度达到设定值时吸取药液喷雾干燥制得。

#### 4.4.1.4 静电喷射法

与传统的乳液法和相分离法等方法制备聚合物微球技术相比，静电喷雾能够制备出直径更小的珠粒，而且珠粒的尺寸可控性好、直径大小分布很窄，在电喷的过程中因携带电荷相互排斥而具有很好的自分散性。影响电喷粒子的大小及形貌的因素很多，可通过改变流体的流速、喷口的直径和施加的电场强度等参数，获得不同尺寸大小的微球、饼状物、环状物、形状不规则的小颗粒，或者是疏松多孔的微粒。因此，很难从理论上来推导计算电喷颗粒的尺寸大小。电喷工艺参数对粒子大小和形貌的影响如表 4-13 所示。

表 4-13 电喷工艺参数对粒子大小和形貌的影响

| 项目 | 浓度 | 气体流速 | 喷射液流速 | 电压 | 聚合物分子量 | 聚合物结晶度 | 电导率 | 溶剂 |
|---|---|---|---|---|---|---|---|---|
| 大小 | | | | | | | | |
| 大 | 高 | — | 高 | 低 | — | — | 低 | 低电导率 |
| 小 | 低 | — | 低 | 高 | — | — | 高 | 高电导率 |
| 形貌 | | | | | | | | |
| 光滑 | 高 | 低 | 高 | 高 | 高 | 高结晶度 | — | 高电导率 |
| 粗糙 | 低 | 高 | 低 | 低 | 低 | 低结晶度 | — | 低电导率 |

根据静电场种类的不同，静电喷雾可进一步分为交流高压静电喷雾和直流高压静电喷雾，两者之间有较大的差别。交流高压电喷一般采用 20~50kHz 较高的频率，以便在喷射过程中切断射流使其雾化成颗粒，因此静电高压的交流频率也是影响粒径的一个重要因素。交流高压电喷所制得的颗粒尺寸较大，可从几微米到几百微米不等，但颗粒直径分布很窄，且为电中性粒子。而由直流高压电喷获得的颗粒尺寸可以小到 10nm 左右，但会因为尺寸过小及携带电荷而相互团聚，对药物的包封率也明显下降。此外，实现直流高压电喷所需要的电压（8~30kV）远远高于交流高压电喷（1~5kV），因而对设备的安全性及稳定性提出了严格的要求，从而限制了直流高压电喷的推广和应用。

例如，Xie 等采用静电喷雾技术，制备出直径在 10μm 左右载有 paclitaxel 的 PCL 和 PLGA 微球释药系统，用于靶向治疗 C6 神经胶质瘤。微球的载药量在 8%~16% 之间，包封率超过了 80%，药物 paclitaxel 以无定形或不规则结晶的形式存在于微球的内部与表面，体外缓释时间超过了 30 天。此外，药物的存在对载体材料的性能没有产生影响。

静电喷射法微囊的制备：高压发生器输出电压为 0~50kV，输液泵推进速率为 1~99mm/h。输液泵以一定的速率推注出 1.5% 海藻酸钠溶液，在电场力的作用下，海藻酸钠溶液克服黏滞力和表面张力，呈一定粒径的液滴落入盛有 0.1mol/L $CaCl_2$ 溶液的量杯中，固化成不溶于水的海藻酸钙微丸。用生理盐水洗涤后，再吸附聚赖氨酸及海藻酸钠，最后用 0.55mol/L 柠檬酸钠液化微丸芯部制成微囊。随着电压升高或与液面距离的增大，所得微囊的粒径减小、均匀度提高；增大推进速率则相反。在电压 4~5kV、推进速率 50~70mm/h、液面距 20~25mm 条件下可制得平均粒径 250~280μm、均匀性良好的球形微囊。

#### 4.4.1.5 凝胶法

凝胶法制备微球的代表是海藻酸盐微球的制备。海藻酸盐是一种从褐藻中提取的阴离子型聚多糖，它是由 D-甘露糖醛酸和 L-古洛糖酸组成的共聚物。由于分子的主链上带有羧基侧基，海藻酸盐可以与多种二价、三价或多价的阳离子（例如 $Ca^{2+}$、$Ba^{2+}$、$Fe^{3+}$）络合而形成水凝胶。

海藻酸盐凝胶微球的制备：取 5mL 海藻酸盐溶液（1%、2%、3%），在缓慢搅拌下，通过针头分别注入 200mL 2% 的 $CaCl_2$ 溶液中，继续搅拌 20~30min，过滤收集微球。

#### 4.4.1.6 超临界流体技术

一般而言，处在临界温度（$T_c$）和临界压力（$P_c$）之上的流体被称作超临界流体。超临界流体不但具有与液体相近的溶解能力和传热系数，而且具有与气体相近的黏度系数和扩散系数。除此之外，在超临界附近，压力的微小变化可以导致密度的巨大变化，而密度又与黏度、介电常数、扩散系数和溶解能力相关，因此可以通过调节超临界流体的压力来改变它的物化性质。目前应用的超临界流体主要有 $CO_2$、$H_2O$、$CH_4$、$C_2H_6$、$CH_3OH$ 和 $CHF_3$ 等。其中 $CO_2$ 无毒、无污染、不易燃，且超临界状态很容易达到（$T_c=31.1℃$，$P_c=7.28MPa$），所以应用最为广泛。

在传统的缓释控释药物制造中，常常遇到有机溶剂的残留问题，这一问题倘若不解决，再好的缓释药物也不能用于人体。超临界二氧化碳无毒、无污染、价廉，而且能萃取大多数的有机溶剂，其状态可以通过对压力和温度等参数的调节得到控制。超临界流体技术用于含有活性成分的聚合物缓释、控释制剂的制备，可以在药物制剂、美容制剂和农药制剂等领域得到广泛的应用。现介绍利用超临界二氧化碳制备缓释控释微粒的两种方法。

（1）快速膨胀法　将高分子和药物在适当条件下共溶于超临界二氧化碳中，然后通过喷头将溶液喷到常压釜内，使超临界二氧化碳的压力迅速下降，这时溶液处于过饱和状态，高分子和药物共沉淀成核，生成微粒，如图 4-39 所示。

（2）气体反溶剂法　当聚合物和药物不溶于超临界二氧化碳时就不能用快速膨胀法，而可采用气体反溶剂法。气体反溶剂法是将高分子和药物溶到一种有机溶剂中，然后通入超临界二氧化碳，在二氧化碳与有机溶剂接触的过程中，由于二氧化碳在有机溶剂中有很高的溶解度，使得溶剂的体积迅速膨胀，导致溶剂密度的下降，进而使溶剂的溶解能力下降，这时溶液出现过饱和，于是溶质便成核形成微粒，如图 4-40 所示。

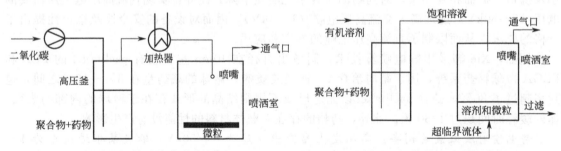

图 4-39　快速膨胀法流程　　　　　图 4-40　气体反溶剂法流程

在此方法基础上，又进一步发展了几种方法，其中超临界流体增强溶液分散度法（SEDS）最为成熟，并实现了规模化的生产。SEDS 法是将药物和高分子的共溶液注入连有喷头的超临界二氧化碳容器内，然后通过喷头喷射到收集釜里面，生成微粒。SEDS 方法已经得到广泛应用，包括有烟（碱）酸、扑热息痛、舒喘宁等的缓释控释药物微粒。

超临界流体增强溶液分散度法制备微球：将阿莫西林和卡波谱粉末均匀分散于一定浓度的乙基纤维素丙酮溶液中；然后将液体放入实验台容器 2（图 4-41）；预热器 6、微粒生成釜 8 和分离釜 10 设置到指定温度，由同轴喷嘴 7 的外围喷孔向微粒生成釜 8 中充入一定的 $CO_2$，当达到预定的压力后，开启阀 14、15 使微粒生成釜和分离釜在指定的压力下达到动态平衡；此时开启副泵，使液体由同轴喷嘴的中心喷孔喷出，在外围喷孔的气流及釜中 $CO_2$ 的共同作用下形成微囊；停止喷液后，由下进喷嘴 9 继续通入 $CO_2$ 20min，洗去微囊表面残留的有机液；最后降低微粒生成釜中压力至常压，收集得到微囊。

#### 4.4.1.7 聚合法

聚合法制备高分子微胶囊，可以采用原位聚合法、界面聚合法、乳液聚合法等。

(1) 界面聚合法　该方法也被用来制备微包囊，这是利用在界面处发生聚合反应而形成的微包囊。典型方法是单体从一侧向界面扩散，催化剂从另一侧向界面扩散，药物位于中间的液体分散相内。乳液聚合及界面聚合的方法为微包囊提供了新的制备方法。或将两种带不同活性基团的单体分别溶于两种互不相溶的溶剂中，当一种溶液分散到另一种溶液中时，在两种溶液的界面上形成了一层聚合物膜，这就是界面聚合的基本原理。常用的活性单体有多元醇、多元胺、多元酚和多元酰氯、多异氰酸酯等。其中，多元醇、多元胺和多元酚可溶于水相，多元酰氯和多异氰酸酯则可溶于有机溶剂（油）相，反应后分别形成聚酰胺、聚酯、聚脲或聚氨酯。如果被包裹物是亲油性的，应将被包裹物和油溶性单体先溶于有机溶剂，然后将此溶液在水中分散成很细的液滴。再在不断搅拌下往水相中加入含有水溶性单体的水溶液，于是在液滴表面上很快生成一层很薄的聚合物膜。经沉淀、过滤和干燥后，便得到包有液滴的微胶囊。如果被包裹的是水溶性物，则整个过程正好与上述方法相反。界面聚合法所得微胶囊的壁很薄，为 1~11nm，被包裹物渗透性较好。颗粒直径 0.001~1mm，可通过搅拌速率来调节。搅拌速率高，颗粒直径小而且分布窄。加入适量表面活性剂也可达到同样目的。

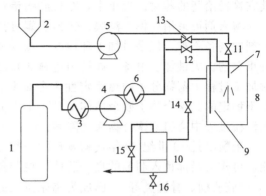

图 4-41　超临界流体增强溶液分散度法制备微球实验台

1—$CO_2$ 钢瓶；2—有机溶液容器；3—冷却器；4—主泵；5—副泵；6—预热器；7—同轴喷嘴；8—微粒生成釜；9—$CO_2$ 喷嘴；10—分离釜；11~15—节流阀；16—有机液排出阀

(2) 原位聚合法　单体、引发剂或催化剂以原位处于同一介质中，然后向介质中加入单体的非溶剂，使单体沉积在原位颗粒表面上，并引发聚合，形成微胶囊。也可将上述溶液分散在另一不溶性介质中，并使其聚合。在聚合过程中，生成的聚合物不溶于溶液，从原位液滴内部向液滴表面沉积成膜，形成微胶囊。原位聚合法要求被包裹物可溶于介质中，而聚合物则不溶解。因此，其适用面相当广泛，任何气态、液态、水溶性和油溶性的单体均可适用，甚至可用低分子量聚合物、预缩聚物代替单体。为了使被包裹物分散均匀，在介质中还常加入表面活性剂，或阿拉伯树胶、纤维素衍生物、聚乙烯醇、二氧化硅胶体等作为保护胶体。

(3) 乳液聚合法　乳液聚合法是制备纳米级包囊的重要方法，乳液聚合方法既可适用于连续的水相，也可适用于连续的有机相。

典型的在连续的水相中乳液聚合的方法：首先，单体溶于水相进入乳化剂胶束，形成有乳化剂分子稳定的单体液滴，然后通过引发剂或高能辐射在水相中引发聚合。聚甲基丙烯酸甲酯、聚烷基异氰酸酯、聚丙烯酸类共聚物微包囊均可通过此方法制得。

### 4.4.2　植入剂的制备

植入剂一般是一种无菌固体制剂，由药物和赋形剂用熔融、热压等方法制成。植入释放系统具有长效和恒释作用。由于聚合物骨架的阻滞作用，系统中药物常呈恒速释药，故可维持稳定的血药浓度，减少药物的毒副作用。它适用于半衰期短、代谢快的药物，不适于通过其它途径给药的药物。近年来,在抗肿瘤治疗中植入剂获得了广泛的关注和较深入的研究。

植入剂可采用压模、注膜、铸造、螺旋挤压法制得,其大小为几毫米到几厘米不等。植入剂的制备不难,但是对加工环境的干燥程度要求极高,因为高分子和药物的极度干燥是十分重要的。关键加工设备(如挤出进料斗)必须置于干燥的氮气流的保护下。在植入剂的熔融加工过程中药物分子的热稳定性十分重要。很多大分子药物在140~220℃的高温条件下是不稳定的。聚合物中残余单体也是一个十分重要的因素。当残余单体含量>2%~3%时,在注模过程中会引起聚合物大量降解。

聚酸酐是19世纪80年代初发现的一类可生物降解聚合物,具有独特的表面溶蚀降解性能,可作为局部植入制剂的良好载体,控制药物释放。将其用于传统治疗法效果不佳的疾病(如脑胶质瘤、骨髓炎等),已成为临床研究的热点之一。目前,局部植入给药是聚酸酐控释制剂应用的主要形式。因此下面将通过聚酸酐作为骨架型控释材料,与合适剂量的药物混合成型制成圆形片剂或圆柱形药棒来简单介绍植入剂的制备方法。具体采用何种工艺,主要依据药物和高分子材料的理化性质确定。

#### 4.4.2.1 压模成型

聚酸酐和药物共溶于溶剂(如二氯甲烷、氯仿)后形成溶液,经喷雾干燥,形成粒度极小的固体粉末,用液压机在极高的压力下在活塞形模具内压成圆片。该法在室温下进行,避免了药物和聚合物之间的相互作用,特别适合于热不稳定性药物的成型。此法制成的片剂具有很好的释药重现性。现已获FDA批准应用于临床治疗复发脑胶质瘤的新药BCNU-P(CPP-SA)控释片Gliadel,由于BCNU的热稳定性差,因此以二氯甲烷为溶剂采用此法成型。但是,药物和聚酸酐若不能共溶于惰性溶剂中,则只能经物理混合研碎形成粉末,压模成型后的片剂药物释放的重现性差,有时存在突释效应,这主要是药物在聚合物中分布不均匀和药物粒度不均匀引起的。

#### 4.4.2.2 熔融成型

熔融成型是将聚酸酐和药物采用溶剂共溶或物理混合研碎形成的固体粉末,在高于聚合物熔点10℃左右熔融,然后注射成型或注入模具后,在极低的压力下压模成型。此法依模具的几何形状和规格大小,可制成各种几何形状和尺寸的剂型,制成的制剂药物分布均匀、结构致密、力学强度好,特别适合体内长时间持续给药,并具有很好的释药重现性。目前FDA批准应用于治疗骨髓炎的庆大霉素-P(EAD-SA)药棒Septacin即是采用此法成型的。由于熔融成型是在加热条件下进行的,因此热敏感性药物和聚合物熔点过高均不适合采用此法成型。

#### 4.4.2.3 溶剂浇注

溶剂浇注是将药物和聚酸酐混合形成的固体粉末在溶剂(如二氯甲烷、氯仿)中形成溶液或悬浮液,然后注入模具,溶剂在低温(-20℃)缓慢挥发,形成药膜。目前,该法制成的药膜易形成多孔微观结构、药物分布不匀、释药重现性差。因此,一般不采用此法成型。

### 4.4.3 聚合物胶束制剂的制备

聚合物胶束具有较高的热力学稳定性以及能够形成纳米粒子等特点,在分离技术、纳米反应器以及药物载体等领域得到了广泛应用。很多用于治疗的药物通常具有毒性,溶解性能较差,因此其应用受到了很大的限制。减少药物的毒性,提高药物的生物利用度是医药学面临的一个具有挑战性的问题。聚合物胶束作为药物载体具有其独特的优势。聚合物胶束能够增加疏水药物在体液中的溶解性,延长药物的作用时间,提高药物的生物利用度;靶向聚合物胶束能够增加药物到达病变部位的比例，降低药物对正常组织的毒副作用等。聚合物胶束具有较低的临界胶束浓度（CMC，开始大量形成胶束时的聚合物浓度即为临界胶束浓度）、较大的增容空间，结构稳定并且依据聚合物疏水链段的不同性质可以通过化学、物理以及静电作用等方法包裹药物。聚合物胶束的粒径通常低于100nm。如此小的粒子，进入人体后可以躲避体内巨噬细胞的识别和吞噬。因此聚合物胶束在药物载体领域具有广泛的应用前景。

#### 4.4.3.1 共聚物胶束的组成、性质及形态

在适当条件下，两亲性嵌段共聚物或某些具有特殊相互作用的水溶性嵌段共聚物，可自组装形成聚合物胶束。例如：①两亲性聚合物在选择性溶剂中各个链段的溶解性的不同能够发生缔合形成两亲性聚合物胶束；②带电的嵌段或接枝共聚物可以与带有相反电荷的嵌段（或接枝共聚物）、均聚物、DNA、聚电解质以及酶通过静电作用形成聚电解质复合物胶束；③基于大分子间氢键作用，促使多组分高分子在选择性溶剂中自组装形成非共价键胶束。聚合物胶束自组装如图4-42所示。

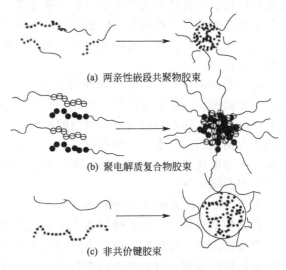

图 4-42　聚合物胶束的自组装

聚合物胶束的研究重点集中在两亲性聚合物胶束方面。两亲性聚合物形成的聚合物胶束是两亲性的高分子物质在水中自发形成的一种自组装结构。与小分子表面活性物质类似，当这类高分子在水中的浓度达到一定程度后（约为 $10^{-6}$ mol/L），分子中疏水段和亲水段就会发生微相分离，自动地形成疏水段向内、亲水段向外的具有典型核-壳结构的胶束，疏水性药物则依靠与胶束内核间的疏水性相互作用而进入胶束内部。自组装形成的载药胶束是热力学、动力学稳定的体系，具有许多优良的性质，使得聚合物胶束成为难溶性药物理想的输送系统。当把胶束溶液稀释到CMC值以下时，胶束的分解速率也是很低的，这是聚合物胶束与普通小分子表面活性剂形成的胶束最显著的区别。常用荧光探针和凝胶渗透色谱（GPC）确认胶束是否形成，其中测定两亲聚合物CMC值的最灵敏、最精确的方法是探针荧光光谱法，最常用的荧光探针是芘。芘探针在水中的溶解度很小，当溶液中出现胶束时，芘则倾向于溶解到疏水性的胶束核。因此出现胶束时，荧光强度将有一个突变，检测这种变化即可计算出两亲聚合物的CMC值。

两亲性共聚物的亲水和疏水链段可以通过无规、嵌段和接枝三种方式排列，在临界胶束浓度之上形成聚合物胶束。从药理学角度出发，两嵌段和三嵌段共聚物形成的聚合物胶束作为药物载体得到了更广泛的应用。两亲性接枝共聚物在水中形成的胶束，由于仍有少量疏水部分与水接触，易引起聚集，故不适合作为药用载体，因而研究较少。

聚乙二醇（PEG）是具有生物相容性、得到FDA认证的非离子水溶性聚合物，对人体具有较低的毒性，是目前最广泛用来作为聚合物胶束亲水链段的聚合物。PEG功能化的聚合物胶束可以避免粒子被内皮网状系统（RES）吞噬，延长药物在体内的循环时间。聚（2-乙基-2-噁唑啉）在酸性水溶液中能够与羧酸（如丙烯酸）氢原子之间形成氢键，因此在聚合物中引入聚（2-乙基-2-噁唑啉）形成聚合物胶束后，可以对其亲水壳层进行进一步的结构

改性。N-异丙基丙烯酰胺也经常被用来作为聚合物胶束的亲水链段，从而使聚合物胶束具有温敏性，达到靶向释药的目的。

在药物载体领域里，通常选择聚酯（如聚己内酯、聚丙交酯）、聚氨基酸（如聚 $\gamma$-苄基-L-谷氨酸、聚 L-赖氨酸）、聚氧化丙烯等来作为聚合物胶束的疏水链段。聚合物胶束的粒径、载药空间等性质可以通过调节亲水和疏水链段的分子量大小来实现。

根据嵌段聚合物的组成，两亲性聚合物形成的聚集态有核-壳结构的"星型胶束"和"平头胶束"两种。星型胶束的亲水链段通常比疏水链段长，相比星型胶束来说，形成平头胶束核的疏水链段尺寸比形成壳的亲水链段尺寸大。在水溶液中，平头胶束可以采取球形、棒状、层状、囊状等形态存在。影响聚集态结构的因素主要有：疏水链段的构象、亲水链段之间的相互作用以及疏水链段与溶剂之间的界面能，调节影响这三种作用力的系统参数（如共聚物结构、聚合物溶液的浓度、离子强度等）就可以获得不同形态的胶束结构。不同形态的胶束在药物载体方面具有不同的应用。如棒状的胶束具有与球型胶束不同的载药空间与释放动力学，棒状胶束由于它的薄的管壁结构，在制备用于肺部给药的载体系统时，比球型胶束更具有优势。

与一般的荷电相反的聚电解质形成的复合物不同，形成聚电解质复合胶束的嵌段（接枝）共聚物都应该是水溶性的，且非常有趣的是，带有相反电荷的两种嵌段聚合物混合后，只有严格配对，即电荷数目完全相同的聚电解质链段之间才能复合成胶束内核，不能匹配的嵌段聚合物仍游离在水中。聚电解质复合胶束作为功能材料的一个显著优点，就是胶束的核能够作为带电化合物（如 DNA 和酶）的微储存器，并且能够调节它们的性质，如溶解性、反应性以及稳定性等。

#### 4.4.3.2 聚合物药物胶束的制备

两亲性共聚物由于亲水链段和疏水链段在水中的溶解度存在差异，因此在水中会自组装形成聚合物胶束。形成的胶束作为药物载体的关键是选择适宜的聚合物。以不同的嵌段共聚物构成内核的胶束，可负载不同类型药物，并可在作用位点以期望的模式释药。疏水性链段用来负载疏水性药物，如抗肿瘤药物等；聚电解质链段用于包埋荷电化合物，如质粒 DNA、反义寡核苷酸、酶和肽类药物等；具有金属螯合功能的聚合物形成的内核可负载金属类药物，如顺铂等。具有玻璃态疏水链段的共聚物，可通过改变聚合物的组成控制内核的玻璃化温度，从而调节药物的释放速率。采用该类共聚物时也应考虑药物对聚合物玻璃化温度的影响。

聚合物胶束常用的制备方法主要有：①将两亲性共聚物溶于共同溶剂（疏水、亲水部分均能溶于其中），再在搅拌下滴入选择性溶剂以形成胶束；②将选择性溶剂滴入共聚物良溶液中，诱发胶束形成，最后经透析除去良溶剂，也可直接将聚合物良溶液在选择性溶剂中透析；③一些具有特殊性质的共聚物还可通过改变外界条件，如温度、离子强度和 pH 等方法诱导胶束形成。

在载药聚合物胶束制备过程中，药物的包埋与胶束、药物的性质有关。由于疏水作用是药物增溶的主要动力，因而胶束疏水链增长及药物疏水性增强均会使胶束的载药量上升；但是过长的疏水链会使胶束粒径变大，易被网状内皮系统破坏，降低胶束稳定性。载药聚合物胶束的制备方法一般有：物理包埋法、静电作用法、化学结合法。如果药物是与形成胶束共聚物的疏水部分通过化学键或静电作用的，它的载药过程与胶束形成过程同时发生，如果药物通过物理包埋的方法，载药过程则依赖于胶束的制备过程。

(1) 物理包埋法　利用胶束疏水内核和难溶药物的疏水相互作用及氢键力，药物与聚合物胶束只需通过物理方法处理，将药物增溶于聚合物胶束。此法操作简单，载药范围广。常用的方法有以下五种。

① 透析法 指将嵌段共聚物和药物溶解在与水混溶的有机溶剂（如二甲基甲酰胺）后装入透析袋中用水透析。该法为实验室制备聚合物胶束的经典方法，但不适用于大生产。

5-氟尿嘧啶/聚乙二醇-聚谷氨酸苄酯（5-FU/PEG-PBLG）纳米胶束的制备：分别称取 20mg PEG-PBLG、20mg 5-FU 于 10mL 灭菌试管中，加入 10mL $N,N$-二甲基甲酰胺，60℃ 温浴 5min，溶解后置透析袋中透析，于 2h、5h、8h 和 12h 换蒸馏水，24h 后将透析袋中的液体沿 0.45mm 滤膜过滤，滤液为 5-FU 纳米胶束，置 4℃ 保存。

② 水包油乳状液法 指将药物溶解在与水不混溶的有机溶剂（例如氯仿或二氯甲烷）中，聚合物可以溶解在有机相或水相，在剧烈搅拌的条件下将有机相加入水相，然后将有机相挥发。将药物的有机溶液滴入胶束溶液中，形成乳状液，继续在开放系统中搅拌，使有机溶剂挥发，滤去未结合药物与小分子杂质，冷冻干燥即可。此法所得胶束的载药量比透析法略高。

例如，将阿霉素溶于氯仿，在不断搅拌下逐滴加于 PEG-PBLA 胶束水溶液中，形成 O/W 型乳剂，再挥发去氯仿，得到的胶束载药量高达 15%～20%。

③ 溶剂挥发法 指将药物和聚合物溶解于易挥发的有机溶剂中，再将有机溶剂挥发，形成聚合物/药物膜，然后通过剧烈搅拌将膜重新分散在水中。这种方法适合于大生产，但要求选用 HLB 值较高的聚合物胶束。

例如，使用溶剂挥发法将紫杉醇载入聚乙二醇-$b$-聚（DL-丙交酯）胶束，载药量高达 25%。

④ 共溶剂挥发法 指将药物和聚合物溶解在与水混溶的有机溶剂中，再加水相于有机相，将有机溶剂挥发即得载药胶束。

例如，将阿霉素和聚乙二醇-$b$-聚己内酯溶于四氢呋喃，在磁力搅拌条件下将此溶液滴加至纯水中，然后挥发除去 THF，得到载药量达 3.1%～4.4% 的载药胶束。

⑤ 冻干法 指将药物和聚合物溶于可用于冻干的有机溶剂（如叔丁醇等）后，再与水混合，冻干后聚合物胶束分散于等渗溶液中。此法可以应用于大生产，但仅限可溶于叔丁醇的聚合物和药物。

例如，采用冻干法将紫杉醇载入 PVP-$b$-PDLLA 胶束，载药量达 5%。

(2) 化学结合法 利用药物分子与聚合物的疏水链官能团在一定条件下发生化学反应，在制备胶束的过程中将药物共价结合在聚合物上，药物就直接包埋在胶束的内部，在外界环境的变化下，键合药物与聚合物的化学键容易发生断裂从而释放药物，从而有效控制药物释放速率。当有些药物分子的结合影响了疏水部分的疏水性时，可在聚合物的官能团上化学引入或直接物理引入一些具有可反应基团的疏水分子（如棕榈酸等），再将药物结合到这些分子上。

例如，首先合成聚乙二醇-聚（$\beta$-苄基-L-天冬氨酸）的嵌段共聚物，然后使苄基去保护，酰肼基团通过酸酐反应连接在天冬氨酸链的末端，然后阿霉素通过第十三个碳原子和酰肼基团之间的腙键键接在聚合物上，通过透析法制备胶束。化学反应如图 4-43 所示，由于肿瘤部位的 pH 比正常组织的 pH 低，当胶束到达肿瘤部位时，腙键断裂，阿霉素就能够释放出来。

由化学方法制得的聚合物胶束可有效避免肾排泄以及网状内皮系统的吸收，提高生物利用度。由于化学结合法需要有合适的官能团才能进行反应，因而其应用受到限制。

(3) 静电作用法 利用药物与带相反电荷的聚合物胶束疏水区通过静电力作用而紧密结合，制得胶束。此法制作简单，所得胶束稳定，但条件不易满足，使用不多。

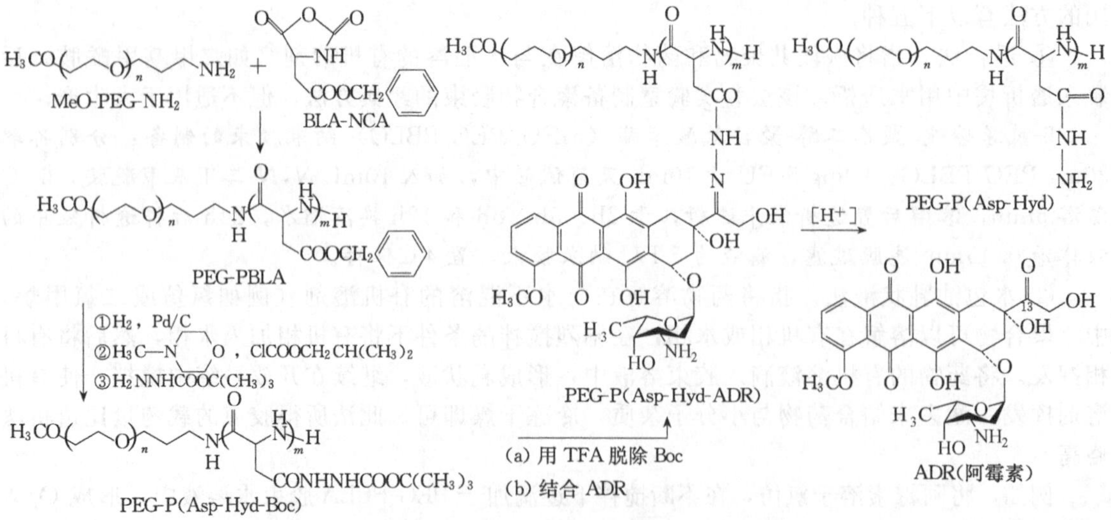

图 4-43 PEG-P(Asp-Hyd-ADR) 嵌段共聚物的合成

在基因治疗过程中，核酸类药物具有控制药物蛋白的基因表达和抑制致病基因的表达作用。但在临床应用过程中，由于药物在体内的不稳定，药物分子量较大不易被细胞摄取以及核苷酸带负电荷等原因限制了这类新药的应用。在对 DNA 的载体系统不断研究的过程中，认为聚合物胶束系统作为 DNA 载体具有诸多优点。

例如，可使聚异丙基丙烯酰胺与聚赖氨酸通过酰胺键形成两亲性的接枝共聚物，赖氨酸末端的正电荷与 DNA 的负电荷通过离子静电作用复合形成聚离子胶束，有效地作为 DNA 的载体。载有 DNA 的胶束具有高度的胶体稳定性，较低的毒性，在血液中具有较长的循环时间并且具有温敏性，因此在临床应用中具有重要的意义。

药物与胶束核之间的相容性是影响胶束对药物增溶的主要因素，相容性越好，载药量越高。调节药物与壳之间的相互作用以及药物与溶剂之间的界面作用也能够调节药物的增溶过程。

通过对胶束的核或壳交联可使胶束结构稳定，有利于进一步的物理及化学改性。例如，通过对胶束的壳进行交联，不仅可使胶束的稳定性得到提高，而胶束的核仍旧保持一定的流动性。亲油性核可以装载大量脂溶性药物，而交联的壳可以保护药物不被外界环境所破坏，药物可以缓慢从胶束内部释放出来，避免了高浓度药物对人体的直接刺激，因此很适合作为药物载体。在交联壳上引入具有识别功能的指示分子，药物可以被定向地传送到病变部位，达到主动靶向的作用。

(4) 聚合物胶束的药物释放　聚合物胶束常用的体外释药实验有两种：①透析袋法，将装有载药胶束的透析袋置于生理介质中透析，透析袋的粒径大小可截留聚合物胶束而允许游离药物自由通过；②直接将聚合物胶束和生理介质孵化，然后通过凝胶渗透色谱法分离游离药物和包封药物。透析袋法更为常用，可以从各处方因素对药物释放的影响作出初步评价。

① 化学结合的胶束释药特点　化学结合法制备的载药胶束主要通过两种方式释药：聚合物胶束降解后，胶束结合药物的共价键断开释药；或胶束结合药物的共价键断开，然后药物从胶束扩散释药。

② 物理结合的胶束释药特点　物理包埋法制备的胶束常常通过扩散作用释药。一般来说，物理包埋法制备的胶束比化学结合法制备的胶束释药更快，释药速率与三个因素有关：

一是药物与疏水核的相容性,良好的胶束核与药物相容性可明显地延缓药物的释放;二是氢键作用力,胶束核与药物之间具有强的氢键作用力也可以延缓药物释放;三是载药量,例如阿霉素于聚丙交酯/聚乙二醇/聚丙交酯胶束中载药量为1%和3%时,分别在6天、8天释放了50%、17%的药物。

③ 静电作用法制备的胶束 静电作用法制备的胶束通过药物与生理介质中游离的离子或蛋白交换释药。强疏水的胶束核可加强核与药物的静电作用,通过使药物与介质中的离子交换受阻达到缓释的目的。

### 4.4.4 水凝胶的制备

水凝胶是一种能在水中溶胀并保持大量水分而又不溶解的聚合物,通过共价键、氢键或范德华力等作用相互交联构成三维网状结构,因此水凝胶具有以下特性:①水凝胶都是长链高聚物;②在生理环境中(温度、pH和离子强度等)条件下水凝胶不溶于水;③在生理条件下,水凝胶的一般含水量在10%~98%。正是因为如此,药物被水凝胶包埋,因此既能保护药物不被酶解或被胃酸破坏,又可以通过改变水凝胶的结构控制药物释放,大大提高了药物的利用率,减少了药物对身体其它部位的毒副作用。水凝胶可以制成药物基质、薄膜或微球,广泛应用于多肽、蛋白类大分子药物的长效释药体系。

按来源分类,水凝胶可分为天然水凝胶和合成水凝胶。天然水凝胶包括明胶、胶原、纤维蛋白、透明质酸盐、海藻酸盐、琼脂糖和壳聚糖等。人工合成水凝胶包括聚丙烯酸、聚丙烯酸盐、聚丙烯酰胺类及其衍生物、聚氧化乙烯及其衍生共聚物、聚乙烯醇、聚膦腈和多肽等。根据对外界刺激的响应,水凝胶除了普通水凝胶外,还有一类智能型水凝胶,对电荷、pH、温度、光电或其它刺激等有很小的变化,凝胶体积及性状却有较大的变化。在医药与生物工程中运用活跃的智能型水凝胶有:温度敏感性水凝胶、pH敏感性水凝胶、温度和pH双重敏感性水凝胶、光敏性水凝胶、电场敏感性水凝胶等。代表性的水凝胶有聚甲基丙烯酸-$\beta$-羟乙酯、聚丙烯酰胺、聚乙烯吡咯烷酮等。

水凝胶可以通过化学交联、物理交联、辐射交联等多种方法制备。

#### 4.4.4.1 化学交联

化学交联的水凝胶是指在化学交联剂的作用下,通过共价键将高聚物链结合而成的网状结构,加热不溶不熔,也称为永久性水凝胶。化学交联法是制备水凝胶最为常用的方法,生成的水凝胶性质受交联单体、交联剂及反应条件影响。

化学交联可以通过单体的交联聚合、接枝共聚等实现。最常见的化学交联制备水凝胶的两种方法为:①水溶性单体与二或多官能团交联剂发生共聚合;②水溶性高分子之间通过化学反应而交联。

(1) 水溶性单体与交联剂共聚合 水溶性单体在交联剂存在下进行聚合制备化学交联水凝胶。

常用的水溶性单体有:丙烯酸、甲基丙烯酸、甲基丙烯酸羟乙酯、甲基丙烯酸缩水甘油酯、丙烯酰胺、甲基丙烯酰胺、乙烯基吡咯烷酮等,乙酸乙烯酯聚合后水解可生成水溶性聚乙烯醇。

含有羟基、氨基、羧基或硫酸酯基的水溶性大分子通过与相应的各种化学试剂反应而引入双键官能团,从而作为大分子单体进行聚合。

① 羟基 葡聚糖、淀粉、琼脂糖或聚氧乙烯上的羟基通过与酰氯(丙烯酰氯、甲基丙烯酰氯、对乙烯基苄氯等)反应引入双键,也可在碱性条件下与环氧化物(丙烯酸缩水甘油酯、甲基丙烯酸缩水甘油酯、丁烯-2,3-氧化物、烯丙基缩水甘油醚、1,2-环氧-5-己烯等)

反应引入双键。

② 氨基　含有氨基的大分子与酰氯、异氰酸酯、环氧化物或醛类等反应制备含有不饱和键的大分子。

③ 羧基　在水溶性碳二亚胺作用下，大分子上的羧基与具有双键的醇反应而引入双键。在硫酸和乙酸汞催化作用下，羧酸与乙酸乙烯反应可制得乙烯酯。

④ 硫酸酯基　大分子中的硫酸基团可先转化成氨基，再转化为乙烯基。

制备水凝胶所用的交联剂，不仅小分子的 $N,N'$-亚甲基二丙烯酰胺可用作交联剂，一些化学改性的高分子也可作交联剂。一般来说，含有两个以上具有反应活性的双键官能团的任何分子均可用作交联剂与乙烯基水溶性单体共聚合制备水凝胶。除了双键官能团外，反应性基团还可以是可开环聚合的杂环，如环氧乙烷基，逐步聚合的二元羧基或二元羟基。制备水凝胶常用的可降解性交联剂，可以是小分子交联剂：$N,N'$-亚甲基二丙烯酰胺、$N,O$-二甲基丙烯酰基羟胺、二乙烯基偶氮苯、$N,N'$-二（对乙烯苯磺酰基）-$4,4'$-二氨基偶氮苯、$N,N'$-甲基丙烯酰基-$4,4'$-二氨基偶氮苯；低聚肽交联剂有：$N$-甲基丙烯酰基低聚肽；大分子交联剂有：胰岛素、白蛋白、丙烯酸缩水甘油酯改性白蛋白、烯丙基羧甲基纤维素、烯丙基羟乙基纤维素、烯丙基葡聚糖等。

(2) 水溶性聚合物的交联　采用双官能团或多官能团试剂交联水溶性聚合物可得化学交联水凝胶。

大分子的反应与小分子一样，只是反应速率和转化率有较大差异。交联效应取决于反应基团的活性和特异性，因此选择合适的交联剂十分重要。另外，对聚合物的官能团进行改性，引入新的更具反应性的基团，也可改善交联反应。

水溶性聚合物的交联可以通过与羟基的交联反应、与氨基的交联反应、与羧基的交联反应、热交联反应、超声波交联反应等实现。

① 含羟基的水溶性大分子的交联　羟基可与酰氯、异氰酸酯、环氧化物等反应，同理，含有羟基的水溶性大分子则可用二酰氯、二环氧化物、多异氰酸酯等试剂进行交联，图4-44为含羟基的水溶性大分子的交联结构。

② 含氨基的水溶性大分子的交联　许多交联剂可直接与水溶性大分子上的氨基反应而发生交联。图4-45为含氨基的水溶性大分子的交联结构。

③ 与羧基的交联反应　与羧基直接反应的交联剂比较少。聚环氧化合物可用于交联胶原蛋白分子上的羧基；二元胺与聚合物上羧基反应生成酰胺键而交联；在二环己基碳二亚胺作用下，用二氨基十二烷交联硫酸软骨素。

④ 与乙烯基的交联反应　引入双键的大分子可以通过化学引发或 $\gamma$ 射线引发自由基聚合制备水凝胶。

⑤ 热交联　热变性可用于交联蛋白质，如白蛋白、明胶和胶原蛋白采用热处理进行交联。采用热交联法制备白蛋白微球，交联程度取决于温度和加热时间。交联程度影响白蛋白微球的体内降解。在135℃交联40min制得的白蛋白微球在2d内降解；而在180℃下交联18h而得的白蛋白微球静脉注射6个月后仍保持完整。热变性明胶具有水不溶性，但有一定程度的水溶胀性。羧甲基纤维素钠也可用热处理交联，聚合物链上的羧基和羟基直接酯化形成凝胶。

⑥ 超声波交联　超声波用于制备蛋白质微球。超声波将含有蛋白质的油或其它有机溶剂在水中分散成小滴。超声波产生气穴现象，引起水分子均裂，生成 HO· 和 H·。在 $O_2$ 作用下，HO· 会发生各种反应，包括生成具有高度反应性的超氧化物自由基 $HO_2·$。$HO_2·$ 可交联微球中蛋白质分子，形成固定的结构。

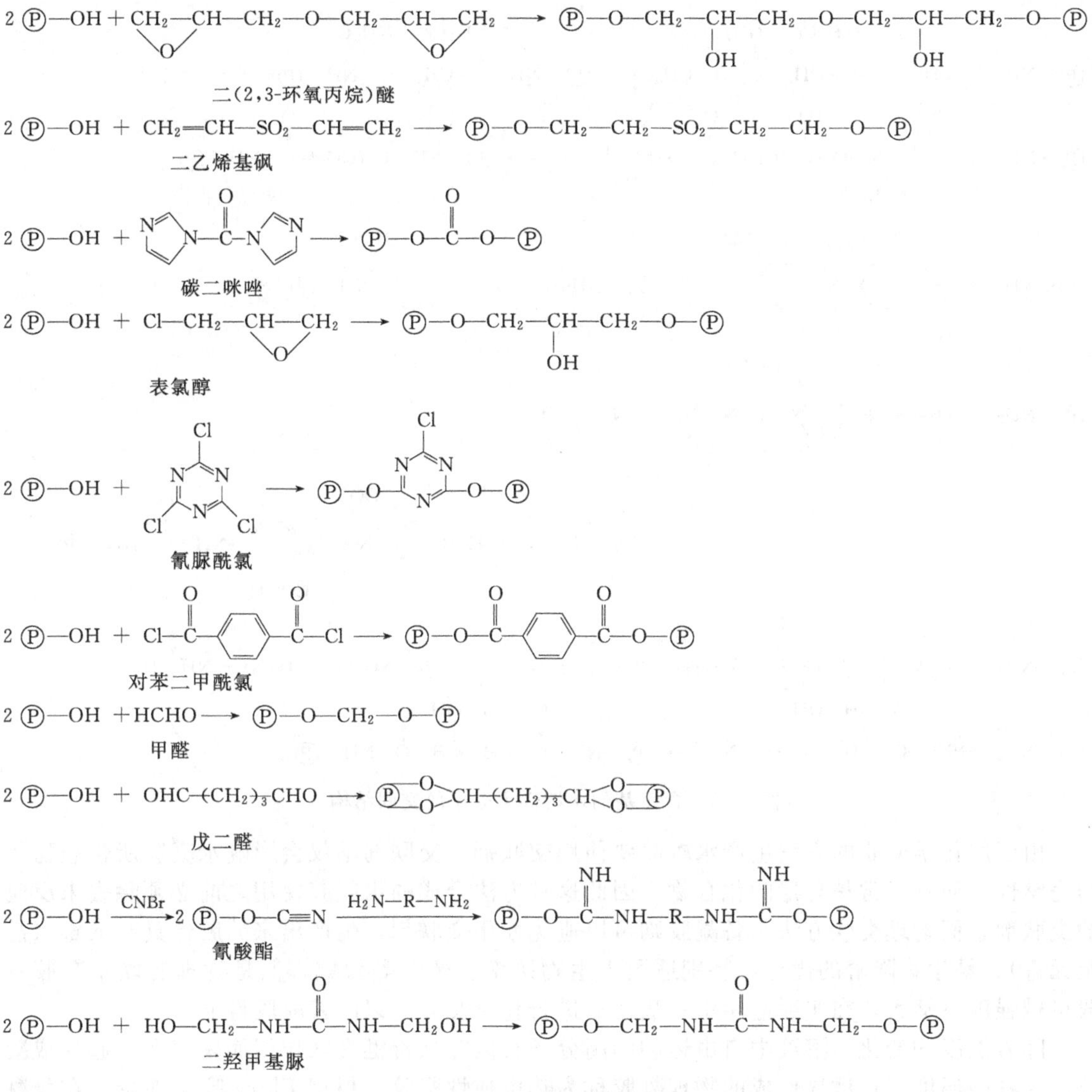

图 4-44 含羟基的水溶性大分子的交联结构
(Ⓟ表示聚合物分子)

#### 4.4.4.2 物理交联

通过高分子链之间物理相互作用，而非共价键交联形成的水凝胶称为物理水凝胶。这些物理相互作用包括氢键、疏水性相互作用、离子间相互作用等。物理水凝胶常用来表示非化学交联的水凝胶。

在物理水凝胶中，部分高分子链段之间形成一种稳定的、比较紧密的接触，构成所谓的"接合区"。这种接合区的结构可能具有一定的有序性，起着一种相当于化学交联点的作用，将处于无定形状态的高分子链段连接起来。接合区形成的诱因通常是介质的变化，如温度、pH、盐的类型、离子强度的改变或加入非溶剂等。因此物理交联水凝胶可根据聚合物的性质通过各种方法制备，例如，加热 PEO-PPO-PEO 嵌段共聚物水溶液成胶；冷却琼脂糖或明胶水溶液成胶；将阴离子聚合物和阳离子聚合物溶液混合成胶；调节 pH 使 PEO 与聚丙烯酸通过氢键作用成胶；加入相反电荷多价离子使聚电解质成胶等。物理水凝胶之间的差异主要取决于接合区的性质和数量。

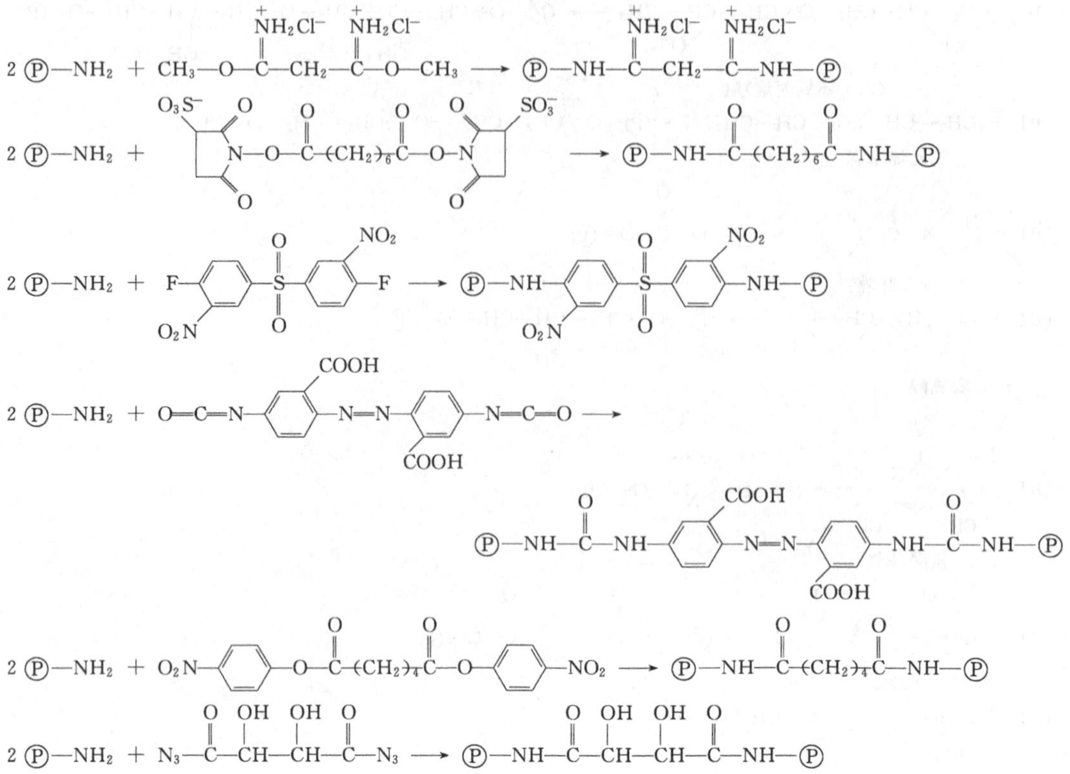

图 4-45 含氨基的水溶性大分子的交联结构

由于用化学交联的方法生产水凝胶要使用交联剂，交联剂不仅会影响水凝胶所包埋物质的完整性，而且经常是有毒的化合物，因此这种方法合成的水凝胶使用之前必须除去未反应的交联剂。而物理交联方法制备凝胶则可以避免使用交联剂，生产出来的胶体具有低毒（甚至无毒）、易生物降解的优点，特别适用于生物医学、药学等领域。但是物理交联水凝胶一般机械强度不够大，在实际应用中一般还需进行化学交联，以改善凝胶性能。

随着温度的变化，溶液中自由运动的高分子会因非共价键交联作用而聚集在一起形成凝胶。这种因温度变化诱导形成的物理凝胶称为热可逆性凝胶。根据 Flory 胶凝理论，在胶凝点，高分子链的黏性液体向弹性凝胶的转变是相当快的，处于胶凝点的聚合物称为"临界凝胶"。临界凝胶不稳定，会继续胶凝化，即所谓物理老化。通过高分子链的扩散和重新取向，凝胶不断熟化，接合区不断增多和增强。这种溶液-凝胶间的转变又称为热可逆胶凝和再熔化，可以多次重复。聚合物浓度越高，物理网络中接合区越多，胶凝或熔融可逆性凝胶所需能量越大，因此，胶凝或熔融温度必须在一给定浓度下才能确定。熔融凝胶所需温度通常大于胶凝温度。凝胶需加热到较高温度才能熔融。这种胶凝和熔融温度间的差异即所谓滞后效应。

热熔性凝胶是指在低温下由于氢键的作用生成凝胶，而高温氢键受到破坏，从而使凝胶破坏。热熔性凝胶的稳定性主要是由于氢键的作用。

明胶是一种热可逆性凝胶。明胶溶液随温度降低生成似晶体的接合区而凝胶化，凝胶的熔融没有明显滞后效应。明胶凝胶中的似晶体接合区由分子链间氢键形成的三螺旋结构组成。随着温度降低，明胶的物理老化加快。

用聚乙烯醇制备的凝胶也具有热可逆性。在 70℃ 以上可制备聚乙烯醇浓溶液，将该溶液冷至室温以下，聚乙烯醇结晶形成透明的凝胶。反复冷冻-熔化可使聚乙烯醇凝胶强度增加。

#### 4.4.4.3 辐射交联

辐射交联是指通过电子束照射、γ射线照射，使链状高分子聚合物交联，形成水凝胶的过程。

辐射制胶具有以下的优点：①反应过程中不需要添加引发剂、交联剂等，产物纯度高；②操作较方便，辐射反应一般在常温或低温下发生；③反应过程中通过调节给予的辐射能量及强度，控制聚合物基材的形状和结构容易；④能在预定的几何条件下对材料表面进行处理，同时对产物进行辐射灭菌。用辐射交联法生产出来的水凝胶较适合运用于医学材料领域。但由于辐射制胶法对设备要求很高，需要电子直线加速器或 $^{60}Co$ 治疗机，因此使其广泛运用受到了限制。

#### 4.4.4.4 载药

水凝胶在给药系统中得到了广泛应用。水凝胶亲水且具有很好的生物相容性，这对于将水凝胶植入体内是非常重要的。药物从水凝胶制剂中的释放是通过水分子的扩散和聚合物链的降解实现的。降解性水凝胶体系的特点是可以通过调节溶胀和降解动力学控制药物释放。若水凝胶仅在人体某一靶区溶胀或降解，则该水凝胶体系可用于靶向给药。此外，水凝胶还可用作生物材料。用多肽制备的水凝胶可用作人造皮肤，降解性水凝胶可用于防止手术后粘连和促进伤口愈合，采用降解性水凝胶还可用作生物传感器。表 4-14 是某些水凝胶用于药物释放系统的种类。

表 4-14 水凝胶用于药物释放系统

| 聚合物系统 | 药 物 |
| --- | --- |
| PHEMA 接触眼镜 | 复合 B,脱羟肾上腺素 |
| PAM、PVP | 毛果芸香、黄体化激素、胰岛素、前列腺素、碘化钠 |
| PHEMA | 氯霉素、庆大霉素及其它抗生素 |
| HEMA/MMA 共聚物 | 氟化钠 |
| NVP/MMA/EA 共聚物 | 红霉素 |

在制备水凝胶给药系统过程中存在一个如何载药的问题。一般来说，载药方法有以下几种。

（1）在聚合前加入药物 如果药物具有足够的稳定性且不影响聚合反应，在聚合前可将药物与单体直接混合，当聚合结束后，药物也结合进聚合物中。该法简单，存在的问题是对聚合产物的纯化分离如何避免载药量的损失。

（2）将水凝胶放入含有药物的溶液中 将水凝胶放入含有药物的溶液中，达到平衡后，干燥除去溶剂以制备载药水凝胶。在溶剂从凝胶中除去的过程中，药物会向凝胶表面移动，这种移动取决于溶剂和药物的性质。由于药物在凝胶表面分布较多，说明水凝胶中药物分布是不均匀的。这常会引起药物明显突释。高分子药物如多肽和蛋白质药物通过水凝胶在含药水溶液中溶胀或平衡载药效率是很低的。因为多肽和蛋白质分子尺寸较大，难以扩散进入水凝胶。采用电泳方法可将蛋白质药物载入水凝胶中。电化学梯度使蛋白质药物转运到水凝胶中。

（3）在水凝胶制备过程载药 许多蛋白质药物可在水凝胶制备过程中载药，在药物溶液中对水溶性聚合物进行交联，若采用紫外或γ射线辐射交联，则所得载药水凝胶不需纯化除去交联剂。

### 4.4.5 可降解聚合物药物膜

可生物降解聚合物药物膜是指将药物跟可生物降解聚合物复合在一起制成的膜材料，它是一类重要的控制释放给药系统,具有广泛的应用前景。它不仅使药物在预定时间、按某一速率释放于作用器官或特定靶组织,使药物浓度较长时间维持在有效浓度内,而且在生物体内能被逐渐破坏,最后完全从生物体内消失。由于其具有可降解性和良好的生物相容性,因此被广泛应用于生物医药领域。

生物降解聚合物药物膜主要由药物和可生物降解的聚合物组成。各种西药、蛋白质等都可用于药物膜,可生物降解的聚合物包括:天然及其改性的聚合物,如甲壳素与壳聚糖、瓜尔胶、纤维素及其衍生物等;合成的聚合物,如聚乳酸及其与羟基乙酸的共聚物、聚酸酐、聚膦腈、氨基酸类聚合物和聚己内酯等。由于单一的聚合物作为载体存在性质单一、难以很好地调控药物释放速率等缺点,常常使用两种或两种以上材料进行共混制膜。

可生物降解聚合物药物膜的制备方法中,较多使用的是溶剂蒸发方法,即先将聚合物和药物分别用适当溶剂溶解,然后均匀混合在一起,制成涂膜剂,然后脱泡,再在某种基板上涂膜,最后干燥除去溶剂,即得所要的药物膜。不同文献报道的具体方法在溶解温度、溶解时间、基板材料、干燥温度和时间等上有所差异。此外还有使用浇铸刀具、制膜或压片机压片的方法。

药物从聚合物基质中释放可分为扩散释放和降解释放两个方面,凡是影响这两个方面的因素都会最终影响膜的释药行为。这些影响因素大致包括聚合物和药物的结构和性质、药物膜的制备方法和药物膜的释药环境条件。例如聚合物的亲水性好、溶胀性能高和降解速率快,则有利于药物从聚合物中扩散和释放出来,从而药物的释放速率快;分子尺寸大的药物,其在聚合物基质中的扩散速率较慢;有些药物在酸性和碱性条件下的溶解度不同,因而体系 pH 的变化会引起药物释放速率的变化。药物膜的制备方法对释药的影响因素包括以下几点。

(1) 聚合物混合比例的影响　通过调节共混组成的比例可以调节共混物的降解速率,进而调节药物的释放速率。将一种药物在其中扩散速率较快的聚合物跟另一种药物在其中扩散速率较慢的聚合物相混合,通过调节这两种聚合物的混合比例,可以调节药物的释放速率。聚合物的混合比例不同,还会影响基质的溶胀性能,从而影响药物在其中的扩散释放行为。

(2) 载药量的影响　一般载药量越大者释药速率也越快,这与药物的扩散浓度梯度有关。

(3) 铸膜液浓度的影响　一般制备药物膜时,聚合物浓度太高,则溶解时间太长,不易静置脱泡,会发生缓慢降解,所制聚合物溶液黏稠涂层过厚且不宜均匀涂膜,膜中药物的释放速率太小;而浓度太低,聚合物溶液流动性太大,也不易成膜。所以,铸膜液浓度要适当。

(4) 药物膜厚度的影响　制剂厚度的增加加长了内部药物释放所经路径的长度,而且外部的水需要更多的时间向内渗透溶解药物,从而阻碍了药物的释放。

### 4.4.6 纤维给药制剂

传统的载药系统,如前所述的胶束、水凝胶和囊泡,虽然可以缓慢释放药物,但如何提高载药率和解决突释现象仍是目前所面临的问题。近年来,通过静电纺丝法制备的超细纤维药物载体由于具有高孔隙率和比表面积的特点得到了快速发展。药物通过纤维孔隙扩散和表皮聚合物的降解得到释放,高孔隙率和比表面积为药物提供了有效的扩散途径,微小直径则缩短了药物扩散路程。电纺纤维可成功包载疏水性、亲水性药物和多肽、蛋白类药物,而且可以通过调节载体成分、纤维形貌和孔隙率来控制药物释放速率。载药纤维优点是易于制备,比表面积大,可制成整体式或储库式给药纤维,具有靶向给药性。缺点是载药量有限,在纺丝条件下药物容易变性,往往需要手术给药。而且大多数的静电纺丝过程中都是通过有机溶剂的不断挥发而制得载药材料的,因此在制剂中不可避免地残留有机溶剂,这对人体的健康造成了潜在的危险;喷射液很容易受到环境温度、湿度条件的影响,进而引起电喷纤维的尺寸或形貌发生变化,导致对药物控释效果产生一定的影响。

载药超细纤维可通过两种途径制备。一种为普通电纺法,即将药物溶解或分散于高分子基质中,以药物与聚合物混合溶液电纺,聚合物将药物包裹在超细纤维中制成所谓的整体式纤维。药物和高分子简单混合后在尽可能较低的温度下加压挤出,可将多达50%~60%药物包裹于纤维中。这类含药纤维力学强度很差,通常需拉伸处理提高拉伸强度。对于大多数给药系统而言,力学强度并不是一个重要的参数。

普通电纺法丝素/药物纳米纤维膜的制备:桑蚕丝常规脱胶后,在78℃±2℃溶解于$CaCl_2/H_2O/C_2H_5OH$三元溶剂(浴比1:10)中,经透析过滤后,置于ABS聚苯乙烯盘内室温下干燥成再生丝素膜。按药物质量分数为1%,再生丝素质量分数分别为8%、10%、12%共溶于98%甲酸制得三种均匀纺丝液。另外,再生丝素质量分数分别确定为10%、12%、14%,在每种质量分数的再生丝素溶液中加入双胍醋酸盐药物相对于丝素的质量比分别为6%、8%、10%的药物共溶于98%甲酸制得均匀纺丝液。将纺丝液倒入纺丝管(口径为0.8mm)中,在静电压30kV、喂入量0.1mL/h、喷丝口到收集网的距离(极距)13cm、纺丝管水平放置的条件下静电纺丝,采用金属网收集丝素/药物纳米纤维膜。丝素/药物纳米纤维膜的形貌和直径受丝素质量分数和含药量影响,随丝素质量分数增加,纤维平均直径增大,离散程度增大;随含药量增加,纤维平均直径减小,离散程度减小。当含药量相同时,释药速率随丝素质量分数的增加而减小;当丝素质量分数相同时,随含药量的增加,前期释药速率增大,后期释药速率减缓,释药时间延长。

另一类含药纤维是所谓的储库式纤维。制备储库式纤维有两种方法:一种是利用同轴电纺法,即将药物或药物与聚合物的混合溶液作为内芯物质,另一种聚合物溶液作为表皮物质分别注入两个与同轴毛细管相连的注射器中进行电纺,在纺丝过程中将药物溶液或混悬液以适当的腔内流体形式引入纤维中。在保存不稳定的生物试剂或病毒,防止不稳定的化合物的分解、分子药物的持续释放,以及不影响芯层材料的同时对壳层材料进行功能化修饰等方面发挥不可替代的作用。同轴静电纺丝技术上具有明显优势,但装置和设备研究尚在开发阶段。另一种是所谓的干-湿相反转加工,先制备高分子纤维,再将药物加入中空纤维中。这种方法虽然很麻烦且费时,但在纺丝条件下不稳定的药物可用此法。

同轴电纺含药纤维膜的制备:以L-型聚乳酸为壳层材料,抗菌药物盐酸四环素(TCH)为主要芯质材料制备壳-芯超细纤维。

① 先将一定质量的PLLA($M_w$=130000g/mol,$M_w/M_n$=1.3)溶解在体积比为2:1的氯仿/丙酮的混合溶剂中,65℃下电磁搅拌3h,待PLLA完全溶解后加入质量分数为1%的交联剂三烯丙基异氰尿酸酯,搅拌混匀后制成浓度分别为5%、8%和10%(质量分数)待纺壳层溶液(PLLA的浓度低于5%时,溶液黏度很低,纺出的纤维膜强度极低;当浓度超过10%(质量分数)时,溶液黏度过高,容易堵塞喷头的毛细管致使纺丝不连续)。

② 再将一定质量的TCH和PLLA加入到体积比为2:1的甲醇/氯仿的混合溶剂中,50℃下电磁搅拌3h,溶解分散后,获得淡黄色均一、稳定的溶液,其中含5%(质量分数)TCH和1%(质量分数)PLLA(加入少量PLLA的目的是使药物在电纺纤维中获得更好的分散性,而单独的1%(质量分数)PLLA溶液是无法电纺的)。

③ 接着采用内径0.51mm、外径0.8mm的注射针为内针,外喷针内径为1.6mm。内喷针口向内缩进约5mm。内外喷针分别通过一根硅胶管与微量注射泵相连,内外层液体的流

速分别控制为0.3mL/h和5mL/h。由高压静电发生器产生的20kV直流电场施加到内层液体上，通过液体导电使整个内、外液体中所加的场强相同，实验时环境温度控制为25℃，相对湿度为60%。在高压电场力作用下，内外层液体雾化成同轴射流，经高频拉伸后固化为超细共轴复合超细纤维，收集在喷针下方的铝箔收集屏上，喷针口与铝箔的间距为12cm。收集好的超细纤维置于80℃真空干燥箱中干燥10h备用。

结果：这种储库型药物释放体系，壳层聚合物的浓度对所得纤维膜的各项性能均有较大影响，随壳层浓度升高，纤维的平均直径增大，力学强度降低，药物的释放速率和释放率减小。因而，通过调节溶液参数和加工参数，可以制备出具有较好力学强度和药物释放性能的超细纤维。

在载药电纺纤维体系中，药物与聚合物/溶剂体系的相容性、载药纳米纤维的形貌与结构、聚合物载体的降解速率、载药量的大小等因素是影响载药特性的重要因素。

## 4.5 高分子生物功能膜的制备

高分子膜材料在生物医疗过程中获得了非常广泛的应用，包括透析（人工肾）、人工肺（膜式氧合器）、血浆分离、人工肝以及药物缓释等，为临床上一些不可逆的脏器、组织的功能损伤性疾病及药物治疗创造了有效的治疗方法和手段。

高分子生物功能膜除了可以采用改变相态法制备聚合物分离膜之外，还可以通过拉伸工艺、自组装工艺、聚合物辅助相转变工艺、烧结膜工艺、LB膜工艺、高湿度诱导相分离工艺、超临界二氧化碳制膜工艺、聚合物/无机支撑复合膜工艺等方式制膜。高分子生物功能膜一般为多孔膜，因此本节在了解膜的类型及特征、膜的构型及特征、生物医用高分子膜材料的基础上，主要介绍溶剂蒸发相转化法、浸没沉淀相转变法、热诱导相分离法、熔融-拉伸法、自组装法的制膜原理和工艺。

### 4.5.1 膜及膜构型

#### 4.5.1.1 高分子膜材料

高分子膜材料种类繁多，主要由两大系统组成：天然高分子材料和合成高分子材料（表4-15）。为了满足生物医疗过程中的需要，越来越多的具有全面生理功能的人工合成高分子材料被开发和利用。

表4-15 生物医用高分子膜材料

| 来源 | 分类 | 举例 | 应用 |
|---|---|---|---|
| 天然高分子 | 蛋白类 | 白蛋白、明胶、胶原 | 药物缓释 |
| | 多糖类 | 葡聚糖、淀粉、甲壳素、壳聚糖 | 药物缓释 |
| | 纤维素类 | 再生纤维素、乙酸纤维素、双乙酸纤维素、三乙酸纤维素、生物纤维素、聚乙二醇纤维素、甲基纤维素、乙基纤维素、羟甲基纤维素、羟丙基纤维素 | 药物缓释、血液分离、血液透析、人工肺 |
| | 脂肪酸、脂肪醇以及衍生物 | 硬脂酸及其甘油酯、棕榈酸及其甘油酯 | 药物缓释 |
| 合成高分子 | | 聚乙基乙烯醇、聚丙烯腈、聚甲基丙烯酸甲酯、聚碳酸酯、聚酰胺、聚砜、聚醚砜、硅橡胶、乙烯-乙酸乙烯酯共聚物、聚氨酯弹性体、聚酯、聚酸酐、聚氨基酸、聚黄原酸酯、聚膦腈、聚乙烯、聚丙烯酸、聚乙烯醇、聚烷基砜 | 药物缓释、血液透析、人工肺、人工肝、血浆分离 |

高分子膜材料具有易加工但结构难控制的特点，因此高分子膜的制备方法及其工艺条件的控制是获得稳定膜结构和优异膜性能的关键技术。通过一定条件制备得到的膜仅仅是具有选择性透过功能的材料，绝大多数情况下，这些膜材料并不能直接应用于分离工程中，而需要将一定面积的膜装填到某种开放或封闭的壳体空间内构造成一定形式和结构的单元，即膜组件。

#### 4.5.1.2 膜的类型及特征

根据形态，膜通常可分为对称膜和不对称膜（图 4-46）。这种划分的依据主要来自于不对称膜的底层和皮层的孔尺寸大小不同，即从底层到皮层的膜本体中存在着膜孔径的梯度分布。其中的一表面层甚至两表面层可能没有孔。也有可能是由不同的材料构成的所谓复合膜。对称膜包括无孔的致密膜和多孔对称膜。多孔的对称膜的孔结构有长通道型、海绵结构型、网络型，它们共同的特点是膜形态无梯度分布。

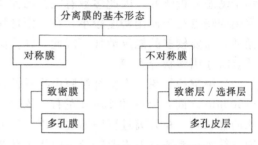

图 4-46 膜的基本形态种类

高分子生物功能膜一般为多孔膜，多孔膜根据孔径大小，可以分为微滤膜、超滤膜、纳滤膜、反渗透膜，它们主要应用于压力驱动分离过程。其中微滤膜的膜孔径范围在 $0.1\sim10\mu m$ 之间，孔积率约 70％左右，孔密度约为 $10^9$ 个/$cm^2$，操作压力在 $69\sim207kPa$ 之间，在工业上用于含水溶液的消毒脱菌和脱除各种溶液中的悬浮微粒，适用于浓度约为 10％的溶液处理。其分离机理为机械滤除，透过选择性主要依据膜孔径的尺寸和颗粒的大小。超滤膜的膜孔径范围在 $1\sim100nm$ 之间，孔积率约 60％左右，孔密度约为 $10^{11}$ 个/$cm^2$，操作压力在 $345\sim689kPa$ 之间，用于脱除粒径更小的大体积溶质，包括胶体级的微粒、大分子溶质和病毒等，适用于浓度更低的溶液分离。其分离机理仍为机械过滤，选择性依据为膜孔径的大小和被分离物质的尺度。纳滤膜主要指能够截留直径在 1nm 左右，相对分子质量在 1000 左右溶质的分离膜，其被分离物质的尺寸定位于超滤膜和反渗透膜之间，其孔径范围覆盖超滤膜和反渗透膜的部分区域，其功能也与上述两种膜有交叉。反渗透膜主要用于反渗透过程，是压力驱动分离过程中分离颗粒粒径最小的一种分离方法，由于存在反渗现象，因此分离用压力常用有效压力表示，有效压力等于施加的实际压力减去溶液的渗透压。反渗透膜的膜孔径在 $0.1\sim10nm$ 之间，孔积率为 50％以下，孔分布密度在 $10^{12}$ 个/$cm^2$ 以上，操作压力在 $0.69\sim5.5MPa$ 之间，主要用于脱除溶液中的溶质，分离机制不仅包括机械过滤，膜与被分离物质的溶解性和吸附性能也参与分离过程。图 4-47 为多孔膜的分离特性。

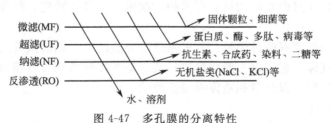

图 4-47 多孔膜的分离特性

#### 4.5.1.3 膜构型及特征

所有膜装置的核心部分是膜组件，即按一定技术要求组装在一起的组合构件。根据分离膜材料的外尺寸和膜器件的宏观外形，可以将分离膜分为管状膜、中空纤维膜、平板膜。因此膜组件主要可分为毛细管-中空纤维式、平板-框式和卷式膜组件。

(1) 管状膜　管状膜的特征为膜的侧截面为封闭环形，管内和管外作为分离膜的给料侧和出料侧。被分离混合物溶液可以从管的内部加入，也可以从管的外部加入，并且在连续流动过程中进行分离。透过膜的物质和未透过物质分别在管内、外收集。在使用中经常将许多这样的管排列在一起组成分离器。管状分离膜最大的特点是容易清洗，适用于分离液浓度很高或者分离物较多的场合。同时，管状膜适合连续不间断分离过程。在其它构型中容易造成的膜表面污染、凝结、极化等问题，在管状膜中可以由于溶液在管中的快速流动冲刷而大大减轻，而且使用后管的内外壁都比较容易清洗。由于在圆筒状管道内的流体比较容易控制，有利于动态分析研究，因此多数有关膜的流体力学方面的研究多在管状分离膜中进行。管状分离膜的特点在于使用密度较小，在一定使用体积下，有效分离面积最小。同时为了维持系统循环，需要较多的能源消耗。因此，在实际大规模应用中，只有在其它结构的膜分离材料不适合时才用管状分离膜。

(2) 中空纤维膜　中空纤维膜由半透性材料通过特殊工艺制成的中空式纤维，其外径在 $50\sim300\mu m$ 之间，壁厚约 $20\mu m$ 左右（依据外径不同有所变化）。中空纤维膜也可以说是微型化的管状膜。在分离过程中通过纤维外表面加压进料，内部为收集的分离液。高使用密度是中空纤维过滤装置的主要特征，由于机械强度较高，常在高压力场合下使用。与管状分离膜相反，中空纤维的缺点是容易在使用中受到污染，受到污染后也比较难清洗。因此在分离前，分离液要经过预处理。中空纤维主要应用在血液透析和高纯水制备（采用大孔径中空纤维），以及人工肾脏（外径 $250\mu m$，壁厚 $10\sim12\mu m$）的制备等场合。

(3) 平面型分离膜　平面型分离膜是分离膜中宏观结构最简单的一种。平面型分离膜还可以进一步分成以下几个类别：无支撑膜（膜中仅包括分离用膜材料本身）、增强型分离膜（膜中还包含乏于加强机械强度的纤维性材料）、支撑型分离膜（膜外加有起支撑增强作用的材料）。平面型分离膜可以制成各种各样的使用形式，如平面型、卷筒型、折叠型和三明治夹心型等，以提高单位体积下的有效膜面积。平面膜适用于反渗透、纳滤、超滤和微滤等各种分离形式。平面型分离膜容易制作，使用方便，成本低廉，因此使用的范围较广。

### 4.5.2　溶剂蒸发相转化法

采用改变相态法制备聚合物分离膜是膜制备方法中最重要的路线之一，得到的分离膜多为多孔性膜，作为微滤和超滤膜使用。在这一过程中首先需要制备聚合物溶液（此时溶剂是连续相），然后将此聚合物溶液通过改变溶解度的方法，将高分子溶液通过双分散相转变成大分子溶胶（此时聚合物是连续相），此时，分散状态的溶剂占据膜的部分空间，在溶剂蒸发后即留下多孔性膜。在制备多孔膜时，从高分子溶液向高分子溶胶转变是这一制备方法的关键步骤，促使相转变过程发生的机制有多种，如溶剂蒸发相转变、浸没沉淀相转变、热诱导相分离等。

高分子溶液的相转变有两种情形：其一是分子分散的单一相溶液首先转变成以分子聚集体分散的双分散相液体，然后进入胶化阶段；其二是直接制备双分散相液体，然后进入胶化阶段。无论哪一种过程，双分散相液体都是必经的一步。

#### 4.5.2.1　相转变机理

当高分子溶液中含有两种以上溶剂，并且良溶剂的沸点较低，非溶剂（溶胀剂）沸点较高时采用溶剂蒸发相转化法制膜。在对溶液体系加热过程中，不断将沸点较低的溶解度较强的溶剂从溶液中蒸出，溶液中沸点较高的非溶剂浓度逐步提高，对高分子的溶解能力逐步下降，促使高分子溶液依次变成分子聚集体分散的双分散相液体和大分子胶体，完成相转变过程。

### 4.5.2.2 相转变工艺

溶剂蒸发相转化法是膜制备法中最早使用、同时也是最容易的一种方法。这种方法的具体过程为首先选择两种对该聚合物溶解性完全不同的溶剂（良溶剂和非溶剂），同时要求两种溶剂的沸点有一定差距，一般要求非溶剂的沸点高于良溶剂 30℃ 左右；然后制备聚合物溶液，通常的做法是将聚合物溶解在溶解力强的溶剂中，再加入一定量的非溶剂调节聚合物的饱和度，制成分子分散的单一相或者超分子聚集体的双分散相溶液；用得到的高分子溶液注膜后，提高温度，低沸点的溶剂首先挥发，留下非溶剂使聚合物溶解度逐步下降，逐步变成聚合物相连续的溶胶。继续提高温度，除去溶胶中的非溶剂后，即留下多孔性的聚合物膜。图 4-48 是各种溶剂对聚合物的溶解能力与在聚合物溶液制备中的作用。

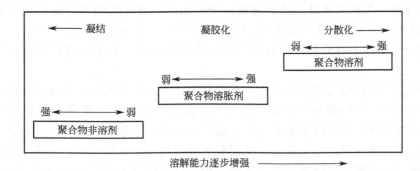

图 4-48 高分子溶剂的种类和聚合物与溶剂相互作用

下面以典型的硝基纤维素材料制备分离膜为例。首先制备硝酸纤维素的溶液，溶液中包括乙酸甲酯、乙醇、丁醇、水和少量甘油。其中乙酸甲酯为溶剂，水和甘油为非溶剂，乙酸甲酯的沸点比水和甘油要低得多。在注膜后加热，蒸发掉溶剂后成为聚合物溶胶，再依次蒸发掉各种成孔剂和非溶剂，在其占有的位置留下孔洞，得到多孔型聚合物膜。由于溶剂的挥发，虽然有孔洞的生成，最后形成膜的厚度仍往往大大低于注膜时的厚度，但是大于纯聚合物密度膜厚度。图 4-49 为制备硝酸纤维素分离膜的溶液组成和膜体积。

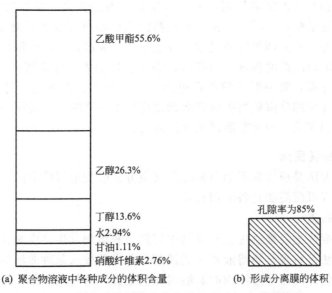

(a) 聚合物溶液中各种成分的体积含量　　(b) 形成分离膜的体积

图 4-49 制备硝酸纤维素分离膜的溶液组成和膜体积

#### 4.5.2.3 影响因素

用溶剂蒸发相转化法制备的分离膜的孔径和孔隙率的影响因素有以下几点。

① 当溶液转变成双分散相溶液时的聚合物浓度，与膜形成后的孔隙率成反比。此时的浓度取决于溶剂与非溶剂用量的比值。

② 溶液中非溶剂与聚合物的体积比，与膜形成后的孔隙率成正比。要得到较高孔隙率和较大孔径的分离膜应增加非溶剂的使用量。

③ 环境湿度与形成膜的孔隙率和孔径成正比。这时是指水对于该聚合物是强非溶剂时的情况。

④ 溶液中溶剂与非溶剂之间的沸点差，与形成膜的孔隙率和孔径成正比。因为沸点差别大，非溶剂在溶剂蒸馏过程中损失得少。

⑤ 当聚合物中存在两种以上聚合物时，聚合物间相容性较低时容易得到孔隙率较高的分离膜。但是相容性差别较大时比较难得到理想的聚合物溶液。

⑥ 使用分子量较高的聚合物容易得到高孔隙率分离膜，分子量较高还可以提高分离膜的机械强度。

由于溶剂蒸发相转化法制备分离膜需要使用非溶剂作为成孔剂，因此制备高浓度的聚合物溶液，以获得小孔径膜受到一定限制。此外，提高聚合物的黏度是必须面对的另一个问题，因为非溶剂的存在和低浓度都不利于溶液黏度的提高。制备平面型、管状和中空纤维型分离膜都需要聚合物溶液有适当黏度。使用较高分子量的聚合物可以获得黏度高的溶液，虽然提高分子量后聚合物的溶解度也有所下降，但是黏度随分子量增加的速率要快于溶解度的下降速率。加入第二种可以增加黏度的聚合物，降低注膜温度，或者加入胶态氧化硅微粒也是提高黏度和孔隙率的重要方法。

溶剂蒸发相转化法制备的分离膜的透过率直接受其孔隙率和微结构的影响，而孔隙率和膜结构又取决于注膜溶剂中聚合物浓度，特别是非溶剂的浓度和种类。当溶液中不存在非溶剂时，或者聚合物分子之间作用很强时，相转变过程难以发生，只能形成高密度膜。在非溶剂浓度较低时，膜内的孔隙率较低，而且多形成封闭式的微胶囊结构，同时由于在膜表面会形成一层致密的表面层，因此透过率仍很低。在非溶剂浓度适中时，膜表面致密层的厚度会降低，膜中封闭型和开放型微囊同时存在，膜透过率有所提高。当非溶剂浓度进一步提高时，形成明显的双层结构，一层为表面密度较高的表层和由开放型微囊结构组成的膜内层，透过率提高较快。而当非溶剂浓度超过这一浓度值后，表面致密层的厚度明显减少，透过率大大增加。如果非溶剂的浓度再进一步提高，表面层将消失，分离膜只由多孔型结构组成。这种分离膜成为微滤膜，膜中形成的孔径可达 $5\mu m$。需要注意的是，对于不同的溶剂和非溶剂对，制备相同孔径的分离膜所需的非溶剂浓度是不一样的。有关这方面的理论很少，目前还只能依靠经验和实验来确定非溶剂的合适浓度。

### 4.5.3 浸没沉淀相转变法

浸没沉淀相转变法是通过非溶剂与良溶剂交换方式改变溶解能力的方法。目前所使用的膜大部分均是采用浸没沉淀法制备的相转化膜。

#### 4.5.3.1 相转变机理

浸没沉淀相转变法主要是通过在非溶剂中溶剂与非溶剂发生交换来实现溶液与溶胶相转变的方法。具体做法是将聚合物溶液直接或经部分蒸发后放入某种非溶剂中，非溶剂分子与良溶剂发生交换，使原高分子溶液内的非溶剂比例上升，溶解度下降；通过双分散相，逐步形成大分子溶胶。

#### 4.5.3.2 相转变工艺及影响因素

在浸没沉淀相转化法制膜过程中，聚合物溶液先流延于增强材料上或从喷丝口挤出，而后迅速浸入非溶剂浴中，溶剂扩散浸入凝固浴，而非溶剂扩散到刮成的薄膜内，经过一段时间后，溶剂和非溶剂之间的交换达到一定程度，聚合物溶液变成热力学不稳定溶液，发生聚合物溶液的液-液相分离或液-固相分离（结晶作用），成为两相，聚合物富相和聚合物贫相，聚合物富相在分相后不久就固化构成膜的主体，贫相则形成所谓的孔，图 4-50 所示是浸没沉淀过程膜/凝固浴界面。浸入沉淀法至少涉及聚合物、溶剂、非溶剂三个组分，为适应不同应用过程的要求，又常常需要添加非溶剂、添加剂来调整铸膜液的配方以及改变制膜的其它工艺条件，从而得到不同的结构形态和性能的膜。所制成的膜可以分为两种构型：平板膜和管式膜。平板膜用于板框式和卷式膜器中，而管式膜主要用于中空纤维、毛细管和管状膜器中。

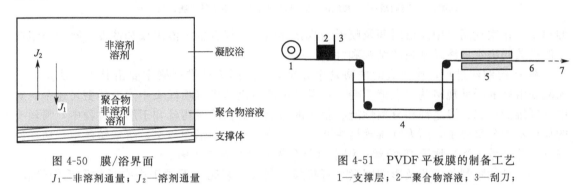

图 4-50 膜/浴界面
$J_1$—非溶剂通量；$J_2$—溶剂通量

图 4-51 PVDF 平板膜的制备工艺
1—支撑层；2—聚合物溶液；3—刮刀；
4—凝固浴；5—后处理；6—平板膜；7—收集

(1) 平板膜制备工艺及影响因素　半工业和工业规模的平板膜制备工艺如图 4-51 所示。

制备平板膜时，往往是先用刮刀把聚合物制膜液刮在无纺布、聚酯、玻璃、金属板等支撑物上形成溶液薄膜，再将支撑物与溶液薄膜一并浸入凝固浴中。聚合物溶液中的溶剂与凝固浴中非溶剂通过界面交换，首先在表面固化成膜，随后向膜内部扩展，使溶液中聚合物析出固化（沉淀）得到平板膜，沉淀后所得的膜可以直接使用，也可以经过后处理（如非溶剂置换、热处理、表面亲水化处理等）。制备条件包括：聚合物浓度、蒸发时间、湿度、温度、铸膜液组成（如添加剂）、凝固浴组成等，这些条件大体决定了膜的形态结构和基本性能，也决定了膜的应用场合。

(2) 中空纤维膜制备工艺及影响因素　一般情况下，中空纤维膜（直径小于 0.5mm）、毛细管膜（直径为 0.5～5mm）和管状膜（直径大于 0.5mm）的直径大不相同，由于管状膜的直径太大需要支撑，而中空纤维膜和毛细管膜则是自撑式。

中空纤维和毛细管膜有三种不同的制备方法：湿纺法（干-湿纺法）、熔融纺丝法和干纺法。其中干-湿法纺丝是制备可溶性聚合物中空纤维膜的最常用方法，其制备过程如图 4-52 所示。

干-湿法纺丝具体工艺为：由聚合物、溶剂、添加剂组成的制膜溶液经过滤后用泵打入喷丝头，以围绕由喷丝头中心供给的线状芯液周围形成管状液膜的形式被挤出，经"空气间隙"被牵引、拉伸到一定的径向尺寸后浸入凝固浴固化成中空纤维，再经洗涤等处理后被收集在导丝轮。凝固是从内侧（腔内）、外侧（壳侧）两个表面同时发生，形成双皮层结构。

采用干-湿法这种方法制备中空纤维的聚合物一般应具有足够高的分子量，以便制膜溶液有足够黏度（一般大于 10Pa·s）来保证纤维的强度。制膜液的挤出速率、芯液流速、牵

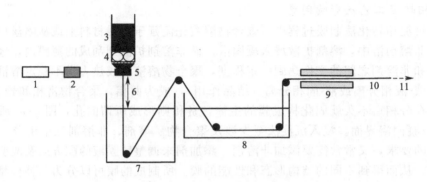

图 4-52 PVDF 中空纤维膜的制备工艺
1—芯液；2—泵；3—聚合物溶液；4—齿轮泵；5—喷丝头；6—空气间隙；7—凝固浴；8—冲洗浴；9—后处理；10—中空纤维膜；11—收集

伸速率、在空气间隙中停留时间及喷丝头规格等因素与聚合物溶液组成和浓度、凝固浴组成和温度共同决定最终纤维膜的结构和性能。

在干-湿纺丝过程，喷丝头的规格是十分重要的，因为纤维规格主要由其大小决定，进入凝固浴后的纤维规格基本上就不变了；但溶液的挤出速率（喷丝头中溶液的剪切速率）对中空纤维的形态、渗透性和分离性能有很大的影响。而在熔融纺丝和干纺丝过程中，喷丝头的规格不十分重要了，因为纤维规格主要取决于挤出速率和牵伸速率。熔融纺丝中，纺丝速率（每分钟数千米）比干-湿纺丝过程中（每分钟几米）要高很多。

(3) 管状膜制备工艺及影响因素  管状膜的制备工艺完全不同于中空纤维和毛细管膜，聚合物管状膜不是自撑式的，它是将聚合物溶液刮涂在一种管状支撑材料上，如无纺聚酯、多孔碳管和陶瓷管上等。管状膜的制备工艺如图 4-53 所示。

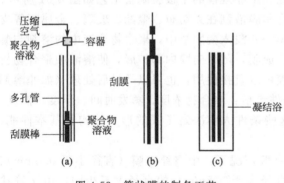

图 4-53 管状膜的制备工艺

管状膜的具体制备工艺为：加压于一个装有聚合物溶液的储罐，使溶液沿一个中空管流下，在此刮管下部有一个带小孔的"刮膜棒"，聚合物溶液通过小孔流出，当多孔管在机械作用下或重力作用下垂直运动时，在其内壁上被刮上一层聚合物薄膜，然后将此管浸入凝固浴中，此时所刮涂上的溶液沉淀，从而形成管状膜。

综合以上不同工艺，浸入沉淀相转化法所制备的聚合物分离膜通常具有五类典型的膜结构形态，如海绵孔结构、球粒状结构、双连续结构、大孔结构和胶乳状结构。同时，聚合物的选择、聚合物的浓度、溶剂/非溶剂体系的选择、制膜液组成、凝胶浴的组成等对膜的结构形态和性能影响较大。用浸入沉淀相转化法制备多孔膜时，要求聚合物浓度低、溶剂与非溶剂亲和性好（相互作用参数小），在铸膜液中加入非溶剂，也可在铸膜液中加入低分子量的聚合物添加剂等。

### 4.5.4 热诱导相转变法

热诱导相转变分离的方法最早于 20 世纪 80 年代初由 Castro 专利提出。美国 3M 公司已用热诱导相分离的方法生产出了热稳定性好、耐化学腐蚀的聚丙烯中空纤维微孔膜、平板膜和管状膜。用热诱导相分离的方法制备的膜在工业上主要有两个应用领域：控制释放和微滤。下面将简单介绍其相转变机理、特点及制备工艺。

#### 4.5.4.1 相转变机理

热诱导相转变法是将聚合物与高沸点、低分子量的稀释剂在高温时（一般高于结晶高聚物的熔点 $T_m$）形成均相溶液，降低温度又发生固-液或液-液相分离，而后脱除稀释剂就成为聚合物微孔膜。

许多结晶的、带有强氢键作用的聚合物在室温下溶解度差，难有合适的溶剂，故不能用传统的非溶剂诱导相分离的方法制备膜，但可以用热诱导相分离的方法制备，如聚烯烃或其共聚物及其共混物等都可以用热诱导相分离的方法得到孔径可控的微孔膜，根据需要可以制得平板膜、中空纤维膜、管状膜。

#### 4.5.4.2 热诱导相转变法特点

热诱导相转变法制备高分子生物功能膜具有以下一些特点：①热诱导相转变法不仅可以用疏水性的聚合物（如聚乙烯、聚丙烯等），还可以用亲水性的聚合物、无定形聚合物，而且常温下难以找到合适的溶剂而不能用溶剂法制膜的聚合物都可以制膜，因此拓宽了膜材料的范围；②热诱导相转变法可通过改变条件得到蜂窝状结构或网状结构的各式各样的微孔结构，膜内的孔既可以是封闭的，又可以是开放的，孔径分布可相当窄；③利用热诱导相转变法可以制备相对较厚的各向同性微孔结构用于控制释放，若在膜制备过程中冷却时施加一个温度梯度或浓度梯度，还可以得到各向异性微孔结构；④利用热诱导相转变法制备的膜孔隙率高，其孔径及孔隙率可调控。热诱导相转变法中的相分离是热诱导，与溶剂-非溶剂诱导相分离相比，需要控制的参数变化小，改变一个或几个条件就能达到调节膜孔径和孔隙率的目的，并有很好的重现性；⑤利用热诱导相转变法制备膜的过程容易连续化。

#### 4.5.4.3 热诱导相转变法制膜工艺

热诱导相转变法制备微孔膜主要有溶液的制备（可以连续也可间歇制备）、膜的浇注和后处理三步，具体步骤如下：

① 聚合物与高沸点、低分子量的液态稀释剂或固态稀释剂混合，在高温时形成均相溶液；

② 将溶液制成所需要的形状（平板、中空纤维或管状）；

③ 溶液冷却，发生相分离；

④ 除去稀释剂（常用溶剂萃取）；

⑤ 除去萃取剂（蒸发），得到微孔结构。

图 4-54 是典型的热诱导相转变法制备聚合物微孔平板膜的流程。聚合物/稀释剂溶液可在塑料挤出机中形成，溶液按预定形状被挤出并浇在控温的滚筒上，由于滚筒温度低，溶液立即分相并固化。然后经溶剂萃取脱去稀释剂，干燥检测并卷绕成产品。

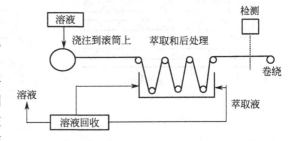

图 4-54 热诱导相转变法制备聚合物微孔平板膜的流程

#### 4.5.4.4 影响因素

热诱导相转变法制备高分子生物功能膜的影响因素有：稀释剂的挥发时间、膜表面皮层的控制、稀释剂的回收与除去等。

(1) 挥发时间　挤出和退火之间的稀释剂挥发阶段的挥发时间对成膜结构有较大的影响，因此可以通过合理选择挥发时间来调节孔径和膜中孔分布的对称性。

(2) 皮层控制　利用热诱导相转变法在制膜过程中，膜表面容易出现皮层。可以通过热诱导相转变法与冷拉伸相结合的办法,或采用稀释剂与聚合物-稀释剂混合物共混的方法对皮层加以控制。

(3) 稀释剂的回收和除去　热诱导相转变法在制膜过程中要求安装凝固浴与淬出稀释剂,从而会造成浪费稀释剂的问题。因此可以采用易升华的稀释剂,便于稀释剂的回收与再利用。另外,稀释剂的除去可以采用冷冻干燥技术。

#### 4.5.5　熔融-拉伸法

聚烯烃微孔膜主要是利用热致相分离和熔融挤出-拉伸工艺制备。在热致相分离过程中,高聚物与稀释剂混合物在高温下形成均相熔体,随后在冷却时发生固-液或液-液相分离,稀释剂所占的位置在除去后形成微孔。而在熔融挤出-拉伸过程中,以纯高聚物融体进行熔融挤出,微孔的形成主要与聚合物材料的半晶态有关系,在拉伸过程中,半晶态材料垂直于挤出方向平行排列的片晶结构被拉开形成微孔,然后通过热定型工艺固定此孔结构。这种膜可用作超微过滤膜。用于无菌过滤膜、渗透-蒸发膜、反渗透膜以及人工肾、血浆分离器等的渗透膜,用途广泛,发展前景较好。膜式氧合器目前世界上大多采用微孔聚丙烯材料,它是经过应力场下熔融挤出-拉伸这种物理变化加工而成,不需要任何化学溶剂和添加剂,因此毒性小,而且它的机械强度高,透气性好,具有一定生物相容性,且价格低廉。

##### 4.5.5.1　成孔原理

当聚合物处在半结晶状态时,内部存在晶区和非晶区,晶区和非晶区的力学性质不同,通常晶区的强度大,非晶区的强度小。当这样一片膜状聚合物受到拉伸力时,非晶区受到过度拉伸而局部断裂形成微孔,而晶区则作为微孔区的骨架得到保留。因此熔融-拉伸法制备微孔膜的成孔原理为:首先在相对低的熔融温度,高牵伸条件下制备结晶的纤维或平板膜,由于在纺丝和热处理过程中形成了大量垂直于挤出方向而平行排列的片晶结构,在拉伸时,平行排列的片晶结构网络被拉开(储存了表面能),同时片晶之间形成了大量的微纤结构(提高了熵变值),因而拉伸时膜壁就会形成大量的由拉开片晶之间的微裂纹和其中的微纤结构所组成的微孔结构。此时,只要经过热定型处理(微纤结构进一步结晶化),就能固定这种微孔结构,得到微孔膜。图4-55为拉伸成孔。

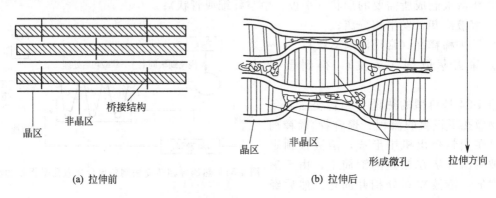

图4-55　拉伸成孔

以聚丙烯膜为例介绍这种膜的成孔过程。

(1) 形成结晶　在较低的温度下,以低挤出率、高牵伸率对聚丙烯进行成膜处理,在这种条件下,聚合物分子趋向于沿着牵伸方向有序排列成微纤维状,并且微纤维之间相互作用,形成层状晶区。

(2) 形成半晶膜　用上述方法得到的聚合物膜在比其熔融温度稍低的温度下退火,使晶区有所扩大,密度提高,聚合物分子链之间作用力增强。这样经过以上两步处理,使聚合物膜由层状晶区和非晶区交替分布组成。

(3) 拉伸成孔处理 在稍高于退火温度,但是又不要超过熔融温度下,沿着与原挤出方向相垂直的方向对膜进行拉伸,拉伸率根据成孔需要和材料性质在 50%~300% 之间,这时机械强度较弱的处在两个层状晶区之间的非晶区聚合物在拉伸力作用下导致形成由许多长型微孔构成的多孔膜,再经热定型处理固定这些微孔。

#### 4.5.5.2 制备工艺

聚烯烃微孔膜的制备工艺一般是先在应力场下熔融挤出制备晶态中空纤维或平板膜,再进行热处理以得到具有垂直于纤维轴平行排列的片晶结构,然后控制一定的拉伸速率进行拉伸(一般先进行冷拉,然后热拉),最后将拉伸后的纤维或膜在一定温度下热定型,使拉伸所产生的微孔结构保留下来,即可得具有一定微孔结构的微孔膜。

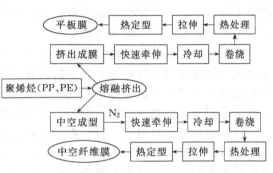

图 4-56 聚烯烃微孔膜的制备工艺流程

聚丙烯或聚乙烯类微孔膜的制备过程包括熔融纺丝、牵伸、热处理、拉伸、热定型等步骤。其制备工艺流程如图 4-56 所示。形成的孔径和膜的孔隙率主要取决于拉伸比和其它拉伸条件。

### 4.5.6 自组装法

分子自组装的原理是利用分子与分子或分子中某一片段与另一片段之间的分子识别,相互通过非共价作用形成具有特定排列顺序的分子聚合体。分子自发地通过无数非共价键的弱相互作用力的协同作用是发生自组装的关键。其中"弱相互作用力"指的是氢键、范德华力、静电力、疏水作用力、π-π 堆积作用、阳离子-π 吸附作用等。非共价键的弱相互作用力维持自组装体系的结构稳定性和完整性。但并不是所有分子都能够发生自组装过程,它的产生需要两个条件:自组装的动力以及导向作用。自组装的动力指分子间的弱相互作用力的协同作用,它为分子自组装提供能量。自组装的导向作用指的是分子在空间的互补性,也就是说要使分子自组装发生就必须在空间的尺寸和方向上达到分子重排要求。

#### 4.5.6.1 成膜机理

自组装膜的成膜机理如图 4-57 所示。

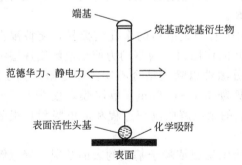

图 4-57 自组装单层膜的成膜机理

通过固-液界面间的化学吸附,在基体上形成化学键连接的、取向排列的、紧密的二维有序单分子层,即纳米级的超薄膜。活性分子的头基与基体之间的化学反应使活性分子占据基体表面上每个可以键接的位置,并通过分子间力使吸附分子紧密排列,形成二维有序的单分子膜。如果活性分子的尾基也具有某种反应活性,则又可继续与别的物质反应,形成多层膜,即化学吸附多层膜,但同层内分子间的作用力仍然为范德华力。

表面活性剂分子在基片表面的化学吸附是一个放热过程,从热力学角度分析它有利于膜的形成,分子将尽可能多地与基片表面键合,尽可能达到最紧密排列,烷基链间的范德华力促使分子紧密排列,所以自组装成膜具有操作简单、膜的热力学性能好、膜稳定的特点,因而它更是一种具有广阔应用前景的成膜技术,自组装膜的制备及应用也是目前自组装领域研究的主要方向。

自组装膜按成膜机理分为自组装单层膜和逐层自组装膜。另外,根据膜层与层之间的作用方式不同,自组装多层膜又可分为基于化学吸附的自组装膜和交替沉积的自组装膜。通过化学吸附自组装膜技术制得的单层膜有序度高,化学稳定性也较好。而交替沉积自组装膜主要指的是带相反电荷基团的聚电解质之间层与层组装而构筑起来的膜,这种膜能把厚度控制在分子级水平,是一种构筑复合有机超薄膜的有效方法。

#### 4.5.6.2 制备工艺及影响因素

利用自组装的方法制备分离膜就是将一个个结构单元构筑成具有一定孔隙率和孔分布的平面或空间孔结构。这种制膜方法的关键是如何制作结构单元以及如何将结构单元有规则地排列在微孔支撑层上并很好地将其固定成膜。自组装法制备分离膜的主要方法有三种:天然生物分子识别自组装、吸附自组装、简单裱糊组装。

(1) 蛋白分子自组装　分离提取某种蛋白质,利用其分子识别作用将其组装到多孔支撑层上,可以制得需要的微孔膜或者温敏膜。制备这种分离膜首先要将一定的细胞分离培养,然后将培养的细胞通过压力驱动沉降到支撑层上,再用戊二醛交联固定。其中支撑层只是提供支撑作用以提高膜的强度,其它性能都取决于表面的组装层。选用的蛋白不同、经过的沉积顺序不同、膜表面电荷不同,因而制得的膜表面性能不同,并且吸附到复合膜表面大分子的数量强烈依赖于溶液性能和支撑层的表面性能。根据所选细胞的不同,膜孔可以调节为均一的倾斜、正方、六角等形态。由于单层蛋白和氨基酸之间形成的肽键或者交联产生的共价键,所得膜具有极好的耐酸、耐碱和耐有机溶剂的性能。这种方法制备的膜不但可以用作分离膜,还可以应用于生物医学领域,如某些蛋白质分子在温度变化时会发生分子链有序-无序聚集形态的转变,利用这一特性可以制备温度敏感的双稳开关。但在温度高于 90℃ 时,由于蛋白质分子链会从具有生物活性的紧密缠绕 $\alpha$-螺旋结构转变到高分子的自由缠绕状态而发生变性,这时蛋白质分子链不再具有温敏作用,所以制备这种温敏膜时一定要选择高温稳定的酶蛋白。

(2) 吸附自组装　吸附自组装就是通过不同官能团之间的共价键、配位键、氢键等或者相反电荷之间的静电作用将聚合物分子组装到一起。所以,根据组装作用力的不同,又可以将吸附自组装分为静电吸附自组装和化学吸附自组装。

① 静电吸附自组装　静电吸附自组装是将表面带有一定电荷的多孔支撑材料交替浸没到聚阳离子和聚阴离子的溶液中,利用相反电荷之间的作用力作为驱动力使聚电解质逐层沉积到基质上,每浸没一次都要用大量的去离子水充分漂洗以除去结合不牢的聚电解质离子。通过这种简单的重复吸附过程,可以制备厚度精度为 0.4~0.6nm、单层膜厚度为 0.5~3nm、表面带有不同电荷的单层或多层膜。支撑层上的聚电解质沉积过程和静电吸附自组装成膜过程如图 4-58 和图 4-59 所示。

膜的厚度与自组装层数呈线性关系,但是最多吸附层数依赖于基质的表面状况、聚电解质种类以及吸附条件,所得膜的选择性和渗透性能依赖于复合膜的化学结构和所用电解质的性能、电荷密度、溶液 pH、制膜温度、浸没时间以及聚电解质的分子量。采用高电荷密度的弱电解质作吸附层可以得到具有很好选择性的膜。溶液 pH 改变,聚电解质分子链在缠绕和伸展状态之间相互转换,从而影响膜的性能。制膜温度对膜的性能有最重要的影响,因为聚电解质在相反电荷膜表面的吸附是分两步进行的:首先是一个动力学过程,电解质快速吸附到膜表面;其次是一个热力学过程,吸附到膜表面的聚电解质发生重排而形成更完善的吸附层。所以,当制膜温度高时,由于分子活动性强、吸附快,在吸附开始所得的膜就比较完

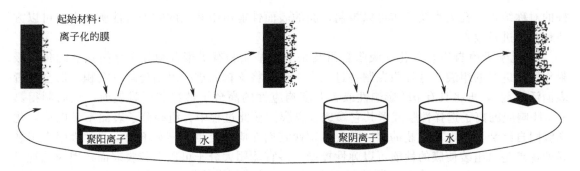

图 4-58　支撑层上的聚电解质沉积过程

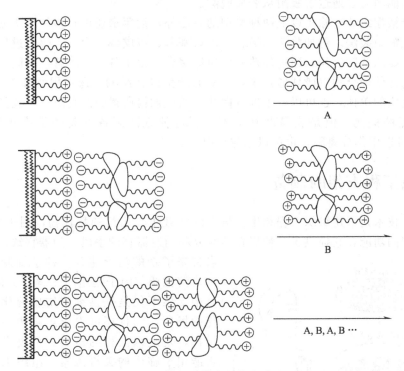

图 4-59　静电吸附自组装成膜过程

善，并且在温度高时，电解质之间形成键合力，从而形成更紧密的网络结构，而这种网络结构减小了聚电解质的溶胀程度，使得到的膜的选择性有所提高。在聚电解质的分子量高时，聚电解质的分子大、分子链长，更有利于在分子链之间形成架桥作用，从而在基质膜表面形成更完善的涂层，进而影响所得自组装膜的性能。由于这种方法依赖于不同电荷之间的相互作用，所以每种电解质溶液都需要一个浓度的最小值来保证存在足够的电荷自组装，但是聚电解质溶液的浓度对所得自组装膜的性能影响较小。浸没时间对所得膜的性能有很大的影响，只有使浸没时间超过一定值才能得到高选择性的膜。但是，在浸没时间超过这个限定值后，时间的影响就变得微不足道了。

不仅聚电解质可以通过静电作用自组装成膜，乳胶粒子、纳米微球等也可以通过表面电荷的相互作用而自组装成膜。为了使粒子有效地组装到基体上，必须对基体膜进行预处理，即过滤甲醇/水（体积比 1∶1）以保证每个膜孔都润湿；过滤表面活性剂（与乳胶粒子带相反的电荷）的甲醇/水混合液以增强基体和乳胶粒之间的相互作用；过滤乳胶粒子的稀溶液（浓度小于或等于 0.02%）使乳胶粒子自组装到基体上。这种方法的优点是所得膜具有比较好的对称结构,孔大小及分布可以控制,膜的表面性能由组装上的粒子特性所决定,可以方便地对膜进行改性。

② 化学吸附自组装　化学吸附自组装是基于基质和有机聚合物分子之间强烈的化学吸附作用而进行的组装。这种膜在制备过程中一般先将支撑膜进行表面处理(沉积一层金或者表面活性剂),再将具有pH影响性或者温度响应性的高分子链组装到膜表面,从而制得具有pH响应的离子选择性膜或者其它渗透分离膜。在此过程中,组装分子表面不带电荷,化学吸附自组装与静电自组装的这一重要区别使它们在应用上也有显著不同。化学吸附自组装膜的优点是自组装使膜的性能可以弹性控制,多官能团大分子可以引到膜表面;因为孔径可以通过沉积金层的厚度或吸附层的厚度来调节,所以基体具有很好的结构和很窄的孔径分布;失活的功能团可以通过解吸附从表面脱除。

(3) 简单裱糊组装　除了以上两种典型的方法外,近年来还出现多种形式的微孔组装方法,如简单裱糊组装法。例如将苯乙烯、二乙烯基苯、叔戊醇、聚丙二醇、过氧化苯甲酰混合后涂覆在聚氯乙烯膜表面,通过加热引发单体聚合,由于各自的溶解度不同,聚合过程中会产生相分离而使聚合物以微球形式聚集,从而产生微孔结构。通过甲醇抽提出聚丙二醇、叔戊醇及未反应的单体,也可以产生部分微孔。通过抽提所得膜的孔隙率、孔径、比表面积都有一定程度的提高,但是膜厚度基本不变。这种方法制备的膜的平均孔径为 0.01~0.03μm,既可以用作分离膜,也可以用作荷电膜。

## 4.6　组织工程支架的制备

组织工程技术是应用组织工程和生命科学的原理生长出活的替代物,用于修复、维持、改善人体组织的功能,它提供了一种崭新的修复和制造器官的手段,为器官缺损、坏死的患者带来了新的治疗途径。种子细胞、支架材料和可溶性调节因子是组织工程研究的三大要素。其中支架不仅是提供细胞增殖分化并保持其功能的场所,而且还可引导组织再生、控制组织结构,是组织工程的核心,是决定组织工程是否能用于临床的关键因素。组织工程支架作用如图4-60所示。

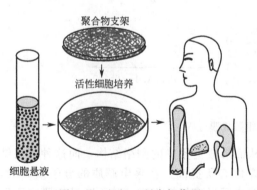

图 4-60　组织工程支架作用

理想的组织工程支架必须具备以下条件:①高孔隙率的三维立体结构,有利于细胞生长,相互贯通的多孔网促进养分传输和代谢产物的排放;②良好的生物相容性,支架降解速率应与组织细胞生长、繁殖的速率相匹配;③良好的表面性质,便于细胞的黏附、分化和增殖;④具有一定的机械强度和良好的可塑性,能在一定的时间内保持其外形和结构的完整性。

支架的结构取决于三维支架的制备方法。常用的支架制备方法包括纤维黏结法、溶剂浇注/粒子沥滤法、气体发泡法、相分离技术和快速成型技术、水凝胶法等。

水凝胶型支架又称"软支架"。水凝胶是由亲水性聚合物经水溶胀形成,细胞可渗入其中进行生长,如果将水凝胶制成多孔状,细胞也可由微孔进入多孔水凝胶内部生长。这类支架的突出特点是可发生溶胶-凝胶的转变,通过注射的方法将复合有种子细胞的聚合物溶液注射到所需部位,在温度或化学调控下原位形成凝胶,从而将细胞包埋并使其生长分化,因此避免了创伤性的外科手术;缺点是机械强度小,形状保持能力差。

其它几种方法制备的组织工程支架一般是"硬支架",即将处于玻璃化状态的高分子材料通过适当的加工方法,获得具有特定微结构的三维材料。一般"硬支架"都为多孔支架,孔径大小根据其制作工艺的不同在 10~1000μm 之间,支架的孔与孔之间相互连通,细胞可深入支架内部生长,同时营养液可渗入支架内部与细胞进行物质交换,从而实现细胞的立体培养。该类支架的优点是微结构(如孔径、孔隙率)易于调控,机械强度较好;缺点是必须通过外科手术才能使用,以合成聚合物为支架时细胞相容性较差。

**4.6.1 支架材料的要求及种类**

**4.6.1.1 支架材料的要求**

组织工程支架材料是一种特殊的生物材料,因此在材料性能的要求上也与一般生物材料有一定的差别。对组织工程支架材料而言,最重要的是具有促进组织或器官再生的功能,这就要求材料是多孔的,材料所需要的孔径、孔隙率、微孔分布及走向等应随组织的不同要求而定。此外材料的化学成分也很重要,因为材料的化学成分对附着和浸入的细胞表性的表达有直接的影响。对组织工程支架材料更关键的要求是必须可生物降解,而降解产物还必须是无任何毒性,材料的降解速率取决于目标组织的形成速率。一种良好的组织工程支架材料应该是与细胞外基质相类似的材料,例如再生骨所需要的支架材料应该是去有机质的天然骨最理想,而软骨组织构建所使用的支架材料应以胶原为主。通常情况下组织的再生需要某些特殊的细胞生长因子,所以细胞生长因子与材料的复合也是组织工程支架材料的一个重要研究领域。总之,组织工程支架材料有许多有别于一般生物材料的要求。

(1) 良好的生物相容性 生物相容性是生物材料必备的条件,但对于组织工程支架材料而言要求更加严格,除了要求材料的组成无毒、化学结构稳定外,还要求材料降解产物无毒、无热源反应,无致癌性、不致畸,对细胞和周围组织无刺激性,不干扰机体的免疫机制,不引起免疫排异反应。由于支架材料降解是与组织的形成过程协调进行,材料与血液接触时必须具有良好的血液相容性,不引起溶血、凝血反应,不破坏或改变体液、血液成分。

(2) 良好的生物力学性能 组织工程支架材料最重要的作用就是为体外接种的细胞提供体内扩增和增殖的场所,并能阻碍周围组织的长入,作为细胞、生长因子和基因的生物载体,因此要求支架材料必须具备足够的力学性能,尤其是组织工程化软骨、骨、肌腱、韧带等的支架材料。但必须指出的是材料的力学性能不是越强越好,而是与机体组织要有良好的生物机械适应性,不但要求植入体与相邻组织的弹性模量匹配,而且还要求材料耐疲劳、耐磨损、耐老化等,能长期保持机体行使功能所需的力学性能。

(3) 合适的生物降解性 生物可降解性是组织工程支架材料不同于一般生物材料的特殊要求,对于良好的组织工程支架材料而言,不仅要求材料的降解产物无毒,而且要求生物材料的降解速率能根据需要进行适当的调整,以适用不同组织的生长速率,这也是目前组织工程支架材料研究开发的难点之一。此外,还应注意的是支架材料植入机体后,随着降解过程的进行,支架材料的体积会逐渐变小,材料逐渐被新形成的组织所取代,为避免材料与新组织的界面处发生松动与破坏,支架材料与组织应有较强的亲和性,这就要求降解后的材料表面性能不应随降解的变化而变化。若支架材料不能完全降解而成为新组织的一部分时,支架材料的组成和结构形态就必须与新形成的组织相类似,如骨组织工程支架材料选择天然骨或利用人工骨时就有可能成为骨组织的一部分。

(4) 良好的可塑性 组织工程学的目的就是实现人体组织的工程化,由于人体组织的结构错综复杂,就要求支架材料的结构也比较复杂,因此支架材料要具有良好的可加工性或可塑性。一般支架材料的孔隙率要高于90%，且结构形状比较复杂，又要保持良好的机械强度，若材料的可塑性不好，则很难达到组织工程化的要求。此外，为了提高材料的可塑性，在制作和加工成形过程中不可避免地会残留一些小分子，最终成为溶出物。

(5) 可行的灭菌、消毒方法　组织工程支架材料的灭菌与消毒是非常重要的，材料的性能再好，若没有良好的灭菌消毒方法，材料的使用也是不可能的。要求材料的结构和性能不能因灭菌消毒过程而受到影响，材料能经彻底灭菌而不致变性。虽然组织工程支架材料的要求比一般生物材料高得多，但一般的理化和生物学性能评价还是不可缺少的，为了确保组织工程支架材料安全有效的使用，在临床使用之前必须进行化学、力学性能和生物学性能评价。通常在测试中力争做到全部或部分地模拟，再现材料在使用中可能遇到的作用环境。

#### 4.6.1.2　支架材料的种类

用于组织工程支架的材料，可以有天然生物材料、人工合成的可生物降解聚合物材料、生物陶瓷等。

天然材料来源于动植物或者人体，由于其与细胞相容性好，常用来构建组织工程用支架，主要有胶原、聚糖以及无机及生物衍生材料。天然材料的优势在于它们含有利于细胞吸附或维持不同功能的物质（如特定的蛋白质），但是天然材料重现性差、不能大批量生产，同时异种移植的问题以及可能会带来不可预计的异种生物携带的病毒基因限制了这类材料的应用。

合成可生物降解材料具有相对强度高、来源充足、易于加工等优点，被广泛应用于组织工程领域。合成可生物降解支架材料，目前主要为聚酯、聚氨基酸及聚乙二醇等，研究最多的还是脂肪族聚酯，如聚乳酸、聚乙醇酸及其共聚物。

生物陶瓷主要用作骨组织工程支架材料。常用的无机材料包括羟基磷灰石、磷酸钙等。

### 4.6.2　纤维编织法

纤维编织法是指将直径为 $10\sim 16\mu m$ 的 PLLA 或 PGA 纤维编织成三维连通的纤维网。一种方法是将纤维无序放置所构成的无纺网，其纤维间距为 $0\sim 200\mu m$；另一种方法是将纤维有规律地编织成编织网。无纺网微孔大小不均匀，随机性强，且力学性能差，缺乏可操作性；编织网的微孔连通结构呈周期性均匀变化，制备工艺规范，可精确地编织出不同孔径、孔隙率和刚性的纤维网，但二者强度较低。可采用以下两种方法来提高无纺网及编织网的强度和刚度：其一是聚合物包埋；其二是热处理。目前应用最广泛且取得最佳效果的是以 PLLA 包埋 PGA 纤维无纺网。这种生物材料具有较高的孔隙率（70%～80%）和大的面积/体积比，能为细胞黏附和繁殖提供必要的空间。但是强度、刚度较低，易导致种植细胞损伤。

静电纺丝可制得直径在纳米到微米尺度的纤维，所得纤维膜具有很大的比表面积和很小的孔径，用它制备的组织工程支架，适合于细胞的迁移和增殖。令人感兴趣的是这种结构类似天然细胞外基质中的胶原纤维网络。在天然的组织内，胶原纤维的直径在 $30\sim 300\mathrm{nm}$ 的范围内，而静电纺丝纤维直径在 $300\sim 1000\mathrm{nm}$，也可以为细胞黏附、增殖及移动提供一个适当的环境。其效果与天然细胞外基质相近。因此，虽然比天然胶原纤维大，但很多静电纺丝制备的生物可降解纳米纤维作为暂时支架用于组织重建。在改变收集装置后可以制备管状支架，有可能用于血管的组织工程构建。因此，近年来采用静电纺丝制备聚酯类多孔支架成为研究热点。表 4-16 是静电纺丝支架在组织工程中的应用。

表 4-16 静电纺丝支架在组织工程中的应用

| 支架材料 | 溶剂 | 纤维直径 | 应用前景 |
| --- | --- | --- | --- |
| 聚乙二醇(PEG) | 水 | 50～5000nm | 组织工程支架 |
| 聚乙烯醇(PVA) | 水 | 100～1000nm | 皮肤组织工程 |
| 聚己内酯(PCL) | $V$(三氯甲烷)∶$V$(乙醇)=1∶1 | 约250nm | 神经组织工程 |
| 聚乙丙交酯(PLGA) | HFIP | | 神经组织工程 |
| 聚苯乙烯(PS) | THF | | 皮肤组织工程 |
| 聚氨酯(PU) | DMF | 500nm | 骨骼肌组织工程 |
| 聚环氧乙烷(PEO) | 水 | 300nm | 组织工程支架 |
| 聚乳酸(PLA) | 三氯甲烷 | 10μm | 血管组织工程 |
| 聚左旋乳酸(PLLA) | $V$(DCM)∶$V$(DMF)=7∶3 | 235～3500nm | 血管组织工程 |
| 胶原(collagen) | HFIP | 70～2740nm | 软骨组织工程 |
| 丝素蛋白(silk fibroin) | 甲酸 | 30～120nm | 皮肤组织工程 |
| 弹性蛋白(elastin) | HFIP | 2～6μm | 组织工程支架 |
| 明胶(gelatin) | HFIP | 200～500nm | 组织工程支架 |
| Silk/PEO | 水 | 510～590nm | 生物材料 |
| Collagen/PEO | 盐酸 | 200～500nm | 创面膜、支架材料、止血剂 |
| Collagen/壳聚糖(CS) | HFIP/TFA | | 组织工程支架 |

注：HFIP 为六氟异丙醇；THF 为四氢呋喃；DMF 为二甲基甲酰胺；DCM 为二氯乙烷；TFA 为三氟乙酸。

静电纺丝 PLGA 纤维支架的制备：以配比为 3∶1 的四氢呋喃与 $N,N$-二甲基甲酰胺为溶剂，配制浓度为 0.15g/mL、0.2g/mL、0.25g/mL、0.3g/mL 的 PLGA（$M$=40000，PLA/PGA=50∶50）溶液，喷丝头与接收板的间距为 6cm，在 0.75～1.5kV/cm 范围内调节电场强度，在 0.4～1.2mL/h 范围内调节流速进行静电纺丝，收集、干燥后获得具有不同表面形貌的 PLGA 纤维支架。

### 4.6.3 溶剂浇注/粒子沥滤法

溶剂浇注/粒子沥滤（或致孔）是最简便和研究最广泛的技术之一。该技术通过控制致孔剂的形态、颗粒大小以及致孔剂与可降解材料的比例，能够方便地控制三维支架的孔隙率、孔隙尺寸和形态，制备出孔径及孔隙率按照预先设计的三维连通微孔支架，因而受到广泛的关注。

粒子致孔法指首先将组织工程材料和致孔剂粒子制成均匀的混合物，然后利用二者不同的溶解性或挥发性，将致孔剂粒子除去，于是粒子所占有的空间变为孔隙。致孔剂粒子可采用氯化钠、酒石酸钠和柠檬酸钠等水溶性无机盐或糖粒子，也可用石蜡粒子或冰粒子。最常用的方法是，利用无机盐溶于水而不溶于有机溶剂、聚合物溶于有机溶剂而不溶于水的特性，用溶剂浇注法将聚合物溶液/盐粒混合物浇注成膜，然后浸出粒子得到多孔支架。因此该法通常称为溶剂浇注/粒子沥滤法，已成功地用于软骨细胞的培养和软骨组织的生成。此法制得的多孔支架的孔隙率可达 91%～93%，孔隙率由粒子含量决定，与粒子尺寸基本无关，当致孔剂的体积分数达到或超过 70% 时，微孔之间相互连通，但微孔的形状不规则；孔尺寸 50～500μm，由粒子尺寸决定，与粒子用量基本无关；孔的比表面积随粒子用量增大和粒径减小而增大，变化范围为 0.064～0.119$\mu m^{-1}$。三者均与盐的种类和溶剂的种类基本无关。溶剂浇注/粒子沥滤法制备多孔支架时易形成致密的皮层，若浇注后不断地振动至大部分溶剂挥发，可防止粒子沉降，抑制表面皮层的形成。当孔隙率太低、微孔之间不高度连通时，材料内部的致孔剂难以溶出，且易形成致密表面，阻碍细胞的进入和黏附。

粒子致孔法简单、适用性广，孔隙率和孔尺寸易独立调节，是一个通用的方法，得到了广泛的应用，但致孔时往往需用到有机溶剂。溶剂浇注/粒子沥滤法由于不能将致孔剂从基材中完全脱除，因此此法仅适用于制备多孔薄膜或多孔薄型材。采用该技术先制备多孔片材后，再用氯仿可将其层压成三维结构，但膜材的层压较费时，贯穿孔有限。利用此法也可将聚合物/盐复合材料挤成管状物，缺点是必须使用有毒溶剂，溶剂挥发时间长，盐颗粒可能残留在基材内，孔隙的形状不规则，孔隙贯穿率低。将聚合物充分干燥并且利用真空进一步除去溶剂可以克服上述缺点。

溶剂浇注/粒子沥滤法的典型工艺：将聚合物（如 PLLA 或 PGA）溶于二氯甲烷或三氯甲烷中，然后加入致孔剂，搅拌均匀，在模具中成型，待溶剂挥发后，脱模、并放入蒸馏水中，滤取致孔剂，再烘干至恒重，得到连通微孔的海绵状组织工程聚合物支架材料。

溶剂浇注/粒子沥滤法的另一种形式是采用含蜡的碳氢化合物作为致孔剂。该方法是将致孔剂和聚合物溶解在二氯甲烷中混合均匀，然后在四氟乙烯模具中成型，然后将模坯浸入到碳水化合物中溶去蜡，而聚合物不溶，将形成的泡沫真空干燥以除去溶剂，便得多孔支架材料。但是，实验中很难保证将烃类致孔剂从支架中完全去除。

当选择溶剂时考虑的因素是溶剂的溶解能力、挥发速率、黏度、溶剂的残留和生物的毒性。由于组织工程中所能用的聚合物种类广泛以及溶剂种类极多，选择一个合适的搭配比较困难。常用的搭配关系有：聚 $\alpha$-羟基酸或聚膦腈用二氯甲烷，聚己内酯用丙酮，聚酐用氯仿，聚氨基酸用水，聚醚用水和大多数有机溶剂，聚氨酯用二甲基甲酰胺。但是聚原酸酯没有可用的溶剂，最后溶剂的选择应该可以从聚合物膜中除去以降低毒性，同时仍要保证合适的可浇注性。

平板薄膜可以用玻璃盖板和培养皿作为模具，表面可以使用特氟纶有助于膜从模具中取出，或者使用脱模剂；圆棒可以作为管状膜的模具；反应性离子刻蚀硅片可作为具有微结构表面膜的模具；旋转速率为 1～5000r/min 的涂膜机可以用来制备超薄膜（<5μm）；双亲性的嵌段共聚物通过自组装形成微相分离膜，如 LB 膜法，它是将聚合物溶液置于水层上形成单分子层，亲水端朝向水，亲油端背向水，然后将该膜出水转移到另一个合适的基底材料上。

用溶剂浇注制备膜时，通常聚合物的含量在 10%～30% 之间。在溶液浇注后，生成的膜必须被干燥。开始时溶剂从溶液中以一定速率蒸发，该速率由纯溶剂的蒸气压决定。在膜成胶状时，蒸发受溶剂通过聚合物基体的扩散所限制。干燥的时间随膜的厚度和溶剂的挥发性而变化。溶剂的进一步除去可以将膜置于真空中。一般来说，膜在真空干燥前应在常压下干燥直到它成为一张膜。真空应逐渐达到以防残留的溶剂在瞬间从聚合物中蒸发出来，这将会导致膜的变形，形成大的空洞。通常膜应该干燥 6～8h，然后置于真空中 24h 以保证除去溶剂。当干燥的膜从模具中取下，便可以使用，为了得到最后需要的形状，可能还需要另外的加工。膜可能被切成各种形状，或是卷起来成为管状的诱导管，而且表面还可能被修饰以促进细胞的黏附和生长。

### 4.6.4 熔融成型法

熔融成型法与溶剂浇注/粒子沥滤法类似，但不使用有机溶剂，由该方法制备的三维连通、微孔支架材料可用于生物活性分子的控制释放，并可制备出三维复杂的微孔结构。如将 PLGA 粉末与明胶粒子混合后放入模具、加热、加压、冷却、脱模并将其放入蒸馏水中，明胶粒子溶解后得到 PLGA 组织工程支架材料。通过改变明胶粒子的尺寸大小和体积分数来控制和优化支架材料的三维连通微孔结构。

### 4.6.5 气体发泡法

气体发泡技术采用气体作为致孔剂，在制孔过程中不使用有机溶剂。

很多聚合物采用气体介质作成孔剂以产生高气孔率。由于挥发性液体、气体或超临界介质很容易从聚合物基质中逸出,因而常用作成孔剂。孔的形貌取决于成孔剂的类型和用量以及某些工艺参数,如聚合交联度、聚合动力学性质、排气和干燥方法等。在某些情况下,用固体盐类物质作前驱体可分解出气体,碳酸氢铵常兼作有效的气体发泡剂和固体盐类成孔剂,加热时聚合物基质中产生 $N_2$ 和 $CO_2$ 气体,发泡成孔形成内部连通的多孔结构,孔径 $300\sim400\mu m$,这种材料特别适合高密度细胞种植。

采用超临界 $CO_2$ 作成孔剂制备高孔隙率聚合物基质材料的方法如图 4-61 所示,避免了使用高温和有机溶剂,适合于生长因子等蛋白质控释载体支架材料的制备。$CO_2$ 在超临界状态下兼作发泡剂和溶剂,可有效降低聚合物玻璃化温度。粉状聚合物在高压 $CO_2$ 环境下平衡后,玻璃化温度降低,其实质上是 $CO_2$ 和聚合物相互作用增加了酯官能团在

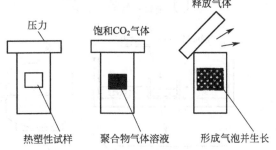

图 4-61 超临界 $CO_2$ 制备组织工程支架

聚合物主链内迁移率的结果,聚合物链迁移率的增加导致聚合物自由体积增大,从而在聚合物相内产生较大的平衡气体量。压力骤降时,$CO_2$ 的溶解度急剧降低,处于 $CO_2$ 临界压力和临界温度下的饱和聚合物相在大气环境条件下变成过饱和,气体试图逸出聚合物相时气泡成核,同时被超临界流体塑化的聚合物开始固化,聚合物玻璃化温度升高,锁定气体成核过程产生的多孔结构而形成微孔材料。可以根据聚合物类型、分子量、降压速率等工艺参数来调节孔隙率。

超临界流体技术仅适用于非晶相聚合物。对非晶相可生物降解聚酯而言,超临界流体技术的加工温度范围是 $30\sim40°C$,但制备的多孔支架只有 $10\%\sim30\%$ 的贯穿孔。如果将该技术和粒子沥滤法结合可得到高度贯穿孔隙网络结构。

### 4.6.6 相分离法

分相是指控制聚合物溶液分为两相:一相为富聚合物相,一相为富溶剂相。通常有多种方法分相,其中热致分相普遍用来制备多孔材料。其原理是较高温度的聚合物均质溶液,通过热能转移转变为高聚合物相和无聚合物相,再通过抽提、蒸发、或冷冻干燥除去溶剂形成多孔结构。

相分离法制备组织工程支架主要是指将聚合物溶液、乳液或水凝胶在低温下冷冻,冷冻过程中发生相分离,然后经冷冻干燥除去溶剂而形成多孔结构的方法,因而相分离法又往往称为冷冻干燥法。相分离/冷冻干燥法孔尺寸往往偏小,但该法避免了高温,因而得到了研究者的重视。按体系形态的不同可简单地分为乳液冷冻干燥法、溶液冷冻干燥法和水凝胶冷冻干燥法。

乳化/冷冻干燥法制备聚合物支架的过程如图 4-62 所示。首先制备两个不互溶的溶液,一个有机相和一个水相。有机相是将聚合物溶在二氯甲烷等溶剂中,水相是从超纯水制得。将有机相和水相以一定比例一起加到一个玻璃试管中,不互溶的两层用一个带手柄的匀化器以一定转速匀化成乳液,然后将其浇注到一个合适的铜或玻璃的模具中,迅速把模具放到一个接近液氮温度的铜块上淬冷,然后样品在 26.6Pa、$-110°C$ 下,在一般的冷冻干燥器中进行冷冻干燥。在乳液内部温度平衡到 $-110°C$ 后 1h,倒空冷凝器,冷凝器和乳液经过 12h 以上才被缓慢地升至室温,完成冷冻干燥的样品放在真空干燥器内在室温下储存,进一步除去

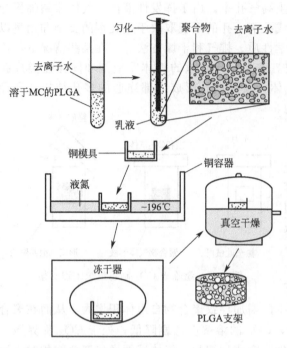

图4-62 乳化/冷冻干燥法制备PLGA支架的过程

残留的溶剂。

有机相的浓度应控制在50～100mg/mL之间，聚合物浓度太高会由于高黏度妨碍支架的均匀性，聚合物浓度太低破坏微结构。聚合物的分子量增加将增加支架的平均孔径和物理性质。在有机相中可以溶解亲油的生物活性因子和表面活性剂。水相是从超纯水制得，可以加入或不加各种添加剂，如可加入亲水的生物活性因子、乳化剂、氯化钠等盐类，以插入和输送生物活性因子或控制支架微结构。有机相和水相的体积分数以水40%的比例为宜，其它比例的水可导致融化或导致相转变。匀化速率在5000r/min和17500r/min时制得的支架平均孔径和物理性质更好，这与直觉相反，理论上剪切速率增加将减少水相球的尺寸，也就是减小孔径，但是剪切速率增加将在乳液中加入气泡，这样导致支架的孔径增大。但是通过增大匀化速率以增加孔径很难控制。在非常低的剪切速率时，引入空气泡的因素可以忽略。在乳液倒入模具，暴露于大气这一侧，支架会生成一个没有孔的皮层。采用乳化/冷冻干燥技术可制备孔隙率大于90%、中孔尺寸15～35μm、大孔＞200μm的多孔支架。支架的孔结构高度贯通，适于骨组织工程。虽说采用该技术可以制得孔隙率高达95%的支架，但形成的孔的直径较小，不利于细胞的黏附和增殖。

真空冷冻干燥技术广泛应用于生物材料的制备，如微胶囊制备、药品控释材料、人体组织材料、生物制剂等。真空冷冻干燥制品主要有以下特点：真空冷冻干燥制品在升华干燥过程中，其物理结构不变，化学结构变化也很小，制品仍然保持原有的固体结构和形态；在升华干燥过程中，固体冰晶升华成水蒸气后在制品中留下孔隙，形成特有的海绵状多孔性结构，具有理想的速溶性和近乎完全的复水性；真空冷冻干燥过程是在极低的温度和高真空的条件下进行的干燥加工，生物材料的热变性小，可以最大限度地保证材料的生物活性；经真空冷冻干燥处理的制品，脱水彻底，适合于制品的长期保存。冻干后的固体物质由于微小的冰晶体的升华而呈现多孔结构，并保持原先冻结时的体积，加水后极易溶解而复原，制品在升华过程中温度保持在较低温度状态下（一般低于−25℃），因而对于那些不耐热的物质，诸如酶、抗生素、激素、核酸、血液和免疫制品等热敏性生物制品的干燥尤为适宜。干燥的结果能排出97%～99%以上的水分，有利于制品的长期保存。制品干燥过程是在真空条件下进行的，故不易氧化。

真空冷冻干燥工艺及装置主要由预冻、制冷系统、供热系统及真空系统等组成，干燥工艺组成如图4-63所示。生物材料在升华干燥以前，需进行预冻结处理，将含水的制品快速低温冻结使其游离水结晶成固体冰晶，然后在高真空、极低的温度条件下，使制品中的冰晶升华后再除去制品中的部分吸附水，即成为冻干制品。

聚合物的多孔形貌取决于热骤冷聚合物溶液的最终热力学状态，根据骤冷终点是位于聚合物溶液温度-浓度二元相图的亚稳区还是不稳定区，可获得两种不同的形貌。多孔材料的

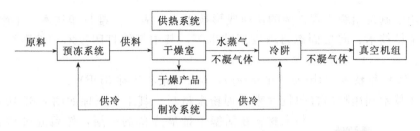

图 4-63 真空冷冻干燥工艺流程

孔径分布、孔的几何形状和尺寸及其内部连通性取决于能否精确平衡各工艺参数，如聚合物浓度、冷却速率、冷却程度、溶剂/非溶剂的组成、表面活性添加剂等，增大冷却速率或增大聚合物浓度，成孔的孔径变小，孔隙率降低。添加表面活性剂降低界面张力从而改变孔的形状和大小。虽说控制相分离的条件，可以控制所得聚合物多孔材料的密度、孔径大小和分布以及孔的形态等，但实现难度较大。

聚合物溶剂有时也用做成孔剂，如 1,4-二氧六环、二甘醇二甲醚和萘除去结晶的溶剂相，其占据的空间就会成为支架的孔结构，制备多孔聚合物时大多采用冷冻干燥除去溶剂相，但比较费时耗能，采用非溶剂冷冻抽提可在低于聚合物凝固点温度下用聚合物非溶剂与溶剂相交换除去溶剂相。

浸渍聚沉分相是将聚合物溶液浇注到惰性底物上或通过模具挤出成薄膜，然后快速浸入到非溶剂中，由于聚合物溶液中的溶剂被非溶剂交换而诱导聚合物溶液分相，发生凝胶转变使分相溶液沉积固化。

### 4.6.7 快速成型法

快速成形技术是集新型材料科学、计算机辅助设计、数控技术为一体的综合技术，根据通用计算机辅助设计（CAD）系统或对非侵入计算机断层扫描（CT）和核磁共振成像（MRI）扫描的医学影像数据进行数据转化，得出三维模型，采用离散/堆积成形的原理，把三维模型变成一系列二维层片，再根据每个层片的轮廓信息进行工艺规划，选择合适的加工参数，自动生成数控代码，最后由成型机接受控制指令制造一系列层片并自动将它们连接起来，可以精确地复制出与生物体同样形状的形体。图 4-64 是快速成型技术制备组织工程支架的基本实施过程。用快速成形技术能构建完全通孔、高度规则、形态与微结构具有重复性的支架，并且能设计出宏观结构与缺损组织几乎完全相同的三维结构物。

纤维黏合法、溶剂浇注法、颗粒滤粒法、熔融法、膜材层压法、相分离法、冷冻干燥法等传统制备组织工程支架的方法，虽然也获得了较成功的组织工程支架，但它们所得到的组织工程支架的性能并不理想，主要表现在缺乏力学强度、孔隙的相互贯通程度低、孔隙率与

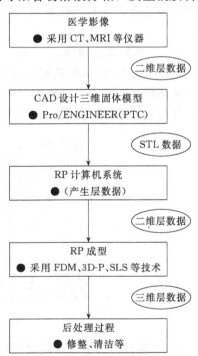

图 4-64 快速成型技术制备组织工程支架的基本实施过程

孔分布的可控性差，这将影响到细胞的长入和组织的血管化。快速成形技术能有效地解决这个问题，这是传统的支架制备技术所不能达到的，所以快速成形技术在组织工程领域具有极大的应用前景。

目前，用于制备组织工程支架的快速成形技术主要有：三维打印技术、熔融沉积技术、选择性激光烧结技术、间接固态自由成型技术等，其中三维打印技术和熔融沉积技术最为常用。

#### 4.6.7.1　三维打印技术（three-dimensional printing，简称 3DP）

三维打印技术利用喷墨打印技术来处理粉末材料。其工作原理如图 4-65 所示。首先将粉末材料在活塞上铺展为薄的一层，然后通过喷头按照支架的二维截面形状将黏结剂喷涂在粉末材料表面，并将粉末材料黏结成型，最后活塞下行，再铺粉；重复上面的过程，直到整个三维支架完成。

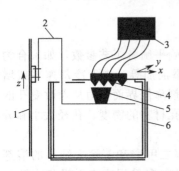

图 4-65　三维打印技术的工作原理
1—升降柱；2—支撑平台；3—原料供给装置；4—喷嘴；5—制备的支架；6—冷冻室

目前，三维打印技术广泛地用于构建组织工程支架。通过改变打印的速率、液体黏结剂的流速及沉积位置可获得不同的支架微观结构。由于三维打印技术通用性好且简单，所以其粉末材料的选用范围很广，包括聚合物、金属和陶瓷材料。三维打印在室温下进行，但用三维打印技术制备支架也存在不足：支架孔径较小（常小于 50μm），且孔径与原料粉末的粒径有关；为了提高支架的孔径和孔隙率，三维打印技术常与颗粒滤粒法共同使用，如果不能完全析出，将有残渣留在支架内，有机黏结剂、残余聚合物粉末不能完全除去，对细胞生长会产生不利的影响。另外支架的机械强度较低，力学性能和成型精度尚有待于提高。

#### 4.6.7.2　熔融沉积技术（fused deposition modeling，简称 FDM）

FDM 工艺一般选用热塑性材料，以丝状供料。其工作原理如图 4-66 所示。材料在喷头内被加热熔化，喷头沿支架截面轮廓和填充轨迹运动，同时将熔化的材料挤出，材料迅速固化，并与周围的材料黏结，一层一层堆积成形。

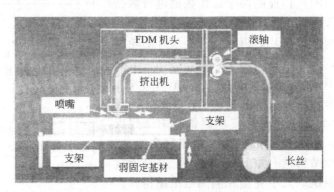

图 4-66　熔融沉积技术的工作原理

FDM 是目前仿生支架较常用的方法。通过改变材料沉积的方向和扫描路径的间距在支架中形成蜂巢状结构，并可调控孔的形态及内部贯通性，构建具有不同层状结构和不同孔形态的支架，适用于多种类型的组织和组织界面的再生。采用 FDM 技术可制备聚合物或陶瓷材料的支架。另外构建支架时，交错的纤维可起到支撑作用，材料的利用率较高，且具有良好的结构完整性。

采用 FDM 构建组织工程支架首先要解决的是材料问题，因材料加工时要经过熔融挤压成形且材料必须为丝状，导致 FDM 工艺几乎不能使用天然的聚合物，且所用材料丝的熔点不能太高,常采用的脂肪族聚酯为 PCL 以及 PCL/HA 复合材料,故缩小了加工原料的范围。其次,材料在堆积凝固过程中会阻碍微孔的形成,而微孔是促进血管化和细胞吸附的重要因素之一。另外,FDM 制备的支架存在三维方向孔的开放性不一致的缺陷。其中,在 $x$ 轴和 $y$ 轴方向,由于材料层的堆积形成了开放的孔,其大小受每层厚度的限制,孔形态的变化范围很小。但在 $z$ 轴方向上,孔形态的变化范围较大。

#### 4.6.7.3 选择性激光烧结技术 (selective laser sintering,简称 SLS)

SLS 工艺是利用粉末状材料成形的。其工作原理如图 4-67 所示。将材料粉末铺洒在已成形支架的上面,并刮平,用高强度的 $CO_2$ 激光器在刚铺的新层上扫描出支架截面,材料粉末在高强度的激光照射下被烧结在一起,得到支架的截面,并与下面已成形的部分粘接,当一层截面烧结完后,铺上新的一层材料粉末,有选择地烧结下层截面。

选择性激光烧结常采用 $CO_2$ 激光束选择性烧结聚合物或者聚合物/生物陶瓷的复合材料粉末来形成材料层。支架的微观结构可通过调节 SLS 的加工参数,如激光强度、扫描速率、SLS 制备时粉末的预热温度以及粉末层的厚度来控制。在制造过程中,未烧结的粉末作为支撑物,待支架成型后再移走未烧结的粉末,材料的利用率比较高。

因为在烧结构成新的材料层时粉末承受较低的压力,所以 SLS 制造的支架通常多孔,但支架的强度较低,而且表面粗糙。尽管 SLS 不使用有机溶剂,对周

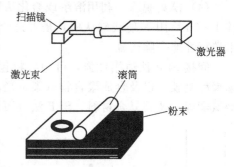

图 4-67 选择性激光烧结技术的工作原理

围环境无不良影响,但烧结所引起的高温使得该方法在制备载有生物活性物质支架中的应用受到限制,常用于聚合物材料聚己内酰胺组织工程支架的制备。同时,为减小高温对材料性能的影响,成型室处于充满氮气保护的密闭状态,而且烧结过程中常存在支架收缩的问题。

#### 4.6.7.4 间接固态自由成型技术 (solid free form fabrication,SFF)

固态自由成型技术是采用离散/堆积成型原理,用 CT 和 MRI 扫描;分割,用三角形或多角形描述、提取曲面;模型用三维 CAD 软件预处理以产生一个 STL 文件格式的实体模型;然后根据工艺要求,将其按一定厚度进行分层,把三维模型变为二维平面/截面信息,即离散的过程;再将分层后的数据进行一定的处理,加入加工参数,产生数控代码,在微机控制下数控系统以平面加工方式有序、连续地加工出每一个薄层,并使它们自动黏结而成型,即材料堆积的过程。

固态自由成型制备技术能很好地控制支架的外形、内部孔隙的贯通程度以及几何形状,但对微尺寸的分辨率不高。采用 SFF 制备的支架需要经过清整、固化和修复后才能使用。例如,可将 SFF 与一般支架制备技术结合开发间接 SFF 技术,主要包括以下几个步骤。

(1) 计算机设计　支架的外形与球状孔隙结构采用图像设计法 (IBD) 进行设计。采集患者特异的缺损图像数据,使支架外形和内部孔隙结构与植入部位的要求相符。

(2) 模具制备　用 3D 打印机沉积熔融聚合物(如聚砜酰胺)后铺上熔化的蜡完成一层模具,一层又一层重复该过程。打印结束后将蜡熔化得到聚合物模具。用丙酮等溶剂溶解聚合物则可得到蜡模具。将羟基磷灰石 (HA) 与丙烯酸酯的混合浆料灌到阴模内,烧掉有机黏合剂后在 1300℃烧结得到陶瓷模具。

(3) 浇注　材料的浇注可以根据材料的性质,选择熔融浇注、溶液浇注或陶瓷/聚合物复合材料浇注。

例 1:球状孔熔融浇注。将陶瓷模具预热至聚合物熔点 ($T_m$) (PLA,$T_m=120℃$;

PGA，$T_m=150℃$）以上 10～20℃后，压入熔融的聚合物中，使聚合物浸入模具孔隙内。或用两个阶段完成PLA/PGA复合支架熔体浇注，即先将模具置于含熔融PGA的容器内，PGA熔融体的水平高度和浇注时间决定PGA在模具内的浸润深度。将部分浇注的模具冷却至130℃，而后再浇注PLA，使其与PGA产生物理结合。冷却模具，在100℃下保持30min使聚合粉结晶。

例2：球状孔溶液浇注。将PLA质量分数为25%的氯仿溶液浇注到陶瓷模具内，在常压或真空条件下使溶剂蒸发，重复此过程直至PLA不再浸润模具为止。

例3：陶瓷/聚合物复合材料浇注。先制备具有初级和次级孔隙网络的烧结HA陶瓷支架基质。初级孔隙网络使组织长入陶瓷支架内，而次级网络作为聚合物的模具。在制备支架时，次级孔隙网络作为初级陶瓷孔隙网络的连续相。PLA熔体浇注于基质的一半。

（4）模具脱除  利用溶解或熔化法脱除模具。将陶瓷模具置于可溶解陶瓷的溶剂中，搅拌1～6h后用X射线确认模具是否完全脱除。对于HA/PLA复合材料，可采用表面蚀刻技术选择性地去除陶瓷。

间接SFF法适用性强，可用材料包括陶瓷、骨水泥、天然聚合物（胶原、海藻酸盐和葡聚糖凝胶）以及合成聚合物（聚α-羟基酸、聚己内酯、聚酸酐、聚反丁烯二酸丙二醇酯和聚氨酯等）及其复合材料。SFF法也可以与其它聚合物加工技术（熔体加工、乳液冷冻干燥、乳液溶剂扩散、相分离和冷冻干燥、溶剂流延/粒子沥滤、气体发泡/粒子沥滤等）结合。利用间接SFF法已制备出具有人小梁骨微结构的支架。间接SFF法也将用于制备支化血管、肾小管和肺支气管等仿生支架。间接SFF法的缺点是过程复杂、费时。

众多的研究工作多是围绕如何利用快速成型技术制备出初级体外支架模型，还未与构建器官原型支架、最终实现中级植入体、高级人体器官联系起来。分析原因在于两个方面：一是利用现有的CT、MRI等医学影像手段难以准确、快速、完备地获取实物的三维几何数据，进而与RP技术的高精度相匹配；二是成型过程中制件的翘曲变形、成型后由于温度和内应力变化等不稳定因素会造成支架无法精确预计的变形。只有通过开展多学科领域的交叉研究、相互协作，才能加快上述问题的解决，促进快速成型技术在组织工程领域中的广泛应用，推动组织工程学科的发展。

### 4.6.8 综合法

往往用一种单一的方法制备的支架不能满足特定的要求，例如孔隙率满足要求，但强度不够，因此制备符合要求的组织工程支架，需要几种方法共同利用。

纤维在组织工程支架上的应用，除了利用

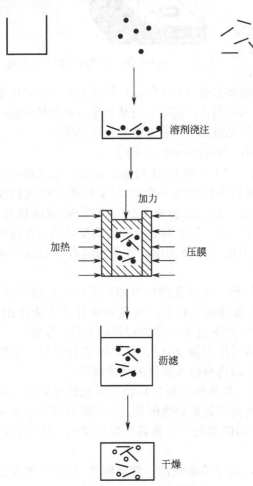

图4-68  羟基磷灰石纤维增强的多孔性支架的制备过程

编织法制备多孔支架外,也可以将纤维混入聚合物中以提高聚合物的强度。但是,将无机纤维与有机聚合物混合均匀是非常困难的,一般可用溶剂浇注法将羟基磷灰石与致孔剂和聚合物溶液混合均匀。然后将溶剂挥发,制成增强的多孔膜,再经层压形成三维多孔结构支架,如图4-68所示。用羟基磷灰石纤维增强的聚合物多孔支架与未增强的材料相比,其抗压强度显著增加。

### 4.6.9 水凝胶法

可注射型水凝胶支架是将细胞与一种具有流动性的、生物相容性好的材料复合,直接通过注射器注射到机体缺损部位。材料能在原位形成具有一定机械强度、一定形状并且可与体液进行交换的支架;细胞在支架中生长并最终形成组织(图4-69)。也可将材料直接注入体内,利用注射物周围组织的细胞扩展生长增殖形成组织。细胞生长在体内环境中,所需营养也是由机体体液交换提供;由于是原位生长,与正常组织相同的生理环境也有利于植入细胞的分化和功能表达,有利于形成正常的组织;可注射型支架的液体流动性和原位成形性可以满足不同创伤的复杂形状。此外,由于可通过注射完成植入,降低了手术难度,减少了手术创伤,特别适用于微创伤的修复。注射型支架目前主要用于骨组织和软骨组织再生修复治疗,将是今后组织工程支架发展的主导方向之一。

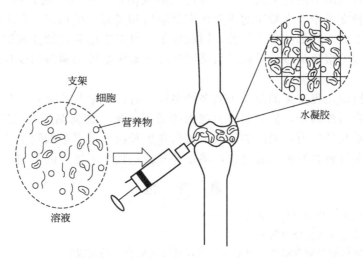

图4-69 可注射型支架在组织工程中的应用

可注射型支架主要分为两类:可注射型水凝胶支架和可注射型细胞微载体。水凝胶支架主要是通过液-固转变在体内成型,研究较为广泛。可注射型细胞微载体是利用生物可降解材料制备球状细胞微载体,细胞可在微载体表面黏附和生长,然后采用液体载体将表面生长细胞的微载体直接注射到创伤部位。细胞微载体在创伤部位可进行堆砌,从而形成一个符合创伤形状的三维多孔支架。该方法虽然比较简单,但存在体内成型困难和微球游走的问题,因此研究相对较少。这里主要介绍一下可注射型水凝胶支架。

注射型水凝胶类支架包括天然水凝胶材料或聚合物水凝胶材料,以及以水凝胶材料为载体的材料体系。这类材料在注射状态下具有可流动性质(溶胶),注入体内后则通过物理或化学作用形成具有一定形状和机械强度的支架(凝胶)。这种支架可以分为:温敏型水凝胶类可注射型支架、交联型水凝胶类可注射型支架、以水凝胶为载体的可注射型支架。

温敏型水凝胶是指当一定浓度的溶液在温度升高或降低到一定值时,溶液可迅速形成凝胶。根据形成凝胶的温度变化过程可分为升温型水凝胶和降温型水凝胶。温敏型水凝胶只需改变温度就可凝胶化，不需要添加任何助剂，大大降低了外界物质对细胞的影响，因此在可注射型支架的制备中具有很大的优越性。升温型水凝胶的凝胶过程是从低温到高温，有利于细胞与材料的复合以及操作的可控性，因此更适用于可注射型支架的制备。合成的升温型水凝胶有聚氧化烯烃类、聚 N-异丙基丙烯酰胺等，天然的升温型水凝胶有胶原、壳聚糖等。例如胶原酸性溶液在一定浓度和低温条件下，与培养基混合并滴加氢氧化钠溶液使之成为中性溶液而不会沉淀，此中性溶液在 37℃下放置一定时间后形成凝胶。

交联型水凝胶是指在添加助剂或者引发剂后，在适当条件下，分子链间发生交联，形成水凝胶。分子链间的交联有多种方式，比如共价键交联、离子键交联等。交联过程需要其它物质的参与，如交联剂、引发剂和促进剂等。这些物质通常在需要凝胶化时才加入，迅速形成凝胶。凝胶时间可通过加入物质的量来调节，故较好地改善了实验及手术操作的可控性。交联型水凝胶的强度相对较高。但化学反应中的放热及引发剂和交联剂的生物毒性，会影响细胞的成活和生长。因此，该方法在组分的配比和操作工艺方面更为严格。聚反丁烯二酸丙二醇酯、聚乙二醇、海藻酸等或其改性物都可能制备交联型水凝胶，其中交联可分别通过交联剂、氧化还原引发体系、离子等实现。

以水凝胶为载体的可注射型支架主要用于骨修复。一般是采用微粒（如羟基磷灰石微粒）与水凝胶材料以适当的比例共混，保持适当的流动性，然后将混合物注射到缺损部位，并凝胶化。在该种支架中，水凝胶的主要作用是输送和成形，但仍需考虑水凝胶的生物相容性。由于粒子的强度一般都高于水凝胶，因此粒子也可对支架起到增强的作用，从而改善支架的机械强度。目前报道最多的是以羟丙基甲基纤维素水凝胶与磷酸钙复合制备可注射型骨替代物（也称可注射骨水泥）。

综上所述，组织工程支架的制备工艺多种多样。有的支架材料具有多孔性、高强度，有的材料可释放生物活性因子，但目前尚无理想的通用支架。如何制备高强度的聚合物支架，以解决硬组织所承受的应力，同时能释放出蛋白和生长因子等促进细胞生长是今后研究的课题。发现新型支架材料和发展制备方法，将是开发新一代人工器官的基础。

## 思 考 题

1. 聚合物成型加工工艺过程包括哪几大部分？
2. 聚合物加工成型方法主要有哪些？
3. 聚合物共混依据的原则有哪些？可通过哪些设备实现聚合物的共混？
4. 挤出成型方法可生产哪些制品？请用方框图画出一个完整的挤出成型工艺过程。
5. 纤维成型过程中为什么需要进行拉伸和热定型？对纤维结构有何影响？
6. 如何实现高温硫化硅橡胶导管的成型加工？
7. 高温硫化硅橡胶在混炼中，为什么要进行停放和返炼？
8. 硅橡胶导管成型后一般需经历几次硫化工序？每个硫化工序的目的是什么？
9. 聚乳酸类手术缝合线采用哪种加工方法和设备？中间经历了哪些工艺过程？
10. 聚乳酸成型加工过程中，为什么树脂含水量、催化剂的残留量、加工温度是三个重要的影响因素？
11. 采用哪些方法减小或控制聚乳酸加工过程中的降解？
12. 高分子材料注射成型过程中，螺杆式注塑机的一个注射循环工作周期是如何进行的？
13. 高分子材料注射成型需要控制哪些工艺条件？
14. 高分子材料挤出成型需要控制哪些工艺条件？
15. 静电纺丝制备电纺纤维，影响电纺过程和电纺纤维形貌的因素有哪些？
16. 生物降解高分子材料在成型加工过程中的环境应注意什么？如何解决？
17. 生物降解高分子材料制品在后期消毒灭菌时要注意什么？
18. 为什么超高分子量聚乙烯的成型加工与普通聚乙烯不同？

19. 制备聚合物微球或微囊的方法有哪些？
20. 聚酸酐药物植入剂可以通过哪些方法成型？热敏药物的聚酸酐制剂需要采取何种方法成型？
21. 通过自组装制备胶束的聚合物需具备何种特征？
22. 水凝胶有何特征？可以通过哪些方法制备？
23. 如何制备高分子生物多孔膜？
24. 用溶剂蒸发相转化法制备分离膜，其孔径和孔隙率的影响因素有哪些？
25. 用作组织工程支架的材料有何要求？
26. 组织工程支架的制备方法有哪些？

## 参 考 文 献

[1] 赵素合，张丽叶，毛立新．聚合物加工工程．北京：中国石化出版社，2001．
[2] 俞耀庭．生物医用材料．天津：天津大学出版社，2000．
[3] 姚康德，尹玉姬．组织工程相关生物材料．北京：化学工业出版社，2003．
[4] 徐又一，徐志康．高分子膜材料．北京：化学工业出版社，2005．
[5] 邓树海．现代药物制剂技术．北京：化学工业出版社，2007．
[6] 陆彬．药物新剂型与新技术．北京：人民卫生出版社，2005．
[7] 杨斌．绿色塑料聚乳酸．北京：化学工业出版社，2007．
[8] 阿塔拉 A，兰扎 R P．组织工程方法．北京：化学工业出版社，2006．
[9] 张留成．高分子材料概论．北京：化学工业出版社，1993．
[10] 刘广建．超高分子量聚乙烯．北京：化学工业出版社，2001．
[11] 郭圣荣．医药用生物降解性高分子材料．北京：化学工业出版社，2004．
[12] 任杰．可降解与吸收材料．北京：化学工业出版社，2003．
[13] 周长忍．生物材料学．北京：中国医药科技出版社，2004．
[14] 阮建明，邹俭鹏，黄伯云．生物材料学．北京：科学出版社，2004．
[15] 徐晓宙．生物材料学．北京：科学出版社，2006．
[16] 高长有，马列．医用高分子材料．北京：化学工业出版社，2006．
[17] 顾其胜，侯春林，徐政．实用生物医用材料学．上海：上海科学技术出版社，2005．
[18] 王克敏，李世荣，郭嘉．热致相分离技术制备组织工程支架．化学与生物工程，2006，23（1）：1-3．
[19] 王彦平．生物可降解性组织工程支架材料的制备．甘肃科技，2003，19（12）：30-31．
[20] 颜文龙，孙恩杰，郭海英等．组织工程支架材料．上海生物医学工程杂志，2004，25（1）：51-55．
[21] 何晨光，高永娟，赵莉等．静电纺丝的主要参数对 PLGA 纤维支架形貌和纤维直径的影响．组织工程与重建外科杂志，2007，3（1）：11-14．
[22] 陈际达，崔磊，刘伟等．溶剂浇铸/颗粒沥滤技术制备组织工程支架材料．中国生物工程杂志，2003，23（4）：32-36．
[23] 王振林，万涛，闫玉华．多孔脂肪族聚酯组织工程支架的制备方法及改进．高分子通报，2005，（6）：95-99．
[24] 黎先发．真空冷冻干燥技术在生物材料制备中的应用与进展．西南科技大学学报，2004，19（2）：117-121．
[25] 曾文，周天瑞，颜永年．组织工程支架的快速成形制备方法．制造自动化，2005，27（11）：27-29．
[26] 王兴雪，王海涛，钟伟等．静电纺丝纳米纤维的方法与应用现状．非织造布，2007，15（2）：14-18．
[27] 房乾，陈登龙，姚清华等．静电纺丝在组织工程支架材料制备中的应用．福建师范大学学报，2008，24（1）：103-108．
[28] 周明阳．电纺法制备纳米纤维及应用研究．化工时刊，65-68．
[29] 徐安长，赵静娜，潘志娟等．静电纺聚乳酸纤维毡的微观结构及力学行为．纺织学报，2007，28（7）：4-8．
[30] 姚军燕，秦能，杨青芳．生物医用高分子材料聚乳酸的成型方法研究．塑料工业，2004，32（10）：6-9．
[31] http：//www.yi-you.net/member/ycl/d1c/d9z/d2j/p9.htm．
[32] 关燕清，邱李莉，廖瑞雪等．高分子药物研究进展．华南师范大学学报，2005，（2）：125-135．
[33] 钱军民，张兴，吕飞等．聚合物微球的制备及在药物缓释/控释中的应用．精细石油化工进展，2002，3（3）：22-27．
[34] 符旭东，高永良．缓释微球的释放度试验及体内外相关性研究进展．中国新药杂志，2003，12（8）：608-611．
[35] Atkins T W, Peacock S J, Yates D J. Incorporation and release of vancomycin from poly (D,L-lactide-*co*-glycolide)

mocrospheres. J. Microcapsulation, 1998, 15: 31-37.
[36] 杨阳, 高永良. 影响聚酯微球中药物释放的因素. 中国新药杂志, 2007, 16 (18): 1458-1463.
[37] 夏红, 张宁, 晋仲民等. 喷雾干燥法制备灯盏花素含药微球的工艺研究. 中成药, 2007, 29 (5): 683-686.
[38] 李凤前, 陆彬, 曾仁杰. 喷雾干燥在药物微囊化中的应用. 国外医药. 合成药. 生化药. 制剂分册, 1999, 20 (1): 57-60.
[39] 刘怡, 冯怡, 徐德生. 喷雾干燥工艺对含药微囊机械性质的影响. 药剂, 2007, 24 (9): 537-540.
[40] Jingwei Xie, Marijnissen Jan C M, Chi-Hwa Wang. Microparticles developed by electrohydrodynamic atomization for the local delivery of anticancer drug to treat C6 glioma in vitro. Biomaterials, 2006, 27: 3321-3332.
[41] 李保国, 高建成, 丁志华. 高压静电成囊法工艺参数的优化. 中国医药工业杂志, 2004, 35 (8): 472-474.
[42] 马晓文, 莫炜, 宋后燕. 超临界 $CO_2$ 流体技术在聚合物颗粒制备中的应用. 国际药学研究杂志, 2007, 34 (4): 271-274.
[43] 邓政兴, 张润, 李立华等. 生物材料制备新方法——超临界流体技术. 化学世界, 2004, (2): 99-103.
[44] 陈岚, 张岩, 李保国等. 超临界流体技术制备阿莫西林缓释微囊的初探. 中国药学杂志, 2004, 39 (11): 842-844.
[45] 易红, 袁浩宇. 植入剂在癌症治疗中的应用进展. 中国现代医药杂志, 2005, 7 (1): 75-76.
[46] 张淡, 汪长春, 杨武利等. 聚合物胶束作为药物载体的研究进展. 高分子通报, 2005, (2): 42-46.
[47] 王彩霞, 冯霞, 杨军. 聚合物胶束型抗癌药物给药系统研究进展. 化学研究与应用, 2006, 18 (6): 599-602.
[48] 徐晖, 丁平田, 王绍宁等. 聚合物胶束药物传递系统的研究进展. 中国医药工业杂志, 2004, 35 (10): 626-630.
[49] 张宏娟, 张灿, 平其能. 聚合物胶束作为药用载体的研究与应用. 药学进展, 2002, 26 (6): 326-329.
[50] 魏彦, 周建平, 霍美蓉. 难溶药物载体: 聚合物胶束的研究进展. 江苏药学与临床研究, 2006, 14 (4): 228-232.
[51] 李苏, 姜文奇, 王安训等. 5-FU 核-壳型共聚物纳米胶束的制备及其体内释药的研究. 癌症, 2004, 23 (4): 381-385.
[52] 饶志高, 周明元, 张建清等. 水凝胶的制备及其在医学上的运用. 中国医疗器械信息, 2007, 13 (11): 17-20.
[53] 李贤真, 李彦锋, 朱晓夏等. 高分子水凝胶材料研究进展. 功能材料, 2003, 34 (4): 382-385.
[54] 谢晓锐, 张黎明, 易菊珍. 可降解聚合物药物膜的研究进展. 高分子通报, 2002, (12): 75-78.
[55] 李晓然, 袁晓燕. 聚乙二醇-聚乳酸共聚物药物载体. 化学进展, 2007, 19 (6): 973-981.
[56] 王立新, 张幼珠, 何莉. 静电纺再生丝素纳米纤维载药体系研究. 丝绸, 2007, (6): 17-19.
[57] 何创龙, 黄争鸣, 韩晓建等. 壳-芯电纺超细纤维作为药物释放载体的研究. 高技术通讯, 2006, 16 (9): 934-938.

# 第 5 章　生物无机材料的制备与加工

## 5.1　概述

生物无机材料在临床上主要用于制造人工骨、骨钉、人工齿、牙种植体、骨髓内钉等。作为生物医学材料之用的无机材料（或陶瓷材料）比金属材料、高分子材料在某些方面具有更多的优点。例如，生物医学陶瓷与人体的生理环境更具生物相容性，即它们之中的某些组成离子与原活组织中的离子是相同的，这便于为人体所接受，而另外的某些离子对人体具有相当小的毒副作用。陶瓷材料相对来说极不活泼，不易在人体中发生化学变化。此外，它们的价格比起在矫形手术中所采用的 CoCrMo 合金等要便宜得多。因此，生物医学陶瓷是极具吸引力的新材料。

### 5.1.1　生物无机材料的要求

当人们使用生物医学陶瓷时，必须周密地考虑人体和陶瓷之间的相互作用。为了满足生物相容性的要求，在人体中所移植的生物无机材料至少应该具备下列各项性能。

（1）耐腐蚀性　移植材料应能抵抗人体内流体的腐蚀和溶解。如果有轻微的溶解现象发生，则被溶解物必须被证明对人体无毒害、无致癌作用。

（2）耐磨性　人体内原有的天然组织和人工移植材料相接触时，其磨损程度大于天然组织之间的接触，例如真牙与被镶假牙之间的磨损。因此，当移植材料用作人工关节或结合部位组织时应具备良好的耐磨性。

（3）抗血栓　如果移植材料和人体血液相接触，要求所移植的材料不会遭受血液细胞的破坏，且不会形成血栓。人工心脏移植者为防止血栓形成要服用大量的解凝药物，而这却会削弱伤口的愈合程度。这些问题有待今后研究解决。

（4）强度匹配性　移植材料应具有与原组织相似的强度。陶瓷骨头有较高的强度，但刚度过大。当人体中某一根原骨被部分移植或原骨被陶瓷移植物增强时，人体在弯曲运动的过程中原骨与移植物之间易有相对位移，而引起移植物松动。这类问题同样需要研究解决。

（5）灭菌性　为了减少移植手术后的感染，移植材料必须能以灭菌形态生存下来，且不会因为外部条件，如冷液、干热、湿热、气体、辐射等的影响而改变其自身的性能。多孔移植材料的灭菌性可能会出现问题，因为它们的内表面积太大。

（6）适应性　移植材料构成的装置应能适应复杂程度的变化，在它们被正式使用在人体中之前必须事先经过严格的人体条件模拟试验。通常可以先在动物体内试验，然后再进行有限的临床试验，最终在确认无问题的情况下可以正式在人体中使用。

### 5.1.2　生物无机材料的种类

满足上述要求的生物无机材料已有不少报道，一般可以分为以下三类。

（1）生物惰性无机材料　生物惰性无机材料是指与人体组织几乎无反应的陶瓷材料，即生物惰性陶瓷，包括 $Al_2O_3$ 陶瓷、氧化锆陶瓷、玻璃、玻璃陶瓷和各种碳制品等。

这类材料在体内能耐氧化、耐腐蚀、不降解、不变性，也不参与体内代谢过程，它们与骨组织不能产生化学结合，而是被纤维结缔组织膜所包围，形成纤维骨性结合界面。而且从材料结构上看，生物惰性无机材料比较稳定，分子中的化学结合力比较强，具有比较高的机械强度和耐磨损性能，可用于制作人工关节、人工骨、口腔种植材料等。

（2）生物活性无机材料　生物活性无机材料是指可与人体组织结合的陶瓷材料，即生物活性陶瓷，包括活性玻璃、活性玻璃陶瓷、羟基磷灰石陶瓷（HA）等。

生物活性是指生物医用材料与骨组织之间的键合能力。生物活性无机材料在体内有一定溶解度，能释放对肌体无害的某些离子，能参与体内代谢，对骨质增生有刺激和诱导作用，能促进缺损组织的修复，显示有生物活性。特别是它们的成分与动物的骨头和牙齿等硬组织相似，在人工骨、人工口腔材料中有很好的应用。

（3）生物可吸收无机材料　可被人体组织吸收的陶瓷材料，即生物可吸收性陶瓷，包括硫酸钙、磷酸三钙和钙磷酸盐陶瓷等，可作为骨移植材料，它们的主要功用是作为临时的"脚手架"或空间填充物，然后活组织可以渗入而取代它们。

## 5.1.3　生物无机材料制备与加工的一般路径

生物无机材料的制备与加工过程，一般包括粉体的制备、配料计算、配料制备、混合、塑化、造粒、成型、烧结等工序。其中最重要的是粉体的制备、材料的成型与烧结。生物陶瓷制品一般多用二次烧成工艺生产，即将胚体先经过一次素烧，然后再施釉入窑烧成。图5-1是普通陶瓷生产基本工艺过程。

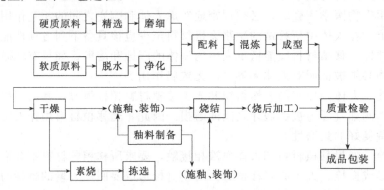

图 5-1　普通陶瓷生产基本工艺过程

### 5.1.3.1　粉体的制备

粉体的制备方法一般来说有两种：一是粉碎法，二是合成法。前一种方法是由粗颗粒来获得细粉的方法，通常采用机械粉碎，现在发展到采用气流粉碎。在粉碎过程中难免混入杂质，另外，无论哪种粉碎方式，都不易制得粒径在 $1\mu m$ 以下的微细颗粒。后一种方法是由离子、原子、分子通过反应、成核和成长、收集、后处理来获得微细颗粒的方法。这种方法的特点是纯度、粒度可控，均匀性好，颗粒微细，并且可以实现颗粒在分子级水平上的复合、均化。

由于常规陶瓷材料中气孔、缺陷的影响，该材料低温性能较差，弹性模量远高于人骨，力学性能不匹配，易发生断裂破坏，强度和韧性都不能满足临床上的要求，致使其应用受到很大的限制。纳米材料的问世，使生物陶瓷材料的生物学性能和力学性能大大提高成为可能。与常规陶瓷材料相比，纳米陶瓷中的内在气孔或缺陷尺寸大大减小，材料不易造成穿晶断裂，有利于提高固体材料的断裂韧性。而晶粒的细化又使晶界数量大大增加，有助于晶界间的滑移，使纳米陶瓷材料表现出独特的超塑性。同时，纳米材料固有的表面效应使其表面原子存在许多悬空键，并有不饱和性质，具有很高的化学活性。这一特性可以增加该材料的生物活性和成骨诱导能力，实现植入材料在体内早期固定的目的。此外，还可利用纳米颗粒粒度小、比表面积大并有高的扩散速率的特点，将纳米陶瓷粉体加入某些已被提出的生物陶瓷材料中，以便提高此类材料的致密度和韧性，用作骨替代材料，如用纳米氧化铝增韧氧化铝陶瓷，用纳米氧化锆增韧氧化锆陶瓷等。因此制备高纯、超细、均匀的纳米微粒十分重要。

通过合成法制备粉体的方法有很多种形式，按反应物的聚集状态，可分为液相法、气相法和固相法等。

(1) 固相法　固相法就是以固态物质为原料来制备粉末的方法。作为固相反应，事实上包含很多内容，如化合反应、分解反应、固溶反应、氧化还原反应以及相变等。其实，实际工作中往往几种反应同时发生，并且反应生成物需要粉碎。

旋转涂层法是近年来发展起来的新的物理方法，用这种方法将聚苯乙烯微球涂覆到基片上，由于转速不同，可以得到不同的孔隙度。然后用物理气相沉积法在其表面上沉积一层银膜，经过热处理，即可得到银纳米颗粒的阵列。

机械合金法（MA）是 1970 年美国 INCO 公司 Benjamin 为制作镍的氧化物粒子弥散强化合金而研制成功的一种新工艺。该法工艺简单、制备效率高，并能制备出常规法难以获得的高熔点金属或合金纳米材料，成本较低但易引进杂质，降低纯度，颗粒分布也不均匀。近年来，随着助磨剂物理粉碎法和超声波粉碎法的采用，可制得粒径小于 100nm 的微粒。

(2) 液相法　由水溶液制备氧化物微粉的方法首先是从制备二氧化硅和氧化铝开始的。与其它方法相比，液相法具有反应条件温和、易控制，可制得组分均匀、纯度高的纳米材料等优点。因此液相法是目前实验室和工业上广泛采用的纳米材料制备方法。由液相制备氧化物粉末的基本过程为：

$$\text{金属盐溶液} \xrightarrow[\text{溶剂蒸发}]{\text{添加沉淀剂}} \text{盐或氢氧化物} \xrightarrow{\text{热分解}} \text{氧化物粉末}$$

液相法所制得的氧化物粉末的特性取决于沉淀和热分解两个过程。热分解过程中，分解温度固然是个重要因素，然而气氛的影响也很明显。从溶液制备粉末的方法其特点是：易控制组成，能合成复合氧化物粉末；添加微量成分很方便，可获得良好的混合均匀性等。但是必须严格控制操作条件，才能使生成的粉末保持溶液所具有的、在离子水平上的化学均匀性。

液相法制备粉体的方法有多种，有沉淀法，包括直接沉淀法、均匀沉淀法、共沉淀法、醇盐水解法、溶胶-凝胶法、凝胶沉淀法等；有溶剂蒸发法，包括冰冻干燥法、喷雾干燥法、喷雾热分解法等。

(3) 气相法　由气相生成微粉的方法有以下两种：一种是系统中不发生化学反应的蒸发-凝聚法，另一种是气相化学反应法。

蒸发-凝聚法是将原料加热至高温（用电弧或等离子流等加热），使之汽化，接着在电弧焰和等离子焰与冷却环境造成的较大温度梯度条件下急冷，凝聚成微粒状物料的方法。采用这种方法能制得颗粒直径在 5～100nm 范围内的微粉，适用于制备单一氧化物、复合氧化物、碳化物或金属的微粉。使金属在惰性气体中蒸发-凝聚，通过调节气压，就能控制生成金属颗粒的大小。液态的蒸气压低，如果颗粒是按照蒸气-液体-固体那样经过液相中间体后合成的，那么颗粒成为球状或接近球状。

气相化学反应法是挥发性金属化合物的蒸气通过化学反应合成所需物质的方法。气相化学反应可分为两类：一类为单一化合物的热分解；另一类为两种以上化学物质之间的反应。前者必须具备含有全部所需元素的适当的化合物，这是前提条件；相对而言，后者可以有很多种组合，因而具有通融性。气相化学反应法与盐类热分解及沉淀法相比，具有以下特点：

①金属化合物原料具有挥发性,容易精制(提纯),而且生成粉料不需要进行粉碎,另外,生成物的纯度高;②生成颗粒的分散性良好;③只要控制反应条件,就很容易得到颗粒直径分布范围较窄的微细粉末;④容易控制气氛。这种方法除适用于制备氧化物外,还适用于制备液相法难以直接合成的金属、氮化物、碳化物、硼化物等非氧化物。制备容易、蒸气压高、反应性较强的金属氯化物常用作气相化学反应的原料。炭黑、ZnO、$TiO_2$、$SiO_2$、$Sb_2O_3$、$Al_2O_3$等微粉的制备已达到工业生产水平。高熔点的氮化物和碳化物粉料的合成不久也将达到工业化水平。

#### 5.1.3.2 陶瓷的成型

将陶瓷坯料按制品性能及工艺要求用通过各种成型模具成型的方法制成具有一定强度、形状和尺寸的坯体的工艺过程称为成型。陶瓷材料成型技术就目前陶瓷制备工艺的发展水平来看,成型工艺在整个陶瓷材料的制备过程中起着承上启下的作用,是保证陶瓷材料及部件的性能可靠性及生产可重复性的关键,与规模化和工业化生产直接相关。

陶瓷的制备工艺一般为:原料加工(粉碎)→加入添加剂形成配料→混合后成型成坯料→预烧→烧结→陶瓷。考虑到生物陶瓷的特殊性,陶瓷在制备过程中的添加剂应尽可能少。

陶瓷的成型方法可分为塑性成型法、胶态成型法、粉料成型法、特种成型法。塑性成型法是陶瓷粉料中加入适当的液体介质、塑化剂,将之混炼成具有塑性的坯料,然后通过手工、工具、模具和成型机械进行雕塑、印坯、拉坯、旋压、滚压、挤制、塑压、轧膜、注射等成型。胶态成型法是将陶瓷粉料与液体介质、添加剂等充分混合,形成可流动的浆料,注入特定模具中,通过介质的排除或介质的凝固使之固态化,从而成为具有一定形状、尺寸、强度的注件。包括注浆成型、热压铸成型、流延成型、电泳成型和原位凝固胶态成型等。粉料成型法是陶瓷粉料与少量水分、塑化剂、黏合剂混合,造粒后形成粉状坯料,然后在较高的压力下在模具中压制成型。包括湿压、半干压、干压、捣打法、等静压、热压烧结、热等静压烧结等成型法。特种成型法包括压滤成型、浸渍成型、轧滚成型、印刷成型、挤压拉丝成型、喷吹成型、甩丝成型、喷涂成型、比例喷射成型、沉积成型、真空蒸发成型、液相急冷成型、气相沉积成型、激光烧结快速成型、爆炸烧结成型等。

除了常用的方法,如干压成型、等静压成型、注浆成型、热压铸成型等方法,最新的成型技术还有凝胶注模成型、直接凝固注模成型、注射成型、胶态注射成型等。下面将介绍以上几种陶瓷成型方法。

(1) 注浆成型 注浆成型适合于制造大型的、形状复杂的、薄壁的产品。

对浆料性能的要求:

① 流动性要好 即黏度小,以利于料浆能充满模型的各个角落;

② 稳定性要好 即料浆能长期保持稳定,不易沉淀和分层;

③ 触变性要小 即料浆注过一段时间后,黏度变化不大,脱模后的坯体不会受轻微外力的影响而变软,有利于保持坯体的形状;

④ 含水量尽可能小 即在保证流动性的情况下,含水量尽可能小,可以减少成型时间和干燥收缩、减少坯体的变形和开裂;

⑤ 渗透性要好 即料浆中的水分容易通过形成的坯层,能不断被模壁吸收,使泥层不断加厚;

⑥ 脱模性要好 即形成的坯体容易从模型上脱离,且不与模型发生反应;

⑦ 料浆应尽可能不含气泡 可以通过真空处理来达到此目的。

注浆方法有空心注浆和实心注浆。空心注浆也叫单面注浆。为了提高其注浆速率和坯体的质量,又出现了压力注浆、离心注浆和真空注浆等新方法。这种注浆方法设备简单,对大小和形状复杂的制品都适用,但劳动强度大,占地面积大,生产周期长,不利于机械化和自动化操作,制品质量差,产量低。

(2) 热压铸成型　热压铸成型虽然也是注浆方法,但与前面的注浆工艺不同。它是利用石蜡的热流性特点,与坯料配合,使用金属模具在压力下进行成型,冷凝后坯体能保持其形状。热压铸成型工艺适合形状较复杂、精度要求高的中小型产品的生产。设备简单,操作方便,劳动强度不大,生产效率较高,模具磨损小,寿命长,因此在陶瓷生产中经常采用。但热压铸成型也有缺点,例如工序比较复杂,耗能大(需要多次烧成),工期长,对于壁薄的大而长的制品,由于不易充满模腔而不太适宜。图 5-2 是热压铸成型流程。

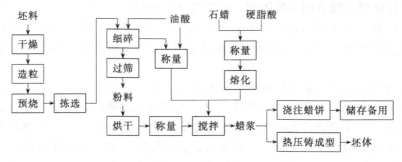

图 5-2　热压铸成型流程

① 蜡浆料的制备　在热压铸成型工艺中,先要制备蜡浆料。此工序的目的是为了将准备好的坯料加入到以石蜡为主的黏结剂中制成蜡板以备成型用。按配比将称取一定量石蜡(一般为 12.5%~13.5%)加热熔化成蜡液,同时将称好的粉料在烘箱内烘干,使含水量不大于 0.2%。这是因为粉料内含水量大于 1%时,水分会阻碍粉料与石蜡完全浸润,黏度增大,难以成型,另外在加热时,水分会形成小气泡分散在浆料之中,使烧结后的制品形成封闭气孔,性能变坏。制备蜡浆时,在粉料中加入少量的表面活性剂(一般为 0.4%~0.8%),可以减少石蜡的含量,改善成型性能等。具体混料方式有两种:一种是将石蜡加热使之熔化,然后将粉料倒入,一边加热,一边搅拌;另一种是将粉料加热后倒入石蜡溶液,一边加一边搅拌。

② 热压铸机的工作原理　目前,生产上使用的热压铸机,一般有两种类型,一种是手动式,一种是自动式,但其基本原理相同。图 5-3 为热压铸机的结构。

其工作原理是将配制成的料浆蜡板放置在热压铸机筒内,加热至一定温度熔化,在压缩空气的驱动下,将筒内的料浆通过吸铸口压入模腔,根据产品的形状和大小保持一定时间后,去掉压力,料浆在模腔中冷却成型,然后脱模,取出坯体,有的还可进行加工处理,或车削、打孔等。

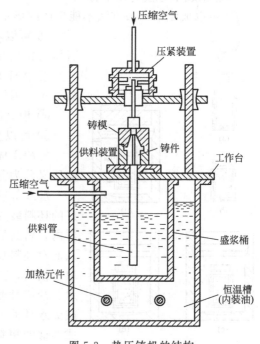

图 5-3　热压铸机的结构

③ 高温排蜡　热压铸形成的坯体在烧成之前，先要经排蜡处理。否则由于石蜡在高温熔化流失、挥发、燃烧，坯体将失去黏结而解体，不能保持其形状。

排蜡是将坯体埋入疏松、惰性的保护粉料之中，这种保护粉料又称为吸附剂。它在高温下稳定，又不易与坯体黏结，一般采用煅烧的工业 $Al_2O_3$ 粉料。在升温过程中，石蜡虽然会熔化、扩散，但有吸附剂支持着坯体。当温度继续升高，石蜡挥发、燃烧完全，而坯体中粉料之间也有一定的烧结出现。此时，坯体与吸附剂之间既不发生反应，又不发生黏结，而且坯体具有一定的强度。通常排蜡温度为 900～1100℃ 左右，视坯体性质而定。若温度太低，粉料之间无一定的烧结出现，不具有一定的机械强度，坯体松散，无法进行后续的工序；若温度偏高，直至完全烧结，则会出现严重的黏结，难以清理坯体的表面。

排蜡后的坯体要清理表面的吸附剂，然后再进行烧结。

（3）干压成型　干压成型是将粉料加少量黏结剂，将造粒后的粉料置于钢模中，在压力机上加压形成一定形状的坯体。适合压制高度为 0.3～60mm、直径为 5～500mm、形状简单的制品。

干压成型的特点是黏结剂含量较低，只有百分之几（一般为 7%～8%），不经干燥可以直接焙烧，坯体收缩小，工艺简单，操作方便，周期短，效率高，便于实行自动化生产。此外，坯体密度大，尺寸精确，收缩小，机械强度高，电性能好。但干压成型对大型坯体生产有困难，首先模具磨损大、加工复杂、成本高；其次加压只能上下加压，压力分布不均，致密度不均，收缩不均，会产生开裂、分层等现象。随着现代化成型方法的发展，这一缺点被等静压成型所克服。

（4）等静压成型　等静压成型又叫静水压成型，是利用液体介质不可压缩性和均匀传递压力性的一种成型方法。即处于高压容器中的试样所受到的压力如同处于同一深度的静水中所受到的压力情况，所以叫做静水压或等静压，根据这种原理而得到的成型工艺叫做静水压成型，或叫等静压成型。

等静压成型方法有以下特点：

① 可以成型以一般方法不能生产的形状复杂、大件及细而长的制品，而且成型质量高；

② 可以不增加操作难度而比较方便地提高成型压力，而且压力作用效果比其它干压法好；

③ 由于坯体各向受压力均匀，其密度大而且均匀，烧成收缩小，因而不易变形；

④ 模具制作方便、寿命长、成本较低；

⑤ 可以少用或不用黏结剂。

等静压成型方法有冷等静压和热等静压两种类型。冷等静压又分为湿式等静压和干式等静压。

湿式等静压设备如图 5-4 所示。其操作过程为：先将配好的坯料装入用塑料或橡胶做成的弹性模具内，置于高压容器内，密封后，打入高压液体介质，压力传递至弹性模具，从而对坯料加压，压力通常在 100MPa 以上。然后释放压力取出模具，并从模具取出成型好的坯件。液体介质可以是水、油或甘油。但应选用可压缩性小的介质为宜，如刹车油或无水甘油。弹性模具材料应选用弹性好、抗油性好的橡胶或类似的塑料。湿式等静压的特点是模具处于高压液体中，各方受压，所以叫做湿式等静压。其主要适用于成型多品

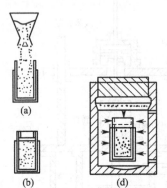

图 5-4　湿法等静压设备

种、形状较复杂、产量小和大型的制品。

干式等静压相对于湿式等静压，其模具并不都是处于液体之中，而是半固定式的，坯料的添加和坯件的取出都是在干燥状态下操作，因此叫干式等静压。干式等静压更适合于生产形状简单的长形、壁薄、管状制品，如果稍作改进，就能运用于连续自动化生产。

(5) 凝胶注模成型　凝胶注模法是一种把传统陶瓷成型工艺与高分子化学反应相结合的一种崭新的陶瓷成型工艺，其成型过程是一种原位成型过程，它主要利用陶瓷料浆中有机单体的原位固化来赋予陶瓷坯体的形状，可制备各种形状复杂的陶瓷坯体。

凝胶注模法制备陶瓷的过程：在悬浮介质中加入乙烯基有机单体，然后利用催化剂和引发剂通过自由基反应使有机单体进行交联，坯体实现原位固化。由于横向连接的聚合物-溶剂中仅有质量分数为 10%～20% 的聚合物，因此，易于通过干燥去除凝胶部件中的溶剂。同时，由于聚合物的横向连接，在干燥过程中，聚合物不能随溶剂迁移。此方法可用于制造单相的和复合的陶瓷部件，成型形状复杂、准净尺寸的陶瓷部件，而且其生坯强度高达20～30MPa 以上，可进行再加工。该方法存在的主要问题是致密化过程中坯体的收缩率比较高，容易导致坯体变形；有些有机单体存在氧阻聚而导致表面起皮和脱落；由于温度诱导有机单体聚合工艺，产生温度梯度，导致内应力存在，使坯体开裂破损等。该工艺的自动化程度不高。凝胶注模成型工艺流程如图 5-5 所示。

(6) 直接凝固注模成型　直接凝固注模成型是一种把生物酶技术、胶体化学和陶瓷工艺结合在一起的净尺寸陶瓷成型法。其原理是利用胶体颗粒的静电稳定机制，通过调节水基悬浮体的 pH 或加入分散剂制得固含量高（体积分数＞50%）、分散性好、流动性好的悬浮体，然后在降温至 0～5℃ 的悬浮体中引入延迟反应的生物酶及底物，当悬浮体

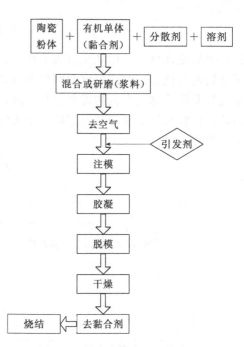

图 5-5　凝胶注模成型工艺流程

注入模具后即可升高温度至 20～50℃，以激发生物酶的活性，并与底物发生催化反应，其结果或是增加悬浮体的离子强度，或是使底物与酶反应释放出 $H^+$ 或 $OH^-$ 来调节体系的 pH，使体系的 ζ 电位（颗粒表面的动电位）移向等电点和黏度剧增，从而实现直接凝固注模成型。得到的生坯具有很好的力学性能，强度可以达 $5×10^3$ Pa。生坯经脱模、干燥、烧结后，形成所需形状的陶瓷部件。其优点是不需或只需少量的有机添加剂（小于 1%），坯体不需脱脂，密度均匀，相对密度高（55%～70%），可以成型大尺寸、形状复杂的陶瓷部件。其缺点是添加剂价格昂贵，反应过程中一般有气体放出。直接凝固注模成型工艺流程如图 5-6 所示。

(7) 注射成型　注射成型最早应用于塑料制品和金属制品的成型。20 世纪 70 年代末 80 年代初开始应用于陶瓷零部件的成型。该方法通过添加大量有机物来实现物料的塑性成型，是陶瓷可塑成型工艺中最普遍的一种方法。在成型过程中，除了使用热塑性有机物（如聚乙烯、聚苯乙烯）或热固性有机物（如环氧树脂、酚醛树脂），或水溶性的聚合物作为主要的黏结剂以外，还必须加入一定数量的增塑剂、润滑剂和偶联剂等工艺助剂，以改善陶瓷注射

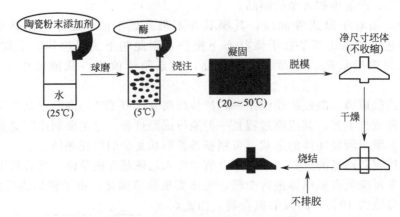

图 5-6　直接凝固注模成型工艺流程

悬浮体的流动性，并保证注射成型坯体的质量。注射成型工艺具有自动化程度高、成型坯体尺寸精密等优点。但注射成型陶瓷部件的生坯中有机物体积分数含量高达50%，在后续烧结过程要排除这些有机物需要很长时间，甚至长达几天到数十天，而且容易造成质量缺陷。因此，排胶始终是制约其应用的一个关键环节，至今尚未完全突破。图5-7是陶瓷注射成型工艺流程。

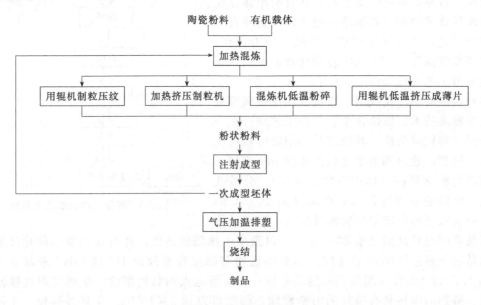

图 5-7　陶瓷注射成型工艺流程

(8) 胶态注射成型　为解决传统注射成型工艺中有机物加入量大、排除困难等问题，将液态成型与注射成型相结合，利用专用的注射成型设备和胶态原位凝固成型的固化技术，进行陶瓷材料的注射成型。这一新工艺使用的有机物质量分数最多不超过4%，利用水基悬浮体中少量的有机单体或有机化合物在注入模具后快速诱发有机单体聚合生成有机网络骨架，将陶瓷粉体均匀包裹其中，不但使排胶时间大为缩短，同时也大大降低了排胶开裂的可能性。既具有胶态原位凝固成型坯体均匀性好、有机物含量低的特色，又具有注射成型自动化程度高的优点，是胶态成型工艺一种质的升华，将成为高技术陶瓷走向产业化的希望。

### 5.1.3.3 陶瓷的烧结

坯料成型后未经烧结前称为生坯,生坯干燥之后即可涂釉,也可直接烧结。生坯只是固相粒子堆积起来的聚集体,颗粒之间除了点接触外尚存在许多空隙,强度较差,无法使用。将生坯加热至高温,发生一系列物理化学变化后再冷却至室温,在烧结过程中收缩不多,并在低于熔点温度下变成致密、坚硬的具有某种显微结构的多晶烧结体,这种现象称为烧结。

(1) 烧结过程 烧结是指在高温作用下粉状物料自发填充颗粒间空隙的过程,随着温度升高和时间的延长,过程中发生下列变化:固体颗粒相互键联,晶粒长大,空隙(气孔)和晶界逐渐消失,通过物质传递,物料的体积收缩、密度增加,最后成为坚实的整体,过程如图 5-8 所示。因此烧结是材料在某一温度下组成材料的基本单元——原子、离子或分子间或晶相间的整合,不一定要发生化学反应,有时是纯粹的物理过程。

(a) 颗粒间接触　　(b) 接触面进一步扩大　　(c) 颗粒的晶形改变、空隙减小　　(d) 颗粒烧结完成

图 5-8　颗粒在烧结过程中外形变化

(2) 烧结微观动力学　烧结的原始驱动力来自于颗粒表面能、化学反应能(如果有化学反应)和外加压力做功、体系外供给能量等因素。

① 颗粒表面能　表面能的改变形成一定的净能量供给反应体系。

对于半径为 $r$ 的 1mol 球形颗粒粉体:

$$N = 3M/4\pi r^3 \rho = 3V_m/4\pi r^3$$
$$S = 4\pi r^2 N = 3V_m/r$$
$$E = \gamma S = 3V_m \gamma/r$$

式中　$N$——粉体颗粒数;
　　　$S$——颗粒的表面积;
　　　$E$——表面能;
　　　$M$——分子量;
　　　$\rho$——颗粒密度;
　　　$V_m$——颗粒摩尔体积;
　　　$\gamma$——比表面能。

② 化学反应能　化学反应能供给反应体系一定的能量。

化学反应伴随自由能改变:

$$\Delta G = -RT\ln K$$

式中　$R$——气体常数;
　　　$K$——反应的平衡常数;
　　　$T$——反应温度。

③ 外加压力做功　外加压力 $P$ 对摩尔体积为 $V_m$ 的颗粒系统所做的功:

$$W = PV_m$$

式中　$V_m$——颗粒的摩尔体积。

④ 体系外供给能量　体系外供给热能,使反应体系的温度升高,有助于颗粒整体能级的提高,克服化学反应活化能,并有助于颗粒的熔化而发生黏结。这对于绝大多数烧结体系

来说是重要的驱动力。

（3）烧结方法　烧结方法有热压或等静压法、液相烧结法和反应烧结法。

热压或热等静压都是在压力和温度的联合作用下进行，使之烧结，烧结的速率快，密度高，由于烧结时间短，晶粒来不及长大，因此具有很好的力学性能。

液相烧结可得到完全致密的陶瓷产品。例如在烧结 $Al_2O_3$ 陶瓷时，加入少量 MgO，可以形成低熔点的玻璃相，玻璃相沿各颗粒的接触界面分布，原子通过液体扩散传输，扩散系数大，使烧结速率加快。其缺点是对陶瓷高温强度有损坏，高温易蠕变。

反应烧结是烧结过程中伴有固相反应。反应烧结的优点是无体积收缩，适合制备形状复杂、尺寸精度高的产品，但致密度远不及热压法，烧结后仍有 15%～30% 的总气孔率。为增加致密度，可加入 MgO、$Al_2O_3$ 等金属氧化物，形成低熔点玻璃相，增加成品致密度，使之接近理论密度。

## 5.2　生物惰性陶瓷

生物惰性陶瓷材料主要是指氧化铝一类几乎不与机体组织发生任何化学反应的生物材料，即使发生轻微的化学或力学的降解作用，降解物的浓度也是相当低的，而且在邻近活组织处它们也相当容易被人体天然而有规律的机理所控制。生物惰性陶瓷主要有氧化物陶瓷，如氧化铝陶瓷、氧化锆陶瓷等；非氧化物陶瓷，如 SiC、$Si_3N_4$ 等；以及玻璃陶瓷、碳素材料等。非氧化物陶瓷主要是用作硬组织的替换材料，但临床应用报道很少，且制备工艺条件苛刻、复杂，一般不单独使用，因此本节不再详细介绍。

### 5.2.1　氧化物陶瓷

可以用作生物医用材料的氧化物陶瓷主要是 Al、Mg、Ti、Zr 等的氧化物。生物材料中比较典型的氧化物陶瓷是氧化铝和氧化锆陶瓷，尤其是氧化铝陶瓷，自 20 世纪 70 年代开始，世界各国都对其进行了广泛的研究和临床应用。

#### 5.2.1.1　氧化铝陶瓷

氧化铝陶瓷主要是由氧化铝晶粒通过晶界集合而成的集合体，是一种多晶多相材料，其主晶相为刚玉（$\alpha$-$Al_2O_3$）。由于氧化铝陶瓷是生物惰性材料，在人体内不发生化学变化，对人体无害，亲和性也很好，在临床医疗中广泛用于股骨、骨关节、牙根、骨修补物和骨骼螺栓。为了保证最好的产品质量，医用氧化铝陶瓷的化学组成和力学性能在 ISO6474 标准中有明确规定（表 5-1、表 5-2）。医用氧化铝陶瓷首先必须保证具有极高的纯度，由于原料的不纯往往会使陶瓷材料在晶界处出现玻璃相，在体内这些玻璃相会发生降解使材料老化，也就是出现力学强度的降低。掺杂有氧化镁的氧化铝陶瓷并不是白色的，在未杀菌之前呈象牙色。颜色能够反映出材料的质量和化学纯度。

表 5-1　氧化铝生物陶瓷的力学性能

| 项目 | 高纯氧化铝陶瓷 | ISO6474标准 | 项目 | 高纯氧化铝陶瓷 | ISO6474标准 |
| --- | --- | --- | --- | --- | --- |
| 氧化铝含量/%（质量分数） | >99.9 | >99.5 | 硬度（HV） | 2300 | >2000 |
| 杂质含量/%（质量分数） | 0.01 | ≤0.1 | 抗压强度/MPa | 4400 | 4000 |
| 氧化镁含量/% | <0.1 | ≤0.3 | 抗弯强度/MPa | 450 | 400 |
| 密度/(g/cm³) | >3.98 | >3.90 | 弹性模量/GPa | 420 | 380 |
| 平均晶粒尺寸/μm | 2～6 | <7 | | | |

## 表 5-2 医用氧化铝陶瓷的重要性能

| 基本性能 | 重要性原因 |
| --- | --- |
| 高的抗腐蚀性 | 保证生物惰性 |
| 优异的刚性及良好的表面抛光性能 | 保证高耐磨性 |
| 高杨氏模量和高抗压强度 | 保证坚硬不变形 |
| 高的机械强度 | 保证良好的疲劳性能以及安全性和可靠性 |
| 高纯度 | 保证长期稳定性 |

制备氧化铝陶瓷先要制备氧化铝粉体，可以通过物理制备方法、化学制备方法实现。物理制备方法主要是电熔加机械粉碎。该法是以工业氧化铝为原料，经电弧加热冶炼使之发生晶形转化，冷却后经机械粉碎，加工成所需的各种尺寸。由于电熔生成的氧化铝硬度和熔点较高，颗粒形状随破碎方法不同有较大差异。化学制备方法包括 Bayer 法、有机醇盐水解法、化学沉淀法、溶胶-凝胶法、氢氧化铝热分解法、碳酸铝铵热分解法、铝盐热分解法等。氧化铝陶瓷的生产工艺，因材料的性质、配方、产品的尺寸和形状等不同而不完全相同，但传统的生产工艺基本上要经过以下工序：原料的制备→原料的煅烧→球磨→配方→加黏结剂→成型→干燥→素烧→修坯→烧结→检验。

氧化铝生物陶瓷的制备工艺与普通陶瓷制备工艺类似。只是为了得到高纯氧化铝陶瓷，制备氧化铝生物陶瓷的氧化铝粉体需要纯度在 99.5% 以上。现以铝盐热分解法制备高纯氧化铝人工骨为例，介绍其生产工艺流程（图 5-9）。

$Al_2(NH_4)_2(SO_4)_4 \cdot 24H_2O$(硫酸铝铵) $\xrightarrow{\text{加入适量的 MgO},950\sim1000℃}$ $\gamma\text{-}Al_2O_3$ $\xrightarrow{1300℃}$

$\alpha\text{-}Al_2O_3$ $\xrightarrow{\text{加入适量 CMC}}$ 干磨 $\xrightarrow{\text{加 HCl,料：球：水}=1:2:(0.9\sim1)}$ 湿磨 $\xrightarrow{24\sim36h}$ 真空处理 →

成型 → 干燥 $\xrightarrow{900\sim950℃}$ 素烧 → 修坯 $\xrightarrow{1860℃(\text{真空})}$ 烧结 → 检验 → 机械后加工

图 5-9 高纯氧化铝生产工艺流程

(1) 原料与添加剂　高纯氧化铝主要来源于天然结晶物和矾土（铁铝氧石）。制备氧化铝的原料一般用 99.9% 以上的高纯试剂，如果用工业硫酸铝铵，则需要经过多次重结晶提纯后方可使用。用硫酸铝铵 $[Al_2(NH_4)_2(SO_4)_4 \cdot 24H_2O]$ 为原料制备氧化铝的方法为热分解法。$Al_2(NH_4)_2(SO_4)_4 \cdot 24H_2O$ 先在 100～200℃ 失去大部分结晶水生成 $AlNH_4(SO_4)_2 \cdot H_2O$，然后在 500～600℃ 进一步分解生成 $Al_2(SO_4)_3$，最后在 900～1000℃ $Al_2(SO_4)_3$ 分解为 $Al_2O_3$，其反应过程如下：

$$Al_2(NH_4)_2(SO_4)_4 \cdot 24H_2O \longrightarrow 2AlNH_4(SO_4)_2 \cdot H_2O + 22H_2O \uparrow$$

$$2AlNH_4(SO_4)_2 \cdot H_2O \longrightarrow Al_2(SO_4)_3 + 2NH_3 \uparrow + SO_3 \uparrow + 3H_2O \uparrow$$

$$Al_2(SO_4)_3 \longrightarrow Al_2O_3 + 3SO_3 \uparrow$$

纯氧化铝陶瓷的实际烧结温度很高，而且很难烧结，因此根据对材料的性能要求，往往加入不同类型和不同量的添加物，以便降低烧结温度，促进烧结。另外由于材料中颗粒尺寸的大小、均匀程度等对材料的强度有很大的影响，为了控制材料的颗粒尺寸，在其中加入适量的添加物。添加物大致可以分为两大类：一类是与 $Al_2O_3$ 生成固溶体的添加剂，如 $TiO_2$、$Cr_2O_3$ 等；另一类是能生成液相的添加剂，如高岭土、MgO、CaO、$Y_2O_3$、BaO 等。

以能与 $Al_2O_3$ 生成固溶体的添加剂 $TiO_2$ 为例说明其作用。根据形成置换固溶体的规则，在烧结时，$Al_2O_3$ 和 $TiO_2$ 可以形成置换型固溶体，即 $Ti^{4+}$ 可以取代 $Al_2O_3$ 晶格中的 $Al^{3+}$。根据电中性条件，3 个 $Ti^{4+}$ 取代 4 个 $Al^{3+}$，因此在 $Al_2O_3$ 晶体中必然产生一个 $Al^{3+}$ 空位，从而活化了 $Al_2O_3$ 晶格，增加了 $Al_2O_3$ 的再结晶能力；其次 $Ti^{4+}$ 可能产生变价，如在还原性气氛下 $Ti^{4+}$ 可以变为 $Ti^{3+}$，相应的离子半径变大，由 0.064nm 变为 0.069nm。在大的 $Ti^{3+}$ 取代小的 $Al^{3+}$ 时，使 $Al_2O_3$ 晶格产生歪斜、变形，活化了晶格，增加了 $Al_2O_3$ 的再结晶能力，这样就可以促进 $Al_2O_3$ 的烧结。从对晶格发生畸变的程度来分析，由于形成有限固溶体的离子半径与 $Al^{3+}$ 半径相差较大，可以使晶格更易变形，因此更有利于烧结。

以能与 $Al_2O_3$ 生成液相的添加剂的 MgO 为例说明其作用。MgO 能与其它外加剂形成二元、三元或更复杂的低共融物，这些低共融物对固相表面润湿，通过表面张力使固相颗粒靠紧并填充气孔，促进烧结。调节程度的大小与添加物的加入量成正比。在高纯氧化铝中添加的 MgO 以 $Mg(NO_3)_2$ 形式加入硫酸铝铵中共同加热分解，可获得均匀分布、活性大的 MgO。MgO 的作用，一是能与其它添加剂形成液相，二是在刚玉晶体的表面生成镁铝尖晶石，能阻止刚玉的再结晶，因此也可以控制晶粒过度长大，使瓷坯的密度大、晶粒尺寸小。一般 MgO 的加入量（质量分数）由 0.25% 增加到 1.0% 时，瓷坯的密度可高达 $3.93\sim3.94g/cm^3$。

(2) $Al_2O_3$ 预烧　由于 $Al_2O_3$ 多种晶型的结构不同，因此性能也不同，其中 $\alpha\text{-}Al_2O_3$ 是最稳定的晶型，是惰性氧化物，几乎不与酸、碱发生化学反应，性能稳定。而目前国产工业氧化铝，即由化学方法分解而得的 $Al_2O_3$ 主要是 $\gamma\text{-}Al_2O_3$ 型，这种氧化物属两性氧化物，在酸、碱的作用下都会起化学变化，并且这种晶型的氧化铝很易形成疏松多孔聚集体，很难烧结致密。此外，$\gamma\text{-}Al_2O_3$ 在 900~1200℃ 温度范围就开始向 $\alpha\text{-}Al_2O_3$ 转化，并伴随有约 13% 的体积收缩，因此为了提高 $Al_2O_3$ 原料的稳定性，减少烧成收缩，从而避免产生因收缩大导致的开裂、变形，利用 $Al_2O_3$ 制备 $Al_2O_3$ 陶瓷，必须对 $Al_2O_3$ 进行预烧。一般采用在 1300~1450℃ 温度下进行预烧，使 $\gamma\text{-}Al_2O_3$ 转化为 $\alpha\text{-}Al_2O_3$。

在工业 $Al_2O_3$ 原料中，常含有少量有害杂质，如 $Na_2O$，对氧化铝陶瓷的性能有很大的影响。此外预烧温度偏低，原料不能完全转变为 $\alpha\text{-}Al_2O_3$；预烧温度过高，粉料发生烧结，形成硬团聚，不易粉碎，而且活性下降。因此在预烧 $Al_2O_3$ 时，需要加入适量的添加剂，如 $H_3BO_4$、$AlF_3$ 等，加入量（质量分数）一般为 0.3%~3%。不同的添加剂有不同的预烧温度。

(3) 磨细　因为 $Al_2O_3$ 的细度对烧结有很大的影响，因此预烧过的 $Al_2O_3$ 需要进行细磨，并控制颗粒的粒度分布。例如，对于刚玉瓷，大于 $4\mu m$ 的颗粒应很少，当 $5\mu m$ 的颗粒含量大于 10%~15% 时，对烧结就有明显的妨碍作用。小于 $1\mu m$ 的颗粒应为 15%~30%，若大于 40%，烧结时会出现重结晶，晶粒发育粗大。

一般在细磨时，采用两种方法，即湿磨和干磨。湿磨效率要高于干磨效率。在干磨时，为了提高球磨效率和防止原料的黏结，一般需要加入外加剂，如油酸等，对颗粒表面进行改性。

(4) 烧结　高性能的氧化铝陶瓷结构为微晶结构，除了对在此之前的工序有要求外，烧结是获得这种微晶结构的重要工序，也是陶瓷制备的核心过程。烧结的加热装置应用最广泛的是电炉。除了常压烧结，还有热压烧结及热等静压烧结等。

氧化铝的烧结过程可用图 5-10 表示。也分颗粒接触、部分粘连、完全粘连、烧结完成等几个步骤。

氧化铝烧结可归纳为以下八个步骤：

① 原子的迁移率增大，由热效应造成并引起物体体积改变；
② 颗粒接触面改变（增大）；
③ 残余应力减少（松弛）和颗粒形状改变；
④ 接触面变化的现象之一——再结晶；
⑤ 颗粒表面改变，与接触面的大小有关；

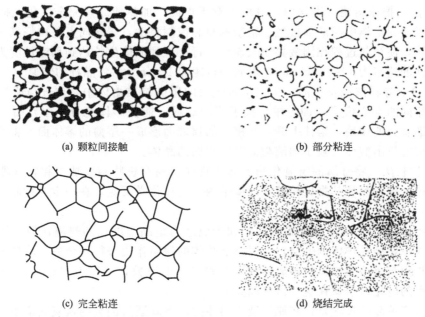

图 5-10 氧化铝烧结过程中粉体的微观结构变化

⑥ 颗粒位移，与粉末体的体积变化和孔隙度有关；

⑦ 氧化物还原和排除吸收的液体和气体；

⑧ 力学性能的改变。

在烧结过程中，烧成制度、气氛、烧成方法等对氧化铝陶瓷的性能影响很大。烧成制度可以用时间和烧成温度曲线进行说明。不同的烧成曲线，获得的氧化铝陶瓷的相对密度不同。对于烧结气氛来说，氧的气压越低越有利于烧结。氢气氛最好，其次是氢气、氨气、氧气、氮气及空气。对于晶粒长大的作用来说，氨气最显著，其次是氢气、氧气、氮气、空气和氩气。因此，对于氧化铝最好是在氢气和空气中烧结。烧结方法的不同，达到致密化的温度也不同。如刚玉瓷采用热压法烧结，可以在1000℃左右获得接近理论密度的材料。否则，即使在1800℃也很难完全烧结。

（5）精加工　氧化铝陶瓷材料在完成烧结后，还需进行精加工。用做人工骨的制品要求表面有很高的光洁程度，如镜面一样，以增加润滑性。由于氧化铝陶瓷材料硬度较高，需用更硬的研磨抛光材料对其作精加工。如SiC、$B_4C$或金刚钻等。通常采用由粗到细磨料逐级磨削，最终表面抛光。一般可采用<1μm的$Al_2O_3$微粉或金刚钻膏进行研磨抛光。此外，激光加工及超声波加工研磨及抛光的方法也可采用。

（6）氧化铝单晶　以上讨论的是多晶氧化铝陶瓷。单晶氧化铝又称为宝石，也可用作生物医用材料。氧化铝单晶结构完整，缺陷很少，更无脆弱的晶界相，在应力作用下不易出现微裂纹和裂纹扩展、机械强度高、硬度高、耐酸碱性、生物相容性好，因而氧化铝单晶在医学领域获得广泛的应用，尤其使用在要求高强度、耐磨损、耐腐蚀的部位，如人工关节柄、骨螺钉、牙根等。氧化铝单晶是无色透明的，称作白宝石。通过控制宝石中添加剂的种类（即引入不同的金属离子），即可获得不同色泽的宝石，如红宝石、蓝宝石等。自然界中存在的宝石很少，目前应用的宝石单晶均以人工方法制备。医学上应用的宝石单晶是无色透明的。其化学成分仍然是$Al_2O_3$，晶型为α-$Al_2O_3$，即刚玉型。

氧化铝单晶的生产可以以工业规模大量生产，但与氧化铝陶瓷的生产工艺不同，氧化铝单晶不能通过烧结获得。其生产方法主要有提拉法、导模法、气相生长法、焰熔法等。

① 提拉法 把原料装入坩埚内,将坩埚置于炉内,加热使原料完全熔化,把装在籽晶杆上的籽晶浸渍到熔体中与液面接触,精密调整和控制温度,缓缓向上提拉籽晶杆,并以一定的速率旋转,使结晶过程在固液界面上连续进行,直到晶体生长达到预定长度为止。适宜的提拉籽晶杆的速率为 1~4mm/min,坩埚的转速为 10r/min,籽晶杆的转速为 25r/min。

② 导模法 导模法制备单晶,是在拟定生长的单晶物质熔体中,放进与所拟生长的晶体截面形状相同的空心模子,即导模,模子所用材料应能使熔体充分润湿,而又不发生反应。由于毛细管力的作用,熔体上升,到模子的顶端面形成一层薄的熔体面。将晶种浸渍到熔体中,便可提拉出截面与模子顶端截面形状相同的晶体。

③ 气相生长法 将金属的氢氧化物、卤化物或金属有机物蒸发成气相,或者以适当的气体作为载体,输送到使其凝聚的较低温度带内,通过化学反应,在一定的衬底上沉积形成薄膜晶体。

④ 焰熔法 火焰是焰熔法中熔融粉料和造成适当结晶温度场的热源,最常用的是氢氧火焰。氢氧火焰在结晶炉体内燃烧,通过结晶炉体的保温作用获得一个适合晶体生长的温度场,晶体生长面与火焰喷枪口的距离是需要严格控制的参数,一般为 15cm。火焰的全部混合燃烧和粉料的熔化过程就在这一段区间完成。

焰熔法生产单晶的过程是:将原料装在料斗内,下降通过倒装的氢氧火焰喷嘴,将其熔化后沉积在保温炉内的耐火材料托柱上,形成一层熔化层,在托柱下降的同时结晶,最后即可生长出各种规格的宝石。再经研削、研磨等加工工序即可制成所需的产品。

由于焰熔法生长宝石的设备、工艺简单,晶体生长速率快,又无须昂贵的铱金坩埚作容器,因此成本低、经济。故有些国家仍用焰熔法生长宝石。所需的原料与生产多晶氧化铝的原料相同,为硫酸铝铵,但由于工业合成的硫酸铝铵杂质较多,一般需要经过多次重结晶提纯后方可使用。

#### 5.2.1.2 氧化锆陶瓷

氧化锆($ZrO_2$)陶瓷制品是在更高的温度下同样也通过压制和烧结细小粉末制成。氧化锆陶瓷具有各种各样的结晶形式,形成不同的微观结构,力学性能也不同。保持粉体的组成和均匀性是保证烧结产品的化学组成和力学性能的基本要求。纯氧化锆不能作为医用材料,因为在烧结过程中,从高温降到室温以上时会发生从四方到单斜的晶相转变,这一相转变同时伴随着 3%~4% 的体积扩展,使材料内部产生内应力和裂纹。加入氧化锰和氧化钇会抑制相变的发生。在多种医用氧化锆类型中,Y-TZP(钇稳定氧化锆四方多晶体)由于具有高的弯曲强度和断裂韧性而成为医用氧化锆中最好的材料,同时它还具有在承受更大负载环境中替代氧化铝陶瓷的潜力。钇稳定氧化锆陶瓷直到 20 世纪 80 年代末才被应用到骨科整形手术中,并把它当作是新一代的陶瓷材料。ISO13356 标准规定了 Y-TZP 作为医用材料应具备的化学组成及物理性能要求(表 5-3)。

表 5-3　Y-TZP 陶瓷材料的化学组成和物理性能要求

| | | |
|---|---|---|
| 体积密度/(g/cm³) | | ≥6.00 |
| 化学组成/% | $ZrO_2+HfO_2+Y_2O_3$ | >99.0 |
| | $Y_2O_3$ | 4.4~5.4 |
| | $Hf_2O_3$ | <5 |
| | $Al_2O_3$ | <0.5 |
| | 其它氧化物 | <0.5 |
| 微观结构 | 平均晶粒尺寸/μm | <0.6 |
| 强度/MPa | 双轴弯曲强度 | >500 |
| | 4 点弯曲强度 | >800 |

$ZrO_2$ 陶瓷的制备工艺与一般的陶瓷大致相同，本节仅介绍 $ZrO_2$ 粉体制备。

锆英石 $ZrSiO_4$ 是制备氧化锆的主要原料，一般均采用各种火法冶金与湿化学法相结合的工艺，即先采用火法冶金工艺将 $ZrSiO_4$ 破坏，然后用湿化学法将锆浸出，其中间产物一般为氯氧化锆或氢氧化锆，中间产物再经煅烧可制得不同规格、用途的 $ZrO_2$ 产品。目前国内外采用的工艺主要有碱熔法、石灰烧结法、直接氯化法、等离子体法、电熔法和氟硅酸钠法等。随着高性能陶瓷材料的发展和纳米技术的兴起，制备高纯、超细 $ZrO_2$ 粉体的技术意义重大，研究其制备应用技术已成为当前的一个热点，其中研究较多的有沉淀法、溶胶-凝胶法、微乳液法、水热法等。

(1) 化学沉淀法　化学沉淀法是把沉淀剂加入金属盐溶液中进行沉淀处理，再将沉淀物加热分解，得到所需的最终化合物的方法，包括直接沉淀法、均匀沉淀法、共沉淀法、水解法等。虽然用沉淀法制备纳米级粒子尚有不少问题有待解决，如水洗、过滤等，但是工艺简单，所得颗粒的性能良好，而且在制备金属氧化物纳米粒等方面具有独特的优点，因此，沉淀法也是目前纳米材料制备中较常见的方法。

直接沉淀法是仅用沉淀操作从溶液中制备氧化物纳米微粒的方法。在直接沉淀法中，直接加入的沉淀剂与溶液中某种阳离子发生反应生成沉淀物。但是，常因为溶液中局部浓度不均匀而使制成的纳米粒分布不均。均匀沉淀法就是在反应体系中加入某些物质，通过溶液的化学反应，控制生成沉淀的速率，减少晶粒凝聚，从而制得高纯度、分布均匀的纳米粒的方法。这是工业化十分看好的一种方法。共沉淀法是把沉淀剂加入混合后的金属溶液中，然后加热分解获得超微粒。用共沉淀法可以合成多功能纳米复合粒子。但是共沉淀法的主要缺点是制备的氧化锆超细粉体存在硬团聚的现象，因此粉体的分散性差，烧结活性低。

例如用沉淀法制备氧化锆粉体：以适当的碱性溶液如 NaOH、KOH、氨水、尿素等作沉淀剂，控制 pH 为 8～9，从 $ZrOCl_2 \cdot 8H_2O$ 或 $Zr(NO_3)_4$、$Y(NO_3)_3$（作为稳定剂）等盐溶液中沉淀析出含水氧化锆（氢氧化锆凝胶）和 $Y(OH)_3$（氢氧化钇凝胶），再经过滤、洗涤、干燥、煅烧（600～900℃）等工序制得钇稳定的氧化锆粉体。其工艺流程为：锆盐溶液＋沉淀剂→中和沉淀→过滤→洗涤→(100～120℃)干燥→(600～900℃)煅烧→$ZrO_2$ 粉体。

水解沉淀法是将盐溶液进行水解反应制备纳米粒，因此水解法也是制备纳米粒很重要的一种方法。水解沉淀法由于采用的锆源不同，分为锆盐水解沉淀和锆醇盐水解沉淀两种方法。

锆盐水解沉淀法是以可溶性 $ZrOCl_2$ 或 $ZrO(NO_3)_2$ 盐为原料，将其溶解于水中形成锆盐溶液，加热至沸腾，并长时间地保持在沸腾状态，使之在水解过程中生成的挥发性酸不断蒸发除去，从而使如下水解反应平衡不断向右移动，然后经过滤、洗涤、干燥、煅烧等过程制得 $ZrO_2$ 粉体。其工艺流程为：锆盐溶液→水解（120℃沸腾 48h）→过滤→洗涤→干燥（100～120℃）→煅烧（800～900℃）→$ZrO_2$ 粉体。$ZrOCl_2$ 浓度控制在 0.2～0.3mol/L 范围。此法操作简便，但是反应时间较长（＞48h），能耗高，所得粉体存在较为严重的团聚现象。$ZrOCl_2$ 或 $ZrO(NO_3)_2$ 盐水解的化学反应方程式如下：

$$ZrOCl_2 + (3+n)H_2O \longrightarrow Zr(OH)_4 \cdot nH_2O + 2HCl \uparrow$$

$$ZrO(NO_3)_2 + (3+n)H_2O \longrightarrow Zr(OH)_4 \cdot nH_2O + 2HNO_3 \uparrow$$

锆醇盐水解沉淀法是利用锆醇盐极易水解的特性，在适当的 pH 水溶液中进行水解，得到 $Zr(OH)_4$，然后经过滤、干燥、粉碎、煅烧得到 $ZrO_2$ 粉体。其工艺流程为：锆醇盐溶液→（调节 pH）水解沉淀→过滤→干燥（100～120℃）→粉碎→煅烧（800～900℃）→$ZrO_2$ 粉体。该法制备的粉体几乎全部为一次粒子，团聚很少；粒度分布窄，形状均一；化学纯度和相结构的单一性好。但是原料制备工艺较为复杂，成本较高。反应方程式为：

$$\mathrm{Zr(OR)_4 + 4H_2O \longrightarrow Zr(OH)_4 \downarrow + 4HOR}$$

在沉淀法制备纳米粒的过程中，对最终产品的性能会产生影响的主要因素如下。

① 反应温度的影响　反应温度对粒径的影响，实际上归咎于温度对晶核生成速率和生长速率的影响，而晶核生成的最大速率所在的温度区间比晶核生长最大速率所在的温度区间低，即在较低的温度下有利于形成较小颗粒。实践证明，温度升高20℃，随盐类的不同，晶粒增大10%～25%。

② 反应时间的影响　一方面，反应时间越长，将得到更高的产物收率；另一方面，时间过长，会引起小颗粒重新溶解，大颗粒继续长大，同时会造成粒径分布变宽。

③ 反应物料配比的影响　一方面物料发生的水解、沉淀反应可能是可逆反应，增加其中一种反应物的比例会使产率提高；另一方面，反应物料过饱和度的增加，有利于生成小颗粒沉淀。

④ 煅烧温度和煅烧时间的影响　煅烧温度和煅烧时间是采用沉淀法制备纳米粒比较关键的一步。煅烧温度越高，时间过长，会使粒子团聚、粒径增大，因而在保证沉淀物煅烧完全的同时，煅烧温度越低、煅烧时间越短越好。

⑤ 表面活性剂的影响　某些表面活性剂可以有效地缩小晶粒尺寸，抑制粒子的团聚。实验发现，添加适当品种和用量的表面活性剂对于生成形状和大小均一的粒子是很重要的条件。

⑥ pH的影响　对于水合氧化物（或氢氧化物）沉淀，pH直接影响溶液的饱和浓度。为了控制沉淀颗粒的均一性，应保持沉淀过程中pH相对稳定。

(2) 溶胶-凝胶法　溶胶-凝胶法是广泛采用的制备超细粉体的方法，是借助于胶体分散体系制备粉体的方法。它以无机盐或者金属醇盐为前驱物，经水解缩聚过程逐渐胶凝化，形成几十纳米以下的$\mathrm{Zr(OH)_4}$胶体颗粒的稳定溶胶，再经过适当处理形成包含大量水分的凝胶，最后经干燥脱水、煅烧制得氧化锆超细粉。其工艺流程为：锆盐溶液→水解缩聚→溶胶→陈化→湿凝胶→干燥→干凝胶→煅烧→$\mathrm{ZrO_2}$粉体。该法制备的粉体粒度细微，为亚微米级或更细；粒度分布窄；纯度高，化学组成均匀，可达分子或原子尺度；烧成温度（400～500℃）比传统方法低。但是所用原料成本高且对环境有污染，处理过程时间较长，胶粒及凝胶过滤、洗涤过程不易控制，因此难以实现工业化生产。

在采用这类方法制备纳米材料的过程中，影响最终纳米材料结构的因素主要有以下三种。

① 前驱物或醇盐的形态是控制胶体行为及纳米材料结构与性能的决定因素。如采用二元醇、有机酸、$R$-二酮等螯合剂，能够通过降低前驱物反应活性达到控制水解缩聚速率的效果；而加入乙二酸、$N,N$-二甲基乙酰胺（DMA）、$N,N$-二甲基甲酰胺（DMF）等可以对颗粒的表面进行包覆、修饰，使材料的比表面积和孔结构随之发生相应的变化。

② 醇盐与水以及醇盐与溶剂的比例对溶胶的结构及粒度有很大的影响，同时也在很大程度上决定胶体的黏度和胶凝化程度，并影响凝胶的后续干燥过程。

③ 溶胶的pH不仅影响醇盐的水解缩聚反应，而且对陈化过程中凝胶的结构演变甚至干凝胶的显微结构和组织也会产生影响。

在采用溶胶-凝胶法制备纳米材料的过程中，干燥是关键步骤。由于粒子越小，表面能就越大。在颗粒与胶体的界面张力及液体表面张力的作用下，随着胶体中液体的挥发，极易产生凝胶孔的塌陷及颗粒的聚集和长大。为了防止和减少纳米粒在干燥过程中的聚集和长大，可以用超临界干燥法、冷冻干燥法、溶剂置换干燥法进行干燥制备纳米粒。

(3) 微乳液法　微乳液法是近年发展起来用于制备纳米材料的一种方法，已受到广泛的重视。它以多元油包水微乳液体系中的乳化液滴为微型反应器，通过液滴内反应物的化学沉淀来制备纳米粉体的方法。这种方法的特点是制得粒子的单分散性和界面性好。

W/O（油包水）型微乳液中，微小的水核被表面活性剂和助表面活性剂所组成的单分子层界面所包围而形成微乳颗粒，这些微乳颗粒可以看做是微型反应器或称为纳米反应器。通常将两种反应物分别溶于组成完全相同的两份微乳液中，在一定条件下混合，由于微反应器中的物质可以通过界面进入另一个微反应器中，从而使两种物质反应。由于反应是在微反应器中进行的，油水乳液中的反应沉淀物处于高度分散状态，外批表面活性剂的保护膜，助表面活性剂又增强了膜的弹性与韧性，使沉淀颗粒很难聚集，从而控制了晶粒生长。

微乳液法制备 $ZrO_2$ 纳米粉的步骤如下：按制粉要求比例配制一定浓度的锆盐与钇盐水溶液，在恒温摇床中少量多次地将该溶液注入含表面活性剂的有机溶液中，直至有浑浊现象出现。以同样方法制得氨水的反胶团溶液，然后把两种反胶团溶液在常温下混合、搅拌、沉淀、分离、洗涤、干燥，高温焙烧 2～4h，即得产品。利用该方法可制得小于 20nm 的含钇的稳定四方相 $ZrO_2$ 纳米粉，粉体分散性能好，粒度分布窄，但生产过程较复杂，成本也较高。

在微乳液法制备纳米颗粒的过程中，影响粒径大小及质量的主要因素有以下四种。

① 微乳液组成的影响 纳米颗粒的尺寸受水核大小控制。反应器的水核半径与体系中水和表面活性剂的浓度及种类直接相关。微乳液的组成变化将导致水核半径的增大或减小。

② 界面醇含量及醇的碳氢链长的影响 醇类在反应中主要是作为助表面活性剂起作用的，它决定着纳米颗粒的界面强度。如果界面强度比较松散，则粒子之间物质的交换速率过大，产物的大小分布不均匀。醇的碳氢链长越短，界面空隙越大，界面强度越小，结构越松散。一般来说，醇的含量增加，界面强度下降，但存在一个极大值，超过该值，界面强度又上升。

③ 反应物浓度的影响 适当调节反应物浓度，可控制制备粒子的尺寸。这是因为当其中一种反应物过剩时，反应物离子碰撞的概率增大，成核过程比等量反应物发生反应时要快，生成的纳米粒粒径也就越小。

④ 表面活性剂的影响 选择合适的表面活性剂，使纳米颗粒一旦形成就吸附在微乳液界面膜表面，对生成的粒子起稳定和保护作用，否则难以得到粒径细小而均匀的纳米材料。

随着研究的不断深入，一些研究者探索了新的制备超细粉的思路。如高温喷雾热解法、喷雾感应等离子体法等，这些方法利用了先进的仪器设备，生产工艺与传统化学制粉工艺截然不同，是将分解、合成、干燥甚至煅烧过程合并在一起的高效方法。但是这些方法在如何进一步提高传热效率，并在保证粒度的前提下，如何扩大产量、降低成本方面尚需进一步研究探索。从以上可以看出，制备高纯、分散性好、粒度超细、粒度分布窄的 $ZrO_2$ 粉体是总的发展趋势。另外，广泛的原料来源、简单的操作条件也是 $ZrO_2$ 粉体工业化大生产的必然要求。

## 5.2.2 碳素材料

碳素材料是具有陶瓷型或纤维型结构的碳聚物，这些材料由无定形石墨组成，医学领域主要应用这类结构形式的炭，这种结构中点阵是无序排列、各向同性的。炭在医学领域受到广泛重视的原因之一是炭为生物惰性的材料，在人体中具有以下优点：化学稳定性好，无毒性；与人体亲和性好，无排异反应；它虽然不能与人体组织形成化学键合，但允许人体软、硬组织慢慢长入炭的孔隙中。原因之二是它具有优良的机械性质，且其性质（强度、弹性模量、耐磨性等）可以通过不同工艺改变其结构来进行调整，以满足不同用途的需要。

医用碳素材料在外科植入物中主要包括热解炭、玻璃炭、蒸气沉积炭、碳纤维等。目前许多国家都在从事碳质人工心脏瓣膜、人工齿根、人工骨和人工关节、人工血管、人工韧带和腱等的研究。热解炭已广泛应用于制造植入体材料；金刚石通常用于表面涂层技术，提高植入体表面硬度和耐磨性，不过至今没有实现产业化；碳纤维材料用于人工软组织的替换，替代坏死的韧带和肌腱，在牙桩上也有应用。

#### 5.2.2.1 热解炭

热解炭是目前国内外应用最多的一种碳素材料。热解炭按其特性可以分为高密度的致密热解炭与低密度的疏松热解炭和各向同性与各向异性热解炭。其性能结构取决于热解温度。800～1000℃以下热解的是热解炭，在 1400～2000℃热解或更高温度下处理的叫热解石墨。制备热解炭常用原料有甲烷、丙烷、乙炔、苯、液化石油气和城市煤气等气态或液态碳氢化合物。这几种碳氢化合物可单独使用，在采用化学气相沉积方法制备低温各向同性热解炭镀层时，采用乙炔和丙烯做混合原料气体，利用乙炔分解放热和丙烯分解吸热的特性来控制沉积炉内温度的波动。

在医学上只用1500℃以下沉积的炭，称为低温各向同性炭，厚度可达1mm。为了便于在各个部位上进行涂层，涂层时需要用惰性气体将基体在流化床内浮动起来，由于太大、太重的基体不易浮动，因而使较大的制品（如人工关节）的使用受到限制。在流化床内加入合金元素，可以提高热解炭的硬度，一般加硅（如二甲基二硅烷）共同沉积，可以得到低温各向同性含硅热解炭。通过控制工艺过程，使气相中炭的浓度过饱和，炭以核化凝聚成液滴的机制进行沉积，可以形成各向同性程度极高的致密结构沉积炭，这种炭沉积被认为是目前已知材料中最耐用和血相容性好的材料。因此被作为心血管领域的首选材料。

目前，人工心脏瓣膜采用的低温各向同性热解炭基本上都是在流化床中将烃类物质进行热裂解，通过化学气相沉积而制得（图 5-11）。从其反应机理上说，制备热解炭要经历两个阶段：①发生炭化过程，生成焦炭和分离的挥发产物；②生成的产物降解成热解炭、水和气体。

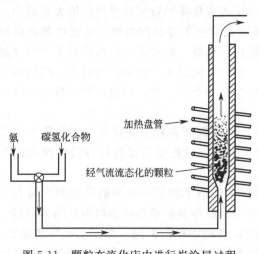

图 5-11 颗粒在流化床中进行炭涂层过程

下面以甲烷热解为例，在温度高于1200℃以上时，能够发生热解反应，反应机理方程式如下：

$$CH_4 \xrightarrow{\triangle} H_3C\cdot + H\cdot$$
$$CH_3\cdot CH_4 \xrightarrow{\triangle} C_2H_6 + H\cdot$$
$$C_2H_6 \xrightarrow{\triangle} 2H_3C\cdot$$
$$C_2H_6 \longrightarrow H_2 + C_2H_4 \longrightarrow 2H_2 + C_2H_2 \longrightarrow 2C + 3H_2$$
$$H_2 + \cdot CH_3 \longrightarrow CH_4 + H\cdot$$

由以上反应看来，甲烷在自由基没有形成时保持很大的稳定性。只有当温度上升到一定程度时，才能进行分解形成自由基。当甲基形成后，由于连锁反应，此反应就很快地进行。但随着反应体系中甲烷的分解，生成的 $H_2$ 量也越来越大。甲烷温度反而会逐渐下降，这样便降低了炭沉积的速率。因此，要使热解反应顺利进行，就必须不断地从反应体系中排除过量的氢。此流程可采用化学性质不活泼的氮气作为运载气体。通过氮气把多余的氢气排出。

#### 5.2.2.2 玻璃炭

玻璃炭是通过控制固体（指预先成型的高分子材料）如酚醛树脂、糠醇树脂的热分解过程，使聚合物的挥发组分失掉，留下一种像玻璃状的残留物。在热分解过程中，加热的速率必须很低，以便允许挥发物扩散至表面并逸出，避免形成气泡。因此处理时间很长，大约是1周或者更长。这种材料的性质取决于热处理过程。由于在形成玻璃炭的热处理过程中，体积收缩大（约为50%）、扩散速率慢，不可能生产断面超过7mm的产品。玻璃炭有相对较低的密度，比热解炭的力学性能差，因此应用较少，主要用于不承受机械应力的部位。在牙科领域玻璃炭已经用于骨植入。

制备玻璃炭的基本工艺均是将特殊处理后的高分子预聚物经低温固化成型制得生坯，之后继续在无氧介质中进行1000℃左右的炭化处理，得到初级玻璃炭制品，再经2000～3000℃高温处理制备出纯度更高的玻璃炭制品。概括其制备工艺路线为：树脂制备→固化成型→脱模→后固化→炭化（特殊条件下1000～1200℃处理）→半石墨化（特殊条件下2000℃处理）→石墨化（2800～3000℃处理）。这样便可制备出不同规格和形状的玻璃炭制品。不管制成何种形状，一经成型即可根据制品形状来确定炭化方法。

由于玻璃炭的原始物质是聚合物，所使用的成型技术与塑料工业的技术相同。在加热过程中产生气体但不破坏整体。收缩是均匀和各向同性的，可以达到±0.1mm的精确度。玻璃炭的后续加工一般采用最先进的技术（超声波等）来进行。

#### 5.2.2.3 蒸气沉积炭

蒸气沉积炭有两种制备方法：一种是在真空下，用电弧或高能电子束等手段加热碳源，使其分解、升华或溅射，沉积在一定距离的金属、陶瓷或高分子材料的表面上，沉积层约1μm；另一种在低压和常温下，用催化剂使含炭浓度高的气相沉积，这种沉积炭具有各向同性、不透气、弹性好的特性，常用于聚合物、纤维织物和多孔金属植入体的涂层。

#### 5.2.2.4 碳纤维

碳纤维是以有机纤维为原料，目前主要以聚丙烯腈为基质，在隔氧的惰性环境中，有机纤维经过1000～1500℃高温焙烧，再加以张力牵引，使链状分子脱掉大部分氢、氮等小分子后，剩下的碳分子按同一方向整齐排列。这样，有机合成纤维就变成了碳纤维。这种碳纤维是黑色细丝，单丝直径为7～9μm，拉伸强度可达3040MPa，耐腐蚀，耐磨损，并有自身润滑能力。但它仍属于脆性材料，抗折强度较低。据报道，碳纤维不但能替代损坏了的韧带，而且还能促使新的韧带形成和成长。将碳纤维植入人体代替损坏了的韧带，安全可靠，成功率很高，约为80%。

目前碳纤维的制备方法主要有两种。一种是有机纤维法，另一种是气相生长法。前者是将有机纤维经热氧化反应加热至1500℃，在保持原纤维形态不变的条件下炭化而成的碳纤维制品；后者是由低分子烃类化合物，经1100～1400℃高温催化裂解而形成的碳纤维。聚丙烯腈（PAN）是制备高性能碳纤维（CF）的重要原料之一。医用碳纤维一般采用聚丙烯腈纤维炭化而成。PAN基碳纤维制备工艺流程如图5-12所示。

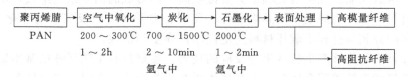

图5-12　PAN基碳纤维制备工艺流程

## 5.3 生物活性陶瓷

生物活性陶瓷材料包括表面活性玻璃、表面活性玻璃陶瓷、羟基磷灰石。目前主要的生物活性陶瓷种类如表 5-4 所示。目前广泛应用的商品化生物活性玻璃和玻璃陶瓷的化学成分和相组成如表 5-5 所示，生物活性玻璃和玻璃陶瓷的力学性能如表 5-6 所示。

表 5-4 主要生物活性陶瓷

| 类 别 | 组 成 |
|---|---|
| 含有 CaO 和 $P_2O_5$ 的玻璃 | $Na_2O$-CaO-$SiO_2$-$P_2O_5$ 系 |
| 含有 CaO 和 $P_2O_5$ 的玻璃陶瓷 | $Na_2O$-$K_2O$-MgO-CaO-$SiO_2$-$P_2O_5$ 系、MgO-CaO-$SiO_2$-$P_2O_5$ 系 |
| 羟基磷灰石 $Ca_{10}(PO_4)_6(OH)_2$ | 致密和多孔体，多孔颗粒 |

表 5-5 生物活性玻璃和玻璃陶瓷的化学成分和相组成　　　　　　　　单位：%（质量分数）

| 生物材料 | $SiO_2$ | $P_2O_5$ | CaO | $CaF_2$ | MgO | $Na_2O$ | $K_2O$ | $Al_2O_3$ | 相组成 |
|---|---|---|---|---|---|---|---|---|---|
| 45S5 | 45.0 | 6.0 | 24.5 | | | 24.5 | | | 玻璃 |
| Ceravital | 40～50 | 10～50 | 30～35 | | 2.5～5.0 | 5～10 | 0.5～3 | | 磷灰石＋玻璃相 |
| Cerabone | 34.0 | 16.2 | 44.7 | 4.6 | | | | | 磷灰石＋玻璃相 |
| Bioverit | 19～52 | 4～24 | 9～30 | 5～15 | | 3～5 | 3～5 | 12～33 | 磷灰石＋玻璃相 |
| A-W | 34.0 | 16.2 | 44.7 | 0.5 | 4.6 | | | | 磷灰石＋硅灰石＋玻璃相 |
| A-W-M | | | | | | | | | 磷灰石＋β-硅灰石＋透灰石＋玻璃相 |
| Ilmaplant-Li | 44.3 | 11.2 | 31.9 | 5.0 | 2.8 | 4.6 | 0.2 | | 磷灰石＋硅灰石＋玻璃相 |

表 5-6 生物活性玻璃和玻璃陶瓷的力学性能

| 生物材料 | 密度/(g/cm³) | 硬度(HV) | 压缩强度/MPa | 弯曲强度/MPa | 杨氏模量/GPa | 断裂韧性/MPa·$m^{1/2}$ |
|---|---|---|---|---|---|---|
| 45S5 | | | | 45 | 35 | |
| Ceravital | 46.0 | | 500 | 100～150 | | 5.0 |
| Cerabone | 3.07 | 680 | 1080 | 215 | 118 | 2.0 |
| Bioverit | 2.8 | 500 | 500 | 100～160 | 77～88 | 0.5～1.0 |

### 5.3.1 生物活性玻璃

玻璃是无机非晶态固体中最重要的一族。玻璃是熔融、冷却、固化的非晶态（在特定条件下也可能成为晶态）的无机物，具有一系列非常可贵的特性：透明、坚硬，良好的耐腐蚀、耐热和电学、光学性质；能够用多种成型和加工方法制成各种形状和大小的制品；可以通过调整化学组成改变其性能，以适应不同的使用要求。特别是制造玻璃的原料丰富，价格低廉，因此获得了极其广泛的应用，在国民经济中起着重要的作用。

目前生物玻璃大致可分为三类：一是以 NaO-CaO-$SiO_2$ 为基础外加 $P_2O_5$ 的玻璃；二是以 CaO-$P_2O_5$ 为基础，并以 MgO、$Al_2O_3$、$SiO_2$ 为附加组分；三是以高铝、高氟为基础的玻璃离子体黏固粉。生物玻璃大多是与磷酸盐有关的玻璃和混合材料，或是含磷的硅酸盐玻璃、高氟铝硅酸盐玻璃。纯粹的玻璃由共价键或离子键形成的网络结构组成，由于存在分相现象，导致材料容易产生缺陷，使其溶解性、孔洞、力学性质以及其它物理化学性质改变，但是生物玻璃的分相却有利于破坏材料稳定性而提高生物活性。

生物活性玻璃是能够产生特殊生理反应的玻璃。玻璃具有生物活性的基本原因是：当玻璃网络中非桥氧所连接的碱金属和碱土金属离子在水相介质存在时，易溶解释放一价或二价金属离子，使生物玻璃表面具有溶解性，非桥氧所占比例越大，玻璃的生物活性越高。因此，生物活性玻璃的结构特点为：①基本结构单元磷氧四面体中有三个氧原子与相邻四面体共用，另一氧原子以双键与磷原子相连，此不饱和键处于亚稳态，易吸收环境水转化为稳态结构，表面浸润性好；②随碱金属和碱土金属氧化物含量增加，玻璃网络结构逐渐由三维变为二维、链状甚至岛状，玻璃的溶解性增强，生物活性也增强。向磷酸盐玻璃中引入 $Al^{3+}$、$B^{3+}$ 等三价元素，可打开双键，形成不含非桥氧的连续结构群，使电价平衡，结构稳定，生物活性降低。

判定生物玻璃材料质量好坏的一个主要参数是生物活性，然而这种生物活性很难定义，因此不可能对生物活性进行量化。在玻璃组成中引入一些不常见元素的氧化物，如 $V_2O_5$、$ZnO$、$Al_2O_3$、$TiO_2$、$Sb_2O_3$、$CuO$、$MnO_2$、$CoO$、$NiO$ 来控制在特殊的合金基体上的结合强度或是控制生物活性。目前主要借助于对玻璃的主要组成 $SiO_2$、$CaO$、$CaF_2$、$P_2O_5$、$Na_2O$、$K_2O$、$MgO$ 的量的平衡来实现生物活性的控制，即通过在组成中加入一定量的 $F^-$ 和 $K^+$ 来改善这种玻璃系统的生物活性，并使其降解性减弱。但是，一方面生物活性玻璃必须能够积极地参与生物反应，即能够诱导其接触的骨组织在其周围生长，以形成连续骨质材料；而另一方面生物活性玻璃不必产生过强的生物活性，否则，骨组织生长过快会引起骨生长紊乱，形成硬皮、空洞和连接不当等结构，长期的这种情形会在连接区域导致感染和因缺乏再生能力而使组织很脆弱。与其它任何具有积极生物反应性的材料一样，生物活性玻璃的生物控制也包括提高其对体液生物化学侵蚀的抵抗性。低溶解性玻璃有利于软骨组织的形成，因此只有到最后阶段，植入体表面的软骨组织才能与骨产生有限的接触。在具有最佳生物活性的玻璃组成中加入 $Al_2O_3$，会降低生物活性，如果加入量过多可能使生物活性减小到可以忽略不计的程度，可能是因为贯穿于玻璃网络中的 $Al^{3+}$ 有助于压紧网络减小了分子间空隙的大小，从而阻止了任何离子的移动。鉴于此因，在添加某种具有改变生物活性功能的物质时必须特别小心。因为如果生物活性过强，骨组织就会对骨与植入体稳定长久连接产生不良响应，从而易于在界面产生应力。

生物玻璃的制备工艺与普通玻璃一样，熔融法是制备生物玻璃最常用的办法之一，采用该方法制备的生物玻璃密实无孔、比表面积小，一般当 $SiO_2$ 质量分数超过 60% 时，玻璃就不再具有生物活性。生物玻璃一般的制备过程为：配合料制备→玻璃熔融→浇注成型→退火→加工。

$Na_2O$ 24.5%-$CaO$ 24.5%-$SiO_2$ 45%-$P_2O_5$ 6.0% 系生物玻璃的制备：将高纯度化学试剂和纯石英（平均颗粒度为 $5\mu m$）的混合物在含 10% 铑的铂金坩埚内熔化，然后将坩埚密封以避免挥发。将配合料熔融 2h 不要揭开盖子以使其充分均化。然后将试样很快转入退火炉中。在退火温度下热处理 4h，此后试样随炉缓慢冷却至室温。在熔化和退火过程中需要特别小心，以防止生物活性玻璃的任何热致裂纹。

大多数规格不同的植入体骨件的制备是将玻璃液倾入不同的石墨模具中。对于直径超过 1cm 的样品，模具要预热到 300℃；小件或薄平的试样是在室温下倾入石墨模具中。

$CaO$-$SiO_2$-$P_2O_5$ 系玻璃活性水泥硬化：将熔融法制备的 $CaO$-$SiO_2$-$P_2O_5$ 系玻璃粉碎至微米。另外将 $(NH_4)_2HPO_4$ 及 $NH_4H_2PO_4$ 配制为 pH7.4、3.7mol/L 的磷酸氢铵水溶液。将 $5\mu m$ 玻璃与水溶液按适当比例混合。混合物在 3min 内显示自由流动的成型性，4min 后开始硬化。

$CaO$-$SiO_2$-$P_2O_5$ 系玻璃水泥硬化及羟基磷灰石的形成机理如图 5-13 所示。

利用模拟体液的实验，还可探求具有生物活性玻璃的组成区域。图 5-14 为 $CaO$-$SiO_2$-$P_2O_5$ 系、$CaO$-$SiO_2$-$P_2O_5$-$Al_2O_3$ 系玻璃在模拟体液中生成磷灰石的组成区域，由图可知生成区域均在 $CaO$-$SiO_2$ 区域，而且以 $CaO$-$SiO_2$ 为中心。

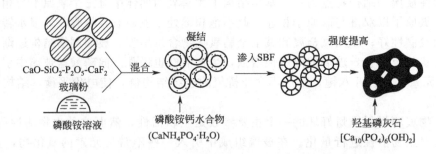

图 5-13 $CaO\text{-}SiO_2\text{-}P_2O_5$ 系玻璃水泥硬化及羟基磷灰石的形成机理

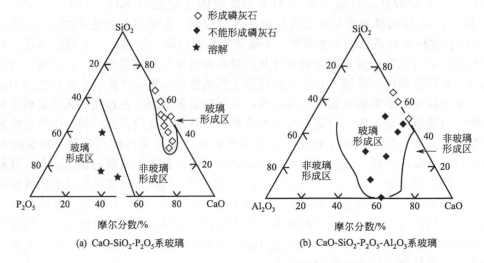

图 5-14 $CaO\text{-}SiO_2\text{-}P_2O_5$ 系、$CaO\text{-}SiO_2\text{-}P_2O_5\text{-}Al_2O_3$ 系玻璃在模拟体液中生成磷灰石组成区域

## 5.3.2 玻璃陶瓷

玻璃和陶瓷最大区别在于微观结构的晶型和非晶型，这与成型温度有关系。通常将生物玻璃陶瓷称为生物微晶玻璃或微晶陶瓷。玻璃陶瓷的结构、性能及生产方法同玻璃和陶瓷都有不同，其性能集中了玻璃和陶瓷的特点，成为一类独特的材料。

玻璃陶瓷或微晶玻璃是在玻璃基质中加入晶核形成剂，并通过一定的热处理，使玻璃基质中有晶体生成，即形成玻璃与晶体共存的状态。微晶玻璃实际上是玻璃中含有 50%～90%的微小晶体成分，而非晶态（玻璃态）含 5%～50%。微晶玻璃中的晶体很小，一般小于 1nm，玻璃相把微小的晶粒联结起来。微晶玻璃较普通玻璃的机械强度有很大提高。要得到微晶玻璃，则要进行后续微晶化处理：配料→玻璃熔融→成型→加工→结晶化处理→再加工。

玻璃陶瓷的性能主要由析出晶体的种类、晶粒大小、晶相的多少以及残存玻璃相的种类及数量所决定。而以上诸因素，又取决于玻璃的组成及热处理制度。另外，成核剂的使用是否适当，对玻璃的微晶化起着关键的作用。因此对基质玻璃的微晶化处理是玻璃陶瓷形成的关键。微晶化处理阶段可细分为两个阶段：第一阶段为形核阶段，必须充分形核；第二阶段为晶核生长阶段，必须控制晶核的生长。

玻璃陶瓷的生产工艺过程，随着产品种类的不同，具体的工艺制度也各有特点。传统的熔融法生产玻璃陶瓷工艺已较为成熟，生产工艺简单，成型方式灵活，研究工作已集中在寻求新的工艺。在新工艺方面，日本 20 世纪 70 年代出现了烧结玻璃陶瓷，使玻璃陶瓷的组成范围扩大,品种增加,也使其得到了更加广泛的应用。玻璃陶瓷制备的一个最基本的步骤是玻璃的制备,即混合配料经高温精炼和均化,获得高质量的玻璃,然后在低温下核化和晶化。根据成型方法的不同,有浇注法、烧结法和压延法等。

(1) 浇注法　浇注法也叫整体析晶法,主要用于面积比较大的制品。它包括两个基本步骤。第一步,采用普通玻璃的成型工艺制备玻璃制品;第二步,制品经过热处理,使其核化、晶化转变成玻璃陶瓷。后一步在此决定其性能的优劣。晶化的趋向和能力取决于核化和晶化的温度及二者的重叠程度。一般核化温度小于晶体的生长温度并在一定程度上是重叠的。为了生成大量的微晶,晶体生长前应有大量的晶核存在,另外,要求玻璃陶瓷致密度高、表面光滑、无裂纹和其它缺陷,通常在玻璃中加入晶核剂。表 5-7 列出了玻璃陶瓷或微晶玻璃常用的晶核剂。一般复合晶核剂效果优于任何一个单晶核剂。

表 5-7　微晶玻璃常用的晶核剂

| 分类 | 晶核剂 |
| --- | --- |
| 光敏金属 | Pt、Au、Ag、Cu |
| 氧化物 | $P_2O_5$、$TiO_2$、$ZrO_2$、$Fe_2O_3$、$Cr_2O_3$、$V_2O_5$、FeS、ZnS |
| 氟化物 | $CaF_2$、$MgF_2$ |
| 复合晶核剂 | $P_2O_5+TiO_2$、$P_2O_5+ZrO_2$、$P_2O_5+TiO_2+ZrO_2$ |

玻璃陶瓷的制备需经过热处理阶段,设计的热处理过程目的应是最终材料的微结构是一种晶相或多种晶相与玻璃相共存。相的种类不仅受材料组成中主要成分的影响,而且微量组分对其也有较大的影响。

玻璃陶瓷是从玻璃与玻璃之间析出的结晶复合体。虽然称作复合体,但是与结晶粒子混合后再用高温烧固的复合体相比,还是有许多不同。首先,析出结晶的大小可以随意控制,结晶小时,即可以得到透明的微晶玻璃(玻璃陶瓷);其次,可以给予析出结晶以取向性,得到单向取向性的微晶玻璃;最后气密性高,气孔率是零,除氦气以外,其它气体都不能通过。有效地利用这些优点,可以合成各种组成的生物玻璃陶瓷。其合成工艺如下。

工艺 1:原料混合→高温熔融→注入成型模具→在结晶温度下进行结晶处理→缓缓冷却→玻璃陶瓷成型体。

工艺 2:原料混合→高温熔融→注入温度梯度炉中的容器→在结晶温度下进行定向结晶化热处理→缓缓冷却→定向玻璃陶瓷。

工艺 1 中结晶可以随意析出,是一种或是两种。工艺 2 则只让呈单向排列形状的结晶析出(单向取向结晶),要在温度梯度炉中进行单向取向热处理。用这种取向性玻璃陶瓷,可以制成比人骨强度还要高的 $CaO$-$P_2O_5$ 系玻璃陶瓷。

用浇注法制备玻璃陶瓷与玻璃一样,具有易于成型的优点,将用高温熔融的玻璃注入模具中,可以制成类似于人骨、人齿、齿根的各种各样的形状。即使进行结晶化玻璃化处理,其成型体形状也没有多大改变,在结晶化温度接近于玻璃化温度时,也几乎不发生变形。

(2) 烧结法(粉末法)　如果玻璃要自然结晶成大块的玻璃体,这时晶相仅从表面析出,在材料内部容易产生龟裂。为了解决以上问题,并使晶相沿一定的方向排列,增加材料的强度,必须用特殊的工艺过程,即所谓的烧结法。烧结法就是把同一组成的玻璃粉碎后,再经过成型,使玻璃粉末烧结并结晶化。这样可制备高强度的大块材料。该法玻璃的熔制时间短、温度低、热处理工艺简单,可利用陶瓷厂的普通设备;另外利用玻璃粉末粒子表面的成核作用进行析晶,不需要使用晶核剂、附加成本低、投资少。近年来,烧结法已成为玻璃陶瓷最热门的话题,其中较为成功的产品有 $MgO$-$Al_2O_3$-$SiO_2$ 系统、$BaO$-$Al_2O_3$-$SiO_2$ 系统、$ZnO$-$Al_2O_3$-$SiO_2$ 系统、$CaO$-$Al_2O_3$-$SiO_2$ 系统封接材料、齿科材料、蜂窝状热交换器等。

A-W 玻璃陶瓷的制备：组成为 MgO 4.6%、CaO 44.9%、SiO$_2$ 34.2%、P$_2$O$_5$ 16.3% 的混合物（皆为质量分数，325 目）在铂金坩埚中于 1450℃ 熔化 2h，然后骤冷成熔块后，粉碎、筛分，再将玻璃粉末成型（根据使用目的，可以制成致密型及多孔型），再在电炉中以 5℃/min 的升温速率升至 1050℃，并保温 2h，将其自然冷却后，便可完全致密化，并自发沉积出 38%（质量分数）的氟氧磷灰石 [Ca$_{10}$(PO$_4$)$_6$(O,F$_2$)] 和 34%（质量分数）的 β-硅灰石（CaO, SiO$_2$），剩余的玻璃相约有 28%（质量分数），其中含有 MgO 16.6%、CaO 24.2%、SiO$_2$ 59.2%（质量分数）。

MgO-CaO-SiO$_2$-P$_2$O$_5$ 系统玻璃的结晶属于表面结晶，即从表面成核，结晶向玻璃内部生长，由于结晶相的膨胀系数显著高于玻璃相，在微晶化处理过程中会引起微裂纹，从而导致强度降低，另外，微晶化过程中，硅灰石晶相以针状无规则结晶或以纤维状定向沉积，而晶体以长纤维状定向沉积导致较大的体积改变，从而在结晶产品的内部造成了大的开裂。因此，如果直接对此种大块状玻璃进行热处理，所得的晶相产品中容易形成大的开裂。但如果首先将玻璃制成粉末，成型后，以陶瓷制备工艺对其进行热处理，便可获得致密、无开裂的玻璃陶瓷制品。

A-W 玻璃陶瓷具备生物活性，表面磷灰石层生成机理如图 5-15 所示。Ca$^{2+}$ 从硅灰石与玻璃相中溶出并与体液中的 P$^{5+}$ 反应。体液在通常情况下对磷灰石也是过饱和的，由于 Ca$^{2+}$ 从玻璃中溶出而使这一过饱和度提得更高，此时 Si$^{4+}$ 在玻璃表面作为磷灰石的晶核。

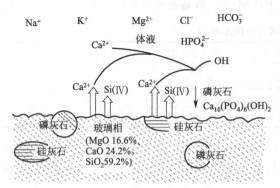

图 5-15  A-W 玻璃陶瓷表面磷灰石层生成机理

### 5.3.3 羟基磷灰石陶瓷

羟基磷灰石 Ca$_{10}$(PO$_4$)$_6$(OH)$_2$，简称 HA，属于磷酸盐系无机材料，其化学组分和晶体结构与脊椎动物的骨和牙齿中的矿物成分非常接近。自然骨和牙齿是由无机材料和有机材料极巧妙地结合在一起的复合体，其中无机材料大部分是羟基磷灰石结晶，还有 CO$_3^{2-}$、Mg$^{2+}$、Na$^+$、Cl$^-$、F$^-$ 等微量元素；有机物质大部分是纤维性蛋白骨胶原，规则地排列在无机成分周围。人骨成分中 HA 的质量分数约为 65%，人的牙釉质中 HA 的质量分数则在 95% 以上，作为人和动物的骨骼和牙齿的主要无机成分的羟基磷灰石具有良好的生物相容性，无生物毒性，是与骨组织生物相容性最好的生物活性材料，植入骨组织后能在界面上与骨形成很强的化学键合，已经广泛作为生物硬组织修复和替换的材料。

羟基磷灰石生物陶瓷可以分为致密型 HA 生物陶瓷、多孔型 HA 生物陶瓷、复合型 HA 生物陶瓷、混合型 HA 生物陶瓷，以及最近发展起来的 HA 涂层及复合材料。致密型 HA 生物陶瓷的制备是将 HA 基材加入添加剂及黏结剂制成一定的颗粒级配料，然后在金属模内加压成型，生坯经烘干后在 900℃ 左右烧成素坯，素坯可以进行精加工，然后在 1300℃ 左右加压烧结而成。多孔型 HA 生物陶瓷多采用添加造孔剂法、泡沫浸渍法、溶胶-凝胶法等方法经可塑法成型。复合型 HA 生物陶瓷是选用适当含钙的磷酸盐玻璃与磷酸钙陶瓷进行复合，如在高纯 HA 粉末中加入一定比例的 CaO-P$_2$O$_5$-Al$_2$O$_3$ 系玻璃体，高温烧结（温度比致密型 HA 生物陶瓷低 200℃）而成。混合型 HA 生物陶瓷是利用多孔 HA 面料涂覆到致密 HA 芯料上而成，可弥补多孔型 HA 陶瓷和致密 HA 陶瓷的缺点，并兼顾两者的优点。

HA涂层及复合材料是利用高强度、高韧性的材料为基材,将 HA 作为涂层使用,或把 HA 与其它韧性优良、结构相似的材料进行复合,制备较理想的 HA 生物陶瓷材料。涂层 HA 的制备方法较多,热化学反应、电化学反应、等离子喷涂法、激光熔覆法、爆炸喷涂法和离子辅助沉积法,以及各种方法的结合使用是比较有发展前途的方法。

#### 5.3.3.1 磷酸钙化合物性质

磷酸钙类化合物包括不同 Ca/P 比的一系列磷酸钙化合物,因此可以认为磷酸钙类陶瓷是具有不同 Ca/P 比的磷酸钙的总称。表 5-8 列出用作外科生物材料的一些主要磷酸钙盐的化合物,其中的一些性质是在人体温度 37℃下测量的。其中在用于人体硬组织修复的各类磷酸钙材料中,HA 及 β-TCP 的研究最为活跃和成熟,是临床应用最多的材料。

表 5-8　用作外科生物材料的一些主要磷酸钙盐的化合物

| 化合物 | 相名称 | 化学式 | 化学名称 | Ca/P 比 | 空间群 | 溶度积 |
| --- | --- | --- | --- | --- | --- | --- |
| MCP | — | $Ca(H_2PO_4)_2 \cdot H_2O$ | 磷酸二氢钙 | 0.50 | | $1.0 \times 10^{-3}$ |
| DCPD | 透钙磷石 | $CaHPO_4 \cdot 2H_2O$ | 二水磷酸氢钙 | 1.00 | 2/m | $1.87 \times 10^{-7}$ |
| DCPA | 三斜磷钙石 | $CaHPO_4$ | 磷酸氢钙 | 1.00 | P1 | $1.26 \times 10^{-7}$ |
| OCP | — | $Ca_8H_2(PO_4)_6 \cdot 5H_2O$ | 磷酸八钙 | 1.33 | | $5.01 \times 10^{-15}$ |
| TCP | 白磷钙石(β相) | $Ca_3(PO_4)_2$ | 磷酸钙 | 1.50 | R3c | $2.83 \times 10^{-30}$ |
| HA | 羟基磷灰石 | $Ca_5(PO_4)_3OH$ | 羟基磷酸钙 | 1.67 | $P6_3/m$ | $2.35 \times 10^{-39}$ |
| TCPM | 板磷钙石 | $Ca_4O(PO_4)_2$ | 磷酸一氧四钙 | 2.00 | $P2_1$ | — |

磷酸钙盐溶解性能的大小将影响到磷酸钙的制备及其在体内的降解行为。图 5-16 是 25℃下各种磷酸钙盐的溶解度等温线。

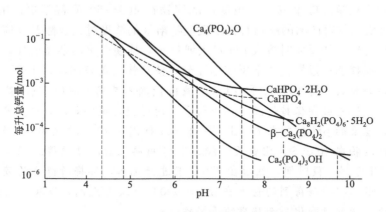

图 5-16　25℃下各种磷酸钙盐的溶解度等温线

从表 5-8 和图 5-16 可以看出部分磷酸钙化合物的溶解度大小次序为:DCPD>DCPA> OCP>β-TCP>HA。羟基磷灰石在水中溶解度最小,因而在热力学上是最稳定的磷酸盐。其它磷酸钙盐化合物在水中会按下述反应向 HA 转化:

$$5Ca_3(PO_4)_2 + 3H_2O \longrightarrow 3Ca_5(PO_4)_3OH + H_3PO_4$$

$$5Ca_8H_2(PO_4)_6 + 8H_2O \longrightarrow 8Ca_5(PO_4)_3OH + 6H_3PO_4$$

$$5CaHPO_4 + H_2O \longrightarrow Ca_5(PO_4)_3OH + 2H_3PO_4$$

$$3Ca_4(PO_4)_2O + 3H_2O \longrightarrow 2Ca_5(PO_4)_3OH + 2Ca(OH)_2$$

在不同的温度下，各种磷酸钙盐也将发生如下热转化：

$$Ca_8H_2(PO_4)_6 \cdot 5H_2O \xrightarrow{400℃} Ca_{10}(PO_4)_6(OH)_2 + \gamma\text{-}Ca_2P_2O_7$$

$$Ca_{10}(PO_4)_6(OH)_2 \xrightarrow{>850℃(脱水)} Ca_{10}(PO_4)_6(OH)_{2-2x}O_x + xH_2O \xrightarrow{>1050℃(脱水)}$$

$$2\beta\text{-}Ca_3(PO_4)_2 + Ca_4P_2O_9 \xrightarrow{>1300℃} 2\alpha\text{-}Ca_3(PO_4)_2 + Ca_4P_2O_9$$

$$CaHPO_4 \cdot 2H_2O \xrightarrow{100\sim260℃} CaHPO_4 \xrightarrow{400\sim440℃} \gamma\text{-}Ca_2P_2O_7 \xrightarrow{750\sim1200℃} \beta\text{-}Ca_2P_2O_7 \xrightarrow{1250℃} \alpha\text{-}Ca_2P_2O_7$$

各种磷酸钙化合物高温下的结构与其 Ca/P 比、温度、加热速率、气氛等有关。另外，合成工艺不同也影响其热特性，如沉淀法制得的 HA 比水热法制得的 HA 分解温度低。在非水体系中制备的 HA 不含晶格水，在真空或无水气氛中加热，HA 直接热解为氧羟基磷灰石 $Ca_{10}(PO_4)_6(OH)_{2-2x}O_x$。

#### 5.3.3.2 羟基磷灰石粉体合成

制备羟基磷灰石的方法很多，目前羟基磷灰石粉体的合成方法有固相反应、化学沉淀法、水解法、水热反应法、酸碱反应法和气溶胶法，其它方法还有溶胶-凝胶法、电化学沉积法、激光熔覆法、超声波合成法和微波合成法等。这些方法有的较为成熟，有的为尚未推广或正在研究中的新技术。在实际应用中，可以根据制备 HA 的种类选择合适的方法。下面简单介绍化学沉淀法和水解法、固相反应法、水热反应法、微乳液法制备 HA 的过程。

(1) 化学沉淀法　化学沉淀法合成的 HA 产物纯度高，反应时间短，工艺过程简单易控制，污染小，是医用级羟基磷灰石常用的方法，可以制得大量微晶态或非晶态的 HA 粉末，也可以制备出不同形状及大小的 HA，如纤维状、球形 HA 材料，以及纳米级 HA 粉末。这种水溶液反应方法是利用钙离子和磷酸根离子在水溶液中和一定的条件下反应生成羟基磷灰石，一般要求原料中的 Ca/P 化学计量比为 1.6～1.69。通过控制 pH（11～12）和温度，使溶液中发生化学反应生成 HA 沉淀，沉淀物在 400～600℃甚至更高的温度下煅烧，可获得 HA。合成条件对产物的影响有：①反应物溶液的浓度过大及酸碱反应速率过快，容易生成絮状磷酸三钙；②反应时溶液 pH 过大或过小，均使产物的杂质增加，纯度降低；③反应时间不足，搅拌速率过慢，化学反应不充分，使产物的钙磷比低于 1.67。

羟基磷灰石的合成：将 10% 的 $H_3PO_4$ 溶液缓慢滴入盛有 $Ca(OH)_2$（浓度为 4mol/L）悬浮物的烧杯中，烧杯必须保持恒温（40±5）℃，同时使用搅拌器以每分钟几转的速率对悬浮物缓慢搅拌，溶液的 pH 控制在 7 以上（一般 pH 范围在 10～13 之间），保证得到良好的胶状沉淀。将沉淀物在 40℃下熟化数天。经过长时间熟化后，过滤得到黏稠状的滤饼，将此滤饼在 110℃下干燥一段时间，然后在 250℃下进行脱水，再将所得产物放入球磨罐中用刚玉球石研磨。最后将研磨得到的粉末在 800～900℃（或者更高，取决于用途）的温度下煅烧一次，便于后续的致密化、涂层烧结等操作。

任何非钙羟基磷灰石的出现都会引起颗粒性质（如孔隙率、水化程度或胶化程度以及晶格常数）的变化。比较重要的变化有沉淀过程中 pH 的变化、熟化期间温度的变化、Ca/P 比的变化、沉淀速率、沉淀颗粒的粒径以及瓶内气氛（如 $N_2$ 气）的变化。

通过在溶液中采用 pH 周期变化的方法，可以在磷灰石结构中加入氟和氯。

氟磷灰石的合成：将所得的胶状钙羟基磷灰石以每升水 20g 的比例加入到聚乙烯塑料瓶中，同时加入 0.01mol 的 NaF 或 NaCl（根据所需的磷灰石种类定）。经过 1 天，此系统在 pH7 时达到平衡，随后加入 1mol $HNO_3$，系统的 pH 降到 4，再经过 30min 后用 1mol NaOH 将 pH 调整到 7～13（此碱性 pH 必须与第一步选择的值相同）。这种 pH 的变化循环必须重复 3 次，之后将其过滤，洗涤并在 100℃下干燥。

制备钙羟基磷灰石必须避免溶液中 $Mg^{2+}$ 的存在，因为这种离子能促进稳定 β-白磷钙石沉淀 $Ca_3MgH(PO_4)_3$ 的生成。β-白磷钙石在水溶液中的晶格稳定性比磷灰石晶格稳定性差，但是在含有 $Mg^{2+}$ 的生理溶液中 β-白磷钙石以 $Mg_xCa_{3-x}(PO_4)_2$ 存在时就会与磷灰石一样稳定。这两种陶瓷（磷灰石与 β-白磷钙石）与骨的相容性是相同的，但有文献指出，β-白磷钙石具有不同的生物降解行为，在某些条件下这种材料较磷灰石陶瓷具有较高的吸收率。

(2) 固相反应法　固相反应法是在高温下，让钙盐与磷酸盐在空气或水蒸气气氛中发生固相反应。这种方法合成的羟基磷灰石很纯，结晶性好，晶格常数不随温度变化。该方法（无氧条件下进行反应）可制出符合化学计量、结晶完整的产品，但它要求相对较高的温度和热处理时间，而且这种粉末的可烧结性较差，HA 粉末晶粒过粗，成分比不均匀，往往有杂相存在。

合成羟基磷灰石所使用的原料为化学试剂 $CaHPO_4 \cdot 2H_2O$、$CaCO_3$、$Ca(OH)_2$，根据羟基磷灰石的分子式 $Ca_{10}(PO_4)_6(OH)_2$ 进行配料。为了使合成原料中 Ca/P 比为 1.67，必须采用以上两种或两种以上的原料合成羟基磷灰石。因此可以采用多种配方。表 5-9 中列出了固相反应法制备羟基磷灰石粉体的几组配方。

表 5-9　固相反应法制备羟基磷灰石粉体的几组配方

| 序号 | 组成/%（质量分数） | | | |
|---|---|---|---|---|
| | $CaHPO_4 \cdot 2H_2O$ | $CaCO_3$ | $Ca(OH)_2$ | 外加剂 |
| 1 | 77.60 | | 22.40 | 0.86($CaF_2$) |
| 2 | 71.97 | 28.03 | | |
| 3 | 77.60 | | 22.40 | |
| 4 | 74.70 | 10.7 | 16.6 | |

合成羟基磷灰石的过程中，物理化学变化是比较复杂的。配料在加热过程中发生了如下反应，在 200℃以下发生 $CaHPO_4 \cdot 2H_2O$ 的脱水反应，在 450℃左右 $CaHPO_4$ 发生分解生成 $\gamma\text{-}Ca_2P_2O_7$，在 800℃以上 $\gamma\text{-}Ca_2P_2O_7$ 进一步分解为 $\beta\text{-}Ca_3(PO_4)_2$，然后经过 1000℃以上的煅烧可得到羟基磷灰石。

<200℃：

$$CaHPO_4 \cdot 2H_2O \longrightarrow CaHPO_4 + 2H_2O \uparrow$$

200~450℃：

$$2CaHPO_4 \longrightarrow \gamma\text{-}Ca_2P_2O_7 + H_2O \uparrow$$

400~800℃：

$$\gamma\text{-}Ca_2P_2O_7 \longrightarrow \beta\text{-}Ca_2P_2O_7$$

$$CaCO_3 \longrightarrow CaO + CO_2 \uparrow$$

$$\beta\text{-}Ca_2P_2O_7 + CaO \longrightarrow \beta\text{-}Ca_3(PO_4)_2$$

由于羟基磷灰石生成是 $\beta\text{-}Ca_3(PO_4)_2$、CaO 及 $H_2O$ 三者相互作用的结果，所以羟基磷灰石在 800℃以上才能生成。HA 粉体的最优烧结温度为 1250℃，可得具有良好形态的致密结晶。但是在合成羟基磷灰石的过程中，温度不能高于 1330℃，否则就会引起羟基磷灰石不断分解。这主要是由于随着温度的升高，OH 的偶合作用减弱而引起 $Ca_{10}(PO_4)_6(OH)_2$ 进一步分解为 $Ca_4P_2O_9$。其分解合成的化学反应方程式如下：

$$Ca_{10}(PO_4)_6(OH)_2 + 2CaO \longrightarrow 3Ca_4P_2O_9 + H_2O \uparrow$$

(3) 水热反应法　水热反应法是在特制的密闭反应容器（高压釜）里，采用水溶液作反应介质，通过对反应容器加热，创造一个高温、高压的反应环境，使通常难溶或不溶的物质溶解或溶解度增大并重结晶。然后对结晶物在一定的压力和温度下进行水热处理。水热条件下溶液的黏度下降，造成离子迁移的加剧。因此，在水热溶液中晶核生长速率较其它水溶液体系更高,这为制备结晶度高、晶体结构不同的产物创造条件。

水热法通常以磷酸氢钙为原料,反应温度为 200~400℃,得到的晶体颗粒大且纯度高,Ca/P 比接近化学计量值。在高压环境中,不受沸点限制,可使介质温度上升到 200~400℃,从而使 $OH^-$ 加入晶格。且反应式为:

$$CaHPO_4 + 2H_2O \longrightarrow HA$$

相对于其它制粉方法,水热法制备的粉体有极好的性能,粉体晶粒发育完整,粒径很小且分布均匀,团聚程度很轻,易得到合适的化学计量物和晶粒形态,可以适用较便宜的原料,省去了高温燃烧和球磨,从而避免了杂质和结构缺陷等。水热过程中温度、压力、处理时间、溶媒的成分、pH、所用前驱体的种类、有无矿化剂、矿化剂的种类对粉末的粒径和形状都有很大影响,同时还会影响反应速率、晶型等。

水热法 HA 的制备:在内衬有聚四氟乙烯的 150mL 不锈钢容器中,加入 100mL 0.1mol/L 的 NaOH 溶液和 1g $CaHPO_4 \cdot 2H_2O$。将不锈钢容器置于集热式磁力搅拌器中加热搅拌,控制温度在 100~200℃,反应时间 1~12h。待反应完全后,立即用水冷却,产物经二次水洗、乙醇洗、抽滤,并于 120℃ 真空干燥箱中烘 1h,即得到羟基磷灰石。

(4) 微乳液法　微乳液是由油、水、表面活性剂构成的透明液体,是一类各向同性、液滴直径为纳米级的、热力学动力学稳定的胶体分散体系。微乳液体系相当于为颗粒的生长提供了一个微反应器,从而可以制得超细、单分散的纳米粒子。因此微乳液法在控制颗粒形貌和单分散等方面有独特的优越性。

微乳法 HA 粒子的合成:采用十二烷基三甲基氯化铵(DTAC)/正辛醇/环己烷/$H_2O$ 形成的反相微乳液体系在常温条件下合成具有球状和长柱状等多种微观形貌的纳米羟基磷灰石粉体。将表面活性剂 DTAC、助表面活性剂正辛醇、油相环己烷、硝酸钙水溶液按照一定摩尔比混合(比值为 $X : Y = 3.0 : 278$; $X, Y = 0.5、1.0、2.0$),常温磁力搅拌 2.5h,配成微乳液 A;同理,将磷酸氢二氨水溶液取代硝酸钙水溶液,按照摩尔比 $X : Y = 1.67 : 278$ 混合,磁力搅拌 2.5h,配成微乳液 B。同时调整两份微乳液的 pH 约 11 左右。在剧烈搅拌下将含有 $(NH_4)_2HPO_4$ 的微乳液 B 加入到含有 $Ca(NO_3)_2$ 的微乳液 A 中,开始要逐滴加入,而后速率由慢到快直至滴加完毕。室温下反应 24h,有 HA 粒子析出,陈化 12h。产物经离心分离(2400r/min),除去清液。将所得产物依次用丙酮和去离子水交替充分洗涤 2 次,以去除其中的杂质成分,并在超声波清洗器中振荡分散,最后置于真空冷冻干燥机中干燥备用。干燥后的产物分别在 300℃、500℃ 和 700℃ 焙烧数小时。

制备流程如图 5-17 所示。

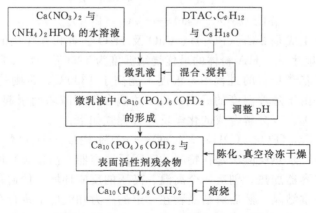

图 5-17　微乳液法合成羟基磷灰石纳米粒子

#### 5.3.3.3 羟基磷灰石陶瓷制备

合成的羟基磷灰石经成型、烧结才能得到羟基磷灰石陶瓷。这是因为羟基磷灰石粉末合成后，还必须通过成型-烧结工艺提高其强度，同时根据需要调节孔度和形状。由于人工骨制品的形状多样，在烧结之前的成型方法也有所不同。根据人工骨的不同特点要求，国内先后发展了注浆成型、压制成型、凝胶浇注成型工艺路线。其一般工艺过程为：原料粉碎（球磨/干燥）→黏结剂（如果需要可加致孔剂）→[静压或热压成型（或石膏模成型）]→修边→烧结→成品修饰→产品。

常用的烧结方法有常规烧结、热压烧结、热等静压和冷等静压烧结。热压烧结通常用于致密陶瓷材料的制备，相对于常规烧结所需的温度低一些，热压成型所得制品密度高，为理论密度的98%以上，强度高，但工艺复杂。热等静压烧结所制备的陶瓷具有小的晶粒尺寸和小的气孔，烧结温度低。

(1) 加压再烧结法　通过加压再烧结制备致密羟基磷灰石陶瓷是将粉体先加压成型，然后升温至一定温度进行烧结。

加压再烧结制备羟基磷灰石陶瓷：将硬脂酸加入到乙醇溶液中作为润滑剂，再将粉末状材料放在金属模具中施加10~40MPa的压力压制成型，然后放入橡胶模具中进行液压至100MPa，最后在真空中采用等静压法成型。将样品在湿氧气氛中煅烧6h，升温速率保持在100℃/h。煅烧后在炉内同样以100℃/h的速率降温。

(2) 连续热压烧结法　通过连续热压法制备致密羟基磷灰石陶瓷的方法与其它方法不同之处在于加热与加压同时进行，在低于常规烧结温度下就能使样品致密化。烧结也可以在900℃下进行，但低于此温度HA就会发生分解。

热压法所得制品的颗粒尺寸不大，颗粒尺寸过小会降低制品的机械强度。与传统烧结技术相比，连续热压烧结法并没有加快烧结速率，而且还受到产品几何形状的限制。同轴向热压烧结所得产品一般是棒状的，但各个方向上的力学性能稍有差别，所得产品可用来制备牙根。

产品的等静压成型过程中，必须给试件表面涂覆一层密封物质，防止压缩气体进入材料中，但该层物质同时也妨碍了陶瓷的致密化。用于涂覆的物质很多，但是在烧结温度低的前提下，要找到能将试件密封起来又能使工件最大限度地收缩而不产生开裂的物质是很困难的。所以在此情况下，有必要对该材料首先采用先成型后烧结的方法进行烧结，坯件收缩后再采用边加热边加压法烧结。给模中施加50MPa压力，加热到900℃，并控制加压速率为20mm/h就可获得具有良好力学性能的羟基磷灰石棒。热压烧结陶瓷具有良好的致密性和较低的气孔率，机械强度较高。

在烧结过程中，由于羟基磷灰石的物理化学特性，会产生不同晶相组成的产品。在无水情况下羟基磷灰石粉末会在1400℃分解成α-TCP、$Ca_3(PO_4)_2$和$Ca_4P_2O_9$，而磷含量较高的样品（如带有晶格缺陷的羟基磷灰石）则会在1000℃下转变成α-TCP，在1400℃下转变成β-TCP。而在有水存在时，磷灰石晶格结构在中高温下就会发生转变，即Ca/P比为1.5~1.7的粉末在空气中煅烧至1200~1300℃时所得产物主要是结晶学上的磷灰石，不过当有少量$Li_3PO_4$存在时，温度在900℃以上能够促使羟基磷灰石分解成β-TCP。

(3) 凝胶浇注成型　各种人工种植体形状的复杂性对羟基磷灰石的成型工艺提出了很高的要求。近几年出现的凝胶浇注是一种把传统陶瓷成型工艺与高分子化学相结合的一种崭新的陶瓷成型工艺，它利用有机物形成的网络将陶瓷粉料黏结起来，除了干燥过程中很小的有机网络收缩应力外无其它外力作用。虽然其料浆中的固相物含量和料浆浇注成型工艺中的一致，但有机物原位凝胶化形成的坯体密度很低。该工艺不仅可利用其有机物原位凝胶化成型的特点制备各种形状复杂的制品，而且可利用有机高聚物网络赋予陶瓷坯体高强度，这使陶瓷坯体具有很好的可机械加工性，并可在原位成型基础上通过后加工得到尺寸更为精确的各种陶瓷坯体，这正是生物陶瓷种植体和其它各种精密陶瓷制品所需要的。坯体的高强度是凝胶浇注成型工艺最突出的特点之一。图5-18是羟基磷灰石陶瓷凝胶浇注成型流程。

(4) 烧结温度对材料性能的影响　烧结温度对材料密度、孔隙率、硬度、强度有较大影响。

① 烧结温度对密度、孔隙率的影响　图5-19为羟基磷灰石在不同环境下烧结温度对密度、孔隙率的影响。从图中可看出在潮湿条件下（有水分补充到晶格中去），随烧结温度的提高，材料孔隙率下降，密度升高，但烧结密度在空气或真空条件下有峰值，即低温烧结不完全，而高温有部分化学成分分解，这两种情况均导致密度下降。

② 烧结温度对机械强度的影响　与烧结温度对密度的影响类似，在空气或真空条件下，烧结温度过高或过低均会降低材料的硬度和强度，但在潮湿环境中由于有水分补充进晶格，使材料的硬度和强度随烧结温度的升高而上升，见图5-20。

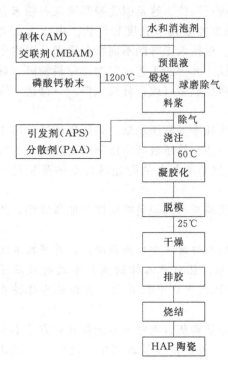

图5-18　羟基磷灰石陶瓷凝胶浇注成型流程

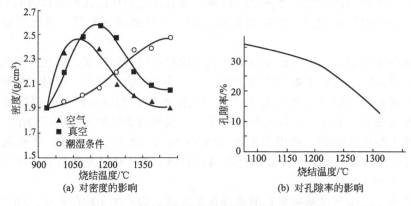

图5-19　烧结温度对材料密度和孔隙率的影响

为了降低烧结温度同时又保持材料的优良性能，可以在羟基磷灰石中加入其它物质。考虑到要植入人体，所掺物质应避免加入有害元素和人体限量吸收的元素，并使烧成后的材料具有良好的生物相容性和足够的机械强度，保证安全无毒。

例如，把$SiO_2$、$CaO$、$K_2CO_3$混合均匀，在900℃保温2h条件下进行预烧，然后把羟基磷灰石和上述预烧料按比例进行配料，研磨到一定细度后在120℃烘干，采用热压铸成型方法。在1200℃左右保温2h烧成。经检测其Ca/P摩尔比仍为1.67。这种陶瓷的主晶相为羟基磷灰石，含少量硅酸盐玻璃，其显微结构为多孔状，孔径5～30μm，在孔内表面可见发育良好的羟基磷灰石晶体。

③ 烧结温度对结构的影响　理论上，羟基磷灰石的密度为3.16g/cm³，但在实际烧结

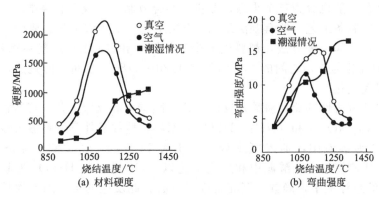

图 5-20 烧结温度对材料硬度和弯曲强度的影响

过程中很难达到。HA 陶瓷物理性能受温度影响可以根据脱羟基和微观结构变化进行解释。

a. 脱羟基过程

&lt;800℃　　　　　缓慢脱羟基

800～1350℃　　　加快脱羟基

1350℃　　　　　临界点→羟基磷灰石分解和不可逆转的脱羟基过程

$$Ca_{10}(PO_4)_6(OH)_2 \longrightarrow 2Ca_3(PO_4)_2 + Ca_4P_2O_9 + H_2O$$

b. 微观结构的变化

&lt;900℃　　　　　细微的致密化

900～1150℃　　　致密化的主要阶段

1150～1200℃　　平稳阶段，细孔封闭，出现气泡

1200～1350℃　　气泡的大小、数量增加

&gt;1350℃　　　　气泡大小、数量急剧增加

因此，除微观结构的变化外，脱羟基作用也对羟基磷灰石的物理性能起着重要的作用。1150～1200℃时，致密化水平接近95%，气孔封闭，1350℃时 HA 分解，出现大量的气泡，这两个温度阶段强度都会发生较大变化。

## 5.4　磷酸钙生物可吸收陶瓷

吸收性生物陶瓷包括硫酸钙及各种钙磷酸盐，它们的主要功用是作为临时的"脚手架"或空间填充物，然后活组织可以渗入而取代它们。作为吸收性生物陶瓷的各种钙磷酸盐，其钙与磷酸根的比值范围为（1～3）∶1，主要包括 α-TCP、β-TCP 及羟基磷灰石和它们的混合物，它们的降解能力依次为：α-TCP＞β-TCP＞HA。目前最常用的是磷酸钙，这种材料是磷酸三钙的一种形式。

α-TCP、β-TCP 与羟基磷灰石有一定结构相似性。磷酸钙陶瓷中 β-TCP 最为常用，它具有较快的降解速率，当其植入人体后，降解下来的 Ca、P 能进入活体循环系统形成新生骨，因此它作为理想的骨替代材料已成为世界各国学者研究的重点之一；α-TCP 具有自固化性质，可作为骨水泥使用，在作为骨填充物应用方面，比羟基磷灰石的应用更广泛。

### 5.4.1　β-TCP 陶瓷

磷酸钙作为陶瓷材料使用的是 β 相，β-TCP 植入生物体内后，要求其降解速率和骨的再生相匹配。因此在制备这类材料时，必须严格控制材料的纯度、粒度、结晶和细孔尺寸等。

β-TCP 陶瓷的制备一般也分为三个步骤，即粉末的合成制备、成型和烧结。

β-TCP 粉末的制备工艺一般有湿法工艺、干法工艺、水热法工艺。要合成纯净的 β-TCP 是相当困难的，不管哪一种方法，都要生成少量的第 2 相（α 相）及羟基磷灰石、CaO 等。据报道，TCP 的 α 相与 β 相之间的相变温度在 1120～1180℃ 之间，但是这可以因 Mg、Na 等杂质而发生很大变化。

湿法工艺包括可溶性钙盐和磷酸盐反应工艺、酸碱中和反应工艺。可溶性钙盐和磷酸盐反应工艺一般以 $Ca(NO_3)_2$ 和 $(NH_4)_2HPO_4$ 为原料，搅拌条件下将磷酸氢铵溶液按一定的速率滴加到硝酸钙溶液中，加入氨水调节 pH 为 11～12，经过滤、洗涤、干燥、煅烧（700～1100℃）成陶瓷粉末。酸碱中和反应工艺以 $Ca(OH)_2$ 和 $H_3PO_4$ 为原料，将磷酸滴加到 $Ca(OH)_2$ 的悬浮液中，静置、沉淀后进行过滤。此反应的唯一副产物是水，故沉淀物无需洗涤，干燥后煅烧得到 β-TCP 粉末。采用湿法工艺所得粉末可制得独特孔隙结构的陶瓷块体。该陶瓷具有丰富均匀的微孔，较高的抗压强度和较好的溶解性能及孔隙可调控等特点，是制备多孔 β-TCP 陶瓷较为理想的工艺之一。

干法工艺是以 $CaHPO_4 \cdot 2H_2O$ 和 $CaCO_3$ 或 $Ca(OH)_2$ 为原料，在温度高于 900℃ 条件下，非水固相反应制备粉末。干法工艺制备的 β-TCP 粉末晶体结构无收缩，结晶性好；但晶粒粗，组成不均匀，有杂质存在。

固相反应合成法制备 β-TCP：将摩尔比为 2∶1 的分析纯 $CaHPO_4 \cdot 2H_2O$ 和 $CaCO_3$ 的混合物，按质量比 1∶1.5 加入蒸馏水，以 200r/min 的转速球磨 15h，于 100℃ 下干燥 10h，最后将干燥粉末在 880℃ 煅烧 2h，随炉冷却后制得粒径细小、均匀的 β-TCP 陶瓷粉末。

水热法应用较少，一般是在水热条件下，控制一定温度和压力，以 $CaHPO_4$、$CaHPO_4 \cdot 2H_2O$ 为原料合成，得到晶格完整、晶粒直径更大的 β-TCP。

磷酸钙陶瓷人工骨分为粉末型（使用时调成浆料）、颗粒型、多孔型和致密型。致密型表面只有微孔或表面光滑无孔，除力学性能较多孔型好之外，不利于骨组织和血管长入，因而在实际应用中多孔型占的比例大，特别是 β-TCP 生物降解陶瓷以多孔型为主。多孔型生物陶瓷的制备将在后面介绍。单纯的 TCP 由于烧结温度太高而难以制成理想的材料，因此必须加入合适的黏结剂使 TCP 颗粒在较低的烧结温度下相互粘接而具有较好的力学强度。特别是在烧制多孔块状 β-TCP 材料时要考虑加入适量的黏结剂，以使 β-TCP 粉末原料能在低于 1100℃ 时粘接在一起。所选用的黏结剂必须满足以下条件：①成分对人体无害；②在指定的烧结温度范围内有黏结作用；③有一定的水溶性；④不会影响主晶相 β-TCP 的性能，降解产物易于代谢。加入黏结剂的用量将影响材料的生物降解性能和支架作用，其用量过少起不到黏结作用，强度不足；用量太大则气孔率降低，密度加大，给材料的物理化学性能带来一定的影响。

### 5.4.2 磷酸钙骨水泥

水泥实际上是一类无机或有机及其混合物粉末材料，在常温下当它与水或水溶液拌和后所形成的浆体，经过一系列化学、物理作用后，能够逐渐硬化并形成具有一定强度的人造石。水泥与陶瓷和玻璃相比，具有易塑性，由于初步硬化后强度低，可以手工成型所需形状，这样即克服了陶瓷和玻璃加工困难的缺点，自硬化特性使材料塑型植入后不用其它外力手段便可硬化。因此生物活性骨水泥作为一种医用材料，必须满足以下要求：①浆体易于成型，可填充不规则的骨腔；②在环境中能自行凝固，硬化时间要合理；③有优良的生物活性和骨诱导潜能（可吸收，不影响骨重塑或骨折愈合过程，能被骨组织爬行代替）；④良好的力学性能（以松质骨力学性能的中介值为标准，抗压强度＞5MPa，压缩模量 45～100MPa）

和耐久性能；⑤无毒性和具有免疫性。无机盐硫酸钙、磷酸钙是典型的骨水泥，在水合后形成硬度较高的固体；一些生物玻璃粉与有机黏结剂混合后，也会形成硬度很高的固体，如补牙商品——富士玻璃离子体水泥。本节仅介绍磷酸钙为组分的骨水泥——磷酸钙骨水泥(CPC)。

磷酸钙骨水泥是一类将两种或两种以上磷酸钙粉体加入液相调和剂，通过磷酸钙发生水化硬化，在人体环境和温度下转化为与人体硬组织成分相似的羟基磷灰石的生物活性无机材料。其强度与磷酸钙生物陶瓷相比低很多，比一些牙用水门汀也低很多，但它在人体环境和温度下自行固化的性能与优良的生物相容性的有机结合，使之成为一种独特的生物材料。

#### 5.4.2.1 磷酸钙骨水泥的组成

磷酸钙骨水泥由固相和液相两部分组成，其中固相至少包含除羟基磷灰石外的两种磷酸钙盐，这些磷酸钙盐包括磷酸四钙 $[Ca_4(PO_4)_2O]$、α-磷酸三钙或 β-磷酸三钙 $[Ca_3(PO_4)_2]$、二水磷酸氢钙 $(CaHPO_4 \cdot 2H_2O)$、无水磷酸氢钙 $(CaHPO_4)$、磷酸二氢钙 $[Ca(H_2PO_4)_2]$、磷酸八钙 $[Ca_8H_2(PO_4)_6]$ 等。因研制单位和生产厂商的不同，固相中各种磷酸钙盐的含量和比例也不一致，钙磷比值也因此有所不同，但通常介于 1.3~2.0。液相即固化液，多为低浓度的磷酸或磷酸盐溶液，或是蒸馏水、生理盐水或手术部位的血液等。

根据组成不同，磷酸钙骨水泥可分为纯磷酸钙骨水泥和功能型磷酸钙骨水泥。纯磷酸钙骨水泥的产品形态主要有骨粉以及由粉末和固化液预先调和成的标准形状，如骨棒、骨块、骨栓和松质骨粒等；功能型磷酸钙骨水泥则在纯磷酸钙骨水泥组成的基础上添加药物、生物活性因子、抗水剂和促凝剂等，以满足临床上不同的需求。

#### 5.4.2.2 磷酸钙骨水泥的水化机制

自行固化是骨水泥区别于其它生物材料（如生物陶瓷、生物玻璃等）的最主要特征之一。CPC 之所以能够固化并最终转化为 HA，其原理是基于不同磷酸钙盐在水中溶解度的差异。当 pH 在 4.2~11 范围内时，HA 在水中的溶解度最小，在热力学角度上是最稳定的，其它磷酸钙盐在水中会趋向于向 HA 转化。因此磷酸钙骨水泥的水化机制为：CPC 粉末与固化液接触，磷酸钙盐先溶解，在颗粒间结晶出细针状 HA。随着水化反应的进行，HA 细小晶体不断长大并相互交联接触。晶体越大，接触点数量越多，固化体越坚硬，其强度与 HA 生成率成正比。水化产物不单在原始颗粒间成核生长，也在颗粒表面生长并形成包覆层。颗粒内部原料的水化取决于颗粒间水通过水化产物层向内部的渗透以及内外离子的扩散。

由于单组分磷酸钙盐水化时副产物酸或碱的产生，如磷酸四钙水化时会产生过量的 $OH^-$，而无水磷酸氢钙水化会产生过量的 $H^+$，从而使水化反应环境偏离中性而导致水化反应终止，因此单一磷酸钙盐矿化能力相当有限。磷酸钙骨水泥是几种磷酸钙盐的混合物，可保证反应始终维持在中性环境：当磷酸四钙和无水磷酸氢钙在水中共存时，磷酸四钙溶解速率快。随着溶解的不断进行，pH 向碱性方向偏移，直至溶液中离子浓度达到过饱和浓度时才结晶析出 HA。在高 pH 范围内会促进无水磷酸氢钙的溶解，但磷酸四钙的溶解速率降低，最终回到平衡状态。$H^+$ 和 $OH^-$ 透过包覆层后水化继续进行，此时水化反应由原来的颗粒表面控制转变为扩散控制，这就使水化反应始终维持在中性范围，避免 pH 偏移太大而损伤组织，并保持对 HA 稳定的过饱和度，提高矿化能力。到水化 24h 后，不仅颗粒间的外部产物长大，而且在原始颗粒内部也趋于水化完全。

在水化反应初始阶段，HA 的生成受原料表面反应控制，为零级反应，在颗粒间和颗粒表面生成的 HA 加强了颗粒间的连接。HA 含量越大，接触点越多，抗压强度随 HA 生成率的增大呈几乎线性增大。当 HA 在颗粒表面形成一层水化产物包覆膜后，CPC 水化反应由颗粒表面反应控制转化为透过水化产物层的扩散控制。由于无水磷酸氢钙和 HA 的密度差异，被水化产物包裹的无水磷酸氢钙转化为 HA 时，由于体积收缩产生内应力，对抗压强度不利，甚至使包裹的"壳"破裂，在材料的内部产生缺陷导致抗压强度不再升高，甚至小幅降低。

#### 5.4.2.3 磷酸钙骨水泥的制备

磷酸钙骨水泥的成分包括 α-磷酸钙、磷酸四钙、二水磷酸氢钙、磷酸二氢钙等。磷酸钙骨水泥的制备方法非常简单，即粉末掺和水溶液后（一般为柠檬酸或柠檬酸盐混合物）拌匀，经一段时间的初步硬化，塑型后植入骨邻代或填充部位，最后硬化成骨水泥，它们在生物体内进行多步化学反应，生成羟基磷灰石。

磷酸钙骨水泥的水化固化过程与普通水泥的固化反应有相似之处，其凝结时间、强度、孔隙率、溶解度等特性可受以下多种因素的影响：①粉末颗粒大小的影响；②使用可溶性的氟化钠或不溶性的氟化钙的影响；③HA 晶种的颗粒大小、比表面积的影响；④用水或稀释酸或其它液体如血液、血浆作液相的影响；⑤固化液中的氟、电解质以及添加物的影响等。

## 5.5 多孔生物陶瓷

多孔陶瓷具有均匀分布的微孔或孔洞，孔隙率较高，体积密度小，具有发达的比表面积及其独特的物理表面特性。在传统生物陶瓷基础上发展起来的多孔生物陶瓷，同样具备生物相容性好、理化性能稳定及无毒副作用等特点，用其制作的牙齿及其它植入体均已用于临床。多孔生物陶瓷中含有适当尺寸的气孔，并占有一定的体积分数，对陶瓷和组织的相互作用有重要作用：①为纤维细胞、骨细胞向陶瓷中生长提供通道和生长空间；②增大组织液与陶瓷接触面积，加速反应进程；③有利于体液的微循环，为在陶瓷内部的新生骨提供营养。

二十多年来，一系列生物试验已证明骨可在多孔羟基磷灰石植入材料中生长。研究还表明，孔径为 $15\sim40\mu m$ 时可长入纤维组织，孔径为 $40\sim100\mu m$ 时可长入非矿物类骨组织，孔径大于 $100\mu m$ 时可长入血管组织，而要保持组织的健康生存能力，孔径应大于 $100\sim150\mu m$。大孔径不仅能增加可实现的接触面积以及抗移动能力，还可将血液提供给长入生物植入材料的连接组织。可根据植入需要的不同，制备不同的孔径植入人体，在满足生物性能要求的前提下，尽量提高其机械强度。有研究显示，整形植入体的植入可改变周围生物组织在生理机能上的机械应力状态，而这种力学环境与植入体的弹性性能有关。制备多孔陶瓷植入人体可以有效地减小植入材料与周围生物组织之间的弹性不匹配，采用不同的孔隙率还可对植入体的弹性性能进行适当调节。

由制备陶瓷的加工技术来调控多孔生物陶瓷，造出的孔隙尺寸可以控制在纳米级范围（溶胶-凝胶法、干凝胶法）、亚毫米范围或大约 $50\sim500\mu m$ 的范围（利用挥发相法、有机泡沫浸渍法、发泡法）。众所周知，需有大的连通孔隙来适应骨移植用途的组织内生长和血管分布，最小的孔隙尺寸约为 $100\mu m$。另一方面，亚微米和纳米范围的较小孔隙，能够促进植入场所的细胞黏附和增殖，并可吸收再生过程中的工作物质，如蛋白质和生长素等。将亚毫米范围的孔隙和宏孔网架结合起来，可提供类似于骨骼的理想的梯度结构。骨组织工程用无机材料包括珊瑚及其衍生多孔羟基磷灰石（HA）、磷酸钙（TCP）等。

多孔陶瓷的制备方法多种多样。传统多孔陶瓷的制备方法包括挤压成型、颗粒堆积形成气孔结构、气体发泡形成气孔结构、有机泡沫浸渍成型法、添加造孔剂工艺、溶胶-凝胶法；特殊的制备方法包括利用纤维制备多孔结构、热压法、气凝胶材料法、利用分子键构成气孔、凝胶注模工艺、脉冲电流烧结、升华干燥工艺、自蔓延高温合成工艺、机械搅拌法、综合制备法等。多孔生物陶瓷的成型方法目前应用比较普遍的有炭填加法（以炭为造孔剂）、气体分解法、有机物填加法、原位替代法等。不同制备方法所得多孔陶瓷的气孔率和孔径不同（表 5-10）。下面将介绍几种多孔生物陶瓷的制备方法，凝胶注模法在前面已有介绍。

表 5-10 不同制备方法所得多孔陶瓷的优缺点

| 成型方法 | 气孔率 | 孔径 | 优　点 | 缺　点 |
| --- | --- | --- | --- | --- |
| 有机泡沫浸渍法 | 50~90 | 100μm~5mm | 工艺较简单，成本较低 | 制品形状受限制，成分密度难控制，强度低 |
| 添加造孔剂法 | 0~50 | 10μm~1mm | 不同成型方法可制得不同形状的复杂制品，孔径结构可控 | 气孔分布均匀性差，气孔率不高 |
| 发泡法 | 40~90 | 10μm~2mm | 气孔率高，试样强度高 | 对原料要求高，工艺条件不太容易控制，多为经验性 |
| 凝胶注模法 | 0~80 | 10μm~5mm | 坯体强度高，便于机械加工 | 干燥条件过于苛刻，工艺自动化程度较低 |

## 5.5.1 有机泡沫浸渍法

有机泡沫浸渍法也就是泡沫塑料浸渍泥浆高温处理法。其原理是利用可燃尽的多孔载体（一般为泡沫塑料）吸附陶瓷料浆，然后在高温下燃尽载体材料而形成孔隙结构。典型的工艺过程如图 5-21 所示。

图 5-21 有机泡沫浸渍法制备多孔陶瓷工艺过程

该方法能制备出较高气孔率的开孔三维网状骨架结构的多孔陶瓷。工艺比较简单，操作方便，无需复杂设备，制造成本较低，但同时也存在较大的缺点。首先，制备出的多孔陶瓷结构受泡沫塑料结构的影响很大。海绵或泡沫本身的多孔结构较好，孔隙率较大，但采用泡沫浸渍法制备出的多孔陶瓷其原来是气孔的部分现在变成了材料颗粒，而原来的材料部分则变成了气孔，这虽然保证了气孔的连通性，但是导致陶瓷的气孔率较低，内部结构不如有机模板原来的结构好。其次，制备过程中泡沫塑料的强度和弹性对多孔陶瓷的制备影响较大。在泡沫塑料强度较低的情况下，浸渍料浆后易导致其变形，直接影响了制备出的多孔陶瓷的形态结构，陶瓷的强度也有较大影响。

适应该工艺要求的有机泡沫材料一般是经过特定发泡工艺制作的聚合海绵，材质常为聚氨酯、纤维素、胶乳、聚氯乙烯和聚苯乙烯等。其中由于聚氨酯泡沫材料具有低的软化温度，能在挥发排除中避免热应力破坏，从而可以防止坯体的崩塌，保证了制品的强度，因此在实际应用中被较多地选用。由于泡沫塑料的孔隙尺寸是决定最后多孔陶瓷制品孔隙尺寸的主要因素，因此应根据制品对气孔大小、孔隙率高低的要求来挑选孔隙参数合适的有机泡沫塑料（通常陶瓷粉料的尺寸为 100μm~5mm）。此外，合适的有机泡沫材料应满足：①为了保证陶瓷浆料能够自由渗透、相互粘连，有机泡沫应是开孔网状结构；②具有一定的亲水性，以便能够牢固地吸附陶瓷浆料；③有足够大的恢复力，保证挤出多余浆料后能迅速恢复原状；④应在低于陶瓷烧结温度的温度下汽化，且不污染陶瓷。若有机泡沫材料有较多的网络间膜，在浸渍时这些网络间膜上留有多余浆孔，易造成堵孔现象。因此，对于这样的有机泡沫材料应通过预处理除去网络间膜。其方法为将有机泡沫材料浸入含量为 10%~20%的氢氧化钠溶液中，在 40~60℃温度下水解处理 2~6h，反复揉搓并用清水冲洗干净；或将有机泡沫制成制品形状后置于含量为 30%~40% 的氢氧化钠溶液中，在 60℃下浸泡 2h 后用清水冲洗干净，即可除去网络间膜。

陶瓷粉料粒度的选择同样主要取决于多孔陶瓷制品的性能与用途。通常要求陶瓷粉料颗粒一般应小于 $100\mu m$，最好小于 $45\mu m$，最粗不大于 $175\mu m$。

浆料主要由陶瓷粉料、溶剂和添加剂组成。溶剂一般是水，但也有用有机溶剂的，如乙醇等。浆料除了具有一般陶瓷浆料的性能外，还需要具有尽可能高的固相含量（水含量一般为 10%~40%，浆料密度 18~22g/cm³）和较好的触变性。高性能的浆料不仅有利于成型，而且对保证制品的性能起重要作用。为了获得较适合浸渍成型的浆料，必须加入一定量的添加剂，如黏结剂、流变剂、分散剂、消泡剂、表面活性剂等。

有机泡沫在浸渍浆料前需经反复挤压以排除空气，然后进行浆料浸渍。其方法有常压吸附法、真空吸附法、机械滚压法及手工揉搓法。无论采用何种方法进行浸渍，都要求浆料充分地涂覆在有机泡沫体上。有机泡沫体浸渍浆料后，需除去多余浆料，最简单的方法是用两块木板挤压浸渍了浆料的泡沫。这一步的关键是挤压力度的均匀性，既要排除多余的浆料，又要保证浆料在网络孔壁上分布均匀防止堵孔。成型后的坯体容重在 0.4~0.8g/cm³ 范围较适宜。规模化生产采用离心机或滚轧机等设备来完成。

挤出多余浆料所获得的多孔素坯需进行干燥，可采用的方法有阴干、烘干或微波炉干燥。水分在 1.0% 以下，即可入窑烧成。在烧成过程中，有两个重要阶段，即低温阶段和高温阶段。在低温阶段，应缓慢升温，使有机泡沫体缓慢而充分地挥发排除，升温制度应根据有机泡沫体的热重分析曲线来制定。在此阶段，如果升温过快，会因有机物剧烈氧化而在短时间内产生大量气体而造成坯体开裂和粉化，因此该阶段多采用氧化气氛让有机物通过氧化途径而排除。对于较大制品，为了防止坯体在烧成过程中开裂，可以通过调节浆料配方、优化浆料性能、增加浆料在有机泡沫网体上的厚度来解决。选择合适的黏结剂对提高坯体的高温烧结强度是非常重要的。烧成温度范围一般为 1000~1700℃。由于坯体是高气孔率材料，烧成温差较大，有时会碰到制品烧不透的问题，对于此类问题一般可以通过延长保温时间（1~5h）以及采用适当的垫板以加大受热面的方式来解决。

### 5.5.2 添加造孔剂法

添加造孔剂工艺是在陶瓷配料中添加造孔剂混合成型，利用造孔剂在坯体中占有一定的空间，再经过加热处理将添加的造孔剂燃烧或挥发而留下气孔来制备多孔陶瓷。虽然在普通的陶瓷工艺中，采用调整烧结温度和时间的方法，可以控制烧结制品的气孔率和强度，但对于多孔陶瓷烧结温度太高会使部分气孔封闭或消失；烧结温度太低，则制品的强度低，无法兼顾气孔率和强度。而采用添加造孔剂的方法则可以避免这种缺点，使烧结制品既具有高的气孔率，又具有很好的强度。用该法制备的多孔陶瓷，气孔率一般在 50% 以下。添加造孔剂法制备多孔陶瓷的工艺流程与普通的陶瓷工艺流程相似，这种工艺方法的关键在于造孔剂种类和用量的选择。

造孔剂加入的目的在于促使气孔率增加，它必须满足以下三个要求：在加热过程中易于排除，排除后在基体中无有害残留物，不与基体反应。造孔剂颗粒的形状和大小决定了多孔陶瓷材料气孔的形状和大小。造孔剂的种类有无机和有机两类，无机造孔剂有碳酸铵、碳酸氢铵、氯化铵等高温可分解的盐类，以及其它可分解化合物或无机炭，如炭粉等；有机造孔剂主要是天然纤维、高分子聚合物和有机酸，如聚甲基丙烯酸甲酯、聚乙烯醇缩丁醛、甲基纤维素、硬脂酸、尿素等。这些造孔剂在高温下完全分解而在陶瓷基体中产生气体，从而制得多孔材料。这种方法可以通过调节造孔剂颗粒的大小、形状及分布来控制孔的大小、形状及分布,因而简单易行。

为使多孔陶瓷制品的气孔分布均匀,混料的均匀性非常重要。一般造孔剂的密度小于陶瓷原料的密度,另外它们的粒度大小往往不同。因此,难以使其很均匀混合。采用两种不同的混料方法可以解决上述问题。如果陶瓷粉末很细,而造孔剂颗粒较粗或造孔剂溶于黏结剂中,可以将陶瓷粉末与黏结剂混合造粒后,再与造孔剂混合。另一方法是将造孔剂和陶瓷粉末分别制成悬浊液,再将两种料浆按一定比例喷雾干燥混合。

例如:将羟基磷灰石粉末与甲基纤维素粉末混合后,再与去离子水混合成浆料,经超声振动脱气,在烘箱中50~90℃慢慢地烘干,然后以0.5℃/min的速率升温至250℃,再以3℃/min的速率升温到1250℃,保温3h,随炉冷却到室温,可获得孔隙度60%~90%、孔径100~250μm、互通性良好的多孔羟基磷灰石陶瓷。

### 5.5.3 盐析法

利用添加造孔剂工艺制备多孔陶瓷,所用的造孔剂均在远低于基体陶瓷烧结温度下分解或挥发,由于是在较低温度形成孔,因此很可能有一部分、特别是较小的孔,会在以后的高温烧结时封闭,造成透过性能的降低。利用盐类化合物代替,则可克服这些缺点。盐类化合物在基体陶瓷烧结温度下不排除,基体烧成后,用水、酸或碱溶液浸出而成为多孔陶瓷。这类化合物包括熔点较高而又可溶于水、酸或碱溶液的各种无机盐或其它化合物,要求在陶瓷烧结温度下不熔化、不分解、不烧结、不与基体陶瓷反应。这类化合物特别适用于玻璃质较多的多孔陶瓷或多孔玻璃的制造。例如 $Na_2SO_4$、$CaSO_4$、$NaCl$、$CaCl_2$。

盐析法是通过把盐类化合物和生物陶瓷粉及黏结剂混合在一起,然后成型烧结得到含有均匀分布食盐的生物陶瓷块,再放在沸水里溶去盐,从而得到多孔生物陶瓷。该方法工艺比较简单,但是由于孤立或深层的食盐颗粒难以溶出而会保留在生物陶瓷里,为其应用造成隐患,故不适合制备闭气孔或大块体生物多孔陶瓷。

### 5.5.4 化学发泡法

化学发泡法工艺是向陶瓷组分中添加有机或无机化学物质,在加热处理期间形成挥发性气体,从而产生泡沫,经干燥和烧成制得多孔陶瓷。制备工艺流程如图5-22所示。

图 5-22 化学发泡法制备多孔陶瓷工艺过程

化学发泡法制备多孔陶瓷,要求成孔剂和发泡剂的残留物不影响陶瓷的性能和组成,或残留物经简单的水洗可以除去。常用的发泡剂是过氧化氢(双氧水,$H_2O_2$),利用 $H_2O_2$ 分解产生气体而形成多孔陶瓷。但由于 $H_2O_2$ 的分解有一定的速率,受温度、料浆黏度影响,因此控制生成的气孔率和气孔尺寸比较困难。另外此法得到的孔洞大多是封闭的,气孔贯通率较差,但如果系统掌握了料浆的黏度、双氧水浓度、反应温度等,用双氧水制取HA是一种较方便的方法。

例如:以聚乙烯醇等水溶性聚合物为黏结剂,将含2%聚乙烯醇与4%过氧化氢的水溶液与羟基磷灰石粉末混合,制成浆料,以缓慢的速率升温至80℃并保温4h,使过氧化氢分解,经低温预烧和高温烧结,制得孔洞贯通性良好的多孔羟基磷灰石陶瓷。

与泡沫塑料浸渍泥浆法相比,发泡法可以更容易地制备出一定形状、组成和密度的多孔陶瓷，而且还可以制备出小孔径的气孔。但发泡法同样也存在一定的缺点，只是整个制备工艺过程不能进行精确的量化控制，从而导致成品率不高，许多情况需要靠经验来调节。

### 5.5.5 颗粒堆积形成气孔结构

陶瓷粗粒黏结、堆积可形成多孔结构，颗粒靠黏结剂或自身黏合而成。这种多孔材料的气孔率较低，一般为20%～30%左右。因为气孔率较低，为了提高气孔率，常常结合其它方法，还可以通过粉体粒度配比和成孔剂等控制孔径及其它性能。这样制得的多孔陶瓷气孔率可达75%左右，孔径可在微米与毫米之间。

### 5.5.6 原位替代法

原位替代法就是通过蜡、珊瑚等物质，通过模具复型制备多孔生物陶瓷。

蜡复型法制备多孔生物陶瓷，是以蜡充满天然骨骼或类似结构的孔隙，以酸溶去原骨骼，便得到蜡阴模；再将陶瓷浆料注入蜡阴模中，干燥后，将蜡烧掉并烧成，便得到具有天然骨骼结构的陶瓷复制品。

通过珊瑚等天然多孔骨架制造模具也可以得到多孔生物陶瓷。图 5-23 是利用珊瑚制作金属阴模的过程。珊瑚柱经过次氯酸钠浸泡后加热，使其发生转变，成为比天然材料结构稳定性更高的陶瓷产品，且可以对柱体进行加工以获得所需用的形状。加工后，预加热以使形状保持稳定，接着采用适当装置将珊瑚器件浸入一定金属合金熔体中，然后用 HCl 溶液腐蚀掉珊瑚材料。金属阴模制备完毕后，向其中充填适当的注浆料，该注浆料在低温下具有稳定的固体结构。当注浆成型完成后，就可通过热化学腐蚀法或直接煅烧的方法（煅烧时金属熔融）将金属模除去。

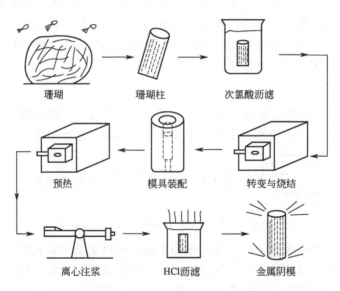

图 5-23　利用珊瑚制作金属阴模过程

### 5.5.7 多孔生物陶瓷的发展趋势

尽管多孔生物陶瓷制备技术已从初期的摸索逐步进入了应用阶段，但仍有很多问题有待解决。今后面临的主要挑战有以下几方面。

① 多孔生物陶瓷的首要特征是其多孔特性，选择适当的方法和工艺可以得到合适的多孔生物陶瓷。单纯得到气孔率很高的多孔生物陶瓷并不困难，但要控制孔径及其分布、形状、三维排列等，目前还很不理想。

② 有序、均匀、可控的三维气孔连通、高气孔率、高比表面积，并且大孔、小孔和微孔相结合，可提供大的表面积和空间，有利于细胞黏附生长、细胞外基质沉积、营养和氧气进入以及代谢产物排出，也有利于血管和神经长入和无生命生物材料向有生命物质转化的多孔结构，今后还要进行深入和大量研究。

③ 为新生组织提供支撑、保持一定时间直至新生组织具有自身生物力学特性方面的研究工作还面临着很大的困难。

④ 对于一定的实际应用必须使其同时具有相应的易加工性能，如提供适当的强度和加工特性以便医生有针对性的进行修剪和处理，还需加强这方面的研究。

⑤ 为了增强多孔生物陶瓷性能和丰富其功能，多孔结构的生物化学修饰与处理将是另一个研究热点。

⑥ 目前多孔生物陶瓷的制备生产还处在实验化阶段或作坊式阶段，低成本、高生产率的工业化生产技术也是今后研究的重点。

## 思 考 题

1. 无机材料用作生物材料应用时需满足哪些要求？
2. 生物无机材料制备与加工过程中一般包括哪些工序？
3. 陶瓷粉体的制备方法有哪些？
4. 沉淀法制备纳米粒的过程中，对最终产品的性能产生影响的因素有哪些？
5. 微乳液法制备纳米无机颗粒时，影响粒径大小及质量的因素有哪些？
6. 生物无机材料的成型方法有哪些？各有何优缺点？
7. 何为陶瓷的烧结？陶瓷结构在烧结过程中有何变化？
8. 陶瓷烧结的影响因素有哪些？烧结温度对材料性能有何影响？
9. 氧化铝陶瓷烧结过程中加入添加物的作用是什么？
10. 氧化铝陶瓷制备过程中为什么要进行预烧？
11. 玻璃和玻璃陶瓷有何区别？制备工艺有何不同？
12. 磷酸钙骨水泥为什么能自行固化？
13. 制备多孔陶瓷的方法有哪些？制备的孔径及气孔率有何不同？各种方法有何优缺点？

## 参 考 文 献

[1] 谈国强，苗鸿雁，宁青菊等. 生物陶瓷材料. 北京：化学工业出版社，2006.
[2] 李世普. 特种陶瓷工艺学. 武汉：武汉理工大学出版社，2007.
[3] 周长忍. 生物材料学. 北京：中国医药科技出版社，2004.
[4] 顾其胜，侯春林，徐政. 实用生物医用材料学. 上海：上海科学技术出版社，2005.
[5] 杨裕国. 陶瓷制品造型设计与成型模具. 北京：化学工业出版社，2006.
[6] 曾令可，王慧，罗民华等. 多孔功能陶瓷制备与应用. 北京：化学工业出版社，2006.
[7] 郑玉峰，李莉. 生物医用材料学. 哈尔滨：哈尔滨工业大学，2005.
[8] 张超武，杨海波. 生物材料概论. 北京：化学工业出版社，2006.
[9] 杨为中. A-W 生物活性玻璃陶瓷的研究和发展. 生物医学工程学杂志，2003，20（3）：541-545.
[10] 刘榕芳，肖秀峰，倪军，黄俊民. 羟基磷灰石粉末的水热合成及动力学研究. 无机化学学报，2003，19（10）：1079-1084.
[11] 谭凯元，陈晓峰，王迎军. 微乳液法合成羟基磷灰石纳米微晶及其性能研究. 材料导报，2006，20（9）：144-147.
[12] 袁建君，刘智恩，徐晓晖，方琪，申云军. 羟基磷灰石陶瓷成型与烧结工艺研究. 中国陶瓷，1996，32（3）：7-10.
[13] 曾垂省，陈晓明，闫玉华，高玉香，魏连启. 多孔生物陶瓷的制备与成型技术. 佛山陶瓷，2004，14（6）：36-38.
[14] 吕迎，李慕勤. 多孔羟基磷灰石生物陶瓷的研究现状与进展. 佳木斯大学学报，2003，21（4）：439-444.

# 第6章 生物金属材料的制备与加工

## 6.1 概述

生物金属材料是植入人体（或动物体）以修复器官和恢复功能用的金属材料。它是人类最早利用的生物材料之一，可以制成牙齿、骨头等起支撑作用的硬组织，或心脏瓣膜、脑膜、腹膜等软组织。生物医用金属材料相对于生物医用高分子材料、复合材料以及杂化和衍生材料的发展比较缓慢，但它以其高强度、耐疲劳和易加工等优良性能，仍在临床上占有重要地位。目前，在需承受较高荷载的骨、牙部位仍将其视为首选的植入材料。最重要的应用有骨折内固定板、螺钉、人工关节和牙根种植体等。

### 6.1.1 生物金属材料的要求

植入体内的金属材料是浸泡在血液、淋巴液、关节润滑液等体液之中使用的。体液含有有机酸、无机盐，存在 $Na^+$、$K^+$、$Ca^{2+}$、$Cl^-$ 等离子，是一种电解质，而且使用时间长达几年甚至几十年之久，因此生物金属材料要在人体内生理环境条件下长期停留并发挥其功能，其首要条件是材料必须具有相对稳定的化学性能，从而获得适当的生物相容性。生物金属材料首先要与人体组织和体液有良好的适应性（无毒，不引起变态反应和异常新陈代谢，对组织无刺激性），同时还要有耐蚀性和化学稳定性（金属离子不随血液转移，在体内生物环境中不发生变化，不受生物酶的影响）。生物金属材料要承受人体的各种机械动作，因此在力学上应具有适宜的强度、韧性、耐磨性和耐疲劳性能。此外，生物金属材料还要容易加工成各种复杂形状，价格便宜和使用方便。

迄今为止，除医用贵金属、医用钛、钽、铌、锆等单质金属外，其它生物医用金属材料都是合金，其中应用较多的有不锈钢、钴基合金、钛基合金等。由于生物金属材料的种类不同，应用目的不同，制备和加工方法有所差异，但无论何种方法都必须满足生物材料的基本要求。

### 6.1.2 生物金属材料的毒性

作为生物金属材料，在满足生物材料的基本要求外，还必须满足两个基本条件：一是无毒性；二是耐生理腐蚀性。

生物医用金属材料植入人体后，一般希望能在体内永久或半永久地发挥生理功能，所谓半永久对于金属人工关节来说至少在 15 年以上，在这样一个相当长的时间内，金属表面或多或少会有离子或原子因腐蚀或磨损进入周围生物组织，因此，材料是否对生物组织有毒就成为选择材料的必要条件。

元素周期表上 70% 的元素是金属，但由于毒性和力学性能差等原因，适合用于生物医用材料的纯金属很少，多为贵金属或过渡金属元素。纯金属的毒性与它在元素周期表中的位置有关。第ⅡA 族的铍（Be）、镁（Mg）、钙（Ca）、锶（Sr）、钡（Ba），第ⅡB 族的锌（Zn）、镉（Cd）、汞（Hg）毒性强；第ⅢA 族的铝（Al）、镓（Ga）、铟（In）和第ⅣA 和 ⅣB 族的锡（Sn）、硅（Si）、钛（Ti）、锆（Zr）完全无毒；第ⅥB 族的铬（Cr）、钼（Mo）、钨（W）也无毒性；在第ⅠB、ⅤB 及ⅧB 族中，同族中原子量小的铜（Cu）、钒

(V)、砷（As）、锑（Sb）、铁（Fe）、钴（Co）、镍（Ni）有毒，而同族中原子量最大的金（Au）、钽（Ta）、铂（Pt）未发现毒性。

毒性反应与材料释放的化学物质和浓度有关。因此，若在材料中需引入有毒金属元素来提高其它性能，首先应考虑采用合金化来减小或消除毒性，并提高其耐蚀性能；其次采用表面保护层和提高光洁程度等方法来提高抗蚀性能。例如，不锈钢中含有毒的铁、钴、镍，加入有毒的铍（2%）可减小毒性；加入铬（20%）则可消除毒性并增强抗蚀性，因此，合金的研制对开发新型生物医用材料有重要意义。

金属的毒性主要作用于细胞，可抑制酶的活动，阻止酶通过细胞膜的扩散和破坏溶酶体。一般可通过组织或细胞培养、急性和慢性毒性试验、溶血试验等来检测。

有些金属还可引起过敏反应，在选择使用时应予以注意。

### 6.1.3 生物金属材料的生理腐蚀性

生物医用金属材料的耐生理腐蚀性是决定材料植入后成败的关键。腐蚀的发生是一个缓慢的过程，其产物对生物机体的影响决定植入器件的使用寿命。医用金属材料植入体内后处于长期浸泡在含有机酸、碱金属或碱土金属离子等构成的恒温（37℃）电解质的环境中，加之蛋白质、酶和细胞的作用，其环境异常恶劣，材料腐蚀机制复杂。此外，磨损和应力的反复作用，使材料在生物体内的磨损过程加剧，可能发生多种腐蚀机制协同作用的情况。因此，有必要了解材料在体内环境的腐蚀机制，从而指导材料的设计和加工。生物金属材料在人体生理环境下的腐蚀主要有以下8种类型。

（1）均匀腐蚀　均匀腐蚀是化学或电化学反应全部在暴露表面上或在大部分表面上均匀进行的一种腐蚀。腐蚀产物及其进入人体环境中的金属离子总量较大，影响到材料的生物相容性。

（2）点腐蚀　点腐蚀发生在金属表面某个局部，也就是说在金属表面出现了微电池作用，而作为阳极的部位要受到严重的腐蚀。临床资料证实，医用不锈钢发生点蚀的可能性较大。

（3）电偶腐蚀　电偶腐蚀发生在两个具有不同电极电位的金属配件对上。多见于两种以上材料制成的组合植入器件，甚至在加工零件过程中引入的其它工具的微粒屑，以及为病人手术所必须使用的外科器械引入的微粒屑，也可能引发电偶腐蚀。因此，临床上建议使用单一材料制作植入部件以及相应的手术器械、工具。

（4）缝隙腐蚀　缝隙腐蚀是由于环境中化学成分的浓度分布不均匀引起的腐蚀，属闭塞电池腐蚀，多发生在界面部位，如接骨板和骨螺钉，不锈钢植入器件更为常见。

（5）晶间腐蚀　晶间腐蚀是发生在材料内部晶粒边界上的一种腐蚀，可导致材料力学性能严重下降。一般可通过减少碳、硫、磷等杂质含量等手段来改善晶间腐蚀倾向。

（6）磨蚀　磨蚀是植入器件之间切向反复的相对滑动所造成的表面磨损和腐蚀环境作用所造成的腐蚀。不锈钢的耐磨蚀能力较差，钴基合金的耐磨蚀能力优良。

（7）疲劳腐蚀　疲劳腐蚀是材料在腐蚀介质中承受某些应力的循环作用所产生的腐蚀，表面微裂纹和缺陷可使疲劳腐蚀加剧。因此，提高表面光洁程度可改善这一性能。

（8）应力腐蚀　应力腐蚀是在应力和腐蚀介质共同作用下出现的一种加速腐蚀的行为。在裂纹尖端处可发生力学和电化学综合作用，导致裂纹迅速扩展而造成植入器件断裂失效。钛合金和不锈钢对应力腐蚀敏感，而钴基合金对应力腐蚀不敏感。

在设计和加工金属医用植入器件时，一方面，必须考虑上述8种腐蚀可能造成的失效，从材料成分的准确性、均匀性、杂质元素的含量以及冶炼铸造后材料的微观组织的调整（包括热加工和热处理）等诸方面对材料的质量加以控制；另一方面，由于腐蚀与材料表面和环境有关，还必须重视改善材料的表观质量，如提高光洁程度等，避免制品在形状、力学设计及材料配伍上出现不当。

### 6.1.4 生物金属材料的表面改性

作为生物医用材料，金属及其合金材料的耐腐蚀性、生物相容性及耐磨性具有其内在的局限性，尚不能满足人们对高性能生物医用产品的追求。然而，金属材料的力学性能又是其它材料无可比拟的，因此，人们尝试用各种方法来改善生物金属材料的生物相容性、耐磨性、耐腐蚀性。一种材料植入人体后，首先接触生物活体的是材料表面，因此人体对生物材料的最初反应取决于材料的表面性质。通过各种改性和修饰技术可以改变材料的表面性能，以从整体上提高植入物的生物相容性，减少并发症，延长使用寿命。表面改性的处理技术有许多（表6-1），集中表现为物理技术、化学方法、电化学法等。生物材料的表面改性方法详见第7章。

表 6-1  金属表面处理的技术和方法

| 序号 | 物 理 技 术 | 化 学 方 法 | 电 化 学 法 |
| --- | --- | --- | --- |
| 1 | 等离子喷涂技术 | 溶胶-凝胶法 | 电泳法 |
| 2 | 离子束注入/常规气相沉积技术 | 酸-碱处理法 | 电化学结晶法 |
| 3 | 磁控管溅射技术 | 双氧水处理法 | 钛酸酯法 |
| 4 | 激光熔覆涂层技术 | 单用酸处理法 | 甘油磷酸盐法 |
| 5 | 微波等离子技术 | 单用碱处理法 | 阳极氧化法 |
| 6 | 高温烧结涂层技术 | 诱导矿化法 | 电镀技术 |

表面处理所用的涂层材料，目前最常用的是羟基磷灰石（HAP）涂层。羟基磷灰石与钛合金等结合强度大，不仅能形成机械结合，而且还会形成化学结合。临床上对羟基磷灰石涂层的喷涂有严格的要求，如厚度大于 $100\mu m$，涂层在应力作用下会发生疲劳碎裂，从而影响其固定假体的作用；而小于 $30\mu m$，涂层不易完全均匀涂布假体表面，使表面达到光滑，而且太薄的涂层溶解吸收较快，无法达到与骨组织整合的目的。因此，通常认为涂层的厚度以 $50\mu m$、孔隙率在 5%～20% 为宜，涂层内结晶的含量应超过 70% 等。由于涂层材料和基底材料的热膨胀系数的不同，很有可能会出现基体与涂层结合强度下降甚至涂层从基体剥落等问题，因此需要在进一步提高涂层与基体的结合质量上深入研究。

## 6.2 金属材料的制备与加工基础

### 6.2.1 金属材料的种类及组织

金属材料分为黑色金属和有色金属两大类，铁、铬、锰三种属于黑色金属，其余的金属都属于有色金属。

#### 6.2.1.1 黑色金属

钢铁是黑色金属的一种，用量占金属的 90% 以上。工业制造机身、机座，日常生活中用的铁具多为铁制品。火车、汽车等交通工具和枪炮等都离不开钢材。医用领域的大型医疗器械、中型诊断治疗设备、小型医疗用具以及微型探针探头，无处不用到钢材。随着科学技术的迅猛发展，钢铁的综合性能远远不能满足需求，因此各种合金钢就应运而生，如加入铬、镍、钨、钛、钒等元素可以使钢材增加某一特殊性能。

铸铁是含碳量大于 2.11% 的铁碳合金，主要元素为铁、碳和硅。铸铁可以分为普通铸铁和特殊性能的铸铁两种。普通铸铁有马口铸铁、灰口铸铁、可锻铸铁、球墨铸铁和蠕墨铸铁。特殊性能的铸铁是指在普通铸铁中加入某种合金元素，形成具有特殊性能的合金铸铁。由于铸铁的综合性能不适宜制造医疗器械，而在生物材料中极少见到。

铁与钢的差别主要是含碳量不同。一般认为含碳量小于2%的铁碳合金为钢。按照用途，钢可分为结构钢、工具钢和特殊性能的钢。特殊性能的钢是指具有特殊物理、化学、生物、力学等性能的一系列钢材，包括不锈钢、耐热钢、耐磨钢以及超强度钢，尤其是作为生物材料使用的钢材大多为特殊性能的钢，如不锈钢。不锈钢是指在大气中及弱腐蚀介质中具有良好耐腐蚀性的钢材。不锈钢除了具有耐腐蚀性外，还必须有较好的力学性能和加工性能，以便制作各种零件和构件。碳对不锈钢的耐蚀性有重要影响，铬是不锈钢耐蚀性的最基本因素，镍能提高不锈钢的抗氧化性，铝能增加不锈钢的钝化能力，锰可改善不锈钢的耐有机酸性等。为了改善钢的力学性能或获取某些特殊性能，可以根据需要在冶炼钢的过程中加入一些合金元素。

(1) 炼铁的主要原料　炼铁原料主要包括铁矿石、焦炭、石灰石、锰矿石等。

铁矿石是高炉冶炼中最主要的原料，是炼铁生产技术经济指标的重要因素。一般含铁量在30%以上的铁矿石就有开采价值。现在作为炼铁原料的铁矿石主要有磁铁矿、赤铁矿、褐铁矿及菱铁矿四种。

焦炭是炼铁的燃料，起还原剂的作用。一般要求焦炭的发热值越高越好，杂质硫、磷越低越好，有足够的机械强度等。焦炭的作用是还原剂、载热体和增碳媒介。

为了生产出合格的生铁，要加入石灰石和白云石作为主要熔剂。石灰石是为了降低冶炼温度，保证矿石中的脉石和焦炭中的灰分能够熔化造渣，并使冶炼中还原出的铁与脉石和灰分有效分离。石灰石的粒度一般为80mm左右为佳，硫、磷含量要低。

锰矿石主要用途就是用在钢铁工业；锰作为炼钢的脱氧剂和脱硫剂。当高炉冶炼含锰1%～2.5%的生铁时，锰矿石作为辅助原料加入；冶炼含锰1%～20%的镜铁、硅铁和含锰80%的锰铁时，锰矿石则作为高炉的主要原料。

(2) 炼铁基本原理　冶炼过程是一个复杂的物理化学过程，在整个过程中，固体原料与煤气做相对运动，固体物料在下降过程中和高温煤气流发生作用，焦炭的燃烧在一定程度上决定着炉料下降的速率，不断被加热而放出游离水和结晶水以及其它易挥发的物质。随着温度的升高，其中的石灰石开

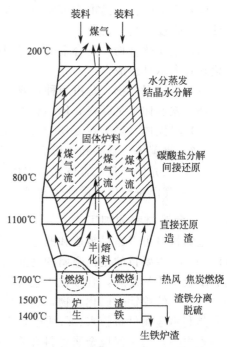

图 6-1　高炉冶炼的基本原理

始分解出 $CO_2$ 并与脉石进行造渣反应。一般在 400～500℃时，铁矿石还原反应已经开始，高温下继续进行，直到液态生铁形成。高炉冶炼原理如图 6-1 所示。炉料顺利下降和煤气合理分布，是保持高炉正常生产，以获得高产、优质、低耗的必要条件。炉料在高炉内一般停留 4～7h。

#### 6.2.1.2 有色金属

有色金属是指除铁、锰和铬以外的所有金属，它们的最大特点是比强度高、比密度小、

导电性好、耐热性能好以及耐腐蚀、易加工等。有色金属已经在航空航天领域、信息技术领域以及生物医学领域得到了广泛的应用。如在生物医学领域应用的钴基合金、钛基合金等。

钛在地球的储量仅次于铝、铁、镁。钛的最大特点是强度高、耐热性好、抗蚀性优、化学性质活泼等。由于钛的化学性质非常活泼，加工时必须保持惰性或真空，因而工艺复杂，价格昂贵，主要应用于高新技术领域，也是医用金属材料中的重要组成部分。钛极易与氧、氮、氢、碳反应并能形成致密的稳定的化合物，尤其是氧化物具有极高的耐蚀性，甚至可以抵抗硝酸、铬酸、碱液及许多有机酸的腐蚀，因而在许多合金材料中多加有钛元素来提高合金的抗氧化性能。

#### 6.2.1.3 金属组织

（1）金属 是具有不透明、金属光泽良好的导热和导电性并且其导电能力随温度的增高而减小，富有延性和展性等特性的物质。金属内部原子具有规律性排列的固体（即晶体）。

（2）合金 是一种金属元素与另外一种或几种元素，通过熔化或其它方法结合而成的具有金属特性的物质。

（3）相 是合金中同一化学成分、同一聚集状态，并以界面相互分开的各个均匀组成部分。

（4）固溶体 是一个（或几个）组元的原子（化合物）溶入另一个组元的晶格中，而仍保持另一组元的晶格类型的固态金属晶体。固溶体分间隙固溶体和置换固溶体两种。

（5）固溶强化 是由于溶质原子进入溶剂晶格的间隙或结点，使晶格发生畸变，使固溶体硬度和强度升高的现象。

（6）金属化合物 是合金的组元间以一定比例发生相互作用而生成的一种新相，通常能以化学式表示其组成。

（7）机械混合物 是由两种相或两种以上的相机械地混合在一起而得到的多相集合体。

（8）铁素体 是碳在 α-Fe（体心立方结构的铁）中的间隙固溶体。

（9）奥氏体 是碳在 g-Fe（面心立方结构的铁）中的间隙固溶体。

（10）渗碳体 是碳和铁形成的稳定化合物（$Fe_3C$）。

（11）珠光体 是铁素体和渗碳体组成的机械混合物（$Fe+Fe_3C$，含碳 0.77%）。

（12）高温莱氏体 渗碳体和奥氏体组成的机械混合物（含碳 4.3%）。

### 6.2.2 金属材料的加工

金属材料可以通过铸造和锻造、塑性变形或烧结制成成品，还可用拉伸、研磨和抛光等方法加工。主要目的是把金属的高强度、高交变疲劳强度和良好的延性和成型性结合起来。随着冶金工业的发展，合金化工艺也广泛应用于生物金属材料的制备，如记忆合金就是含镍 54%～56% 的镍钛金属化合物，是利用热加工处理的方法锻造而成；多孔金属材料（泡沫金属）是利用金属材料粉末、纤维通过粉末冶金方法获得。金属的力学性能是生物材料最关键的因素之一，为了保证金属材料有适宜的力学性能，可以采用特殊的加工工艺，如电弧、真空冶炼、沉淀硬化、热处理、冷加工等。下面将简单介绍几种常见的金属的加工工艺。

#### 6.2.2.1 铸造

铸造是将金属熔炼成符合一定要求的液体并浇进铸型里，经冷却凝固、清整处理后得到有预定形状、尺寸和性能的铸件的工艺过程。铸造毛坯因近乎成形，而达到免机械加工或少量加工的目的，降低了成本，并在一定程度上减少了时间。铸造是现代机械制造工业的基础工艺之一。

铸造种类很多，按造型方法习惯上分为普通砂型铸造和特种铸造。铸造工艺通常包括：

①铸型（使液态金属成为固态铸件的容器）准备，铸型准备的优劣是影响铸件质量的主要因素；②铸造金属的熔化与浇注；③铸件处理和检验，铸件处理包括清除型芯和铸件表面异物、切除浇冒口、铲磨毛刺和披缝等凸出物以及热处理、整形、防锈处理和粗加工等。

金属熔炼不仅仅是单纯的熔化，还包括冶炼过程，使浇进铸型的金属，在温度、化学成分和纯净度方面都符合预期要求。为此，在熔炼过程中要进行以控制质量为目的的各种检查测试，液态金属在达到各项规定指标后方能允许浇注。有时，为了达到更高要求，金属液在出炉后还要经炉外处理，如脱硫、真空脱气、炉外精炼、孕育或变质处理等。熔炼金属常用的设备有冲天炉、电弧炉、感应炉、电阻炉、反射炉等。

铸造是比较经济的毛坯成形方法，对于形状复杂的零件更能显示出它的经济性。另外，铸造的零件尺寸和重量的适应范围很宽，金属种类几乎不受限制；零件在具有一般力学性能的同时，还具有耐磨、耐腐蚀、吸震等综合性能，是其它金属成形方法如锻、轧、焊、冲等所做不到的。因此在机器制造业中用铸造方法生产的毛坯零件，在数量和吨位上迄今仍是最多的。

铸造生产有与其它工艺不同的特点，主要是适应性广、需用材料和设备多、污染环境。铸造生产会产生粉尘、有害气体和噪声对环境的污染，比起其它机械制造工艺来更为严重，需要采取措施进行控制。

#### 6.2.2.2 锻造

锻造是利用锻压机械对金属坯料施加压力，使其产生塑性变形以获得具有一定力学性能、一定形状和尺寸锻件的加工方法，是锻压（锻造与冲压）的两大组成部分之一。通过锻造能消除金属在冶炼过程中产生的铸态疏松等缺陷，优化微观组织结构，同时由于保存了完整的金属流线，锻件的力学性能一般优于同样材料的铸件。机械中负载高、工作条件严峻的重要零件，除形状较简单的可用轧制的板材、型材或焊接件外，多采用锻件。

锻造按成形方法可分为：①自由锻，利用冲击力或压力使金属在上下两个抵铁（砧块）间产生变形以获得所需锻件，主要有手工锻造和机械锻造两种；②模锻，模锻又分为开式模锻和闭式模锻。金属坯料在具有一定形状的锻模膛内受压变形而获得锻件，又可分为冷镦、辊锻、径向锻造和挤压等。按变形温度锻造又可分为热锻（锻造温度高于坯料金属的再结晶温度）、温锻（锻造温度低于金属的再结晶温度）和冷锻（常温）。钢的再结晶温度约为460℃，但普遍采用800℃作为划分线，高于800℃的是热锻；在300~800℃之间称为温锻或半热锻。

锻造用料主要是各种成分的碳素钢和合金钢，其次是铝、镁、铜、钛等及其合金。材料的原始状态有棒料、铸锭、金属粉末和液态金属。金属在变形前的横断面积与变形后的横断面积之比称为锻造比。正确地选择锻造比、合理的加热温度及保温时间、合理的始锻温度和终锻温度、合理的变形量及变形速率对提高产品质量、降低成本有很大关系。

一般的中小型锻件都用圆形或方形棒料作为坯料。棒料的晶粒组织和力学性能均匀、良好，形状和尺寸准确，表面质量好，便于组织批量生产。只要合理控制加热温度和变形条件，不需要大的锻造变形就能锻出性能优良的锻件。

铸锭仅用于大型锻件。铸锭是铸态组织，有较大的柱状晶和疏松的中心。因此必须通过大的塑性变形，将柱状晶破碎为细晶粒，将疏松压实，才能获得优良的金属组织和力学性能。

经压制和烧结成的粉末冶金预制坯，在热态下经无飞边模锻可制成粉末锻件。粉末锻件接近于一般模锻件的密度，具有良好的力学性能，并且精度高，可减少后续的切削加工。粉末锻件内部组织均匀，没有偏析，可用于制造小型齿轮等工件。但粉末的价格远高于一般棒材的价格，在生产中的应用受到一定限制。

对浇注在模膛的液态金属施加静压力，使其在压力作用下凝固、结晶、流动、塑性变形和成形，就可获得所需形状和性能的模锻件。液态金属模锻是介于压铸和模锻间的成形方法，特别适用于一般模锻难以成形的复杂薄壁件。

不同的锻造方法有不同的流程，其中以热模锻的工艺流程最长，一般顺序为：锻坯下料→锻坯加热→辊锻备坯→模锻成形→切边→中间检验，检验锻件的尺寸和表面缺陷→锻件热处理，用以消除锻造应力，改善金属切削性能→清理，主要是去除表面氧化皮→矫正→检查，一般锻件要经过外观和硬度检查，重要锻件还要经过化学成分分析、力学性能、残余应力等检验和无损探伤。

#### 6.2.2.3 塑性加工

金属塑性加工是使金属在外力（通常是压力）作用下产生塑性变形，获得所需形状、尺寸和组织、性能的制品的一种基本的金属加工技术，以往常称压力加工。

金属塑性加工的种类很多，根据加工时工件的受力和变形方式，基本的塑性加工方法有锻造、轧制、挤压、拉拔、拉伸、弯曲、剪切等几类。其中锻造、轧制和挤压是依靠压力作用使金属发生塑性变形；拉拔和拉伸是依靠拉力作用发生塑性变形；弯曲是依靠弯矩作用使金属发生弯曲变形；剪切是依靠剪切力作用产生剪切变形或剪断。锻造、挤压和一部分轧制多半在热态下进行加工；拉拔、拉深和一部分轧制，以及弯曲和剪切是在室温下进行的。

由于锻造在上面已有介绍，因此下面简单介绍一下轧制、挤压、拉拔、拉伸、弯曲、剪切塑性加工。

(1) 轧制  是使通过两个或两个以上旋转轧辊间的轧件产生压缩变形，使其横断面面积减小与形状改变，而纵向长度增加的一种加工方法。根据轧辊与轧件的运动关系，轧制有纵轧、横轧和斜轧三种方式。纵轧的两轧辊旋转方向相反，轧件的纵轴线与轧辊轴线垂直，金属不论在热态或冷态都可以进行纵轧，是生产矩形断面的板、带、箔材，以及断面复杂的型材常用的金属材料加工方法，具有很高的生产率，能加工长度很大和质量较高的产品，是钢铁和有色金属板、带、箔材以及型钢的主要加工方法。横轧的两轧辊旋转方向相同，轧件的纵轴线与轧辊轴线平衡，轧件获得绕纵轴的旋转运动。可加工加转体工件，如变断面轴、丝杆、周期断面型材以及钢球等。斜轧的两轧辊旋转方向相同，轧件轴线与轧辊轴线成一定倾斜角度，轧件在轧制过程中，除有绕其轴线旋转运动外，还有前进运动，是生产无缝钢管的基本方法。

(2) 挤压  是使装入挤压筒内的坯料，在挤压筒后端挤压轴的推力作用下，使金属从挤压筒前端的模孔流出，而获得与挤压模孔形状、尺寸相同的产品的一种加工方法。挤压有正挤压和反挤压两种基本方式。正挤压时挤压轴的运动方向与从模孔中挤出的金属流动方向一致；反挤压时，挤压轴的运动方向与从模孔中挤出的金属流动方向相反。挤压法可加工各种复杂断面实心型材、棒材、空心型材和管材。它是有色金属型材、管材的主要生产方法。

(3) 拉拔  是靠拉拔机的钳口夹住穿过拉拔模孔的金属坯料，从模孔中拉出，而获得与模孔形状、尺寸相同的产品的一种加工方法。拉拔一般在冷态下进行。可拉拔断面尺寸很小的线材和管材。如直径为 0.015mm 的金属线、直径为 0.25mm 管材。拉拔制品的尺寸精度高，表面光洁程度极高，金属的强度高（因冷加工硬化强烈）。可生产各种断面的线材、管材和型材。

(4) 拉伸  又叫冲压，是依靠冲头将金属板料顶入凹模中产生拉延变形，而获得各种杯形件、桶形件和壳体的一种加工方法。冲压一般在室温下进行，其产品主要用于各种壳体零件等。

(5) 弯曲　是在弯矩作用下，使板料发生弯曲变形或使板料或管材、棒材得到矫直的一种加工方法。

(6) 剪切　是坯料在剪切力的作用下产生剪切。使板材冲裁，以及板料和型材切断的一种常用加工方法。

为了扩大加工产品品种，提高生产率，随着科学技术的进步，相继研究开发了多种由基本加工方式相组合而成的新型塑性加工方法。如轧制与铸造相结合的连铸连轧法、锻造与轧制相结合的辊锻法、轧制与弯曲相结合的辊变成形法、轧制与剪切相结合的搓轧法（异步轧制法）、拉伸与轧制相结合的旋压法等。

金属塑性加工与金属铸造、切削、焊接等加工方法相比，有以下特点：①金属塑性加工是金属整体性保持的前提下，依靠塑性变形发生物质转移来实现工件形状和尺寸变化的，不会产生切屑，因而材料的利用率高得多；②塑性加工过程中，除尺寸和形状发生改变外，金属的组织、性能也能得到改善和提高，尤其对于铸造坯，经过塑性加工将使其结构致密、粗晶破碎细化和均匀，从而使性能提高，此外，塑性流动所产生的流线也能使性能得到改善；③塑性加工过程便于实现生产过程的连续化、自动化，适于大批量生产，如轧制、拉拔加工等，因而劳动生产率高；④塑性加工产品的尺寸精度和表面质量高；⑤设备较庞大，能耗较高。

金属塑性加工由于具有上述特点，不仅原材料消耗少、生产效率高、产品质量稳定，而且还能有效地改善金属的组织性能。这些技术上和经济上的独到之处和优势，使它成为金属加工中极其重要的手段之一，因而在国民经济中占有十分重要的地位。如在钢铁材料生产中，除了少部分采用铸造方法直接制成零件外，钢总产量的90%以上和有色金属总产量的70%以上，均需经过塑性加工成材，才能满足各种需要；而且塑性加工本身也是上述许多部门直接制造零件而经常采用的重要加工方法。

#### 6.2.2.4　粉末冶金

粉末冶金是制取金属或用金属粉末（或金属粉末与非金属粉末的混合物）作为原料，经过成形和烧结，制造金属材料、复合以及各种类型制品的工艺技术。粉末冶金法与生产陶瓷有相似的地方，因此，一系列粉末冶金新技术也可用于陶瓷材料的制备。由于粉末冶金技术的优点，它已成为解决新材料问题的钥匙，在新材料的发展中起着举足轻重的作用。

粉末冶金具有独特的化学组成和力学性能，而这些性能是用传统的熔铸方法无法获得的。运用粉末冶金技术可以直接制成多孔、半致密或全致密材料和制品。①粉末冶金技术可以最大限度地减少合金成分偏聚，消除粗大、不均匀的铸造组织；②可以制备非晶、微晶、准晶、纳米晶和超饱和固溶体等一系列高性能非平衡材料，这些材料具有优异的电学、磁学、光学和力学性能；③可以容易地实现多种类型的复合，充分发挥各组元材料各自的特性，是一种低成本生产高性能金属基和陶瓷复合材料的工艺技术；④可以生产普通熔炼法无法生产的具有特殊结构和性能的材料和制品，如新型多孔生物材料，多孔分离膜材料、高性能结构陶瓷和功能陶瓷材料等；⑤可以实现净形成型和自动化批量生产，从而可以有效地降低生产的资源和能源消耗；⑥可以充分利用矿石、尾矿、炼钢污泥、轧钢铁鳞、回收废旧金属做原料，是一种可有效进行材料再生和综合利用的新技术。

#### 6.2.2.5　金属热处理

金属热处理是将金属工件放在一定的介质中加热、保温、冷却，通过改变金属材料表面或内部的组织结构来控制其性能的工艺方法。热处理是机械零件和模具制造过程中的重要工序之一，它可以控制工件的各种性能，如耐磨、耐腐蚀、磁性能等，还可以改善毛坯的组织和应力状态，以利于进行各种冷、热加工。

金属热处理与其它加工工艺相比，热处理一般不改变工件的形状和整体的化学成分，而是通过改变工件内部的显微组织，或改变工件表面的化学成分，赋予或改善工件的使用性能。其特点是改善工件的内在质量，而这一般不是肉眼所能看到的。为使金属工件具有所需要的力学性能、物理性能和化学性能，除合理选用材料和各种成形工艺外，热处理工艺往往是必不可少的。同一种金属采用不同的热处理工艺，可获得不同的组织，从而具有不同的性能。

热处理工艺过程一般包括加热、保温、冷却三个过程，有时只有加热和冷却两个过程。这些过程互相衔接，不可间断。

加热是热处理的重要工序之一。金属加热时，工件暴露在空气中，常常发生氧化、脱碳（即钢铁零件表面碳含量降低），这对于热处理后零件的表面性能有很不利的影响。因而金属通常应在可控气氛或保护气氛中、熔融盐中和真空中加热，也可用涂料或包装方法进行保护加热。加热温度是热处理工艺的重要工艺参数之一，选择和控制加热温度，是保证热处理质量的主要问题。加热温度随被处理的金属材料和热处理的目的不同而异，但一般都是加热到相变温度以上，以获得高温组织。另外转变需要一定的时间，因此当金属工件表面达到要求的加热温度时，还须在此温度保持一定时间，使内外温度一致，使显微组织转变完全，这段时间称为保温时间。采用高能密度加热和表面热处理时，加热速率极快，一般就没有保温时间，而化学热处理的保温时间往往较长。

冷却也是热处理工艺过程中不可缺少的步骤，冷却方法因工艺不同而不同，主要是控制冷却速率。一般退火的冷却速率最慢，正火的冷却速率较快，淬火的冷却速率更快。

金属热处理工艺方法大体可分为整体热处理、表面热处理和化学热处理三大类。根据加热介质、加热温度和冷却方法的不同，每一大类又可分为若干不同的热处理工艺。

整体热处理是对工件整体加热，然后以适当的速率冷却，以改变其整体力学性能的金属热处理工艺。钢铁整体热处理大致有退火、正火、淬火和回火四种基本工艺。退火是将工件加热到适当温度，根据材料和工件尺寸采用不同的保温时间，然后进行缓慢冷却，目的是使金属内部组织达到或接近平衡状态，获得良好的工艺性能和使用性能，或者为进一步淬火作组织准备。正火是将工件加热到适宜的温度后在空气中冷却，正火的效果同退火相似，只是得到的组织更细，常用于改善低碳材料的切削性能，也有时用于对一些要求不高的零件作为最终热处理。淬火是将工件加热保温后，在水、油或其它无机盐、有机水溶液等淬冷介质中快速冷却。淬火后钢件变硬，但同时变脆。为了降低钢件的脆性，将淬火后的钢件在高于室温而低于650℃的某一适当温度进行长时间的保温，再进行冷却，这种工艺称为回火。退火、正火、淬火、回火是整体热处理中的"四把火"，其中的淬火与回火关系密切，常常配合使用，缺一不可。"四把火"随着加热温度和冷却方式的不同，又演变出不同的热处理工艺。为了获得一定的强度和韧性，把淬火和高温回火结合起来的工艺，称为调质。某些合金淬火形成过饱和固溶体后，将其置于室温或稍高的适当温度下保持较长时间，以提高合金的硬度、强度或电性磁性等，这样的热处理工艺称为时效处理。把压力加工形变与热处理有效而紧密地结合起来进行，使工件获得很好的强度、韧性配合的方法称为形变热处理；在负压气氛或真空中进行的热处理称为真空热处理，它不仅能使工件不氧化、不脱碳、保持处理后工件表面光洁、提高工件的性能，还可以通入渗剂进行化学热处理。

表面热处理是只加热工件表层，以改变其表层力学性能的金属热处理工艺。为了只加热工件表层而不使过多的热量传入工件内部，使用的热源须具有高的能量密度，即在单位面积的工件上给予较大的热能，使工件表层或局部能短时或瞬时达到高温。表面热处理的主要方法有火焰淬火和感应加热热处理，常用的热源有氧乙炔或氧丙烷等火焰、感应电流、激光和电子束等。

化学热处理是通过改变工件表层化学成分、组织和性能的金属热处理工艺。化学热处理与表面热处理不同之处是后者改变了工件表层的化学成分。化学热处理是将工件放在含碳、氮或其它合金元素的介质（气体、液体、固体）中加热，保温较长时间，从而使工件表层渗入碳、氮、硼和铬等元素。渗入元素后，有时还要进行其它热处理工艺如淬火及回火。化学热处理的主要方法有渗碳、渗氮、渗金属。

#### 6.2.2.6 金属冷加工

通常指金属的切削加工，即用切削工具从金属材料（毛坯）或工件上切除多余的金属层，从而使工件获得具有一定形状、尺寸精度和表面粗糙度的加工方法。如车削、钻削、铣削、刨削、磨削、拉削等。在金属工艺学中，与热加工相对应，冷加工则指在低于再结晶温度下使金属产生塑性变形的加工工艺，如冷轧、冷拔、冷锻、冲压、冷挤压等。冷加工变形抗力大，在使金属成形的同时，可以利用加工硬化提高工件的硬度和强度。冷加工适于加工截面尺寸小、加工尺寸和表面粗糙度要求较高的金属零件。

#### 6.2.2.7 抛光

利用柔性抛光工具和磨料颗粒或其它抛光介质对工件表面进行的修饰加工称为抛光。抛光不能提高工件的尺寸精度或几何形状精度，而是以得到光滑表面或镜面光泽为目的，有时也用以消除光泽（消光）。通常以抛光轮作为抛光工具。抛光轮一般用多层帆布、毛毡或皮革叠制而成，两侧用金属圆板夹紧，其轮缘涂覆由微粉磨料和油脂等均匀混合而成的抛光剂。抛光时，高速旋转的抛光轮（圆周速度在 20m/s 以上）压向工件，使磨料对工件表面产生滚压和微量切削，从而获得光亮的加工表面；当采用非油脂性的消光抛光剂时，可对光亮表面消光以改善外观。粗抛时将大量钢球、石灰和磨料放在倾斜的罐状滚筒中，滚筒转动时，使钢球与磨料等在筒内随机地滚动碰撞以达到去除表面凸锋而减小表面粗糙度的目的，可去除 0.01mm 左右的余量。精抛时装入钢球和毛皮碎块，连续转动数小时可得到耀眼光亮的表面。

## 6.3 不锈钢

不锈钢为含铬量大于 10.5% 的一系列铁基耐蚀合金，是最早开发的生物医用合金之一，以其易加工、价格低廉而得到广泛的应用。不锈钢的腐蚀行为涉及均匀腐蚀、点腐蚀、缝隙腐蚀、晶间腐蚀、磨蚀和疲劳腐蚀。但常见的有点腐蚀、界面腐蚀，可在机体内引起某些不良组织学反应。在多数情况下，人体只能容忍微量浓度的金属腐蚀物存在。因此，必须从材料的组成、制造工艺和器件设计等多方面着手，尽量避免不锈钢在机体内的腐蚀和磨损的发生。

大量的临床资料显示，医用不锈钢的腐蚀造成其长期植入的稳定性差，加之其密度和弹性模量与人体硬组织相距较大，导致力学相容性差。因其溶出的镍离子有可能诱发肿瘤的形成及本身无生物活性，难以和生物组织形成牢固的结合等原因，造成其应用比例近年呈下降趋势。但医用不锈钢仍以其较好的生物相容性和综合力学性能以及简便的加工工艺和低成本在骨科、口腔修复和替换中占有重要的地位。

### 6.3.1 医用不锈钢的组成

医用不锈钢按其构建的组织相可分为五大类：马氏体不锈钢、铁素体不锈钢、奥氏体不锈钢、α＋γ双相不锈钢、沉淀硬化不锈钢。其中应用最多的是奥氏体不锈钢，也称铬镍不锈钢，含铬10%～26%，含镍6%～22%。常用的不锈钢型号规格是316、316L和317L，其中316L型不锈钢是在316型不锈钢基础上降低碳含量发展起来的，317L型不锈钢可以替代316L，它对氯离子的抗腐蚀能力要比316L好，抗应力腐蚀开裂能力相近。表6-2是316、316L和317L型不锈钢的成分。

表6-2 316、316L和317L型不锈钢的成分

| 材料 | 316 | 316L | 317L |
| --- | --- | --- | --- |
| C | <0.08 | <0.03 | <0.03 |
| Mn | <2.00 | <2.00 | <2.00 |
| P | <0.03 | <0.03 | <0.045 |
| S | <0.03 | <0.03 | <0.03 |
| Si | <0.75 | <0.75 | <0.75 |
| Cr | 17.00～20.00 | 17.00～20.00 | 18.00～20.00 |
| Ni | 12.00～14.00 | 12.00～14.00 | 11.00～15.00 |
| Mo | 2.00～4.00 | 2.00～4.00 | 3.00～4.00 |

不锈钢中的铬（Cr）可形成氧化铬钝化膜，改善抗腐蚀能力，因此医用不锈钢中铬含量至少应大于12%。镍（Ni）和铬（Cr）起到稳定奥氏体结构的作用，镍的含量为12%～14%时，可得到单相奥氏体组织，防止转化为其它性能不佳的结构。不锈钢中增加适量的钼（2%～4%），可增加材料在氯离子生理环境中的抗点腐蚀能力，其腐蚀的机制可能是通过表面吸收钼酸根离子（$MoO_4^{2-}$）而使表面重钝化。不锈钢中碳含量越低，不锈钢的耐腐蚀性越高，这是因为碳可引起材料内晶粒间的腐蚀，减少碳的含量，可减少晶界碳化物的形成，而晶界碳化物正是植入体内后晶粒间腐蚀的多发部位。此外不锈钢中要尽量减少Si、Mn等杂质元素及非金属夹杂物，可进一步提高材料的抗腐蚀能力。

### 6.3.2 医用不锈钢的加工

除不锈钢组成可以影响到材料的性能外，材料的制造和加工工艺同样也可以在比较宽的范围内调节材料的力学性能和耐腐蚀性能。由于不锈钢强度高（弹性模量达200GPa）、硬度大、韧性好（延伸率可达50%），因此可用铸、锻、车、铣、刨、钻等多种工艺进行加工。

医用不锈钢通常采用两种工艺生产。对于低纯度医用不锈钢，一般采用惰性气体保护，真空或非真空熔炼工艺生产；而高纯度医用不锈钢一般先通过真空熔炼，然后再用真空电弧炉重熔或电渣重熔除去杂质，使其纯化。临床应用较多的高纯度医用不锈钢，通常先后经热加工、冷加工和机械加工制作成各种医疗器件。冷加工可大幅度提高医用不锈钢的强度，但并不引起塑性、韧性的明显降低。在冷加工处理中，没有中间热处理是不能进行冷加工的，然而加热处理会导致其成分的不均匀，因此应控制加热的均匀性来予以解决。在热处理过程中，会在不锈钢表面形成氧化层，这必须通过化学、酸蚀或机械喷砂的方法去除。去除氧化层后，部件表面采用机械抛光或电解抛光成镜面或无光泽的端面，可提高器件表面光洁程度，有助于消除材料表面易腐蚀及应力集中的隐患，提高不锈钢植入器件的使用寿命。最后清洗表面，去掉油污和在硝酸中形成表面钝化层。在包装和杀菌前需要清洗一次。

316L型不锈钢可以使用最普通的热加工方法加工，最佳的热加工温度范围为1150～1260℃，不应该在低于930℃下进行热加工。为了获得最大的抗腐蚀性能，热加工之后要进行退火处理。316L型不锈钢不能通过热处理的方式进行硬化，典型固溶处理（退火）工艺是加热到1010～1120℃快速冷却。可以通过冷加工的办法来提高强度。普通的冷加工操作，例如剪切、拉拔和冲压都可用于316L型不锈钢。为了去除内应力，需要进行退火处理。316L型不锈钢在快速加工过程中倾向发生加工硬化，因此加工速率要缓慢。另外，由

316L型不锈钢的含碳量低于316型不锈钢,所以它比较容易加工。不论是标准熔焊法还是电阻焊接法、加填料金属或不加填料金属,316型不锈钢都具有优异的焊接性能。316型不锈钢大型焊接的情况需要焊后退火来获得最大的抗腐蚀性能,但是316L型不锈钢不需要,它用气焊法一般不易焊接。表6-3是外科用316L型不锈钢在不同加工条件下的标准力学性能,表明不锈钢的力学性能主要取决于冷处理工艺。

表 6-3 外科用 316L 型不锈钢在不同加工条件下的标准力学性能

| 材料种类 | 弹性模量/MPa | 切变模量/MPa | 断裂强度/MPa | 屈服强度/MPa | 延伸率/% |
|---|---|---|---|---|---|
| 锻造(ASTM F55,56) | $(1.9\sim2.1)\times10^5$ | $8.4\times10^4$ | $(5.1\sim5.5)\times10^2$ | $(2.05\sim2.41)\times10^2$ | 55 |
| 铸造(ASTM A296) | $1.93\times10^5$ | | $4.82\times10^2$ | $2.06\times10^2$ | 30 |
| 冷加工 | $2\times10^5$ | | $(9.6\sim10)\times10^2$ | $(7.5\sim7.9)\times10^2$ | 9~22 |
| 退火 | $2\times10^5$ | | $5.5\times10^2$ | $2.8\times10^2$ | 50 |

317L型不锈钢可以在927~1038℃范围内进行锻造。为了得到最大的抗腐蚀性能,应该在不低于1038℃的温度下进行退火,然后迅速淬火,或者在热加工之后进行快速的冷却。317L型不锈钢应该加热到最低1038℃进行退火处理、水淬或者通过其它快速冷却的方法。317L型不锈钢不能通过热处理达到硬化的目的,但是可以通过冷加工进行硬化。317L型不锈钢的成型和制造可以通过各种各样的冷加工来实现,可以进行镦锻、拉拔、冷弯和顶锻。任何冷加工都可以提高它的强度和材料的硬度。317L型不锈钢除了气焊之外使用其它各种焊接工艺都容易实现。

### 6.3.3 医用不锈钢的改性

为了改善不锈钢的表面性能以满足需要,还可以通过不锈钢表面改性:①注入氮离子,使不锈钢表面形成含氮原子的面心立方结构;②表面进行类金刚石涂层处理;③表面硅烷偶联剂处理后氢等离子体活化,紫外接枝聚乙二醇改善亲组织性能;④在表面涂层羟基磷灰石。

## 6.4 钴基合金

钴基合金通常指的是以钴和铬为主要成分的合金,目前最为常用的有两种,即钴铬钼合金和钴铬钼镍合金。钴基合金在人体内多保持钝化状态,很少见腐蚀现象,与不锈钢相比,其钝化膜更稳定,耐蚀性更好。从耐磨性看,它也是所有医用金属材料中最好的,一般认为植入人体后没有明显的组织学反应。但用铸造钴基合金制作的人工髋关节在体内的松动率较高,其原因是金属磨损腐蚀造成Co、Ni等离子溶出,在体内引起巨细胞及细胞和组织坏死,从而导致患者疼痛以及关节的松动、下沉。钴、镍、铬还可产生皮肤过敏反应,其中以钴最为严重。医用钴基合金适合于制造体内承载苛刻、耐磨性要求较高的长期植入件。其品种主要有各类人工关节及整形外科植入器械,在心脏外科、齿科等领域也均有应用。

### 6.4.1 钴基合金的组成

钴铬钼合金的结构为钴基奥氏体。由于其含钴量高达30%,故其耐蚀性为不锈钢的40倍。在钴铬合金中加入5%~7%的钼制造钴铬钼合金,其目的是防止该合金中晶粒长大,提高合金的耐蚀性并改善其疲劳性能。正是由于其耐磨性能高,故适于制造人工关节的金属间滑动连接件。用14%~16%钨代替钼,再加入9%~11%的镍,锻造成钴铬钨镍合金,其力学性能比钴铬钼更佳,可适用于制作各种板材和线材。而含钛的钴基合金更适于作植入材料。

美国材料实验协会（ASTM）列出作为外科植入材料的四种钴基合金：①可铸造钴铬钼（Co-Cr-Mo）合金（F75）；②可锻造的钴镍铬钼（Co-Ni-Cr-Mo）合金（F562），也称锻造MP35N（ISO）；③可锻造的钴铬钨镍（Co-Cr-W-Ni）合金（F90）；④可锻造的钴镍铬钼钨铁（Co-Ni-Cr-Mo-W-Fe）合金（F563）。这四种钴基合金的化学组成见表6-4。

表6-4 钴基合金的化学组成

| 元素 | Co-Cr-Mo(F75) | | Co-Cr-W-Ni(F90) | | Co-Ni-Cr-Mo(F562) | | Co-Ni-Cr-Mo-W-Fe(F563) | |
| --- | --- | --- | --- | --- | --- | --- | --- | --- |
| | 最小值/% | 最大值/% | 最小值/% | 最大值/% | 最小值/% | 最大值/% | 最小值/% | 最大值/% |
| Cr | 27.0 | 30.0 | 19.0 | 21.0 | 19.0 | 21.0 | 18.00 | 22.00 |
| Mo | 5.0 | 7.0 | — | — | 9.0 | 10.5 | 3.00 | 4.00 |
| Ni | — | 2.5 | 9.0 | 11.0 | 33.0 | 37.0 | 15.00 | 25.00 |
| Fe | — | 0.75 | — | 3.0 | — | 1.0 | 4.00 | 6.00 |
| C | — | 0.35 | 0.05 | 0.15 | — | 0.025 | — | 0.05 |
| Si | — | 1.00 | — | 1.00 | — | 0.15 | — | 0.50 |
| Mn | — | 1.00 | — | 2.00 | — | 0.15 | — | 1.00 |
| W | — | — | 14.0 | 16.0 | — | — | 3.00 | 4.00 |
| P | — | — | — | — | — | 0.015 | — | — |
| S | — | — | — | — | — | 0.010 | — | 0.010 |
| Ti | — | — | — | — | — | 1.00 | 0.50 | 3.50 |
| Co | | | | 平衡 | | | | |

现在，这四种合金中的两种已广泛用于植入体制造，即铸造的Co-Cr-Mo（F75）和锻造的Co-Ni-Cr-Mo合金（F562）。我国在外科金属植入物的国家标准中对钴基合金的各种添加成分也都作了相应的规定，如表6-5所示。

表6-5 我国外科植入用钴铬钼铸造合金成分的要求

| 元素 | Cr | Mo | Ni | Fe | C | Mn | Si | Co |
| --- | --- | --- | --- | --- | --- | --- | --- | --- |
| 成分极限/%（质量分数） | 26.5～30.0 | 4.5～7.0 | <2.5 | <1.0 | <0.35 | <1.0 | <1.0 | 余量 |

### 6.4.2 钴基合金的制造工艺

纯钴在室温下是六方密排晶体结构，其高温稳定相为面心立方密排晶体结构。由于两相的相变自由能较低，通过合金成分的微调整和塑性加工，可使合金在室温下得到上述两相混合的复相组织，从而提高力学性能。钴基合金硬度大，可以铸造或锻造。根据组成的不同，锻造合金分为硬、中、软三种类型，其中硬性合金加工制作工艺较困难。医用钴基合金的制造加工方法主要有精密铸造、机械变形加工和粉末冶金三种。

钴铬钼合金一般采用铸造加工工艺。但是由于容易受加工硬化影响，且钴基合金铸造收缩大（达2%～3%），影响铸件的精密性，应用受到限制，所以不能使用像其它金属一样的制造过程，可以通过脱蜡法或离模铸造工艺进行改进。当然，铸模温度应精确控制，因为铸模温度直接影响最终铸件的晶粒大小，在较高温度下形成的晶粒粗大，会降低强度。通常模型温度控制在800～1000℃，合金熔液温度为1350～1400℃。显然还必须注意加工温度，较高的加工温度也会导致较大尺寸的碳化物沉淀析出，增大材料的脆性。精密铸造多用于制造形状复杂的制品。钴铬钼合金具有较宽的力学性能，在大多数情况下可满足临床的要求。在需要时也可采用固溶退火锻造、热等静压来改善其组织缺陷，提高疲劳性能和力学性能，但后者成本昂贵而很少采用。

机械变形工艺可使合金的铸态结构破碎，并得到晶粒细微的纤维状组织，提高力学性能。常用的机械加工工艺有热轧、轧制、挤压和冲压。同铸造钴铬钼合金相比,锻造钴基合金力学性能更优越。锻造钴基合金的人工髋关节在人体内发生疲劳断裂的概率大大减少。

粉末冶金工艺是先将合金制成粉末,然后通过烧结得到相应的制品。为了提高烧结体的密度,多采用热等静压烧结工艺,但其成本高,应用受到限制。

无论采用何种工艺生产钴基合金植入件,为了得到良好的光洁表面,必须对植入件进行加工、打磨和抛光。当涉及钴基合金的焊接时,一般采用电子束焊或钨极氢弧焊。

医用钴基合金的力学性能不仅与其成分密切相关,同样还与其制造工艺有关。表 6-6 是不同种类及加工条件下的钴基合金力学性能,在表 6-6 中的四种钴基合金中,只有钴铬钼合金可以在铸态下直接应用,其它三类均为医用锻造钴基合金。

表 6-6 不同种类及加工条件下的钴基合金力学性能

| 元素 \ 性能 | 状态 | 屈服强度/MPa | 拉伸强度/MPa | 延伸率/% | 疲劳强度/MPa |
| --- | --- | --- | --- | --- | --- |
| Co-Cr-Mo | 铸态 | 515 | 725 | 9 | 250 |
| | 固溶退火 | 533 | 1143 | 15 | 280 |
| | 锻造 | 962 | 1507 | 28 | 897 |
| | 退火(ASTM) | 450 | 665 | 8 | — |
| Co-Cr-W-Ni | 退火 | 350 | 862 | 60 | 345 |
| | 冷加工 | 1310 | 1510 | 12 | 586 |
| | 退火(ASTM) | 310 | 860 | 10 | — |
| MP35N | 退火 | 240 | 795 | 50 | 333 |
| | 冷加工 | 1206 | 1276 | 10 | 555 |
| | 冷加工加时效 | 1586 | 1793 | 8 | 850 |
| | 退火(ISO) | 300 | 800 | 40 | — |
| Co-Ni-Cr-Mo-W-Fe | 退火 | 275 | 600 | 50 | — |
| | 冷加工 | 828 | 1000 | 18 | — |
| | 退火(ISO) | 276 | 600 | 50 | — |

### 6.4.3 钴基合金植入器件的制造

Co-Cr-Mo 合金对加工硬化尤其敏感,以至于那些可用于其它金属的一般制造工艺并不适用于这种钴基合金,因此一般采用铸造加工工艺。下面将以股骨关节假体的制造过程为例,介绍钴基合金植入器件的制造过程。

① 先准备一定形状的黄铜模,然后将蜡注入黄铜模中。

② 取出蜡制件,然后将蜡制件按要求进行组装,形成一个设计好的石蜡模型。

③ 在石蜡模型表面上涂一层耐火材料(陶瓷)。首先涂一层薄的胶状材料(氧化硅的硅酸乙酯悬浊液),干燥后再覆上一层,直至达到一定厚度。

④ 将此石蜡模型置于熔炉中,使石蜡在熔炉中熔化掉(100~150℃)。

⑤ 将模型加热到高温,使残余石蜡燃烧掉或变成气态物质,留下陶瓷模型。

⑥ 将熔化的钴基合金在重力或离心力的作用下进入陶瓷模型中,模型温度是 800~1000℃,合金熔液温度是 1350~1400℃。

⑦ 冷却后取出,经过一定的后处理工序得到目标产品。

铸模温度应精确控制,因为铸模温度对最终铸件的晶粒大小具有影响。在较高温度下得到的铸件的晶粒粗大,这样会使之强度降低。高的加工温度也会导致较大尺寸碳化物沉淀析出,同时也增加碳化物沉淀相颗粒之间的距离,这样,在强度和硬度上便形成了一种互补关系。

## 6.5 钛及其合金

钛的密度为 $4.5g/cm^3$，316 型不锈钢密度为 $7.9g/cm^3$，铸造钴铬钼合金的密度为 $8.3g/cm^3$，锻造钴铬镍钼合金的密度达 $9.2g/cm^3$。钛与上述这些金属相比密度小，仅为钢铁的一半，与人骨接近，强度为 390～490MPa，特别是它的弹性模量与人骨接近，具有良好的生物力学相容性；其耐蚀性和抗疲劳性能优于不锈钢和钴基合金，组织反应轻微，表面活性好，易与氧反应形成致密氧化膜，氧化层稳定，为较理想的一类植入材料。钛中加入铝、钒的合金，即钛铝钒合金（Ti-6Al-4V，TC4）具有高循环抗疲劳强度，因为借助于时效强化和固溶强化，提高强度同时不损失其抗蚀性，现已推广应用，占外科用钛合金的 60％，大有取代不锈钢和钴基合金之势。以钛和 Ti-6Al-4V 为代表的为第一代医用钛。但是钛的耐磨性差，长期使用会有微粒金属磨耗，且植入材料周围发黑，可经等离子氮化处理，引起晶格畸变，表面呈压应力状态，使硬度、耐磨性及耐蚀性提高。第二代医用钛是以 Ti-5Al-2.5Fe、Ti-5Al-2.5Sn 为代表，第三代医用钛以研制和开发具有更好生物相容性和力学相容性的新型医用钛合金为目的。

钛和钛合金主要应用于整形外科，尤其是四肢骨和颅骨整复，是目前应用最多的金属医用材料。在骨外科，用于制作各种骨折内固定器械和人工关节。其特点是弹性模量比其它金属材料更接近天然骨、密度小、质量轻。但钛合金耐磨性能不好，且存在咬合现象，因此，用钛合金制造组合式全关节需注意材料间的配合。在颅脑外科，微孔钛网可修复损坏的头盖骨和硬膜，能有效保护脑髓液系统。钛合金也可制作颅骨板用于颅骨的整复。在口腔及颌面外科，纯钛网作为骨头托架已用于颌骨再造手术，制作义齿、牙床、托环、牙桥和牙冠等，在口腔整畸、口腔种植等领域也有良好的临床效果。在心血管方面，纯钛可用来制造人工心脏瓣膜和框架。在心脏起搏器中，密封的钛盒能有效防止潮气渗入密封的电子元器件。此外，一些用物理方法刺激骨生长的电子装置也采用了钛材。

用钴铬钼合金和钛合金粉末制作的多孔金属作人工关节，不仅可减少人工关节与关节头之间的弹性模量差别，而且骨组织又能进入多孔金属中达到生理结合的效果，正在临床试用中。

### 6.5.1 钛及合金的组成

外科用钛和典型合金的成分及力学性能如表 6-7 所示。

表 6-7 外科用钛和典型合金的成分及力学性能

| 材料 | 元素组成 /％ | 弹性模量 /MPa | 切变模量 /MPa | 屈服强度 /MPa | 断裂强度 /MPa | 延伸率 /％ | 疲劳极限 /MPa |
|---|---|---|---|---|---|---|---|
| 纯钛 (ASTM F67) | Fe<0.5, C<0.1, O<0.45, Ti>99 | $(1.0～1.2)\times10^5$ | $46\times10^4$ | $(1.6～5.5)\times10^2$ | $(4.0～6.2)\times10^2$ | 30 | |
| Ti-6Al-4V (ASTM F136) | Fe<0.25, C<0.08, O<0.13, 5.5<Al<6.5, 3.5<V<4.5, 88<Ti<92 | $(1.0～1.24)\times10^5$ | | $(7.9～9.7)\times10^2$ | $(8.96～10.2)\times10^2$ | 12～15 | $(1.7～2.4)\times10^2$ |

钛中含有的氧、氢、氮、碳能与钛形成间隙固溶体，而铁与钛会形成置换固溶体。氧、氮、碳能使钛强度提高，塑性下降。钛很容易吸氢，如果氢含量过高会产生氢脆，降低钛的韧性。因此，杂质元素的含量过大会降低化合物的脆性。纯钛为六角形致密微细结晶（α钛），强度低；加入钒为体心立方体结构（β钛）；加入铝，则成为稳定的六角形结构，即能稳定α相到β相的相变温度，改善α-钛合金的高温抗氧化性（300～600℃），同时还改善α-钛合金的力学性能。

在钛合金材料中，镍钛合金是一类较具特色的合金材料，它们按一定原子比熔炼形成金属间化合物，经一定热处理工艺而得，该材料具有形状记忆功能和超塑性，即在低温可任意形变，而在高温（35～40℃）时恢复原始形状，并呈现非线性黏弹性应变。产生这种现象的原因是：在不同温度下，材料组成表现为两种不同的金属构象，并可以随温度变化而相互转变，低温相叫马氏体，是单斜结构；高温时是奥氏体，呈体心立方有序晶体结构。马氏体状态时，合金柔软，容易变形；而奥氏体状态则较强硬，刚度提高。按记忆功能可分为三类：①单向记忆，在低温时受力变形，加热后恢复到高温相形状，冷却后不再发生形状改变；②双向记忆，同时记住高温和低温的形状，通过温度升降能自发、可逆地反复进行高、低温相的形状变化；③全程记忆，加热时恢复到高温相形状，冷却时与高温相形状相同，但方向相反。镍钛合金记忆功能在8%的变量范围内可重复$1\times 10^9$次。通常镍钛合金中镍组分高于钛组分，为54%～59%。低于逆转变温度时，延性高，在70～140MPa应力下发生塑性变形，而高于逆转变温度时，合金变硬，并恢复高温时形状。该材料有很多优点，强度高于钴基合金，耐磨性优于钛合金和不锈钢，磨损只有钛的几十分之一，耐蚀性与钛相当。

### 6.5.2 钛及合金加工工艺

钛的冶炼和成型加工比其它生物医用金属材料困难。钛及其合金的加工可采用锻、铸、焊、粉末冶金等多种工艺成型，钛金属锻件的材料利用率仅为10%～15%，而一般铸造利用率为45%，精密铸造则可达75%～90%。由于钛价格昂贵，因此铸造工艺对于钛金属的加工尤显重要。常采用双真空或惰性气体保护的自耗电极熔炼法，并需严格控制杂质元素含量。形状复杂的制品也可采用真空熔模精密铸造工艺生产，热等静压工艺可以消除合金铸件内部疏松组织，使合金性能得到改善。多孔钛合金也可采用自蔓延技术将钛粉和镍粉直接熔铸成型，具有省时、省能、高效的特点。该法可得到混合充分且多孔结构的产物，孔隙均匀并三维连通，孔隙度高达55%以上，弹性模量为1～4GPa。医用钛合金植入件既可采用精密锻造工艺，也可采用轧制型材工艺制备，其力学性能相当。

### 6.5.3 镍钛合金的制备与加工

由于镍钛合金系对化学成分和加工的强烈敏感性，镍钛合金的熔炼与加工控制充满了挑战，也使得企业进入镍钛合金领域的技术门槛大大提高。

#### 6.5.3.1 镍钛合金的冶炼与铸造

镍钛合金的相变温度对镍含量的变化十分敏感，1%的镍含量变化能够引起相变温度发生100℃变化。如$Ti_{50}Ni_{50}$合金的$A_f$温度在100℃，而$Ti_{48.8}Ni_{51.2}$合金的$A_f$温度在-20℃。在实际应用中，大多数镍钛合金的相变温度需要控制在±5℃，也就是说，熔炼时合金成分的控制应在±0.05%范围内。因此镍钛合金熔炼时必须有合适的成分配比，同时还需保持铸锭成分的均匀性。

在镍钛合金的熔炼中，由于镍钛合金中存在大量的活性元素钛，极容易与C、N、O等元素发生化学反应，造成合金成分发生变化，进而影响合金的相变温度及力学行为，所以在熔炼中，对坩埚的材质、熔炼气氛和环境都要加以认真的考虑、选择，并且严格控制，以抑制各种夹杂物的产生。表 6-8 表示了各种熔炼方法的特征。图 6-2 为真空感应熔炼法和真空电弧熔炼法的原理。真空感应水冷铜坩埚熔炼是目前最好的熔炼方法，但设备昂贵，只有少数单位拥有。目前较普遍使用的仍是真空感应熔炼，主要采用石墨或 CaO 坩埚。

表 6-8　各种熔炼方法的比较

| 熔炼方法 | 特征 |
| --- | --- |
| 真空自耗电极电弧熔炼 | 杂质污染少；<br>铸锭成分均匀性差；<br>一般用它制作母合金，然后再用真空感应熔炼 |
| 真空感应熔炼 | 成分容易控制，而且均匀；<br>石墨坩埚容易增碳；<br>氧化物坩埚容易与 Ti 反应，引入氧 |
| 真空感应水冷铜坩埚熔炼 | 有涡流搅拌作用，成分均匀；<br>杂质污染少 |

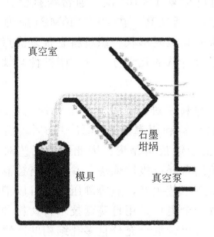
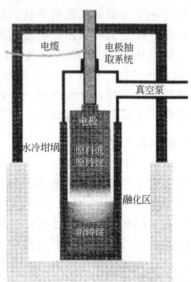

(a) 真空感应熔炼法　　(b) 真空电弧熔炼法

图 6-2　真空感应熔炼法和真空电弧熔炼法的原理

采用普通真空熔炼手段获得的合金，其杂质含量在 H≤0.005%、C≤0.090%、O≤0.080%范围内，难以满足医学应用要求。当采用陶瓷坩埚真空感应熔炼且真空度在 0.133Pa 以上时，合金的杂质含量可在 H≤0.003%、C≤0.060%、O≤0.080%范围内。若采用水冷铜坩埚真空感应炉熔炼技术，可使合金的杂质含量控制在更低的水平，达到 H≤0.003%、C≤0.050%、O≤0.050%的范围内，此成分可完全满足医学应用要求。

#### 6.5.3.2　镍钛合金的热加工与冷加工

镍钛形状记忆合金铸锭具有较好的热加工性能，可以进行锻造、挤压、热轧、旋锻、拉拔等工艺操作，获得各种规格的板材、带材、丝材、棒材、管材。图 6-3 为镍钛合金粗料的熔炼、压锻、旋锻和棒/丝轧制过程，适用于粗丝的制备。图 6-4 为粗丝的拉拔、退火、氧化皮清除、细丝拉拔、退火、压型拉拔、清洗、校直过程，适用于细丝的制备。图 6-5 为镍钛合金的一些加工工序原理，包括圆丝拉拔、板材轧制、方丝拉拔、管材拉拔、校直、焊接、无芯研磨、螺旋绕制、线切割、绞线和编织。

第 6 章 生物金属材料的制备与加工

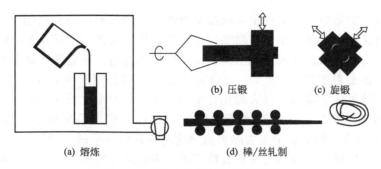

图 6-3 镍钛合金粗丝的制备过程

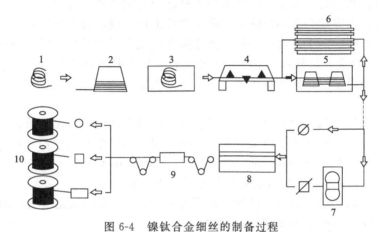

图 6-4 镍钛合金细丝的制备过程

1—粗丝；2—拉拔；3—退火；4—氧化皮清除；5—细丝拉拔；6—退火；
7—压型拉拔；8—清洗；9—校直；10—最终细丝

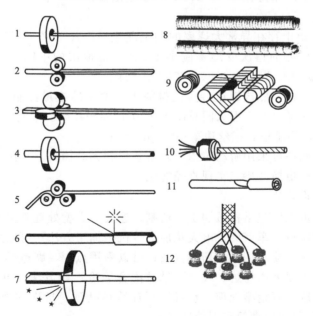

图 6-5 镍钛合金的一些加工工序原理

1—圆丝拉拔；2—板材轧制；3—方丝拉拔；4—管材拉拔；5—校直；6—精确焊接；
7—无芯研磨；8—螺旋绕制；9—线切割；10—绞线；11—组装；12—编织

(1) 镍钛合金的锻造　镍钛合金是高温延展性良好的材料。当温度超过 400℃ 以后，拉伸强度下降，与此相反，延伸率迅速增加。这说明如果温度范围定得合理，镍钛合金无论是锤锻、还是在压力机上锻造或径向锻造都是比较容易进行的。一般镍钛合金的锻造温度范围为 750～900℃。锻造温度高于 900℃，合金表面将剧烈氧化而产生 $NiTi+Ti_4Ni_3$ 低熔点混合物相。这是间隙氧污染物质，具有脆化合金的作用。锻造温度低于 750℃，材料的变形抗力增大，缺口敏感性突出，常易造成撕裂性质的破坏，使废品率增加。铸锭锻造前需经 850℃、12h 均匀退火，然后机加工去除表面氧化皮和冒口，再锻成棒料。

(2) 镍钛合金的挤压　镍钛合金适宜热挤压，不宜进行冷挤压。例如铸锭经机加工后用碳钢包套，然后在 900℃ 挤压，挤压比为 4∶1～16∶1，挤压后坯料在 600℃ 退火 1h，然后炉冷可得镍钛管材和棒材。由于镍钛合金和钢材之间高的亲和力会引起镍钛合金与模具或芯棒之间发生焊合，在镍钛合金坯料的表面必须涂覆上铜。镍钛合金坯料可以准备成实心、复合型和管状三种形状。对于复合型坯料，其芯部须填充进异种材料构成实心进行挤压，合适的芯材料为 CuCr 合金。另外，可以将挤压变细后的复合型坯料填充到大尺寸的镍钛合金坯料中进行挤压，获得多层结构的挤压棒。用化学方法清洗掉 CuCr 合金后即可获得两种管径的镍钛合金管材。

(3) 镍钛合金的轧制　镍钛合金的棒料热轧一般可在普通多机座连续轧机上进行。起轧温度为 (820±20)℃。根据成品的尺寸要求，应合理地将整个轧制过程分解为一定数量的道次。一般轧制道次如下：$\phi$43mm→$\phi$25mm 需 7 道次；$\phi$25mm→$\phi$15mm 需 5 道次；$\phi$25mm→$\phi$8.5mm 需 9 道次。轧制板材的设备最好带有预应力装置。

镍钛合金板材热轧温度略高于棒材，但不高于 900℃，否则氧化皮增加影响材质。坯料厚度从 30mm 轧至 2.8～3.2mm 采用 9 道次。

镍钛合金带材轧制的方法不同于棒材和板材，最好温轧。轧制时前后应有一定的张力。用通电的方法使材料温度保持在 500～600℃，以免出现加工硬化，每一道次压下量应控制在 0.2～0.3mm 左右。

镍钛合金在 70℃ 以上存在异常大速率的加工硬化。冷加工必须正确掌握变形率和中间退火。冷轧镍钛合金板材的道次变形率应小于 2%，每道次的中间退火温度宜采用 650～700℃，清除镍钛合金加工硬化以 (650±20)℃ 为最佳。

(4) 镍钛合金的拉拔　冷拔镍钛合金丝材的第一道次冷拔量控制在 15%～20%，其后的道次冷拔量为 10% 左右。2 次退火间总冷拔量为 40%～45%。中间退火温度为 750℃，退火时间 15min，润滑剂用肥皂，拔丝速率小于 6m/min。

镍钛合金管材的制备可采用游动芯棒、硬质芯棒和无芯棒拔制方法。游动芯棒和硬质芯棒拔制时每道次都需要更换芯棒以实现直径的减小。

### 6.5.3.3 镍钛合金的后处理

镍钛合金的后处理工序包括机械加工、切割、连接、定型处理等工序。

镍钛合金可以采用铣、车、磨、电火花加工等机械加工方法；可以采用剪切/冲压、锯、光化学刻蚀、激光切割、喷水切割等切割方法；可以采用点焊、摩擦焊、钎焊、激光焊、电阻焊等热连接方法，可以采用卷边、攻丝、过盈配合等冷连接方法；可进行固定并热处理、冷变形成型、热变形成型等定型处理，也可进行连续热处理、批次热处理、流化床热处理、熔盐/金属热处理、局部热处理等定型处理。

给予镍钛合金丝、板、管材一个新形状最常用的方法就是将其固定到一个定型模具中，维持固定状态下进行热处理，使得镍钛合金构件记忆住所固定的形状。镍钛合金的成型过程可通过热加工、冷加工或退火实现，但只有"冷加工成型后热处理"所获得成型构件的力学性能最佳。当所需构件的形状不能由起始材料一步成型，可以通过多步模具固定和热处理组合实现最终的形状固定。最典型的实例就是支架，从镍钛合金管材激光切割后到最终的直径之间需要多步扩径和定型热处理。

#### 6.5.3.4 镍钛合金支架的设计与加工

金属内支架是目前主导的内支架产品。现在临床所用支架的金属材料主要有 316L 型不锈钢、钽、钴基合金和镍钛合金。球囊扩张型支架以不锈钢材料为主，自膨型支架以镍钛合金为主。十多年来，镍钛合金支架在人体腔道狭窄的治疗方面得到广泛的应用。总体说来，各种支架的发展历史相似，都经历了从螺旋线圈状结构到网格状编织结构、激光切割管状结构，从裸支架到聚合物涂覆或聚合物管包裹，从形状记忆效应型到超弹性自膨胀型，从长期植入到短期植入并能回收的改进。对于支架的设计与加工，应该针对具体应用部位来考虑支架几何尺寸（管筒直径、圆丝丝径、长度）、结构（直通、单喇叭口、酒杯状、鼓形和异形等多种结构）和性能（力学、生物性能）。

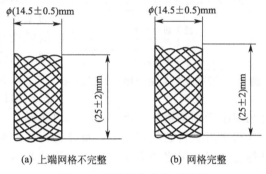

图 6-6 菱形网格支架正视图

(1) 网格形支架的设计与加工　网格形支架的制作流程为：

丝材→退火→编织→定型热处理→记忆稳定化处理（0~100℃）→成品

网格形支架编织比较复杂，其网格结点设计必须满足函数式 $N=(4+3K)^2+b$ 的要求，方能编织成菱形网格完整的支架。式中，$N$ 为完整网格点数；$K$ 为正整数；$b=(4+3K)(4+3K-2)$。若对菱形结点计算不当，会使丝头丝尾不能对接而无法对焊，导致整个支架的菱形网状结构不完整［图 6-6 中（a）］。图 6-6 中（b）是按 $K=3$ 的要求编织成菱形网格支架，其丝头丝尾均能互相对接，其实测结果详见表 6-9，符合使用要求。从表 6-9 可看出，图 6-6（b）的结点总数增加近 18%。由于结点数的增加和网眼孔径的减小均与支架弹性的增加成正比关系，所以改善了支架弹力偏低而导致手术失败的不足。

表 6-9　支架网眼孔径大小对比

| 支架类型 | 表面积/mm² | 结点总数 | 网眼面积/mm² | 菱形短轴/mm | 菱形长轴/mm |
| --- | --- | --- | --- | --- | --- |
| 上端网格不完整 | 1138.83 | 246 | 9.50 | 2.50 | 3.80 |
| 上端网格完整 | 1138.83 | 312 | 7.95 | 2.27 | 3.50 |
| 两者比较 | 相同 | 增加 18% | 减少 16% | 减少 9% | 减少 8% |

(2) 管状支架的设计与加工　管状支架的花样设计与性能密切相关。可将支架的单胞分为节片部分和附着体部分。将节片部分的骨干称为支柱，将附着体部分的骨干称为关节。改变支柱的几何尺寸（宽度、厚度、形状）和关节的几何尺寸（长度、数量、形状、位置）可以获得不同的单胞几何花样。通常可以将支架的单胞结构区分为敞开和闭合两类。目前市场上管状支架的花样有近百种。近年来有限元设计被广泛用于支架设计过程。

自膨胀型镍钛合金支架在设计时，$A_f$ 的温度设计十分重要。为了保证支架体温下完全展开，$A_f$ 温度必须低于体温。体温与 $A_f$ 之间的差异决定了支架的名义刚度。对 $A_f$ 温度低于体温的镍钛合金，每高出 $A_f$ 温度 1℃，拉伸加载与卸载应力平台就增加 4N/mm。因此，降低镍钛合金支架的 $A_f$ 温度，体温下镍钛合金支架变得更刚硬，但 $A_f$ 温度降得太低会导致外推力变得异常高。可以通过降低结构强度（如降低支柱宽度）来弥补 $A_f$ 温度的降低，但同时又带来径向反抗阻力的严重降低。事实上，最有效的径向反抗阻力和外推力组合是将 $A_f$ 温度尽可能地从低于体温方向靠近体温。

图 6-7 管状支架的激光加工工艺路线

管状支架的制造过程，包括专用模具的加工、原材料的准备、支架花样的设计、切割工艺参数的设定、激光切割加工、支架的后处理等工序（图 6-7）。原材料的准备包括管材的研磨、酸洗、超声清洗和退火。支架的后处理包括去毛刺、喷砂处理、扩径处理、定型处理、电化学抛光、化学钝化、不透射线标志的安装等。

镍钛合金支架的传统加工路径是扩张细管。首先热挤压出尺寸接近支架束缚态时直径大小的管材，在管材上利用激光切割机加工出一定的几何花样；然后利用模具逐步扩张管状支架的内径，每道扩径变形之后进行热处理定型，重复进行扩径循环，直至扩张到足够大的直径尺寸；最后再通过热处理得到最终的力学性能。小管切割/扩径加工镍钛合金支架的路径如图 6-8 所示。

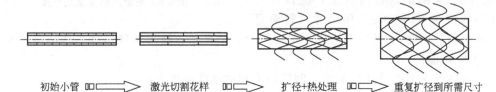

图 6-8 小管切割/扩径加工镍钛合金支架的路径

大管切割法加工镍钛合金支架是利用与植入后支架直径相同尺寸的镍钛合金管材加工支架的工艺路径。首先选择尺寸和性能都接近最终产品要求的管材；然后进行激光切割，去除毛刺；最后简单热处理消除应力并定型尺寸。图 6-9 是大管切割加工镍钛合金支架的路径。

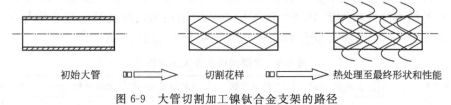

图 6-9 大管切割加工镍钛合金支架的路径

也可以利用介于压缩态和扩张态之间直径的管材作为原料，降低获得最终扩张态直径尺寸的扩径循环次数。

表 6-10 是 $Ti_{50.8}Ni_{49.2}$ 合金管状支架切割方法的选择。

表 6-10 $Ti_{50.8}Ni_{49.2}$ 合金管状支架切割方法的选择

| 对支架的要求 | 小管切割扩张法 | 大管直接切割法 |
| --- | --- | --- |
| 扩径后支架直径 | | |
| <12.5mm | 可以 | 可以 |
| >12.5mm | 可以 | 目前没有这种尺寸管材 |
| 支架的 $A_f$ 激活温度 | | |
| 25~37℃ | 可以 | 可以 |
| <20℃ | 难或不可能 | 可以 |
| $A_f$ 温度一致性要求严格 | 困难 | 优选方法 |

续表

| 对支架的要求 | 小管切割扩张法 | 大管直接切割法 |
|---|---|---|
| 机械性能 | | |
| 　加载平台(60kpsi①) | 可以 | 可以 |
| 　需要特别高的性能 | 不行 | 可以 |
| 　需要高的径向强度 | 困难 | 优选方法 |
| 　径向强度的一致性要求严格 | 困难 | 优选方法 |
| 　疲劳抗力 | 通常可以令人满意 | 提高寿命,降低永久应变,减少$A_f$温度漂移 |
| 花样设计 | | |
| 　通常的槽状设计 | 可以 | 可以 |
| 　包含下列任一特征：小的曲率；薄的支柱；花样难以扩展；难以去毛刺或难以电解抛光 | 困难 | 优选方法 |

① psi 为非法定单位，1psi=6.894×10³Pa。

（3）涂层支架的设计与加工　涂层支架主要指镍钛合金支架上涂有硅橡胶的支架。支架涂覆硅橡胶的生产工艺有两种，即模压工艺和溶液浸涂工艺。采用这种方式处理的覆膜支架，当拉伸到最大伸长时，不会出现架膜脱离现象。涂覆膜厚度均匀、透明、无孔眼。模压法镍钛合金支架覆膜厚度为 0.25～0.30mm，溶液浸涂法镍钛合金支架覆膜厚度为 0.06～0.12mm。将涂膜支架拉伸到最大伸长，保持完好无损的次数不低于 20 次。

模压工艺是直接将硅橡胶混炼胶直接与支架模压在一起，然后经后处理制得。其工艺流程见图 6-10。

图 6-10　支架模压涂覆硅橡胶的工艺流程

溶液浸涂工艺是将硅橡胶混炼胶制成溶胶后再涂覆到支架上。它可分为三步：①硅橡胶溶胶的制备（图 6-11）；②用偶联剂预处理支架（图 6-12）；③涂覆支架（图 6-13）。

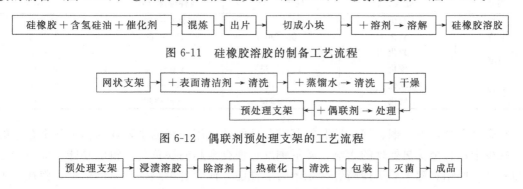

图 6-11　硅橡胶溶胶的制备工艺流程

图 6-12　偶联剂预处理支架的工艺流程

图 6-13　硅橡胶溶胶涂覆支架的工艺流程

## 6.6　其它生物金属材料

除了医用不锈钢、钴基合金、钛基合金外，其它生物金属材料还有金及金合金、银及银合金、铂及铂合金、医用钽、医用铌、医用锆等。由于这些金属在地球上的含量甚少，而且价格比其它常用金属昂贵，特别是用于人体的金、银、铂及其合金又称为医用贵金属。它们具有稳定的物理和化学性质，抗腐蚀性能优良，表现出生物惰性，通过合金化可对其物理、化学性能进行调整，满足不同的需求。

### 6.6.1 金与金合金

金具有黄色光泽，相对原子质量为197，密度为19.21g/cm³，熔点为1063℃，线膨胀系数 $14.2 \times 10^{-6} ℃^{-1}$，拉伸强度为150MPa，伸长率为45%。其晶体结构为面心立方晶格，具有极高的抗腐蚀性，不与氧、酸和碱作用，具有良好的力学性能、理化性能、加工性能以及生物学性能，最适合于口腔金属修复体的制作，但是由于价格昂贵，使其应用受到一定程度的限制。纯金质软，退火后更软。金的延伸性极好，用 $0.5\sim1.0\mu m$ 厚的纯金箔可作牙齿的全包覆牙套，但不耐磨，故常以合金的形式用于口腔整牙修复。这类合金一般以金银铜三元合金为基础设计，辅以微量钯、铂、锌而构成。金是金合金的主要成分。金合金的化学性质十分稳定，抗腐蚀性能优良，不易被氧化变色和变质；同样，金合金的生物学性能良好，对人体无毒、无刺激性，使用十分安全。

通常将此类合金根据其硬度分为四型，即软铸造金合金（Ⅰ型）、中等铸造金合金（Ⅱ型）、硬铸造金合金（Ⅲ型）、超硬铸造金合金（Ⅳ型）。这四型合金的成分及力学性能如表 6-11 和表 6-12 所示。

表 6-11 金合金的成分　　　　　　　　　　　　　　　　　　　单位:%

| 名称 | Ⅰ型 | Ⅱ型 | Ⅲ型 | Ⅳ型 |
|---|---|---|---|---|
| 金(Au) | 80.2～95.8 | 73.0～83.0 | 71.0～79.0 | 62.4～71.9 |
| 银(Ag) | 2.4～12.0 | 6.9～14.6 | 5.2～13.4 | 8.0～17.4 |
| 铜(Cu) | 1.6～6.2 | 5.8～10.5 | 7.1～10.6 | 8.6～15.4 |
| 钯(Pd) | 0～3.6 | 0～5.6 | 0～6.5 | 0～10.1 |
| 铂(Pt) | 0～1.0 | 0～4.2 | 0～7.5 | 0.2～8.2 |
| 锌(Zn) | 0～1.2 | 0～1.4 | 0～2.0 | 0～2.7 |

表 6-12 铸造金合金的力学性能

| 类型 | 热处理状态 | 硬度(HB) | 拉伸强度/MPa | 伸长率/% |
|---|---|---|---|---|
| Ⅰ型 | 软化 | 45～70 | 208～310 | 20～35 |
| Ⅱ型 | 软化 | 80～90 | 310～380 | 20～35 |
| Ⅲ型 | 软化 | 90～115 | 330～395 | 20～35 |
|  | 硬化 | 115～165 | 410～565 | 6～20 |
| Ⅳ型 | 软化 | 130～160 | 410～520 | 4～25 |
|  | 硬化 | 210～235 | 690～830 | 1～6 |

在金合金中，银、铜、钯、铂和锌都有其独特的作用。银的主要作用为增加金合金的延性，减少金铜合金受热处理的影响，降低铜红色使合金趋向淡黄色。铜的功能是提高合金强度与硬度，而铂和钯主要是提高金合金的力学性能，使金合金热处理后的强度、弹性、硬度都能显著增加。铂族元素的加入还能提高金合金的抗腐蚀性，使合金变白，降低因铜存在的加工老化现象。加入少量的锌能降低该合金的熔点并排除在熔化过程中形成的氧。

铸造金合金有良好的力学性能、化学性能和生物学性能。铸造金合金常用的热处理方法有软化热处理和硬化热处理两种。软化热处理能使金合金的结构均匀，热处理后的延展性提高，强度和硬度降低。而硬化热处理可提高金合金的力学性能，降低金合金的延展性。但在硬化热处理前，必须先进行软化热处理，目的是使硬化热处理后的金合金结构均匀。

## 6.6.2 银与银合金

纯银质地软，延展性好，其结构属面心立方晶体，熔点为961℃，临床上用纯银作植入型电极是基于其优良的导电性能。而银基合金以银为主要成分，可代替金合金用作齿科材料。银基合金可以铸造，常用的有银-钯-金-铜四元合金、银-钯-金三元合金和银-钯二元合金。在生物医学上用得较多的是用作植入型的电极或电子检测装置的纯银、用于冠桥修复的铸造银基合金和用于口腔充填材料的银汞合金。

### 6.6.2.1 铸造银基合金

银具有许多特点和优点，但其耐硫化性能差，与硫易形成黑色硫化银。为此在银中可添加金、铂、钯和铱以强化银的固溶度。其中，钯是防止银硫化变黑的有效贵金属。钯的含量在53%以上能完全防止银的硫化，因此添加少量低于金含量的钯能有效地改善银的耐硫化性。此外，钯还具有微细晶粒和在可降低延展性的情况下硬化和强化合金的功能，是有效且必需的添加元素。然而由于钯的熔点很高，为1555℃，钯量达一定程度会使液相温度上升，导致可铸造性降低。其解决方法是添加金和铜量。

加金能改善铸造流动性和抗晦暗性，而加铜能降低熔点，改善铸造性，带来时效硬化效率。但如果铜量高于20%，该合金的耐腐蚀性会明显下降。如金添加量在12%、钯添加量在20%时，可满足耐蚀性及力学性能的要求，而且比较经济实惠。

银和钯在熔化或热处理时会吸收大量气体，加入锗能抑制吸气，加入少量的银或锗可细化晶粒。

目前，临床医学上铸造银基合金主要用于冠桥修复体，当然也可作为替代金合金用途的代用品。

### 6.6.2.2 银汞合金

银汞合金是一种历史悠久的牙科充填修复材料，也属于一种合金材料，其成分要求为：银≥40%、锡≤32%、铜≤30%、锌≤2%、汞≤3%，其它非金属总含量不超过0.1%。汞在常温下为液体，与固态的金属粉末经调和后形成合金，这一过程称为汞齐化。故银汞合金也被称为汞齐合金。在银汞合金中，银是主要成分，它具有增加强度、降低流动的特点，并有一定膨胀，因而有利于与洞壁的密合。锡和汞都有较大亲和力，可与银形成银锡合金使之便于汞合，可增加银汞合金的可塑性；铜可取代一部分银，可改善银锡合金脆性，使之能均匀粉碎；而锌在其中的作用是减少银锡合金脆性而增加其可塑性，在合金冶炼过程中起净化作用，并与氧结合将其它金属的氧化物减至最低限度。在此值得提醒的是，银汞合金有一定的细胞毒性，其溶出物中有汞、银、铜及锌。临床上目前主要应用银汞合金作窝洞的充填，尤其适用于后牙。在对龋齿进行治疗时，在银汞合金中加氟以期减少继发性龋齿的产生。在临床上应用银汞合金时必须注意防护，从汞的保存、手术操作、银汞合金碎屑的处理及医务人员定期体检等，都应有程序化文件加以控制。

(1) 低铜合金粉 低铜合金粉俗称银锡合金，其组成及含量为：银67%~74%、锡25%~27%、铜0~6%、锌≤0~2%、汞≤3%。

目前多数商品中，银锡合金以$Ag_3Sn$形式存在，成分在γ相区内，因此称为γ相。当粉末与汞接触时，$Ag_3Sn$吸收汞形成$Ag_2Hg_3$，称为$γ_1$相，反应式为：

$$Ag_3Sn + Hg \longrightarrow Ag_2Hg_3 + Sn$$

这种反应能很快使Sn与Hg形成六方晶型的$Sn_7Hg$，称为$γ_2$相，反应式为：

$$Sn + Hg \longrightarrow Sn_7Hg$$

随着$γ_1$相和$γ_2$相的不断增加，$Ag_3Sn$颗粒完全被$γ_1$相和$γ_2$相覆盖，由于合金粉与汞调和比约为1∶1，汞量不足以完全消耗合金颗粒，因此，在汞齐化反应完成后，银汞合金颗粒的核心还有未被消耗的 $Ag_3Sn$ 颗粒。这样就形成以未起汞齐化反应的 $Ag_3Sn$（$\gamma$ 相）颗粒为核心，外面包绕 $\gamma_1$ 相和所成基质的复合物，并通过基质间的相互作用而形成银汞合金团块。

（2）高铜银合金粉  高铜银合金粉分为混合型高铜银汞合金和单组分银合金粉。混合型银合金粉是将银-铜球形共晶合金（银 71.9%，铜 28.1%）掺入到低铜合金中，然后与汞作用，可以成功消除 $\gamma_2$ 相，从而提高合金的强度。混合型银合金粉铜含量通常为 9%~20%，由两相组成，银相和铜相。单组分银合金粉由银、锡、铜所组成的三元合金，银 60%、锡 27%、铜 13%。新近产品中铜含量已在 30%左右。相组成为 $\beta$ 相 Ag-Sn、$\gamma$ 相 Ag-Sn 和 $\varepsilon$ 相 Cu-Sn，某些合金含有 $Cu_6Sn_5$ 和铜析锡的 $\eta$ 相。

混合型高铜银汞合金固化时，汞与混合型高铜合金作用后，锡与由铜锡合金中析出的铜形成铜锡相，主要是 $Cu_6Sn_5$（$\eta$ 相），少量为 $Cu_3Sn$（$\varepsilon$ 相）。其中 $\gamma_1$ 是基质的主要组成相，既包绕在未齐化的 $\gamma$ 相外层，也围绕在为 $\eta$ 相与 $\varepsilon$ 相所覆盖的银铜合金颗粒外围。反应式为：

$$Ag_3Sn + Ag_3Cu + Hg \longrightarrow Ag_2Hg_3(\gamma_1) + Cu_6Sn_5(\eta) + 未汞合的 Ag_3Cu 和 Ag_3Sn$$

单组分高铜银汞合金固化时，银和锡形成银锡相溶解在汞中。其中 $\gamma_1$ 相结晶生长形成基质，与部分溶解的颗粒结合在一起。反应式为：

$$Ag_2CuSn + Hg \longrightarrow \gamma_1 + Cu_6Sn_5 + 未汞合的 Ag_2CuSn$$

以上三种银汞合金的力学性能如表 6-13 所示。

表 6-13  银汞合金力学性能

| 银汞合金 | 压缩强度/MPa | | 蠕变值/% | 拉伸强度(24h)/MPa |
| --- | --- | --- | --- | --- |
| | 1h | 7 天 | | |
| 低铜银汞合金 | 145 | 343 | 2.0 | 60 |
| 混合型高铜银汞合金 | 137 | 431 | 0.4 | 48 |
| 单组分高铜银汞合金 | 262 | 510 | 0.13 | 64 |

固化后的银汞合金由 $\gamma_1$、$\gamma_2$、$\gamma$ 等相组成，而多相合金的腐蚀性比单相合金差。在口腔特定环境中以唾液为电解质，导致金属之间产生电化学反应，导致腐蚀。尤其 $\gamma_2$ 相，抗腐蚀性差，称为低铜合金修复体边缘折断的原因之一，也是产生继发性龋齿的诱因。固化后的银汞合金具有金属的特性，为热和电的良导体。其热导率远大于牙体组织，它能将冷、热和微电流传导至牙髓，刺激牙髓组织而产生疼痛。同时，银汞合金有一定细胞毒性，其溶出物中有汞、银和铜及锌的析出。

由于银汞合金有以上缺点，如何开发出性能优良而生物学性能好的合金或其它材料显得尤为重要。生产和开发银汞合金主要应防止有害的游离汞出现，减少对人体的危害，同时减少银的用量，降低成本。目前最有希望取代银汞合金的是镓合金充填材料。

### 6.6.3 铂及铂合金

铂是一种银白色金属，俗称白金。其结构是面心立方晶体，铂具有高熔点、高沸点和低蒸气压的特点，其化学性能稳定，在常温下除王水外，几乎不与任何化学试剂反应，呈生物惰性。但用热硫酸或熔融苛性碱会产生较高腐蚀。铂也不会被直接氧化，是金属中唯一能够抗氧化直至熔点的金属。此外，铂还具有优良的热电性能。铂的主要物理性能为：密度 21.45g/cm³，熔点 1769℃，比电阻熔化热为 9.85 $\mu\Omega \cdot cm(0℃)$。在铂中添加金、钯、锗和铱等元素所制成的合金具有极佳的抗腐蚀性和加工性，而且具有美丽素雅的色泽。

医学上常用的铂合金有铂金合金、铂银合金和铂铱合金等。用其制造的微探针广泛用于人体神经系统的各种植入型检测和修复用电子装置、心脏起搏器等。它们都具有极为优异的耐腐蚀性能和十分稳定的物理化学性能。此外,镀铂的钛阳极可用于血液净化处理,磁性铂合金可用于眼睑功能修复及假牙定位和矫形,含铂植入电极能直接在动脉内测量血液成分及性能变化等。然而由于铂及铂基合金成本高、价格昂贵而大大限制了其在临床医学中的推广应用。

### 6.6.4 医用钽、铌、锆

医用纯钽为银灰色金属,密度为 $16.6g/cm^3$,弹性模量为 $186\sim191GPa$,冷加工后的拉伸强度为 $400\sim1000MPa$,延伸率在 $1\%\sim25\%$,显微强度为 $1200\sim3000MPa$。经退火处理的钽变软,拉伸强度为 $200\sim300MPa$,断裂形变为 $20\%\sim50\%$,显微强度为 $800\sim1100MPa$。钽晶体结构为体心立方,熔点高达 $2950℃$,因此是一个十分难熔的金属。但钽是化学活性很高的金属,在生理环境下,甚至完全缺氧的其它环境状态下,其表面都能立即形成一层钝化膜,该膜的化学性能十分稳定,因而使钽具有极佳的抗生理腐蚀性。钽的生物相容性试验和动物实验都表明,钽具有优良的生物学性能。例如,多孔金属钽在其表面进行生物活化处理后,植入动物体内,孔内有新骨生成,即具有诱导成骨性。钽可加工成板、带、丝和箔,用于制造骨板、夹板、颅盖骨、骨螺钉及缝合线等外科植入器械,临床上钽片用于修补颅盖和腹肌,钽丝、钽箔可缝合神经和血管,钽板和钽条用于修补骨缺损,钽网用于修补肌肉组织。另外,如在血管金属支架表面镀一层钽,能明显提高该支架的抗血栓性能。

医用铌也是一种难熔金属,熔点为 $2467℃$,其晶体结构为体心立方。纯铌密度为 $8.5g/cm^3$,弹性模量为 $103\sim116MPa$,冷加工后的拉伸强度为 $300\sim1000MPa$,显微强度为 $1100\sim1800MPa$,延伸率在 $10\%\sim25\%$。铌和钽几乎一样,化学性能很近似,具有良好的化学稳定性和抗腐蚀性。常温下,铌在许多种酸和盐溶液中都十分稳定,但溶于氢氟酸、氢氟酸和硝酸的混合液以及浓碱溶液中。医用铌通常采用高纯铌,其用途与钽类似,如制造髓内钉等,但由于其来源及经济等原因,用途十分受限。

医用锆为银色金属,密度为 $6.49g/cm^3$,拉伸强度为 $931MPa$,熔点为 $1952℃$,低于钽和铌,常温下晶体结构为密排立方,但在 $862℃$ 时会转化为体心立方。化学性能活泼,高温下容易与氧、氢等气体反应,在表面形成氧化膜。锆在室温下有良好的延展性,可加工成各种板、带、线材等,同样锆因具有很强的耐腐蚀性和优良的生物相容性,可在临床医学上与医用纯钛等同使用,但由于其价格昂贵,也大大限制了其临床推广应用。

## 6.7 多孔生物金属材料

金属材料具有高强度、高硬度以及较好的韧性和抗冲击性,在承载部位的应用尤为重要,是临床医学领域广泛使用的材料之一。然而,大量临床实验表明,由于假体松动和磨蚀引发的不良细胞反应使人工髋关节等植入体只有 $10\sim15$ 年的寿命,不能满足长期使用的要求。

### 6.7.1 多孔生物金属材料的特性

多孔生物金属材料由于其独特的多孔结构极大地提高了植入体生物的相容性:①多孔结构利于成骨细胞的黏附、分化和生长,促使骨长入孔隙,加强植入体与骨的连接,实现生物固定;②多孔金属材料的密度、强度和弹性模量可以通过改变孔隙度来调整,达到与被替换硬组织相匹配的力学性能(力学相容性),如减弱或消除应力屏蔽效应,避免植入体周围的骨坏死、新骨畸变及其承载能力降低;③开放的连通孔结构利于水分和养料在植入体内的传输,促进组织再生与重建,加快痊愈过程。此外,多孔金属还具有多孔聚合物和多孔陶瓷不可比拟的优良强度和塑性组合,因而作为一种新型的骨、关节和牙根等人体硬组织修复和替换材料,具有广阔的应用前景而备受关注。目前多孔金属材料的研究主要集中在航天、航空、机械等结构应用和消声、减震、过滤、催化、热交换等功能应用方面,针对其生物医用的研究相对较少。

### 6.7.2 多孔生物金属材料的制备

为保证多孔生物金属材料的力学相容性和生物相容性,必须使其具有合适的孔形貌、孔径、孔隙度及保持高纯度,因此制备方法很重要。目前多孔生物金属材料的制备工艺仍不完备。由于粉末冶金(P/M)方法可较好地控制孔参数,为多数研究者所采用。

采用 P/M 工艺制备多孔生物金属材料,获得孔结构的途径主要有两个:直接的疏松粉坯烧结和添加孔隙材料方法。前者通过控制压坯相对密度来获得不同的孔隙度,工艺流程中污染较少,但孔径、孔隙难控,合适工艺需长时间摸索获得;后者通过适当选取孔隙材料的粉末粒度、形态和含量来有效控制孔径和孔隙度,可获得连通孔结构。孔隙材料包括陶瓷、聚合物、盐和金属,根据制备的多孔金属材料成分具体选取,要求在制备过程中不污染金属。此外,烧结时压坯孔隙中气体的膨胀和合金组元效应对孔隙形成有重要贡献。多孔金属的孔形貌、孔径和孔隙度的影响因素贯穿于整个工艺流程,包括粉末尺寸、粉末形态、压力大小、压力方向、烧结温度、烧结时间、气氛烧结以及后处理等。在高温高压的惰性气氛下处理(HIP)能够得到细化的微观组织,可提高强度和开孔率。

下面将以制备多孔镍钛合金为例,介绍其制备方法。

粉末冶金方法制备多孔镍钛合金的方法,包括元素粉末混合烧结法、预合金粉烧结法和自蔓延高温合成法等。这些方法具有粉末冶金方法的一般特点,克服了传统熔铸方法易产生严重偏析的现象,使合金成分更趋均匀。同时,可制备形状复杂、加工困难的元件,减少加工程序,获得近终形产品。采用元素粉末混合烧结制备 NiTi 的孔隙度及孔隙尺寸较小,而采用自蔓延高温合成的燃烧模式则可制备高孔隙度、较大孔隙的多孔 NiTi 合金,同时具有节能省时、投资少、产品纯度高等优点。

#### 6.7.2.1 元素粉末混合烧结法

粉末烧结法是将金属 Ti、Ni 粉末混合体冷/热成型后,在较高温度作用下进行长时间烧结,坯体发生一系列物理化学变化(包括有机物挥发、坯体内应力的消除、气孔率的减少、物质迁移、二次再结晶和晶粒长大),由松散状态逐渐致密化,且机械强度大大提高的过程。Ti 粉和 Ni 粉颗粒尺寸越小,则制备的镍钛合金孔隙度越高。

例如将纯度为 99% 的钛粉和镍粉以 1:1 的等原子比配制,混合均匀,压制成坯,在真空烧结炉中烧结,以 4℃/min 慢速升温至 500℃ 后接着以 30℃/min 快速升温,降温采用炉冷。烧结工艺对镍钛合金的孔隙度和开孔率的影响见图 6-14 和图 6-15。图 6-14 为不同烧结温度对合金的孔隙度和开孔率的影响,图 6-15 为不同烧结时间对合金的孔隙度和开孔率的影响。从图中可以看出,生坯的孔隙度最高,随着烧结温度的升高,孔隙度下降,到 900℃ 后基本稳定。随着烧结时间的延长,孔隙度也下降,超过 7h 后趋于稳定。但是烧结工艺基本不影响合金的开孔率。

#### 6.7.2.2 预合金粉烧结法

预合金化技术可以显著提高粉末冶金产品的力学性能。目前制备预合金粉的方法主要有以下三种:氢化研磨制粉法、快速凝固及机械合金化。氢化法制备预合金粉是将合金锭经过"氢化-粉碎-脱氢"工艺制备粉末,所制得的粉末形状不规则,含氧量比原材料增加,同时

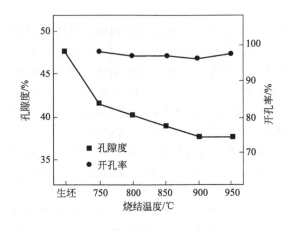
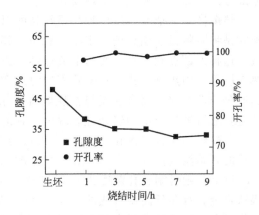

图 6-14　不同烧结温度对合金的孔隙度和开孔率的影响

图 6-15　不同烧结时间对合金的孔隙度和开孔率的影响

在制备过程中粉末不可避免地会被污染，因此该工艺还有待于进一步完善。一般采用氢化法制备预合金粉的成本较高。

采用直接从熔融合金快速凝固制取预合金粉的方法能缩短制备过程，降低成本，同时获得细晶粒预合金粉，有利于改善最终产品的力学性能。这种方法包括通常的雾化工艺及在此基础上发展的一些新工艺，如旋转电极工艺、真空雾化制粉工艺、电子束旋转圆盘工艺等。使用这种方法制备的预合金粉经过随后的烧结可获得孔隙度高达 57% 的多孔 NiTi 形状记忆合金。

近年来发展的机械合金化是一种合成材料新技术。它是将 Ti、Ni 元素混合粉末高能球磨，得到非晶态合金，再经过长时间球磨，非晶体产生晶化，得到的晶化产物为 NiTi、$Ti_2Ni$、$NiTi_3$ 等金属间化合物的混合物；之后经过一定的热处理，如成型、烧结可获得多孔 NiTi 形状记忆合金。用这种方法可以在常温下制得非晶粉末，同时可扩大形成非晶的成分范围，制备出用急冷法无法得到的非晶合金。通常机械合金化粉末的硬度很高，在给定条件下压缩，获得较低的密度。另外机械合金化还有在球磨过程中容易使粉末氧化和吸附杂质，并受到球磨罐和磨球的污染等缺点。

与元素粉末混合烧结法相比，预合金粉的烧结需要更高的烧结温度。这是因为在同样烧结条件下，对于预合金粉而言，烧结过程中的驱动力除外部提供的能量外，还包括粉末颗粒表面能的减少、预热过程中储存的热能以及反应生成热等。Ti、Ni 粉末混合烧结还存在合金化放热驱动力。分析表明，合金化放出的热量比减少的表面能大 4 个数量级，因此 Ti、Ni 粉末混合烧结在相对较低的温度下（如 900℃）即可进行，而预合金粉的烧结则需要较高的烧结温度（1050℃以上）。

预合金粉末压结体在烧结过程中逐渐致密化，而元素粉末混合体在烧结过程中往往体积发生膨胀，孔隙增加。这主要是因为在元素粉末混合体烧结过程中，由于 Ti、Ni 元素相互扩散速率不同而产生柯肯达尔微孔。同时，在达到一定温度（942℃）时，由于微区内成分不均匀，形成微量具有共晶成分的过渡液相，也会生成孔隙。

#### 6.7.2.3　自蔓延高温合成法

自蔓延高温合成法又称燃烧合成法，它是在一定温度下和一定气氛中点燃粉末压坯使之产生化学反应，反应放出的热量使邻近粉末坯层温度骤然升高而引发新的化学反应，这些化学反应以燃烧波的形式蔓延通过整个粉末压坯而生成新物质的过程。自蔓延高温合成有两种燃烧方式,即热爆模式与层燃模式。

热爆模式是把原料压坯加热至较高的温度自发点火,整个压坯自外向内发生反应。层燃模式是将原料压坯预热到一定温度后用外部能源点火,使反应由压坯的一端自发蔓延到另一端。这种外部点燃方式主要有电弧点燃、激光点燃、电炉加热点燃、高频加热点燃及微波加热点燃等。用热爆模式可获得致密的铸态 NiTi 合金锭,并可直接进行压力加工,所得合金的成分非常均匀,综合性能与常规熔铸法相当,甚至更好。用层燃模式则可制取多孔 NiTi 合金,之后经过一定的热处理表现出形状记忆效应,同时具有较好的形状恢复力。

自蔓延高温合成多孔 NiTi 合金的最佳条件:层燃模式的开始温度在 227~527℃,热爆模式的开始温度接近 927℃,惰性气体的压力控制在 $(1\sim2)\times10^5$ Pa,毛坯的最小直径在 3cm 以上,则可制备孔隙度为 60% 左右、开孔率 85% 以上、孔隙大小 320~510μm 的多孔镍钛合金。自蔓延高温合成的多孔 NiTi 合金均包含 NiTi 相和 $Ti_2Ni$ 相,其中 $Ti_2Ni$ 相偏聚在晶界上,随着自蔓延高温合成起始温度的提高,$Ti_2Ni$ 相减少,材料强度提高。同时,自蔓延高温合成温度高,反应物所吸附的气体和挥发出的杂质剧烈膨胀逸出。这样既能纯化产物,又能提高其孔隙度和开孔率。

自蔓延高温合成多孔镍钛合金影响因素很多,主要有预热温度、粉末粒度及粒度分布、生坯密度、反应物生坯直径和保护气氛等。此外,粉末的形貌、纯度、粉末吸附的水分、添加稀释物的多少以及点燃前预热试样的升温速率、保温时间等,都会对自蔓延高温合成反应的进行和燃烧速率产生影响,进而影响产物的显微结构和性能。

## 6.8 生物金属材料的发展趋势

尽管金属材料在生物医学材料应用中占主导地位,但现有材料均有以下缺点。

① 医用不锈钢在人体生理环境下会出现点蚀、晶间腐蚀、应力腐蚀及腐蚀疲劳,长期植入的稳定性不好;密度和弹性模量与人体硬组织间距较大,力学相容性差;溶出的镍离子有可能诱发肿瘤的形成;本身为生物惰性,难以和生物体组织形成牢固地结合。基于上述原因,不锈钢作为医用材料的应用比例呈下降趋势。

② 钴基合金的主要问题是溶出的钴、镍等离子会造成皮肤过敏和毒性反应,可能导致组织坏死和植入件松动。铸造钴基合金制作髋关节等承力较大的植入件的强度与疲劳性能尚显不足,铸件性能对缺口较敏感。

③ 钛系医用材料存在的一个问题就是品种太少,在已列入标准的两个品种中,工业纯钛强度偏低,$TC_4$ 合金 ($Ti_6Al_4V$) 是为航空领域开发的结构材料,把它作为医用合金存在着工艺性能较差、疲劳和断裂性能不理想、弹性模量偏高、含有毒性组分钒等问题,为此各国都在致力于研究开发具有更好生物相容性和综合力学性能的新型医用钛合金。

同不锈钢、钴基合金等其它金属一样,钛植入体也同样存在着与生物体硬组织的结合问题。为了使其形态结合成为更好的生物活性结合,20 世纪 80 年代中期国内许多单位对粉末钛多孔种植体、多孔人工髋关节和具有活性表面的钛基复合医用材料进行了广泛而深入的研究。

镍-钛记忆合金的主要问题是性能对成分较敏感、工艺性能差、成本高、溶出的镍离子向组织扩散可能产生毒性,为此正在开发、研制无镍钛基形状记忆合金。

④ 新型合金材料的开发。新型合金材料的开发包括两个方面,一是从组成上考虑寻求新型合金体系,同时重视微量元素对合金性能的影响;二是改进生产工艺,采用先进的冶炼和冷、热加工技术,实现对合金化学成分、相组成、均匀性及显微结构的精确控制,从而达

到提高材料性能的目的。

综上所述，金属材料作为医用材料，在临床使用中仍存在一些问题，主要有腐蚀问题、毒性问题、界面问题、力学相容性问题以及综合性能不理想等。上述问题涉及材料科学、材料工程、生物学和医学等诸多领域，多学科的合作是解决问题的必要条件。从材料本身属性看，不锈钢、钴基合金是难以全部解决上述问题的，而钛合金则是有可能满足要求的最有希望的医用金属材料。因此，新型钛合金的开发就成为生物医学金属材料的研究热点。

金属生物材料因为具有良好的力学性能和加工性能而得到了广泛应用，但不具备生物活性。未来金属生物材料要想立于不败之地，必须从两个方面完善：一是智能化，包括记忆（形状、力学性能）功能，使力学性能更匹配，制品形状易于手术操作等特点；二是改善生物相容性，包括多孔化、表面涂层生物活性物质等，改善其与组织的长期相容性。

## 思 考 题

1. 金属材料作为生物材料应用需满足哪些要求？
2. 为什么生物金属材料需要进行表面改性？
3. 金属材料可以通过哪些方法加工？
4. 金属材料为什么需要进行热处理？
5. 为了制备满足生物医用的镍钛合金，最好采用何种方法熔炼？
6. 镍钛合金管状支架的加工方法有哪些？各有何特点？
7. 多孔生物金属材料可以采用哪些方法加工？

## 参 考 文 献

[1] 周长忍. 生物材料学. 北京：中国医药科技出版社，2004.
[2] 顾其胜，侯春林，徐政. 实用生物医用材料学. 上海：上海科学技术出版社，2005.
[3] 李世普. 生物医用材料导论. 武汉：武汉工业大学出版社，2000.
[4] 郑玉峰，赵连城. 生物医用镍钛合金. 北京：科学出版社，2004.
[5] 郑玉峰，李莉. 生物医用材料学. 哈尔滨：哈尔滨工业大学出版社，2005.
[6] 杨大智，吴明雄. Ni-Ti形状记忆合金在生物医学领域的应用. 北京：冶金工业出版社，2003.
[7] 阮建明，邹俭鹏，黄伯云. 生物材料学. 北京：科学出版社，2004.
[8] 陈锡明. 外科植入物用不锈钢工艺及性能研究. 上海钢研，2003，(2)：8-18.
[9] 卫敏仲，顾汉卿. 医用金属材料表面改性与修饰的研究进展. 透析与人工器官，2005，16 (1)：32-40.
[10] 姜淑文，齐民. 生物医用多孔金属材料的研究进展. 材料科学与工程，2002，20 (4)：597-600.
[11] http://baike.baidu.com/view/71485.htm.
[12] http://baike.baidu.com/view/587463.htm.
[13] http://baike.baidu.com/view/11050.htm.
[14] http://baike.baidu.com/view/71530.htm.
[15] http://baike.baidu.com/view/23486.htm.
[16] http://mse.csu.edu.cn/kejian/jsxxjg/%E7%BB%AA%E8%AE%BA.doc.

# 第7章 生物材料表面改性

生物相容性是材料用于生物医用目的时所要具备的重要性质。植入体内的器件需符合组织相容性、血液相容性的要求，用于体外场合的许多制件也要求一定的生物相容性。例如，肾透析膜及其组件的材料必须具备阻抗非特异性蛋白吸附的性能，从而防止运行过程中产生生污垢；生化检测器件材料表面非特异性地吸附生物活性物质，会导致检测失准、失效，改善其表面生物相容性后，能有效避免此类问题的发生。因此，改善材料生物相容性的命题不仅仅涉及直接用于体内的材料。生物材料处于生理环境中或与生理介质接触时，材料表面非特异性蛋白吸附是诱发凝血与血栓形成、感染、排异反应、生污垢形成等一系列不良后果的初始原因，因此抑制非特异性蛋白吸附是提高材料表面生物相容性的重要指征，对蛋白吸附阻抗性能的评价能够初步判断材料的生物相容性。细胞亲和性是生物材料具有良好组织相容性的指征，是评价材料生物相容性的另一个基本性能指标。抗凝血性能是评价材料血液相容性的指标。材料经过表面改性之后，其生物相容性的改善一般反映在上述指征或指标的变化上。

材料的生物相容性不仅受其本体性质的影响，而且在很大程度上取决于材料表面的物理和化学性质。材料表面的化学结构对细胞的黏附、生长有着重要的影响。一般认为，羧基、羟基、磺酸基、氨基和酰氨基等基团可促进细胞的黏附和生长；砜基、硫醚、醚键等对细胞生长影响不大；刚性结构的材料，如芳香聚醚类则不利于细胞的黏附。材料表面的带电性质直接影响其对生物活性分子的吸附，进而影响生物相容性。表面自由能、亲疏水性质、表面微观形态也影响材料的生物相容性。因此，为提高生物材料的生物相容性，常常对材料或制件表面进行改性使之满足医学临床的需要。材料表面改性是指在不改变材料及其制品本体性能的前提下，赋予其表面新的性能或功能。通过材料表面的改性可提高材料表面的亲水性、耐老化性、耐磨性和生物相容性等。表面改性方法包括化学方法和物理方法两类。通常化学方法工艺复杂，有时还需要使用有毒化学试剂，易造成环境污染，试剂的残留对人体也有危害。相对而言，物理方法具有工艺简单、操作简便、易于控制、对环境无污染等优点，日益受到人们的重视。选择何种改性方法需从多方面考虑，如材料本体性质（耐热性、耐老化性、表面反应性等）、具体应用目标、制件外形、可靠性、可重现性、实施成本等。

提高生物材料的生物相容性的方法多种多样，材料表面的改性是一种比较简便易行的方法，可根据材料的性能和使用要求进行相应的选择。表面改性既不影响基体材料的理化、力学性能，又可使材料的表面性能有所改善，特别适合于将材料制成生物医学器件后进行表面后处理。

## 7.1 材料表面接枝改性

材料表面接枝改性是表面改性的重要方法之一，包括通过化学或物理方法直接在材料表面接枝具有某种功能的单体或分子链，也可在材料表面引入活性基团，然后再以活性基团为反应位点进行接枝聚合或偶联，从而达到材料表面接枝改性的目的。

### 7.1.1 化学接枝法

化学接枝方法是利用材料表面的反应基团与被接枝的单体或大分子链发生化学反应而实

现表面接枝,包括偶联接枝、自由基引发接枝和臭氧引发接枝。

偶联接枝是指待改性材料表面反应基团与接枝分子链上的活性基团之间发生化学反应、形成共价键合来实现。例如,以二异氰酸酯作为偶联剂对材料表面进行改性,二异氰酸酯与聚氨酯表面的—NH反应,生成PU-NCO,表面的—NCO再与聚甲基丙烯酸羟乙酯(PHEMA)中的—OH反应,实现PHEMA在PU表面的接枝,从而得到一种具有良好的力学性能和血液相容性的聚氨酯材料。接枝后的聚氨酯亲水性和生物相容性都大大提高。

自由基引发接枝是通过自由基引发剂的作用,在材料表面产生自由基活性中心,从而引发单体聚合。例如,将含有偶氮基团的单体与高聚物表面的羟基反应引入高聚物表面,通过偶氮基团的热分解引发单体在高聚物表面的聚合。由于提高材料表面的亲水性有助于改善材料的生物相容性,因此接枝改性往往是在材料表面接枝亲水性聚合物,例如聚乙二醇(PEG)、聚甲基丙烯酸羟乙酯、聚乙烯基吡咯烷酮(PVP)。近年来,在材料表面接枝具有仿生结构的胆碱单体(MPC,2-methacryloyloxyethyl phosphorylcholine)成为研发的热点。2006年,Wei Feng等通过可控自由基引发技术(ATRP)在硅片表面接枝MPC聚合物后,非特异性蛋白吸附量减少了98%以上。

臭氧引发接枝是先将材料置于臭氧气氛中,使其表面生成过氧化物,过氧化物分解产生自由基引发单体在材料表面接枝聚合。臭氧引发接枝的优点是能处理表面形状复杂的器件,不管材料的表面形状如何,均可在材料表面均匀地引入一层过氧活泼基团,设备简单、易操作、适用性广。

化学接枝工艺较复杂,且实施过程受反应容器的限制,对大型制件处理较为困难,所以这一方法的实际应用受到一定的制约。

### 7.1.2 物理接枝方法

物理接枝方法是通过射线产生聚合活性中心的接枝技术,主要包括辐射接枝和光引发接枝。

辐射接枝是利用 $\gamma$ 射线、$\alpha$ 射线、$\beta$ 射线及 X 射线等高能辐射使材料表面或本体产生自由基或离子化的活性中心,从而引发单体在表面接枝聚合。除表面接枝外,高能辐射还能改变材料表面的微观形态结构,从而改变材料表面的湿润性和生物相容性。

辐射接枝与化学接枝方法相比具有以下优点:①可在材料表面接枝,亦可在一定厚度层内进行接枝;②辐射接枝无需引发剂之类的反应助剂,产物洁净度高;③辐射接枝一般可在常温进行,重复性较好,速率快。

在辐射表面接枝中,$\gamma$ 射线是最常用的辐射源。例如,Laizier 和 Wais 等用 N-乙烯基吡咯烷酮(NVP)对硅橡胶进行 $\gamma$ 射线辐射接枝,使得硅橡胶的亲水性增强,改性后的硅橡胶可用于制造隐形眼镜。在应用 $\gamma$ 射线辐射进行材料表面改性时,主要影响因素包括单体浓度、辐射剂量、链调节剂浓度等。$\gamma$ 射线穿透力强,如果辐射剂量控制不当,$\gamma$ 射线很容易穿透被接枝的材料表面层进入本体,影响材料的本体性能。辐射接枝方法依赖于辐射源,所以在实际应用中会受到一定的限制。

光引发接枝是利用紫外线或可见光(波长200~800nm)照射材料表面,使之产生聚合活性中心,其中紫外线接枝是主要的方式。紫外线接枝是通过紫外线(波长200~400nm)照射材料表面产生自由基,然后引发单体在表面接枝聚合,接枝过程遵循自由基聚合机理。为了提高反应效率,在紫外线引发接枝聚合中,一般需添加光敏剂,如二苯甲酮等芳香化合物。光敏剂的作用是吸收紫外线能量后形成自由基或从材料表面夺氢使之产生自由基。紫外线对材料的穿透力比高能辐射低,接枝聚合可严格限定于材料的表面或表层,改性反应一般只发生在材料表面50～100nm深度以内。紫外线接枝方法不仅不影响材料本体性能，而且反应速率快、反应程度可控、设备简单、成本较低，因此通用性强。

### 7.1.3 光引发表面接枝的实施方法

接枝实施方法主要是指参与接枝反应的单体形态。根据反应时单体的状态，表面接枝可分为气相接枝和液相接枝。气相接枝是指待改性材料与待接枝单体溶液一同置于充有惰性气体的密闭容器之中，通过加热或减压，使单体气化，材料与处于气态的单体在紫外线照射下进行接枝聚合。液相接枝是指待改性材料直接置于待接枝单体溶液之中进行紫外线照射接枝。液相接枝的工艺更为简便，实施成本相对较低，但由于链转移（自由基活性种向单体、溶剂等发生链转移反应）的原因易生成均聚物，接枝率较低。而气相接枝的单体以气态存在，自聚形成均聚物较少。例如，在聚乙烯膜表面接枝甲基丙烯酸（MAA）时，若用气相接枝，接枝聚合占优势，接枝链不仅分布在膜表面，而且深入到膜内层；用液相法接枝，均聚占优势，接枝链主要分布在膜表面。

大多数表面光接枝属于自由基反应，所以只有含不饱和碳碳键的单体适合于光接枝。常用单体有丙烯酸、甲基丙烯酸、甲基丙烯酸酯、甲基丙烯酸缩水甘油酯（GMA）等。

光照射表面接枝改性技术常用于疏水聚合物材料的表面改性。为了提高聚合物表面的亲水性，可以利用光接枝的方法将亲水性基团（—OH、—COOH、—NH$_2$）引入高聚物材料表面，大大降低水接触角、提高材料表面的润湿性。具有润湿性的材料表面可减少非特异性蛋白吸附和强化细胞黏附，从而改善生物相容性。例如，利用光敏剂对酰氯基二苯甲酮使聚砜（PS）膜表面在光照射下接枝聚丙烯酰胺，改性后PS膜材料表面的水接触角显著降低（改性前为90°左右，改性后为20°），材料表面对水的润湿性明显增强，对γ-球蛋白、免疫球蛋白（IgG）、白蛋白和凝血因子的吸附减少90%以上，同时也抑制了细菌的黏附，从而抑制细菌感染。表面亲水化改性的聚砜分离膜已用于蛋白的分离与纯化及血液透析，亲水化改性之后，分离膜的抗生物垢性能（biofouling resistance）明显提高。再如，用甲基丙烯酸二甲氨基乙酯（DMA）、甲基丙烯酸羟乙酯（HEMA）、丙烯酸（AA）、丙烯酰胺（AM）、甲基丙烯酰氧乙基三甲基氯化铵（DMC）等功能单体在聚氨酯表面接枝，分别得到了氨基化、羟基化、羧基化、酰胺化以及阳离子化的聚氨酯表面，经改性的聚氨酯表面对于细胞的黏附、生长状况均得到改善，表明接枝改性提高了聚氨酯的生物相容性。GMA是一种带有活性环氧基的不饱和单体，在材料表面接枝GMA后，材料表面带环氧基，可与多种生物活性物质上的氨基、羟基等反应，达到固定生物活性物质的目的。例如，白功健等人利用紫外线接枝法在聚乙烯膜表面接枝GMA，然后与肝素反应，实现了肝素在聚乙烯材料表面的固定，大大提高了PE的抗凝血性。可见，光照表面改性不仅仅局限于表面接枝聚合，还可利用接枝聚合所引入的官能基团将生物活性物质（如肝素、尿激酶、细胞结合肽RGD等）固定到生物材料的表面，提高生物材料的抗凝血性、组织相容性或细胞亲和性。

## 7.2 材料表面预吸附聚合物

在材料表面接枝亲水性聚合物是改善其生物相容性的有效方法，已得到广泛应用。接枝的目的是在材料表面构筑亲水层，无论采用哪种接枝方法，工艺过程都较为复杂。相对而言，在材料表面预吸附水溶性聚合物则是一种便捷的表面改性方法。这种方法是利用聚合物水溶液浸泡待改性材料或制件，使聚合物在材料表面吸附形成亲水层，本文称为预吸附。材料表面预吸附亲水聚合物后,占据了吸附位点,使得材料再与生物活性物质接触时不再吸附生物活性大分子,从而抑制生物垢的形成,同时提高材料的生物相容性。

**7.2.1 预吸附的驱动力**

在水溶液环境中,材料表面吸附聚合物的驱动力主要有氢键、异性电荷吸引力、疏水相互作用。吸附过程由哪种作用力驱动,取决于材料表面的化学组成与结构,也与预吸附聚合物组成与结构有关。

(1) 氢键 预吸附聚合物与材料表面通过氢键的形成吸附在材料表面。例如,在 $SiO_2$ 表面预吸附聚乙烯基吡咯烷酮。

(2) 异性电荷吸引 当材料表面带负(正)电荷时,可从水相吸附带正(负)电荷的聚合物。例如,在氧化铌($Nb_2O_5$)、氧化钽($Ta_2O_5$)和二氧化钛($TiO_2$)等带负电荷的金属氧化物表面预吸附聚赖氨酸与聚乙二醇的接枝共聚物(PLL-PEG,图7-1)后,纤维蛋白原吸附量能减少96%~98%。

PLL-PEG 还可预吸附于经氧气等离子体处理的聚硅氧烷(PDMS)材料表面(带负电),如图7-2所示。

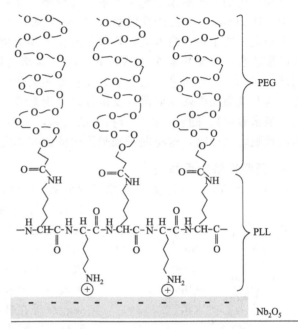

图 7-1 阳离子聚合物 PLL-PEG 在金属氧化物表面预吸附

(3) 疏水相互作用 水溶性两亲聚合物中的疏水单元与疏水材料表面的相互作用是两亲聚合物从水溶液中吸附至材料表面的主要动力,这种作用力普遍存在于乳化剂稳定的聚合物

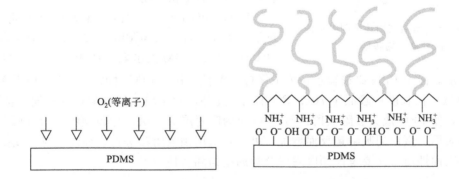

图 7-2 阳离子聚合物 PLL-PEG 在 PDMS 表面预吸附

胶体分散体系之中,疏水相互作用能提供足够的附着力,使聚合物吸附于疏水材料表面而不脱落。Norman 等曾报道在聚苯乙烯微球表面预吸附聚氧化乙烯-聚氧化丙烯-聚氧化乙烯(PEO-PPO-PEO)三嵌段共聚物,动物实验显示,经预吸附处理的微球在血液系统中的循环时间从原始 PS 微球的几十分钟延长到十几个小时,血液相容性大幅度提高。PEO-PPO-PEO 还用于聚氨酯表面预吸附处理,抑制非特异性蛋白吸附。

### 7.2.2 预吸附聚合物的研究进展

预吸附法效能/费用比高，适合多种材料的表面亲水化改性，尤其适合大型及复杂制件的表面处理，因工艺简单、成本低廉，在一次性使用或短期服役的医用器件表面处理方面很有优势，这些器件包括医用导管、隐形眼镜、生化分离膜组件等。

早期使用的预吸附聚合物是水溶性均聚物，如聚乙烯基吡咯烷酮、聚氧化乙烯（PEO）、葡聚糖（Dextran）、聚乙烯基甲醚（PVME）等。由于均聚物亲水性强，预吸附层附着力偏低、不稳定。为了提高附着力，均聚物逐步为共聚物所取代，如使用具有疏水单元的不完全水解的聚乙酸乙烯酯共聚物（PVA-PVAc），该聚合物中乙酸乙烯酯（VAc）单元可提供较强的疏水作用力。近年来，嵌段型、支化型两亲共聚物的设计合成成为预吸附聚合物研究的重点，这些共聚物中疏水嵌段或支链提供吸附附着力，而强亲水嵌段或支链形成预吸附层的外层（亲水表层）。随着可控聚合技术的完善，人们可以合成出性能更好的具有特殊分子链构造的预吸附聚合物，这将促进预吸附法的研究和应用。

### 7.2.3 预吸附法应用举例

1996年，Francois曾在聚氨酯导尿管表面预吸附PVP以抑制细菌黏附，减少感染。1997年陆晓峰等用表面活性剂对聚砜超滤膜进行表面预吸附改性，以降低蛋白质对膜的吸附污染。实验结果表明，用表面活性剂对膜改性后，膜的通量都比未改性膜有不同程度的提高，显示膜的防污性能得到了改善（即抑制了生物垢的形成）。2001年，Ruegsegger等在玻璃表面预吸附多糖改性的聚乙烯胺（图7-3），显著减少了血小板在玻璃表面的黏附聚集。

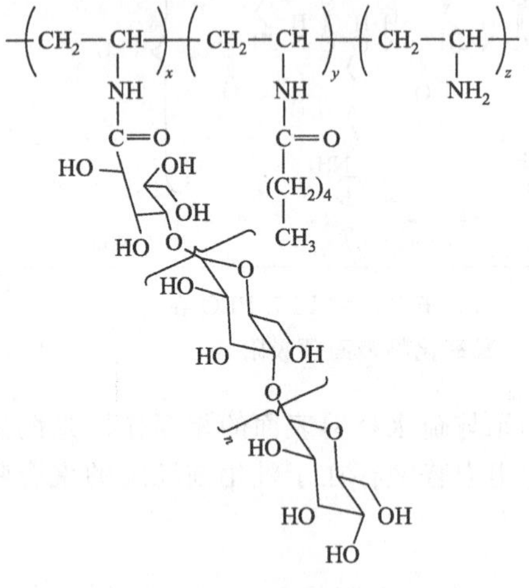

2006年，Pauline等在玻璃培养皿表面预吸附PEO-PPO-PEO三嵌段共聚物（Pluronic F127），减少了培养液中活性组分（mouse monoclonal $IgG_1$）在器壁表面的黏附、提高了液相中活性组分的有效浓度和活性组分的生物利用度。

PEO-PPO-PEO三嵌段共聚物已有工业化产品。对于疏水性材料的表面预吸附改性，其预吸附机制是由PPO嵌段提供对疏水表面的附着力，PEO链端形成亲水表层。由于PPO比较疏水，为了保持水溶性，用于预吸附的PEO-PPO-PEO共聚物中，PPO嵌段的长度一般低于70个PO单元。此外，对于玻璃这样的极性表面，会与PEO形成氢键，使PEO成为吸附嵌段，而PPO成为吸附层的外层，导致预吸附PEO-PPO-PEO共聚物的表面对蛋白的吸附量反而增加。可见，采用预吸附法进行表面改性时，既要考虑材料本身的表面性质，又要考虑预吸附聚合物的结构和特性。

图7-3 用于玻璃表面预吸附处理的改性聚乙烯胺结构

## 7.3 等离子体技术

### 7.3.1 等离子体和等离子体聚合的基本概念

随着外界供给物质的能量增加，物质的状态会由固体向液体、气体转变，进一步给气体以能量，气体原子中的价电子可脱离原子而成为自由电子，原子成为正离子，如果气体中有较多的原子被电离，则原来是单一原子的气体变为含有电子、正离子和中性原子及受激原子的混合体,这种混合体通常称为等离子体,也被看做物质的第四种状态。

在一辉光放电管中,对压力为 0.133Pa 左右的低压气体施加一电场进行辉光放电,气体中的少量自由电子将沿电场方向被加速。当压力低、距离长时,电子的运动趋向极高的速率,因而获得极大的动能。这种高能电子与分子或原子相碰撞会使之激发、离解或断裂,形成各种激发态的分子、原子、自由基及电子,整个气体处于电离状态。其中,正离子和电子所带的电荷相等,表面上呈中性,因而称之为等离子体。

一般辉光放电所得到的等离子体中电子温度极高(温度与动能成正比),可达 $10^4 \sim 10^5$ K(约 $1 \sim 10$ eV),而中性的气体温度最高不过 $100 \sim 300$℃。电子温度与气体温度之间不能保持热平衡,所以又称为非平衡等离子体或低温等离子体。与此相对应,像电弧放电那样,在常压下由于气体分子与电子反复剧烈碰撞,使整个气体温度与电子温度达到平衡,气体温度可达 5000℃以上,此时的状态称为平衡等离子体或高温等离子体。高温等离子体的电子和离子温度高,在此温度下,基体材料会受到破坏,难以达到材料改性的目的。

辉光放电所产生的低温等离子体,因电子与气体之间不存在热平衡,这就意味着电子可以拥有使化学键断裂的足够能量(表 7-1),而气体温度又可以保持与环境温度相近。这一点对于不能耐受高温的有机化合物和高分子化合物具有特别重要的意义。低温等离子体中的高能电子($0 \sim 20$ eV)参与的物理、化学反应过程可以实现许多普通气体及高温等离子体难以解决的问题,所以,等离子体表面工程主要选用低温等离子体。低温等离子体的作用机制可以归结为粒子的非弹性碰撞,即等离子体中载能电子与气体分子(原子)发生非弹性碰撞,将能量转换成基态分子(原子)的内能,发生激发、解离和电离等一系列过程,使气体处于活化状态。

目前较常用的等离子体有氧气、氮气、氨气等反应性气体以及带有特定官能团的单体。在这些等离子体的作用下,材料表面的化学结构或组成会发生变化,从而获得新的表面特性。

表 7-1 等离子体能量与化学键键能的比较

| | 能 量 | eV[①] | kJ/mol |
|---|---|---|---|
| 等离子体 | 电子 | $0 \sim 20$ | |
| | 离子 | $0 \sim 2$ | |
| | 受激分子 | $0 \sim 20$ | |
| 化学键 | C—H | 4.3 | 414 |
| | C—N | 2.9 | 280 |
| | C—Cl | 3.4 | 330 |
| | C—F | 4.4 | 426 |
| | C=O | 8.0 | 774 |
| | C—C | 3.4 | 330 |
| | C=C | 6.1 | 590 |

① 1eV=96.7kJ/mol。

利用等离子体中的电子、离子、自由基及激发态分子等活性粒子使单体聚合的方法称为等离子体聚合。由于等离子体中各种活性粒子的能量分布近似于 Maxwell 分布,也就是低能、中能、高能的活性粒子都同时存在,这就使等离子体聚合具有以下特点。

① 几乎所有有机或有机金属化合物都可以进行聚合,除带双键的或其它官能团的单体外,像甲烷、乙烷、苯、甲苯、氟代烷类、烷基硅烷等都可得到不同的聚合物。

② 等离子体聚合可以由输入能量、单体加入速率及真空度进行控制,不同条件下可以得到粉末、油状或薄膜状聚合物,产物结构复杂,支链很多。

③ 由于多种活性粒子在气相同时反应,聚合产物在器壁和底层沉积,聚合机理极其

复杂。

④ 能够在处理各种形状复杂的表面时进行聚合。

### 7.3.2 等离子体聚合的装置和实施方法

通过放电产生等离子体的方法有多种，包括直流放电、高频放电、微波放电、电晕放电等。等离子体聚合的典型装置是将真空容器（压力约 1mmHg）置于高频电场中，电极放在容器中或容器外，向容器中通入单体，在几百至几千伏电位差的电极间气体被等离子化，从而发生聚合反应，生成的聚合物逐渐沉积于基体上。作为电源装置，最常采用的是 13.56MHz 的声频等离子发生器。

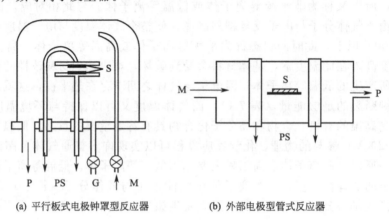

(a) 平行板式电极钟罩型反应器　　(b) 外部电极型管式反应器

图 7-4　等离子体聚合反应器

P—真空泵；PS—电源；S—基体；M—单体；G—真空表；W—石英窗

图 7-4 是等离子体聚合反应器，其中，平行板式电极的钟罩型反应器最为常用。等离子体聚合产物的结构、性质与聚合条件密切相关。一般单体流量大、操作压力高（真空度低）时，生成油状物质；单体流量小、操作压力低（真空度高）时，生成粉末状聚合物或薄膜。图 7-5 归纳了等离子体聚合反应的控制因素。

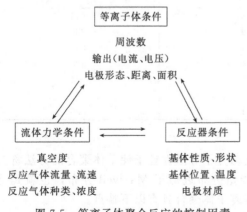

图 7-5　等离子体聚合反应的控制因素

虽然直流和超高频放电都能用于等离子体聚合，但在直流或低频情况下，电子和离子的运动均受电场的影响，辉光区延伸到电极表面，使化合物直接在电极上沉积，从而污染电极。

### 7.3.3 等离子体处理聚合物表面及其应用

等离子体表面处理主要是利用非聚合性的无机气体（如氧气、氮气、氢气、氩气等）产生的等离子体对高聚物材料表面进行处理，生成自由基，然后利用表面产生的活性自由基引发单体在材料表面进行接枝聚合或共聚，或将高分子材料表面分子的化学键打断并引发等离子体化学反应（氧化、交联），从而使材料表面被离子体活化，再将具有特定性能的单体接枝到活化的高分子材料表面，得到相应功能的材料表面。

用低温等离子体处理高分子材料表面的优点如下：

① 它是气固反应过程，不使用化学溶剂，比化学方法更安全、无污染；

② 处理过程简单，避免了湿法处理的反应、洗涤、干燥等复杂的工艺过程；

③ 等离子体技术所需能量较低，改性表层仅有数十纳米，不影响基体材料的本体性质，却能使表面性能有很大改进；

④ 处理时间比较短。

高分子材料表面的等离子体处理可分为表面沉积、表面刻蚀、表面化学修饰、表面交联、表面内聚合和表面上聚合。此外，等离子体技术还包括表面清洗和消毒。通过等离子体处理，可显著改善高分子材料的表面性能，例如亲/疏水性、抗静电性、粘接性、渗透性、生物相容性、阻燃性等，而不影响材料的热稳定性和力学性能。

在血液相容性材料的开发研究中，等离子体处理越来越受到人们的重视，除改善材料表面细胞黏附性和生物相容性外，还能在材料表面形成一层阻挡膜，减少小分子进出界面的扩散。

最早借助等离子体的方法来改善生物材料血液相容性的是 Hollaban 等，他们采用氨或氮/氢混合气体对一些普通聚合物材料表面（聚氯乙烯、聚四氟乙烯等）进行等离子体处理，使表面导入氨基，季铵化后与肝素结合，这样改性的材料能延缓血凝现象的发生。Ishikwa 等采用二氧化碳和其它气体的混合物等离子体，对软质 PVC 进行处理，实验表明，血小板在形成交联结构的表面上虽有黏附，但固溶出物减少，使其黏附密度大大降低。Hoffman 用四氟乙烯进行聚酯（PET）的等离子体处理，减少了表面的纤维蛋白原吸附，从而有降低血栓沉积的作用（见表 7-2）。

表 7-2 四氟乙烯等离子体处理 PET 的纤维蛋白原流失性

| 样 品 | 吸附后的流失性/% | |
| --- | --- | --- |
|  | 0.5min | 120min |
| PET | 77±2 | 71±0.7 |
| TFE 处理的 PET | 57±4 | 39±6 |
| 聚乙烯 | 88±3 | 94±4 |

高分子材料经氨、氧、水等离子体处理后，能在高分子材料表面引入氨基、羟基、羧基等各种功能基团，使得材料表面的亲水性有所改善，有效提高材料表面的润湿性和血液相容性，并可促进细胞在材料表面上的黏附与生长。例如，含氮基团（氨基等）的引入，不仅可提高材料表面的亲水性，而且氨基在生理 pH 环境下由于质子化作用而带上正电荷，有利于带负电荷的细胞吸附。此外，含氮基团可与血浆中的细胞黏附蛋白等通过氢键结合，进一步促进了细胞在材料表面的黏附与生长。材料表面引入羟基或羧基后，可通过缩合反应进行接枝或直接在材料表面固定生物活性分子。Shan-hui Hsu 等用等离子体技术在聚氨酯上接枝丙交酯，体外细胞黏附实验发现成纤维细胞在接枝后的聚氨酯表面黏附能力显著提高。在硅橡胶上用等离子体引发接枝丙烯酸后，再将胶原接枝到聚丙烯酸上，细胞在接枝后的硅橡胶上的吸附和生长能力明显提高。

用等离子体对材料表面进行处理，可以使表面产生刻蚀和粗糙化。由于材料的晶体和非晶体部分的刻蚀率不同，对材料的表面进行处理后，会出现材料表面细微的凹凸不平。例如，用 Ar 射频等离子体处理聚四氟乙烯时，数十秒即可在材料表面形成直径为 $0.1\mu m$ 凸点。研究表明，即使表面化学组成与本体相同，材料表面形态的变化也会导致其生物活性和生物惰性的改变。

等离子体处理还有一个最简单的应用就是高效的表面杀菌消毒能力，用氩气、氦气、氮气、氢气等气体的等离子体处理塑料能全部杀死细菌。

## 7.3.4 等离子体表面聚合

等离子体表面聚合是利用放电将有机类气态单体等离子化，产生各类活性基团，这些活性基团之间或活性基团与单体之间进行聚合反应形成聚合膜。基体或聚合形成的分子链受到电子的撞击，会在主链上的不同位置产生自由基，形成支化或交联，因而可获得具有网状结构的聚合膜。例如，聚甲基丙烯酸甲酯（PMMA，有机玻璃）具有折射率高、硬度适合、生物惰性好的优点，早在20世纪40年代就被用于制作隐形眼镜。但是PMMA的亲水性欠佳，佩戴不适，严重者还可引起并发症。为了改善其性能，可利用乙炔、水、氮气生成的等离子聚合膜涂覆在聚甲基丙烯酸甲酯接触镜片上，其亲水性有所提高，同时也减少了镜片与角膜上皮细胞的粘连。

等离子体聚合过程中的一个重要步骤是聚合产物的沉积。在反应器中，任何粒子都会与基体的表面发生碰撞，是否沉积在其表面取决于撞击粒子的动能和基体表面温度。粒子由于失去一部分动能或由于与表面形成化学键而无法离开基体表面时，便发生了沉积，与此相反的过程是消融。等离子体聚合物的形成过程是一种聚合沉积和消融作用的竞争。需要说明的是，等离子体聚合包括等离子态聚合和等离子体诱导聚合两种概念。前者通过等离子体活化的原子和分子物种的再结合达到高分子化聚集，包括气相反应中间产物的间接聚合过程；后者是一种分子聚合过程，在等离子体态中先形成活性中心，然后在常态下进行聚合，因此单体必须有能聚合的结构。

## 7.3.5 等离子体化学气相沉积

化学气相沉积是通过含有构成薄膜元素的挥发性化合物与其它气相物质的化学反应产生非挥发性的固体物质并使之以原子态沉积在置于适当位置的基底上，从而形成所要求的材料。其原理是：在等离子体中生成的电子、离子、自由基等与气相单体分子碰撞，使单体分子激发活化，活化的单体与未活化的单体碰撞发生链增长，当两个正在增长的链相碰撞时就会失去活性，出现链终止，终止反应形成微细的球状粉末，逐渐在基体材料表面沉积，再与吸附的单体反应，生成涂覆层薄膜。利用这种方法可以在金属材料的表面沉积一层氮化钛陶瓷或碳化钛陶瓷，该涂层的晶体结构、化学成分和性能都有别于基体材料，具有特定的性能，在大幅度提高金属材料的表面硬度的同时，抗腐蚀性能和生物相容性都得到很好改善。在钛合金表面沉积金刚石涂层，是用氢含量较高、挥发性较低的碳氢化合物作为活化气体，进行材料表面改性。另外，也可在不锈钢上形成类金刚石碳层，制备出力学性能优良和生物相容性良好的材料。但通常化学气相沉积的反应温度范围在900~2000℃，对于大多数金属材料来说已达到了熔点，这也就极大地限制了化学气相沉积在生物医学中的应用。

20世纪60年代发展起来的等离子体化学气相沉积实现了化学气相沉积的低温化。其原理是用气体放电将低压原料气等离子体化，形成活性的激发分子、原子、离子和原子团等，使化学反应增强，在较低温度（200~500℃）下，沉积出硬质膜。另外，等离子体化学气相沉积还可以大大减小由于薄膜和衬底热膨胀系数不匹配所造成的内应力，所以获得了越来越广泛的应用。

越来越多地采用化学气相沉积方法的原因之一是因为采用化学气相沉积方法可以制备各种各样高纯的、具有所希望性能的晶态和非晶态和金属、半导体及化合物薄膜和涂层的能力。与物理气相沉积方法相比，化学气相沉积方法具有更好的覆盖性，可以在深孔、阶梯、洼面或其它复杂的三维形体上沉积。此外化学气相沉积方法还可以在很宽广的范围控制所制备薄膜的化学计量比，这与其它方法相比是很突出的。化学气相沉积其它的优点是设备成本和操作费用相对较低，既适合于批量生产，也适合于连续生产，与其它加工过程有很好的相容性。

亲水性单体羟乙基甲基丙烯酸酯或 N-乙烯基吡咯烷酮沉积到 PMMA 的表面,使 PMMA性能有很大的改观。经"接触试验"发现,未经等离子处理的 PMMA 表面可引起 10%～30%的细胞损伤,而经处理后得到的 PMMA/HEMA、PMMA/NVP 复合表面引起的细胞损伤仅有 10%。硅橡胶具有透气性好、质地柔软、弹性好、经久耐用等优点,是制成"软"接触眼镜的材料,但硅橡胶是疏水材料,其黏性过大,渗透性大,应用等离子体沉积方法将甲烷薄膜镀于硅橡胶表面,提高了硅橡胶的保湿性,减小了材料的黏性和液体的渗透,还保持了良好的透气性和柔韧性。

### 7.3.6 等离子体喷涂技术

等离子体喷涂技术是利用喷枪上两个直流电极间产生的电弧,通过电极间的气体电离形成热等离子流,粉末在等离子流中加热熔融,并被高速喷射到金属基体表面形成涂层。

羟基磷灰石(HAP)具有良好的生物活性,有骨传导和骨诱导作用,将其喷涂于金属基体材料表面,形成复合结构,使得原金属植入体表面的形态有所改变,所得复合材料具有良好的综合性能。与未涂覆 HAP 涂层的金属基体材料相比,涂覆 HAP 后材料与骨组织结合紧密,生物相容性更好,并保留了金属材料良好的力学性能。研究表明,涂层与基体界面结合状态会直接影响涂层的结合强度。HAP 涂层和基体的结合以机械结合为主,同时也存在化学结合的形式。例如,钛合金基体材料在等离子体喷涂 HAP 的过程中,HAP 颗粒与凹凸不平的基体表面可以互相嵌合,形成机械结合;另一方面,钛合金和 HAP 的结晶结构以及物理性能差异很大,因此,随着界面附近非晶相的增加,界面结合增大,同时,在等离子喷涂 HAP 的过程中,$PO_4^{3-}$ 和 $Ca^{2+}$ 的迁移能与钛合金基体发生化学反应形成新相,使得涂层和基体间又形成了冶金化学结合,因此涂层与基体表面有更高的结合力。

等离子体喷涂工艺对 HAP 涂层性能有很大影响。一般认为,HAP 颗粒的直径为 $50\sim 85\mu m$,涂层厚度通常为 $40\sim 200\mu m$。涂层越薄,HAP 与基体材料的结合力越强;涂层越厚,涂层与基体材料结合或与骨的键合越不稳定。另外,若 HAP 涂层有适当的孔隙存在,可以促进骨骼的生长,同时对骨的固定有强化作用。采用等离子喷涂技术在钛合金基体材料表面形成的 HAP 涂层,因 Ti/HAP 界面间热膨胀系数的差异,易引起涂层脱落。为克服这一缺点,提高 HAP 涂层与 Ti 基体间的结合性能,可在两者之间加入一层含有生物玻璃或 $ZrO_2$ 等的中间层;或在钛合金表面先制备 $ZrO_2$ 过渡层,然后再制备 HAP 层。这两种复合材料的结合强度均比单一的 HAP 层有明显增加。

用等离子体技术对生物材料表面改性,虽然材料的性能得到了明显改善,但改性的表面会随着时间的推移而逐渐退化,这是等离子体改性技术自身无法克服的缺点,还有待进一步研究完善。

## 7.4 离子束表面改性技术

离子束技术是利用离子束、电子束、激光束将预先选择的元素原子离子化后,经电场加速,使其获得高能量,再将高能离子束打入作为靶的固体材料表层,从而改变材料表层物理、化学、机械以及生物性能的方法。其优点包括:能在常温真空中进行、无污染;引入的元素可以任意选择,不受合金系中固溶体的限制;准确地在材料表面注入预定剂量的高能量离子,使材料表层的化学成分、相结构和组织形态发生显著变化,改变材料与生物体相互作用的特性,但不影响基体材料的内部结构和性能;可靠性和重复性高。离子束技术的应用包括离子束注入、离子束沉积和离子束辅助沉积等。

应用离子束技术可实现对医用生物陶瓷涂层材料表面的改性。生物陶瓷涂层分为氧化物涂层和非氧化物涂层。氧化物涂层材料主要有 $Al_2O_3$、$ZrO_2$、$TiO_2$ 等，通过离子束沉积技术将氧化物沉积于基体金属的表面形成涂层，涂层由熔化的粉末颗粒堆积形成，含有许多气孔和裂纹，气孔率约占涂层体积的 5%～30%，并可形成较为粗糙的表面。实验证明，动物的肌组织、骨组织与涂层黏附性好，无明显的组织反应。另外还可将羟基、羧基、氨基等基团注入 $Al_2O_3$、$ZrO_2$ 之中，大大提高惰性生物陶瓷表面的生物活性，改善生物相容性。非氧化涂层主要有氮化物、碳化物、硅化物和硼化物等，采用离子注入技术可提高本体材料的耐磨损和耐腐蚀性能。例如，在不锈钢合金表面注入 C、N、B 等元素的化合物，可有效提高合金人工骨与人工齿根的耐腐蚀性和耐磨性，并进一步改善了生物相容性，延长人工器官的使用寿命。

离子束辅助沉积（ion beam assisted deposition，IBAD）是一种将离子注入与物理气相沉积相结合的新型表面改性技术。IBAD 是以离子注入技术为基础，在充满氩气的真空条件下，采用辉光放电技术使氩气电离产生氩离子，氩离子在电场力作用下加速轰击阴极，使阴极材料被溅射下来沉积到基体材料表面形成涂层。这一过程包含了物理变化和化学变化。在物理方面，具有高能的离子与基体或膜层原子碰撞，一部分能量传递给基体原子，从而影响成膜离子的迁移率；另一部分能量转变为热效应，引起基体表面局部高温。在化学方面，高能离子不仅提供能量，而且参与形成化合物膜层，在膜层表面，轰击离子与沉积原子或基体原子直接反应形成化合物，高能离子轰击也能造成一些较弱的化学键断裂，并重新结合成为更加牢固的新键。例如，在金属材料表面制备 HAP 涂层时，首先是采用离子束轰击靶材料 HAP，使其溅射出的粒子沉积于基体表面形成涂层，同时利用载能离子轰击处理 HAP 涂层薄膜与金属基体界面形成钙金属过渡层，实现薄膜与金属基体的牢固结合。所制备的薄膜厚度为 $1\sim3\mu m$，而且涂层致密、均匀。若对 HAP 薄膜进行退火处理，其结构由非晶态逐渐变为多晶结构，提高了涂层材料的生物活性。

## 7.5 电化学沉积技术

电化学沉积技术是用电化学的手段，通过调节电解液的浓度、pH、反应温度、电场强度、电流等来控制反应的制备方法，包括电沉积技术和电泳沉积技术等。它们都是基于电化学原理，在电场作用下沉积生物陶瓷涂层，其优点在于生物陶瓷涂层可在温和条件下形成，基体和涂层界面无热应力，避免了高温喷涂引起的相变和脆性断裂，有利于提高基体和涂层之间的结合强度。由于电化学过程是非线性过程，所以在形状复杂和表面多孔的基体材料上可以制备均匀的生物陶瓷涂层。

采用电沉积技术可以在材料表面形成磷酸钙类生物活性陶瓷涂层。在含有钙离子和磷酸的溶液中，以石墨棒为阳极，金属基体为阴极，控制一定的电极电位，并适当调节 pH，在阴极表面上沉积出磷酸钙生物活性陶瓷，涂层结构与厚度可由实施条件来控制。例如，HAP 晶体呈针状结构，晶粒随电流密度和主盐浓度的增加而变粗；晶体结构随电解液温度的升高出现鳞片状结构和针状结构共存的现象；涂层沉积量随着沉积电量的增加而增大，但增大至一定数值后趋于稳定。

电泳沉积（electrophoretic deposition，EDP）技术是指悬浮液中带电荷的固体微粒在电场作用下发生定向移动并在电极表面形成沉积层的过程。电泳沉积实际上是由电泳和沉积两个过程组成。电泳是指悬浮于溶液中的带电粒子在电场的作用下发生定向移动的现象。几乎所有的固体颗粒都可通过电泳的方法在电极表面沉积,故利用电泳沉积可以使悬浮颗粒沉积在金属、陶瓷、有机材料等电极表面上。电泳沉积技术一般是将铅作为阳极,金属基体作为阴极,两者保持一定的距离浸入含有涂层材料成分的乙醇溶液中,通直流电,采用不同的电场强度和沉积时间可以得到致密或多孔、厚度各异的涂层。

悬浮液中的固体微粒之所以能在电极上沉积,是由于携带表面电荷的固体微粒在电极表面发生了电化学氧化还原反应的缘故。因此电泳沉积是带电悬浮液微粒在电场作用下的迁移过程(电泳)和微粒在电极表面的电极反应过程(电化学作用)两个串联步骤的组合。以电泳沉积制备 HAP 生物陶瓷涂层为例,电流密度的大小决定了电泳沉积 HAP 生物陶瓷的沉积速率。实施过程中可采用恒电位和恒电流两种工作模式。在恒电流工作模式下,若悬浮液 HAP 微粒的浓度保持不变,在电极上不发生其它副反应,则沉积过程中微粒的沉积速率不变,陶瓷沉积量与沉积时间呈线性关系。在恒电位工作模式下,由于驱动粒子定向移动和电极上发生氧化还原反应都需要一定电压,因此只有当端电压大于某一数值时,HAP 带电微粒才能沉积于基体表面,此电位称为临界电位。实际上,电泳沉积比单纯的电泳过程要复杂得多,随着沉积层 HAP 的增加,沉积层的电阻也增加,体系的电压降大部分施加在 HAP 生物陶瓷沉积层上,悬浮液中 HAP 微粒的驱动力随着沉积时间延长而逐渐减小,运动速率则逐渐降低,沉积电流逐渐减小,直至最后 HAP 微粒沉积速率降为零。

## 7.6 材料表面肝素化

肝素是一种直链型阴离子黏多糖聚合物,临床上用作抗凝血药物,低分子肝素可以在保持抗凝血功能的同时避免出血的发生。为了提高高分子材料的生物相容性、特别是血液相容性,可以通过物理结合或化学结合方式将肝素分子固定于高聚物材料表面,制成肝素化材料。所谓肝素化是指肝素分子在生物材料表面上的固定化。

物理结合是将肝素分子与高分子材料混合形成大分子混合物或使肝素在材料表面吸附,材料与血液接触时,肝素分子可缓慢释放,以维持材料表面的血液相容性,从而达到抗凝血和抗血栓的作用,但其稳定性较差。

化学结合有离子结合和共价结合两种。离子结合是指通过正、负电荷的相互作用将带有负电荷(—$OSO_3^-$、—$COO^-$)的肝素固定在材料的表面。一般来说,首先向高分子材料表面引入带正电荷的季铵基团、表面活性剂或含有阳离子的聚合物,再与带有负电荷的肝素作用,在材料表面通过离子键形成肝素化层。1963 年 Gott 首先提出石墨-氯化苄铵盐肝素化法(GBH 法)。机理是先在材料的表面进行石墨涂覆,再将带有大量正电荷的阳离子氯化苄铵盐吸附在材料表面,通过正负电荷作用将肝素分子吸附于材料的表面。在 GBH 法的使用过程中,人们发现石墨存在一些缺点,随后改用 TDMAC 法。TDMAC 法是直接利用氯化苄铵盐在高分子材料中的溶解和表面吸附,通过离子键将肝素固定在材料的表面。经吸附结合所得到的肝素化材料,肝素通过离子键固定,结构不稳定,易解离,同时白蛋白等血浆大分子物质又可与肝素结合导致肝素脱落,不断地释放进入血液,以维持材料表面的血液相容性。这种方法常用于处理硅橡胶、聚乙烯、聚氨酯、乙酸乙烯-乙烯共聚物、聚氯乙烯。研究表明,离子键结合方式的肝素化管道在应用的早期有 10% 的肝素脱落,一旦肝素全部释放,势必会造成材料的抗凝血作用逐渐下降或消失,所以通过该方法改性的材料仅能作为短期使用。为了克服离子键肝素化易脱落的缺点,获得长期、稳定的血液相容性材料表面,可通过共价结合方法实现材料表面的肝素化。

共价结合是指通过化学方法,利用肝素分子中羟基和氨基上的活泼氢与高分子材料表面的活性基团反应形成共价键，将肝素分子牢固地结合在生物材料的表面。这种共价结合的方法比离子结合更加稳定，但共价结合要求高聚物基体材料的表面具有适宜的官能团。若高分子材料含有羧基，可以通过缩合反应直接结合肝素。若高分子材料含有羟基或氨基，可应用偶联接枝法实现材料表面肝素化，一般先用六亚甲基二异氰酸酯活化，再与肝素反应。1988年，Kim利用聚乙二醇（PEO）与甲苯二异氰酸酯（TDI）反应，得到TDI-PEO-TDI预聚物，预聚物的一个—NCO与聚醚聚氨酯（Biomer）上的—NH基反应，得到Biomer-PEO-NCO，然后再与肝素反应，这种肝素化改性的Biomer，血液相容性大大提高。若高分子材料表面不含有适宜的官能团，可借助于一些方法先对材料表面进行化学反应预处理，使之具有和肝素反应的能力，然后再实施表面肝素化。根据对高聚物材料表面预处理方法的不同，可将共价结合法进行以下分类。

(1) 臭氧活化法　对高聚物材料表面进行臭氧活化处理，产生活性中心，引入官能基团，使其具有和肝素分子进行共价结合的位点，再与肝素结合。

(2) 辉光放电法　在减压和高频电场下发生辉光放电，少量气体分子电离产生的高温电子与高聚物材料表面发生碰撞，从而产生活性中心，再键合肝素。李刚等通过该法使聚丙烯表面产生自由基，接枝甲基丙烯酸缩水甘油酯，然后利用环氧基与肝素反应固定肝素。

(3) 低温等离子体法　通过放电、高频振荡等产生等离子体，对高聚物表面处理，形成活性中心，再键合肝素。例如，用氩等离子体对聚氨酯进行表面处理，然后与肝素充分接触进行偶联接枝，使得肝素结合于表面。这一方法不会破坏肝素的基本结构和性能，肝素仍保留亲水性及负电性。该法操作简便、成本低，是目前国内外应用较多的一种方法。

(4) 电晕放电法　将高聚物材料放入电压为15000V的高压电极与接地电极之间，通高压电之后，电极之间的空气或其它气体被电晕放电所电离，并撞击高聚物材料的表面，产生活性中心，再与肝素分子反应。

共价结合可以提高肝素的利用率，但是由于肝素具有大量的功能性基团，且与材料表面的共价结合呈多点式，这会改变肝素的正常构象，降低其生物活性。另外，材料表面组成和结构的不均匀还会导致材料表面肝素化不完整。

## 7.7　微相分离结构的形成

具有微相分离结构的材料生物相容性优异，特别体现在血液相容性好。Lyman认为，共聚物的抗凝血作用不仅由化学成分决定，而且还与微相分离结构中的微相区大小和纯度有关。微相区的大小和纯度又受化学结构、嵌段长度、成型方法和工艺等因素的影响。研究表明，对于两种不互溶物质掺和所形成的共混物，可体现出微相分离结构的特点。由于不同高聚物掺混量的不同，材料的性能有所差异。嵌段共聚物和接枝共聚物能形成比共混物更稳定的微相分离结构，而且可通过嵌段组成或接枝链组成的变化控制分离相的尺度。

例如，聚醚聚氨酯（PU）-聚硅氧烷（PSi）共聚物具有微相分离结构，抗凝血作用优于各自的均聚物。研究表明，PU-PSi共聚物对血小板的黏附减小，抗凝血时间延长，同时发现在PU-PSi共聚物中PSi的含量能直接影响抗凝血作用。聚醚聚氨酯嵌段共聚物本身具有微相分离结构的特征，氨基甲酸酯单元构成了分子链中的硬段，形成结晶相；聚醚构成了分子链中的软段，形成非结晶相。硬段微区分散在聚醚软段基体之中，大小为数纳米数量级。PU-PSi共聚物中分别含有10%、20%和30%的PSi时，硬段微区大小略有差异，分别为5nm、6nm、3nm。文献报道，高聚物材料中硬段微区为3~10nm时，抗凝血性能较好。上述PU-PSi共聚物中的硬段微区在3~6nm，所以都具有良好的抗凝血作用。实验研究发现，PSi 含量并非越多越好，一般认为，20% 的 PSi 抗凝血性最佳。由于 PSi 不仅使微相分离结构中的硬段微区发生了改变，还使材料的临界表面张力降低为 $(24\sim27)\times10^{-3}\,\text{N/m}$，这进一步说明材料微相分离结构的形成对材料表面的性能有影响，从而改善生物相容性。Kontron 公司生产的 Cardiothane 51 是由 90% 聚氨酯和 10% 聚二甲基硅氧烷构成的嵌段共聚物，该产品有较好的血液相容性，已用于制造主动脉内气囊、人工心脏、导管和血管。

Archambault 等则用 PEO 接枝 PU，证实 PU 引入 PEO 支链后，能有效地抑制非特异性蛋白吸附，进而改善生物相容性。

另外，最早研制的石墨-季铵盐-肝素形成的材料表面，具有短期的抗凝血作用。从理论上讲，两周后肝素的作用就会消失，但是实验发现材料表面的抗凝血作用维持的时间要比两周更长。随后又发现，季铵盐-肝素随着时间的延长脱落于血液之中，而在石墨上留下许多微孔，血液中的白蛋白很容易嵌入这些微孔之中，使材料仍然具有抗凝血作用。这一结果表明，微相不均匀结构也可提高材料的血液相容性。

## 7.8 材料表面生物化

所谓生物化就是用天然生物材料制成人工器官或用蛋白、多肽、明胶、细胞生长因子等大分子物质固定于生物材料表面，充当临近细胞、基质、可溶性因子的受体，使表面形成一个能与生物活体相适应的过渡层。材料表面生物化不仅不会影响材料的基体性能，还基本保证了所固定的生物大分子的活性，使得材料获得良好的生物相容性。例如，美国 Goodyear Tire & Rubber 公司制备的聚烯烃橡胶，在其表面涂一层明胶，随后再将聚烯烃橡胶浸入戊二醛溶液之中，经这一生物化处理，可得到较为理想的血液相容性的生物化材料，并已制成人工心脏隔膜应用于临床。由于天然生物材料都具有免疫原性，所以在应用之前必须进行生物灭活。

研究表明，物质与细胞表面受体之间的反应主要与细胞外基质上 3~20 个氨基酸的多肽链有关。若在材料表面直接固定多肽，可以促进受体细胞对表面的黏附，从而提高材料的生物相容性。目前主要使用具有 RGD（Arg-Gly-Asp，精氨酸-甘氨酸-天冬氨酸）序列的多肽。RGD 是细胞结合肽，可与黏附蛋白受体特异性结合，在生物材料表面自发形成一分子层，进而促进细胞黏附和伸展。例如，将 RGD 固定在非降解的高分子材料表面（如聚对苯二甲酸乙二醇酯、聚四氟乙烯、聚丙烯酰胺、聚氨酯等）和可降解的高分子材料表面（如聚乳酸、透明质酸等），都可以提高细胞黏附能力。

链激酶和脲激酶等能激活纤维蛋白溶解酶的活性，可以使已形成的血栓溶解，同时对血液凝固的开始阶段有抑制作用。通过化学固定或物理吸附方法，在材料的表面结合链激酶或脲激酶，可使材料形成抗凝血的表面，大大改善生物材料的血液相容性。

材料表面生物化涉及各种生物活性分子在材料表面的偶联反应，为了使结合于表面的生物活性分子保持生物活性，一般采用比较温和的反应条件，Hermanson 系统地总结了适合进行各种生物活性物质偶联反应的类型和实施策略。

## 7.9 其它方法

除了上述介绍的改善材料表面性能的常用物理化学方法方面之外，还有离子镀、溅射等物理气相沉积方法，激光熔覆法，烧结法，化学反应法等。

离子镀是物理气相沉积的一种，是指在真空条件下，利用气体放电使气体或蒸发物质部分电离化，在气体离子或被蒸发物离子轰击作用的同时，把蒸发物或其反应物沉积在基片上。离子镀把气体的辉光放电或弧光放电等离子技术与真空蒸发镀膜技术结合起来，可以提高修饰层的各种性能。离子镀是镀膜与离子轰击改性同时进行的镀膜过程。目前已经发展了多种类型的离子镀方法，主要有直流放电二极型、活性反应蒸镀增强型、空心阴极离子镀、多弧离子镀、离子束增强沉积等几类。其中离子束增强沉积是近年来新发展起来的一种表面改性技术，又称为离子束辅助沉积，它把离子束注入和常规气相沉积技术结合起来，在气相沉积的同时，用带有一定能量的离子轰击被沉积的物质，利用沉积原子和轰击离子之间的一系列物理化学作用，使界面原子互相渗透而融为一体，大大改善了膜与基体的结合强度，在常温下合成各种优质薄膜。它结合了离子束注入和常规气相沉积技术的优点并消除了其缺点，因而可以制备出比别的方法质量更优的膜层结构。离子镀可在较低温度下进行，不改变基体的组织和结构；膜层的附着力强，对所有衬底都有好的结合力；绕镀能力强；沉积速率快，镀层质量好；基底材料和镀膜材料选择性广；对环境无污染，镀前清洗容易，适用面广等。同时工艺控制参数为电参量，不需要控制气体流量等非电参量，因此工艺再现性好，是一种在室温下控制的非平衡手段，可在室温得到高温相、亚稳相及非晶态合金；与高真空相容；可提高薄膜微密度、晶粒细化、消除或减轻膜的本征应力，使薄膜具有所希望的晶体学择优取向；利用反应离子的轰击可以控制薄膜的化学组成，保持化学计量比的稳定性，提高化学活性，形成完好的氧化物、氮化物、碳化物薄膜；可以方便的控制生长过程，便于实时观察研究薄膜的生长规律。因此，近年来得到了迅速的发展。但同时，离子束增强沉积也有其自身固有的弱点，如由于离子束的直射性，此方法难以处理复杂表面的样品；由于离子束束流尺寸的限制，也难以处理面积较大的样品；薄膜的沉积速率通常在 1nm/s 左右，只能制备薄的膜层，不适用于大批量产品的镀制等。

　　溅射镀膜也是物理气相沉积的一种，也是提高材料使用性能的有效途径之一，它是指在真空室中，利用低压气体放电产生的高能正离子轰击阴极，使被轰击出的粒子在基片上沉积形成硬质膜的技术。通常所说的溅射就是指二级溅射，又称阴极溅射。它最大的优点就是设备简单，控制方便，但其缺点就是因工作压力较高而使膜层有沾污，而且膜层易受损伤，不易达到生物医学材料的要求。之后发展起来的三级溅射、四级溅射、射频溅射等都因为这样或那样的缺点限制了溅射技术在生物材料中的应用。直到 20 世纪 70 年代发明了磁控溅射技术，溅射技术才有了新的转机。所谓磁控溅射就是在二级溅射装置中，装设一个特殊的磁场（磁控效应）增强气体放电的高速溅射源（磁控靶），利用磁场的特殊分布来控制电场中的电子运动轨迹。它将磁控技术和二级溅射技术相结合，基本上克服了二级溅射的"低速高温"的缺点，沉积速率与二级溅射相比提高了一个数量级。总的说来磁控溅射有如下特点：应用的广泛性，使用的简便性，操作的易控性，沉积的高速性，基板的低温性，易于组织大批量生产，沉积薄膜牢固、致密、优质。

　　激光熔覆技术是在工业中获得广泛应用的激光表面改性技术之一，它是在金属基体表面上预涂一层金属、合金或陶瓷粉末，在进行激光重熔时，控制能量输入参数，使添加层熔化并使基体表面层微熔，从而得到一外加的熔覆层。激光熔覆是一个复杂的物理、化学冶金过程，熔覆过程中的参数对熔覆件的质量有很大的影响。激光熔覆中的过程参数主要有激光功率、光斑直径、离焦量、送粉速率、扫描速率、熔池温度等，它们对熔覆层的稀释率、裂纹、表面粗糙度以及熔覆零件的致密性都有很大影响。同时，各参数之间也相互影响，是一个非常复杂的过程。必须采用合适的控制方法，将各种影响因素控制在熔覆工艺允许的范围内。通过此种方法可大大提高材料表面的硬度、耐磨性、耐腐蚀、耐疲劳等力学性能，可以极大地提高材料的使用寿命。激光熔覆具有对基底加工深度浅、作用时间短、功率及部位可准确控制、较低稀释率、热影响区小、与基面形成冶金结合、基材扭曲变形比较小、无化学污染、过程易于实现自动控制等优点。

烧结涂层是利用类似涂搪和烧结的方法，在基体上涂覆陶瓷或玻璃陶瓷的涂层，涂层厚度通常在 $200\sim350\mu m$。该涂层除保留了等离子喷涂涂层的优良性质外，结合强度高，可控制涂层的组成按梯度变化，实现涂层生物学性能和力学性能的梯度变化，大大提高涂层的综合性能。常用的烧结涂层首先是采用浸、刷、喷涂等方法在钛及合金基体上搪烧一层 $TiO_2$-$SiO_2$ 系玻璃作为中间过渡层（或称底釉），然后在其上按上述方法涂覆多孔生物活性陶瓷，通常为羟基磷灰石陶瓷。这种涂层可通过调节化学组成使中间过渡层的热膨胀系数与基体金属匹配，使涂层呈适当的压应力状态，有利于提高结合强度。此外，底釉与基体不仅物理与化学结合兼而有之，而且致密，有效防止了体液对涂层与基体界面的渗透，从而提高了涂层的结合强度和使用寿命。

溶胶-凝胶法涂覆的烧结涂层是为了在钛及钛合金上涂覆结合强度高的致密羟基磷灰石涂层，改善基体的骨结合能力，例如以硝酸钙（含 4 个结晶水）和磷酸三甲酯为初始原料，制备溶胶液。通过在基体上涂覆溶胶液，制备凝胶膜，经干燥、烧结形成 HA 涂层，重复上述过程 30 次，获得羟基磷灰石涂层与基底间的紧密结合，涂层厚度约 $39\mu m$，气孔率约为 6%，结合强度约为 118MPa，涂层中含有少量 CaO，可采用蒸馏水冲洗消除。

表面化学处理诱导羟基磷灰石涂层是通过表面化学处理可使钛及钛合金具备诱导类骨磷灰石形成的能力，从而改善钛及钛合金的生物活性和骨结合能力。例如用 5.0mol/L NaOH 在 60℃ 下处理钛金属 24h，然后在 600℃ 下热处理 1h，随后将其浸泡在 pH 为 7.4、温度为 36.5℃ 的模拟体液中 17 天，获得厚度为 $10\mu m$ 的磷灰石涂层。采用 NaOH 处理钛金属是利用腐蚀获得更大的表面积，有利于磷灰石的局部过饱和以及提高结合强度。通过化学和热处理后的金属钛及合金能在体内诱导磷灰石沉积，与骨组织实现骨性结合，骨结合能力类似于 A-W 玻璃陶瓷。

水热反应法是通过水热反应可以在钛金属表面形成磷酸氢钙和羟基磷灰石薄膜。例如将钛板放入由 0.05mol/L $Ca(EDTA)^{2-}$ 和 0.05mol/L $NaH_2PO_4$ 组成的溶液中，在 pH5～10、温度 120～200℃ 下处理 2～20h，可获得磷酸氢钙和羟基磷灰石薄膜。

利用热分解法可以在钛金属表面获得羟基磷灰石薄膜，改善钛的生物相容性。例如将制备羟基磷灰石涂层用的由 CaO、2-乙基己醇酸、$n$-丁醇和双（2-乙基己基）磷酸酯组成的溶液涂覆在钛金属上，在 650℃、850℃ 和 1050℃ 分别处理 3h，溶液分解后获得结晶良好的 HA。热处理温度增高，涂层中羟基磷灰石的晶粒尺寸增大，由 650℃ 时的 $0.1\mu m$ 增大到 1050℃ 时的 $1\mu m$。该方法有可能制备出比等离子喷涂层更薄（$<50\mu m$）的羟基磷灰石涂层。

## 思 考 题

1. 生物材料表面为什么需要进行改性？
2. 生物材料表面改性材料方法有哪些？
3. 材料表面预吸附聚合物的吸附力是什么？
4. 材料表面肝素化为什么可以提高材料的生物相容性？
5. 何类材料具有微相分离结构？微相分离结构为何能提高材料的生物相容性？

## 参 考 文 献

[1] 徐晓宇. 生物材料学. 北京：科学出版社，2006.
[2] Wei Feng, John L Brasha, Shiping Zhu. Non-biofouling materials prepared by atom transfer radical polymerization grafting of 2-methacryloxyethyl phosphorylcholine: Separate effects of graft density and chain length on protein re-

pulsion. Biomaterials, 2006, 27: 847-855.
[3] 白功健, 胡兴周. 聚合物的表面光接枝改性. 高分子通报, 1995, 1: 27-33.
[4] Robinson S, Williams. P A Inhibition of protein adsorption onto silica by polyvinylpyrrolidone. Langmuir, 2002, 18: 8743-8748.
[5] Huang N P, Michel R, Voros J, et al. Poly (L-lysine) -g-poly (ethylene glycol) layers on metal oxide surfaces: Surface-analytical characterization and resistance to serum and fibrinogen adsorption. Langmuir, 2001, 17: 489-498.
[6] Pasche S, De Paul S M, Voros J, et al. Poly (L-lysine) -graft- poly (ethylene glycol) assembled monolayers on niobium oxide surfaces: A quantitative study of the influence of polymer interfacial architecture on resistance to protein adsorption by TOF-SIMS and in situ OWLS. Langmuir, 2003, 19: 9216-9225.
[7] Wagner M S, Pasche S, Castner D G, et al. Characterization of poly (L-lysine) -graft-poly (ethylene glycol) assembled monolayers on niobium pentoxide substrates using time-of-flight secondary ion mass spectrometry and multivariate analysis. Anal. Chem., 2004, 76: 1483-1492.
[8] Lee S, Voros J. An aqueous-based surface modification of poly (dimethylsiloxane) with poly (ethylene glycol) to prevent biofouling. Langmuir, 2005, 21: 11957-11962.
[9] Norman M E, Williams P, Illuml L. Influence of block of block copolymers on the adsorption of plasma-proteins to microspheres. Biomaterials, 1993, 14(3): 193-202.
[10] Tan J S, Butterfield D E, Voycheck C L, et al. Surface modification of nanoparticles by PEO-PPO block copolymers to minimize interactions with blood components and prolong blood-circulation in rats. Biomaterials, 1993, 14 (11): 823-833.
[11] Barrett D A, Hartshorne M S, Hussain M A, et al. Resistance to nonspecific protein adsorption by poly (vinyl alcohol) thin films adsorbed to a poly (styrene) support matrix studied using surface plasma resonance. Anal. Chem, 2001, 73 (21): 5232-5239.
[12] Francois P, Vaudaux P, Nurdin N, et al. Physical and biological effects of a surface coating procedure on polyurethane catheters. Biomaterials, 1996, 17 (7): 667-678.
[13] 陆晓峰. 表面活性剂对超滤膜表面改性的研究. 膜科学与技术, 1997, 17 (4): 36.
[14] Ruegsegger M A, Marchant R E. Reduced protein adsorption and platelet adhesion by controlled variation of oligomaltose surfactant polymer coatings. J. Biomed. Mater. Res., 2001, 56 (2): 159-167.
[15] Pauline M Doran. Loss of secreted antibody from transgenic plant tissue cultures due to surface adsorption. Journal of Biotechnology, 2006, 122 (1): 39-54.
[16] 金关泰主编. 高分子化学的理论和应用进展. 北京: 中国石化出版社, 1995.
[17] Hollban R, et al. J. Appl. Polym. Sci., 1969, 13: 807.
[18] Hoffman A S, et al. J. Appl. Polym. Sci., Appl. Polym. Symp., 1988, 42: 251.
[19] 徐鹏, 李翔, 杜强国等. 聚氯乙烯表面肝素化的研究. 复旦学报, 2001, 40 (4): 372-380.
[20] Archambault J G, Brash J L. Protein repellent polyurethane surfaces by chemical grafting of PEO: amino-terminated PEO as grafting reagent. Colloids Surfaces B: Biointerfaces, 2004, 39 (1): 9-16.
[21] Greg T Hermanson. Bioconjugate Techniques. Academic Press: London, 1996.
[22] Freij-Larsson C, Jannasch P, Wesslen B. Polyurethane surfaces modified by amphiphilic polymers: effects on protein adsorption. Biomaterials, 2000, 21(3): 307-315.